Pedro Azevedo, Gerhard Brosius, Stefan Dehnert,
Berthold Neumann, Benjamin Scheerer

Business Intelligence und Reporting mit Microsoft SQL Server 2008

Pedro Azevedo, Gerhard Brosius, Stefan Dehnert,
Berthold Neumann, Benjamin Scheerer

Business Intelligence und Reporting mit Microsoft SQL Server 2008

Pedro Azevedo, Gerhard Brosius, Stefan Dehnert, Berthold Neumann, Benjamin Scheerer: Business Intelligence und Reporting mit Microsoft SQL Server 2008
Microsoft Press Deutschland, Konrad-Zuse-Str. 1, 85716 Unterschleißheim
Copyright © 2009 by Microsoft Press Deutschland

Das in diesem Buch enthaltene Programmmaterial ist mit keiner Verpflichtung oder Garantie irgendeiner Art verbunden. Autor, Übersetzer und der Verlag übernehmen folglich keine Verantwortung und werden keine daraus folgende oder sonstige Haftung übernehmen, die auf irgendeine Art aus der Benutzung dieses Programmmaterials oder Teilen davon entsteht.

Das Werk einschließlich aller Teile ist urheberrechtlich geschützt. Jede Verwertung außerhalb der engen Grenzen des Urheberrechtsgesetzes ist ohne Zustimmung des Verlags unzulässig und strafbar. Das gilt insbesondere für Vervielfältigungen, Übersetzungen, Mikroverfilmungen und die Einspeicherung und Verarbeitung in elektronischen Systemen.

Die in den Beispielen verwendeten Namen von Firmen, Organisationen, Produkten, Domänen, Personen, Orten, Ereignissen sowie E-Mail-Adressen und Logos sind frei erfunden, soweit nichts anderes angegeben ist. Jede Ähnlichkeit mit tatsächlichen Firmen, Organisationen, Produkten, Domänen, Personen, Orten, Ereignissen, E-Mail-Adressen und Logos ist rein zufällig.

15 14 13 12 11 10 9 8 7 6 5 4 3 2
11 10

ISBN 978-3-86645-657-0

© Microsoft Press Deutschland
(ein Unternehmensbereich der Microsoft Deutschland GmbH)
Konrad-Zuse-Str. 1, D-85716 Unterschleißheim
Alle Rechte vorbehalten

Korrektorat: Dorothee Klein, Judith Klein, Siegen
Satz und Layout: Gerhard Alfes, mediaService, Siegen (www.media-service.tv)
Umschlaggestaltung: Hommer Design GmbH, Haar (www.HommerDesign.com)
Gesamtherstellung: Kösel, Krugzell (www.KoeselBuch.de)

Inhaltsverzeichnis

Teil A	**Einführung und Installation**	19
1	Einführung und Überblick	21
	Für wen ist dieses Buch gedacht?	22
	Inhaltsüberblick	22
	Installation	23
	OLAP	23
	Data Mining	23
	Integration Services	24
	Reporting Services	24
	Analysis Services-Programmierung	25
2	Installation von SQL Server 2008 und Beispieldateien	27
	Installation von SQL Server 2008	28
	Vorbereiten der Installation	28
	Installation der Komponenten	30
	Installation der Beispieldateien	36
	Datenbanken DW1fach und AW_DW installieren	37
Teil B	**OLAP**	41
3	OLAP – Einführung und Überblick	43
	Der Begriff OLAP	44
	Möglichkeiten und Grenzen von SQL	45
	Grundlegende Merkmale des multidimensionalen Konzepts	47
	Dimensionen	47
	Measures	48
	Hierarchien	48
	Cubes	49
	Dimensions- und Faktentabellen	51
	Originäre und berechnete Dimensionen und Measures	55
	OLAP und Data Warehouse	55
	Data Warehouse	56
	OLAP	56
	Speicherkonzepte	57
	MOLAP	57
	ROLAP	58
	HOLAP	58

4 OLAP-Tutorium: Einen einfachen Cube erstellen ... 59
Beispieldatenbank *DW1fach* ... 60
Analysis Services-Projekt erstellen ... 61
    Ein neues Analysis Services-Projekt erstellen ... 61
    Speicherort des neuen Projekts überprüfen ... 63
Datenquelle und -sicht definieren ... 64
    Datenquelle ... 64
    Datenquellensicht ... 67
Cube erstellen ... 72
    Cube mit dem Cube-Assistenten definieren ... 73
    Den Dimensionen Attribute hinzufügen ... 75
    Mit den Registerkarten des Cube-Designers arbeiten ... 77
Dimensionen und Measures bearbeiten ... 84
    Dimensionen ... 85
    Serverzeitdimension ... 88
    Parent-Child-Hierarchie ... 95
    Measures ... 100
    Berechnete Measures ... 103
Cube um eine Faktentabelle erweitern ... 108
Mit Microsoft Excel auf den Cube zugreifen ... 111

5 Unified Dimensional Model ... 113
Motivation ... 114
Konzept ... 115
Komponenten ... 118
    Typische Implementierungsreihenfolge ... 118
    Multiple Datenquellen ... 119

6 Arbeiten mit Dimensionen ... 127
Dimensionen erstellen ... 128
Dimensionen bearbeiten ... 130
    Standarddimensionen bearbeiten ... 136
    Zeitdimensionen bearbeiten ... 152
Erweiterte Hierarchien bearbeiten ... 158
    Ausgeglichene Hierarchien ... 159
    Unausgeglichene Hierarchien ... 161
    Unregelmäßige Hierarchien ... 165
Dimensionen erweitern ... 167
    Dimensionsintelligenz definieren ... 168
    Attributreihenfolge angeben ... 169
    Rückschreiben von Dimensionen aktivieren ... 170
Dimensionen übersetzen ... 172
    Metadaten übersetzen ... 173
    Daten übersetzen ... 174

7 Cubes bearbeiten ... 177
Cubes erstellen ... 178
Cubes bearbeiten ... 178
    Measures bearbeiten ... 183
    Measuregruppen bearbeiten ... 189
    Cubedimensionen bearbeiten ... 194
    Berechnungen ... 211
Cubes erweitern ... 217
Endbenutzermodell ... 220
    Key Performance Indicators ... 220
    Aktionen ... 224
    Perspektiven ... 227
    Cubeübersetzungen ... 230

8 Verwalten der Analysis Services ... 233
Datenbanken verwalten ... 234
    Datenbanken bereitstellen ... 234
    Datenbanken synchronisieren ... 237
    Datenbanken sichern und wiederherstellen ... 240
    Automatisieren von Verwaltungsaufgaben ... 242
Speicher verwalten ... 244
    Cubespeicher ... 244
    Partitionen ... 245
    Aggregationen ... 250
Sicherheit verwalten ... 255
    Sicherheitsarchitektur ... 255
    Sicherheit auf Cubeebene ... 260
    Sicherheit auf Zellebene ... 263
    Sicherheit auf Dimensionsebene ... 264

Teil C Data Mining ... 271

9 Data Mining – Einführung und Überblick ... 273
Standardisierung als Voraussetzung hohen Verbreitungsgrades ... 275
Grundlegendes Konzept von Data Mining ... 276
    Modell erstellen ... 276
    Modell trainieren ... 277
    Modellvorhersagen treffen ... 278
    Vergleich mit dem Business Intelligence Development Studio ... 278
Algorithmen ... 279

10 Data Mining anwenden ... 281
Voraussetzungen ... 282
    Entwicklungsoberfläche ... 282
    Das Beispiel *TargetMail* ... 282
    Vorgehensweise zum Erstellen einer Data Mining-Anwendung ... 283
Projekt, Datenquelle und Datenquellensicht erstellen ... 284
    Analysis Services-Projekt erstellen ... 284

Datenquelle definieren	284
Datenquellensicht definieren	286
Miningstruktur erstellen und weitere Modelle hinzufügen	287
Leistungsmerkmale der drei Algorithmen des Beispiels	287
Miningstruktur erstellen	288
Modelle hinzufügen	292
Miningmodelle trainieren und analysieren	294
Miningmodell-Viewer für ein Decision Tree-Modell	295
Miningmodell-Viewer für Clustermodelle	303
Miningmodell-Viewer für ein Naive Bayes-Modell	312
Vorhersagegenauigkeit der Modelle im Mininggenauigkeitsdiagramm prüfen	315
Eingabeauswahl	315
Klassifikationsmatrix	317
Prognosegütediagramm	318
Gewinndiagramm	320
Kreuzvalidierung	322
Fälle vorhersagen	324
Miningmodellvorhersage in der Entwurfsansicht erstellen	325
Miningmodellvorhersage in der SQL-Ansicht bearbeiten	326
Singleton-Abfrage erstellen	330
Singleton-Abfrage als Excel-Clientanwendung	332
Assoziationsanalyse mit geschachtelten Tabellen	333
Microsoft Association Rules	333
Miningmodell für Association Rules erstellen	334
Miningmodell für Association Rules prüfen	337
Singleton-Abfrage mit *Warenkorb_Modell* erstellen	342
Miningmodell und Miningstruktur bearbeiten	343
Algorithmusparameter ändern	344
Variablen ändern	344
Trainingsdaten ändern	346
Data Mining-Add-In in Excel 2007	349

11 Data Mining mit Integration Services steuern — 351

SSIS-Tasks und -Werkzeuge für Data Mining im Überblick	352
Tasks der Ebene *Ablaufsteuerung*	352
Werkzeuge der Ebene *Datenfluss*	353
Modelltraining und Vorhersageabfragen auf der Ebene der Ablaufsteuerung	353
Analysis Services-Verarbeitungstask	354
Data Mining-Abfragetask	356
Modelltraining und Vorhersageabfragen auf der Ebene des Datenflusses	357
Miningstruktur TargetMail mit alten und neuen Daten trainieren	357
DM_BikeBuyer_Vorhersage, *DM_ScoreHoch* und *DM_ScoreNiedrig* löschen	359
Vorhersageabfrage *Bike Buyer*	359
Datensätze in *DM_ScoreHoch* und *DM_ScoreNiedrig* aufteilen	360

Teil D SQL Server Integration Services 361

12 SSIS – Einführung und Überblick 363
Datenintegrations-Plattform 364
Workflow 365
Konfiguration 365
Business Intelligence Development Studio 366
    Microsoft Visual Studio Tools for Applications 366
    Fremdkomponenten 366
Projekte und Pakete 366
SQL Server Agent 367
Integration Services-Beispiele 367

13 SSIS – Erstes Beispielpaket 369
Beispielszenario 370
    Ein neues Integration Services-Projekt erstellen 370
    Die Entwicklungsumgebung 371
    SQL-Task und Verbindungs-Manager 373
    SQL-Task und SQL-Statement 376
Datenflusstask 379
    Datenfluss 380
    Flatfilequelle 380
    Komponente *Abgeleitete Spalte* 383
    Komponente *OLE DB-Ziel* 385
Datenviewer 387
Noch einmal: Paketerstellung in geraffter Form 388

14 SSIS – Datentypen, Variablen und Ausdrücke 391
Datentypen 392
    Datentypen Excel 393
    Unicode 394
Variablen 394
    Variablendefinition 394
    Datentypen 395
    Initialisierung von Variablen 395
    Namespace 395
    Gültigkeitsbereich von Variablen 396
    Verwendung von Variablen 397
    Variablenverwendung in Ausdrücken 398
    Ausdrücke als Variablenwert 399
Dynamische SQL-Programmierung 399
    Beispiel: SQL-Befehl einer *OLE DB-Quelle* 400
    Systemvariablen 401
Ausdrücke 402
    Verwendung von Ausdrücken 402
    Einfache Ausdrucksbeispiele 403
    Syntax 403
    Funktionen 405
    Nullfunktionen 409

Beispiel: Excel-Tabelle mit Nullwerten 409
Der Ausdrucks-Generator 411
    Vergleiche 414
    Bedingung (if) 414

15 SSIS – Ablaufsteuerung 415

Workflows 416
Komplexe Workflows 417
    Deaktivierung von Tasks 418
    Einzelausführung von Tasks 418
Verbindungs-Manager 418
    Beispiel: Anlegen eines OLE DB-Verbindungs-Managers 419
    Excel-Verbindungs-Manager 422
    Flatfile-Verbindungs-Manager 423
Tasks der Ablaufsteuerung 423
    Task *SQL ausführen* 423
    Task *Dateisystem* 430
    Task *Paket ausführen* 431
    Task *DTS 2000-Paket ausführen* 432
Container der Ablaufsteuerung 433
    Sequenzcontainer 434
    For-Schleifencontainer 434
    Foreach-Schleifencontainer 435
Weitere Objekte der Ablaufsteuerung 442
    Business Intelligence Tasks 443
    Datenflusstask 443
    Skripttasks 443
    Tasks für externe Datenquellen 443
    Wartungsplantasks 443

16 SSIS – Datenfluss 445

Datenflusstask 447
Datenflusspfad-Editor 447
Daten-Viewer 449
Datenfluss-Quellen 451
    OLE DB-Quelle 451
    ADO.NET-Quelle 453
    Excel-Quelle 453
    Flatfilequelle 455
    XML-Quelle 457
    Skriptkomponente als Datenfluss-Quelle/Datenfluss-Ziel 460
Datenfluss-Ziele 460
    OLE DB-Ziel 461
    ADO.NET Destination 461
    SQL Server-Ziel 461
    Flatfile-Ziel 462
    Excel-Ziel 463
    Partitionsverarbeitung 464

Data Mining-Modelltraining	464
Komponente *Multicast* als leeres Datenziel (Multicast-Papierkorb)	464
Datenflüsse teilen	465
Komponente *Bedingtes Teilen*	465
Komponente *Suche*	466
Komponente *Multicast*	470
Datenflüsse zusammenführen	470
Komponente *Union All*	470
Komponente *Zusammenführung*	471
Komponente *Zusammenführungsverknüpfung*	471
Komponente *Sortieren*	472
Transformationskomponenten	473
Komponente *Aggregat*	474
Komponente *OLE DB-Befehl*	474
Komponente *Abgeleitete Spalte*	475
Komponente *Spalte kopieren*	476
Komponente *Datenkonvertierung*	476
Komponente *Prozentwertstichprobe*	476
Komponente *Zeilenstichprobe*	477
Komponente *Fuzzygruppierung*	477
Komponente *Fuzzysuche*	478
Datenaustausch	478
Komponente *Rohdatendatei-Ziel*	478
Recordsetziel	479

17 SSIS – Skripting 481

Komponenten für das Skripting	482
Skripttask und Skriptkomponente	482
Beispiel: Skripttask und Variable	484
Skriptkomponente	488
Beispiel: Zusätzliche Spalten per Skriptkomponente in Datenfluss einfügen	489
Standardprozeduren der Skriptkomponente	497
Variablen in einer Skriptkomponente	499
Zugriff auf den Datenfluss	500
Benutzer- und Systemvariablen	501
Sonderzeichen in der Skriptkomponente	501
Verbindungs-Manager in der Skriptkomponente	502
Exkurs: Nutzung einer Excel-Verbindung über einen Verbindungs-Manager	504
Englischsprachige Programmbeispiele	505
Beispiel: asynchrone Skriptkomponente	506
Die Skriptkomponente als Datenquelle/Datenziel	510
Verwendung von Klassenbibliotheken	511
Entwicklung eigener Komponenten	512
Fazit	512

18 SSIS – Konfiguration, Debugging und Ausführung ... 513
Konfiguration von Integration Services-Paketen ... 514
    Konfigurationsempfehlung ... 515
    Konfigurationsarten ... 515
    Konfigurationstypen ... 516
    XML-Konfigurationsdatei ... 517
    SQL Server-Tabelle ... 517
    Umgebungsvariable ... 518
    Registrierungseintrag ... 519
    Variable für das übergeordnete Paket ... 519
    Mehrere Konfigurationen für ein Integration Services-Paket ... 520
Beispiel: Paketkonfiguration ... 521
Debugging ... 525
    Automatischer Debug-Modus ... 526
    Farbcodierung ... 526
    Fenster *Status/Ausführungsergebnis* ... 527
    Fenster *Ausgabe* ... 527
    Daten-Viewer ... 528
    Haltepunkte ... 528
    Debuggen der Skriptkomponente ... 530
    Fenster *Lokal* ... 530
    Fenster *Überwachen* ... 531
Paketausführung ... 531
    Paketspeicherung ... 531
    SQL Server-Agent ... 536
    Beispiel: Auftragsanlage im SQL Server-Agent ... 537
    Proxykonto ... 539
    Paketausführungsprogramm *dtexecUI* ... 540
    dtexec ... 541

19 SSIS – Eine Aufgabenstellung, viele Lösungsmöglichkeiten ... 543
Die Aufgabenstellung ... 544
SQL-Lösungen ... 546
    SQL-Befehl *Where not in* (Sub-Select) ... 546
    SQL-Befehl *Left Outer Join Null* ... 546
    SQL-Befehl *Merge* ... 546
Datenflusslösungen ... 547
    Datenflusslösung *Vergleich Tabelle* ... 547
    Datenflusslösung *Left Outer Join* ... 550
    Datenflusslösung *Stored Procedure* ... 552
    Datenflusslösung *Skriptkomponente* ... 553
    Fazit ... 554

Teil E SQL Server Reporting Services ... 555

20 Reporting Services im Überblick ... 557
Allgemeine Anforderungen an ein Berichtswesen ... 558
    Einheitliche und zentrale Definition von Informationen ... 558
    Adressatengerechte Informationsversorgung ... 558

Flexible Berichtsdistribution 560
Skalierbarkeit 560
Architektur der Reporting Services 560
Berichts-Manager 563
Berichtsserver 563
Der Berichtsprozessor 566
Prozessor für Zeitplanung und Übermittlung 568
Werkzeuge zum Erzeugen von Berichten und Modellen 569
Konfiguration der Reporting Services 570

21 Berichtserstellung 577
Quickstart 578
Bericht erstellen: Zugriff auf relationale Datenbank 578
Bericht erstellen: Zugriff auf multidimensionale Daten 592
Datenbereitstellung 596
Datenquellen 597
Datasets 598
Arbeiten mit dem MDX-Abfrage-Editor 598
Parameter und Filter 603
Berichtselemente und ihre Eigenschaften 608
Textfeld 609
Tablix 611
Tabelle 611
Matrix 616
Diagramm 618
Linie 621
Rechteck 621
Liste 622
Unterbericht 624
Bild 626
Messgerät 626
Berichtseinrichtung und interaktive Elemente 628
Interaktive Elemente 628
Berichtseinrichtung 634
Ausdrücke 636
Konstanten 638
Integrierte Felder 639
Parameter 639
Felder und Datasets 640
Operatoren und Funktionen 642
Einbinden von privaten Assemblys 642

22 Berichtsverwaltung 647
Berichtsverwaltung mit dem Berichts-Manager 648
Verwaltungsfunktionen des Berichts-Managers 648
Berichtsauslieferung 664
Berichtsverwaltung mit dem SQL Server Management Studio 665
Rollen definieren 665
Zentrale Einstellungen 666

	Berichtszugriff über Web Service	667
	Erstellung des Projekts und Verweis auf den Web Service	667
	Zugriff auf Ordner und Berichte im Berichtsserver	671
	ReportViewer-Steuerelement	677
	Berichtszugriff über URL	680
23	**Berichtserstellung mit dem Berichts-Generator**	**683**
	Einfaches Berichtsmodell mit dem Berichtsmodell-Assistenten erstellen	685
	Berichts-Generator und Berichtsmodelle	688
	Filter bei Berichtsmodellabfragen	693
	Berichtsmodelle im Detail	696
	Elemente von Berichtsmodellen	696
	Regeln bei der Berichtsmodellgenerierung	698
	Berichtsmodelle auf Basis von Analysis Services-Cubes	700
	Berichts-Generator und freigegebene Datenquellen	702
24	**Office-Integration**	**705**
	Integration mit Microsoft Office SharePoint Server 2007	706
	Berichtsserver-Webparts	706
	Berichtscenter	711
	Nutzung von KPIs der Analysis Services	711
	PivotTables	713
	Erstellen einer auf einem Cube basierenden PivotTable	713
	Aufruf eines Berichts aus der PivotTable	716
Teil F	**SQL Server Analysis Services-Programmierung**	**719**
25	**MDX – OLAP programmieren**	**721**
	Einsatzbereiche von MDX	722
	MDX als Datenmanipulationssprache	722
	MDX als Skriptingfunktionalität	722
	MDX als Datendefinitionssprache	722
	MDX-Funktionen	722
	MDX-Editoren in den SSAS	723
	Einführung	723
	Die erste Abfrage – Verwendung des Management Studios	723
	Der Raum eines Cubes	726
	Dimensionen und Hierachien	727
	Autoexist	728
	Grundlegende Objekte	728
	Dimensionen, Hierarchien, Ebenen und Elemente	728
	Tupel und Zelle	731
	Mengen	733
	Abfragen	735
	Einführung in Sprachelemente und ihre Anwendungen	735
	Erste Funktionen und Operatoren	742
	Berechnete Elemente und benannte Mengen erzeugen	752
	Berechnete Elemente	753
	Benannte Mengen	758

Berechnete Zellen ... 762
Abschließendes Beispiel und weitere Funktionen ... 762
Aggregationen und Drillthrough ... 764
Aggregationen ... 764
Relationen ... 769
Die DRILLTHROUGH-Anweisung ... 778
Element- und Zelleigenschaften verwenden ... 779
Elementeigenschaften ... 779
Zelleigenschaften ... 781
Key Performance-Indicators und Aktionen ... 783
KPIs erstellen ... 783
KPIs abfragen ... 784
Aktionen anlegen ... 785
Excel- und VBA-Funktionen ... 786
Arbeiten mit dem Cube-Skript ... 787
Verwendung des Business Intelligence Development Studios ... 788
Berechnete Elemente und benannte Mengen ... 791
Skriptanweisungen ... 798
Rückschreiben von Daten in den Cube ... 812
Funktionsweise des Rückschreibens in Analysis Services ... 812
Einschränkungen für das Rückschreiben ... 812
Das Update-Anweisung im Sitzungskontext ... 813
Updates persistent machen ... 817
Lokale Cubes mit MDX erzeugen ... 820

26 Erweiterungen für die Analysis Services ... 821
Hello World ... 822
Erstellen einer UDF in Visual Basic 2008 ... 823
Bereitstellen einer UDF mit dem Business Intelligence Development Studio ... 825
Debuggen von Erweiterungen ... 827
Die UDF in C# ... 829
Bereitstellen einer Erweiterung mit dem Management Studio ... 830
Erweiterungen näher betrachtet ... 831
UDFs und Stored Procedures ... 831
Ausführungskontext von Erweiterungen ... 831
Aufrufsyntax von Erweiterungen ... 831
Sicherheitskonzepte von Erweiterungen ... 832
Bereitstellung von Erweiterungen ... 832
Verwendung von Erweiterungen ... 833
Erweiterungen und ADOMD.NET ... 834
Einbinden des ADOMD.NET-Server-Verweises ... 835
Element-Tupel und -Sets verwenden ... 837
Tupel auswerten ... 838
Personalisierungserweiterungen für Analysis Services ... 838

27 DMX – Data Mining programmieren ... 841
Strukturen und Modelle vorbereiten ... 842
    Miningstrukturen erstellen ... 843
    Miningmodelle auf Grundlage einer Miningstruktur erstellen ... 846
    Trainieren von Modellen ... 849
    Möglichkeiten zur Angabe von Daten in tabellarischer Form ... 852
Strukturen und Modelle untersuchen ... 853
    Auf Miningmodelle und -Strukturen bezogene Abfragen ... 854
    Stored Procedures zur Kontrolle des Trainings ... 857
Vorhersageabfragen ... 859
    Vorhersagen mit externen Daten ... 861

28 Datenzugriff mit ADOMD.NET ... 875
Überblick über ADOMD.NET ... 876
Einführungsbeispiel ... 878
Verbindung zur Datenbank ... 884
    Verbindung herstellen und schließen ... 884
Metadaten abrufen ... 888
    OLAP-Metadaten abrufen ... 889
    Data Mining-Metadaten abrufen ... 892
    Metadaten über SchemaRowSets abrufen ... 894
Arbeiten mit dem Command-Objekt ... 894
    Anweisungen ausführen ... 895
    Daten abrufen ... 896
Behandlung von Ausnahmen ... 904

29 Administration mit AMO ... 905
Das Objektmodell von AMO ... 907
Administrationsaufgaben mit AMO ... 910
    Das Server-Objekt ... 910
    Das Database-Objekt ... 911
    Sicherheit ... 912
    Backup und Restore ... 914
    Tracing ... 915
Tutorial zum Erstellen eines Cubes und eines Data Mining-Modells ... 918
    Erstellen von DataSource und DataSourceView ... 919
    Erstellen von OLAP-Objekten ... 921
    Data Mining-Klassen ... 925
    Betrachten der Tutorial-Ergebnisse im Business Intelligence Development Studio ... 927
Behandlung von Ausnahmen ... 928

30 Zugreifen auf die Analysis Services mit XMLA ... 931
Überblick über das Einsatzgebiet von XMLA ... 932
XMLA im Management Studio verwenden ... 934
    Ein einführendes Beispiel ... 934
    XMLA-Vorlagen von Management Studio ... 936
Benutzung von XMLA über HTTP ... 939
    Konfiguration der Internetinformationsdienste und Analysis Services
    für den Zugriff über HTTP ... 939
    Beschreibung des JavaScript-Clients ... 944
XMLA-Methoden ... 945
    Die Discover-Methode ... 946
    Die Execute-Methode ... 949
ASSL-Serverobjekte bearbeiten ... 955
    Beispiele zur Verwendung von ASSL ... 957
    Verwendung von Sitzungen ... 959

31 Dynamic Management Views und Monitoring ... 961
Dynamic Management Views benutzen ... 962
Monitoring mit dem SQL Server-Profiler ... 965
Flight Recorder und Ablaufverfolgung ... 969
Leistungsindikatoren und DMVs ... 970

Stichwortverzeichnis ... 973

Teil A
Einführung und Installation

In diesem Teil:

Kapitel 1	Einführung und Überblick	21
Kapitel 2	Installation von SQL Server 2008 und Beispieldateien	27

Kapitel 1
Einführung und Überblick

In diesem Kapitel:

Für wen ist dieses Buch gedacht?	22
Inhaltsüberblick	22

Wir möchten Sie zu Beginn des Buchs darüber informieren, was Sie im Weiteren erwartet. Dazu beschreiben wir kurz, an welchen Leserkreis wir uns wenden und nennen Ihnen die wesentlichen Inhalte der folgenden Kapitel.

Für wen ist dieses Buch gedacht?

Dieses Buch wendet sich an Leser, die professionell mit den auf Business Intelligence bezogenen SQL Server 2008 Services arbeiten möchten. Dabei handelt es sich um:

- SQL Server Analysis Services OLAP
- SQL Server Analysis Services Data Mining
- SQL Server Integration Services
- SQL Server Reporting Services
- SQL Server Analysis Services Programmierung

Waren die Business Intelligence-Teile des SQL Server 2005 gegenüber seiner Vorgängerversion noch gewaltig ausgebaut worden, so sind die Änderungen der Version 2008 gegenüber dessen Vorgängerversion 2005 nicht so grundsätzlicher Art. Sie stellen eher Verbesserungen und Erweiterungen im Detail und in der Tiefe dar. Leser, die bereits mit Business Intelligence von SQL Server 2005 vertraut sind, werden daher in diesem Buch auf viel Vertrautes stoßen. Für Leser dagegen, die bisher nur mit dem SQL Server 2000 oder gar nicht mit Microsoft SQL Server gearbeitet haben, stellen sich die meisten Teile des Buchs als völlig neu dar, denn die Inhalte wurden um zahlreiche neue Features erweitert, und auch die Entwicklungsoberfläche ist gänzlich neu.

Die Entwicklung von Business Intelligence-Lösungen findet vor allem im *Business Intelligence Development Studio* und, in geringerem Maße, im *Management Studio* statt. Dabei ersetzt das Management Studio den *Enterprise Manager* des SQL Server 2000, ist aber gleichzeitig um viele weitere Features erweitert worden, auch um Bearbeitungsmöglichkeiten der verschiedenen Business Intelligence Services. Das Business Intelligence Development Studio ersetzt die Editoren der Analysis Services in SQL Server 2000, weist darüber hinaus aber so viele Erweiterungen auf, dass die beiden Entwicklungsumgebungen nicht mehr miteinander vergleichbar sind.

Aus diesen Gründen wenden wir uns nicht nur an Leser, die sich völlig neu in die Business Intelligence-Welt einarbeiten wollen, sondern auch an Leser, die bereits Erfahrung mit den Analysis Services von SQL Server 2000 haben. Denn auch für diese Gruppe bietet SQL Server 2008 derart viele Neuerungen in den Bereichen Inhalt und Oberfläche, dass es ohne erklärende Anleitungen kaum möglich ist, mit den neuen Werkzeugen sinnvoll zu arbeiten.

Inhaltsüberblick

Sie werden ein umfangreiches Fachbuch wie das vorliegende vermutlich nicht in einem Stück von vorn bis hinten lesen, sondern sich vielmehr zunächst auf die Teile Ihres größten Interesses konzentrieren wollen. Daher geben wir in den folgenden Abschnitten einen Überblick über die wesentlichen Inhalte.

Installation

In Kapitel 2 wird beschrieben, wie Sie SQL Server 2008 sowie die dazugehörigen Beispieldatenbanken installieren und welche Einstellungen Sie dabei zweckmäßigerweise vornehmen sollten. Weiterhin erfahren Sie in diesem Kapitel, wie Sie sich die zahlreichen Beispiele dieses Buchs als Arbeitsmaterial von der Webseite *www.FestImBiss.de* herunterladen und installieren können.

OLAP

Mit OLAP befassen sich die Kapitel 3 bis 8. Das Kapitel 3 bietet eine allgemeine Einführung in das OLAP-Konzept. Dieses ist für Leser gedacht, die bisher keine oder nur geringe Erfahrung mit OLAP haben, kann also von erfahrenen Lesern problemlos übersprungen werden. In Kapitel 4 wird in der Art eines Tutoriums ausführlich in den OLAP-Teil der Analysis Services eingeführt. Dabei werden Sie auch mit der Oberfläche des Business Intelligence Development Studios vertraut gemacht, soweit sie die Analysis Services betrifft.

Die Kapitel 5 bis 8 enthalten vertiefende Erklärungen zu OLAP: Das Kapitel 5 erklärt das neue Konzept *Unified Dimensional Model (UDM)* und zeigt dabei allgemein und an Beispielen auch die flexiblen Möglichkeiten des Datenzugriffs mittels Datenquelle und Datenquellensicht. In Kapitel 6 werden die sehr vielfältigen Möglichkeiten des Umgangs mit Dimensionen behandelt. Dabei geht es zum einen um das Arbeiten mit Standarddimensionen, zum anderen aber auch um die gegenüber Vorgängerversionen stark erweiterten Möglichkeiten von Zeitdimensionen. Darüber hinaus werden Dimensionsintelligenz sowie die Sprachübersetzung von Dimensionen behandelt.

Das Kapitel 7 beschäftigt sich detailliert mit Cubes. Es wird gezeigt, wie Measures und Cubedimensionen bearbeitet werden. Darüber hinaus werden Sie mit den Konzepten Key Performance Indicators (KPIs), Aktionen, Perspektiven und Cubeübersetzungen vertraut gemacht. Das Kapitel 8 ist der Verwaltung der Analysis Services gewidmet und wendet sich damit vor allem an Datenbankadministratoren, dürfte aber auch für andere Leser von Interesse sein.

Data Mining

War Data Mining in den Analysis Services 2000 noch ziemlich unterentwickelt, so bieten die Analysis Services 2008 (wie auch bereits diejenigen der Version 2005) eine komplette Palette von Data Mining-Algorithmen. Mit Data Mining befassen sich Kapitel 9 bis 11. Das Kapitel 9 stellt das Data Mining-Konzept des SQL Server 2008 vor. Hier wird gezeigt, auf welche Weise die Standardisierung von Data Mining gelungen ist. In Kapitel 10 wird in der Art eines Tutoriums mit einem Anwendungsbeispiel demonstriert, wie Sie eine Data Mining-Lösung erstellen, trainieren, auf ihre Genauigkeit überprüfen und Vorhersagen damit treffen. Ausführlich werden dabei die verschiedenen Werkzeuge zum Bearbeiten und Überprüfen von Miningmodellen, die in Form unterschiedlicher Registerkarten im Business Intelligence Development Studio zur Verfügung gestellt werden, behandelt. Das Kapitel 11 beschäftigt sich mit den Möglichkeiten, Data Mining-Modelle mit den Features der Integration Services als *Closed Loop* in die automatischen Datenaktualisierungsprozesse zu integrieren. Dies wird sowohl für die Ebene der Ablaufsteuerung als auch für die Ebene des Datenflusses aufgezeigt.

Integration Services

Die Integration Services sind die Plattform zur Erstellung von Datenintegrations- und Datentransformationslösungen. Sie werden in den Kapiteln 12 bis 19 behandelt. Das Kapitel 12 vermittelt Ihnen einen Überblick über die Integration Services als Datenintegrationsplattform im Unternehmen. In Kapitel 13 wird in der Form eines Tutoriums ein erstes Beispielpaket erstellt. Es werden Daten aus einer externen Datenquelle eingelesen, transferiert und in eine SQL Server-Datenbank geladen. Sie werden Schritt für Schritt mit der Entwicklungsumgebung des Business Intelligence Development Studios für die Integration Services vertraut gemacht.

In Kapitel 14 werden Grundelemente der Integration Services erklärt. Die Integration Services verwenden spezielle Datentypen, um den Anforderungen als Integrationsplattform gerecht zu werden. Mit Variablen können Integration Services gesteuert und parametrisiert werden. Die Funktionalität der neuen Ausdrucksprogrammierung wird beschrieben und die Anwendung von Ausdrücken wird in Beispielen gezeigt. Das Kapitel 15 beschreibt die Ablaufsteuerung als Schaltzentrale eines Integration Services-Pakets sowie den Aufbau eines Workflows mit einfachen und komplexen Rangfolgeneinschränkungen. Dabei werden Sie mit allen wichtigen Tasks und Containern vertraut gemacht.

Der Datenfluss als ETL-Programmteil der Integration Services ist das Thema von Kapitel 16: Von der Datenquelle über die verschiedenen Transformationen bis hin zum Laden in ein Datenziel werden alle wichtigen Komponenten besprochen. Das Kapitel 17 führt Sie in das Skripting ein. Gezeigt wird dabei das Microsoft Visual Studio Tools for Applications und die Verwendung der .NET-Programmiersprachen. In Kapitel 18 werden die Konfiguration, das Debugging und das Ausführen von Integration Services-Paketen beschrieben. Das Kapitel 19 zeigt die große Lösungsflexibilität der Integration Services. Für eine Aufgabenstellung werden sechs verschiedene Lösungen anhand von Beispielen vorgestellt. Zu jeder Lösung werden die Vor- und Nachteile genannt.

Reporting Services

Die Reporting Services werden in den Kapiteln 20 bis 24 behandelt. In Kapitel 20 erhalten Sie einen Überblick über das Berichtswesen von Unternehmen und dessen Unterstützung durch die Reporting Services. In dieser Einführung wird die Architektur der Reporting Services beschrieben und ein Überblick über deren Konfiguration gegeben. Das Kapitel 21 beschreibt die Erstellung von Berichten mit dem in Visual Studio integrierten Berichts-Designer. Behandelt wird dabei sowohl der Zugriff auf relationale als auch auf multidimensionale Datenquellen. Hier erfolgt eine eingehende Einführung in die Möglichkeiten der Berichtsgestaltung, die auch für Einsteiger in die Reporting Services geeignet ist.

Die Verwaltung und Verteilung von Berichten mit den Reporting Services wird in Kapitel 22 erläutert. Sowohl die Verwaltung mit Werkzeugen der Reporting Services als auch der Zugriff auf die Objekte über Web Services gehören zum Inhalt dieses Kapitels. Das Kapitel 23 befasst sich mit dem Berichts-Generator, der für ein Ad-hoc-Reporting durch die Anwender selbst gedacht ist. In diesem Zusammenhang wird auch die Erstellung von Berichtsmodellen, die für die Berichtserstellung mit dem Berichts-Generator benötigt werden, erörtert. In Kapitel 24 schließlich geht es um die Integration der Reporting Services und der Analysis Services in ausgewählte Office-Komponenten.

Analysis Services-Programmierung

Der Teil, der sich mit der Programmierung der Analysis Services befasst, beginnt mit Kapitel 25. Dieses führt Sie in die Analysis Services-Sprache MDX (Mutidimensional Expressions) ein. Diese Sprache wird zur Programmierung von multidimensionalen Strukturen eingesetzt. Dazu zählen unter anderem Abfragefunktionalitäten, Definition von berechneten Elementen und die Steuerung der Cube-Generierung.

In Kapitel 26 wird die Erstellung von Assemblys für die Analysis Services am Beispiel von Erweiterungen für MDX behandelt. Derartige Erweiterungen sind .NET-Klassen, die im Prozess der Analysis Services laufen und benutzerdefinierte Funktionen (User Defined Functions; UDF) oder Stored Procedures zur Verfügung stellen. Das Kapitel 27 befasst sich mit Data Mining Extensions (DMX), einer weiteren Analysis Services-Sprache. Mit DMX können Miningstrukturen und Mining-Objekte erstellt und trainiert werden. Auf trainierte Modelle können mit DMX Abfragen abgesetzt werden, die dazu dienen, Vorhersagen für das Eintreten von Zuständen für Eingangsdaten zu ermitteln.

Der Datenzugriff mit ADOMD.NET ist Thema von Kapitel 28. ADOMD.NET ist eine .NET-Bibliothek, die zum Zugriff auf Daten und Metadaten aus OLAP und Data Mining-Strukturen dient. Mit ADOMD.NET können .NET-Clientanwendungen, wie z.B. ein OLAP-Browser, programmiert werden. In Kapitel 29 werden die Analysis Management Objects (AMO) behandelt. Bei AMO handelt es sich ebenfalls um eine .NET-Bibliothek, die zum einen zur Automatisierung von Administrationsaufgaben und zum anderen zur Manipulation von Objekten der Analysis Services dient.

Dem Zugriff mit XML for Analysis (XMLA) auf die Analysis Services ist Kapitel 30 gewidmet. XMLA bildet die grundlegende Schnittstelle zum Zugriff auf die Analysis Services. XMLA stellt die Zugriffsschicht für die in Kapitel 28 und 29 beschriebenen Objektbibliotheken dar. Es ist aber auch möglich, direkt mit XMLA über das HTTP-Protokoll auf die Analysis Services zuzugreifen. In diesem Kapitel wird auch kurz auf Analysis Services Scripting Language (ASSL) eingegangen. Das Kapitel 31 beschreibt Möglichkeiten zum Überwachen von Serverstatus und Ressourcenverbrauch sowie zur Suche von Fehlern. Hierzu werden Dynamic Management Views, der SQL Server Profiler und der Systemmonitor verwendet.

Kapitel 2

Installation von SQL Server 2008 und Beispieldateien

In diesem Kapitel:

Installation von SQL Server 2008   28
Installation der Beispieldateien   36

Um mit diesem Buch arbeiten und das hier Beschriebene nachvollziehen zu können, benötigen Sie einerseits die SQL Server-Datenplattform von Microsoft, die aktuell in Version 2008 vorliegt, sowie die Beispieldateien zu diesem Buch. Wie Sie diese Komponenten installieren, erfahren Sie in den folgenden Abschnitten.

Installation von SQL Server 2008

Die Installation von SQL Server 2008 erfolgt mithilfe des Installations-Assistenten. Der Installations-Assistent stellt eine grafische Benutzeroberfläche zur Verfügung, über die Sie durch die erforderlichen Installationsschritte begleitet werden. Starten Sie den Installations-Assistenten, indem Sie die SQL Server-DVD in Ihr DVD-Laufwerk einlegen. Wenn Sie die Autostart-Funktion aktiviert haben, startet der Installations-Assistent automatisch. Andernfalls navigieren Sie zum Verzeichnis der SQL Server-DVD und rufen die Anwendung *setup.exe* auf. Die folgenden Schritte demonstrieren eine Neuinstallation bei einem Windows-Betriebssystem.

Für die Zwecke dieses Buches empfehlen wir Ihnen die Installation der SQL Server 2008 Developer Edition, sie enthält alle Komponenten der Enterprise Edition, ist aber für den produktiven Einsatz nicht lizenziert. Im Gegensatz zu der Enterprise Edition kann die Developer Edition auf einem Windows XP- oder einem Windows Vista-Betriebssystem installiert werden, während die Enterprise Edition als Betriebssystem Windows Server 2003 oder 2008 verlangt. Optional können Sie SQL Server 2008 auf den unterstützten Betriebssystemen unter Microsoft Virtual PC oder Virtual Server installieren. Informationen zu Virtual PC und Virtual Server finden Sie auf der Microsoft-Website.

Vorbereiten der Installation

Für die Installation von SQL Server 2008 erforderlich sind zunächst das .NET Framework 3.5 SP1, SQL Server Native Client sowie Windows Installer 4.5. SQL Server Native Client ist ein Daten-Provider, der speziell für SQL Server entwickelt wurde. Bei einer Neuinstallation von SQL Server 2008 werden diese Komponenten installiert, wenn sie sich nicht bereits auf dem Computer befinden.

1. Wenn das .NET Framework 3.5 SP1-Installationsdialogfeld angezeigt wird (Abbildung 2.1), klicken Sie auf *OK*, um mit der Installation zu beginnen. Akzeptieren Sie den Lizenzvertrag und klicken Sie anschließend auf *Installieren*. Optional können Sie Microsoft Informationen über den Installationsverlauf zusenden. Der Windows Installer 4.5 wird vom Installations-Assistenten installiert, indem Sie die Installation des *Hotfix für Windows (KB942288)* bestätigen. Nach Abschluss der Installation ist ein Neustart des Computers für die weitere Installation des SQL Server 2008 zwingend erforderlich.

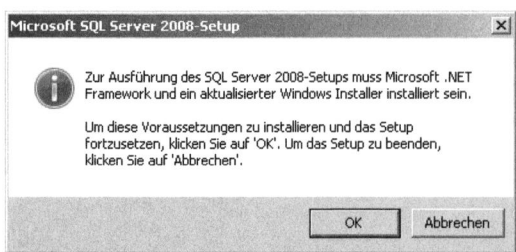

Abbildung 2.1 Dialogfeld zur Installation von .NET Framework 3.5 SP1

2. Führen Sie nach dem Neustart erneut das Setup für den SQL Server 2008 aus. Die Startseite des SQL Server-Installationscenter (Abbildung 2.2) enthält nützliche Links, wie beispielsweise eine Verknüpfung, um Hardware- und Softwareanforderungen zu überprüfen.

3. Installieren Sie gegebenenfalls weitere Komponenten, wie beispielsweise Windows Vista Service Pack 2 oder den Internet Explorer 8. Während der Installation werden die erforderlichen Voraussetzungen überprüft. Eine weitere nützliche Informationsquelle ist das Thema *Onlinehilfe zur Installation* von der Produktdokumentation. Die gesamte Produktdokumentation ist auf der Microsoft-Website online verfügbar. Wenn Sie die Hardware- und Softwarevoraussetzungen überprüft und installiert haben, klicken Sie anschließend auf *Installation*, um mit der Installation zu beginnen.

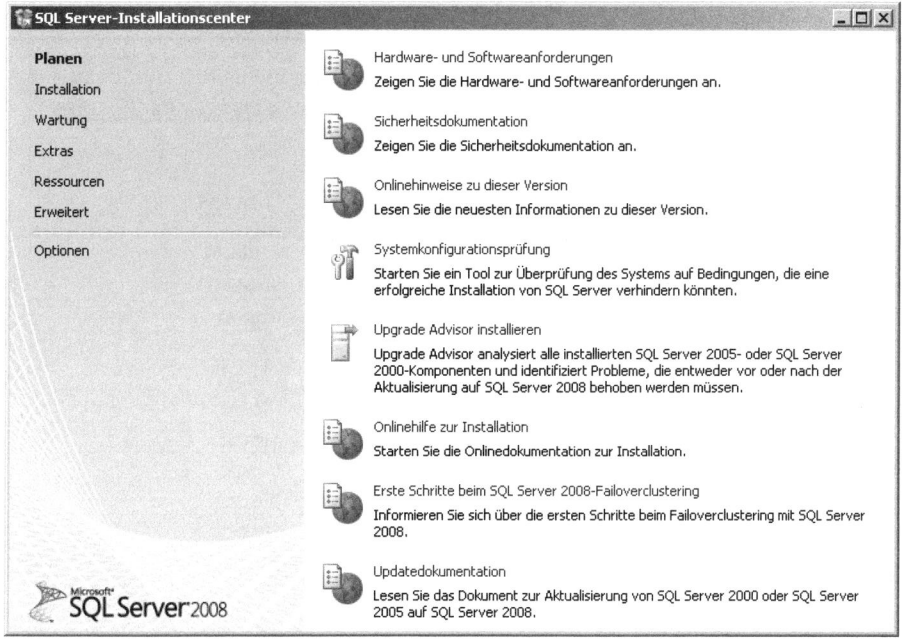

Abbildung 2.2 Startseite des SQL Server-Installationscenters

4. Wählen Sie im SQL Server-Installationscenter die Option *Neue eigenständige SQL Server-Installation oder Hinzufügen von Features zu einer vorhandenen Installation*, um den Installations-Assistenten zu starten. Die Seite *Setupunterstützungsregeln* wird angezeigt. Die Systemkonfigurationsüberprüfung führt einen Satz von Regeln aus, um die für die Installation notwendigen Systemvoraussetzungen zu prüfen. Sie haben die Möglichkeit, einen detaillierten Bericht der einzelnen Regeln anzuzeigen. Klicken Sie nach der erfolgreichen Überprüfung auf *OK*.

5. Auf der Seite *Product Key* haben Sie die Möglichkeit, eine kostenlose Enterprise Evaluation-Version zu installieren, die nach 180 Tagen abläuft. Wählen Sie die zu installierende SQL Server 2008-Edition und klicken Sie auf *Weiter*.

6. Akzeptieren Sie auf der Seite *Lizenzbedingungen* durch Aktivierung des Kontrollkästchens den Lizenzvertrag und klicken anschließend auf *Weiter*.

7. Auf der Seite *Setup-Unterstützungsdateien* klicken Sie auf *Installieren*, um die für den SQL Server erforderlichen Komponenten zu installieren, wenn sie nicht bereits auf dem Computer vorhanden sind.

8. Auf der Seite *Setupunterstützungsregeln* prüft der Installations-Assistent erneut Systemvoraussetzungen. Wenn eine erforderliche Systemvoraussetzung nicht erfüllt ist, wird diese mit einer Warnung oder einem Fehler gekennzeichnet. Ihr System muss bei einem Fehler so konfiguriert werden, dass es die Systemvoraussetzungen erfüllt, bevor Sie den Installationsprozess fortsetzen können. Sie haben die Option, die einzelnen Überprüfungsregeln durch einen Klick im Bereich *Status* anzuzeigen. Sie haben ebenfalls die Möglichkeit, einen detaillierten Bericht der Systemkonfigurationsüberprüfung anzuzeigen. Klicken Sie nach der erfolgreichen Überprüfung auf *Weiter*, um die Installation fortzusetzen (Abbildung 2.3).

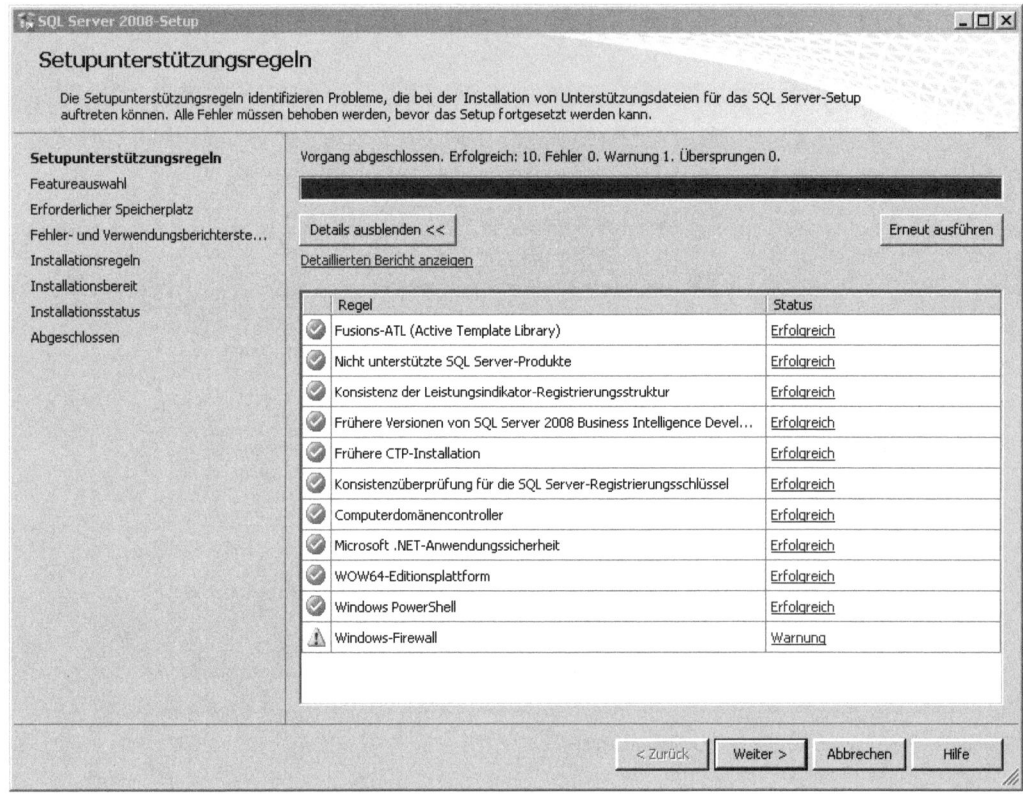

Abbildung 2.3 Seite *Setupunterstützungsregeln*

Installation der Komponenten

Wenn Ihr System die Installationsvoraussetzungen erfüllt, können Sie auf der Seite *Featureauswahl* (Abbildung 2.4) die SQL Server-Komponenten auswählen, die Sie installieren möchten. Sollten Sie eine oder mehrere Komponenten nicht auswählen, können Sie diese nach Beendigung des Installationsprozesses nachträglich installieren, indem Sie das SQL Server-Installationscenter erneut starten. Sie können nach Beendigung der Installation über das *Start*-Menü auf *Programme* bzw. *Alle Programme/Microsoft SQL Server 2008/Konfigurationstools/SQL Server-Installationscenter* klicken, um das Installationscenter zu starten.

1. Für dieses Buch benötigen Sie die Komponenten *Datenbankmoduldienste*, *Analysis Services*, *Reporting Services*, *Integration Services* sowie das *Business Intelligence Development Studio*, die Onlinedokumentation und Verwaltungstools. Die restlichen Komponenten werden nicht benötigt, können aber optional

installiert werden, wenn Sie Ihre Kenntnisse über das Buch hinaus vertiefen möchten. Nach der Auswahl einer einzelnen Komponente wird im rechten Bereich eine kurze Beschreibung angezeigt. Sie haben ebenfalls die Möglichkeit, ein benutzerdefiniertes Verzeichnis für freigegebene Komponenten anzugeben. Akzeptieren Sie das Standardverzeichnis und klicken Sie auf *Weiter*.

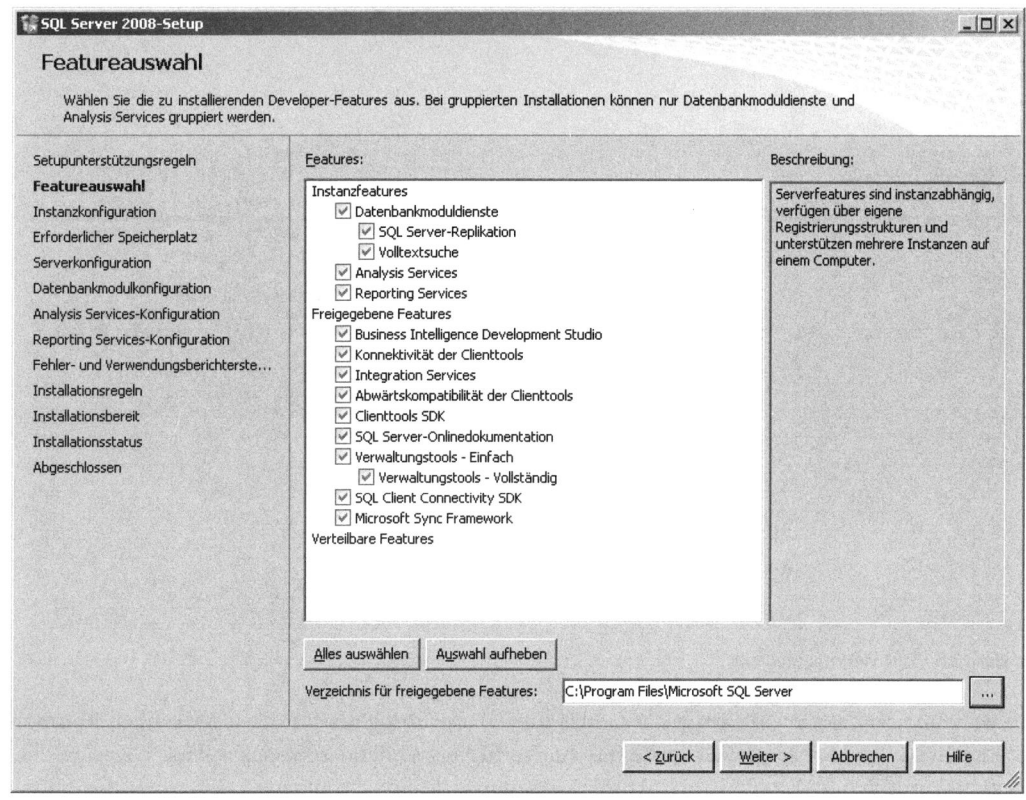

Abbildung 2.4 Seite *Featureauswahl*

2. Auf der Seite *Instanzkonfiguration* können Sie eine Standardinstanz oder eine benannte Instanz für die Installation definieren (Abbildung 2.5). Wurde bereits eine Standardinstanz oder eine benannte Instanz installiert und diese von Ihnen ausgewählt, wird die ausgewählte Instanz aktualisiert. Sie haben dann die Möglichkeit, zusätzliche Komponenten zu installieren. Existiert bereits eine Standardinstanz, kann keine zusätzliche Standardinstanz installiert werden. Wählen Sie die Option *Benannte Instanz*, wenn Sie eine benannte Instanz installieren möchten, und geben Sie in das Feld einen eindeutigen Instanznamen ein. Sie können eine Verbindung zu einer benannten Instanz mit der Namenskonvention *Machinenname\Instanzname* herstellen. In der Standardeinstellung wird der Instanzname als Instanz-ID verwendet. Die Instanz-ID wird für die Identifizierung der Installationsverzeichnisse und Registrierungsschlüssel für die Instanz vom SQL Server verwendet. Wählen Sie Ihre gewünschte Instanzoption aus, akzeptieren die Standardeinstellungen für *Instanz-ID* und *Instanzstammverzeichnis*, und klicken Sie auf *Weiter*.

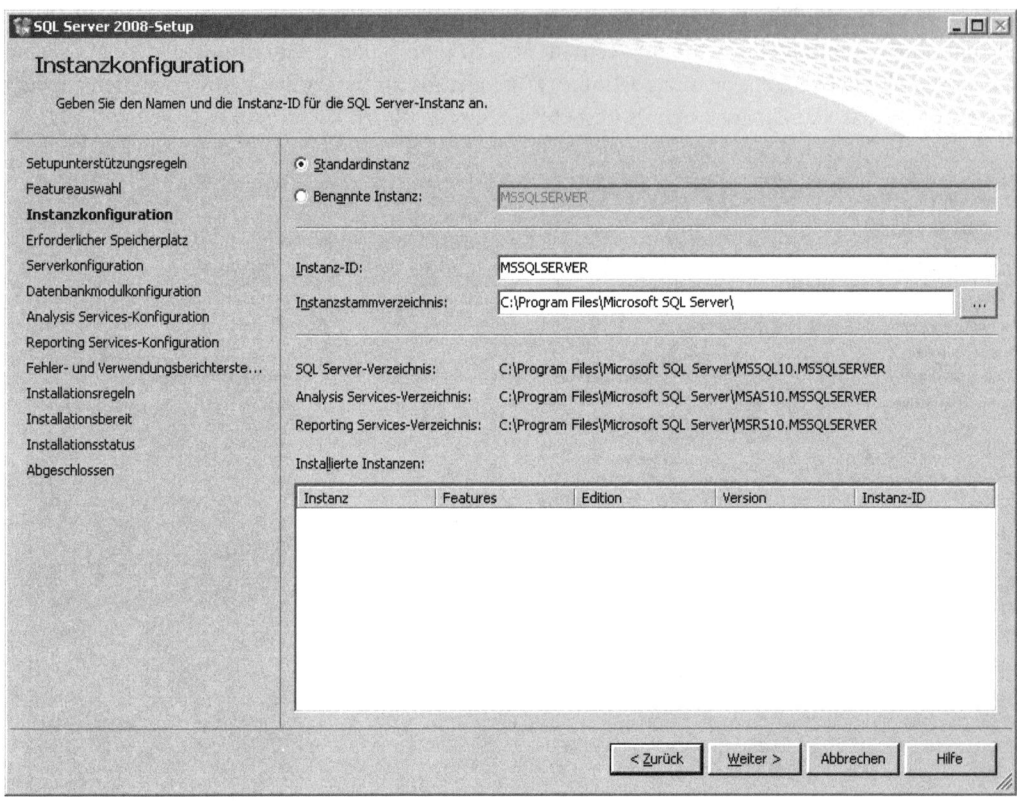

Abbildung 2.5 Seite *Instanzkonfiguration*

3. Auf der Seite *Erforderlicher Speicherplatz* erfolgt eine Überprüfung des für die ausgewählten Komponenten erforderlichen Speicherplatzes sowie des zur Verfügung stehenden Speicherplatzes. Klicken Sie auf *Weiter*, um mit der Installation fortzufahren. Auf der Seite *Serverkonfiguration* werden die Anmeldekonten für die SQL Server-Dienste festgelegt (Abbildung 2.6). Sie können für alle Dienste ein Konto verwenden oder optional für jeden Dienst ein einzelnes Konto angeben. Für Testzwecke oder wenn Ihre Maschine nicht Mitglied einer Domäne ist, empfehlen wir die Verwendung des lokalen Systemkontos. Sie können nach Beendigung der Installation für jeden einzelnen Dienst die Kontoinformationen ändern. Auf der Registerkarte *Dienstkonto* können Sie zusätzlich festlegen, welche Dienste automatisch gestartet werden sollen, wenn die Maschine neu gestartet wird. Wenn Sie SQL Server-Aufträge planen, ändern Sie den Starttyp des SQL Server Agent auf die Option *Automatisch*. Der SQL Browser-Dienst wird nur benötigt, wenn Sie multiple Instanzen auf der Maschine installiert haben. Zweck des SQL Browser-Dienstes ist das Adressieren von eingehenden Anfragen zu der richtigen Instanz. Der Installations-Assistent erteilt dem Dienstkonto die notwendigen Privilegien, um die notwendigen Aktionen durchführen zu können. Zusätzlich können Sie auf der Registerkarte *Sortierung* für das Datenbankmodul und die Analysis Services Sortierungen festlegen, die von der Standardeinstellung *Latin1_General_CI_AS* abweichen. Nachdem Sie die Anmeldekonten festgelegt haben, klicken sie auf *Weiter*.

Installation von SQL Server 2008

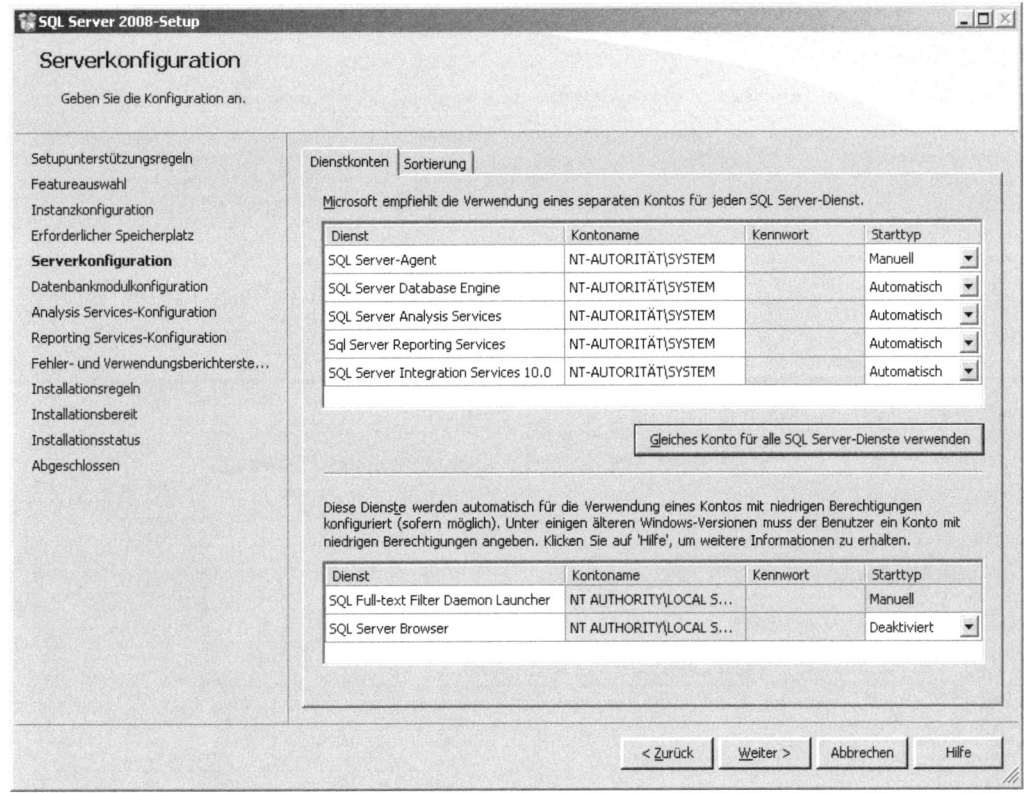

Abbildung 2.6 Seite *Serverkonfiguration*

4. Auf der Seite *Datenbankmodulkonfiguration* können Sie den Authentifizierungsmodus für die SQL Server-Installation auswählen (Abbildung 2.7). Der SQL Server unterstützt den Windows-Authentifizierungsmodus oder den gemischten Modus (Windows- und SQL Server-Authentifizierung). Empfehlenswert ist der Windows-Authentifizierungsmodus, da Sie hierfür kein Passwort angeben müssen. Sie müssen für das Datenbankmodul wenigstens einen Administrator für die SQL Server-Instanz definieren. Klicken Sie auf *Aktuellen Benutzer hinzufügen*, um mit Ihrer Windows-Anmeldung uneingeschränkten Zugriff auf das Datenbankmodul zu erhalten. Sie können nach Fertigstellung der Installation weitere Benutzer zur Gruppe der Systemadministratoren hinzufügen. Über die Registerkarte *Datenverzeichnisse* haben Sie die Möglichkeit, andere Installationsverzeichnisse als das Standardinstallationsverzeichnis anzugeben. Sie können beispielsweise getrennte Verzeichnisse für Daten und Protokolle angeben. Aktivieren Sie in der Registerkarte *FILESTREAM* das Kontrollkästchen *FILESTREAM für Transact-SQL aktivieren*. Diese Option integriert das Datenbankmodul in ein NTFS-Dateisystem, damit BLOB-Daten (Binary Large Object, beispielsweise Bilder oder Videos) im Dateisystem gespeichert werden können. Diese Objekte können dann mittels Transact-SQL angesprochen werden. Klicken Sie anschließend auf *Weiter*.

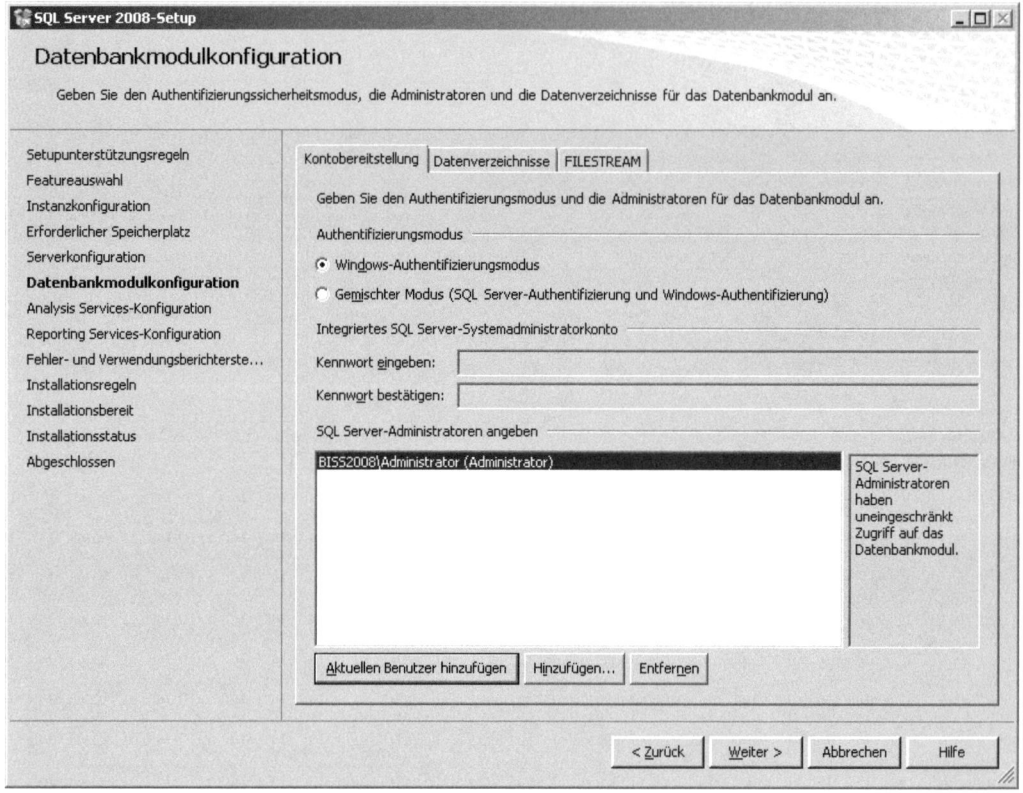

Abbildung 2.7 Seite *Datenbankmodulkonfiguration*

5. Auf der Seite *Analysis Services-Konfiguration* müssen Sie ebenfalls wenigstens einen Administrator definieren, der über uneingeschränkten Zugriff auf die Analysis Services verfügt. Verfahren Sie hier analog zur Datenbankmodulkonfiguration, akzeptieren die Standardinstallationsverzeichnisse und klicken anschließend auf *Weiter*.

6. Auf der Seite *Reporting Services-Konfiguration* können Sie optional die Art der Installation der Berichtsserverinstanz angeben. Folgende Optionen stehen Ihnen zur Verfügung:

   - **Standardkonfiguration des systemeigenen Modus installieren**   Bei dieser Option wird eine Berichtsserverinstanz mit Standardwerten installiert, die nach Beendigung der Installation sofort verwendet werden kann. Diese Option ist besonders für Evaluierungszwecke sinnvoll.

   - **Standardkonfiguration des integrierten SharePoint-Modus installieren**   Bei dieser Option wird eine Berichtsserverinstanz mit Standardwerten zur Unterstützung von SharePoint-Webseiten installiert. Erforderlich ist eine weitere Installation von SharePoint-Technologien auf der Berichtsserverinstanz.

   - **Berichtsserver installieren, aber nicht konfigurieren**   Bei dieser Option wird lediglich die Software installiert, aber nicht konfiguriert. Nach Abschluss der Installation muss die Berichtsserver-Datenbank erstellt und der Berichtsserver konfiguriert werden.

   Wählen Sie die erste Option aus (Abbildung 2.8), und klicken Sie anschließend auf *Weiter*.

Installation von SQL Server 2008

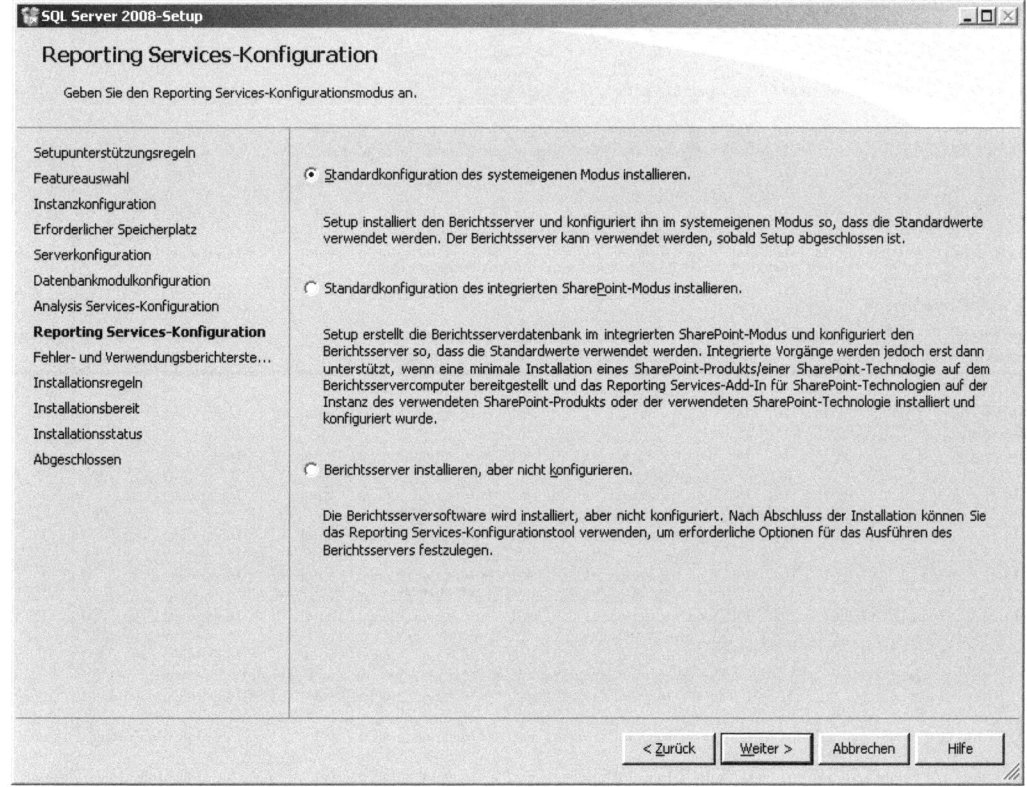

Abbildung 2.8 Seite *Reporting Services-Konfiguration*

7. Auf der Seite *Fehler- und Verwendungsberichte* können Sie optional auswählen, ob Sie Microsoft automatisch Fehler- und Verwendungsberichte zusenden möchten. Aktivieren Sie gegebenenfalls die Kontrollkästchen und klicken Sie auf *Weiter*.

8. Auf der Seite *Installationsregeln* erfolgt eine Überprüfung der Systemkonfiguration, um festzustellen, ob die Installation blockiert wird. Auf der Seite *Installationsbereit* können Sie eine Zusammenfassung der zu installierenden Komponenten überprüfen. Klicken Sie auf die Schaltfläche *Installieren*, um den Installationsprozess zu starten. Mithilfe der Seite *Installationsstatus* können Sie den Status der Installation überwachen. Schließlich können Sie auf der Seite *Abgeschlossen* das Zusammenfassungsprotokoll der Installation öffnen, indem Sie auf die Verknüpfung zur Protokolldatei klicken (Abbildung 2.9). Klicken Sie auf *Schließen*, um die Installation vom SQL Server 2008 zu beenden.

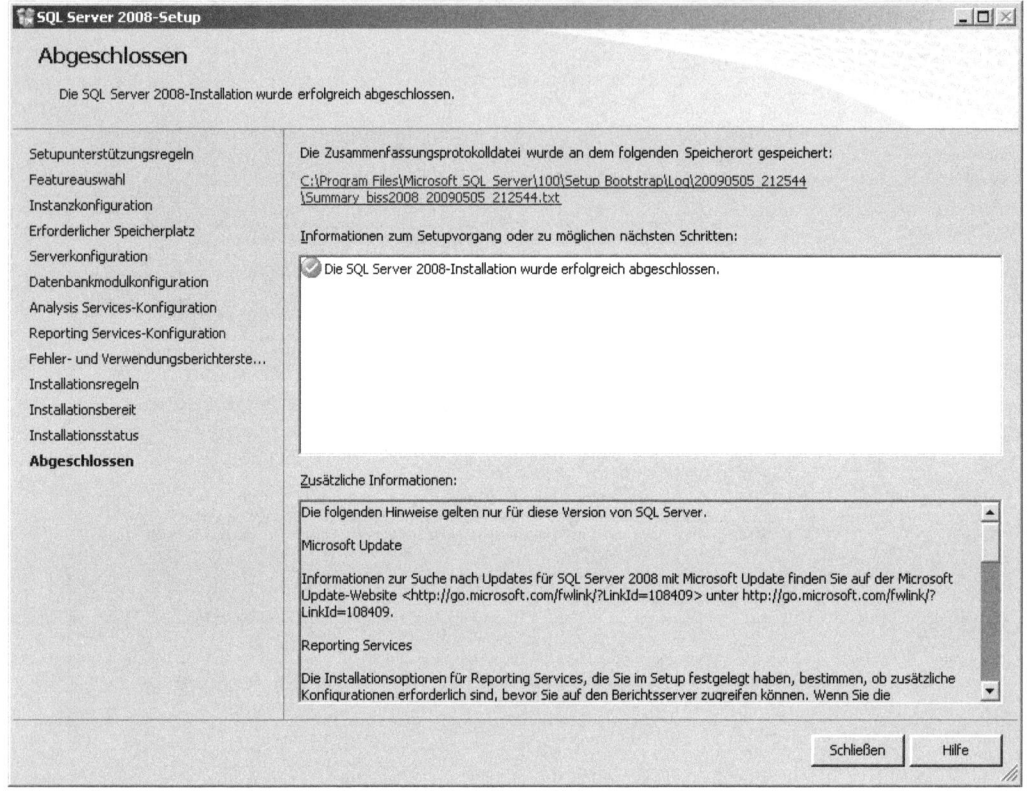

Abbildung 2.9 Seite *Abgeschlossen*

Nachdem die Installation abgeschlossen ist, können Sie den SQL Server 2008 mithilfe von Dienstprogrammen weiter konfigurieren.

Installation der Beispieldateien

Als begleitendes Material zum vorliegenden Buch haben wir die beiden Datenbanken *DW1fach* und *AW_DW* sowie zahlreiche Projekte und Skriptdateien bereitgestellt. Im Buch wird an den Stellen, in deren Kontext die einzelnen Materialien verwendet bzw. erläutert werden, der jeweils voll qualifizierte Projekt- oder Dateiname angegeben. Wir haben einheitlich als Laufwerk *V:* und als Ordner *BISS2008* verwendet, sodass alle Dateien im Ordner *V:\BISS2008* liegen. Zusätzlich existieren aber viele kontextabhängige Unterordner zu diesem Verzeichnis, die im weiteren Verlauf des Buchs jeweils genannt werden. Sie finden das Material zum Download auf der Webseite:

http://www.FestImBiss.de

Rufen Sie diese Webseite auf und klicken unten rechts auf den Link *Downloads zum Buch Business Intelligence mit Microsoft SQL Server 2008*, um zum Download des Materials zu gelangen. Es befindet sich in *.zip*-Dateien. Beim Dekomprimieren dieser Dateien werden die Dateipfade zusammen mit den Dateien kopiert. Auf diese Weise ist sichergestellt, dass die im Buch angegebenen und die bei Ihnen installierten Pfade deckungsgleich sind. Für eine vollständige Deckungsgleichheit ist allerdings vorausgesetzt, dass Sie die Dateien und Pfade in das Laufwerk *V:* kopieren. Sie können sich das virtuelle Laufwerk *V:* bequem mit dem Windows-Explorer einrichten. Wählen Sie im Windows-Explorer den Befehl *Extras/Netzlaufwerk verbinden* und verbinden Sie den Ordner, in den das Buchmaterial kopiert werden soll, mit dem Laufwerksbuchstaben *V*. Anschließend können Sie die Dateien entweder direkt ins Laufwerk *V:* oder in den damit verbundenen Ordner kopieren. Falls in Ihrer Arbeitsumgebung der Laufwerksbuchstabe *V* nicht verfügbar ist, müssen Sie in den Materialien (vor allem in den Analysis Services- und Integration Services-Projekten) die Pfade entsprechend Ihrer Arbeitsumgebung jeweils manuell ändern. Sie benötigen ebenfalls die offiziellen Beispieldatenbanken *AdventureWorks2008* und *AdventureWorksDW2008*, um die im Buch enthaltenen Beispiele nachvollziehen zu können. Die Beispieldatenbanken werden standardmäßig nicht installiert, Sie können sie aber unter dem folgenden Link herunterladen:

www.codeplex.com/MSFTDBProdSamples

Sie können sich das Begleitmaterial außerdem von der Webseite von Microsoft Press Deutschland herunterladen:

http://go.microsoft.com/fwlink/?LinkID=153818

Falls dazu technische Rückfragen erforderlich werden, können Sie diese per Mail an

presscd@microsoft.com

richten.

Datenbanken DW1fach und AW_DW installieren

Zusätzlich zu den Datenbanken *AdventureWorks2008* und *AdventureWorksDW*2008, auf die viele Buchbeispiele Bezug nehmen, verwenden zusätzlich mehrere Beispiele die beiden weiteren Datenbanken *DW1fach* und *AW_DW*. Gehen Sie wie folgt vor, um diese Datenbanken zu installieren:

1. Laden Sie von der Webseite *http://www.FestImBiss.de* die Datei *Datenbanken.zip* herunter. Diese Datei enthält die beiden Access-Datenbankdateien *DW1fach.mdb* und *AW_DW.mdb*. Kopieren Sie diese in einen beliebigen Ordner.
2. Öffnen Sie das SQL Server Management Studio für das Datenbankmodul, und erstellen Sie die neue relationale Datenbank *DW1fach*. Klicken Sie dazu im Objekt-Explorer mit der rechten Maustaste auf den Knoten *Datenbanken*, und wählen Sie im Kontextmenü den Eintrag *Neue Datenbank*. Daraufhin wird das gleichnamige Dialogfeld angezeigt.
3. Geben Sie im Dialogfeld *Neue Datenbank* den Namen *DW1fach* an, belassen Sie es bei den weiteren Standardeinstellungen, und bestätigen Sie mit OK.
4. Öffnen Sie im Objekt-Explorer den Knoten *Datenbanken*, klicken Sie mit der rechten Maustaste auf die neu erstellte Datenbank *DW1fach* und wählen Sie im Kontextmenü den Eintrag *Tasks/Daten importieren*. Daraufhin wird das Dialogfeld *Datenquelle auswählen* angezeigt (Abbildung 2.10).

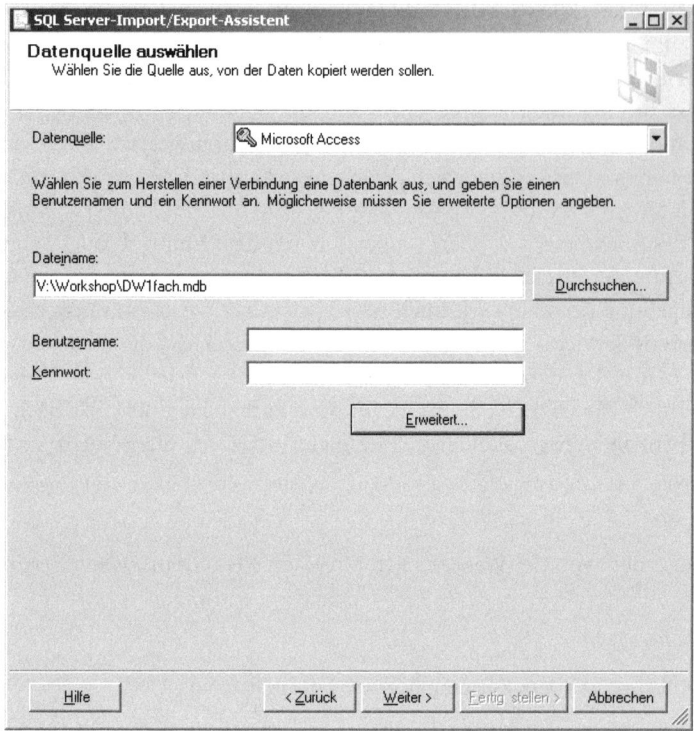

Abbildung 2.10 Dialogfeld *Datenquelle auswählen*

5. Wählen Sie im Dialogfeld *Datenquelle auswählen* in der Dropdownliste *Datenquelle* den Eintrag *Microsoft Access*.

6. Klicken Sie im Dialogfeld *Datenquelle auswählen* auf *Durchsuchen*, navigieren Sie zu dem Ordner, in den Sie die Datei *DW1fach.mdb* kopiert haben, wählen Sie diese Datei aus und bestätigen Sie mit *Öffnen*. Anschließend sollte das Dialogfeld *Datenquelle auswählen* so aussehen wie in Abbildung 2.10, ggf. mit einer anderen Pfadangabe. Klicken Sie auf *Weiter*, wird das Dialogfeld *Ziel auswählen* angezeigt (Abbildung 2.11).

7. Im Dialogfeld *Ziel auswählen* sollten automatisch die passenden Einstellungen angegeben sein, weil Sie den Einstieg in den Import/Export-Assistenten durch Klicken auf die Datenbank *DW1fach* vorgenommen hatten. Falls dies nicht zutrifft, ändern Sie entsprechend das Ziel, den Servernamen oder die Datenbank. Klicken Sie auf *Weiter*.

Installation der Beispieldateien

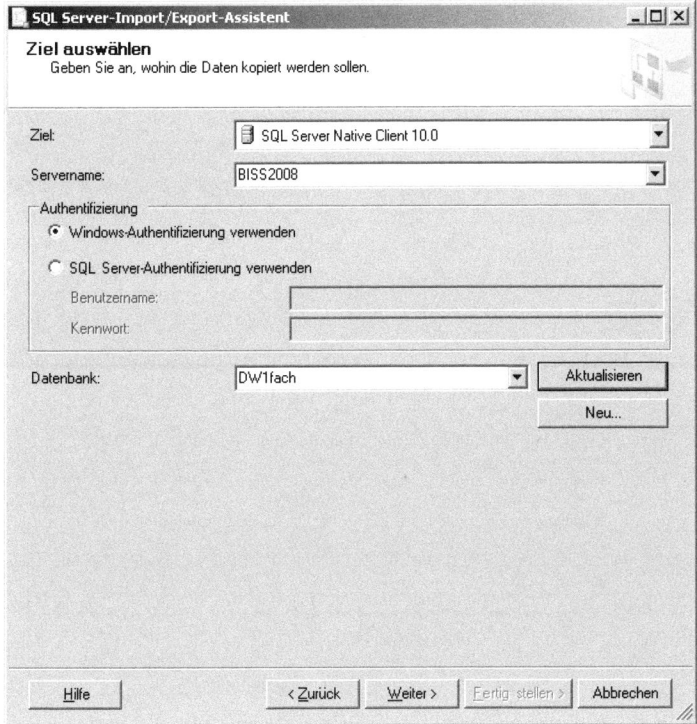

Abbildung 2.11 Dialogfeld *Ziel auswählen*

8. Klicken Sie im nächsten Dialogfeld auf *Weiter*, ohne etwas zu ändern.
9. Wählen Sie im nun angezeigten Dialogfeld *Quelltabellen und -sichten auswählen* sämtliche Tabellen aus und klicken anschließend auf *Weiter*.
10. Klicken Sie in den beiden folgenden Dialogfeldern jeweils auf *Fertig stellen*. Daraufhin wird das Dialogfeld *Vorgang ausführen* und nach erfolgreicher Beendigung des Importvorgangs das Dialogfeld *Die Ausführung war erfolgreich* angezeigt. Klicken Sie im letzten Dialogfeld auf *Schließen*.

Wiederholen Sie diese Schritte entsprechend für die Datenbank *AW_DW*.

Teil B
OLAP

In diesem Teil:

Kapitel 3	OLAP – Einführung und Überblick	43
Kapitel 4	OLAP-Tutorium: Einen einfachen Cube erstellen	59
Kapitel 5	Unified Dimensional Model	113
Kapitel 6	Arbeiten mit Dimensionen	127
Kapitel 7	Cubes bearbeiten	177
Kapitel 8	Verwalten der Analysis Services	233

Kapitel 3

OLAP – Einführung und Überblick

In diesem Kapitel:

Der Begriff OLAP	44
Möglichkeiten und Grenzen von SQL	45
Grundlegende Merkmale des multidimensionalen Konzepts	47
OLAP und Data Warehouse	55
Speicherkonzepte	57

Der Begriff OLAP

Die Abkürzung OLAP steht für On-Line Analytical Processing. Der Begriff wurde erstmalig im September 1993 in einem White Paper von E.F. Codd, S.B. Codd und C.T. Salley geprägt[1]. (E.F. Codd ist vor allem als »Erfinder« des Konzepts relationaler Datenbanken bekannt). Die Autoren prüfen in diesem Papier die Frage, inwieweit herkömmliche relationale Datenbanken und die damit verbundene Abfragesprache SQL geeignet sind, eine multidimensionale Datenanalyse zu leisten. Unter einer multidimensionalen Analyse verstehen sie vor allem, Daten zu konsolidieren, in unterschiedlicher Weise darzustellen und so zu analysieren, dass dies für verschiedene Personen im Unternehmen einen Sinn ergibt. Anstelle des Begriffs multidimensionale Datenanalyse schlagen sie den Begriff OLAP vor, der nach ihrer Meinung die multidimensionale Datenanalyse als ein Feature neben anderen enthält. Schaut man in die Veröffentlichungen der letzten Jahre, so werden die beiden Begriffe multidimensional bzw. OLAP weitgehend synonym verwendet. Dabei scheint der Begriff OLAP die Oberhand zu gewinnen, wenn es um eher technische Zusammenhänge geht. Das Wort multidimensional wird dagegen meist zu Charakterisierung inhaltlicher Datenstrukturen verwendet. So wird heute in aller Regel von einem OLAP-Server statt von einem multidimensionalen Datenbankserver gesprochen. Andererseits wird eine Analyse multidimensionaler Daten in der Regel auch so bezeichnet und nicht etwa als OLAP-Datenanalyse. Letztlich lässt sich aber eine trennscharfe begriffliche Abgrenzung von OLAP und multidimensional nicht angeben.

Dass E.F. und S.B. Codd u.a. den Begriff OLAP neu geprägt haben, hat natürlich einen realen Hintergrund. Bereits in den achtziger Jahren war bei Managern das Bedürfnis immer stärker geworden, Werkzeuge zur Analyse der Unternehmensdaten zur Verfügung zu haben. Daher wurden verschiedene Systeme entwickelt und auf dem Markt angeboten, die unter Bezeichnungen wie MIS oder EIS (Management oder Executive Information System) eine einfache, bequeme und schnelle Analyse der wichtigsten Daten des Unternehmens versprachen. Diese Systeme waren allerdings in aller Regel starr. Sie erlaubten es dem Anwender – d.h. dem Manager – nicht, flexibel auf geänderte Unternehmens- und damit Datenstrukturen zu reagieren. In derartigen Fällen musste stattdessen stets eine Anpassung des MIS durch IT-Fachleute erfolgen. Vor allem wegen dieser Starrheit hatte die erste Generation der Management-Informationssysteme keinen Erfolg. Gleichwohl wurde das Bedürfnis nach einfacher, leistungsfähiger und flexibler Analyse durch das Management immer größer. Im Prinzip hätte dieses Bedürfnis in den Fällen, in denen mit relationalen Datenbanksystemen gearbeitet wird, befriedigt werden können, denn die dazugehörige Abfragesprache SQL erlaubt grundsätzlich, Sichten der unterschiedlichsten Art auf die Daten auf flexible Weise zu erzeugen. Allerdings stoßen SQL-Abfragen in vielen Fällen auch an Grenzen. Diese zeigen sich vor allem in der Performance und in einer mangelnden Funktionalität für multidimensionale Fragestellungen (siehe den folgenden Abschnitt).

Der Begriff OLAP wird oft im Gegensatz und Unterschied zu einem relationalen, transaktionsorientierten Datenbanksystem verwendet. Dabei hat sich die Bezeichnung OLTP für Online Transaction Processing eingebürgert. So wird vielfach von einem OLTP-Server im Unterschied zu einem OLAP-Server gesprochen, wenn auf einen transaktionsorientierten Datenbankserver verwiesen werden soll.

---

[1] Codd, E.F./Codd, S.B./Salley, C.T., Providing OLAP (On-line Analytical Processing) to User-Analysts: An IT Mandate. Dieses White Paper von 1993 ist unter der folgenden Internet-Adresse der Firma Hyperion verfügbar: *http://dev.hyperion.com/resource_library/white_papers/providing_olap_to_user_analysts.pdf*.

Möglichkeiten und Grenzen von SQL

Dass Benutzer mit unterschiedlichen Fragestellungen an die Daten herangehen, ist nichts prinzipiell Neues. Für die relationalen Datenbanken ist bekanntlich eine eigene Sprache – das SQL – entwickelt worden, damit auf möglichst einfache, der natürlichen (englischen) Sprache angenäherte Weise unterschiedliche Sichten auf die Daten erzeugt werden können. Abgesehen von ganz spezifischen Fragestellungen lassen sich die meisten Sichten auf Daten – auch konsolidierte mehrdimensionale – mit SQL-SELECT-Anweisungen erzeugen. Die Möglichkeit, aber auch die Grenzen dieses Weges sollen im Folgenden aufgezeigt werden. Als Beispiel wird eine Datenbank mit Geschäftsdaten herangezogen, für die mithilfe einer SQL-Abfrage eine multidimensionale Sicht erzeugt werden soll.

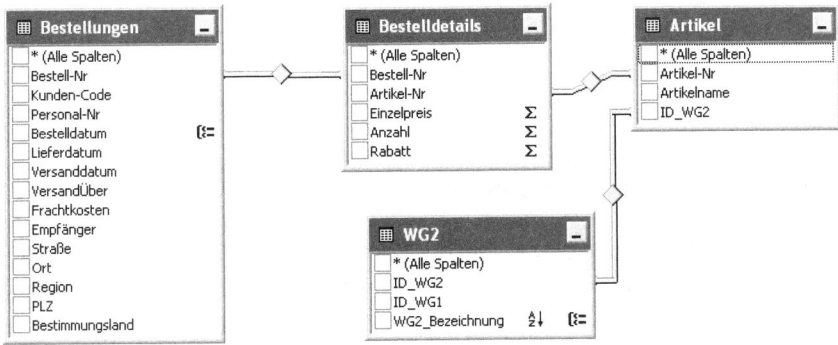

Abbildung 3.1   Vier Tabellen mit Geschäftsdaten

Die in Abbildung 3.1 wiedergegebenen Tabellen erlauben eine Antwort auf die folgende Frage:

Wie verteilt sich der Umsatz im Zeitraum 01.01.2004 - 31.12.2005 auf die Dimensionen »Bestelljahr«, »Quartale« und »Warengruppe 2« (WG2)?

Auf Basis von Standard-SQL wäre die folgende SQL-Abfrage erforderlich, um die in Abbildung 3.2 wiedergegebene Verteilung des Artikelumsatzes auf Warengruppe, Quartale und Bestelljahr zu erzeugen:

```
SELECT WG2_Bezeichnung as Warengruppe, Year(Bestelldatum) AS Bestelljahr,
    'Quartal ' + cast(DatePart(q,Bestelldatum) as nvarchar(1)) AS Quartale,
    cast(Sum(Anzahl*Einzelpreis*(1-Rabatt)) as decimal(10,2)) AS Umsatz
FROM Bestellungen
        INNER JOIN Bestelldetails ON
    Bestellungen.[Bestell-Nr] = Bestelldetails.[Bestell-Nr]
    INNER JOIN Artikel ON
        Bestelldetails.[Artikel-Nr] = Artikel.[Artikel-Nr]
    INNER JOIN WG2 ON
        Artikel.ID_WG2 = WG2.ID_WG2
GROUP BY WG2.WG2_Bezeichnung, Year(Bestelldatum),
    'Quartal ' + cast(DatePart(q,Bestelldatum) as nvarchar(1))
ORDER BY WG2.WG2_Bezeichnung, Bestelljahr, Quartale
```

	Warengruppe	Bestelljahr	Quartale	Umsatz
1	Branntwein	2004	Quartal 1	19844.49
2	Branntwein	2004	Quartal 2	26192.60
3	Branntwein	2004	Quartal 3	31452.30
4	Branntwein	2004	Quartal 4	37747.95
5	Branntwein	2005	Quartal 1	47842.59
6	Branntwein	2005	Quartal 2	41578.18
7	Branntwein	2005	Quartal 3	10557.86
8	Branntwein	2005	Quartal 4	22092.85
9	Likör	2004	Quartal 1	20010.84
10	Likör	2004	Quartal 2	24649.51
11	Likör	2004	Quartal 3	27976.60
12	Likör	2004	Quartal 4	27160.21
13	Likör	2005	Quartal 1	36181.89
14	Likör	2005	Quartal 2	41741.24
15	Likör	2005	Quartal 3	6200.58
16	Likör	2005	Quartal 4	11808.30
17	Rotwein	2004	Quartal 1	59785.70
18	Rotwein	2004	Quartal 2	59073.56
19	Rotwein	2004	Quartal 3	44881.28
20	Rotwein	2004	Quartal 4	55234.38
21	Rotwein	2005	Quartal 1	111711.90
22	Rotwein	2005	Quartal 2	103173.67
23	Rotwein	2005	Quartal 3	19596.92

Abbildung 3.2 Verteilung des Artikelumsatzes auf *Warengruppe*, *Bestelljahr* und *Quartale* entsprechend der voranstehenden SQL-Anweisung (Ausschnitt)

Die tabellarische Darstellung in Abbildung 3.2 liefert zwar einen vollständigen Überblick der angeforderten Verteilung. Sie liefert jedoch unnötig viele Zeilen, weil für jede Kombination aus *Warengruppe*, *Bestelljahr* und *Quartale* eine eigene Zeile ausgegeben wird. Viel übersichtlicher wäre die Darstellung, wenn das Ergebnis als PivotTable wiedergegeben würde: Es gehört mittlerweile zum Standard, dass mehrdimensionale Übersichten in der Art dargestellt werden, wie dies in Abbildung 3.3 geschehen ist. Dort wird gezeigt, wie die Zahlen aus Abbildung 3.2 in einer Excel-PivotTable wiedergegeben werden. Zwei Dimensionen – hier Warengruppe und Quartale – werden direkt in der Tabelle wiedergegeben. Die dritte Dimension – hier Bestelljahr – und gegebenenfalls weitere werden auf sogenannte Seitenfelder (Felder zum Filtern) verteilt, die als Kombinationsfelder konfiguriert sind. Eine PivotTable ist ein idealer Browser für mehrdimensionale Darstellungen.

Bestelljahr	2004				
Artikelumsatz	Quartale				
Warengruppe	Qrtl1	Qrtl2	Qrtl3	Qrtl4	Gesamtergebnis
Branntwein	19.844 €	26.193 €	31.452 €	37.748 €	115.237 €
Likör	20.011 €	24.650 €	27.977 €	27.160 €	99.797 €
Rotwein	59.786 €	59.074 €	44.881 €	55.234 €	218.975 €
Weißwein	45.340 €	35.446 €	30.361 €	45.770 €	156.917 €
Gesamtergebnis	144.981 €	145.361 €	134.671 €	165.912 €	590.926 €

Abbildung 3.3 Wiedergabe der Übersicht als Excel-PivotTable

Diese Überlegungen zeigen einerseits, dass sich mithilfe von SQL-SELECT-Anweisungen prinzipiell Sichten auf Daten erzeugen lassen, die verschiedene Dimensionen berücksichtigen. Jedoch unterliegt die Handhabbarkeit der SQL-Anweisungen und die Interpretationsmöglichkeit der erzeugten Sichten erheblichen Einschränkungen: Für jede neue Kombination von Dimensionen bzw. von deren Elementen muss eine neue SQL-Anweisung geschrieben werden, wobei jede einzelne Anweisung relativ komplex ist und daher vom nicht spezialisierten Endbenutzer kaum formuliert werden kann. Bei großen Datenmengen führt dies zu Performanceproblemen, weil jede neue Sicht auf die Daten stets erneute Berechnungen der Aggregationen erforderlich macht. Sichten mit mehr als einer Dimension können nur sehr schlecht interpretiert werden, weil die

Ergebnisse von SQL-Abfragen in flachen Tabellen ausgegeben werden, wobei jede Kombination der Dimensionselemente in einer eigenen Zeile wiedergegeben wird.

Für einen bequemen und schnellen Zugriff auf multidimensionale Daten sind daher eigene OLAP-Werkzeuge erforderlich, die dem Benutzer das Ergebnis in leicht interpretierbarer Form ausgeben.

Grundlegende Merkmale des multidimensionalen Konzepts

Im Folgenden stellen wir die Merkmale vor, die für das multidimensionale Konzept konstitutiv sind. Es handelt sich um die Begriffe *Dimension*, *Measure*, *Hierarchie* und *Cube*.

Dimensionen

Der Begriff *Multidimensionalität* setzt den der Dimension voraus. Daher ist zunächst zu klären, was hierunter zu verstehen ist. Der Prozess der Datenanalyse im Unternehmen beschäftigt sich im Allgemeinen nicht (nur) mit den Detaildaten, wie sie aus den einzelnen Geschäftsvorfällen aufgezeichnet wurden, sondern mit konsolidierten (aggregierten) Daten verschiedenster Ebenen. Entscheidend in diesem Zusammenhang ist die Sichtweise der Benutzer und nicht der Datenbankadministratoren. Ein Controller beispielsweise geht mit folgender Fragestellung an die Unternehmensdaten heran: Wie hat sich der Umsatz für Gabelstapler mit einer Tonne Tragkraft im ersten Quartal 2005 gegenüber dem Vorjahresquartal im Verkaufsgebiet Spanien/Portugal entwickelt? Wenn er die Antwort auf diese Frage erhalten hat, möchte er möglicherweise sofort wissen, wie denn die entsprechende Umsatzveränderung für Gabelstapler mit 1,5 Tonnen Tragkraft gewesen ist, und anschließend will er vielleicht wissen, wie die entsprechende Entwicklung in Europa für alle Förderfahrzeuge war. All dies setzt Konsolidierungen verschiedenster Art und Stufen voraus. »Konsolidierung von Daten ist der Prozess, in dem Teile von Informationen zu einzelnen Blöcken relevanten Wissens zusammengeführt werden. Die höchste Ebene im Pfad einer Datenkonsolidierung wird als Dimension dieser Daten bezeichnet.«[2] So können die Umsätze eines Unternehmens in verschiedener Hinsicht konsolidiert werden, beispielsweise nach dem Lieferziel, dem Produkt oder der Zeit. Der Konsolidierungspfad nach der Dimension *Lieferziel* könnte beispielsweise die folgenden Ebenen aufweisen: Belieferte *Firma – Ort – Land – Region*. Eine Aggregation nach der Dimension *Zeit* könnte in den Stufen *Tag – Monat – Quartal – Jahr* erfolgen. Im Allgemeinen existiert eine ganze Anzahl von Dimensionen, mit denen vorhandene Daten analysiert werden können. »Diese Mehrfachperspektive bzw. multidimensionale konzeptionelle Sichtweise scheint die Art und Weise zu sein, in der die meisten Geschäftsleute natürlicherweise ihr Unternehmen betrachten. Jede dieser Sichten ist als eine zugehörige Datendimension zu betrachten. Die simultane Analyse multipler Datendimensionen wird als multidimensionale Datenanalyse bezeichnet.«[3]

Die einzelnen Ausprägungen einer Dimension werden Elemente (members) genannt. In Abbildung 3.4 beispielsweise weist die Dimension *Warengruppe 2* die Elemente *Branntwein*, *Likör*, *Rotwein* und *Weißwein* auf, während die Dimension *Erdteil* die Elemente *Amerika* und *Europa* enthält. Von den Elementen der dritten Dimension *Jahr* ist nur das Element *2005* erkennbar, weil diese Dimension in der Darstellung als sogenanntes Seitenfeld verwendet wird.

---

[2] Ebenda, Abschnitt »OLAP concepts«, Übersetzung durch Verfasser
[3] Ebenda, Übersetzung durch Verfasser

Jahr	2005 ▼	
Umsatz	**Erdteil** ▼	
Warengruppe 2 ▼	Amerika	Europa
Branntwein	54.425 €	84.969 €
Likör	28.239 €	76.895 €
Rotwein	129.788 €	162.849 €
Weißwein	75.507 €	114.808 €

Abbildung 3.4 Darstellung einer dreidimensionalen Datenmenge in einer Excel-PivotTable

Dimensionen haben für multidimensionale Daten Schlüsselcharakter, denn mit ihrer Hilfe werden bestimmte Datenmengen identifiziert (Definition und Zugriff): Jede Kombination von Elementen der Dimensionen muss zu einer eindeutigen Datenmenge führen. Insofern besteht eine Analogie der Dimensionen multidimensionaler Daten zu den Schlüsseln relationaler Daten.

Measures

Als Measures[4] werden die Werte bezeichnet, auf die mithilfe der Dimensionen zugegriffen werden soll. In Abbildung 3.4 ist der Umsatz als Measure zu erkennen. Eine multidimensionale Datenmenge muss mindestens ein Measure aufweisen, kann aber auch mehrere enthalten. Beispielsweise könnte eine multidimensionale Datenmenge eines Versandhandelsunternehmens die Measures Umsatz, Menge und Frachtkosten enthalten.

Multidimensionale Datenmengen enthalten in aller Regel (auch) aggregierte Werte, weil es unter analytischen Gesichtspunkten im Allgemeinen ziemlich sinnlos ist, nur die Detaildaten vorzuhalten. Aggregiert werden stets die Werte der Measures. Das leistungsfähigste Aggregationsverfahren ist die Summierung (oder davon abgeleitete Verfahren wie Mittelwerte oder Streuungen). Diese setzt numerische Werte in den Measures voraus. Wenn die Measures nicht-numerische Werte wie Text- oder Wahrheitswerte enthalten, ist das Aggregationsverfahren im Allgemeinen das Auszählen (Count).

Hierarchien

Die Elemente von Dimensionen können hierarchisch aufgebaut sein. Eine geografische Dimension beispielsweise könnte die Hierarchieebenen *Region – Land – Ort – Firma* aufweisen. Hierarchien lassen sich sehr gut als Baumstrukturen darstellen und mit entsprechenden Dialogfeldern einfach handhaben. Abbildung 3.5 zeigt, wie die hierarchisierten Elemente einer geografischen Dimension dargestellt und zur Auswahl angeboten werden können.

---

[4] In der Literatur finden sich für dieses Wort unterschiedliche Übersetzungen ins Deutsche, beispielsweise »Kennzahl«, »Maßzahl« oder »Maß«. Microsoft Deutschland, das die Übersetzung der OLAP-Begrifflichkeit ins Deutsche besorgt hat, hat sich dagegen entschlossen, den Begriff *Measure* unübersetzt beizubehalten und die Eindeutschung darauf zu beschränken, dass das Wort mit einem Großbuchstaben beginnt.

Grundlegende Merkmale des multidimensionalen Konzepts

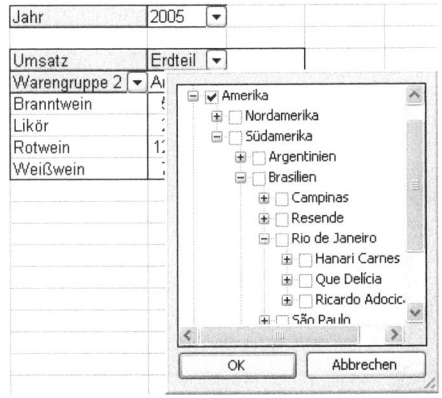

Abbildung 3.5 Excel-PivotTable: Geöffnetes Dialogfeld zur Auswahl von Dimensionselementen in der Hierarchie einer geografischen Dimension

OLAP bzw. eine multidimensionale Datenanalyse läuft im Allgemeinen darauf hinaus, mit der Perspektive verschiedener Kombinationen aus den Dimensionselementen unterschiedliche Sichten auf die Unternehmensdaten vorzunehmen. Dabei ist es für den Analyseprozess kennzeichnend, dass einzelne Sichten schnell von anderen gefolgt werden. Insbesondere erfordert die Auswertung multidimensionaler Daten die Möglichkeit eines schnellen Drill down und Roll up. Unter Drill down wird der Prozess verstanden, die Daten einer bestimmten Konsolidierungsebene – d.h. einer bestimmten Hierarchieebene einer Dimension – systematisch und einfach eine oder mehrere Detaillierungsstufen niedriger wiederzugeben. Unter Roll up wird der umgekehrte Vorgang verstanden. Das in Abbildung 3.5 gezeigte Dialogfeld mit der Baumstruktur der Hierarchieebenen ermöglicht eine schnelle und gezielte Änderung der Perspektive auf die Daten, indem ein Drill down oder ein Roll up für die geografische Dimension vorgenommen wird. Viele multidimensionale Browser – so auch Excel-PivotTable – ermöglichen ein stufenweises Drill down und Roll up durch Doppelklicken auf das entsprechende Dimensionsfeld in der tabellarischen Darstellung der multidimensionalen Daten, wodurch Drill down und Roll up noch einfacher werden.

Cubes

Dimensionen und Measures zusammen definieren die Struktur und den Inhalt einer multidimensionalen Datenmenge. Diese wird im Allgemeinen als Cube (Würfel) bezeichnet. Es ist üblicher Sprachgebrauch, dieses Wort nicht ins Deutsche zu übersetzen, sondern als Terminus zu übernehmen.

Der Begriff *Cube* ist natürlich nicht wörtlich, sondern bildlich zu nehmen. Es handelt sich aber um ein angemessenes Bild, denn es soll darin eine Charakteristik multidimensionaler Datenstrukturen zum Ausdruck gebracht werden. Diese wird besonders deutlich, wenn man sie im Unterschied zur Struktur einer (normalisierten) relationalen Datenbank sieht. Deren Daten sind auf mehr oder minder viele einzelne Tabellen verteilt, die durch Beziehungen verschiedener Art (1:1, 1:N, M:N) miteinander verbunden sind. Die Visualisierung eines relationalen logischen Datenmodells als Entity Relationship-Diagramm erlaubt keine unmittelbare Interpretation durch den Anwender. Demgegenüber kann ein multidimensionales Modell im Prinzip sofort nachvollzogen werden, wenn seine Dimensionen und Measures bekannt sind. Dies liegt an seiner rechteckigen Struktur, die sich für bis zu drei Dimensionen mit anschaulichen geometrischen Begriffen beschreiben lässt: Eine eindimensionale Datenmenge lässt sich als Vektor oder Spalte auf einem Spreadsheet beschreiben. Eine zweidimensionale Datenmenge kann als einfache Tabelle – also als Rechteck – mit Zeilen- und Spaltenbeschriftungen dargestellt werden. Eine dreidimensionale Datenmenge lässt sich in einer dreidimensionalen Grafik als Quader veranschaulichen, dessen Kanten (Höhe, Breite, Tiefe) mit den Elementen der drei Dimensionen beschriftet sind. Von dieser letzteren Anschauung stammt der Name *Cube*.

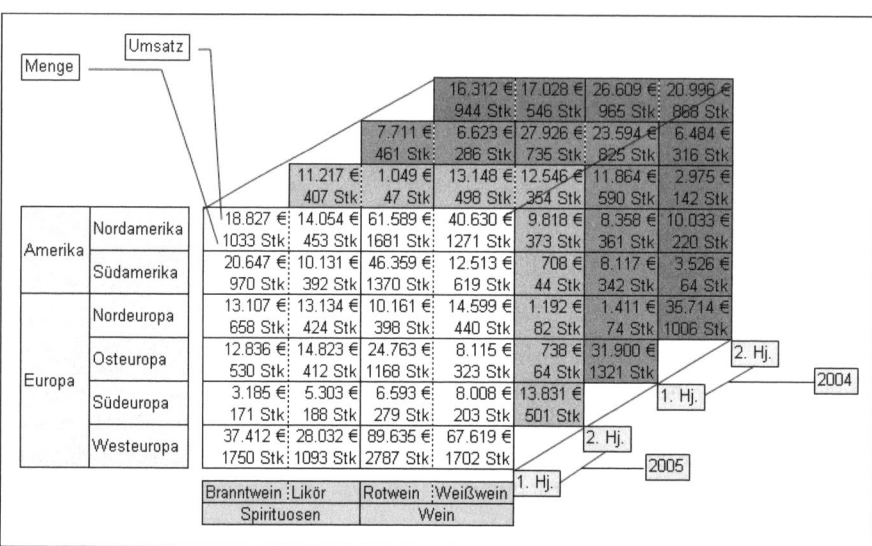

Abbildung 3.6 Cube mit den Dimensionen *Raum*, *Produkt* und *Zeit* sowie den Measures *Umsatz* und *Menge*

Die Cubedarstellung in Abbildung 3.6 ist dadurch entstanden, dass wir die verschiedenen Darstellungen einer PivotTable, die diesen Cube als Datenquelle hat, durch grafische Montage hintereinander geschachtelt haben. So ist die im Vordergrund zu sehende erste Scheibe des Cube durch die in Abbildung 3.7 wiedergegebene Positionierung der Dimensionen der PivotTable entstanden: Die Elemente der Dimensionen *Raum* bzw. *Produkt* bilden die Zeilen- bzw. Spaltenbeschriftungen für die zweidimensionale Zusammenstellung der Zahlen für die beiden Measures *Umsatz* und *Menge*. Die dritte Dimension ist *Zeit*, sie befindet sich in der PivotTable in der Position eines Seitenfeldes, das in Abbildung 3.7 auf das *1. Hj.* des Jahres *2005* filtert. Die drei weiteren Scheiben des Cube in Abbildung 3.6 sind dadurch entstanden, dass jeweils auf das zweite Halbjahr 2005 und das erste und zweite Halbjahr 2004 gefiltert wurde.

Jahr	2005					
Halbjahr	1. Hj.					
			WG1		WG2	
			Spirituosen		Wein	
Erdteil	Region	Daten	Branntwein	Likör	Rotwein	Weißwein
Amerika	Nordamerika	Umsatz	18.827 €	14.054 €	61.589 €	40.630 €
		Menge	1033	453	1681	1271
	Südamerika	Umsatz	20.647 €	10.131 €	46.359 €	12.513 €
		Menge	970	392	1370	619
Europa	Nordeuropa	Umsatz	13.107 €	13.134 €	10.161 €	14.599 €
		Menge	658	424	398	440
	Osteuropa	Umsatz	12.836 €	14.823 €	24.763 €	8.115 €
		Menge	530	412	1168	323
	Südeuropa	Umsatz	3.185 €	5.303 €	6.593 €	8.008 €
		Menge	171	188	279	203
	Westeuropa	Umsatz	37.412 €	28.032 €	89.635 €	67.619 €
		Menge	1750	1093	2787	1702

Abbildung 3.7 Darstellung der PivotTable, mit der die erste Scheibe des Cube in Abbildung 3.6 gebildet wurde

Es gehört zum Bild des Cube, dass mit ihm *Slicing* und *Dicing* (*In Scheiben schneiden* und *Würfeln*) möglich ist. Unter Slicing wird verstanden, dem Datenwürfel eine beliebige Teilmenge von Daten zu entnehmen und zu analysieren. Im Deutschen wird dies in der Regel *Filtern* genannt. Als Dicing wird die Betrachtung der Daten aus unterschiedlichen Perspektiven (mit unterschiedlichen Elementkombinationen der Dimensionen) bezeichnet. Dies kann man auch Pivotieren nennen.

Mit dem Begriff Cube wird die logische Struktur multidimensionaler Daten bezeichnet. In welcher Form die Daten physikalisch gehalten werden, ist eine ganz andere Frage.

Dimensions- und Faktentabellen

Um einen Cube zu definieren und mit Daten zu versorgen, müssen ihm die Dimensionen mit ihren Elementen und Hierarchien sowie die Werte der Measures übergeben werden. In einigen reinen Desktop-OLAP-Systemen kann dies durch manuelle Eingabe in bestimmte Arbeitsblätter oder Dialogfelder geschehen. Fast alle leistungsfähigen OLAP-Server verwenden dafür jedoch Tabellen einer relationalen Datenbank. Dies gilt auch für SQL Server Analysis Services. Dabei gilt:

- Die Werte der Measures sind in einer Tabelle gespeichert, die als Faktentabelle (Fact Table) bezeichnet wird.
- Die Elementwerte jeder Dimension werden jeweils in einer Tabelle bereitgehalten. Diese Tabellen werden Dimensionstabellen (Dimension Tables) genannt.
- Der Primärschlüssel jeder Dimensionstabelle erscheint als Fremdschlüssel in der Faktentabelle.

Star-Schema

Abbildung 3.8 zeigt eine schematische Darstellung für die Faktentabelle *Fakt_Verkäufe* und die Dimensionstabellen *Dim_Zeit, Dim_Raum* und *Dim_Produkt*. Diese Tabellen liegen dem Cube zugrunde, der in Abbildung 3.6 dargestellt ist. Die Faktentabelle *Fakt_Verkäufe* enthält mit Menge und Umsatz einerseits zwei Felder für die Measures, andererseits die drei Fremdschlüssel *Kunden-Code, Zeit_ID* und *Produkt_ID*. Diese drei tauchen jeweils als Primärschlüssel in den drei Dimensionstabellen auf. Jede Dimensionstabelle enthält darüber hinaus weitere Felder, die als einzelne Attribute verwendet oder aus denen Hierarchien gebildet werden können. So weist die Dimensionstabelle *Dim_Zeit* die beiden Felder *Jahr* und *Halbjahr* auf, welche die Zeithierarchie bilden.[5] Entsprechend sind die beiden anderen Dimensionstabellen aufgebaut.

---

[5] Mit SSAS können, ausgehend von einem Datumswert, verschiedene Hierarchien der Zeit automatisch gebildet werden, sodass Sie in diesem Fall mit dem Datumswert in der Dimensionstabelle für die Zeit auskommen. Allerdings können Sie dann möglicherweise nicht die Abstufung realisieren, die Sie wünschen, weil Sie unter vorgegebenen Stufenfolgen auswählen müssen.

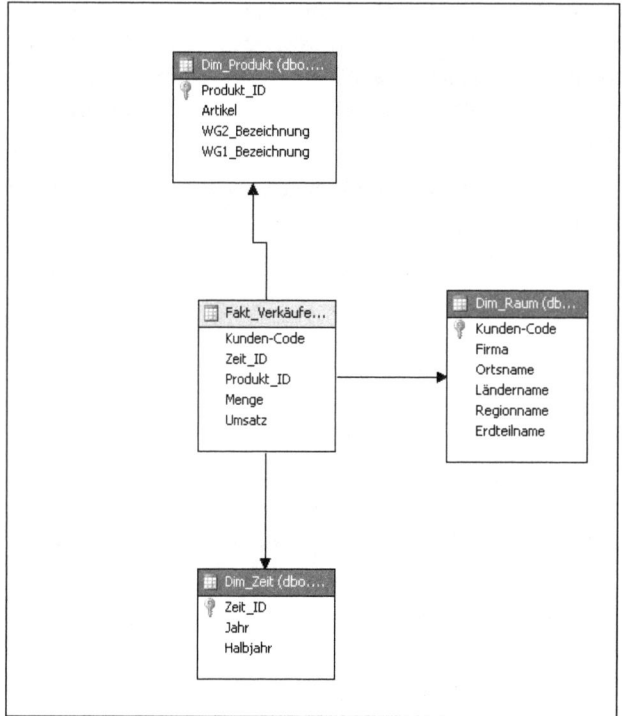

Abbildung 3.8 Die Faktentabelle *Fakt_Verkäufe* ist mit den Dimensionstabellen *Dim_Zeit*, *Dim_Raum* und *Dim_Produkt* entsprechend einem *Star-Schema* verbunden

Wenn für jede Dimension nur eine Tabelle vorgesehen ist, die jeweils alle Hierarchieebenen berücksichtigt, und jede Dimensionstabelle direkt mit der Faktentabelle verbunden ist – wie dies für Abbildung 3.8 zutrifft –, wird dies als Star-Schema bezeichnet. In diesem Fall liegen die Werte in den Dimensionstabellen in denormalisierter Form vor. Es sind aber auch andere Schemata möglich und praktikabel, beispielsweise das Snowflake-Schema oder das Galaxy-Schema.

Snowflake-Schema

Wenn die verschiedenen Hierarchieebenen einer Dimension nicht in einer (denormalisierten) Tabelle angegeben werden, sondern auf normalisierte Tabellen verteilt sind, erfolgt die Modellierung der Cubetabellen nach dem *Snowflake-Schema* (Abbildung 3.9).

Grundlegende Merkmale des multidimensionalen Konzepts

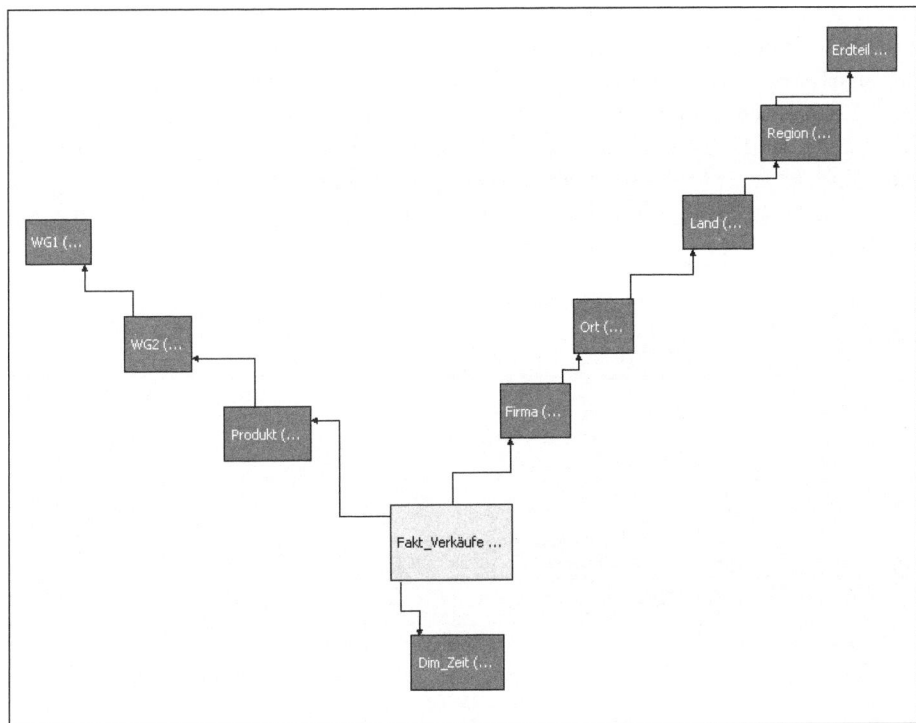

Abbildung 3.9 Modellierung nach dem *Snowflake-Schema*

Diese Modellierung nach dem *Snowflake-Schema* bildet im Ergebnis denselben Cube wie die in Abbildung 3.8 dargestellte Modellierung nach dem *Star-Schema*, aber die einzelnen Ebenen der Dimensionshierarchien sind auf mehrere Tabellen verteilt – die räumliche Dimension auf fünf, die Produktdimension auf drei. Die Werte der Zeitdimension sind hier allerdings weiterhin in nur einer Tabelle abgelegt, weil mehrere Tabellen für diese Dimension im vorliegenden Kontext keinen Sinn ergäben.

Galaxy-Schema

Zwischen den Dimensionstabellen und der Faktentabelle besteht je eine 1:N-Beziehung mit dem Primärschlüssel in der Dimensionstabelle und dem Fremdschlüssel in der Faktentabelle. Daher kann die Faktentabelle nur mit solchen Dimensionen verbunden werden, für die sie auch Fremdschlüsselwerte enthält. Ein Dilemma entsteht dann, wenn zwei Measures zum einen Teil mit denselben Dimensionen verknüpft werden können, zum anderen Teil jedoch nicht. Nehmen Sie zur Verdeutlichung folgenden Fall an: Eine Gruppe von Measures, die in einem Pflegebetrieb die Betreuungsintensität wiedergeben, kann mit den beiden Dimensionen *Mitarbeiter* und *Zeit* dimensioniert werden, nicht jedoch mit den Dimensionen *Kostenstellen* und *Unterbrechungsgrund*. Eine andere Gruppe von Measures, die vor allem die Bruttoeinkommen und deren Bestandteile (wie z.B. Überstunden) wiedergeben, kann dagegen mit allen vier angeführten Dimensionen verbunden werden. Wenn Sie für diesen Fall zwei Cubes mit je einer Faktentabelle und den zu ihr passenden Dimensionen modellieren würden, könnten Sie die Measures zur Betreuung und zum Einkommen, die ja beide mit *Mitarbeiter* und *Zeit* dimensioniert werden können, nicht gleichzeitig in derselben multidimensionalen Sicht darstellen, sondern nur jeweils jede für sich.

Einen Ausweg aus diesem Dilemma bietet die Möglichkeit, einen Cube mit zwei Faktentabellen (allgemein: Multi-Faktentabellen) zu modellieren, wobei jede Faktentabelle nur mit den Dimensionstabellen verbunden ist, für die sie Fremdschlüsselwerte enthält. Dies wird Modellierung nach dem *Galaxy-Schema* genannt, weil das grafische Bild eines solchen Schemas einem Haufen von Sonnensystemen ähnelt. Abbildung 3.10 gibt die Modellierung eines Cubes mit Multi-Faktentabellen, also nach dem *Galaxy-Schema*, wieder: Die Faktentabelle *Fakt_AuslastungMitarb* ist nur mit den beiden Dimensionstabellen *Dim_Mitarbeiter* und *Dim_Zeit* verbunden, während die Faktentabelle *Fakt_Normalentgelte* ebenfalls mit diesen beiden Dimensionstabellen, darüber hinaus aber auch mit *Dim_Kostenstellen* und *Dim_Unterbrechungsgrund* verknüpft ist.

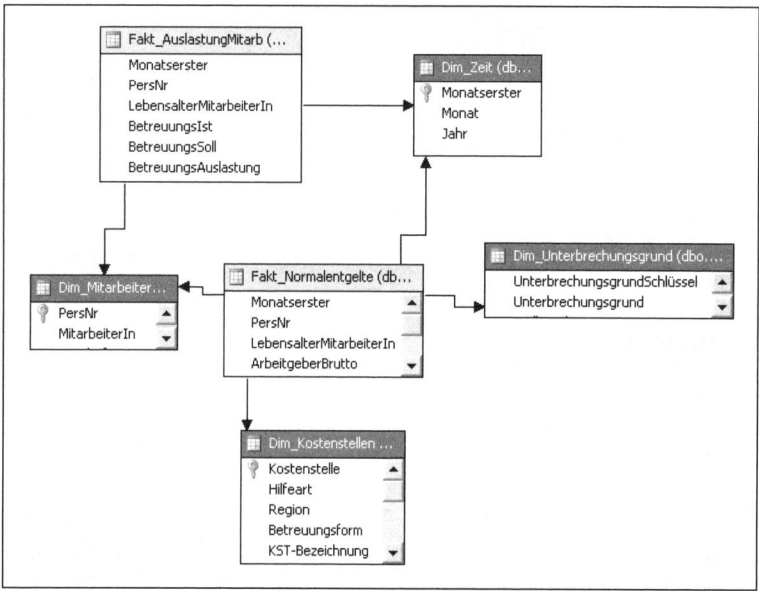

Abbildung 3.10 Modellierung nach dem *Galaxy-Schema*

Diese Art der Modellierung mehrerer Faktentabellen in einem Cube, die in SQL Server Analysis Services 2008 möglich ist (in der Vorgängerversion Analysis Services 2000 war dies nicht möglich), erlaubt die gleichzeitige Darstellung von Measures aus beiden Faktentabellen für diejenigen Dimensionen, die beide Faktentabellen gemeinsam haben. Abbildung 3.11 zeigt eine solche Darstellung im Cubebrowser des BI-Studios: Die beiden Measures *Arbeitgeber Brutto* und *BetreuungsAuslastung*, die in zwei unterschiedlichen Faktentabellen enthalten sind, werden gleichzeitig mit den zwei gemeinsamen Dimensionen *Mitarbeiter* und *Zeit* wiedergegeben. Es fällt auf, dass Angaben zum *Arbeitgeber Brutto* für jeden Mitarbeiter angezeigt werden, während die *BetreuungsAuslastung* nur für einen Teil der Mitarbeiter ausgegeben wird. Dies liegt daran, dass nur einige der Mitarbeiter im Betreuungsbereich beschäftigt sind, sodass für die nicht in diesem Bereich Beschäftigten keine Betreuungserhebungen stattfinden.

OLAP und Data Warehouse

Mitarbeiter	Arbeitgeber Brutto	BetreuungsAuslastung
Assmann, Sonja	8.300 €	
Bachmann, Elise	655 €	
Bandt, Dirk	8.003 €	9,21%
Banek, Gottfried	5.400 €	177,58%
Banek, Inge	6.406 €	
Bartels, Helmut	6.472 €	64,91%
Bauer, Brigitte	7.308 €	110,36%
Beese, Kurt	3.101 €	
Bieber, Gisela	00 €	
Biermann, Hans	7.666 €	64,91%
Böll, Karin	2.906 €	
Brauer, Umberto	7.263 €	
Brinkmann, Bärbel	00 €	
Buchner, Ernst	7.670 €	
Dörnbrack, Gerhard	5.966 €	45,44%
Emrich, Dorothee	6.438 €	
Everding, Eva-Maria	7.708 €	
Fischer, Egon	3.207 €	
Flick, Olga	3.650 €	
Frank, Horst	7.118 €	91,51%
Fremdperson, Cornelia	4.709 €	104,13%
Fuchs, Isolde	6.265 €	
Fust, Jürgen	7.600 €	81,14%

(Jahr: 2000, Monat: 1)

Abbildung 3.11 Wiedergabe der beiden Measures *Arbeitgeber Brutto* und *BetreuungsAuslastung* aus zwei verschiedenen Faktentabellen

Originäre und berechnete Dimensionen und Measures

Soweit die Werte für die Dimensionselemente und die Measures aus den Dimensions- bzw. Faktentabellen stammen, werden die Detaildaten in den Cube übernommen, und für die verschiedenen Kombinationen der Dimensionselemente werden Werte für die Measures aggregiert. Aus vorhandenen Dimensionselementen lassen sich auf den verschiedenen Hierarchiestufen jedoch auch neue Dimensionselemente berechnen, sodass sich sogenannte berechnete Dimensionen ergeben. Beispielsweise kann für die Dimension *Raum* aus deren Elementen *Dänemark*, *Schweden*, *Norwegen* und *Finnland* das neue berechnete Dimensionselement *Skandinavien* gebildet werden. Das Gleiche gilt auch für Measures: Aus den Werten vorhandener Measures lassen sich neue Measures berechnen. Beispielsweise kann aus den Measures *Umsatz* und *Menge* ein neues Measure *Umsatz je Einheit* berechnet werden. Für die Berechnung neuer Dimensionselemente bzw. neuer Measures können Formeln geschrieben werden, die auf der reichhaltigen Ausdruckssyntax der speziellen multidimensionalen Datenmanipulationssprache MDX basieren (weitere Details dazu enthält das Kapitel 25).

OLAP und Data Warehouse

In vielen Veröffentlichungen werden die Begriffe *Data Warehouse* und *OLAP* nicht scharf getrennt, manchmal sogar annähernd synonym verwendet. Insbesondere in der Verbform *Data Warehousing*, die zumindest in angelsächsischen Veröffentlichungen häufiger verwendet wird, liegt eine Vermischung der beiden Begriffe nahe. Dennoch handelt es sich bei Data Warehouse und OLAP um zwei unterschiedliche Konzepte, die vor allem auf der logischen Ebene sauber zu trennen sind.

Die Möglichkeit der Vermischung der Begriffe rührt daher, dass beide eine Grundlage für BI-Systeme sind. Tatsächlich gelten jedoch die folgenden Zusammenhänge:

Data Warehouse

Das Konzept und der Begriff des Data Warehouse wurden im Jahr 1990 von W.H. Inmon entwickelt.[6] Hintergrund für das Data Warehouse-Konzept sind vielfältige, oft gescheiterte Versuche, für Zwecke der Entscheidungsunterstützung Daten der operativen Systeme zu analysieren. Neben anderen Gründen sprechen vor allem die beiden folgenden dagegen, Abfragen direkt auf dem OLTP, das die operativen Daten verwaltet, auszuführen:

- Abfragen für analytische Zwecke (oft mit zahlreichen Joins sowie Aggregationsberechnungen) können recht zeitaufwendig sein. Sie beeinträchtigen dann die Performance des operativen Systems, das auf Antwortzeiten von Sekunden oder Bruchteilen davon angewiesen ist.

- Für DSS-Zwecke (Decision Support System) reicht es im Allgemeinen nicht aus, nur die Daten eines einzigen wichtigen operativen Systems zu analysieren. Oft existieren in einem Unternehmen mehrere Datenbanksysteme nebeneinander, beispielsweise getrennt für Rechnungswesen, Vertrieb, Lager etc. Diese Daten müssen aber für Analysezwecke zusammen vorliegen, und zwar in konsistenter Form. Die operativen Systeme kennen im Allgemeinen keine historischen Daten, vielmehr verschwinden diese (nicht zuletzt aus Gründen der Performance) meist in Archiven. Eine DSS-Analyse benötigt dagegen vielfach historische Daten. Darüber hinaus ist der Benutzer für Analysezwecke häufig auch auf externe Daten angewiesen (beispielsweise Marktanteile der Wettbewerber), die ebenfalls zusammen mit den internen Daten in abgestimmter Form in einer Datenbank vorliegen sollten.

Diese, sowie weitere Überlegungen haben dazu geführt, dass in den letzten Jahren immer mehr Firmen dazu übergegangen sind, ein Data Warehouse aufzubauen. Data Warehousing ist ein wichtiges Thema im Datenbankbereich geworden. Dies hat auch Microsoft erkannt. Daher ist das Paket, mit dem SQL Server 2008 ausgeliefert wird, auch mit besonderen Werkzeugen ausgestattet, die dazu dienen, aus Quelldaten unterschiedlichster Herkunft und heterogenen Formats eine konsistente relationale Datenbank zu erstellen. Diese Werkzeuge, die allgemein als ETL-Tools (Extraction, Loading, Transformation) bezeichnet werden, sind im SQL Server 2008 in SSIS (SQL Server Integration Services) vereint. Sie erleichtern nicht nur, die Hürden unterschiedlicher Datenbankformate zu nehmen, sondern sind vor allem ein nützliches Hilfsmittel bei der inhaltlichen Datentransformation (Migrating, Validating und Scrubbing), denn sie unterstützen benutzerdefinierte Skripts und verwalten ein aktives Repository. Den SSIS ist in diesem Buch ein eigener Teil gewidmet (siehe Kapitel 12 ff.).

Data Warehouses, sollen sie alle Daten der operativen Systeme aufnehmen, können derart große Dimensionen erreichen, dass sie nicht oder nur schwer handhabbar sind. Aus diesem Grund werden oftmals zu bestimmten Themengebieten Teilmengen des gesamten Data Warehouse gebildet. Diese werden als *Data Mart* bezeichnet.

OLAP

Für sich genommen hat ein Data Warehouse mit OLAP nichts zu tun, zumal das Data Warehouse in aller Regel als relationale Datenbank gebildet wird. Auf der anderen Seite dient es aber dezidiert dem Zweck, Daten des Managements zu analysieren, um dessen Entscheidungen zu unterstützen. Dazu wiederum sind OLAP-Werkzeuge erforderlich, die die Daten des Data Warehouse verarbeiten müssen. In der Online-Hilfe

---

[6] Vgl. Inmon, W.H., Building the Data Warehouse. QED Publishing Group, 1990. Das Buch erscheint aktuell unter demselben Titel bei John Wiley & Sons, 4th Edition 2005.

zu Analysis Services des SQL Server 2000 wurde das OLAP-Konzept von Microsoft geradezu unter Bezugnahme auf den Begriff Data Warehouse definiert: »OLAP ist eine Technologie, die Daten von einem Data Warehouse in multidimensionale Strukturen überführt, um schnelle Antworten auf komplexe analytische Abfragen zu ermöglichen.« Wenngleich sich das Modell zur Bildung und Analyse multidimensionaler Daten in den SQL Server Analysis Services von SQL Server 2008 gegenüber den SQL Server 2000 Analysis Services deutlich geändert hat (siehe Kapitel 5), gilt diese Aussage dennoch nach wie vor. Die Ausführungen der vorangehenden Abschnitte dieses Kapitels zeigen darüber hinaus, dass es sich bei OLAP um ein mittlerweile gut ausgebautes Konzept handelt, das nicht nur Daten aus relationalen Systemen in multidimensionale Strukturen überführt, sondern diese auch zu manipulieren und visualisieren erlaubt.

Obwohl Data Warehouse und OLAP begrifflich und konzeptionell verschieden sind, haben sie, wie gezeigt, doch etwas miteinander zu tun: Soll ein OLAP-Server gehaltvolle, sinnvolle und konsistente Daten verwalten, so ist er auf entsprechende Datenquellen angewiesen, und diese liegen im Allgemeinen in Form eines oder mehrere Data Warehouses vor. Die Überführung der Data Warehouse-Daten in multidimensionale Strukturen funktioniert umso besser, je mehr das Data Warehouse bereits für den Zweck einer späteren multidimensionalen Auswertung konzipiert ist.

Speicherkonzepte

Weiter oben in diesem Kapitel wurde gezeigt, dass die Definitionen multidimensionaler Daten in einem Cube gespeichert werden. Dies bedeutet jedoch nicht zwingend, dass auch die zugehörigen Daten – detaillierte sowie aggregierte – im selben Cube gespeichert werden. Zwar würden Performancegesichtspunkte für diesen Weg sprechen, weil er den schnellsten Zugriff auf multidimensionale Daten erlaubt, jedoch existiert hier ein Zielkonflikt mit dem Speicherplatz, den Cubes mit physikalisch darin gespeicherten Daten beanspruchen können. Aus diesem Grund sind Verfahren entwickelt worden, die multidimensionalen Daten statt im Cube in der zugrunde liegenden relationalen Datenbank zu speichern. In diesem letzteren Falle wird von ROLAP (relationales OLAP) gesprochen. Die vollständige Speicherung aller multidimensionalen Daten in einem Cube wird dagegen als MOLAP (multidimensionales OLAP) bezeichnet. Jedes dieser beiden Konzepte hat, wie gleich gezeigt wird, Vor- und Nachteile. Daher wird von verschiedenen Anbietern neuerdings ein Speicherkonzept angeboten, das eine Mischung von MOLAP und ROLAP darstellt. Da dieses Konzept keine reine Form ist, wird es als hybrides OLAP bezeichnet, Kurzform HOLAP.

MOLAP

Wenn multidimensionale Daten in der MOLAP-Form gespeichert werden, werden die Aggregationen, die sich aus den möglichen Kombinationen der Dimensionselemente ergeben, berechnet und im Cube gespeichert. Außerdem werden alle Detaildaten aus der Datenquelle in den Cube übernommen und gespeichert. Diese Speicherungsart erlaubt im Vergleich zu den anderen die kürzesten Antwortzeiten von Abfragen. Sie hat den Nachteil, dass MOLAP-Cubes sehr groß werden können, vielfach in der Größenordnung vieler Gigabyte oder auch Terabyte. Daher ist MOLAP im Allgemeinen am besten für kleine Cubes geeignet, auf die häufig zugegriffen wird und die eine kurze Antwortzeit brauchen.

ROLAP

Bei der ROLAP-Speicherung werden die multidimensionalen Definitionen im Cube gespeichert, sämtliche Daten dagegen in der relationalen Datenbank, die als Datenquelle dient. Für die Detaildaten bedeutet dies ganz einfach, dass sie in der relationalen Datenbank verbleiben. Die aggregierten Werte werden dagegen berechnet und in Tabellen, die für diesen Zweck in der relationalen Datenbank angelegt werden, gespeichert. Der Vorteil der ROLAP-Methode liegt darin, dass kein zusätzlicher Speicherplatz für die Detaildaten erforderlich ist und Daten generell nur in der relationalen Datenbank gespeichert werden. Der Nachteil besteht in längeren Antwortzeiten der multidimensionalen Abfragen im Vergleich zur MOLAP-Methode. Daher empfiehlt sich ROLAP für Fälle, in denen es um sehr große Datenmengen geht, auf die nicht sehr häufig mit Abfragen zugegriffen wird.

HOLAP

Die HOLAP-Methode verbindet Merkmale der beiden Methoden MOLAP und ROLAP, um den besten Kompromiss aus diesen beiden Verfahren zu finden: Die aggregierten Daten werden vorberechnet und im multidimensionalen Cube gespeichert, während die Detaildaten im relationalen Data Warehouse verbleiben. Wenn daher Abfragen gestartet werden, die auf aggregierte Daten zugreifen, entspricht HOLAP der MOLAP-Methode, bei Zugriffen auf Detaildaten dagegen der ROLAP-Methode. HOLAP-Cubes sind stets kleiner als MOLAP-Cubes, aber größer als ROLAP-Cubes. Die HOLAP-Methode empfiehlt sich für Situationen, die kurze Antwortzeiten für den Zugriff auf aggregierte Daten verlangen, die auf einer großen Menge von Detaildaten basieren.

Kapitel 4

OLAP-Tutorium: Einen einfachen Cube erstellen

In diesem Kapitel:

Beispieldatenbank *DW1fach*	60
Analysis Services-Projekt erstellen	61
Datenquelle und -sicht definieren	64
Cube erstellen	72
Dimensionen und Measures bearbeiten	84
Cube um eine Faktentabelle erweitern	108
Mit Microsoft Excel auf den Cube zugreifen	111

In diesem Kapitel wird gezeigt, wie ein einfacher Cube erstellt wird. Wenngleich der zu erstellende Cube einfach ist, handelt es sich doch nicht um eine »Hello world«-Lösung, denn das SSAS-Projekt, in dem der Cube entwickelt wird, enthält alle wesentlichen Elemente wie Datenquelle, Datenquellensicht, Faktentabellen, Dimensionen, Measures etc. Der OLAP-Cube wird im *Visual Studio* entwickelt. Daher werden Sie auch dessen SSAS-spezifische Features kennenlernen und damit (hoffentlich) vertraut werden. Die Vorgehensweise in diesem Kapitel ist die eines »reflektierenden Tutoriums«: Sie werden einerseits sozusagen an die Hand genommen, um Schritt für Schritt den Weg vom Öffnen des *Business Intelligence Development Studio* über das Erstellen eines neuen Projekts, das Definieren einer Datenquelle etc. bis hin zum fertigen OLAP-Cube geführt zu werden. Andererseits sind die einzelnen Schritte aber auch ausführlich erklärt und gelegentlich werden Sie auch auf mögliche Alternativen zur tatsächlich gewählten Vorgehensweise hingewiesen.

Beispieldatenbank *DW1fach*

Während in den anderen Kapiteln dieses Buchs wie auch in der Online-Hilfe als Beispieldatenbank *AdventureWorksDW* (oder deren von uns modifizierte Form *AW_DW*) verwendet wird, wird in diesem Kapitel als Datenbasis die Datenbank *DW1fach* zum Einsatz kommen. Obwohl eigentlich viel dafür spricht, in allen Teilen des Buchs mit derselben Datenbank zu arbeiten, weil Sie sich dann nicht immer wieder in eine neue Datenbank hineindenken müssen, haben wir uns in diesem Falle für eine Abweichung von diesem Prinzip entschieden: Es ist unser Ziel, die Zusammenhänge beim Erstellen eines Cube so transparent wie möglich zu machen. Dafür ist auch eine entsprechend einfache Datenquelle erforderlich. *AdventureWorksDW* ist zwar auch für Lernzwecke erstellt worden, gleichwohl hat diese Datenbank eine relativ komplexe Struktur (viele Tabellen mit jeweils vielen Attributen), die sich erst nach längerem Einarbeiten erschließt. *DW1fach* hat dagegen eine recht schlichte Struktur, die schnell zu durchschauen ist. Sie soll im Folgenden kurz erklärt werden (wie Sie *DW1fach* installieren, ist in Kapitel 2 beschrieben).

DW1fach enthält die beiden Faktentabellen *Fakt_Verkäufe* und *Fakt_Gehälter* sowie die drei Dimensionstabellen *Dim_Produkt*, *Dim_Raum* und *Dim_Mitarbeiter* (Abbildung 4.1), der Sie auch die Attribute der Tabellen entnehmen können. Jede der Tabellen enthält nur die Attribute, die im zu bildenden Cube tatsächlich benötigt werden. Sie können erkennen, dass die Dimensionstabellen in *DW1fach* nicht normalisiert sind, denn für jede Dimension existiert nur eine Dimensionstabelle. Da *DW1fach* mehr als eine Faktentabelle enthält, entspricht sein Aufbau außerdem dem *Galaxy-Schema* (siehe Kapitel 3). Vielleicht haben Sie bemerkt und wundern sich darüber, dass *DW1fach* keine Dimensionstabelle für eine mögliche Dimension *Zeit* enthält, obwohl die beiden Faktentabellen jeweils das Attribut *Zeit_ID* besitzen. Dies erklärt sich daraus, dass im Analysis Services-Projekt die Dimension *Zeit* als sogenannte *Serverzeitdimension* und damit ohne Datenbasis erzeugt werden soll, weshalb in diesem Fall eine Dimensionstabelle für die Zeit nicht vorgesehen werden muss.

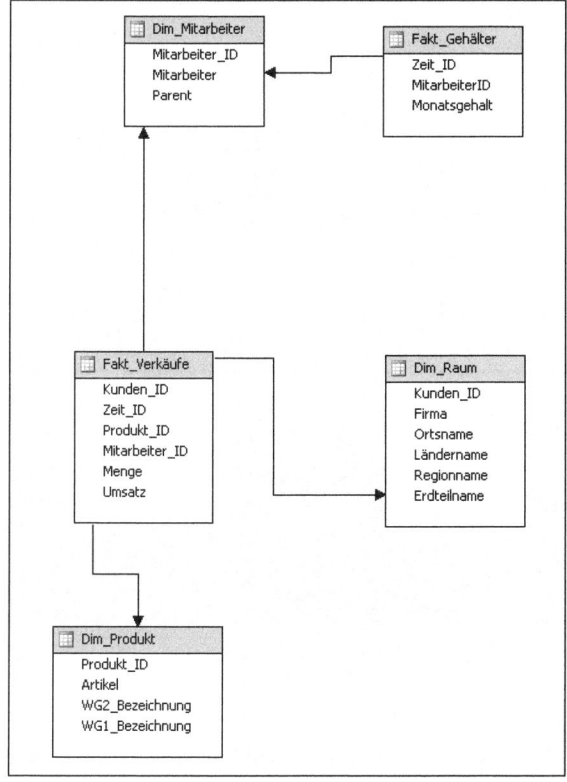

Abbildung 4.1 Tabellen der Datenbank *DW1fach*

Analysis Services-Projekt erstellen

Ein Cube mit seiner(n) Faktentabelle(n) und Dimensionen wird beim SQL Server 2008 in einem Analysis Services-Projekt erstellt. Daher müssen Sie zunächst ein derartiges Projekt erzeugen. Für das Projekt muss ein Name und ein Speicherort angegeben werden. In unserem Beispiel soll das Projekt den Namen *DW1fach_OLAP* bekommen. Als Speicherort wählen wir hier den Pfad *V:\BISS-Projekte*. Selbstverständlich können Sie einen anderen Namen und Pfad vergeben. Zur leichteren Verständigung gehen wir jedoch im Folgenden von dem genannten Namen und Pfad aus.

Ein neues Analysis Services-Projekt erstellen

Um das neue Analysis Services-Projekt zu erstellen, gehen Sie folgendermaßen vor:

1. Öffnen Sie *Visual Studio*: Wählen Sie *Start/Alle Programme/Microsoft SQL Server 2008/SQL Server Business Intelligence Development Studio*. *Microsoft Visual Studio* wird daraufhin geöffnet.
2. Schließen Sie die Registerkarte *Startseite*, weil Ihnen diese im aktuellen Kontext nicht hilft und nur den Überblick erschwert.
3. Wählen Sie in *Visual Studio* den Befehl *Datei/Neu/Projekt*. Das Dialogfeld *Neues Projekt* wird geöffnet (Abbildung 4.2).

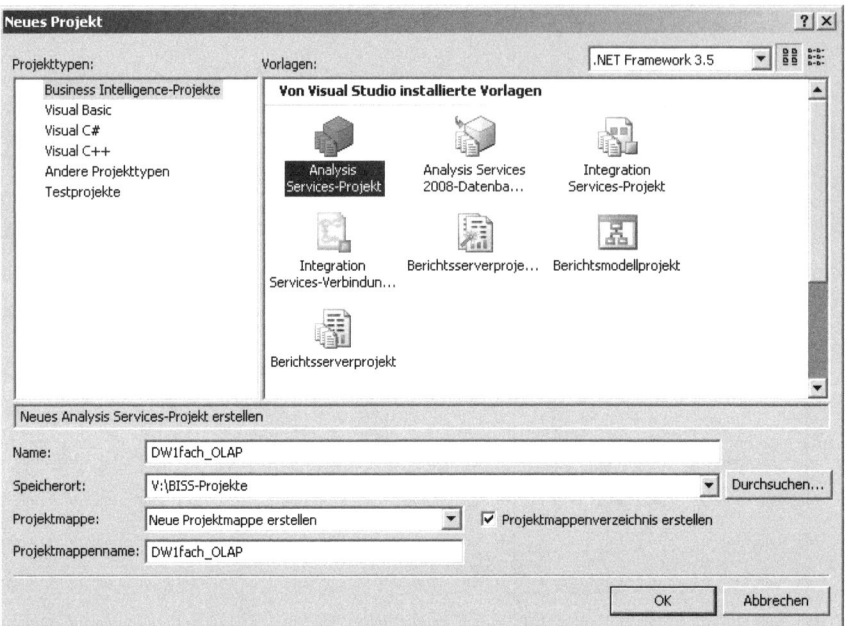

Abbildung 4.2 Dialogfeld *Neues Projekt*, hier bereits mit Benutzerangaben zum Namen und Pfad versehen

4. Markieren Sie im Dialogfeld *Neues Projekt* die Vorlage *Analysis Services-Projekt*.
5. Überschreiben Sie den vorgeschlagenen Namen mit *DW1fach_OLAP* (oder einem anderen Namen Ihrer Wahl). Dadurch wird automatisch auch der Projektmappenname auf diesen Namen eingestellt.
6. Geben Sie als Speicherort den gewünschten Pfad ein, oder lassen Sie diesen mittels der Schaltfläche *Durchsuchen* und nachfolgendem Navigieren einfügen. Bei uns heißt dieser Pfad *V:\BISS-Projekte*.
7. Bestätigen Sie Ihre Eingaben mit *OK*.

Nach dem Schließen des Dialogfelds wird das neue Analysis Services-Projekt erzeugt und zugleich unter dem angegebenen Namen und Pfad gespeichert. Im Visual Studio-Fenster werden am rechten Rand die Fenster für *Projektmappen-Explorer* und *Eigenschaften* angezeigt (Abbildung 4.3). Falls diese beiden Fenster nicht angezeigt werden, lassen Sie diese mithilfe des Menüs *Ansicht* anzeigen.

Das *Visual Studio* enthält außer den beiden in Abbildung 4.3 wiedergegebenen Fenstern noch zahlreiche andere. Diese werden im Allgemeinen kontextabhängig angezeigt und ausgeblendet. Sie können aber auch vom Benutzer ein- oder ausgeblendet, angedockt oder unverankert dargestellt werden. Die Techniken zur Handhabung der vielen in der Visual Studio 2008-Entwicklungsumgebung vorhandenen Fenster werden in diesem sowie in den folgenden Kapiteln im jeweiligen Kontext ausführlich behandelt.

Analysis Services-Projekt erstellen

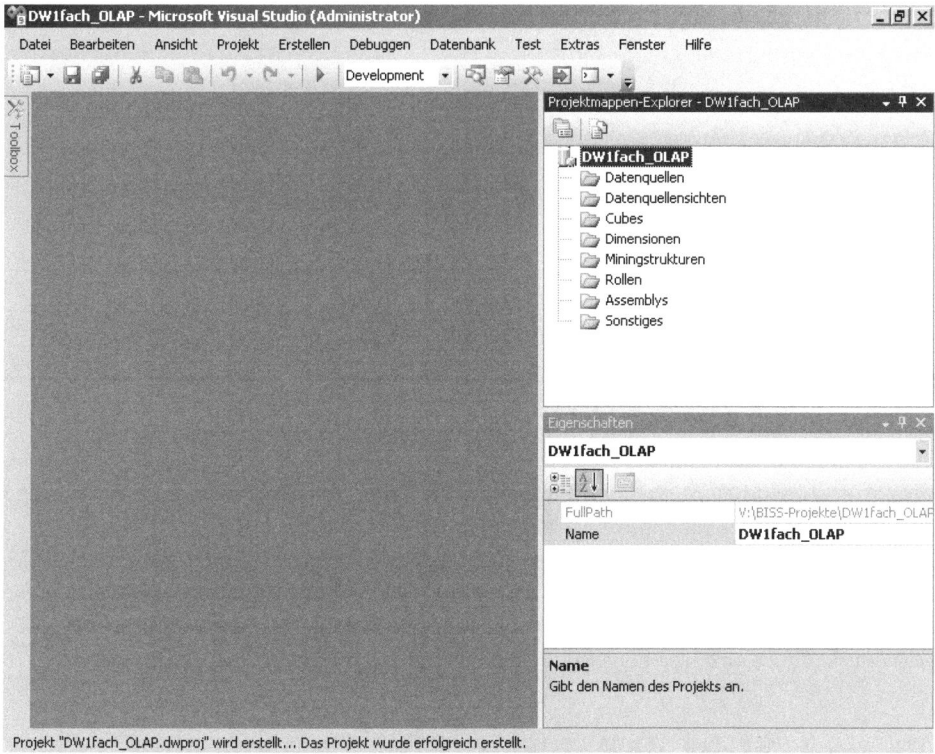

Abbildung 4.3 Fenster für *Projektmappen-Explorer* und *Eigenschaften* im *Visual Studio* unmittelbar nach dem Erzeugen des neuen Projekts *DW1fach_OLAP*

Speicherort des neuen Projekts überprüfen

Das im vorangehenden Abschnitt erstellte Analysis Services-Projekt sollte im Pfad *V:\BISS-Projekte* unter dem Namen *DW1fach_OLAP* gespeichert worden sein.

1. Rufen Sie den Windows-Explorer auf.
2. Navigieren Sie zum Ordner *V:\BISS-Projekte*, und öffnen Sie diesen. Unterhalb dieses Ordners sollte der beim Erstellen des neuen Projekts erzeugte Ordner *DW1fach_OLAP* angezeigt sein.
3. Klicken Sie auf den Ordner *DW1fach_OLAP*. Daraufhin werden im rechten Fenster des Windows-Explorers dessen Objekte angezeigt. Diese Situation ist in Abbildung 4.4 dargestellt.

Zum Analysis Services-Projekt *DW1fach_OLAP* gehören alle Objekte des Ordners *V:\BISS-Projekte\DW1fach_OLAP*. Es ist ohne Weiteres möglich, das Projekt an einen anderen Speicherort zu kopieren. Sie müssen zu diesem Zweck einfach den gesamten Inhalt dieses Ordners kopieren, was sicherlich am leichtesten zu bewerkstelligen ist, wenn Sie den Ordner selbst kopieren.

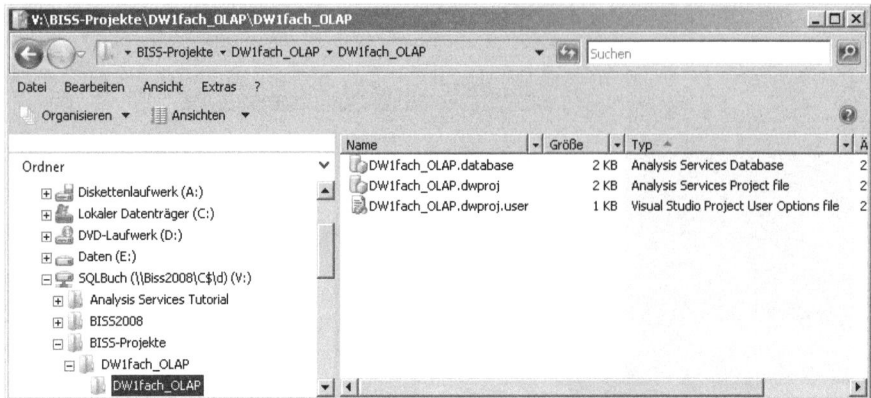

Abbildung 4.4 Anzeige der Objekte des Analysis Services-Projekts *DW1fach_OLAP* im Pfad *V:\BISS-Projekte* im Windows-Explorer

Um ein gespeichertes Projekt in *Visual Studio* zu öffnen, muss die Datei mit der Dateinamenserweiterung *.sln* (Abkürzung für *solution*) geöffnet werden, im vorliegenden Beispiel also die Datei *DW1fach_OLAP.sln*. Wenn Sie beispielsweise im Windows-Explorer auf diese Datei doppelklicken, wird eine neue Instanz des *Business Intelligence Development Studios* gestartet und darin das Projekt geöffnet. Entsprechend können Sie auch zunächst das *Visual Studio* selbstständig starten, darin mit dem Befehl *Datei/Öffnen/Projekt/Projektmappe* das Dialogfeld *Projekt öffnen* anzeigen lassen und dort zur Datei *DW1fach_OLAP.sln* navigieren.

Datenquelle und -sicht definieren

Ein Analysis Services-Projekt benötigt eine Datenquelle, aus der die multidimensional aufzubereitenden Daten stammen. Obwohl es möglich ist, einen Cube zunächst ohne Datenquelle zu erstellen und diese später hinzuzufügen, werden Sie im Allgemeinen mit der Definition mindestens einer Datenquelle und darauf aufbauend einer Datensicht beginnen, weil der darauf basierte Cube dann direkt mit Inhalt und nicht nur von seinen Metadaten repräsentiert dargestellt werden kann. So soll auch hier verfahren werden.

Datenquelle

Als Datenquelle soll die relationale Datenbank *DW1fach* verwendet werden, deren Datenstruktur und Inhalt bereits weiter oben in diesem Kapitel behandelt wurde (siehe den Abschnitt »Beispieldatenbank *DW1fach*«).

Datenquelle definieren

Gehen Sie folgendermaßen vor, um die Datenquelle zu definieren:

1. Öffnen Sie ggf. das Analysis Services-Projekt *DW1fach_OLAP*. Wie Sie dazu vorgehen können, wurde am Ende des vorigen Abschnitts beschrieben.
2. Klicken Sie im Projektmappen-Explorer mit der rechten Maustaste auf *Datenquellen* und dann auf *Neue Datenquelle*. Dadurch wird der Datenquellen-Assistent geöffnet.
3. Klicken Sie im *Willkommen*-Dialogfeld auf *Weiter*. Es wird das Dialogfeld *Wählen Sie aus, wie die Verbindung definiert werden soll* angezeigt.

Datenquelle und -sicht definieren

4. Klicken Sie auf *Neu*. Das Dialogfeld *Verbindungs-Manager* wird angezeigt (Abbildung 4.5). Als *Verbindungs-Manager* wird im Rahmen von SQL Server 2008 und seinen Services das bezeichnet, was auf Betriebssystemebene *Datenquelle* genannt wird. Ein Verbindungs-Manager ist daher ein Objekt, das die Metadaten bereithält, die zum Aufbau einer Verbindung zur Datenquelle zur Laufzeit erforderlich sind. Er enthält insbesondere die Verbindungszeichenfolge (*ConnectionString*).

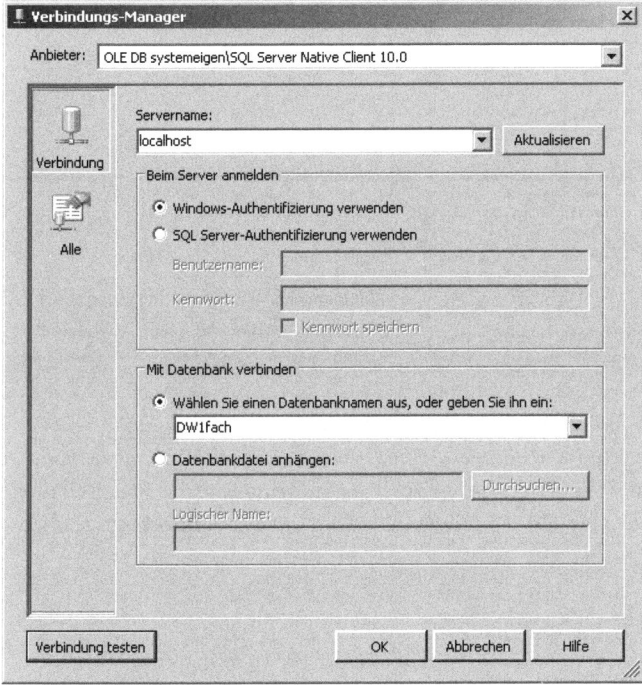

Abbildung 4.5 Ausgefülltes Dialogfeld *Verbindungs-Manager*

5. Überprüfen Sie, ob als Anbieter *OLE DB systemeigen/SQL Native Client 10.0* ausgewählt ist, denn es soll eine Verbindung zu einer SQL-Datenbank eingerichtet werden.
6. Wählen Sie im Feld *Servername* aus der Liste den Server aus, der die Datenbank *DW1fach* hostet. Sie können auch *localhost* angeben, falls der SQL Server mit der Datenbank *DW1fach* auf derselben Maschine läuft wie das *Business Intelligence Development Studio*. Die Angabe *localhost* bietet Vorteile beim Portieren des Projekts auf eine andere Maschine, weil Sie dann, sofern es sich auch dort um einen lokalen Host handelt, den Servernamen nicht anpassen müssen.
7. Belassen Sie es bei der standardmäßig aktivierten Einstellung *Windows-Authentifizierung verwenden* für die Anmeldung beim Server.
8. Wählen Sie unter *Mit Datenbank verbinden* aus der Liste die Datenbank *DW1fach* aus. Das Dialogfeld *Verbindungs-Manager* sollte jetzt so aussehen wie in Abbildung 4.5 dargestellt.
9. Überprüfen Sie, ob die Verbindung hergestellt werden kann, indem Sie auf *Verbindung testen* klicken.
10. Bestätigen Sie das Dialogfeld *Verbindungs-Manager* mit *OK*. Daraufhin wird wieder das Dialogfeld *Wählen Sie aus, wie die Verbindung definiert werden soll* angezeigt (Abbildung 4.6). Es weist jetzt in seiner Liste *Datenverbindungen* den eben neu definierten Verbindungs-Manager *localhost.DW1fach* aus.

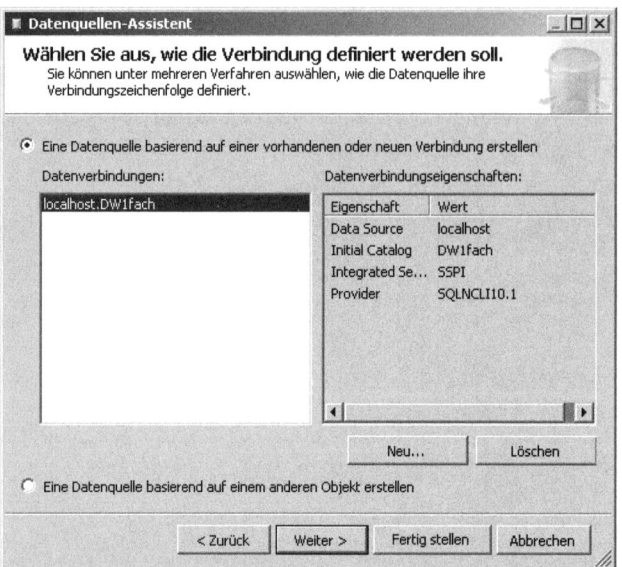

Abbildung 4.6 Das Dialogfeld *Datenquellen-Assistent* nach dem Definieren des neuen Datenquellen-Managers *localhost.DW1fach*

11. Wechseln Sie mit einem Klick auf *Weiter* zur nächsten Dialogfeldseite.
12. Aktivieren Sie im nun geöffneten Dialogfeld *Identitätswechselinformationen* die Option *Dienstkonto*, und klicken Sie anschließend auf *Weiter*. Anschließend werden zu Ihrer Information die Eigenschaften des gewählten Verbindungs-Managers im Dialogfeld *Assistenten abschließen* als Verbindungszeichenfolge angezeigt (Abbildung 4.7).

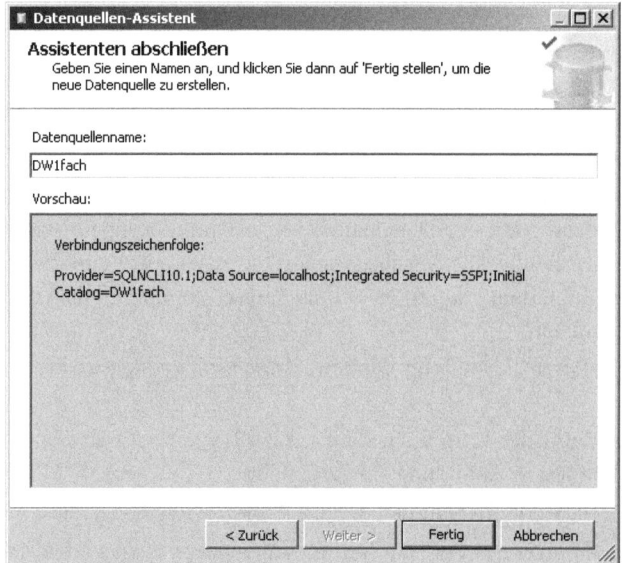

Abbildung 4.7 Im Dialogfeld *Assistenten abschließen* werden die Eigenschaften des gewählten Verbindungs-Managers als Verbindungszeichenfolge angezeigt

13. Klicken Sie im Dialogfeld *Assistenten abschließen* auf *Fertig* bzw. *Fertig stellen*.

Damit ist der Definitionsvorgang der Datenquelle abgeschlossen und diese wird jetzt im Objektbaum des Projektmappen-Explorers unterhalb von *Datenquellen* angezeigt (Abbildung 4.8).

Abbildung 4.8 Die neue Datenquelle wird als *DW1fach.ds* im Projektmappen-Explorer angezeigt

TIPP Um die Eigenschaften einer vorhandenen Datenquelle zu ändern, doppelklicken Sie im Projektmappen-Explorer auf die betreffende Datenquelle. Damit öffnen Sie das Dialogfeld *Datenquellen-Designer*, auf dessen zwei Registerkarten Sie u.a. auch die Namen von Datenbankserver und Datenbank ändern können. Eine solche Bearbeitung der Datenquelle kann sich insbesondere beim Portieren des Analysis Services-Projekts auf eine andere Entwicklungs- oder Laufzeitumgebung als notwendig erweisen.

Datenquellensicht

Zusätzlich zu mindestens einer Datenquelle benötigt ein Analysis Services-Projekt eine *Datenquellensicht*. Sie mögen sich fragen, warum außer einer Datenquelle auch noch eine Datenquellensicht definiert werden muss, scheint dies doch eine überflüssige Verdoppelung desselben Objekts darzustellen. Die folgenden Ausführungen sollen zeigen, dass die Trennung von Datenquelle und Datenquellensicht große Vorteile mit sich bringt.

Eine Datenquellensicht enthält die Metadaten, die ausgewählte Objekte aus mindestens einer zugrunde liegenden Datenquelle darstellen. Sie kann für eine oder mehrere Datenquellen erstellt werden. Dadurch können Cubes und Dimensionen definiert werden, die Daten aus mehreren Quellen integrieren. Eine Datenquellensicht kann auch Beziehungen, berechnete Spalten und Abfragen enthalten, die nicht in der/den zugrunde liegenden Datenquelle/n und somit getrennt von diesen Quellen vorhanden sind.

Eine Datenquellensicht ermöglicht eine große Flexibilität bei der Erstellung von Objekten in Analysis Services (und ebenfalls in Integration Services und Reporting Services), weil dadurch die Datenbankobjekte nicht direkt an die in der zugrunde liegenden Datenquelle definierten physikalischen Objekte, sondern an die in der Datenquellensicht enthaltenen logischen Objekte gebunden sind. Sie können daher logische Objekte definieren, wie berechnete Spalten oder benannte Abfragen, die in keiner zugrunde liegenden Datenquelle vorhanden sind und für die Ihnen beispielsweise die Berechtigungen fehlen, um sie in einer zugrunde liegenden Datenquelle zu erstellen.

Darüber hinaus können die Metadaten in einer Datenquellensicht auch verwendet werden, um das eigentlich zugrunde liegende relationale Schema, das zur Unterstützung der Datenquellensicht erforderlich ist, überhaupt erst zu erstellen: Sie können eine Datenquellensicht zunächst in Visual Studio entwerfen und dann den Schemagenerierungs-Assistenten verwenden, um die zugrunde liegenden Tabellen, Sichten, Schlüssel und Einschränkungen in einer relationalen Datenbank zu generieren.

Im Rahmen dieses einführenden Tutorials wäre es allerdings verfehlt, die weitreichenden Möglichkeiten der Datenquellensicht im Detail zu behandeln. Dies geschieht in Kapitel 5 dieses Buches. Wir konzentrieren uns hier vielmehr zunächst auf das Erstellen einer relativ schlichten Datenquellensicht, die gegen Ende dieses Kapitels noch erweitert wird.

Datenquellensicht definieren

Die Datenquellensicht unseres Analysis Services-Projekts *DW1fach_OLAP* soll auf der oben definierten Datenquelle *DW1fach.ds* basieren und zunächst nur deren Tabellen *Fakt_Verkäufe*, *Dim_Mitarbeiter*, *Dim_Produkt* und *Dim_Raum* umfassen.

Gehen Sie folgendermaßen vor, um diese Datenquellensicht zu erstellen:

1. Klicken Sie im Projektmappen-Explorer mit der rechten Maustaste auf den Ordner *Datenquellensichten*, und wählen Sie im Kontextmenü den Eintrag *Neue Datenquellensicht* aus.
2. Klicken Sie im Willkommen-Dialogfeld des *Datenquellensicht-Assistenten* auf *Weiter*. Das Dialogfeld *Datenquelle auswählen* wird angezeigt.
3. Klicken Sie im Dialogfeld *Datenquelle auswählen*, in dem in der Liste *Relationale Datenquellen* die Datenquelle *DW1fach* ausgewählt ist, auf *Weiter*. Das Dialogfeld *Namensübereinstimmung* wird angezeigt (Abbildung 4.9).

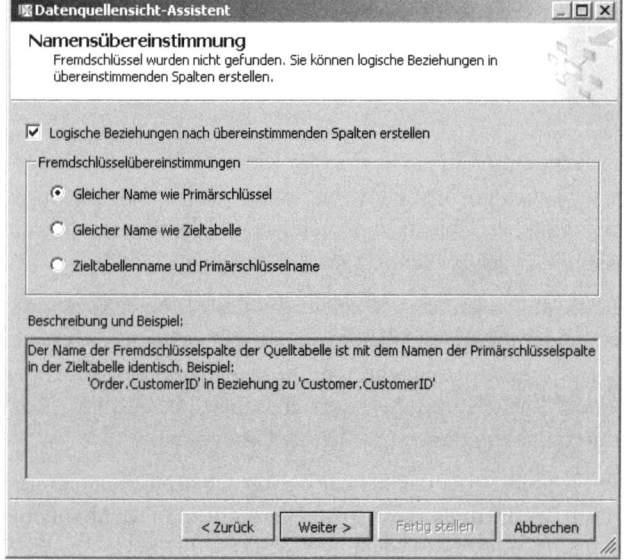

Abbildung 4.9 Dialogfeld *Namensübereinstimmung*

4. Belassen Sie es im Dialogfeld *Namensübereinstimmung* bei der ausgewählten Option *Gleicher Name wie Primärschlüssel*. Damit werden in der Datenquellensicht logische Beziehungen erstellt, wenn der Feldname in einer Tabelle mit dem Feldnamen des Primärschlüssels einer anderen Tabelle übereinstimmt. Klicken Sie auf *Weiter*. Das Dialogfeld *Tabellen und Sichten auswählen* wird angezeigt (Abbildung 4.10).
5. Wählen Sie im Dialogfeld *Tabellen und Sichten auswählen* in der Liste *Verfügbare Objekte* die Tabellen *Fakt_Verkäufe*, *Dim_Mitarbeiter*, *Dim_Produkt* und *Dim_Raum* aus und fügen Sie diese durch Klicken auf die Schaltfläche mit dem nach rechts weisenden Pfeil (>) der Liste *Eingeschlossene Objekte* hinzu. Klicken Sie dann auf *Weiter*. Das Dialogfeld *Assistenten abschließen* wird angezeigt.

Datenquelle und -sicht definieren

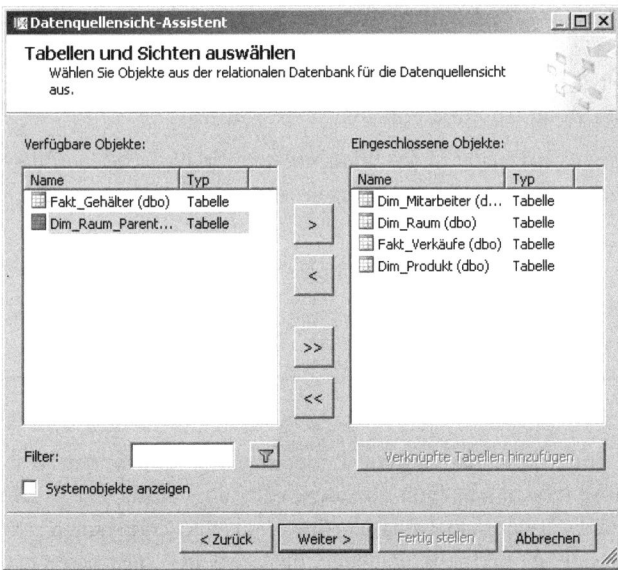

Abbildung 4.10 Dialogfeld *Tabellen und Sichten auswählen*, bereits bearbeitet

6. Belassen Sie es im Dialogfeld *Assistenten abschließen* bei dem für die Datenquellensicht vorgeschlagenen Namen *DW1fach* und klicken Sie auf *Fertig* bzw. *Fertig stellen*.

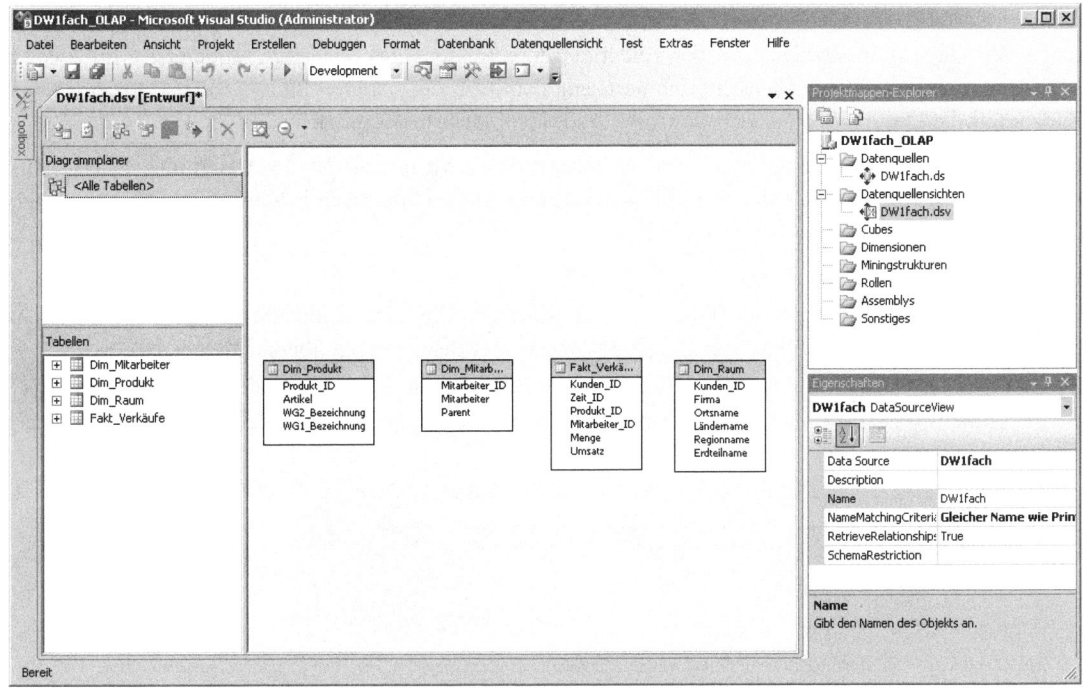

Abbildung 4.11 In Visual Studio werden Inhalt und Struktur der neuen Datenquellensicht *DW1fach.dsv* im Datenquellensicht-Designer wiedergegeben

Nach dem letzten Schritt des Datenquellensicht-Assistenten wird die neue Datenquellensicht im Projektmappen-Explorer im Ordner *Datenquellensichten* mit dem Namen *DW1fach.dsv* (*.dsv* steht für Data Source View) angezeigt, und Inhalt und Struktur der Datenquellensicht werden jetzt auch im Datenquellensicht-Designer wiedergegeben (Abbildung 4.11). Der Designer enthält die folgenden Fenster:

- **Diagramm**   Dies ist in Abbildung 4.11 das große Fenster in der Bildmitte. Es gibt die Tabellen und deren Beziehungen wieder (warum in Abbildung 4.11 keine Beziehungen angezeigt werden, wird gleich erklärt).
- **Tabellen**   Dieser Bereich enthält die Tabellennamen der Datenquellensicht.
- **Diagrammplaner**   In diesem Fenster können Unterdiagramme erstellt werden, die Teilmengen der Datenquellensicht wiedergeben.

Beziehungen zwischen Tabellen definieren

Vielleicht haben Sie erwartet, dass der Datenquellensicht-Assistent Beziehungen zwischen den Dimensionstabellen *Dim_Produkt*, *Dim_Mitarbeiter* und *Dim_Raum* einerseits sowie der Faktentabelle *Fakt_Verkäufe* andererseits entdeckt und im Diagramm des Datenquellensicht-Designers durch entsprechende Linien anzeigt. Dies trifft jedoch für unser Beispiel nicht zu, obwohl wir den Datenquellensicht-Assistenten angewiesen hatten, logische Beziehungen zu erstellen, wenn der Feldname in einer Tabelle mit dem Feldnamen des Primärschlüssels einer anderen Tabelle übereinstimmt (siehe Abbildung 4.9 und die Erläuterung dazu). Damit hat es folgende Bewandtnis: Eine Namensgleichheit von Feldern in den Dimensionstabellen einerseits und der Faktentabelle andererseits ist in unserem Beispiel zwar gegeben, jedoch ist für keine der Dimensionstabellen ein Primärschlüssel in der Quelldatenbank definiert. Daher wurde völlig korrekt keine logische Beziehung zwischen den Dimensionstabellen und der Faktentabelle gefunden und angezeigt. Andererseits müssen diese Beziehungen in der Datenquellensicht definiert sein, damit bei der späteren Bildung eines Cube eine korrekte Zuordnung der Dimensionen zu den Measures der Faktentabelle leicht möglich wird.

Daher sollen diese Beziehungen jetzt im Diagramm der Entwurfsansicht der Datenquellensicht manuell erstellt werden, wobei jeweils eine Beziehung zwischen den gleichnamigen Feldern einer Dimensionstabelle und der Faktentabelle definiert werden soll.

Gehen Sie dazu folgendermaßen vor:

1. Ordnen Sie im Diagramm die Tabellen so an, dass sich die Dimensionstabellen um die Faktentabelle gruppieren. Dadurch wird die nachfolgende Anzeige der Beziehungen übersichtlicher.
2. Ziehen Sie im Diagramm das Feld *Kunden_ID* der Faktentabelle *Fakt_Verkäufe* auf das gleichnamige Feld der Dimensionstabelle *Dim_Raum*. Dann wird das in Abbildung 4.12 dargestellte Dialogfeld angezeigt.

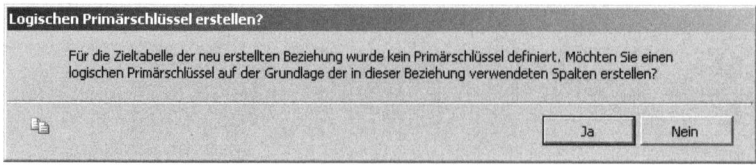

Abbildung 4.12   Dialogfeld *Logischen Primärschlüssel erstellen?*

3. Klicken Sie im Dialogfeld *Logischen Primärschlüssel erstellen?* auf *Ja*, denn das Vorhandensein eines logischen Primärschlüssels in der Datenquellensicht erleichtert die spätere Definition von Dimensionen

und deren Zuordnung zu den Measures im Cube. Im Diagramm werden die neu definierte Beziehung und der logische Primärschlüssel angezeigt.

4. Wiederholen Sie den zweiten und dritten Schritt für die beiden anderen Dimensionstabellen. Verwenden Sie diesmal jedoch die Felder *Produkt_ID* bzw. *Mitarbeiter_ID*.
5. Lassen Sie die Tabellen im Diagramm automatisch anordnen. Rufen Sie dazu den Befehl *Format/Automatisches Layout/Diagramm* auf. Daraufhin werden die Tabellen im Diagramm so angeordnet, wie in Abbildung 4.13 gezeigt.

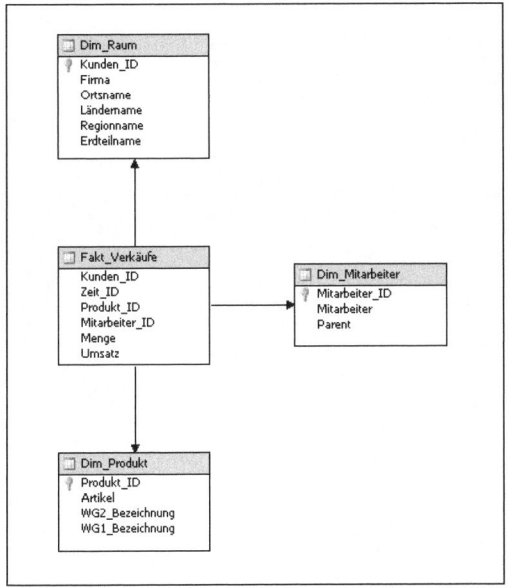

Abbildung 4.13 Tabellen im Diagramm des Datenquellensicht-Designers nach dem Definieren der Beziehungen mit dem logischen Primärschlüssel und dem automatisch erzeugten Diagrammlayout

Standardtabellennamen ändern

An diesem Punkt sollen die Namen der Tabellen, wie sie in der Datenquellensicht und den davon abhängigen Objekten wie z.B. Dimensionen und Measures angezeigt werden, geändert werden. Standardmäßig sind die Namen auf die entsprechenden Tabellennamen der Datenquelle eingestellt. Durch entsprechende Einstellung der Tabelleneigenschaft *FriendlyName* in der Datenquellensicht können diese Namen geändert werden. Für unser Beispiel sollen folgende Namensänderungen vorgenommen werden:

Standardname	FriendlyName
Fakt_Verkäufe	Verkäufe
Dim_Mitarbeiter	Mitarbeiter
Dim_Raum	Raum
Dim_Produkt	Produkt

Gehen Sie folgendermaßen vor, um die Namen zu ändern:
1. Klicken Sie im Diagramm oder im Fenster *Tabellen* auf die Tabelle *Fakt_Verkäufe*, um diese zu markieren.

2. Geben Sie im Fenster *Eigenschaften* für die Eigenschaft *FriendlyName* den Namen *Verkäufe* ein. Falls das Fenster *Eigenschaften* nicht angezeigt wird, klicken Sie in der Symbolleiste auf das *Eigenschaftenfenster*-Symbol. Außerdem empfiehlt es sich, falls das Eigenschaftenfenster auf *Automatisch im Hintergrund* eingestellt ist, in der Titelleiste des Eigenschaftenfensters auf die Schaltfläche *Automatisch im Vordergrund* zu klicken, weil dies das Bearbeiten der folgenden Schritte erleichtert.
3. Wiederholen Sie den Schritt 2 entsprechend für die drei Dimensionstabellen.

Die geänderten Standardnamen der Tabellen werden jetzt in der Entwurfsansicht der Datenquellensicht wiedergegeben (Abbildung 4.14).

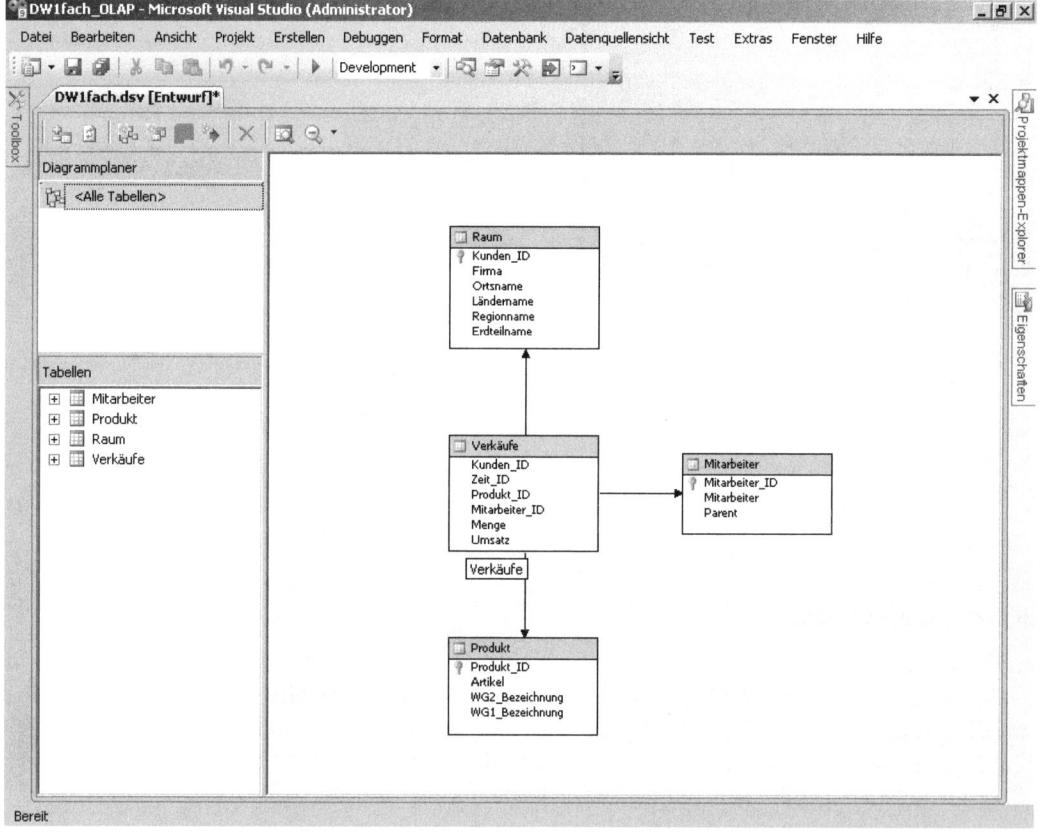

Abbildung 4.14 Nach der Einstellung der Eigenschaft *FriendlyName* auf die benutzerdefinierten Namen werden diese im Diagramm und im Fenster *Tabellen* angezeigt

Cube erstellen

Nachdem wir in den vorangehenden Punkten eine Datenquelle und eine Datenquellensicht definiert haben, soll jetzt ein Cube erstellt werden. Obwohl es möglich ist, einen Cube ohne Anbindung an eine Datenquelle bzw. Datenquellensicht zu definieren, sodass er zunächst allein Metadaten enthält, und ihn erst anschließend mit einer Datenquellensicht zu verbinden, soll unser Cube von vornherein an die Datenquellensicht *DW1fach.dsv* gebunden werden.

Cube mit dem Cube-Assistenten definieren

Um den neuen Cube zu erstellen, gehen Sie folgendermaßen vor:

1. Öffnen Sie ggf. Visual Studio und darin das Analysis Services-Projekt *DW1fach_OLAP*, z.B. indem Sie auf der Startseite auf dieses Projekt klicken.
2. Klicken Sie mit der rechten Maustaste im Projektmappen-Explorer auf den Ordner *Cubes*, und wählen Sie im Kontextmenü den Eintrag *Neuer Cube* aus. Falls der Projektmappen-Explorer nicht angezeigt wird, blenden Sie diesen über den Menübefehl *Ansicht/Projektmappen-Explorer* ein.
3. Klicken Sie im Dialogfeld *Willkommen* des Cube-Assistenten auf *Weiter*. Das Dialogfeld *Erstellungsmethode auswählen* wird angezeigt.
4. Belassen Sie es im Dialogfeld *Erstellungsmethode auswählen* bei den vorgeschlagenen Einstellungen, nach denen der Cube auf Basis vorhandener Tabellen einer Datenquelle erstellt werden soll. Klicken Sie auf *Weiter*, um zum Dialogfeld *Measuregruppentabellen auswählen* zu wechseln (Abbildung 4.15).

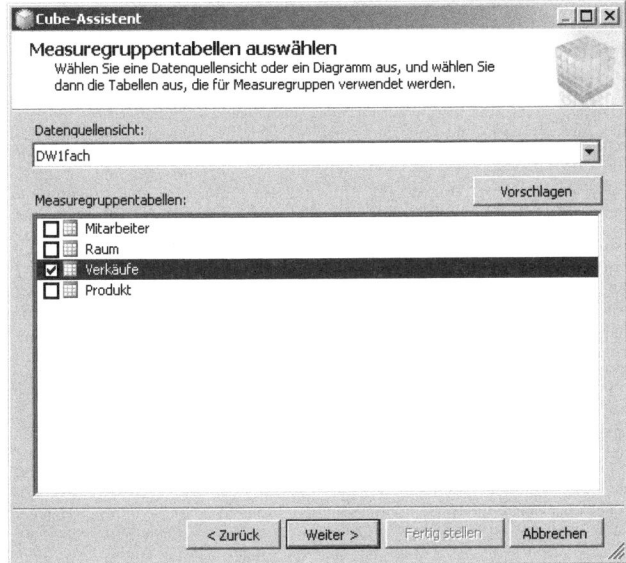

Abbildung 4.15 Im Dialogfeld *Measuregruppentabellen auswählen* bestimmen Sie, welche Tabelle(n) für die Measures verwendet werden soll(en)

5. Im Dialogfeld *Fakten- und Dimensionstabellen identifizieren* belassen Sie es bei der vorgeschlagenen Datenquellensicht *DW1fach*. Belassen Sie es auch bei der vorgeschlagenen Aktivierung der Measuregruppentabelle *Verkäufe* und klicken Sie dann auf *Weiter*. Dann wird das Dialogfeld *Measures auswählen* angezeigt (Abbildung 4.16).
6. Im Dialogfeld *Measures auswählen* werden die vom Cube-Assistenten identifizierten Measures angezeigt. Es sind die Measures *Menge*, *Umsatz* und *Verkäufe Anzahl*, die in der Measuregruppe *Verkäufe* zusammengefasst sind. Die Herkunft der hier vom Cube-Assistenten vergebenen Namen ist unschwer zu erkennen: Die Namen für *Menge* und *Umsatz* stammen von den entsprechenden Feldnamen der Faktentabelle, der Name *Verkäufe* stammt vom Namen der Faktentabelle. Für diesen Namen ist zu beachten, dass hier der *FriendlyName* verwendet wurde, den wir oben als *Verkäufe* (statt vorher *Fakt_Verkäufe*) festgelegt hatten. Das vorgeschlagene Measure *Verkäufe Anzahl* entspricht keinem Feld der Faktentabelle, es wurde vom Cube-Assistenten zusätzlich vorgeschlagen. Wenn wir es übernehmen, wird damit die Anzahl der Datensätze ausgewiesen. In vielen Zusammenhängen mag ein solches Measure überflüssig und eher stö-

rend sein, sodass man dessen Kontrollkästchen im Dialogfeld deaktivieren würde. Da wir in einem späteren Stadium der Cubeentwicklung jedoch noch ein sogenanntes *berechnetes Measure* erstellen wollen, für das wir die Anzahl der Datensätze benötigen, soll das Measure *Verkäufe Anzahl* hier aktiviert bleiben. Klicken Sie daher ohne Änderung im Dialogfeld *Measures auswählen* auf *Weiter*, um zum Dialogfeld *Neue Dimensionen auswählen* (Abbildung 4.17) zu wechseln.

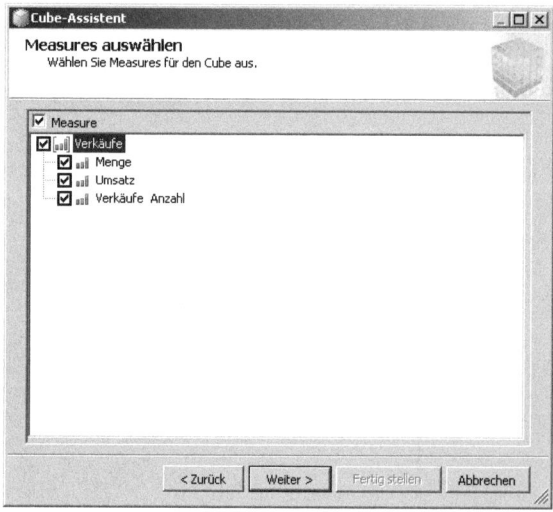

Abbildung 4.16 Dialogfeld *Measures auswählen*

7. Im Dialogfeld *Neue Dimensionen prüfen* zeigt sich, dass alle drei Dimensionen *Raum*, *Produkt* und *Mitarbeiter* ermittelt wurden und ihnen die Namen, auf die die Eigenschaft *FriendlyName* jeweils eingestellt ist, zugewiesen wurden. Belassen Sie es bei den aktivierten Kontrollkästchen und klicken Sie auf *Weiter*, um zum Dialogfeld *Assistenten abschließen* zu wechseln.

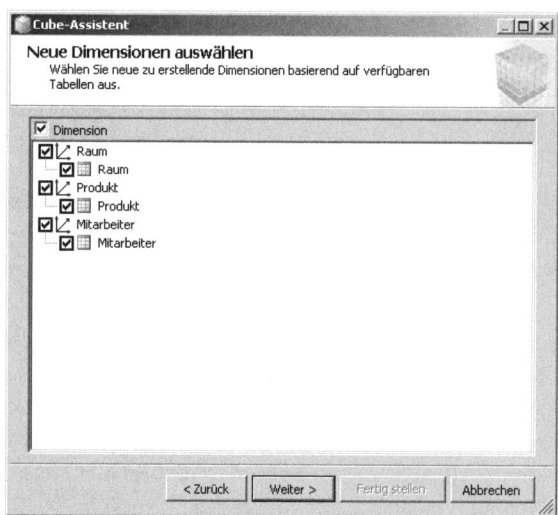

Abbildung 4.17 Das Dialogfeld *Neue Dimensionen auswählen* nach dem Öffnen der Ordner für die Dimensionen, ansonsten unbearbeitet

8. Belassen Sie es im Dialogfeld *Assistenten abschließen*, das noch einmal die gewählten Measures und Dimensionen anzeigt, bei dem vorgeschlagenen Cubenamen *DW1fach* und klicken Sie auf *Fertig* bzw.

Fertig stellen. Daraufhin wird der Cube mit seinen Measures und Dimensionen erstellt und im Fenster *DW1fach.cube [Entwurf]* dargestellt (Abbildung 4.18).

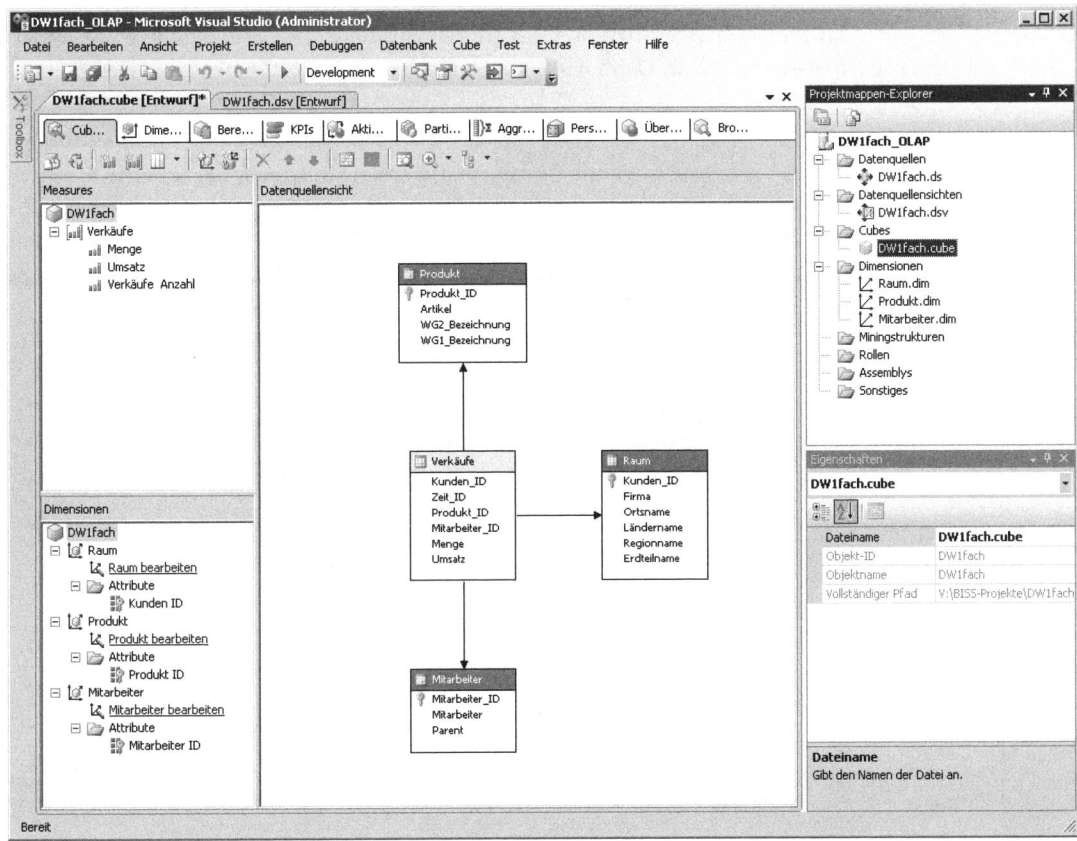

Abbildung 4.18 Darstellung der Cubeelemente im Fenster *DW1fach.cube [Entwurf]*, von dessen Registerkarten die *Cubestruktur* aktiviert ist

9. Klicken Sie in der Symbolleiste auf *Alle speichern*, oder rufen Sie diesen Befehl über das Menü *Datei* auf, um den gegenwärtigen Stand der Projektentwicklung zu sichern.

Den Dimensionen Attribute hinzufügen

Der Cube-Assistent hat die Measuregruppe *Verkäufe* und die drei Dimensionen *Raum*, *Mitarbeiter* und *Produkt* erstellt. Während sich mit der Measuregruppe sofort arbeiten ließe, weil sie die drei Measures *Menge*, *Umsatz* und *Verkäufe Anzahl* enthält, gilt dies für die drei Dimensionen nur in sehr eingeschränkter Form, denn diese weisen jeweils als einziges Attribut das ID-Feld auf. In Abbildung 4.18 ist dies deutlich im Bereich *Dimensionen* (links unten) zu erkennen. Um in den folgenden Abschnitten sinnvoll mit dem erstellten Cube *DW1fach* arbeiten zu können, sollten die drei Dimensionen weitere Attribute enthalten. Wie dies geschieht, wird zunächst detailliert für die Dimension *Raum* demonstriert.

Der Dimension *Raum* weitere Attribute hinzufügen

Die Bearbeitung einer Dimension geschieht im Dimensions-Designer. Gehen Sie im Einzelnen folgendermaßen vor:

1. Doppelklicken Sie im Projektmappen-Explorer auf die Dimension *Raum*, und aktivieren Sie dann ggf. die Registerkarte *Dimensionsstruktur*. Dann wird die Strukturansicht des Dimensions-Designers angezeigt (Abbildung 4.19).
2. Ziehen Sie nacheinander die einzelnen Feldnamen aus dem Tabellensymbol im Bereich *Datenquellensicht* in den Bereich *Attribute*. Wenn alle Attribute hinzugefügt worden sind, sieht der Bereich *Attribute* aus wie in Abbildung 4.19.

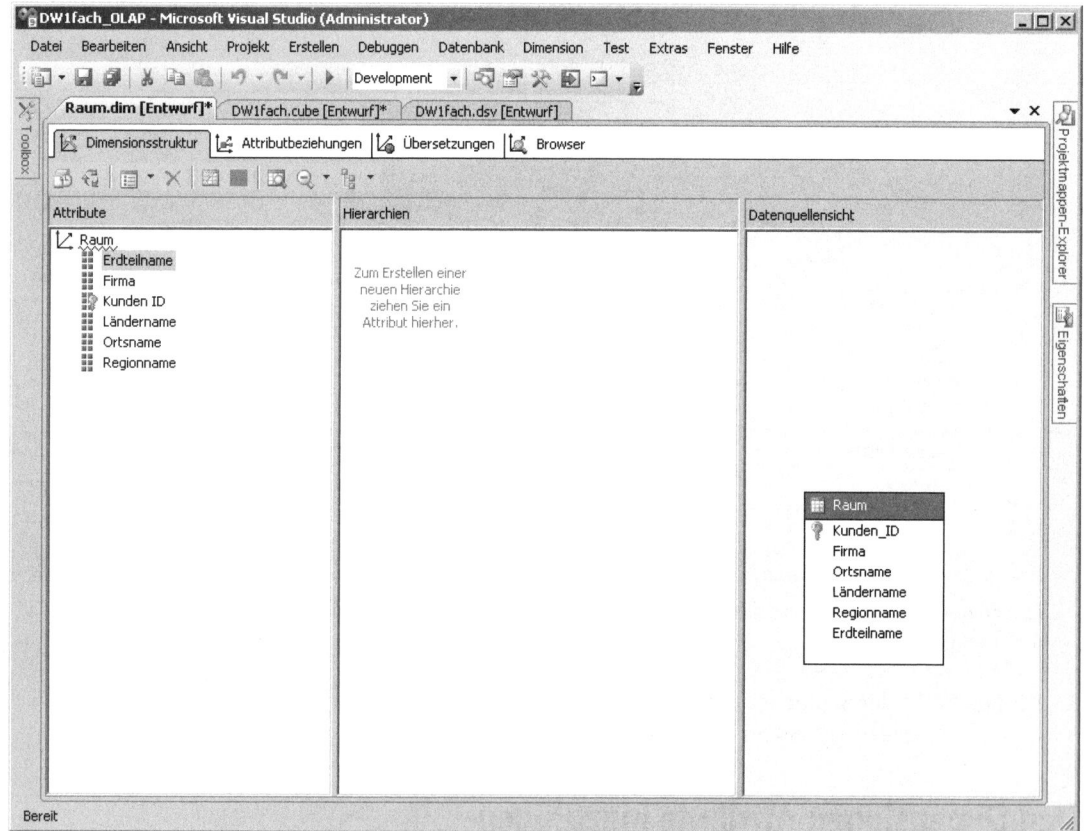

Abbildung 4.19 Strukturansicht des Dimensions-Designers für die Dimension *Raum*. Die weiteren Attribute sind bereits hinzugefügt worden.

Den Dimensionen *Produkt* und *Mitarbeiter* weitere Attribute hinzufügen

Um den beiden Dimensionen *Produkt* und *Mitarbeiter* weitere Attribute hinzuzufügen, verfahren Sie entsprechend wie bei der Dimension *Raum*: Fügen Sie der Dimension *Mitarbeiter* nur das Feld *Mitarbeiter* und der Dimension Produkt sämtliche verfügbaren Felder als Attribute hinzu.

Mit den Registerkarten des Cube-Designers arbeiten

Der Cube-Designer wird als eine Registerkarte des Business Intelligence Development Studio im Visual Studio dargestellt. Diese Registerkarte enthält als Bezeichnung den Namen des betreffenden Cube, dem die Zeichenfolge *.cube [Entwurf]* angefügt ist, im vorliegenden Beispiel also *DW1fach.cube [Entwurf]* (Abbildung 4.18). Wegen dieser Bezeichnungsweise werden wir den Cube-Designer gelegentlich auch als *Entwurfsansicht des Cube* bezeichnen. Unmittelbar nach dem Erstellen eines neuen Cube wird der Cube-Designer angezeigt. Ist dies nicht der Fall, können Sie ihn durch Doppelklicken auf den betreffenden Cube im Projektmappen-Explorer anzeigen lassen.

Die Registerkarten des Cube-Designers

Der Cube-Designer selbst enthält zehn Registerkarten. Mit den grundlegendsten davon werden wir gleich arbeiten, sie seien aber zunächst alle genannt und kurz charakterisiert:

- **Cubestruktur**   Mit dieser Registerkarte wird die Struktur des Cube bearbeitet. Beispielsweise können Sie dem Cube hier eine weitere Dimension hinzufügen.
- **Dimensionsverwendung**   Nicht jede Dimension kann für jedes Measure verwendet werden und nicht jede mögliche Zuordnung wird von den verschiedenen Assistenten automatisch entdeckt. Dies gilt insbesondere bei der Verwendung mehrerer Faktentabellen im selben Cube. Auf dieser Registerkarte können Sie die Dimensionen explizit den einzelnen Measures zuordnen.
- **Berechnungen**   Sie können mit dieser Registerkarte berechnete Elemente und Measures erstellen, bearbeiten und debuggen. Berechnete Elemente und Measures werden mit Ausdrücken (Formeln) gebildet, die aus vorhandenen Werten im Cube neue Werte berechnen.
- **KPIs**   Mit dieser Registerkarte werden KPIs (Key Performance Indicators) erstellt und bearbeitet. Mithilfe eines KPIs können Sie beispielsweise schnell – weil auch grafisch dargestellt – erkennen, ob ein definierter Schwellenwert – z.B. eine Wachstumsrate für den Umsatz – über- oder unterschritten ist.
- **Aktionen**   Mit dieser Registerkarte werden Aktionen wie Drillthroughs oder Bereitstellungen von Berichten erstellt und bearbeitet. Aktionen stellen für Clientanwendungen kontextabhängige Informationen, Befehle und Berichte bereit, auf die Endbenutzer zugreifen können.
- **Partitionen**   Mithilfe von Partitionen können Teile eines Cube jeweils gesondert konfiguriert werden. Beispielsweise lassen sich verschiedene Aggregationsverfahren und unterschiedliche Speicherorte definieren.
- **Aggregationen**   Auf dieser Registerkarte können Aggregationsentwürfe erstellt und geändert werden.
- *Perspektiven*   Eine Perspektive stellt eine Sicht auf einen Cube dar, mit der eine Teilmenge des Cube definiert wird, in der Regel, um die Komplexität eines umfangreichen Cube zu reduzieren. Perspektiven werden auf dieser Registerkarte erstellt und bearbeitet.
- **Übersetzungen**   Sie können Namen für Cubeobjekte übersetzen, beispielsweise Namen von Attributelementen. Dies geschieht auf der Registerkarte *Übersetzungen*.
- **Browser**   Mit dem *Browser* lassen Sie die Daten des Cube anzeigen.

Cube- und Dimensionseigenschaften überprüfen

Die Cube- und Dimensionseigenschaften lassen sich effizient mit den beiden Registerkarten *Cubestruktur* und *Browser* überprüfen.

Cubestruktur

Die wichtigsten Objekte eines Cube sind sicherlich seine Dimensionen und Measures. Diese können Sie mit der Registerkarte *Cubestruktur*, die Teil des Cube-Designers ist, überprüfen und ggf. bearbeiten. Den Cube-Designer lassen Sie ggf. durch Doppelklicken auf den betreffenden Cube im Projektmappen-Explorer anzeigen.

Das Fenster *Cubestruktur* enthält die drei Teilfenster *Datenquellensicht*, *Measures* und *Dimensionen* (siehe zuvor Abbildung 4.18).

Fenster *Datenquellensicht* In diesem Fenster werden die Tabellen aus der Datenquellensicht, die für den Cube verwendet werden, als Tabellensymbole dargestellt. Die Titelleisten von Faktentabellen werden gelb, die von Dimensionstabellen blau dargestellt. Sie können das Fenster größer oder kleiner zoomen (Kontextmenübefehl *Zoom*). Wenn Sie mit der rechten Maustaste auf ein Tabellensymbol klicken, zeigt Ihnen das Kontextmenü an, welche Möglichkeiten Ihnen in Bezug auf die Tabelle zur Verfügung stehen. Im Zusammenhang mit dem Debuggen von Datenproblemen erscheint es besonders interessant, dass Sie jede Tabelle durchsuchen (browsen) können. Die Daten lassen sich dann in den vier verschiedenen Darstellungsformen *Tabelle*, *PivotTable*, *PivotChart* und *Diagramm* anzeigen, und die Darstellungsformen *PivotTable* und *PivotChart* lassen sich sogar pivotieren und in beschränktem Umfang bearbeiten. In der Datenquellensicht der *Cubestruktur* können Sie dem Cube auch neue Tabellen hinzufügen, sofern diese in einer Datenquellensicht des Projekts definiert sind. Wir werden später von dieser Möglichkeit Gebrauch machen, wenn wir den Cube um die Faktentabelle *Fakt_Gehälter* erweitern (siehe den Abschnitt »Cube um eine Faktentabelle erweitern« später in diesem Kapitel).

Fenster *Measures* Mit diesem Fenster können Sie die Eigenschaften der Measures überprüfen, vorhandene Measures bearbeiten oder löschen sowie neue Measures hinzufügen. In Abbildung 4.20 ist das Fenster *Measures* für unseren Beispielcube im gegenwärtigen Entwicklungsstand wiedergegeben. Dort werden die Measures *Menge*, *Umsatz* und *Verkäufe Anzahl* angezeigt, die der Measuregruppe *Verkäufe* angehören.

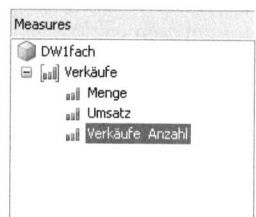

Abbildung 4.20 Fenster *Measures* in der *Cubestruktur*

Wenn Sie auf ein Measure klicken und es damit markieren, werden im Eigenschaftenfenster dessen Eigenschaften wiedergegeben und können dort auch bearbeitet werden. So lässt sich beispielsweise erkennen, dass für die Measures *Menge* und *Umsatz* die Eigenschaft *AggregateFunction* jeweils auf *Sum*, für das Measure *Verkäufe Anzahl* hingegen auf *Count* eingestellt ist. Dies ist auch völlig korrekt, weil sich Mengen und Umsätze summieren lassen, die Anzahl der Verkäufe (= Anzahl der Datensätze) jedoch nur durch Zählen ermitteln lässt.

Fenster *Dimensionen* In diesem Fenster können Sie die für den Cube definierten Dimensionen betrachten. In der in Abbildung 4.21 wiedergegebenen Darstellung sind alle Dimensionen geöffnet, sodass deren Attribute dargestellt werden. Die Dimensionen und deren Attribute lassen sich in diesem Fenster nicht bearbeiten. Wenn Sie dies erreichen wollen, können Sie beispielsweise für die Dimension *Raum* auf *Raum bearbeiten* klicken. Dann wird der Dimensions-Designer für die Dimension *Raum* geöffnet, in dem diese bearbeitet werden kann.

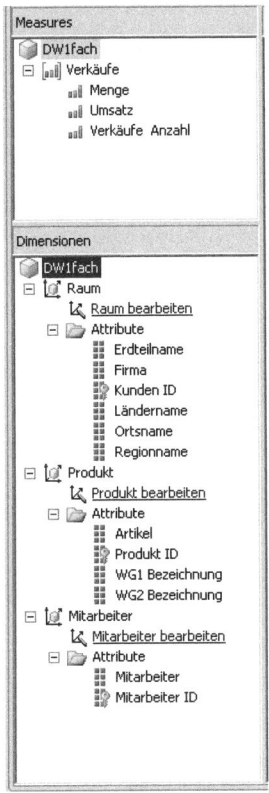

Abbildung 4.21 Fenster *Dimensionen* in der *Cubestruktur*

Browser

Wenn Sie im gegenwärtigen Entwicklungsstadium unseres Beispielcube im Fenster *Cubestruktur* auf die Registerkarte *Browser* klicken, um diesen zu aktivieren, werden Sie vermutlich etwas überrascht sein. Sie erwarten sicher, dass nunmehr die Daten des Cube dargestellt werden, der ja schließlich vollständig definiert wurde. Dies trifft jedoch tatsächlich nicht zu. Statt einer Darstellung der Cubedaten wird ein leeres Browserfenster angezeigt, das lediglich die Fehlermeldung enthält, dass auf den Cube *DW1fach_OLAP* nicht zugegriffen werden kann oder die Datenbank nicht vorhanden ist (Abbildung 4.22).

Damit hat es folgende Bewandtnis: Bevor die Daten eines Cube, der neu definiert wurde oder an dessen Objekten wie Dimensionen oder Measures definitorische Änderungen vorgenommen wurden, im Cubebrowser angezeigt werden können, muss der Cube bereitgestellt werden. Wie dies geschieht, wird im nächsten Abschnitt gezeigt.

Kapitel 4: OLAP-Tutorium: Einen einfachen Cube erstellen

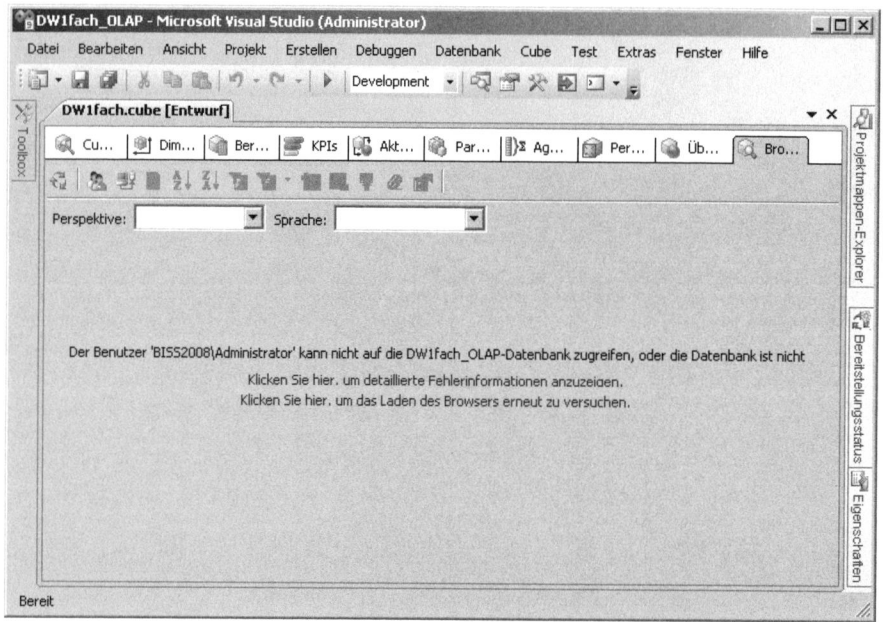

Abbildung 4.22 Im Browserfenster werden keine Daten angezeigt, weil das Projekt noch nicht bereitgestellt ist

TIPP Wenn im Browserfenster die Meldungen wie in Abbildung 4.22 angezeigt werden, brauchen Sie im Allgemeinen nicht lange zu überlegen, woran es liegt, dass keine Daten angezeigt werden. Wenn nicht gerade der Server, von dem die Analysis Services-Datenbank gehostet wird, heruntergefahren ist, wird es daran liegen, dass an einem der Cubeobjekte eine definitorische Änderung vorgenommen wurde, nach der Sie noch keine Bereitstellung des Cube durchgeführt haben.

Analysis Services-Projekt bereitstellen

Das Bereitstellen eines Cube wird bereits nach kurzer Zeit zu einer Routineangelegenheit werden, weil es, wie im vorangehenden Abschnitt gezeigt, beim Entwickeln eines Analysis Services-Projekts häufig erfolgen muss, und es bedarf dazu auch nur eines Befehls. Beim erstmaligen Bereitstellen allerdings sollte noch ein vorangehender Schritt ausgeführt werden, um einem andernfalls häufig auftretenden Fehler bei der Bereitstellung zu entgehen.

HINWEIS Um ein Analysis Services-Projekt bereitzustellen, müssen Sie die Schritte 1 bis 4 der folgenden Aufzählung nur befolgen, wenn das Projekt erstmalig bereitgestellt wird und auf der Registerkarte *Identitätswechselinformationen* nicht schon zuvor die Option *Dienstkonto* festgelegt worden ist. Für künftige Bereitstellungen genügt es, den Schritt 5 auszuführen.

Gehen Sie folgendermaßen vor, um das Projekt *DW1fach_OLAP* erstmalig bereitzustellen:

1. Doppelklicken Sie im Projektmappen-Explorer auf die Datenquelle *DW1fach.ds*, um das Dialogfeld *Datenquellen-Designer* anzuzeigen.
2. Aktivieren Sie die Registerkarte *Identitätswechselinformationen*. Hier können Sie die Berechtigungen für die Datenquelle ändern.
3. Aktivieren Sie die Option *Dienstkonto*. Diese Einstellung stellt ausreichend Rechte zum Bereitstellen des Cube zur Verfügung.

Cube erstellen

4. Bestätigen Sie mit *OK*.
5. Wählen Sie den Befehl *Erstellen/DW1fach_OLAP bereitstellen* oder drücken Sie die Taste F5.

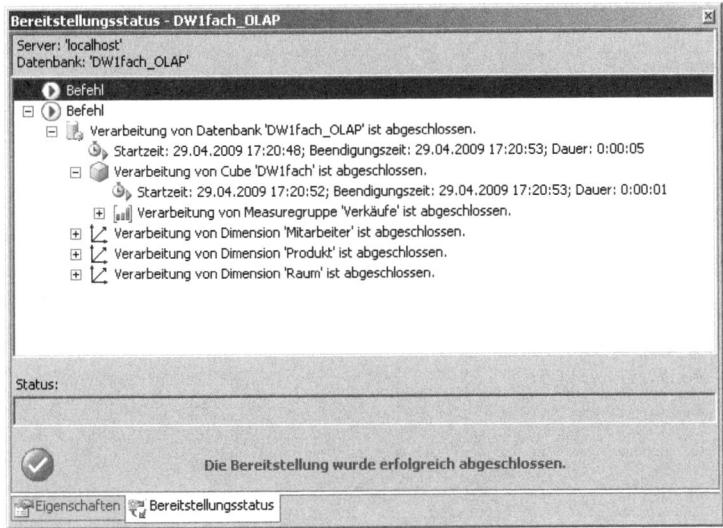

Abbildung 4.23 Fenster *Bereitstellungsstatus* nach erfolgreicher Bereitstellung des Analysis Services-Projekts *DW1fach_OLAP*

Sobald der Bereitstellungsprozess mit dem im letzten Aufzählungspunkt aufgeführten Befehl begonnen wird, wird in Visual Studio das Fenster *Bereitstellungsstatus - DW1fach_OLAP* angezeigt (Abbildung 4.23). Im vorliegenden Fall wurde die Bereitstellung insgesamt erfolgreich abgeschlossen, sodass auch alle einzelnen Verarbeitungsschritte erfolgreich abgeschlossen wurden. Tritt während der Bereitstellung ein Fehler auf, liefert das Fenster *Bereitstellungsstatus* wertvolle Hinweise zur Fehlerbeseitigung, weil der nicht abschließbare Bearbeitungsschritt und die mögliche Fehlerursache angegeben werden. In der Regel sollten Sie das Fenster *Bereitstellungsstatus* nach dem erfolgreichen Abschluss des Bereitstellungsprozesses schließen bzw. generell auf der Titelleiste *Automatisch im Hintergrund* einstellen, weil es die Bildschirmübersicht sonst unnötig beeinträchtigt.

Mit dem erstmaligen Bereitstellen eines Analysis Services-Projekts wird dieses zugleich auch neu erstellt. Dies bedeutet, dass im Analysis-Server eine Analysis Services-Datenbank erstellt wird. Diese erhält standardmäßig den Namen des Analysis Services-Projekts, in unserem Beispiel also *DW1fach_OLAP*. Sie können die Objekte dieser Datenbank im *SQL Server Management Studio* betrachten, wenn Sie dort den Objekt-Explorer mit dem Analysis-Server verbinden. Dann wird im Ordner *Datenbanken* auch die Analysis Services-Datenbank *DW1fach_OLAP* angezeigt, deren Objekte Sie in der üblichen Weise durchsuchen können.

Daten des Cube überprüfen

Nach dem Bereitstellen des Projekts sollten die Cubedaten vom Cubebrowser dargestellt werden können. Aktivieren Sie daher den Browser im Cube-Designer, indem Sie auf die Registerkarte *Browser* klicken. Das Fenster des Cubebrowsers wird angezeigt. Falls der Cubebrowser noch immer mitteilt, dass er nicht auf die Datenbank *DW1fach_OLAP* zugreifen kann, klicken Sie in der Symbolleiste des Browsers auf die Schaltfläche *Verbindung wiederherstellen*. Spätestens dann wird ein Browserfenster geöffnet, das in seinem linken Teil die Metadaten des Cube anzeigt und im rechten Teil die zunächst noch leere Struktur eines multidimensionalen Browsers enthält.

> **HINWEIS** Welches Währungsformat tatsächlich angezeigt wird, wenn für ein Measure die Eigenschaft *FormatString* auf *Currency* (Währung) eingestellt wird, hängt von der Spracheinstellung für den Analysis-Server ab. Im vorliegenden Beispiel war die Sprache auf *Deutsch (Deutschland)* eingestellt (Abbildung 4.24).

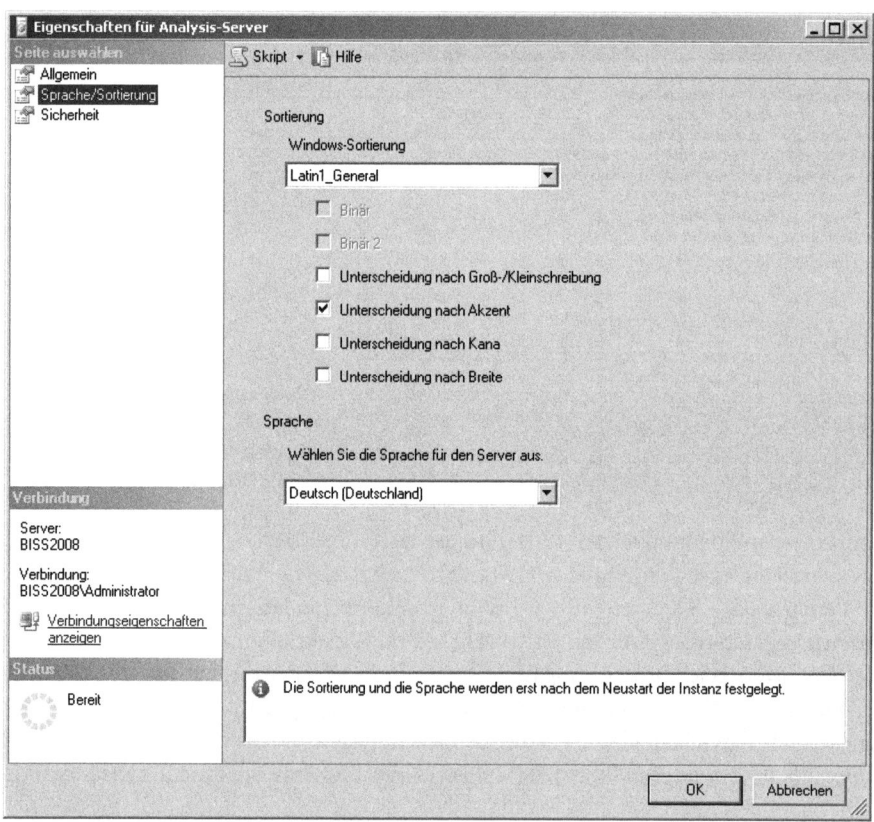

Abbildung 4.24 Eigenschaftenfenster des Analysis-Servers

Sie ändern die Spracheinstellung folgendermaßen (für die folgenden Schritte müssen Sie über entsprechende Rechte auf dem Analysis-Server verfügen):

1. Öffnen Sie das *SQL Server Management Studio*.
2. Stellen Sie eine Verbindung zum Analysis-Server her, indem Sie den Befehl *Datei/Objekt-Explorer verbinden* aufrufen, im Dialogfeld *Verbindung mit dem Server herstellen* Ihren Analysis-Server wählen und Ihre Auswahl mit *Verbinden* bestätigen.
3. Klicken Sie im Objekt-Explorer mit der rechten Maustaste auf den Analysis-Server und im Kontextmenü auf *Eigenschaften*. Daraufhin wird das Eigenschaftenfenster für Analysis-Server angezeigt.
4. Aktivieren Sie im Eigenschaftenfenster für Analysis-Server die Registerkarte *Sprache/Sortierung* (Abbildung 4.24).
5. Wählen Sie für die Eigenschaft *Sprache* die gewünschte aus und bestätigen Sie mit *OK*.

Nach der Änderung der Spracheinstellung werden Sie vom Analysis-Server darauf hingewiesen, dass die Änderung erst nach einem Neustart des Analysis-Servers wirksam wird. Sie können diesen Neustart explizit im Fenster *Dienste* des Betriebssystems veranlassen.

Gesamtumsatz anzeigen

Die Cubedaten sollen am Beispiel des Gesamtumsatzes überprüft werden.

1. Erweitern Sie im linken Teil alle Metadaten – Measures und Dimensionen – jeweils bis zur untersten Ebene.
2. Ziehen Sie dann das Measure *Umsatz* in den Bereich *Gesamtsummen oder Detailfelder hierher ziehen*. Dann wird in diesem Bereich die Zahl 1354406,09 für den Gesamtumsatz über alle Dimensionen wiedergegeben.

Die Zahl für den Umsatz wird im Browser unformatiert und daher nicht gut lesbar und interpretierbar dargestellt. Daher soll das Measure *Umsatz* mit einem Währungsformat belegt werden:

1. Wechseln Sie im Cube-Designer zur Registerkarte *Cubestruktur*.
2. Erweitern Sie im Fenster *Measures* die Measuregruppe *Verkäufe* und klicken Sie auf das Measure *Umsatz*.
3. Klicken Sie im Eigenschaftenfenster auf die Eigenschaft *FormatString*, öffnen Sie deren Liste und wählen Sie das Format *Currency*.
4. Aktivieren Sie den Cubebrowser. Sie erkennen dort, dass der Wert für den Gesamtumsatz nach wie vor unformatiert dargestellt wird. Dieses Beispiel kann verallgemeinert werden: Wenn Sie Änderungen an den Metadaten vornehmen, werden diese nicht automatisch wirksam. Vielmehr muss das Projekt erneut bereitgestellt werden, um die Auswirkungen der Metadatenänderungen auf die Cubedaten wirksam werden zu lassen. Dies hat sicherlich Performancegründe: Wenn Neuberechnungen nach jeder Änderung von Metadaten automatisch ausgeführt würden, würde der Entwicklungsprozess in den meisten Fällen unverhältnismäßig lange unterbrochen werden.
5. Wählen Sie den Befehl *Erstellen/DW1fach_OLAP bereitstellen* oder drücken Sie [F5]. Auch nach dem erfolgreichen Abschluss des Bereitstellungsprozesses wird der Gesamtumsatz im Cubebrowser unformatiert angezeigt. Die mit dem Bereitstellungsprozess in der Datenbank bereits vollzogene Änderung der Datenaufbereitung wird für den Cubebrowser erst wirksam, nachdem für diesen die Verbindung zur Datenbank erneuert wurde.
6. Klicken Sie in der Symbolleiste des Cubebrowsers auf die Schaltfläche *Verbindung wiederherstellen*. Anschließend wird der Wert des Gesamtumsatzes mit dem Euro-Währungsformat formatiert dargestellt.

Daten mit Dimensionsattributen darstellen

Bisher haben wir nur den Gesamtumsatz des Cube dargestellt, weil wir noch keinerlei Dimensionsattribut für die Zahlendarstellung berücksichtigt haben. Obwohl die Dimensionen und deren Attribute und Hierarchien sich teilweise noch in einem unbefriedigenden Zustand befinden, den wir im folgenden Abschnitt ändern werden, sollen sie doch zur demonstrativen Darstellung der Werte im Cubebrowser verwendet werden.

Es ist das Ziel der nächsten Schritte, den Umsatz im Cubebrowser nach Mitarbeitern, Warengruppen und Ländern auszuweisen. Gehen Sie dazu folgendermaßen vor:

1. Ziehen Sie im Cubebrowser, falls dies noch nicht geschehen ist, aus der Measuregruppe *Verkäufe* das Measure *Umsatz* in den Bereich *Gesamtsummen oder Detailfelder hierher ziehen*.
2. Öffnen Sie im linken Teil des Cubebrowsers alle Dimensionen, sodass deren Attribute angezeigt werden.
3. Ziehen Sie aus der Dimension *Mitarbeiter* das Attribut *Mitarbeiter* in den Bereich *Zeilenfelder hierher ziehen*. Dadurch wird der Umsatz nach Mitarbeitern ausgewiesen.

4. Ziehen Sie aus der Dimension *Produkt* das Attribut *WG1 Bezeichnung* in den Bereich *Spaltenfelder hierher ziehen*. Dadurch wird der Umsatz nach Mitarbeitern und der Warengruppe 1 ausgewiesen.
5. Ziehen Sie aus der Dimension *Produkt* das Attribut *WG2 Bezeichnung* in den Spaltenfeldbereich, sodass es rechts neben dem Attribut *WG1 Bezeichnung* positioniert wird.
6. Öffnen Sie im Spaltenfeldbereich die WG1-Warengruppen *Spirituosen* und *Wein*.
7. Ziehen Sie aus der Dimension *Raum* das Attribut *Ländername* in den Bereich *Filterfelder hierher ziehen*. Dann lässt sich im Filterfeldbereich eine Liste mit Ländernamen aufschlagen, nach denen gefiltert werden kann. Deaktivieren Sie in dieser Liste das Kontrollkästchen für *Alle* und aktivieren Sie dann das Kontrollkästchen für *Deutschland*, um auf die Lieferungen nach Deutschland zu filtern. Daraufhin werden die Umsatzwerte im Cubebrowser entsprechend der Abbildung 4.25 dargestellt.

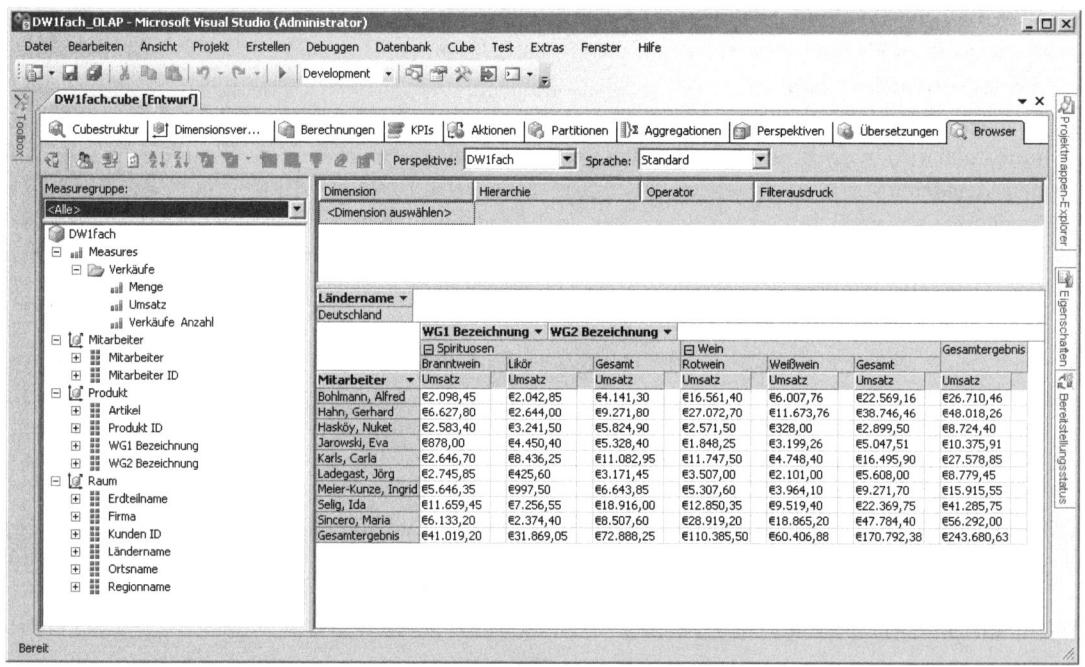

Abbildung 4.25 Darstellung der Umsatzwerte im Cubebrowser nach dem Ausführen von Schritt 7

Dimensionen und Measures bearbeiten

Die Measures und Dimensionen unseres Beispielcube wurden alle vom Cube-Assistenten gebildet. Dies führte zwar im Allgemeinen zu erstaunlich guten Ergebnissen, jedoch sind sowohl die Measures wie auch vor allem die Dimensionen bearbeitungsbedürftig. Einen Teil der Bearbeitung – das Hinzufügen von Attributen zu den drei Dimensionen *Mitarbeiter*, *Raum* und *Produkt* – haben wir bereits erledigt, siehe weiter oben in diesem Kapitel im Abschnitt »Den Dimensionen Attribute hinzufügen«. Im Folgenden geht es um weitere Bearbeitungen, um die Dimensionen besser zu strukturieren.

Dimensionen

Dimensionen werden im Dimensions-Designer auf der Registerkarte *Dimensionsstruktur* bearbeitet.

Dimension *Produkt*

Um die Dimension *Produkt* zu bearbeiten, öffnen Sie den Dimensions-Designer, indem Sie im Projektmappen-Explorer auf diese Dimension doppelklicken, und aktivieren Sie ggf. die Registerkarte *Dimensionsstruktur*. Diese weist in ihrem linken Teil das Fenster *Attribute* auf, in dem die Dimensionsattribute und ggf. benutzerdefinierte Hierarchien angezeigt werden. Im mittleren Fenster *Hierarchien* können benutzerdefinierte Hierarchien mit ihren Ebenen gebildet und bearbeitet werden. Im rechten Fenster *Datenquellensicht* werden die Tabellen der Datenquellensicht angezeigt, auf denen die betreffende Dimension basiert. In unserem Beispielprojekt sind wir nach dem Starschema verfahren, sodass jede Dimension auf jeweils nur einer Tabelle basiert.

Im Fenster *Attribute* der Registerkarte *Dimensionsstruktur* werden die Attribute der Dimension *Produkt* angezeigt (Abbildung 4.26). Sie können dort Defizite, die beseitigt werden sollten, erkennen:

Abbildung 4.26 Attributfenster in der Registerkarte *Dimensionsstruktur* für die Dimension *Produkt*

1. Die Namen der beiden Attribute *WG1 Bezeichnung* und *WG2 Bezeichnung* sind unzweckmäßig. Sie sollen durch die Namen *Warengruppe 1* und *Warengruppe 2* ersetzt werden. Verfahren Sie zum Umbenennen folgendermaßen: Klicken Sie mit der rechten Maustaste auf den Eintrag *WG1 Bezeichnung*, wählen Sie im Kontextmenü *Umbenennen* und überschreiben Sie die alte mit der neuen Bezeichnung. Verfahren Sie entsprechend für die Bezeichnung *WG2 Bezeichnung*.

2. Die drei Attribute *Warengruppe 1*, *Warengruppe 2* und *Artikel* können zusammen eine Hierarchie bilden mit *Warengruppe 1* als oberster, *Warengruppe 2* als mittlerer und *Artikel* als unterster Ebene. Der Cube-Assistent hat versäumt, dies zu leisten. Daher soll diese Hierarchie von uns gebildet werden. Gehen Sie dazu folgendermaßen vor:

   - Ziehen Sie das Attribut *Warengruppe 1* aus dem Attributfenster auf den Bereich *Zum Erstellen einer neuen Hierarchie …* im Fenster *Hierarchien*. Anschließend wird in diesem Fenster eine Hierarchie angezeigt.

   - Ziehen Sie das Attribut *Warengruppe 2* aus dem Attributfenster in die neu gebildete Hierarchie im Fenster *Hierarchien*, sodass es unterhalb der Ebene *Warengruppe 1* positioniert wird.

   - Verfahren Sie entsprechend mit dem Attribut *Artikel*. Positionieren Sie dieses als unterste Hierarchieebene.

   - Benennen Sie die Hierarchie von *Hierarchie* in *Warengruppen* um: Klicken Sie mit der rechten Maustaste auf den Namen *Hierarchie* und wählen Sie im Kontextmenü den Eintrag *Umbenennen*. Das Fenster des Dimensions-Designers sollte nun aussehen wie in Abbildung 4.28 gezeigt.

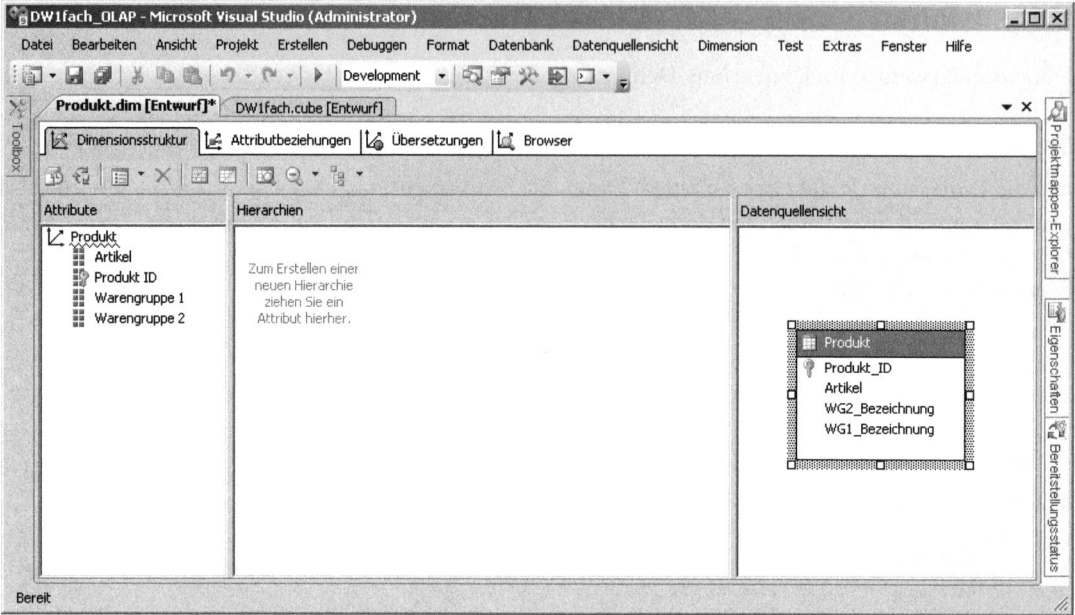

Abbildung 4.27 Fenster des Dimensions-Designers vor dem Erstellen der Hierarchie *Warengruppen*

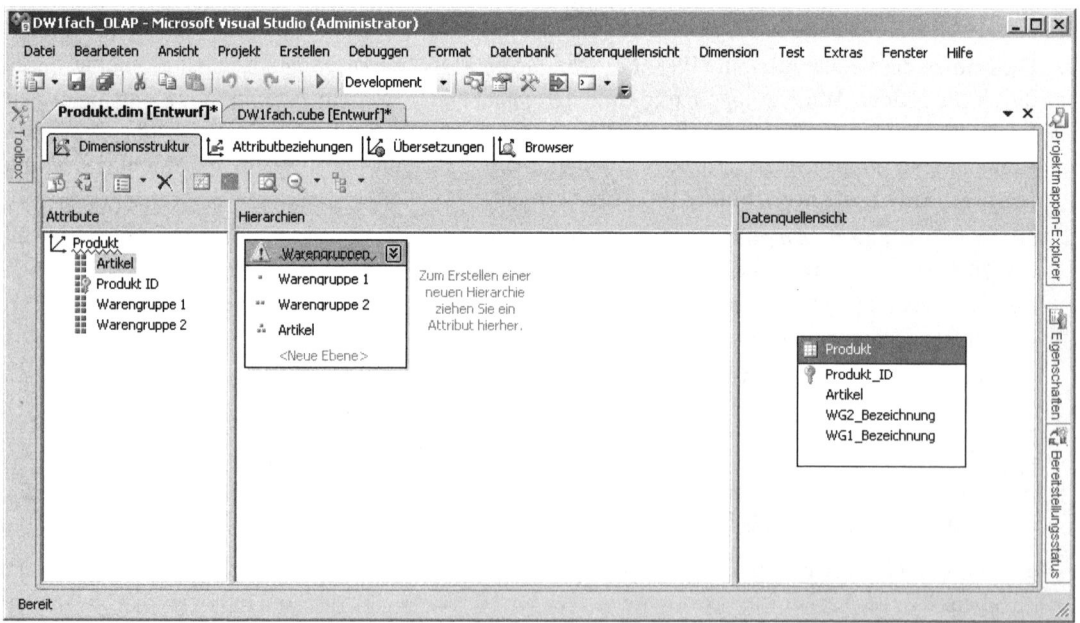

Abbildung 4.28 Fenster des Dimensions-Designers nach dem Erstellen der Hierarchie *Warengruppen*

Dimensionen und Measures bearbeiten

> **HINWEIS** Nach dem Erstellen der benutzerdefinierten Hierarchie *Warengruppen* zeigt die Titelleiste der Hierarchie ein Warnsymbol auf, das beim Zeigen mit dem Mauszeiger darauf folgenden Hinweistext anzeigt: »Mindestens eine Ebene dieser Hierarchie weist keine Attributbeziehungen auf. Dies führt möglicherweise zu einer verringerten Abfrageleistung.« Im vorliegenden Kontext können wir diesen Hinweis übergehen, da benutzerdefinierte Attributbeziehungen nur in bestimmten, eng definierten Zusammenhängen – z.B. ein Abweichen von der natürlichen Hierarchie – Vorteile bringen, die hier nicht vorliegen.

> **HINWEIS** Es scheint so, als ob vor dem Erstellen der benutzerdefinierten Hierarchie keine Hierarchie in den Dimensionen existiert hätte. Dies trifft jedoch nicht zu. Bei den Analysis Services des SQL Server 2008 wird jedes in eine Dimension aufgenommene Attribut als *Attributhierarchie* erstellt und auch so bezeichnet. Derartige Attributhierarchien weisen allerdings jeweils nur eine Ebene auf. Sie besitzen aber die Fähigkeit, im Cube als Dimensionshierarchie (es gibt keine Dimension ohne Hierarchie) zu fungieren. Dass sie diese Fähigkeit haben, zeigte sich vorne in diesem Kapitel im Abschnitt »Daten mit Dimensionsattributen darstellen«, weil dort einzelne Attribute (= Attributhierarchien) im Zeilen-, Spalten- und Filterbereich des Cubebrowsers positioniert werden konnten und als Ein-Ebenen-Hierarchien fungierten.

Dimension *Raum*

Doppelklicken Sie im Projektmappen-Explorer auf die Dimension *Raum*, um für diese den Dimensions-Designer zu öffnen. Für die Dimension *Raum* sollen Attributsnamen geändert und eine benutzerdefinierte Hierarchie erzeugt werden. Gehen dazu wie folgt vor:

1. Benennen Sie die Attribute *Erdteilname*, *Ländername*, *Ortsname* und *Regionname* um in *Erdteil*, *Land*, *Ort* und *Region*. Verfahren Sie dabei wie im obigen Abschnitt »Dimension *Produkt*« beschrieben.
2. Erstellen Sie für die Dimension *Raum* eine benutzerdefinierte Hierarchie mit den Ebenen *Erdteil*, *Region*, *Land*, *Ort* und *Firma* und geben Sie der Hierarchie den Namen *Lieferziele*. Verfahren Sie dazu wie im vorigen Abschnitt beschrieben.

Dimension *Mitarbeiter*

Die Dimension Mitarbeiter bedarf keiner weiteren Bearbeitung, da sie bereits das einzig mögliche Attribut *Mitarbeiter* enthält.

Dimensionen im Dimensionsbrowser betrachten

Die in den vorangehenden Abschnitten vorgenommenen Änderungen an den Dimensionsobjekten sollen jetzt im Fenster *Browser* des Dimensions-Designers betrachtet werden. Gehen Sie dazu folgendermaßen vor:

1. Drücken Sie F5, um das Projekt bereitzustellen, denn die Änderungen an den Dimensionsobjekten können im Dimensionsbrowser erst nach einem erneuten Bereitstellen des Analysis Services-Projekts betrachtet werden.
2. Aktivieren Sie im Dimensions-Designer für die Dimension *Raum* (= Registerkarte *Raum.dim [Entwurf]* im Business Intelligence Development Studio) die Registerkarte *Browser*.
3. Wählen Sie in der Liste *Hierarchie* die benutzerdefinierte Hierarchie *Lieferziele*.
4. Erweitern Sie die *All*-Ebene sowie verschiedene weitere Ebenen des Hierarchiebaums. Die Abbildung 4.29 gibt den z.T. bis auf die unterste Ebene erweiterten Baum der Hierarchie *Lieferziele* wieder.
5. Prüfen Sie auch die Dimensionen *Produkt* und *Mitarbeiter*, indem Sie diese auf entsprechende Weise im Dimensionsbrowser darstellen lassen.

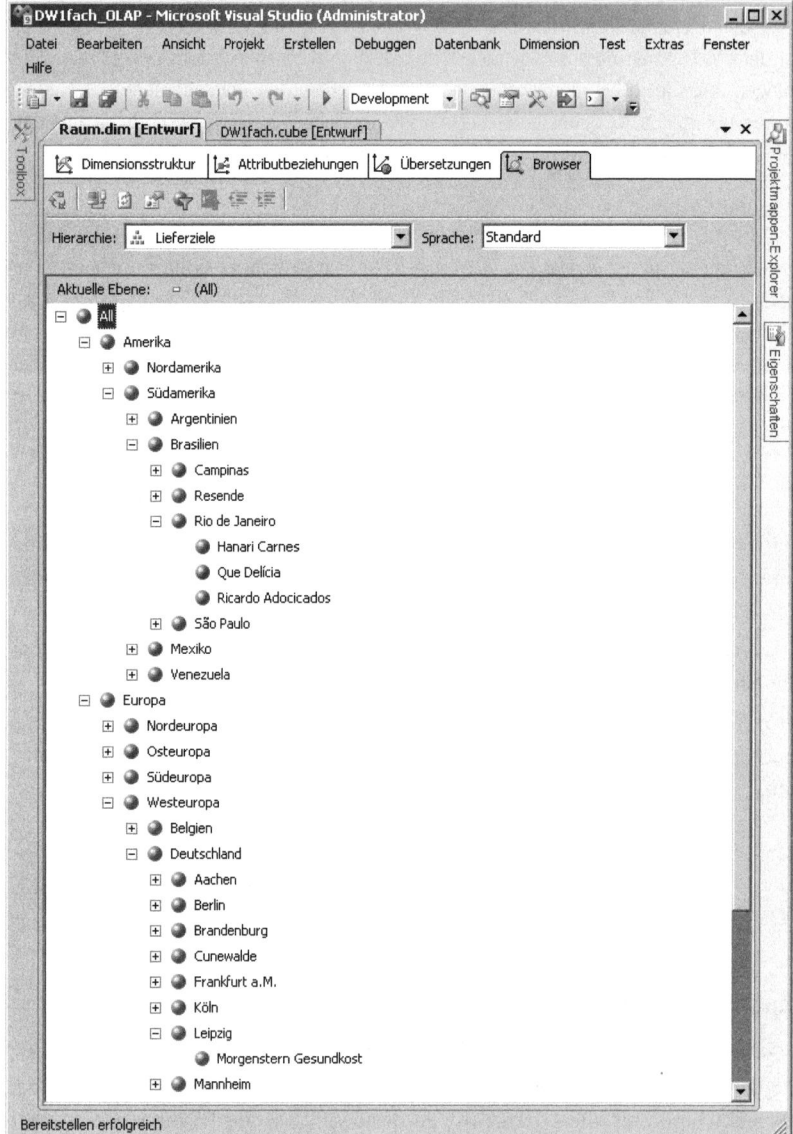

Abbildung 4.29 Darstellung verschiedener Ebenen der benutzerdefinierten Hierarchie *Lieferziele*

Serverzeitdimension

Wir haben in unserem Beispielprojekt bisher keine Zeitdimension erstellt. Andererseits enthält die Faktentabelle *Verkäufe* die Spalte *Zeit_ID*, in der Datumswerte eingetragen sind, sodass eine Verknüpfung mit einer Zeitdimension mit Datumswerten in der Schlüsselspalte möglich und sinnvoll wäre. Allerdings befindet sich in der Datenbank *DW1fach*, auf die unsere Datenquelle verweist, keine Dimensionstabelle für die Zeit. Dies ist jedoch kein Unglück, weil Analysis Services die Möglichkeit bietet, eine Zeitdimension ohne Datenbasis als *Serverzeitdimension* zu erstellen. Diese Möglichkeit wollen wir nutzen.

Serverzeitdimension erstellen

Gehen Sie folgendermaßen vor, um eine Serverzeitdimension zu erstellen:

1. Klicken Sie im Projektmappen-Explorer mit der rechten Maustaste auf den Ordner *Dimensionen* und wählen Sie im Kontextmenü den Eintrag *Neue Dimension*.
2. Klicken Sie im *Willkommen*-Dialogfeld des Dimensions-Assistenten auf *Weiter*. Dann wird das Dialogfeld *Erstellungsmethode auswählen* angezeigt.
3. Aktivieren Sie im Dialogfeld *Erstellungsmethode auswählen* die Option *Zeittabelle auf dem Server generieren* und klicken Sie auf *Weiter*. Das Dialogfeld *Zeiträume definieren* wird geöffnet (Abbildung 4.30).

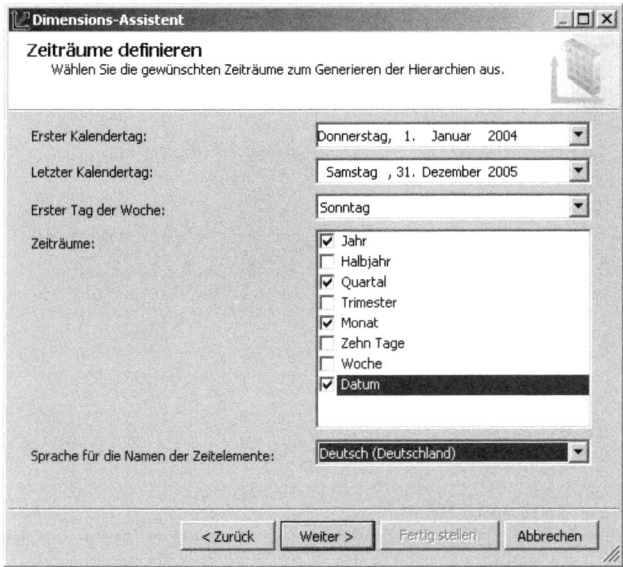

Abbildung 4.30 Dialogfeld *Zeiträume definieren*, bereits bearbeitet

4. Im Dialogfeld *Zeiträume definieren* werden die für den Inhalt der Serverzeitdimension wesentlichen Eigenschaften definiert. Es wäre allerdings nicht schlimm, wenn hier versehentlich fehlerhafte Angaben vorgenommen würden, weil sich alle Eigenschaftseinstellungen nachträglich ändern lassen. Wir werden später von dieser letzteren Möglichkeit auch Gebrauch machen.

- Stellen Sie als ersten Kalendertag den 1. Januar 2004 ein, weil die Faktentabelle *Verkäufe* keine Zeitangaben vor diesem Datum enthält. (Gleiches gilt auch für die später noch in den Cube einzufügende Faktentabelle *Fakt_Gehälter*.)
- Stellen Sie als letzten Kalendertag den 31. Dezember 2005 ein, weil die Faktentabelle *Verkäufe* keine Zeitangaben nach diesem Datum enthält. (Gleiches gilt auch für die später noch in den Cube einzufügende Faktentabelle *Fakt_Gehälter*.)
- Bei *Erster Tag der Woche* können Sie es beim Sonntag belassen, weil wir von Wochen keinen Gebrauch machen werden und diese Einstellung im vorliegenden Beispiel daher irrelevant ist.
- Aktivieren Sie für *Zeiträume* die Kontrollkästchen für Jahr, Quartal, Monat und Datum.
- Wählen Sie in der Liste *Sprache für die Namen der Zeitelemente* den Eintrag *Deutsch (Deutschland)* aus.

- Das Dialogfeld *Zeiträume definieren* sollte jetzt aussehen wie in Abbildung 4.30 dargestellt. Klicken Sie auf *Weiter*, um das Dialogfeld *Kalender auswählen* zu öffnen.

5. Nehmen Sie im Dialogfeld *Kalender auswählen* keine Änderungen vor und klicken Sie auf *Weiter*. Das Dialogfeld *Assistenten abschließen* wird angezeigt (Abbildung 4.31).

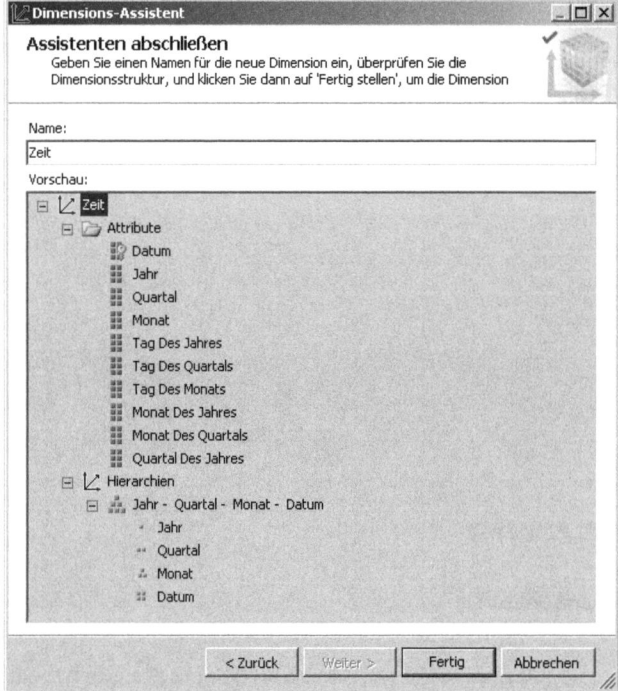

Abbildung 4.31 Dialogfeld *Assistenten abschließen*

6. Das Dialogfeld *Assistenten abschließen* zeigt an, dass in der Serverzeitdimension eine Hierarchie und einige Attribute gebildet werden. Klicken Sie auf *Fertig* bzw. *Fertig stellen*.

Nach dem letzten Schritt wird die Serverzeitdimension erstellt und ihre Elemente werden im Dimensions-Designer angezeigt. Außerdem wird dem Ordner *Dimensionen* im Projektmappen-Explorer die neue Dimension *Zeit* hinzugefügt.

Serverzeitdimension durchsuchen

Bevor wir die neu gebildete Dimension *Zeit* im Dimensionsbrowser durchsuchen können, muss das Analysis Services-Projekt erneut bereitgestellt werden. Gehen Sie dazu folgendermaßen vor:

1. Drücken Sie [F5], um das Projekt bereitzustellen.
2. Aktivieren Sie im Dimensions-Designer den *Browser*.
3. Wählen Sie im Dimensionsbrowser in der Liste *Hierarchien* die Hierarchie *Jahr – Quartal – Monat – Datum* aus, falls diese nicht bereits ausgewählt ist.
4. Erweitern Sie zunächst die Ebene *All*. Daraufhin wird die Jahresebene mit Elementen für die Jahre 2004 und 2005 angezeigt.

Dimensionen und Measures bearbeiten

5. Erweitern Sie das Jahr 2004, dann eines seiner Quartale, dann einen seiner Monate und schließlich eine Woche. Anschließend werden die Tage dieses Monats angezeigt (Abbildung 4.32), hier die Tage des Monats Dezember 2004.

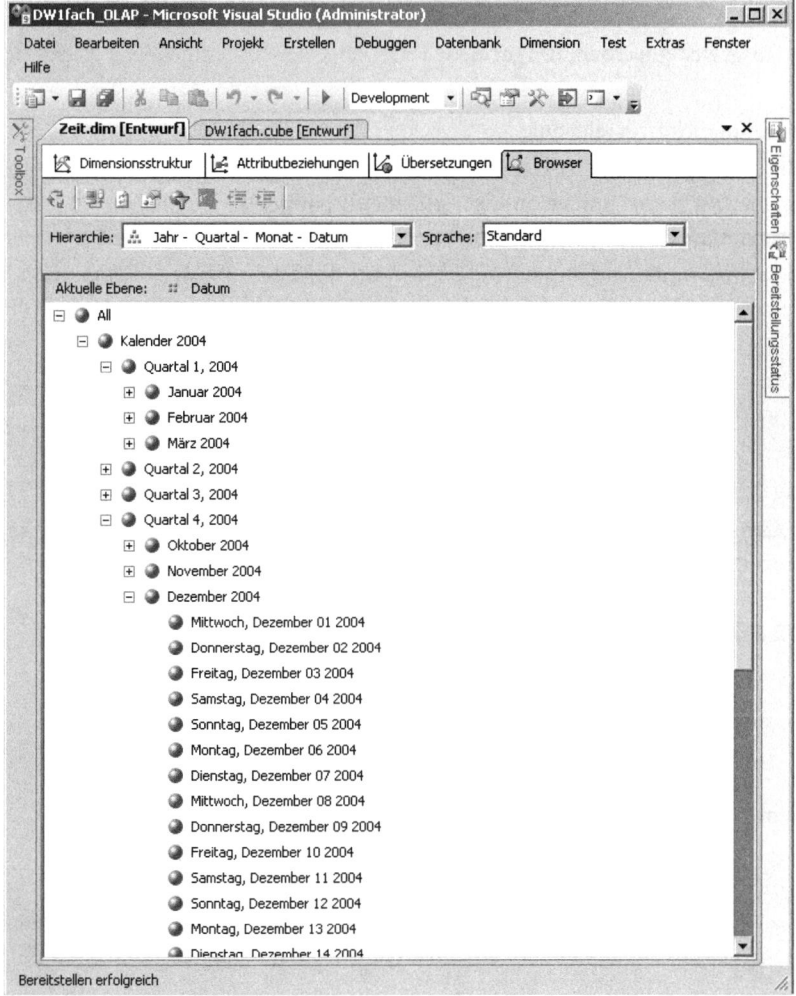

Abbildung 4.32 Browseransicht für die Hierarchie der Serverzeitdimension nach Schritt 5 der letzten Schrittfolge (Ausschnitt)

WICHTIG   In einer Serverzeitdimension kann auch ein Attribut für die Kalenderwoche nach der in Europa (nicht jedoch in den USA) üblichen Norm ISO 8601 erstellt werden. Dieses Feature wurde auch schon in Analysis Services 2005 angeboten, war dort jedoch so fehlerhaft, dass es unbrauchbar war. In der neuen Version 2008 arbeitet es jedoch fehlerfrei, sodass die Serverzeitdimension eine hervorragende Möglichkeit zum Erstellen einer ISO 8601 entsprechenden Zeithierarchie *Jahr – Kalenderwoche – Tag* darstellt, ohne dass es einer eigenen Zeitdimensionstabelle bedarf.

Serverzeitdimension bearbeiten

Eine Serverzeitdimension kann ebenso bearbeitet werden wie Standarddimensionen. Um dies zu zeigen, sollen zwei Punkte geändert werden: Der Name der Hierarchie soll von *Jahr – Quartal – Monat – Datum* in den Namen *Zeit* geändert werden, weil dieser deutlich kürzer und im vorliegenden Kontext mit nur einer benutzerdefinierten Zeithierarchie auch aussagekräftig ist. Ferner soll der Zeitraum, für den die Serverzeitdimension definiert ist, um ein Jahr ausgeweitet werden, um für neue Datensätze der Faktentabellen aus dem Jahre 2006 gewappnet zu sein.

Gehen Sie folgendermaßen vor, um dies zu erreichen:

1. Aktivieren Sie die Registerkarte *Dimensionsstruktur* des Dimensions-Designers für die Dimension *Zeit*. Falls der Dimensions-Designer für diese Dimension nicht geöffnet ist, doppelklicken Sie im Projektmappen-Explorer auf die Dimension *Zeit*, um ihn zu öffnen.
2. Klicken Sie mit der rechten Maustaste im Fenster *Hierarchien* auf die Titelleiste der Hierarchie *Jahr – Quartal – Monat – Datum*, wählen Sie *Umbenennen* und ersetzen Sie dann den bisherigen Namen durch den Namen *Zeit*.
3. Klicken Sie im Fenster *Attribute* der Registerkarte *Dimensionsstruktur* auf das oberste Element *Zeit*, um die Dimension selbst zu markieren.
4. Öffnen Sie ggf. das Eigenschaftenfenster und erweitern Sie darin die Eigenschaft *Source* (Abbildung 4.33).
5. Ändern Sie die Einstellung der Eigenschaft *CalendarEndDate* in *31.12.2006*.
6. Um die geänderten Einstellungen der Dimensionseigenschaften für den Cube wirksam werden zu lassen, müssen Sie das Analysis Services-Projekt erneut bereitstellen. Drücken Sie daher [F5].

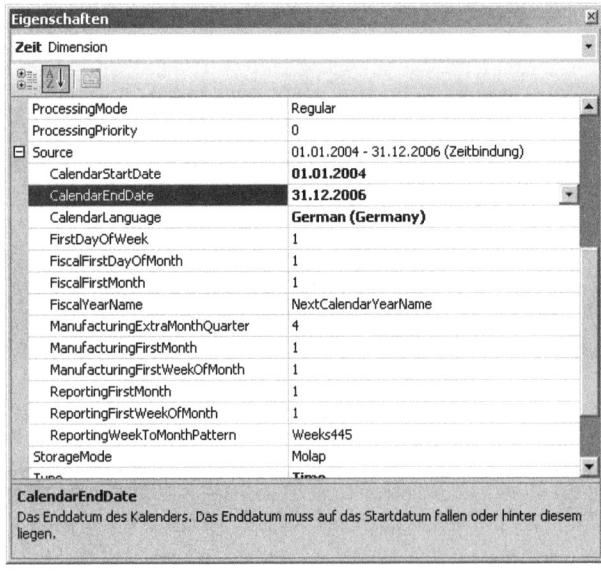

Abbildung 4.33 Eigenschaftenfenster für die Dimension *Zeit* mit geänderter Einstellung für *CalendarEndDate*

Dimension *Zeit* dem Cube hinzufügen

Eine neu erstellte Dimension wird keinesfalls automatisch mit dem Cube verbunden. Man könnte auf diesen Gedanken kommen, weil die Dimensionen *Raum*, *Produkt* und *Mitarbeiter* scheinbar automatisch in den Cube integriert waren, jedenfalls mussten wir dies nicht explizit veranlassen. Der Grund: Diese Arbeit hatte der Cube-Assistent erledigt, der ja automatisch sowohl neue Dimensionen, den Cube und Measures erstellt und die entsprechenden Zuordnungen vorgenommen hatte. Für das Erstellen der Serverzeitdimension gilt jedoch ein anderer Kontext: Wir haben sie völlig unabhängig vom Cube isoliert vom Dimensionsassistenten erstellen lassen. Daher müssen wir die Dimension *Zeit* dem Cube *DW1fach* noch manuell zuordnen. Dies geschieht in zwei Schritten: Zunächst muss die Dimension *Zeit* dem Cube einfach hinzugefügt und anschließend mit der Faktentabelle verbunden werden.

Gehen Sie folgendermaßen vor, um die Dimension *Zeit* dem Cube *DW1fach* zuzuordnen:

1. Öffnen Sie ggf. den Cube-Designer durch Doppelklicken auf den Cube *DW1fach* im Projektmappen-Explorer und aktivieren Sie die Registerkarte *Cubestruktur*.
2. Klicken Sie mit der rechten Maustaste auf eine beliebige Stelle im Fenster *Dimensionen* und wählen Sie im Kontextmenü *Cubedimension hinzufügen*.
3. Klicken Sie im daraufhin geöffneten Dialogfeld *Cubedimension hinzufügen* in der Liste *Dimension auswählen* auf *Zeit* und anschließend auf *OK*. Dadurch wird die Dimension *Zeit* dem Cube hinzugefügt und im Bereich *Dimensionen* der Registerkarte *Cubestruktur* angezeigt.
4. Aktivieren Sie im Cube-Designer die Registerkarte *Dimensionsverwendung*, auf der die Zuordnung von Dimensionen und Faktentabelle vorgenommen wird.

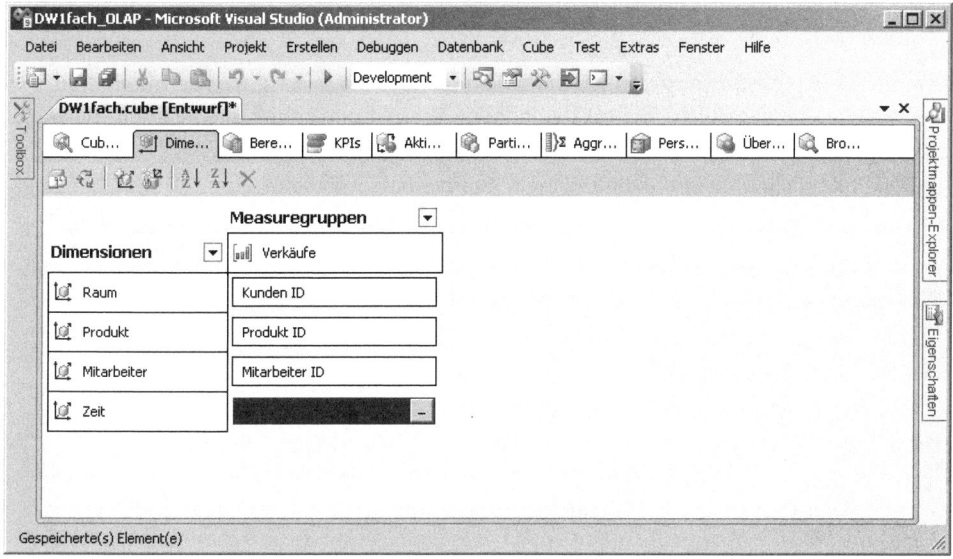

Abbildung 4.34 Registerkarte *Dimensionsverwendung* nach dem Einfügen der Dimension *Zeit* und vor dem Zuordnen zur Faktentabelle

5. Klicken Sie in das leere Feld neben der Dimension *Zeit*, dann wird an dessen rechtem Rand eine Schaltfläche mit einem Auslassungszeichen (…) angezeigt (Abbildung 4.34).
6. Klicken Sie auf diese Schaltfläche mit dem Auslassungszeichen, dann wird das Dialogfeld *Beziehung definieren* angezeigt (Abbildung 4.35). Dieses hat zunächst noch ein anderes Aussehen als in Abbildung 4.35, wo es in bereits bearbeitetem Zustand wiedergegeben ist.

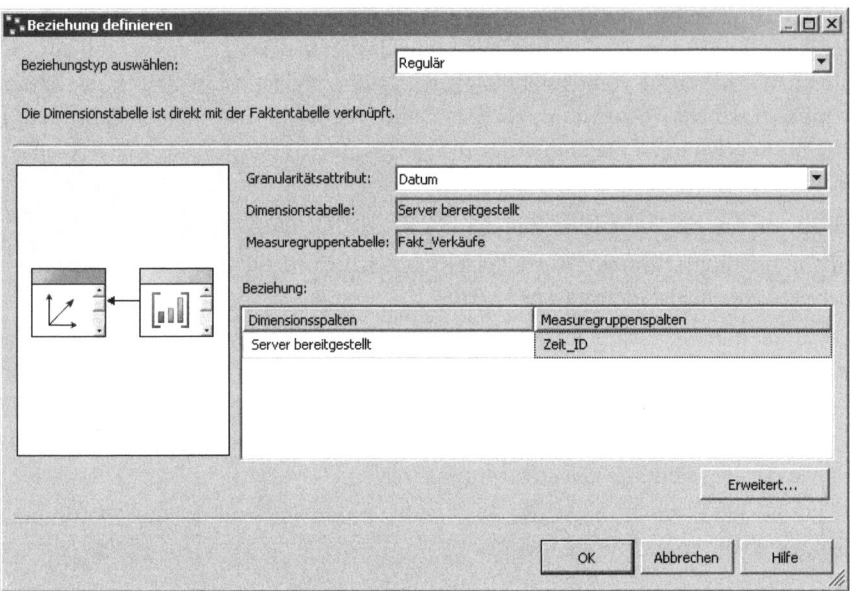

Abbildung 4.35 Dialogfeld *Beziehung definieren*, bereits bearbeitet

7. Wählen Sie in der Liste *Beziehungstyp auswählen* den Typ *Regulär*. Daraufhin werden im unteren Teil des Dialogfelds *Beziehungstyp auswählen*, der bis dahin keine Bearbeitung zuließ, die Bearbeitungsmöglichkeiten angezeigt (siehe Abbildung 4.35).
8. Wählen Sie in der Liste *Granularitätsattribut* das Attribut *Datum*.
9. Klicken Sie in das freie Feld unter *Measuregruppenspalten* und wählen Sie aus der Liste die Spalte *Zeit_ID*.
10. Klicken Sie auf *OK*. Dann wird wieder die Registerkarte *Dimensionsverwendung* angezeigt, auf der nunmehr der Dimension *Zeit* das Schlüsselfeld *Datum* zugeordnet ist.
11. Damit die Änderungen der letzten Schritte wirksam werden, müssen Sie das Analysis Services-Projekt erneut bereitstellen lassen. Drücken Sie dazu F5.
12. Überprüfen Sie, ob die Anbindung der Dimension *Zeit* an den Cube funktioniert: Aktivieren Sie den Cubebrowser, klicken Sie in der Symbolleiste auf *Verbindung wiederherstellen* und ziehen Sie dort das Measure *Umsatz* und aus der Zeitdimension die Hierarchie *Zeit* an geeignete Positionen im Cubebrowser. Wenn Sie verschiedene Ebenen der Zeithierarchie öffnen, sollte sich ein ähnliches Bild ergeben wie in Abbildung 4.36.

TIPP Wenn im Cubebrowser für eine bestimmte Dimension unsinnige Werte der Measures ausgewiesen werden – z.B. die Werte der aggregierten Gesamtsummen auch für jedes einzelne Blattelement –, hat dies in der Regel seinen Grund darin, dass die betreffende Dimension dem Cube zwar hinzugefügt, jedoch noch nicht auf der Registerkarte *Dimensionsverwendung* einer Faktentabelle zugeordnet wurde. Die nicht erfolgte Zuordnung auf der Registerkarte *Dimensionsverwendung* führt nicht zu einem formalen Fehler im Bereitstellungsprozess, durchaus aber zu inhaltlichen Fehlern bei der Datenwiedergabe.

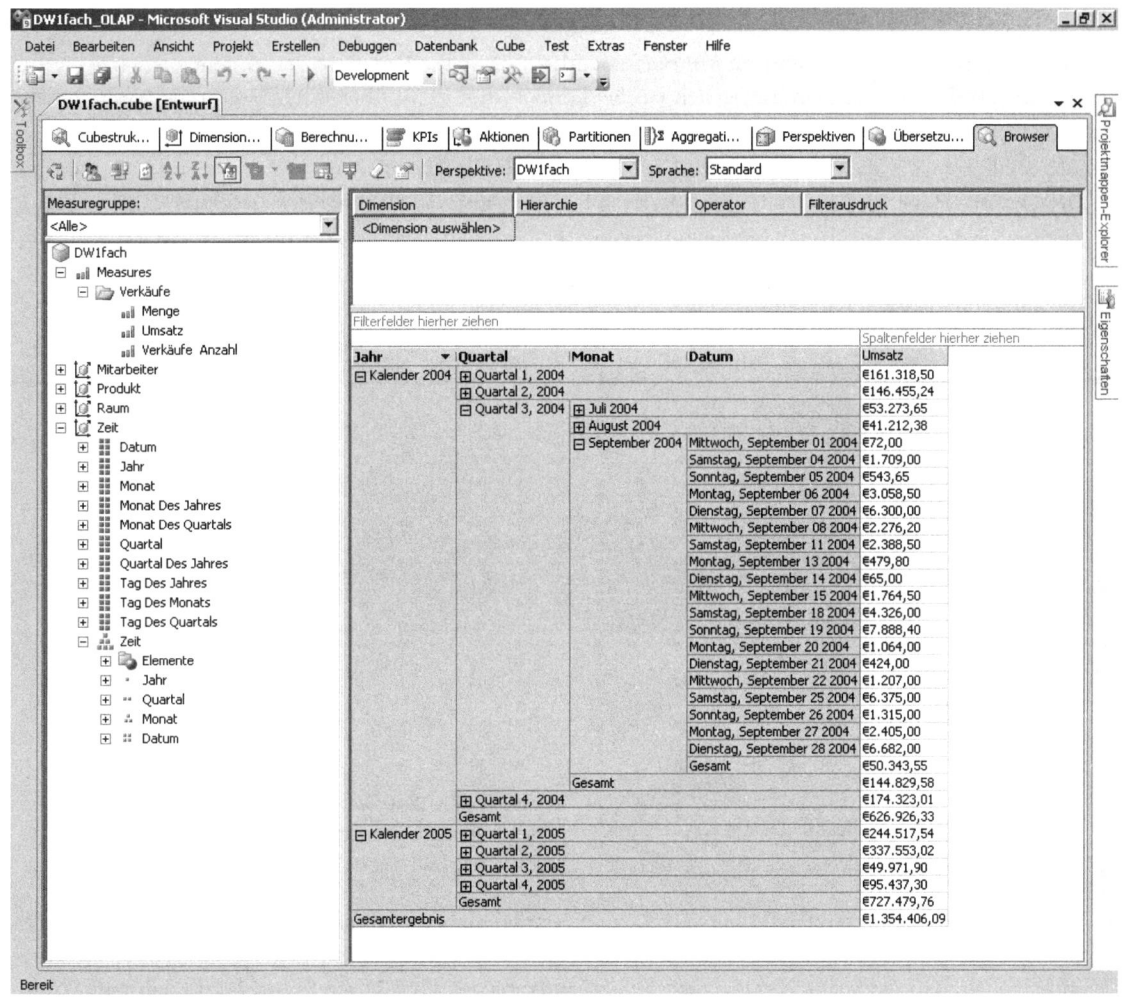

Abbildung 4.36 Umsatzwerte nach verschiedenen Ebenen der Zeithierarchie

Parent-Child-Hierarchie

Den Standardfall von Hierarchien mit mehreren Ebenen stellen sogenannte *ausgeglichene Hierarchien* dar. Wir haben bisher nur diese Art von Hierarchien erstellt, beispielsweise mit der Hierarchie *Zeit* in der Serverzeitdimension *Zeit*. Für diese gilt, dass alle Blattelemente (Elemente der untersten Hierarchieebene) dieselbe Anzahl von Ebenen über sich haben. Die Realität allerdings fügt sich vielfach nicht einem derartig starren Ordnungsmuster. Vielmehr existieren oft hierarchische Sachverhalte, in denen ein bestimmtes Blattelement vier, ein anderes nur zwei Hierarchieebenen über sich haben mag. Ein Beispiel könnte eine Hierarchie von Kostenstellen sein, ein anderes eine Personalhierarchie: Ein bestimmter Mitarbeiter mag einen Vorgesetzten haben, der wiederum einen Vorgesetzten hat, der wiederum einen (obersten) Vorgesetzten hat, während ein anderer Mitarbeiter direkt dem obersten Vorgesetzten untersteht. Eine solche Hierarchie wird als *unausgeglichen* bezeichnet. Sie wird in Analysis Services als *Parent-Child*-Hierarchie modelliert.

Vorbereitende Überlegungen

Die Dimensionstabelle der Dimension *Mitarbeiter* enthält die Spalte *Parent*, in der für jeden Mitarbeiter die *Mitarbeiter_ID* des Vorgesetzten angegeben ist. Sie können dies leicht überprüfen, wenn Sie diese Dimensionstabelle im Visual Studio durchsuchen. Gehen Sie dazu vor wie folgt:

1. Doppelklicken Sie im Projektmappen-Explorer auf die Dimension *Mitarbeiter*, um den zugehörigen Dimensions-Designer zu öffnen, und aktivieren Sie die Registerkarte *Dimensionsstruktur*.
2. Klicken Sie mit der rechten Maustaste im Fenster *Datenquellensicht* auf das Tabellensymbol *Mitarbeiter* und wählen Sie im Kontextmenü den Eintrag *Daten durchsuchen*. Daraufhin werden die Datensätze der Tabelle wiedergegeben (Abbildung 4.37).

Abbildung 4.37 Die Datensätze der Tabelle *Mitarbeiter* werden im Fenster *Datenquellensicht* des Dimensions-Designers auf der Registerkarte *Mitarbeiter Datenquelle durchsuchen* angezeigt

In der Tabellendarstellung in Abbildung 4.37 ist zu erkennen, dass die Mitarbeiter *Sincero, Maria*; *Selig, Ida* und *Karls, Carla* als Vorgesetzte *Meier-Kunze, Ingrid* haben, weil deren *Mitarbeiter_ID = 9* für die ersten drei Genannten jeweils in der Spalte *Parent* angegeben ist. Entsprechend hat *Meier-Kunze, Ingrid* selbst als Vorgesetzte *Hasköy, Nuket*. Diese wiederum scheint sich selbst als Vorgesetzte zu haben, weil für sie ihre eigene *Mitarbeiter_ID* in der *Parent*-Spalte eingetragen ist. Tatsächlich wird auf diese Weise angegeben, dass ein Mitarbeiter keinen Vorgesetzten hat (allgemein, dass ein Dimensionselement kein übergeordnetes besitzt). Die Spalte *Parent* dürfte übrigens auch einen beliebigen anderen Namen haben, ihre Werte müssen allerdings zur Schlüsselspalte *Mitarbeiter_ID* in einer Parent-Child-Beziehung stehen.

Parent-Child-Hierarchie erstellen

Diese Hinweise sollten deutlich machen, dass die Struktur der Dimensionstabelle *Mitarbeiter* inhaltlich eine *Parent-Child*-Hierarchie repräsentiert. Daher können wir in der bereits vorhandenen Dimension *Mitarbeiter* eine *Parent-Child*-Hierarchie erstellen.

Gehen Sie dazu folgendermaßen vor:

1. Aktivieren Sie ggf. im Designer für die Dimension *Mitarbeiter* die Registerkarte *Dimensionsstruktur*.
2. Fügen Sie der Dimension *Mitarbeiter* das Attribut *Parent* hinzu: Ziehen Sie dieses Attribut aus dem Tabellensymbol im Fenster *Datenquellensicht* in das Fenster *Attribute*.

3. Klicken Sie im Fenster *Attribute* auf *Parent*, öffnen Sie ggf. das Eigenschaftenfenster und stellen Sie darin die Eigenschaft *Usage* auf *Parent* ein.
4. Stellen Sie die Eigenschaft *Name* auf *Personal* ein, um der *Parent-Child*-Hierarchie einen aussagekräftigen Namen zu geben.
5. Klicken Sie im Fenster *Attribute* auf *Mitarbeiter-ID*.
6. Öffnen Sie im Eigenschaftenfenster die Liste für die Eigenschaft *NameColumn* und klicken Sie darin auf die mit dem Auslassungszeichen (…) beschriftete Schaltfläche. Das Dialogfeld *Namensspalte* wird angezeigt (Abbildung 4.38).

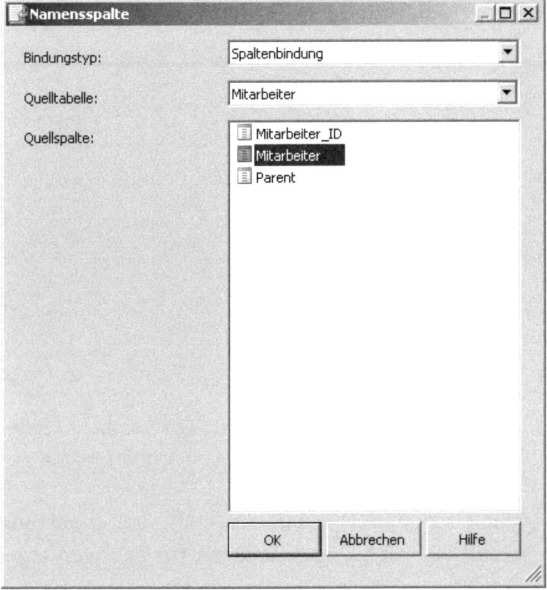

Abbildung 4.38 Dialogfeld *Objektbindung*

7. Klicken Sie im Dialogfeld *Namensspalte* in der Liste *Quellspalte* auf *Mitarbeiter* und klicken Sie dann auf *OK*. Dadurch wird die Eigenschaft *NameColumn* auf das Attribut *Mitarbeiter.Mitarbeiter* eingestellt. Diese Spalte enthält die Mitarbeiternamen. Ohne diese Zuordnung würden in der *Parent-Child*-Hierarchie die Werte der Spalte *Mitarbeiter_ID* angezeigt. Mit ihr werden die Namen der Mitarbeiter ausgewiesen.
8. Drücken Sie [F5], um das Projekt bereitzustellen und die letzten Änderungen für das Analysis Services-Projekt wirksam werden zu lassen.
9. Öffnen Sie den Dimensionsbrowser für die Dimension *Mitarbeiter* und klicken Sie in der Symbolleiste auf *Verbindung wiederherstellen*.
10. Wählen Sie ggf. in der Liste *Hierarchien* die Hierarchie *Personal* aus und öffnen Sie dann im Browserfenster alle Hierarchieebenen. Das Ergebnis ist in Abbildung 4.39 zu sehen.

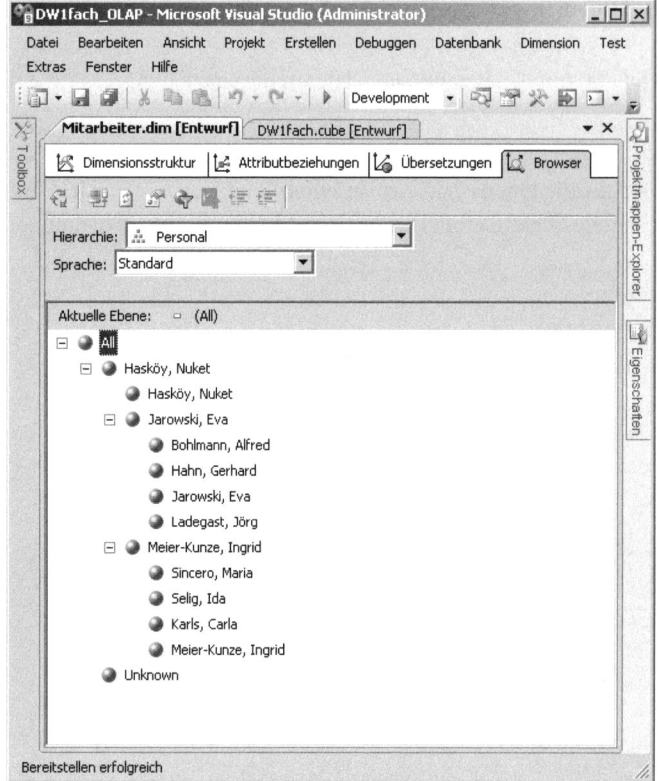

Abbildung 4.39 *Parent-Child*-Hierarchie *Personal* im Dimensionsbrowser, alle Ebenen geöffnet

Die in Abbildung 4.39 dargestellte geöffnete *Parent-Child*-Hierarchie *Personal* entspricht den Erwartungen, die sich aus den eingangs des Abschnitts zur *Parent-Child*-Hierarchie angestellten Überlegungen ergeben (siehe im obigen Abschnitt »Vorbereitende Überlegungen«).

Es ist auch interessant, sich Cubedaten mit der *Parent-Child*-Hierarchie *Personal* zu betrachten. Um dies zu tun, gehen Sie folgendermaßen vor:

1. Öffnen Sie ggf. den Cube-Designer durch Doppelklicken auf den Cube *DW1fach* im Projektmappen-Explorer und aktivieren Sie im Cube-Designer die Registerkarte *Browser*.
2. Öffnen Sie die Measuregruppe *Verkäufe* und ziehen Sie das Measure *Umsatz* in den Bereich *Gesamtsummen oder Detailfelder hierher ziehen*.
3. Öffnen Sie die Dimension *Mitarbeiter*, ziehen Sie die *Parent-Child*-Hierarchie *Personal* in den Bereich *Zeilenfelder hierher ziehen* und öffnen Sie danach alle Hierarchieebenen. Das Ergebnis ist in Abbildung 4.40 wiedergegeben.

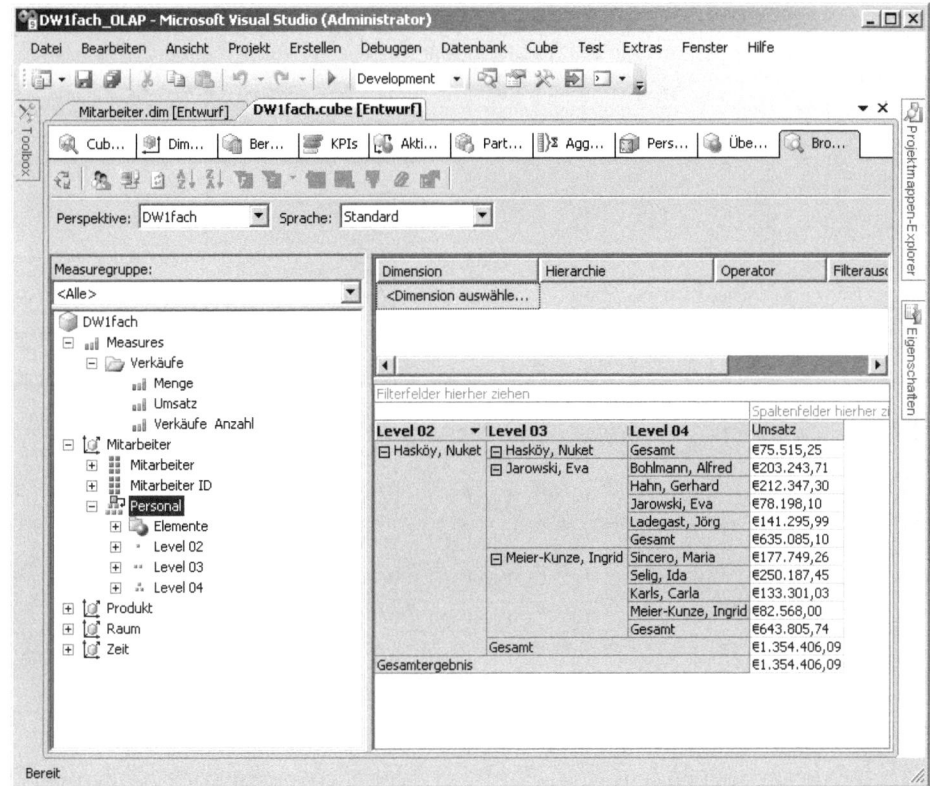

Abbildung 4.40 Darstellung der Umsatzdaten des Cube *DW1fach* mit der *Parent-Child*-Hierarchie *Personal* (*NonLeafDataVisible*)

Parent-Child-Hierarchie bearbeiten

Die Wiedergabe der Umsatzdaten mit der *Parent-Child*-Hierarchie *Personal* in Abbildung 4.40 erscheint auf den ersten Blick sinnvoll. Allerdings fällt auf, dass die Vorgesetzten in der ihnen jeweils untergeordneten Mitarbeiterebene selbst wieder mit aufgeführt und mit ihren Umsatzwerten ausgewiesen werden. Dieser Effekt kann so gewollt sein, er entspricht der standardmäßigen Einstellung der Eigenschaft *MembersWithData* für die *Parent-Child*-Hierarchie auf den Wert *NonLeafDataVisible*. Im Klartext: Wenn Hierarchieelementen, die selbst keine Blattelemente sind – in unserem Beispiel also den Vorgesetzten – Daten aus der Faktentabelle direkt zugeordnet sind (und nicht nur aggregierte Daten der untergeordneten Ebenen), werden diese Hierarchieelemente auch mit den Daten ausgewiesen, sofern die Eigenschaft *MembersWithData* auf den Wert *NonLeafDataVisible* eingestellt ist. Wird diese Eigenschaft dagegen auf den Wert *NonLeafDataHidden* eingestellt, werden die Nicht-Blattelemente mit Daten nur auf der den Blattelementen jeweils übergeordneten Ebene dargestellt, wobei ihre Daten allerdings in die Aggregationen für die verschiedenen Ebenen einbezogen werden. Die Wirkung dieser Alternative auf die Darstellung der Cubedaten mit der *Parent-Child*-Hierarchie *Personal* zeigt die Abbildung 4.41.

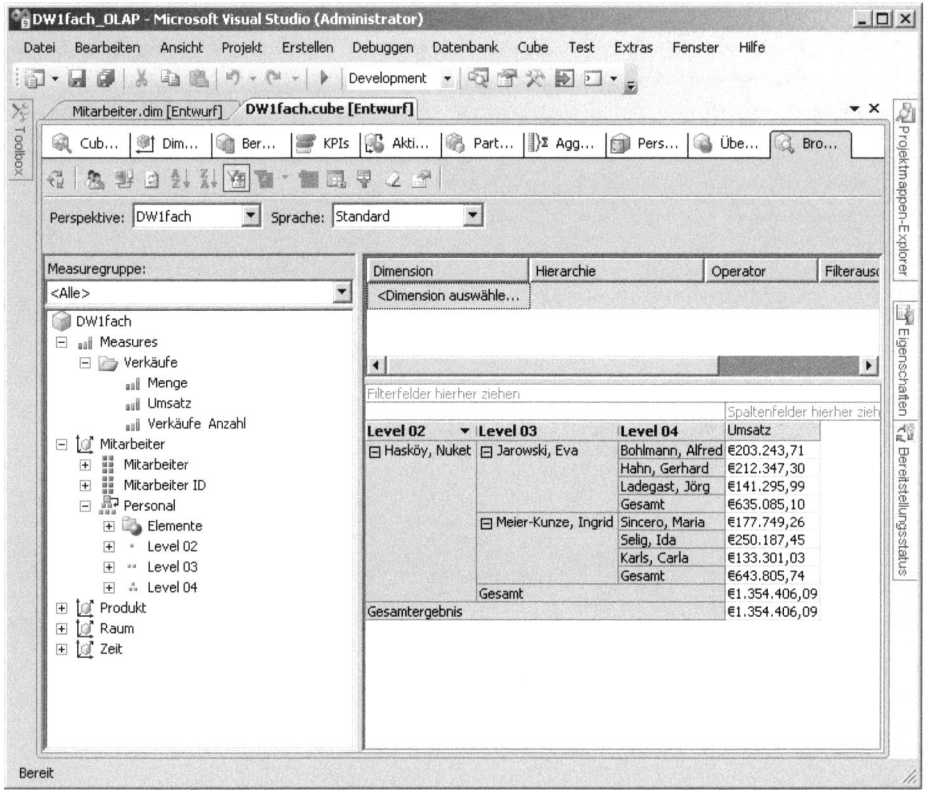

Abbildung 4.41 Darstellung der Umsatzdaten des Cube *DW1fach* mit der *Parent-Child*-Hierarchie *Personal* (*NonLeafDataHidden*)

In Abbildung 4.41 werden die Vorgesetzten *Hasköy*, *Jarowski* und *Meier-Kunze* im Unterschied zur Darstellung in Abbildung 4.40 nur noch in ihrer Vorgesetztenfunktion dargestellt, nicht mehr explizit als auch eigenständige Datenträger. Die ihnen zuzurechnenden Umsatzwerte werden allerdings bei den Aggregationen berücksichtigt. Dies zeigt sich, wenn Sie beispielsweise den Gesamtumsatz für die Vorgesetzte *Jarowski* in Höhe von 635.085,10 € mit der Summe der Einzelumsätze ihrer Untergebenen *Bohlmann*, *Hahn* und *Ladegast* vergleichen, die lediglich 556.887,00 € beträgt. Die Differenz zwischen diesen beiden Umsatzwerten beträgt 78.198,10 €, das ist genau der Betrag, der in Abbildung 4.40 explizit für *Jarowski* ausgewiesen wird.

Measures

Die bisher im Cube vorhandenen Measures *Menge*, *Umsatz* und *Verkäufe Anzahl* wurden vom Cube-Assistenten beim Erstellen des Cube gebildet. Diese Measures können bearbeitet werden, indem ihre Eigenschaften anders eingestellt werden. Sie können dem Cube aber auch neue Measures hinzufügen. Es soll zunächst gezeigt werden, wie Measures bearbeitet werden können, anschließend sollen neue Measures erstellt werden.

Measure bearbeiten

Das Measure *Verkäufe Anzahl* soll in zwei Punkten bearbeitet werden. Zum einen soll dessen Name leicht abgeändert werden: Bei genauer Untersuchung fällt auf, dass zwischen den beiden Namensbestandteilen *Ver-*

käufe und *Anzahl* zwei Leerzeichen stehen (Was der Cube-Assistent sich bei dieser Art der Namensvergabe gedacht hat, ist unergründlich!). Dies führt bei Verwendung dieses Namens in berechnenden Ausdrücken leicht zu Fehlern, die dann auch noch schwer zu entdecken sind. Daher soll eines der beiden Leerzeichen gelöscht werden. Zum anderen soll dieses Measure gegenüber Clients nicht angezeigt werden, beispielsweise im Cubebrowser. Wenn das Measure ausgeblendet wird, können berechnende Ausdrücke sich gleichwohl weiterhin darauf beziehen.

Verfahren Sie folgendermaßen, um diese beiden Bearbeitungen vorzunehmen:

1. Öffnen Sie ggf. den Cube-Designer durch Doppelklicken auf den Cube *DW1fach* im Projektmappen-Explorer und aktivieren Sie die Registerkarte *Cubestruktur*.
2. Lassen Sie ggf. das Eigenschaftenfenster anzeigen und klicken Sie im Fenster *Measures* auf *Verkäufe Anzahl*.
3. Löschen Sie ein Leerzeichen im Namen des Measures, indem Sie die Eigenschaft *Name* entsprechend bearbeiten.
4. Stellen Sie die Eigenschaft *Visible* auf den Wert *False* ein.
5. Lassen Sie das Projekt erneut bereitstellen ([F5]), aktivieren Sie den Cubebrowser, klicken Sie in dessen Symbolleiste auf *Verbindung wiederherstellen* und vergewissern Sie sich, dass das Measure *Verkäufe Anzahl* in der Measuregruppe *Verkäufe* jetzt nicht mehr angezeigt wird.

Measure erstellen

Es soll ein neues Measure erstellt werden, das den maximalen unter den Transaktionen vorkommenden Umsatz wiedergibt.

Gehen Sie folgendermaßen vor, um dieses Measure zu erstellen:

1. Aktivieren Sie im Cube-Designer die Registerkarte *Cubestruktur*.
2. Klicken Sie mit der rechten Maustaste auf das Fenster *Measures* und wählen Sie im Kontextmenü den Eintrag *Neues Measure*, um das gleichnamige Dialogfeld zu öffnen (Abbildung 4.42).

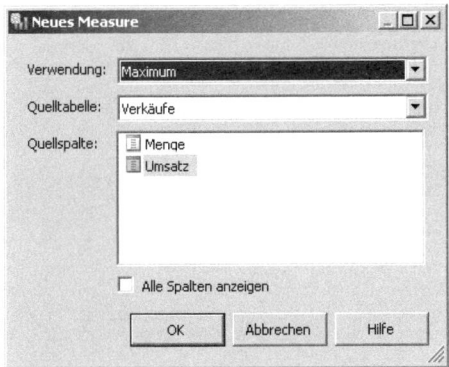

Abbildung 4.42 Dialogfeld *Neues Measure*

3. Klicken Sie im Dialogfeld *Neues Measure* auf die Quellspalte *Umsatz* und wählen Sie in der Liste *Verwendung* die Aggregationsfunktion *Maximum* aus. Klicken Sie dann auf *OK*. Das neu gebildete Measure wird nun im Fenster *Measures* unter dem Namen *Umsatz Maximum* angezeigt.

4. Es zeigt sich, dass zwischen den beiden Namensbestandteilen wiederum zwei Leerzeichen eingefügt wurden. Löschen Sie eines der Leerzeichen auf dieselbe Weise wie oben im Abschnitt »Measure bearbeiten« für das Measure *Verkäufe Anzahl* beschrieben.
5. Stellen Sie für das Measure *Umsatz Maximum* die Eigenschaft *FormatString* auf *Currency* ein, damit die Werte im Währungsformat angezeigt werden.
6. Lassen Sie das Projekt erneut bereitstellen ([F5]), aktivieren Sie den Cubebrowser und klicken Sie dort auf der Symbolleiste auf *Verbindung wiederherstellen*.
7. Ziehen Sie die Measures *Umsatz* und *Umsatz Maximum* in den Bereich *Gesamtsummen oder Detailfelder hierher ziehen*.
8. Ziehen Sie die Hierarchie *Warengruppen* der Produktdimension in den Bereich *Zeilenfelder hierher ziehen* und öffnen Sie die Hierarchieebenen dort so wie in Abbildung 4.43 dargestellt.

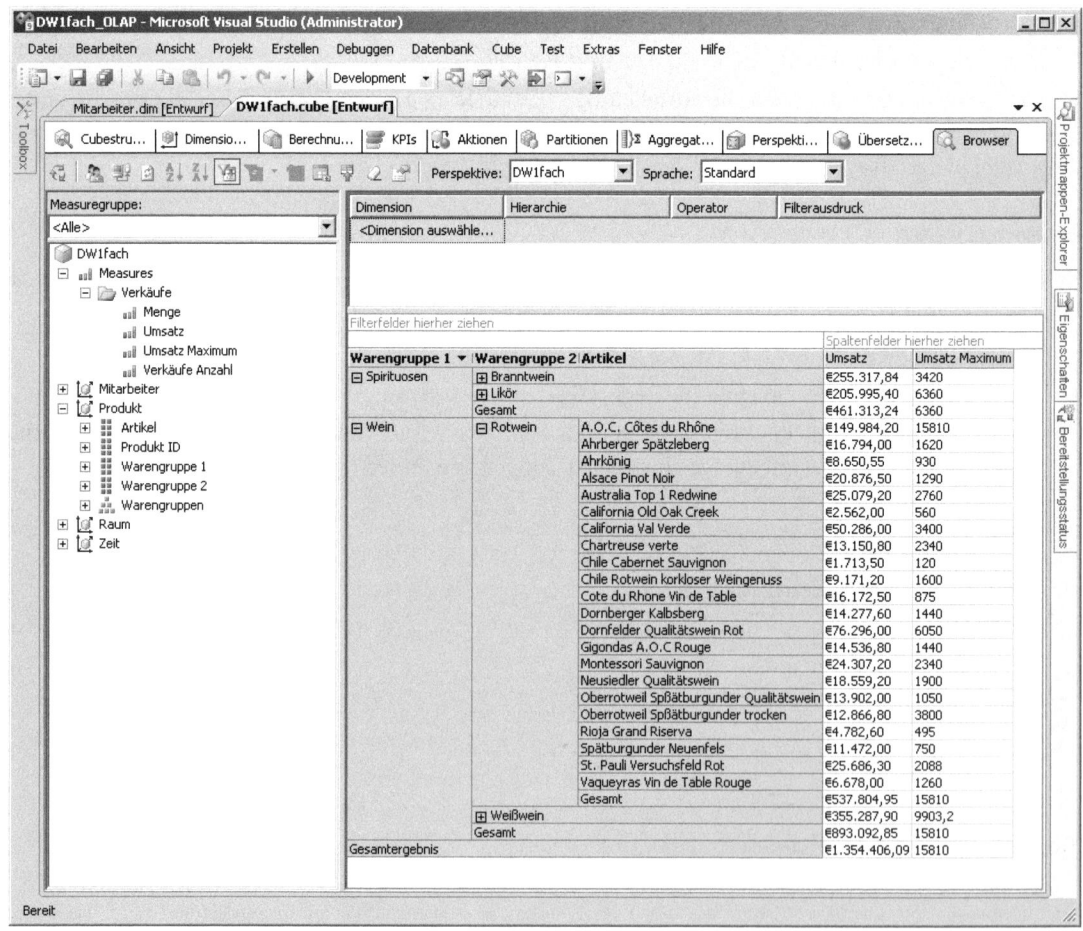

Abbildung 4.43 Das neue Measure *Umsatz Maximum* wird im Cubebrowser mit der Hierarchie *Warengruppen* dargestellt

In Abbildung 4.43 lässt sich erkennen, dass der maximale Umsatz für das Gesamtergebnis 15.810,00 € beträgt. Dies bedeutet, dass es in der Faktentabelle einen Datensatz mit diesem Umsatzwert geben muss. Er findet sich unter den Artikeln der Warengruppe *Rotwein* als *A.O.C. Côtes du Rhône*. Wenn Sie jetzt noch wissen möchten, welcher Mitarbeiter diese Transaktion abgewickelt hat, ziehen Sie das Attribut *Mitarbeiter* aus der gleichnamigen Dimension in den Spaltenbereich des Cubebrowsers. Es erweist sich, dass es sich um den Mitarbeiter *Bohlmann, Alfred* handelt (dieses Ergebnis geben wir aus Platzgründen nicht in einer Abbildung wieder).

Berechnete Measures

In Analysis Services können Sie *berechnete Elemente* erstellen. Dieses sind benutzerdefinierte Measures oder Dimensionselemente, die mit einem Ausdruck, der eine Kombination aus Cubedaten, arithmetischen Operatoren, Zahlen und Funktionen darstellt, definiert werden. Sie können beispielsweise ein berechnetes Element erstellen, das die Summe zweier Faktentabellen-Measures im Cube berechnet.

HINWEIS Die für berechnete Measures anzugebenden Ausdrücke werden in der MDX-Sprache formuliert, die vermutlich nicht ganz einfach zu verstehen ist. Wir verzichten im Rahmen dieses Kapitels darauf, in MDX einzuführen. Dies wird ausführlich in Kapitel 25 nachgeholt.

Die Definitionen berechneter Elemente werden im Cube gespeichert, ihre Werte werden jedoch erst zum Zeitpunkt der Abfrage berechnet. Im Gegensatz zu Microsoft SQL Server 2000 Analysis Services werden in SQL Server 2008 Analysis Services die berechneten Werte zwischengespeichert und anderen Benutzern nach dem Berechnen zur Verfügung gestellt.

Wir wollen in diesem Abschnitt zwei berechnete Measures erstellen:

- Das erste berechnete Measure soll den Umsatz ermitteln, der sich durchschnittlich pro Transaktion (d.h. je Datensatz der Faktentabelle) ergibt und den Namen *Umsatz pro Transaktion* bekommen. Dieses berechnete Measure ist mit einem sehr einfachen Ausdruck zu erstellen.
- Das zweite berechnete Measure soll den Anteil des Umsatzes einer Ebene der Hierarchie *Warengruppen* am Gesamtumsatz der übergeordneten Warengruppe berechnen. Es soll den Namen *Umsatzanteil übergeordnete WG* erhalten.

Gehen Sie folgendermaßen vor, um das berechnete Measure *Umsatz pro Transaktion* zu erstellen:

1. Öffnen Sie ggf. den Cube-Designer für den Cube *DW1fach* durch Doppelklicken auf diesen Cube im Projektmappen-Explorer und aktivieren Sie dann die Registerkarte *Berechnungen*. In Abbildung 4.44 ist diese unmittelbar nach dem Aktivieren dargestellt. Im linken Teil werden die Bereiche *Skriptplaner* und *Berechnungstools* angezeigt, im rechten Teil ein Fenster mit Skriptdarstellung. Diese enthält aktuell mit CALCULATE nur eine einzige Anweisung. Der darüber stehende Kommentar weist darauf hin, dass sie für die Aggregierung der Cubedaten wichtig ist.

WICHTIG Unsere Ergänzung zu diesem Kommentar: Löschen oder bearbeiten Sie die Anweisung CALCULATE auf keinen Fall, solange Sie nicht gute Kenntnisse der MDX-Sprache besitzen. Es könnte sonst leicht passieren, dass der Cube keine Daten mehr enthält!

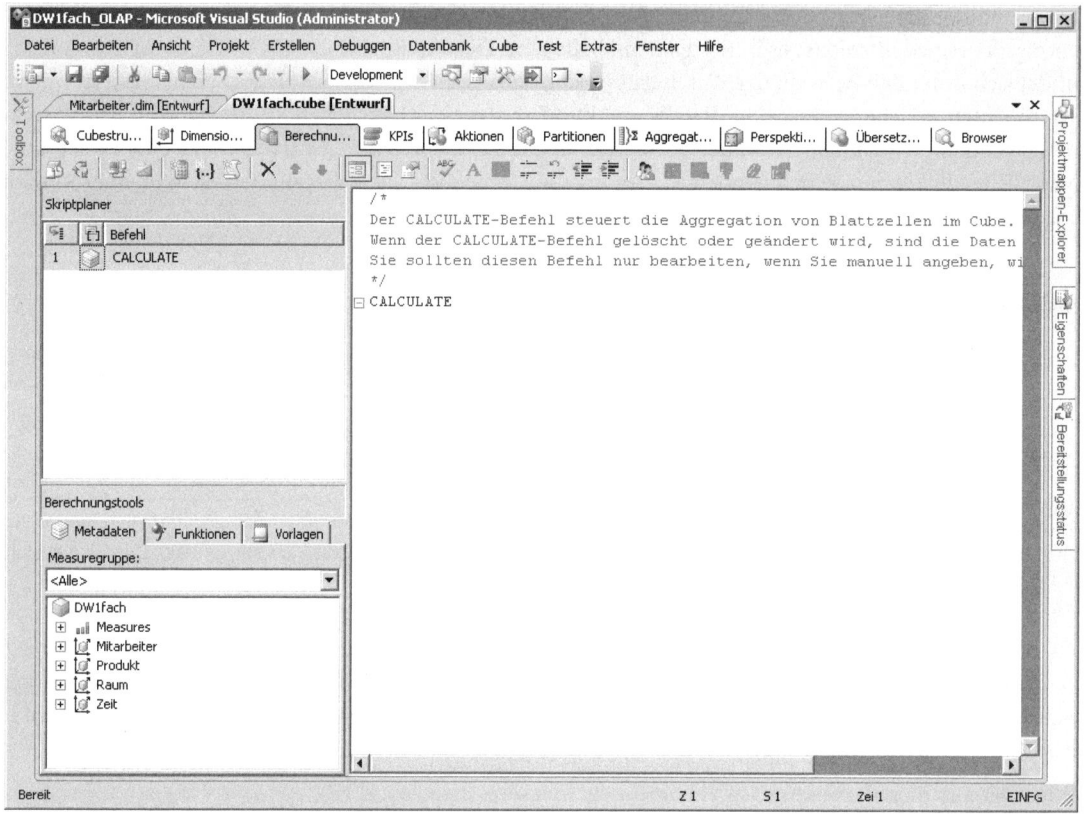

Abbildung 4.44 Registerkarte *Berechnungen* unmittelbar nach dem Aktivieren und ohne berechnete Elemente im Cube

2. Klicken Sie in der Symbolleiste auf *Neues berechnetes Element*. Die Formulardarstellung wird erweitert und die Skriptdarstellung ausgeblendet (Abbildung 4.45).
3. Überschreiben Sie den vorgeschlagenen Namen *[Berechnetes Element]* mit dem Namen *[Umsatz pro Transaktion]*. Dabei dürfen Sie die eckigen Klammern keineswegs weglassen, weil der Name Leerzeichen enthält. (Namen ohne Leer- und Sonderzeichen dürfen ohne eckige Klammern spezifiziert werden; der Unterstrich als Sonderzeichen ist jedoch erlaubt.)
4. Belassen Sie es bei der übergeordneten Hierarchie *MEASURES*: Jedes berechnete Measure hat die übergeordnete Hierarchie *MEASURES* (berechnete Dimensionen haben dagegen andere Dimensionen, die ihnen übergeordnet sind).

Dimensionen und Measures bearbeiten

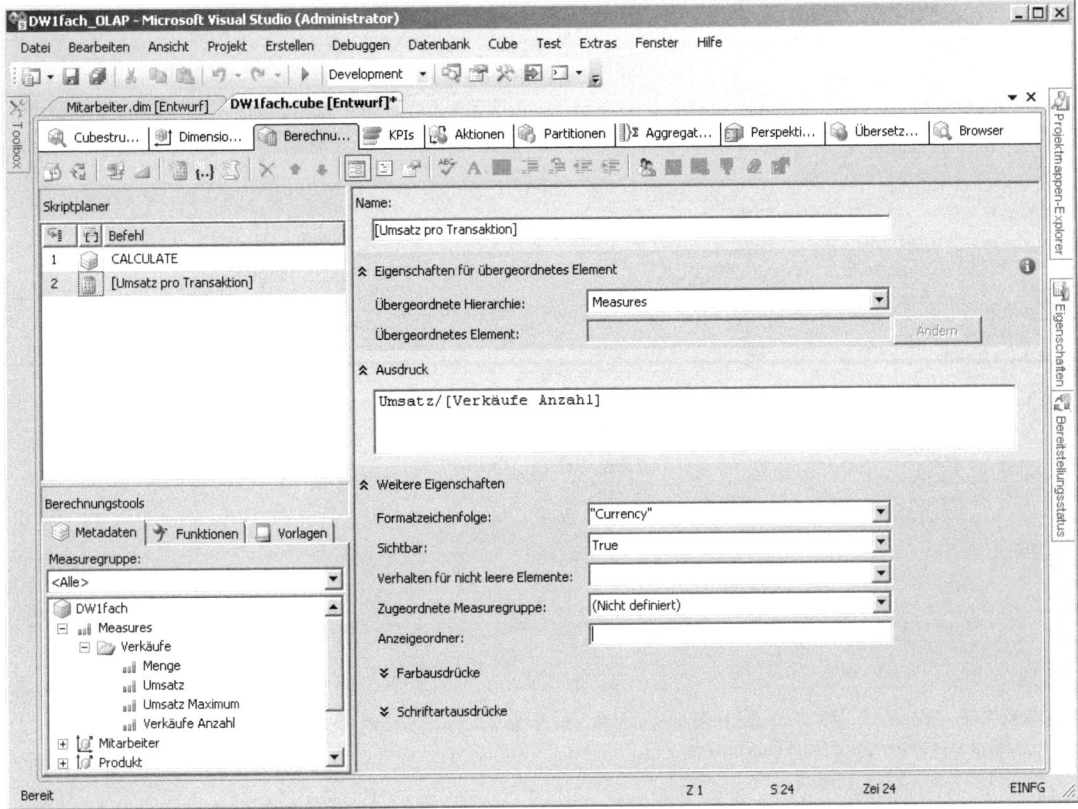

Abbildung 4.45 Registerkarte *Berechnungen* in Formularansicht, bereits bearbeitet mit den Einträgen für das neue berechnete Measure *[Umsatz pro Transaktion]*

5. Geben Sie unter *Ausdruck* Folgendes ein:

```
Umsatz/[Verkäufe Anzahl]
```

Auch in diesem Ausdruck sind die eckigen Klammern unbedingt erforderlich.

6. Wählen Sie in der Liste *Formatzeichenfolge* die Eigenschaft *Currency* aus. Die Registerkarte *Berechnungen* sollte nun entsprechend der Abbildung 4.45 aussehen.

7. Lassen Sie das Projekt bereitstellen (F5), aktivieren Sie den Cubebrowser und klicken Sie dort auf *Verbindung wiederherstellen*. Erweitern Sie im linken Fenster den Knoten *Measures*, wird dort das neue berechnete Measure *Umsatz pro Transaktion* (hier ohne eckige Klammern) angezeigt. Ziehen Sie dieses Measure sowie die Hierarchie *Warengruppe* aus der Dimension *Produkt* in geeignete Positionen des Browsers und vergewissern Sie sich, dass die dargestellten Werte denen in Abbildung 4.46 entsprechen.

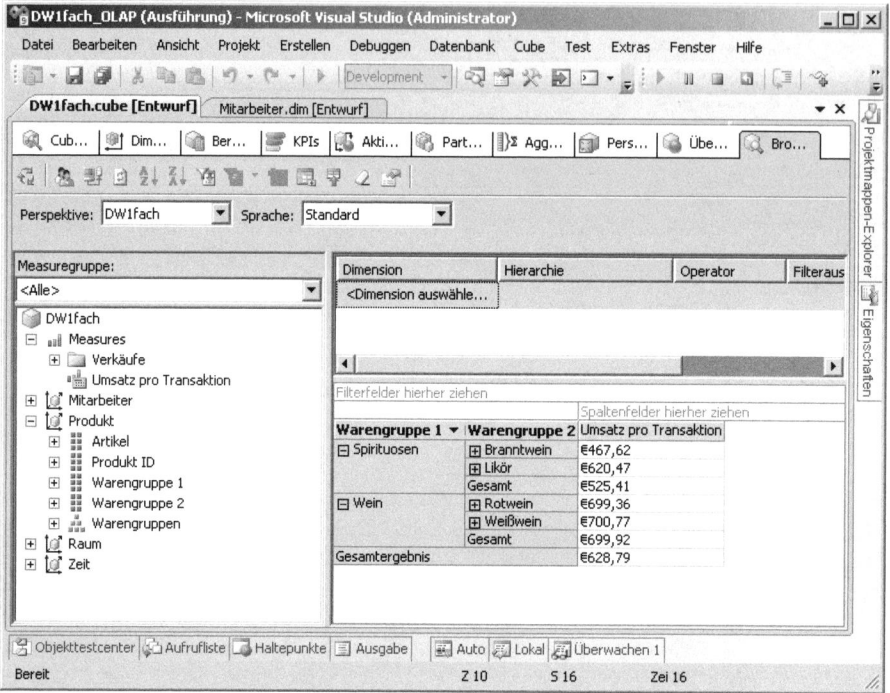

Abbildung 4.46 Wiedergabe der Werte des berechneten Measures *Umsatz pro Transaktion* nach der Hierarchie *Warengruppen* im Cubebrowser

Nach dem ersten soll jetzt das zweite oben angegebene Measure *Umsatzanteil übergeordnete WG* erstellt werden. Dabei beschränken wir uns auf die unumgänglich notwendigen Erklärungen. Folgen Sie ansonsten dem Weg, der soeben ausführlich für das Erstellen des berechneten Measures *Umsatz pro Transaktion* dargestellt wurde.

Gehen Sie folgendermaßen vor, um das berechnete Measure *Umsatzanteil übergeordnete WG* zu erstellen:

1. Aktivieren Sie die Registerkarte *Berechnungen* im Cube-Designer und klicken Sie ggf. in der Symbolleiste auf *Formularansicht*. Damit das Symbol *Formularansicht* aktiviert ist, müssen Sie möglicherweise zuvor das Debugging beenden.
2. Klicken Sie in der Symbolleiste auf *Neues berechnetes Element*.
3. Bearbeiten Sie das Formular so, dass es der Darstellung in Abbildung 4.47 entspricht. Der einzugebende Ausdruck lautet:

```
Iif(([Umsatz],[Warengruppen].currentmember.parent) = null,null,
([Umsatz],[Warengruppen]) / ([Umsatz],[Warengruppen].currentmember.parent))
```

Dimensionen und Measures bearbeiten

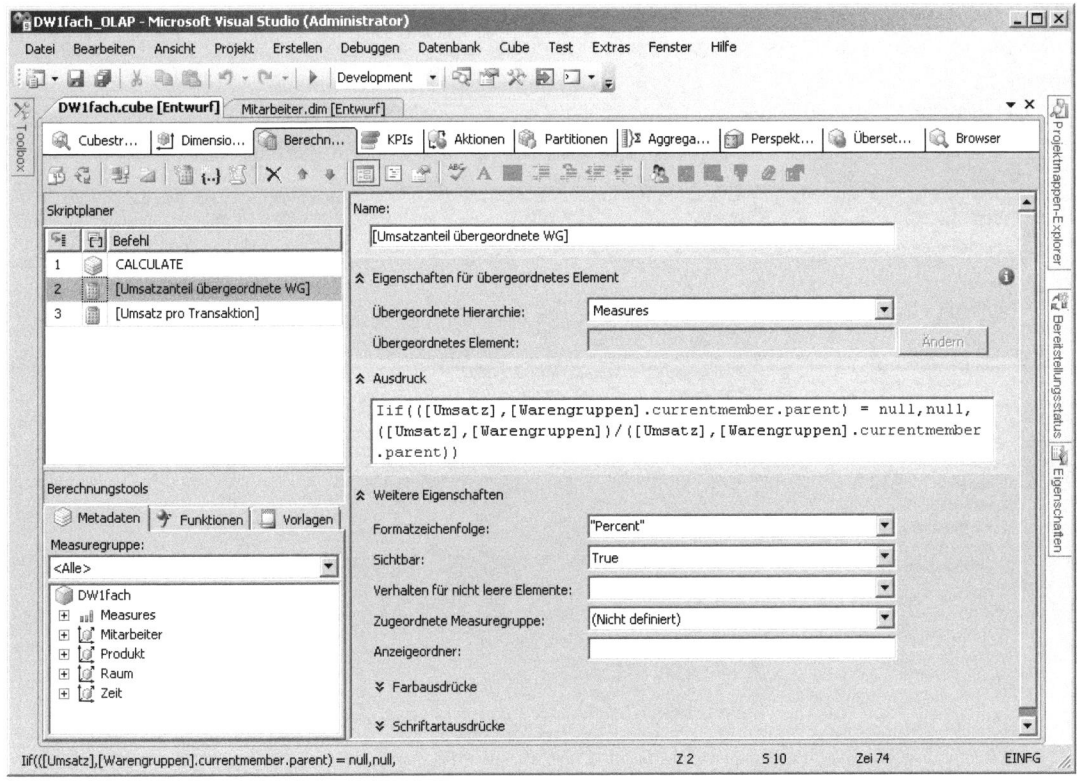

Abbildung 4.47 Registerkarte *Berechnungen*, bearbeitet zum Erstellen des berechneten Measures *Umsatzanteil übergeordnete WG*

4. Lassen Sie das Projekt erneut bereitstellen, aktivieren Sie den Cubebrowser, klicken Sie dort auf *Verbindung wiederherstellen* und stellen Sie das neue berechnete Measure *Umsatzanteil übergeordnete WG* zusammen mit dem Measure *Umsatz* mit der Hierarchie *Warengruppen* im Cubebrowser dar.

Das Ergebnis der letzten Schrittfolge sollte aussehen wie in Abbildung 4.48. Sie können dort u.a. erkennen, dass sich die Umsatzanteile von Spirituosen und Wein zu 100,00 % addieren, was bei korrekter Berechnung zu erwarten war, weil in diesem Falle die übergeordnete Warengruppe *All* ist, die den Gesamtumsatz über alle Warengruppen enthält. Der Umsatzanteil für *Gesamtergebnis* wird als leere Zelle ausgewiesen. Dies ist die Konsequenz der *Iif*-Funktion im Ausdruck des berechneten Measures, weil sie dafür sorgt, dass für den Gesamtausdruck Null ausgegeben wird, wenn der Term ([Umsatz],[Warengruppen].currentmember.parent) den Wert Null ergibt: Das Gesamtergebnis bezieht sich auf die Hierarchieebene *All*, und da diese kein *parent* besitzt, ergibt sich für den Teilausdruck und damit für den Gesamtausdruck der Wert Null.

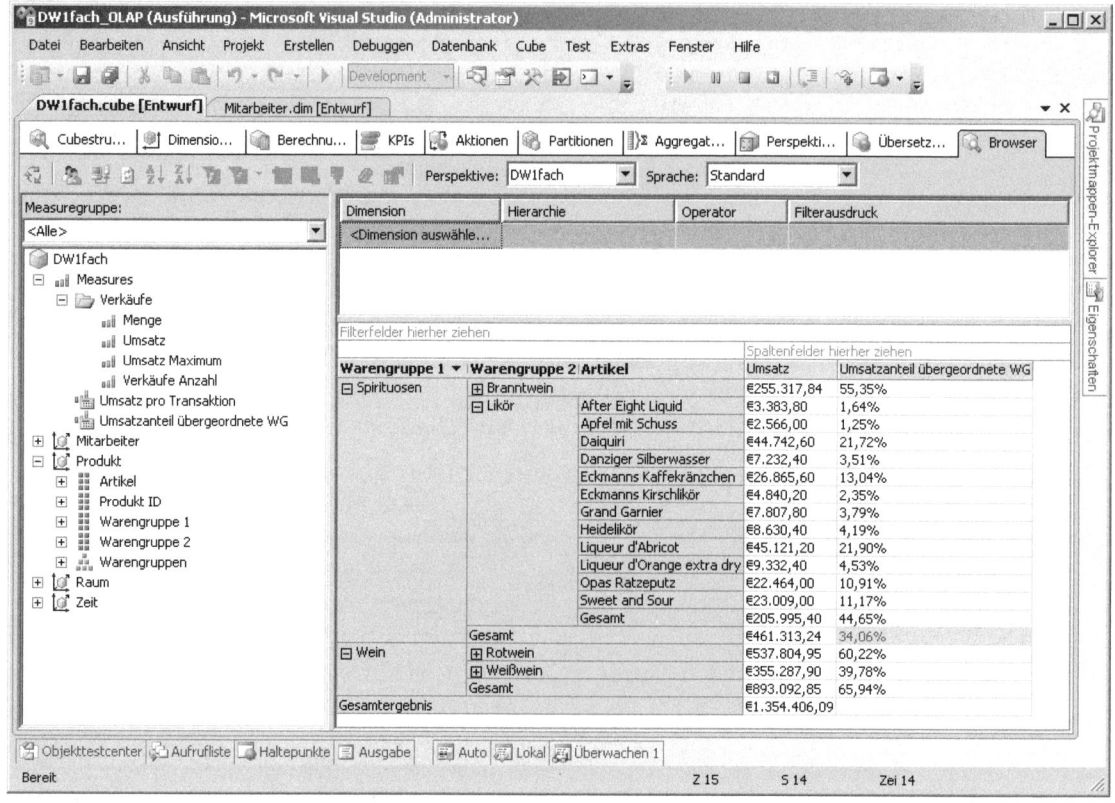

Abbildung 4.48 Umsatz und *Umsatzanteil übergeordnete WG* nach der Hierarchie *Warengruppen* im Cubebrowser

Cube um eine Faktentabelle erweitern

In SQL Server 2008 Analysis Services ist es möglich, einen Cube auf mehr als einer Faktentabelle zu basieren. Diese Modellierung entspricht dem *Galaxy-Schema*, das sinnvoll ist, wenn einige Dimensionen mit den Measures beider Faktentabellen, einzelne Dimensionen jedoch nur mit den Measures jeweils einer Faktentabelle verbunden werden können.

Die relationale Datenbank *DW1fach*, die als Datenquelle unseres Analysis Services-Projekts *DW1fach_OLAP* dient, enthält mit der Tabelle *Fakt_Gehälter* eine weitere Faktentabelle, die mit den bereits im Projekt definierten Dimensionen *Mitarbeiter* und *Zeit* verbunden werden kann, mit denen die vorhandene Faktentabelle *Verkäufe* bereits verbunden ist. Daher soll *Fakt_Gehälter* dem Cube *DW1fach* hinzugefügt und mit den Dimensionen *Mitarbeiter* und *Zeit* verbunden werden. Zu diesem Zweck muss zunächst die Tabelle *Fakt_Gehälter* in die Datenquellensicht und anschließend in den Cube eingefügt werden. Dann müssen darauf basierende Measures gebildet werden. Und schließlich muss die Dimension *Zeit* noch mit der neuen Faktentabelle verbunden werden (die Dimension *Mitarbeiter* wird automatisch mit der Faktentabelle verbunden, siehe weiter unten).

Gehen Sie wie folgt vor, um den Cube *DW1fach* um die Faktentabelle *Fakt_Gehälter* zu erweitern:

1. Öffnen Sie den Designer der Datenquellensicht *DW1fach.dsv*, indem Sie im Projektmappen-Explorer auf *DW1fach.dsv* doppelklicken.

Cube um eine Faktentabelle erweitern

2. Klicken Sie mit der rechten Maustaste im Diagrammfenster auf einen leeren Bereich und wählen Sie im Kontextmenü den Eintrag *Tabellen hinzufügen/entfernen*, um das gleichnamige Dialogfeld anzuzeigen.
3. Fügen Sie der Liste *Eingeschlossene Objekte* die Tabelle *Fakt_Gehälter* hinzu und bestätigen Sie mit *OK*. Diese Tabelle wird nun dem Diagramm der Datenquellensicht hinzugefügt.
4. Ziehen Sie im Diagramm der Datenquellensicht aus der Tabelle *Fakt_Gehälter* die Spalte *MitarbeiterID* auf die Spalte *Mitarbeiter_ID* der Tabelle *Mitarbeiter*. Die neu definierte Beziehung wird durch eine Verbindungslinie angezeigt.
5. Klicken Sie auf die Tabelle *Fakt_Gehälter* und lassen Sie das Eigenschaftenfenster anzeigen. Ändern Sie die Einstellung der Eigenschaft *FriendlyName* in *Gehälter*.
6. Öffnen Sie ggf. den Cube-Designer per Klick auf den Cube *DW1fach* im Projektmappen-Explorer und aktivieren Sie die Registerkarte *Cubestruktur*.
7. Klicken Sie mit der rechten Maustaste auf einen leeren Bereich im Fenster *Measures* und wählen Sie im Kontextmenü den Eintrag *Neue Measuregruppe*. Das gleichnamige Dialogfeld wird geöffnet.
8. Klicken Sie in der Liste auf *Gehälter* (hier wird bereits der *FriendlyName* angezeigt) und anschließend auf *OK*. Daraufhin werden dem Diagramm die Faktentabelle *Gehälter* und dem Fenster *Measures* die neue Measuregruppe *Gehälter* hinzugefügt. Die Registerkarte *Cubestruktur* sollte nun wie in Abbildung 4.49 aussehen.

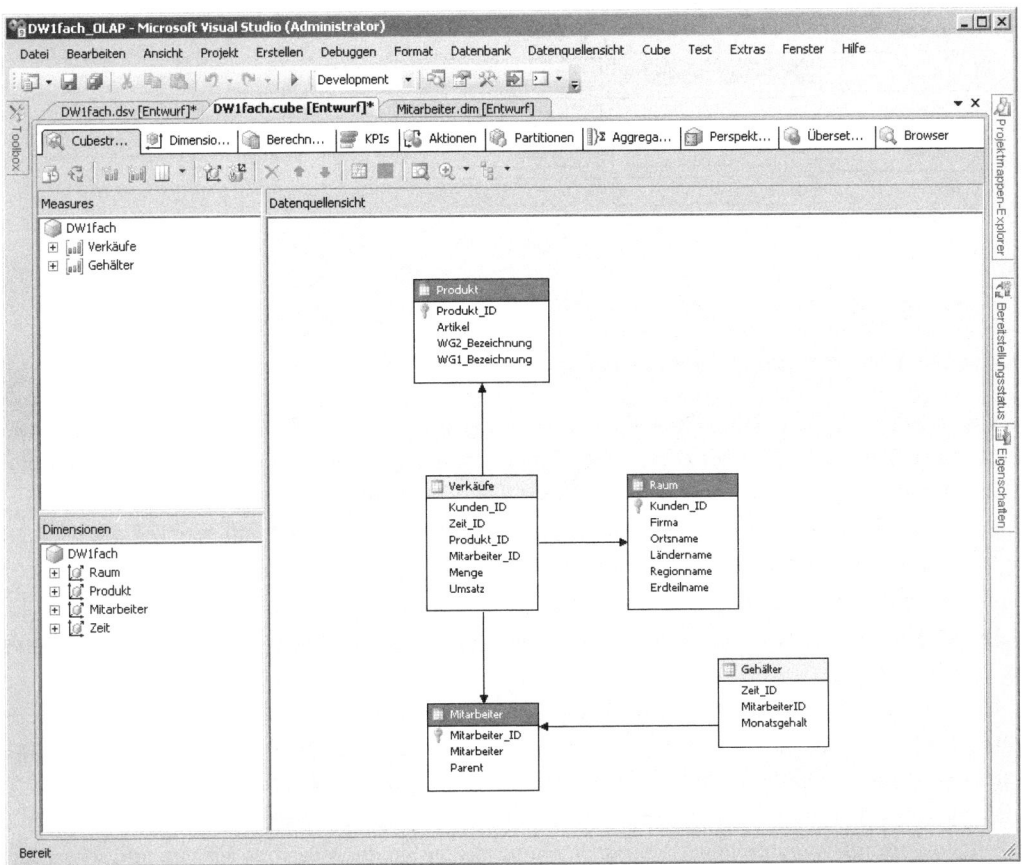

Abbildung 4.49 Registerkarte *Cubestruktur* nach dem Einfügen der neuen Faktentabelle und Measuregruppe *Gehälter*

9. Öffnen Sie auf der Registerkarte *Cubestruktur* im Fenster *Measures* ggf. die Measuregruppe *Gehälter* und klicken Sie dann auf das Measure *Monatsgehalt*. Lassen Sie das Eigenschaftenfenster anzeigen und stellen Sie die Eigenschaft *FormatString* auf *Currency* ein.

10. Aktivieren Sie die Registerkarte *Dimensionsverwendung*. In deren Fenster (vgl. Abbildung 4.50) ist zu erkennen, dass die Measuregruppe *Gehälter* automatisch mit der Dimension *Mitarbeiter* verbunden wurde. Dies liegt daran, dass in der Datenquellensicht zwischen den beiden Tabellen *Gehälter* und *Mitarbeiter* eine Beziehung definiert ist, wodurch die Zuordnung erkannt werden konnte. Für die Dimension *Zeit*, für die wegen des Vorhandenseins der Spalte *Zeit_ID* in Tabelle *Gehälter* ebenfalls eine Verbindung möglich sein sollte, konnte diese jedoch nicht automatisch eingerichtet werden, weil unsere Dimension *Zeit* eine Serverzeitdimension ist, für die in der Datenquellensicht keine Tabelle vorhanden ist.

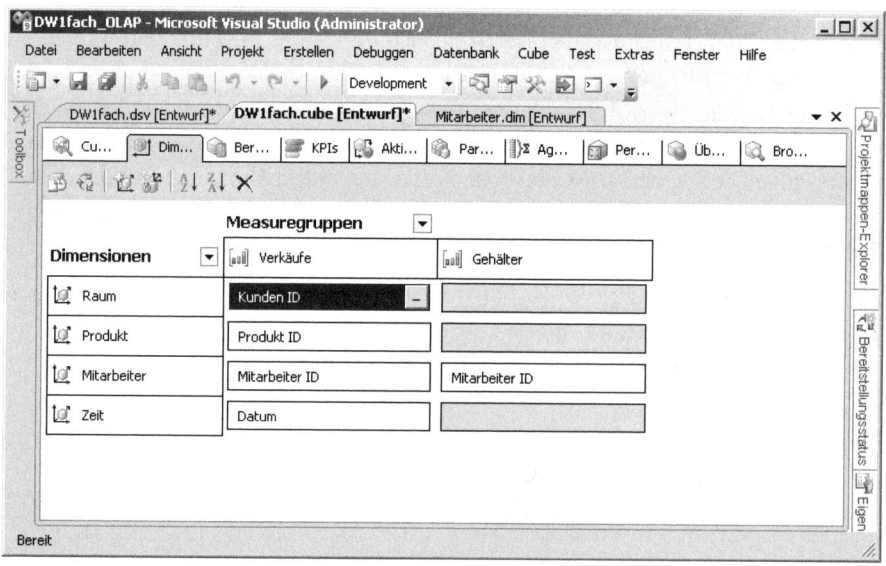

Abbildung 4.50 Registerkarte *Dimensionsverwendung* vor der Bearbeitung

11. Klicken Sie auf der Registerkarte *Dimensionsverwendung* auf das leere Feld, das sich als Schnittpunkt der Measuregruppe *Gehälter* und der Dimension *Zeit* ergibt und anschließend auf die Schaltfläche mit dem Auslassungszeichen (…). Das Dialogfeld *Beziehung definieren* wird angezeigt.

12. Wählen Sie in der Liste *Beziehungstyp auswählen* den Typ *Regulär* aus. Im unteren Teil des Dialogfelds werden nun weitere Bearbeitungsmöglichkeiten angezeigt.

13. Wählen Sie in der Liste *Granularitätsattribut* das Attribut *Datum* aus.

14. Klicken Sie auf das leere Feld unterhalb *Measuregruppenspalten* und wählen Sie dann in der Liste den Eintrag *Zeit_ID* aus.

15. Bestätigen Sie mit *OK*. Nun wird auf der Registerkarte *Dimensionsverwendung* im Feld, das sich als Schnittpunkt der Measuregruppe *Gehälter* und der Dimension *Zeit* ergibt, *Datum* angezeigt, womit die Verbindung zwischen der Dimension *Zeit* und der Measuregruppe *Gehälter* in den Metadaten hergestellt ist.

16. Lassen Sie das geänderte Projekt durch Drücken auf F5 bereitstellen. Wechseln Sie zum Cubebrowser, klicken Sie dort auf *Verbindung wiederherstellen* und ziehen Sie die Measures *Umsatz* und *Monatsgehalt* sowie das Dimensionsattribut *Mitarbeiter* und die Hierarchie *Zeit* an geeignete Positionen im Cubebrowser (siehe Abbildung 4.51).

Mit Microsoft Excel auf den Cube zugreifen

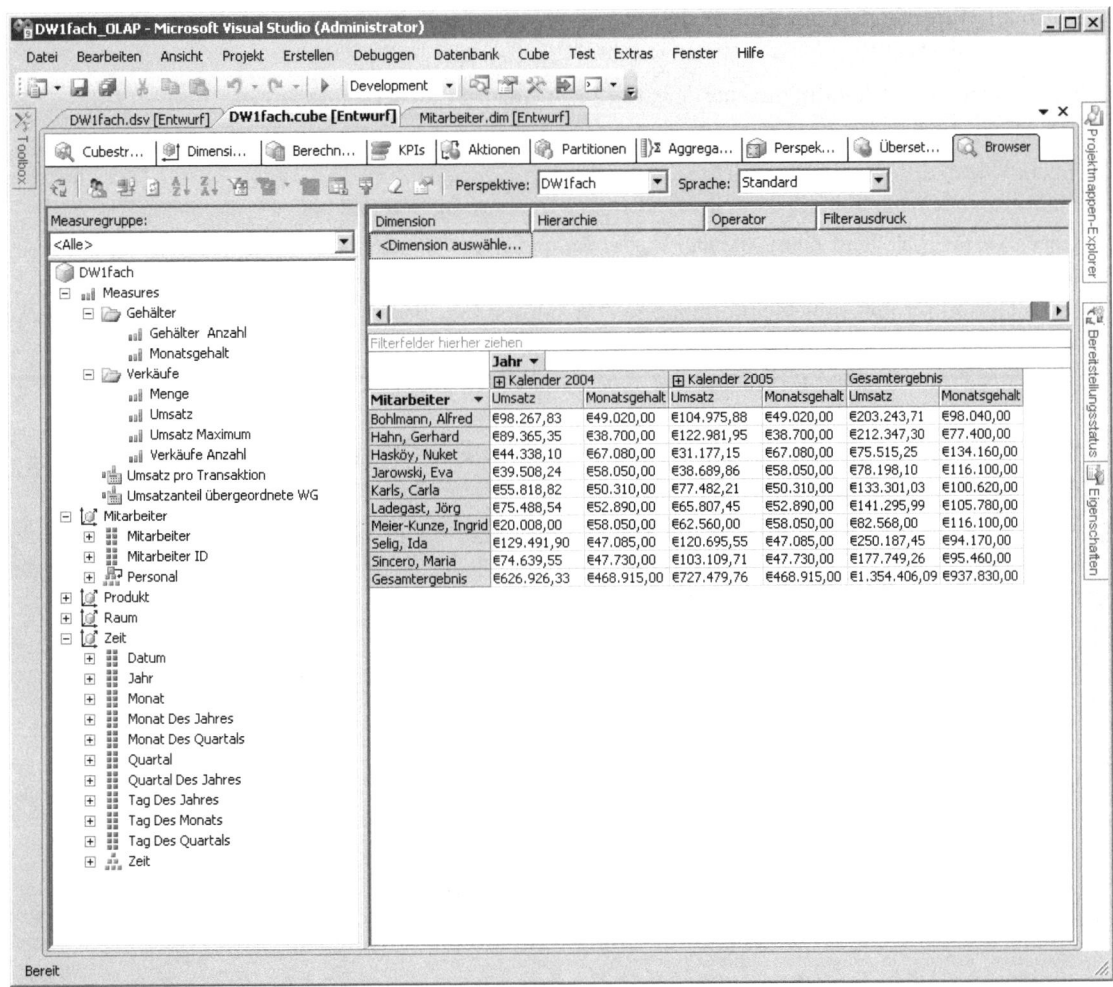

Abbildung 4.51 Die Measures *Umsatz* und *Monatsgehalt* aus zwei verschiedenen Faktentabellen werden mit ihren gemeinsamen Dimensionen *Zeit* und *Mitarbeiter* im Cubebrowser dargestellt

Die Abbildung 4.51 zeigt, dass die Measures *Umsatz* und *Monatsgehalt* aus den zwei Faktentabellen *Verkäufe* und *Gehälter* mit den ihnen gemeinsamen Dimensionen *Zeit* und *Mitarbeiter* im Cubebrowser dargestellt werden können.

Mit Microsoft Excel auf den Cube zugreifen

Zum Abschluss dieses Kapitels soll noch gezeigt werden, wie Sie mit einer Clientanwendung auf einen Cube zugreifen können. Als Clientanwendung wählen wir *Microsoft Excel*, weil darin mit dem Feature *PivotTable* ein idealer Browser für multidimensionale Daten angeboten wird und die Herstellung einer Verbindung zum Backend mit dem Cube besonders komfortabel geregelt ist. Speziell soll eine PivotTable erstellt werden, die auf der Analysis Services-Datenbank *DW1fach_OLAP* als Datenquelle basiert, denn in der Analysis Services-

Datenbank *DW1fach_OLAP* auf dem Analysis-Server werden die multidimensionalen Daten unseres Analysis Services-Projekts *DW1fach_OLAP* bereitgestellt.

Gehen Sie folgendermaßen vor, um eine derartige PivotTable zu erstellen:

1. Öffnen Sie das Programm *Microsoft Excel 2007* und aktivieren Sie ein leeres Arbeitsblatt.
2. Klicken Sie in der Multifunktionsleiste auf das Register *Daten*, dann in der Gruppe *Externe Daten abrufen* auf *Aus anderen Quellen* und dann im geöffneten Menü auf *Analysis Services*.
3. Geben Sie im Dialogfeld *Zum Datenbankserver verbinden* den Namen des Analysis-Servers an (bei einem lokalen Server kann dies *localhost* sein, andernfalls der Servername) und wählen Sie die für Sie zutreffende Option für die Anmeldeinformationen (Windows-Zugriffsrechte oder Benutzername und Kennwort) und klicken Sie auf *Weiter*.
4. Wählen Sie im Dialogfeld *Datenbank und Tabelle wählen* die Datenbank *DW1fach_Olap* und klicken Sie auf *Weiter*.
5. Im Dialogfeld *Datenverbindungsdatei speichern und fertig stellen* können Sie den für die Datenverbindungsdatei vorgeschlagenen Namen ändern oder ihn belassen. Klicken Sie auf *Fertig stellen*.
6. Wählen Sie im Dialogfeld *Daten importieren PivotTable-Bericht* und klicken Sie dann auf OK. Daraufhin wird auf dem Excel-Arbeitsblatt eine leere PivotTable sowie die PivotTable-Feldliste angezeigt, mit deren Elementen Sie die PivotTable gestalten können (Abbildung 4.52).

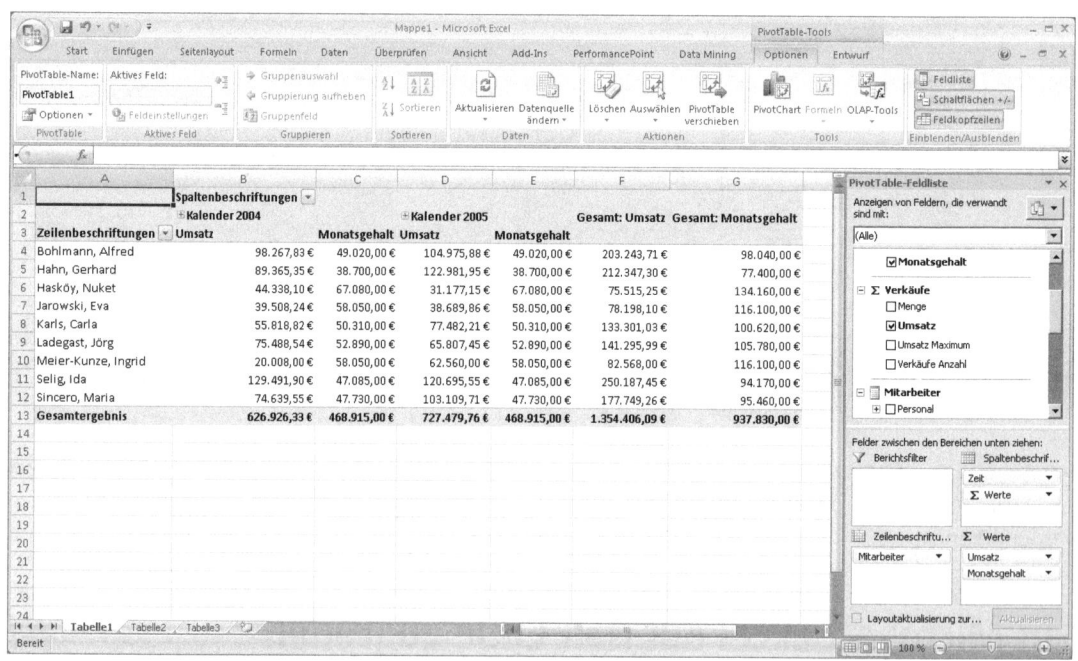

Abbildung 4.52 PivotTable unmittelbar nach dem Erstellen, unbearbeitet

7. Die Feldliste gibt alle Measures und Dimensionen der Analysis Services-Datenbank *DW1fach_Olap* wieder. Durch Aktivieren von Kontrollkästchen und ggf. Verschieben von Dimensionen in die verschiedenen Beschriftungs- und Filterbereiche können Sie die PivotTable jetzt nach Ihren Wünschen gestalten. Auf die diversen weiteren Möglichkeiten von Excel-PivotTables soll hier jedoch nicht weiter eingegangen werden, weil dieses Thema in anderen spezifischen Publikationen ausführlich behandelt wird.

Kapitel 5
Unified Dimensional Model

In diesem Kapitel:

Motivation	114
Konzept	115
Komponenten	118

In diesem Kapitel wird Ihnen ein kurzer Überblick über das Designkonzept der Analysis Services gegeben. Klassische Business Intelligence-Lösungen sind in der Regel durch eine Vielzahl von unterschiedlichen Datenmodellen, durch eine redundante Datenspeicherung sowie durch einen Mangel an Datenintegration gekennzeichnet. Oftmals besteht eine Business Intelligence-Lösung aus einer Mischung aus traditioneller OLAP-Technologie und relationaler Berichterstellung. Das neue Designkonzept der Analysis Services kombiniert die besten Aspekte traditioneller OLAP-Analysen und der relationalen Berichterstellung zu dem Unified Dimensional Model (UDM). Schließlich wird Ihnen anhand eines kurzen Beispiels gezeigt, wie Sie eine einheitliche und integrierte Datenbasis für ein Unified Dimensional Model erstellen können.

Motivation

Eine klassische Problemstellung der OLAP-Technologie und der relationalen Berichterstellung ist die Trennung der beiden Konzepte. Einerseits liefert die OLAP-Technologie ein intuitives und benutzerfreundliches Datenmodell und sehr gute Analysemöglichkeiten, sodass Benutzer in der Lage sind, Abfragen selbst zu erstellen. Das multidimensionale Modell der OLAP-Technologie vereinfacht das Verstehen, die Navigation und das Durchsuchen von Daten. Die Aggregationen von Daten ermöglichen schnelle Antwortzeiten, auch bei Abfragen über große Datenmengen. Dafür ist der Zugriff auf Detaildaten umso komplizierter und langsamer.

Andererseits hat eine direkte Berichterstellung auf die zugrunde liegende relationale Datenbank ihre Vorteile. Die OLAP-Technologie, mit klassischen Star- und Snowflake-Schemen, kann mit den komplexen Beziehungen einer relationalen Datenbank nicht umgehen. Zusätzlich bietet die OLAP-Technologie Daten nur in vordefinierten Strukturen, Ad-hoc-Abfragen über Hunderte von Tabellenspalten sind nicht möglich. Ein direkter Zugriff auf die relationale Datenbank erlaubt die Bearbeitung des flexiblen Datenbankschemas, ist einfacher einzurichten und zu verwalten und erfordert keine aufwendigen Extraktions-, Transformations- und Ladeprozesse (ETL). Dafür ist die Performance der relationalen Berichtserstellung sehr viel schlechter als bei der OLAP-Technologie, und ein Benutzer wird Abfragen nur dann erstellen können, wenn er über sehr gute SQL-Kenntnisse verfügt und mit dem zugrunde liegenden Datenmodell vertraut ist. Der direkte Zugriff auf relationale Datenbanken liefert Informationen in Echtzeit, Änderungen an Daten werden sofort angezeigt, und es kann auf eine sehr detaillierte Datenebene zugegriffen werden. Zusätzlich ist weniger Verwaltungsaufwand notwendig, da eine separate OLAP-Datenbank nicht administriert werden muss. Abbildung 5.1 zeigt eine typische Business Intelligence-Architektur. In der Regel existiert eine Vielzahl von Datenmodellen, Daten werden redundant gespeichert und es herrscht ein Mangel an Datenintegration.

Viele relationale Berichtswerkzeuge versuchen einige Vorteile der OLAP-Technologie durch ein benutzerorientiertes Datenmodell auf Datenbankebene für die Berichtserstellung zu integrieren. In Unternehmen müssen eine Vielzahl von OLAP- und Berichtswerkzeugen integriert werden, die oftmals über unterschiedliche proprietäre Datenmodelle, Schnittstellen und Tools verfügen. Diese Vielfalt an Möglichkeiten führt zu einer komplexen und unzusammenhängenden Business Intelligence-Architektur.

Konzept

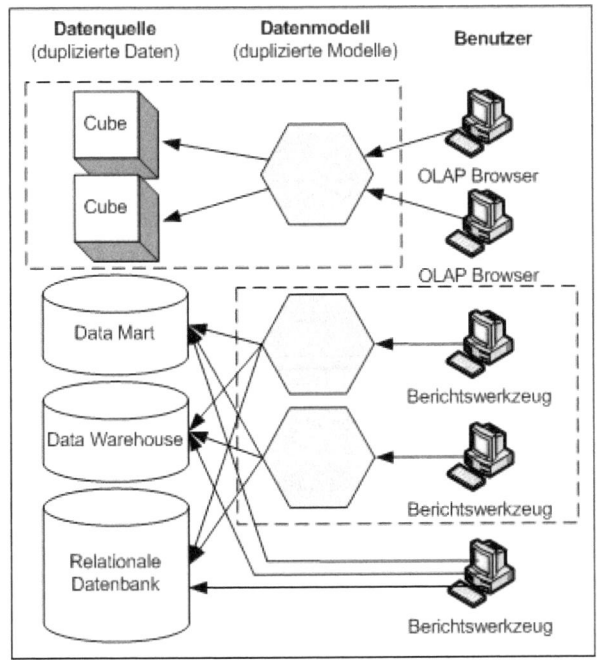

Abbildung 5.1 Typisches Business Intelligence-Szenario

Mit den Analysis Services wird eine einheitliche und integrierte Sicht auf alle geschäftlichen Daten möglich. Das UDM kombiniert die Vorteile von relationaler Berichterstellung und der OLAP-Technologie, um die Funktionalität und Flexibilität von Business Intelligence-Lösungen zu erhöhen. Die OLAP-Technologie konnte bisher zwar mit einer sehr hohen Abfrageleistung und sehr guten Analysemöglichkeiten glänzen, versagte aber dann, wenn es um das Abbilden von komplexen Datenbankstrukturen oder detaillierte Berichtserstellung ging. Mithilfe des UDM kann nun eine einheitliche und integrierte Sicht auf die gesamten Daten definiert werden, um die Vorteile beider Welten zu kombinieren. Diese Sicht dient damit als Grundlage für relationale Berichte, OLAP-Datenanalysen und Data Mining.

Konzept

Durch die Kombination der Vorteile von relationaler Berichterstellung und OLAP-Technologie wird ein Metadatenmodell zur Verfügung gestellt, das die Anforderungen der beiden Konzepte abdeckt. Das UDM ist ein zentrales Metadaten-Repository, das geschäftliche Informationen, Berechnungen und Metriken definiert, die als Quelle für sämtliche Berichte und Datenanalysen dienen. Das UDM ermöglicht eine vollständige Integration der Geschäftsdaten. Tabelle 5.1 listet die wesentlichen Fähigkeiten beider Konzepte auf, die in dem UDM kombiniert werden.

Funktionalität	Relationale Berichterstellung	OLAP Analysen
Flexibles Schema	Ja	Nein
Zugriff auf Echtzeitdaten	Ja	Nein

Tabelle 5.1 Funktionalitäten der relationalen Berichterstellung und OLAP-Analysen im Vergleich

Funktionalität	Relationale Berichterstellung	OLAP Analysen
Ein Datenbestand	Ja	Nein
Einfache Verwaltung	Ja	Nein
Detail Reporting	Ja	Nein
Hohe Performance	Nein	Ja
Benutzerfreundlich	Nein	Ja
Einfache Navigation	Nein	Ja
Umfangreiche Analysefunktionen	Nein	Ja
Umfangreiche Berechnungsfunktionen	Nein	Ja

Tabelle 5.1 Funktionalitäten der relationalen Berichterstellung und OLAP-Analysen im Vergleich *(Fortsetzung)*

Unternehmen haben oftmals eine Mischung aus beiden Konzepten im Einsatz, die jeweils ihre eigenen Vor- und Nachteile bieten. Bei dem UDM geht es im Grunde darum, die multidimensionalen Analysefähigkeiten der OLAP-Technologie zu nutzen, obwohl Benutzer trotzdem direkt auf ein relationales Datenmodell zugreifen können. Im UDM wird eine Sammlung von Datenquellen definiert, die Benutzern eine integrierte Sicht auf Daten zur Verfügung stellt. Im Wesentlichen sind es vier Schlüsselfaktoren, die das UDM charakterisieren:

- **Heterogener Datenzugriff**   Ein UDM kann über eine Vielzahl von multiplen Datenquellen erstellt werden, unabhängig von Stern- oder Schneeflockenentwürfen. Standardmäßig kann jede Spalte einer relationalen Tabelle ein einzelnes Attribut einer Dimension bilden, die Aufnahme von Hunderten von Spalten einer Tabelle als Attribute einer Dimension ist ebenso möglich. Zusätzlich können Cubes Measures von multiplen Faktentabellen enthalten, die in einem einzelnen Cube zusammengefasst werden können. Das UDM ermöglicht auch unterschiedliche Beziehungsarten zwischen Measures und Dimensionen. Komplexe Beziehungen, wie 1:N, M:N oder Outer Joins, sind ein Kernteil eines relationalen Schemas. Analog hierzu besteht beim UDM keine Einschränkung mehr auf das Modellieren von starren Stern- und/oder Schneeflockenentwürfen. Weiterhin sind beim UDM referenzierte-, N:M-, Faktendimensionsbeziehungen sowie Dimensionsbeziehungen mit unterschiedlichen Rollen möglich, die wesentlich komplexere Szenarien ermöglichen als es bei Stern- und/oder Schneeflockenentwürfen machbar ist. Diese Leistungsmöglichkeiten, kombiniert mit einer nahezu unlimitierten Dimensionsgröße, lässt das UDM als Datenzugriffsschicht über multiple, heterogene Datenquellen fungieren.

- **Komplexe Berechnungsmöglichkeiten**   Im UDM können komplexe und umfangreiche Berechnungen, die in der zugrunde liegenden relationalen Datenbank nicht existieren und die üblicherweise im Cube durchgeführt werden, erstellt werden. Das UDM stellt ein umfangreiches Modell zum Definieren von komplexen Berechnungen bereit, in dem der Wert einer Cubezelle basierend auf Werten anderer Cubezellen berechnet werden kann. Neben der Abfragesprache Multidimensional Expressions (MDX), die insbesondere zum Schreiben von komplexen Berechnungen erweitert wurde, können Berechnungen in jeder .NET-fähigen Programmiersprache geschrieben werden und dann von MDX für Berechnungen aufgerufen werden.

- **Endbenutzermodell**   Im UDM ist die Definition eines Endbenutzermodells auf die Datenzugriffsschicht möglich, das eine Geschäftssemantik enthält, die in den zugrunde liegenden Datenquellen nicht vorhanden ist. Das Endbenutzermodell ist eine verständliche und nachvollziehbare Sicht auf Daten, die es Endbenutzern ermöglicht, Informationen schnell zu analysieren und zu verstehen. Der Kern eines

UDM ist eine Sammlung von Cubes, die eine Vielzahl von Measures enthalten, die Endbenutzer mithilfe von Dimensionen detailliert durchsuchen können. Im UDM können Key Performance Indicators (KPIs) definiert werden, die als wichtige Kennzahlen zur Messung des Geschäftsverlaufes dienen können. Das UDM stellt ein umfangreiches und zentrales Repository zur Verfügung, das die einfache Erstellung von KPIs erlaubt. Um internationale Organisationen zu unterstützen, können Daten und Metadaten in jede Sprache übersetzt werden, sodass Benutzer unabhängig vom individuellen Standort Daten und Metadaten in ihrer Sprache durchsuchen können. Zur Komplexitätsreduktion werden Benutzern Perspektiven zur Verfügung gestellt, die virtuelle Sichten auf Teilcubes anbieten.

- **Proaktive Zwischenspeicherung** Das UDM stellt die Möglichkeit des proaktiven Zwischenspeicherns zur Verfügung. Ziel des proaktiven Zwischenspeicherns ist die Bereitstellung des Zugriffs auf die zugrunde liegenden Datenquellen in Echtzeit, ohne dabei auf die hohe Performance der OLAP-Technologie zu verzichten. Mehrere Richtlinien kontrollieren dabei das Verhalten des Zwischenspeicherns, wobei die Anforderungen an die Performance gegenüber einer akzeptablen Latenzzeit ausgeglichen werden. Beispielsweise kann eine Organisation definieren, dass bestimmte Daten erst in ein paar Stunden oder Tagen zur Verfügung stehen müssen, andere Daten hingegen sofort. Wenn bei einem Cube das proaktive Zwischenspeichern aktiviert ist, kann er automatisch Änderungen der zugrunde liegenden Datenquelle ermitteln und automatisch seine Daten aktualisieren, ohne das bestehende dimensionale Modell zu ändern.

Das UDM stellt auch eine flexible, rollenbasierte Sicherheitsstruktur zur Verfügung, die eine sehr granulare Zugriffssteuerung auf Daten erlaubt. Durch die Integration der Entwicklungs- und Verwaltungswerkzeuge für die Analysis Services profitieren sowohl Entwickler als auch Administratoren von einer einzelnen, einheitlichen Umgebung zur Entwicklung von Business Intelligence-Lösungen und zur Verwaltung der Analysis Services. Die Abbildung 5.2 verdeutlicht eine Business Intelligence-Architektur mit einem UDM. Die Rolle des UDMs besteht darin, eine Brücke zwischen den Benutzern und den Daten bereitzustellen.

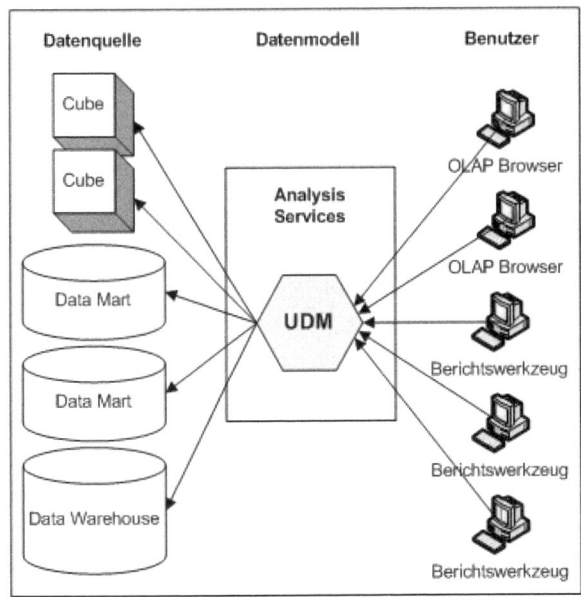

Abbildung 5.2 Business Intelligence-Szenario mit dem Unified Dimensional Model

Zusammengefasst lässt sich sagen: Das UDM kombiniert die Vorteile der traditionellen OLAP-Technologie und der relationalen Berichterstellung und stellt ein Modell zur Verfügung, das als Basis für alle Berichts-

und Analyseanforderungen dienen kann. Dieses flexible Modell erlaubt den Datenzugriff über eine Vielzahl von heterogenen Datenquellen, inklusive OLTP-Datenbanken und Data Warehouses. Durch das UDM können Benutzer auf sämtliche Daten zugreifen, inklusive der niedrigsten Detailebene. Mit dem proaktiven Zwischenspeichern, können Richtlinien definiert werden, um die gegensätzlichen Extreme Performance- und Echtzeit-Informationen auszubalancieren. Zusätzlich kann ein erweitertes Endbenutzermodell definiert werden, inklusive komplexer Berechnungen und KPIs, um ein interaktive Berichterstellung zu unterstützen.

Komponenten

Im Folgenden soll zunächst kurz die typische Implementationsreihenfolge der UDM-Komponenten dargestellt werden. Anschließend wird beispielhaft gezeigt, wie Sie multiple Datenquellen einrichten können.

Typische Implementierungsreihenfolge

Das UDM kann als eine Sammlung von Cubes und Dimensionen, die in den Analysis Services gespeichert sind, bezeichnet werden. Die Abbildung 5.3 visualisiert die einzelnen Komponenten eines UDM in der Reihenfolge, wie sie typischerweise implementiert werden.

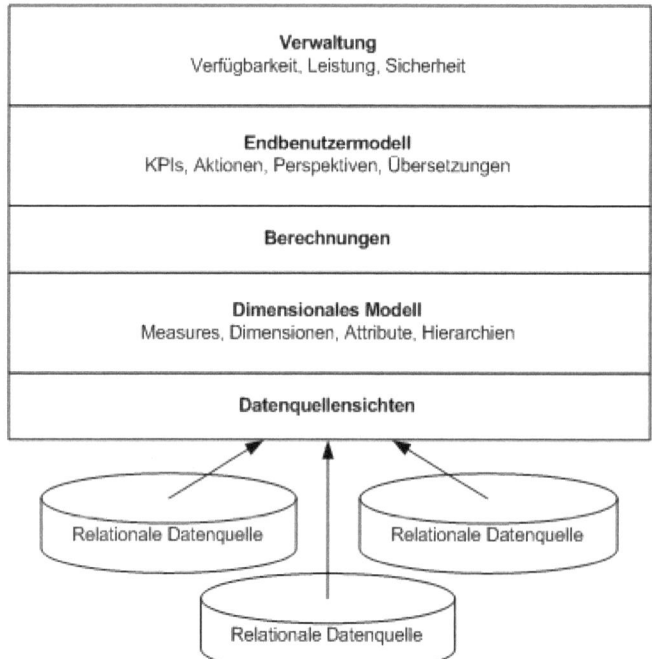

Abbildung 5.3 Komponenten des *Unified Dimensional Model*

Das UDM basiert auf einem logischen Datenschema, das die Daten der zugrunde liegenden relationalen Datenbank in einer standardisierten und intuitiven Art darstellt. UDM implementiert das logische Datenschema in Form einer Datenquellensicht. Neben der Bereitstellung des logischen Datenschemas trennt eine Datenquellensicht das dimensionale Modell von Änderungen an der zugrunde liegenden relationalen Datenbank. Nach der Erstellung der Datenquellensicht, ist der nächste Schritt die Definition des dimensionalen

Modells. Das Ergebnis dieses Schrittes ist die Erstellung eines Cube, bestehend aus Measures, Dimensionen und Hierarchien. In der Regel wird das dimensionale Modell den Analyseanforderungen des Benutzers nicht gerecht, das dimensionale Modell kann mit spezifischer Geschäftslogik mithilfe von Berechnungen erweitert werden.

Wie bereits weiter oben erwähnt, ist ein Schlüsselfaktor des UDM die Bereitstellung eines intuitiven Endbenutzermodells. Hierbei können zusätzliche Features, wie KPIs, Aktionen, Perspektiven und Übersetzungen, definiert werden, um Benutzern eine verständliche und nachvollziehbare Sicht auf Daten bereitzustellen. Als letzter Schritt ist die Konfiguration des Cube notwendig, um den unterschiedlichen operationalen Anforderungen, wie Verfügbarkeit, Leistung und Sicherheit, gerecht zu werden. Beispielsweise werden in diesem Schritt die Richtlinien definiert, welche Benutzer auf welche Cubeinhalte zugreifen dürfen, wie die Cubedaten aktualisiert werden oder welcher Speichermodus verwendet wird.

Multiple Datenquellen

Betrachten Sie nun im folgenden Beispiel die Möglichkeiten, mithilfe des Datenquellensicht-Designers multiple Datenquellen in einem UDM zu integrieren:

1. Wählen Sie *Start/Alle Programme/Microsoft SQL Server 2008/SQL Server Business Intelligence Development Studio*, um die Entwicklungsumgebung zu öffnen.
2. Schließen Sie die Registerkarte *Startseite*, und rufen Sie den Menübefehl *Datei/Neu/Projekt* auf, um das Dialogfeld *Neues Projekt* zu öffnen. Wählen Sie im Bereich *Projekttypen* die Option *Business Intelligence-Projekte* aus, und markieren Sie im Bereich *Vorlagen* den Eintrag *Analysis Services-Projekt*. Ändern Sie den Projektnamen in *KAP05*, und tragen Sie als Speicherort *V:\BISS2008-Projekte* ein (oder einen Speicherort Ihrer Wahl). Lassen Sie das neue Projekt mit einem Klick auf die Schaltfläche OK erstellen.
3. Klicken Sie im Projektmappen-Explorer mit der rechten Maustaste auf den Ordner *Datenquellen*, und wählen Sie im Kontextmenü den Eintrag *Neue Datenquelle* aus. Klicken Sie im Datenquellen-Assistenten auf die Schaltfläche *Neu*, um eine neue Datenquelle zu erstellen.
4. Stellen Sie im Verbindungs-Manager sicher, dass als Anbieter *OLEDB systemeigen\SQL Server Native Client 10.0* ausgewählt ist. Geben Sie als Servernamen *localhost* ein, wählen die Datenbank *AdventureWorks2008* aus und verwenden die standardmäßig aktivierte Windows-Authentifizierung. Klicken Sie auf *OK* und im Datenquellen-Assistent auf *Weiter*.
5. Für die Definition der Sicherheitsinformationen für die Analysis Services zur Verbindungsherstellung mit der Datenquelle aktivieren Sie auf der Seite *Identitätswechselinformation* das Optionsfeld *Dienstkonto* und klicken auf *Weiter*, um den Datenquellen-Assistenten abzuschließen. Benennen Sie auf der Seite *Assistenten abschließen* als Datenquellennamen *AW_OLTP* und klicken Sie anschließend auf *Fertig*.
6. Wiederholen Sie die Schritte, um für die Datenbank *AdventureWorksDW2008* eine Datenquelle mit dem Namen *AW_OLAP* zu erstellen.

Nach dem Erstellen der Datenquellen, besteht der nächste Schritt in der Erstellung der Datenquellensichten für die beiden Datenbanken:

1. Klicken Sie im Projektmappen-Explorer mit der rechten Maustaste auf den Ordner *Datenquellensicht* und wählen Sie im Kontextmenü den Eintrag *Neue Datenquellensicht* aus.
2. Wählen Sie auf der Seite *Datenquelle auswählen* als Datenquelle *AW_OLTP* aus, und klicken Sie auf *Weiter*. Wählen Sie auf der Seite *Tabellen und Sichten auswählen* die Tabellen *Product (Production), ProductCategory (Production), ProductSubcategory (Production), Customer (Sales), SalesOrderDetail (Sales), Sales-*

OrderHeader (Sales) und *SalesTerritory (Sales)* aus. Datenbanken können eine Vielzahl von Tabellen enthalten. Um Tabellen schneller zu lokalisieren, können Sie auf der Seite *Tabellen und Sichten auswählen* die Filterfunktion verwenden. Tragen Sie beispielsweise in das Filterfeld *(Sales)* ein, um nur die Tabellen mit dem Suffix *Sales* anzuzeigen (Abbildung 5.4).

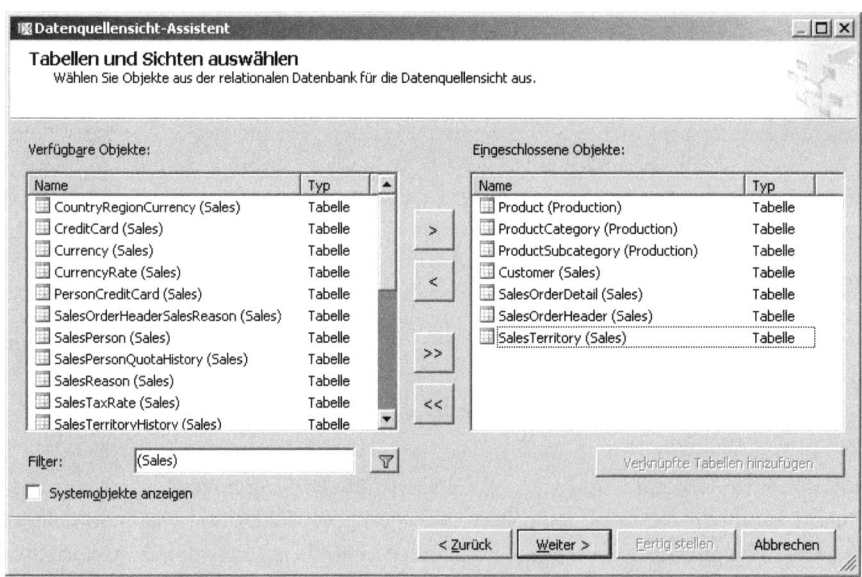

Abbildung 5.4 Seite *Tabellen und Sichten auswählen* des Datenquellensicht-Assistenten

Die ausgewählten Tabellen sollten jetzt im Bereich der eingeschlossenen Objekte vorhanden sein. Zur bequemeren Betrachtung können Sie auch das Fenster des Datenquellen-Assistenten erweitern, um die vollständigen Tabellennamen lesen zu können. Klicken Sie anschließend auf *Weiter*.

3. Auf der Seite *Assistenten abschließen* tragen Sie als Namen *AW_OLTP* ein, und klicken Sie auf *Fertig*, um den Datenquellensicht-Assistenten zu beenden.

Im Diagrammbereich des Datenquellensicht-Designers werden die ausgewählten Tabellen angezeigt. Beachten Sie, dass zwischen den Tabellen bereits Beziehungen definiert sind. Grund hierfür ist, dass vorhandene Beziehungen in der zugrunde liegenden Datenquelle automatisch in einer Datenquellensicht übernommen werden. Um einen Cube auf die zugrunde liegende Datenquellensicht erstellen zu können, ist zunächst die Identifikation der Dimensions- und Faktentabellen notwendig.

Die Tabellen *Product*, *ProductCategory* und *ProductSubcategory* enthalten Informationen über die unterschiedlichen Produkte und ihre Kategorien, und können sehr gut für eine Produktdimension verwendet werden. Ebenso können Sie die Tabellen *Customer* und *SalesTerritory* für eine Kunden-, beziehungsweise Geographiedimension verwenden. Für eine Faktentabelle würden sich die beiden Tabellen *SalesOrderHeader* und *SalesOrderDetail* eignen. Beide Tabellen enthalten Informationen über die Bestellungen (*SalesOrderHeader*) sowie über die Details der einzelnen Bestellungen (*SalesOrderDetail*), wie beispielsweise Menge und Preis der einzelnen Produkte einer Bestellung. Allerdings sind diese Informationen in zwei Tabellen aufgeteilt, was in einer OLTP-Datenbank aus Integritätsgründen sicherlich sinnvoll ist.

In diesem Szenario würde sich aber eine einzige Faktentabelle besser eignen. Der Datenquellensicht-Designer bietet hierzu eine gute Möglichkeit. Sie können abfragebasierte Tabellen definieren, um das vorhandene relationale Schema zu erweitern. Ähnlich wie bei einem *SQL-VIEW*, können Sie mithilfe von SQL benannte Abfragen erstellen, um eine virtuelle Sicht auf eine oder mehrere Tabellen zu erstellen. Eine benannte Abfrage ist eine gespeicherte SQL-Anweisung, auf die wie auf eine relationale Tabelle (oder Sicht) zugegriffen werden kann. Befolgen Sie die nächsten Schritte, um eine benannte Abfrage für die beiden potentiellen Faktentabellen zu erstellen.

1. Löschen Sie zunächst die Tabellen *SalesOrderHeader* und *SalesOrderDetail*, indem Sie die [Strg]-Taste gedrückt halten, beide Tabellen auswählen und in der Symbolleiste auf die Schaltfläche *Löschen* klicken. Alternativ können Sie auch die [Entf]-Taste verwenden.
2. Klicken Sie in der Symbolleiste auf die Schaltfläche *Neue benannte Abfrage*. Alternativ können Sie auch mit der rechten Maustaste irgendwo im Diagrammbereich klicken und im Kontextmenü den Eintrag *Neue benannte Abfrage* auswählen. Das Dialogfeld *Benannte Abfrage erstellen* öffnet sich.
3. Klicken Sie in der Symbolleiste auf die Schaltfläche *Tabelle hinzufügen* und wählen im gleichnamigen Dialogfeld mit gedrückter [Strg]-Taste die Tabellen *SalesOrderHeader* und *SalesOrderDetail* aus. Klicken Sie auf *Hinzufügen* und danach auf *Schließen*.
4. Wählen Sie aus der Tabelle *SalesOrderHeader* die Spalten *SalesOrderID*, *OrderDate*, *CustomerID* und *TerritoryID* und aus der Tabelle *SalesOrderDetail* die Spalten *SalesOrderDetailID*, *OrderQty*, *ProductID* und *UnitPrice* aus.
5. Ändern Sie die vom Designer generierte SQL-Anweisung wie folgt ab:

```sql
SELECT  H.SalesOrderID, D.SalesOrderDetailID, H.CustomerID, D.ProductID, H.TerritoryID,
        H.OrderDate, D.OrderQty, D.UnitPrice, D.UnitPrice * D.OrderQty AS Amount
FROM    Sales.SalesOrderHeader AS H INNER JOIN
        Sales.SalesOrderDetail AS D ON H.SalesOrderID = D.SalesOrderID
WHERE   (DATEPART(yy, H.OrderDate) = 2002) AND (DATEPART(yy, H.OrderDate) = 2003)
```

Listing 5.1 SQL-Anweisung für die benannte Abfrage *Sales*

Beachten Sie die zusätzliche Spalte *Amount* sowie die WHERE-Klausel in der SQL-Anweisung. In einer benannten Abfrage können Sie nicht nur eine virtuelle Sicht auf mehrere Tabellen definieren, sondern Sie können analog zu einem *SQL-VIEW* die Daten innerhalb der benannten Abfrage filtern und erweitern. Im obigen Beispiel werden nur die Bestellungen aus den Jahren 2002 und 2003 mit der zusätzlichen Information der Bestellsumme der einzelnen Bestellungen (*Preis* multipliziert mit *Menge*) ausgewählt. Weisen Sie der benannten Abfrage die Bezeichnung *Sales* zu und klicken Sie anschließend auf *OK*, um die benannte Abfrage zu erstellen (Abbildung 5.5).

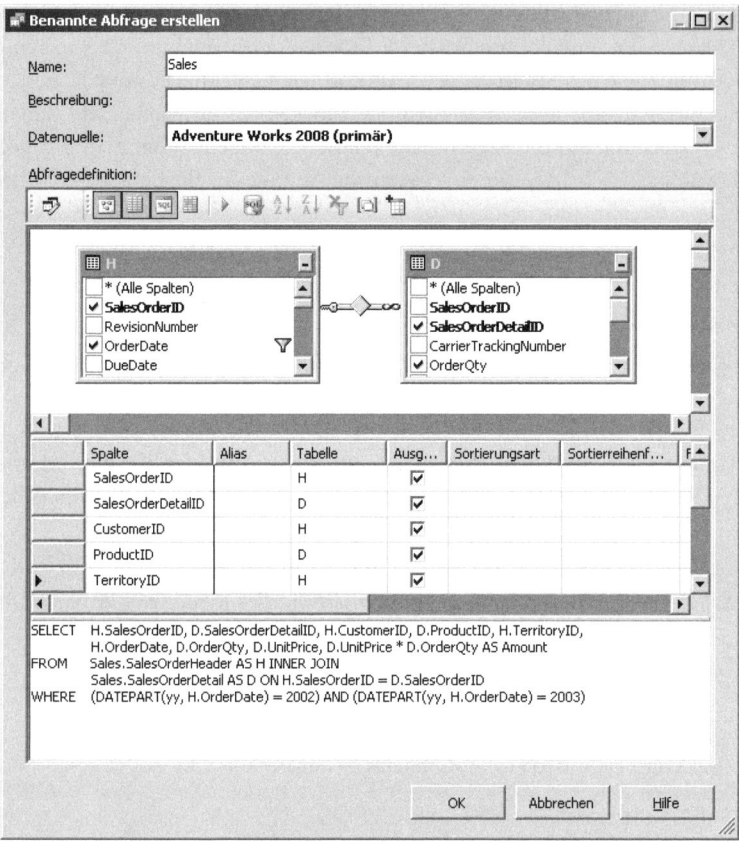

Abbildung 5.5 Designer für die benannte Abfrage *Sales*

Nachdem Sie die benannte Abfrage erstellt haben, müssen Sie noch einen logischen Primärschlüssel für die benannte Abfrage definieren, um die Beziehungen zwischen den Tabellen erstellen zu können. Gehen Sie dazu folgendermaßen vor:

1. Wählen Sie in der benannten Abfrage mit gedrückter Strg -Taste die beiden Spalten *SalesOrderID* und *SalesOrderDetailID*. Klicken Sie mit der rechten Maustaste innerhalb der markierten Spalten und wählen Sie im Kontextmenü den Eintrag *Logischen Primärschlüssel festlegen* aus.
2. Sie müssen nun die Beziehungen zwischen den potentiellen Dimensions- und Faktentabellen definieren. Ziehen Sie aus der Tabelle *Product* die Spalte *ProductID* in die gleichnamige Spalte der benannten Abfrage *Sales*. Das Dialogfeld *Beziehung erstellen* wird geöffnet und weist Sie darauf hin, dass die Beziehung zwischen einer Primärschlüsselspalte und einer Nichtprimärschlüsselspalte erstellt wird. Klicken Sie im Dialogfeld auf die Schaltfläche *Umkehren*, da die Primärschlüsseltabelle *Product* ist und nicht *Sales* (der Fremdschlüssel der Faktentabelle referenziert auf den Primärschlüssel der Dimensionstabelle).
3. Wiederholen Sie die Schritte, um die Beziehungen zwischen den Dimensionstabellen *Customer* (Feld CustomerID) und Sales*Territory* (Feld TerritoryID) und der Faktentabelle *Sales* zu erstellen.

Ihre Datenquellensicht sollte jetzt wie in Abbildung 5.6 aussehen. Sie haben für die OLTP-Datenbank *AdventureWorks2008* ein Schema (ein klassisches Snowflake-Schema) erstellt, das als Datengrundlage für einen Cube verwendet werden kann.

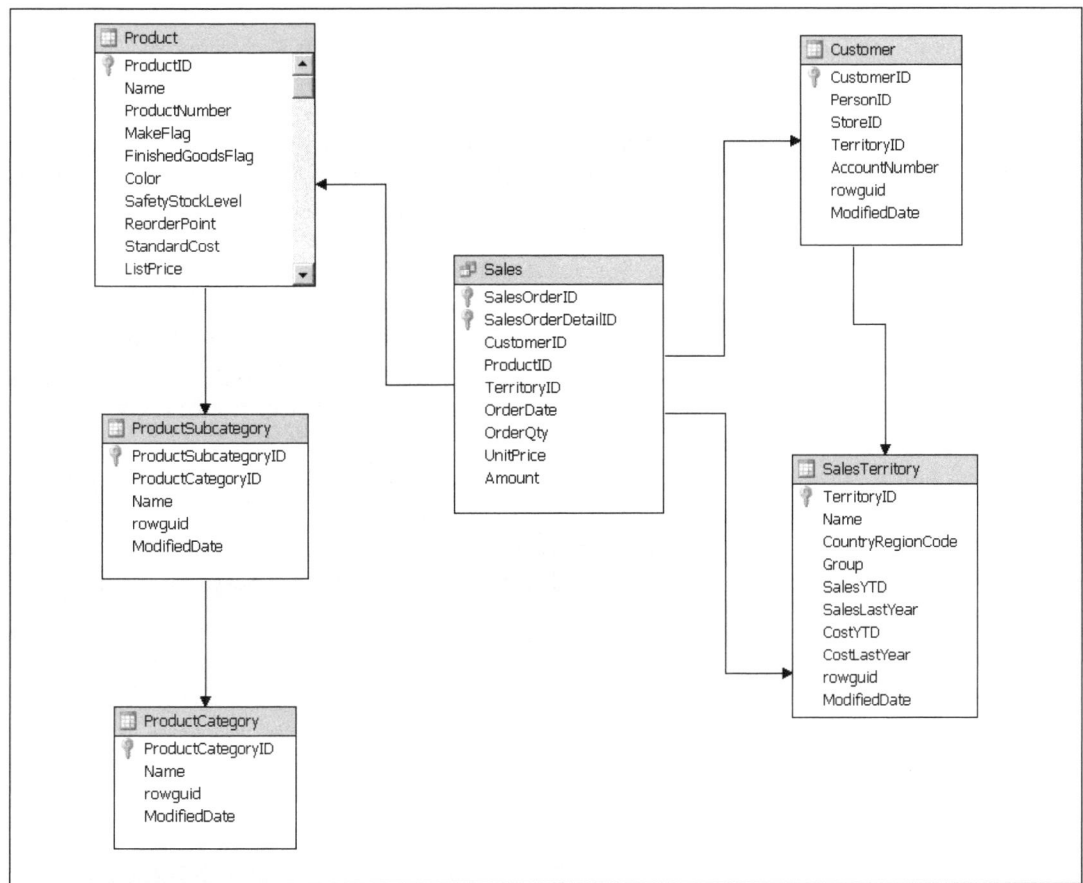

Abbildung 5.6 Datenquellensicht für die OLTP-Datenbank *AdventureWorks2008*

4. Nun fehlt noch die Datenquellensicht für die OLAP-Datenbank *AdventureWorksDW2008* (Datenquelle AW_OLAP). Wiederholen Sie die vorherigen Schritte, um eine neue Datenquellensicht zu erstellen. Wählen Sie für die neue Datenquellensicht sämtliche Dimensions- und Faktentabellen (Tabellen, die mit dem Präfix *Dim* oder *Fact* beginnen) aus, und benennen Sie die neue Datenquellensicht mit *AW_OLAP*.

Beachten Sie, dass sich im Vergleich zu der Datenquellensicht *AW_OLTP* die Komplexität des Datenbankschemas erhöht hat. Die Navigation innerhalb eines Diagramms wird zwar durch die Möglichkeit des Zoomens erleichtert, jedoch ist die Verwendung von weiteren Diagrammen die bessere Möglichkeit zur Visualisierung und Komplexitätsreduktion des Datenbankschemas. Befolgen Sie die nächsten Schritte, um weitere Diagramme zu erstellen.

1. Klicken Sie mit der rechten Maustaste im Bereich *Diagrammplaner* und wählen im Kontextmenü den Eintrag *Neues Diagramm* aus. Ein neues Diagramm mit dem Standardnamen *Neues Diagramm* wird erstellt. Ändern Sie den Diagrammnamen in *Internet Sales* um. Klicken Sie innerhalb des Diagrammbereichs mit der rechten Maustaste und wählen im Kontextmenü den Eintrag *Tabellen anzeigen* aus. Markieren Sie die Dimensionstabellen *DimCurrency, DimCustomer, DimDate, DimGeography, DimProduct, DimProductCategory, DimProductSubcategory, DimPromotion, DimSalesTerritory, FactInternetSales* und klicken Sie auf *OK*.

2. Klicken Sie anschließend innerhalb des Diagrammbereichs mit der rechten Maustaste und wählen im Kontextmenü den Eintrag *Tabellen anordnen* und nach einem weiteren Rechtsklick die Zoom-Ansicht *Anpassen* aus. Beachten Sie die wesentlich bessere Lesbarkeit des Ausschnitts aus dem Datenbankschema.

HINWEIS Sollten Sie Tabellen aus Diagrammen entfernen wollen, wählen Sie im Kontextmenü unbedingt den Eintrag *Tabelle ausblenden* aus. Verwenden Sie nicht den Befehl *Tabelle aus Datenquellensicht lösche*n oder die `Entf`-Taste. Ansonsten wird die Tabelle nicht aus dem Diagramm entfernt, sondern komplett aus der Datenquellensicht gelöscht.

In der Datenquellensicht *AW_OLTP* haben Sie eine benannte Abfrage erstellt, um das relationales Schema zu erweitern. Analog zu den benannten Abfragen, können Tabellen durch benannte Berechnungen erweitert werden. Eine benannte Berechnung ist eine gespeicherte SQL-Anweisung, auf die wie auf eine Tabellenspalte zugegriffen werden kann. Mit benannten Berechnungen kann das relationale Schema in einer Datenquellensicht erweitert werden, ohne die zugrunde liegende Datenquelle zu ändern. Befolgen Sie die nächsten Schritte, um eine benannte Berechnung zu erstellen.

1. Klicken Sie im Tabellenbereich mit der rechten Maustaste auf die Tabelle *DimCustomer* und wählen Sie im Kontextmenü den Eintrag *Neue benannte Berechnung* aus.
2. Im Dialogfeld *Benannte Berechnung erstellen* legen Sie als Spaltenname *CustomerAge* fest und geben gemäß Abbildung 5.7 die SQL-Anweisung in den Ausdrucksbereich ein. Klicken Sie anschließend auf *OK*, um die benannte Berechnung zu erstellen.

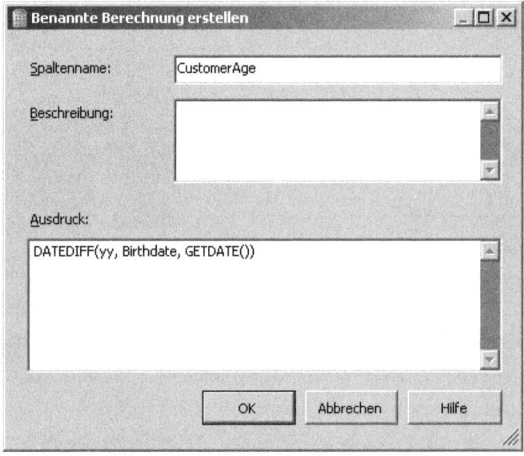

Abbildung 5.7 Benannte Berechnung *CustomerAge*

Mit der benannten Berechnung *CustomerAge* wird die Dimensionstabelle um ein Attribut erweitert, das immer das aktuelle Alter der Kunden enthält. Der Datenquellensicht-Designer überprüft die Syntax der SQL-Anweisung und validiert sie gegen die Datenquelle. Benannte Berechnungen lassen sich durch ein unterschiedliches Symbol zu den regulären Tabellenfeldern unterscheiden.

Eine Datenquellensicht kann ebenfalls Tabellen aus mehr als einer Datenquelle enthalten. In der Regel werden OLTP- und OLAP-Datenbanken auf dedizierten Servern betrieben, um die Last auf mehrere Server zu verteilen. Beispielsweise möchten Sie zusätzliche Tabellen aus der OLTP-Datenbank *AdventureWorks2008* in die OLAP-Datenbank *AdventureWorksDW2008* einbinden und in einer Datenquellensicht verwenden. Allerdings können oder möchten Sie das relationale Schema Ihres Data Warehouse nicht ändern und Sie möchten auch keine aufwendigen ETL-Prozesse definieren. Hierzu können Sie einfach innerhalb der bestehenden

Datenquellensicht *AW_OLAP* das Dialogfeld *Tabellen hinzufügen/entfernen* verwenden, um Tabellen oder Sichten der OLTP-Datenbank der ausgewählten Datenquellensicht hinzuzufügen (Abbildung 5.8).

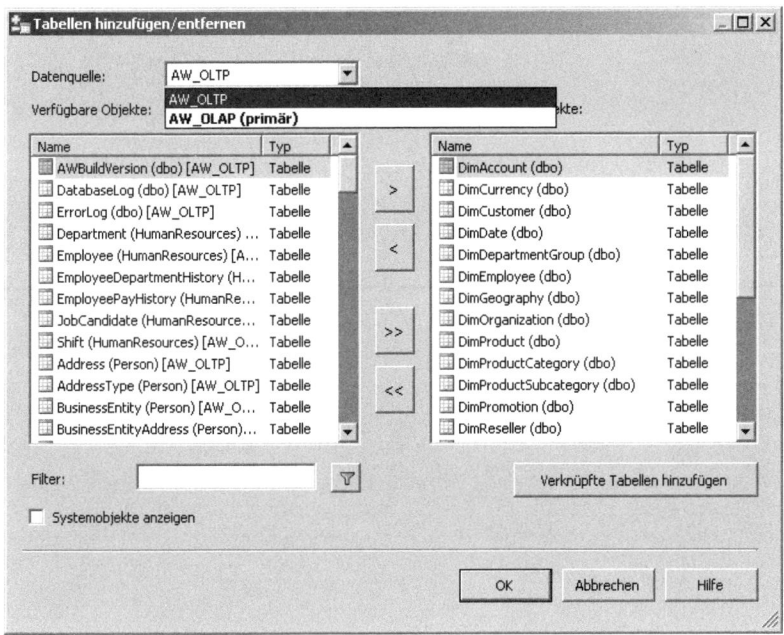

Abbildung 5.8 Dialogfeld *Tabellen hinzufügen/entfernen* in der Datenquellensicht *OLAP*

Mithilfe des Datenquellensicht-Designers können Sie einem UDM multiple Datenquellen zuweisen sowie das relationale Schema erweitern und so eine einheitliche und integrierte Datenbasis für die weitere Entwicklung von Cubes, Berechnungen, dem Endbenutzermodell sowie der relationalen Berichterstellung schaffen. In den nächsten Kapiteln werden Ihnen die weiteren Komponenten des UDM basierend auf der Beispieldatenbank *AdventureWorksDW2008* näher erläutert.

Kapitel 6

Arbeiten mit Dimensionen

In diesem Kapitel:

Dimensionen erstellen	128
Dimensionen bearbeiten	130
Erweiterte Hierarchien bearbeiten	158
Dimensionen erweitern	167
Dimensionen übersetzen	172

In den Analysis Services stellen Dimensionen eine wesentliche Komponente von Cubes dar. Sie dienen der Strukturierung von Daten nach logischen Interessensgebieten, wie beispielsweise nach Kunden, Produkten oder Zeit. In diesem Kapitel wird gezeigt, wie Sie innerhalb des Business Intelligence Development Studio mit Dimensionen und Dimensionsobjekten arbeiten können. Sie werden mithilfe des Dimensions-Assistenten neue Dimensionen erstellen und mithilfe des Dimensions-Designers bestehende Standard- und Zeitdimensionen bearbeiten sowie deren Attribute, Hierarchien, Beziehungen und Elemente konfigurieren. Schließlich wird Ihnen in diesem Kapitel gezeigt, wie Sie in den Analysis Services integrierte Erweiterungen verwenden können, um automatische und intelligente Lösungen für typische Geschäftsszenarien bereitzustellen und wie Sie Unterstützung für internationale Benutzer implementieren können. Öffnen Sie im Verzeichnis *V:\BISS2008-Projekte\KAP06* das Projekt *KAP06*, um das vorbereitete Analysis Services-Projekt für dieses Kapitel bearbeiten zu können.

Dimensionen erstellen

In Kapitel 4 haben Sie bereits die Erstellung von Dimensionen mit dem Cube-Assistenten kennengelernt. Im Business Intelligence Development Studio können mithilfe des Dimensions-Assistenten schnell und einfach neue Dimensionen erstellt werden. Der Dimensions-Assistent beinhaltet mehrere Schritte, um die Struktur einer Dimension zu definieren. Mithilfe des Dimensions-Assistenten können Sie Standard- sowie Zeitdimensionen basierend auf einer Zeitdimensionstabelle oder einem Datumsbereich erstellen. Führen Sie die folgenden Schritte aus, um eine tabellenbasierte Zeitdimension mit dem Dimensions-Assistenten zu erstellen.

1. Klicken Sie im Projektmappen-Explorer mit der rechten Maustaste auf den Ordner *Dimensionen* und wählen Sie im Kontextmenü den Eintrag *Neue Dimension* aus. Die Seite *Willkommen beim Dimensions-Assistenten* erscheint mit einer kurzen Beschreibung der folgenden Schritte. Sie können optional das selbsterklärende Kontrollkästchen *Diese Seite nicht mehr anzeigen* aktivieren. Klicken Sie auf *Weiter*.

2. Auf der Seite *Erstellungsmethode auswählen* können Sie die Option auswählen, wie die Dimension erstellt werden soll. Folgende Optionen stehen Ihnen zur Verfügung:

   - **Vorhandene Tabelle verwenden** Mit dieser Option können Sie aus einer oder mehreren Tabellen einer relationalen Datenquelle eine Dimension erstellen. Die verfügbaren Attribute sind von der Datenstruktur der zugrunde liegenden Tabelle(n) abhängig.

   - **Zeittabelle in der Datenquelle generieren** Mit dieser Option können Sie in der zugrunde liegenden relationalen Datenquelle eine Tabelle mit Zeitdaten automatisch erstellen und anschließend diese Daten für eine Zeitdimension verwenden. Diese Option ist hilfreich, um schnell und einfach eine Tabelle mit Zeitdaten zu generieren, wenn in der zugrunde liegenden Datenquelle keine solche vorhanden ist. Bedingung hierbei ist aber die Berechtigung zum Erstellen von Datenbankobjekten in der zugrunde liegenden Datenquelle.

   - **Zeittabelle auf dem Server generieren** Mit dieser Option können Sie auf dem Analysis-Server eine Zeittabelle automatisch erstellen und analog zu der vorherigen Option die Daten für eine Zeitdimension verwenden. Diese Option ist dann hilfreich, wenn nicht ausreichende Berechtigungen auf der zugrunde liegende Datenquelle zum Erstellen von Datenbankobjekten vorhanden sind (eine auf dem Server generierte Zeittabelle wird auch als *Serverzeitdimension* bezeichnet).

- **Nichtzeittabelle in der Datenquelle generieren** Mit dieser Option können Sie ohne die zugrunde liegende relationale Datenquelle Dimensionen entwerfen und anschließend das Schema automatisch in der Datenquelle generieren. Hierbei können Sie auf vorhandene Vorlagen zurückgreifen, die Attribute und Hierarchien für typische Geschäftsszenarien, wie beispielsweise Kunden-, Produkt- oder Geographie-Dimensionen zur Verfügung stellen.

3. Akzeptieren Sie die Standardoption *Vorhandene Tabelle verwenden* und klicken Sie anschließend auf *Weiter*.
4. Akzeptieren Sie auf der Seite *Quellinformation angeben* die Datenquellensicht *KAP06* und wählen als Haupttabelle *Date* aus. Als Schlüsselspalte wird automatisch der Primärschlüssel der zugrunde liegenden Dimensionstabelle angezeigt (Abbildung 6.1). Klicken Sie auf *Weiter*.

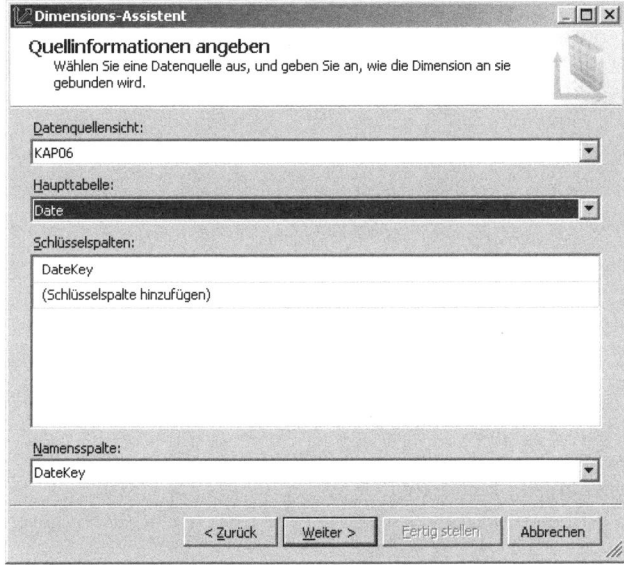

Abbildung 6.1 Seite *Quellinformation angeben* des Dimensions-Assistenten

5. Auf der Seite *Dimensionsattribute auswählen* werden die verfügbaren Attribute angezeigt. Aktivieren Sie zusätzlich zu dem Schlüsselattribut *DateKey* die weiteren Attribute *WeekNumberOfYear*, *MonthNumberOfYear*, *CalendarQuarter*, *CalendarYear* und *CalendarSemester*. Akzeptieren Sie die Standardeinstellung der Option *Durchsuchen aktivieren* bei der Auswahl der Attribute.

Das Durchsuchen eines Attributs kann zu einem späteren Zeitpunkt geändert werden, indem die *AttributHierarchyEnabled*-Eigenschaft auf *True* bzw. *False* festgelegt wird. Falls das Durchsuchen eines Attributs nicht aktiviert ist, kann das Attribut nicht in einer benutzerdefinierten Hierarchie verwendet werden. Optional kann bei diesem Schritt der Attributtyp festgelegt werden, der Standardattributtyp hierbei ist *Regulär*. Mit den Attributtypen werden Clientanwendungen Hinweise zur Verfügung gestellt, welche Informationen das Attribut enthält. Nehmen Sie entsprechend Abbildung 6.2 die Zuordnung der Attributtypen vor. Sie können natürlich mehr Zuordnungen vornehmen, diese genügen jedoch für Demonstrationszwecke. Klicken Sie anschließend auf *Weiter*.

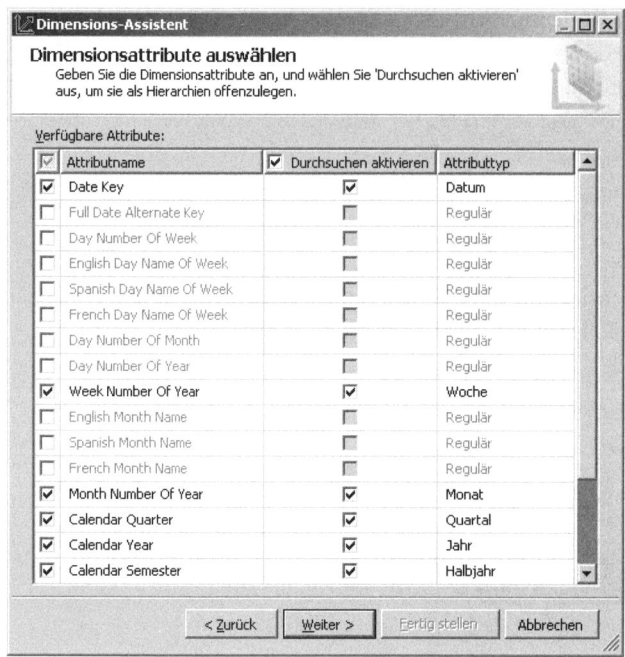

Abbildung 6.2 Seite *Dimensionsattribute auswählen* des Dimensions-Assistenten

6. Auf der Seite *Assistenten abschließen* werden die ausgewählten Attribute angezeigt. Akzeptieren Sie den vorgeschlagenen Dimensionsnamen *Date* und klicken Sie auf *Fertig*, um den Dimensions-Assistenten abzuschließen. Der Dimensions-Designer für die neuerstellte Dimension öffnet sich automatisch. Sie können nach Fertigstellung der Dimension jederzeit im Dimensions-Designer Attribute und Hierarchien anzeigen, bearbeiten, löschen oder hinzufügen. Schließen Sie den Dimensions-Designer, Sie werden erst im weiteren Verlauf des Kapitels die Dimension *Date* bearbeiten.

Dimensionen bearbeiten

Dimensionen basieren auf Dimensionstabellen einer vorhandenen Datenquellensicht. Dimensionen bestehen unabhängig von Cubes und können in mehreren Cubes und auch mehrfach im selben Cube verwendet werden. In der Analysis Services-Terminologie wird eine Dimension, die nicht mit einem Cube verbunden ist, als *Datenbankdimension* bezeichnet und eine Dimension, die mit einem Cube verbunden ist, wird als *Cubedimension* bezeichnet.

Im Business Intelligence Development Studio werden bestehende Dimensionen mit dem Dimensions-Designer bearbeitet. Im Dimensions-Designer werden die verschiedenen Eigenschaften einer vorhandenen Dimension, einschließlich ihrer Attribute, Hierarchien, Ebenen und Übersetzungen angezeigt und bearbeitet. Zusätzlich können im Dimensions-Designer die in einer Dimension enthaltenen Daten durchsucht werden.

Um den Dimensions-Designer zu öffnen, doppelklicken Sie im Projektmappen-Explorer auf eine Dimension. Alternativ können Sie im Projektmappen-Explorer mit der rechten Maustaste auf eine Dimension klicken und im Kontextmenü den Eintrag *Öffnen* auswählen. Betrachten Sie nun die Oberfläche des Dimensions-Designers anhand der Dimension *Customer* (Abbildung 6.3).

Dimensionen bearbeiten

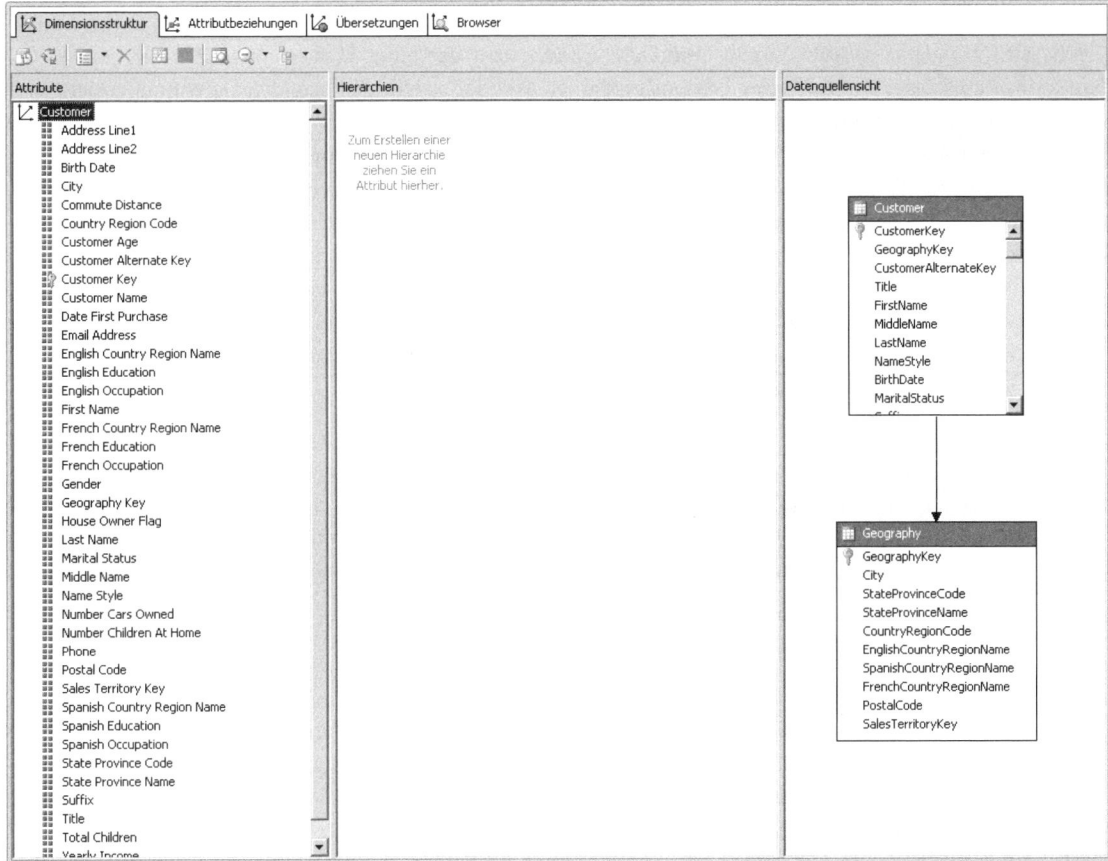

Abbildung 6.3 Dimension *Customer* im Dimensions-Designer

Der Dimensions-Designer besteht aus vier Registerkarten. Die Registerkarte *Dimensionsstruktur* wird für die Anzeige und Bearbeitung der Attribute und für die Strukturierung der Attribute in benutzerdefinierten Hierarchien verwendet. In benutzerdefinierten Hierarchien können die Attributbeziehungen angezeigt werden, diese sind in dieser Registerkarte jedoch schreibgeschützt. Verwenden Sie die Registerkarte *Attributbeziehungen*, um das Attributbeziehungsdiagramm anzuzeigen und Attributbeziehungen neu zu erstellen, zu ändern oder zu löschen. Mithilfe der Registerkarte *Übersetzungen* können zu der Dimension und deren Attributen, Hierarchien und Ebenen Übersetzungen hinzugefügt werden, um internationale Sprachunterstützung zu implementieren. Mithilfe der Registerkarte *Browser* können schließlich die Elemente in den benutzerdefinierten Hierarchien durchsucht werden.

Die Registerkarte *Dimensionsstruktur* gliedert sich in die Bereiche *Symbolleiste*, *Datenquellensicht*, *Hierarchien* sowie *Attribute*.

Symbolleiste

Die *Symbolleiste* wird für die Ausführung von häufig gebrauchten Vorgängen verwendet, wie beispielsweise das Verarbeiten einer Dimension oder die Anpassung von Ansichten.

Datenquellensicht

Der Bereich *Datenquellensicht* enthält eine Datenquellensicht der einer Dimension zugrunde liegende(n) Dimensionstabelle(n). Wenn Sie eine Dimensionstabelle von der zugrunde liegenden Datenquellensicht hinzufügen wollen (beispielsweise um eine Snowflake-Dimension zu erstellen), klicken Sie mit der rechten Maustaste irgendwo auf den Diagrammhintergrund und rufen im Kontextmenü den Befehl *Tabellen anzeigen* auf (alternativ können Sie auch die Schaltfläche in der Symbolleiste verwenden) und wählen im gleichnamigen Dialogfeld die entsprechende Dimensionstabelle aus. Analog hierzu können Sie auch Tabellen entfernen, indem Sie mit der rechten Maustaste auf eine Dimensionstabelle klicken und im Kontextmenü den Eintrag *Tabelle ausblenden* auswählen (alternativ existiert die Schaltfläche ebenfalls in der Symbolleiste). Wenn Sie Änderungen an der Datenquellensicht durchführen wollen, klicken Sie mit der rechten Maustaste auf den Diagrammhintergrund und wählen im Kontextmenü den Befehl *Datenquellensicht bearbeiten*, um den Datenquellensicht-Designer zu öffnen.

Hierarchien

Im Bereich *Hierarchien* können die benutzerdefinierten Hierarchien für die Dimension verwaltet werden. Um eine neue Hierarchie zu erstellen, ziehen Sie ein Attribut in den Bereich *Hierarchien*. Nachdem eine neue Hierarchie erstellt wurde, können Sie dieser Hierarchie neue Ebenen durch Ziehen von Attributen aus dem Bereich *Attribute* hinzufügen. Um Ebenen aus einer Hierarchie zu entfernen, ziehen Sie die ausgewählte Ebene aus der Hierarchie. Möchten Sie Ebenen einer Hierarchie neu ordnen, ziehen Sie innerhalb der Hierarchie die ausgewählte Ebene an eine andere Position.

Attribute

Mithilfe des Bereichs *Attribute* lassen sich die mit einer Dimension verknüpften Attribute verwalten. Sie können in diesem Bereich einer Dimension Attribute hinzufügen, entfernen oder ändern. Neue Attribute werden durch Ziehen einer Spalte aus dem Bereich *Datenquellensicht* in den Bereich *Attribute* hinzugefügt. Zum Entfernen eines bestehenden Attributs kann in der Symbolleiste die Schaltfläche *Löschen* oder alternativ aus dem Kontextmenü der Befehl *Löschen* verwendet werden. Der Bereich *Attribute* unterstützt drei Ansichtsmodi. Sie können zwischen einer Struktur-, Listen- oder Rasteransicht wechseln. Zum Anzeigen der Attribute in den unterschiedlichen Ansichtsmodi können Sie in der Symbolleiste die Schaltfläche *Attribute als (Struktur/Liste/Raster) anzeigen* oder alternativ aus dem Kontextmenü den Befehl *Attribute anzeigen in* verwenden. In allen Ansichtsmodi können Hierarchien erstellt und geändert werden, im Ansichtsmodus *Raster* können die Eigenschaften von Attributen bequemer geändert werden.

Weiterhin werden im Bereich *Attribute* Entwurfswarnungsregeln über mögliche Designfehler angezeigt. Die Entwurfswarnungsregeln erlauben eine schnelle Analyse möglicher Designfehler und stellen mögliche Lösungen zur Korrektur bereit. Die Entwurfswarnungsregeln werden als Quickinfo angezeigt, wenn die Maus über den blau unterstrichenen Dimensionsnamen platziert wird. Sie haben auch die Möglichkeit zu definieren, welche Entwurfswarnungsregeln angezeigt werden sollen. Betrachten Sie hierzu zunächst die aktuelle Entwurfswarnungsregel in der Dimension *Customer*:

1. Platzieren Sie die Maus über den mit einer blauen Wellenlinie unterstrichenen Dimensionsnamen *Customer* und die Warnung *Erstellen Sie Hierarchien in Dimensionen, die keine Parent-Child-Dimensionen sind.* wird als Quickinfo angezeigt.
2. Klicken Sie in der Menüleiste auf *Ansicht* und wählen den Sie Menüpunkt *Fehlerliste* aus. Klicken Sie in der Ansicht *Fehlerliste* mit der rechten Maustaste auf die Warnung und wählen Sie im Kontextmenü den Befehl *Verwerfen* aus. Im Dialogfeld *Warnung verwerfen* bestätigen Sie mit *OK*. Optional können Sie

noch einen Kommentar schreiben. Anschließend wird die Warnung aus der Ansicht *Fehlerliste* entfernt und im Bereich *Attribute* ist der Dimensionsname nicht mehr blau unterstrichen.

3. Klicken Sie anschließend im Projektmappen-Explorer mit der rechten Maustaste auf das Projekt *KAP06* und wählen im Kontextmenü den obersten Eintrag *Datenbank bearbeiten*. Wechseln Sie im Datenbank-Designer zur Registerkarte *Warnungen* (Abbildung 6.4).

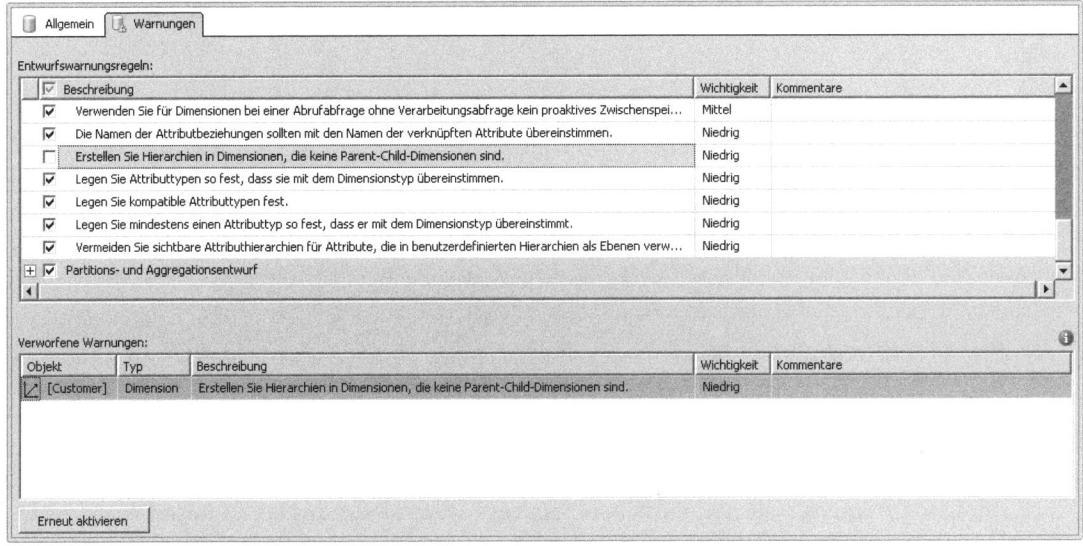

Abbildung 6.4 Registerkarte *Warnungen* des Datenbank-Designer

Beachten Sie, dass die im Schritt 2 verworfene Warnung im unteren Bereich der Registerkarte erscheint. Mithilfe der Registerkarte *Warnungen* können Sie im Bereich *Entwurfswarnungsregeln* sämtliche Warnungen anzeigen und global für das gesamte Projekt aktivieren oder deaktivieren. Weiterhin können Sie im Bereich *Verworfene Warnungen* die einzelnen Warnungen anzeigen, die aus der Fehlerliste entfernt wurden und diese gegebenenfalls erneut aktivieren.

Die Entwurfswarnungsregeln sind als eine Art *Best Practices*-Empfehlungen zu verstehen, die nicht erfahrenen Anwendern gute Hinweise über mögliche Designfehler anbietet. Mögliche Warnungen verhindern nicht die Bereitstellung eines Projekts, allerdings ist es sicherlich sinnvoll, vor einer Bereitstellung eines Projekts in einer Produktivumgebung aktuelle Warnungen näher zu betrachten und gegebenenfalls zu bereinigen.

Bevor eine Dimension durchsucht werden kann, muss diese zunächst bereitgestellt und verarbeitet werden. Betrachten Sie zunächst die möglichen Konfigurationseigenschaften bezüglich der Bereitstellung:

1. Klicken Sie im Projektmappen-Explorer mit der rechten Maustaste auf das Projekt *KAP06* und wählen im Kontextmenü den Eintrag *Eigenschaften* aus. Klicken Sie im Dialogfeld *KAP06-Eigenschaftenseiten* auf die Konfigurationseigenschaft *Bereitstellung* (Abbildung 6.5).

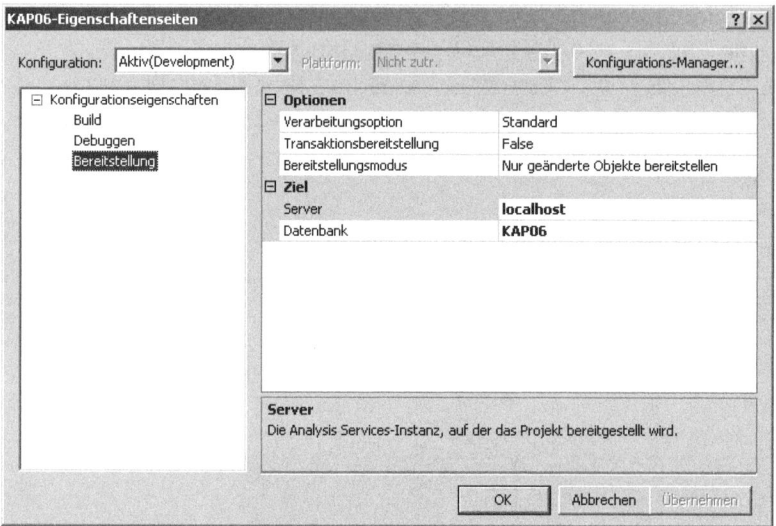

Abbildung 6.5 Projekt-Eigenschaftenseiten

Der Bereitstellungsmodus sollte auf die Option *Nur geänderte Objekte bereitstellen* festgelegt sein. Die Analysis Services führen die Bereitstellungsprozesse im Rahmen einer Transaktion durch. So kann bei Fehlern ein Rollback durchgeführt werden. Die Verarbeitungsoption sollte auf *Standard* festgelegt sein. Durch diese Festlegung wählen die Analysis Services basierend auf den strukturellen Änderungen der Dimension automatisch die beste Bereitstellungsmethode. Überprüfen Sie schließlich den Zielserver (*localhost*, falls die lokale Analysis Services-Instanz verwendet wird) und die Zieldatenbank (bei unserem Beispielprojekt *KAP06*). Klicken Sie auf *OK*, um das Dialogfeld zu schließen.

2. Klicken Sie im Dimensions-Designer in der Symbolleiste auf die Schaltfläche *Verarbeiten*. Wenn der Dimensions-Designer strukturelle Änderungen an der Dimension feststellt, werden Sie aufgefordert, zuerst das Projekt zu erstellen und bereitzustellen. Klicken Sie zur Bestätigung auf *Ja*. Das Business Intelligence Development Studio generiert ein Bereitstellungsskript und sendet dieses an die Analysis Services. Sie können den allgemeinen Bereitstellungsprozess in der Ansicht *Bereitstellungsstatus* verfolgen.

3. Ist der Bereitstellungsprozess erfolgreich abgeschlossen, öffnet sich automatisch das Dialogfeld *Dimension – Customer verarbeiten* (Abbildung 6.6).

Stellt der Dimensions-Designer strukturelle Änderungen an der Dimension fest, wird automatisch die Verarbeitungsoption auf den Wert *Vollständig verarbeiten* festgelegt. Wurde eine Dimension vollständig verarbeitet, wird der Dimensionsspeicher vollständig gelöscht und neu bereitgestellt, d.h. es wird nicht nur die Dimensionsstruktur neu bereitgestellt, sondern die Dimension auch neu mit Daten befüllt. Sollte der Dimensions-Designer keine strukturellen Änderungen festgestellt haben, wird automatisch die Verarbeitungsoption auf den Wert *Update verarbeiten* festgelegt. Hierbei werden alle Zeilen der Dimension gelesen und Änderungen an den Elementen werden aktualisiert. Neue Elemente werden hinzugefügt, gelöschte Elemente werden entfernt und bestehende Elemente werden aktualisiert, wenn sich die zugrunde liegenden Zeilen geändert haben.

Dimensionen bearbeiten

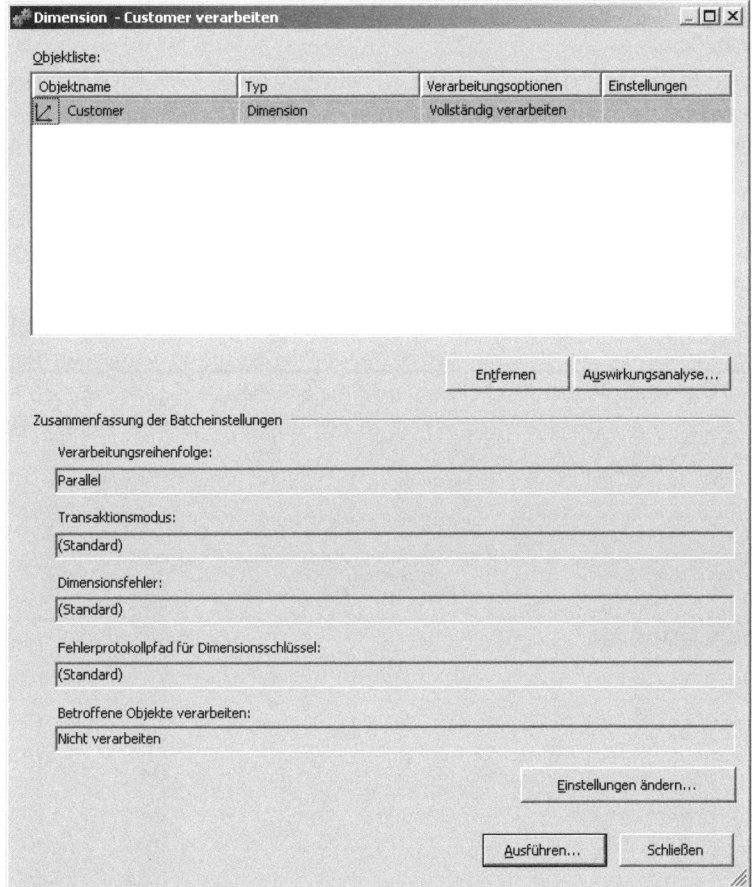

Abbildung 6.6 Dialogfeld *Dimension verarbeiten*

4. Klicken Sie auf die Schaltfläche *Auswirkungsanalyse,* um das gleichnamige Dialogfeld zu öffnen.

   Es werden Objekte aufgeführt, die von der Verarbeitung der Dimension betroffen sind. Wenn beispielsweise vom Dimensions-Designer strukturelle Änderungen festgestellt wurden und die Verarbeitungsoption auf den Wert *Vollständig verarbeiten* festgelegt ist, müssen alle Measuregruppen, mit denen die Dimension verknüpft ist, erneut verarbeitet werden. Sollten keine strukturellen Änderungen festgestellt worden sein, dann muss nur die Dimension mit der Verarbeitungsoption *Update verarbeiten* aktualisiert werden. Mehr Informationen zur Bereitstellung und Verarbeitung erhalten Sie im Kapitel 8. Klicken Sie auf *Ausführen,* um die Dimension zu verarbeiten.

5. Die Ansicht *Verarbeitungsstatus* öffnet sich. Erweitern Sie den Knoten eines Dimensionsattributs. Beachten Sie, dass der Dimensions-Designer eine *SELECT DISTINCT*-SQL-Abfrage ausführt, um die Attributelemente anhand des Attributschlüssels zu identifizieren. Sie können sich die vollständige SQL-Abfrage entweder mit der Schaltfläche *Details anzeigen* oder alternativ mit einem Doppelklick auf die SQL-Abfrage anzeigen lassen.

Nach der erfolgreichen Bereitstellung und Verarbeitung der Dimension können die Dimensionsdaten durchsucht werden. Wechseln Sie im Dimensions-Designer zur Registerkarte *Browser.* Der Dimensions-Designer aktualisiert nach der Verarbeitung einer Dimension nicht automatisch den Bereich der Ebenen und Elemente. Um das Ergebnis des Verarbeitungsprozesses sehen zu können, klicken Sie in der Symbolleiste auf die Schaltfläche *Verbindung wiederherstellen*.

1. Öffnen Sie in der Symbolleiste das Listenfeld *Hierarchie*. Beachten Sie, dass sämtliche Attributhierarchien und benutzerdefinierten Hierarchien angezeigt werden. Wählen Sie aus der Liste die Attributhierarchie *Customer Key*. Beachten Sie, dass nun nicht die Namen der Kunden, sondern nur der Dimensionsschlüssel angezeigt wird.
2. Klicken Sie in der Symbolleiste auf die Schaltfläche *Elementeigenschaften*, wählen aus dem Dialogfeld die Elementeigenschaften *Gender* und *Last Name* aus und klicken anschließend auf *OK*. Der Dimensions-Designer zeigt jetzt eine aktualisierte Ansicht an.
3. Klicken Sie in der Symbolleiste auf die Schaltfläche *Elemente filtern*. Das gleichnamige Dialogfeld öffnet sich. Wählen Sie in der Spalte *Eigenschaft* den Eintrag *Last Name*, in der Spalte *Operator* den Eintrag *Beginnt mit* und tragen Sie *A* in die Spalte *Wert* ein. Klicken Sie auf die Schaltfläche *Testen*, um den Filter zu überprüfen und bestätigen Sie mit *OK*. Beachten Sie, dass nur noch Kunden angezeigt werden, deren Nachname mit dem Buchstaben *A* beginnt (Abbildung 6.7).

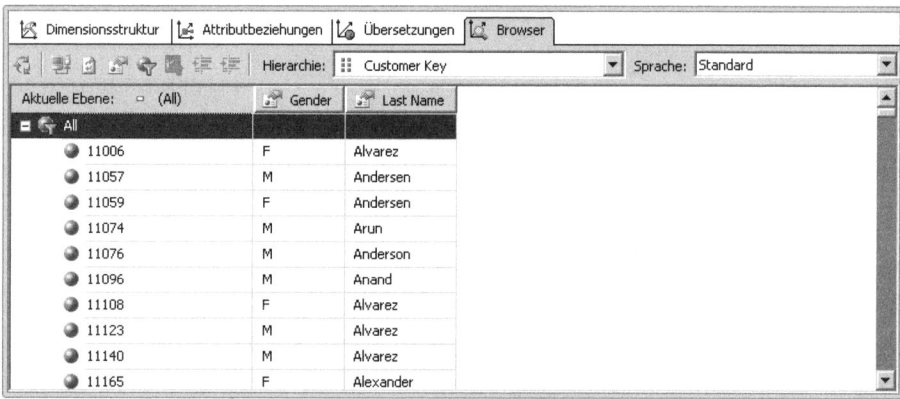

Abbildung 6.7 Registerkarte *Browser* mit gefilterten Elementeigenschaften

Mithilfe der Registerkarte *Browser* können Sie Dimensionsdaten und Elementeigenschaften durchsuchen, sowie die Dimensionsdaten nach ihren Elementen filtern.

Standarddimensionen bearbeiten

In den Analysis Services basieren Standarddimensionen auf einer oder mehreren Dimensionstabellen einer vorhandenen Datenquellensicht, und die Dimensionsattribute sind an die Spalten der Dimensionstabelle gebunden. Beziehungen zwischen Dimensionen und Measuregruppen werden separat definiert, nachdem eine Dimension einem Cube hinzugefügt wurde (Informationen zur Dimensionsverwendung in Cubes erhalten Sie in Kapitel 7). Im Folgenden werden Sie Attribute, Hierarchien und Elemente von bestehenden Dimensionen definieren und konfigurieren.

Attribute konfigurieren

Dimensionen sind eine Auflistung von Attributen, wobei jedes Attribut einer einzelnen Tabellenspalte (oder benannten Berechnung) der zugrunde liegenden Dimensionstabelle in der Datenquellensicht entspricht.

Ersichtlicher wird das Konzept von Attributen anhand der Dimension *Customer* (Abbildung 6.3). Alle Spalten der Dimensionstabelle können potentielle Informationen für eine Datenanalyse enthalten. Beim Erstellen der Dimension *Customer* wurden sämtliche Tabellenspalten der zugrunde liegenden Dimensionstabellen *DimCustomer* und *DimGeography* als Dimensionsattribute erstellt. Die Attribute einer Dimension werden aber nicht gleich erstellt. Ein Dimensionsattribut wird zum einen durch seine Verwendung und zum anderen durch seine Bindung charakterisiert. Ein Dimensionsattribut kann drei unterschiedliche Rollen verwenden, die durch seine *Usage*-Eigenschaft bestimmt wird:

- **Schlüsselattribut (Key)** Analog zu dem Primärschlüssel einer relationalen Tabelle muss jede Dimension zur eindeutigen Identifizierung der Zeilen ein Dimensionsschlüsselattribut enthalten. Eine Dimension kann nur ein einziges Schlüsselattribut aufweisen. Analog zu einer referenziellen Integritätsbeziehung von zwei relationalen Tabellen wird der Dimensionsschlüssel zur Verknüpfung einer Dimensionstabelle mit einer Faktentabelle verwendet. Üblicherweise wird als Dimensionsschlüssel der Primärschlüssel der zugrunde liegenden Dimensionstabelle in der Datenquellensicht verwendet.

- **Übergeordnetes Attribut (Parent)** Bei typischen OLAP-Lösungen müssen oftmals rekursive Beziehungsstrukturen modelliert werden, wie beispielsweise die Mitarbeiter einer Organisation mit jeweils ihren Vorgesetzten in einer Parent-Child-Dimension. Beim Erstellen einer Parent-Child-Dimension wird die Usage-Eigenschaft des übergeordneten Attributs auf *Parent* gesetzt. Es kann innerhalb einer Dimension nur ein einziges Attribut mit der Usage-Eigenschaft *Parent* verwendet werden. Sollten zwei oder mehr Sichten einer Mitarbeiter-Dimension benötigt werden, sind zwei oder mehr Dimensionen notwendig.

- **Reguläres Attribut (Regular)** Alle Attribute, die ihre Usage-Eigenschaft nicht als Key oder *Parent* definiert haben, sind reguläre Attribute. Ein reguläres Attribut wird zur Informationserweiterung einer Dimension verwendet. Beispielsweise kann eine Kundendimension reguläre Attribute wie Alter, Geschlecht oder Anzahl der Kinder der jeweiligen Kunden enthalten.

Jedes Attribut enthält Elemente. Die Attributelemente repräsentieren die einzelnen, in der zugrunde liegenden Attributspalte gespeicherten Werte. Beispielsweise kann das Attribut *Geschlecht* einer Kundendimension die Werte *Weiblich*, *Männlich* oder *Unbekannt* enthalten oder das Attribut *Gewicht* einer Produktdimension kann die Werte *ein*, *zehn* oder *hundert* Kilogramm enthalten. Doch wie werden die Attributelemente erkannt? Eine Produktdimension kann hunderte oder tausende Produkte enthalten, die beispielsweise das gleiche Gewicht haben. Hierbei werden die eindeutigen Attributelemente eines Attributs bestimmt, damit beim Durchsuchen des Gewichtsattributs nicht alle Gewichte wiederholt angezeigt werden. Um die Bindung eines Attributs zu bestimmen, werden drei Eigenschaften ausgewertet:

- **Schlüsselspalten (KeyColumns)** Hierbei handelt es sich um eine erforderliche Eigenschaft. Es handelt sich um die wichtigste Attributbindung. Vergleichbar mit einem Index einer relationalen Tabelle, gibt die KeyColumns-Eigenschaft die Details zur Bindung mit den Tabellenspalten an, die die Elementschlüssel enthalten.

- **Namensspalte (NameColumn)** Hierbei handelt es sich um eine optionale Eigenschaft. Diese gibt die Details zur Bindung mit der Tabellenspalte an, die den Elementnamen enthält. Ist diese Eigenschaft nicht spezifiziert, wird die KeyColumns-Eigenschaft verwendet.

- **Wertspalte (ValueColumn)** Hierbei handelt es sich ebenfalls um eine optionale Eigenschaft. Diese gibt die Details zur Bindung mit der Tabellenspalte an, die den Elementwert enthält. Ist diese Eigenschaft nicht spezifiziert, wird die KeyColumns-Eigenschaft verwendet.

Der Attributschlüssel sollte nicht mit dem Dimensionsschlüsselattribut (*Usage*-Eigenschaft *Key*) verwechselt werden. Ein Attributschlüssel wird zur Identifizierung der Attributelemente innerhalb eines Attributs verwendet, während das Dimensionsschlüsselattribut zur Identifizierung der einzelnen Zeilen in der Dimensionstabelle verwendet wird. Der Dimensionsschlüssel selber ist ein Attribut und besitzt dementsprechend auch eine KeyColumns-Eigenschaft. In der Regel werden Attribute an eine einzige Schlüsselspalte gebunden sein, jedoch kann es vorkommen, dass eine Dimensionstabelle einen aus zwei oder mehreren Tabellenspalten zusammengesetzten Primärschlüssel enthält. In einem solchen Fall kann ebenfalls ein zusammengesetzter Attributschlüssel definiert werden, der dem zusammengesetzten Primärschlüssel der Dimensionstabelle entspricht. Der Attributschlüssel muss innerhalb einer Dimension eindeutig sein, um die einzelnen Attributelemente qualifiziert identifizieren zu können. Wenn die Dimension verarbeitet wird, dann senden die Analysis Services eine *SELECT DISTINCT*-SQL-Abfrage an jede einzelne Attributspalte, um die eindeutigen Attributelemente abzufragen.

Wenn nicht der Attributschlüssel angezeigt werden soll, kann mit der Bindung der *NameColumn*-Eigenschaft das Attributelement festgelegt werden, welches den Benutzern angezeigt wird. Mit dieser Eigenschaft kann Benutzern ein benutzerfreundlicher Name angezeigt werden, wenn beispielsweise der Attributschlüssel für ein Attributelement numerisch ist und den Benutzern nicht weiterhilft. Bei dem Fall eines zusammengesetzten Attributschlüssels muss zwingend die *NameColumn*-Eigenschaft bestimmt werden, da die Analysis Services nicht wissen, welches Attribut für die Namen der Attributelemente verwendet werden soll. Zusätzlich kann durch die Bindung der *ValueColumn*-Eigenschaft ein alternativer Elementwert bereitgestellt werden. Beispielsweise wenn eine Produktdimension ein Gewichtsattribut mit den Elementen 10, 10½ und 10¾ enthält, kann die *NameColumn*-Eigenschaft für die Anzeige der Elementnamen verwendet werden, während der tatsächliche Elementwert an die *ValueColumn*-Eigenschaft gebunden wird. Die *NameColumn*-Eigenschaft wandelt die Elemente in eine Zeichenfolge um, während die *ValueColumn*-Eigenschaft den tatsächlichen Datentypen bestimmt. Betrachten wir nun die beschriebenen Konzepte anhand von Beispielen.

Die Dimension *Customer* basiert auf den Dimensionstabellen *DimCustomer* und *DimGeography*, die typisch kundenbezogene Informationen wie Name, Geburtsdatum, Geschlecht sowie geographische Informationen wie Postleitzahl, Stadt und Land enthält. Mit dieser einfachen Dimension lassen sich einige der im vorherigen Abschnitt beschriebenen Konzepte demonstrieren:

1. Doppelklicken Sie im Projektmappen-Explorer im Ordner *Dimensionen* auf *Customer*, um die Dimension im Dimensions-Designer zu öffnen. Beachten Sie im Attributbereich, dass sämtliche Spalten der zugrunde liegenden Dimensionstabellen als Dimensionsattribute zur Verfügung stehen.

2. Zur Verbesserung der Speichers und der Performance sollten Sie alle nicht benötigten Attribute entfernen. Die Attribute *Address Line2*, *Birth Date*, *Country Region Code*, *Customer Alternate Key*, *Customer Name*, *Email Address*, *First Name*, *French Country Region Name*, *French Education*, *French Occupation*, *Last Name*, *Middle Name*, *Name Style*, *Phone*, *Sales Territory Key*, *Spanish Country Region Name*, *Spanish Education*, *Spanish Occupation*, *State Province Code*, *Suffix* und *Title* enthalten keine für die Dimension relevante Informationen und können daher gelöscht werden. Löschen Sie diese Attribute, indem Sie sie mit gedrückter ⌈Strg⌉-Taste auswählen und in der Symbolleiste auf die Schaltfläche *Auswahl löschen* klicken. Das Dialogfeld *Objekte löschen* erscheint und weist Sie darauf hin, dass Objekte in der Dimension geändert werden (Abbildung 6.8). Zur Bestätigung klicken Sie auf *OK*.

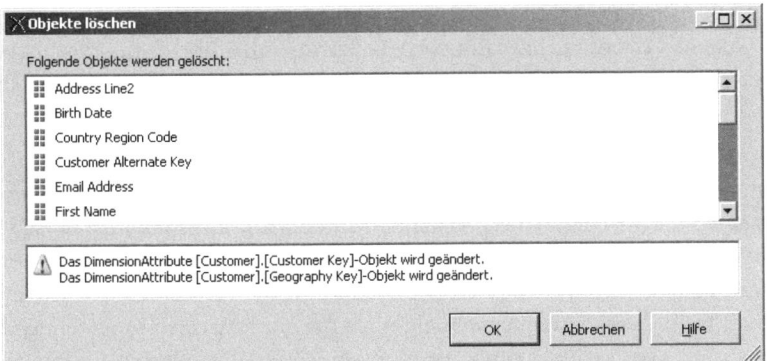

Abbildung 6.8 Dialogfeld *Objekte löschen*

3. Zusätzlich zum Entfernen von nicht benötigten Attributen können Sie auch die Attributnamen ändern.

   Um Attributnamen benutzerfreundlicher zu gestalten, werden automatisch durch den Dimensions-Assistenten die Namen mit einer Leerstelle versehen. Dieser Automatismus beruht auf der Konvention, dass der erste Buchstabe eines Worts mit einem Großbuchstaben beginnt, wie beispielsweise EnglishCountryRegionName. Wir können die automatisierte Namenskonvention zwar übernehmen, aber die Namen der Attribute entweder mit einem Rechtsklick und dem Befehl *Umbenennen* aus dem Kontextmenü ändern oder alternativ im Eigenschaftenfenster durch die Änderung der *Name*-Eigenschaft umbenennen. Für die Bearbeitung von mehreren Attributen ist der Ansichtmodus *Raster* wesentlich bequemer.

4. Wechseln Sie zu dem Ansichtmodus *Raster* und benennen die Attribute *Address Line1* in *Address*; *English Country Region Name* in *Country Region*; *Customer Key* in *Customer*; *English Education* in *Education*; *English Occupation* in *Occupation* und *State Province Name* in *State Province* um.

Wie bereits weiter oben erwähnt, übernimmt in der Dimension *Customer* das Attribut, das an den Primärschlüssel (*CustomerKey*) der Dimensionstabelle *DimCustomer* gebunden ist, die Rolle des Dimensionsschlüssels. Beachten Sie das Symbol des Attributs *Customer*, mit dem angezeigt wird, dass es sich um den Dimensionsschlüssel handelt, der die Zeilen der Dimensionstabelle repräsentiert. Bei den restlichen Attributen handelt es sich um reguläre Attribute, da die *Usage*-Eigenschaft auf den Wert *Regular* festgelegt ist.

Hierarchien konfigurieren

Attribute bilden Attributhierarchien und benutzerdefinierte Hierarchien mit multiplen Ebenen. Hierarchien stellen die logischen Navigationspfade bereit, mit denen Benutzer Cubes durchsuchen können. Benutzerdefinierte Hierarchien werden auch als Dimensionshierarchien, Multilevelhierarchien oder Hierarchien mit mehreren Ebenen bezeichnet. In den Analysis Services wird ein Cube mit dimensionalen Attributen anstatt mit dimensionalen Hierarchien strukturiert. In einer Dimension sind viele Attribute enthalten, von denen jedes zum Filtern von Cubes verwendet und unabhängig von Beziehungen in Hierarchien mit anderen Attributen kombiniert werden kann.

Von jedem Attribut (und damit jeder einzelnen Spalte einer Dimensionstabelle) wird eine eigene Attributhierarchie erstellt. Attributhierarchien sind notwendig, um überhaupt benutzerdefinierte Hierarchien mit multiplen Ebenen bilden zu können. Attributhierarchien tragen denselben Namen wie das Attribut selbst. Eine Attributhierarchie beinhaltet eine optionale *All*-Ebene (*IsAggregatable*-Eigenschaft) und die einzelnen Attributelemente. Beispielsweise kann das Attribut *Geschlecht* einer Kundendimension eine Attributhierarchie generieren, die zwei Ebenen enthält: die obere Ebene als *All*-Ebene und die untere Ebene mit allen

Ausprägungen (Männlich, Weiblich oder Unbekannt) der Dimensionsspalte *Geschlecht*. Benutzer können diese Attributhierarchie für die Gesamtbetrachtung aller Kunden (*All*-Ebene) oder für eine geschlechtsspezifische Betrachtung (beispielsweise nur weibliche Kunden) verwenden. Benutzern werden keine Attribute, sondern Hierarchien angezeigt.

Attributhierarchien sind immer mit den Attributen verknüpft, auf denen sie basieren. Das Verhalten einer Attributhierarchie wird von den Eigenschaften des zugrunde liegenden Attributs bestimmt. Um Attribute in Attributhierarchien und benutzerdefinierten Hierarchien verwenden zu können, muss die *AttributeHierarchyEnabled*-Eigenschaft auf den Wert *True* (Standardeinstellung) festgelegt sein, andernfalls kann die Attributhierarchie nicht zu einer Ebene einer benutzerdefinierten Hierarchie hinzugefügt werden. Die *AttributeHierarchyDisplayfolder*-Eigenschaft kann dazu verwendet werden, um Attributhierarchien in Anzeigeordner zu gruppieren. Wenn eine Dimension über viele Attribute verfügt, ist es hilfreich, diese in Clientanwendungen ähnlich wie in Windows-Ordnern gruppiert anzuzeigen. Wenn eine Attributhierarchie zu einer benutzerdefinierten Hierarchie hinzugefügt wird, die Attributhierarchie selbst für Benutzer aber nicht sichtbar sein soll, kann die *AttributeHierarchyVisible*-Eigenschaft verwendet werden, um Attributhierarchien einzublenden oder auszublenden. Die Eigenschaft kann verhindern, dass Benutzer Attributhierarchien durchsuchen können, ohne diese zu deaktivieren. Die *AttributeHierarchyOrdered*-Eigenschaft bestimmt, ob die Attributelemente geordnet werden und die *OrderBy*-Eigenschaft bestimmt, wie das Attribut geordnet wird. Attribute können nach ihrer Schlüsselspalte (*Key*) geordnet werden, nach ihrer Namensspalte (*Name*), oder sie können auch nach der Schlüssel- oder Namensspalte eines sekundären Attributs geordnet werden, indem die Schlüssel- oder Namenspalte des sekundären Attributs (*AttributeKey* oder *AttributeName*) angegeben wird. Das sekundäre Attribut wird durch die *OrderByAttribute*-Eigenschaft festgelegt. Voraussetzung hierfür ist, dass das zu ordnende Attribut eine Attributbeziehung mit dem sekundären Attribut besitzt. Betrachten wir die beschriebenen Konzepte anhand von Beispielen.

Bei der Verwendung des Cube- oder Dimensions-Assistenten wird standardmäßig für jedes verknüpfte Attribut einer Dimension eine Attributhierarchie gebildet mit einer leeren *NameColumn*-Eigenschaft. Daraus resultiert, dass die Attributelemente von den jeweiligen Werten der Attributschlüssel abgeleitet werden. Diese Bindungen können aber geändert werden:

1. Wechseln Sie im Dimensions-Designer auf die Registerkarte *Browser* und wählen Sie in der Hierarchieliste die Attributhierarchie *Customer* aus. Beachten Sie, dass die Elementnamen aus der *CustomerKey*-Spalte abgeleitet werden und dementsprechend die Namen der Kunden nicht angezeigt werden (Abbildung 6.9).

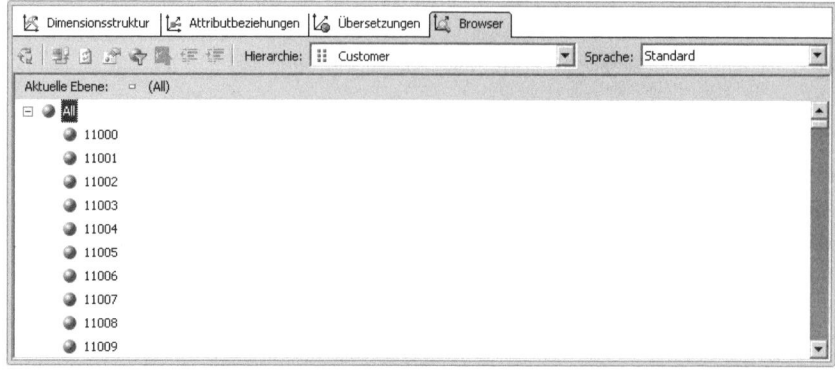

Abbildung 6.9 Elemente der Attributhierarchie *Customer*

2. Dies ist natürlich nicht sehr praktikabel und von daher werden wir für den Dimensionsschlüssel durch die *NameColumn*-Eigenschaft die Namen der Kunden verwenden. Wählen Sie auf der Registerkarte *Dimensionsstruktur* das Attribut *Customer* und klicken Sie im Eigenschaftenfenster bei der *NameColumn*-Eigenschaft auf die Schaltfläche mit den drei Punkten. Im Dialogfeld *Namensspalte* akzeptieren Sie die Voreinstellungen für Bindungstyp und Quelltabelle und wählen als Quellspalte *CustomerName* aus (Abbildung 6.10). Klicken Sie anschließend auf *OK*, um das Dialogfeld zu schließen.

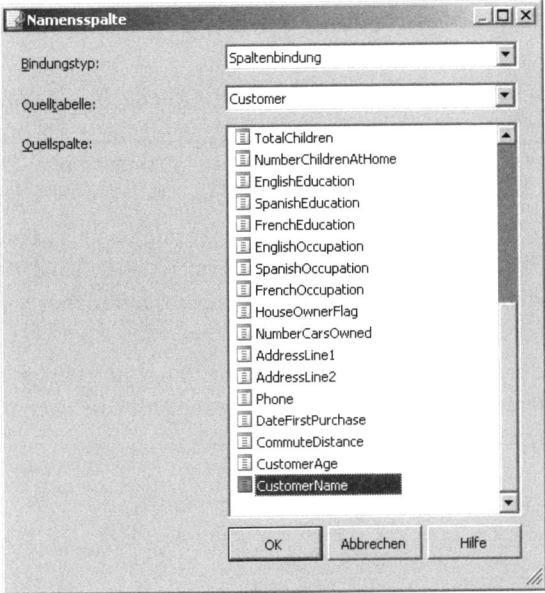

Abbildung 6.10 Dialogfeld *Namensspalte*

3. Die Elemente der Attributhierarchie *Customer* werden jetzt basierend auf dem Attributschlüssel *CustomerKey* identifiziert, während der Elementname vom Attribut *CustomerName* abgeleitet wird (Abbildung 6.11).

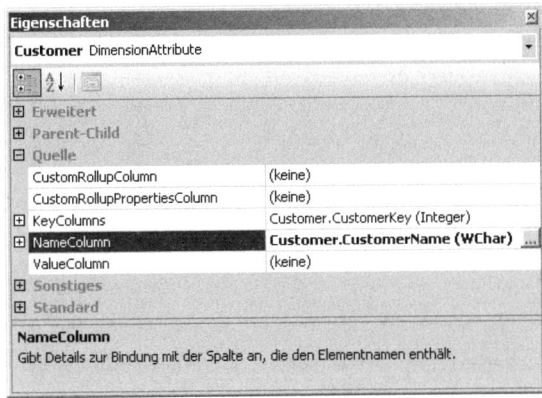

Abbildung 6.11 Attributeigenschaftenfenster

4. Verarbeiten Sie die Dimension und wechseln Sie nach der erfolgreichen Bereitstellung zur Registerkarte *Browser*. Klicken Sie auf *Verbindung wiederherstellen* und wählen Sie in der Hierarchieliste die Attribut-

hierarchie *Customer* aus. Sie werden feststellen, dass anstatt des Attributschlüssels die Elementnamen des Attributs *CustomerName* angezeigt werden.

Wie weiter oben erwähnt, enthält jedes Dimensionsattribut immer eine Attributhierarchie, indem standardmäßig die *AttributeHierarchyEnabled*-Attributeigenschaft auf den Wert *True* festgelegt wird. Mithilfe von Attributhierarchien können Cubes annehmbar dimensioniert werden, jedoch können diese für tiefergehende Analysen nicht ausreichend sein. Um eine benutzerdefinierte Hierarchie zu erstellen oder zu bearbeiten, können Sie ein Attribut aus dem Attributbereich in den Bereich *Hierarchien* ziehen. Die Erstellung von weiteren Hierarchieebenen erreichen Sie durch das Ziehen von zusätzlichen Attributen in die entsprechende Ebene:

1. Erstellen Sie auf der Registerkarte *Dimensionsstruktur* eine neue benutzerdefinierte Hierarchie, indem Sie in der Reihenfolge die Attribute *Country Region*, *State Province*, *City*, *Postal Code* und *Customer* in den Bereich *Hierarchien* ziehen. Beachten Sie die Anzahl der Punkte rechts neben den Attributnamen. Diese zeigen die jeweilige Hierarchieebene an.

2. Ändern Sie den Standardnamen *Hierarchie* entweder im Eigenschaftenfenster oder mithilfe des Kontextmenüs auf den Namen *Customer Geography* um. Beachten Sie die Hierarchie-Warnung bezüglich der fehlenden Attributbeziehungen, die zu einer verringerten Abfrageleistung führen kann. Ignorieren Sie im Moment die Warnung und gehen Sie zum nächsten Schritt.

3. Verarbeiten Sie die Dimension, und wechseln Sie nach der erfolgreichen Bereitstellung zur Registerkarte *Browser*. Klicken Sie auf *Verbindung wiederherstellen* und wählen Sie in der Hierarchieliste die Hierarchie *Customer Geography* aus. Vergleichen Sie die Hierarchie mit Abbildung 6.12.

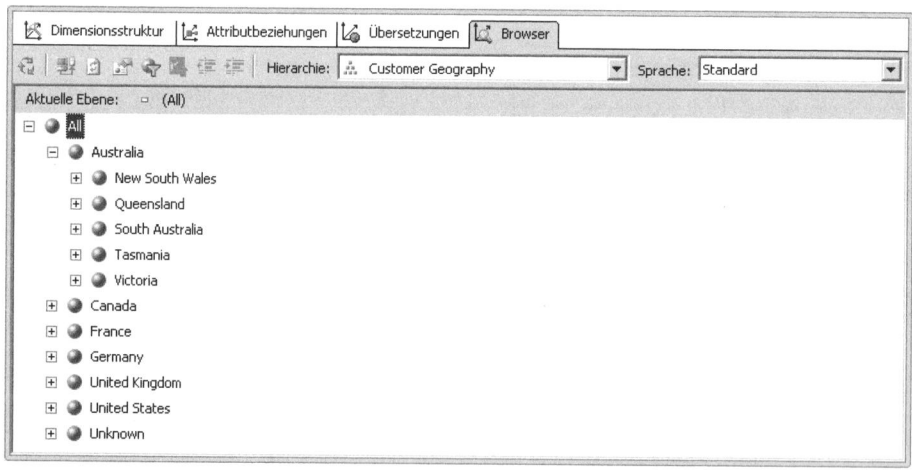

Abbildung 6.12 Benutzerdefinierte Hierarchie *Customer Geography*

Elemente konfigurieren

Für Attributelemente können noch zusätzliche Eigenschaften definiert werden. Diese Elementeigenschaften erfüllen zwei Hauptaufgaben: zum einen die Bereitstellung von zusätzlichen Informationen und zum anderen die Definition von Beziehungen zwischen Attributen. Elementeigenschaften können zur Bereitstellung von zusätzlichen Informationen von Attributelementen verwendet werden. Abbildung 6.13 zeigt einen Bericht mit zusätzlichen Informationen für die Elemente des Attributs *Customer*.

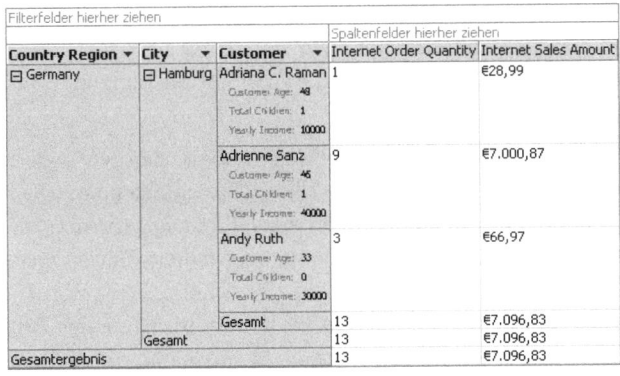

Abbildung 6.13 Bereitstellung von zusätzlichen Informationen

Dieser Bericht wurde mit der Anzeige von drei zusätzlichen Elementeigenschaften (*Customer Age, Total Children* und *Yearly Income*) der Kunden erstellt. Alternativ können die drei Elementeigenschaften auch als QuickInfo angezeigt werden, die dann durch Platzieren des Mauszeigers über die einzelnen Attributelemente aktiviert werden.

Wichtiger noch als die Bereitstellung von zusätzlichen Informationen ist die Definition von Beziehungen zwischen Attributen. Alle regulären Attribute sind immer direkt oder indirekt mit dem Schlüsselattribut verknüpft. Beispielsweise ist in der Dimension *Customer* das Attribut *Gender* direkt mit dem Schlüsselattribut *Customer* verknüpft, da ein Kunde nur eine einzige Geschlechtsausprägung haben kann. Attribute können auch eine 1:N-Beziehung innerhalb einer Dimension haben. Beispielsweise kann die Dimension *Customer* eine benutzerdefinierte Hierarchie enthalten mit den Ebenen *Country, City* und *Customer*. In dieser Hierarchie kann ein Land eine oder mehreren Städte enthalten, und eine Stadt kann eine Vielzahl von Kunden aufweisen. Die Analysis Services können solche Attributbeziehungen aber nicht automatisch ableiten. Durch die Definition von Attributbeziehungen, wird festgelegt, wie innerhalb einer benutzerdefinierten Hierarchie die einzelnen Ebenen untereinander zugeordnet sind.

Wenn eine Dimension auf einer einzigen Dimensionstabelle basiert (Star-Schema), werden automatisch Attributbeziehungen zwischen dem Schlüsselattribut und den einzelnen Nichtschlüsselattributen erstellt. Basiert eine Dimension auf zwei oder mehreren verknüpften Dimensionstabellen, werden die Attributbeziehungen zwischen dem Schlüsselattribut und den einzelnen Nichtschlüsselattributen wie folgt erstellt:

- Zwischen dem Schlüsselattribut und den einzelnen Nichtschlüsselattributen der Dimensionshaupttabelle
- Zwischen dem Schlüsselattribut und dem Attribut, das an das Fremdschlüsselattribut der sekundären Dimensionstabelle gebunden ist
- Zwischen dem Attribut, das an das Fremdschlüsselattribut der sekundären Dimensionstabelle gebunden ist, und den Nichtschlüsselattributen der sekundären Dimensionstabelle

Es wird vorkommen, dass Sie Hierarchien definieren müssen, dessen Nichtschlüsselattribute nur über den Dimensionsschlüssel verknüpft sind und keine direkten Attributbeziehungen untereinander haben. Eine Attributbeziehung enthält verschiedene konfigurierbare Eigenschaften, um die Attributbeziehung zu optimieren:

- **RelationshipType**   Diese Eigenschaft gibt an, ob sich eine Attributbeziehung im Laufe der Zeit ändert oder nicht. Attributbeziehungen sind vom Typ *Flexible (Flexibel)*, wenn sich die Beziehungen zwischen Elementen im Laufe der Zeit ändern können. Beispielsweise kann sich in einer Kundendimension die Adresse ändern, wenn der Kunde in eine andere Stadt umzieht. Bei der Standardeinstellung *Flexible* werden Aggregationen nach einem inkrementellen Update nicht gelöscht und neu berechnet. Elementbeziehungen sind vom Typ *Rigid (Fest)*, wenn sich die Beziehungen zwischen Elementen im Laufe der Zeit nicht ändern können. Beispielsweise wird sich bei einem Kunden das Geschlecht nicht ändern. Bei dem Typ *Rigid* werden Aggregationen bei einem inkrementellen Update der Dimension beibehalten. Sollte sich eine Attributbeziehung vom Typ *Rigid* dennoch ändern, wird beim inkrementellen Update von den Analysis Services ein Fehler generiert. Durch die Angabe des entsprechenden Beziehungstyps kann die Abfrage und Verarbeitungsleistung erhöht werden. Wenn eine Dimension inkrementell verarbeitet wird, werden flexible Aggregationen gelöscht und neu erstellt, während bei festen Beziehungen die Aggregationen bestehen bleiben.

- **Cardinality**   Diese Eigenschaft gibt ähnlich wie bei einem SQL-JOIN die Kardinalität der Attributbeziehungen zwischen zwei Attributen an. Für diese Eigenschaft können die Werte *Many* oder *One* definiert werden. Beispielsweise beträgt die Kardinalität zwischen einer Kundenkategorie und einem Kunden *Many* (1:N), während die Kardinalität zwischen dem Geschlecht und einem Kunden *One* (1:1) beträgt.

Attributbeziehungen definieren

Wie bereits weiter oben erwähnt, werden dem Schlüsselattribut einer Dimension alle Dimensionsattribute als Elementeigenschaften hinzugefügt. Wenn einer Dimension ein neues Attribut hinzugefügt wird, wird automatisch dem Dimensionsschlüsselattribut die Attributbeziehung des neuen Dimensionsattributs hinzugefügt. Dieser Automatismus beruht darauf, dass sämtliche Dimensionsattribute eine 1:1-Beziehung mit dem Dimensionsschlüsselattribut haben, beispielsweise hat ein Kunde einen Namen, ein Geschlecht oder ein Jahreseinkommen. Aus Gründen der Performance und der späteren Analysemöglichkeiten sollten die Elementeigenschaften genau betrachtet und gegebenenfalls geändert werden. Beispielsweise können die Analysis Services die Aggregation eines Attributs verwenden, um Ergebnisse eines anderen Attributs zu erhalten:

1. Wechseln Sie zur Registerkarte *Attributbeziehungen*. Beachten Sie, dass sämtliche Attribute der Dimensionstabelle *Customer* als Elementeigenschaften des Schlüsselattributs und sämtliche Attribute der Dimensionstabelle *Geography* als Elementeigenschaften des Attributs *Geography* angezeigt werden (Abbildung 6.14). Im vorherigen Abschnitt dieses Kapitels haben Sie eine benutzerdefinierte Hierarchie erstellt, die einen logischen Navigationspfad für eine Kundengeographie darstellt. Ändern Sie für diese Hierarchie die Attributbeziehungen, indem Sie zunächst im Fenster *Attributbeziehungen* die Beziehungen zwischen *Geography* und *City*, zwischen *Geography* und *Country Region*, zwischen *Geography* und *Postal Code* sowie zwischen *Geography* und *State Province* mit gedrückter `Strg`-Taste auswählen. Klicken Sie mit der rechten Maustaste auf die ausgewählten Attributbeziehungen und wählen im Kontextmenü den Befehl *Löschen*. Das Dialogfeld *Objekte löschen* erscheint und weist Sie darauf hin, dass Objekte in der Dimension gelöscht werden. Zur Bestätigung klicken Sie auf *OK*.

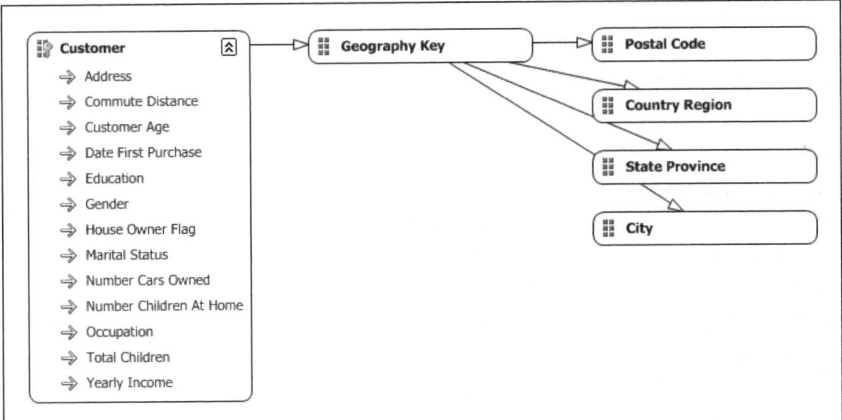

Abbildung 6.14 Attributbeziehungsdiagramm Dimension *Customer*

2. Erstellen Sie eine neue Attributbeziehung, indem Sie in die Symbolleiste auf die Schaltfläche *Neue Attributbeziehung* klicken. Im Dialogfeld *Attributbeziehung erstellen* wählen Sie als Quellattribut *Customer* und als verknüpftes Attribut *Postal Code* aus. Akzeptieren Sie als Beziehungstyp die Standardeinstellung *Flexibel* und klicken anschließend auf *OK*.

3. Die neue Attributbeziehung wird sowohl im Fenster *Attributbeziehungen* als auch innerhalb der Diagrammfläche markiert dargestellt. Solange eine Markierung besteht, können Sie keine neuen Attributbeziehungen festlegen. Klicken Sie deshalb in der Diagrammfläche auf einen freien Bereich, um die Markierung aufzuheben.

4. Wiederholen Sie die letzten Schritte, um zwischen *Postal Code* und *City*, zwischen *City* und *State Province* sowie zwischen *State Province* und *Country Region* neue Attributbeziehungen zu erstellen. Da Sie annehmen können, dass sich die Attributbeziehungen zwischen *Country Region*, *State Province*, *City* und *Postal Code* in Zukunft nicht ändern werden (Hamburg gehört zu Deutschland und Deutschland gehört zu Europa, dies wird auch so bleiben), können Sie die Dimension optimieren, indem Sie hierbei als Beziehungstyp die Option *Fest* auswählen. Sie können jederzeit den Beziehungstyp ändern, indem sie im Eigenschaftsfenster der Attributbeziehung die *RelationshipType*-Eigenschaft anpassen. Vergleichen Sie Ihr Ergebnis mit Abbildung 6.15.

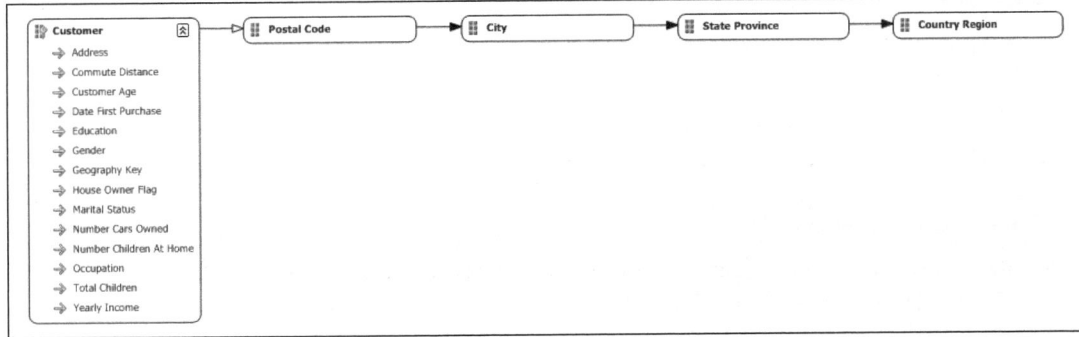

Abbildung 6.15 Attributbeziehungsdiagramm Dimension *Customer* mit angepassten Attributbeziehungen

5. Wechseln Sie zur Registerkarte *Dimensionsstruktur* und beachten Sie, dass durch die Anpassung der Attributbeziehungen die Warnmeldung der Hierarchie *Customer Geography* bezüglich einer verringerten Abfrageleistung nicht mehr existent ist. Weiterhin können Sie das nicht mehr benötigte Attribut *Geography Key* löschen.

Wie Sie bereits wissen, stellt eine Dimension eine Sammlung von Attributen, Hierarchien und Elementeigenschaften dar. Sie können im Eigenschaftenfenster die Eigenschaften der jeweiligen Dimensionsobjekte betrachten und bearbeiten. Eine weitere interessante Eigenschaft ist die *AttributeAllMemberName*-Eigenschaft. Die Analysis Services generieren automatisch für jede Attributhierarchie und benutzerdefinierte Hierarchie eine übergeordnete *All*-Ebene (Abbildung 6.12), die den aggregierten Wert aller Elemente einer Hierarchie anzeigt. Sie können für alle Attributhierarchien einen Namen für die *All*-Ebene festlegen, indem Sie die *AttributeAllMemberName*-Dimensionseigenschaft definieren. Für alle benutzerdefinierten Hierarchien müssen Sie für den gleichen Zweck die *AllMemberName*-Hierarchieeigenschaft verwenden:

1. Bleiben Sie auf der Registerkarte *Dimensionsstruktur*, und klicken Sie irgendwo in den Bereich *Attribute* oder *Hierarchien*, um das Eigenschaftenfenster der Dimension zu aktivieren. Legen Sie die *AttributeAllMemberName*-Eigenschaft auf den Namen *All Customers* fest.
2. Klicken Sie auf die benutzerdefinierte Hierarchie *Customer Geography* und legen die *AllMemberName*-Eigenschaft ebenfalls auf den Namen *All Customers* fest.
3. Verarbeiten Sie die Dimension und wechseln Sie nach der erfolgreichen Bereitstellung zur Registerkarte *Browser*. Klicken Sie auf *Verbindung wiederherstellen* und betrachten nun den geänderten Namen der *All*-Ebene (Abbildung 6.16). Wählen Sie in der Hierarchieliste eine beliebige Attributhierarchie aus, um ebenfalls den geänderten Namen der *All*-Ebene zu betrachten.

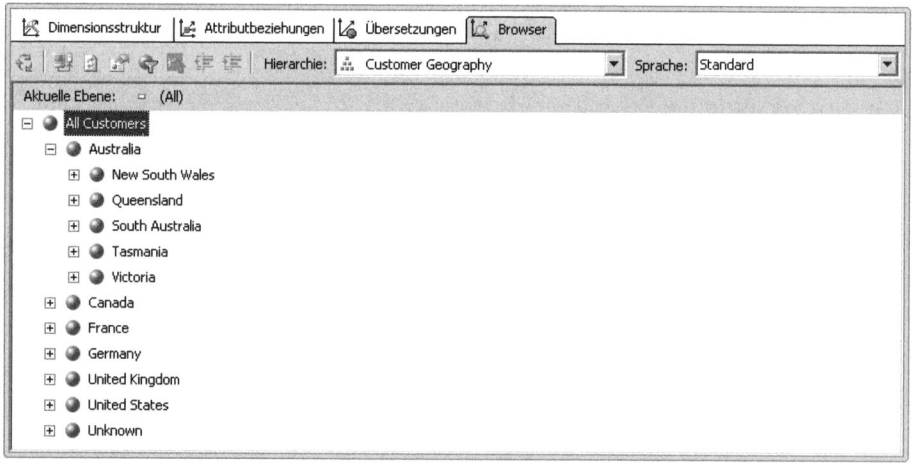

Abbildung 6.16 Benutzerdefinierte Hierarchie *Customer Geography* mit benannter *All*-Ebene

Attributelemente sortieren

Attributelemente werden basierend auf ihre Attributnamen automatisch sortiert. Dieser Automatismus beruht darauf, dass die *OrderBy*-Attributeigenschaft standardmäßig auf den Wert *Key* festgelegt ist. Um sich diese automatische Sortierung anzusehen, bleiben Sie auf der Registerkarte *Browser* und wählen in der Hierarchieliste die Attributhierarchie *Customer* aus. Beachten Sie, dass die Namen der Kunden nicht alphabetisch sortiert sind (Abbildung 6.17). Es werden zwar die Kundennamen angezeigt, da Sie bereits die *NameColumn*-

Eigenschaft definiert haben. Die Sortierung der Kundennamen erfolgt aber nach dem Attribut *CustomerKey* (enthält einen numerischen Wert). Besser wäre es, die Attributhierarchie in alphabetischer Reihenfolge anzuzeigen.

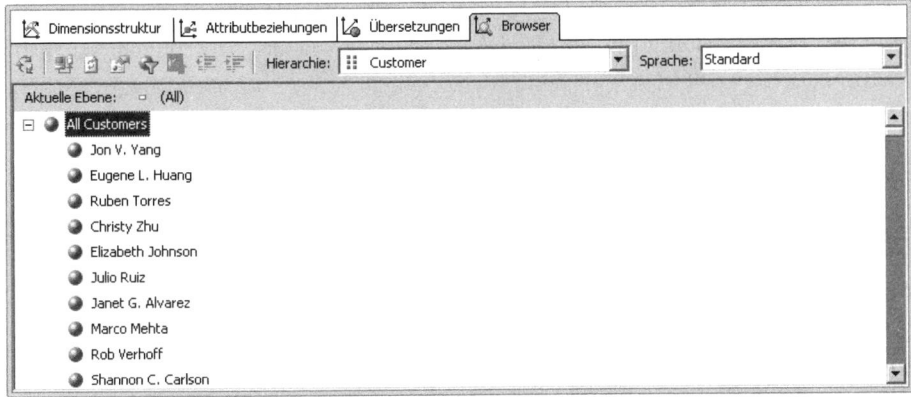

Abbildung 6.17 Attributhierarchie *Customer* mit *OrderBy*-Eigenschaft *Key*

1. Wechseln Sie zur Registerkarte *Dimensionsstruktur* und wählen Sie das Attribut *Customer* aus. Legen Sie im Eigenschaftenfenster die *OrderBy*-Attributeigenschaft des Attributs *Customer* auf den Wert *Name* fest.
2. Verarbeiten Sie die Dimension und wechseln Sie nach der erfolgreichen Bereitstellung zur Registerkarte *Browser*. Klicken Sie auf *Verbindung wiederherstellen*. Beachten Sie, dass jetzt die Kundennamen alphabetisch sortiert sind.

Es kann allerdings vorkommen, dass weder der Attributschlüssel noch der Attributname die gewünschte Sortierreihenfolge ermöglicht. Beispielsweise möchten wir in der benutzerdefinierten Hierarchie *Customer Geography* nicht Australien als erstes Element sehen, sondern Deutschland. Um die gewünschte Sortierreihenfolge zu erhalten, bieten die Analysis Services die Möglichkeit an, eine benutzerdefinierte Sortierreihenfolge zu erstellen. Hierzu müssen wir zunächst eine benannte Berechnung erstellen, die für die benutzerdefinierte Sortierreihenfolge verwendet werden kann:

1. Öffnen Sie im Projektmappen-Explorer die Datenquellensicht *KAP06* und wählen die Dimensionstabelle *DimGeography* aus. Erstellen Sie eine benannte Berechnung mit dem Namen *CountryRegionSort* und dem folgenden SQL-Statement:

```sql
CASE EnglishCountryRegionName
    WHEN 'Germany'
    THEN 'A'
    ELSE EnglishCountryRegionName
END
```

Listing 6.1 Benannte Berechnung *CountryRegionSort*

2. Wechseln Sie zum Dimensions-Designer und ziehen Sie im Datenquellensichtbereich aus der Dimensionstabelle *Geography* das Attribut *CountryRegionSort* in den Attributbereich. Ein neues Attribut mit dem Namen *Country Region Sort* wird erstellt und automatisch als Elementeigenschaft des Attributs *Customer* hinzugefügt.

3. Um die Sortierreihenfolge von Attributelementen basierend auf einem sekundären Attribut zu definieren, muss zwischen den beiden Attributen eine Attributbeziehung definiert werden. Wechseln Sie zur Registerkarte *Attributbeziehungen* und erstellen Sie eine neue Attributbeziehung, indem Sie in der Symbolleiste auf die Schaltfläche *Neue Attributbeziehung* klicken. Im Dialogfeld *Attributbeziehung erstellen* wählen Sie als Quellattribut *Country Region* und als verknüpftes Attribut *Country Region Sort* aus. Beachten Sie im Dialogfeld, dass der Beziehungstyp auf *Flexibel* festgelegt ist. Da die Sortierreihenfolge nicht geändert werden muss, wählen Sie den Beziehungstyp *Fest*.
4. Wählen Sie im Bereich *Attribute* das Attribut *Country Region* aus und legen im Eigenschaftenfenster den Wert der *OrderBy*-Eigenschaft auf *AttributKey* fest. Legen Sie den Wert der *OrderByAttribute*-Eigenschaft auf *Country Region Sort* fest.
5. Verarbeiten Sie die Dimension und wechseln Sie nach der erfolgreichen Bereitstellung zur Registerkarte *Browser*. Wählen Sie in der Hierarchieliste die Hierarchie *Customer Geography* aus. Beachten Sie die neue Sortierreihenfolge mit Deutschland an erster Stelle (Abbildung 6.18).

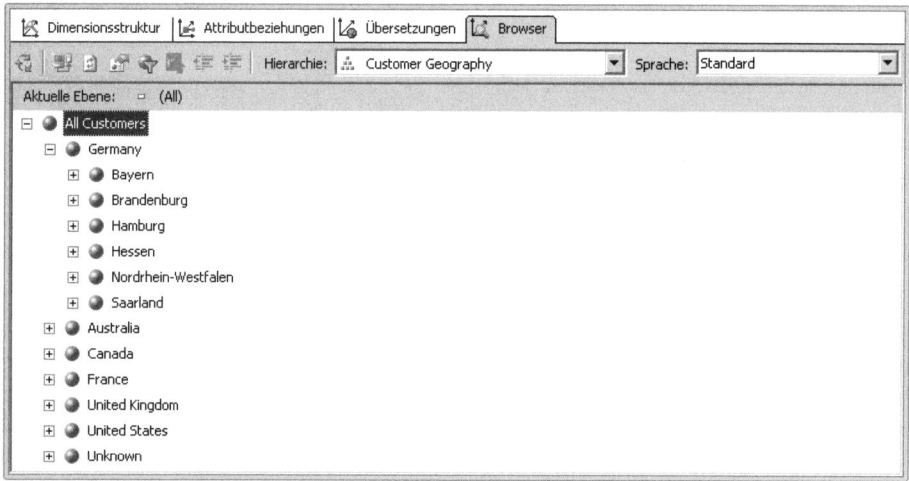

Abbildung 6.18 Benutzerdefinierte Hierarchie *Customer Geography* mit benutzerdefinierter Sortierreihenfolge

Nicht alle Attributhierarchien sind für Analysezwecke sinnvoll. Betrachten Sie beispielsweise die Attributhierarchie *Country Region Sort*. Sie haben diese Attributhierarchie lediglich als Sortierungskriterium für eine andere Attributhierarchie erstellt. Sie wird für Benutzer aber trotzdem zugänglich sein, obwohl eine sinnvolle Navigation mit dieser Attributhierarchie nicht gegeben ist. Um eine Attributhierarchie für Benutzer nicht zugänglich zu machen, bestehen zwei Möglichkeiten. Als erste Möglichkeit können Sie die *AttributeHierarchyEnabled*-Eigenschaft verwenden, indem Sie deren Wert auf *False* festlegen. Eine deaktivierte Attributhierarchie wird Benutzern nicht angezeigt, allerdings kann die Attributhierarchie dann nicht mehr in einer benutzerdefinierten Hierarchie verwendet werden.

Die zweite Möglichkeit wäre die *AttributeHierarchyEnabled*-Eigenschaft auf dem Wert *True* zu belassen und stattdessen die *AttributeHierarchyVisible*-Eigenschaft zu verwenden, indem Sie ihren Wert auf *False* festlegen. Dadurch wird die Attributhierarchie lediglich versteckt, kann aber in benutzerdefinierten Hierarchien verwendet werden. Da das Attribut *Country Region Sort* in keiner benutzerdefinierten Hierarchie verwendet werden soll, befolgen Sie die nächsten Schritte, um die Attributhierarchie *Country Region Sort* zu deaktivieren.

1. Wechseln Sie zur Registerkarte *Dimensionsstruktur* und klicken auf das Attribut *Country Region Sort*. Legen Sie im Eigenschaftenfenster die *AttributeHierarchyEnable*-Eigenschaft auf den Wert *False* fest. Beachten Sie, dass das Attributsymbol eine graue Farbe annimmt, um anzuzeigen, dass die Attributhierarchie deaktiviert ist.
2. Als weiteren Optimierungsschritt können Sie die *AttributeHierarchyOptimized*-Eigenschaft auf den Wert *NotOptimized* festlegen. Dadurch werden während des Verarbeitungsprozesses für diese Attributhierarchie keine Indizes gebildet.
3. Als letzten Optimierungsschritt können Sie noch die *AttributeHierarchyOrdered*-Eigenschaft auf den Wert *False* festlegen. Dadurch werden die Attributelemente der Hierarchie nicht geordnet.

Attributelemente gruppieren

Bei manchen Attributen kann es sinnvoll sein, automatische Gruppierungen von Attributelementen zu erstellen, die auf einer Verteilung der Elemente innerhalb einer Attributhierarchie basieren, beispielsweise wenn Attribute mit einer Vielzahl von fortlaufenden Attributwerten existieren. Die Anzeige dieser Attributwerte in einer benutzerdefinierten Hierarchie kann für Benutzer sehr unübersichtlich sein.

Betrachten Sie hierzu die Dimension *Customer*. Die Elemente des Dimensionsattributs *Customer Age* werden von der Spalte *CustomerAge* der zugrunde liegenden Dimensionstabelle *DimCustomer* abgeleitet. Wechseln Sie zur Registerkarte *Browser* und wählen Sie aus der Hierarchieliste die Attributhierarchie *Customer Age* aus. Diese Attributhierarchie ist wenig brauchbar. Sie beinhaltet viele Elemente und das Durchsuchen der Daten bei so vielen einzelnen numerischen Elementen ist wenig intuitiv. Es wäre sehr viel besser, wenn wir die Anzahl der Elemente durch eine automatische Gruppierung in Wertebereiche minimieren könnten, beispielsweise um betrachten zu können, was für ein Kaufverhalten bestimmte Altersgruppen haben. Eine solche Gruppierung von Attributelementen wird Diskretisierung genannt. Durch Diskretisierung kann die Anzahl der für ein Attribut angezeigten Elemente minimiert werden, ohne dabei die Struktur des Attributs zu ändern. Die Analysis Services stellen mehrere vordefinierte Diskretisierungsmethoden zur Verfügung, die durch die Einstellung der *DiscretizationMethod*-Eigenschaft bestimmt werden. Betrachten wir anhand von Beispielen einige Diskretisierungsmethoden:

1. Wechseln Sie zur Registerkarte *Dimensionsstruktur* und wählen das Attribut *Customer Age* aus. Betrachten Sie im Eigenschaftenfenster die Einstellung der *DiscretizationMethod*-Eigenschaft. Als Standardeinstellung ist keine Methode ausgewählt. Legen Sie die Eigenschaft auf *Automatic* fest und behalten Sie für die *DiscretizationBucketCount*-Eigenschaft die Standardeinstellung *0* bei.
2. Verarbeiten Sie die Dimension und wechseln Sie nach der erfolgreichen Bereitstellung zur Registerkarte *Browser*. Klicken Sie auf *Verbindung wiederherstellen*. Es wurden automatisch acht Diskretisierungsgruppen für die *CustomerAge*-Elemente erstellt (Abbildung 6.19).

HINWEIS Bei der Verwendung einer Diskretisierungsmethode muss die Dimension immer vollständig bereitgestellt und verarbeitet werden.

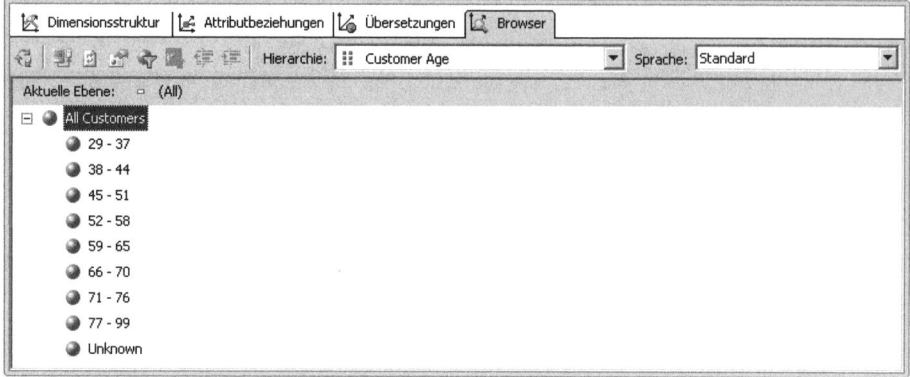

Abbildung 6.19 Attributhierarchie *Customer Age* gemäß Diskretisierungsmethode *Automatic* gruppiert

Bei der Diskretisierungsmethode *Automatic* werden abhängig von der Struktur des Attributs die beste Gruppierungsmethode (*DiscretizationMethod*) sowie die Anzahl der Buckets (*DiscretizationBucketCount*) automatisch gewählt. Bei der Verwendung einer Diskretisierungsmethode ist es bei numerischen Elementen mit einer Vielzahl von Ausprägungen wesentlich einfacher, Verläufe zu analysieren. Die automatische Gruppierung von Attributelementen kann aber in manchen Fällen ungeeignet sein. Beispielsweise möchten Sie die Elemente des Attributs *Customer Age* in fünf anstatt in acht Diskretisierungsgruppen gleichmäßig verteilen.

1. Wechseln Sie zur Registerkarte *Dimensionsstruktur*, und legen Sie für das Attribut *Customer Age* die *DiscretizationMethod*-Eigenschaften auf *Equal Areas* und die *DiscretizationBucketMethod*-Eigenschaften auf *5* fest.
2. Verarbeiten Sie die Dimension und wechseln Sie nach der erfolgreichen Bereitstellung zur Registerkarte *Browser*. Klicken Sie auf *Verbindung wiederherstellen*. Es wurden fünf gleichmäßig verteilte Diskretisierungsgruppen erstellt (Abbildung 6.20)

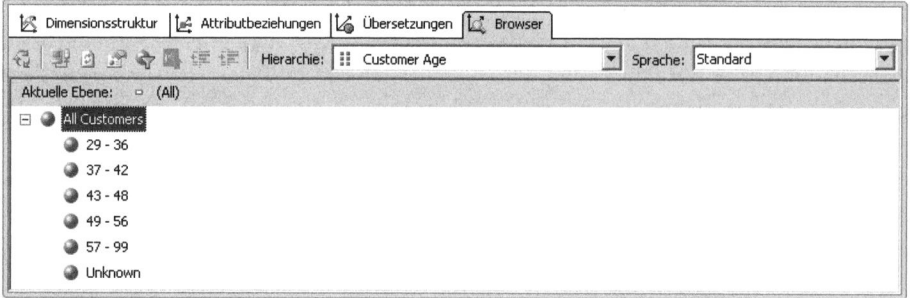

Abbildung 6.20 Attributhierarchie *Customer Age* gemäß Diskretisierungsmethode *Equal Areas* gruppiert

Bei der Diskretisierungsmethode *Equal Areas* erfolgt eine gleichmäßige Verteilung der Elemente auf die definierte Anzahl der Buckets. Neben den beiden vorgestellten Diskretisierungsmethoden, unterstützen die Analysis Services die weitere Methode *Clusters*. Die Methode *Clusters* gruppiert die Attributelemente durch eindimensionales Clustering der Eingabewerte. Hierbei wird die Gaußsche Normalverteilung verwendet. Die Namen der Diskretisierungsgruppen werden von den Analysis Services automatisch vergeben. Um diesen Automatismus zu ändern, können die Namen durch die Verwendung einer Formatvorlage angepasst werden.

1. Wechseln Sie zur Registerkarte *Dimensionsstruktur* und erweitern für das Attribut *Customer Age* das *KeyColums*-Eigenschaftsfeld. Erweitern Sie weiter den Knoten vom *Customer.CustomerAge*-Eigenschaftsfeld.
2. Definieren Sie die Formatvorlage durch Eingabe der folgenden Zeichenfolge in das *Format*-Eigenschaftsfeld (Abbildung 6.21), und klicken Sie anschließend auf *OK*.

```
jünger als %{Last Bucket Member};
von %{First Bucket Member} bis %{Last Bucket Member};
älter als %{First Bucket Member}
```

Listing 6.2 Formatvorlage für *Customer Age*

Die Zeichenfolge gliedert sich in drei Teile, die jeweils durch ein Semikolon getrennt werden. Der erste Teil der Zeichenfolge definiert die erste Diskretisierungsgruppe und der dritte Teil der Zeichenfolge definiert die letzte Diskretisierungsgruppe. Der mittlere Teil der Zeichenfolge definiert die Namen aller zwischen dem ersten und dem letzten Teil liegenden Diskretisierungsgruppen. Der Platzhalter %{»First/Last Bucket Member«} wird bei dem vollständigen Verarbeiten der Dimensionen durch das jeweilige Attributelement ersetzt.

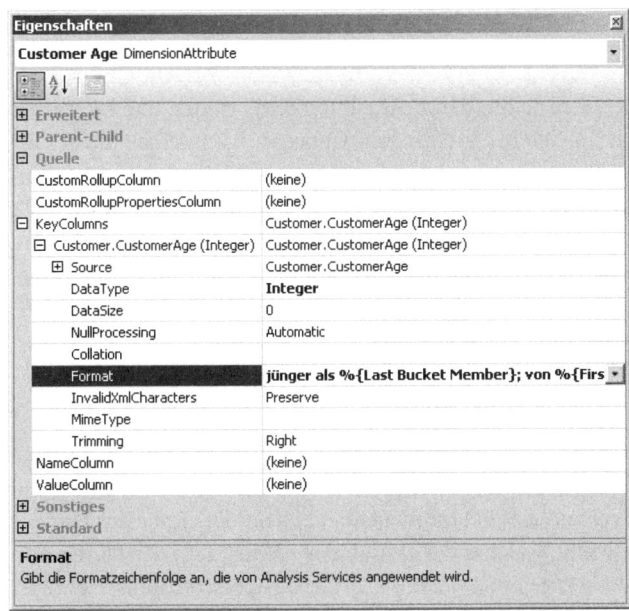

Abbildung 6.21 Attributeigenschaftsseite *Customer Age*

3. Verarbeiten Sie die Dimension. Achten Sie darauf, dass bei dem Dialogfeld *Dimension verarbeiten* in der Objektliste die Verarbeitungsoption *Vollständig verarbeiten* ausgewählt ist. Wechseln Sie zur Registerkarte *Browser*, klicken auf *Verbindung wiederherstellen* und vergleichen Sie Ihr Ergebnis mit der folgenden Abbildung (Abbildung 6.22).

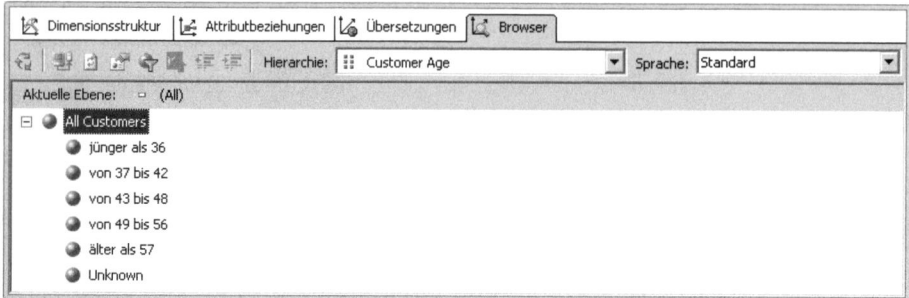

Abbildung 6.22 Attributhierarchie *Customer Age* mit angepasster Formatvorlage

HINWEIS   Es kann vorkommen, dass Sie benutzerdefinierte Gruppierungen verwenden möchten. Beispielsweise, wenn Sie genau festgelegte Buckets benötigen, wie 15–20, 21–30, 31–40 etc. Um diese Anforderung zu erfüllen, müssen Sie die Diskretisierung manuell in der relationalen Datenquelle erstellen.

Zeitdimensionen bearbeiten

Bei einer Zeitdimension handelt es sich um eine Dimension, deren Attribute Zeitperioden darstellen, wie beispielsweise Jahre, Quartale, Monate und Tage. In der Regel enthalten Cubes in irgendeiner Form eine Zeitdimension, da die Betrachtung des Unternehmenserfolgs ohne einen Zeitbezug nicht besonders sinnvoll erscheint. Zum anderen können Zeitdimensionen durch Zeitintelligenzfunktionen, wie beispielsweise Vergleiche zwischen Zeitraum bis Datum, zeitraumbasiertes Wachstum oder Measures für einen gleitenden Durchschnitt sinnvoll erweitert werden. Wie Sie bereits in Kapitel 4 sehen konnten, unterstützt der Cube-Assistent eine Reihe von Kalendern, die den Zeitdimensionsspalten zugeordnet werden können. Gleiche Ergebnisse können Sie auch mit dem Dimensions-Designer erzielen.

Standardzeitdimensionen

Zu Beginn dieses Kapitels haben Sie bei der Erstellung der Dimension *Date* mit dem Dimensions-Assistenten diverse Zeiträume sowie eine Zuordnung von Attributnamen zu Attributtypen definiert. Als Ergebnis hat der Dimensions-Assistent eine Dimension entsprechend einem Jahreskalender erstellt. Die Rolle des Dimensionsschlüssels wird durch das Attribut *Date Key* erfüllt, welches die granularste Ebene (Tag) der Dimension darstellt. Zusätzlich wurden dem Dimensionsschlüsselattribut *Date Key* sämtliche Nichtschlüsselattribute als Elementeigenschaften automatisch zugeordnet. Um die Dimension zunächst etwas benutzerfreundlicher zu gestalten, befolgen Sie bitte die folgenden Schritte:

1. Doppelklicken Sie im Projektmappen-Explorer im Ordner *Dimensionen* auf *Date*, um die Dimension im Dimensions-Designer zu öffnen. Ändern Sie den Namen des Dimensionsschlüssels *Date Key* auf *Date* sowie den Namen des Attributs *Month Number Of Year* auf *Calendar Month* und den Namen des Attributs *Week Number Of Year* auf *Calendar Week* um.

2. Sämtliche Attribute enthalten numerisch Elemente, beispielsweise für das erste Quartal jeden Jahres eine 1 oder für den Monat November eine 11. Binden Sie daher im Eigenschaftenfenster die *NameColumn*-Eigenschaft für das Attribut *Calendar Month* auf die Quellspalte *CalendarMonthName*, für das Attribut *CalendarQuarter* auf die Quellspalte *CalendarQuarterName*, für das Attribut *CalendarSemester* auf die Quellspalte *CalendarSemesterName*, für das Attribut *Calendar Week* auf die Quellspalte *CalendarWeek-*

Name, für das Attribut *Calendar Year* auf die Quellspalte *CalendarYearName* und schließlich für das Attribut *Date* die Quellspalte *DateName*. Ändern Sie ebenfalls die *AttributeAllMemberName*-Dimensionseigenschaft auf *All Periods* um.

3. Erstellen Sie eine benutzerdefinierte Hierarchie, indem Sie das *Calendar Year*-Attribut vom Bereich *Attribute* in den Bereich *Hierarchien* ziehen. Ziehen Sie die weiteren Attribute *Calendar Semester*, *Calendar Quarter*, *Calendar Month* und *Date* jeweils in die Zelle *<Neue Ebene>* des Bereichs *Hierarchien*. Erstellen Sie eine weitere *Hierarchie*, indem Sie nacheinander die Attribute *Calendar Year*, *Calendar Week* und *Date* in den Bereich Hierarchien ziehen. Benennen Sie die erste Hierarchie in *Calendar* und die zweite Hierarchie in *Calendar Weeks* um. Ändern Sie ebenfalls die *AllMemberName*-Hierarchieeigenschaft auf *All Periods* um. Beide Hierarchien können nun als logische Navigationspfade für ein Standardkalenderjahr verwendet werden.

4. Beachten Sie die Warnmeldung zu den beiden Hierarchien wegen der fehlenden Attributbeziehungen, die möglicherweise zu einer verringerten Abfrageleistung führen können. Wechseln Sie zur Registerkarte *Attributbeziehungen* und ändern Sie gemäß Abbildung 6.23 die Attributbeziehungen, um die Warnmeldung zu beheben.

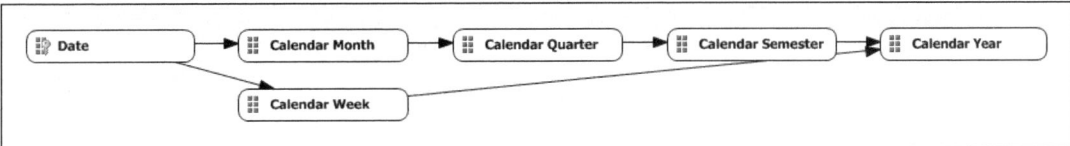

Abbildung 6.23 Attributbeziehungsdiagramm der Dimension *Date*

5. Verarbeiten Sie die Dimension und beachten Sie, dass das bisherige Design der Dimension zu einem Verarbeitungsfehler führt – ein doppelter Attributschlüssel wird gefunden.

Wie weiter vorne in diesem Kapitel beschreiben, müssen die Attributelemente einen eindeutigen Attributschlüssel haben, um genau identifiziert werden zu können. Bei der Erstellung einer benutzerdefinierten Hierarchie mit mehreren Ebenen muss diese Regel besonders sorgfältig beachtet werden, wie es im Kontext des obigen Beispiels ersichtlich ist. Betrachten Sie die Attributschlüssel der einzelnen Attribute.

Der Attributschlüssel des Attributs *Calendar Month* ist an die Dimensionsspalte *MonthNumberofYear* gebunden. Innerhalb der Attributhierarchie ist der Attributschlüssel sicherlich eindeutig, es existieren die Elemente 1 bis 12 für die Monate Januar bis Dezember. Die Problematik hierbei ist aber, dass das Attribut an zwei Positionen existiert. Zum einen in der eigenen Attributhierarchie und zum anderen in der Hierarchie *Calendar*. Während der Attributschlüssel innerhalb seiner Attributhierarchie eindeutige Elementnamen enthält, gilt das nicht innerhalb der benutzerdefinierten Hierarchie, weil der Attributschlüssel innerhalb der Jahre mehrmals parallel vorkommt. Beispielsweise ist der Attributschlüssel für Januar 2003 und Januar 2004 identisch (jeweils 1). Wenn Sie die Attribute *Calendar Quarter* und *Calendar Semester* betrachten, werden Sie das gleiche Verhalten feststellen können.

Der Attributschlüssel muss innerhalb einer benutzerdefinierten Hierarchie, in welcher das Attribut eine Hierarchieebene darstellt, eindeutig sein. Der Attributschlüssel muss möglicherweise an multiple Dimensionsspalten gebunden sein, um die Voraussetzung der Eindeutigkeit zu erfüllen. Die Voraussetzung von eindeutigen Attributschlüsseln gilt nicht nur für Zeitdimensionen, beispielsweise kann innerhalb einer Produktdimension ein bestimmtes Produkt mit unterschiedlichen Produktkategorien verbunden sein.

Um die beschriebene Problematik aufzulösen und eindeutige Attributelemente zu erhalten, muss ein zusammengesetzter Attributschlüssel definiert werden. Für das Attribut *Calendar Month,* beispielsweise könnten die Attributschlüssel des Monats und des Jahres verwendet werden. Analog zu einem zusammengesetzten Schlüssel in einer relationalen Tabelle, muss bestimmt werden, welche Tabellenspalten qualifiziert sind, ein bestimmtes Attribut innerhalb einer benutzerdefinierten Hierarchie eindeutig zu identifizieren. Bei dem Attribut *Calendar Month* könnten wir spontan die Tabellenspalte verwenden, die die nächste Hierarchieebene bildet (also *Calendar Quarter*). Das würde aber nicht zu einem eindeutigen Attributschlüssel führen, da erneut doppelte Attributschlüssel vorkommen würden. Beispielsweise würde der zusammengesetzte Attributschlüssel für den Monat November im vierten Quartal 2002 (Monat 11 und Quartal 4) identisch sein mit dem Schlüssel für den Monat November im vierten Quartal 2003 (Monat 11 und Quartal 4).

Die Lösung ist ein zusammengesetzter Attributschlüssel aus den Attributen *Calendar Month* und *Calendar Year*. Im Fall des vorherigen Beispiels wäre der zusammengesetzte Schlüssel dann über alle Hierarchieebenen eindeutig (Monat 11 und Jahr 2002 sowie Monat 11 und Jahr 2003). Tabelle 6.1 zeigt die Elementeigenschaften und Schlüsselspalten an, die für die jeweiligen Attribute als eindeutige Schlüssel verwendet werden können.

Attribute	Elementeigenschaften	Schlüsselspalten	Namensspalte
Calendar Month	CalendarQuarter	CalendarYear, CalendarMonth	CalendarMonthName
Calendar Quarter	CalendarSemester	CalendarYear, CalendarQuarter	CalendarQuarterName
Calendar Semester	CalendarYear	CalendarYear, CalendarSemester	CalendarSemesterName
Calendar Week	CalendarYear	CalendarYear	CalendarWeekName
Calendar Year		CalendarYear	CalendarYearName
Date	CalendarWeek, CalendarMonth	DateKey	DateName

Tabelle 6.1 Elementeigenschaften, Schlüssel- und Namensspalten der *Date-Dimensionsattribute*

1. Um diesen zusammengesetzten Attributschlüssel zu definieren, wechseln Sie zur Registerkarte *Dimensionsstruktur* und wählen das Attribut *Calendar Month* aus. Klicken Sie im Eigenschaftenfenster im *Key-Columns*-Eigenschaftsfeld auf die Schaltfläche mit den drei Punkten. Das Dialogfeld *Schlüsselspalten* öffnet sich und Sie sehen, dass das Attribut eine einzelne Schlüsselspalte enthält, basierend auf der Tabellenspalte *MonthNumberOfYear*.

2. Akzeptieren Sie als Quelltabelle *Date* und wählen Sie aus den verfügbaren Spalten das Attribut *Calendar Year*. Klicken auf die Schaltfläche mit dem *Größer*-Symbol. Ändern Sie im Bereich *Schlüsselspalten* die Reihenfolge, indem Sie das *Calendar Year*-Attribut an erster Stelle platzieren (Abbildung 6.24). Wenn Sie einen zusammengesetzten Schlüssel verwenden, wird die Sortierreihenfolge der Attributelemente durch die Reihenfolge der Elemente des zusammengesetzten Schlüssels bestimmt. Klicken Sie anschließend auf *OK*.

Dimensionen bearbeiten

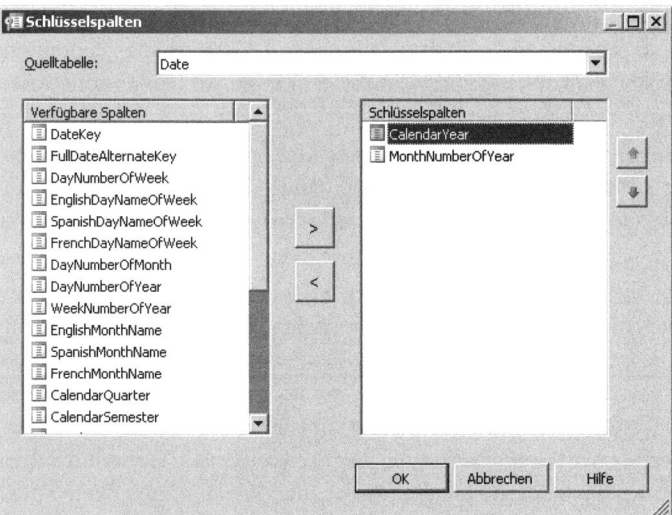

Abbildung 6.24 Dialogfeld *Schlüsselspalten*

3. Wiederholen Sie die Schritte, um für die Attribute *Calendar Quarter*, *Calendar Semester* und *Calendar Week* gemäß der Tabelle 6.1 einen zusammengesetzten Attributschlüssel zu definieren.
4. Verarbeiten Sie die Dimension und wechseln Sie nach der erfolgreichen Bereitstellung zur Registerkarte *Browser*. Beachten Sie, dass die beiden benutzerdefinierten Hierarchien jetzt korrekt dargestellt werden (Abbildung 6.25).

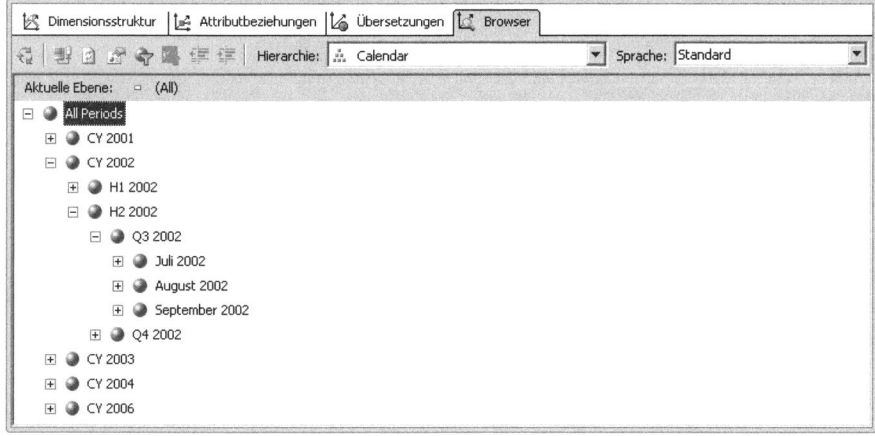

Abbildung 6.25 Benutzerdefinierte Hierarchie *Calendar* nach erfolgreicher Verarbeitung

Serverzeitdimensionen

In den Analysis Services kann eine Zeitdimension entweder auf einer Dimensionstabelle einer Datenquellensicht oder auf einem Datumsbereich basieren. Während sich eine tabellenbasierte Zeitdimension von einer Standarddimension im Grunde genommen nicht unterscheidet, wird eine auf einem Datumsbereich basierende Zeitdimension dann verwendet, wenn keine separate Zeittabelle vorhanden ist. Eine auf einem Datumsbereich basierende Zeitdimension wird als Serverzeitdimension bezeichnet, da sie nicht auf einer Tabelle basiert, sondern im Server erstellt und gespeichert wird. Eine Serverzeitdimension lässt sich beispielsweise bei OLTP-basierten Datenquellen verwenden, wo in der Regel keine explizite Zeittabelle existiert (natürlich könnte beim Design einer OLAP-Lösung auch auf die explizite Modellierung einer Zeitdimension verzichtet werden). Befolgen Sie die nächsten Schritte, um eine Zeittabelle mithilfe des Dimensions-Assistenten auf dem Server zu generieren:

1. Klicken Sie im Projektmappen-Explorer mit der rechten Maustaste auf den Ordner *Dimensionen* und wählen im Kontextmenü den Eintrag *Neue Dimension* aus. Auf der Seite *Erstellungsmethode auswählen* des Dimensions-Assistenten wählen Sie die Option *Zeittabelle auf dem Server generieren* aus und klicken anschließend auf *Weiter*.

2. Auf der Seite *Zeiträume definieren* wählen Sie als ersten Kalendertag den 1. Januar 2001 und als letzten Kalendertag den 31. Dezember 2009 (diese Auswahl können wir treffen, da in der Beispieldatenbank *AdventureWorksDW2008* alle zeitbezogenen Informationen innerhalb dieses Zeitraumes liegen). Die Auswahl des ersten Tages der Woche ist von der Region und/oder Organisation abhängig, beispielsweise gilt im nordamerikanischen Raum der Sonntag als erster Wochentag und im europäischen Raum gilt der Montag als erster Wochentag. Wählen Sie den Montag als ersten Tag der Woche aus. Weiterhin aktivieren Sie als Zeiträume *Jahr*, *Halbjahr*, *Trimester*, *Quartal*, *Monat*, *Woche* sowie *Datum* aus. Diese Attribute genügen zur Demonstration.

HINWEIS Auf der Seite *Zeiträume definieren* muss das Datum explizit ausgewählt sein, da die Analysis Services diese Datumsebene benötigen. Sollte das Datum nicht benötigt werden, kann diese Ebene später im Dimensions-Designer ausgeblendet werden.

Weiterhin können Sie für die ausgewählten Zeiträume die Sprache für die Namen der Zeitelemente definieren. Da die Beispieldatenbank *AdventureWorksDW2008* nur in englischer Sprache zur Verfügung steht, akzeptieren Sie die Standardeinstellung *Englisch* (Abbildung 6.26). Klicken Sie auf Weiter, um eine Kalenderauswahl zu treffen.

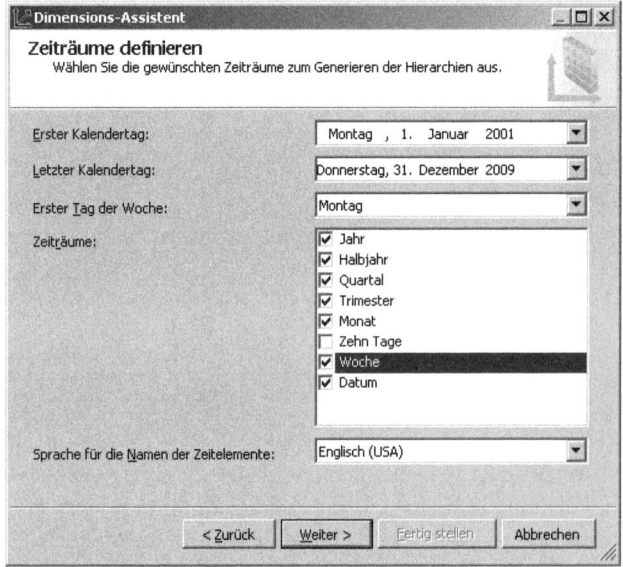

Abbildung 6.26 Seite *Zeiträume definieren* des Dimensions-Assistenten

3. Der Dimensions-Assistent unterstützt neben dem Standardkalender vier weitere Kalender. Beim Erstellen einer Zeitdimension ist der Standardkalender stets enthalten. Zu Demonstrationszwecken wählen Sie alle Kalender gemäß Abbildung 6.27 aus und klicken Sie anschließend auf *Weiter*.

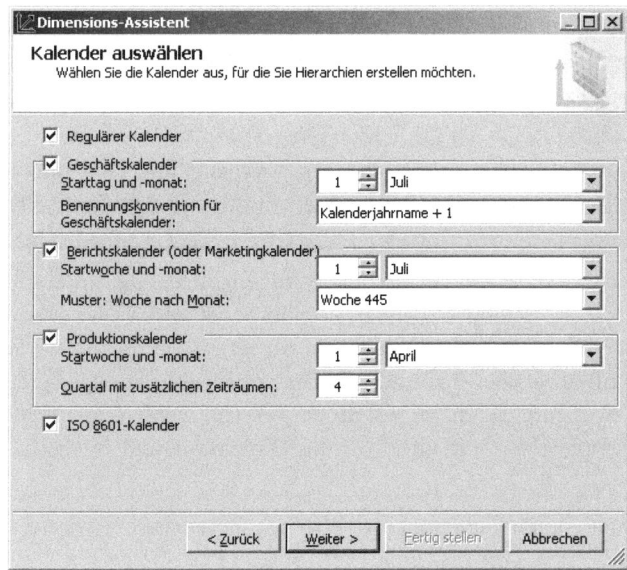

Abbildung 6.27 Seite *Kalender auswählen* des Dimensions-Assistenten

- **Geschäftskalender** Viele Organisationen verwenden Geschäftskalender abweichend zu dem Jahreskalender. Beispielsweise ist es bei einigen Organisationen üblich, den Jahresabschluss nicht auf den 31. Dezember eines jeden Jahres zu legen, sondern auf den 30. Juni. Legen Sie als Startdatum den 1. Juli fest.

- **Berichtskalender** Der Berichts- oder Marketingkalender unterstützt die Einteilung von Monaten in Wochen durch die Auswahl von Vorlagen *Woche nach Monat*. Beispielsweise definiert die 445-Vorlage vier Wochen für die ersten zwei Monate, während die verbleibende Woche dem dritten Monat zugeordnet wird. D.h. in einem Quartal haben die ersten beiden Monate jeweils vier Wochen, während der dritte Monat fünf Wochen aufweist. Es besteht die Möglichkeit, die Startwoche und den Startmonat individuell festzulegen. Legen Sie als Startdatum den 1. Juli fest.

- **Produktionskalender** Der Produktionskalender definiert dreizehn Zeiträume innerhalb eines Jahres, die in drei Quartale mit jeweils vier Zeiträumen sowie ein Quartal mit fünf Zeiträumen unterteilt werden. Es besteht hierbei die Auswahlmöglichkeit, welches Quartal mit dem zusätzlichen Zeitraum ausgestattet werden soll. Analog zu dem Berichtskalender, besteht auch hier die Möglichkeit die Startwoche und den Startmonat individuell festzulegen. Bei dem Produktionskalender legen Sie als Startdatum den 1. April fest.

- **ISO 8601-Kalender** Der ISO 8601-Kalender verwendet eine numerische Standardrepräsentation von Datum und Zeit, um bei internationaler Kommunikation Verwechslungen zu verhindern. Beispielsweise wurde festgelegt, dass ein Kalenderdatum immer mit YYYY-MM-DD repräsentiert wird. Während YYYY für das Jahr im gregorianischen Kalender steht, steht MM für den Monat des Jahres zwischen 01 (Januar) und 12 (Dezember) und DD für den Tag des Monats zwischen 01 und 31.

4. Die Seite *Assistenten abschließen* zeigt die Attribute und Hierarchien an, die vom Dimensions-Assistenten automatisiert erstellt werden. Benennen Sie die Dimension in *Time* um und klicken Sie auf *Fertig*, um die Serverzeitdimension im Dimensions-Designer zu öffnen.

Im Unterschied zu einer tabellenbezogenen Zeitdimension (und allen anderen Standarddimensionen), werden auf der rechten Seite im Dimensions-Designer anstatt der Datenquellensicht die Zeiträume und die Attribute der fünf möglichen Kalender angezeigt. Der Dimensionsschlüssel ist das Attribut *Date*.

Wenn Sie irgendein Attribut auswählen, werden Sie im Eigenschaftenfenster sehen, dass der Bindungstyp auf *Spalte generieren* festgelegt ist. Grund hierfür ist, dass es sich um ein serverbasiertes Attribut handelt. Eine Serverzeitdimension kann identisch zu einer tabellenbasierten Zeitdimension bearbeitet und verwendet werden, Sie können Attribute ändern, löschen, hinzufügen oder umbenennen und benutzerdefinierte Hierarchien erstellen.

Die vom Dimensions-Assistenten automatisch generierten Hierarchien berücksichtigen die unterschiedlichen Kalender, beispielsweise wurden bei einem Standardkalender Attributbeziehungen zwischen den Attributen *Woche* und *Jahr*, aber nicht zwischen den Attributen *Woche* und *Monat* erstellt. Bei einem Standardkalender können Wochen gleichmäßig auf Jahre, aber nicht auf Monate verteilt werden. Bei Berichts- und Produktionskalender hingegen können Wochen gleichmäßig auf Monate verteilt werden, was sich entsprechend in den Attributbeziehungen widerspiegelt. Verarbeiten Sie die Dimension und wechseln zur Registerkarte *Browser*.

Beachten Sie, dass die Analysis Services automatisch die Elementnamen erstellen. Beispielsweise wird für ein Geschäftskalenderattribut der Präfix *Fiscal* und für ein Berichtskalenderattribut das Präfix *Reporting* verwendet. Auf diesen Automatismus haben Sie keinen Einfluss, da sämtliche Attribute serverbasiert sind.

Erweiterte Hierarchien bearbeiten

Hierarchien werden zum sinnvollen Durchsuchen von Daten aus unterschiedlichen Blickwinkeln verwendet. In den Analysis Services können Attribute auf flexible Art und Weise gruppiert werden. Neben den Attributhierarchien können Attribute in benutzerdefinierten Hierarchien mit mehreren Ebenen angeordnet werden. Benutzerdefinierte Hierarchien stellen die logischen Navigationspfade zur Verfügung, mit denen Endanwender Daten durchsuchen können. Eine einzelne Attributhierarchie kann in einer oder mehreren benutzerdefinierten Hierarchien verwendet werden. Benutzerdefinierte Hierarchien lassen sich folgendermaßen charakterisieren (im folgenden wird der Einfachheit halber für benutzerdefinierte Hierarchien der Terminus *Hierarchie* verwendet, um diese sinngemäß von Attributhierarchien zu unterscheiden):

- **Ausgeglichene Hierarchien** In einer ausgeglichenen Hierarchie existieren keine übersprungenen oder leeren Hierarchieebenen. Sämtliche Zweige der Hierarchie erstrecken sich über alle vorhandenen Ebenen, und jede Ebene verfügt über mindestens ein Element. Alle Elemente einer bestimmten Hierarchieebene haben die gleiche Anzahl von übergeordneten Elementen. Ausgeglichene Hierarchien finden sich in der Regel in Zeitdimensionen oder in regulären Dimensionen wie Produkt- und Kundendimensionen. Ein gutes Beispiel für eine ausgeglichene Hierarchie stellt die Dimension *Product* aus unserem Beispielprojekt dar. Für jedes Element in der *Product*-Ebene existiert ein übergeordnetes Element in der *Subcategory*-Ebene und für jedes Element in der *Subcategory*-Ebene existiert ein übergeordnetes Element in der *Category*-Ebene. In den meisten Dimensionen wird eine ausgeglichene Hierarchie verwendet.

- **Unausgeglichene Hierarchien**   Im Unterschied zu ausgeglichenen Hierarchien können in einer unausgeglichenen Hierarchie übersprungene oder leere Hierarchieebenen existieren. Entsprechend können auch die Elemente einer bestimmten Hierarchieebene eine unterschiedliche Anzahl von untergeordneten Elementen haben. Die Zweige einer unausgeglichenen Hierarchie müssen sich nicht unbedingt über alle vorhandenen Hierarchieebenen erstrecken. Unausgeglichene Hierarchien finden sich in der Regel in Dimensionen, die Organisations- oder Buchhaltungsstrukturen darstellen. *Parent-Child*-Hierarchien sind ein Beispiel für unausgeglichene Hierarchien, die Dimension *Employee* aus unserem Beispielprojekt enthält ein Element für jeden Mitarbeiter. Das oberste Element der Hierarchie ist der *Chief Executive Officer Ken A. Sánches*. Die diversen Manager und das Sekretariat sind dem *Chief Executive Officer* unmittelbar unterstellt, wobei den Managern weitere Elemente untergeordnet sind, dem Sekretariat aber nicht.

- **Unregelmäßige Hierarchien**   Im Unterschied zu unausgeglichenen Hierarchien befindet sich in einer unregelmäßigen Hierarchie mindestens das übergeordnete Element nicht auf der Ebene unmittelbar vor dem betreffenden Element, also auch über Ebenen ohne Daten. Die Zweige einer unregelmäßigen Hierarchie können sich auf unterschiedliche Hierarchieebenen erstrecken. Geographische Dimensionen, insbesondere solche mit internationalen Daten, sind ein typisches Beispiel für unregelmäßige Hierarchien.

Betrachten wir nun die Möglichkeiten der Analysis Services mit den beschriebenen Charakteristika von Hierarchien umzugehen.

Ausgeglichene Hierarchien

In den Analysis Services können Dimensionen eine Vielzahl von benutzerdefinierten Hierarchien enthalten. Die Dimension *Product* entspricht einem klassischen Snowflake-Schema und basiert auf drei Dimensionstabellen. Das vorbereitete Analysis Services-Projekt enthält bereits die benutzerdefinierte Hierarchie *Product Categories* mit den Ebenen *Category –Subcategory – Product*. Jede Hierarchieebene repräsentiert eine Dimensionstabelle aus dem Snowflake-Schema. Gebildet wurde die Hierarchie jeweils mit dem Primärschlüssel der jeweiligen Dimensionstabellen. Die Rolle des Dimensionsschlüssels wird durch das Attribut *Product* erfüllt, welches die Datensätze der Dimension eindeutig identifiziert. Die Dimensionstabelle *DimProductSubcategory* wird durch das Attribut *Subcategory* repräsentiert und die Dimensionstabelle *DimProductCategory* wird durch das Attribut *Category* repräsentiert. Die restlichen Attribute wurden als Elementeigenschaften der jeweiligen Primärschlüsselattribute der Dimensionstabellen hinzugefügt.

Beim Erstellen der Dimension mit dem Dimensions-Assistenten wurden sämtliche Spalten aus den drei Dimensionstabellen als Attribute ausgewählt. Nicht alle Attribute sind für Analyse-Zwecke sinnvoll und von daher sollten Sie zunächst die Attribute entfernen, die nicht benötigt werden. Beispielsweise sind die Attribute, die für die Beschreibungen der Produkte verwendet werden (vor allem in unterschiedlichen Sprachen; Informationen über die Unterstützung für internationale Benutzer erhalten Sie in einem späteren Abschnitt dieses Kapitels), für Analysezwecke nicht sinnvoll, da ein Benutzer diese Attribute in der Regel nicht durchsuchen wird. Nachdem Sie die nicht benötigten Attribute entfernt haben und die *NameColumn*-Attributeigenschaft der Attribute *Product, Category* und *Subcategory* mit den jeweiligen Elementnamen angepasst haben, sollte die Dimension *Product* wie in Abbildung 6.28 aussehen.

Attribute			
Category	End Date	Product Style	Standard Cost
Class	List Price	Reorder Point	Start Date
Color	Model Name	Safety Stock Level	Status
Days To Manufacture	Product	Size	Subcategory
Dealer Price	Product Line	Size Range	Weight

Abbildung 6.28 Angepasste Dimension *Product*

Beim Betrachten der Dimension *Product* lassen sich neben der Hierarchie *Product Categories* weitere sinnvolle Hierarchien erkennen. Beispielsweise kann eine Hierarchie aus den Attributen *Product Line* und *Model Name* oder aus den Attributen *Product Style* und *Model Name* erstellt werden. Durch das Konzept der Attributhierarchien lassen sich große Dimensionen sehr einfach in sinnvolle Hierarchien gruppieren. Beachten Sie, dass sämtliche möglichen Hierarchien nicht mit dem Dimensionsschlüssel verknüpft sein müssen. Sie müssen lediglich bei den entsprechenden Attributen einer Hierarchie neue Attributbeziehungen definieren. Befolgen Sie die nächsten Schritte, um weitere Hierarchien zu erstellen:

1. Erstellen Sie zwei neue Hierarchien, indem Sie in der Reihenfolge für die erste Hierarchie die Attribute *Product Line, Model Name* und *Product* in den Bereich *Hierarchien* und für die zweite Hierarchie die Attribute *Product Style, Model Name* und *Product* in den Bereich *Hierarchien* ziehen. Benennen Sie die erste Hierarchie in *Product Lines* und die zweite Hierarchie in *Product Styles* um.
2. Beachten Sie die Attributbeziehungen der beiden neuen Hierarchien. Wechseln Sie hierzu zur Registerkarte *Attributbeziehungen* und erstellen zwei neue Attributbeziehungen, indem Sie jeweils als Quellattribut *Model Name* und als verknüpfte Attribute *Product Line* und *Product Style* auswählen (Abbildung 6.29).

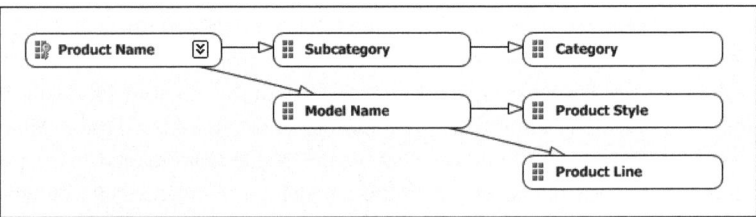

Abbildung 6.29 Attributbeziehungsdiagramm der Dimension *Product*

Sie müssen allerdings bei der Registerkarte *Dimensionsstruktur* im Bereich *Hierarchien* der Position der jeweiligen Hierarchie Beachtung schenken. Bei Abfragen, wo nicht explizit eine Hierarchie angegeben wird, wird die Standardhierarchie verwendet. Bei einer Dimension mit multiplen Hierarchien ist die Hierarchie auf der ganz linken Position die Standardhierarchie. Wenn Sie beispielsweise im Cube-Designer auf der Registerkarte *Browser* die Dimension und nicht explizit eine Hierarchie ausgewählt haben, wird immer die Standardhierarchie verwendet. Sie können die Position der Hierarchien durch einfaches Ziehen im Bereich *Hierarchien* ändern.

> **HINWEIS** Diese Regelung gilt nicht für Attributhierarchien. Es kann keine Standardattributhierarchie definiert werden.

Weiterhin lassen sich Attribute und Hierarchien zur besseren Übersicht in Anzeigeordner gruppieren, ähnlich wie sich Dateien in Windows-Ordner speichern lassen:

1. Im Bereich *Attribute* der Registerkarte *Dimensionsstruktur* wählen Sie die Attribute *Category, Model Name, Product, Product Line, Product Style* und *Subcategory* aus und legen Sie die *AttributeHierarchyDisplayFolder*-Attributeigenschaft auf *Description* fest.
2. Wählen Sie die Attribute *Class, Color, Days to Manufacture, Reorder Point, Safety Stock Level, Size, Size Range, Product Style* und *Weight* und legen Sie die *AttributeHierarchyDisplayFolder*-Attributeigenschaft auf *Stocking* fest.
3. Wählen Sie die Attribute *Dealer Price, List Price* und *Standard Cost* und legen Sie die *AttributeHierarchyDisplayFolder*-Attributeigenschaft auf *Finance* fest.
4. Wählen Sie die Attribute *End Date, Start Date* und *Status* aus und legen Sie die *AttributeHierarchyDisplayFolder*-Attributeigenschaft auf *History* fest.

Beachten Sie in Abbildung 6.30, dass die Attribute in den von Ihnen definierten Ordnern angezeigt werden (die Abbildung entspricht der Anzeige in der Registerkarte *Browser* des Cube-Designers. Mehr Informationen über Cubes erhalten Sie in Kapitel 7).

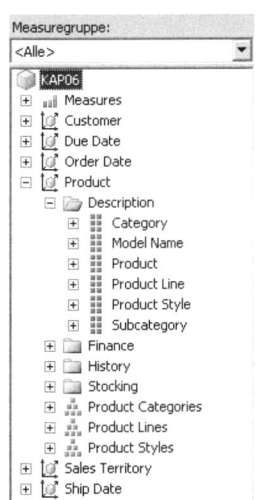

Abbildung 6.30 Anzeige der Dimension *Product* in der Registerkarte *Browser* des Cube-Designers

Unausgeglichene Hierarchien

Betrachten Sie nun die Möglichkeiten der Analysis Services, anhand einer *Parent-Child*-Hierarchie mit unausgeglichenen Hierarchien umzugehen. Bei einer *Parent-Child*-Hierarchie handelt es sich um eine Hierarchie, bei der eine rekursive Beziehung zwischen zwei Spalten derselben Tabelle definiert ist. Die Rolle des Dimensionsschlüssels wird durch das untergeordnete Child-Attribut erfüllt. Das Parent-Attribut identifiziert das übergeordnete Element eines jeden Child-Attributelements.

In der Dimension *Employee* sind alle Attributelemente der untersten Ebene Mitarbeiter. Aber auch die Vorgesetzten dieser Mitarbeiter sind wiederum Mitarbeiter. Bei einem normalen Snowflake-Schema befindet sich ja jedes übergeordnete Attributelement in einer neuen Ebene, die einer eigenen Dimensionstabelle zugeordnet ist. Bei der Dimension *Employee* jedoch zeigt das übergeordnete Element zurück auf eine Zeile in der ursprünglichen Dimensionstabelle. Bei einer *Parent-Child*-Hierarchie werden sowohl die übergeordneten als auch die untergeordneten Elemente in einer einzigen Dimensionstabelle gespeichert. Vertiefen wir die Thematik anhand des folgenden Beispiels:

1. Doppelklicken Sie im Projektmappen-Explorer im Ordner *Dimensionen* auf *Employee*, um den Dimensions-Designer für die Dimension zu öffnen. Beachten Sie, dass für das Attribut *Parent Employee Key* die *Usage*-Attributeigenschaft auf den Wert *Parent* festgelegt ist (Sie können es auch an dem Attribut-Symbol erkennen). Wechseln Sie zur Registerkarte *Browser* und erweitern Sie die Hierarchie *Parent Employee Key*. Beachten Sie, dass nur der Mitarbeiterschlüssel zu sehen ist und nicht der Mitarbeitername. Beachten Sie auch, dass der Mitarbeiter mit dem Schlüssel *112* auf zwei Hierarchieebenen vorkommt (Abbildung 6.31). Wie im oberen Abschnitt bereits erläutert, wird bei der Erstellung einer Dimension mit dem Cube- oder Dimensions-Assistenten die KeyColumns-Eigenschaft automatisch für die Elementnamen verwendet.

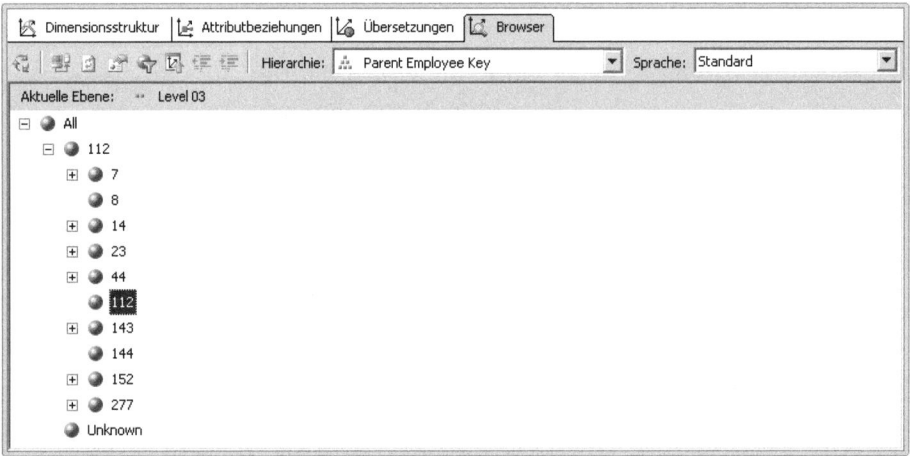

Abbildung 6.31 *Parent-Child*-Hierarchie der Dimension *Employee*

2. Wechseln Sie zur Registerkarte *Dimensionsstruktur*, um zunächst die Benutzerfreundlichkeit der Dimension anzupassen. Legen Sie für die Dimension im Eigenschaftenfenster die Eigenschaft *AttributeAllMemberName* auf den Wert *All Employees* und für das Attribut *Employee* die Eigenschaft *NameColumn* auf den Wert *EmployeeName* fest. Ändern Sie weiterhin den Namen des Attributs *Employee Key* in *Employee* und des Attributs *Parent Employee Key* in *Employees* um.

3. Beachten Sie in Abbildung 6.31, dass für das Element *112* als Ebenenname *Level 03* angezeigt wird. Intuitiver für Benutzer wäre es, wenn die Ebennamen mit den entsprechenden Bezeichnungen angezeigt werden würden. Wählen Sie hierzu das Attribut *Employees* und klicken Sie im Eigenschaftenfenster in der Eigenschaft *NamingTemplate* auf die Schaltfläche mit den drei Punkten. Das Dialogfeld *Vorlage zur Ebenenbenennung* wird geöffnet. Definieren Sie die Ebenen gemäß Abbildung 6.32 und klicken Sie anschließend auf *OK*.

4. Verarbeiten Sie die Dimension und wechseln Sie nach der erfolgreichen Bereitstellung zur Registerkarte *Browser*. Klicken Sie auf *Verbindung wiederherstellen* und wählen Sie in der Hierarchieliste *Employees* aus. Beachten Sie, dass das oberste Element der Hierarchie den Namen *All Employees* besitzt. Der Grund hierfür ist, dass Sie für die Dimensioneigenschaft *AttributeAllMemberName* als Name *All Employees* definiert haben. Erweitern Sie die Hierarchie *All Employees*, erkennen Sie, dass *Ken J. Sánches* als Element in der obersten Hierarchieebene enthalten ist.

Erweiterte Hierarchien bearbeiten

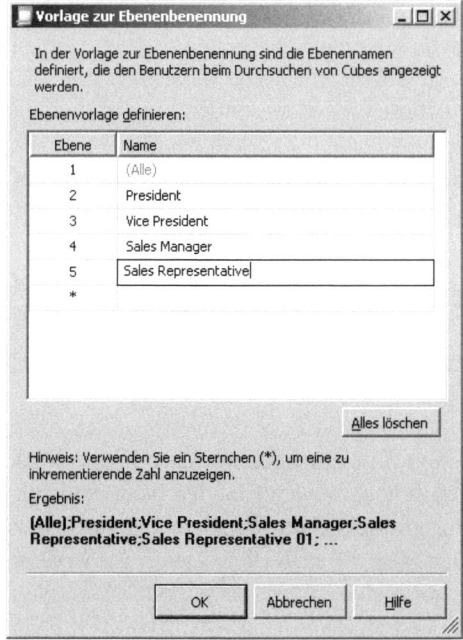

Abbildung 6.32 Dialogfeld *Vorlage zur Ebenenbenennung*

5. Klicken sie auf das Element *Ken J. Sánches*. Beachten Sie, dass für dieses Element der Ebenenname *President* ist. Erweitern Sie die Hierarchie, um die weiteren Mitarbeiter anzuzeigen, und klicken Sie auf das Element *Stephen Y. Jiang*. Beachten Sie, dass für dieses Element der Ebenenname *Sales Manager* lautet (Abbildung 6.33).

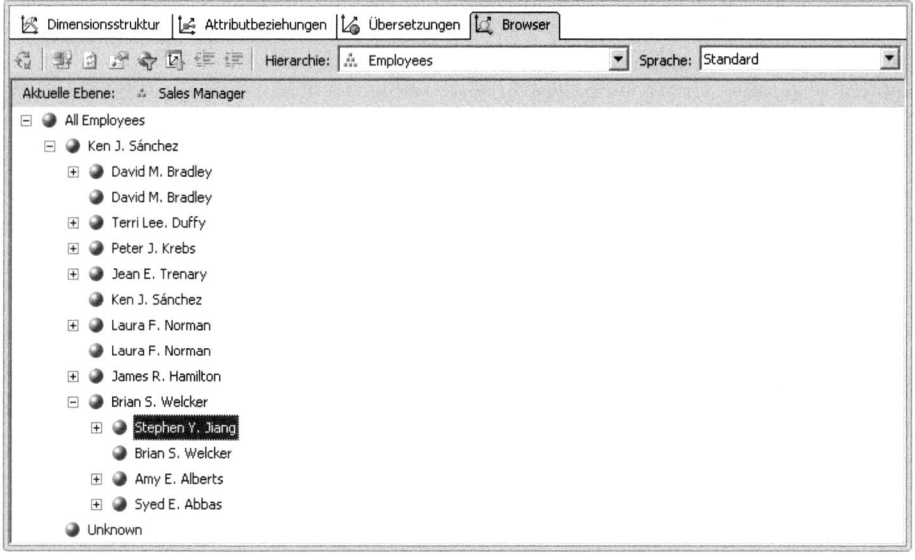

Abbildung 6.33 *Parent-Child*-Hierarchie mit definierter *NamingTemplate*-Eigenschaft

Bei einer *Parent-Child*-Dimension wird durch die Konfiguration eines übergeordneten Attributs und eines untergeordneten Attributs die *Parent-Child*-Hierarchie definiert. Aber nach welchem Kriterium werden die Elemente der obersten Ebene einer *Parent-Child*-Hierarchie identifiziert? Hierzu verwenden die Analysis Services die Attributeigenschaft *RootMemberIf*, die nur für Attribute verwendet werden kann, dessen Eigenschaft *Usage* auf den Wert *Parent* festgelegt ist.

1. Wechseln Sie zur Registerkarte *Dimensionsstruktur*, um die Eigenschaft *RootMemberIf* zu betrachten. Wählen Sie das Attribut *Employees* aus. Beachten Sie, dass die Eigenschaft *RootMemberIf* auf den Wert *ParentIsBlankSelfOrMissing* festgelegt ist.

2. Klicken Sie im Bereich *Datenquellensicht* mit der rechten Maustaste auf die Dimensionstabelle *DimEmployee* und wählen Sie im Kontextmenü den Eintrag *Daten durchsuchen* aus. Blättern Sie in der Tabellenspalte *EmployeeKey* zum Datensatz mit Wert *112* (Ken J. Sánches) und beachten Sie, dass die Tabellenspalte *ParentEmployeeKey* einen NULL-Wert enthält. Schließen Sie die Dimensionstabelle wieder.

   Die Eigenschaft *RootMemberIf* legt das Kriterium für die Identifikation der Elemente auf der obersten Ebene einer *Parent-Child*-Hierarchie fest. Ein Element ist dann ein Element der obersten Ebene, wenn die übergeordnete Schlüsselspalte NULL ist. Wenn die Eigenschaft *RootMemberIf* auf den Wert *ParentIsBlank* festgelegt ist, werden alle Elemente der obersten Ebene zugeordnet, wenn die übergeordnete Schlüsselspalte leer ist. Wenn die Eigenschaft *RootMemberIf* auf den Wert *ParentIsSelf* festgelegt ist, werden alle Elemente der obersten Ebene zugeordnet, wenn die übergeordnete Schlüsselspalte (*ParentEmployeeKey*) dem Schlüsselwert (*EmployeeKey*) entspricht. Wenn die Eigenschaft *RootMemberIf* auf den Wert *ParentIsMissing* festgelegt ist, werden alle Elemente der obersten Ebene zugeordnet, wenn es kein Element mit dem in der übergeordneten Schlüsselspalte angegebenen Wert gibt. Die Standardeinstellung der Eigenschaft *RootMemberIf* (*ParentIsBlankSelfOrMissing*) ist eine Kombination der drei Fälle.

3. Da auf der obersten Ebene der Mitarbeiterhierarchie nur ein einziges Element existiert (Ken A. Sánchez), können wir die *All*-Ebene entfernen. Wählen Sie das Attribut *Employees* aus und legen Sie die Eigenschaft *IsAggregatable* auf den Wert *False* fest.

   Beachten Sie die Warnung, dass für das Attribut *Employees* das Standardelement für nicht-aggregierbare Attribute definiert werden sollte. Nicht-aggregierbare Attribute verfügen nicht über ein *All*-Element, das als Standardelement verwendet wird. Die Analysis Services wählen in diesem Fall ein zufälliges Element als Standardelement aus. Die Analysis Services verwenden dann immer dieses zufällige Element, wenn das Standardelement eines nicht-aggregierbaren Attributs in einer MDX-Abfrage nicht explizit festgelegt wurde. Um dieses Verhalten zu vermeiden, können Sie ein Standardelement festlegen, indem Sie für das Attribut *Employees* im Eigenschaftsfenster in der Eigenschaft *DefaultMember* auf die Schaltfläche mit den drei Punkten klicken. Im Dialogfeld *Standardelement festlegen – Employees* können Sie dann ein Element als Standard definieren.

4. Verarbeiten Sie die Dimension und wechseln Sie nach der erfolgreichen Bereitstellung zur Registerkarte *Browser*. Klicken Sie auf *Verbindung wiederherstellen* und durchsuchen Sie die Hierarchie *Employees* erneut. Beachten Sie, dass das Element *All Employees* verschwunden ist und das Element *Ken J. Sánches* auf der obersten Ebene erscheint.

Unregelmäßige Hierarchien

In unregelmäßigen Hierarchien befindet sich das übergeordnete Element nicht auf der Hierarchieebene unmittelbar über dem betreffenden Element. Bei unregelmäßigen Hierarchien verzweigen die Elemente auf unterschiedliche Hierarchieebenen mit unterschiedlichen Navigationspfaden. Die Navigation über jede Hierarchieebene ist dadurch unnötig kompliziert. Um unregelmäßige Hierarchien zu bearbeiten, können Sie eine von mehreren Optionen der *HideMemberIf*-Hierarchieebeneneigenschaft verwenden. Diese Eigenschaft bewirkt, dass logisch fehlende Elemente für Benutzer ausgeblendet werden:

1. Doppelklicken Sie im Projektmappen-Explorer im Ordner *Dimensionen* auf *Sales Territory*, um die Dimension im Dimensions-Designer zu öffnen. Wechseln Sie zur Registerkarte *Browser* und erweitern Sie die benutzerdefinierte Hierarchie *Sales Territories* (Abbildung 6.34). Beachten Sie, dass beispielsweise in Europa Elemente redundant enthalten sind, in Nordamerika allerdings nicht.

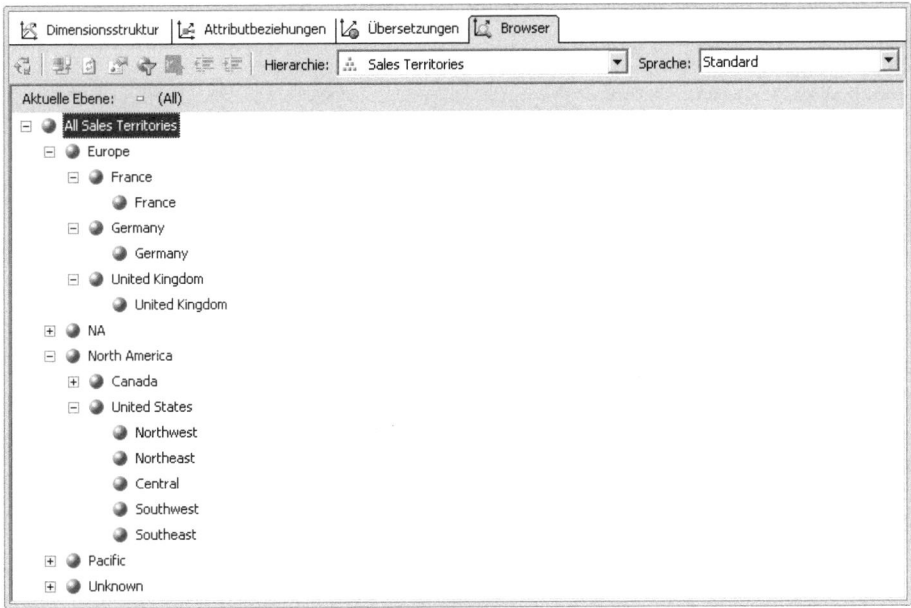

Abbildung 6.34 Hierarchie *Sales Territories* mit redundanten Elementen

2. Wechseln Sie zur Registerkarte *Dimensionsstruktur* und wählen Sie im Bereich *Hierarchien* die benutzerdefinierte Hierarchie *Sales Territories* aus. Klicken Sie auf die Hierarchieebene *Sales Territory Country* und legen im Eigenschaftenfenster die *HideMemberIf*-Eigenschaft auf die Option *OnlyChildWithParentName* fest. Verfahren Sie analog mit der Hierarchieebene *Sales Territory Region* (Abbildung 6.35).

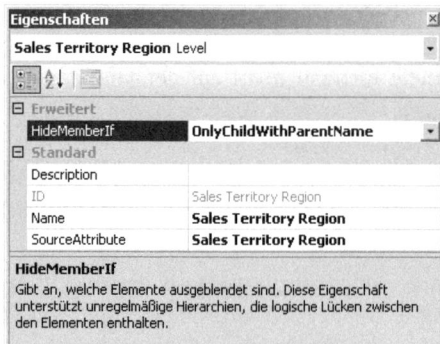

Abbildung 6.35 Eigenschaftenfenster für die Hierarchieebene *Sales Territory Region*

3. Verarbeiten Sie die Dimension und wechseln nach der erfolgreichen Bereitstellung zur Registerkarte *Browser*. Klicken Sie auf *Verbindung wiederherstellen* und beachten Sie, dass keine redundanten Elemente mehr vorhanden sind (Abbildung 6.36).

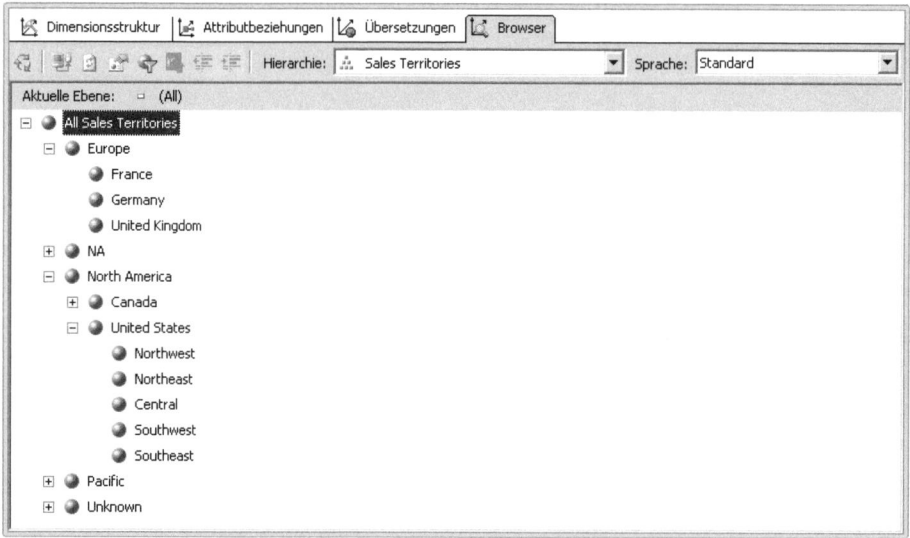

Abbildung 6.36 Benutzerdefinierte Hierarchie *Sales Territories* ohne redundante Elemente

Die *HideMemberIf*-Hierarchieebeneneigenschaft bietet gute Möglichkeiten, um unregelmäßige Hierarchien zu bearbeiten. Standardmäßig ist für jede Hierarchieebene einer benutzerdefinierten Hierarchie die *HideMemberIf*-Hierarchieebeneneigenschaft auf die Option *Never* festgelegt, Ebenenelemente werden also standardmäßig nie ausgeblendet.

In der Hierarchie *Sales Territories* kann die Ausblendung der untergeordneten Ebenelemente ebenfalls mit der Option *ParentName* erreicht werden. Diese Option blendet die Ebenelemente aus, die den gleichen Elementnamen haben wie das übergeordnete Ebenelement. Bei der Option *OnlyChildWithNoName* wird ein Ebenelement dann ausgeblendet, wenn es das einzige untergeordnete Element eines übergeordneten Elements ist und der Elementname einen NULL-Wert enthält oder es sich um eine leere Zeichenfolge handelt. Schließlich wird bei der Option *NoName* ein Ebenelement dann ausgeblendet, wenn sein Elementname eine leere Zeichenfolge ist.

Dimensionen erweitern

In den Analysis Services wurden viele Features und Erweiterungen integriert, um automatische und intelligente Lösungen für typische Geschäftsprobleme bereitzustellen. Benutzer mit wenig Erfahrung bei der Modellierung komplexer Business Intelligence-Probleme werden durch Business Intelligence-Assistenten umfassend unterstützt. Mithilfe der Business Intelligence-Assistenten können für Dimensionen und Cubes Business Intelligence-Erweiterungen definiert und erweiterte Optionen festgelegt werden. Hierbei kann es sich um Dimensions- oder Cubeerweiterungen handeln.

Dimensionserweiterungen können auf Dimensionen und Cubes angewendet werden, wobei Cubeerweiterungen nur auf Cubes angewendet werden können. Mit dem Business Intelligence-Assistenten werden Eigenschaften für vorhandene Objekte festgelegt, neue Objekte erstellt und MDX-Skripts automatisch generiert, um Erweiterungen wie Dimensions- und Zeitintelligenz oder Währungsumrechnungen zu implementieren. In Abbildung 6.37 werden die in den Analysis Services verfügbaren Business Intelligence-Erweiterungen angezeigt.

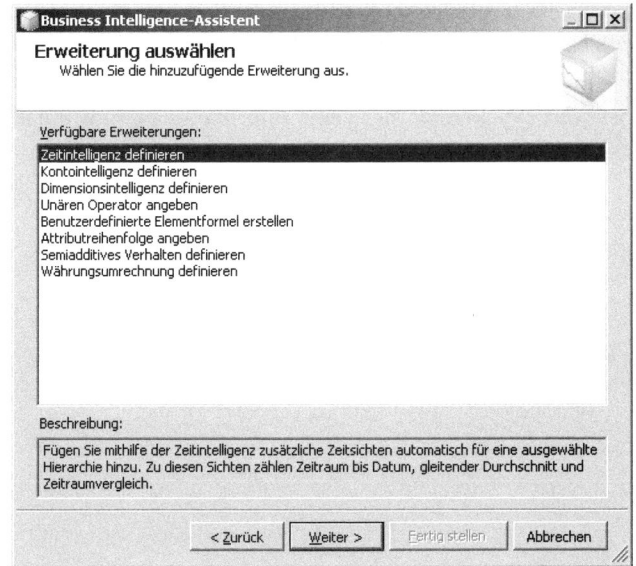

Abbildung 6.37 Business Intelligence-Assistent

Vor dem Ausführen des Business Intelligence-Assistenten muss zunächst die Dimension oder der Cube ausgewählt werden, auf den die Business Intelligence-Erweiterungen angewendet werden sollen. Bei der Auswahl eines Cubes können Erweiterungen auf den Cube oder der Cubedimension hinzugefügt werden. Bei der Auswahl einer Cubedimension wird die Erweiterung auf die Datenbankdimension angewendet. Die Dimensionserweiterung steht dann allen Cubes zur Verfügung, die diese Dimension verwenden. Betrachten Sie im weiteren Verlauf des Kapitels exemplarisch einige Dimensionserweiterungen. Ein Beispiel für eine Cubeerweiterung finden Sie in Kapitel 7.

Dimensionsintelligenz definieren

Sie können eine Dimension um Dimensionsintelligenz erweitern, indem Sie für eine Dimension einen Standardunternehmenstyp und für die Dimensionsattribute gültige Typen definieren. Diese Typspezifikationen können dann in Clientanwendungen verwendet werden, um Benutzern bei Analysen der Unternehmensdaten eine zusätzliche Unterstützung zu bieten. Die Analysis Services stellen eine Vielzahl von Dimensionstypen zur Verfügung.

Bei der Auswahl der Dimensionstypen *Accounts*, *Currency* und *Time* wird ein spezifisches serverbasiertes Verhalten festgelegt. Diese Einstellungen können dann erforderlich sein, um ein bestimmtes Verhalten im Cube zu implementieren (ein Beispiel für den Dimensionstyp *Time* finden Sie in Kapitel 7). Bei allen anderen Dimensionstypen werden Informationen (Metadaten) zum Inhalt einer Dimension für Server- und Clientanwendungen bereitgestellt. Beispielsweise könnte in einer Clientanwendung ein Dimensionssymbol entsprechend dem Dimensionstyp besonders angezeigt werden. Befolgen Sie die nächsten Schritte, um für die Dimension *Customer* Dimensionsintelligenz zu implementieren:

1. Doppelklicken Sie im Projektmappen-Explorer im Ordner *Dimensionen* auf *Customer*, um die Dimension im Dimensions-Designer zu öffnen. Klicken Sie in der Symbolleiste auf die Schaltfläche *Business Intelligence hinzufügen*. Wählen Sie auf der Seite *Erweiterung auswählen* die Option *Dimensionsintelligenz definieren* und klicken Sie auf *Weiter*.

2. Die Standardeinstellung aller Dimensionen ist vom Typ *Regular*, der keine Informationen zum Inhalt einer Dimension anbietet. Wählen sie auf der Seite *Dimensionsintelligenz definieren* in der Dimensionstypliste die Option *Customers* aus.

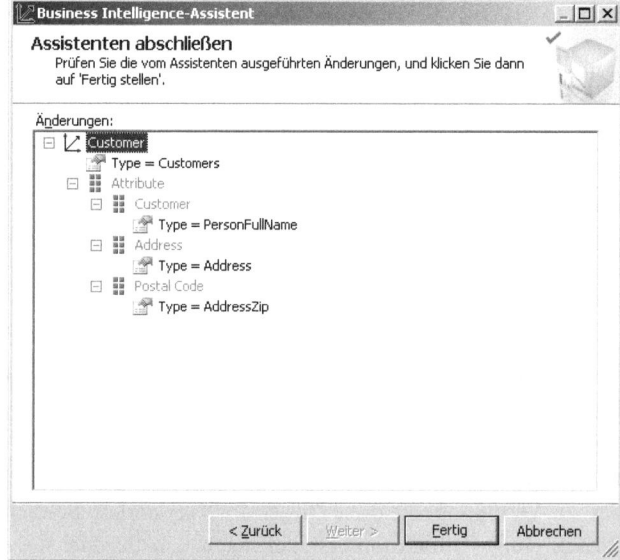

Abbildung 6.38 Seite *Assistenten abschließen* der Dimensionserweiterung *Dimensionsintelligenz definieren*

3. Nach der Auswahl des Dimensionstyps können Sie im Bereich *Dimensionsattribute* definieren, welche Attributtypen aktiviert werden sollen, indem Sie in der Spalte *Einschließen* das Kontrollkästchen neben den einzelnen Attributtypen aktivieren und in der Spalte *Dimensionsattribut* aus der Liste das entsprechende Attribut auswählen. Aktivieren Sie zum Demonstrationszweck lediglich die Attributtypen *Voll-*

ständiger *Name*, *Adresse* und *PLZ* aus. Ordnen Sie den Attributtypen die entsprechenden Dimensionsattribute *Customer*, *Address* und *Postal Code* zu und klicken anschließend auf *Weiter*.

4. Auf der Seite *Assistenten abschließen* können Sie die definierten Zuordnungen überprüfen und anschließend auf *Fertig* klicken, um den Assistenten zu beenden (Abbildung 6.38).

Attributreihenfolge angeben

Sie haben im vorherigen Abschnitt dieses Kapitel bereits die Möglichkeit kennengelernt, Attribute nach einer benutzerdefinierten Reihenfolge zu sortieren. Wenn Sie die dazu notwendige Vorgehensweise als etwas mühsam empfunden haben, bietet die Dimensionserweiterung *Attributreihenfolge angeben* einen bequemeren Weg, die Sortierreihenfolge von Dimensionsattributen in einem einfachen Schritt anzuzeigen und zu ändern. Verbleiben wir zur Demonstration dieser Erweiterung bei der Dimension *Customer*:

1. Klicken Sie in der Symbolleiste auf die Schaltfläche *Business Intelligence hinzufügen*. Wählen Sie auf der Seite *Erweiterung auswählen* die Option *Attributreihenfolge angeben*, und klicken Sie auf *Weiter*.

2. Auf der Seite *Attributreihenfolge angeben* sehen Sie im Bereich *Verfügbare Attribute* sämtliche Dimensionsattribute und die zugehörigen aktuellen Attributreihenfolgen. Sie können dann in der Spalte *Reihenfolgenattribut* durch die Auswahl eines neuen Attributs eine benutzerdefinierte Attributreihenfolge definieren. Weiterhin können Sie in der Spalte *Kriterien* definieren, ob die Attributelemente nach ihrem Schlüssel oder Namen sortiert werden sollen (Abbildung 6.39).

Abbildung 6.39 Seite *Attributreihenfolge* der Dimensionserweiterung *Attributreihenfolge angeben*

Wie Sie sehen, bietet die Dimensionserweiterung *Attributreihenfolge angeben* eine bequeme Möglichkeit, sämtliche Attributreihenfolgen einer Dimension in einem Schritt zu definieren. Allerdings müssen Sie hierbei beachten, dass durch die Definition der Attributreihenfolge Änderungen an allen Dimensionen vorgenommen werden und Änderungen an sämtliche Cubedimensionen vererbt werden.

Rückschreiben von Dimensionen aktivieren

Ein typischer Nebeneffekt der Implementierung einer OLAP-Lösung besteht darin, dass nachträglich oftmals ein Mangel an Datenqualität erkannt wird. Beispielsweise wird nach der Implementierung der OLAP-Lösung entdeckt, dass Mitarbeiter falschen Abteilungen zugeordnet sind, dass Mitarbeiter gänzlich fehlen oder dass Mitarbeiternamen falsch geschrieben sind. Eine nachträgliche Pflege von mangelhaften Daten ist eine Aufgabe, die bei OLAP-Designern sicherlich nicht besonders beliebt ist.

Ein Lösungsansatz könnte hierbei sein, dass Benutzern der Schreibzugriff auf die relationale Datenbank gewährt wird, was allerdings jeder Datenbankadministrator aus gutem Grund sicherlich ablehnen würde. Ein besserer Lösungsansatz wäre es, Benutzern im Dimensions-Browser die Pflege der mangelhaften Daten zu ermöglichen. Die Analysis Services bieten für dieses Szenario eine Möglichkeit, die es Benutzern erlaubt, manuelle Änderungen im Dimensions-Browser (oder anderen Clientanwendungen) durchzuführen. Mithilfe der *WriteEnabled*-Dimensionseigenschaft können Benutzer die Dimensionsstruktur und -elemente manuell ändern. Änderungen an einer Dimension mit aktiviertem Schreibzugriff werden direkt in der Dimensionstabelle gespeichert. Ein zusätzlicher positiver Effekt ist sicherlich auch die intuitive Benutzeroberfläche des Dimensions-Designers, die es Benutzern ohne technischen Hintergrund erleichtert, Änderungen an den Dimensionsdaten durchzuführen.

Standardmäßig ist der Schreibzugriff für Dimensionen nicht aktiviert (Dimensionseigenschaft *WriteEnabled* mit Standardwert *False*). Der Schreibzugriff für Dimensionen unterliegt allerdings einer wesentlichen Einschränkung, es können lediglich Dimensionstabellen verwendet werden, die in der Datenquellenansicht direkt mit einer Faktentabelle verknüpft sind (Star-Schema). Befolgen Sie die nächsten Schritte, um den Schreibzugriff für die Dimension *Employee* zu aktivieren:

1. Doppelklicken Sie im Projektmappen-Explorer im Ordner *Dimensionen* auf *Employees*, um die Dimension im Dimensions-Designer zu öffnen. Klicken Sie auf eine beliebige leere Stelle der Bereiche *Attribute* oder *Hierarchien*, und legen Sie die *WriteEnabled*-Dimensionseigenschaft auf den Wert *True* fest (Abbildung 6.40).

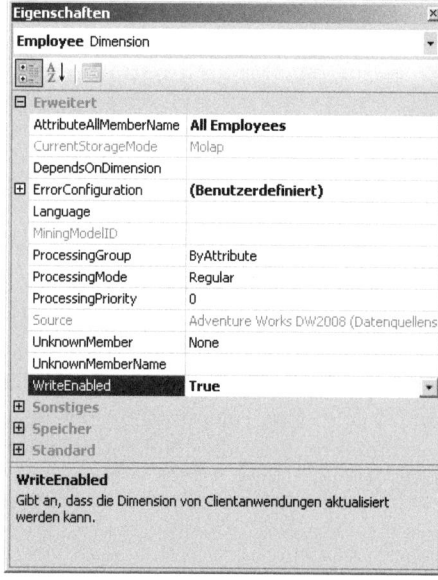

Abbildung 6.40 Eigenschaftsseite der Dimension *Employee*

Dimensionen erweitern

2. Legen Sie die *AttributeHierarchyVisible*-Eigenschaft des Attributs *Employee* auf den Wert *True* fest. Ignorieren Sie die Warnung bezüglich des Schlüsselattributs in einer Parent-Child-Dimension. Wenn Sie in einer Dimension den Schreibzugriff aktiviert haben, muss das Schlüsselattribut sichtbar sein, ansonsten erhalten Sie im Browser des Dimensions-Designers eine leere Liste der weiteren Elementeigenschaften und können diese nicht anpassen, was ja der Sinn des Rückschreibens ist.

3. Nachdem Sie den Schreibzugriff aktiviert haben, müssen Sie zwingend die Dimension verarbeiten, um Änderungen an der Dimension durchführen zu können. Wechseln Sie nach der erfolgreichen Bereitstellung zur Registerkarte *Browser*, und wählen Sie in der Hierarchieliste den Eintrag *Employees* aus. Erweitern Sie die Hierarchie.

4. Beachten Sie, dass jetzt in der Symbolleiste die Schaltfläche *Rückschreiben* aktiviert ist. Klicken Sie auf die Schaltfläche und beachten Sie, dass die Elementeigenschaft *Key* automatisch angezeigt wird. Klicken Sie in der Symbolleiste auf die Schaltfläche *Elementeigenschaften*. Wählen Sie aus der Liste die Elementeigenschaft *Department Name* aus und klicken Sie anschließend auf *OK*.

Nehmen wir an, dass der Mitarbeiter *Stephen Y. Jiang* einer falschen Abteilung zugeordnet ist. Klicken Sie in der Spalte *Department Name* langsam zweimal auf *Sales*. Ein roter Stift erscheint, und Sie haben die Möglichkeit, den Abteilungsnamen zu ändern (Abbildung 6.41).

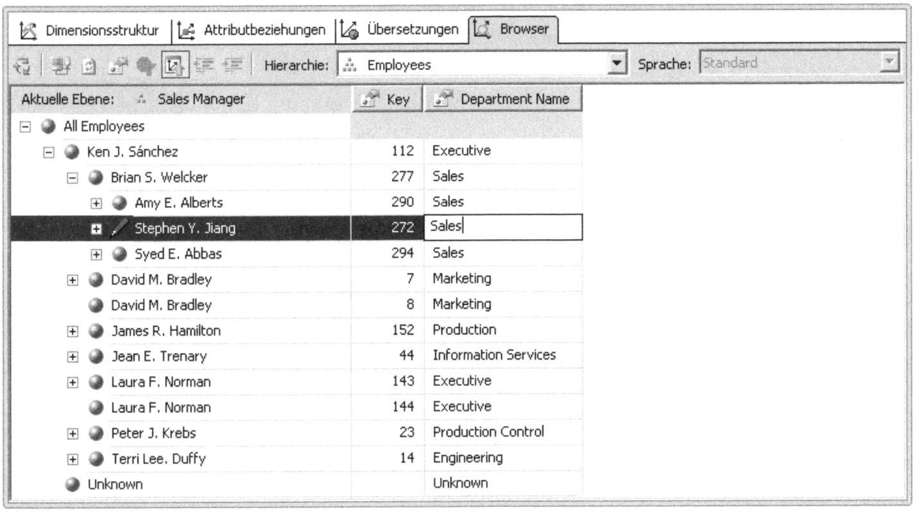

Abbildung 6.41 Elementeigenschaften bei aktiviertem Schreibzugriff

In *Parent-Child*-Hierarchien bestehen weitere Möglichkeiten zur Bearbeitung der Elemente. Klicken Sie mit der rechten Maustaste auf irgendeinen Mitarbeiter, und betrachten Sie das Kontextmenü (Abbildung 6.42). Bei aktiviertem Schreibzugriff können Sie Ebenen innerhalb der Hierarchie verschieben, indem Sie sie mit der Maus in die entsprechende Ebene ziehen (eine Mehrfachauswahl ist möglich) oder alternativ im Kontextmenü einen der Befehle *Einzug vergrößern* und *Einzug verkleinern* aufrufen. Die Änderungen werden transaktional durchgeführt, d.h. entweder werden alle Änderungen durchgeführt oder bei Fehlern werden keine Änderungen durchgeführt. Die Dimension muss nicht verarbeitet werden, um die Änderungen anzuzeigen. Sämtliche Änderungen werden sofort ausgeführt.

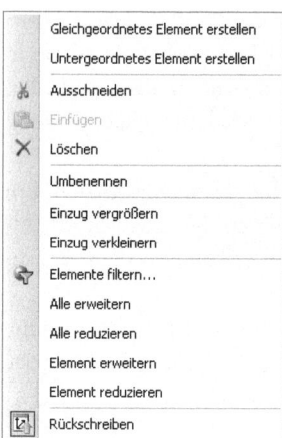
Abbildung 6.42 Kontextmenü beim aktivierten Schreibzugriff

Neben den Bearbeitungsmöglichkeiten an bestehenden Elementen unterstützt der aktivierte Schreibzugriff auch das Hinzufügen von neuen Elementen. Sie können in einer benutzerdefinierten Hierarchie neue gleichgeordnete und untergeordnete Elemente erstellen. Die Werte in der Tabellenzeile basieren dann auf den entsprechenden definierten Werten der Elementeigenschaften. Allerdings ist hierbei zu beachten, dass beim Hinzufügen von neuen Elementen, sämtliche Elementeigenschaften angezeigt und bearbeitet werden sollten. Sollten beispielsweise Tabellenspalten keine NULL-Werte erlauben, dann müssen die entsprechenden Elementeigenschaften Werte enthalten. Um Elemente zu löschen, wählen Sie einfach den Befehl *Löschen* oder verwenden die [Entf]-Taste.

Dimensionen übersetzen

In den Analysis Services ist eine Dimensionsübersetzung eine sprachspezifische Darstellung der Namen der Dimensionsobjekte oder seiner Elemente. Übersetzungen bieten Unterstützung für internationale Benutzer. Häufig werden Dimensionen und Cubes von Benutzern aus verschiedenen Ländern durchsucht. Hierbei wäre es sinnvoll, wenn die unterschiedlichen Dimensionsobjekte und -elemente in der jeweiligen Sprache des Benutzers angezeigt werden würden, damit Benutzer Dimensionen und Cubes verstehen und analysieren können. Beispielsweise könnte ein Benutzer aus Spanien über seinen Arbeitsrechner mit einer spanischen Gebietsschemaeinstellung auf eine Dimension zugreifen. Für diesen Benutzer werden die Dimensionsobjekte und -elemente in spanischer Sprache angezeigt. Greift ein Benutzer aus Deutschland über seinen Arbeitsrechner auf dieselben Dimensionsobjekte und -elemente zu, werden diese in deutscher Sprache angezeigt.

Die Sprachinformationen werden in Form eines Gebietsschemabezeichners (*Locale Identifier*) auf den Clientrechner gespeichert. Wenn sich ein Clientrechner mit den Analysis Services verbindet, übergibt der Clientrechner seine Gebietsschemaeinstellung an die Analysis Services. Die Analysis Services verwenden dann den Gebietsschemabezeichner um zu bestimmen, welche Übersetzung an den Clientrechner automatisch übergeben werden soll (sollte keine Übersetzung zum Gebietsschema vorhanden sein, wird automatisch die Standardsprache verwendet). Die Einstellung des Gebietsschemas können Sie für Ihren Arbeitsrechner festlegen, indem Sie in der Systemsteuerung auf das Symbol *Regions- und Sprachoptionen* doppelklicken. Im gleichnamigen Dialogfeld wählen Sie die Registerkarte *Formate* aus und definieren dann in der Liste *Aktuelles Format* das Gebietsschema aus.

Dimensionen übersetzen

Die Gebietsschemaeinstellung können Sie auch in den Analysis Services anzeigen und bearbeiten. Klicken Sie hierzu im Projektmappen-Explorer im Ordner *Datenquellen* mit der rechten Maustaste auf *KAP06* und wählen im Kontextmenü den Eintrag *Öffnen* aus. Im Dialogfeld *Datenquellen-Designer* klicken Sie auf die Schaltfläche *Bearbeiten*. Im Dialogfeld *Verbindungs-Manager* wechseln Sie zur Ansicht *Alle*. Beachten Sie das bearbeitbare Feld *Locale Identifier* mit dem Wert *1031*. Der Wert *1031* steht für die Gebietsschemaeinstellung *Deutsch (Deutschland)* (Abbildung 6.43).

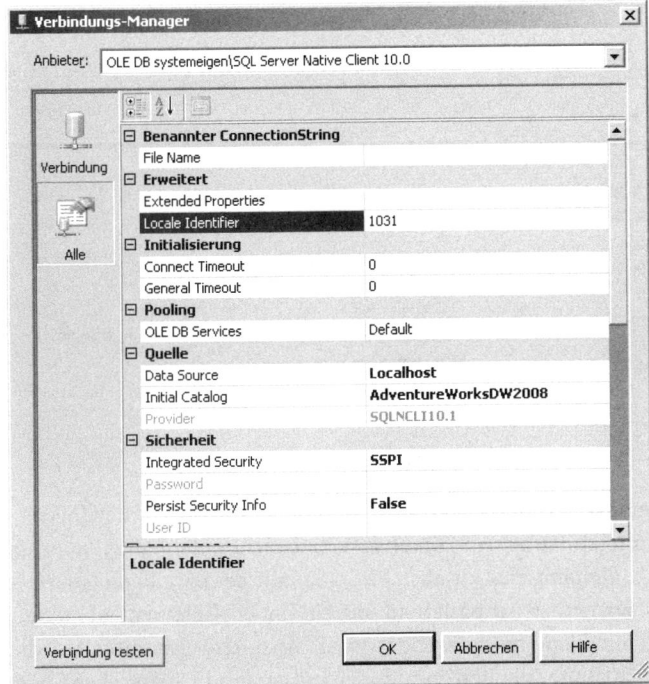

Abbildung 6.43 Verbindungseigenschaften der Datenquelle *AdventureWorksDW2008*

In den Analysis Services können Dimensionsmetadaten und -daten übersetzt werden. Dimensionsübersetzungen werden mithilfe der Registerkarte *Übersetzungen* im Dimensions-Designer erstellt und bearbeitet. Befolgen Sie die Schritte im folgenden Abschnitt, um für die Dimension *Customer* eine Unterstützung für die spanische Sprache zu implementieren.

Metadaten übersetzen

Dimensionsübersetzungen werden mithilfe der Registerkarte *Übersetzungen* im Dimensions-Designer implementiert. Sie können Übersetzungen nicht nur für die Beschriftungen von Attributen definieren, sondern auch für die Beschriftungen von Attributelementen. Doppelklicken Sie im Projektmappen-Explorer im Ordner *Dimensionen* auf *Customer*, um die Dimension im Dimensions-Designer zu öffnen. Wechseln Sie zur Registerkarte *Übersetzungen*. Mithilfe des Bereichs *Übersetzungsdetails* können Sie Übersetzungen für die ausgewählte Dimension erstellen und bearbeiten. Wie aus dem Namen der Spalte *Standardsprache* ersichtlich, werden sämtliche Dimensionsobjekte in der Standardsprache angezeigt. In der Spalte *Objekttyp* werden die Dimensionsobjekte und -eigenschaften angezeigt, die übersetzt werden können:

1. Klicken Sie in der Symbolleiste auf die Schaltfläche *Neue Übersetzung*, um eine neue Übersetzungsspalte zu erstellen. Wählen Sie im Dialogfeld *Sprache auswählen* die Option *Spanisch (Spanien)* für die neue Übersetzung aus. Klicken Sie anschließend auf *OK*.
2. Eine gleichnamige Übersetzungsspalte wird erstellt. Fügen Sie gemäß Abbildung 6.44 Übersetzungen der Beschriftungen zu einigen Dimensionsobjekten hinzu.

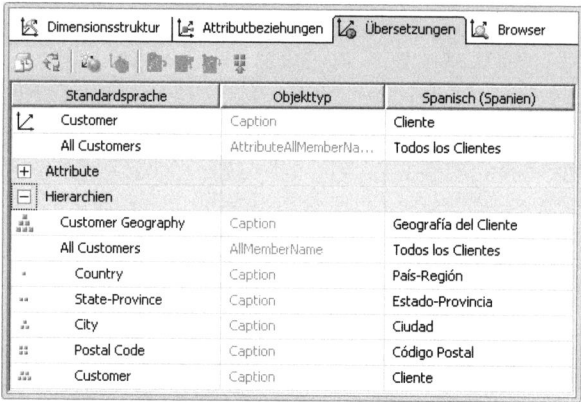

Abbildung 6.44 Übersetzungen der Beschriftungen von Dimensionsobjekten

Daten übersetzen

Neben den Übersetzungen von Dimensionsmetadaten unterstützen die Analysis Services auch die Übersetzungen von Dimensionsdaten. Um die Sprachunterstützung von Dimensionsdaten zu implementieren, muss die Dimensionstabelle für jedes zu übersetzende Element eine zusätzliche Spalte mit der jeweiligen Übersetzung des Elements enthalten. Ein bestimmtes Element wird basierend auf ein anderes Element übersetzt, indem die gespeicherte Übersetzung des anderen Elements verwendet wird. Beispielsweise enthalten die Dimensionstabellen *Customer* und *Geography* Attribute, die bestimmte Elementnamen in spanischer Sprache enthalten (wie beispielsweise *SpanishCountryRegionName*):

1. Klicken Sie für das Attribut *Country Region* in der spanischen Übersetzungsspalte auf die entsprechende Zelle. Eine Schaltfläche mit einem Punkt erscheint in der Zelle. Klicken Sie auf die Schaltfläche, um das Dialogfeld *Attributdatenübersetzung* zu öffnen.
2. Geben Sie in das Feld *Übersetzte Beschriftung* für die Attributbeschriftung *País-Región* ein und wählen in der Liste *Übersetzungsspalten* das Attribut *SpanishCountryRegionName* aus (Abbildung 6.45). Die Sortierreihenfolge bestimmt, wie die Daten sortiert und gespeichert werden. Diese Einstellung ist identisch mit den Einstellungen der Sortierreihenfolge der SQL Server Database Engine. Klicken Sie anschließend auf *OK*.

Dimensionen übersetzen

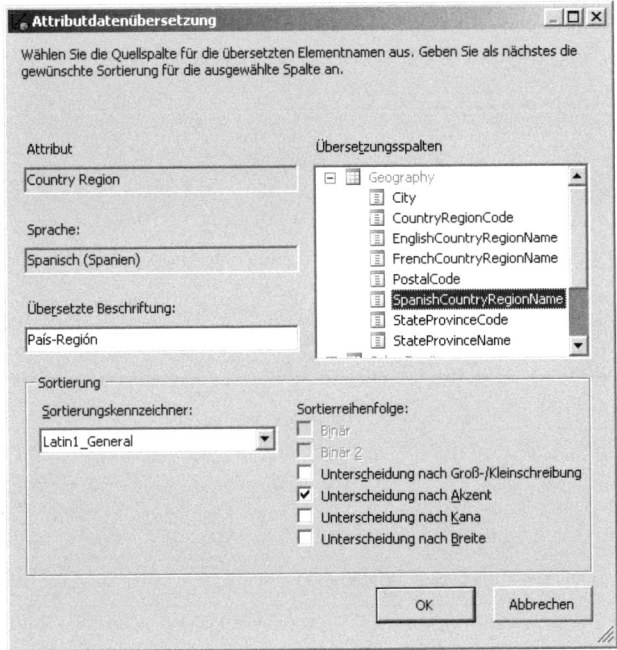

Abbildung 6.45 Dialogfeld *Attributdatenübersetzung* mit definierter Zuordnung

3. Verarbeiten Sie die Dimension und wechseln Sie nach der erfolgreichen Bereitstellung zur Registerkarte *Browser*. Klicken Sie gegebenenfalls auf *Verbindung wiederherstellen*. Wählen Sie in der Sprachenliste die Option *Spanisch (Spanien)* aus. Beachten Sie, dass sowohl die Beschriftungen als auch die Elemente der benutzerdefinierten Hierarchie *Customer Geography* jetzt in spanischer Sprache angezeigt werden (Abbildung 6.46).

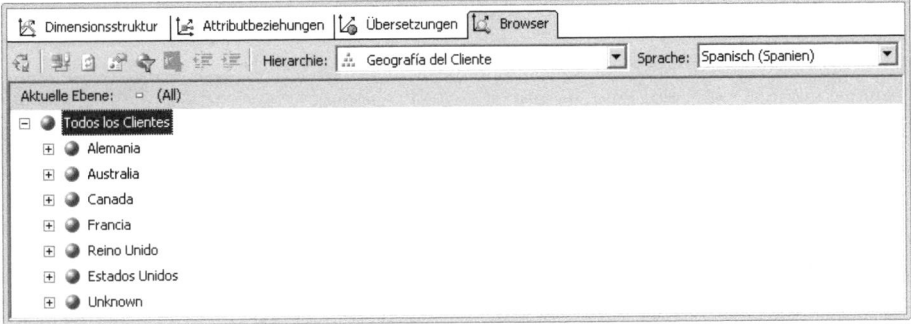

Abbildung 6.46 Benutzerdefinierte Hierarchie *Customer Geography* in spanischer Sprache

Wie Sie sehen können, ist die Implementierung einer Sprachunterstützung für Dimensionsmetadaten und -daten denkbar einfach (Voraussetzung ist natürlich, dass die jeweilige Sprache beherrscht wird). Bei einem produktiven Einsatz der Analysis Services wäre die Hilfe von professionellen Übersetzern sicherlich hilfreich.

Kapitel 7

Cubes bearbeiten

In diesem Kapitel:

Cubes erstellen	178
Cubes bearbeiten	178
Cubes erweitern	217
Endbenutzermodell	220

In den Analysis Services stellt ein Cube einen intuitiven Mechanismus zur Verfügung, mit denen Benutzer Daten in einer Business Intelligence-Lösung durchsuchen können. Cubes werden in einer hierarchisch organisierten und entlang von Dimensionen aggregierten Struktur zur Verfügung gestellt. Eine Analysis Services-Datenbank kann viele unterschiedliche Cubes unterstützen, beispielsweise einen Cube für den Marketing-, einen Cube für den Finanz- oder einen Cube für den Vertriebsbereich.

In diesem Kapitel werden die grundlegenden Cubeobjekte sowie die Möglichkeiten zu deren Bearbeitung dargestellt. Es wird gezeigt, wie Measures und Measuregruppen bearbeitet und erweitert werden können, welche mögliche Dimensionsbeziehungen unterstützt werden und wie mit benutzerdefinierten Berechnungen die Analysemöglichkeiten eines Cube erweitert werden können. Zusätzlich erhalten Sie einen Einblick in das Endbenutzermodell der Analysis Services, das Endbenutzern die Interaktion mit Daten erleichtert.

Cubes erstellen

Im Business Intelligence Development Studio können Sie mithilfe des Cube-Assistenten Cubes erstellen. Abhängig davon, ob ein Cube auf einer vorhandenen Datenquelle basiert oder nicht, führt der Assistent Sie durch die entsprechenden Schritte. Auf den Seiten des Assistenten werden die Informationen gesammelt, die erforderlich sind, um die Datenquellensicht, Dimensionen, Hierarchien sowie die Measures und Measuregruppen zu erstellen.

Beim Erstellen des Cube können vorhandene Dimensionen hinzugefügt oder neue Dimensionen erstellt werden. Sie können Cubes mit oder ohne Datenquellen erstellen. Erstellen Sie einen Cube mit Datenquellen, wenn für das Definieren der multidimensionalen Objekte und den Zugriff auf Daten eine Datenquellensicht erforderlich ist. Erstellen Sie Cubes ohne Datenquellen, wenn Sie zunächst die multidimensionalen Objekte definieren und anschließend das erforderliche Schema generieren möchten. Den Cube-Assistenten haben Sie bereits in Kapitel 4 kennengelernt, und daher ist der Cube-Assistent nicht Gegenstand dieses Kapitels. Öffnen Sie im Verzeichnis *V:\BISS2008-Projekte\KAP07* das Projekt KAP07, um das vorbereitete Analysis Services-Projekt für dieses Kapitel bearbeiten zu können. In dem Projekt sind die vorhandenen Dimensionen bereits vorbereitet worden, damit Sie sich auf das Arbeiten mit Cubes konzentrieren können.

Cubes bearbeiten

Bestehende Cubes werden im Business Intelligence Development Studio mit dem Cube-Designer bearbeitet. Im Cube-Designer werden die verschiedenen Eigenschaften eines Cube, einschließlich der Measures und Measuregruppen, der Cubedimensionen und Dimensionsbeziehungen, der Berechnungen und Key Performance Indicators (KPIs), von Aktionen, Partitionen und Perspektiven sowie von Übersetzungen angezeigt und bearbeitet. Zusätzlich können im Cube-Designer die in dem Cube enthaltenen Daten durchsucht werden. Der Cube-Designer kann im Projektmappen-Explorer mit einem Doppelklick auf den ausgewählten Cube oder alternativ mit einem Rechtsklick auf den Cube und den Befehlen *Öffnen* oder *Ansicht-Designer* aus dem Kontextmenü geöffnet werden.

Cubes bearbeiten

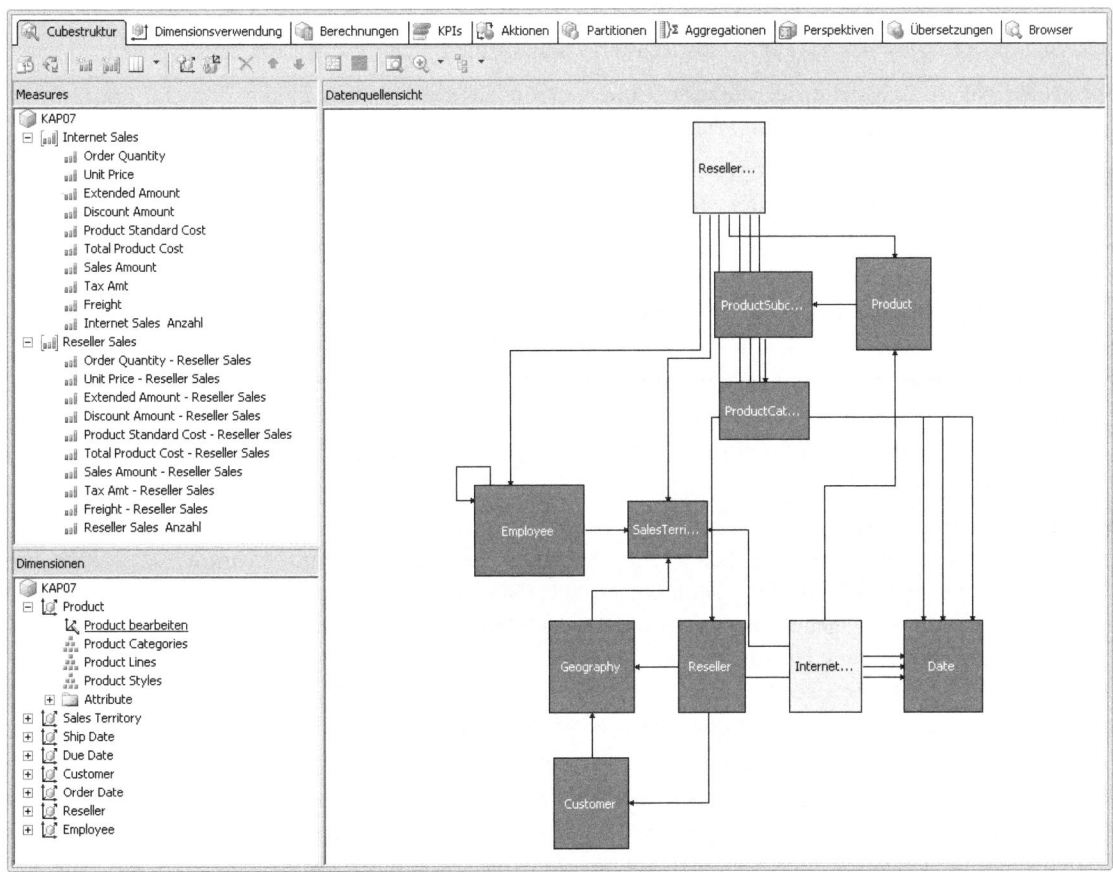

Abbildung 7.1 Analysis Services-Projekt *KAP07* im Cube-Designer angezeigt

Der Cube-Designer besteht aus mehreren Registerkarten, mit denen Sie die verschiedenen Eigenschaften eines Cubes anzeigen und bearbeiten können (Abbildung 7.1). Die Anordnung der Registerkarten (von links nach rechts) spiegelt die typische Vorgehensweise bei der Implementierung von Cubes wieder. Bei der Entwicklung eines Cubes werden Sie in der Regel die meiste Zeit mit den Registerkarten *Cubestruktur* und *Dimensionsverwendung* verbringen. Mithilfe der Registerkarte *Cubestruktur* können Sie Measures und Measuregruppen erstellen und ändern, Cubedimensionen hinzufügen und die dem Cube zugeordneten Dimensions- und Faktentabellen in der Datenquellensicht anzeigen. Mithilfe der Registerkarte *Dimensionsverwendung* lassen sich die Beziehungen zwischen den Cubedimensionen und den Measuregruppen erstellen und ändern.

Wie der Name schon vermuten lässt, können Sie mithilfe der Registerkarte *Berechnungen* berechnete Elemente und benannte Mengen sowie MDX-Skripts erstellen und bearbeiten. Als nächstes können Sie KPIs, Aktionen, Perspektiven und Übersetzungen mithilfe der gleichnamigen Registerkarten zu dem Cube definieren. Auf der Registerkarte *Partitionen* können Sie Partitionen erstellen und ändern sowie die Einstellungen für das proaktive Zwischenspeichern von Measuregruppen und Partitionen festlegen. Auf der Registerkarte *Aggregationen* können Sie im Cube vorausberechnete Aggregationen von Daten bearbeiten, um die Abfrageleitung von Cubes zu beschleunigen. Hierbei haben Sie die Möglichkeit, mit dem *Aggregationsentwurfs-Assis-*

tenten oder dem *Verwendungsbasierte Optimierungs-Assistenten* Aggregationsentwürfe zu erstellen und zu ändern. Schließlich können Sie auf der Registerkarte *Browser* die Daten für den Cube durchsuchen.

Betrachten wir zunächst die Registerkarte Cubestruktur. Sie gliedert sich in die Bereiche *Symbolleiste*, *Measures*, *Dimensionen* sowie *Datenquellensicht*.

- **Symbolleiste**   Die Symbolleiste verwenden Sie zum Ausführen von allgemeinen Aktionen, wie beispielsweise Measuregruppen verarbeiten, neue Measuregruppen erstellen oder Cubedimensionen hinzufügen.

- **Datenquellensicht**   Analog zu dem Dimensions-Designer zeigt der Bereich *Datenquellensicht* die dem Cube zugeordneten Dimensions- (blau) und Faktentabellen (gelb). Aus diesem Bereich können neue Measures erstellt werden, indem Sie Spalten aus dem Bereich *Datenquellensicht* in den Bereich *Measures* ziehen. Alternativ können Sie mit einem Rechtsklick auf eine Spalte und Auswahl des Kontextmenübefehls *Neues Measure aus Spalte* neue Measures erstellen. Ein Cube kann eine Vielzahl von Dimensions- und Faktentabellen enthalten. Zur besseren Übersicht lassen sich die Dimensions- und Faktentabellen durch die Schaltfläche *Strukturansicht anzeigen*, die sich in der Symbolleiste befindet, in einer Strukturansicht anzeigen.

- **Measures**   Im Bereich *Measures* können Measuregruppen und Measures erstellt und bearbeitet werden. Der Bereich *Measures* unterstützt zwei Ansichtsmodi: Der Ansichtsmodus *Measurestruktur* zeigt die Struktur der Measuregruppen, deren untergeordnete Objekte Measures sind. Erweitern Sie die Measuregruppen, um die jeweiligen Measures anzuzeigen. Der Ansichtsmodus *Measureraster* zeigt Measures und die Measureeigenschaften an, auf die oft zugegriffen wird. Der Ansichtsmodus *Measureraster* enthält vier Spalten mit dem Namen des Measures, dem Namen der Measuregruppe, die das Measure enthält, den Datentyp sowie der Aggregationsfunktion des Measures.

  Da mit dem Cube-Assistenten nur zwei Faktentabellen ausgewählt wurden, enthält der Cube dementsprechend die Measuregruppen *Internet Sales* und *Reseller Sales*. Wählen Sie einige Measures aus und betrachten Sie im Eigenschaftenfenster deren Eigenschaften. Die Datentypen der Measures werden von den zugrunde liegenden Tabellenspalten vererbt (*Inherited*), wie in der *DataType*-Eigenschaft zu sehen ist. Beachten Sie, dass die Aggregationsfunktion der Measures *Sum* ist, welche die häufigste Aggregationsfunktion in OLAP ist. Die einzige Ausnahme sind die vom Cube-Assistenten automatisch hinzugefügten Measures *Internet Sales Anzahl* und *Reseller Sales Anzahl*. Diese Measures beinhalten als Aggregationsfunktion *Count*, um die Anzahl der einzelnen Zeilen in den beiden Faktentabellen zu erfassen.

- **Dimensionen**   Im Bereich *Dimensionen* können Cubedimensionen für den ausgewählten Cube gelöscht, hinzugefügt oder mithilfe des Dimensions-Assistenten bearbeitet werden, einschließlich der entsprechenden Hierarchien und Attribute. Es werden die entsprechenden Cubehierarchien und Cubeattribute angezeigt. Sie können die Cubedimensionen erweitern und auf den Befehl *<Dimension> bearbeiten* klicken, um den Dimensions-Designer für die ausgewählte Dimension zu öffnen. Beachten Sie, dass im Gegensatz zum Projektmappen-Explorer im Bereich *Dimensionen* eine unterschiedliche Anzahl von Dimensionen mit teilweise unterschiedlichen Namen angezeigt wird. Grund hierfür ist, dass Datenbankdimensionen unterschiedliche Rollen in einem Cube haben können. Mehr Informationen über Dimensionen mit unterschiedlichen Rollen erhalten Sie im Verlauf dieses Kapitels.

Bevor Benutzer einen Cube durchsuchen können, muss der Cube bereitgestellt und verarbeitet werden. Beide Aufgaben werden im Business Intelligence Development Studio ausgeführt. Wählen Sie hierzu im Menü *Erstellen* den Befehl *KAP07 bereitstellen*. Der Bereitstellungs- und Verarbeitungsprozess startet und das Business Intelligence Development Studio sendet ein Bereitstellungsskript an die Analysis Services. Beachten

Sie, dass der allgemeine Bereitstellungsprozess in der Ansicht *Ausgabe* (Abbildung 7.2) angezeigt wird, während der detaillierte Bereitstellungsprozess in der Ansicht *Bereitstellungsstatus* wiedergegeben wird.

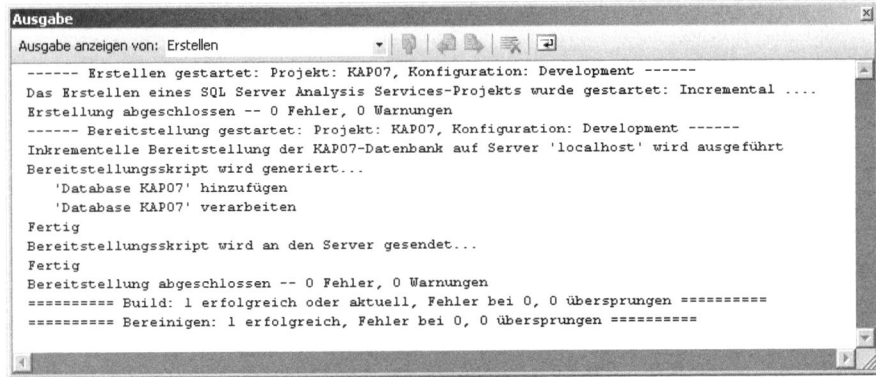

Abbildung 7.2 Allgemeiner Bereitstellungsprozess in der Ansicht *Ausgabe*

Werden keine Fehler entdeckt, wird der Bereitstellungsprozess mit der Meldung *Die Bereitstellung wurde erfolgreich abgeschlossen* beendet (Abbildung 7.3). Sollten Fehler auftreten, werden diese gesondert in der Ansicht *Fehlerliste* angezeigt und der Bereitstellungsprozess wird angehalten.

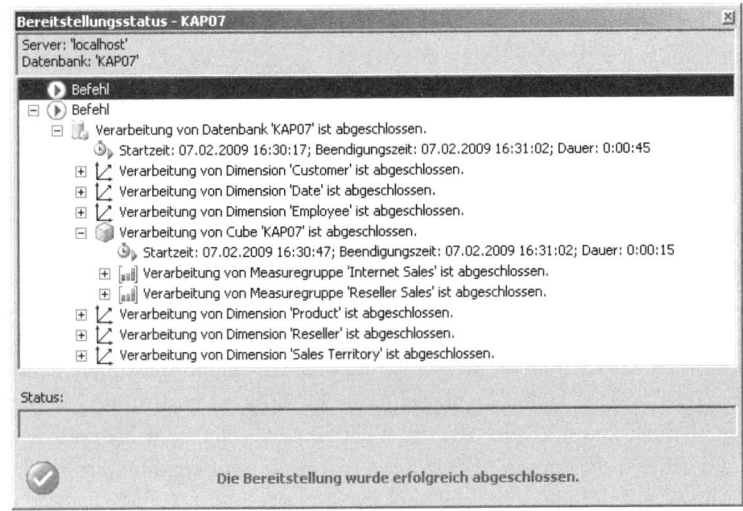

Abbildung 7.3 Detaillierter Bereitstellungsprozess in der Ansicht *Bereitstellungsstatus*

Nach der erfolgreichen Bereitstellung und Verarbeitung des Cube können Benutzer mithilfe der Registerkarte *Browser* die Daten eines Cube durchsuchen. Wenn Sie zur Registerkarte *Browser* wechseln, stellen die Analysis Services-Designer eine Verbindung zu der Analysis Services-Instanz her, um Abfragen an diese zu senden. Sie können die Verbindungs- und Abfrageeigenschaften mit dem Dialogfeld *Optionen* bearbeiten. Rufen Sie hierzu den Menübefehl *Extras/Optionen* auf und erweitern Sie anschließend den Knoten *Business Intelligence-Designer/Analysis Services-Designer/Allgemein*. Sie können auch mithilfe des Dialogfelds einen Standardzielserver für neue Analysis Services-Projekte definieren (Abbildung 7.4).

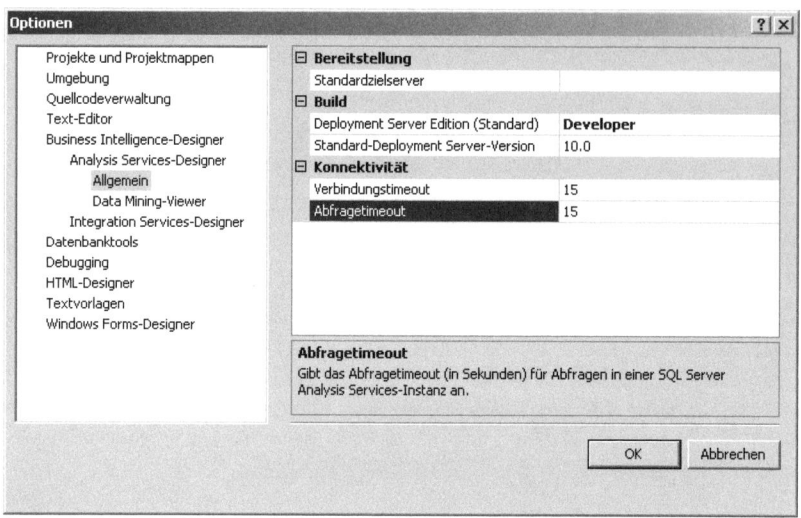

Abbildung 7.4 Verbindungseigenschaften im Dialogfeld *Optionen*

Die Registerkarte *Browser* gliedert sich in die Bereiche *Symbolleiste* einschließlich der Auswahlmöglichkeit von *Perspektiven und Sprachen*, *Measures und Dimensionen* sowie *Bericht*.

Über die Symbolleiste können Sie Aktionen ausführen, die häufig auf der Registerkarte *Browser* verwendet werden, wie beispielsweise Cubes verarbeiten, die Verbindung zu den Analysis Services wiederherstellen oder Berichtsergebnisse löschen. Im Berichtsbereich können Sie Daten aus dem ausgewählten Cube mithilfe des *Microsoft Office PivotTable 11.0*-Steuerelements anzeigen, welches Bestandteil der Office Web Components (OWC) Version 11 ist. Im Metadatenbereich können Sie die Objekte (Measures und Dimensionen), die der Cube beinhaltet, durchsuchen und ausgewählte Elemente in den Filter-, Daten-, Zeilen- und Spaltenbereich des Berichtsbereichs verschieben.

Im Metadatenbereich werden die Measures und Cubedimensionen ähnlich wie auf der Registerkarte *Cubestruktur* in logischen Ordnern gruppiert. Beachten Sie beispielsweise, dass die Measures analog zur Registerkarte *Cubestruktur* in zwei Measuregruppen gruppiert sind. Auch besteht hier die Möglichkeit, einzelne Measuregruppen auszuwählen, hierbei werden die nicht verknüpften Cubedimensionen ausgeblendet. Dies ist für eine bessere Übersicht hilfreich, wenn eine Vielzahl von Measuregruppen und Cubedimensionen existieren. Im Teilcubebereich können Sie filtern, welche Daten im Berichtsbereich für eine bestimmte Menge eines Cube angezeigt werden soll. Beispielsweise lässt sich der Bericht nach Dimensionen und Hierarchien filtern. Zusätzlich können Sie innerhalb einer bestimmten Hierarchie Operatoren verwenden, um nach bestimmten Dimensionselementen zu filtern. Führen Sie dazu folgendes Beispiel aus:

1. Erweitern Sie im Metadatenbereich die Measuregruppe *Internet Sales* und ziehen Sie das Measure *Sales Amount* in den Datenbereich des Berichts. Alternativ können Sie auch mit der rechten Maustaste auf das Measure *Sales Amount* klicken und das Measure dem Datenbereich mit dem Befehl *Zu Datenbereich hinzufügen* aus dem Kontextmenü hinzufügen.
2. Erweitern Sie im Metadatenbereich die Cubedimensionen *Order Date* und *Product*. Ziehen Sie die benutzerdefinierte Hierarchie *Order Date.Calendar* in den Spaltenbereich des Berichts und die benutzerdefinierte Hierarchie *Product Categories* in den Zeilenbereich des Berichts. Alternativ können Sie dem Bericht wiederum Hierarchien mithilfe des Kontextmenüs hinzufügen.

3. Wie bereits oben erwähnt, besteht die Möglichkeit, den Bericht nach Dimensionselementen zu filtern. Erweitern Sie im Teilcubebereich die Dimensionsliste und wählen Sie die Cubedimension *Sales Territory* aus. Wählen Sie in der Hierarchieliste die Option *Sales Territories* und in der Operatorliste die Option *Gleich* aus. Erweitern Sie in der Liste *Filterausdruck* die Hierarchie und wählen Sie das Dimensionselement *Germany* aus. Der Bericht wird damit gemäß den Filterkriterien aktualisiert (Abbildung 7.5).

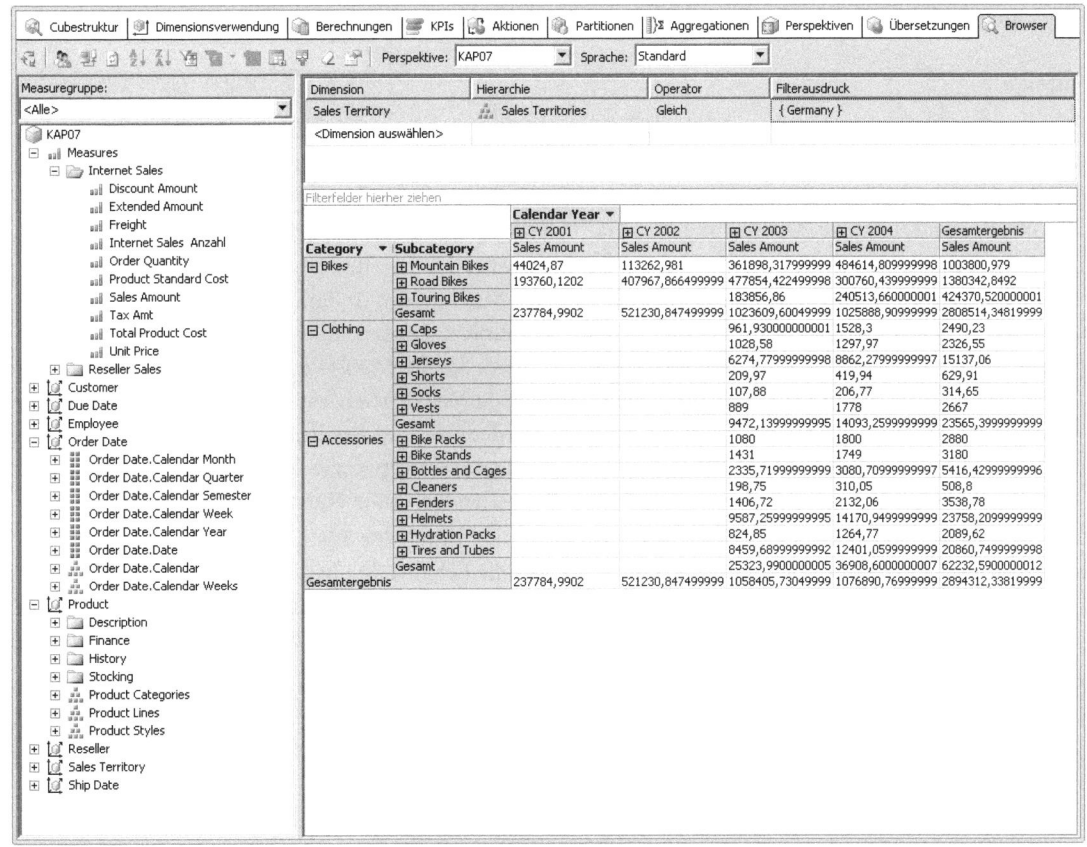

Abbildung 7.5 Analysis Services-Projekt *KAP07* im Browser angezeigt

4. Standardmäßig werden im Bericht nur Dimensionselemente angezeigt, die auch Daten enthalten. Klicken Sie in der Symbolleiste auf die Schaltfläche *Leere Zellen anzeigen*, um sämtliche Dimensionselemente sichtbar zu machen. Sie können den Cube weiter durchsuchen, indem Sie andere Measures, Dimensionen und Filterausdrücke verwenden.

Measures bearbeiten

Ein Cube wird aus einer oder mehreren Dimensionen gebildet, die mit einem oder mehreren Measures verbunden sind. Der allgemeine Zweck von OLAP ist ja die Erfolgskontrolle einer Organisation durch allgemein quantifizierbare und aggregierbare (und in der Regel numerische) Fakten. Diese Fakten werden in der Analysis Services-Terminologie *Measures* genannt. Bei unserem Beispielsprojekt des fiktiven Unternehmens *Adventure Works* können sinnvolle Fakten zur Evaluierung des Unternehmenserfolgs beispielsweise die Verkaufszahlen über das Internet, die Produktionskosten oder die Umsatzrendite sein. Die Speicherung dieser Measures erfolgt in Faktentabellen. Im weiteren Verlauf des Kapitels werden wir die Measures direkt aus den entsprechenden Faktentabellenspalten ableiten. Zusätzlich werden wir Measures in Form von MDX-Ausdrücken definieren. Ein Measure unterstützt drei Bindungstypen, die durch die *Source*-Measureeigenschaft definiert werden. Typischerweise ist ein Measure an eine einzelne Spalte der zugrunde liegenden Faktentabelle gebunden (*Source*-Eigenschaft). Das Standardverhalten hierbei ist die Vererbung des Datentyps der Quellspalte an das Measure.

Anzeige

Beachten Sie, dass in der Abbildung 7.5 das Measure *Sales Amount* nicht im Währungsformat angezeigt wird. Die Benutzerfreundlichkeit der Measures in einem Cube kann einerseits durch die Verwendung von intuitiveren Measurenamen erhöht werden, andererseits lässt sich die *FormatString*-Eigenschaft für jedes Measure verwenden, um Formatierungseinstellungen für die Anzeige der Measures in Clientanwendungen zu definieren:

1. Wechseln Sie zur Registerkarte *Cubestruktur* und erweitern Sie im Bereich *Measures* die Measuregruppen *Internet Sales* und *Reseller Sales*. Benennen Sie jedes Measure um, indem Sie mit der rechten Maustaste auf die Measures klicken und im Kontextmenü den Eintrag *Umbenennen* wählen. Alternativ können Sie die Namen auch im Eigenschaftenfenster ändern, indem Sie die *Name*-Eigenschaft für jedes Measure neu festlegen. Fügen Sie zu jedem Measure das Präfix aus der jeweiligen Measuregruppe hinzu (also das Präfix *Internet* bzw. *Reseller*) und entfernen Sie aus den Measures der *Reseller Sales*-Measuregruppe das Suffix *Reseller Sales*. Benennen Sie ebenfalls in beiden Measuregruppen die Attribute *Freight* in *Freight Cost* und *Tax Amt* in *Tax Amount*, jeweils mit dem entsprechenden Präfix ergänzt, um.

2. Die Anzeige der Measures in Clientanwendungen wird durch die Festlegung der *FormatString*-Eigenschaft festgelegt. Klicken Sie in der Symbolleiste auf die Schaltfläche *Measureraster anzeigen*. Durch den Wechsel zur Rasteransicht können Sie mehrere Measures gleichzeitig auswählen. Wählen Sie alle Währungsmeasures aus beiden Measuregruppen gemäß der folgenden Abbildung aus, indem Sie die ⌈Strg⌉-Taste für die Mehrfachauswahl gedrückt halten (Abbildung 7.6).

Name	Measuregruppe	Datentyp	Aggregation
Internet Order Quantity	Internet Sales	Integer	Sum
Internet Unit Price	Internet Sales	Double	Sum
Internet Extended Amount	Internet Sales	Double	Sum
Internet Discount Amount	Internet Sales	Double	Sum
Internet Product Standard Cost	Internet Sales	Double	Sum
Internet Total Product Cost	Internet Sales	Double	Sum
Internet Sales Amount	Internet Sales	Double	Sum
Internet Tax Amount	Internet Sales	Double	Sum
Internet Freight Cost	Internet Sales	Double	Sum
Internet Sales Anzahl	Internet Sales	Integer	Count
Reseller Order Quantity	Reseller Sales	Integer	Sum
Reseller Unit Price	Reseller Sales	Double	Sum
Reseller Extended Amount	Reseller Sales	Double	Sum
Reseller Discount Amount	Reseller Sales	Double	Sum
Reseller Product Standard Cost	Reseller Sales	Double	Sum
Reseller Total Product Cost	Reseller Sales	Double	Sum
Reseller Sales Amount	Reseller Sales	Double	Sum
Reseller Tax Amount	Reseller Sales	Double	Sum
Reseller Freight Cost	Reseller Sales	Double	Sum
Reseller Sales Anzahl	Reseller Sales	Integer	Count
Neues Measure hinzufügen...			

Abbildung 7.6 Ausgewählte Measures im Ansichtsmodus *Measureraster*

Legen Sie im Eigenschaftenfenster die *FormatString*-Eigenschaft auf den Wert *Currency* und für die übrigen Measures die *FormatString*-Eigenschaft auf den Wert *#,#* fest.

3. Jedes Measure kann durch die Festlegung der *DisplayFolder*-Eigenschaft in Ordnern gruppiert werden. Analog zu der Gruppierung von Dimensionsattributen vereinfacht eine logische Gruppierung von Measures die Navigation. Wählen Sie die Measures *Internet Order Quantity, Internet Unit Price, Internet Extended Amount, Internet Discount Amount, Internet Sales Amount* sowie *Internet Tax Amount* aus und legen die *DisplayFolder*-Eigenschaft auf den Wert *Sales* fest (Abbildung 7.7). Wählen Sie die Measures *Internet Product Standard Cost, Internet Total Product Cost* sowie *Internet Freight Cost* aus und legen Sie die *DisplayFolder*-Eigenschaft auf den Wert *Costs* fest. Verfahren Sie analog mit der Measuregruppe *Reseller Sales*.

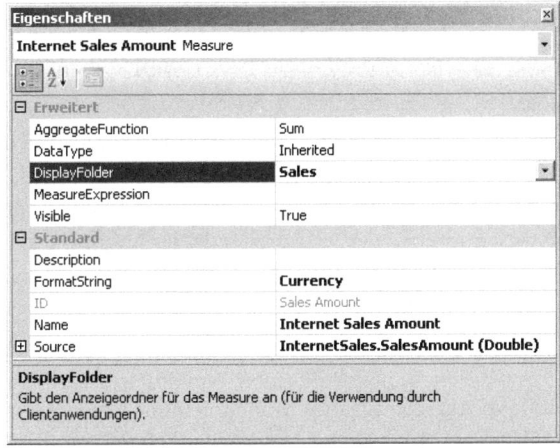

Abbildung 7.7 Eigenschaftenfenster für *Internet Sales Amount* mit definierten Eigenschaften

4. Rufen Sie im Business Intelligence Development Studio den Menübefehl *Erstellen/KAP07 bereitstellen* auf. Ist die Bereitstellung erfolgreich abgeschlossen, wechseln Sie zur Registerkarte *Browser*, um sich die Änderungen anzeigen zu lassen. Gegebenenfalls müssen Sie zur korrekten Anzeige in der Symbolleiste auf *Verbindung wiederherstellen* klicken. Erweitern Sie im Metadatenbereich den Knoten *Measures* und erweitern Sie die Measuregruppen *Internet Sales* und *Reseller Sales*. Beachten Sie die Unterordner *Costs* und *Sales*.

5. Erstellen Sie einen neuen Bericht, indem Sie die Measures *Internet Sales Amount, Internet Order Quantity, Reseller Sales Amount* und *Reseller Order Quantity* in den Datenbereich ziehen. Erweitern Sie die Dimension *Sales Territory* und ziehen Sie die Hierarchie *Sales Territories* in den Zeilenbereich (Abbildung 7.8). Sie haben durch die Verwendung der *Name*-, *FormatString*- und *DisplayFolder*-Eigenschaften die Benutzerfreundlichkeit der Measures wesentlich erhöht.

Sales Territory Group	Sales Territory Country	Internet Sales Amount	Internet Order Quantity	Reseller Sales Amount	Reseller Order Quantity
Europe	France	€2.644.017,71	5.558	€4.607.537,93	14.348
	Germany	€2.894.312,34	5.625	€1.983.988,04	7.380
	United Kingdom	€3.391.712,21	6.906	€4.279.008,83	13.193
	Gesamt	€8.930.042,26	18.089	€10.870.534,80	34.921
North America	Canada	€1.977.844,86	7.620	€14.377.925,60	41.761
	United States	€9.389.789,51	21.344	€53.607.801,21	132.748
	Gesamt	€11.367.634,37	28.964	€67.985.726,81	174.509
Pacific		€9.061.000,58	13.345	€1.594.335,38	4.948
Gesamtergebnis		€29.358.677,22	60.398	€80.450.596,98	214.378

Abbildung 7.8 Ausgewählte Measures mit benutzerdefinierter Hierarchie *Sales Territories*

Aggregationen

Die Analysis Services stellen verschiedene Funktionen zur Verfügung, um Measures über Cubedimensionen hinweg zu aggregieren. In der Regel werden Measures über Cubedimensionen hinweg summiert. Die *AggregateFunction*-Eigenschaft bietet jedoch die Möglichkeit, das Aggregationsverhalten von Measures zu ändern. Die Additivität einer Aggregationsfunktion legt fest, wie Measures über alle Cubedimensionen hinweg aggregiert werden. Drei Ebenen der Additivität lassen sich unterscheiden:

- **Additive Measures**   Die meisten verwendeten Measures sind numerisch und additiv. Additive Measures, in der Analysis Services-Terminologie auch als *vollständig additive Measures* bezeichnet, können innerhalb einer Measuregruppe über alle Dimensionen hinweg uneingeschränkt aggregiert werden. Beispielsweise lässt sich das Measure *Internet Sales Amount* über eine Zeitdimensionen oder Produktdimension hinweg aggregieren, und es werden unabhängig von der Hierarchieebene (Jahr, Quartal oder Monat bei einer Zeitdimension, Kategorie oder Subkategorie bei einer Produktdimension) immer die richtigen Gesamtsummen angezeigt. Die einzige additive Aggregationsfunktion ist *Sum*.

- **Semiadditive Measures**   Semiadditive Measures können innerhalb einer Measuregruppe über eine oder mehrere, nicht jedoch über alle Dimensionen hinweg aggregiert werden. Beispielweise lässt sich ein Measure, das die Menge des Lagerbestands eines bestimmten Produktes darstellt, über eine Produktdimension hinweg aggregieren und ergibt so die Gesamtmenge des Lagerbestands des bestimmten Produkts. Die Aggregation des gleichen Measures über eine Zeitdimension hinweg ist aber wenig sinnvoll, da dies zu falschen Ergebnissen führen würde. Das Measure stellt nur eine Momentaufnahme der verfügbaren Menge eines bestimmten Produktes dar. Semiadditive Aggregationsfunktionen sind *Count*, *Min*, *Max*, *ByAccount*, *AverageOfChildren*, *FirstChild*, *LastChild*, *FirstNonEmpty* und *LastNonEmpty*. Komplexere Anforderungen, die nicht durch semiadditive Aggregationsfunktionen erfüllt werden können, erfordern die Verwendung von MDX, beispielsweise wenn Measures bei unterschiedlichen Dimensionen in unterschiedlicher Weise aggregiert werden müssen.

- **Nicht additive Measures**   Nicht additive Measures können innerhalb einer Measuregruppe nicht über alle Dimensionen hinweg aggregiert werden. Beispielsweise ist die Aggregation von Measures, die Prozentzahlen beinhalten, über alle Dimensionen nicht sinnvoll, da Prozentwerte von untergeordneten Elementen in den Dimensionen nicht aggregiert werden können. Nicht additive Aggregationsfunktionen sind *DistinctCount* und *None*.

Alle in unserem Beispielprojekt verwendeten Measures, außer den Measures *Internet Sales Anzahl* und *Reseller Sales Anzahl*, verwenden die *Sum*-Aggregationsfunktion (sind also additive Measures). Die beiden anderen Measures verwenden die *Count*-Aggregationsfunktion (sind also semiadditive Measures). Vertiefen wir die Verwendung von Aggregationsfunktionen anhand von einigen Beispielen:

1. Aktivieren Sie im Cube-Designer die Registerkarte *Browser*. Erweitern Sie im Metadatenbereich die Measuregruppe *Reseller Sales*. Ziehen Sie das Measure *Reseller Sales Amount* in den Datenbereich des Berichts.

2. Erweitern Sie die Dimension *Product*, und fügen Sie die benutzerdefinierte Hierarchie *Product Categories* in den Zeilenbereich ein.

3. Erweitern Sie die Dimension *Order Date*, und fügen Sie dem Spaltenbereich die benutzerdefinierte Hierarchie *Order Date.Calendar* hinzu.

   Beachten Sie, dass es sich bei dem Measure *Reseller Sales Amount* um ein vollständig additives Measure handelt, da es über jede Dimensionen hinweg aggregiert werden kann. Das Gesamtergebnis der Verkäufe in den Jahren 2001 bis 2004 ist identisch mit dem Gesamtergebnis der Verkäufe in allen Regionen (Abbil-

Cubes bearbeiten

dung 7.9). Da die vorhandenen Measures die Aggregationsfunktion *Sum* verwenden, können Sie zusätzliche Measures zur Demonstration weiterer Aggregationsfunktionen erstellen. Nehmen wir an, Sie möchten für Ihre Produkte den niedrigsten und höchsten Verkaufspreis für bestimmte Zeiträume anzeigen.

Category	CY 2001 Reseller Sales Amount	CY 2002 Reseller Sales Amount	CY 2003 Reseller Sales Amount	CY 2004 Reseller Sales Amount	Gesamtergebnis Reseller Sales Amount
Bikes	€7.395.348,63	€19.956.014,67	€25.551.775,07	€13.399.243,18	€66.302.381,56
Components	€615.474,98	€3.610.092,47	€5.482.497,29	€2.091.011,92	€11.799.076,66
Clothing	€34.376,34	€485.587,15	€871.864,19	€386.013,16	€1.777.840,84
Accessories	€20.235,36	€92.735,35	€296.532,88	€161.794,33	€571.297,93
Gesamtergebnis	€8.065.435,31	€24.144.429,65	€32.202.669,43	€16.038.062,60	€80.450.596,98

Abbildung 7.9 Bericht mit additivem Measure *Reseller Sales Amount*

4. Wechseln Sie zur Registerkarte *Cubestruktur* und klicken in der Symbolleiste auf die Schaltfläche *Neues Measure*. Im gleichnamigen Dialogfeld wählen Sie im Feld *Verwendung* die Aggregationsfunktion *Minimum* aus. Legen Sie als Quelltabelle *ResellerSales* fest, als Quellspalte *UnitPrice* und klicken Sie anschließend auf OK (Abbildung 7.10). Ändern Sie den Namen des neuen Measures, sodass *Reseller Unit Price Minimum* daraus wird.

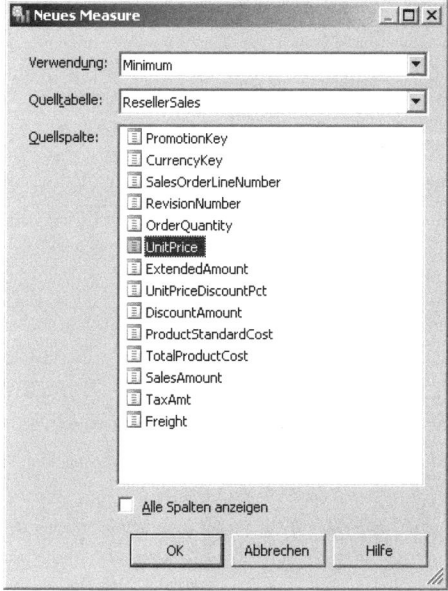

Abbildung 7.10 Dialogfeld *Neues Measure*

5. Wiederholen Sie die Schritte, um den höchsten Verkaufspreis zu ermitteln. Erstellen Sie ein Measure mit dem Namen *Reseller Unit Price Maximum*. Verwenden Sie hierbei die Aggregationsfunktion *Maximum*.
6. Legen Sie für die beiden neuen Measures im Eigenschaftenfenster die *FormatString*-Eigenschaft auf *Currency* fest.
7. Klicken Sie in der Symbolleiste auf die Schaltfläche *Verarbeiten*. Sie werden zunächst aufgefordert, das Projekt bereitzustellen. Bestätigen Sie die Bereitstellung und führen Sie die Verarbeitung des Cube aus. Nach der erfolgreichen Verarbeitung wechseln Sie zur Registerkarte *Browser* und klicken auf *Verbindung wiederherstellen*. Erstellen Sie einen neuen Bericht, indem Sie zunächst in der Symbolleiste auf die Schaltfläche *Ergebnisse löschen* klicken. Ein leerer Berichtsbereich wird angezeigt.

8. Erweitern Sie im Metadatenbereich die Measuregruppe *Reseller Sales*. Ziehen Sie die Measures *Reseller Unit Price Minimum* und *Reseller Unit Price Maximum* in den Datenbereich des Berichts.
9. Erweitern Sie die Dimension *Product* und fügen Sie die Attributhierarchie *Product* dem Zeilenbereich hinzu.
10. Erweitern Sie die Dimension *Order Date* und fügen Sie dem Spaltenbereich die benutzerdefinierte Hierarchie *Order Date.Calendar* hinzu (Abbildung 7.11).

Product	Calendar Year					
	CY 2003		CY 2004		Gesamtergebnis	
	Reseller Unit Price Minimum	Reseller Unit Price Maximum	Reseller Unit Price Minimum	Reseller Unit Price Maximum	Reseller Unit Price Minimum	Reseller Unit Price Maximum
Sport-100 Helmet, Red	€18,50	€20,19			€18,50	€20,19
Sport-100 Helmet, Red	€15,75	€20,99	€19,24	€20,99	€15,75	€20,99
Sport-100 Helmet, Black	€18,50	€20,19			€18,50	€20,19
Sport-100 Helmet, Black	€15,75	€20,99	€19,24	€20,99	€15,75	€20,99
Gesamtergebnis	€15,75	€20,99	€19,24	€20,99	€15,75	€20,99

Abbildung 7.11 Verwendung der Aggregationsfunktionen *Minimum* und *Maximum*

Beachten Sie, dass die Preise im Zeitablauf schwanken. Beispielsweise beträgt im Jahr 2003 für das Produkt *Sport-100 Helmet, Red* der niedrigste Verkaufspreis 18,50 € und der höchste Verkaufspreis 20,19 €. Interessant wäre jetzt natürlich zu erfahren, welcher Händler welche Produkte für welche Preise verkauft. Ändern Sie den Bericht, indem Sie im Teilcubebereich die Cubedimension *Product* auswählen. Filtern Sie die Dimension nach der Attributhierarchie *Product* und verwenden Sie als Filterausdruck die entsprechenden Produkte. Um den Händler zu finden, erweitern Sie die Cubedimension *Reseller* und ziehen die Attributhierarchie *Reseller Name* in den Zeilenbereich.

Üblicherweise werden Sie neue Measures in der entsprechenden Measuregruppe erstellen. Eine Ausnahme hiervon betrifft die Aggregationsfunktion *DistinctCount*. Die *DistinctCount*-Aggregationsfunktion eines Measure ruft die Zahl aller eindeutigen untergeordneten Elemente der zugrunde liegenden Tabellenspalte ab. Betrachten wir beispielsweise das Measure *Internet Sales Anzahl*. Das Measure zählt sämtliche Bestelldetails der Faktentabelle *FactInternetSales*. Allerdings kann eine Bestellung viele Produkte enthalten, wir möchten aber nur die reine Anzahl der Bestellungen wissen.

1. Wechseln Sie zur Registerkarte *Cubestruktur* und klicken Sie in der Symbolleiste auf die Schaltfläche *Neues Measure*, um das gleichnamige Dialogfeld zu öffnen. Legen Sie die Verwendung auf *DistinctCount* und als Quelltabelle *InternetSales* fest. Wählen Sie als Quellspalte *SalesOrderNumber* aus und klicken Sie anschließend auf *OK*.
2. Eine neue Measuregruppe mit dem Namen *Internet Sales 1* wird erstellt. Wechseln Sie zur Strukturansicht und ändern den Namen der neuen Measuregruppe auf *Internet Orders* und den Namen des neuen Measures auf *Internet Sales Order Count* um.
3. Wiederholen Sie die Schritte, um ein neues Measure mit dem Namen *Reseller Sales Order Count* zu erstellen, um die Händlerverkäufe zu zählen. Wählen Sie hierzu als Quelltabelle *Reseller Sales* und als Quellspalte *SalesOrderNumber* aus. Benennen Sie die neue Measuregruppe in *Reseller Orders* um. Erstellen Sie ebenfalls ein neues Measure mit dem Namen *Internet Customers Count*, um die Anzahl der Internetkunden zu bestimmen. Benennen Sie die neue Measuregruppe in *Internet Customers* um.
4. Löschen Sie die Measures *Internet Sales Anzahl* sowie *Reseller Sales Anzahl*, da sie nicht mehr benötigt werden. Legen Sie die *FormatString*-Eigenschaft der drei neuen Measures auf den Wert #,# fest.
5. Verarbeiten Sie den Cube. Wechseln Sie nach der erfolgreichen Bereitstellung zur Registerkarte *Browser*. Erstellen Sie einen neuen Bericht, indem Sie die benutzerdefinierte Hierarchie *Product Categories* in den Zeilenbereich und die drei neu erstellten Measures in den Datenbereich ziehen (Abbildung 7.12).

Category	Internet Sales Order Count	Internet Customers Count	Reseller Sales Order Count
Bikes	15.205	9.132	3.153
Components			2.646
Clothing	7.461	6.852	2.410
Accessories	18.208	15.114	1.315
Gesamtergebnis	27.659	18.484	3.796

Abbildung 7.12 Verwendung der Aggregationsfunktion *Distinct Count*

Beachten Sie, dass das Gesamtergebnis nicht mit den einzelnen Summen übereinstimmt. Grund hierfür ist, dass beispielsweise ein Kunde mehrere Bestellungen mit unterschiedlichen Produkten über das Internet durchführen kann. Diese Tatsache spiegelt sich in den einzelnen Summen der Produktkategorien wieder. Mit der Verwendung der Aggregationsfunktion *Distinct Count* wird im Gesamtergebnis die tatsächliche Anzahl der Kunden angezeigt, und das angezeigte Gesamtergebnis wird üblicherweise immer niedriger sein als die einzelnen Summen.

Measuregruppen bearbeiten

In einem Cube werden Measures nach Measuregruppen gruppiert. Measuregruppen werden verwendet, um Dimensionen Measures zuzuordnen. In den Analysis Services kann ein Cube mehr als eine Faktentabelle enthalten. So wie Dimensionen auf Dimensionstabellen basieren, basiert eine Measuregruppe auf einer Faktentabelle. Bisher enthält unser Beispielcube zum einen Informationen über den direkten Vertrieb von Produkten über das Internet (*InternetSales*) und zum anderen über den Vertrieb von Produkten über Händler (*ResellerSales*). Bisher blieb aber unberücksichtigt, dass der Vertrieb von Produkten in unterschiedlichen Ländern mit unterschiedlichen Währungen erfolgt. In diesem Szenario könnte eine sinnvolle Erweiterung des Cube die Implementierung einer Währungsumrechnung sein. Nehmen wir für das folgende Beispiel an, dass für sämtliche Berichte als Währung der Euro verwendet werden soll.

Als Voraussetzung für die Implementierung von Währungsumrechnungen benötigen wir zunächst mindestens eine Währungsdimension, die sämtliche Währungen speichert, eine Zeitdimension auf Tagesbasis (Wechselkurse können sich ja täglich ändern) und eine Faktentabelle, wo die Wechselkurse auf Tagesbasis gespeichert sind. Sicherlich könnte eine Währungsumrechnung auch bereits auf der Datenbankebene erfolgen, aber die Analysis Services enthalten gute Möglichkeiten, um Währungsumrechnungen auf Cubeebene zu implementieren.

Bei Betrachtung der Datenquellensicht *KAP07* werden Sie erkennen, dass bereits eine Währungsdimension (*DimCurrency*), eine Zeitdimension (*DimDate*) sowie eine mit Wechselkursen (*FactCurrencyRate*) eingebunden ist. Um Währungsumrechnungen zu implementieren, muss zunächst eine neue Measuregruppe basierend auf der Faktentabelle *FactCurrencyRate* erstellt werden. Nach Erstellung der Measuregruppe können sämtliche Währungsmeasures auf die Währung *Euro* umgerechnet werden:

1. Klicken Sie in der Symbolleiste der Registerkarte *Cubestruktur* auf die Schaltfläche *Neue Measuregruppe*, um das gleichnamige Dialogfeld zu öffnen (Abbildung 7.13). Beachten Sie, dass die Faktentabellen *InternetSales* und *ResellerSales* nicht auswählbar sind, da diese bereits verwendet werden. Grund hierfür ist, dass bei der redundanten Verwendung einer Faktentabelle auch entsprechend mehr Speicherplatz benötigt wird. Wählen Sie die Faktentabelle *CurrencyRate* aus und bestätigen Sie mit *OK*. Eine neue Measuregruppe mit dem Namen *Currency Rate* wird erstellt.

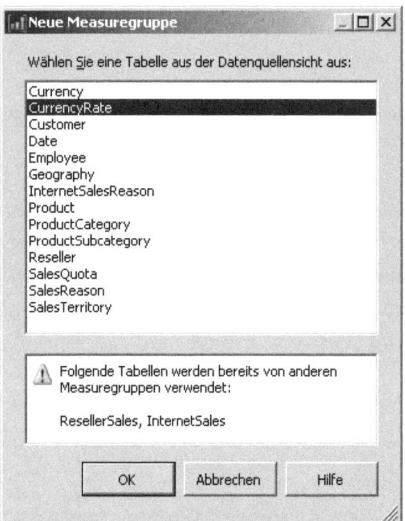

Abbildung 7.13 Dialogfeld *Neue Measuregruppe*

Beachten Sie, dass ebenfalls eine neue Cubedimension mit dem Namen *Date* automatisch erstellt wurde, die auf der Datenbankdimension *Date* basiert. Dieser Automatismus beruht darauf, dass die Analysis Services nicht wissen, welche der vorhandenen zeitbezogenen Cubedimensionen (*Order Date*, *Due Date* und *Ship Date*) mit der Spalte *DateKey* in der Faktentabelle *CurrencyRate* verknüpft werden sollen, die der Measuregruppe *Currency Rate* zugrunde liegt.

2. Ändern Sie im Eigenschaftenfenster die *Name*-Measuregruppeneigenschaft auf den Wert *Currency Rates* und die *Type*-Measuregruppeneigenschaft auf den Wert *ExchangeRate*. Legen Sie für die Measures *Average Rate* und *End of Day Rate* die *FormatString*-Measureeigenschaft auf den Wert *#,#.00* fest. Löschen Sie das Measure *Currency Rate Anzahl*, da für Analysezwecke die Information über die Anzahl der Währungen nicht benötigt wird.

Nach der Erstellung der Measuregruppe benötigen wir jetzt eine neue Cubedimension, die die Währungen für die Währungsumrechnung enthält. Befolgen Sie die nächsten Schritte, um die neue Cubedimension basierend auf der Dimensionstabelle *DimCurrency* zu erstellen.

1. Klicken Sie im Projektmappen-Explorer mit der rechten Maustaste auf den Ordner *Dimensionen* und wählen Sie aus dem Kontextmenü den Eintrag *Neue Dimension* aus. Folgen Sie den Anweisungen des Dimensions-Assistenten, um die Standarddimension *Currency* zu erstellen.

2. Akzeptieren Sie auf der Seite *Erstellungsmethode auswählen* die Standardoption *Vorhandene Tabelle verwenden* und klicken Sie auf *Weiter*.

3. Wählen Sie auf der Seite *Quellinformation angeben* als Haupttabelle *Currency* aus, akzeptieren Sie *CurrencyKey* als Schlüsselspalte und ändern Sie die Namensspalte auf das Attribut *CurrencyName*. Klicken Sie anschließend auf *Weiter*.

4. Lassen Sie auf der Seite *Dimensionsattribute auswählen* das Kontrollkästchen für das Attribut *Currency Key* aktiviert und legen Sie den Attributnamen auf *Currency* fest. Wählen Sie als Attributtyp *Name der Währung* aus (Abbildung 7.14) und klicken Sie anschließend auf *Weiter*.

Cubes bearbeiten

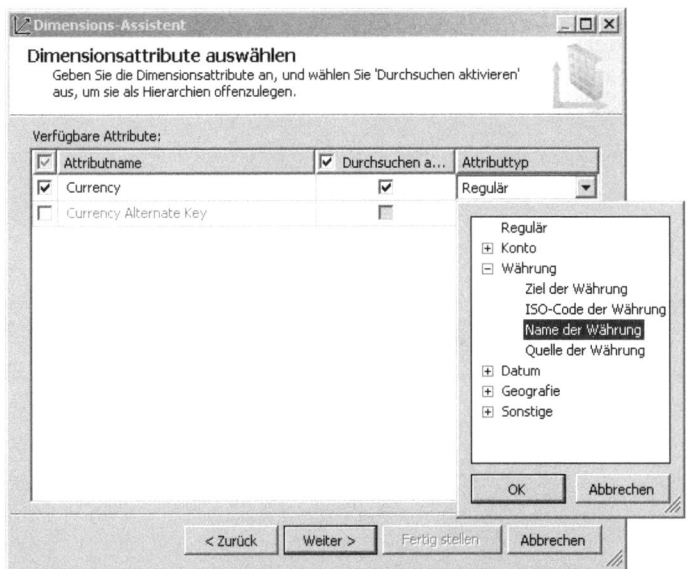

Abbildung 7.14 Definition des Dimensionstyps und des Attributtyps für die Cubedimension *Currency*

5. Klicken Sie auf der Seite *Assistenten abschließen* auf *Fertig*, um die neue Dimension *Currency* zu erstellen. Der Dimensions-Designer öffnet sich automatisch, diesen können Sie aber sofort schließen, da die Dimension nicht weiter bearbeitet werden muss.
6. Wechseln Sie zum Cube-Designer und klicken Sie in der Symbolleiste der Registerkarte *Cubestruktur* auf die Schaltfläche *Cubedimension hinzufügen*. Wählen Sie im gleichnamigen Dialogfeld die neuerstellte Dimension *Currency* aus und bestätigen Sie mit *OK*.
7. Wechseln Sie im Cube-Designer zur Registerkarte *Dimensionsverwendung*. Beachten Sie, dass die Dimensionsbeziehungen zwischen der Cubedimension *Currency* und den Measuregruppen *Internet Sales*, *Reseller Sales* und *Currency Rates* automatisch erkannt wurden. Beachten Sie aber auch, dass keine Dimensionsbeziehung zwischen der automatisch erstellten Cubedimension *Date* und den Measuregruppen *Internet Sales* und *Reseller Sales* besteht.
8. Klicken Sie in der Zelle zwischen der Measuregruppe *Internet Sales* und der Cubedimension *Date* auf die Schaltfläche mit den drei Punkten. Wählen Sie im Dialogfeld *Beziehung definieren* als Beziehungstyp die Option *Regulär*, als Granularitätsattribut den Eintrag *Date* und als Measuregruppenspalte den Eintrag *OrderDateKey* aus (Abbildung 7.15). Wiederholen Sie die Schritte für die Measuregruppe *Reseller Sales*.

HINWEIS Grundsätzlich könnte jede der vier Zeitdimensionen (*Date*, *Order Date*, *Due Date* und *Ship Date*) verwendet werden. Für die Währungsumrechnung ist Voraussetzung, dass zwischen einer dieser Zeitdimensionen und den drei Measuregruppen eine reguläre Dimensionsbeziehung definiert wurde.

Sie haben nun die Voraussetzungen geschaffen, um Währungsumrechnungen zu implementieren. Doch wie erkennen die Analysis Services, welche Measures mit welcher Währung umgerechnet werden sollen? Hierbei kommt die *MeasureExpression*-Measureeigenschaft zum Tragen. Die Analysis Services erlauben einfache Berechnungen zwischen Measures aus zwei unterschiedlichen Measuregruppen.

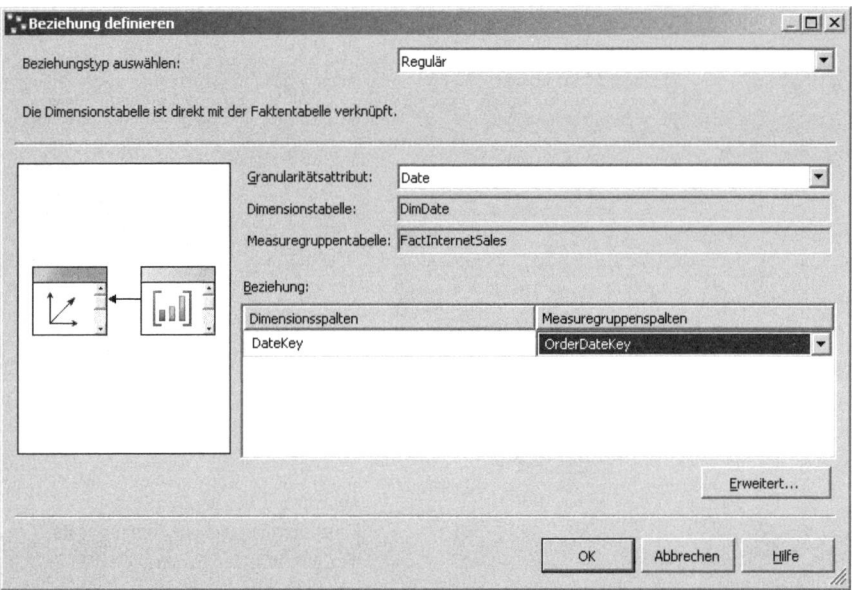

Abbildung 7.15 Dimensionsbeziehung zwischen der Cubedimension *Date* und der Measuregruppe *Internet Sales*

Die *MeasureExpression*-Eigenschaft gibt einen eingeschränkten MDX-Ausdruck an, der den Wert des Measures definiert. Der MDX-Ausdruck wird auf der Blattebene ausgewertet und anschließend aggregiert. Hauptziel der *MeasureExpression*-Eigenschaft ist die Verwendung von einfachen MDX-Ausdrücken für die Implementierung von einfachen Berechnungen, wie beispielsweise Währungsumrechnungen. Betrachten Sie die *MeasureExpression*-Eigenschaft wie ein SQL-INNER JOIN zwischen zwei Faktentabellen. Damit keine Performanceverluste auftreten, ist die *MeasureExpression*-Eigenschaft auf die Operationen *Multiplikation* und *Division* eingeschränkt. Der Einsatz der *MeasureExpression*-Eigenschaft ist dann geeignet, wenn einfache und effiziente Berechnungen notwendig sind. Die Syntax der *MeasureExpression*-Eigenschaft lautet wie folgt:

```
Measure A = [Measure B] Operator [Measure C]
```

Die *MeasureExpression*-Eigenschaft ist diversen Einschränkungen unterworfen. Betrachten wir die Restriktionen anhand der obigen Syntax:

- Der Operator muss entweder * (Multiplikation) oder / (Division) sein.
- Measure C muss aus einer anderen Measuregruppe sein als Measure B, und es können keine Measures referenziert werden, deren *MeasureExpression*-Eigenschaft bereits definiert wurde.
- Measure B muss denselben Datentypen besitzen wie Measure C.

Die Nichtbeachtung der Einschränkungen führt bei dem Bereitstellungsprozess des Cube zu Fehlern. Betrachten wir nun die Verwendung der *MeasureExpression*-Eigenschaft. Die Measuregruppe *Currency Rates* enthält die beiden Measures *Average Rate* und *End of Day Rate* wobei das erste Measure den durchschnittlichen Wechselkurs einer Währung angibt und das zweite Measure den Wechselkurs einer Währung am Ende eines bestimmten Tages. Beide Measures können für die Währungsumrechung verwendet werden, zu Demonstrationszwecken benutzen wir das Measure *Average Rate*:

1. Erweitern Sie im Bereich *Measures* die Measuregruppe *Internet Sales* und wählen Sie das Measure *Internet Sales Amount* aus. Klicken Sie im Eigenschaftenfenster bei der *MeasureExpression*-Eigenschaft auf die Schaltfläche mit den drei Punkten, um das Dialogfeld *Measureausdruck* zu öffnen.
2. Geben Sie im Dialogfeld den MDX-Ausdruck gemäß Abbildung 7.16 ein und klicken Sie anschließend auf *OK*.

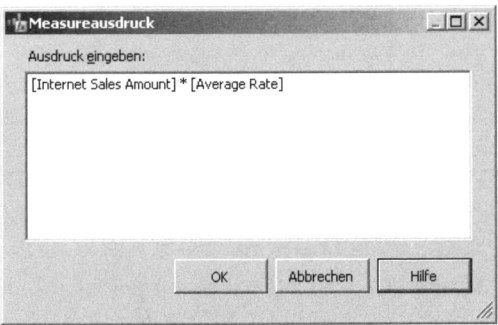

Abbildung 7.16 MDX-Ausdruck für das Measure *Internet Sales Amount*

3. Wiederholen Sie die Schritte für die Measures, deren *FortmatString*-Eigenschaft auf den Wert *Currency* festgelegt ist, indem Sie im MDX-Ausdruck anstatt dem Measure *Internet Sales Amount* den entsprechenden Measurenamen verwenden.

Verarbeiten Sie den Cube. Wechseln Sie nach der erfolgreichen Bereitstellung zur Registerkarte *Browser*. Erstellen Sie einen neuen Bericht, indem Sie aus dem Metadatenbereich die Measures *Internet Sales Amount* und *Reseller Sales Amount* in den Datenbereich des Berichts ziehen. Erweitern Sie die Cubedimension *Sales Territory* und ziehen Sie die benutzerdefinierte Hierarchie *Sales Territories* in den Zeilenbereich des Berichts (Abbildung 7.17).

Filterfelder hierher ziehen			
		Spaltenfelder hierher ziehen	
Sales Territory Group ▼	**Sales Territory Country**	Internet Sales Amount	Reseller Sales Amount
⊟ Europe	⊞ France	€2.490.944,57	€4.562.989,84
	⊞ Germany	€2.775.195,60	€1.829.303,54
	⊞ United Kingdom	€5.057.076,55	€6.300.422,15
	Gesamt	€10.323.216,72	€12.692.715,53
⊞ North America		€10.732.588,89	€62.947.143,31
⊞ Pacific		€4.999.021,84	€854.899,41
Gesamtergebnis		€26.054.827,45	€76.494.758,25

Abbildung 7.17 Ausgewählte Measures in einheitlicher Währung

Vergleichen Sie den Bericht mit der Abbildung 7.8. Sie werden feststellen, dass alle Measures jetzt in derselben Währung summiert werden und sich dementsprechend die Gesamtsummen geändert haben. In der Abbildung 7.17 können Sie das Gesamtergebnis in einheitlicher Währung sehen. Es kann aber vorkommen, dass Sie den Durchschnittswechselkurs für einen bestimmten Zeitraum (beispielsweise für einen bestimmten Monat) betrachten möchten. Die Measuregruppe *Currency Rates* enthält die beiden Measures *Average Rate* und *End of Day Rate*, die den durchschnittlichen Wechselkurs und den Wechselkurs am Ende des Tages darstellen. Beide Measures verwenden die Aggregationsfunktion *Sum*. Also würden bei der Verwendung dieser Measures in einem Bericht keine Durchschnittswerte angezeigt werden, sondern nur summierte Wechselkurse. Nehmen wir an, dass Sie den durchschnittlichen Wechselkurs und den Wechselkurs am Ende des Tages über einen bestimmten Zeitraum filtern möchten. Erstellen Sie den in Abbildung 7.18 dargestellten Bericht:

Currency	Calendar Year ▼ CY 2003 H1 2003 Q1 2003 End Of Day Rate	Average Rate	Calendar Semester Q2 2003 End Of Day Rate	Average Rate	Calendar Quarter Gesamt End Of Day Rate	Average Rate	Gesamt End Of Day Rate	Average Rate	Gesamtergebnis End Of Day Rate	Average Rate
Australian Dollar	46,36	46,36	46,58	46,58	92,94	92,94	92,94	92,94	92,94	92,94
Canadian Dollar	58,77	58,78	58,07	58,07	116,85	116,83	116,83	116,85	116,85	116,85
United Kingdom Pound	127,33	127,33	132,45	132,45	259,79	259,78	259,78	259,78	259,79	259,78
Gesamtergebnis	232,46	232,47	237,10	237,10	469,57	469,58	469,57	469,58	469,57	469,58

Abbildung 7.18 Bericht ohne Durchschnittswerte

Beachten Sie, dass der Bericht Fehler enthält. Im Bericht werden die Measures über die Zeiträume einfach summiert, da die *AggregateFunction*-Eigenschaft für die beiden Measures auf den Wert *Sum* festgelegt ist. Allerdings benötigen wir für das Measure *Average Rate* den durchschnittlichen Wechselkurs über einen bestimmten Zeitraum, während wir für das Measure *End of Day Rate* die Angabe für den Wechselkurs für den letzten Tag eines bestimmten Zeitraumes benötigen. Diese Anforderungen können einfach durch die Verwendung der semiadditiven Aggregationsfunktionen *AverageOfChildren* und *LastNonEmpty* erfüllt werden:

1. Wählen Sie auf der Registerkarte *Cubestruktur* das Measure *Average Rate* aus und legen Sie im Eigenschaftenfenster die *AggregateFunction*-Eigenschaft auf den Wert *AverageOfChildren* fest. Die Aggregationsfunktion *AverageOfChildren* summiert alle Measurewerte mit Ausnahme einer Zeitdimension, d.h. die Aggregationsfunktion verhält sich identisch mit der *Sum*-Aggregationsfunktion, es sei denn, eine Zeitdimension wird in der Abfrage verwendet. Wird eine Zeitdimension verwendet, berechnet die Aggregationsfunktion *AverageOfChildren* den durchschnittlichen Measurewert. Erforderlich hierfür ist allerdings, dass der Dimensionstyp der Zeitdimension auf den Wert *Time* festgelegt ist.

2. Wählen Sie das Measure *End of Day Rate* aus und legen Sie im Eigenschaftenfenster die *AggregateFunction*-Eigenschaft auf den Wert *LastNonEmpty* fest. Der einzige Unterschied zwischen den beiden Aggregationsfunktionen ist, dass bei *LastNonEmpty* der letzte Wechselkurs eines bestimmten Zeitraums angezeigt wird.

Verarbeiten Sie den Bericht und wechseln Sie nach der erfolgreichen Bereitstellung zur Registerkarte *Browser*. Klicken Sie zunächst auf *Verbindung wiederherstellen*. Beachten Sie, dass der Bericht nun die Durchschnittswerte anzeigt (Abbildung 7.19).

Currency	Calendar Year ▼ CY 2003 H1 2003 Q1 2003 End Of Day Rate	Average Rate	Calendar Semester Q2 2003 End Of Day Rate	Average Rate	Calendar Quarter Gesamt End Of Day Rate	Average Rate	Gesamt End Of Day Rate	Average Rate	Gesamtergebnis End Of Day Rate	Average Rate
Australian Dollar	,52	,52	,52	,51	,52	,51	,52	,51	,52	,51
Canadian Dollar	,65	,65	,63	,64	,63	,65	,63	,65	,63	,65
United Kingdom Pound	1,42	1,41	1,45	1,46	1,45	1,44	1,45	1,44	1,45	1,44
Gesamtergebnis	2,58	2,58	2,60	2,61	2,60	2,59	2,60	2,59	2,60	2,59

Abbildung 7.19 Bericht mit Durchschnittswerten

Beispielsweise beträgt der durchschnittliche Wechselkurs für das englische Pfund im ersten Quartal 2003 1,41 € und der Wechselkurs am letzten Tag des ersten Quartals 2003 1,42 €.

Cubedimensionen bearbeiten

Im Cube-Designer können Sie mithilfe der Registerkarte *Dimensionsverwendung* die Beziehungen zwischen den Cubedimensionen und den Measuregruppen anzeigen und bearbeiten. Nach der Registerkarte *Cubestruktur* ist die Registerkarte *Dimensionsverwendung* die wichtigste Registerkarte im Cube-Designer. Bei einer Cubedimension handelt es sich um eine Instanz einer Datenbankdimension, die mit einer bestimmten Measuregruppe verknüpft ist. Eine Datenbankdimension kann mit mehreren Measuregruppen auf unterschiedliche Weise verknüpft werden.

Cubedimensionen müssen nicht immer direkt mit einer bestimmten Measuregruppe verknüpft sein, sie können auch über andere Cubedimensionen oder Measuregruppen indirekt mit einer bestimmten Measuregruppe verknüpft sein. Die Analysis Services versuchen die Dimensionsverwendung automatisch zu bestimmen, indem die Beziehungen zwischen den Dimensions- und Faktentabellen sowie die Beziehungen zwischen Attributen in einer Dimensionstabelle untersucht werden. Die Einstellungen für die Dimensionsverwendung für erkannte Beziehungen werden dann automatisch festgelegt. Die Beziehungen zwischen Cubedimensionen und Measuregruppen bestehen aus den an der Beziehung teilnehmenden Dimensions- und Faktentabellen sowie aus einem Granularitätsattribut, das die niedrigste Detailstufe der Cubedimension in der jeweiligen Measuregruppe definiert.

Wechseln Sie im Cube-Designer zur Registerkarte *Dimensionsverwendung* (Abbildung 7.20). Die Registerkarte gliedert sich in die Bereiche *Symbolleiste* und *Raster*. Die Symbolleiste wird zum Ausführen von häufigen Aktionen wie dem Hinzufügen einer Cubedimension oder dem Verarbeiten eines Cube verwendet. Das Raster wird für die Anzeige und Bearbeitung der Dimensionsbeziehungen zwischen Cubedimensionen und Measuregruppen genutzt. Im Raster werden die Cubedimensionen als Zeilen und die Measuregruppen als Spalten angezeigt. Jede einzelne Dimensionsbeziehung ist im Raster als Zelle dargestellt.

Dimensionen	Internet Orders	Internet Sales	Reseller Orders	Reseller Sales
Currency	Currency	Currency	Currency	Currency
Customer	Customer	Customer		
Date		Date		Date
Date (Due Date)	Date	Date	Date	Date
Date (Order Date)	Date	Date	Date	Date
Date (Ship Date)	Date	Date	Date	Date
Employee			Employee	Employee
Product	Product	Product	Product	Product
Reseller			Reseller	Reseller
Sales Territory	Sales Territory Region	Sales Territory Region	Sales Territory Region	Sales Territory Region

Abbildung 7.20 Registerkarte *Dimensionsverwendung* mit ausgewählten Measuregruppen im Cube-Designer

Ein Cube kann eine Vielzahl von Dimensionen und Measures enthalten. Der Übersichtlichkeit halber können Sie die Filterfunktion verwenden, um nur die Cubedimensionen und Measuregruppen anzuzeigen, mit denen Sie arbeiten möchten. Sie können auch die Cubedimensionen und Measuregruppen alphabetisch in aufsteigender oder absteigender Reihenfolge sortieren.

Das Hinzufügen von neuen Cubedimensionen können Sie entweder über die Registerkarte *Cubestruktur* oder über die Registerkarte *Dimensionsverwendung* jeweils unter Nutzung der Symbolleiste oder des Kontextmenüs realisieren. Verwenden Sie die Ihnen bereits bekannte Schaltfläche *Cubedimension hinzufügen*, um dem Cube vorhandene oder neue Dimensionen hinzuzufügen. Bei der Auswahl dieser Option wird das Dialogfeld *Cubedimension hinzufügen* angezeigt. Änderungen an den Cubedimensionen werden automatisch synchronisiert, unabhängig davon, welche Registerkarte Sie verwenden.

Wird dem Cube eine neue Dimension hinzugefügt, findet automatisch eine Überprüfung der Beziehungen zwischen der Dimensionstabelle und der Faktentabelle (oder auch zwischen der Dimensionstabelle und mehreren Faktentabellen) statt. Wenn eine geeignete Beziehung identifiziert wird, wird die Dimension mit der Measuregruppe (oder Measuregruppen) automatisch verknüpft. Die Anzeige der Dimensionsbeziehung erfolgt in der Zelle zwischen der Cubedimension und der Measuregruppe.

Falls keine Beziehung zwischen der Dimensionstabelle und der Faktentabelle identifiziert wird, bleibt die Zelle leer (wie beispielsweise zwischen der Cubedimension *Employee* und der Measuregruppe *Internet Sales*). Die *IgnoreUnrelatedDimensions*-Measuregruppeneigenschaft bestimmt, ob in einer Abfrage die Dimensionselemente, die nicht mit einer Measuregruppe verknüpft sind, auf ihre höchste Ebene gezwungen werden. Bei der Standardeinstellung *True* werden die aggregierten Gesamtsummen von allen nicht verknüpften Measures angezeigt (Abbildung 7.21). Wenn die *IgnoreUnrelatedDimensions*-Measuregruppeneigenschaft auf *False* festgelegt ist, werden bei allen nicht verknüpften Measures leere Cubezellen angezeigt.

Filterfelder hierher ziehen

			Spaltenfelder hierher ziehen	
President	**Vice President**	**Sales Manager**	Internet Sales Amount	Internet Order Quantity
⊟ Ken J. Sánchez	⊟ David M. Bradley	⊞ Kevin F. Brown	€26.054.827,45	60.398
		⊞ David M. Bradley	€26.054.827,45	60.398
		⊞ Sariya E. Harnpadoungsataya	€26.054.827,45	60.398
		⊞ Mary E. Gibson	€26.054.827,45	60.398
		⊞ Jill A. Williams	€26.054.827,45	60.398
		⊞ Terry J. Eminhizer	€26.054.827,45	60.398
		⊞ Wanida M. Benshoof	€26.054.827,45	60.398
		⊞ John L. Wood	€26.054.827,45	60.398
		⊞ Mary A. Dempsey	€26.054.827,45	60.398
		Gesamt	€26.054.827,45	60.398
	Gesamt		€26.054.827,45	60.398
Gesamtergebnis			€26.054.827,45	60.398

Abbildung 7.21 Unverknüpfte Cubedimension und Measuregruppe mit der *IgnoreUnrelatedDimensions*-Eigenschaft auf den Wert *True* festgelegt

Um eine Beziehung zwischen einer Cubedimension und einer Measuregruppe zu entfernen, klicken Sie mit der rechten Maustaste auf die dementsprechende Zelle und wählen Sie im Kontextmenü den Eintrag *Löschen* aus (oder Sie klicken in der Symbolleiste auf die Schaltfläche *Löschen*). Nach dem Bestätigen des Dialogfelds *Objekte löschen* wird die Dimensionsbeziehung entfernt und es erscheint eine leere Zelle. Um eine Cubedimension zu entfernen, klicken Sie mit der rechten Maustaste auf die Cubedimension und wählen Sie im Kontextmenü ebenfalls den Befehl *Löschen* aus (oder Sie klicken in der Symbolleiste auf die Schaltfläche *Löschen*). Alternativ können Sie auch die `Entf`-Taste verwenden.

Reguläre Dimensionsbeziehungen

Eine reguläre Dimensionsbeziehung zwischen einer Cubedimension und einer Measuregruppe wird durch eine direkte Schlüsselbeziehung zwischen der Dimensionstabelle und der zugehörigen Faktentabelle definiert. Diese Dimensionsbeziehung basiert auf einer direkten Fremdschlüssel-Primärschlüssel-Beziehung in der zugrunde liegenden relationalen Datenbank, kann jedoch auch auf einer in der Datenquellensicht definierten logischen Beziehung basieren. In den Analysis Services entspricht eine reguläre Dimensionsbeziehung der Beziehung zwischen Dimensionstabellen und einer Faktentabelle im klassischen Sternschemaentwurf. Bei einer regulären Dimensionsbeziehung wird die Einstellung der Dimensionsverwendung auf *Regulär* festgelegt.

Dimensionsbeziehungen mit unterschiedlicher Granularität

Bei einer regulären Beziehung zwischen einer Cubedimension und einer Measuregruppe wird auch das Granularitätsattribut für die Beziehung angegeben. Das Granularitätsattribut definiert die niedrigste Detailstufe, die in einer Measuregruppe für die Cubedimension vorhanden ist (im Allgemeinen das Schlüsselattribut der Cubedimension). Es kann jedoch vorkommen, dass eine Cubedimension mit zwei oder mehreren Measuregruppen auf unterschiedlichen Granularitätsebenen verknüpft ist. Beispielsweise können die Verkaufsdaten in die Faktentabellen *FactInternetSales* und *FactResellerSales* für jeden Tag gespeichert werden, die Sollvorgaben für Verkaufsumsätze in die Faktentabelle *FactSalesQuota* jedoch nur für Monate oder Quartale. In diesem Szenario sind für die Dimensionsbeziehungen zwischen der Cubedimension *Date* und den Measuregruppen *Internet Sales*, *Reseller Sales* und *Sales Quota* unterschiedliche Granularitätsebenen notwendig.

Um die Granularität einer Dimensionsbeziehung besser zu verstehen, betrachten Sie die Cubedimension *Date*. Der Dimensionsschlüssel (*Date*) ist gebunden an den Primärschlüssel der Dimensionstabelle *DimDate* (*DateKey*) und identifiziert eindeutig einen Datensatz in der Dimensionstabelle. Da die granularste Ebene in der Dimensionstabelle *DimDate* das Kalenderdatum darstellt, entspricht die granularste Ebene der Cubedimension *Date* ebenfalls dem Kalendertag. Normalerweise sind Dimensionstabellen mit Faktentabellen auf derselben Granularitätsebene verknüpft. Die Faktentabelle *FactResellerSales* beispielsweise enthält Fremdschlüssel (*OrderDateKey*, *DueDateKey* und *ShipDateKey*), die den Primärschlüssel (*DateKey*) der Dimensionstabelle *DimDate* referenzieren. Würden in der Faktentabelle *FactResellerSales* die Verkaufsdaten auf einer anderen Granularitätsebene gespeichert werden (beispielsweise Stunden), wäre eine Verknüpfung zwischen der Dimensionstabelle *DimDate* und der Faktentabelle *FactResellerSales* nicht möglich.

Es besteht keine Möglichkeit, Dimensionstabellen mit Faktentabellen auf einer niedrigeren Granularitätsebene als dem Dimensionsschlüssel zu verknüpfen. Umgekehrt ist es jedoch sehr einfach, Dimensionstabellen mit Faktentabellen auf einer höheren Granularitätsebene zu verknüpfen. Betrachten Sie die exemplarischen Daten der Faktentabelle *FactSalesQuota* (Abbildung 7.22).

SalesQuotaKey	EmployeeKey	DateKey	CalendarYear	CalendarQuarter	SalesAmountQuota
1	272	20010701	2001	3	28000
2	281	20010701	2001	3	367000
3	282	20010701	2001	3	637000
4	283	20010701	2001	3	565000
5	284	20010701	2001	3	244000
6	285	20010701	2001	3	669000
7	286	20010701	2001	3	165000
8	287	20010701	2001	3	460000
9	288	20010701	2001	3	525000
10	289	20010701	2001	3	226000

Abbildung 7.22 Exemplarische Daten der Faktentabelle *FactSalesQuota*

HINWEIS Daten einer Tabelle können Sie durchsuchen, indem Sie in der Datenquellensicht mit der rechten Maustaste auf den Tabellenkopf der ausgewählten Tabelle klicken und im Kontextmenü den Eintrag *Daten durchsuchen* auswählen.

In der Faktentabelle werden die Soll-Umsätze der Vertriebsmitarbeiter auf Quartalsebene gespeichert. Beispielsweise hat der Mitarbeiter mit der Nummer 272 die Vorgabe, im dritten Quartal des Jahres 2001 einen Umsatz in Höhe von 28.000 € zu generieren. Natürlich möchten Sie dementsprechend die Ist-Umsätze mit den Soll-Umsätzen vergleichen. Das Problem hierbei ist aber, dass die Tabellen *DimDate* und *FactSalesQuota* unterschiedliche Granularitätsebenen aufweisen. In der Faktentabelle *FactSalesQuota* ist als niedrigste Detailebene das Attribut *CalendarQuarter* definiert.

In den Analysis Services kann das oben beschriebene Szenario mit ein paar einfachen Schritten gelöst werden. Um eine andere Granularitätsebene zu definieren, wird das Granularitätsattribut für eine Cubedimension so geändert, wie es innerhalb einer Measuregruppe verwendet wird. Im Folgenden ändern Sie die Granularität der Dimension *Date*, erstellen eine neue Measuregruppe und definieren innerhalb der neuen Measuregruppe die Granularität auf einer höheren Ebene:

1. Öffnen Sie die *KAP07*-Datenquellensicht im Datenquellensicht-Designer (mehr Informationen zum Datenquellensicht-Designer erhalten Sie in Kapitel 5). Klicken Sie mit der rechten Maustaste auf eine beliebige Stelle im Bereich *Diagrammplaner*, wählen Sie im Kontextmenü den Eintrag *Neues Diagramm* aus und geben Sie *Sales Quotas* als Namen für das neue Diagramm an. Ziehen Sie die Dimensionstabellen *DimEmployee*, *DimSalesTerritory*, *DimDate* sowie die Faktentabelle *FactSalesQuota* in den Diagrammbereich.

2. Öffnen Sie mit einem Doppelklick auf die Beziehung zwischen der Dimensionstabelle *DimDate* und der Faktentabelle *FactSalesQuota* das Dialogfeld *Beziehung bearbeiten*. Beachten Sie, dass die beiden Tabellen jeweils über die Tabellenspalte *DateKey* verknüpft sind. Die Dimensionstabelle *DimDate* ist ein spezieller Fall, da sie auf jeder Granularitätsebene verknüpft werden kann. Grund hierfür ist, dass sämtliche Elemente durch den Primärschlüssel identifiziert werden können. Beispielsweise entsprechen die *DateKey*-Werte in der Faktentabelle *FactSalesQuota* immer dem ersten Tag eines Quartals. Die Faktentabelle *FactSalesQuota* kann so auf einer höheren Granularitätsebene mit der Dimensionstabelle *DimDate* verknüpft werden. Bearbeiten Sie die Beziehungen gemäß Abbildung 7.23, und klicken Sie anschließend auf *OK*.

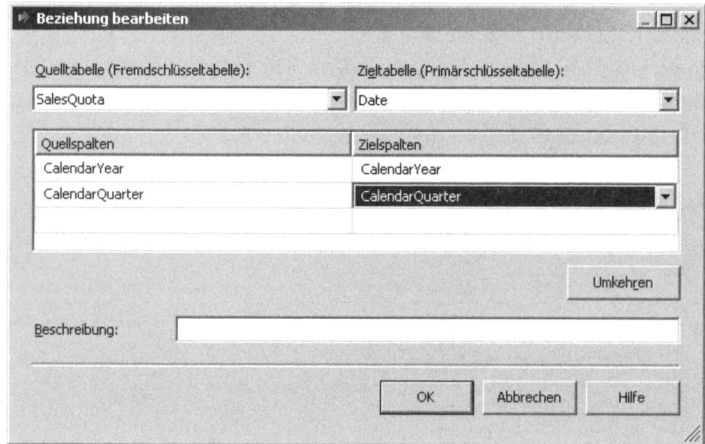

Abbildung 7.23 Dialogfeld *Beziehung bearbeiten*

3. Wechseln Sie zum Cube-Designer und aktivieren Sie die Registerkarte *Cubestruktur*. Klicken Sie in der Symbolleiste auf die Schaltfläche *Neue Measuregruppe* und wählen Sie im gleichnamigen Dialogfeld die Faktentabelle *SalesQuota* aus. Bestätigen Sie mit *OK*.

4. Ändern Sie den Namen der neuen Measuregruppe auf *Sales Quotas*. Erweitern Sie die Measuregruppe und entfernen Sie alle Measures außer *Sales Amount Quota*. Legen Sie für das Measures *Sales Amount Quota* den Wert für die *FormatString*-Eigenschaft auf *Currency* fest.

5. Wechseln Sie zur Registerkarte *Dimensionsverwendung*. Beachten Sie, dass der Cube-Designer Dimensionsbeziehungen zwischen den Cubedimensionen *Employee* und *Sales Territory* sowie der Measuregruppe *Sales Quotas* identifiziert und automatisch erstellt hat.

6. Klicken Sie in der Zelle für die Dimensionsbeziehung zwischen der Cubedimension *Date* und der Measuregruppe *Sales Quotas* auf die Schaltfläche mit den drei Punkten. Wählen Sie im Dialogfeld *Beziehung definieren* den Beziehungstyp *Regulär* aus und wählen Sie als Granularitätsattribut *CalendarQuarter* aus. Definieren Sie analog zu den Dimensionsspalten die Measuregruppenspalten (Abbildung 7.24) und klicken Sie anschließend auf *OK*.

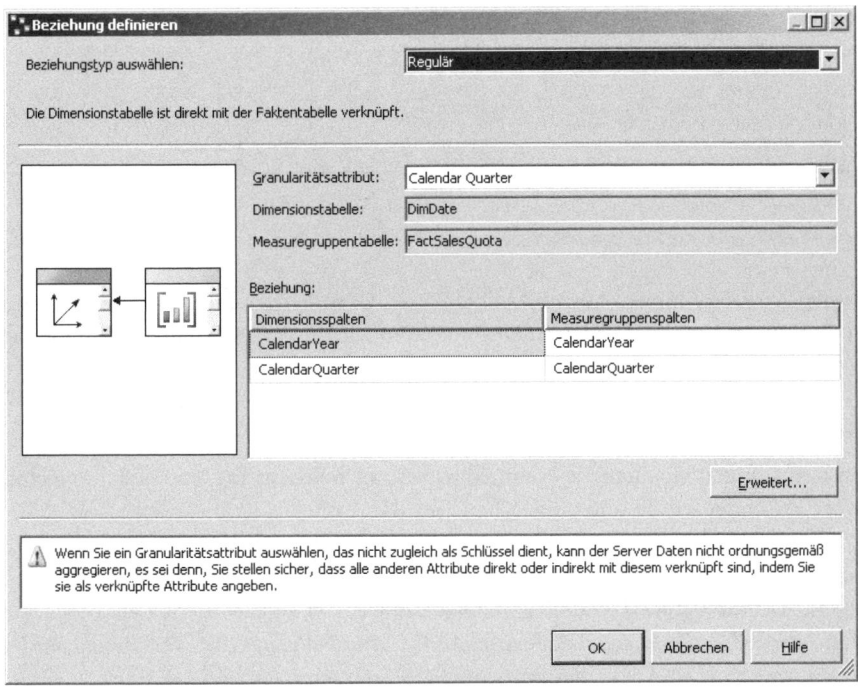

Abbildung 7.24 Dimensionsbeziehung auf einer höheren Granularitätsebene

Beachten Sie, dass eine Warnung angezeigt wird, weil das ausgewählte Granularitätsattribut kein Schlüsselattribut ist. Sie müssen sicherstellen, dass alle anderen Attribute direkt oder indirekt mit dem Granularitätsattribut verknüpft sind, indem Sie sie als verknüpfte Attribute angeben. Sie müssen die Attributbeziehungen zwischen den einzelnen Dimensionsattributen vorab definieren, ansonsten werden Measures nicht ordnungsgemäß aggregiert (mehr Informationen zu Attributbeziehungen erhalten Sie in Kapitel 6).

7. Verarbeiten Sie den Cube und wechseln Sie nach der erfolgreichen Bereitstellung zur Registerkarte *Browser*. Klicken Sie gegebenenfalls auf *Verbindung wiederherstellen*. Erweitern Sie im Metadatenbereich die Measuregruppen *Reseller Sales* und *Sales Quotas*. Fügen Sie die Measures *Reseller Sales Amount* und *Sales Amount Quota* in den Datenbereich ein.

8. Erweitern Sie im Metadatenbereich die Dimensionen *Date* und *Sales Territory*. Fügen Sie die benutzerdefinierte Hierarchie *Calendar* in den Spaltenbereich ein und die Attributhierarchie *Employee* in den Zeilenbereich. Ihr Bericht sollte jetzt wie in der Abbildung 7.25 aussehen. Zum Vergleichen von Soll- und Ist-Umsätzen könnten Sie zusätzlich noch die Dimension *Sales Territory* hinzufügen, um festzustellen, wie die Umsätze der einzelnen Vertriebsregionen sich entwickelt haben.

Employee	Calendar Year					
	CY 2003		CY 2004		Gesamtergebnis	
	Reseller Sales Amount	Sales Amount Quota	Reseller Sales Amount	Sales Amount Quota	Reseller Sales Amount	Sales Amount Quota
Stephen Y. Jiang	€420.264,76	€544.000,00	€245.166,79	€271.000,00	€665.431,55	€815.000,00
Michael G. Blythe	€3.927.251,80	€4.716.000,00	€1.537.712,18	€1.718.000,00	€5.464.963,98	€6.434.000,00
Linda C. Mitchell	€4.102.250,16	€4.682.000,00	€1.885.941,92	€2.018.000,00	€5.988.192,08	€6.700.000,00
Jillian Carson	€3.641.868,90	€4.350.000,00	€1.373.131,81	€1.661.000,00	€5.015.000,71	€6.011.000,00
Garrett R. Vargas	€878.209,90	€1.617.000,00	€364.258,18	€670.000,00	€1.242.468,09	€2.287.000,00
Tsvi Michael. Reiter	€2.222.127,75	€2.768.000,00	€1.089.192,44	€1.224.000,00	€3.311.320,19	€3.992.000,00
Pamela O. Ansman-Wolfe	€889.869,26	€1.183.000,00	€650.082,84	€733.000,00	€1.539.952,09	€1.916.000,00
Shu K. Ito	€2.339.256,77	€2.644.000,00	€1.076.280,83	€1.338.000,00	€3.415.537,60	€3.982.000,00
José Edvaldo. Saraiva	€2.642.405,67	€2.293.000,00	€1.906.118,50	€1.399.000,00	€4.548.524,17	€3.692.000,00
David R. Campbell	€1.372.498,15	€1.438.000,00	€674.625,35	€637.000,00	€2.047.123,50	€2.075.000,00
Amy E. Alberts	€675.161,53	€651.000,00	€118.055,92	€117.000,00	€793.217,45	€768.000,00
Jae B. Pak	€2.661.432,19	€5.142.000,00	€1.157.128,33	€2.212.000,00	€3.818.560,52	€7.354.000,00
Ranjit R. Varkey Chudukatil	€2.258.782,07	€2.940.000,00	€1.368.690,20	€1.615.000,00	€3.627.472,27	€4.555.000,00
Tete A. Mensa-Annan	€1.218.974,69	€1.481.000,00	€837.494,84	€951.000,00	€2.056.469,53	€2.432.000,00
Syed E. Abbas	€76.060,80	€172.000,00	€14.611,05	€33.000,00	€90.671,85	€205.000,00
Rachel B. Valdez	€850.729,71	€1.294.000,00	€800.033,89	€993.000,00	€1.650.763,60	€2.287.000,00
Lynn N. Tsoflias	€366.636,75	€867.000,00	€397.590,81	€820.000,00	€764.227,56	€1.687.000,00
Gesamtergebnis	€30.543.780,85	€38.782.000,00	€15.496.115,88	€18.410.000,00	€46.039.896,73	€57.192.000,00

Abbildung 7.25 Vergleich von Ist- und Soll-Umsätzen in den Jahren 2003 und 2004

Die Definition von Dimensionsbeziehungen auf unterschiedlicher Granularitätsebene ermöglicht auf sehr flexible Weise die Verknüpfungen zwischen Cubedimensionen und Measuregruppen auf unterschiedlichen Ebenen.

Dimensionsbeziehungen mit unterschiedlichen Rollen

Bei der Verwaltung von Bestellungen möchten Sie eventuell wissen, an welchem Tag eine Bestellung einging, an welchem Tag die Ware versendet wurde und an welchem Tag die Auslieferung der Ware erfolgte. In diesem Szenario müssen Sie drei unterschiedliche Termine in der Faktentabelle speichern. Zwischen einer Zeitdimensionstabelle und einer einzelnen Faktentabelle können also mehrfache Verbindungen existieren. In unserer Beispieldatenbank *AdventureWorksDW2008* enthält die Faktentabelle *FactInternetSales* drei Fremdschlüssel der Dimensionstabelle *DimDate*, die das Bestelldatum (*OrderDateKey*), das Versanddatum (*ShipDateKey*) und das Lieferdatum (*DueDateKey*) einer Bestellung repräsentieren (Abbildung 7.26).

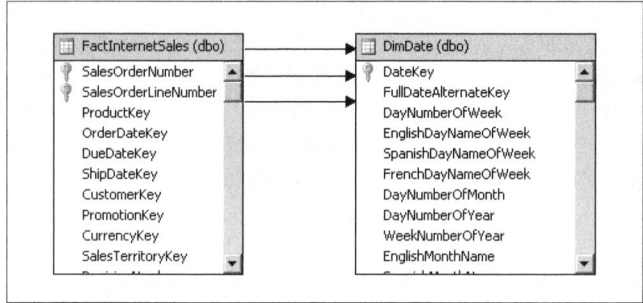

Abbildung 7.26 Schlüsselbeziehungen zwischen *FactInternetSales* und *DimDate*

Bei diesem Szenario wird in der Analysis Services-Terminologie von Dimensionen mit unterschiedlichen Rollen gesprochen. Dem Cube werden Dimensionen mit unterschiedlichen Rollen hinzugefügt und es werden separate Dimensionsbeziehungen basierend auf den unterschiedlichen Fremdschlüsseln in der Faktentabelle definiert. Die Verwendung von Dimensionen mit unterschiedlichen Rollen reduziert die Verwaltung, ohne dass die Leistung und der Speicherplatz beeinträchtigt werden, da nur eine Definition der Zeitdimension gespeichert werden muss.

Wenn bei der Erstellung eines Cube mit dem Cube-Assistenten eine Dimension mit unterschiedlichen Rollen identifiziert wird, dann werden automatisch so viele Dimensionsbeziehungen wie vorhandene Dimensionsrollen erstellt. Das manuelle Hinzufügen von Dimensionen mit unterschiedlichen Rollen mit dem Cube-Designer erfordert zwei Schritte: Zum einen die Verwendung der Registerkarten *Cubestruktur* oder *Dimensionsverwendung*, um die Dimension so oft hinzuzufügen, wie es unterschiedliche Rollen gibt (in unserem Fall die Dimension *Date* mit drei unterschiedlichen Rollen, jeweils mit unterschiedlichen Namen), zum anderen die manuelle Erstellung einer regulären Beziehung für jede Dimensionsrolle durch die Verknüpfung der Primärschlüsselspalte der Dimensionstabelle mit der entsprechenden Fremdschlüsselspalte der Faktentabelle (Abbildung 7.27). In unserem Szenario müsste die Spalte *DateKey* der Dimensionstabelle *DimDate* mit den Spalten *OrderDateKey*, *ShipDateKey* und *DueDateKey* der Faktentabelle *FactInternetSales* verknüpft werden.

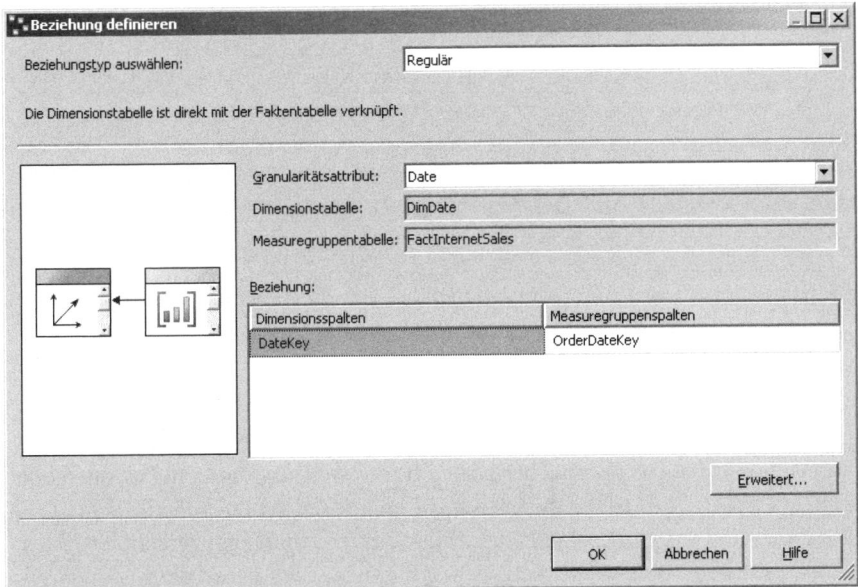

Abbildung 7.27 Dimensionsbeziehung zwischen der Cubedimension *Date (Order Date)* und der Measuregruppe *Internet Sales*

Bezugsdimensionsbeziehungen

Typischerweise ist eine Cubedimension direkt über eine logische Beziehung über den Primärschlüssel der Dimensionstabelle und den Fremdschlüssel der Faktentabelle mit einer Measuregruppe verknüpft. Beispielsweise ist die Cubedimension *Customer* direkt mit der Measuregruppe *Internet Sales* verknüpft, da eine 1:N-Beziehung in der Datenquellensicht besteht. Aber was passiert, wenn eine Cubedimension mit einer Measuregruppe verknüpft werden muss, die keine direkte Beziehung mit der Measuregruppe hat?

Betrachten wir beispielsweise die Dimensionstabellen *DimCustomer* und *DimGeography* sowie die Faktentabelle *FactInternetSales*. Öffnen Sie hierzu die Datenquellensicht *KAP07* im Datenquellensicht-Designer. Wählen Sie im Bereich *Diagrammplaner* das Diagramm *Internet Sales* aus und überprüfen die Verknüpfung zwischen den Tabellen *DimGeography* und *FactInternetSales*. Beachten Sie, dass keine direkte Beziehung zwischen den beiden Tabellen existiert. Diese sind nur indirekt über die Tabellen *DimCustomer* und *DimSalesTerritory* verknüpft (Abbildung 7.28).

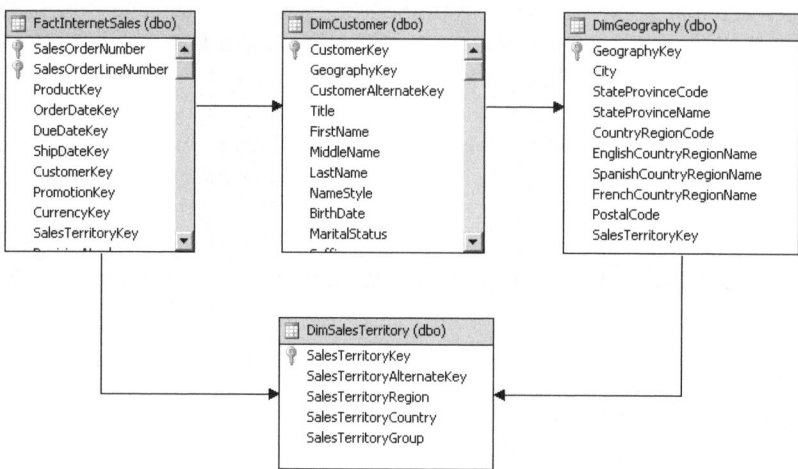

Abbildung 7.28   Beziehungen zwischen den Dimensionstabellen *DimCustomer*, *DimGeography*, *DimSalesTerritory* und der Faktentabelle *FactInternetSales*

Öffnen Sie das Dialogfeld *Beziehung bearbeiten* mit einen Doppelklick auf die Verknüpfung zwischen den Dimensionstabellen *DimCustomer* und *DimGeography*. Beachten Sie, dass die Schlüsselspalte *GeographyKey* zum einen der Primärschlüssel in der Tabelle *DimGeography* ist und zum anderen der Fremdschlüssel in der Tabelle *DimCustomer* ist. Diese Konstellation entspricht einem klassischen Schneeflockenentwurf.

Unser Beispielcube enthält bisher keine Informationen darüber, aus welchen Ländern, Regionen oder Städten die Kunden kommen, die Produkte über das Internet bestellen oder aus welchen Ländern, Regionen oder Städten die Händler stammen. Ein Ansatz zur Lösung dieser Aufgabe könnte darin bestehen, die Dimension *Geography* zur Dimension *Customer* und zur Dimension *Reseller* hinzuzufügen und benutzerdefinierte Hierarchien mit den entsprechenden Ebenen zu erstellen (vergleichen Sie hierzu die Dimension *Customer* in Kapitel 6). Allerdings würde bei diesem Ansatz eine Duplizierung der Definition und des Speichers der Dimension *Geography* erfolgen.

Ein anderer Ansatz wäre es, die Dimension *Geography* als einzelne Dimension bestehen zu lassen, die aber über eine Zwischendimensionen (*Customer* bzw. *Reseller*) mit den Measuregruppen *Internet Sales* und *Reseller Sales* verknüpft ist. In der Analysis Services-Terminologie wird eine solche Verknüpfung als *Bezugsdimensionsbeziehung* bezeichnet, und die Dimension *Geography* wird als *Bezugsdimension* bezeichnet. Die Implementierung einer Bezugsdimensionsbeziehung ist in den Analysis Services sehr einfach gelöst. Wenn einem Cube eine neue Dimension oder Measuregruppe hinzugefügt wird, werden vom Cube-Assistenten automatisch die Beziehungen erkannt und erstellt. Befolgen Sie die nächsten Schritte, um eine Bezugsdimensionsbeziehung zu definieren:

1. Klicken Sie im Projektmappen-Explorer mit der rechten Maustaste auf den Ordner *Dimensionen* und wählen im Kontextmenü den Eintrag *Neue Dimension* aus. Akzeptieren Sie auf der Seite *Erstellungsmethode auswählen* die Standardeinstellung und klicken Sie auf *Weiter*.
2. Auf der Seite *Quellinformation angeben* wählen Sie als Haupttabelle *Geography* aus und klicken anschließend auf *Weiter*. Auf der Seite *Verknüpfte Tabellen auswählen* deaktivieren Sie das Kontrollkästchen der Dimension *SalesTerritory* und klicken auf *Weiter*.

3. Aktivieren Sie auf der Seite *Dimensionsattribute auswählen* die Kontrollkästchen der Attribute *City, State Province Name, English Country Region Name* und *Postal Code*. Ändern Sie den Namen des Attributs *Geography Key* in *Geography* und des Attributs *English Country Region Name* in *Country Region Name* um (Abbildung 7.29), und klicken Sie anschließend auf *Weiter*. Klicken Sie auf der Seite *Assistenten abschließen* auf *Fertig*, um die neue Dimension im Dimensions-Designer zu öffnen.

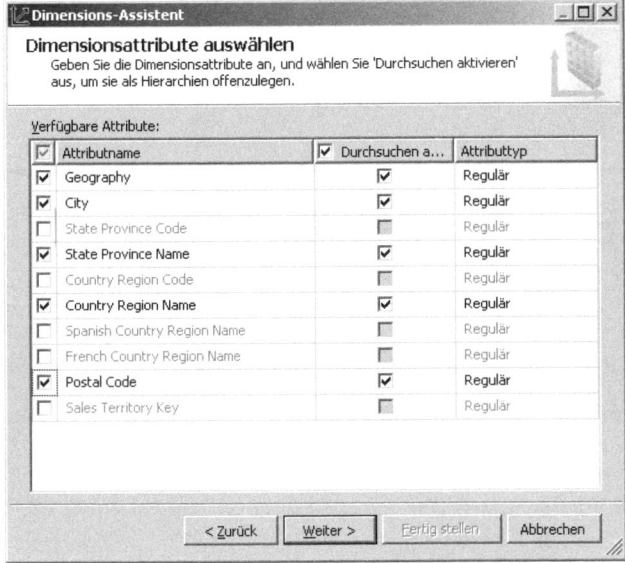

Abbildung 7.29 Dimensionsattribute im Dimensions-Assistenten bearbeiten

4. Erstellen Sie eine benutzerdefinierte Hierarchie, indem Sie in der angegebenen Reihenfolge die Attribute *Country Region Name, State Province Name, City* und *Postal Code* in den Bereich *Hierarchien* ziehen. Benennen Sie die neu erstellte Hierarchie in *Geographies* um. Ignorieren Sie die Warnmeldungen bezüglich einer verringerten Abfrageleistung aufgrund fehlender Attributbeziehungen. Natürlich sollten die Attributbeziehungen bearbeitet werden, allerdings ist eine Bearbeitung für den weiteren Verlauf des Kapitels nicht notwendig (mehr Informationen über Attributbeziehungen erhalten sie in Kapitel 6). Speichern Sie die Änderungen und schließen Sie den Dimensions-Designer.
5. Wechseln Sie zum Cube-Designer und klicken Sie in der Symbolleiste der Registerkarte *Cubestruktur* auf die Schaltfläche *Cubedimension hinzufügen*. Fügen Sie die neu erstellte Dimension *Geography* hinzu.
6. Wechseln Sie zur Registerkarte *Dimensionsverwendung*. Beachten Sie, dass zwischen der Cubedimension *Geography* und zu den Measuregruppen *Internet Sales* oder *Reseller Sales* keine Beziehungen definiert sind.
7. Klicken Sie in der Zelle zwischen der Cubedimension *Geography* und der Measuregruppe *Internet Sales* auf die Schaltfläche mit den drei Punkten. Beachten Sie, dass im Dialogfeld *Beziehung definieren* aktuell keine Beziehung ausgewählt ist. Es konnte auch keine reguläre Beziehung definiert werden, da keine direkte Verknüpfung zwischen den Tabellen *DimGeography* und *FactInternetSales* vorhanden ist.
8. Wählen Sie in der Liste *Beziehungstyp auswählen* die Option *Referenziert* aus. Wählen Sie in der *Zwischendimension*-Liste den Eintrag *Customer* und in den Listen *Bezugsdimensionsattribut* und *Zwischendimensionsattribut* jeweils den Eintrag *Geography* aus (Abbildung 7.30). Klicken Sie anschließend auf *OK* und wiederholen Sie die Schritte für die Measuregruppe *Reseller Sales*.

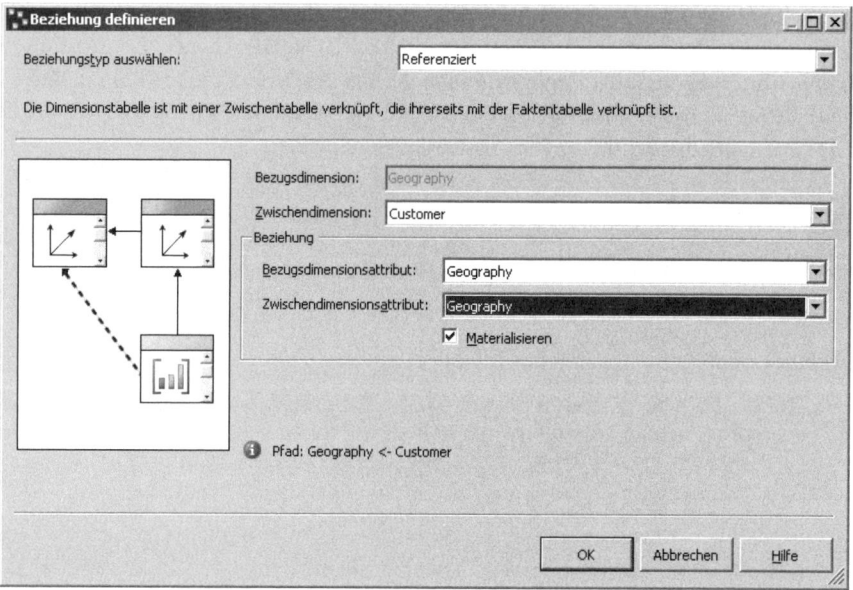

Abbildung 7.30 Dialogfeld *Beziehung definieren* für den Beziehungstyp *Referenziert*

Beachten Sie, dass das Kontrollkästchen *Materialisieren* aktiviert ist. Diese Option dient als Optimierungsmethode für die Abfrageleistung. Bei referenzierten Dimensionen ohne Materialisierung, wie beispielsweise N:M-Dimensionen, wird während der Verarbeitung der MOLAP-Struktur für jede Zeile der Wert der Verknüpfung zwischen der Referenzdimension und der Faktentabelle nicht materialisiert (gespeichert). Der Wert der Verknüpfung wird erst bei einer Abfrage zur Laufzeit erstellt, d.h. die Analysis Services verknüpfen die Referenzdimension und die Zwischendimension erst während der Abfrage. Bei referenzierten Dimensionen mit Materialisierung wird während der Verarbeitung der MOLAP-Struktur für jede Zeile der Wert der Verknüpfung zwischen der Referenzdimension und der Faktentabelle materialisiert (gespeichert).

9. Verarbeiten Sie den Cube und wechseln Sie nach der erfolgreichen Bereitstellung zur Registerkarte *Browser*. Erweitern Sie im Metadatenbereich die Measuregruppe *Internet Sales* und fügen Sie das Measure *Internet Sales Amount* dem Datenbereich hinzu. Erweitern Sie im Metadatenbereich die Cubedimensionen *Geography* und *Date*. Fügen Sie die benutzerdefinierte Hierarchie *Geographies* in den Zeilenbereich und die benutzerdefinierte Hierarchie *Calendar* in den Spaltenbereich ein. Beachten Sie, dass das Measure *Internet Sales Amount* ordnungsgemäß mit der Hierarchie *Geographies* dimensioniert wird (Abbildung 7.31). Durch die Definition einer Zwischendimension kann jetzt analysiert werden, aus welchen Ländern, Regionen oder Städten die Kunden kommen.

Country Region	CY 2001 Internet Sales Amount	CY 2002 Internet Sales Amount	CY 2003 Internet Sales Amount	CY 2004 Internet Sales Amount	Gesamtergebnis Internet Sales Amount
Australia	€813.881,67	€1.185.534,04	€1.577.035,89	€1.422.570,25	€4.999.021,84
Canada	€100.234,77	€467.091,25	€340.134,04	€435.649,04	€1.343.109,10
Germany	€118.668,26	€521.230,85	€1.058.405,73	€1.076.890,77	€2.775.195,60
France	€26.914,32	€514.942,01	€1.026.376,30	€922.711,94	€2.490.944,57
United Kingdom	€466.782,94	€865.945,89	€1.864.777,04	€1.859.570,68	€5.057.076,55
United States	€1.100.549,45	€2.126.696,55	€2.838.337,67	€3.323.896,12	€9.389.479,79
Gesamtergebnis	€2.627.031,40	€5.681.440,58	€8.705.066,67	€9.041.288,80	€26.054.827,45

Abbildung 7.31 Ordnungsgemäße Dimensionierung der Cubedimension *Geography*

Bezugsdimensionsbeziehungen haben gewisse Vor- und Nachteile. Sie sollten sie dann verwenden, wenn eine Cubedimension nur indirekt mit einer Measuregruppe verknüpft ist oder wenn Sie Redundanzen in der Definition und des Speichers der Dimension vermeiden wollen. Bei unserem Beispielcube finden Sie genau dieses Szenario vor. Die Cubedimension *Geography* ist nur indirekt mit den Measuregruppen *Internet Sales* und *Reseller Sales* verknüpft. Zusätzlich würde es bei dem Hinzufügen der Attribute der Dimension *Geography* zu den Dimensionen *Customer* und *Reseller* zu Redundanzen kommen.

Bezugsdimensionsbeziehungen sollten Sie dann nicht verwenden, wenn Sie benutzerdefinierte Hierarchien zwischen der Bezugsdimension und der Zwischendimension erstellen wollen, da die Analysis Services dieses nicht unterstützen. Zusätzlich können referenzierte Dimensionen die Abfrageleistung negativ beeinflussen.

Faktendimensionsbeziehungen

In Faktentabellen können nützliche Dimensionsdaten gespeichert werden, wie beispielsweise Rechnungsnummern oder Auftragsbestätigungsnummern, die mit bestimmten Bestellinformationen verknüpft sind. Sicherlich wäre es auch möglich diese Bestellinformationen in einer separaten Dimensionstabelle zu speichern. Allerdings würde diese Dimensionstabelle genauso schnell wachsen wie die Faktentabelle selbst, da die Daten redundant gespeichert werden müssten. Wenn eine Dimension auf einer Faktentabelle basiert, wird diese Dimension als *Faktendimension* bezeichnet. Faktendimensionen, in der Analysis Services-Terminologie auch als *degenerierte Dimensionen* bezeichnet, werden implementiert durch die Erstellung einer Standarddimension, die aus Spalten aus einer Faktentabelle anstatt aus Spalten aus einer Dimensionstabelle besteht.

In unserem Beispielprojekt enthalten die Faktentabellen *FactInternetSales* und *FactResellerSales* nicht nur Daten der einzelnen Bestellungen, sondern auch Detaildaten zu den Bestellungen selbst. Beide Faktentabellen weisen jeweils die Spalten *SalesOrderNumber*, *SalesOrderLineNumber*, *CarrierTrackingNumber* sowie *CustomerPONumber* auf. Diese Tabellenspalten können für eine Analyse interessant sein. Beispielsweise kann ein Benutzer an der aggregierten Information interessiert sein, wie hoch der Gesamtumsatz aller Produkte einer Sammelbestellung war. In den Analysis Services wird eine Faktendimension durch die Erstellung einer Standarddimension implementiert, die eine Faktendimensionsbeziehung zu der entsprechenden Faktentabelle aufweist:

1. Vollziehen Sie die Schritte des Dimensions-Assistenten nach, um eine Standarddimension basierend auf der Faktentabelle *FactInternetSales* zu erstellen. Akzeptieren Sie auf der Seite *Erstellungsmethode auswählen* die Standardoption *Vorhandene Tabelle verwenden*, und klicken Sie auf *Weiter*.

2. Beachten Sie auf der Seite *Quellinformation angeben*, dass vom Dimensions-Assistenten die Spalten *SalesOrderNumber* und *SalerOrderLineNumber* als Schlüsselspalten erkannt wurden, weil diese Spalten als zusammengesetzte Primärschlüssel in der Faktentabelle definiert sind.

3. Wählen Sie als Namensspalte das Attribut *SalesOrderLineNumber* aus, da bei einem zusammengesetzten Dimensionsschlüssel zwingend eine Namensspalte angegeben werden muss (Abbildung 7.32). Der Name spiegelt die Tatsache wieder, dass der Dimensionsschlüssel eine einzelne Bestellinformation in der Faktentabelle identifiziert. Klicken Sie anschließend auf *Weiter*.

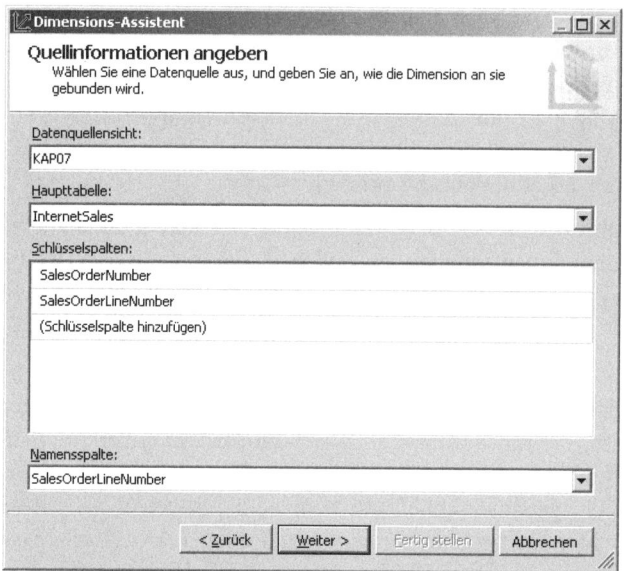

Abbildung 7.32 Haupttabelle und Schlüsselspalten für die Faktendimension

4. Auf der Seite *Verknüpfte Tabelle auswählen* stellen Sie sicher, dass keine Tabellen aktiviert sind, und klicken auf *Weiter*. Auf der Seite *Dimensionsattribute auswählen* ändern Sie den Namen des Attributs *Sales Order Number* auf *Sales Order Detail* um, aktivieren die Kontrollkästchen für *Carrier Tracking Number* und *Customer PO Number* und deaktivieren sämtliche Attribute mit dem Suffix *Key*. Klicken Sie auf *Weiter*.

5. Auf der Seite *Assistenten abschließen* ändern Sie den Dimensionsnamen auf *Internet Order Details* und klicken auf *Fertig*, um den Dimensions-Assistenten abzuschließen. Die neu erstellte Dimension wird automatisch im Dimensions-Designer geöffnet. Sie werden feststellen, dass sich eine Faktendimension von einer Standarddimension nicht unterscheidet. Sie können wie gewohnt Attribute hinzufügen, ändern, entfernen oder benutzerdefinierte Hierarchien erstellen.

6. Wählen Sie auf der Registerkarte *Dimensionsstruktur* im Attributbereich den Dimensionsschlüssel *Sales Order Detail* aus und ändern Sie im Eigenschaftenfenster die *NameColumn*-Attributeigenschaft, indem Sie auf die Schaltfläche mit den drei Punkten klicken. Wählen Sie als Quelltabelle *Product* sowie als Quellspalte *EnglishProductName* aus und klicken Sie anschließend auf *OK*.

7. Fügen Sie das Attribut *Sales Order Number* zur Dimension hinzu und ändern Sie den Namen in *Internet Order Number*. Legen Sie den Wert der *OrderBy*-Attributeigenschaft auf *Key* fest.

8. Erstellen Sie eine benutzerdefinierte Hierarchie mit dem Namen *Internet Orders*. Fügen Sie als erste Hierarchieebene das Attribut *Internet Order Number* und als zweite Hierarchieebene *Internet Order Detail* hinzu. Speichern Sie die Änderungen und schließen Sie den Dimensions-Designer.

HINWEIS In der Beispieldatenbank *AdventureWorksDW2008* enthalten die Attribute *CarrierTrackingNumber* und *CustomerPONumber* leider keine Daten und können daher in der benutzerdefinierten Hierarchie nicht verwendet werden.

9. Wechseln Sie zum Cube-Designer und klicken Sie in der Symbolleiste der Registerkarte *Dimensionsverwendung* auf die Schaltfläche *Cubedimension hinzufügen*. Wählen Sie im gleichnamigen Dialogfeld die neu erstellte Dimension aus und klicken Sie auf *OK*.

10. Beachten Sie, dass die neue Cubedimension der Dimensionsliste hinzugefügt und die Cubedimension automatisch mit einer Faktenbeziehung erstellt wurde. Klicken Sie in der Zelle der Cubedimension *Internet Order Details* und der Measuregruppe *Internet Sales* auf die Schaltfläche mit den drei Punkten, um die Faktenbeziehungseigenschaften zu überprüfen (Abbildung 7.33).

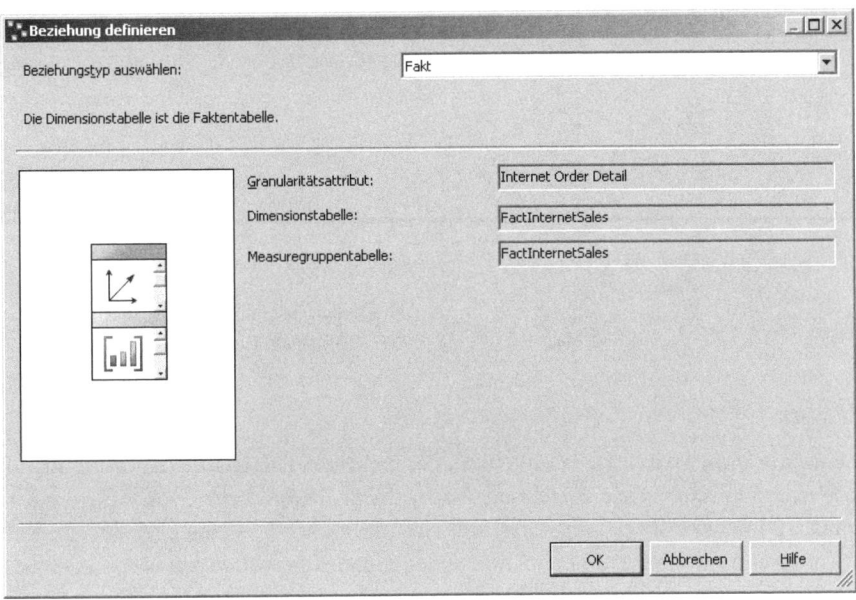

Abbildung 7.33 Faktenbeziehungseigenschaften im Dialogfeld *Beziehung definieren*

Speichern Sie das Projekt und rufen Sie den Menübefehl *Erstellen/KAP07 bereitstellen* auf. Aktivieren Sie nach dem erfolgreichen Abschluss der Bereitstellung im Cube-Designer die Registerkarte *Browser*. Betrachten wir die neu erstellte Cubedimension in einem Bericht:

1. Erweitern Sie im Metadatenbereich die Measuregruppe *Internet Sales*, und fügen Sie dem Datenbereich das Measure *Internet Sales Amount* hinzu.
2. Erweitern Sie im Metadatenbereich die Dimension *Customer*, und fügen Sie die Attributhierarchie *Customer* in den Zeilenbereich hinzu. Der Übersichtlichkeit halber deaktivieren Sie in der *DropDown*-Liste das Kontrollkästchen *Alle* und wählen nur die ersten fünf Kunden aus.
3. Erweitern Sie im Metadatenbereich die Cubedimension *Internet Order Details*, und fügen Sie die benutzerdefinierte Hierarchie *Internet Orders* in den Zeilenbereich rechts von der Attributhierarchie *Customer* hinzu. Erweitern Sie die Knoten der Attribute *Customer* und *Internet Order Number*. Der Bericht sollte jetzt wie in der Abbildung 7.34 dargestellt sein. Die einzelnen Bestellungen werden mit den jeweiligen Produktdetails angezeigt.

Filterfelder hierher ziehen

Spaltenfelder hierher zi

Customer	Internet Order Number	Internet Order Detail	Internet Sales Amount
⊟ Aaron A. Allen	⊟ SO46413	Mountain-100 Silver, 44	€2.236,39
		Gesamt	€2.236,39
	Gesamt		€2.236,39
⊟ Aaron A. Hayes	⊟ SO49797	Road-650 Red, 48	€782,99
		Gesamt	€782,99
	⊟ SO67240	Mountain Bottle Cage	€9,99
		Mountain-200 Silver, 42	€2.319,99
		Gesamt	€2.329,98
	Gesamt		€3.112,97
⊟ Aaron A. Zhang	⊟ SO56477	LL Road Tire	€21,49
		Road Tire Tube	€3,99
		Road-750 Black, 52	€539,99
		Sport-100 Helmet, Black	€34,99
		Gesamt	€600,46
	Gesamt		€600,46
⊟ Aaron Alexander	⊟ SO72982	Women's Mountain Shorts, S	€69,99
		Gesamt	€69,99
	Gesamt		€69,99
⊟ Aaron B. Adams	⊟ SO56918	ML Road Tire	€24,99
		Road Tire Tube	€3,99
		Short-Sleeve Classic Jersey, M	€53,99
		Sport-100 Helmet, Red	€34,99
		Gesamt	€117,96
	Gesamt		€117,96
Gesamtergebnis			€6.137,77

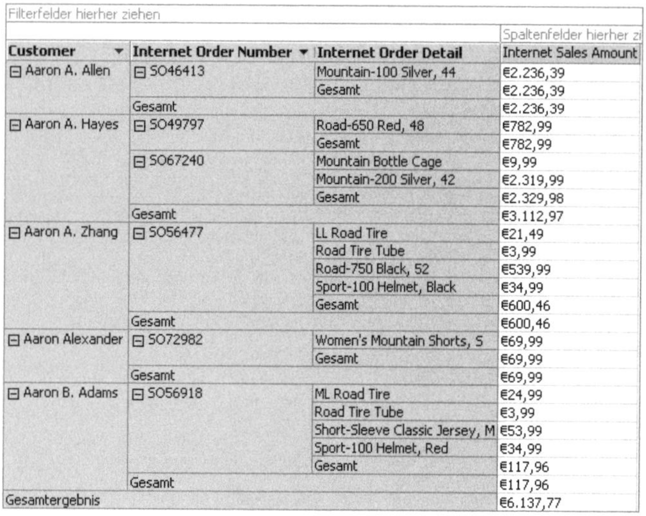

Abbildung 7.34 Internet-Bestellungen mit Produktdetails

M:N-Dimensionsbeziehungen

Typischerweise ist eine einzelne Dimensionstabelle mit einer oder mehreren Faktentabellen verbunden. Beispielweise hat ein Kunde eine oder auch viele Bestellungen ausgeführt. Dies ist ein Beispiel für eine 1:N-Beziehung, die eine reguläre Dimensionsbeziehung charakterisiert. In manchen Fällen allerdings verhält es sich umgekehrt: Ein Measure kann mit mehreren Elementen einer Dimension verbunden sein. In der Terminologie von relationalen Datenbanken wird dies als M:N-Beziehung bezeichnet. Zum besseren Verständnis von M:N-Dimensionsbeziehungen betrachten wir folgende Tabellen.

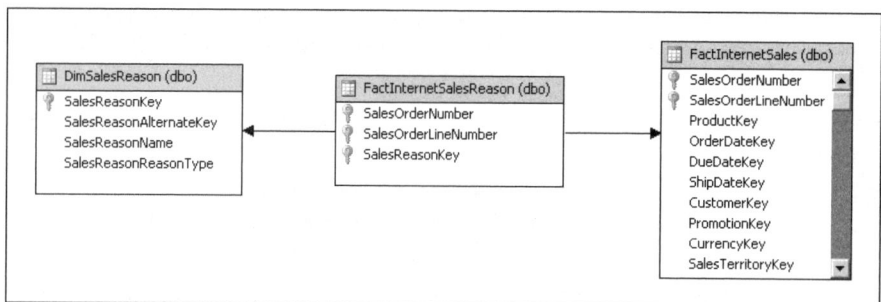

Abbildung 7.35 M:N-Dimensionsbeziehung zwischen Internetbestellungen und Bestellgründen

Im unserem Beispielprojekt kann ein Kunde mehr als einen Grund für seine Bestellungen angeben. Derselbe Grund kann aber auch von mehreren Kunden verwendet werden. Die M:N-Dimensionsbeziehung definiert eine Zuordnung zwischen einer Dimensionstabelle (*DimSalesReason*) und einer Faktentabelle (*FactInternet-Sales*), die nicht direkt miteinander verknüpft sind. Die Verknüpfung der Dimensions- und Faktentabelle erfolgt durch eine Zwischenfaktentabelle (*FactInternetSalesReason*), die mit beiden Tabellen verbunden ist. Durch M:N-Dimensionsbeziehungen werden komplexe Analysen unterstützt, auch wenn Dimensionstabellen nicht direkt mit einer Faktentabelle verknüpft sind. Vertiefen Sie die Thematik mit einem Beispiel:

1. Öffnen Sie im Projektmappen-Explorer im Ordner *Datenquellensichten* mit einem Doppelklick die *KAP07*-Datenquellensicht. Klicken Sie in der Symbolleiste auf die Schaltfläche *Neues Diagramm*, um ein

Diagramm mit dem Namen *Internet Sales Reason* zu erstellen. Fügen Sie die Faktentabellen *FactInternetSales*, *FactInternetSalesReason* sowie die Dimensionstabelle *DimSalesReason* in den Diagrammbereich ein.

2. Beachten Sie, dass die Schlüsselbeziehungen zwischen den beteiligten Tabellen bereits vorhanden sind, da die Beziehungen in der relationalen Datenquelle bereits definiert wurden. Bei einer M:N-Beziehung enthält die Zwischenfaktentabelle die Primärschlüssel der Dimensions- (*SalesReasonKey*) und der Faktentabelle (*SalesOrderNumber* und *SalesOrderLineNumber*). Sind die Beziehungen in der zugrunde liegenden Datenquelle nicht vorhanden, müssen diese in der Datenquellensicht zwingend definiert werden, da ansonsten die Erstellung einer M:N-Dimensionsbeziehung nicht möglich ist.

3. Klicken Sie im Diagrammbereich mit der rechten Maustaste auf den Tabellenkopf der Zwischenfaktentabelle *FactInternetSalesReason* und wählen Sie im Kontextmenü den Eintrag *Daten durchsuchen* aus. Beachten Sie, dass für jede Bestellung (*SalesOrderNumber*) zwei Verkaufsgründe existieren (*SalesReasonKey*). Beide Verkaufsgründe werden aber auch in einer Vielzahl von Bestellungen verwendet (Abbildung 7.36).

SalesOrderNumber	SalesOrderLineNumber	SalesReasonKey
SO43697	1	5
SO43697	1	9
SO43702	1	5
SO43702	1	9
SO43703	1	5
SO43703	1	9
SO43706	1	5
SO43706	1	9
SO43707	1	5
SO43707	1	9

Abbildung 7.36 Zwischenfaktentabelle *FactSalesOrderReason*

4. Schließen Sie die Zwischenfaktentabelle. Wechseln Sie zum Cube-Designer und aktivieren Sie die Registerkarte *Cubestruktur*. Klicken Sie in der Symbolleiste auf die Schaltfläche *Neue Measuregruppe*. Wählen Sie im Dialogfeld die Faktentabelle *InternetSalesReason* aus, und klicken Sie anschließend auf *OK*.

5. Erweitern Sie im Bereich *Measures* die neu erstellte Measuregruppe. Beachten Sie, dass automatisch das Measure *Internet Sales Reason Anzahl* mit der *AggregateFunction*-Measureeigenschaft *Count* erstellt wurde. In diesem Fall wurde *Count* und nicht *Sum* definiert, da der Datentyp der Tabellenspalte *SalesOrderNumber* eine Zeichenfolge (*String*) ist. Die beiden anderen Tabellenspalten wurden nicht als Measures ausgewählt, da die Analysis Services diese als Schlüssel erkannt hat. Da dieses Measure nur für die reine Verknüpfung der Dimensionstabelle verwendet wird und keine analytische Aussagekraft beinhaltet, ändern Sie im Eigenschaftenfenster die *Visible*-Measureeigenschaft auf *False*. Dadurch kann das Measure nicht durchsucht werden.

6. Klicken Sie im Projektmappen-Explorer mit der rechten Maustaste auf den Ordner *Dimensionen* und wählen im Kontextmenü den Eintrag *Neue Dimension* aus.

7. Folgen Sie den Schritten des Dimensions-Assistenten, um eine Standarddimension basierend auf der Dimensionstabelle *DimSalesReason* zu erstellen. Wählen Sie auf der Seite *Quellinformation angeben* als Haupttabelle *SalesReason* und für die Spalte mit dem Elementnamen das Attribut *SalesReasonName* aus, und klicken Sie auf *Weiter*.

8. Aktivieren Sie auf der Seite *Dimensionsattribute auswählen* das Kontrollkästchen des Dimensionsattributs *Sales Reason Reason Type*, ändern den Namen des Schlüsselattributs in *Sales Reason Name* sowie den Namen des Dimensionsattributs *Sales Reason Reason Type* in *Sales Reason Type* um. Klicken Sie anschlie-

ßend auf *Weiter*. Ändern Sie auf der Seite *Assistenten abschließen* den Namen auf *Internet Sales Reason* um und klicken Sie auf *Fertig*, um die Dimension im Dimensions-Designer zu öffnen.

9. Auf der Registerkarte *Dimensionsstruktur* erstellen Sie im Bereich *Hierarchien* eine benutzerdefinierte Hierarchie mit dem Attribut *Sales Reason Type* als erste Hierarchieebene sowie dem Attribut *Sales Reason Name* als zweite Hierarchieebene, und weisen Sie der neuen Hierarchie die Bezeichnung *Internet Sales Reasons* zu.
10. Speichern Sie die Änderungen, schließen den Dimensions-Designer und wechseln Sie zum Cube-Designer. Aktivieren Sie die Registerkarte *Dimensionsverwendung* und klicken Sie in der Symbolleiste auf die Schaltfläche *Cubedimension hinzufügen*. Wählen Sie im gleichnamigen Dialogfeld die neu erstellte Dimension aus.
11. Beachten Sie, dass für die Cubedimension *Internet Sales Reason* nur eine reguläre Dimensionsbeziehung mit der Measuregruppe *Internet Sales Reason* vorhanden ist, jedoch keine mit der Measuregruppe *Internet Sales*. Klicken Sie in der Zelle auf die Schaltfläche mit den drei Punkten. Wählen Sie im Dialogfeld *Beziehung definieren* in der Beziehungstypliste die Option *M:N* sowie in der Liste *Zwischenmeasuregruppe* den Eintrag *Internet Sales Reason* aus (Abbildung 7.37). Klicken Sie anschließend auf *OK*.

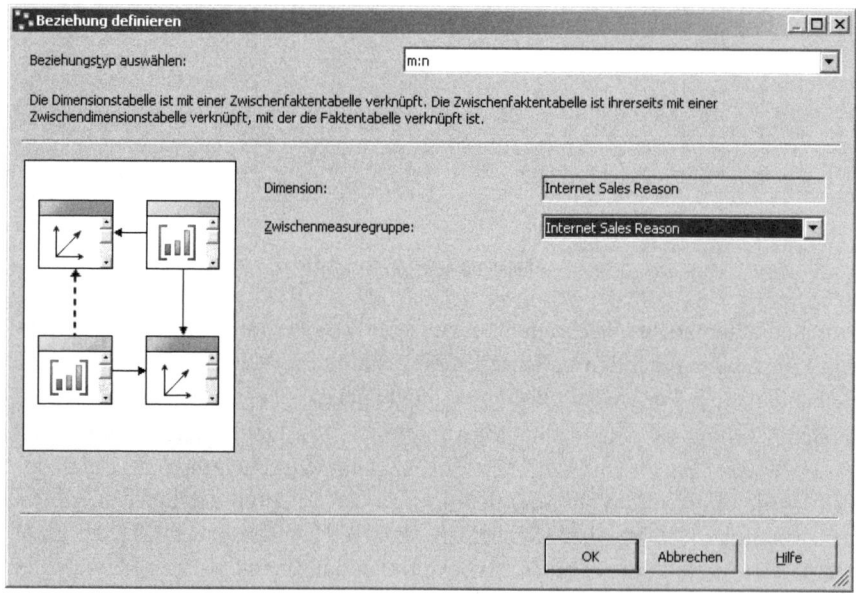

Abbildung 7.37 M:N-Beziehungseigenschaften im Dialogfeld *Beziehung definieren*

HINWEIS Beachten Sie in Abbildung 7.37 die Grafik auf der linken Seite des Dialogfelds. Sie sehen, dass für die Definition einer M:N-Dimensionsbeziehung vier Tabellen notwendig sind. In der Datenquellensicht sind wir allerdings nur auf drei Tabellen eingegangen. Um eine M:N-Dimensionsbeziehung zu erstellen, benötigen wir zusätzlich zur Zwischenfaktentabelle zwingend eine Zwischendimensionstabelle für die Verknüpfung der Faktentabelle *FactInternetSales* und der Dimensionstabelle *DimSalesReason*. Als Zwischendimensionstabelle wurde die im vorherigen Abschnitt erstellte Faktendimension *Internet Order Details* automatisch verwendet.

Verarbeiten Sie den Cube und wechseln Sie nach der erfolgreichen Bereitstellung zur Registerkarte *Browser*. Klicken Sie auf *Verbindung wiederherstellen* und betrachten Sie die neu erstellte Cubedimension in einem Bericht:

1. Erweitern Sie im Metadatenbereich die Measuregruppe *Internet Sales* und fügen Sie dem Datenbereich das Measure *Internet Sales Amount* hinzu.
2. Erweitern Sie im Metadatenbereich die Dimension *Internet Sales Reason* und fügen Sie die benutzerdefinierte Hierarchie *Sales Reasons* in den Zeilenbereich ein. Erweitern Sie im Bericht die Hierarchie (Abbildung 7.38). Beachten Sie, dass die Aggregation der Gesamtsummen für jeden Bestellgrund größer ist, als die Aggregation der Gesamtsumme für alle Bestellgründe. Dies resultiert aus der Tatsache, dass Kunden für eine Bestellung mehrere Gründe angegeben haben.

Filterfelder hierher ziehen

		Spaltenfelder hierher ziehen
Sales Reason Type ▾	**Sales Reason Name**	Internet Sales Amount
⊟ Marketing	Television Advertisement	€23.347,91
	Gesamt	€23.347,91
⊟ Other	Price	€10.271.812,46
	Manufacturer	€5.055.358,30
	Review	€1.429.769,35
	Quality	€4.688.089,27
	Other	€227.796,43
	Gesamt	€16.765.368,29
⊟ Promotion	On Promotion	€5.640.051,40
	Gesamt	€5.640.051,40
Gesamtergebnis		€26.054.827,45

Abbildung 7.38 Internetumsätze mit Verkaufsgründen dimensioniert

Berechnungen

Eine Berechnung ist ein MDX-Ausdruck oder ein MDX-Skript zum Definieren eines berechneten Elements, einer benannten Menge oder einer Zuweisung mit definiertem Bereich in einem Cube. Mithilfe von Berechnungen können einem Cube Objekte hinzugefügt werden, wie beispielsweise berechnete Measures, die nicht durch die Daten des Cube selbst definiert sind.

Bei einem berechneten Element handelt es sich um ein Element, das mithilfe eines MDX-Ausdrucks berechnet wird. Berechnete Elemente können für eine beliebige Dimension, einschließlich der Measuredimension, erstellt werden. Sie basieren in der Regel auf Daten, die bereits im Cube vorhanden sind. Berechnete Elemente können komplexere MDX-Ausdrücke sein, die bereits vorhandene Daten mit arithmetischen Operatoren, Zahlen und einer Vielzahl von Funktionen erweitern.

Bei einer benannten Menge handelt es sich um eine Menge, die mithilfe eines MDX-Ausdrucks definiert wird. Benannte Mengen können für die Definition einer Teilmenge von Dimensionselementen verwendet werden. Bei einem Skriptbefehl handelt es sich um ein MDX-Skript, mit dem beinahe alle Datenmanipulationen innerhalb eines Cube ausgeführt werden können, die von MDX unterstützt werden. MDX-Skripts können entweder auf den gesamten Cube oder auf bestimmte Abschnitte des Cube an bestimmten Punkten während der Ausführung des MDX-Skripts angewendet werden (ausführliche Informationen zu MDX und MDX-Skripts finden Sie in Kapitel 26).

Mithilfe der Registerkarte *Berechnungen* können Sie Berechnungen für einen ausgewählten Cube anzeigen und bearbeiten. Es werden zwei verschiedene Ansichten für das Anzeigen und Bearbeiten von Berechnungen zur Verfügung gestellt. In der Formularansicht lassen sich berechnete Elemente, benannte Mengen und Skriptbefehle in einer geordneten Ansicht anzeigen. Es werden Editoren zur Verfügung gestellt, mit denen berechnete Elemente und benannte Mengen angezeigt und bearbeitet werden können. Außerdem werden die für den Cube verfügbaren Metadaten, Funktionen und Vorlagen angezeigt. In der Skriptansicht wird für fortgeschrittene Benutzer das gesamte MDX-Skript angezeigt. Zusätzlich werden die für den Cube verfügbaren Metadaten, Funktionen und Vorlagen dargestellt. Die Registerkarte *Berechnungen* gliedert sich in die Bereiche *Skriptplaner*, *Berechnungstools* und *Berechnungsausdrücke* (Abbildung 7.39).

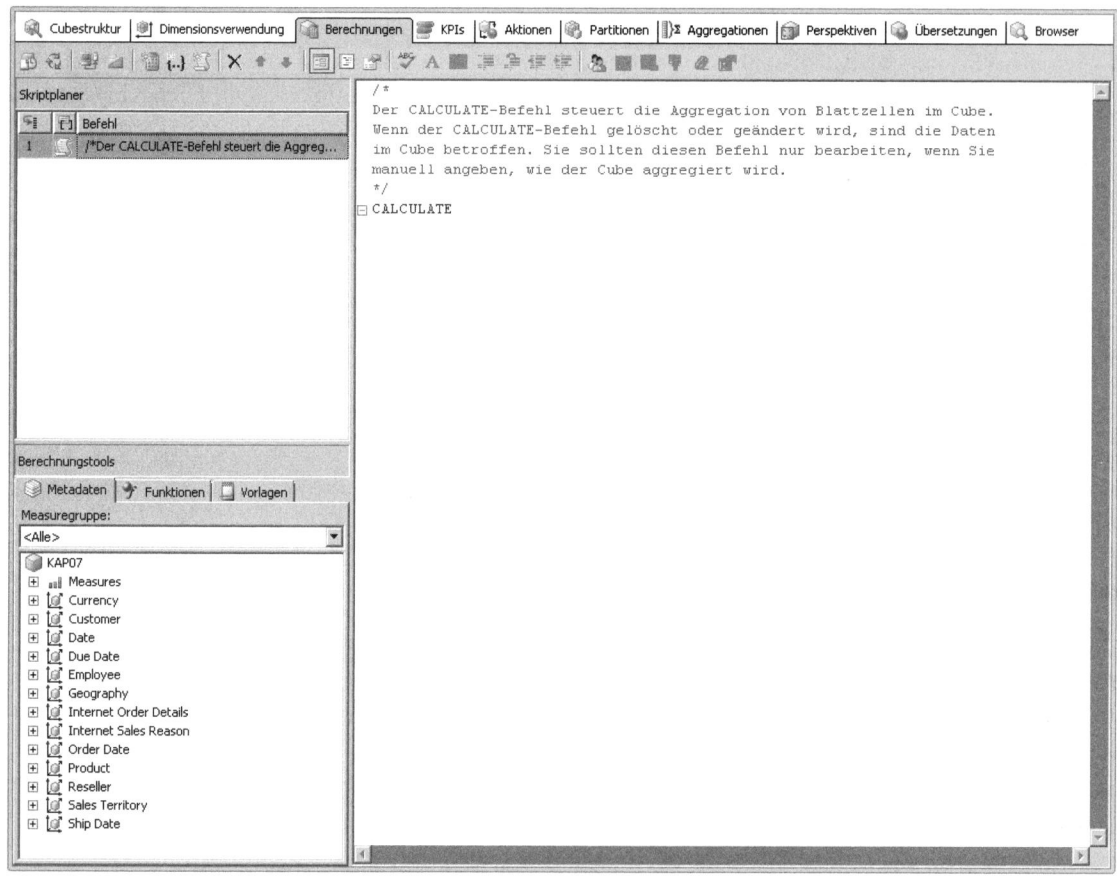

Abbildung 7.39 Registerkarte *Berechnungen* im Cube-Designer

Mithilfe des Bereichs *Skriptplaner* wird in der Formularansicht eine geordnete Liste der definierten Berechnungen angezeigt. In der ersten Spalte wird die Ausführungsreihenfolge der berechneten Elemente, benannten Mengen und Skriptbefehle dargestellt. Sie können mithilfe der beiden Schaltflächen *Nach oben* und *Nach unten* in der Symbolleiste die Ausführungsreihenfolge ändern.

In der zweiten Spalte wird ein Symbol angezeigt, das die Art der Berechnung identifiziert. Bei einem berechneten Element wird ein Symbol angezeigt, das einem Taschenrechner ähnelt, bei einer benannten Menge wird das Symbol {…} angezeigt und bei einem Skriptbefehl das Skriptsymbol. In der dritten Spalte wird bei berechneten Elementen und benannten Mengen der Name der Berechnung angezeigt. Bei Skriptbefehlen wird nur die erste Zeile angezeigt. In diesem Bereich können Sie Berechnungen hinzufügen, anzeigen, bearbeiten und auch löschen.

Mithilfe des Bereichs *Berechnungstools* werden in der Formular- und Skriptansicht Metadaten, Funktionen und Vorlagen angezeigt, die für den Cube verfügbar sind. Dieser Bereich gliedert sich wiederum in drei Registerkarten. Mithilfe der Registerkarte *Metadaten* können Sie ausgewählte Elemente in den Bereich der

Berechnungsausdrücke ziehen, um die MDX-Syntax für das Element in die ausgewählte Position einzufügen. Mithilfe der Registerkarte *Funktionen* werden MDX-Funktionen in logischen Gruppen organisiert. Beispielsweise sind sämtliche MDX-Zeitfunktionen im Ordner *Time* organisiert. Mithilfe der Registerkarte *Vorlagen* können typische Berechnungen, wie beispielsweise Brutto- und Nettorendite, bequemer erstellt werden. Mithilfe des Bereichs *Berechnungsausdrücke* wird in der Skriptansicht das gesamte MDX-Skript erstellt und bearbeitet. In der Formularansicht können mithilfe des Formular-Editors berechnete Elemente und benannte Mengen erstellt und bearbeitet werden. In den Bereichen *Skriptplaner* und *Berechnungsausdrücke* wird standardmäßig der CALCULATE-Befehl angezeigt. Dieser Befehl gibt an, dass alle Measures gemäß ihrer *AggregateFunction*-Eigenschaft aggregiert werden sollen.

Die Möglichkeiten von Berechnungen lassen sich am besten anhand von Beispielen erläutern. In unserem Beispielprojekt sind die Umsatzzahlen nach den Verkäufen über das Internet und den Verkäufen über Händler gruppiert (Measuregruppen *Internet Sales* und *Reseller Sales*). Nicht berücksichtigt ist bisher die Zusammenfassung aller Verkäufe. Eine Zusammenfassung aller Verkäufe kann durch die Verwendung von berechneten Elementen erstellt werden, die auch in einem neuen Ordner angezeigt werden:

1. Wählen Sie auf der Registerkarte *Berechnungen* die Formularansicht und klicken Sie in der Symbolleiste auf die Schaltfläche *Neues berechnetes Element*. Der Formular-Editor für berechnete Elemente öffnet sich.
2. Ändern Sie den Standardnamen *[Berechnetes Element]* auf *[Total Sales Amount]*. Achten Sie darauf, dass Sie den Namen in eckigen Klammern schreiben, da der Name Leerzeichen enthält.
3. Ein berechnetes Element kann zu allen Hierarchien eines Cube hinzugefügt werden. Beachten Sie, dass alle Measures zu einer speziellen Dimension mit dem Namen *Measures* gehören. Die meisten berechneten Elemente werden Sie zu der übergeordneten Hierarchie *Measures* hinzufügen. Akzeptieren Sie die Standardeinstellung *Measures*. Die Option *Übergeordnetes Element* ist nur dann verfügbar, wenn bei der Option *Übergeordnete Hierarchie* eine andere Hierarchie als *Measures* ausgewählt ist.
4. Erweitern Sie im Bereich *Berechnungstools* auf der Registerkarte *Metadaten* die Measuregruppe *Internet Sales*. Ziehen Sie das Measure *Internet Sales Amount* in das Ausdruckfenster. Der MDX-Designer löst automatisch das Measure in die MDX-Syntax *[Measures].[Internet Sales Amount]* auf. Sie können natürlich auch im Ausdruckfenster direkt die MDX-Syntax eintippen.
5. Fügen Sie ein Pluszeichen (+) hinter dem Measure *[Measures].[Internet Sales Amount]* hinzu und erweitern die Measuregruppe *Reseller Sales*. Ziehen Sie das Measure *Reseller Sales Amount* in das Ausdruckfenster hinter dem Pluszeichen. Klicken Sie in der Symbolleiste auf die Schaltfläche *Syntax überprüfen*, um die MDX-Syntax zu testen.
6. Ein berechnetes Element kann mit einer vordefinierten oder benutzerdefinierten Formatierung angezeigt werden. Wählen Sie im Element *Weitere Eigenschaften* in der Liste *Formatzeichenfolge* die Option *Currency* aus.
7. In der Liste *Sichtbar* können Sie definieren, ob ein berechnetes Element in Clientanwendungen sichtbar ist oder nicht. Mit der Option *False* wird das berechnete Element in Clientanwendungen versteckt. Diese Option ist dann sinnvoll, wenn beispielsweise das berechnete Element für Zwischenberechnungen verwendet wird. Akzeptieren Sie die Standardeinstellung *True*.
8. Zur Verbesserung der Performance kann das *Verhalten für nicht leere Elemente* definiert werden. Wählen Sie das Measure aus, das in MDX zum Auflösen von NON EMPTY-Abfragen verwendet wird. Wenn die Eigenschaft *Verhalten für nicht leere Element* nicht definiert ist, müssen die Analysis Services wiederholt das berechnete Element auswerten, um zu ermitteln, ob ein Element leer ist. Wenn die Eigenschaft den Namen eines Measures (oder mehrerer Measures) enthält, wird das berechnete Element so behandelt, als

wäre das angegebene Measure leer. Erweitern Sie die Liste und wählen Sie die Measures *Internet Sales Amount* und *Reseller Sales Amount* aus.

9. Analog zu der Gruppierungsmöglichkeit von Measures über ihre *DisplayFolder*-Eigenschaft, können auch berechnete Elemente der Übersichtlichkeit halber in Ordner gruppiert werden. Definieren Sie für das Feld *Anzeigeordner* den Namen *Sales Summary*.

   Beachten Sie, dass auch ein Feld für die Zuordnung der Berechnung zu einer Measuregruppe existiert. Da das berechnete Element einer Zusammenfassung dient und keiner Measuregruppe zugeordnet werden kann, lassen Sie das Feld leer (Abbildung 7.40). Sie haben auch die Möglichkeit, über die Schaltfläche *Berechnungseigenschaften* in der Symbolleiste das gleichnamige Dialogfeld zu öffnen. Mithilfe dieses Dialogfelds können Sie ebenso Anzeigeordner, zugeordnete Measuregruppen und zusätzlich Beschreibungen zu den Berechnungen definieren. Das Dialogfeld ist sicherlich bequemer, wenn Sie die Eigenschaften einer Vielzahl von Berechnungen neu definieren möchten, ohne die Berechnungen einzeln im Formular-Editor zu öffnen.

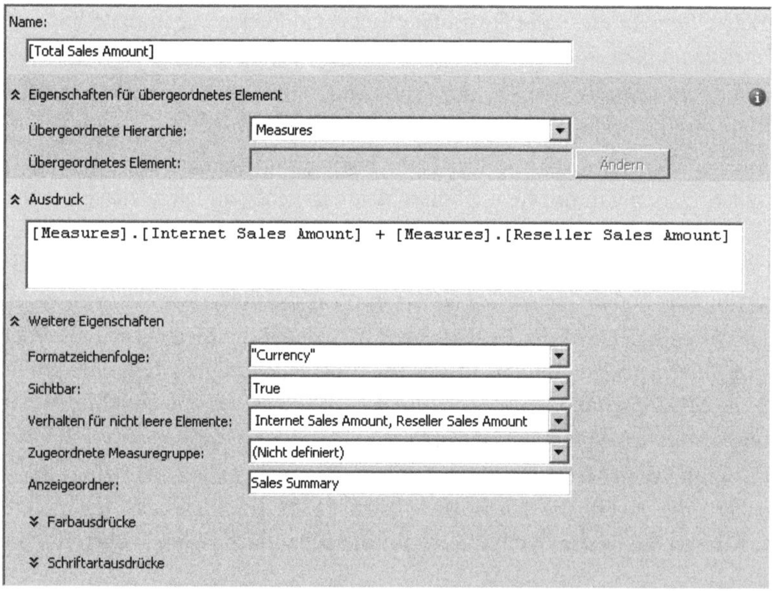

Abbildung 7.40 Formularansicht für das berechnete Element *Total Sales Amount*

10. Wechseln Sie zur Skriptansicht. Das Element *Total Sales Amount* wurde durch den MDX-Befehl CREATE MEMBER als berechnetes Element definiert und unterhalb des CALCULATE-Befehls hinzugefügt. Einzelne Berechnungen werden mit einem Semikolon voneinander getrennt. Es ist grundsätzlich sinnvoll, seine Arbeit zu kommentieren, um Ihnen und anderen Personen das Verständnis von MDX-Skripts zu erleichtern. Kommentare können Sie zu MDX-Skripts durch die Verwendung der Zeichen /* */ bei einem mehrzeiligen Text hinzufügen. Bei einem einzeiligen Kommentar können Sie auch das Zeichen -- verwenden. Fügen Sie den folgenden Kommentar entsprechend der Abbildung 7.41 ein.

```
/*
Der CALCULATE-Befehl steuert die Aggregation von Blattzellen im Cube.
Wenn der CALCULATE-Befehl gelöscht oder geändert wird, sind die Daten
im Cube betroffen. Sie sollten diesen Befehl nur bearbeiten, wenn Sie
manuell angeben, wie der Cube aggregiert wird.
*/
CALCULATE;
/*Sales Summary Calculations*/
CREATE MEMBER CURRENTCUBE.[Measures].[Total Sales Amount]
 AS [Measures].[Internet Sales Amount] + [Measures].[Reseller Sales Amount],
 FORMAT_STRING = "Currency",
 NON_EMPTY_BEHAVIOR = { [Internet Sales Amount], [Reseller Sales Amount] },
 VISIBLE = 1 , DISPLAY_FOLDER = 'Sales Summary' ;
```

Abbildung 7.41 Skriptansicht für das berechnete Element *Total Sales Amount*

11. Verarbeiten Sie den Cube und wechseln Sie nach der erfolgreichen Bereitstellung zur Registerkarte *Browser*, um das berechnete Element zu betrachten. Erweitern Sie im Metadatenbereich den Ordner *Sales Summary*. Beachten Sie, dass berechnete Elemente durch ein eigenes Symbol dargestellt werden.

12. Erstellen Sie einen Bericht, indem Sie die Measures *Internet Sales Amount* und *Reseller Sales Amount* sowie das berechnete Element *Total Sales Amount* in den Datenbereich des Berichts ziehen. Ziehen Sie die benutzerdefinierte Hierarchie *Sales Territories* in den Zeilenbereich und die benutzerdefinierte Hierarchie *Calendar* in den Spaltenbereich des Berichts. Beachten Sie, dass beim Erweitern der Hierarchien das berechnete Element immer die korrekten Berechnungen anzeigt.

Sie können nun durch die Erstellung einfacher berechneter Elemente, wie beispielsweise Gesamtanzahl der Bestellungen oder prozentuelle Verkaufsanteile von Produkten in Prozent, die Analysemöglichkeiten des Cube erweitern. Eine weitere gute Analysemöglichkeit ist die Verwendung von benannten Mengen. Wie bereits weiter oben erwähnt, handelt es sich bei benannten Mengen um einen MDX-Ausdruck, der eine Teilmenge von Dimensionselementen definiert. Veranschaulichen wir die Vorteile von benannten Mengen anhand eines Beispiels. Nehmen wir an, es sollen die zehn Kunden herausgefiltert werden, die den höchsten Internet-Umsatz generiert haben:

1. Wählen Sie auf der Registerkarte *Berechnungen* die Formularansicht aus, und klicken Sie in der Symbolleiste auf die Schaltfläche *Neue benannte Menge*. Der Formular-Editor für berechnete Elemente wird geöffnet.

2. Ändern Sie den Standardnamen *[Benannte Menge]* in *[Top Ten Customers]*. Analog zu den berechneten Elementen müssen Sie den Namen in eckige Klammern schreiben, da der Name Leerzeichen enthält.

3. Geben Sie folgenden MDX-Ausdruck in das Ausdruckfenster gemäß der Abbildung 7.42 ein. Die Funktion *TopCount* sortiert eine Teilmenge in absteigender Reihenfolge und definiert eine spezifizierte Anzahl von Elementen mit den höchsten Werten.

4. Benannte Mengen können im Moment der Erstellung entweder statisch (Static) oder dynamisch (Dynamic) – bei jeder Verwendung in einer Abfrage – ausgewertet werden. Im Gegensatz zu einer statischen Auswertung, werden bei dynamischen Auswertungen die Elemente im Kontext der Abfrage neu berechnet. Verwenden Sie die Einstellung *Dynamic*.

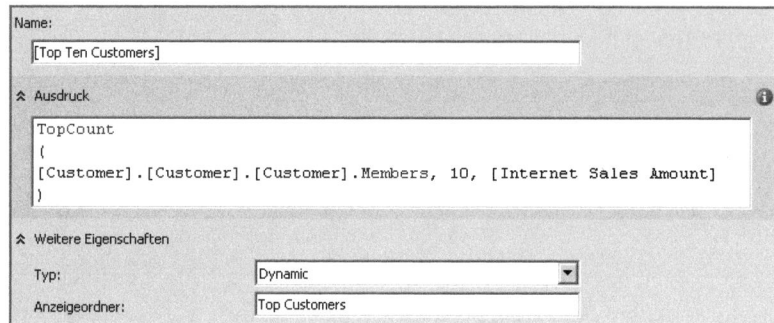

Abbildung 7.42 MDX-Ausdruck zur Filterung der zehn besten Kunden

5. Analog zu berechneten Elementen können benannte Mengen zur besseren Übersichtlichkeit in Ordnern gruppiert werden. Definieren Sie als Anzeigeordner den Namen *Top Customers*.
6. Wechseln Sie zur Skriptansicht und betrachten Sie den MDX-Ausdruck. Die Menge *Top Ten Customers* wurde durch den Befehl CREATE DYNAMIC SET als benannte Menge definiert und unterhalb des MDX-Ausdrucks für das berechnete Element hinzugefügt.
7. Verarbeiten Sie den Cube und wechseln Sie nach erfolgreicher Bereitstellung zur Registerkarte *Browser*, um die benannte Menge zu betrachten. Erweitern Sie im Metadatenbereich die Dimension *Customer* sowie den Ordner *Top Customers*. Beachten Sie, dass benannte Mengen wiederum durch ein eigenes Symbol dargestellt und automatisch in die Cubedimension *Customer* eingefügt werden. Grund hierfür ist, dass eine benannte Menge immer einer einzelnen Dimension zugeordnet wird.
8. Erstellen Sie einen neuen Bericht, indem Sie das Measure *Internet Sales Amount* in den Datenbereich des Berichts und die Attributhierarchie *Customer* in den Zeilenbereich des Berichts ziehen. Zunächst werden sämtliche Kunden angezeigt. Um die zehn besten Kunden zu filtern, wählen Sie im Teilcubebereich in der Spalte *Dimension* den Eintrag *Customer*, als Hierarchie *Customer*, als Operator *In* und als Filterausdruck die benannte Menge *Top Ten Customers* aus. Der Bericht wird aktualisiert und Sie sehen die besten Kunden mit dem jeweils generierten Umsatz (Abbildung 7.43).

Dimension	Hierarchie	Operator	Filterausdruck
Customer	Customer	In	Top Ten Customers
<Dimension auswähle...			

Customer	Internet Sales Amount
Albert W. Blanco	€12.734,15
Blake Butler	€12.746,44
Emmanuel Patel	€13.046,18
Isaiah E. Cox	€12.791,29
Lacey He	€12.889,30
Latasha A. Alonso	€12.744,92
Marie Sanz	€12.848,84
Maurice M. Shan	€12.909,67
Savannah Morris	€12.798,26
Virginia Mehta	€12.779,80
Gesamtergebnis	€128.288,85

Abbildung 7.43 Bericht zu den zehn Kunden mit dem höchsten Umsatz

Cubes erweitern

Die Analysis Services enthalten viele Features und Erweiterungen, die automatische und intelligente Lösungen für typische Geschäftsprobleme bereitstellen. Auch für nicht erfahrene Benutzer im Bereich von OLAP und MDX werden Möglichkeiten zur Verfügung gestellt, einfache und schnelle Analyse-Anwendungen zu erstellen. Typischerweise werden in Analysen einfache Summenwerte gebildet, wie beispielsweise Jahresumsatz, Quartalsumsatz, Summen nach Produkten oder nach Mitarbeitern. Interessantere Auswertungen sind aber beispielsweise Berechnungen über bestimmte Zeiträume, wie kumulierte Werte, Durchschnittswerte oder Umsatzentwicklung im Vergleich zum Vorjahr. Sicherlich sind alle diese Berechnungen auch mit MDX zu lösen, aber die Analysis Services stellen für diese komplexen Aufgabenstellungen fertige Assistenten zur Verfügung.

Betrachten wir exemplarisch, wie sich mit dem Business Intelligence-Assistenten Zeitintelligenz für typische Geschäftsszenarien definieren lässt. Bei der Zeitintelligenz handelt es sich um eine Cubeerweiterung, durch die Zeitberechnungen oder Zeitsichten hinzugefügt werden können, wie beispielsweise der Zeitraum bis zu einem bestimmten Datum, zeitraumbasiertes Wachstum, gleitende Durchschnitte und Vergleiche zwischen parallelen Zeiträumen. Befolgen Sie nun die folgenden Schritte, um den Cube mit Zeitintelligenz zu erweitern:

HINWEIS Zeitintelligenz kann nur auf Cubes angewendet werden, die eine Zeitdimension enthalten. Bei einer Zeitdimension handelt es sich um eine Dimension, deren *Type*-Dimensionseigenschaft auf den Wert *Time* festgelegt ist. Zusätzlich müssen die Zeitdimensionsattribute die entsprechenden Eigenschaften für ihre *Type*-Attributeigenschaften (beispielsweise Jahre oder Quartale) aufweisen. Mit dem Business Intelligence-Assistenten kann ebenfalls keine Zeitintelligenz zu Serverzeitdimensionen hinzugefügt werden. Serverzeitdimensionen besitzen keine zugehörige Zeitdimensionstabelle und unterstützen daher diese Erweiterungen nicht. Mehr Informationen zu Zeitdimensionen erhalten Sie in Kapitel 6.

1. Klicken Sie im Projektmappen-Explorer im Ordner *Cubes* mit der rechten Maustaste auf *KAP07* und wählen Sie im Kontextmenü den Eintrag *Business Intelligence hinzufügen* aus. Wählen Sie auf der Seite *Erweiterungen auswählen* die Erweiterung *Zeitintelligenz definieren* aus und klicken auf *Weiter*. Sie können den Business Intelligence-Assistenten alternativ aus jeder Registerkarte (ausgenommen die Registerkarten *Partitionen, Aggregationen* und *Browser*) des Cube-Designers starten, indem Sie in der Symbolleiste auf die Schaltfläche *Business Intelligence hinzufügen* klicken. Als weitere Möglichkeit wird Ihnen der gleichnamige Befehl im Menü *Cube* zur Verfügung gestellt.

2. Auf der Seite *Zielhierarchie und Berechnungen auswählen* kann nur eine Zeithierarchie ausgewählt werden. Sollten Erweiterungen zu mehr als einer Zeithierarchie hinzugefügt werden, ist für jede einzelne Zeithierarchie der Business Intelligence-Assistent erneut auszuführen. Wählen Sie als Zeithierarchie *Date\Calendar* aus.

   Sie können in der Liste *Verfügbare Zeitberechnungen* die Berechnungen auswählen, die sich auf die Zeithierarchie beziehen. Die Berechnungen sind allerdings abhängig von der ausgewählten Zeithierarchieebene und des Attributs jeder Ebene. Beispielsweise unterstützt die Hierarchie *Jahre* die Berechnung *Jahr bis Datum*, dieselbe Berechnung unterstützt jedoch nicht die Hierarchie *Quartal*.

3. Wählen Sie die Berechnungen *Jahr-bis-heute* und *Wachstum im Vergleich zum Vorjahr in Prozent* aus, und klicken Sie auf *Weiter* (Abbildung 7.44). Die Berechnung *Jahr-bis-heute* erlaubt die Daten in einer kumulierten Sicht vom ersten Tag des Jahres bis zum ausgewählten Zeitraum anzuzeigen. Die Berechnung *Wachstum im Vergleich zum Vorjahr in Prozent* zeigt den prozentualen Unterschied zwischen dem aktuellen Zeitraum und dem gleichen Zeitraum im vorhergehenden Jahr.

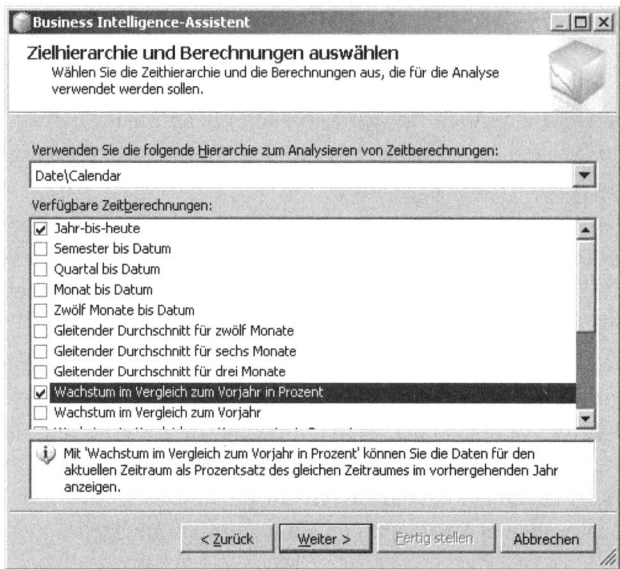

Abbildung 7.44 Zielhierarchie und verfügbare Zeitberechnungen des Business Intelligence-Assistenten

4. Auf der Seite *Umfang der Berechnungen definieren* legen Sie die Measures fest, auf die die neuen Zeitsichten angewendet werden sollen. Wählen Sie die Measures *Internet Sales Amount* und *Reseller Sales Amount* aus und klicken auf *Weiter* (Abbildung 7.45).

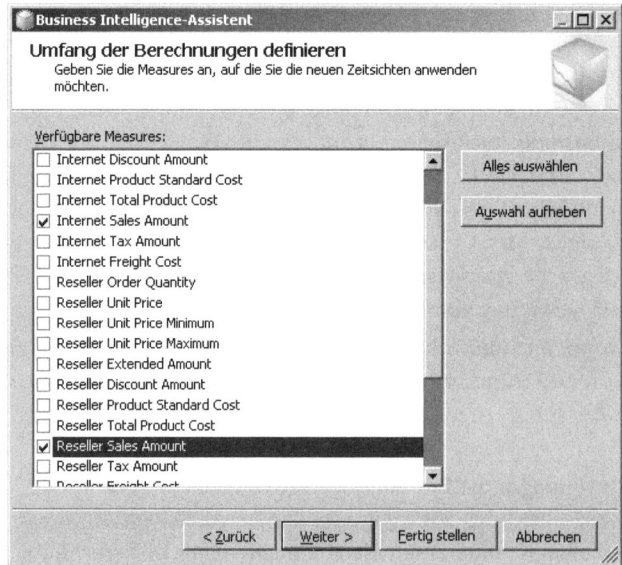

Abbildung 7.45 Auswahl der Measures, auf die die neuen Zeitsichten angewendet werden sollen

5. Auf der Seite *Assistenten abschließen* werden die Änderungen angezeigt, die an der Analysis Services-Datenbank vorgenommen werden. Die ausgewählte Zeitdimension, die zugehörige Datenquellensicht sowie der zugehörige Cube werden von Business Intelligence-Assistenten verändert. In der ausgewählten Zeitdimension wird ein Attribut für jede definierte Berechnung (oder Sicht) hinzugefügt. Zusätzlich wird in der Datenquellensicht in die Zeitdimensionstabelle eine benannte Berechnung für jedes neue Attribut

hinzugefügt und dem Cube wird ein MDX-Skript für die Berechnungen hinzugefügt. Klicken Sie auf *Fertig* (Abbildung 7.46).

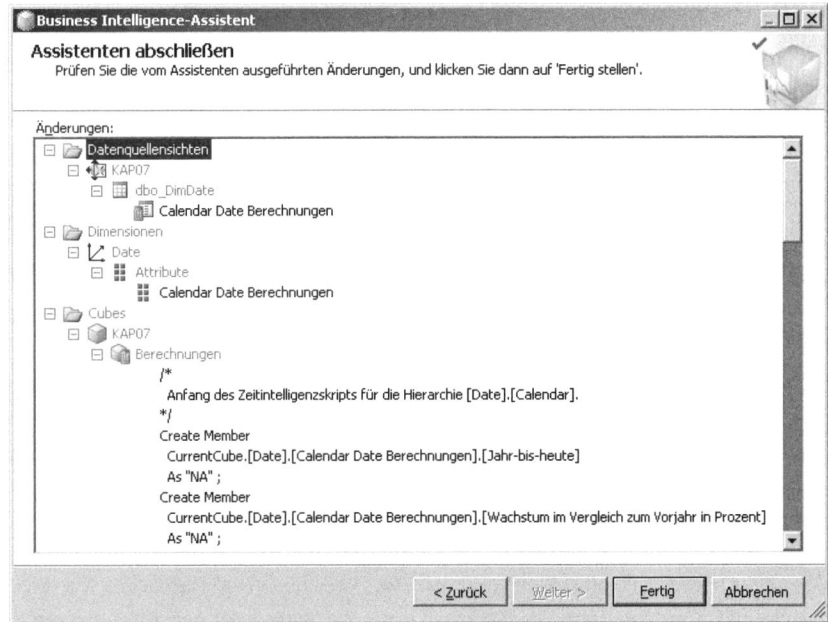

Abbildung 7.46 Vom Business Intelligence vorgenommene Änderungen an der Datenquellensicht, der Zeitdimension und dem Cube

Bei jeder neuen Verwendung des Business Intelligence-Assistenten wird eine neue benannte Berechnung zu der Zeitdimensionstabelle, eine neues Attribut zu der Zeitdimension und ein neues MDX-Skript zum Cube hinzugefügt. Die benannte Berechnung und das Attribut werden gemäß der Namenskonvention »Hierarchiename Berechnungen N« hinzugefügt, wobei N für die Verwendungshäufigkeit des Business Intelligence-Assistenten für die Zeithierarchie steht. Bei häufiger Verwendung für dieselbe Zeithierarchie ist diese Namenskonvention eher kontraproduktiv. Die einzige Möglichkeit zur Änderung der automatischen Namenskonvention ist, den Assistenten auszuführen und nachträglich die Namen und das MDX-Skript zu ändern. Betrachten wir nun das Ergebnis in einem Bericht (Abbildung 7.47).

Filterfelder hierher ziehen							
		Calendar Date Berechnungen ▼					
		Date aktuell		Jahr-bis-heute		Wachstum im Vergleich zum Vorjahr in Prozent	
Calendar Year ▼	Calendar Semester	Reseller Sales Amount	Internet Sales Amount	Reseller Sales Amount	Internet Sales Amount	Reseller Sales Amount	Internet Sales Amount
⊟ CY 2003	⊞ H1 2003	€11.407.731,64	€2.571.593,18	€11.407.731,64	€2.571.593,18	47,92%	-21,60%
	⊞ H2 2003	€19.136.049,21	€6.133.473,49	€30.543.780,85	€8.705.066,67	26,23%	155,43%
	Gesamt	€30.543.780,85	€8.705.066,67	€30.543.780,85	€8.705.066,67	33,54%	53,22%
⊟ CY 2004	⊞ H1 2004	€15.496.115,88	€8.990.687,67	€15.496.115,88	€8.990.687,67	35,84%	249,62%
	⊞ H2 2004		€50.601,12	€15.496.115,88	€9.041.288,80	-100,00%	-99,18%
	Gesamt	€15.496.115,88	€9.041.288,80	€15.496.115,88	€9.041.288,80	-49,27%	3,86%
Gesamtergebnis		€46.039.896,73	€17.746.355,47	NA	NA	NA	NA

Abbildung 7.47 Bericht mit den vom Business Intelligence-Assistenten erstellten Berechnungen

Der Bericht verwendet die neue Attributhierarchie *Calendar Date Berechnungen* im Spaltenbereich und die benutzerdefinierte Hierarchie *Calendar* im Zeilenbereich des Berichts, um die neuen zeitbasierten Berechnungen *Jahr-bis-heute* und *Wachstum im Vergleich zum Vorjahr in Prozent* anzuzeigen. Beachten Sie, dass die neue Attributhierarchie drei Elemente enthält. Das Element *Date aktuell* enthält den aktuellen Wert der

Measures *Internet Sales Amount* und *Reseller Sales Amount*. Die beiden anderen Elemente entsprechen den mit dem Business Intelligence-Assistenten erstellten Berechnungen. Mit dem Business Intelligence-Assistenten ist es sehr einfach, auch ohne fundierte Kenntnisse in MDX zeitraumbezogene Berechnungen zu implementieren.

Endbenutzermodell

Das Hauptziel von OLAP-Anwendungen ist die Aufbereitung eines intuitiven Berichtswesens, um große Datenmengen in Geschäftsentscheidungen umzusetzen. Die Analysis Services enthalten ein Endbenutzermodell, das die Interaktion zwischen Benutzer und Daten erleichtert. Mit der Bezeichnung *Endbenutzermodell* ist eine zusätzliche Sicht auf das dimensionale Modell gemeint, die es Benutzern erlaubt, Geschäftsinformationen besser zu verstehen und zu analysieren. Die Features des Endbenutzermodells sind Key Performance Indicators (KPIs), Aktionen, Perspektiven und Übersetzungen.

Mit KPIs wird ein serverbasierter Mechanismus zum Festlegen von Unternehmenskennzahlen angeboten. Ein KPI besteht aus Elementen für Wert, Ziel, aktuellem Status und Trend und wird mithilfe einfacher Diagramme, wie beispielsweise Ampel- oder Maßstabsdiagramme, angezeigt. Aktionen stellen einen Mechanismus zum Ausführen von gespeicherten MDX-Anweisungen zur Verfügung, die in Clientanwendungen angezeigt und von diesen angewendet werden können. Mit Perspektiven kann die Komplexität von großen Cubes reduziert werden, indem Teilmengen eines Cube definiert werden, die eine fokussierte Sicht für Benutzer bereitstellen. Übersetzungen stellen einen zentralen Mechanismus zum Speichern und Darstellen von Analysedaten in der jeweiligen Sprache des Benutzers zur Verfügung. Die Analysedaten können in mehreren Sprachen dargestellt werden. Wir werden diese Features analog zu der Reihenfolge der Registerkarten im Cube-Designer im Folgenden behandeln.

Key Performance Indicators

Bei einem KPI handelt es sich um einen betriebswirtschaftlichen Begriff. Er bezeichnet Leistungskennzahlen, anhand derer der Fortschritt oder der Erfüllungsgrad hinsichtlich wichtiger Zielsetzungen oder kritischer Erfolgsfaktoren innerhalb einer Organisation gemessen und/oder ermittelt werden kann. KPIs sind die quantitativ bestimmbaren Maße, die die kritischen Erfolgsfaktoren einer Organisation reflektieren. Sie werden definiert durch die unterschiedlichen Anforderungen von Unternehmen bzw. Branchen. Beispielsweise kann eine Organisation als ein KPI den Kundenzufriedenheitsgrad definiert haben und eine andere Organisation den Marktanteil. KPIs sind normalerweise Messgrößen für eine Betrachtung langfristiger Zielsetzungen. Entsprechend ändern sich die Definitionen zur Ermittlung von KPIs selten. Die Ziele für bestimmte KPIs können sich ändern, wenn sich die Organisationsziele ändern.

Es existiert eine Vielzahl von Definitionen, was ein KPI ist. In der Analysis Services-Terminologie ist ein KPI eine quantifizierbare Maßeinheit zur Ermittlung des Geschäftserfolges – quantifizierbar deshalb, weil ein KPI messbar sein muss, um ihn mit einer bestimmten Zielgröße vergleichen zu können. Die Definition von KPIs als erfolgskritische Messgröße ist ein üblicher Ansatz, um aus Datenmengen schnell aussagekräftige Informationen gewinnen zu können. In den Analysis Services stellen KPIs eine Auflistung von Berechnungen dar, die mit einer oder mehreren Measuregruppen in einem Cube verknüpft sind und zur Auswertung des Geschäftserfolgs verwendet werden. KPIs bestehen immer aus den folgenden Elementen:

- Aus einem **Wertausdruck**, der den realen Wert des KPI zurückgibt (beispielsweise Ist-Jahresumsatz pro Vertriebsmitarbeiter).
- Aus einem **Zielausdruck**, der das definierte Ziel des KPI zurückgibt (beispielsweise Soll-Jahresumsatz pro Vertriebsmitarbeiter).
- Aus einem **Status**, der die Bewertung eines KPI zu einem bestimmten Zeitpunkt darstellt. Der Status wird in einem numerischen Ranking von −1 (sehr schlecht) bis +1 (sehr gut) dargestellt.
- Aus einem **Trend**, der den Wertausdruck des KPI im Zeitablauf auswertet. Der Trend kann einen beliebigen Zeitraum erfassen und ermittelt, ob sich ein KPI in einem definierten Zeitraum verbessert oder verschlechtert hat.

Zusätzlich zu den Elementen können auch verschiedene Eigenschaften eines KPIs definiert werden. Zu diesen Eigenschaften gehört beispielsweise die Definition eines Anzeigeordners, die Definition von übergeordneten KPIs, falls ein KPI aus anderen KPIs berechnet wird, die Beschreibung eines KPI sowie das aktuelle Zeitelement oder die Definition einer Gewichtung. KPIs sind serverbasierte Berechnungen und können von verschiedenen Clientanwendungen verwendet werden. Allerdings ist es in den Analysis Services nur möglich, die KPIs in einer eigenen Browseransicht zu betrachten. Für die Anzeige von KPIs, beispielsweise in Berichten, Portalen oder Balanced Scorecards, sind weitere Anwendungen wie beispielsweise der Office SharePoint Server 2007 von Microsoft oder Drittanbieterprodukte erforderlich. KPIs sind ein integraler Bestandteil von Cubes. Beispielsweise können KPIs in MDX-Ausdrücken verwendet oder in unterschiedlichen Sprachen angezeigt werden. KPIs können analog zu Measures dimensioniert werden.

Erstellen Sie nun für das fiktive Unternehmen Adventure Works Ihren ersten KPI, um die obigen Ausführungen in der Praxis zu betrachten. Die Anzeige und Bearbeitung von KPIs für einen ausgewählten Cube erfolgt mithilfe der Registerkarte *KPIs*. Auf der Registerkarte werden zwei verschiedene Ansichten für das Anzeigen und Bearbeiten von KPIs zur Verfügung gestellt. In der *Formularansicht* wird eine Liste der in einem Cube enthaltenen KPIs angezeigt und es wird ein Formular-Editor für die Anzeige und Bearbeitung der einzelnen KPIs zur Verfügung gestellt. Zusätzlich werden die für den Cube verfügbaren Metadaten, Funktionen und Vorlagen angezeigt. Mithilfe der *Browseransicht* können die Ergebnisse der in einem Cube enthaltenen KPIs durchsucht werden. Zusätzlich wird hier die Möglichkeit geboten, die KPIs nach bestimmten Dimensionen und Hierarchien zu filtern.

Ähnlich zur Registerkarte *Berechnungen* gliedert sich die Registerkarte *KPIs* in die Bereiche *KPI-Planer*, *Berechnungstools* und *KPI-Formular-Editor*. Mithilfe des Bereichs *KPI-Planer* wird die Liste der definierten KPIs angezeigt. Die Reihenfolge der KPIs kann mithilfe der beiden Schaltflächen *Nach oben* und *Nach unten* in der Symbolleiste geändert werden. Analog zur Registerkarte *Berechnungen* können mithilfe des Bereichs *Berechnungstools* Metadaten, Funktionen und Vorlagen angezeigt werden, die für den Cube verfügbar sind. Sie können ausgewählte Elemente in den Bereich des KPI-Formular-Editors ziehen, um die MDX-Syntax für das Element in die ausgewählte Position einzufügen. MDX-Funktionen werden ebenso in logischen Gruppen organisiert. Mithilfe der Registerkarte *Vorlagen* können typische KPIs, wie beispielsweise Kundenrentabilität oder Kundenzufriedenheit, bequemer erstellt werden.

Vollziehen Sie die folgenden Schritte nach, um Ihren ersten KPI zu erstellen. Wir werden einen KPI definieren, um zu ermitteln, wie sich der Gesamtumsatz an ein definiertes Ziel annähert und welcher Trend sich im Hinblick auf die Umsetzung des definierten Ziels abzeichnet (Abbildung 7.48).

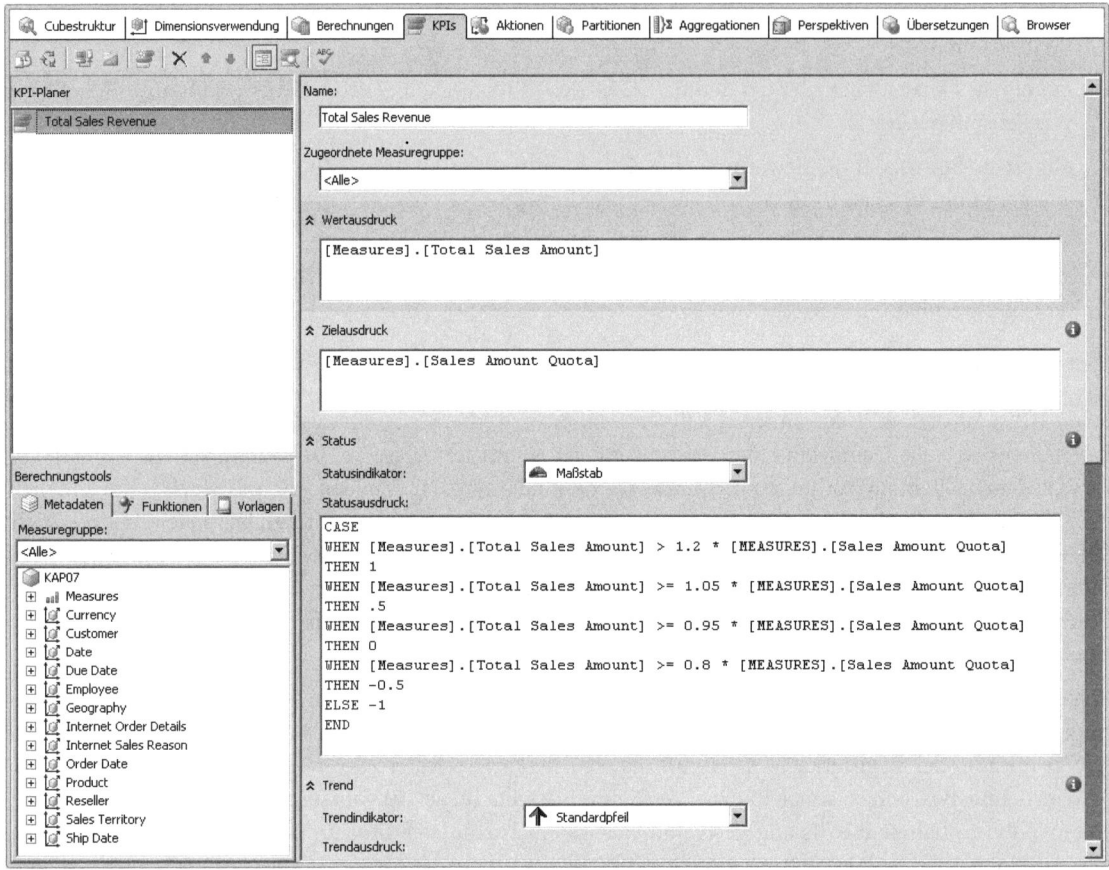

Abbildung 7.48   KPI *Total Sales Revenue* im Cube-Designer

1. Wechseln Sie im Cube-Designer zur Registerkarte *KPIs* und klicken Sie in der Symbolleiste auf das Symbol *Neuer KPI*. Im KPI-Formular-Editor wird eine leere KPI-Vorlage angezeigt.
2. Tippen Sie in das Feld *Name* die Bezeichnung *Total Sales Revenue* ein. Stellen Sie sicher, dass im Feld *Zugeordnete Measuregruppe* die Option *<Alle>* ausgewählt ist. Ähnlich wie bei berechneten Elementen können Sie einen KPI einer Measuregruppe zuordnen.
3. Erweitern Sie im Bereich *Berechnungstools* auf der Registerkarte *Metadaten* den Ordner *Measures*. Erweitern Sie den Ordner *Sales Summary* und ziehen Sie das Measure *Total Sales Amount* in das Feld *Wertausdruck*.
4. Erweitern Sie die Measuregruppe *Sales Quotas* und ziehen Sie das Measure *Sales Amount Quota* in das Feld *Zielausdruck*.
5. Wählen Sie in der Liste *Statusindikator* die Option *Maßstab* aus und geben Sie den folgenden MDX-Ausdruck in das Feld *Statusausdruck* ein:

```
CASE
WHEN [Measures].[Total Sales Amount] > 1.2 * [MEASURES].[Sales Amount Quota]
THEN 1
WHEN [Measures].[Total Sales Amount] >= 1.05 * [MEASURES].[Sales Amount Quota]
THEN .5
WHEN [Measures].[Total Sales Amount] >= 0.95 * [MEASURES].[Sales Amount Quota]
THEN 0
WHEN [Measures].[Total Sales Amount] >= 0.8 * [MEASURES].[Sales Amount Quota]
THEN -0.5
ELSE -1
END
```

Listing 7.1 MDX-Ausdruck für die Statusanzeige des KPI *Total Sales Revenue*

Wie bereits oben erwähnt, wird der Status in einem numerischen Ranking von sehr gut (+1) bis sehr schlecht (−1) berechnet. Der MDX-Ausdruck bewirkt, dass der Zeiger des Maßstabs im grünen Bereich angezeigt werden soll, wenn der Verkaufsumsatz die Soll-Vorgabe um 120 % überschreitet. Je nach weiterer Abstufung wandert der Zeiger weiter in Richtung roter Bereich (bei einem Verkaufsumsatz von weniger als 80 %).

6. Wählen Sie in der Liste *Trendindikator* die Option *Standardpfeil* aus und tippen Sie in das Feld *Trendausdruck* den folgenden MDX-Ausdruck ein:

```
CASE
WHEN IsEmpty([Time].[Calendar].PrevMember)
THEN 1
WHEN [Measures].[Total Sales Amount] >
    ([Time].[Calendar].PrevMember, [Measures].[Sales Amount Quota])
THEN 1
WHEN [Measures].[Total Sales Amount] >= .95 *
    ([Time].[Calendar].PrevMember, [Measures].[Sales Amount Quota])
THEN .5
WHEN [Measures].[Total Sales Amount] >= .90 *
    ([Time].[Calendar].PrevMember, [Measures].[Sales Amount Quota])
THEN 0
WHEN [Measures].[Total Sales Amount] >= .85 *
    ([Time].[Calendar].PrevMember, [Measures].[Sales Amount Quota])
THEN -.5
ELSE -1
END
```

Listing 7.2 MDX-Ausdruck für die Trendanzeige des KPI *Total Sales Revenue*

Der Wertausdruck des KPI wird durch diesen MDX-Ausdruck im Zeitablauf ausgewertet. Es wird wiederum in einem numerischen Ranking von sehr gut (+1) bis sehr schlecht (−1) definiert, wie sich der Trend im Hinblick auf die Umsetzung der Soll-Verkaufsumsätze in bestimmten Zeiträumen entwickeln wird.

7. Wie bereits weiter oben erwähnt, können zu einem KPI eine Reihe von Eigenschaften definiert werden. Legen Sie im Eigenschaftenfenster den Wert der *DisplayFolder*-Eigenschaft auf den Namen *Sales Summary* fest.

Im Eigenschaftenbereich könnten Sie jetzt die KPIs zu Measuregruppen zuordnen. Sie könnten den KPIs ein aktuelles Zeitelement zuweisen, anhand dessen Clientanwendungen die Aufteilung in Slices vornehmen. Weiterhin lassen sich KPIs hierarchisch verketten, indem für bestimmte KPIs übergeordnete KPIs festgelegt sowie Gewichtungen für die untergeordneten KPIs angegeben werden. Schließlich können Sie eine Beschreibung der einzelnen KPIs definieren. Alle diese Eigenschaften haben aber keinen Einfluss auf die Berechnung des KPI, sondern dienen lediglich der Benutzerfreundlichkeit in Clientanwendungen.

8. Verarbeiten Sie den Cube, und klicken Sie nach der erfolgreichen Bereitstellung in der Symbolleiste auf die Schaltfläche *Browseransicht*. Die Browseransicht für KPIs wird öffnet.

Beachten Sie, dass der KPI im Bereich *Struktur anzeigen* unter dem Anzeigeordner *Sales Summary* angezeigt wird. Da im Teilcuberaster keine Zeitdimension ausgewählt ist, erfasst der KPI den gesamten Zeitraum. Dabei werden Sie feststellen, dass die definierten Soll-Verkaufsumsätze überschritten worden sind und dementsprechend der Zeiger des Maßstabs im grünen Bereich liegt. Ein Vorteil des KPI ist, dass er auch im Zeitablauf betrachtet werden kann. Wählen Sie hierzu im Bereich *Teilcuberaster* in der Dimensionsspalte den Eintrag *Date*, in der Spalte *Hierarchie* den Eintrag *Calendar*, als Operator *Gleich* und als Filterausdruck *{CY 2003}* aus. Der KPI wird nun entsprechend des Filterausdrucks ordnungsgemäß dimensioniert (Abbildung 7.49).

Abbildung 7.49 Browseransicht der Registerkarte *KPIs*

Aktionen

In den Analysis Services ist eine Aktion eine gespeicherte MDX-Anweisung, die Clientanwendungen anzeigt und vom Benutzer ausgelöst werden kann. Eine Aktion ist also ein Clientbefehl, der auf den Server definiert und gespeichert wird. Dies bedeutet auch, dass ein Benutzer einen Teil des Cube auswählen muss, auf den dann die Aktion ausgeführt wird (vorausgesetzt, dass die Clientanwendung Aktionen unterstützt). Die Implementierung einer Aktion erfolgt in Form eines MDX-Ausdrucks. Beispielsweise könnte ein MDX-Ausdruck den Reporting Services definierte Parameter übergeben, um einen Bericht mit bestimmten Informationen zu generieren. Sie können Aktionen wie ein Kontextmenü betrachten. Wenn Sie beispielsweise im Windows-Explorer mit der rechten Maustaste auf eine Office-Datei (mit Dateierweiterungen wie *.doc*, *.xls* etc.) klicken, erscheint ein Kontextmenü, mit dem sich eine Reihe von Aktionen (Öffnen, Drucken, Kopieren, etc.) ausführen lassen.

Wenn Sie eine Aktion definieren, müssen Sie auch das Aktionsziel festlegen. Das Aktionsziel definiert einen Teilbereich des Cube, für den die Aktion ausgeführt werden soll, wie etwa eine bestimmte Measuregruppe, eine bestimmte Dimension oder ein bestimmtes Attribut. Die Analysis Services unterstützen unterschiedliche Typen von Aktionen. Der Aktionstyp informiert die Clientanwendung, wie die Aktion interpretiert werden soll. Von den Analysis Services werden die folgenden Aktionstypen unterstützt:

Aktionstyp	Beschreibung
Anweisung	Führt einen OLE DB-Befehl aus, beispielsweise für Datenmanipulationen.
Bericht	Sendet eine Anforderung an die Reporting Services zur Erstellung eines Berichts. Hierbei wird der Berichtspfad mit optionalen Berichtsparametern definiert.
Dataset	Gibt ein Dataset an die Clientanwendung zurück. Wenn Sie beispielsweise *ADOMD.NET* verwenden, können Sie ein *AdomdCommand*-Objekt definieren, das eine Abfrage an die Analysis Services sendet, um die Ergebnisse in Form eines *CellSet*-Objekts zu erhalten.
Drillthrough	Erlaubt Clientanwendungen den Zugriff auf Detailinformation von Cubezellen. Eine Drillthroughaktion ist der einzige Aktionstyp, der von den Analysis Services ausgeführt wird und nicht von der Clientanwendung.
Proprietär	Führt einen Vorgang aus, der clientspezifisch ist. Die Clientanwendung ist für die Interpretation der Aktion verantwortlich.
Rowset	Gibt ein *Rowset* an eine Clientanwendung zurück, beispielsweise eine SQL-Abfrage einer relationalen Datenbank.
URL	Zeigt im Internetbrowser eine veränderliche Seite an und sollte ein Standardprotokoll wie *http*, *https*, *ftp* etc. verwenden.

Tabelle 7.1 Von den Analysis Services unterstütze Aktionstypen

Die Anzeige und Bearbeitung von Aktionen erfolgt mithilfe der Registerkarte *Aktionen*. Sie werden den analogen Aufbau zu der Registerkarte *KPIs* erkennen. Die Registerkarte *Aktionen* gliedert sich in die Bereiche *Aktionsplaner, Berechnungstools* und *Formular-Editor*. Der Bereich *Aktionsplaner* enthält eine Liste der in einem Cube enthaltenen Aktionen und im Bereich *Berechnungstools* werden Metadaten, Funktionen und Vorlagen angezeigt, die für den Cube verfügbar sind. Es werden drei Formular-Editoren zur Verfügung gestellt, mit denen alle unterstützen Aktionstypen angezeigt und bearbeitet werden können. Mit dem *Aktionsformular-Editor* können Sie Standardaktionen erstellen und ändern. Zu den Standardaktionen zählen die Aktionstypen *Anweisung, Dataset, Proprietär, Rowset* und *URL*. Sämtliche Optionen dieser Aktionstypen lassen sich mithilfe des Aktionsformular-Editors bearbeiten. Zusätzlich werden der *Drillthroughaktionsformular-* und der *Berichtsaktionsformular-Editor* zur Verfügung gestellt, mit denen Sie die gleichnamigen Aktionstypen erstellen und ändern können.

Betrachten wir nun Aktionen in der Praxis. Beispielsweise möchte ein Mitarbeiter der fiktiven Firma Adventure Works Informationen über Kunden und deren Käufe über das Internet haben. Sicherlich könnte der Mitarbeiter einen Bericht mit den erforderlichen Informationen definieren. Was aber, wenn der Mitarbeiter innerhalb des Berichts nicht nur Übersichts- sondern auch Detailinformationen benötigt? Hier kann sehr gut eine Drillthroughaktion verwendet werden.

Drillthroughaktionen können sich nur auf Measuregruppen beziehen. Als Teil einer Drillthroughaktion muss definiert werden, welche Measures zurückgegeben werden sollen, und zusätzlich kann festgelegt werden, welche Attribute von den mit einer Measuregruppe verknüpften Dimensionen zurückgegeben werden sollen. Da eine einzelne Cubezelle eine Vielzahl von Zeilen liefern kann, ist die Einschränkung auf eine bestimmte Anzahl von Zeilen möglich, um negative Auswirkungen auf die Performance zu vermeiden. Implementieren Sie nun Ihre erste Aktion, indem Sie für die Measuregruppe *Internet Sales* eine Drillthroughaktion definieren, die bestimmte Informationen von Cubezellen zurückgibt:

1. Wechseln Sie im Cube-Designer zur Registerkarte *Aktion* und klicken Sie in der Symbolleiste auf die Schaltfläche *Neue Drillthroughaktion*.
2. Es wird eine leere Drillthroughaktions-Vorlage angezeigt. Ändern Sie den Standardnamen der Aktion auf *Drillthroughaktion Internet Sales*. Erweitern Sie die Liste *Measuregruppenelemente* und wählen Sie die Measuregruppe *Internet Sales* aus.

3. Um negative Auswirkungen auf die Performance zu vermeiden und den Bereich der Drillthroughaktion zu begrenzen, können Sie eine Bedingung definieren. Geben Sie den folgenden MDX-Ausdruck in das Bedingungsfeld ein. Der MDX-Ausdruck aktiviert nur dann die Drillthroughaktion, wenn die Dimension *Date* erweitert ist. Auf der *Alle*-Ebene der Dimension steht die Drillthroughaktion nicht zur Verfügung.

```
[Time].[Calendar].CurrentMember.Name <> 'All Periods'
```
Listing 7.3 MDX-Ausdruck zur Begrenzung der Drillthroughaktion

4. Wählen Sie im Bereich *Drillthroughspalten* in der Spalte *Dimensionen* den Eintrag *Measures* (die Measuregruppe *Internet Sales* haben Sie bereits als Aktionsziel festgelegt) und in der Spalte *Rückgabespalten* die Measures *Internet Order Quantity* und *Internet Sales Amount* aus.
5. Wählen Sie weiterhin im Bereich *Drillthroughspalten* in der Spalte *Dimensionen* die Einträge *Customer* und *Product* und in der Spalte *Rückgabespalten* für die Dimension die entsprechenden Attribute *Customer*, *Product*, *Subcategory* und *Category* aus (Abbildung 7.50).

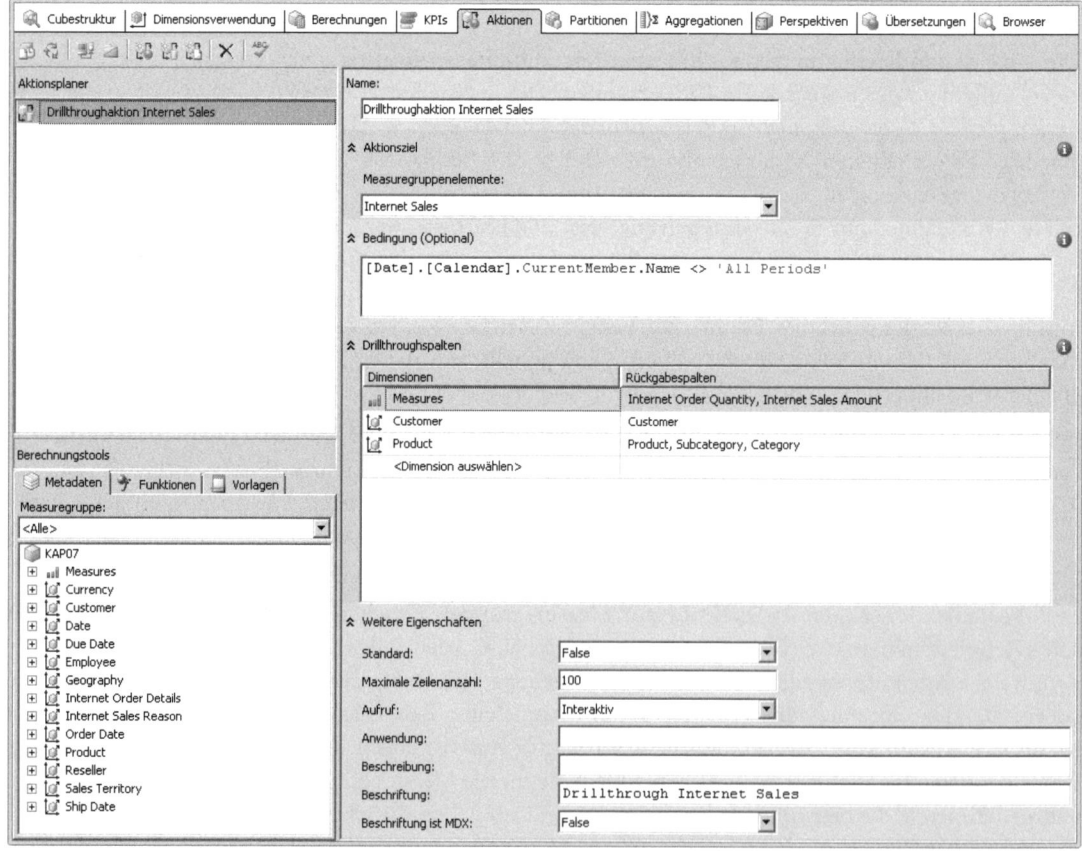

Abbildung 7.50 Dimensionen und Rückgabespalten der Drillthroughaktion

6. Begrenzen Sie bei den weiteren Eigenschaften aus Performancegründen die maximale Zeilenanzahl auf den Wert 100 und tippen Sie im Feld *Beschriftung* den Text *Drillthrough Internet Sales* ein.

7. Verarbeiten Sie den Cube und wechseln Sie nach der erfolgreichen Bereitstellung zur Registerkarte *Browser*, um die Drillthroughaktion auszuführen. Erstellen Sie einen neuen Bericht, indem Sie die benutzerdefinierte Hierarchie *Sales Territories* in den Zeilenbereich und die benutzerdefinierte Hierarchie *Date.Calendar* in den Spaltenbereich des Berichts ziehen.

8. Klicken Sie mit der rechten Maustaste auf eine beliebige Cubezelle und rufen Sie im Kontextmenü den Befehl *Drillthrough Internet Sales* auf (Abbildung 7.51). Das Fenster *Datenstichproben-Viewer* öffnet sich und zeigt Datensätze mit den von Ihnen definierten Informationen an. Lassen Sie sich nicht von der Angabe im Titel des Viewers irritieren, dass die ersten 1000 Datensätze angezeigt werden. Sie haben in den Eigenschaften der Drillthroughaktion die Datensätze auf 100 limitiert und dementsprechend werden auch nur die ersten 100 Datensätze angezeigt.

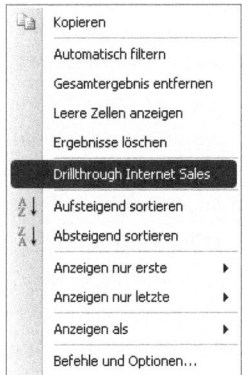

Abbildung 7.51 Kontextmenü zur Verwendung der Drillthroughaktion

Perspektiven

Mit den Analysis Services kann ein einzelner Cube den gesamten Inhalt eines Data Warehouse darstellen. In Produktivumgebungen können Cubes eine Vielzahl von Measuregruppen und Dimensionen enthalten, während Dimensionen eine Vielzahl von Attributen und Hierarchien enthalten können. Auch wenn solche großen Cubes empfehlens- und wünschenswert sind, erhöhen sie doch für Benutzer die wahrgenommene Komplexität um ein Vielfaches. Beispielsweise kann ein Cube Daten über die unterschiedlichen Abteilungen einer Organisation enthalten, wie beispielsweise Vertriebs-, Marketing-, Personal- oder Finanzabteilung. In Organisationen sind die einzelnen Benutzergruppen in der Regel auch auf ihre eigenen Aufgabengebiete konzentriert. Es erscheint nicht besonders sinnvoll, dass eine Vertriebsabteilung die relevanten Daten der Personalabteilung einsehen kann.

In den vorherigen Abschnitten haben Sie bereits Möglichkeiten für eine logische Gruppierung von Measures, Dimensionsattributen, Berechnungen und KPIs kennengelernt (*DisplayFolder*-Eigenschaft). Bei aller Nützlichkeit solcher Gruppierungsmöglichkeiten, stellen sie dennoch keine Filterfunktionen zur Verfügung. Mithilfe von Perspektiven lässt sich die wahrgenommene Komplexität eines Cube reduzieren, indem Teilmengen eines Cube definiert werden, die eine fokussierte und organisationsspezifische Sicht auf einen Cube darstellen. Mit Perspektiven wird gesteuert, wie für bestimmte Benutzergruppen die in einem Cube enthaltenen Objekte wie Measures und Measuregruppen, Dimensionen, Hierarchien, Attribute, Berechnungen und KPIs sowie Aktionen sichtbar sind. Betrachten Sie Perspektiven als virtuelle Sichten eines Cube, die das Durchsuchen der Daten vereinfachen.

HINWEIS Es ist wichtig zu verstehen, dass eine Perspektive keinen Sicherheitsmechanismus darstellt. Mit Perspektiven können keine Zugriffsberechtigungen auf den Cube verwaltet werden. Die gesamte Sicherheit für eine Perspektive wird von dem zugrunde liegenden Cube geerbt. Beispielsweise können Perspektiven keinen Zugriff auf Cubeobjekte ermöglichen, auf die ein Benutzer keine Zugriffsberechtigung hat. Wenn ein Benutzer keine Zugriffsberechtigung auf eine bestimmte Measuregruppe hat, wird diese Measuregruppe in der Perspektive nicht angezeigt.

Ein Cube enthält immer eine Standardperspektive, die sämtliche Objekte eines Cube enthält. Diese Standardperspektive kann auch nicht entfernt werden. Dem Cube können zusätzliche Perspektiven hinzugefügt werden, die dem Informationsbedarf von einzelnen Benutzergruppen (beispielsweise von Abteilungen) entsprechen. Aus Sicht eines Benutzers besteht kein Unterschied zwischen einer Perspektive und einem Cube. Wenn Benutzer sich mit den Analysis Services verbinden, erscheinen Perspektiven als Cubes. Bei einer Perspektive handelt es sich um eine schreibgeschützte Sicht eines Cube. Cubeobjekte können mithilfe von Perspektiven nicht umbenannt oder geändert werden.

Sämtliche Cubeobjekte werden im Bereich der *Perspektivendetails* angezeigt. Hier können Sie die Metadaten verwalten, die für Benutzer verfügbar sind, die die ausgewählte Perspektive abfragen. Die Spalte *Cubeobjekte* zeigt eine hierarchische Liste der im Cube verfügbaren Objekte und Eigenschaften an, die in einer Perspektive eingeschlossen werden können. In der Spalte daneben wird der Objekttyp der Elemente angezeigt.

In den daneben stehenden Spalten werden die Perspektiven definiert. Für jede definierte Perspektive im Cube wird eine Spalte mit dem Perspektivennamen aufgeführt. Im Schnittpunkt zwischen Cubeobjekt und Perspektive kann die Zugehörigkeit des Cubeobjekts zu einer Perspektive durch ein Kontrollkästchen geregelt werden. Weiterhin kann, abweichend vom Standardmeasure des Cube, für jede Perspektive ein Standardmeasure definiert werden. Wenn ein Benutzer den Cube mithilfe der Perspektive durchsucht, sehen die Benutzer dieses Standardmeasure, es sei denn, es wurde eine andere Auswahl getroffen. Erstellen Sie nun eine Perspektive, um eine Teilsicht auf den Cube zu ermöglichen:

1. Klicken Sie auf der Registerkarte *Perspektiven* in der Symbolleiste auf die Schaltfläche *Neue Perspektive*. Eine neue Spalte mit der Bezeichnung *Perspektivenname* wird erstellt. Anschließend wird eine Perspektive mit dem Standardnamen *Perspektive* angezeigt und sämtliche Cubeobjekte sind als sichtbar aktiviert (Kontrollkästchen).
2. Ändern Sie den Perspektivnamen zu *Internet Sales* und wählen Sie in der Liste *DefaultMeasure* das Measure *Internet Sales Amount* aus.
3. Deaktivieren Sie die Kontrollkästchen der Measuregruppe *Reseller Sales*. Das Deaktivieren einer Measuregruppe entfernt sämtliche beinhaltete Measures aus der Perspektive. Deaktivieren Sie weiterhin die Measuregruppen *Reseller Orders*, *Currency Rates*, *Sales Quota* und *Internet Sales Reason*. Sie können auch ganze Cubedimensionen deaktivieren oder auch nur bestimmte Hierarchien innerhalb einer Cubedimension. Deaktivieren Sie die Cubedimensionen *Currency*, *Employee*, *Geography*, *Internet Sales Reason*, *Reseller* und *Sales Territory*. Deaktivieren Sie ebenfalls den KPI *Total Sales Revenue* sowie die Berechnungen *Total Sales Amount*, *Jahr-bis-heute* und *Wachstum im Vergleich zum Vorjahr in Prozent*. Diese Objekte stehen nicht ausschließlich mit Internetverkäufen im Zusammenhang (Abbildung 7.52).

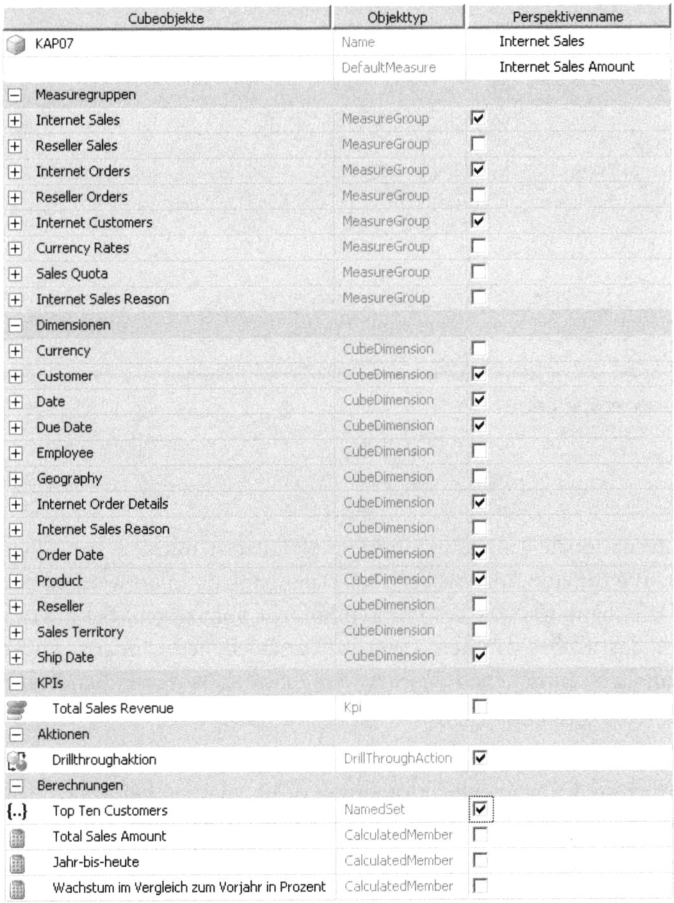

Endbenutzermodell

Cubeobjekte	Objekttyp	Perspektivenname
KAP07	Name	Internet Sales
	DefaultMeasure	Internet Sales Amount
Measuregruppen		
Internet Sales	MeasureGroup	☑
Reseller Sales	MeasureGroup	☐
Internet Orders	MeasureGroup	☑
Reseller Orders	MeasureGroup	☐
Internet Customers	MeasureGroup	☑
Currency Rates	MeasureGroup	☐
Sales Quota	MeasureGroup	☐
Internet Sales Reason	MeasureGroup	☑
Dimensionen		
Currency	CubeDimension	☐
Customer	CubeDimension	☑
Date	CubeDimension	☑
Due Date	CubeDimension	☑
Employee	CubeDimension	☐
Geography	CubeDimension	☐
Internet Order Details	CubeDimension	☑
Internet Sales Reason	CubeDimension	☐
Order Date	CubeDimension	☑
Product	CubeDimension	☑
Reseller	CubeDimension	☐
Sales Territory	CubeDimension	☐
Ship Date	CubeDimension	☑
KPIs		
Total Sales Revenue	Kpi	☐
Aktionen		
Drillthroughaktion	DrillThroughAction	☑
Berechnungen		
Top Ten Customers	NamedSet	☑
Total Sales Amount	CalculatedMember	☐
Jahr-bis-heute	CalculatedMember	☐
Wachstum im Vergleich zum Vorjahr in Prozent	CalculatedMember	☐

Abbildung 7.52 Objektauswahl der Perspektive *Internet Sales*

4. Verarbeiten Sie den Cube und wechseln Sie nach erfolgreicher Bereitstellung zur Registerkarte *Browser*. Klicken Sie auf *Verbindung wiederherstellen* und erweitern Sie die Liste *Perspektive*. Beachten Sie, dass außer der Standardperspektive *KAP07* auch die von Ihnen definierte Perspektive *Internet Sales* erscheint. Wählen Sie die Perspektive *Internet Sales* aus und beachten Sie, dass im Metadatenbereich alle Objekte ausgefiltert wurden, die nicht in der Perspektive definiert sind. Beispielsweise ist die gesamte Measuregruppe *Reseller Sales* ebenso wenig sichtbar wie die Dimension *Reseller* (Abbildung 7.53).

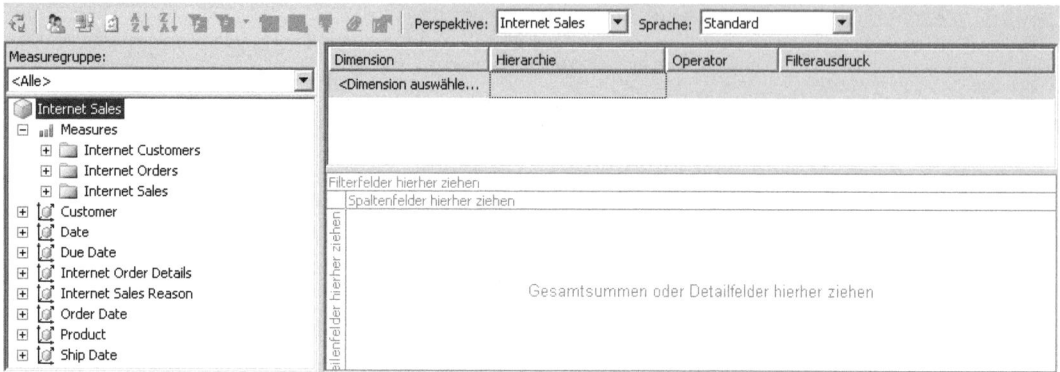

Abbildung 7.53 Cubeobjekte nach der Perspektive *Internet Sales* gefiltert

Cubeübersetzungen

In den Analysis Services erfolgt die internationale Unterstützung von Benutzern mithilfe von Übersetzungen. Beispielsweise kann eine Übersetzung für eine Analysis Services-Datenbank definiert werden, um die Beschriftung und Beschreibung dieser Datenbank in einer bestimmten Sprache anzuzeigen. Bei internationalen Unternehmen wird es vorkommen, dass Cubes von Benutzern aus verschiedenen Ländern verwendet werden. Zum besseren Verständnis der im Cube enthaltenen Objekte wäre es nützlich, diesen Benutzern die verschiedenen Cubeobjekte in ihrer eigenen Sprache anzuzeigen.

Wenn beispielsweise ein Benutzer in Portugal über seinen Clientrechner mit portugiesischer Gebietsschemaeinstellung auf einen Cube zugreift, werden die Cubeobjekte automatisch in portugiesischer Sprache angezeigt. Wenn ein Benutzer in Deutschland über seinen Clientrechner mit deutscher Gebietsschemaeinstellung auf denselben Cube zugreift, werden die Cubeobjekte automatisch in deutscher Sprache angezeigt. Bei einer Verbindung mit den Analysis Services übergibt der Clientrechner die Gebietsschemaeinstellung des angemeldeten Benutzers. Die Analysis Services verwenden daraufhin die Gebietsschemaeinstellung, um zu bestimmen, welche Übersetzungen der Cubeobjekte verwendet werden soll. Enthält ein Cubeobjekt keine Übersetzung, wird die Standardsprache verwendet. Die Analysis Services unterstützen die Übersetzung von:

- **Daten** Die Analysis Services unterstützen auch die Übersetzung von Elementen einer Attributhierarchie. Hierfür erforderlich sind so viele zusätzliche Tabellenspalten, wie es unterstützte Sprachen gibt. Jede Tabellenspalte speichert die Übersetzung des Elementnamens für eine bestimmte Sprache. Mehr Information über Übersetzungen im Dimensions-Designer finden Sie in Kapitel 6.

- **Metadaten** Beispielsweise Übersetzungen der Beschriftungen von Measures und Measuregruppen, Cubedimensionen, Perspektiven oder Aktionen

Übersetzungen können im Business Intelligence Studio definiert werden, indem der entsprechende Designer für das zu übersetzende Objekt verwendet wird (Datenbank-, Dimensions- oder Cube-Designer). Die Übersetzungsmöglichkeiten von Datenbank- und Cube-Metadaten lassen sich am besten im Kontext einiger Beispiele demonstrieren. Sie werden zunächst Datenbank- und Cube-Metadaten ins Deutsche übersetzen. Die Analysis Services unterstützen hierbei Übersetzungen von Beschriftungen und Beschreibungen von Objekten, nicht jedoch Übersetzungen von Zeit- und Währungseinstellungen. Wenn beispielsweise ein Measure in US-Dollar gespeichert wird, wird nicht automatisch die Währung in Euro konvertiert, wenn ein Benutzer in Deutschland den Cube durchsucht.

Endbenutzermodell

1. Klicken Sie im Projektmappen-Explorer mit der rechten Maustaste auf das Projekt *KAP07* und wählen Sie im Kontextmenü den Eintrag *Datenbank bearbeiten* aus, um Datenbank-Metadaten zu übersetzen.
2. Auf der Registerkarte *Allgemein* erweitern Sie den Übersetzungsbereich und fügen die Informationen gemäß der folgenden Abbildung hinzu (Abbildung 7.54).

Sprache	Übersetzte Beschriftung	Übersetzte Beschreibung
Deutsch (Deutschland)	Adventure Works	Daten des fiktiven Unternehmens Adventure Works
<Neue Übersetzung hinzufügen>		

Abbildung 7.54 Übersetzungen im Datenbank-Designer

Sie können im Cube-Designer mithilfe der Registerkarte *Übersetzungen* die Beschriftungen vieler Cubeobjekte übersetzen. Wechseln Sie zur Registerkarte *Übersetzungen*. Sie werden eine ähnliche Registerkarte vorfinden wie die Registerkarte *Perspektiven*.

1. Klicken Sie in der Symbolleiste auf die Schaltfläche *Neue Übersetzung*. Wählen Sie im Dialogfeld *Sprache auswählen* die Option *Deutsch (Deutschland)* aus, um die Cube-Metadaten in deutscher Sprache anzuzeigen. Ändern Sie die Beschriftungen der Cubeobjekte gemäß Abbildung 7.55.

Standardsprache	Objekttyp	Deutsch (Deutschland)
KAP07	Caption	
Measuregruppen		
Internet Sales	Caption	Internet Verkäufe
Reseller Sales	Caption	Händler Verkäufe
Internet Orders	Caption	Internet Bestellungen
Reseller Orders	Caption	Händler Bestellungen
Internet Customers	Caption	Internet Kunden
Currency Rates	Caption	Währungskurse
Sales Quota	Caption	Verkaufsquoten
Internet Sales Reason	Caption	Internet Verkaufsgründe
Dimensionen		
Currency	Caption	Währung
Customer	Caption	Kunden
Date	Caption	Datum
Due Date	Caption	Lieferdatum
Employee	Caption	Mitarbeiter
Geography	Caption	Geographie
Internet Order Details	Caption	Internet Bestelldetails
Internet Sales Reason	Caption	Internet Bestellgründe
Order Date	Caption	Bestelldatum
Product	Caption	Produkt
Reseller	Caption	Händler
Sales Territory	Caption	Verkausgebiete
Ship Date	Caption	Versanddatum
Perspektiven		
Internet Sales	Caption	Internet Verkäufe
KPIs		
Aktionen		
Benannte Mengen		
Berechnete Elemente		

Abbildung 7.55 Übersetzungen von Cubeobjekten in der Registerkarte *Übersetzungen*

2. Verarbeiten Sie den Cube und wechseln Sie nach der erfolgreichen Bereitstellung zur Registerkarte *Browser*. Wählen Sie in der Liste *Sprache* den Eintrag *Deutsch (Deutschland)* aus und betrachten Sie den Metadatenbereich mit den übersetzten Cubeobjekten.

Wie Sie sehen können, ist in den Analysis Services der Übersetzungsprozess von Cube-Metadaten sehr einfach. In Produktivumgebungen mit einer Vielzahl von Cubeobjekten dürfte die Inanspruchnahme von professionellen Übersetzern aber sicherlich sehr hilfreich sein.

Kapitel 8

Verwalten der Analysis Services

In diesem Kapitel:

Datenbanken verwalten	234
Speicher verwalten	244
Sicherheit verwalten	255

In diesem Kapitel werden die grundlegenden Aufgaben der Verwaltung der Analysis Services erläutert. Mit dem SQL Server Management Studio steht Ihnen ein mächtiges Werkzeug zur Verfügung, mit dem Sie die verschiedensten Verwaltungsaufgaben durchführen können. Mithilfe dieses Werkzeugs können Sie Aufgaben wie das Bereitstellen, das Sichern und Wiederherstellen und die Synchronisierung von Datenbanken durchführen.

Um eine optimale Speicherstruktur zu realisieren, können Sie Partitionen und Aggregationen verwenden. Eine optimale Speicherstruktur erlaubt schnelle Abfragen bei gleichzeitiger Aufrechterhaltung von angemessenen Verarbeitungszeiten. Sie haben verschiedene Optionen, um die Performance der Analysis Services zu optimieren. Cubespeicherstrukturen, wie MOLAP, HOLAP und ROLAP, erlauben es Ihnen, einen optimalen Kompromiss zwischen Geschwindigkeit und Speicherplatz zu finden. Zu den weiteren Aufgaben gehört die Verwaltung der Sicherheit. Die Erstellung von Sicherheitsrichtlinien ist eine essentielle Aufgabe, die ein Analysis Services-Administrator beherrschen muss, um Daten vor unberechtigtem Zugriff zu schützen. Öffnen Sie im Verzeichnis *V:\BISS-Projekte\KAP08* das Projekt *KAP08*, um das vorbereitete Analysis Services-Projekt für dieses Kapitel bearbeiten zu können.

Datenbanken verwalten

Zu den Hauptaufgaben eines Analysis Services-Administrators gehört die Verwaltung von Datenbanken. In diesem Abschnitt liegt der Fokus auf der Bereitstellung, Synchronisierung, Sicherung und Wiederherstellung von Datenbanken. Im Folgenden wird Ihnen gezeigt, wie Sie diese Aufgaben mit dem SQL Server Management Studio durchführen können.

Datenbanken bereitstellen

Nachdem Sie die Entwicklung eines Analysis Services-Projekts im Business Intelligence Studio abgeschlossen haben und das Projekt erfolgreich in einer Entwicklungsumgebung bereitgestellt und getestet haben, können Sie die Analysis Services-Datenbank in einer Produktionsumgebung den Benutzern zur Verfügung stellen.

Beim Bereitstellen der Datenbank in einer Produktionsumgebung müssen Sie die Frage berücksichtigen, wie Sie nachträgliche Änderungen am Design zwischen der Entwicklungsumgebung und der Produktionsumgebung implementieren wollen. Eine Möglichkeit wäre die Bereitstellung über das Business Intelligence Development Studio. Allerdings würde hierbei die Datenbank in der Produktionsumgebung vollständig überschrieben werden. Denselben Effekt würden Sie erzielen, wenn Sie die gesamte Datenbank über das SQL Server Management Studio skripten und bereitstellen würden.

Mithilfe des Bereitstellungs-Assistenten steht Ihnen eine dedizierte Bereitstellungsmethode zur Verfügung. Sie können mithilfe des Bereitstellungs-Assistenten die Metadaten eines Analysis Services-Projekts auf einem bestimmten Zielserver bereitstellen. Der Bereitstellungs-Assistent verwendet die von einem Analysis Services-Projekt generierten XMLA-Ausgabedateien als Eingabedateien. Diese können dann geändert werden, um die Bereitstellung anzupassen. Das generierte Bereitstellungsskript kann dann entweder sofort ausgeführt oder für eine spätere Bereitstellung gespeichert werden. Befolgen Sie die nächsten Schritte, um das Projekt *KAP08* mit dem Bereitstellungs-Assistenten in einer Produktionsumgebung zur Verfügung zu stellen:

1. Öffnen Sie im Business Intelligence Development Studio das Projekt *KAP08*. Erstellen Sie eine neue Produktionskonfiguration, indem Sie den Menübefehl *Projekt/Eigenschaften* aufrufen. Im Dialogfeld *KAP08-Eigenschaftenseiten* klicken Sie auf die Schaltfläche *Konfigurations-Manager*.
2. Erweitern Sie im gleichnamigen Dialogfeld die Liste *Konfiguration der aktuellen Projektmappe* und klicken auf *<Neu...>* um eine neue Projektkonfiguration mit dem Namen *Production* zu definieren. Schließen Sie anschließend das Dialogfeld.
3. Vergewissern Sie sich in den Konfigurationseigenschaften, dass Sie die richtige Konfiguration und den richtigen Zielserver eingetragen haben (in unserem Beispielprojekt *localhost* zur Simulation der Produktionsumgebung, Abbildung 8.1). Zusätzlich müssten Sie die Verbindungseigenschaft für die richtigen Datenquellen ändern (falls Sie als Servernamen *localhost* definiert haben). Klicken Sie anschließend auf *OK* und stellen Sie das Projekt bereit.

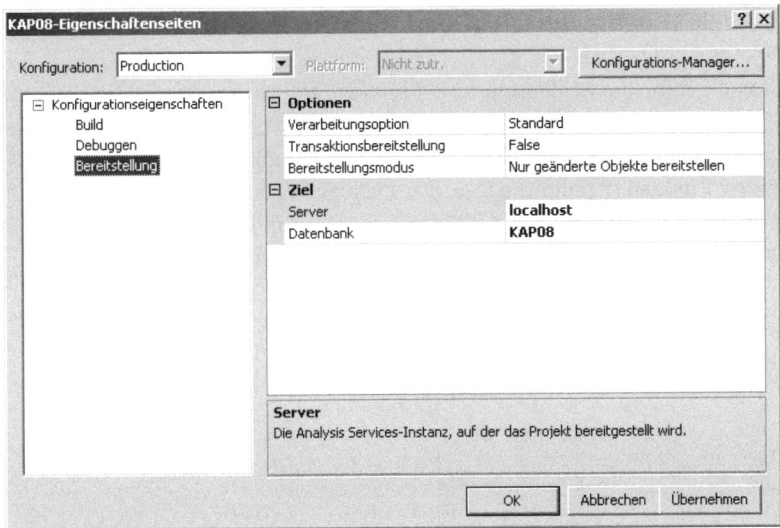

Abbildung 8.1 Eigenschaftenseiten für das Analysis Services-Projekt *KAP08*

Öffnen Sie den Windows-Explorer und erweitern Sie den Pfad *V:\BISS-Projekte\KAP08\KAP08\bin*. Wenn Sie ein Analysis Services-Projekt bereitgestellt haben, werden automatisch einige Dateien in dem Ausgabepfad des Projekt-Ordners generiert. Die Datei mit der Dateiendung *.asdatabase* enthält die Definition der gesamten Datenbank in ASSL beschrieben (in unserem Beispielprojekt die Datei *KAP08.asdatabase*). Die restlichen Dateien enthalten die zusätzlichen in den Projekteigenschaften definierten Projektkonfigurationseinstellungen und Bereitstellungsoptionen. Der Bereitstellungsassistent verwendet diese Dateien als Parameter.

1. Öffnen Sie nach der erfolgreichen Bereitstellung über die Befehlsfolge *Start/Alle Programme/Microsoft SQL Server/Analysis Services* den Bereitstellungs-Assistenten (Deployment Wizard). Auf der Seite *Willkommen beim Bereitstellungs-Assistenten für Analysis Services* können Sie die selbsterklärende Option *Diese Seite nicht mehr anzeigen* aktivieren. Klicken Sie auf *Weiter*.
2. Auf der Seite *SQL Server Analysis Services-Quelldatenbank angeben* klicken Sie auf die Schaltfläche mit den drei Punkten und navigieren Sie zum Speicherort der *.asdatabase*-Datei (bei unserem Beispielsprojekt *V:\BISS-Projekte\KAP08\KAP08\bin*), die während des Bereitstellungsprozesses generiert wurde. Klicken Sie anschließend auf *Weiter*.

3. Auf der Seite *Installationsziel* geben Sie den Zielserver (in unserem Beispielprojekt *localhost*) sowie die Datenbank an. Sollte die Datenbank nicht vorhanden sein, wird sie vom Bereitstellungs-Assistenten erstellt. Klicken Sie anschließend auf *Weiter*.

4. Auf der Seite *Optionen für Partitionen und Rollen angeben* können Sie bestimmen, welche vorhandenen Konfigurationseinstellungen auf dem Zielserver beibehalten werden sollen. Wählen Sie zu Demonstrationszwecken die Bereitstellung der Partition sowie die Beibehaltung der Rollen und ihrer Mitglieder aus. Klicken Sie anschließend auf *Weiter*.

5. Standardmäßig werden die Konfigurationseinstellungen des aktuellen Projekts auf den Zielserver übernommen. Auf der Seite *Konfigurationseigenschaften angeben* haben Sie die Option, die aktuellen Konfigurationseinstellungen zu ändern. Alternativ können Sie sich für die Beibehaltung der Konfigurations- und Optimierungseinstellungen vom Zielserver entscheiden. Die veränderbaren Konfigurationseinstellungen beinhalten die Datenquellen-Verbindungszeichenfolgen, die Identitätswechselinformation für die Standarddatenquelle (wenn die Windows-Authentifizierung in der Datenquelle verwendet wird), Schlüsselfehler-Protokolldateien sowie die Speicherorte.

6. Aktivieren Sie die Kontrollkästchen für die beiden Optionen *Konfigurationseinstellungen für vorhandene Objekte beibehalten* sowie *Optimierungseinstellungen für vorhandene Objekte beibehalten*, um die Konfigurations- und Optimierungseinstellungen auf dem Zielserver beizubehalten. Klicken Sie im Feld *KAP08* auf die Schaltfläche mit den drei Punkten (Abbildung 8.2). Das Dialogfeld *Identitätswechselinformationen* wird geöffnet. Sie können optional definieren, mit welchem Benutzer die Bereitstellung erfolgen soll. Wählen Sie die Option *Anmeldeinformationen des aktuellen Benutzers* aus, und klicken Sie auf *OK*.

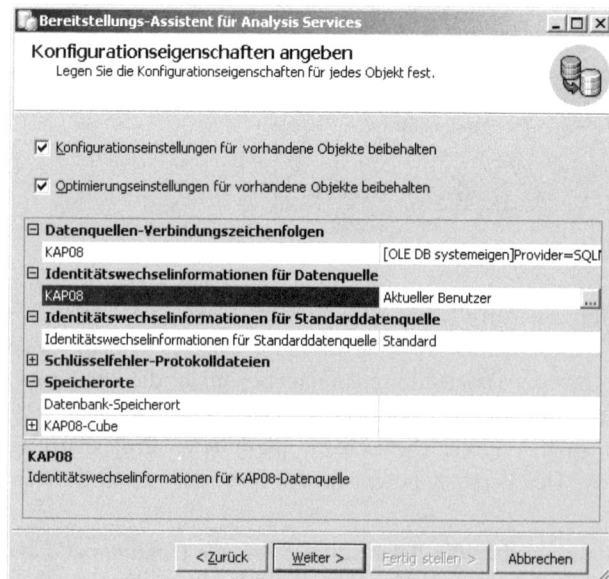

Abbildung 8.2 Seite *Konfigurationseigenschaften angeben* des Bereitstellungs-Assistenten

7. Auf der Seite *Verarbeitungsoptionen auswählen* können Sie bestimmen, wie der Bereitstellungs-Assistent die Objekte der Zieldatenbank während des Bereitstellungsprozesses verarbeiten soll.

Sollte der Assistent Abweichungen in den Objektdefinitionen zwischen der Quell- und Zieldatenbank entdecken, werden die Objektdefinitionen der Zieldatenbank überschrieben. Sollten Sie die Option *Rückschreibetabelle* aktiviert haben, können Sie im Bereitstellungs-Assistenten bestimmen, welche

Datenbanken verwalten

Option für die Rückschreibetabelle verwendet werden soll. Normalerweise sollten die vorhandenen Rückschreibetabellen verwendet werden, um zu verhindern, dass die vom Benutzer erstellten Änderungen gelöscht werden. Weiterhin können Sie die Option wählen, die gesamte Verarbeitung in einer einzelnen Transaktion durchzuführen. Diese Einstellung steuert, ob die Bereitstellung von Metadatenänderungen und Verarbeitungsbefehlen in einer einzelnen Transaktion oder in getrennten Transaktionen erfolgt.

8. Akzeptieren Sie die Standardeinstellungen und klicken Sie auf *Weiter* (Abbildung 8.3).

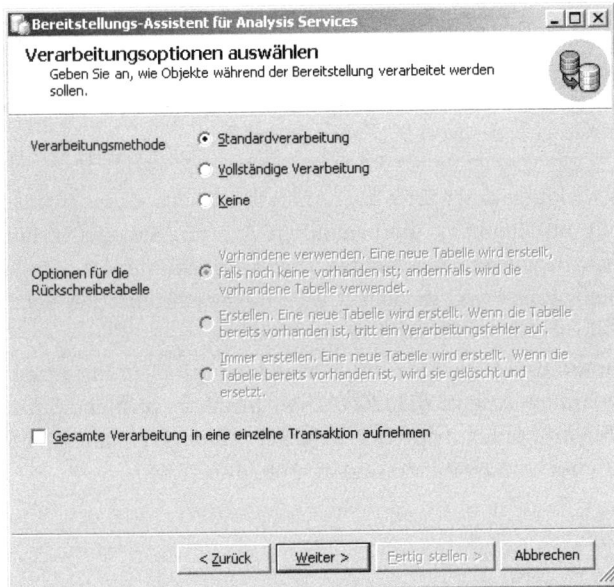

Abbildung 8.3 Seite *Verarbeitungsoptionen auswählen* des Bereitstellungs-Assistenten

9. Auf der Seite *Bereitstellung bestätigen* haben Sie die Möglichkeit, entweder die Bereitstellung sofort durchzuführen oder sämtliche Einstellungen in eine XMLA-Skriptdatei zu speichern, um die Bereitstellung zu einem späteren Zeitpunkt durchzuführen. Klicken Sie auf *Weiter*, um die Bereitstellung sofort durchzuführen.
10. Auf der Seite *Datenbank wird bereitgestellt* wird der aktuelle Bereitstellungsprozess angezeigt. Klicken Sie nach der erfolgreichen Bereitstellung auf *Weiter* und auf der Seite *Bereitstellung abgeschlossen* auf *Fertig stellen*.

Datenbanken synchronisieren

Das Synchronisieren von zwei oder mehreren Analysis Services-Datenbanken ist eine übliche Routineaufgabe. Beispielsweise kann eine Organisation eine sehr große Analysis Services-Lösung mit einer Größe von mehreren Terabyte auf einem Entwicklungssystem implementiert haben und verfügt für die Bereitstellung der Daten über zwei oder mehrere Produktionssysteme.

Wie Sie sich vorstellen können, ist die Bereitstellung der Cubes auf jedem einzelnen Produktionsserver nicht sehr effizient. Stattdessen könnte die Bereitstellung und der Probebetrieb der Analysis Services-Lösung auf dem Entwicklungssystem erfolgen und mithilfe des Synchronisierungs-Assistenten die Datenbanken vom Entwicklungssystem zu den Produktionssystemen kopiert werden.

Ein weiterer Vorteil wäre folgender: Während der Synchronisierungs-Assistent die Daten zwischen den Entwicklungs- und den Produktionsdatenbanken synchronisiert, können Benutzer weiterhin Abfragen an die Produktionsdatenbank senden. Nach dem Abschluss der Synchronisierung stellen die Analysis Services automatisch die Benutzer auf die neuen Daten um und löschen die alten Daten aus der Produktionsdatenbank. Wenn Datenbanken auf dem Produktionsserver noch nicht existieren, kopiert der Synchronisierungs-Assistent die Datenbanken vollständig. Falls die Datenbanken bereits existieren, werden nur die inkrementellen Änderungen kopiert. Befolgen Sie die nächsten Schritte, um eine Synchronisierung zwischen einer Entwicklungsdatenbank und einer Produktionsdatenbank zu simulieren.

HINWEIS Voraussetzung für die Verwendung des Synchronisierungs-Assistenten ist allerdings, dass Sie zwei dedizierte Analysis Services-Instanzen installiert haben. Eine zweite Instanz können Sie sehr einfach auf ihrer lokalen Maschine installieren, indem Sie den SQL Server Installations-Assistenten starten und eine zusätzlich benannte Instanz installieren. Mehr Informationen zur Installation von Microsoft SQL Server erhalten Sie in Kapitel 2 oder in der SQL Server-Onlinehilfe.

Wir verwenden für die Simulation der Entwicklungsdatenbank die Analysis Services-Standardinstanz *BISS2008* und für die Simulation der Produktionsdatenbank die benannten Analysis Services-Instanzen *BISS2008\INST01* und *BISS2008\INST02*. Nehmen wir an, dass Sie das *KAP08*-Projekt auf der Standardinstanz bereitgestellt und erfolgreich getestet haben. Der nächste Schritt wäre die Synchronisation der Entwicklungs- und Produktionsdatenbanken mithilfe des Synchronisations-Assistenten:

1. Öffnen Sie das SQL Server Management Studio und stellen Sie eine Verbindung mit allen Instanzen der Analysis Services her. Klicken Sie bei der benannten Instanz *BISS2008\INST01* mit der rechten Maustaste auf den Ordner *Datenbanken* und wählen Sie im Kontextmenü den Befehl *Synchronisieren* aus (der Synchronisierungs-Assistent muss immer am Zielserver ausgeführt werden, Abbildung 8.4).

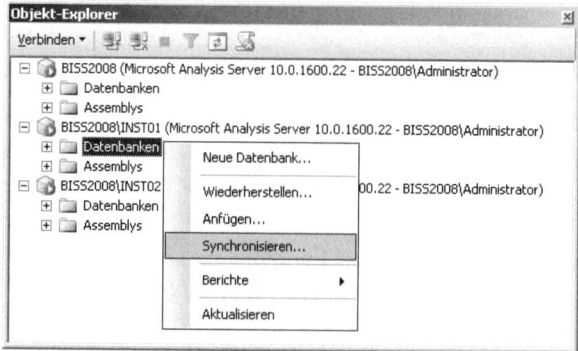

Abbildung 8.4 Objekt-Explorer im SQL Server Management Studio

2. Auf der Seite *Datenbank für die Synchronisierung auswählen* wählen Sie als Synchronisierungsquelle die Standardinstanz *BISS2008* und als Quelldatenbank *KAP08* aus. Das Synchronisierungsziel ist nicht bearbeitbar, da der Synchronisierungs-Assistent zwingend am Zielserver ausgeführt wird. Klicken Sie anschließend auf *Weiter*.

3. Auf der Seite *Speicher für lokale Partitionen angeben* können Sie optional die Speicherorte der Partitionen überschreiben. Sollte sich beispielsweise der Datenordner der Entwicklungsinstanz auf Laufwerk C: und der Datenordner der Produktivinstanz auf Laufwerk E: befinden, können Sie dementsprechend die Speicherorte der Partitionen ändern. Ändern Sie die Standardspeicherorte nicht, stellt der Synchronisierungs-Assistent die Partitionen an denselben Speicherorten auf dem Zielserver bereit (Abbildung 8.5). Akzeptieren Sie die Standardeinstellung und klicken Sie auf *Weiter*.

Datenbanken verwalten

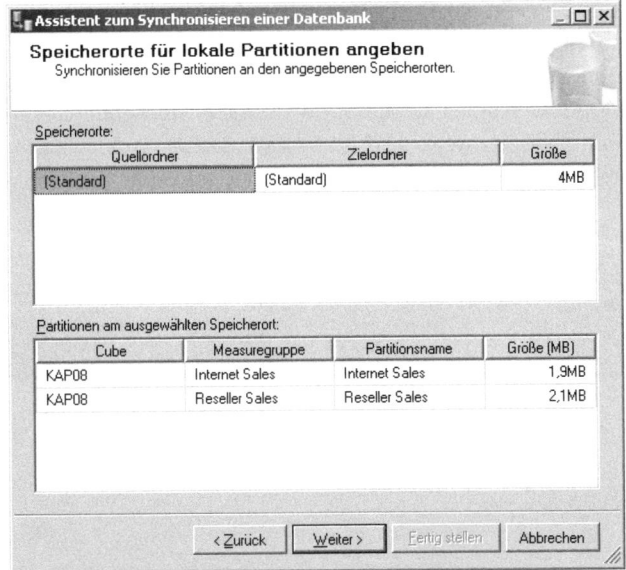

Abbildung 8.5 Seite *Speicherorte für lokale Partitionen angeben* im Synchronisations-Assistenten

4. Der Synchronisierungs-Assistent unterstützt eine begrenzte Anpassung. Auf der Seite *Synchronisierungsoptionen* können Sie die Sicherheitseinstellungen zwischen Quell- und Zielserver synchronisieren. Wählen Sie die Option *Alle ignorieren*, da wir die Sicherheitseinstellungen nicht synchronisieren, sondern die Sicherheitseinstellungen des Zielservers verwenden wollen. Produktive Cubes können sehr groß werden. Der Synchronisierungs-Assistent unterstützt eine äußerst effiziente Komprimierung zum Datenaustausch. Lassen Sie das Kontrollkästchen *Beim Synchronisieren von Datenbanken Komprimierung verwenden* aktiviert und klicken Sie anschließend auf *Weiter* (Abbildung 8.6).

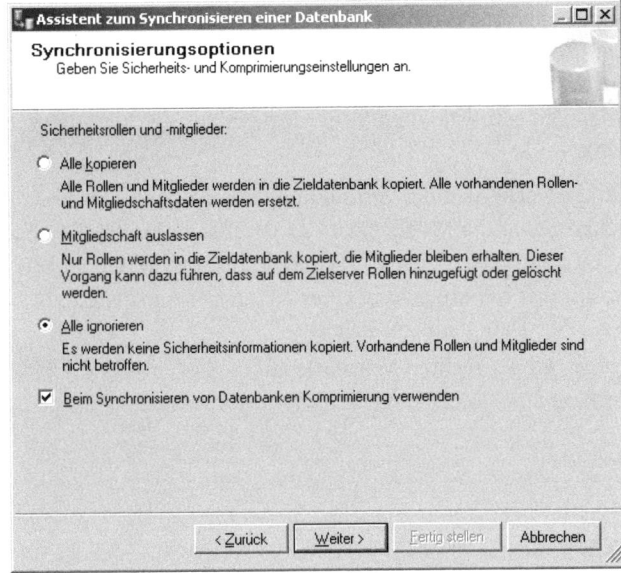

Abbildung 8.6 Seite *Abfragekriterien angeben* im Synchronisations-Assistenten

5. Auf der Seite *Synchronisierungsmethode auswählen* können Sie die Bereitstellungsmethode definieren. Sie können den Synchronisierungsprozess sofort beginnen oder Sie generieren ein XMLA-Skript, um den Synchronisierungsprozess zu einem späteren Zeitpunkt durchzuführen. Wir verwenden im Gegensatz zum Bereitstellungs-Assistenten die zweite Option. Wählen Sie die Option *Skript in einer Datei speichern*, definieren Sie einen Speicherort Ihrer Wahl (beispielsweise *V:\BISS-Skripte\KAP08*), und klicken Sie anschließend auf *Fertig stellen*. Vom Synchronisierungs-Assistenten wird das folgende XMLA-Skript generiert:

```
<Synchronize xmlns:xsi="http://www.w3.org/2001/XMLSchema-instance" xmlns:xsd="http://www.w3.org/2001/
XMLSchema" xmlns="http://schemas.microsoft.com/analysisservices/2003/engine">
  <Source>
    <ConnectionString>Provider=MSOLAP.4;Data Source=BISS2008;ConnectTo=10.0;Integrated Security=SSPI;Initial
Catalog=KAP08</ConnectionString>
    <Object>
      <DatabaseID>KAP08</DatabaseID>
    </Object>
  </Source>
  <SynchronizeSecurity>IgnoreSecurity</SynchronizeSecurity>
  <ApplyCompression>true</ApplyCompression>
</Synchronize>
```

Listing 8.1 Automatisch vom Synchronisierungs-Assistenten generiertes XMLA-Skript

Sie können das XMLA-Skript im SQL Server Management Studio manuell ausführen. Alternativ lässt sich für den SQL Server-Agenten ein Auftrag definieren, der eine regelmäßige Synchronisierung durchführt. Führen Sie die Schritte auf *BISS2008\INST02* erneut aus, um die Entwicklungsdatenbank mit der zweiten benannten Analysis Services-Instanz zu synchronisieren.

Datenbanken sichern und wiederherstellen

Eine weitere Routineaufgabe ist die regelmäßige Sicherung von Analysis Services-Datenbanken. Durch das Anfertigen von Sicherungen kann der Zustand einer Analysis Services-Datenbanken zu einem ganz bestimmten Zeitpunkt gespeichert werden. Durch das Wiederherstellen kann eine Analysis Services-Datenbank in einen früheren Zustand versetzt werden. Eine vollständige Sicherung enthält die Metadaten und Daten der gesamten Analysis Services-Datenbank.

Das Hauptszenario einer regelmäßigen Sicherung ist sicherlich die Vermeidung von Datenverlust. Ein anderes nützliches Szenario einer regelmäßigen Sicherung ist die Möglichkeit der Bereitstellung. Die Erstellung einer Sicherung ist die einfachste Vorgehensweise zum Übertragen von Analysis Services-Datenbanken. Sie können eine Analysis Services-Datenbank einer Instanz sichern und in einer anderen Instanz wiederherstellen. Befolgen Sie die nächsten Schritte, um die *KAP08*-Datenbank zu sichern:

1. Klicken Sie im SQL Server Management Studio mit der rechten Maustaste auf die Datenbank *KAP08* und wählen Sie im Kontextmenü den Eintrag *Sichern* aus. Das Dialogfeld *Sicherungsdatenbank* wird geöffnet (Abbildung 8.7).

Datenbanken verwalten

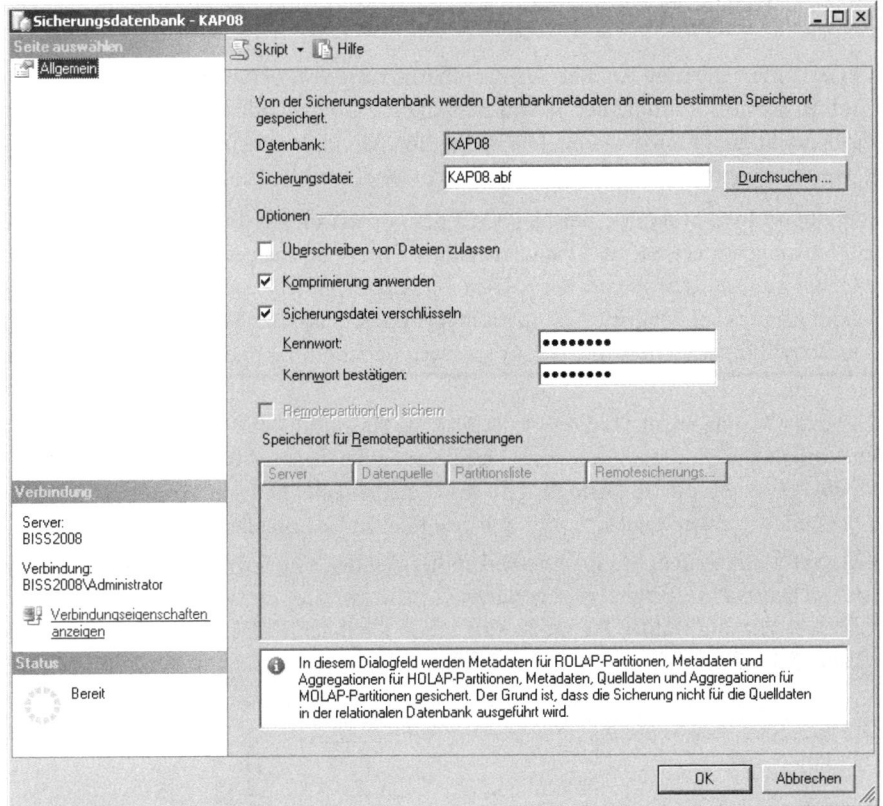

Abbildung 8.7 Dialogfeld *Sicherungsdatenbank*

2. Definieren Sie den Speicherort der Sicherungsdatenbank. Der Standardspeicherort einer Standardinstanz ist *C:\Programme\Microsoft SQL Server\MSAS10.MSSQLSERVER\OLAP\Backup*. Sie können natürlich den Speicherort individuell auswählen. Sollten sich sensible Daten in der Datenbank befinden, können Sie optional die Sicherungsdatei verschlüsseln, indem Sie das Kontrollkästchen *Sicherungsdatei verschlüsseln* aktiviert lassen und ein Kennwort eintragen. Klicken Sie anschließend auf *OK*, um eine Sicherung der *KAP08*-Datenbank zu erstellen.

Wenn Sie eine Datenbank wiederherstellen müssen, klicken Sie im SQL Server Management Studio mit der rechten Maustaste auf den *Datenbanken*-Ordner der ausgewählten Analysis Services-Instanz und wählen im Kontextmenü den Eintrag *Wiederherstellen* aus. Bei der Wiederherstellung stehen Ihnen einige Optionen zur Verfügung. So können Sie beispielsweise die Datenbank mit ihrem ursprünglichen Datenbanknamen wiederherstellen oder einen neuen Datenbanknamen angeben. Sie können bereits vorhandene Datenbanken überschreiben und wählen, ob vorhandene Sicherheitsinformationen wiederhergestellt werden sollen oder nicht. Die Auswahl der Optionen ist jeweils situationsbedingt.

Automatisieren von Verwaltungsaufgaben

In den Analysis Services existieren mehrere Ansätze zur Automatisierung von Verwaltungsaufgaben. Sie können mithilfe der Integration Services, mithilfe der Skripterstellung für Objekte oder mithilfe des SQL Server-Agent Verwaltungsaufgaben sehr gut automatisieren. Die Integration Services werden in den Kapiteln 12 bis 19 ausführlich behandelt, von daher wird im Folgenden auf die beiden anderen Möglichkeiten eingegangen.

Betrachten Sie zunächst die beiden vorherigen Beispiele. Mit dem Synchronisierungs-Assistenten haben Sie automatisch ein XMLA-Skript generiert und als Datei zur späteren Verwendung gespeichert. Mit dem Sicherungs-Assistenten haben Sie eine Sicherungsdatei der *KAP08*-Datenbank erstellt. Sie können ebenfalls für die Sicherung einer Datenbank ein XMLA-Skript automatisch generieren lassen. Befolgen Sie die nächsten Schritte, um ein XMLA-Skript für die Sicherung und zur späteren Verwendung in einem SQL Server-Agent-Auftrag anzulegen:

1. Klicken Sie im SQL Server Management Studio mit der rechten Maustaste auf die Datenbank *KAP08* und wählen Sie im Kontextmenü den Eintrag *Sichern* aus. Deaktivieren Sie diesmal das Kontrollkästchen *Sicherungsdatei verschlüsseln*. Erweitern Sie im Dialogfeld *Sicherungsdatenbank* die Liste *Skripte* und wählen Sie den Eintrag *Skript für Aktion in Zwischenablage schreiben* aus. Klicken Sie anschließend auf *Abbrechen*.

2. Stellen Sie im SQL Server Management Studio eine Verbindung zu der SQL Server-Instanz her. Vergewissern Sie sich, dass der Dienst *SQL Server-Agent* gestartet ist. Klicken Sie mit der rechten Maustaste auf den Knoten *SQL Server-Agent* und wählen Sie im Kontextmenü die Befehlsfolge *Neu/Auftrag* aus, um das Dialogfeld *Neuer Auftrag* zu öffnen.

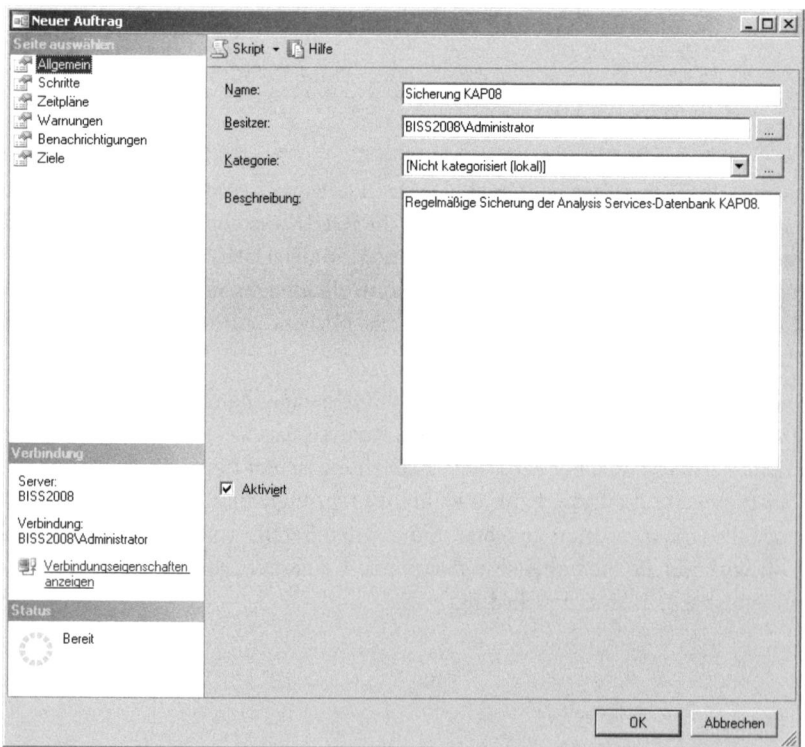

Abbildung 8.8 Dialogfeld *Neuer Auftrag* des SQL Server-Agenten

3. Geben Sie in das Dialogfeld *Neuer Auftrag* auf der Seite *Allgemein* als Auftragsnamen *Sicherung KAP08* ein. Optional können Sie eine Beschreibung des Auftrages hinzufügen (Abbildung 8.8).
4. Wählen Sie im Dialogfeld *Neuer Auftrag* die Seite *Schritte* aus und klicken Sie auf die Schaltfläche *Neu*, um das Dialogfeld *Neuer Auftragsschritt* zu öffnen. Ein Auftrag kann aus einem oder mehreren Schritten bestehen. Für die Sicherung einer Datenbank wird jedoch nur ein Auftragsschritt benötigt.
5. Geben Sie als Schrittnamen *KAP08 sichern* an. Erweitern Sie die Typliste und wählen Sie den Eintrag *SQL Server Analysis Services-Befehl* aus.
6. Geben Sie als Servernamen *localhost* ein und klicken Sie anschließend auf die Schaltfläche *Einfügen*, um das XMLA-Skript aus der Zwischenablage in das Befehlsfeld einzufügen (Abbildung 8.9). Klicken Sie anschließend auf *OK*.

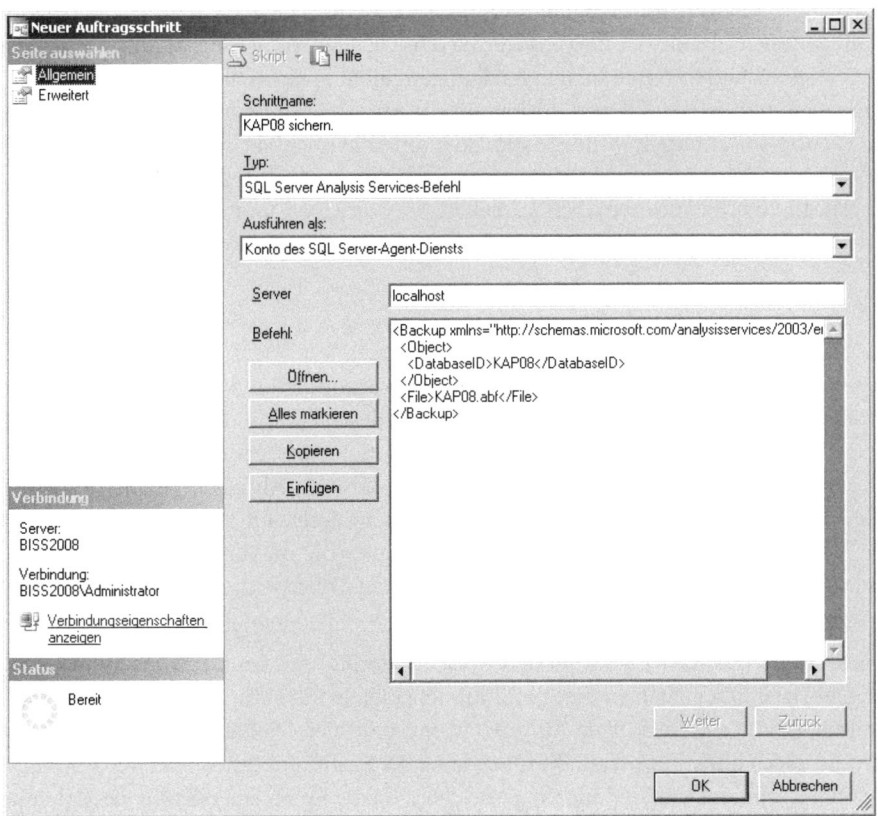

Abbildung 8.9 Dialogfeld *Neuer Auftragsschritt*

7. Wechseln Sie im Dialogfeld *Neuer Auftrag* zur Seite *Zeitpläne* und klicken Sie auf die Schaltfläche *Neu*. Im Dialogfeld *Neuer Auftragszeitplan* können Sie gemäß Ihren Anforderungen einen Zeitplan anlegen, um eine regelmäßige Sicherung der Datenbank *KAP08* durchzuführen. Alternativ können Sie den Auftrag sofort durchführen. Klicken Sie im Dialogfeld *Neuer Auftragsplan* auf die Schaltfläche *Abbrechen* und im Dialogfeld *Neuer Auftrag* auf die Schaltfläche *OK*, um den Auftrag zu speichern.
8. Erweitern Sie im Objekt-Explorer die Knoten *SQL Server-Agent/Aufträge*, klicken Sie mit der rechten Maustaste auf *Sicherung KAP08* und wählen Sie im Kontextmenü den Eintrag *Auftrag starten bei*

Schritt... aus, um die Sicherung der Datenbank sofort durchzuführen. Das Dialogfeld *Aufträge starten* informiert Sie über den Sicherungsprozess.

Sie können optional eine Protokolldatei öffnen, indem Sie mit der rechten Maustaste auf den Auftrag klicken und im Kontextmenü den Befehl *Verlauf anzeigen* wählen. In der Protokolldatei können Sie sich eine Historie der Aufträge ansehen, die Sie gegebenenfalls für eine Fehlersuche verwenden können.

Speicher verwalten

Der Grund für den Einsatz von OLAP-Technologie liegt darin, einen schnellen und flexiblen Zugriff auf Informationen zu realisieren. Die hohen Abfragegeschwindigkeiten werden durch die Bildung von Aggregationen erreicht – die Analysis Services summieren bestimmte Werte und speichern diese als Aggregationen ab. Sie definieren Aggregationen in einem Cube, indem Sie den geeigneten Speichermodus für den Cube festlegen. Die Menge der gespeicherten Daten hängt von dem gewählten Speichermodus und der Anzahl der definierten Aggregationen ab und wirkt sich unmittelbar auf die Abfrageleistung aus. Der Speicher für eine Measuregruppe ist in Partitionen unterteilt. Mithilfe von Partitionen können Sie den Cubespeicher und die Abfrageleistung für eine Measuregruppe verteilen und optimieren. Sie können in den Analysis Services den Speichermodus festlegen, um die Balance zwischen schnellen Antwortzeiten und erforderlichem Speicherplatz zu finden.

Cubespeicher

In einer vereinfachten Sicht wird ein Cube durch seine Daten, Aggregationen und Metadaten definiert. Ein Cubespeicher kann Daten enthalten, die während der Verarbeitung des Cube von den Datenquellen abgerufen werden. Ein Cubespeicher kann optional Aggregationen enthalten. Aggregationen sind vorberechnete Zusammenfassungen von Daten, die für die schnellen Antwortzeiten von Abfragen verantwortlich sind. Schließlich stellen die Metadaten für Clientanwendungen die logische Sicht auf Cubes dar. Wenn Sie beispielsweise den Cube *KAP08* öffnen, werden Ihnen im Cube-Designer die im Cube enthaltenen Measures und Dimensionen im Metadatenbereich angezeigt. Sie können für den Cubespeicher eine der drei folgenden grundlegenden Speichermodi definieren:

- **Multidimensionales OLAP (MOLAP)** Bei diesem Speichermodus werden die Aggregationen sowie eine Kopie der zugehörigen Quelldaten in einer multidimensionalen Struktur gespeichert. Eine multidimensionale Struktur ist für eine maximale Abfrageleistung optimiert. Sobald ein Cube bereitgestellt worden ist, können Abfragen ohne Zugriff auf die Quelldaten der Partition beantwortet werden. Mit dem Speichermodus MOLAP werden Daten redundant gespeichert, da die Daten einerseits in der Datenquelle und andererseits im Cube enthalten sind. Wenn sich die Quelldaten ändern, müssen Cubes zunächst verarbeitet werden, um die Änderungen der Quelldaten in dem Cube zu integrieren.

- **Relationales OLAP (ROLAP)** Bei diesem Speichermodus werden Daten und Aggregationen in Tabellen der relationalen Datenbank gespeichert. Anders als bei MOLAP wird keine Kopie der Quelldaten gespeichert. Bei der Verwendung des Speichermodus ROLAP erfolgt die Beantwortung der Abfragen langsamer als bei der Verwendung der Speichermodi MOLAP und HOLAP. ROLAP ist am effizientesten beim erforderlichen Speicherplatz, aber am langsamsten bei Abfragen, da diese von der relationalen Datenbank beantwortet werden müssen.

- **Hybrides OLAP (HOLAP)** Bei diesem Speichermodus werden Eigenschaften von MOLAP und ROLAP kombiniert. Bei HOLAP werden die Aggregationen in einer multidimensionalen Struktur gespeichert. Die Verwendung von HOLAP führt nicht dazu, dass eine Kopie der Quelldaten gespeichert wird. Bei Abfragen, die nur auf aggregierte Daten zugreifen, die in den Aggregationen des Cube gespeichert sind, ist HOLAP mit MOLAP gleichzusetzen. Bei Abfragen, die auf Quelldaten zugreifen, müssen Daten aus der relationalen Datenbank abgerufen werden, sodass Abfragen mehr Zeit beanspruchen, als wenn die Daten in einer multidimensionalen Struktur gespeichert sind. Dieser Speichermodus ist nur auf Measuregruppen und nicht auf Dimensionen anwendbar. HOLAP benötigt weniger Speicherplatz als MOLAP und antwortet schneller auf Abfragen von aggregierten Daten als ROLAP.

Wenn Sie den Speichermodus eines Cube konfigurieren, definieren Sie den Speicherort der Cubedaten und der Cubeaggregationen. Die Cubemetadaten sind bei der Konfiguration des Speichermodus nicht betroffen, sie werden immer in der Analysis Services-Datenbank gespeichert (Tabelle 8.1)

Speichermodus	MOLAP	HOLAP	ROLAP
Metadaten	Ja	Ja	Ja
Aggregationen	Ja	Ja	
Daten	Ja		

Tabelle 8.1 Die Speichermodi bestimmen den Speicherort von Aggregationen und Daten

Partitionen

Der Speicher für eine Measuregruppe ist in Partitionen unterteilt. Standardmäßig enthält eine Measuregruppe eine einzelne Partition, die die gesamten Daten einer Faktentabelle enthält. Mit der SQL Server 2008 Enterprise Edition (und natürlich auch mit der Developer Edition) können Sie zur Optimierung der Abfrageleistung für eine Measuregruppe zusätzliche Partitionen definieren. Partitionen werden zunächst mit demselben Speichermodus erstellt wie die Measuregruppe, in der die Partition erstellt wurde. Der Speichermodus bestimmt, ob die Daten und Aggregationen in einer multidimensionalen, hybriden oder relationalen Struktur gespeichert werden. Die unterschiedlichen Speichermodi bieten jeweils andere Vor- und Nachteile im Hinblick auf die Abfrageleistung und den erforderlichen Speicherplatz.

Partitionen stellen einen flexiblen Mechanismus zum Verwalten von großen Cubes dar. Beispielsweise kann ein Cube sehr viele Umsatzdaten aus den letzten Jahren enthalten und es werden regelmäßig nur Abfragen an das aktuelle Jahr gestellt. Sie könnten dann beispielsweise für diesen Cube Partitionen für jedes abgelaufene Jahr erstellen sowie für das aktuelle Jahr Partitionen auf Quartalsebene definieren. Am Ende des Jahres könnten Sie die Quartalspartitionen wieder zu einer Jahrespartition zusammenführen und für das aktuelle Jahr neue Quartalspartitionen erstellen.

Wichtig bei Partitionen ist eine eindeutige Trennung der Daten in den einzelnen Partitionen, um zu vermeiden, dass Daten doppelt gezählt werden und so falsche Ergebnisse liefern. Die Originalpartition einer Measuregruppe basiert auf einer Faktentabelle in der Datenquellensicht des Cube. Sobald mehrere Partitionen für eine Measuregruppe vorhanden sind, kann jede einzelne Partition auf einer anderen Faktentabelle in der Datenquellensicht oder jede einzelne Partition auf unterschiedlichen Zeilen einer einzelnen Faktentabelle in der Datenquellensicht basieren. Partitionen erlauben die Verteilung von Cubedaten und Cubeaggregationen auf mehrere Server, um einen Kompromiss zwischen schnellen Antwortzeiten und erforderlichem Speicherplatz zu finden.

Der Speichermodus der einzelnen Partitionen kann unabhängig von anderen Partitionen innerhalb einer Measuregruppe konfiguriert werden. Sie könnten beispielsweise für Partitionen mit historischen Daten den Speichermodus ROLAP wählen, um den erforderlichen Speicherplatz zu minimieren und Sie könnten für aktuelle Daten den Speichermodus MOLAP wählen, um die Abfrageleistung zu maximieren. Aufgrund der Vielfältigkeit an Möglichkeiten können Sie flexibel Strategien für die Speicherung von Cubes entwickeln, die Ihren Anforderungen gerecht werden.

Vertiefen Sie die obigen Ausführungen anhand der Beispieldatenbank *KAP08*. Die Measuregruppe *Internet Sales* enthält ca. 60.000 Zeilen. Für die Analysis Services ist die Verarbeitung von 60.000 Zeilen natürlich eine triviale Aufgabe. Nehmen wir an, Ihr Rechner benötigt für die vollständige Verarbeitung des Cube 10 Sekunden. In einer Produktivumgebung werden aber nicht 60.000 Zeilen verarbeitet, sondern eher 6 oder 60 Millionen Zeilen. Eine lineare Steigerung vorausgesetzt, würde Ihr Rechner für eine vollständige Verarbeitung von 60 Millionen Zeilen knapp drei Stunden benötigen. Mithilfe von Partitionen kann die Verarbeitungszeit wesentlich flexibler konfiguriert werden.

Für die Measuregruppe *Internet Sales* würde sich eine Partitionierung nach Zeit anbieten. Beispielsweise können Sie Partitionen für die Jahre 2001 bis 2004 erstellen (die Beispieldatenbank *AdventureWorksDW2008* enthält Daten für diese Zeiträume). Die Annahme hierbei ist, dass Daten aus den Jahren 2001 und 2002 weniger abgefragt werden als Daten aus den Jahren 2003 und 2004. Eine mögliche Partitionierungsstrategie könnte sein, vier Partitionen für die jeweiligen Jahre zu erstellen und eine entsprechende Auswahl der Speichermodi zu treffen. Die Partition für das laufende Jahr (2004) wird regelmäßig mit neuen Daten erweitert und am häufigsten abgefragt. Für diese Partition würde sich der Speichermodus MOLAP sicherlich am besten eignen.

Die Partition für das vorangegangene Jahr (2003) wird nicht mehr mit Daten gefüllt und seltener abgefragt, beispielsweise nur für Vergleiche zwischen dem aktuellen Jahr und dem vorangegangenen Jahr. Für diese Partition könnte sich der Speichermodus HOLAP als am besten herausstellen. Die Partitionen der Jahre 2001 und 2002 werden ebenfalls nicht mit neuen Daten gefüllt und enthalten historische Daten, die nur sehr selten abgefragt werden. Für diese beiden Partitionen könnte sich der Speichermodus ROLAP als am besten herausstellen, um die Speicherplatzanforderung zu minimieren.

Wenn dieselbe Faktentabelle für mehr als eine Partition in einem Cube verwendet wird, ist es wichtig, dass die Datensätze nicht in mehr als einer Partition vorkommen. Ein Datensatz, der in mehr als einer Partition verwendet wird, kann bei Abfragen falsche Daten zurückgeben. Sie können Filter in Partitionen verwenden, um sicherzustellen, dass Daten nicht doppelt verwendet werden. Der Filter einer Partition gibt an, welche Daten aus der Faktentabelle verwendet werden. Es ist wichtig, dass der Filter sich gegenseitig ausschließende Datenmengen aus der Faktentabelle extrahiert. Natürlich sollten Sie ebenfalls sicherstellen, dass die einzelnen Partitionen sämtliche Daten aus der Faktentabelle enthalten, die Sie in einem Cube verarbeiten möchten. Der Filter für die Measuregruppe *Internet Sales* ist das Kalenderjahr. Grundsätzlich können andere Filter als ein Zeitraum verwendet werden, beispielsweise verschiedene Produktkategorien oder verschiedene geographische Gebiete.

Nach der Festlegung der Partitionsstrategie, befolgen Sie die nächsten Schritte, um mithilfe des Partitions-Assistenten die zusätzlichen Partitionen für die Measuregruppe *Internet Sales* zu erstellen:

1. Starten Sie das Business Intelligence Development Studio und öffnen Sie das Analysis Services-Projekt *KAP08*. Doppelklicken Sie im Projektmappen-Explorer im Ordner *Cubes* auf *KAP08*.
2. Wechseln Sie im Cube-Designer zur Registerkarte *Partitionen* und erweitern Sie die Partition *Internet Sales*. Die Measuregruppe enthält eine Standardpartition (*Internet Sales*) und ist mit dem Standardspeichermodus MOLAP konfiguriert.

3. Klicken Sie in die Spalte *Quelle* und dann auf die Schaltfläche mit den drei Punkten, um das Dialogfeld *Partitionsquelle* zu öffnen. Standardmäßig besitzt eine Measuregruppe eine Partition, die an die gesamte Faktentabelle gebunden ist (Bindungstyp der Partition ist *Tabellenbindung*). Erweitern Sie die Bindungstypliste und wählen Sie die Option *Abfragebindung*. Bei dieser Auswahl wird die Tabellenbindung der Partition mit einer SELECT-SQL-Abfrage ersetzt.

4. Standardmäßig werden sämtliche Spalten der Faktentabelle abgerufen und zusätzlich enthält die SQL-Abfrage eine leere WHERE-Klausel. Um sämtliche Daten für das Jahr 2001 auszuwählen, ändern Sie die WHERE-Klausel folgendermaßen ab:

```
WHERE OrderDateKey <= 20011231
```
Listing 8.2 Filterdefinition für die Partition des Jahres 2001

Wie Sie sich denken können, entspricht der Wert 20011231 dem Datum 31. Dezember 2001. Sie können im SQL Server Management Studio die Spalte *FullDateAlternateKey* der Dimensionstabelle *DimDate* abfragen, um den jeweiligen *DateKey* für die Faktentabelle zu filtern. Die Faktentabelle *FactInternetSales* enthält keine Spalte in einem Datumsformat, sondern nur einen künstlichen Schlüssel zur Identifizierung der Zeit. Klicken Sie auf die Schaltfläche *Überprüfen*, um die SQL-Abfrage zu testen (Abbildung 8.10). Klicken Sie anschließend auf *OK*, um die Partition zu erstellen.

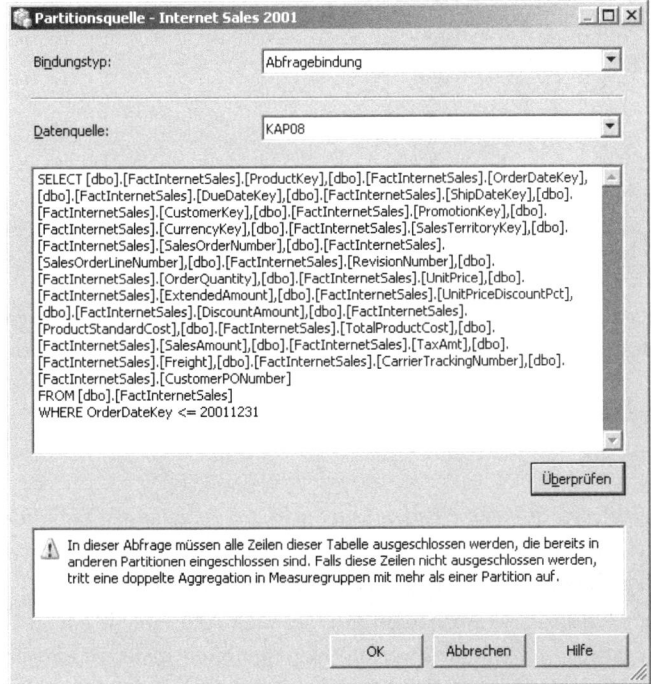

Abbildung 8.10 Dialogfeld *Partitionsquelle* für die Measuregruppe *Internet Sales*

5. Ändern Sie auf der Registerkarte *Partitionen* den Partitionsnamen auf *Internet Sales 2001*.

Sie haben eine Partition definiert, die sämtliche Daten aus dem Jahr 2001 enthält. Nun müssen Sie eine neue Partition erstellen, die sämtliche Daten aus dem Jahr 2002 enthält:

1. Klicken Sie auf der Registerkarte *Partitionen* in der Symbolleiste auf die Schaltfläche *Neue Partition*. Alternativ können Sie auch auf die Verknüpfung *Neue Partition* klicken. Der Partitions-Assistent wird gestartet. Auf der Seite *Willkommen* klicken Sie auf *Weiter*.
2. Auf der Seite *Quellinformation angeben* ist die Measuregruppe *Internet Sales* vorselektiert. Die Daten müssen nicht zwingend in derselben Faktentabelle oder in derselben relationalen Datenbank gespeichert sein. Beispielsweise könnten die Daten für die einzelnen Jahre bereits in verschiedenen Faktentabellen gespeichert sein. Sie können jede Faktentabelle verwenden, die eine gleiche Struktur wie die Standardpartition besitzt. Aktivieren Sie im Bereich der verfügbaren Tabellen das Kontrollkästchen für die Faktentabelle *InternetSales* und klicken Sie anschließend auf *Weiter* (Abbildung 8.11).

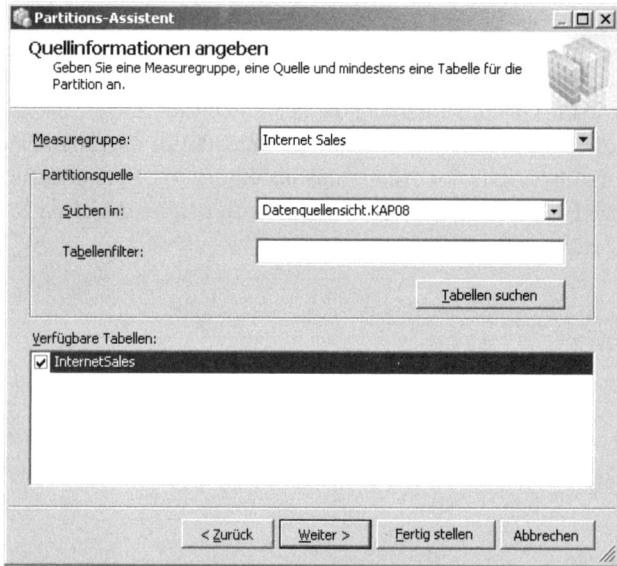

Abbildung 8.11 Seite *Quellinformationen angeben* des Partitions-Assistenten

Auf der Seite *Zeilen einschränken* aktivieren Sie die Option *Abfrage zum Einschränken der Zeilen angeben* und definieren den Partitionsfilter, indem Sie die WHERE-Klausel folgendermaßen ändern:

```
WHERE OrderdateKey >= 20020101 AND OrderDateKey <= 20021231
```

Listing 8.3 Filterdefinition für die Partition des Jahres 2002

Klicken Sie auf *Weiter*, um zur Seite *Speicherorte zum Verarbeiten und Speichern* zu gelangen (Abbildung 8.12). Wie im oberen Abschnitt erläutert, können Sie verschiedene Instanzen für die Bereitstellung auswählen. Akzeptieren Sie die Standardeinstellungen und klicken Sie anschließend auf *Weiter*.

3. Auf der Seite *Assistenten abschließen* geben Sie als Partitionsnamen *Internet Sales 2002* ein. Sie haben auch die Möglichkeit, Aggregationen für die Partition sofort zu entwerfen, Aggregationen später zu entwerfen oder einen Aggregationsentwurf von einer vorhandenen Partition zu kopieren. Sie werden im nächsten Abschnitt dieses Kapitels Aggregationen entwerfen, von daher aktivieren Sie die Option *Aggregationen später entwerfen*. Sie haben auch die Möglichkeit, die Partition sofort bereitzustellen und zu verarbeiten. Sie sollten allerdings noch zwei weitere Partitionen für die Jahre 2003 und 2004 erstellen. Klicken Sie daher auf *Fertig stellen*, um den Partitions-Assistenten zu beenden.

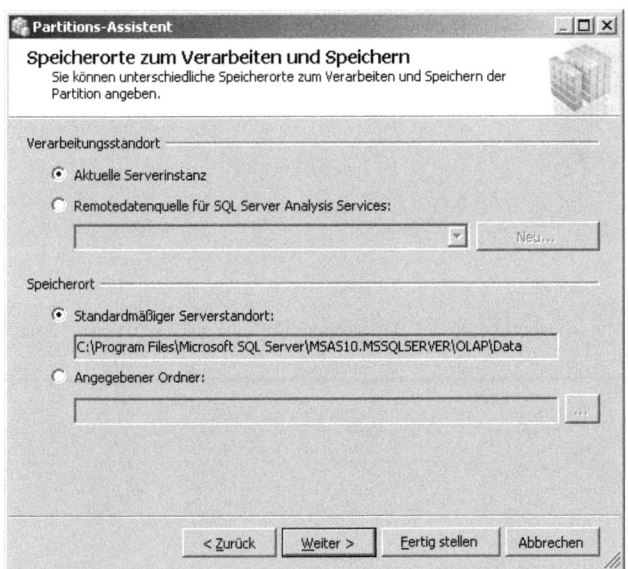

Abbildung 8.12 Seite *Speicherorte zum Verarbeiten und Speichern* des Partitions-Assistenten

4. Wiederholen Sie die Schritte, um Partitionen für das Jahr 2003 und 2004 zu erstellen. Definieren Sie die Filterbedingung für die Jahre 2003 und 2004, indem Sie die WHERE-Klausel folgendermaßen ändern:

```
WHERE OrderdateKey >= 20030101 AND OrderDateKey <= 20031231
```

Listing 8.4 Filterdefinition für die Partition des Jahres 2003

```
WHERE OrderdateKey >= 20040101
```

Listing 8.5 Filterdefinition für die Partition des Jahres 2004

Sie haben erfolgreich vier Partitionen erstellt, die individuell verarbeitet werden können. Wenn sich beispielsweise nur Daten für das Jahr 2004 ändern, können Sie Verarbeitungszeiten minimieren, indem Sie nur die Partition für das Jahr 2004 verarbeiten. Eine weitere interessante Möglichkeit von Partitionen ist das Zusammenführen von Partitionen. Ein typisches Szenario für die Zusammenführung von Partitionen ist die Auslagerung von historischen Daten. Wenn Sie beispielsweise historische Daten aus den Jahren 2001 und 2002 nicht mehr regelmäßig abfragen, können Sie diese in einer Partition wieder zusammenführen. Sie könnten die zusammengeführten Partitionen beispielsweise auf eine andere Analysis Services-Instanz auslagern oder die Partition mit dem Speichermodus ROLAP konfigurieren, um knappe Systemressourcen zu entlasten. Partitionen lassen sich jedoch nur zusammenführen, wenn sie denselben Speicher- und Aggregationsentwurf besitzen. Sollten zwei Partitionen unterschiedliche Partitionsentwürfe aufweisen, können Sie die Partitionsentwürfe im SQL Server Management Studio kopieren, bevor Sie die Partitionen zusammenführen. Befolgen Sie die nächsten Schritte, um die Partitionen aus den Jahren 2001 und 2002 zusammenzuführen:

1. Öffnen Sie hierzu das SQL Server Management Studio und stellen Sie eine Verbindung zu der Analysis Services-Instanz her. Erweitern Sie den Knoten der Datenbank *KAP08*, und klicken Sie mit der rechten Maustaste auf den Ordner *Partitionen* der Measuregruppe *Internet Sales*. Wählen Sie im Kontextmenü den Eintrag *Partitionen zusammenführen* aus.

2. Das Dialogfeld *Mergepartition* wird geöffnet. Wählen Sie als Name der Zielpartition *Internet Sales 2002* aus, und aktivieren Sie in der Spalte *Zusammenführen* das Kontrollkästchen für die Partition *Internet Sales 2001* (Abbildung 8.13). Klicken Sie anschließend auf *OK*, um die Partitionen zusammenzuführen.

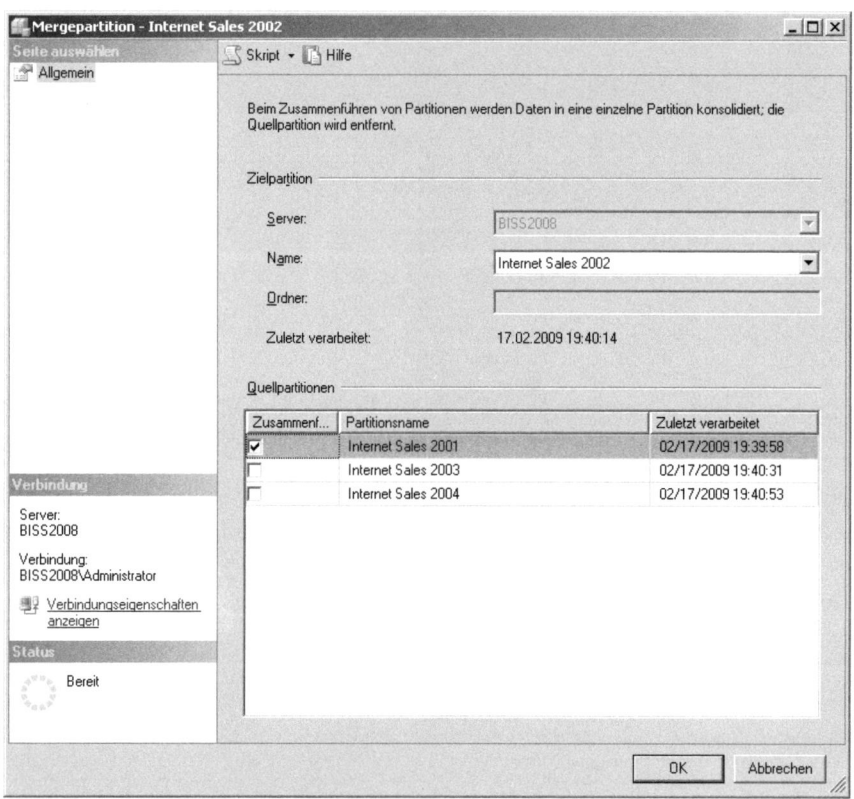

Abbildung 8.13 Dialogfeld *Mergepartition*

3. Verarbeiten Sie den Cube, um die Änderungen bereitzustellen.

Im SQL Server Management Studio wird die Partition *Internet Sales 2001* in die Partition *Internet Sales 2002* zusammengeführt, und die Partition *Internet Sales* 2001 wird gelöscht. Vergewissern Sie sich, dass der Filter für die Partition *Internet Sales 2002* noch Gültigkeit hat. Sie sollten der Benutzerfreundlichkeit wegen einen neuen Partitionsnamen wählen, aus dem ersichtlich ist, dass die zusammengeführten Partitionen historische Daten enthalten.

Aggregationen

Unabhängig davon, wie Sie einen Cube durchsuchen, werden immer die richtigen aggregierten Werte angezeigt. Betrachten Sie beispielsweise die Abbildung 8.14. Unabhängig davon, wie Sie in dem Bericht navigieren, werden für die einzelnen Zeiträume immer die korrekten Verkaufsdaten aus den einzelnen Verkaufsgebieten angezeigt. Die Analysis Services können den Wert einer Cubezelle auf zweierlei Arten liefern. Zum einen, indem die Analysis Services während der Abfrage direkt auf Cubedaten zugreifen und zum anderen, indem die Analysis Services auf vordefinierte Aggregationen zugreifen.

Speicher verwalten

Sales Territory Group	Sales Territory Country	Calendar Year				
		CY 2001	CY 2002	CY 2003	CY 2004	Gesamtergebnis
		Internet Sales Amount	Internet Sales Amount	Internet Sales Amount	Internet Sales Amount	Internet Sales Amount
Europe	France	€180.571,69	€514.942,01	€1.026.324,97	€922.179,04	€2.644.017,71
	Germany	€237.784,99	€521.230,85	€1.058.405,73	€1.076.890,77	€2.894.312,34
	United Kingdom	€291.590,52	€591.586,85	€1.298.248,57	€1.210.286,27	€3.391.712,21
	Gesamt	€709.947,20	€1.627.759,71	€3.382.979,27	€3.209.356,08	€8.930.042,26
North America		€1.247.379,26	€2.748.298,93	€3.374.296,82	€3.997.659,37	€11.367.634,37
Pacific		€1.309.047,20	€2.154.284,88	€3.033.784,21	€2.563.884,29	€9.061.000,58
Gesamtergebnis		€3.266.373,66	€6.530.343,53	€9.791.060,30	€9.770.899,74	€29.358.677,22

Abbildung 8.14 Beispielbericht mit immer korrekt aggregierten Werten

Aggregationen sind im Voraus berechnete Zusammenfassungen von Daten zur Verbesserung von Antwortzeiten, da die Antworten bereits vorliegen, bevor die Abfragen erstellt werden. Beispielsweise kann eine Faktentabelle Millionen von Zeilen enthalten und entsprechend kann eine Abfrage, die den Verkaufsumsatz eines bestimmten Quartals in einem bestimmten Verkaufsgebiet anfordert, sehr viel Zeit in Anspruch nehmen. Hierbei werden sämtliche Zeilen der Faktentabelle zur Abfragezeit gescannt und müssen zusammengefasst werden, um die Antwort zu berechnen. Wenn beispielsweise die Aggregationen für eine Monatsebene vorausberechnet wurden, erfordert die Berechnung auf Quartalsebene nur die Berechnung von drei Zeilen.

Aggregationen sparen Verarbeitungszeit und reduzieren die Speicheranforderung bei minimaler Auswirkung auf Antwortzeiten. Mithilfe von Aggregationen erfolgt die Beantwortung der Abfrage unmittelbar, wenn die für die Abfrage benötigten Daten vorab berechnet worden sind. Diese Vorausberechnung ist eine Grundlage für die schnellen Antwortzeiten der OLAP-Technologie.

Warum also nicht alle möglichen Aggregationen für einen Cube entwerfen, um die beste Abfrageleistung zu erhalten? Die einfache Antwort ist, dass ein solcher Aggregationsentwurf zu einer Datenexplosion führen würde. Die Anzahl aller möglichen Aggregationen bilden sich aus den möglichen Kombinationen sämtlicher Dimensionsattribute. Nehmen wir beispielsweise zwei Dimensionen mit je zehn Attributen. Die möglichen Kombinationen ergeben sich aus der Rechnung $10^2 = 100$ Aggregationen. Betrachten Sie einen realistischen Cube in einer Produktivumgebung mit zehn Dimensionen mit je fünf Attributen. Die möglichen Kombinationen wären dann $5^{10} = 9.765.625$ Aggregationen.

Die Auswahl der optimalen Anzahl von Aggregationen besteht aus einem Kompromiss zwischen Abfrageleistung und erforderlichem Speicherplatz. Werden keine Aggregation vorausberechnet, wird der für einen Cube erforderliche Speicherplatz minimiert. In diesem Fall aber können die Antwortzeiten variieren. Die Antwortzeiten können sehr lang sein, weil die zum Beantworten der einzelnen Abfragen erforderlichen Daten zunächst abgerufen werden müssen, um dann die Antwort aus den abgerufenen Daten für die einzelnen Abfragen zu berechnen. Darüber hinaus hängt die Antwortzeit davon ab, welcher Speichermodus für die Partition konfiguriert wurde.

Sie können mithilfe des Aggregationsentwurfs-Assistenten Aggregationen für Partitionen entwerfen. Der Aggregationsentwurfs-Assistent stellt Optionen zur Verfügung, um Einschränkungen im Hinblick auf Speicherplatz und den Prozentsatz für die Aggregationen anzugeben, damit ein geeigneter Kompromiss zwischen Antwortzeiten und Speicheranforderungen erzielt wird. Nehmen wir an, Sie möchten die Abfrageleistung der Measuregruppe *Internet Sales* verbessern. Befolgen Sie die nächsten Schritte, um Aggregationen für die Partition *Internet Sales 2004* mithilfe des Aggregationsentwurfs-Assistenten zu erstellen:

1. Starten Sie das Business Intelligence Development Studio und öffnen Sie das Analysis Services-Projekt *KAP08*. Doppelklicken Sie im Projektmappen-Explorer im Ordner *Cubes* auf *KAP08*, um den Cube-Designer zu öffnen.

2. Wechseln Sie im Cube-Designer zur Registerkarte *Aggregationen* und erweitern Sie die Measuregruppen *Internet Sales*. Beachten Sie, dass die Spalte *Aggregationen* für die Measuregruppe keine Aggregationen enthält.
3. Klicken Sie in der Symbolleiste auf die Schaltfläche *Aggregationen entwerfen*, um den Aggregationsentwurfs-Assistenten zu öffnen. Alternativ können Sie mit der rechten Maustaste auf eine Measuregruppe klicken und im Kontextmenü den Assistenten öffnen.
4. Auf der Seite *Zu ändernde Partition auswählen* aktivieren Sie das Kontrollkästchen für die Partition *Internet Sales 2004* und klicken anschließend auf *Weiter*.
5. Auf der Seite *Aggregationsverwendung überprüfen* können Sie die Einstellungen für die einzelnen Cubeobjekte konfigurieren (Abbildung 8.15). Die Analysis Services bewerten beim Entwerfen von Aggregationen nicht alle Attribute als mögliche Aggregationskandidaten. Um Aggregationen effizienter zu entwerfen, wird die Einstellung der Aggregationsverwendung berücksichtigt, um geeignete Aggregationskandidaten zu ermitteln. Für jedes Attribut können folgende Einstellungen konfiguriert werden:

    - **Default (Standard)** Bei dieser Option wird, basierend auf den Attribut- und Dimensionstypen, eine Standardregel angewendet, um geeignete Aggregationskandidaten zu ermitteln. Die Aggregationsverwendung ist uneingeschränkt, wenn das Granularitätsattribut der Dimensionsbeziehung dem Dimensionsschlüsselattribut entspricht und die Measuregruppe mit dem Primärschlüssel der Dimension verknüpft ist. Die Aggregationsverwendung ist weiterhin uneingeschränkt, wenn in einer benutzerdefinierten Hierarchie jedes Attribut einen Attributbeziehung zum Attribut der nächsten Ebene enthält, mit Ausnahme von nicht aggregierbaren Attributen (hierbei werden vollständige Aggregationen verwendet). Es werden keine Aggregation für Attribute verwendet (mit Ausnahme der *All*-Ebene), wenn N:M-Dimensionen, referenzierte nichtmaterialisierte (nicht gespeicherte) Dimensionen und Data Mining-Dimensionen identifiziert werden.

    - **Full (Vollständig)** Bei dieser Option muss jede Aggregation für den Cube dieses Attribut oder ein verknüpftes Attribut, welches sich weiter unten in der Attributkette befindet, enthalten. Beispielsweise enthält die Dimension *Product* die Attributkette *Product - Subcategory - Category*. Bei einer vollständigen Aggregationsverwendung könnten die Analysis Services eine Aggregation entwerfen, die das Attribut *Subcategory* im Gegensatz zum Attribut *Category* beinhaltet, um das Attribut *Subcategory* zur Berechnung von Summen für das Attribut *Category* zu verwenden. Wenn allerdings ein Attribut viele Elemente enthält, kann durch eine vollständige Aggregationsverwendung aufgrund einer Größenüberschreitung der Entwurf verhindert werden.

    - **None (Keine)** Bei dieser Option kann keine Aggregation für den Cube dieses Attribut enthalten.

    - **Unrestricted (Uneingeschränkt)** Bei dieser Option werden keine Einschränkungen beim Aggregationsentwurf festgelegt. Das Attribut muss dennoch ausgewertet werden, um festzustellen, ob es sich um einen geeigneten Aggregationskandidaten handelt.

6. Akzeptieren Sie die Standardeinstellung und klicken Sie auf *Weiter*.

Speicher verwalten

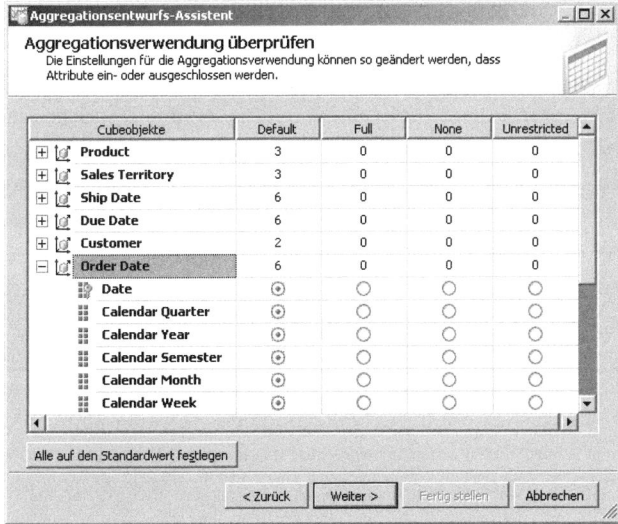

Abbildung 8.15 Seite *Aggregationsverwendung überprüfen* im Aggregationsentwurfs-Assistenten

7. Auf der Seite *Objektanzahl angeben* können Sie die Anzahl der Cubeobjekte automatisch berechnen lassen oder die geschätzte Anzahl manuell eingeben. Während des Entwurfsprozesses verwendet der Aggregationsentwurfs-Assistent diese Anzahl, um die geschätzten Speicheranforderungen zu ermitteln. In der Spalte *Cubeobjekte* werden die Measuregruppen, Dimension und Attribute des Cube angezeigt. Klicken Sie auf die Schaltfläche *Zählen*, um die Werte zu berechnen und die Spalte *Geschätzte Anzahl* um alle Cubeobjekte zu füllen (Abbildung 8.16). Sie können die geschätzte Anzahl der Cubeobjekte jederzeit manuell bearbeiten. Klicken Sie anschließend auf *Weiter*.

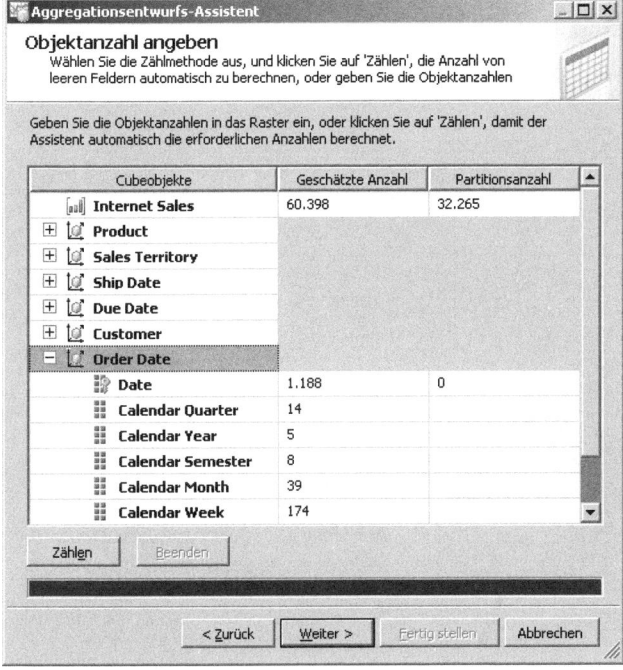

Abbildung 8.16 Seite *Objektanzahl angeben* im Aggregationsentwurfs-Assistenten

8. Auf der Seite *Aggregationsoptionen festlegen* können Sie den Aggregationsentwurf starten und Aggregationsoptionen und Grenzwerte festlegen, um den Speicher und die Abfrageleistung der generierten Aggregationen zu optimieren.

Mit der Option *Geschätzter Speicherplatz erreicht* lässt sich ein Grenzwert bestimmen, indem Sie die maximale Anzahl von Megabyte (MB) und Gigabyte (GB) festlegen, die zum Generieren der Aggregationen verwendet werden soll. Mit dieser Option wird der Aggregationsentwurfs-Assistent Aggregationen generieren, bis der definierte Grenzwert erreicht ist oder bis der Leistungsgewinn bei 100 % liegt. Der geschätzte Speicherplatz wird basierend auf der geschätzten Anzahl der Cubeobjekte ermittelt.

Mit der Option *Leistungsgewinn erreicht* können Sie einen Grenzwert festlegen, indem Sie den maximalen Prozentsatz des Leistungsgewinns angeben, der durch den Aggregationsentwurf schätzungsweise erreicht werden kann. Die Festlegung dieser Option auf 100 % generiert nicht die höchstmögliche Anzahl von Aggregationen, der Aggregationsentwurfs-Assistent wird solange Aggregationen generieren, bis ein hypothetischer Grenzwert von 100 % erreicht ist. Für die Festlegung dieser Option können keine Empfehlungen gegeben werden, sie muss individuell auf Erfahrungswerten basierend festgelegt werden.

Mit der Option *Es wird auf 'Beenden' geklickt* können Sie einen Grenzwert festlegen, indem Sie während des Aggregationsentwurfs auf die Schaltfläche *Beenden* klicken. Mit der Option *Keine Aggregationen entwerfen* können Sie festlegen, dass der Aggregationsentwurf keine Aggregationen enthält. Mithilfe dieser Optionen können Sie einen vorhandenen Aggregationsentwurf löschen.

Wählen Sie die Option *Leistungsgewinn erreicht* und legen Sie den Prozentsatz auf *50* fest. Klicken Sie auf die Schaltfläche *Starten*, um den Aggregationsentwurf einzuleiten. Die Grafik auf der rechten Seite zeigt den Fortschritt des Aggregationsentwurfs mit der Prozentangabe auf der X-Achse und dem erforderlichen Speicherplatz auf der Y-Achse. Der Aggregationsentwurfs-Assistent generiert 20 Aggregationen mit einem erforderlichen Speicherplatz von 85,4 KB, um den festgelegten Leistungsgewinn von 50 % zu erzielen (Abbildung 8.17). Klicken Sie auf *Weiter*.

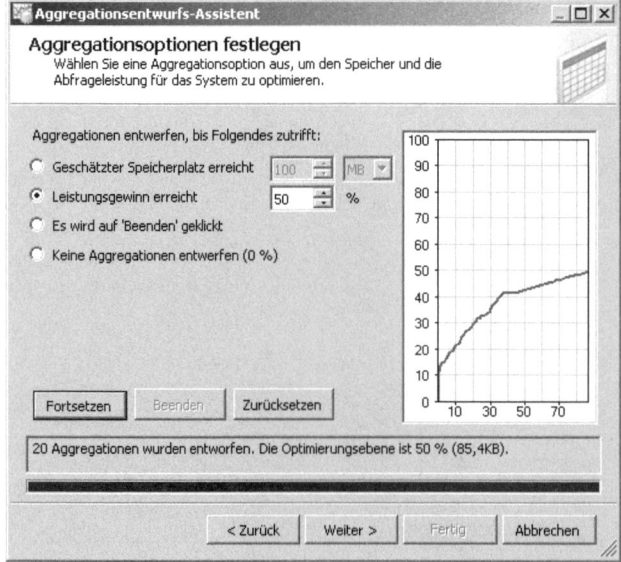

Abbildung 8.17 Seite *Aggregationsoptionen festlegen* des Aggregationsentwurfs-Assistenten

9. Auf der Seite *Assistenten abschließen* können Sie optional den Aggregationsentwurf in der Partition speichern, ohne die Partition zu verarbeiten, oder Sie können die Partition sofort bereitstellen und verarbeiten. Wählen Sie die letztgenannte Option, benennen Sie den Aggregationsentwurf in *Internet Sales 2004* um und klicken auf *Fertig*.

Auf der Registerkarte Aggregationen erscheint jetzt in der Standardsicht der neu erstellte Aggregationsentwurf *Internet Sales 2004*. Sie können mit einem Klick auf die Schaltfläche *Erweiterte Sicht* zu dem gleichnamigen Bereich wechseln, um Aggregationsentwürfe und einzelne Aggregationen manuell zu erstellen oder zu bearbeiten. Die Aggregationen wurden vom Aggregationsentwurfs-Assistenten unter der Voraussetzung erstellt, dass alle möglichen Abfragen gleich wahrscheinlich sind.

Sie haben aber auch noch die Möglichkeit, Aggregationen detaillierter zu definieren. Mithilfe des verwendungsbasierten Optimierungs-Assistenten können Sie das Aggregationsdesign für eine Measuregruppe anpassen, indem die von Clientanwendungen gesendeten Abfragen analysiert werden. Mithilfe des verwendungsbasierten Optimierungs-Assistenten können Sie das Aggregationsdesign von Measuregruppen optimieren, um schnelle Antwortzeiten für häufig gestellte Abfragen und langsamere Antwortzeiten für weniger häufig gestellte Abfragen zu realisieren, ohne den Speicherplatz wesentlich zu beeinflussen.

Sicherheit verwalten

Sicherheit ist ein sehr wichtiges Kriterium für den Betrieb einer OLAP-Lösung, insbesondere vor dem Hintergrund, dass eine OLAP-Lösung in der Regel sensible Geschäftsdaten enthält, die vor einem unberechtigten Zugriff geschützt werden müssen. Um Sicherheit zu implementieren, ist es zunächst wichtig, einen kurzen Überblick über die Sicherheitsarchitektur der Analysis Services zu erhalten. Grundlage der Sicherheitsarchitektur der Analysis Services ist die Windows-Authentifizierung und Windows-Autorisierung. Die Implementierung der Sicherheit ist für die Analysis Services spezifisch, die grundlegenden Sicherheitskonzepte aber bestehen analog zu anderen Microsoft-Produkten.

Sicherheitsarchitektur

Die Analysis Services verwenden die Windows-Authentifizierung und -Autorisierung, um sicherzustellen, dass gemäß den definierten Sicherheitsrichtlinien nur berechtigten Benutzern der Zugriff auf Daten erteilt wird. Die Windows-Authentifizierung setzt voraus, dass Benutzer vom Betriebssystem authentifiziert sein müssen, bevor sie gespeicherte Daten und/oder Objekte der Analysis Services anzeigen und bearbeiten können.

Die Verwendung der Windows-Authentifizierung hat den Vorteil, dass Windows-Sicherheitsfeatures wie beispielsweise Komplexitäts-, Kontosperrungs- und Überwachungsrichtlinien von Kennwörtern oder Kennwortverschlüsselung von den Analysis Services genutzt werden können. Bei der Windows-Autorisierung überprüfen die Analysis Services nach der erfolgreichen Authentifizierung, ob der Benutzer gemäß den definierten Sicherheitsrichtlinien autorisiert ist, Daten und Metadaten anzuzeigen, zu bearbeiten oder administrative Aufgaben durchzuführen. Wenn ein Benutzer über Zugriffsberechtigung verfügt, dann wird der Zugriff auf die Analysis Services erteilt. Bei jeder Aktion oder jedem Objektzugriff prüfen die Analysis Services erneut, ob der Benutzer über ausreichende Berechtigungen verfügt, um die Aktion oder den Objektzugriff durchzuführen. Bei fehlenden Berechtigungen wird ein Berechtigungsfehler zurückgegeben. Standardmäßig haben Benutzer keine Zugriffsberechtigung auf die Analysis Services, diese müssen explizit erteilt werden.

In den Analysis Services werden zur Verwaltung der Sicherheit Rollen verwendet. Diese Rollen sind Windows-Benutzern und -Gruppen zugeordnet, für die definierte Zugriffsberechtigungen auf bestimmte Objekte der Analysis Services implementiert werden. In den Analysis Services werden zwei unterschiedliche Arten von Rollen verwendet:

- **Serverrolle**   Bei der Installation des SQL Server wird eine Serverrolle erstellt und die Mitglieder der lokalen Administratorengruppe (Windows-Benutzer und/oder -Gruppen) werden der Serverrolle hinzugefügt. Die Mitglieder der Serverrolle verfügen innerhalb der Instanz der Analysis Services über vollständige Administratorrechte. Beispielsweise können die Mitglieder der Serverrolle sämtliche Objekte lesen, bearbeiten oder löschen sowie neue Objekte erstellen. Zusätzlich können die Mitglieder der Serverrolle über die Erstellung von Datenbankrollen Zugriffsberechtigungen für Benutzer erteilen und verwalten.

- **Datenbankrolle**   Datenbankrollen werden innerhalb einer Datenbank erstellt und die Mitglieder der Serverrolle erteilen den Datenbankrollen administrative Berechtigungen oder Benutzerberechtigungen, wie beispielsweise Lese- und/oder Schreibberechtigungen auf alle oder nur auf bestimmte Objekte, und fügen den Datenbankrollen Windows-Benutzer und/oder -Gruppen hinzu.

Serverrollen

Beginnen Sie für die Analysis Services Sicherheit zu implementieren, indem Sie zunächst die Serverrolle bearbeiten. Neben den Mitgliedern der lokalen Administratoren können Sie weitere Windows-Benutzer und/oder -Gruppen der Serverrolle hinzufügen. Die Serverrolle wird über das SQL Server Management Studio verwaltet:

1. Öffnen Sie das SQL Server Management Studio, indem Sie die Befehlsfolge *Start/Alle Programme/Microsoft SQL Server 2008/SQL Server Management Studio* wählen. Registrieren Sie die Instanz der Analysis Services, und stellen Sie eine Verbindung mit dem Objekt-Explorer her.

2. Klicken Sie mit der rechten Maustaste auf den Server-Knoten und wählen im Kontextmenü den Eintrag *Eigenschaften* aus.

3. Wählen Sie die Seite *Sicherheit*. Beachten Sie, dass die Serverrolle bereits den lokalen Administrator beinhaltet (Abbildung 8.18). Sie haben während der Installation bei der Analysis Services-Konfiguration den lokalen Administrator als Analysis Services-Administrator definiert. Die Mitglieder der lokalen Administratoren verfügen über implizite Berechtigungen und diese werden nicht explizit angezeigt.

4. Klicken Sie auf die Schaltfläche *Hinzufügen*, um das Dialogfeld *Benutzer oder Gruppen wählen* zu öffnen. Geben Sie in das Fenster den Benutzer *Administrator* ein und klicken Sie auf die Schaltfläche *Namen überprüfen*, um die Eingabe zu testen. Der lokale Administrator ist zwar bereits Mitglied der Serverrolle, die Auswahl dient aber zur Demonstration. Klicken Sie anschließend auf *Abbrechen*.

Sicherheit verwalten

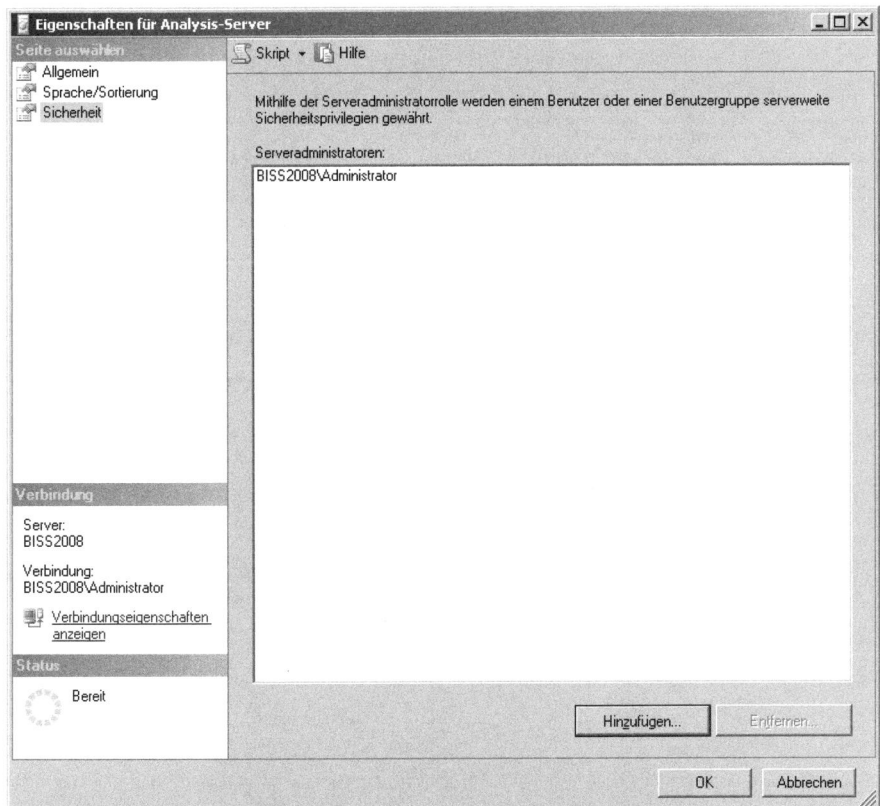

Abbildung 8.18 Seite *Sicherheit* des Dialogfelds *Eigenschaften für Analysis-Server*

Es kann die Situation auftreten, dass Sie die lokalen Administratoren aus der Serverrolle entfernen möchten, nachdem Sie der Serverrolle neue Mitglieder zugewiesen haben.

HINWEIS Bevor Sie die lokalen Administratoren aus der Serverrolle entfernen, müssen Sie sicherstellen, dass Sie explizit andere Benutzer oder Gruppen der Serverrolle zugewiesen haben, um eine Server-Sperre zu verhindern.

1. Um die lokalen Administratoren zu entfernen, wechseln Sie zur Seite *Allgemein* und aktivieren das Kontrollkästchen *Erweiterte (Alle) Eigenschaften anzeigen*, um sämtliche Eigenschaften für den Analysis-Server anzuzeigen.
2. Blättern Sie bis zur Eigenschaft *Security\BuiltinAdminsAreServerAdmins* und ändern Sie den Wert auf *False* (Abbildung 8.19). Die Änderungen werden aktiv, nachdem Sie diese mit *OK* bestätigt haben. Ein Neustart der Analysis Services ist nicht erforderlich.

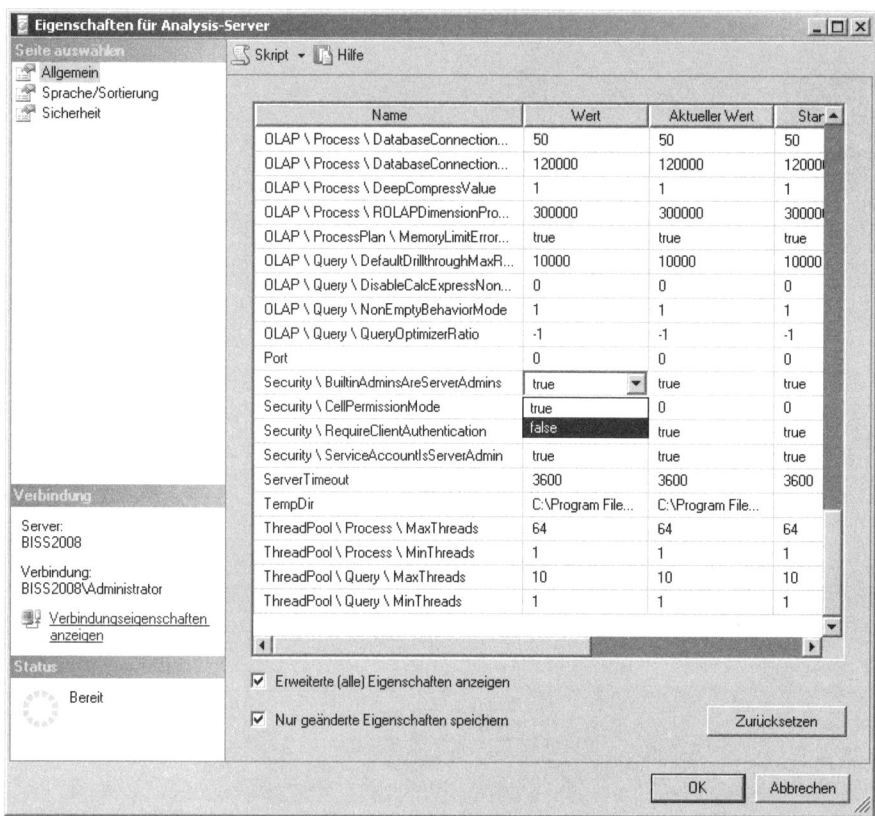

Abbildung 8.19   Entfernen der lokalen Administratoren aus der Serverrolle

Die Entfernung der lokalen Administratoren verhindert aber nur den Zugriff auf die Analysis Services. Ein Mitglied der lokalen Administratoren verfügt nach wie vor über serverweite Administratorechte und könnte beispielsweise die Analysis Services deinstallieren. Die Serverrolle gilt nur innerhalb der Analysis Services.

Datenbankrollen

Nur die Mitglieder der Serverrolle besitzen die Berechtigung, Datenbankrollen zu erstellen. Nehmen wir an, Sie als Serveradministrator möchten die Verwaltung von einzelnen Datenbanken an eine andere Person übertragen. Sie können dies mit der Erstellung einer Datenbankrolle und dem Hinzufügen von Mitgliedern zu dieser Datenbankrolle bewerkstelligen. In der Regel würde der produktive Einsatz der Analysis Services in einer Domänenstruktur erfolgen. Zu Demonstrationszwecken können Sie auch lokale Benutzer und Gruppen verwenden. Befolgen Sie die nächsten Schritte, um zunächst einen Windows-Benutzer auf der lokalen Maschine anzulegen:

1. Öffnen Sie die Computerverwaltung, indem Sie die Befehlsfolge *Start/Alle Programme/Verwaltung/Computerverwaltung* aufrufen. Alternativ können Sie auch unter *Start/Ausführen* den Befehl *compmgmt.msc* eingeben, um die Computerverwaltung zu öffnen.

2. Legen Sie einen neuen Windows-Benutzer an, indem Sie in der Computerverwaltung den Knoten *Lokale Benutzer und Gruppen* erweitern, mit der rechten Maustaste auf den Ordner *Benutzer* klicken und im Kontextmenü den Eintrag *Neuer Benutzer* auswählen.

3. Tragen Sie als Benutzernamen *Sales Administrator* ein, vergeben ein Kennwort Ihrer Wahl und deaktivieren das Kontrollkästchen *Benutzer muss Kennwort bei der nächsten Anmeldung ändern*. Der Benutzer dient lediglich zu Testzwecken (Abbildung 8.20). Klicken Sie anschließend auf *Erstellen* und schließen Sie das Dialogfeld.

Abbildung 8.20 Dialogfeld *Neuer Benutzer* in der Computerverwaltung

Datenbankrollen können im SQL Server Management Studio oder im Business Intelligence Development Studio mithilfe des Rollen-Designers erstellt und bearbeitet werden. Obwohl sich die jeweiligen Oberflächen minimal unterscheiden, bieten beide identische Einstellungsmöglichkeiten. Im SQL Server Management Studio können Sie Rollen erstellen, indem Sie im Objekt-Explorer auf den Ordner *Rollen* klicken und im Kontextmenü den Eintrag *Neue Rolle* auswählen. Analog können Sie im Business Intelligence Development Studio Rollen erstellen, indem Sie im Projektmappen-Explorer auf den Ordner *Rollen* klicken und im Kontextmenü ebenfalls den Eintrag *Neue Rolle* auswählen.

Gleichgültig, welche Oberfläche Sie verwenden, gliedert sich der Rollen-Designer in acht Registerkarten (im SQL Server Management Studio sind dies Seiten). Auf der Registerkarte *Allgemein* können Sie die Namen, eine Beschreibung sowie die Datenbankberechtigungen für die Rolle festlegen. Auf der Registerkarte *Mitgliedschaft* können Sie festlegen, welche Windows-Benutzer und/oder -Gruppen Mitglieder der Rolle sind. Auf der Registerkarte *Datenquellen* können Sie Berechtigungen für die Datenquelle festlegen. Auf der Registerkarte *Cubes* lassen sich die Berechtigungen für Cubes und auf der Registerkarte *Zellendaten* die Berechtigungen für Cubezellen festlegen. Auf der Registerkarte *Dimensionen* können Sie die Berechtigungen für Dimensionen und auf der Registerkarte *Dimensionsdaten* die Berechtigungen für Dimensionsattribute definieren. Schließlich können Sie auf der Registerkarte *Miningstrukturen* die Berechtigungen für die Miningstruktur und das Miningmodell festlegen.

Der wesentliche Unterschied bei den beiden Oberflächen ist, dass im SQL Server Management Studio Änderungen an Datenbankrollen sofort aktiv werden, weil sie im Onlinemodus erfolgen. Im Business Intelligence Development Studio hingegen muss der Cube zunächst verarbeitet werden, bevor Änderungen an Datenbankrollen aktiv werden (dieses gilt für Analysis Services-Projekte im Projektmodus, im Onlinemodus werden Änderungen nach dem Speichern ebenfalls sofort aktiv).

1. Verwenden Sie den Rollen-Designer im Business Intelligence Development Studio. Klicken Sie im Projektmappen-Explorer mit der rechten Maustaste auf den Ordner *Rollen* und wählen im Kontextmenü den Eintrag *Neue Rolle* aus. Der Rollen-Designer wird angezeigt.
2. Aktivieren Sie auf der Registerkarte *Allgemein* das Kontrollkästchen *Vollzugriff (Administrator)*. Die Datenbankberechtigungen für die Verarbeitung der Datenbank sowie das Lesen der Definition werden automatisch mit aktiviert.
3. Ändern Sie im Eigenschaftenfenster den Namen für die Rolle in *Sales Administrators Role* (Abbildung 8.21).

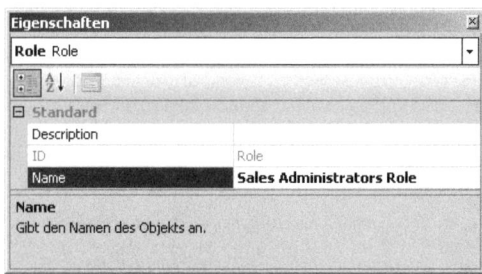

Abbildung 8.21 Eigenschaftenfenster *Rollen* im Business Intelligence Development Studio

4. Wechseln Sie zur Registerkarte *Mitgliedschaft* und klicken auf die Schaltfläche *Hinzufügen*. Tragen Sie im Dialogfeld *Benutzer und Gruppen wählen* in das Fenster *Sales Administrator* ein, und klicken Sie auf *Namen überprüfen*, um den Benutzer zu testen. Bestätigen Sie anschließend mit *OK* und verarbeiten Sie den Cube, um die Änderungen bereitzustellen.

Sie haben eine Rolle innerhalb einer Datenbank erstellt und dieser Datenbankrolle anschließend vollständige Administratorberechtigungen innerhalb der Datenbank erteilt. Weiterhin haben Sie der Datenbankrolle einen Windows-Benutzer hinzugefügt. Als Mitglied der Datenbankrolle kann der Benutzer *Sales Administrator* sämtliche Datenbankaufgaben durchführen, wie das Verarbeiten von Datenbankobjekten, das Lesen von Metadaten und Daten, das Erstellen von neuen Datenbankrollen, das Hinzufügen von Benutzern zu Datenbankrollen sowie das Definieren von Berechtigungen für Datenbankrollen.

Sicherheit auf Cubeebene

Benutzer müssen einer Datenbankrolle zugeordnet sein, bevor sie irgendwelche Aktionen auf der Analysis Services-Datenbank ausführen können. Standardmäßig haben nur Mitglieder der Serverrolle die Berechtigung, auf die Analysis Services zuzugreifen. Nehmen wir an, Sie müssen der Vertriebsabteilung Zugriffsberechtigungen erteilen, damit dessen Mitarbeiter Cubedaten durchsuchen können. Befolgen Sie die nächsten Schritte, um eine neue Datenbankrolle für die Vertriebsabteilung zu erstellen:

1. Erstellen Sie zunächst eine entsprechende Windows-Gruppe, die die Vertriebsabteilung repräsentiert. Öffnen sie hierzu die Computerverwaltung und erstellen Sie eine lokale Windows-Gruppe mit dem Namen *Sales Users Group*.
2. Verbleiben Sie in der Computerverwaltung und erstellen Sie einen neuen lokalen Windows-Benutzer mit dem Namen *Sales User1*. Fügen Sie *Sales User1* als Mitglied der Windows-Gruppe *Sales Users Group* hinzu. Optional können Sie weitere Windows-Benutzer erstellen und der Windows-Gruppe hinzufügen.
3. Klicken Sie im Objekt-Explorer mit der rechten Maustaste auf den Ordner *Rollen* und wählen Sie im Kontextmenü den Eintrag *Neue Rolle* aus. Ändern Sie im Eigenschaftenfenster den Namen für die Rolle in *Sales Users Role* um. Wechseln Sie zur Registerkarte *Mitgliedschaft* und klicken Sie auf die Schaltfläche

Sicherheit verwalten

Hinzufügen. Klicken Sie im Dialogfeld *Benutzer oder Gruppen wählen* auf die Schaltfläche *Objekttypen* und aktivieren Sie das Kontrollkästchen für *Gruppen*. Klicken Sie auf *OK* und geben Sie in das Fenster die von Ihnen erstelle Windows-Gruppe *Sales Users Group* ein. Klicken Sie auf die Schaltfläche *Namen überprüfen*, um den Gruppennamen zu testen. Bestätigen Sie anschließend mit *OK*, um die Windows-Gruppe der Datenbankrolle hinzuzufügen.

4. Wechseln Sie zur Registerkarte *Cubes*. Beachten Sie, dass standardmäßig die Mitglieder der Windows-Gruppe *Sales Users Group* keine Berechtigungen haben, auf Cubes zuzugreifen, lokale Cubes zu erstellen, und keine Möglichkeit haben Drillthroughaktionen zu verwenden sowie den Cube zu verarbeiten (Abbildung 8.22).

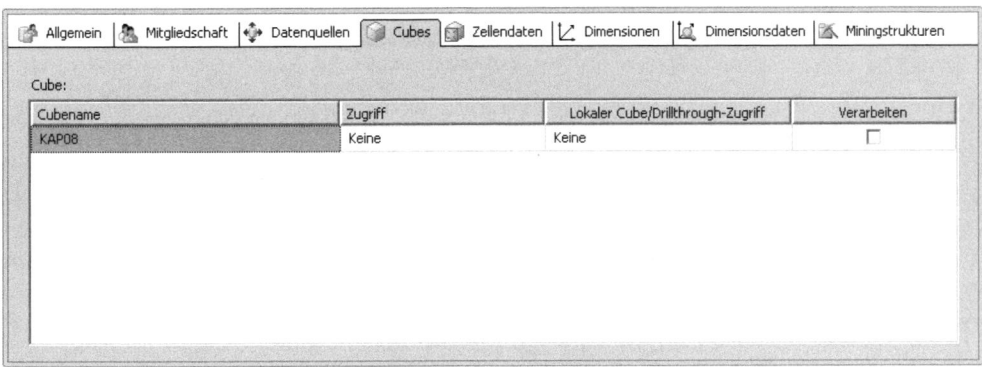

Abbildung 8.22 Registerkarte *Cubes* des Rollen-Designers

Nachdem Sie erfolgreich eine Datenbankrolle für die Vertriebsabteilung erstellt haben, wäre es sinnvoll diese auch zu testen. Hierbei wäre das Abmelden und Anmelden mit einem Mitglied der Datenbankrolle sehr unbequem, insbesondere wenn Sie viele Änderungen an den Sicherheitsrichtlinien durchführen und diese immer wieder erneut testen wollen. Die Analysis Services bieten zum Testen von Sicherheitsrichtlinien eine sehr bequeme Möglichkeit, indem Sie Cubes mit unterschiedlichen Anmeldeinformationen durchsuchen können. Befolgen Sie die nächsten Schritte, um die neue Datenbankrolle zu testen.

1. Öffnen Sie im Projektmappen-Explorer den Cube *KAP08*, verarbeiten Sie den Cube, und wechseln Sie nach der erfolgreichen Bereitstellung zur Registerkarte *Browser*.
2. Klicken Sie in der Symbolleiste auf die Schaltfläche *Benutzer wechseln*. Mithilfe des Dialogfelds *Sicherheitskontext* können Sie Benutzer, Gruppen und Datenbankrollen simulieren, die zum Durchsuchen von Daten und Metadaten verwendet werden. Zusätzlich lassen sich hier der angemeldete Benutzer, ein anderer Benutzer oder eine andere Gruppe (Eingabe muss in dem Format <Domäne>\<Konto> erfolgen) oder eine Datenbankrolle festlegen. Wählen Sie die Option *Rollen* aus und erweitern Sie die Liste. Aktivieren Sie in der Liste den Eintrag *Sales Users Group* (Abbildung 8.23) und bestätigen Sie anschließend zweimal mit *OK*, um den Cube in einem anderen Sicherheitskontext durchsuchen zu können.

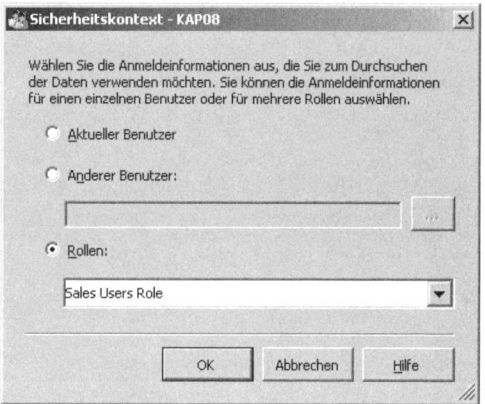

Abbildung 8.23 Dialogfeld *Sicherheitskontext* der Registerkarte *Browser*

3. Beachten Sie den Hinweis bezüglich der Anmeldeinformationen unterhalb der Symbolleiste. Anhand des Hinweises wissen Sie, mit welcher aktuellen Anmeldung Sie den Cube durchsuchen. Auf der Registerkarte *Browser* erscheint die Fehlermeldung *Der Cube kann nicht durchsucht werden. Überprüfen Sie, ob der Cube bereitgestellt und verarbeitet wurde*. Die Fehlermeldung sollte Sie nicht weiter irritieren, Sie können den Cube nicht durchsuchen, da die Datenbankrolle *Sales Users Role* keine Zugriffsberechtigungen für den Cube besitzt. Um der Datenbankrolle Zugriffsberechtigungen zu gewähren, wechseln Sie zum Rollen-Designer.

4. Wählen Sie die Registerkarte *Cubes* aus und ändern Sie in der Spalte *Zugriff* die Berechtigung von *Keine* in *Lesen* (Abbildung 8.24).

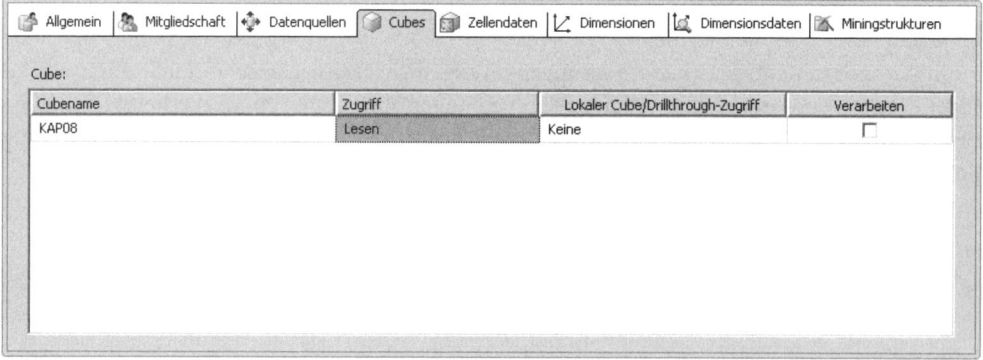

Abbildung 8.24 Aktivierung von Leseberechtigungen auf einen bestimmten Cube

5. Verarbeiten Sie den Cube, wechseln Sie nach der erfolgreichen Bereitstellung zur Registerkarte *Browser* und klicken auf *Verbindung wiederherstellen*. Sie sollten jetzt in der Lage sein, mit der Rolle *Sales Users Role* den Cube zu durchsuchen.

Wie Sie sehen konnten, ist die Erstellung von Datenbankrollen mit der Erteilung von Lesezugriff auf Cubes sehr einfach. Sobald die Datenbankrolle definiert ist, können Mitglieder der Datenbankrolle den Cube über sämtliche Dimensionen durchsuchen.

Sicherheit auf Zellebene

Standardmäßig haben Mitglieder einer Datenbankrolle keine Zugriffsberechtigungen für Cubes. Ein Administrator muss der Datenbankrolle zumindest Leseberechtigungen erteilen, um den Mitgliedern der Datenbankrolle das Anzeigen von Cubedaten zu ermöglichen. Nachdem Sie einer Datenbankrolle Leseberechtigungen für einen Cube erteilt haben, können Sie für diese Datenbankrolle definieren, ob auf alle oder nur auf bestimmte Cubezellen zugegriffen werden kann.

Sie definieren die Sicherheitsrichtlinien für Cubezellen durch die Verwendung von MDX-Ausdrücken. Die Analysis Services werden jeden Zugriff auf Cubezellen verweigern, wenn bei der Überprüfung der Bedingungen des MDX-Ausdrucks der Wert *False* zurückgegeben wird. Die Analysis Services werden den Zugriff auf Cubezellen dann erteilen, wenn bei der Überprüfung der Bedingungen des MDX-Ausdrucks der Wert *True* zurückgegeben wird. Beispielsweise können Sie den Zugriff auf alle oder nur auf bestimmte Measures einer Measuregruppe erteilen oder verweigern. Es existieren drei Berechtigungstypen für die Definition des Zugriffs auf Cubezellen:

- **Leseberechtigungen aktivieren** Wenn eine Datenbankrolle Leseberechtigungen für bestimmte Cubezellen besitzt, können die Mitglieder dieser Datenbankrolle die Zellendaten lesen. Die Zellendaten sind auch dann lesbar, wenn sie von anderen Cubezellen, für die die Datenbankrolle keine Leseberechtigung besitzt, abgeleitet werden.

- **Berechtigungen für abhängiges Lesen aktivieren** Wenn eine Datenbankrolle Berechtigungen für abhängiges Lesen besitzt, können Cubezellen nur angezeigt werden, wenn die Cubezellen mit leseabhängigen Berechtigungen nicht von anderen Cubezellen abgeleitet sind. Cubezellen werden aber auch dann angezeigt, wenn die Cubezellen mit leseabhängigen Berechtigungen von anderen Cubezellen abgeleitet sind, die Datenbankrolle aber Leseberechtigungen auf alle Cubezellen besitzt, aus denen die Cubezelle abgeleitet wird.

- **Lese-/Schreibberechtigungen aktivieren** Wenn eine Datenbankrolle Lese- und Schreibberechtigungen für bestimmte Cubezellen besitzt, können die Mitglieder der Datenbankrolle diese Cubezellen anzeigen und aktualisieren. Die Option *Rückschreiben aktivieren* für die Partition(en) muss aktiviert sein. Die Option kann im Cube-Designer auf der Registerkarte *Partitionen* definiert werden, indem mit der rechten Maustaste im Bereich *Measuregruppen* auf eine Partition geklickt wird und aus dem Kontextmenü der Befehl *Rückschreibeinstellungen* ausgewählt wird. Mithilfe des Dialogfelds *Rückschreiben aktivieren/ deaktivieren* wird das Rückschreiben für eine Measuregruppe in einem Cube optional aktiviert oder deaktiviert. Wenn das Rückschreiben für eine Measuregruppe aktiviert wird, werden zusätzlich zu den bestehenden Partitionen eine Rückschreibepartition sowie eine Rückschreibetabelle erstellt. Bei Deaktivierung der Option wird die Rückschreibepartition gelöscht, die Rückschreibetabelle hingegen wird nicht gelöscht, um eventuelle Datenverluste zu vermeiden.

Vertiefen Sie die unterschiedlichen Berechtigungstypen anhand einiger Beispiele. Nehmen wir an, den Mitarbeitern der Vertriebsabteilung soll keine Leseberechtigungen auf das Measure *Internet Sales* Amount erteilt werden:

1. Wechseln Sie zur Registerkarte *Zellendaten* und aktivieren Sie das Kontrollkästchen *Leseberechtigungen aktivieren*. Tippen Sie in das Fenster *Lesen des Cubeinhalts zulassen* den folgenden MDX-Ausdruck ein, und klicken Sie anschließend auf *Überprüfen*, um die MDX-Skriptsyntax zu testen.

```
NOT [Measures].CurrentMember IS [Measures].[Internet Sales Amount]
```

Listing 8.6 Leseberechtigung für ein einzelnes Element verweigern

2. Wechseln Sie zum Cube-Designer und verarbeiten Sie den Cube. Aktivieren Sie nach der erfolgreichen Bereitstellung die Registerkarte *Browser*, und klicken Sie auf *Verbindung wiederherstellen*. Wechseln Sie gegebenenfalls den Benutzer auf die Datenbankrolle *Sales Users Role*.
3. Erstellen Sie einen Bericht, indem Sie die Measures *Internet Sales Amount*, *Reseller Sales Amount* und *Total Sales Amount* in den Datenbereich und die Dimension *Date* in den Zeilenbereich des Berichts ziehen.

   Wie erwartet, wird der Datenbankrolle der Zugriff auf das Measure *Internet Sales Amount* verweigert. Das Measure wird zwar angezeigt, aber in der Cubezelle erscheint der Wert *#N/A* (Abbildung 8.25). Die Überprüfung der Bedingungen des MDX-Ausdrucks hat ein *False* zurückgegeben und somit wird der Zugriff verweigert.

Filterfelder hierher ziehen
Spaltenfelder hierher ziehen

Calendar Year	Internet Sales Amount	Reseller Sales Amount	Total Sales Amount
⊞ CY 2001	#N/A	€8.065.435,31	€11.331.808,96
⊞ CY 2002	#N/A	€24.144.429,65	€30.674.773,18
⊞ CY 2003	#N/A	€32.202.669,43	€41.993.729,72
⊞ CY 2004	#N/A	€16.038.062,60	€25.808.962,34
⊞ CY 2006	#N/A		
Gesamtergebnis	#N/A	€80.450.596,98	€109.809.274,20

Abbildung 8.25 Bericht mit deaktivierten Leseberechtigungen für das Measure *Internet Sales Amount*

Interessant ist allerdings, dass der Zugriff auf das berechnete Element *Total Sales Amount* erteilt wird, welches aus der Addition der beiden anderen Measures gebildet wird. Für Mitglieder der Datenbankrolle wäre es somit sehr einfach, das Measure *Internet Sales Amount* zu berechnen. Grund hierfür ist, dass die Zugriffsberechtigungen für ein abhängiges Lesen nicht definiert sind.

4. Öffnen Sie die Datenbankrolle *Sales Users Role*, wechseln Sie zur Seite *Zellendaten* und aktivieren Sie das Kontrollkästchen *Leseberechtigungen für abhängiges Lesen aktivieren*. Kopieren Sie den MDX-Ausdruck aus dem vorherigen Schritt in das Fenster *Lesen des Zelleninhalts abhängig von der Zellensicherheit zulassen* und deaktivieren Sie das Kontrollkästchen für die Option *Leseberechtigungen aktivieren*. Klicken Sie anschließend auf *OK*.
5. Verarbeiten Sie den Cube, aktivieren Sie im Cube-Designer die Registerkarte *Browser* und klicken auf *Verbindung wiederherstellen*. Beachten Sie, dass das berechnete Element *Total Sales Amoun*t nicht mehr sichtbar ist. Die Mitglieder der Datenbankrolle haben keine Zugriffsberechtigung auf abhängige Objekte des Measures *Internet Sales Amount* (Abbildung 8.26).

Filterfelder hierher ziehen
Spaltenfelder hierher ziehen

Calendar Year	Internet Sales Amount	Reseller Sales Amount	Total Sales Amount
⊞ CY 2001	#N/A	€8.065.435,31	#N/A
⊞ CY 2002	#N/A	€24.144.429,65	#N/A
⊞ CY 2003	#N/A	€32.202.669,43	#N/A
⊞ CY 2004	#N/A	€16.038.062,60	#N/A
⊞ CY 2006	#N/A		#N/A
Gesamtergebnis	#N/A	€80.450.596,98	#N/A

Abbildung 8.26 Bericht mit deaktivierten Leseberechtigungen für abhängige Objekte des Measures *Internet Sales Amount*

Sicherheit auf Dimensionsebene

Eine Datenbankrolle kann angeben, ob ihre Mitglieder berechtigt sind, Elemente einer bestimmten Datenbankdimension anzuzeigen oder zu aktualisieren. Darüber hinaus kann für eine Datenbankrolle innerhalb jeder Dimension die Berechtigung erteilt werden, anstelle aller Dimensionselemente nur bestimmte Dimensionselemente anzuzeigen oder zu aktualisieren.

Sicherheit verwalten

Standardmäßig besitzen Mitglieder einer Datenbankrolle Leseberechtigungen für alle Dimensionen, nachdem der Datenbankrolle Leseberechtigungen für einen Cube erteilt wurden (Abbildung 8.24). Allerdings kann eingeschränkt werden, welche Dimension und Dimensionselemente eine Datenbankrolle anzeigen kann.

Nachdem einer Datenbankrolle Leseberechtigungen für einen Cube erteilt wurden, werden die Zugriffsberechtigungen für die Cubedimensionen von den Berechtigungen geerbt, die für die Dimension auf der Datenbankebene definiert wurden, es sei denn, es sind für eine Cubedimension explizit andere Berechtigungen festgelegt.

Sie können einer Datenbankrolle Lesezugriff für bestimmte Dimensionselemente einer Dimension auf Datenbankebene erteilen und dann diese Berechtigungen bei der Dimension auf Cubeebene überschreiben und bestimmten Dimensionselementen der Cubedimension andere Zugriffsberechtigungen erteilen als auf der Datenbankebene. Sie können mithilfe der Registerkarte *Dimensionen* im Rollen-Designer Dimensionssicherheit definieren (Abbildung 8.27). Auf der Registerkarte *Dimensionen* sind sämtliche Optionen nur verfügbar, wenn auf der Seite *Allgemein* das Kontrollkästchen *Vollzugriff (Administrator)* nicht aktiviert ist. Zusätzlich müssen der Datenbankrolle Leseberechtigungen für den Cube erteilt worden sein.

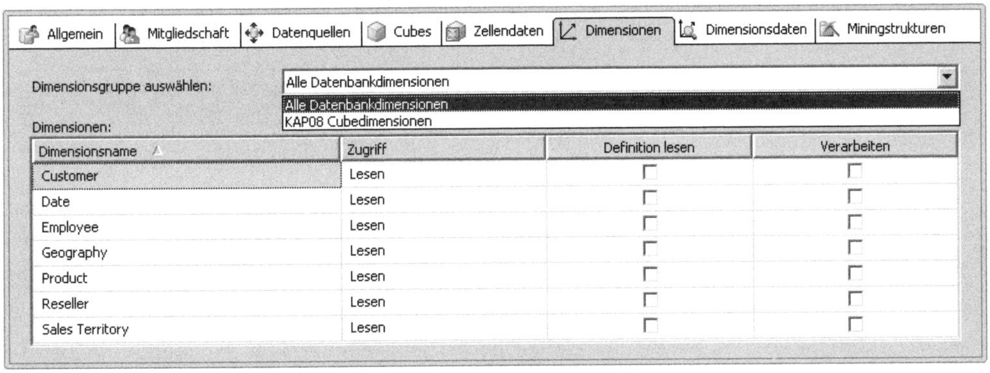

Abbildung 8.27 Registerkarte *Dimensionen* des Rollen-Designers

Die Option *Alle Datenbankdimension* erlaubt die Festlegung von Sicherheitsrichtlinien auf Datenbankebene. Die Option *KAP08 Cubedimensionen* erlaubt die Festlegung von Sicherheitsrichtlinien auf Cubeebene. Sie können dann die definierten Sicherheitsrichtlinien der Datenbankebene überschreiben.

Nachdem einer Datenbankrolle Leseberechtigung für eine Dimension erteilt wurde, können für alle Dimensionselemente weitere Sicherheitsrichtlinien definiert werden. Standardmäßig darf eine Datenbankrolle nicht auf Dimensionselemente zugreifen. Die entsprechenden Berechtigungen müssen erteilt werden, um den Zugriff auf bestimmte Attribute und Attributelemente zuzulassen. Nehmen wir an, Sie wollen den Mitarbeitern der Vertriebsabteilung den Zugriff auf die Attributelemente 2001 und 2002 verweigern. Befolgen Sie die nächsten Schritte, um Sicherheitsrichtlinien für die Dimension zu definieren:

1. Aktivieren Sie die Registerkarte *Dimensionsdaten*, erweitern Sie die Dimensionsliste und wählen Sie die Cubedimension *Date* aus. In der Attributhierarchieliste wählen Sie die Attributhierarchie *CalendarYear* aus. Die Option *Alle Elemente auswählen* ist standardmäßig aktiviert. Deaktivieren Sie die Kontrollkästchen der Jahre 2001 und 2002 (Abbildung 8.28).

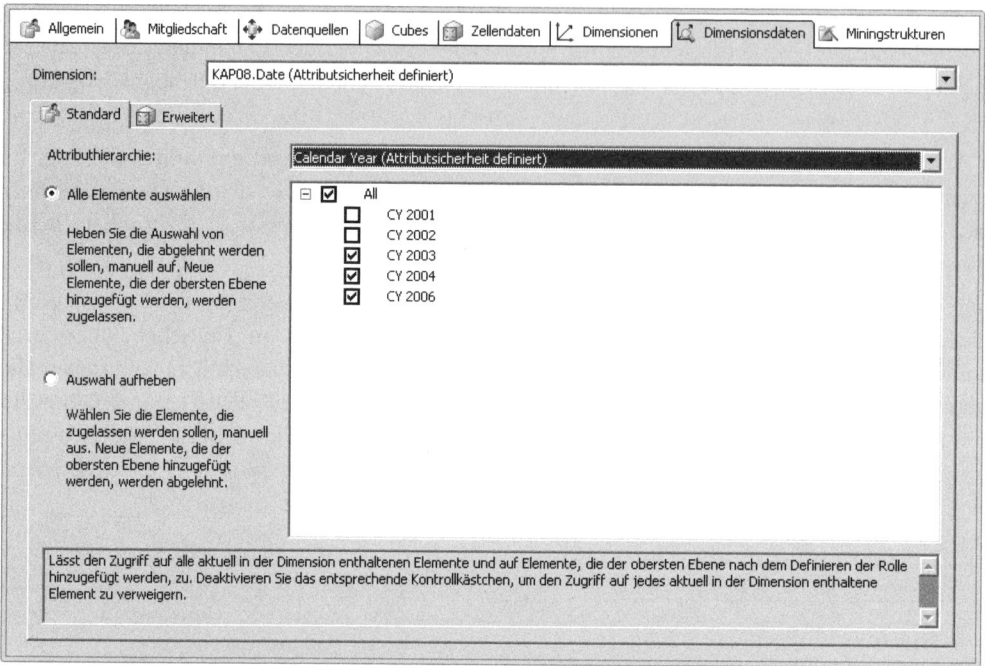

Abbildung 8.28 Registerkarte *Dimensionsdaten* des Rollen-Designers

2. Wechseln Sie zum Cube-Designer, verarbeiten Sie den Cube und klicken Sie auf der Registerkarte *Browser* auf *Verbindung wiederherstellen*. Weisen Sie gegebenenfalls den Benutzer der Datenbankrolle *Sales Users Role* zu, und betrachten Sie den Bericht. Beachten Sie, dass die Jahre 2001 und 2002 nicht mehr sichtbar sind.

Auf der Registerkarte *Standard* können Sie die Standardsicherheitseinstellungen für Attributhierarchien in einer ausgewählten Dimension konfigurieren. Die ausgewählte Attributhierarchie wird in der Attributelementanzeige dargestellt. In dieser Anzeige können Sie die untergeordneten Attributelemente einblenden und Benutzern den Zugriff auf bestimmte Attributelemente erteilen oder verweigern.

Mit der Option *Alle Elemente auswählen* erteilen Sie den Zugriff auf alle in der Attributelementanzeige aktivierten Attributelemente. Für sämtliche Elemente, die der obersten Ebene der Attributhierarchie nach dem Definieren der Sicherheitsrichtlinie hinzugefügt werden, wird automatisch der Zugriff erteilt. Bei der Option *Auswahl aufheben* verweigern Sie den Zugriff auf alle in der Attributelementanzeige aktivierten Attributelemente. Für sämtliche Elemente, die der obersten Ebene der Attributhierarchie nach dem Definieren der Sicherheitsrichtlinie hinzugefügt werden, wird automatisch der Zugriff verweigert.

Auf der Registerkarte *Erweitert* können Sie erweiterte Sicherheitseinstellungen für einzelne Attribute der ausgewählten Datenbank- oder Cubedimension definieren. In der Attributliste lässt sich das Attribut auswählen, für das Sie bestimmte Sicherheitsrichtlinien definieren möchten. Auf der Registerkarte *Erweitert* sind wesentlich detailliertere Sicherheitsrichtlinien für eine Datenbankrolle definierbar.

Sie haben im vorherigen Schritt der Datenbankrolle den Zugriff auf die Jahre 2001 und 2002 verweigert. Betrachten Sie die Option *Verweigerte Elementgruppe*. Die Analysis Services haben gemäß Ihren definierten Sicherheitseinstellungen einen MDX-Ausdruck generiert, der den Zugriff auf die beiden Jahre verweigert (Abbildung 8.29).

Sicherheit verwalten

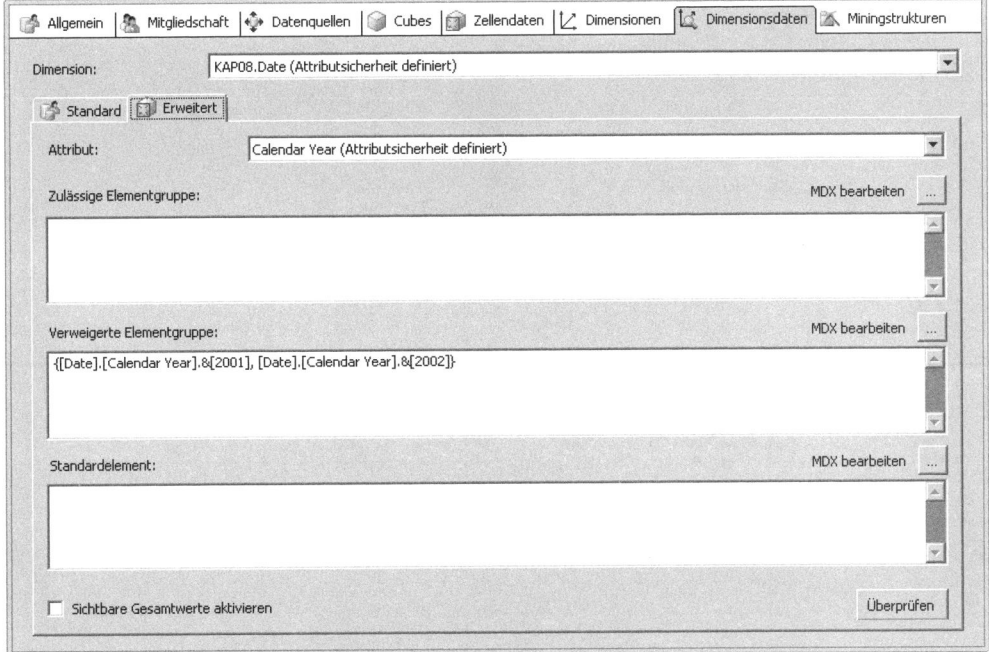

Abbildung 8.29 Registerkarte *Erweitert* für Dimensionsdaten des Rollen-Designers

Mithilfe der Option *Verweigerte Elementgruppe* können Sie einen MDX-Ausdruck definieren, um zu bestimmen, welche Attributelemente von der Datenbankrolle explizit nicht angezeigt werden können. Sie definieren also eine verweigerte Gruppe von Attributelementen, die von der Datenbankrolle nicht angezeigt werden können. Wenn Sie eine verweigerte Gruppe bestimmt haben, wird der Zugriff auf Attributelemente, die nach dem Definieren der verweigerten Gruppe der Attributhierarchie neu hinzugefügt werden, der Zugriff erteilt.

Mithilfe der Option *Zulässige Elementgruppe* können Sie einen MDX-Ausdruck definieren, um zu bestimmen, welche Attributelemente von der Datenbankrolle angezeigt werden können. Sie definieren also eine zulässige Gruppe von Attributelementen, die von der Datenbankrolle angezeigt werden kann. Außerdem lässt sich festlegen, ob die zulässige Gruppe keine, alle oder nur bestimmte Attributelemente enthält. Wenn Sie den Zugriff auf ein bestimmtes Attribut erteilen, aber keine Attributelemente ausschließen, wird der Zugriff auf sämtliche Attributelemente erteilt. Wenn Sie hingegen den Zugriff auf ein bestimmtes Attribut gewähren, aber bestimmte Attributelemente ausschließen, wird der Zugriff nur für die Attributelemente der zulässigen Gruppe erteilt. Wenn Sie eine zulässige Gruppe bestimmt haben, wird der Zugriff auf Attributelemente, die nach dem Definieren der zulässigen Gruppe der Attributhierarchie neu hinzugefügt werden, der Zugriff verweigert. Betrachten wir die Option an einem Beispiel:

1. Klicken Sie in der Registerkarte *Erweitert* bei der Option *Zulässige Elementgruppe* auf die Schaltfläche mit den drei Punkten. Das Dialogfeld *MDX-Generator* für die Cubedimension *Date* wird geöffnet.
2. Erweitern Sie die Attributhierarchie *Calendar Year* und ziehen Sie die Jahre *2002* und *2003* in das Ausdruckfenster. Fügen Sie ein Komma zwischen den beiden Jahren ein und umschließen Sie den MDX-Ausdruck mit geschweiften Klammern (Abbildung 8.30). Klicken Sie auf die Schaltfläche *Überprüfen*, um die MDX-Syntax zu testen und bestätigen Sie anschließend mit *OK*. Löschen Sie den MDX-Ausdruck bei der Option *Verweigerte Elementgruppe*.

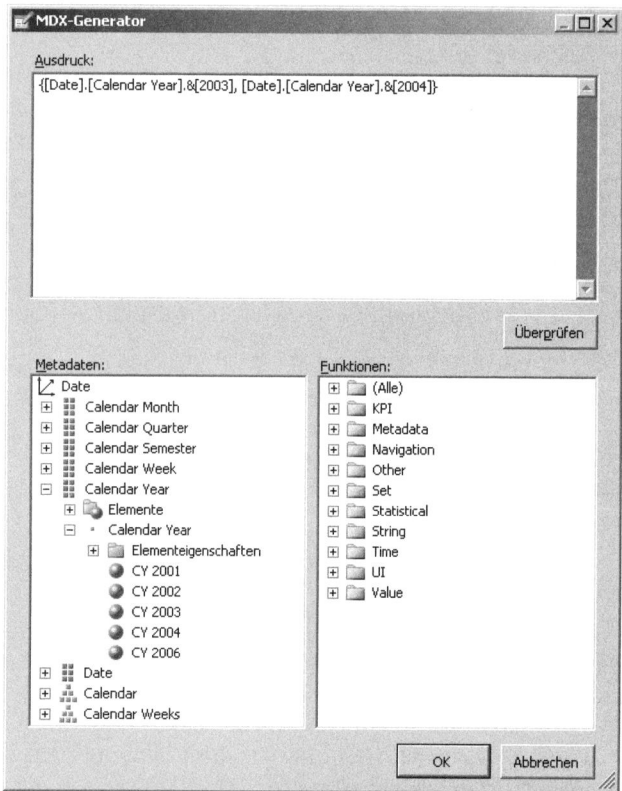

Abbildung 8.30 MDX-Generator für Dimensionsdatensicherheit

3. Um die neuen Sicherheitseinstellungen zu aktivieren, wechseln Sie zum Cube-Designer, und verarbeiten Sie den Cube. Klicken Sie anschließend in der Registerkarte *Browser* auf die Schaltfläche *Verbindung wiederherstellen*. Weisen Sie gegebenenfalls den Benutzer der Datenbankrolle *Sales Users Role* zu, und betrachten Sie den Bericht. Beachten Sie, dass die Jahre 2001 und 2002 nicht sichtbar sind.

Sie haben nun ein Ergebnis, das mit dem des vorherigen Schritts identisch ist, allerdings mit dem wichtigen Unterschied, dass neu hinzugefügte Attributelemente von der Datenbankrolle nicht angezeigt werden. Wenn beispielsweise das Jahr 2007 hinzugefügt würde, wäre dieses Jahr für die Mitglieder der Datenbankrolle nicht sichtbar.

Auf der Registerkarte *Erweitert* können Sie zusätzlich ein Standardelement für die ausgewählte Attributhierarchie bestimmen. Bei einer Attributhierarchie können Sie ein Standardelement definieren, das Benutzern immer angezeigt wird, wenn in einer Abfrage das Attribut nicht explizit angegeben ist. Üblicherweise wird das Standardelement auf Attributhierarchieebene definiert und für alle Datenbankrollen übernommen. Die Definition des Standardelements auf Datenbankrollenebene überschreibt das Standardelement auf Attributhierarchieebene. Das Standardelement der Datenbankrolle kann für eine Personalisierung der unterschiedlichen Datenbankrollen nützlich sein. Beispielsweise bevorzugen die Mitglieder einer Datenbankrolle für die Vertriebsabteilung in Spanien, wenn sie Verkaufsumsätze nach Städten durchsuchen, die Anzeige von spanischen Städten. Die Mitglieder einer Datenbankrolle für die Vertriebsabteilung in Deutschland hingegen deutsche Städte.

Ihnen ist sicherlich aufgefallen, dass unabhängig davon, welche Option Sie für die Bestimmung von Sicherheitsrichtlinien ausgewählt haben, immer die aggregierten Gesamtsummen der Datenbankrolle angezeigt werden. Das ist sicherlich nicht wünschenswert, denn gemäß Ihren Sicherheitsrichtlinien sollen die Jahre 2001 und 2002 von der Datenbankrolle nicht angezeigt werden. Mithilfe der Option *Sichtbarer Gesamtwert aktivieren* können Sie bestimmen, ob die angezeigten aggregierten Gesamtsummen gemäß alle Zellenwerten oder nur gemäß den Zellenwerten berechnet werden, die für die Datenbankrolle sichtbar sind.

Standardmäßig ist die Option abgeschaltet (Kontrollkästchen ist nicht aktiviert). Grund hierfür ist, dass diese Standardeinstellung die Abfrageleistung maximiert, da die Analysis Services das Gesamtergebnis aller Zellenwerte schnell berechnen kann, ohne Rechenzeit für das Auswählen von expliziten Zellenwerten aufzuwenden. Die Standardeinstellung der Option kann aber zu einem Sicherheitsproblem führen, wenn Mitglieder der Datenbankrolle die aggregierten Zellenwerte verwenden können, um Werte für Attributelemente abzuleiten, für die die Datenbankrolle keine Zugriffsberechtigung hat. Wenn Mitglieder einer Datenbankrolle Werte für Attributelemente ableiten können, für die die Datenbankrolle keine Zugriffsberechtigungen besitzt, sollte die Option aktiviert werden. Bei Aktivierung der Option können von der Datenbankrolle nur aggregierte Gesamtergebnisse für die Attributelemente angezeigt werden, für die die Datenbankrolle die entsprechenden Zugriffsberechtigungen besitzt. Betrachten Sie Auswirkung der Option an einem Beispiel:

1. Aktivieren Sie auf der Registerkarte *Erweitert* das Kontrollkästchen für die Option *Sichtbare Gesamtwerte aktivieren*.

2. Wechseln Sie zum Cube-Designer und verarbeiten Sie den Cube. Aktivieren Sie die Registerkarte *Browser* und klicken Sie auf *Verbindung wiederherstellen*. Weisen Sie gegebenenfalls den Benutzer der Datenbankrolle *Sales Users Role* zu, und betrachten Sie den Bericht. Beachten Sie, dass nur noch die aggregierten Zellenwerte von den Jahren 2003 und 2004 angezeigt werden.

Teil C
Data Mining

In diesem Teil:

Kapitel 9	Data Mining – Einführung und Überblick	273
Kapitel 10	Data Mining anwenden	281
Kapitel 11	Data Mining mit Integration Services steuern	351

Kapitel 9

Data Mining – Einführung und Überblick

In diesem Kapitel:

Standardisierung als Voraussetzung hohen Verbreitungsgrades	275
Grundlegendes Konzept von Data Mining	276
Algorithmen	279

War Data Mining noch vor wenigen Jahren den meisten Menschen auch nur als Begriff unbekannt, hat es heute sogar die Tankstellen erreicht. Oder wurden Sie noch nie beim Bezahlen an der Kasse gefragt: *Haben Sie schon die xy SmartCard?* Der Sinn dieser Marketingaktion, die ähnlich auch in Supermärkten, Modeketten etc. durchgeführt wird, besteht vor allem darin, an Kundendaten zu kommen, denn solange die Kunden anonym bezahlen, können sie nur indirekt mit allgemeinen Werbemaßnahmen, nicht jedoch gezielt erreicht werden. Verfügt man erst einmal über persönliche Daten, kann auch das Kaufverhalten analysiert werden und darauf aufbauend lassen sich die Kunden gezielt mit den Möglichkeiten des sogenannten Database-Marketing ansprechen. Data Mining oder, wie es oft auch genannt wird, *Scoring* hat als mögliches Problem inzwischen sogar die Tagespresse und die Politik erreicht, wie man der folgenden Pressemeldung aus dem Jahr 2005 entnehmen kann:

ULD erstellt Gutachten zu Kredit-Scoring

17.06.2005: Das ULD Schleswig-Holstein wurde vom Bundesministerium für Verbraucherschutz, Ernährung und Landwirtschaft beauftragt, ein Gutachten über Kredit-Scoring zu erstellen.

Hinter dem Begriff »Kredit-Scoring« verbirgt sich eine Bonitätsbewertung von Verbraucherinnen und Verbrauchern, welche bei einer Bank einen Kreditantrag gestellt haben. Bei dieser Bewertung wird für die Kunden durch ihre erteilten Selbstauskünfte und sonstige erhältliche Informationen in Bezug auf ihre Zahlungsfähigkeit ein Score-Wert errechnet. Diese Berechnung erfolgt aufgrund von wissenschaftlich-statistischen sowie intuitiven Methoden, welche die vertraglichen Risiken berücksichtigen. Dieser Score-Wert wird bei der Kreditvergabe als Entscheidungskriterium zu Rate gezogen. Folglich ist ein sehr guter Score-Wert ein Garant für einen Kredit mit guten Konditionen, wohingegen ein schlechter Score-Werte zur Kreditablehnung oder zu einem Kredit mit erhöhten Zinssätzen führen kann.

Da sich dieses Verfahren bewährt hat, wird das Scoring auch in vielen anderen Bereichen eingesetzt, zum Beispiel bei der Schufa, bei Versicherungen und im Immobilienmarkt. Eine positive Auswirkung dieses Scorings ist, dass die Überschuldung von Verbrauchern gebremst wird.

Allerdings sollten bei allem Enthusiasmus auch die negativen Auswirkungen auf die betroffenen Kunden nicht außer Acht gelassen werden. Durch die Bewertung von falschen oder unbedeutenden Informationen besteht das Risiko der Diskriminierung bis hin zur beruflichen Existenzvernichtung. In Anbetracht dieser doch beträchtlichen Konsequenzen wurde das ULD mit der Erstellung eines Gutachtens beauftragt, in dem die Möglichkeiten und die Risiken des Scorings erforscht werden sollen. Ein erklärtes Ziel dieser Untersuchung ist es, die Interessen der Kunden und des entsprechenden Gewerbes in Einklang zu bringen. Laut Dr. Thilo Weichert, Leiter des ULD, ist dies die Voraussetzung für Kundenvertrauen und wirtschaftlichen Erfolg.

Wie viele andere Instrumente kann auch Data Mining zum Vorteil und zum Nachteil von Menschen eingesetzt werden. Daher ist es wichtig, mit solchen Werkzeugen verantwortungsbewusst umzugehen. Dies gilt für Data Mining sogar in ganz besonderem Maße, weil mit Data Mining-Verfahren Verhaltensweisen von Kunden, Mitarbeitern, potentiellen Straftätern etc. auffällig werden können, die ohne die Anwendung dieser Verfahren unentdeckt blieben. Trotz aller Missbrauchsmöglichkeiten ist aber auch kaum zu bestreiten, dass die Ergebnisse von Data Mining-Analysen im Unternehmensbereich beiden Seiten – Unternehmen und Kunden – Vorteile bringen können. Wir jedenfalls finden es nützlich, wenn wir von unserem Internet-Buchladen auf relevante Neuerscheinungen aus Gebieten, in denen wir schon viele Bücher gekauft haben, hingewiesen werden. Erst recht überwiegen die Vorteile in technischen und medizinischen Bereichen, beispielsweise bei der Suche nach Gründen für Qualitätsmängel oder in epidemiologischen Untersuchungen.

Standardisierung als Voraussetzung hohen Verbreitungsgrades

Die ersten Data Mining-Produkte kamen vor gut zehn Jahren auf den Softwaremarkt. Damals dachten viele, dass es sich dabei, wie so oft bei neuen Produkten, um alten Wein in neuen Schläuchen handelt, denn praktisch alle statistischen Verfahren, auf denen die Data Mining-Algorithmen basieren, sind bereits seit mehreren Jahrzehnten bekannt. Eines der wichtigsten Verfahren, die *Lineare Regression*, existiert sogar schon seit mehr als einem Jahrhundert.

Gleichwohl ist am Data Mining etwas Neues, und zwar etwas sehr Entscheidendes: Die Algorithmen, die den Data Miningmodellen zugrunde liegen, wurden in eine standardisierte Umgebung eingebettet. Darum braucht es heute keinen promovierten Statistiker mehr, um einen Entscheidungsbaum oder ein neuronales Netz zum Laufen zu bringen. Der Anwender benötigt vielmehr nur relativ geringe statistische Vorkenntnisse, um die Data Mining-Verfahren anwenden zu können. Nur wer sich für die theoretischen Grundlagen der Algorithmen interessiert, sollte vertiefte Kenntnisse in Statistik mitbringen oder sich diese aneignen. Dies ist jedoch weder für die Anwendung der Verfahren noch für die Interpretation der Ergebnisse unbedingt erforderlich (wenngleich es auch nicht schaden kann).

Die Standardisierung erfolgte zunächst auf proprietärer Ebene. Dies bedeutet, dass bei einem gegebenen Softwareprodukt die Miningmodelle technisch leicht gegeneinander austauschbar waren, sodass die verschiedenen Verfahren für eine bestimmte Problemstellung gut auf ihre Leistungsfähigkeit getestet werden konnten. Allerdings begrenzte die jeweils proprietäre Basis von Data Mining dessen Verbreitungsgrad, weil sich, nicht zuletzt wegen mangelnder Transparenz zwischen den Softwareprodukten, so nur schwer eine allgemeine Data Mining-Kultur entwickeln konnte. Immerhin verließen die statistischen Verfahren damit bereits die Ebene der Universitäten und statistischen Lehrbücher, was besonders in Deutschland, wo man allein zum Verständnis eines statistischen Lehrbuchs schon ein eigenes Studium benötigt, hilfreich war.

Einen großen Schritt auf dem Wege der Standardisierung stellte daher die Entwicklung des Konzepts *OLE DB for Data Mining* dar. Das Konzept wurde von Microsoft entwickelt. Das Ziel bestand darin, für die Data Mining-Welt eine gemeinsame Plattform bereitzustellen, ähnlich wie dies mit SQL für die Datenbankwelt zwei Jahrzehnte zuvor geschehen war. Die erste Version einer *OLE DB for Data Mining API* wurde zusammen mit anderen Softwareanbietern im Jahr 2000 auf der Microsoft-Webseite veröffentlicht. Diese API definierte allgemeine Data Mining-Konzepte: Miningmodelle, Modelltraining, Modellinhalt, Modellvorhersage etc. Darüber hinaus wurde mit DMX in der API eine spezifische Abfragesprache für Data Mining definiert, deren Syntax sehr eng an SQL angelehnt ist, sodass sie von Personen mit SQL-Erfahrung sehr leicht erlernt werden kann. Neben anderen hat dieses Konzept den großen Vorteil, dass Data Mining-Software, die dem Konzept OLE DB for Data Mining folgt, Data Mining-Algorithmen anderer Anbieter, die sich ebenfalls an die Definitionen von OLE DB for Data Mining halten, integrieren kann. Praktisch heißt dies, dass Anwender, sobald sich diese für ein bestimmtes Data Mining-Produkt entschieden haben, nicht das Produkt wechseln müssen, um z.B. bessere oder speziellere Algorithmen einsetzen zu können, sondern diese zusätzlich erwerben und in ihre bestehende Data Mining-Anwendung einbauen können.

Dies gilt auch für SQL Server 2008. Darüber hinaus ist die Entwicklung und Anwendung von Miningmodellen im SQL Server 2008 in einem Maße standardisiert und mit benutzerfreundlichen Visualisierungen für Modellentwicklung, Modellüberprüfung und Modellvorhersagen ausgestattet worden, dass man fast schon von *Data Mining für Jedermann* sprechen kann. Wir sind sicher, dass Sie dieser Einschätzung im Wesentlichen zustimmen werden, nachdem Sie sich mit diesem und den beiden folgenden Kapiteln in das Data Mining eingearbeitet haben.

Grundlegendes Konzept von Data Mining

Das Data Mining-Konzept im SQL Server 2008 ist Teil des Analysis Services-Konzepts. Entsprechend sind Data Mining-Objekte (Miningstrukturen, Miningmodelle) beim Analysis-Server angesiedelt. Data Mining wird in den folgenden drei Schritten entwickelt, unabhängig davon, welcher Algorithmus dabei verwendet werden soll. Dies zeigt den erreichten hohen Grad der Standardisierung, auf den wir im vorigen Punkt hingewiesen haben.

- **Modell erstellen** Im ersten Schritt wird ein Modell eingerichtet. Dem Modell werden mit diesem Schritt noch keine Falldaten zugewiesen. Vielmehr wird es nur durch seine Metadaten definiert.

- **Modell trainieren** Im zweiten Schritt werden dem Modell Fälle mit Daten (praktisch eine Tabelle oder Datensicht) zugeordnet, auf deren Basis es trainiert wird.

- **Modellvorhersagen treffen** Für ein trainiertes Modell können schließlich Vorhersagen für die im ersten Schritt mit dem Modell definierte(n) Vorhersagevariable(n) erzeugt werden (ein Modell kann mehrere Vorhersagevariablen gleichzeitig enthalten).

Diese drei Schritte sind rein technischer Natur. Sie sagen nichts darüber aus, wie Sie sich als Entwickler eines Data Miningmodells praktisch im Zeitverlauf verhalten sollen bzw. werden. Insbesondere werden Modellvorhersagen im Allgemeinen nicht unmittelbar nach dem ersten Modelltraining getroffen, weil das trainierte Modell zunächst gründlich auf seine Leistungsfähigkeit hin geprüft werden muss. Dafür stellt das Business Intelligence Development Studio eine Fülle benutzerfreundlicher Analysewerkzeuge zur Verfügung. Deren Anwendung hat jedoch keinen unmittelbaren Einfluss auf die drei angeführten Schritte. Natürlich werden Sie ein überprüftes Modell im Licht der Analyseergebnisse verändern (beispielsweise einzelne Variablen herausnehmen oder andere hinzufügen) und erneut trainieren (ggf. mit geänderten Trainingsdaten), um schließlich, wenn Sie mit der Leistungsfähigkeit des Modells zufrieden sind, Modellvorhersagen zu treffen. Dies ändert jedoch nichts daran, dass die drei angeführten Schritte für eine formal fertige Lösung erforderlich sind.

Wir erläutern diese grundlegenden Schritte in den folgenden Punkten detaillierter. Dabei stützen wir die Erläuterungen nicht zuletzt auf die DMX-Skripts, mit denen Miningmodelle erstellt, trainiert und für Vorhersagen verwendet werden. Der Bezug auf die jeweils kurzen DMX-Skripts an dieser Stelle hat rein didaktische Gründe. Er bedeutet nicht, dass wir allgemein empfehlen, Miningmodelle durch Verwendung von DMX-Statements zu entwickeln. Dies wird sich zwar für den erfahrenen Modellentwickler häufiger empfehlen, jedoch keinesfalls für den unerfahrenen. Vielmehr gilt allgemein, dass die Entwicklung von Miningmodellen am besten im Business Intelligence Development Studio erfolgt, das mit seinen vielen Editoren die Modellentwicklung stark vereinfacht, im Allgemeinen auch für den erfahrenen Entwickler.

Modell erstellen

Ein Miningmodell wird in einer Miningstruktur erstellt. Diese wiederum wird als Objekt einer Analysis Services-Datenbank erstellt. Im Folgenden wird vorausgesetzt, dass eine solche bereits existiert. Einer Miningstruktur können mehrere Modelle eingefügt werden. Wenn ein neues Modell erstellt werden und nicht in eine bereits vorhandene Miningstruktur eingefügt werden soll, muss dies in einem Akt mit dem Erstellen einer Miningstruktur erfolgen.

```
Create Mining Model Studienabschluss
(
MatrNr Text Key,
Sex Text Discrete,
Lebensalter Long Continuous,
NoteSchulabschluss  Long Discrete,
Elterneinkommen Long Continuous,
Berufserfahrung Long Continuous,
Studienabschluss Long Discrete Predict
)
Using Microsoft_Decision_Trees
```

Listing 9.1 DMX-Skript zum Erzeugen des neuen Miningmodells *Studienabschluss*

Am DMX-Code in Listing 9.1 lässt sich das Konzept gut erfassen. Unschwer ist die starke Verwandtschaft mit CREATE TABLE in SQL zu erkennen, nur wird hier keine Tabelle, sondern das Miningmodell erstellt. Jede einzelne Variable des Miningmodells wird mit einem Datentyp und ihrer inhaltlichen Verwendung im Miningmodell spezifiziert. So wird die Variable NoteSchulabschluss mit dem Datentyp Long und deren inhaltlichen Verwendung als Discrete angegeben. Man erkennt auch, dass in diesem Modell die Variable Studienabschluss die vorhersagbare Variable sein soll (Predict). Alle Variablen, für die weder Key noch Predict angegeben ist, sind automatisch vom Typ Input. Mit der USING-Klausel wird dem Modell der Algorithmus zugewiesen, hier also Microsoft_Decision_Trees.

CREATE MINING MODEL erzeugt automatisch auch eine neue Miningstruktur, in die das neue Miningmodell eingefügt wird. Sie bekommt den Namen des Modells mit dem Suffix _structure. Im vorliegenden Beispiel erhält die Miningstruktur daher den Namen Studienabschluss_structure zugewiesen. (Wenn ein Modell in eine bestehende Miningstruktur eingefügt werden soll, wird ALTER MINING STRUCTURE verwendet.)

Modell trainieren

Ein Modell wird mit dem DMX-Statement INSERT INTO trainiert. Dabei werden den im CREATE-Statement definierten Modellvariablen Spalten einer Tabelle mit Trainingsfällen zugewiesen. Listing 9.2 leistet dies für das im vorigen Punkt erzeugte Modell Studienabschluss. Der Auflistung der Modellvariablen folgt mit der Funktion OpenQuery und der darin enthaltenen SQL-Anweisung SELECT die Zuweisung der Tabellenspalten zu den Modellvariablen. Die SQL-Anweisung SELECT könnte statt des * auch eine explizite Spaltenliste enthalten, um aus vielen Spalten die passenden zu selektieren. Hier enthält die Tabelle Studienabschlüsse genau so viele Spalten wie die Variablenliste des INSERT INTO-Statements in genau derselben Reihenfolge.

```
Insert Into Studienabschluss
(
MatrNr,
Sex,
Lebensalter,
NoteSchulabschluss,
Elterneinkommen,
Berufserfahrung,
Studienabschluss
)
OpenQuery
(
DM_Einf,
'Select * from Studienabschlüsse'
)
```

Listing 9.2 DMX-Skript zum Trainieren des Miningmodells *Studienabschluss* mit den Fällen der Tabelle *Studienabschlüsse*

Nach dem Absenden des INSERT INTO-Statements wird das Modell automatisch trainiert, was je nach Modellalgorithmus und Zahl der Fälle mehr oder weniger lange dauern kann.

Modellvorhersagen treffen

Modellvorhersagen werden mit der DMX-Anweisung SELECT erzeugt. Listing 9.3 gibt das Skript für eine auf das (trainierte) Miningmodell *Studienabschluss* bezogene Vorhersageabfrage wieder. Es werden die Werte der Variablen Studienabschluss und die zugehörige Vorhersagewahrscheinlichkeit (PredictProbability) für diese Variable vorhergesagt.

Als Falltabelle wird *Studienabschlüsse* verwendet. Da dieselbe Tabelle bereits für das Modelltraining verwendet wurde, ergibt sich, dass die Werte für die Variable Studienabschluss tatsächlich schon bekannt sind. Daher erscheint eine Vorhersage auf den ersten Blick sinnlos. Tatsächlich ist eine solche nachträgliche Vorhersage aber doch sinnvoll, weil sie den Vergleich der tatsächlichen Werte für die Variable Studienabschluss mit den vorgesagten und damit einen Einblick in die Vorhersagegenauigkeit ermöglicht.

```
SELECT
  [Studienabschluss].[Studienabschluss],
  PredictProbability([Studienabschluss].[Studienabschluss])
From
  [Studienabschluss]
NATURAL PREDICTION JOIN
  OPENQUERY([DM_Einf],
    'SELECT
      [Sex],
      [Lebensalter],
      [NoteSchulabschluss],
      [Elterneinkommen],
      [Berufserfahrung]
    FROM
      [dbo].[Studienabschlüsse]
    ') AS t
```

Listing 9.3 DMX-Skript für eine Vorhersageabfrage auf das Miningmodell *Studienabschluss* mit den Fällen der Tabelle *Studienabschlüsse*

Vergleich mit dem Business Intelligence Development Studio

Bei der Entwicklung eines Miningmodells im Business Intelligence Development Studio bleiben die in den drei vorangehenden Punkten dargestellten Zusammenhänge verborgen. Dort wird ein neues Modell in folgender Weise entwickelt: Nachdem Sie – wie auch bei anderen Analysis Services-Projekten – zunächst eine Datenquelle und eine Datenquellensicht definiert haben, legen Sie mit dem Data Mining-Assistenten zugleich eine neue Miningstruktur und ein neues Miningmodell an. Dabei müssen Sie vor der Definition von Miningstruktur und Miningmodell die Tabelle mit den Trainingsfällen angeben.

Danach werden die Spalten der Trainingstabelle als Variablen für die Miningstruktur vorgeschlagen, die Sie dann alle oder teilweise übernehmen können. Nachdem auf diese Weise Miningstruktur und Miningmodell erstellt wurden, existieren sie zunächst nur als Metadaten im Analysis Services-Projekt. Erst wenn Sie mit dem Befehl *Erstellen/Studienabschluss bereitstellen* (oder Drücken von Taste F5) die Miningstruktur bereitstellen, werden die beiden o.a. DMX-Statements CREATE und INSERT im Hintergrund ausgeführt (außerdem wird dabei ggf. auch eine neue Datenbank auf dem Analysis-Server gebildet). Vorhersageabfragen werden dann auf der Registerkarte *Miningmodellvorhersage* erstellt und ausgeführt. Dabei können Sie eine Abfrage, die Sie mit den Tools des Abfrageeditors angelegt haben, auch in der SQL-Ansicht (eigentlich müsste sie DMX-Ansicht heißen) betrachten, wo sie in derselben Weise, wie hier im vorigen Punkt angegeben, wiedergegeben wird.

Algorithmen

Die Analysis Services stellen die folgenden neun Modellalgorithmem zur Verfügung:

- Microsoft Decision Trees
- Microsoft Clustering
- Microsoft Naive Bayes
- Microsoft Association
- Microsoft Sequence Clustering
- Microsoft Time Series
- Microsoft Neural Network
- Microsoft Logistic Regression
- Microsoft Linear Regression

Jeder dieser Algorithmen wird in der Online-Hilfe verhältnismäßig ausführlich beschrieben und erklärt. Da die Navigation zu den entsprechenden Seiten der Online-Hilfe etwas diffizil erscheint, geben wir in Abbildung 9.1 das aufgeschlagene Inhaltsverzeichnis wieder, mit dem Sie leicht zu den einzelnen Algorithmen blättern können.

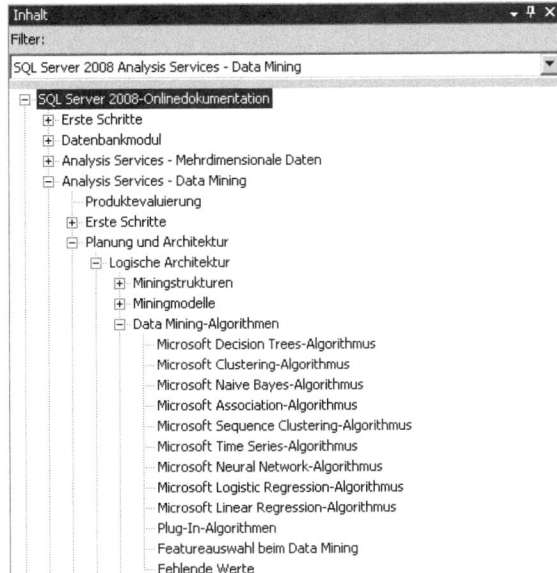

Abbildung 9.1 Inhaltsverzeichnis der Online-Hilfe, aufgeschlagen für die Modellalgorithmen

Miningmodelle müssen im Allgemeinen mehrfach getestet und bearbeitet werden, bevor sie für zuverlässige Vorhersageabfragen verwendbar sind. Zu diesem Zweck werden Sie einerseits Variablen neu in das Modell aufnehmen oder andere herausnehmen oder ihre Werte verändern, z.B. durch Diskretisierung oder andere Transformationen. Andererseits werden Sie Modellparameter verändern, denn jeder Modellalgorithmus weist verschiedene Modellparameter auf, deren Einstellungen den Algorithmus beim Finden der Lösung steuern. Beispielsweise besitzt der Algorithmus Microsoft Decision Trees die Eigenschaft COMPLEXITY_PENALTY. Dass es diese Eigenschaft gibt und welche Einstellungen Sie dafür mit welchen Folgen vornehmen können, erfahren Sie in der Online-Hilfe zum Thema *Microsoft Decision Trees-Algorithmus*. Der erläuternde Text zu dieser Eigenschaft lautet:

Steuert das Anwachsen der Entscheidungsstruktur. Ein niedriger Wert führt zu einer größeren Anzahl von Teilungen, und ein hoher Wert führt zu einer niedrigeren Anzahl von Teilungen. Der Standardwert richtet sich nach der Anzahl von Attributen in einem bestimmten Modell und ist der nachstehenden Liste zu entnehmen:

- *Für 1 bis 9 Attribute lautet der Wert 0,5*
- *Für 10 bis 99 Attribute lautet der Wert 0,9*
- *Für 100 oder mehr Attribute lautet der Wert 0,99*

Entsprechende Informationen bietet die Online-Hilfe zu allen Parametern aller Algorithmen.

TIPP Eine sehr gute Hilfe zu allen Aspekten des Data Mining findet sich unter dem folgenden Link:
http://www.sqlserverdatamining.com/ssdm/

Auf dieser Seite finden Sie Artikel, White Papers, Downloads, eine lebhafte Diskussion in einer Newsgroup etc. Auf der Seite wird englisch gesprochen!

Kapitel 10

Data Mining anwenden

In diesem Kapitel:

Voraussetzungen	282
Projekt, Datenquelle und Datenquellensicht erstellen	284
Miningstruktur erstellen und weitere Modelle hinzufügen	287
Miningmodelle trainieren und analysieren	294
Vorhersagegenauigkeit der Modelle im Minninggenauigkeitsdiagramm prüfen	315
Fälle vorhersagen	324
Assoziationsanalyse mit geschachtelten Tabellen	333
Miningmodell und Miningstruktur bearbeiten	343
Data Mining-Add-In in Excel 2007	349

Voraussetzungen

Im vorherigen Kapitel wurde gezeigt, dass die verschiedenen Data Mining-Modelle in SQL Server Analysis Services alle im selben Konzeptrahmen von *OLE DB for Data Mining* dargestellt werden (siehe in Kapitel 9 den Abschnitt »Grundlegendes Konzept von Data Mining«). Entsprechendes gilt auch für die Oberfläche des Business Intelligence Development Studios, auf der Data Mining-Modelle entwickelt und bearbeitet werden. In diesem Kapitel soll gezeigt werden, wie Sie Data Mining-Modelle mit den verschiedenen Features des Business Intelligence Development Studios

- erstellen
- trainieren
- testen
- verbessern
- für Vorhersagen benutzen

Am Ende des Kapitels sollten Sie in der Lage sein, mit den Möglichkeiten des Business Intelligence Development Studios prinzipiell jedes Data Mining-Modell anwenden zu können. Mit der Einschränkung »prinzipiell« soll zum Ausdruck gebracht werden, dass Sie sich über die inhaltlichen Besonderheiten der Modellalgorithmen möglicherweise zusätzliche Informationen aus der Online-Hilfe oder weitergehender Literatur beschaffen müssen.

Entwicklungsoberfläche

Die Demonstrationen dieses Kapitels erfolgen anhand eines durchgehenden Datenbeispiels, für das drei Data Mining-Modelle (Algorithmen) gebildet werden. Trotz der Beschränkung auf drei Modelle wird dabei doch die *allgemeine* Vorgehensweise für die Arbeit mit Data Mining-Modellen deutlich, weil alle Microsoft Data Mining-Algorithmen im selben Entwicklungsrahmen erstellt und bearbeitet werden. Am Ende dieses Kapitels werden Sie in der Lage sein, ein Data Mining-Modell selbstständig zu erstellen, seine Güte zu beurteilen und auf seiner Basis Vorhersagen zu treffen.

Das komplette Data Mining im SQL Server 2008 lässt sich mit der Programmiersprache *DMX* steuern. Auf DMX gehen wir jedoch ausführlich an anderer Stelle dieses Buches ein (siehe Kapitel 27). Im Rahmen dieses einführenden Kapitels werden wir nur an wenigen Stellen, an denen es sich auch für Leser, die prinzipiell wenig Interesse an DMX haben, förmlich anbietet, einige DMX-Statements behandeln (vgl. vor allem den Abschnitt »Miningmodellvorhersage in der SQL-Ansicht bearbeiten« in diesem Kapitel). Außerdem wird im nächsten Kapitel 11 gezeigt, wie Sie Miningmodelle in die Ablaufsteuerung und den Datenfluss von SSIS integrieren können. Dabei ist es unumgänglich, von DMX-Statements Gebrauch zu machen.

Das Beispiel *TargetMail*

Unser Beispiel ist dem Data Mining-Lernprogramm der Online-Hilfe nachempfunden. Ihm liegt das folgende Szenario zugrunde: Die Marketingabteilung von Adventure Works verfügt über eine Liste von potentiellen Neukunden, die sie mit einer gezielten Mailing-Kampagne anschreiben und zum Kauf eines Fahrrades anregen möchte. Derartige Informationen können über sogenannte Adressbroker erworben werden. Um Kosten zu sparen, sollen jedoch nicht alle Personen der Liste angeschrieben werden, sondern nur diejenigen, bei denen der Kauf eines Fahrrades eine gewisse Mindestwahrscheinlichkeit aufweist.

Die Liste der potentiellen Neukunden enthält Attribute wie Alter, Pendlerentfernung, Geschlecht etc., die auch für die vorhandenen Kunden verfügbar sind. Unter den vorhandenen Kunden finden sich viele, die in der Vergangenheit ein Fahrrad gekauft haben, aber auch viele, die kein Fahrrad, sondern andere Artikel gekauft haben. Daher soll der Versuch unternommen werden, in den Attributen der vorhandenen Kunden bestimmte Muster zu erkennen, die darauf schließen lassen, dass die betreffende Person ein Fahrradkäufer ist. Wenn solche Muster gefunden werden, sollen sie für die Adressauswahl der Mailing-Kampagne verwendet werden.

Darüber hinaus möchte die Marketingabteilung Gruppen von bereits in der Unternehmensdatenbank gespeicherten Kunden ermitteln, die ähnliche Muster aufweisen, beispielsweise in ihren demografischen Merkmalen oder im Kaufverhalten. Derartige Gruppen könnten dann gezielter angesprochen werden.

Vorgehensweise zum Erstellen einer Data Mining-Anwendung

Wenn Sie eine Data Mining-Anwendung mit dem Business Intelligence Development Studio entwickeln, folgen Sie im Allgemeinen der folgenden Vorgehensweise:

1. **Analysis Services-Projekt** Eine Data Mining-Anwendung wird in einem Analysis Services-Projekt erstellt. Hierzu kann ein bereits vorhandenes Analysis Services-Projekt, in dem möglicherweise ein Cube definiert ist, verwendet oder ein neues erstellt werden. Wir gehen im Rahmen dieses Kapitels davon aus, dass ein neues Analysis Services-Projekt erstellt wird, was aus Gründen der modularen Arbeitsweise ohnehin vielfach vorzuziehen sein dürfte.
2. **Datenquelle** Mit dem Erstellen einer neuen Datenquelle verweisen Sie auf das physikalische Objekt, welches die für Ihr Data Mining zu verwendenden Daten enthält. Häufig wird dies eine relationale Datenbank sein. Sofern die Daten auf mehrere Datenobjekte verteilt sind, müssen entsprechend mehrere Datenquellen definiert werden, die dann in der Datenquellensicht zusammengeführt werden.
3. **Datenquellensicht** In der Datenquellensicht stellen Sie die Daten aus der Datenquelle oder den Datenquellen zusammen, die für die Data Mining-Modelle benötigt werden.
4. **Miningstruktur** Das Erstellen einer Miningstruktur ist der erste für Data Mining spezifische Schritt, denn die drei vorangehenden Schritte sind auch in Analysis Services-Projekten erforderlich, in denen kein Data Mining angewendet wird. Eine Miningstruktur bestimmt die Inputvariablen sowie eine oder mehrere Vorhersagevariablen, und sie legt eine Data Mining-Technik (Lösungsalgorithmus) fest, z.B. *Microsoft Decision Trees*.
5. **Miningmodelle** Mit dem Erstellen einer Miningstruktur wird zugleich ein bestimmter Lösungsalgorithmus festgelegt (siehe den vorangehenden Punkt). Dies muss jedoch nicht die einzige Technik sein, mit der das in der Miningstruktur definierte Problem bearbeitet wird. Vielmehr ist es möglich und oft auch sinnvoll, verschiedene Lösungen für dasselbe Problem mit unterschiedlichen Algorithmen zu suchen, diese dann miteinander zu vergleichen und schließlich das beste Modell für Vorhersagen auszuwählen. Zu diesem Zweck können einer Miningstruktur mehrere Lösungsalgorithmen, die dann als *Miningmodelle* bezeichnet werden, hinzugefügt werden.
6. **Modelltraining** Nachdem die Metadaten für das oder die Miningmodell(e) festgelegt wurden, können die Modelllösungen auf Basis der Inputdaten berechnet werden. Dieser Vorgang wird meistens als *Modelltraining* bezeichnet. Die Bezeichnung rührt daher, dass viele Algorithmen – beispielsweise Entscheidungsbäume und neuronale Netze – ihre Lösungen in iterativen Prozessen gewinnen, die auch als Lernen oder Training bezeichnet werden.

7. **Modelltest** Die gefundenen Modelllösungen können für die Problemstellung brauchbar oder unbrauchbar sein, sich untereinander unterscheiden und möglicherweise durch Änderung von Inputvariablen oder Modellparametern verbessert werden. Um dies alles beurteilen zu können, müssen die Lösungen getestet werden. Hierzu stellt das Business Intelligence Development Studio zahlreiche Werkzeuge zur Verfügung.

8. **Vorhersage** In den meisten Fällen besteht der Zweck eines Miningmodells darin, Vorhersagewerte für eine Zielvariable zu finden. So soll in unserem Beispiel *TargetMail* vorhergesagt werden, welche Personen aus der eingekauften Adressliste für potenzielle Kunden (mit hoher Wahrscheinlichkeit) ein Fahrrad kaufen werden.

Projekt, Datenquelle und Datenquellensicht erstellen

Eine Miningstruktur wird in einem Analysis Services-Projekt erstellt. Hierbei könnte es sich durchaus um ein bereits vorhandenes Projekt handeln. In diesem Falle müssten Sie dann möglicherweise auch keine neue Datenquelle oder Datenquellensicht anlegen, sofern die bereits in dem Projekt definierten Datenobjekte für die Miningstruktur geeignet sind. Hier gehen wir davon aus, dass die Data Mining-Aufgabe in einem neuen Analysis Services-Projekt gelöst werden soll. Das Erstellen von Analysis Services-Projekt, Datenquelle und Datenquellensicht wurde bereits ausführlich in Kapitel 4 dargestellt und erklärend kommentiert. Daher beschränken wir uns im Folgenden auf das Wesentliche, um Ihnen und uns überflüssige Wiederholungen zu ersparen.

Analysis Services-Projekt erstellen

Um ein neues Analysis Services-Projekt zu erstellen, gehen Sie folgendermaßen vor:
1. Öffnen Sie das Business Intelligence Development Studio.
2. Rufen Sie im Business Intelligence Development Studio den Menübefehl *Datei/Neu/Projekt* auf, um das Dialogfeld *Neues Projekt* zu öffnen.
3. Markieren Sie im Dialogfeld *Neues Projekt* die Vorlage *Analysis Services-Projekt*.
4. Überschreiben Sie im Dialogfeld *Neues Projekt* den vorgeschlagenen Namen mit *TargetMail* (oder einem anderen Namen Ihrer Wahl). Daraufhin wird automatisch auch der Projektmappenname auf diesen Namen eingestellt.
5. Geben Sie im Dialogfeld *Neues Projekt* als Speicherort den gewünschten Pfad an oder lassen Sie diesen mittels der Schaltfläche *Durchsuchen* und nachfolgendem Navigieren einfügen. Bei uns heißt dieser Pfad *V:\BISS-Projekte*.
6. Bestätigen Sie Ihre Eingaben mit *OK*.

Per Klick auf *OK* wird das neue Analysis Services-Projekt erzeugt und zugleich unter dem angegebenen Namen und Pfad gespeichert. Im Fenster des Projektmappen-Explorers wird das neue Projekt mit seinem Projektnamen dargestellt.

Datenquelle definieren

Als Datenquelle soll die relationale Datenbank *AW_DW* verwendet werden. In Kapitel 2 ist beschrieben, wie Sie diese als Download verfügbare Datenbank installieren.

Projekt, Datenquelle und Datenquellensicht erstellen

Gehen Sie folgendermaßen vor, um die Datenquelle zu definieren:
1. Klicken Sie im Projektmappen-Explorer mit der rechten Maustaste auf *Datenquellen* und im daraufhin geöffneten Kontextmenü auf den Eintrag *Neue Datenquelle*. Damit wird der Datenquellen-Assistent geöffnet.
2. Klicken Sie im *Willkommen*-Dialogfeld auf *Weiter*. Das Dialogfeld *Wählen Sie aus, wie die Verbindung definiert werden soll* wird angezeigt.
3. Falls Sie bereits früher eine Datenquelle für die Datenbank *AW_DW* angelegt haben, wird diese zur Auswahl angeboten und Sie sollten sie verwenden. Fahren Sie in diesem Fall mit Schritt 9 fort. Falls dies nicht zutrifft, klicken Sie auf *Neu*. Das Dialogfeld *Verbindungs-Manager* wird geöffnet.
4. Überprüfen Sie, ob als Anbieter *OLEDB systemeigen/SQL Server Native Client 10.0* ausgewählt ist, denn es soll eine Verbindung zu einer SQL-Datenbank eingerichtet werden.
5. Wählen Sie im Feld *Servername* in der Liste den Server aus, der die Datenbank *AW_DW* hostet, oder geben Sie *localhost* ein, falls der SQL-Server mit der Datenbank *AW_DW* auf derselben Maschine läuft wie das Business Intelligence Development Studio. Die Angabe *localhost* bietet Vorteile beim Portieren des Projekts auf eine andere Maschine, weil Sie dann, sofern es sich auch dort um einen lokalen Host handelt, den Servernamen nicht anpassen müssen.
6. Belassen Sie es bei der standardmäßig aktivierten Einstellung *Windows-Authentifizierung verwenden* für die Anmeldung beim Server.
7. Wählen Sie unter *Mit Datenbank verbinden* in der Liste die Datenbank *AW_DW* aus.
8. Bestätigen Sie das Dialogfeld *Verbindungs-Manager* mit *OK*. Nun wird wieder das Dialogfeld *Wählen Sie aus, wie die Verbindung definiert werden soll* geöffnet. Es weist jetzt in seiner Liste *Datenverbindungen* den soeben neu definierten Verbindungs-Manager *localhost.AW_DW* aus.
9. Klicken Sie im Dialogfeld *Wählen Sie aus, wie die Verbindung definiert werden soll* in der Liste *Datenverbindungen* auf die Datenquelle *localhost.AW_DW* und dann auf *Weiter*. Dadurch wird das Dialogfeld *Identitätswechselinformationen* angezeigt.
10. Aktivieren Sie im Dialogfeld *Identitätswechselinformationen* die Option *Dienstkonto* und klicken Sie anschließend auf *Weiter*. Nun werden zur Information die Eigenschaften des gewählten Verbindungs-Managers im Dialogfeld *Assistenten abschließen* als Verbindungszeichenfolge angezeigt.
11. Klicken Sie im Dialogfeld *Assistenten abschließen* auf *Fertig* bzw. *Fertig stellen*.
12. Die neue Datenquelle wird jetzt im Objektbaum des Projektmappen-Explorers unterhalb von *Datenquellen* mit dem Namen *AW DW.ds* angezeigt: Der Unterstrich im Namen der Datenbank wurde vom Datenquellenassistenten durch ein Leerzeichen ersetzt. Da diese Abweichung in der Schreibweise bei künftigen Bearbeitungen leicht zu Fehlern führt, soll die Datenquelle umbenannt werden: Klicken Sie im Projektmappen-Explorer mit der rechten Maustaste auf die Datenquelle, wählen Sie im Kontextmenü den Eintrag *Umbenennen* und ändern Sie den Namen der Datenquelle in *AW_DW.ds*.

> **TIPP** Um die Eigenschaften einer vorhandenen Datenquelle zu ändern, doppelklicken Sie im Projektmappen-Explorer auf die betreffende Datenquelle. Damit öffnen Sie das Dialogfeld *Datenquellen-Designer*, auf dessen zwei Registerkarten Sie u.a. auch die Namen von Datenbankserver und Datenbank ändern können. Eine solche Bearbeitung der Datenquelle kann sich insbesondere beim Portieren des Analysis Services-Projekts auf eine andere Entwicklungs- oder Laufzeitumgebung als notwendig erweisen.

Datenquellensicht definieren

Zusätzlich zu mindestens einer Datenquelle benötigt ein Analysis Services-Projekt eine Datenquellensicht. Die Datenquellensicht unseres Analysis Services-Projekts *TargetMail* soll auf der im vorherigen Abschnitt definierten Datenquelle *AW_DW.ds* basieren und deren Tabellen *DM_TargetMail_Trainingsdaten*, *DM_TargetMail_Testdaten* und *DM_PotenzielleKäufer* umfassen.

Gehen Sie folgendermaßen vor, um diese Datenquellensicht zu erstellen:

1. Klicken Sie im Projektmappen-Explorer mit der rechten Maustaste auf den Ordner *Datenquellensichten* und wählen Sie im Kontextmenü den Eintrag *Neue Datenquellensicht* aus.
2. Klicken Sie im Willkommen-Dialogfeld des *Datenquellensicht-Assistenten* auf *Weiter*, um das Dialogfeld *Datenquelle auswählen* zu öffnen.
3. Bestätigen Sie das Dialogfeld *Datenquelle auswählen*, in dem in der Liste *Relationale Datenquellen* die Datenquelle *AW_DW* ausgewählt ist, mit einem Klick auf *Weiter*.
4. Belassen Sie es im Dialogfeld *Namensübereinstimmung* bei den voreingestellten Aktivierungen für logische Beziehungen und Fremdschlüsselübereinstimmungen und klicken Sie auf *Weiter*.

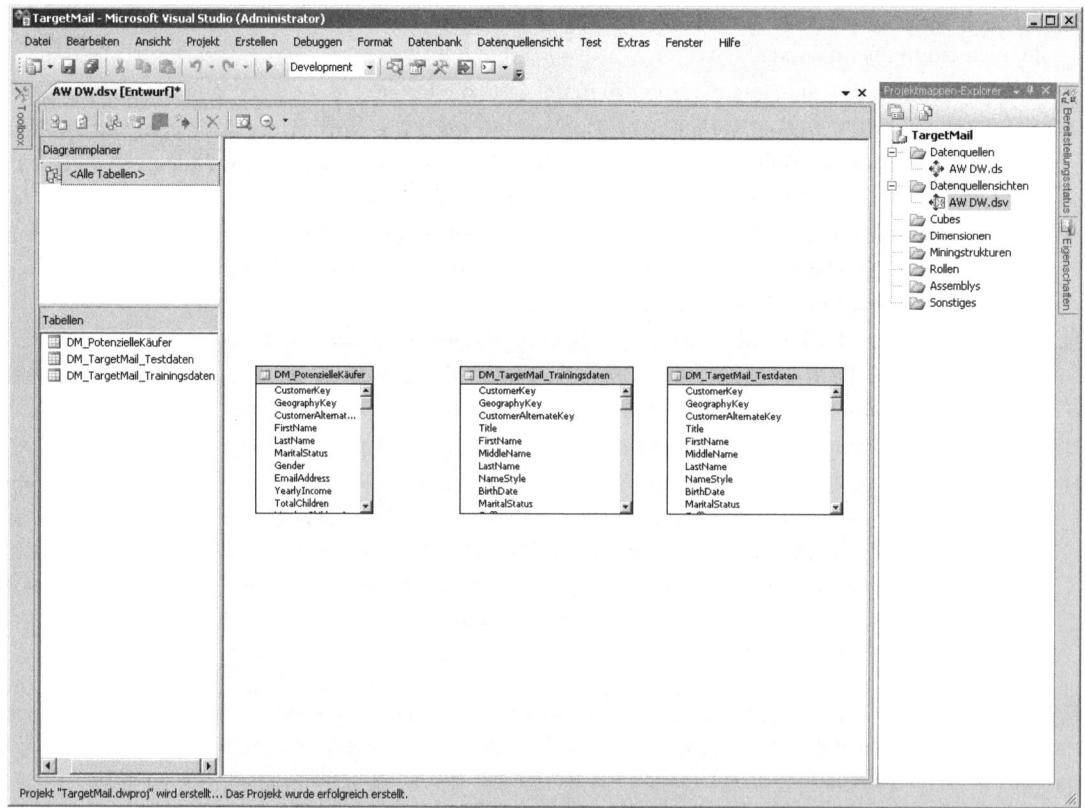

Abbildung 10.1 Der Inhalt und die Struktur der neuen Datenquellensicht *AW_DW.dsv* werden im Datenquellensicht-Designer wiedergegeben

5. Wählen Sie im Dialogfeld *Tabellen und Sichten auswählen* in der Liste *Verfügbare Objekte* die Tabellen *DM_TargetMail_Trainingsdaten*, *DM_TargetMail_Testdaten* und *DM_PotenzielleKäufer* aus und fügen Sie diese durch Klicken auf die Schaltfläche > der Liste *Eingeschlossene Objekte* hinzu. Klicken Sie dann auf *Weiter*. Es wird das Dialogfeld *Assistenten abschließen* angezeigt.

6. Korrigieren Sie im Dialogfeld *Assistenten abschließen* den für die Datenquellensicht vorgeschlagenen Namen *AW DW* in *AW_DW* (Unterstrich statt Leerzeichen) und bestätigen Sie Ihre Einstellungen mit einem Klick auf *Fertig* bzw. *Fertig stellen*.

Nach dem letzten Schritt des Datenquellensicht-Assistenten wird die neue Datenquellensicht im Projektmappen-Explorer im Ordner *Datenquellensichten* mit dem Namen *AW_DW.dsv* angezeigt, und der Inhalt und die Struktur der Datenquellensicht werden jetzt auch im Datenquellensicht-Designer wiedergegeben (Abbildung 10.1).

Miningstruktur erstellen und weitere Modelle hinzufügen

Die bisherigen Punkte dieses Kapitels waren allgemein für ein Analysis Services-Projekt erforderlich, gleichgültig, ob Sie darin einen Cube oder eine Miningstruktur oder beides erstellen wollen: Das Projekt selbst, eine Datenquelle und eine Datenquellensicht benötigen Sie in jedem Fall. Das Erstellen einer Miningstruktur, das in diesem Abschnitt behandelt wird, ist jedoch spezifisch für das Arbeiten mit Miningmodellen: Es ist der erste notwendige Schritt, der erledigt sein muss, bevor Sie ein Modell trainieren sowie testen und bevor Sie Vorhersagen treffen können. Im Folgenden soll im Analysis Services-Projekt *TargetMail* eine Miningstruktur erstellt werden, die grundlegend für das weitere Arbeiten mit den Miningmodellen dieses Kapitels ist. Dabei wird in der neuen Miningstruktur zugleich ein Miningmodell mit einem bestimmten Algorithmus definiert. Nach dem Erstellen der neuen Miningstruktur sollen ihr zwei weitere Modelle mit anderen Algorithmen hinzugefügt werden.

Leistungsmerkmale der drei Algorithmen des Beispiels

Im Folgenden wird eine Miningstruktur erstellt, der drei Miningmodelle mit den Algorithmen *Microsoft_Decision_Trees*, *Microsoft_Clustering* und *Microsoft_Naive_Bayes* hinzugefügt werden sollen. Diese drei Lösungsverfahren seien zunächst kurz charakterisiert.

Microsoft Decision Trees

Der *Microsoft Decision Trees*-Algorithmus klassifiziert die Fälle einer Stichprobe (Trainingsdaten) so, dass zunächst große Teilmengen von Fällen gebildet werden, die die vorhersagbare Variable auf dieser ersten Ebene relativ grob erklären. Die Teilmengen werden *Knoten* genannt. Für jeden Knoten der ersten Klassifizierungsebene werden weitere, von diesem abhängige Knoten gebildet, die die vorhersagbare Variable feiner erklären. So entsteht eine baumartige Knotenstruktur. Die Knoten der untersten Klassifizierungsebene enthalten nur sehr wenige Fälle.

Algorithmen für Entscheidungsbäume, die bereits seit langer Zeit verfügbar sind, verlangten ursprünglich, dass sowohl die vorhersagbare Variable wie auch die Inputvariable diskrete Werte enthielten. Inzwischen können Algorithmen für Entscheidungsbäume jedoch auch mit kontinuierlichen Variablen umgehen, und zwar sowohl für die vorhersagbaren Variablen wie für die Inputvariablen. Für kontinuierliche Variablen wird zur Klassifizierung der Algorithmus der linearen Regression verwendet. Wenn alle beteiligten Variablen –

vorhersagbare und Inputvariablen – kontinuierlich sind, wird eine reine Regressionsanalyse ausgeführt. Wenn mehr als eine Spalte als vorhersagbar festgelegt ist oder wenn die Eingabedaten eine als vorhersagbar festgelegte Tabelle enthalten, bildet der Algorithmus für jede vorhersagbare Spalte eine eigene Entscheidungsstruktur.

Entscheidungsbäume sind im Data Mining weit verbreitet. Ihre Beliebtheit gründet sich vor allem darauf, dass der zugrunde liegende Algorithmus im Allgemeinen recht leistungsfähig ist, insbesondere für diskrete Variablen als Inputvariablen. Zum anderen ist die Lösung eines Decision Tree-Modells – der Entscheidungsbaum – sehr gut interpretierbar. Dies gilt für ein Decision Tree-Modell besonders im Zusammenhang mit dem Microsoft Miningmodell-Viewer, der einen Entscheidungsbaum sehr anschaulich darstellt und ein leichtes Navigieren darin ermöglicht.

Microsoft Clustering

Das Wort Cluster lässt sich mit Haufen, Büschel, Schwarm oder Gruppe übersetzen. Mit einer Clusteranalyse sollen die Fälle einer Stichprobe so gruppiert werden, dass die Fälle eines jeden Clusters in sich möglichst homogen sind und sich von den anderen Clustern möglichst deutlich unterscheiden. Auf diese Weise können beispielsweise für Marketingzwecke Fälle von Kunden identifiziert werden, die auf spezifische Weise angesprochen werden möchten.

Der *Clustering*-Algorithmus unterscheidet sich von anderen Data Mining-Algorithmen, z.B. dem Microsoft Decision Trees-Algorithmus, dadurch, dass keine vorhersagbare Variable bestimmt werden muss. Der Clustering-Algorithmus trainiert das Modell systematisch anhand der Beziehungen, die in den Daten bestehen, und anhand der Cluster, die der Algorithmus identifiziert. Andererseits ist es möglich, eine vorhersagbare Variable anzugeben. Dann können nach dem Modelltraining auch Vorhersagen erstellt werden. Oft sind jedoch andere Algorithmen in der Vorhersagefähigkeit dem Clustering-Algorithmus überlegen, weil dieser in erster Linie auf die Bildung gut unterscheidbarer Cluster und nicht auf Vorhersagen von Fällen ausgelegt ist.

Microsoft Naive Bayes

Der *Microsoft Naive Bayes*-Algorithmus ist ein Klassifikationsalgorithmus. Der Algorithmus basiert auf den bedingten Wahrscheinlichkeiten zwischen den Inputvariablen und der vorhersagbaren Variable. Dabei wird vorausgesetzt, dass die Variablen unabhängig voneinander sind. Diese Annahme begründet das Wort *Naive* (man muss es wohl im Sinne von *simpel* verstehen) im Namen des Algorithmus, weil sie eine starke Abstraktion von der Realität darstellt, in der im Allgemeinen Abhängigkeiten zwischen den Variablen bestehen, deren Berücksichtigung zu besseren Modellergebnissen führen würde. Der Rechenaufwand für den Naive Bayes-Algorithmus ist geringer als für die anderen Microsoft-Algorithmen. Daher ist er für das schnelle Generieren von Miningmodellen geeignet, um explorativ Beziehungen zwischen Inputvariablen und vorhersagbaren Variablen zu ermitteln.

Miningstruktur erstellen

Gehen Sie folgendermaßen vor, um die neue Miningstruktur, die denselben Namen wie das Analysis Services-Projekt bekommen soll, zu erstellen:

1. Klicken Sie im Projektmappen-Explorer mit der rechten Maustaste auf *Miningstrukturen* und wählen Sie im Kontextmenü den Eintrag *Neue Miningstruktur* aus.
2. Klicken Sie im *Willkommen*-Dialogfeld auf *Weiter*. Daraufhin wird das Dialogfeld *Definitionsmethode auswählen* angezeigt.

Miningstruktur erstellen und weitere Modelle hinzufügen

3. Belassen Sie es im Dialogfeld *Definitionsmethode auswählen* bei der Option *Aus vorhandener relationaler Datenbank oder vorhandenem Data Warehouse* und klicken Sie auf *Weiter*. Das Dialogfeld *Data Mining-Struktur erstellen* wird geöffnet.

4. Wählen Sie im Dialogfeld *Data Mining-Struktur erstellen* in der Liste *Welche Data Mining-Technik möchten Sie verwenden?* den Algorithmus *Microsoft Decision Trees* aus, der diskrete und kontinuierliche Variablen (= Attribute) unterstützt. Da wir im Weiteren mit diskreten und kontinuierlichen Variablen arbeiten wollen, erscheint dieser Algorithmus geeignet. Im Weiteren werden wir innerhalb derselben Miningstruktur auch mit den Algorithmen *Naive Bayes* und *Microsoft Cluster* arbeiten. Diese können jedoch nicht an dieser, sondern erst an späterer Stelle eingefügt werden (siehe weiter hinten in diesem Kapitel den Abschnitt »Modelle hinzufügen«). Klicken Sie im Dialogfeld *Data Mining-Struktur erstellen* auf *Weiter*. Das Dialogfeld *Datenquellensicht auswählen* wird angezeigt.

5. Klicken Sie im Dialogfeld *Datenquellensicht auswählen* ggf. auf die Datenquellensicht *AW_DW*, um diese zu markieren, und bestätigen Sie mit *Weiter*. Im folgenden Schritt wird das Dialogfeld *Tabellentypen angeben* angezeigt.

6. Aktivieren Sie im Dialogfeld *Tabellentypen angeben* für die Tabelle *DM_TargetMail_Trainingsdaten* das Kontrollkästchen in der Spalte *Fall*, da diese Tabelle für das spätere Trainieren des Miningmodells verwendet werden soll. Für andere Algorithmen können auch geschachtelte Tabellen verwendet werden, beispielsweise für den Assoziationsalgorithmus. Für das vorliegende Beispiel trifft dies jedoch nicht zu, sodass die Kontrollkästchen in der Spalte *Geschachtelt* deaktiviert bleiben. Klicken Sie daher auf *Weiter*, um das Dialogfeld *Trainingsdaten angeben* zu öffnen.

7. Im Dialogfeld *Trainingsdaten angeben* bestimmen Sie, welche Spalten der Tabelle *DM_TargetMail_Trainingsdaten*, die wir im letzten Schritt als Falltabelle für die Miningstruktur festgelegt hatten, zum Trainieren des Miningmodells verwendet werden sollen. Außerdem wird hier angegeben, in welcher Funktion die einzubeziehenden Spalten beim Trainieren des Modells zu benutzen sind: als Schlüssel-, Eingabe- oder Vorhersagespalten. Da die Tabelle *DM_TargetMail_Trainingsdaten* sehr viele Spalten enthält, aus denen 17 ausgewählt werden sollen, empfiehlt es sich, das Dialogfeld *Trainingsdaten angeben* durch Ziehen der Ränder oder per Klick auf das Symbol *Maximieren* in der Titelleiste zu vergrößern. Aktivieren Sie die Kontrollkästchen für die einzelnen Spalten entsprechend den Angaben in Tabelle 10.1, sodass das Dialogfeld *Trainingsdaten angeben* entsprechend der Abbildung 10.2 aussieht. Klicken Sie anschließend auf *Weiter*. Daraufhin wird das Dialogfeld *Inhalt und Datentyp der Spalten angeben* angezeigt (Abbildung 10.3).

Spalte	Schlüssel	Eingabe	Vorhersagbar	Inhaltstyp	Datentyp
Age		x		Continuous	Long
BikeBuyer			x	Discrete	Long
CommuteDistance		x		Discrete	Text
CustomerKey	x			Key	Long
EnglishEducation		x		Discrete	Text
EnglishOccupation		x		Discrete	Text
FirstName		x		Discrete	Text
Gender		x		Discrete	Text

Tabelle 10.1 Spalteneigenschaften der Miningstruktur *TargetMail*

Spalte	Schlüssel	Eingabe	Vorhersagbar	Inhaltstyp	Datentyp
GeographyKey		x		Discrete	Text
HouseOwnerFlag		x		Discrete	Text
LastName		x		Discrete	Text
MaritalStatus		x		Discrete	Text
NumberCarsOwned		x		Discrete	Long
NumberChildrenAtHome		x		Discrete	Long
Region		x		Discrete	Text
TotalChildren		x		Discrete	Long
YearlyIncome		x		Continuous	Double

Tabelle 10.1 Spalteneigenschaften der Miningstruktur *TargetMail* (Fortsetzung)

Abbildung 10.2 Ausgefülltes Dialogfeld *Trainingsdaten angeben*

Miningstruktur erstellen und weitere Modelle hinzufügen

8. Ändern Sie im Dialogfeld *Inhalt und Datentyp der Spalten angeben* die Angaben zu *Inhaltstyp* und *Datentyp* entsprechend den Angaben in Tabelle 10.1. Sie erkennen, dass nur die beiden Felder *Age* und *Yearly Income* den Inhaltstyp *Continuous* erhalten, allen anderen (mit Ausnahme des Schlüsselfeldes *Customer Key*) wird der Inhaltstyp *Discrete* zugewiesen. Formal wäre es auch für die anderen Felder mit einem numerischen Datentyp möglich, diesen den Inhaltstyp *Continuous* zuzuweisen, beispielsweise für das Feld *Number Children At Home*. Da diese Felder jedoch jeweils nur sehr wenige Werte aufweisen, ist es im vorliegenden Kontext besser, diese als diskrete Werte zu modellieren. Klicken Sie nach dem Ausfüllen des Dialogfelds *Inhalt und Datentyp der Spalten angeben* auf *Weiter*, um zum Dialogfeld *Testsatz erstellen* zu gelangen.

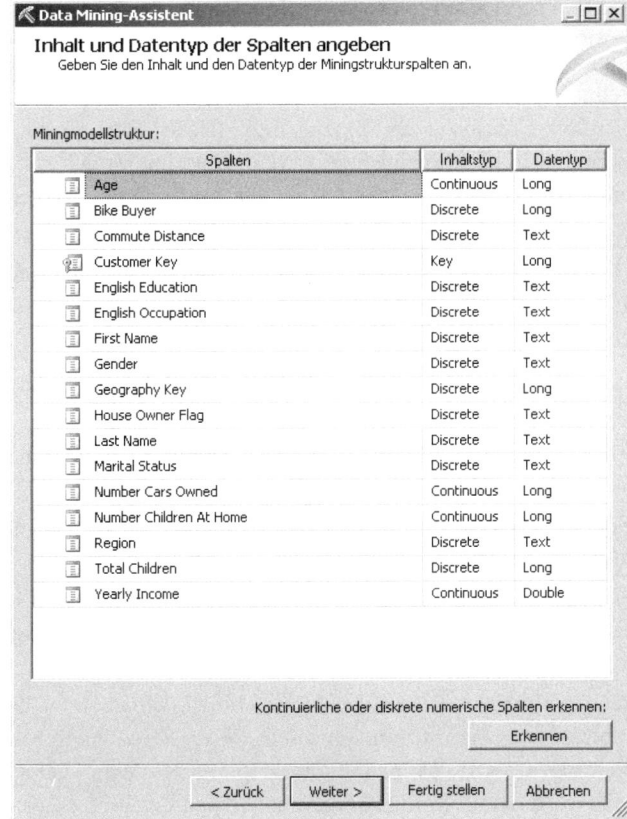

Abbildung 10.3 Bearbeitetes Dialogfeld *Inhalt und Datentyp der Spalten angeben*

9. Im Dialogfeld *Testsatz erstellen* können Sie angeben, welcher Prozentsatz und/oder welche Zahl von Fällen der Eingabetabelle – in unserem Beispiel die Tabelle *DM_TargetMail_Trainingsdaten* – als Testdaten für die spätere Evaluation des Modells verwendet werden soll. Die für das Testen vorgesehenen Fälle werden dann nicht in die Trainingsdaten eingeschlossen. Anders ausgedrückt: Wenn Sie dem Standardvorschlag von 30 % Testdaten folgen, werden nur die restlichen 70 % zum Trainieren des Modells verwendet. Für unser Beispiel haben wir allerdings eine eigene Tabelle – *DM_TargetMail_Testdaten* – zum Testen bereitgestellt, die wir auch bereits in die Datenquellensicht aufgenommen haben, sodass wir von der Tabelle *DM_TargetMail_Trainingsdaten* keine Fälle zum Testen abzweigen müssen. Geben Sie daher als Prozentsatz der zu testenden Daten die Zahl Null ein und klicken Sie dann auf *Weiter*.

10. Geben Sie im Dialogfeld *Assistent abschließen* als Namen für die Miningstruktur *TargetMail* und für das Miningmodell *TM_Decision_Trees* an. Aktivieren Sie außerdem das Kontrollkästchen *Drillthrough zulassen*, um sich später die den einzelnen Knoten zugrunde liegenden Fälle anschauen zu können. Klicken Sie danach auf *Fertig* bzw. *Fertig stellen*.

Nach dem Abschluss des Data Mining-Assistenten wird im Projektmappen-Explorer unterhalb von *Miningstrukturen* die neu erstellte Miningstruktur mit dem Namen *TargetMail.dmm* angezeigt. Gleichzeitig wird der Designer für Miningmodelle geöffnet, in dem fünf Registerkarten zum weiteren Bearbeiten der Miningstruktur verfügbar sind.

Modelle hinzufügen

Mit dem Erstellen einer Miningstruktur muss zugleich ein Modell (= Data Mining-Technik = Algorithmus) für die Miningstruktur definiert werden. In unserem Beispiel wurde der Miningstruktur *TargetMail* ein Modell mit dem Lösungsalgorithmus *Microsoft_Decision_Trees* hinzugefügt (siehe den vorherigen Abschnitt). In diesem Abschnitt sollen zwei weitere Modelle hinzugefügt werden. Das eine Modell soll mit dem Algorithmus *Microsoft_Clustering*, das andere mit dem Algorithmus *Microsoft_Naive_Bayes* arbeiten.

Die drei Modelle arbeiten nach unterschiedlichen Verfahren und unterscheiden sich auch teilweise in ihren qualitativen Ergebnissen. Sie sind jedoch alle in der Lage, auf Basis eines trainierten Modells Vorhersagen zu berechnen. Daher können sie auch hinsichtlich der Präzision der Modellergebnisse miteinander verglichen werden.

Um der bestehenden Miningstruktur *TargetMail* ein weiteres Modell hinzuzufügen, gehen Sie folgendermaßen vor:

1. Öffnen Sie ggf. den Designer für Miningmodelle, indem Sie im Projektmappen-Explorer auf die Miningstruktur *TargetMail.dmm* doppelklicken. Aktivieren Sie im Designer die Registerkarte *Miningmodelle*.
2. Klicken Sie mit der rechten Maustaste auf den Kopf der Spalte *Struktur* und wählen Sie im Kontextmenü den Eintrag *Neues Miningmodell* aus, um das gleichnamige Dialogfeld zu öffnen.
3. Geben Sie im Dialogfeld *Neues Miningmodell* als Modellnamen *TM_Clustering* an, wählen Sie in der Liste *Algorithmusname* den Algorithmus *Microsoft Cluster* und klicken Sie auf *OK*. Daraufhin wird der Registerkarte *Miningmodelle* das neue Modell hinzugefügt.
4. Fügen Sie auf dieselbe Weise wie im vorherigen Schritt 3 ein weiteres Modell hinzu. Vergeben Sie dabei den Modellnamen *TM_NaiveBayes* und wählen Sie als Algorithmus *Microsoft_Naive_Bayes*. Wenn Sie das Dialogfeld *Neues Miningmodell* mit *OK* bestätigen, wird das in Abbildung 10.4 dargestellte Dialogfeld angezeigt. Der Meldungstext des Dialogfelds weist darauf hin, dass die Inhaltstypen der Felder *Age* und *Yearly Income* vom Algorithmus *Microsoft_Naive_Bayes* nicht unterstützt werden. Dies hat seinen Grund darin, dass dieser Algorithmus nur diskrete Inhaltstypen, nicht jedoch kontinuierliche unterstützt. *Age* und *Yearly Income* waren aber beim Erstellen der Miningstruktur als kontinuierliche Felder definiert worden. Bestätigen Sie das Dialogfeld mit *Ja*. Daraufhin wird auf der Registerkarte *Miningmodelle* ein drittes Miningmodell eingefügt.

Miningstruktur erstellen und weitere Modelle hinzufügen

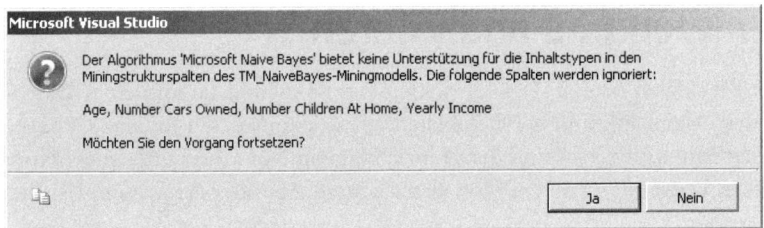

Abbildung 10.4 Mit diesem Dialogfeld wird auf die Unverträglichkeit einzelner Inhaltstypen mit dem Algorithmus *Naive Bayes* hingewiesen

HINWEIS Es ist nicht zwingend notwendig, im Modell *TM_NaiveBayes* auf die beiden Variablen *Age* und *Yearly Income* zu verzichten, denn es gibt die Möglichkeit, ihre Werte in Alters- bzw. Einkommensklassen einzuteilen, und diese Klassen wären dann diskrete Werte. Die Diskretisierung kann sogar vom Miningmodell-Designer automatisch vorgenommen werden. Eine solche Modelländerung hätte allerdings ihren Preis, denn in den anderen beiden Modellen müssten dann auch die diskreten Werte verarbeitet werden, sofern diese in derselben Miningstruktur verblieben.

Die Registerkarte *Miningmodelle* im Data Mining-Designer gibt jetzt außer der Miningstruktur auch die drei Modelle wieder, denen wir die Namen *TM_Decision_Trees*, *TM_Clustering* und *TM_NaiveBayes* gegeben haben (Abbildung 10.5). Für jedes Modell werden dort die Inhaltstypen der einzelnen Variablen aus der Miningstruktur angegeben. Sie erkennen insbesondere, dass die Inhaltstypen der Variablen *Age* und *Yearly Income* für das Modell *TM_NaiveBayes* auf *Ignorieren* eingestellt wurden.

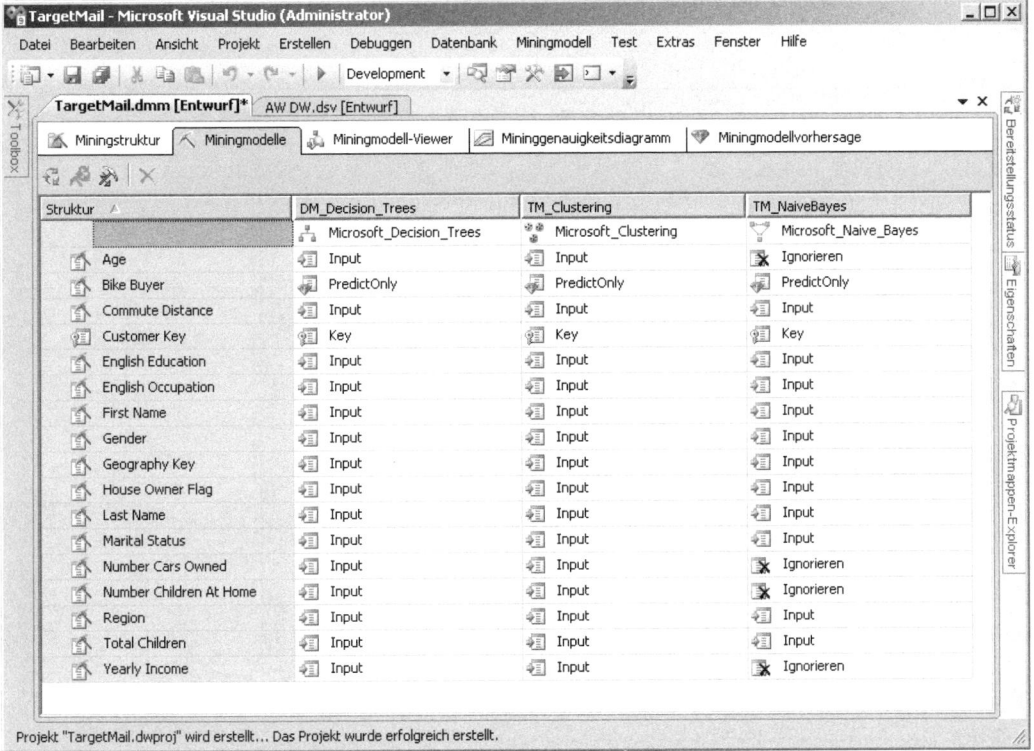

Abbildung 10.5 Die Registerkarte *Miningmodelle* gibt die Variablen der drei Modelle und deren Verwendungen in den Modellen wieder

Miningmodelle trainieren und analysieren

Bisher haben wir uns lediglich mit Metadaten befasst: Das Einrichten einer Datenquelle und einer Datenquellensicht betraf die Strukturen der Datenbank und deren Tabellen, nicht jedoch deren Inhalte. Genauso verhält es sich mit dem Erstellen einer Miningstruktur und dem Einrichten von drei Miningmodellen darin: Das Festlegen von Variablen und deren Verwendung in den Modellen als *Input*, *Key* oder *PredictOnly* berührt zunächst nur die Metadaten.

Nunmehr aber sollen die Modelle berechnet werden und bei diesem Schritt müssen sie mit Inputwerten versorgt werden. Wenn dieser Schritt das erste Mal beim Erstellen von Miningmodellen vollzogen wird, muss die Miningstruktur zunächst auf dem Analysis-Server als Datenbank angelegt, bereitgestellt und anschließend verarbeitet werden. Wenn die Miningstruktur schon einmal bereitgestellt wurde und keine erneute Bereitstellung erforderlich ist, muss sie lediglich verarbeitet werden. Dies geschieht durch Klicken auf die Schaltfläche *Die Miningstruktur und alle mit ihr verknüpften Modelle verarbeiten*, die bei aktivierter Registerkarte *Miningstruktur* oder *Miningmodelle* in der Symbolleiste angeboten wird, oder durch Drücken der Taste F5.

Hier wird unterstellt, dass die Miningstruktur bisher nicht bereitgestellt wurde.

1. Drücken Sie die Taste F5, um die Miningstruktur bereitzustellen und zu verarbeiten. Dann wird das Fenster *Bereitstellungsstatus* angezeigt, in dem der Fortschritt der Bereitstellung und des Verarbeitens, d.h. des Modelltrainings, angezeigt wird.
2. Blenden Sie das Fenster *Bereitstellungsstatus* nach erfolgreicher Bereitstellung und Verarbeitung aus, um auf dem Bildschirm mehr Platz für die Auswertungsfenster zu haben.

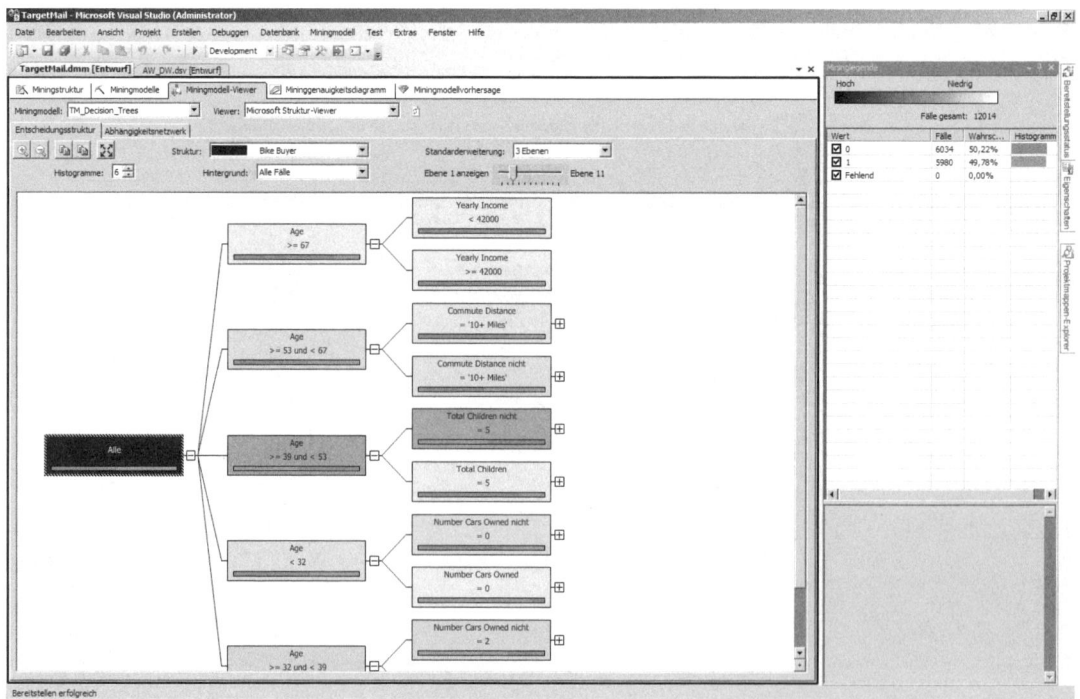

Abbildung 10.6 Miningmodell-Viewer unmittelbar nach dem Bereitstellen und Verarbeiten der Miningstruktur

Unmittelbar nach dem Beenden des Bereitstellungs- und Verarbeitungsprozesses wird automatisch die Registerkarte *Miningmodell-Viewer* aktiviert, vgl. Abbildung 10.6. Der Miningmodell-Viewer dient dazu, sich über die Ergebnisse des Modelltrainings zu informieren. Hierzu stellt das System mehrere Werkzeuge in grafischer und tabellarischer Aufbereitung zur Verfügung, die wir im Weiteren ausführlich besprechen und erklären werden.

Welche Werkzeuge im Einzelnen bereitgestellt werden, ist vom zu untersuchenden Modell abhängig: Für ein Clustermodell sind andere Darstellungsverfahren erforderlich als für einen Entscheidungsbaum, noch wieder andere werden für das Naive_Bayes-Modell angeboten. Wir werden daher im Folgenden die Möglichkeiten des Miningmodell-Viewers nacheinander für die drei Modelle unserer Miningstruktur *TargetMail* behandeln.

Miningmodell-Viewer für ein Decision Tree-Modell

Wenn eine Miningstruktur mehr als ein Modell enthält, wählen Sie das zu prüfende Modell mit der Liste *Miningmodell* aus, die Sie auf der Registerkarte *Miningmodell-Viewer* oben links finden. In Abbildung 10.6 ist dort das Modell *TM_Decision_Trees* ausgewählt. Rechts neben der Liste *Miningmodell* befindet sich die Liste *Viewer*, in der Sie zwischen zwei Ansichten wählen können: In Abbildung 10.6 ist der *Microsoft Struktur-Viewer* ausgewählt, dessen baumartige Modelldarstellung in Abbildung 10.6 zu sehen ist. Alternativ könnte in der Liste *Microsoft Generic Content Tree Viewer* gewählt werden. Diese Darstellung in tabellarischer Form werden wir später in diesem Kapitel besprechen. Der *Microsoft Struktur-Viewer* bietet die beiden Darstellungsformen *Entscheidungsstruktur* und *Abhängigkeitsnetzwerk* an, von denen in Abbildung 10.6 *Entscheidungsstruktur* gewählt ist, die im folgenden Punkt detailliert besprochen wird.

Darstellung des Entscheidungsbaums im Fenster *Entscheidungsstruktur*

Diese Darstellungsform ermöglicht sehr differenzierte Einsichten in das trainierte Decision Tree-Modell. Zentral ist die Darstellung eines auf die Seite gelegten (wegen der Bildschirmproportionen) Baumes. Die einzelnen Elemente des Baumes werden als Knoten bezeichnet. Standardmäßig wird im Viewer auch die *Mininglegende* angezeigt (siehe in Abbildung 10.6 rechts oben).

Bedeutung der Knoten in der Entscheidungsstruktur

Den Knoten können Sie mehrere Informationen entnehmen. Dies wird im Folgenden erläutert:

- Jeder Knoten zeigt die **Bedingung** an, die erforderlich ist, um den Knoten vom vorhergehenden Knoten aus zu erreichen. Der vollständige Knotenpfad wird in der Mininglegende angezeigt. In Abbildung 10.7 beispielsweise ist der Knoten *Total Children = 5* markiert. Die Beschriftung des Knotens gibt an, dass – ausgehend vom vorherigen (übergeordneten) Knoten – in diesen Knoten nur Fälle mit fünf Kindern aufgenommen wurden. In der Mininglegende wird dagegen der gesamte Bedingungspfad ausgewiesen: *Age >= 39 und < 53 und Total Children = 5.*

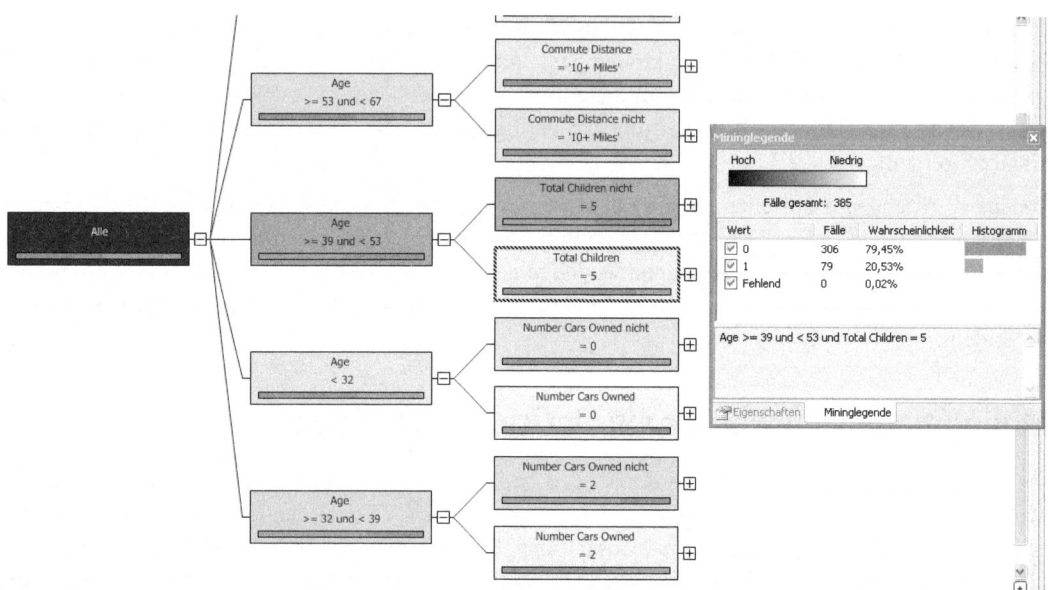

Abbildung 10.7 Im Entscheidungsbaum ist der Knoten *Total Children* = 5 ausgewählt, dessen Merkmale in der Mininglegende angezeigt werden. Das Steuerelement *Hintergrund* ist auf *Alle Fälle* eingestellt.

- In jedem einzelnen Knoten wird die **relative Verteilung der Ausprägungen** (in der Online-Hilfe werden die Ausprägungen als *Status* bezeichnet) für das vorhersagbare Attribut in einem Histogramm durch unterschiedliche Farben angegeben. Im Knoten *Total Children* = 5 in Abbildung 10.7 beispielsweise zeigt der relativ lange blaue gegenüber dem relativ kurzen roten Histogrammbalken, dass er relativ sehr wenige Fälle mit Fahrradkäufern enthält. In unserem Beispiel *TargetMail* hat das Attribut *BikeBuyer* lediglich die Ausprägungen 1 und 0 für Käufer und Nichtkäufer. Daher weisen die Balken in den Knoten nur eine einzige farbliche Unterteilung auf. Wenn das Attribut mehr als zwei Ausprägungen besitzt, haben die Balken entsprechend mehr Unterteilungen. Mit dem Steuerelement *Histogramme* (oben links im Tree Viewer) können Sie die Zahl der berücksichtigten Ausprägungen beschränken. Standardmäßig ist der Wert dort auf 6 eingestellt, was sich bei nur zwei Attributsausprägungen naturgemäß nicht auswirkt. Die relative Verteilung der Attributsausprägungen wird auch in der Mininglegende für den jeweils markierten Knoten als Histogramm und mit Prozentzahlen (Spalte *Wahrscheinlichkeit*) wiedergegeben, vgl. Abbildung 10.7. Die Mininglegende gibt darüber hinaus die absolute Verteilung der Attributsausprägungen wieder (Spalte *Fälle*) und teilt auch die Gesamtzahl der Fälle im Knoten mit.

- Die **Hintergrundfarbe** eines Knotens gibt Auskunft über den Anteil der Fälle im Knoten an allen Fällen: Je dunkler die Farbe ist, desto höher ist der Anteil. Die Interpretation dieser Anteile hängt von der Einstellung des Steuerelements *Hintergrund* ab. Standardmäßig ist dies auf *Alle Fälle* eingestellt. Diese Einstellung gilt beispielsweise für Abbildung 10.7. Daher besitzt dort der Knoten *Alle* die tiefste Farbprägung, weil er alle Fälle der Stichprobe (das sind 12014 Fälle) enthält. Der Knoten *Total Children* = 5 dagegen ist mit nur 385 Fällen sehr schwach besetzt und wird daher mit einem sehr hellen Farbhintergrund wiedergegeben. Das Steuerelement *Hintergrund* ist eine Dropdownliste, die außer den Einträgen *Alle Fälle* und *Fehlend* alle Ausprägungen des vorhersagbaren Attributs zur Auswahl anbietet. In unserem Beispiel enthält das vorhersagbare Attribut *BikeBuyer* lediglich die Werte 1 und 0 für Käufer und Nichtkäufer.

Abbildung 10.8 zeigt denselben Entscheidungsbaum wie Abbildung 10.7, jedoch ist hier der Hintergrund auf den Wert 1 eingestellt. Dann gibt die Intensität der Hintergrundfarbe den Anteil der Fälle mit *Bike-Buyer* = 1 an allen Fällen des Knotens (also nicht etwa an der gesamten Stichprobe) wieder. Daher korrespondiert die Farbintensität in unserem Beispiel, in dem es nur die Werte 1 und 0 für das vorhersagbare Attribut gibt, mit den Histogrammen in den Knoten, sodass diese Einstellung im vorliegenden Fall eigentlich redundant ist. Für andere Modelle, in denen die vorhersagbare Variable mehr als zwei Werte hat, böte sie dagegen eine zusätzliche Information zu den Histogrammen in den Knoten.

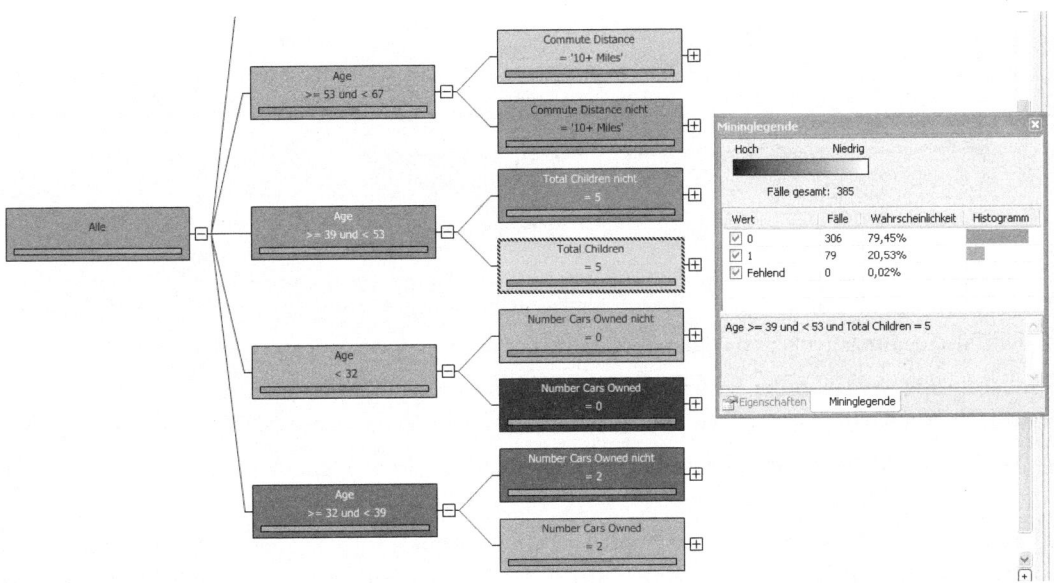

Abbildung 10.8 Entscheidungsbaum wie in Abbildung 10.7, jedoch ist das Steuerelement *Hintergrund* auf den Wert *1* eingestellt

- Eine Kurzlegende zum Knoteninhalt erhalten Sie in der Form einer QuickInfo, wenn Sie mit dem Mauszeiger auf einen Knoten zeigen
- Wenn Sie mit der rechten Maustaste auf einen Knoten klicken, im Kontextmenü *Drillthrough ausführen* und dann *Nur Modellspalten* bzw. *Modell- und Strukturspalten* wählen, wird eine Tabelle mit den Fällen der Trainingsstichprobe angezeigt, auf denen der jeweilige Knoten basiert ist. In Abbildung 10.9 wird diese Tabelle für den Knoten *Total Children = 5* angezeigt.

ACHTUNG Der im letzten Punkt angeführte Befehl *Drillthrough ausführen* ist im Kontextmenü möglicherweise deaktiviert. Dies hat seinen Grund dann darin, dass die Modelleigenschaft *AllowDrillThrough* auf den Wert *False* eingestellt ist. Um ein *DrillThrough* zu ermöglichen, müssen Sie diese auf *True* einstellen. Dies geschieht auf der Registerkarte *Miningmodelle*: Klicken Sie dort auf den Spaltenkopf des betreffenden Modells (im vorliegenden Fall auf *TM_Decision_Trees*) und ändern Sie die Eigenschaft im Eigenschaftenfenster. Danach muss das Modell erneut bereitgestellt und verarbeitet werden, um die Änderung im Miningmodell-Viewer wirksam werden zu lassen: Drücken Sie daher in diesem Fall die Taste F5.

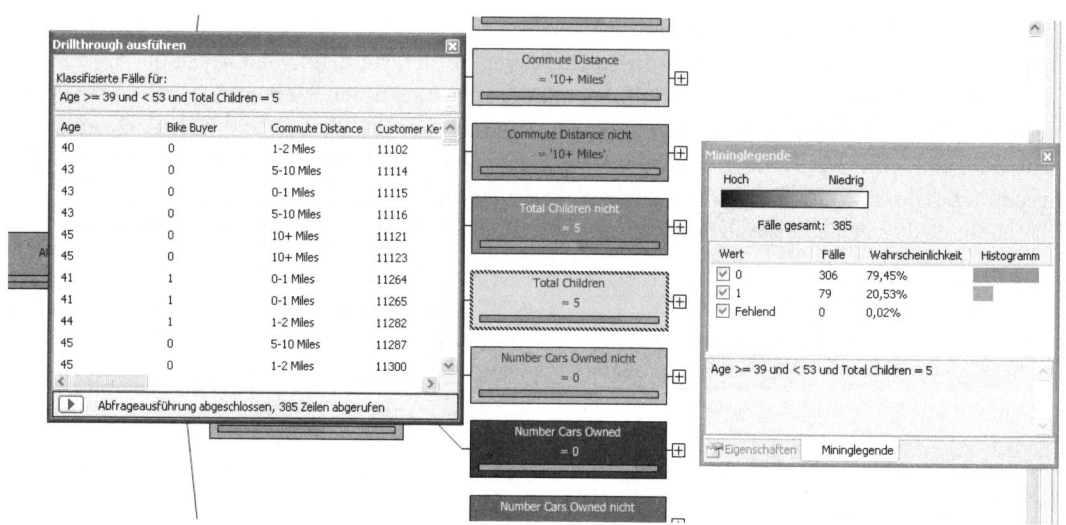

Abbildung 10.9 Im Fenster *Drillthrough ausführen* werden die Fälle des Knotens *Total Children = 5* angezeigt

In der Entscheidungsstruktur navigieren

Standardmäßig werden in der Entscheidungsstruktur die ersten drei Ebenen des Entscheidungsbaums dargestellt. Sie können die dargestellten Ebenen jedoch auf mehrfache Weise erweitern und einschränken:

- **Erweitern und Einschränken einzelner Knoten**   Einzelne Knoten lassen sich mit den Zeichen + und – erweitern und einschränken

- **Erweitern und Einschränken aller Knoten**   Durch entsprechende Auswahl der anzuzeigenden Ebenen im Steuerelement *Standarderweiterung* oder durch Verschieben des Schiebereglers *Ebene 1 anzeigen ...* bestimmen Sie die Anzahl der angezeigten Ebenen aller Knoten

- **Zoomen**   Bereits bei wenigen angezeigten Ebenen passen nicht mehr alle Knoten auf den Bildschirm, sodass Sie blättern müssen, um außerhalb des Bildschirms positionierte Knoten sichtbar zu machen. Darüber hinaus können Sie die Darstellung zoomen. Dazu dienen die Steuerelemente *Vergrößern*, *Verkleinern* und *Größe anpassen*. Abbildung 10.10 zeigt den Entscheidungsbaum unseres Beispielmodells mit allen elf Ebenen und in der Größe angepasst.

Durch Navigieren im Entscheidungsbaum können Sie diejenigen Knoten identifizieren, die z.B. einen besonders hohen Anteil an Käufern aufweisen. Da für jeden Knoten die Bedingung seines Zustandekommens in der Mininglegende ausgewiesen wird, können Sie Attributmerkmale identifizieren, die beispielsweise für den Einkauf neuer Adressen bei einem Adressbroker zugrunde gelegt werden können. So haben die Fahrradkäufer im Knoten *Total Children = 3* einen Anteil von 85,5 %. Die Bedingung für das Zustandekommen dieses Knotens lautet:

```
Age >= 39 und < 53 und Yearly Income >= 26000 und Number Children At Home nicht = 3 und Region = 'North America'
und Number Cars Owned = 0 und Total Children = 3
```

Sofern ein Adressbroker Adressen zu diesen Bedingungen besorgen kann, würde es vermutlich lohnen, sie zu bestellen.

Miningmodelle trainieren und analysieren

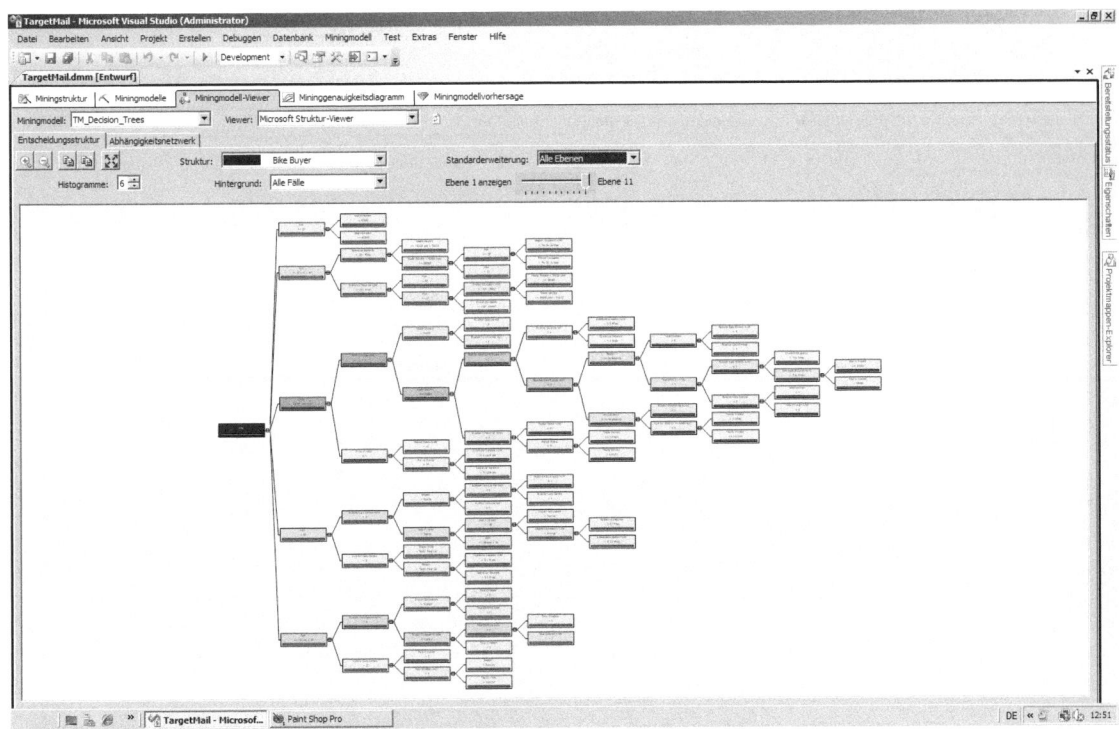

Abbildung 10.10 In diesem Entscheidungsbaum des Miningmodells *TM_Decision_Trees* werden alle elf Ebenen angezeigt. Die Darstellung wurde mit dem Steuerelement *Größe anpassen* entsprechend verkleinert.

Darstellung des Entscheidungsbaums im Fenster *Abhängigkeitsnetzwerk*

Der *Microsoft Struktur-Viewer* bietet außer der Darstellungsform *Entscheidungsstruktur*, die wir bisher behandelt haben, noch die Betrachtungsmöglichkeit im *Abhängigkeitsnetzwerk*. Um dieses anzuzeigen, klicken Sie auf der Registerkarte *Miningmodell-Viewer* auf *Abhängigkeitsnetzwerk* (dazu muss als Viewer *Microsoft Struktur-Viewer* gewählt sein). Dann wird eine Darstellung wie in Abbildung 10.11 angezeigt.

Im Abhängigkeitsnetzwerk wird die Verknüpfungsstärke der erklärenden Attribute (Variablen) mit dem vorhersagbaren Attribut visualisiert. Unmittelbar nach dem ersten Anzeigen des Abhängigkeitsnetzwerks ist das vorhersagbare Attribut *BikeBuyer* mit jedem erklärenden Attribut durch eine Pfeillinie verbunden. Dies ist für das vorliegende Beispiel wenig aussagekräftig.

Das Diagramm gewinnt jedoch an Aussagekraft, wenn Sie den Schieberegler am linken Rand in Richtung *Stärkste Verknüpfungen* verschieben. Dann verschwinden nacheinander die Verknüpfungslinien mit den schwächsten Verknüpfungen: Zuerst verschwindet die Linie zu *English Education*, dann die zu *Region* etc. Als letzte Verknüpfungslinie bleibt diejenige zwischen *Age* und *BikeBuyer* stehen. Dies bedeutet, dass das Attribut *Age* den stärksten Beitrag zum Erklärungsmodell *TM_Decision_Trees* leistet, *English Education* dagegen den geringsten. In Abbildung 10.11 wurde der Schieberegler so weit verschoben, dass die fünf stärksten Verknüpfungen angezeigt werden.

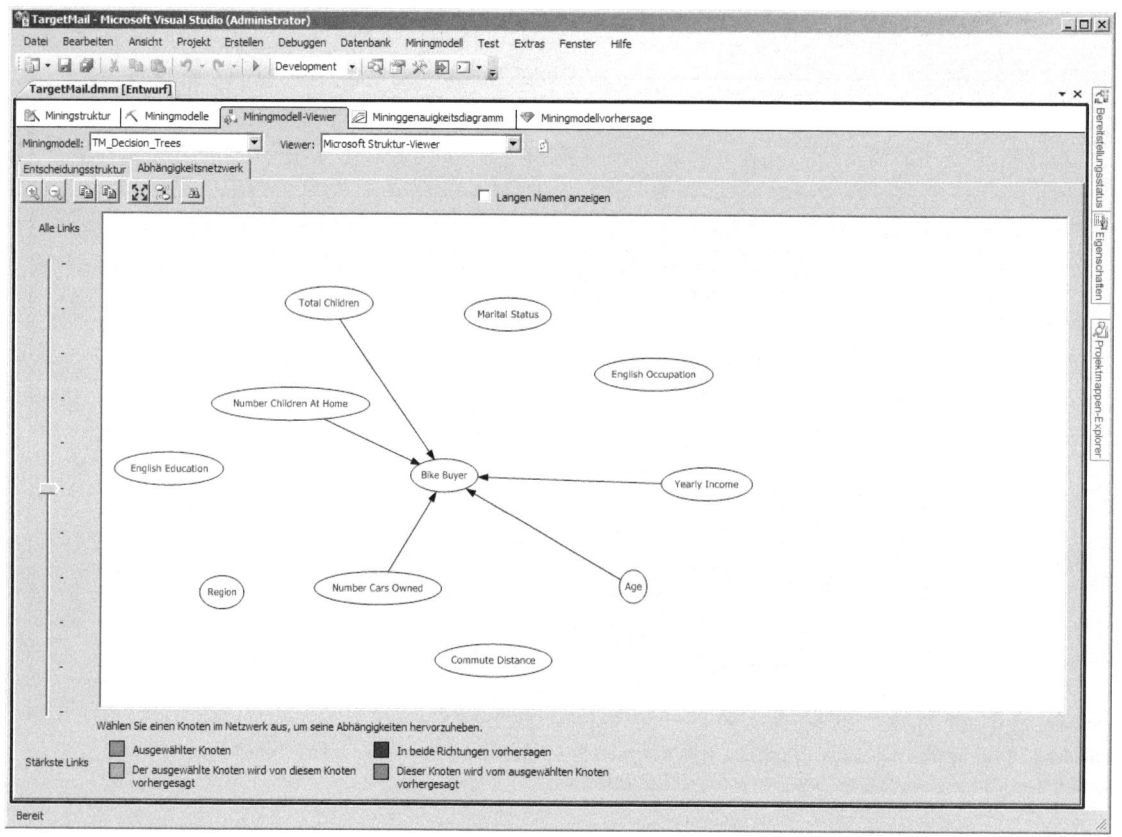

Abbildung 10.11 Der Entscheidungsbaum in der Darstellungsform *Abhängigkeitsnetzwerk*. Der Schieberegler wurde von uns in die Mitte verschoben.

Das Abhängigkeitsnetzwerk bietet weitere Möglichkeiten zur Hervorhebung von Abhängigkeiten zwischen einem erklärenden und einem vorhersagbaren Attribut, die jedoch nur einen Sinn ergeben, wenn im Miningmodell mehrere Attribute als vorhersagbar definiert wurden. Dies trifft für unser Beispiel nicht zu.

Generic Content Tree Viewer

Der *Generic Content Tree Viewer* wird angezeigt, wenn Sie ihn auf der Registerkarte *Miningmodell-Viewer* in der Liste *Viewer* auswählen. Er gibt eine tabellarische Auflistung von Informationen für jeden Knoten des betreffenden Modells wieder (Abbildung 10.12). Sie wählen einen Knoten, indem Sie im linken Teilfenster *Knotenbeschriftung* den Baum ggf. erweitern und auf den betreffenden Knoten klicken, um ihn zu markieren. Dann werden im rechten Teilfenster *Knotendetails* 21 verschiedene Informationen zum markierten Knoten angezeigt. Auf den ersten Blick erscheinen diese ziemlich kryptisch, nicht zuletzt, weil die Zeilenbeschriftungen die Namen von Modelleigenschaften in der Sprache DMX (Data Mining Extension) darstellen, auf die wir bisher nicht eingegangen sind.

Miningmodelle trainieren und analysieren

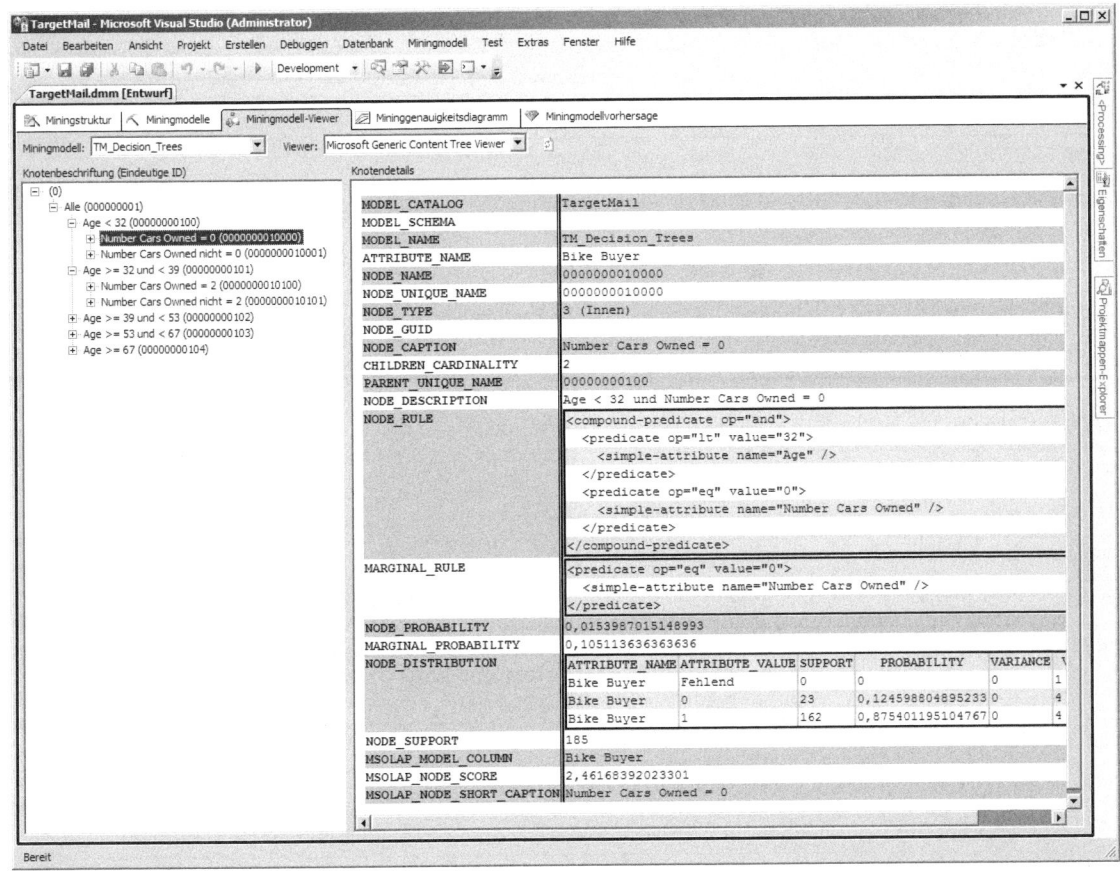

Abbildung 10.12 Generic Content Tree Viewer des Modells *TM_Decision_Trees*

Wenn Sie jedoch genauer hinschauen, können Sie zumindest einige der Zeilen interpretieren. So ist leicht zu erkennen, dass die Zeile *NODE_DESCRIPTION* den Bedingungspfad für den ausgewählten Knoten wiedergibt, und *NODE_SUPPORT* gibt die Zahl von Fällen, auf denen der Knoten basiert, wieder. Die Bedeutung aller 21 Zeilen finden Sie in Tabelle 10.2.

> **TIPP**   Sie können den Inhalt vom *Generic Content Tree Viewer* in die Zwischenablage kopieren: Markieren Sie den zu kopierenden Bereich, klicken Sie mit der rechten Maustaste auf eine Zelle und wählen Sie im Kontextmenü den Eintrag *Kopieren*. Anschließend fügen Sie ihn beispielsweise in ein Arbeitsblatt von Microsoft Excel oder ein Dokument von Microsoft Word ein.

Zeilenbeschriftung	Bedeutung
MODEL_CATALOG	Name der Miningstruktur
MODEL_SCHEMA	Name des Schemas (falls vorhanden)
MODEL_NAME	Modellname
ATTRIBUTE_NAME	Name des vorhersagbaren Attributs, das zu diesem Knoten gehört (es kann je Modell mehr als ein vorhersagbares Attribut definiert sein)

Tabelle 10.2 Bedeutung der Zeilen im *Generic Content Tree Viewer*

Zeilenbeschriftung	Bedeutung
NODE_NAME	Name des Knotens
NODE_UNIQUE_NAME	Eindeutiger Name des Knotens
NODE_TYPE	Typ des Knotens (algorithmusspezifisch)
NODE_GUID	GUID (Globally Unique Identifier) des Knotens (NULL, wenn es keinen GUID gibt)
NODE_CAPTION	Bezeichnung oder Beschriftung des Knotens (ist keine Beschriftung vorhanden, wird NODE_NAME zurückgegeben)
CHILDREN_CARDINALITY	Anzahl der untergeordneten Elemente des Knotens
PARENT_UNIQUE_NAME	Der eindeutige Name des dem Knoten übergeordneten Knotens (für Knoten auf der Stammebene wird NULL zurückgegeben)
NODE_DESCRIPTION	Gibt den Bedingungspfad für den Knoten an
NODE_RULE	XML-Beschreibung der Regel, die den Knoten bildet
MARGINAL_RULE	XML-Beschreibung der Regel, die den Knoten aus dem übergeordneten Knoten bildet
NODE_PROBABILITY	Wahrscheinlichkeit für das Erreichen des Knotens
MARGINAL_PROBABILITY	Wahrscheinlichkeit für das Erreichen des Knotens vom übergeordneten Knoten aus
NODE_DISTRIBUTION	Jede Zelle dieser Spalte lässt sich durch Klicken auf das Zeichen + zu einer Tabelle erweitern, die die absolute (*Support*) und relative (*Probability*) Werteverteilung des vorhersagbaren Attributs im Knoten wiedergibt (Abbildung 10.13)
NODE_SUPPORT	Anzahl von Fällen im Unterstützungswert dieses Knotens
MSOLAP_MODEL_COLUMN	Name der Modellspalte für MSOLAP
MSOLAP_NODE_SCORE	Scorewert des Knotens für MSOLAP
MSOLAP_NODE_SHORT_CAPTION	Kurzbezeichnung des Knotens für MSOLAP

Tabelle 10.2 Bedeutung der Zeilen im *Generic Content Tree Viewer (Fortsetzung)*

Der komplette Inhalt des *Generic Content Tree Viewers* lässt sich auch durch eine im Management Studio ausgeführte DMX-Abfrage gegen die Datenbank *TargetMail* im Analysis-Server ausgeben. Für unser Beispielmodell *TM_Decision_Trees* lautet das entsprechende Statement:

```
SELECT * FROM TM_Decision_Trees.CONTENT
```

Das Ergebnis dieser Abfrage wird in Tabellenform ausgegeben (Abbildung 10.13). Sie erkennen, dass die 21 Eigenschaften hier als Spalten ausgegeben werden, und jede Zeile steht für einen Knoten.

Die Spalte *NODE_DISTRIBUTION* unterscheidet sich von den anderen Spalten des Abfrageergebnisses, denn ihre Zellen lassen sich durch Klicken auf das Zeichen + zu einer Tabelle erweitern. Dies ist in Abbildung 10.13 für den Knoten mit dem Bedingungspfad *Age < 32 und Number Cars Owned = 0* geschehen. Die geöffnete tabellarische Übersicht gibt die absolute (*SUPPORT*) und relative (*PROBABILITY*) Verteilung der Attributwerte *Fehlend*, *0* und *1* wieder (die Varianz ist für diskrete Werte nicht definiert).

Miningmodelle trainieren und analysieren

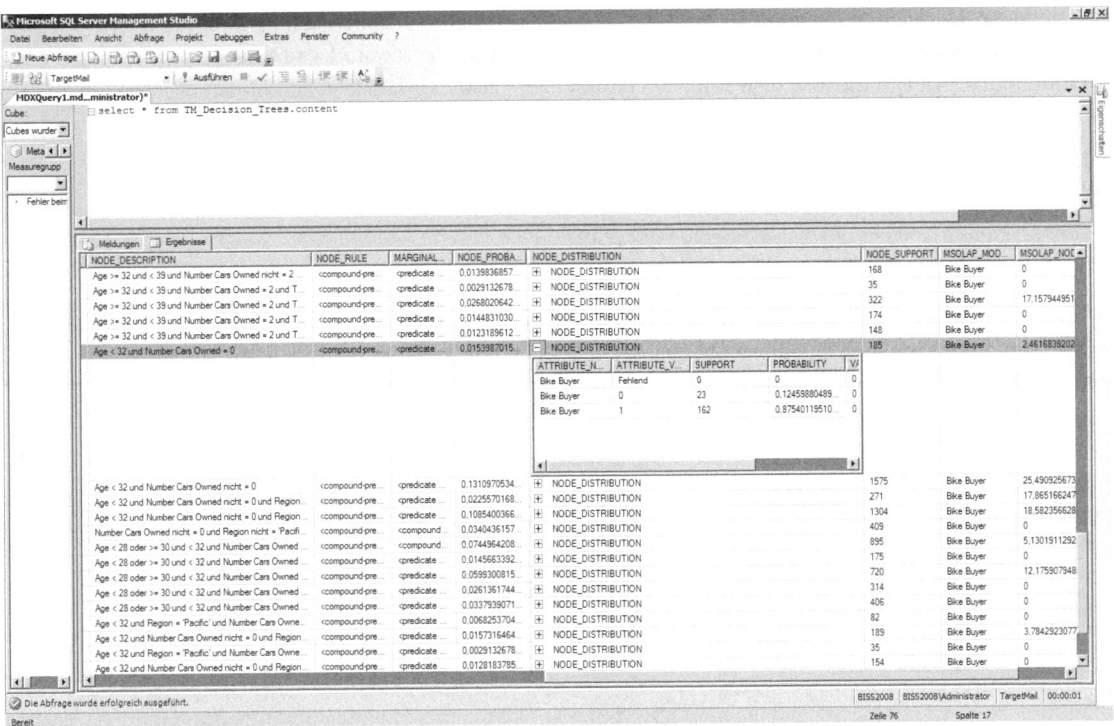

Abbildung 10.13   Erweiterung der Spalte NODE_DISTRIBUTION für den Knoten mit der NODE_DESCRIPTION Age < 32 und Number Cars Owned = 0

Das Ausführen einer DMX-Abfrage hat gegenüber der Betrachtung der Mininginhalte im Business Intelligence Development Studio nicht zuletzt den Vorteil, dass die Abfrage hinsichtlich der SELECT-Argumente und mit einer WHERE-Klausel eingeschränkt werden kann. Das folgende Statement beispielsweise schränkt das Abfrageergebnis auf diejenigen Knoten ein, die vom Knoten, der mit seiner GUID angegeben ist, abstammen (Kinder und Kindeskinder), und es werden nur die Spalten NODE_UNIQUE_NAME, NODE_CAPTION und NODE_PROBABILITY ausgegeben.

```
SELECT NODE_UNIQUE_NAME, NODE_CAPTION, NODE_PROBABILITY
FROM TM_Decision_Trees.CONTENT
WHERE ISDESCENDANT('00000000100')
```

Miningmodell-Viewer für Clustermodelle

Obwohl ein Clustermodell auch für Vorhersagen verwendet werden kann – und wir werden später in diesem Kapitel davon Gebrauch machen –, dient es doch in erster Linie einem anderen Zweck: Das Modell soll Gruppen (Cluster) von Fällen bilden, die in sich möglichst homogen und untereinander möglichst verschieden sind. Unter den gefundenen Clustern mögen dann einzelne sein, die für bestimmte Marketingaktionen besonders geeignet oder umgekehrt besonders ungeeignet sind.

Um derartige Bewertungen vornehmen zu können, müssen die Cluster inhaltlich untersucht und miteinander verglichen werden. Für diesen Zweck stellt der Miningmodell-Viewer vier verschiedene grafische Darstellungen bereit. Über diese verfügen Sie, wenn Sie im Business Intelligence Development Studio auf der

Registerkarte *Miningmodell-Viewer* in der Liste *Miningmodell* ein Clustermodell auswählen, für unser Beispiel also das Modell *TM_Clustering*. Standardmäßig wird dann die Registerkarte *Clusterdiagramm* angezeigt (Abbildung 10.14). Um die im Clustermodell gefundenen Cluster einschätzen zu können, werden Sie im Allgemeinen alle vier Viewer der Registerkarte *Miningmodell-Viewer* betrachten.

Clusterdiagramm

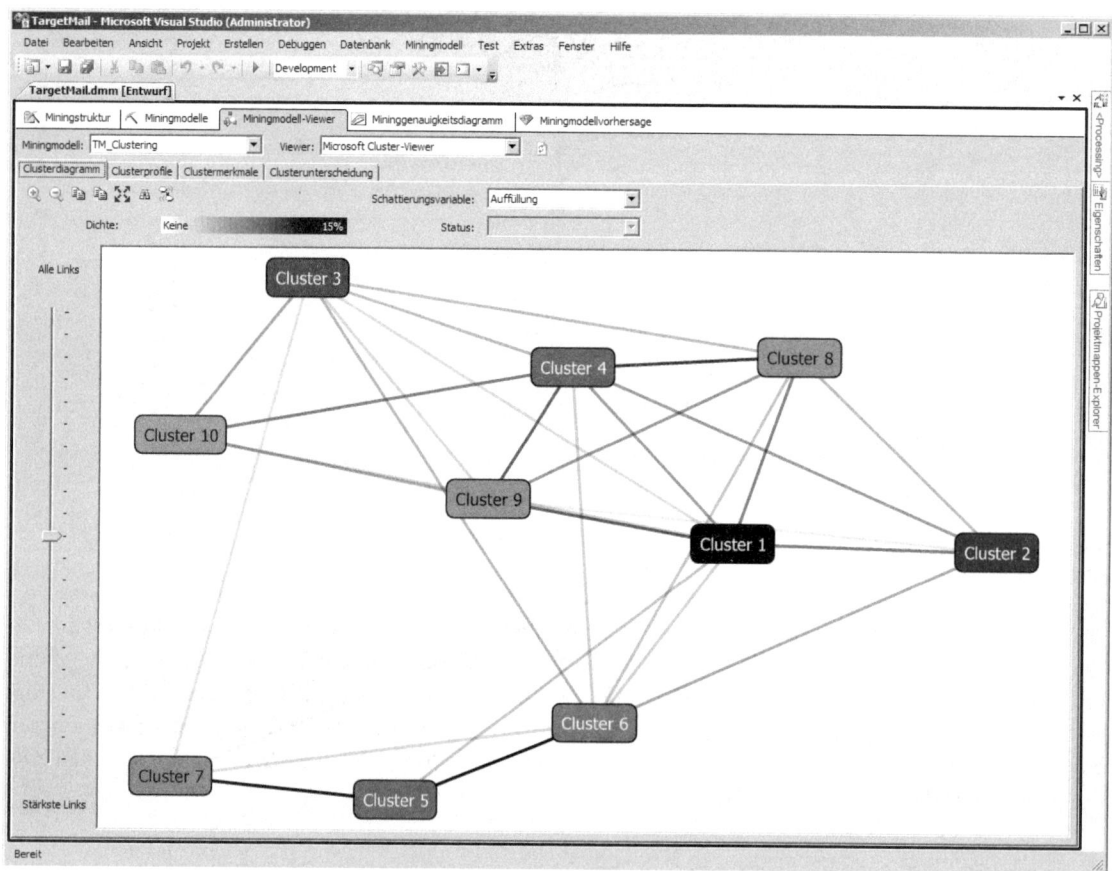

Abbildung 10.14   Die Registerkarte *Clusterdiagramm* stellt das Abhängigkeitsnetzwerk für die Cluster dar

Das Clusterdiagramm liefert die folgenden Informationen:

- Anzahl der im Clustermodell gefundenen Cluster
- Verteilung der Fälle oder bestimmter Attributwerte auf die Cluster
- Nähe oder Distanz der Cluster untereinander

Anzahl der im Clustermodell gefundenen Cluster

Jeder Cluster wird im Clusterdiagramm als ein Knoten dargestellt. Die Cluster werden zunächst *Cluster 1*, *Cluster 2* ... *Cluster n* benannt. In Abbildung 10.14 lässt sich erkennen, dass in unserem Modell *TM_Clustering* zehn Cluster gebildet wurden. Sie können die Cluster umbenennen und ihnen auf diese

Miningmodelle trainieren und analysieren

Weise aussagekräftige Namen geben, die auf besondere Merkmale des Clusters schließen lassen. Dies sollte natürlich erst geschehen, nachdem die Cluster mit den weiteren Features des Miningmodell-Viewers analysiert wurden.

Verteilung der Fälle oder bestimmter Attributwerte auf die Cluster

Im Clusterdiagramm werden die Cluster mit unterschiedlicher Farbintensität dargestellt: Je intensiver die Farbe, desto höher ist der Anteil der Fälle mit einem bestimmten Merkmal im Cluster. Das Merkmal wird mit den Listen *Schattierungsvariable* und *Status* festgelegt.

Standardmäßig ist *Schattierungsvariable* auf *Auffüllung* eingestellt, dann ist *Status* deaktiviert. Mit dieser Einstellung, die für Abbildung 10.14 gilt, gibt die Farbintensität den Anteil der Fälle eines Clusters an der gesamten Stichprobe (den Trainingsdaten) wieder. So lässt sich in Abbildung 10.14 erkennen, dass Cluster 1 die meisten Fälle enthält. Wenn Sie mit der Maus auf diesen Cluster zeigen, wird in der QuickInfo *Auffüllung: 1856* angezeigt. Cluster 10 hat die geringste Farbintensität, weil er mit 805 die geringste Anzahl von Fällen umfasst.

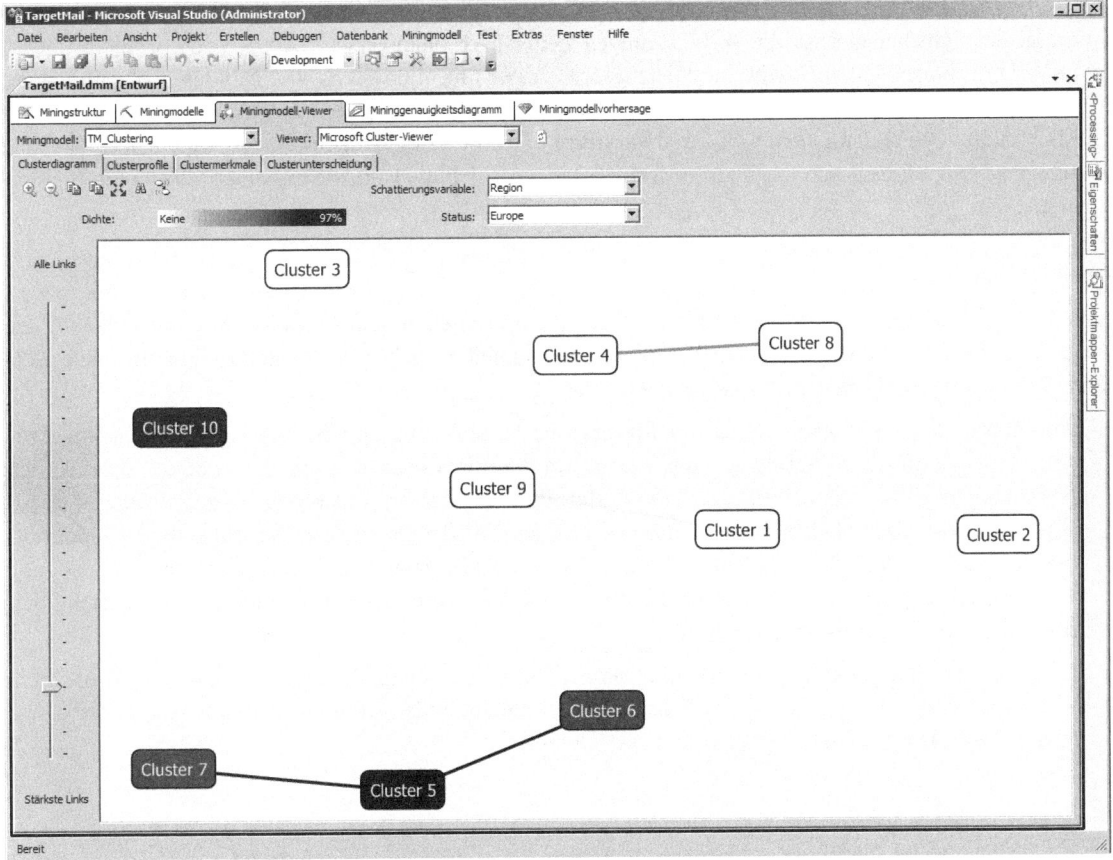

Abbildung 10.15 Die Schattierungsvariable ist auf *Region* und der Status auf *Europe* eingestellt. Nur die drei stärksten Verknüpfungen werden angezeigt.

In Abbildung 10.15 ist die Schattierungsvariable auf *Region* und der Status auf *Europe* eingestellt. Dies bewirkt, dass nur Cluster 10, Cluster 7, Cluster 6 und Cluster 5 mit einem intensiven Farbhintergrund dargestellt werden, in allen anderen Clustern bleibt der Hintergrund weiß. Für Cluster 10 bzw. 7 bzw. 6 bzw. 5 gibt die QuickInfo *Europe: 90 %* bzw. *Europe: 79 %* bzw. *Europe: 97 %* bzw. *Europe: 80 %* an, für alle anderen Cluster dagegen *Europe: 0 %*. Das bedeutet z.B., dass 97 % der Fälle in Cluster 5 für das Attribut *Region* die Ausprägung *Europe* besitzen. Umgekehrt gilt, dass keiner der sieben Cluster mit weißem Hintergrund auch nur einen einzigen Fall mit der Ausprägung *Europe* für die Variable *Region* enthält.

Nähe oder Distanz der Cluster untereinander

Wie eng beieinander oder wie weit auseinander je zwei Cluster liegen, können Sie an den Verknüpfungslinien im Clusterdiagramm erkennen. Zu diesem Zweck lässt sich der Schieberegler am linken Rand bewegen. In Abbildung 10.15 beispielsweise ist er sehr weit nach unten verschoben worden, sodass nur noch die drei stärksten Verknüpfungen dargestellt werden: Die größte Nähe besteht zwischen Cluster 5 und Cluster 7 sowie Cluster 5 und 6, weil die entsprechenden Linien die dunkelsten sind, die zweitgrößte Nähe besteht zwischen den Clustern 4 und 8 und die drittgrößte zwischen den Clustern 9 und 1, weil die entsprechenden Linien in dieser Reihenfolge heller dargestellt werden.

Wenn Sie den Schieberegler für die Verknüpfungen weiter nach oben verschieben, werden simultan immer mehr Verknüpfungslinien angezeigt, bis zuletzt jeder Cluster mit mindestens einem anderen verbunden ist. Auf diese Weise lässt sich beispielsweise erkennen, dass Cluster 5 und Cluster 9 unter allen Clusterpaaren die größte Distanz zueinander haben, weil deren Verknüpfungslinie beim Verschieben des Reglers nach oben als letzte angezeigt wird. Dies kann so interpretiert werden, dass sich die Fälle dieser beiden Cluster am meisten unterscheiden.

Clusterprofile

Im Viewer *Clusterprofile* (Abbildung 10.16) wird jeder Cluster in einer Spalte und jede Variable in einer Zeile dargestellt. Die Zellen, in denen sich Spalten und Zeilen schneiden, geben die Werteverteilung für die betreffende Kombination aus Cluster und Variable wieder:

- **Anordnung der Variablen** Standardmäßig sind die Variablen in alphabetischer Reihenfolge angeordnet. Per Klick auf den Kopf einer Clusterspalte werden die Variablen nach der Größe, in der sie den betreffenden Cluster begünstigen (d.h. zur Clusterbildung beitragen), in absteigender Ordnung angeordnet. Ein nochmaliges Klicken ordnet aufsteigend an etc. Für die Spalte *Variablen* gilt Entsprechendes für die alphabetische Anordnung. In Abbildung 10.16 sind die Variablen absteigend nach der Begünstigung des Clusters 2 angeordnet. Daher ist zu erkennen, dass *Region* am meisten zur Bildung von Cluster 2 beiträgt, *Yearly Income* am zweitmeisten etc.

- Die **Werteverteilung** in den Zellen wird für **diskrete Variablen** durch Histogramme angezeigt. Zusätzlich wird sie für eine Zelle, die Sie durch Klicken markiert haben, in der Mininglegende wiedergegeben. Diese lässt sich mit dem Kontextmenü aus- und einblenden.

Miningmodelle trainieren und analysieren

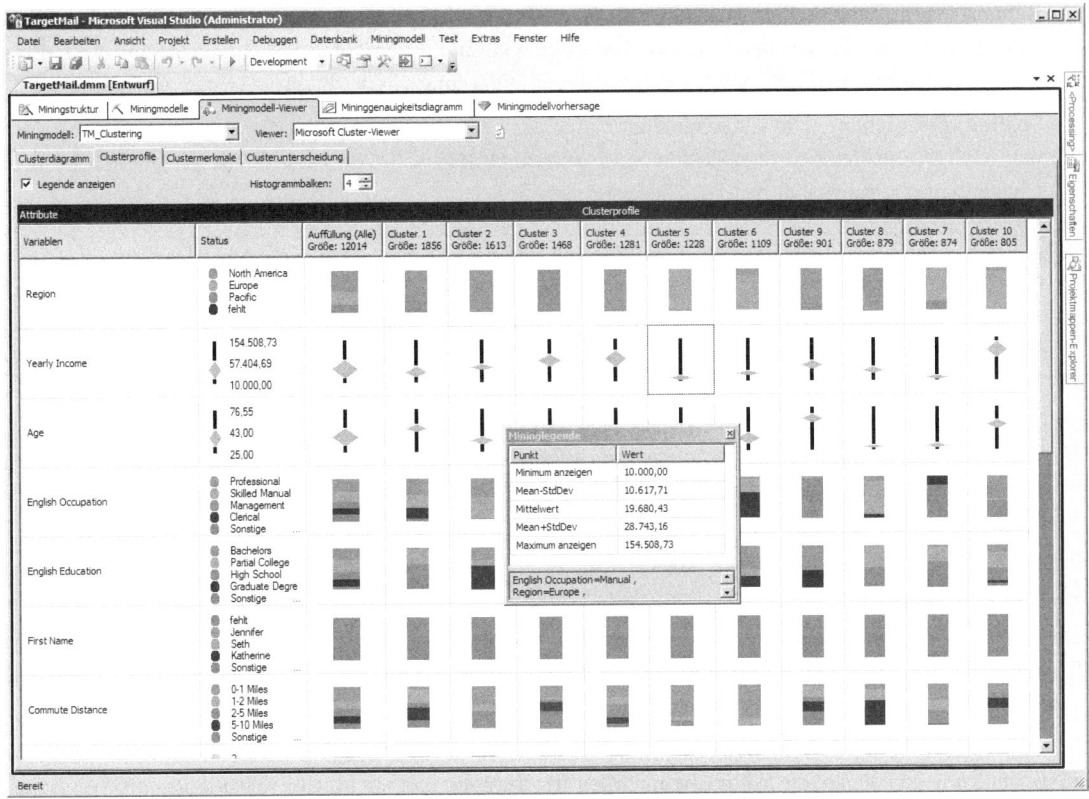

Abbildung 10.16 Miningmodell-Viewer *Clusterprofile*, angeordnet nach der Größe, mit der die Attribute Cluster 1 begünstigen

- Die **Werteverteilung kontinuierlicher Variablen** lässt sich nicht in derselben Weise in einem Histogramm darstellen wie bei diskreten Variablen. Stattdessen wird ihr Mittelwert als Raute auf einer senkrechten Linie, die als Zahlenstrang fungiert, angezeigt. Betrachten Sie beispielsweise in Abbildung 10.16 die Variable *Yearly Income* für Cluster 5. Dort ist die Raute fast am unteren Ende der senkrechten Linie angeordnet. Die Länge der senkrechten Linie symbolisiert den Wertebereich für alle Fälle der Trainingsdaten. In der Spalte *Status* (zweite von links) ist zu sehen, dass das Maximum dieses Wertebereichs 154.508,73 und das Minimum 10.000,00 beträgt. Mit diesen Eckwerten ist die Position der Raute zu vergleichen. Daher kann man in der Grafik erkennen, dass der Mittelwert des jährlichen Einkommens für Cluster 1 sehr nahe an 10.000,00 liegt. Da in Abbildung 10.16 die betreffende Zelle markiert ist, weist die Mininglegende den exakten Mittelwert mit 19.680,43 aus.

In der Mininglegende werden für kontinuierliche Variable auch die beiden Größen *Mean+StdDev* und *Mean-StdDev* ausgewiesen. Diese haben folgende Bedeutung: *Mean* ist der englische Ausdruck für Mittelwert und *StdDev* ist eine Kurzform für den englischen Begriff Standarddeviation, der im Deutschen als Standardabweichung bezeichnet wird. Die Standardabweichung ist die in der Statistik vorherrschende Maßzahl zur Bestimmung der Streuung der Einzelwerte um den Mittelwert: Je größer die Standardabweichung, desto größer die Streuung der Einzelwerte um den Mittelwert. Man kann die Standardabweichung als *durchschnittliche Streuung der Einzelwerte um den Mittelwert* interpretieren. Dann lassen sich die Größen *Mean+StdDev* und *Mean-StdDev* als die obere bzw. untere Grenze für den durchschnittlichen Wertebereich in der Variablen interpretieren. Die Größe der Streuung ist auch an der Form der

Raute auf dem Zahlenstrang zu erkennen: Je größer die Streuung, desto größer die Raute. Für die Variable *Yearly Income* für Cluster 5 hat die Raute einen kaum ausgeprägten Bauch, die Streuung ist also sehr gering, im Unterschied z.B. zu Cluster 1 für dieselbe Variable.

- **Spalten verschieben** Die Clusterspalten lassen sich verschieben: Ziehen Sie den Kopf einer Spalte auf den Spaltenkopf des Clusters, dessen Stelle er einnehmen soll. Auf diese Weise lassen sich bestimmte Cluster besser unmittelbar miteinander vergleichen.

> **TIPP**   Für jeden Cluster lässt sich ein *DrillThrough* ausführen: Klicken Sie mit der rechten Maustaste auf einen Punkt der betreffenden Clusterspalte und wählen Sie im Kontextmenü den Eintrag *DrillThrough ausführen* aus. Daraufhin wird das Fenster *DrillThrough ausführen* geöffnet, das eine Tabelle mit den Variablenwerten aller Fälle des Clusters enthält. Den Tabelleninhalt können Sie mithilfe seines Kontextmenüs in die Zwischenablage kopieren und von dort z.B. in ein Arbeitsblatt einer Microsoft Excel-Arbeitsmappe einfügen.

Ein *DrillThrough* ist allerdings nur möglich, wenn die Modelleigenschaft *AllowDrillThrough* auf den Wert *True* eingestellt ist. Den Wert dieser Eigenschaft ändern Sie auf der Registerkarte *Miningmodelle*: Klicken Sie dort auf den Spaltenkopf des betreffenden Modells und ändern Sie die Eigenschaft im Eigenschaftenfenster. Vergessen Sie nicht, danach durch Drücken der Taste F5 das Modell erneut bereitzustellen.

Clustermerkmale

Im Miningmodell-Viewer *Clustermerkmale* werden bedeutsame Werte der Variablen mit der Wahrscheinlichkeit, mit der sie im Cluster anzutreffen sind, dargestellt (Abbildung 10.17). Dabei stellt diese Wahrscheinlichkeit nichts anderes dar als den Anteil, den Fälle mit diesem Wert an allen Fällen des Clusters haben.

In Abbildung 10.17 werden die Clustermerkmale für Cluster 5 wiedergegeben, weil dieser in der Liste *Cluster* ausgewählt wurde. Die größte Wahrscheinlichkeit hat der Wert *Europe* für die Variable *Region*. Wenn Sie mit dem Mauszeiger auf den betreffenden Balken zeigen, zeigt die QuickInfo den Wert 96,859 % an. Dies bedeutet, dass in diesem Cluster 96,859 % Fälle mit der Region Europa vorhanden sind, die restlichen 3,141 % der Fälle stammen aus anderen Regionen. Die zweitgrößte Wahrscheinlichkeit besitzt der Wert *fehlt* für die Variable *Geography Key*. Obwohl in bestimmten Fällen auch fehlende Werte inhaltlich interpretierbar sind, ist dies hier nicht erkennbar. Daher trägt diese Information wenig zur Charakterisierung von Cluster 5 bei.

In der Liste *Cluster* können Sie außer jeden Cluster auch *Auffüllung (Alle)* wählen. Mit dieser Option, die standardmäßig eingestellt ist, werden die Merkmale für alle Cluster, d.h. für alle Fälle der Trainingsstichprobe, dargestellt. Durch Doppelklicken auf die Spaltenköpfe *Variablen* bzw. *Wahrscheinlichkeit* werden die Merkmale alphabetisch nach den Variablen bzw. nach den Wahrscheinlichkeiten angeordnet. Ein nochmaliges Doppelklicken kehrt die Reihenfolge um.

Miningmodelle trainieren und analysieren

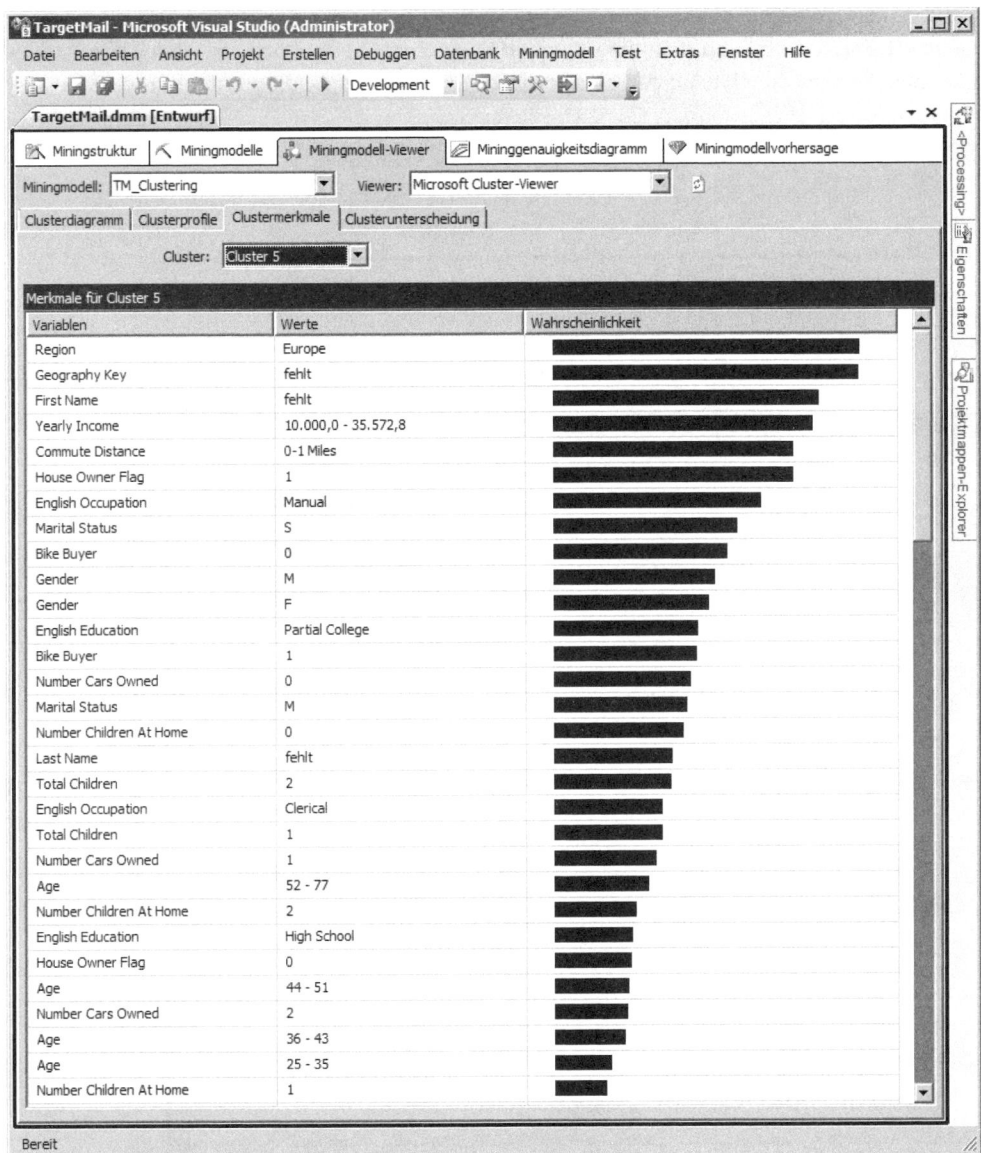

Abbildung 10.17 Miningmodell-Viewer *Clustermerkmale*. Es werden die Merkmale des Clusters 5 dargestellt, angeordnet nach der Wahrscheinlichkeit.

Clusterunterscheidung

Die drei bisher behandelten Clusterviewer *Clusterdiagramm*, *Clusterprofile* und *Clustermerkmale* ermöglichen bereits einen sehr differenzierten Einblick in die Zusammensetzung der einzelnen Cluster. Allerdings geben sie nicht unbedingt Auskunft über die Besonderheiten einzelner Cluster, die sie von anderen Clustern unterscheidet. Obwohl es beispielsweise auffällig ist, dass Cluster 5 mit 97 % einen äußerst hohen Anteil an Fällen mit der Region Europa besitzt, ist dies nicht notwendigerweise eine Besonderheit nur dieses Clusters. Und tatsächlich besitzen auch die Cluster 10 bzw. 6 bzw. 7 einen Europaanteil von 90 % bzw. 80 % bzw.

79 %. Nur gegenüber den anderen sechs Clustern, die gar keine Fälle mit der Region Europa enthalten, ist dies eine Besonderheit. Tatsächlich kann man die Besonderheiten eines Clusters nur im Vergleich mit anderen Clustern erkennen. Diesem Zweck dient der Clusterviewer *Clusterunterscheidung* (Abbildung 10.18).

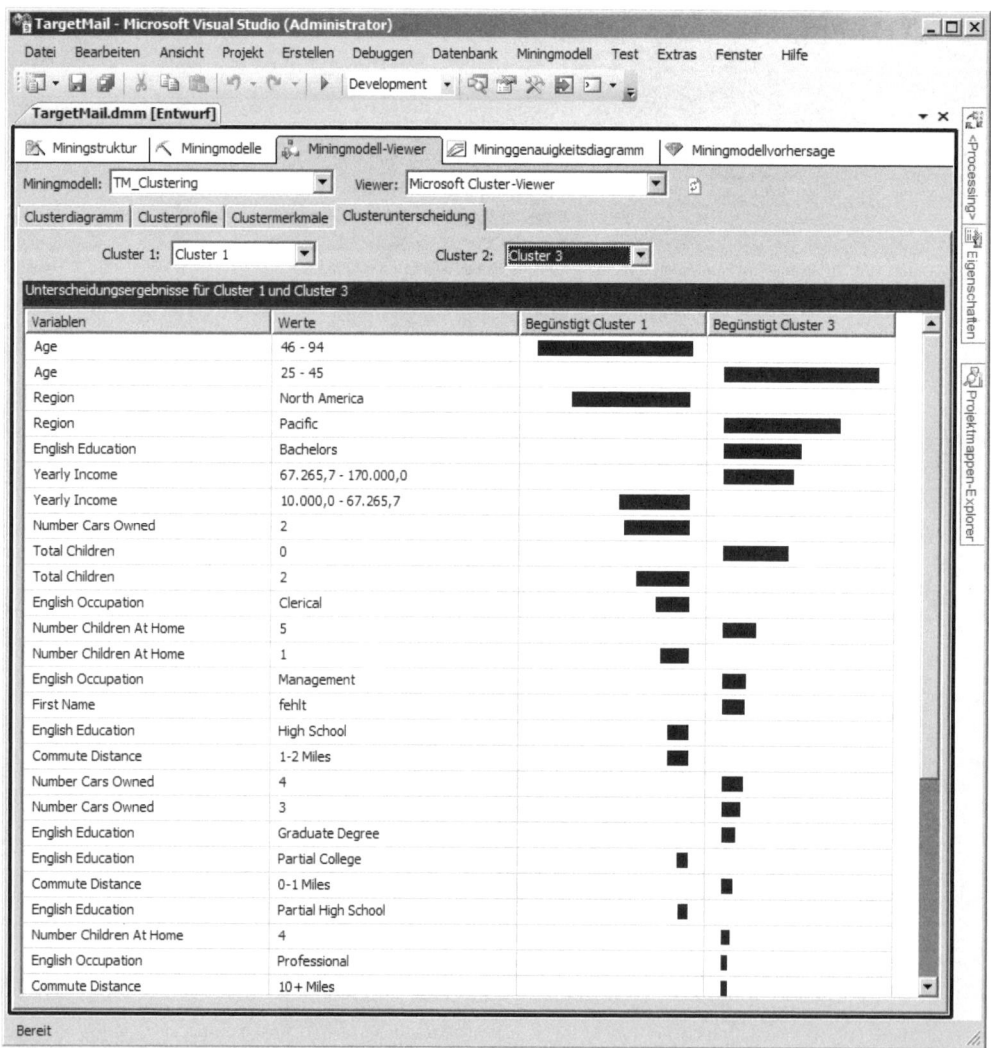

Abbildung 10.18 Im Viewer *Clusterunterscheidung* werden Cluster 2 und Cluster 3 verglichen, die Zeilen mit den Variablenwerten sind in alphabetischer Reihenfolge der Variablennamen angeordnet

In Abbildung 10.18 werden Cluster 1 und Cluster 3 miteinander verglichen. Für jeden der beiden Cluster wird mit den Balken in den Spalten *Begünstigt Cluster 1* bzw. *Begünstigt Cluster 3* angegeben, von welchen Werten der Variablen der Cluster jeweils in welchem Ausmaß begünstigt wird. So wird Cluster 3 von der Altersklasse 25 bis 45 am stärksten begünstigt, Cluster 2 dagegen von der Altersklasse 46 bis 94, womit dieser Cluster tendenziell von Älteren und der andere von Jüngeren unterstützt wird. Die alphabetische Anordnung der Zeilen nach den Variablennamen erleichtert es, die beiden Cluster unmittelbar bezüglich einzelner Variablen zu vergleichen. Standardmäßig sind die Zeilen nach der Größe der Begünstigung – d.h. nach der Länge

Miningmodelle trainieren und analysieren

der Balken – angeordnet. Diese Anordnung, die Sie durch Klicken auf die Spaltenüberschrift *Begünstigt ...* erzielen können, lässt leicht erkennen, von welchen Variablenwerten die verglichenen Cluster am stärksten bzw. am schwächsten begünstigt werden. Ein direkter Vergleich der beiden Cluster scheint jedoch mit der alphabetischen Anordnung der Zeilen nach den Variablennamen leichter möglich.

Wenn Sie mit dem Mauszeiger auf einen Balken zeigen, gibt die QuickInfo einen Zahlenwert zwischen 100 und 0 an: Der längste Balken der Grafik hat den Wert 100, der kürzeste einen Wert nahe 0. Daran ist zu erkennen, dass die Begünstigung nicht als absolute, sondern als relative Maßzahl ermittelt wird.

So wie in Abbildung 10.18 können Sie durch entsprechende Auswahl in den Listenfeldern *Cluster 1* und *Cluster 2* beliebige Paare von Clustern vergleichen. Außerdem ist es möglich, einen einzelnen Cluster mit seinem Komplement zu vergleichen, d.h. mit der Gesamtheit aller anderen Cluster (Abbildung 10.19). Auch diese Gegenüberstellung kann recht sinnvoll sein, weil sich daran erkennen lässt, wie sich ein Cluster vom Durchschnitt aller anderen Cluster unterscheidet.

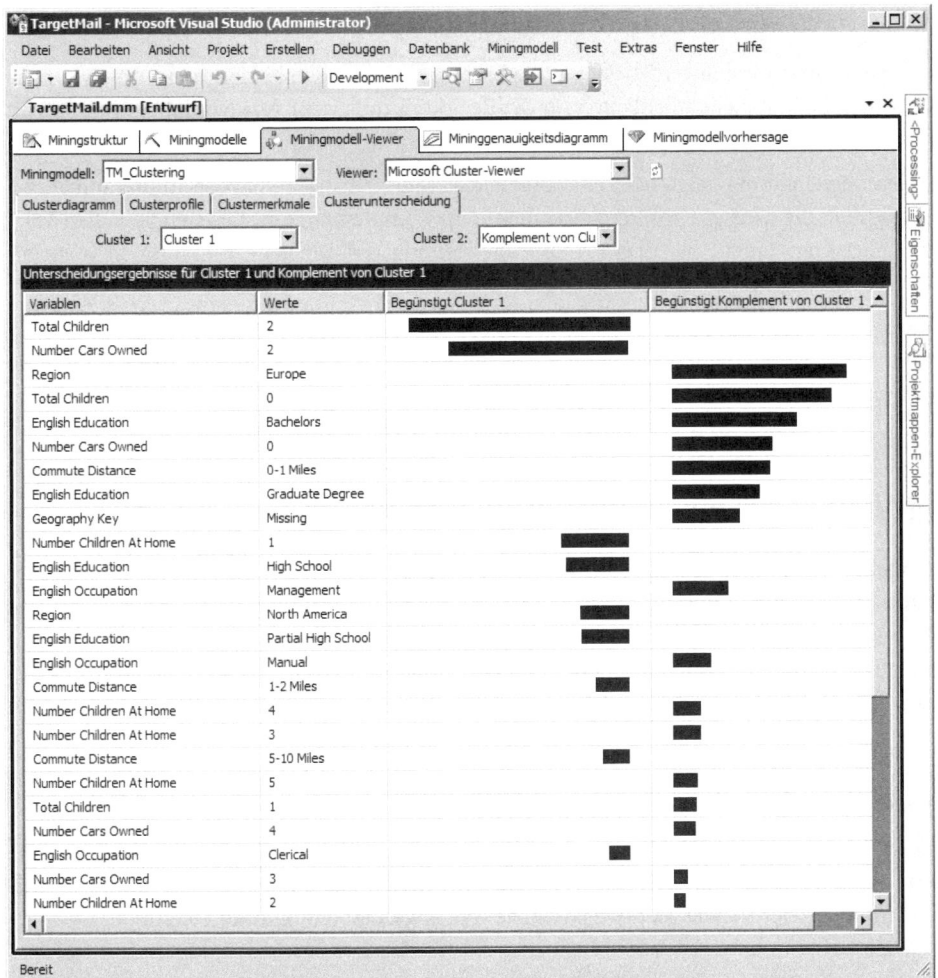

Abbildung 10.19 Gegenüberstellung von Cluster 1 und seinem Komplement im Viewer *Clusterunterscheidung*. Anordnung der Zeilen nach dem Ausmaß der Begünstigung.

Zusammenfassendes Ergebnis

Die vier für Clustermodelle verfügbaren Miningmodell-Viewer dienen dem Zweck, Charakteristika der Cluster eines Modells zu ermitteln. Nach der Untersuchung mit allen vier Viewern sollte es im Allgemeinen möglich sein, wenigstens für einzelne Cluster eine treffende Bezeichnung zu finden, die seinen Eigenheiten Rechnung trägt. Beispielhaft können wir dies für Cluster 5 versuchen:

- Im Viewer **Clusterdiagramm** zeigte sich, dass Cluster 5 einen mit 97 % besonders hohen Anteil an Fällen aus der Region Europa besitzt, was ihn außer von den Clustern 10, 7 und 6 von allen anderen Clustern, die keinen Fall mit der Region Europa aufweisen, unterscheidet (vgl. oben die Erläuterung zu Abbildung 10.15).

- Im Viewer **Clusterprofile** haben wir gesehen, dass Cluster 5 ein mit 19.680,43 vergleichsweise sehr geringes jährliches Durchschnittseinkommen hat. Außerdem konnte man dort erkennen, dass Cluster 5 einen sehr hohen Anteil von Fällen hat, bei denen die Variable *English Occupation* den Merkmalswert *Manual* aufweist, d.h., die Fälle enthalten relativ viele Handwerker (vgl. oben die Erläuterung zu Abbildung 10.16).

- Der Viewer **Clustermerkmale** für Cluster 5 bestätigt die Erkenntnisse aus den beiden vorigen Viewern: Es zeigen sich besonders hohe Wahrscheinlichkeiten für die Region Europa, sehr geringes Jahreseinkommen und Handwerker (vgl. oben Abbildung 10.17).

- Im Viewer **Clusterunterscheidung** zeigt sich, dass die beiden Merkmalswerte Europa und Handwerker auch hier diejenigen sind, die Cluster 5 im Vergleich zu seinem Komplement am stärksten von allen Variablen begünstigt. Allerdings taucht bei dieser Gegenüberstellung das jährliche Einkommen nicht als bedeutsames Unterscheidungsmerkmal auf.

Daher lässt sich Cluster 5 etwa mit der Bezeichnung *Europäische Handwerker mit geringem Einkommen* charakterisieren. Wir könnten Cluster 5 in diesen Namen umbenennen: Das Kontextmenü für einen Knoten im Viewer *Clusterdiagramm* oder für den Spaltenkopf im Viewer *Clusterprofile* bietet den Befehl *Cluster umbenennen* an.

Miningmodell-Viewer für ein Naive Bayes-Modell

Der Miningmodell-Viewer stellt für die Betrachtung der Ergebnisse eines Naive Bayes-Modells die vier Viewer *Abhängigkeitsnetzwerk*, *Attributprofile*, *Attributmerkmale* und *Attributunterscheidung* bereit. Wir haben jeden dieser Viewer bereits kennengelernt: das *Abhängigkeitsnetzwerk* beim Decision Tree-Modell und die anderen drei beim Clustermodell, nur werden sie dort als *Clusterprofile*, *Clustermerkmale* und *Clusterunterscheidung* bezeichnet. Aus diesem Grund wollen wir uns hier kurz fassen und nur die Besonderheiten in der Interpretation für ein Naive Bayes-Modell hervorheben.

Abhängigkeitsnetzwerk

Um über die Viewer für das Naive Bayes-Modell unserer Miningstruktur *TargetMail* zu verfügen, wählen Sie auf der Registerkarte *Miningmodell-Viewer* in der Liste *Miningmodell* das Modell *TM_NaiveBayes* aus. Daraufhin wird standardmäßig der Viewer *Abhängigkeitsnetzwerk* angezeigt (Abbildung 10.20).

Miningmodelle trainieren und analysieren

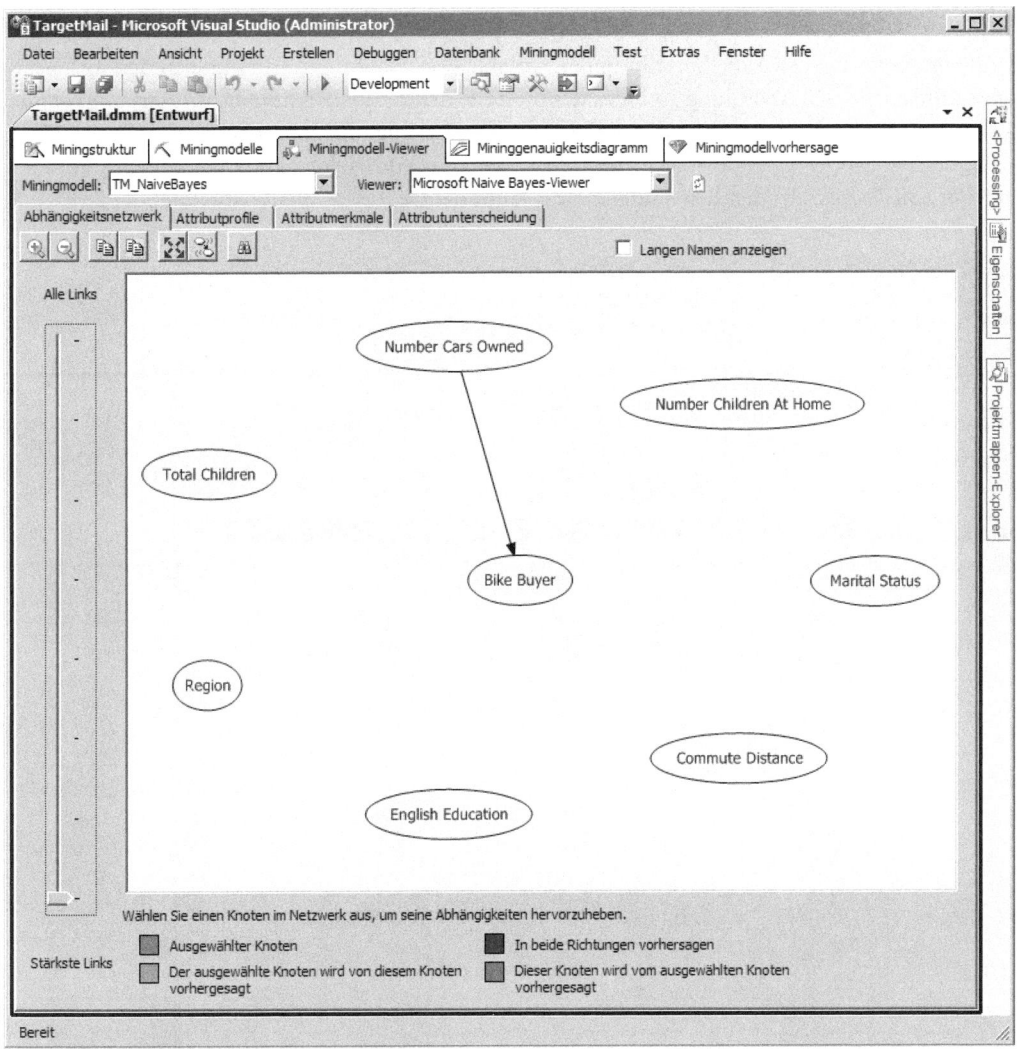

Abbildung 10.20 Abhängigkeitsnetzwerk für das Modell *TM_NaiveBayes*, hier mit ganz heruntergeschobenem Schieberegler

Das Abhängigkeitsnetzwerk zeigt die vorhersagbare Variable *Bike Buyer* im Mittelpunkt. Die Verknüpfungslinien mit den erklärenden Variablen gewinnen an Erklärungskraft, wenn Sie den Schieberegler für die Stärke der Verknüpfungen nach unten verschieben. Dann verschwinden nacheinander die Verknüpfungslinien mit den Variablen, die jeweils den schwächsten Erklärungsbeitrag liefern. In unserem Beispiel verschwindet zunächst die Variable *Marital Status*, am Ende bleibt nur die Verknüpfungslinie zur Variablen *Number Cars Owned* stehen, weil diese Variable den stärksten Erklärungsbeitrag im Modell liefert. Dieser Zustand ist in Abbildung 10.20 dargestellt.

Attributprofile

Im Viewer *Attributprofile* lässt sich die Verteilung der Variablenwerte auf die Ausprägungen der vorhersagbaren Variable untersuchen. In Abbildung 10.21, in der die Zelle markiert ist, in der sich die Variable *Number Cars Owned* und die Spalte für den Wert 1 der vorhersagbaren Variablen *BikeBuyer* schneiden, ist zu erkennen, dass 0, 1 und 2 Autos bei Fahrradkäufern (*BikeBuyer* = 1) ungefähr gleich häufig vorhanden sind, während Nichtkäufer (*BikeBuyer* = 0) deutlich häufiger zwei Autos besitzen.

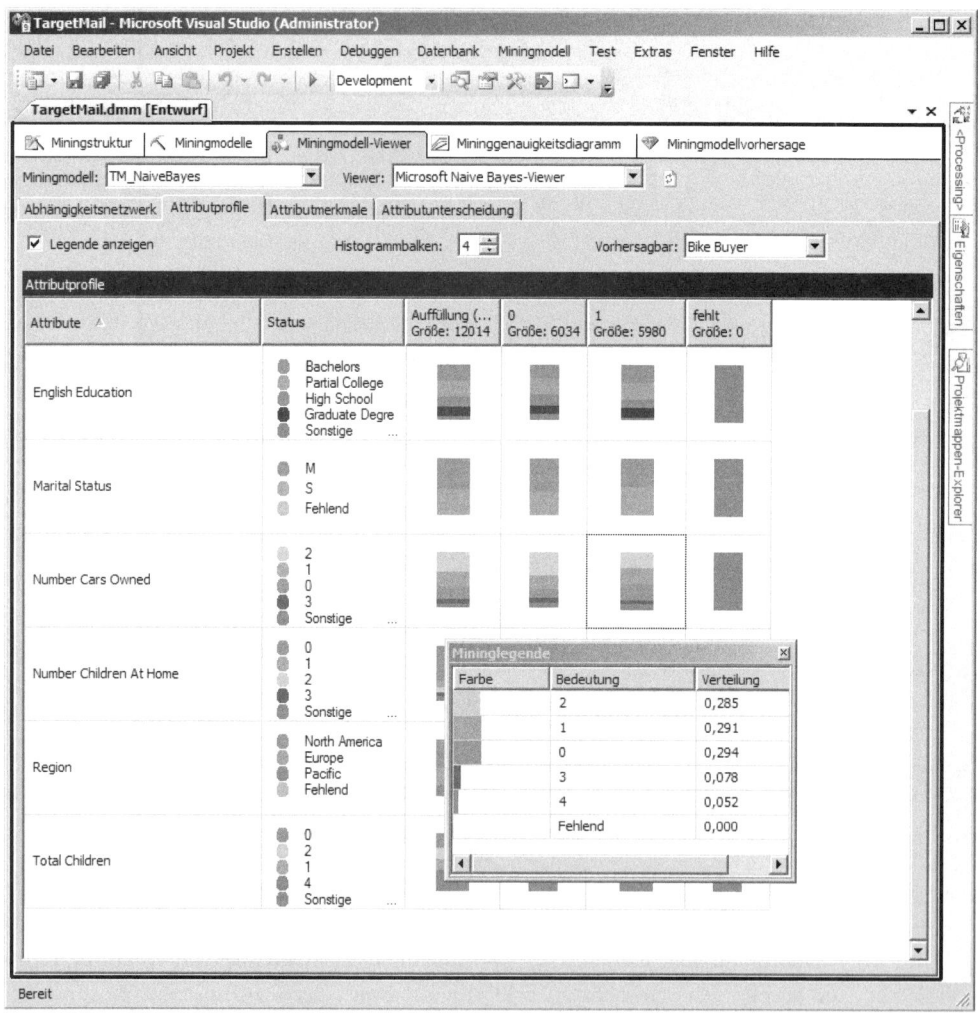

Abbildung 10.21 Viewer *Attributprofile*

Attributmerkmale und Attributunterscheidung

Die Viewer *Attributmerkmale* und *Attributunterscheidung* sind für ein Naive Bayes-Modell analog zu den Viewern *Clustermerkmale* und *Clusterunterscheidung* zu verwenden und zu interpretieren. Insoweit sei auf die entsprechenden Ausführungen weiter vorne in diesem Kapitel verwiesen (siehe die Abschnitte »Clustermerkmale« und »Clusterunterscheidung«). Dort sind auch Abbildungen dieser Viewer wiedergegeben.

Vorhersagegenauigkeit der Modelle im Mininggenauigkeitsdiagramm prüfen

Bisher haben wir die Miningmodelle berechnet und ihre wesentlichen Merkmale mit den jeweils angemessenen Miningmodell-Viewern untersucht. Alle drei Modelle unseres Beispiels sind aber auch prinzipiell geeignet, Vorhersagen für die vorhersagbare Variable *BikeBuyer* zu machen. Man muss dabei zwischen *nachträglichen* (unechten) Vorhersagen und *zukünftigen* (echten) Vorhersagen unterscheiden.

In beiden Fällen werden Vorhersagen auf die folgende Weise erstellt: Dem Modell werden Datensätze mit Werten für alle Inputvariablen (Inputattribute) übergeben. Das Modell berechnet dann die Werte für die vorhersagbare Variable auf Basis der beim Modelltraining ermittelten Modellparameter und der ihm übergebenen Inputvariablen. Wenn die dem Modell übergebenen Datensätze auch Werte für die vorhersagbare Variable (in unserem Beispiel also *BikeBuyer*) enthalten, spricht man von einer nachträglichen Vorhersage. Der Sinn einer nachträglichen Vorhersage besteht darin, die vorhergesagten mit den tatsächlichen Werten zu vergleichen und auf diese Weise die Vorhersagegenauigkeit des Modells zu beurteilen.

Der echte Test eines Modells auf seine Vorhersagegenauigkeit besteht natürlich darin, ihm Datensätze zu übergeben, in denen nur Werte für die Inputvariablen vorhanden sind, weil die Werte der vorhersagbaren Variablen noch gar nicht bekannt sind. Aber die Genauigkeit einer derartigen Vorhersage kann erst nach sehr langer Zeit beurteilt werden, nicht jedoch während der Modellentwicklung. Daher sind wir bei der Modellentwicklung auf nachträgliche Vorhersagen angewiesen.

WICHTIG An dieser Stelle kommt der Unterschied zwischen Trainings- und Testdaten ins Spiel. Die Modelle haben ihre Modellparameter auf Basis der Trainingsdaten ermittelt. Nun wäre es zwar ohne Weiteres möglich, eine nachträgliche Vorhersage auf Basis dieser Trainingsdaten zu machen, jedoch könnte dies zu einem unerwünschten Effekt führen: Bestimmte Modellalgorithmen (z.B. *Decision Tree* oder *Neuronales Netz*) trainieren ihre Modelle mit zahlreichen Iterationen, in denen versucht wird, das Modell so gut wie möglich den Trainingsdaten anzupassen. Dabei könnte sich herausstellen, dass die Anpassung für bestimmte Trainingsdaten zwar sehr gut, aber für die verwendete Trainingsstichprobe derart individuell ist, dass das geschätzte Modell für eine andere Stichprobe, die etwas anders zusammengesetzt sein mag, weniger taugt. Eine Beurteilung der Vorhersagegenauigkeit auf Basis der Trainingsdaten könnte daher zu einer Überschätzung der Modellgüte führen. Dies ist der wesentliche Grund dafür, dass die Vorhersagegenauigkeit von Modellen mit anderen Datensätzen geprüft wird als den Trainingsdaten.

Eingabeauswahl

Auf der Registerkarte *Mininggenauigkeitsdiagramm* muss zunächst die zu testende Miningstruktur ausgewählt und dieser dann eine Tabelle mit Testdaten zugeordnet werden. Gehen Sie dazu folgendermaßen vor:

1. Aktivieren Sie ggf. auf der Registerkarte *Mininggenauigkeitsdiagramm* die Registerkarte *Eingabeauswahl* (Abbildung 10.22).
2. Überprüfen Sie, ob als Miningmodelle unsere drei Beispiele *TM_Decision_Trees*, *TM_Clustering* und *TM_NaiveBayes* ausgewählt sind und stellen Sie ggf. diese Auswahl her.
3. Klicken Sie in ein Feld der Spalte *Wert vorhersagen* und wählen Sie in der Dropdownliste den Wert 1 aus. Mit dieser Zuordnung bestimmen wir, dass die folgenden Genauigkeitsprüfungen für die Voraussage des Wertes 1 für die Variable *BikeBuyer* vorgenommen werden, also für vorausgesagte Fahrradkäufer.

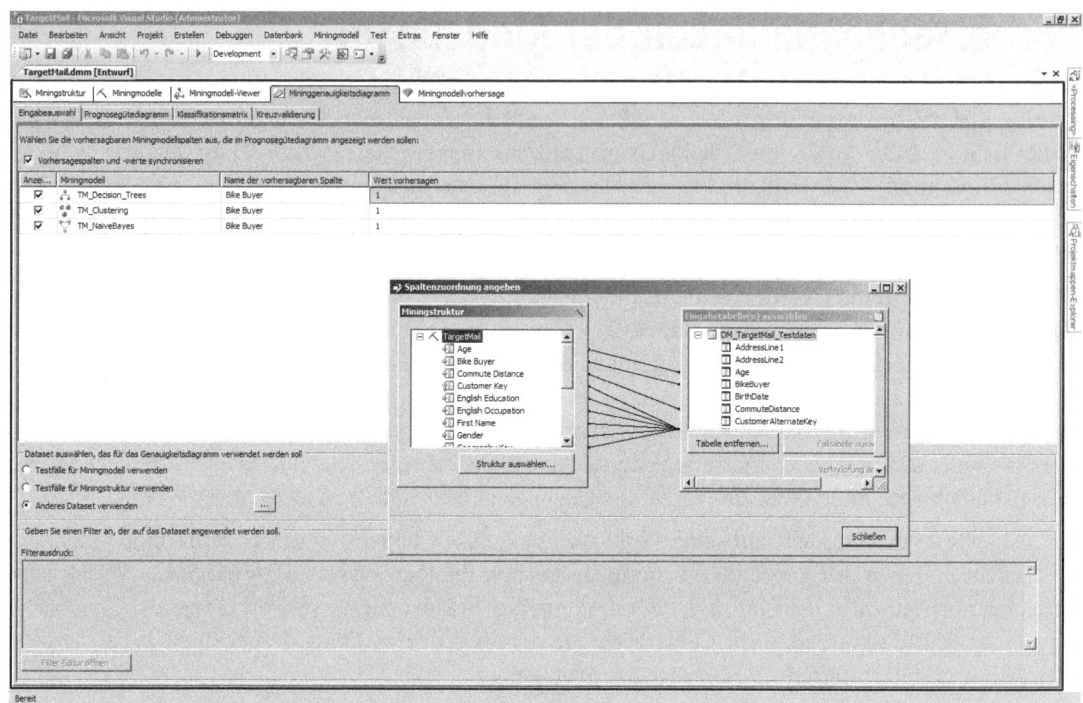

Abbildung 10.22 Registerkarte *Eingabeauswahl* mit geöffnetem Dialogfeld *Spaltenzuordnung angeben* und allen vorzunehmenden Eingaben

4. Wählen Sie auf der Registerkarte *Eingabeauswahl* unten links die Option *Anderes Dataset verwenden*. Die anderen beiden Optionen können sinnvoll nur gewählt werden, wenn wir beim Erstellen der Miningstruktur einen Teil der Eingabetabelle als Testdaten reserviert hätten, worauf wir jedoch verzichtet haben, weil wir zum Testen der Modelle eine eigene Tabelle mit Testdaten vorgesehen haben.

5. Klicken Sie auf die Schaltfläche mit den drei Punkten (neben der Optionsschaltfläche *Anderes Dataset verwenden*). Dann öffnet sich das Dialogfeld *Spaltenzuordnung angeben* (Abbildung 10.22). Im linken Fenster *Miningstruktur* ist die einzige in unserem Projekt vorhandene Miningstruktur *TargetMail* bereits ausgewählt. Im rechten Fenster *Eingabetabelle(n) auswählen* legen Sie die Tabelle fest, welche die Testdaten enthält.

6. Klicken Sie daher auf die Schaltfläche *Falltabelle auswählen*, wählen Sie im Dialogfeld *Tabelle auswählen* die Tabelle *DM_TargetMail_Testdaten* und klicken Sie in diesem Dialogfeld auf *OK*. Dann werden die Felder dieser Tabelle im linken Fenster des Dialogfelds *Spaltenzuordnung angeben* mit ihren Verknüpfungslinien zu den entsprechenden Variablen der Miningstruktur angezeigt.

7. Überprüfen Sie, ob alle Variablen der Miningstruktur mit den entsprechenden Variablen der Testdatentabelle verknüpft wurden (mögliche abweichende Schreibweisen der Variablen!), und stellen Sie diese Verknüpfungen ggf. durch Ziehen der Felder her. In Abbildung 10.22 wird der Zustand mit allen korrekten Verknüpfungslinien dargestellt.

8. Klicken Sie im Dialogfeld *Spaltenzuordnung angeben* auf die Schaltfläche *Schließen*. Damit ist die Bearbeitung der Registerkarte *Eingabeauswahl* abgeschlossen.

Klassifikationsmatrix

Wenn die vorhersagbare Variable diskrete Werte enthält, wie dies für *BikeBuyer* zutrifft, kann in einer Klassifikationsmatrix durch eine Gegenüberstellung von vorhergesagten und tatsächlichen Werten die Vorhersagegenauigkeit summarisch geprüft werden. Aktivieren Sie daher die Registerkarte *Klassifikationsmatrix*. Hier wird nach einer gewissen Zeit der Neuberechnung je eine Klassifikationsmatrix für unsere drei Modelle angezeigt (Abbildung 10.23).

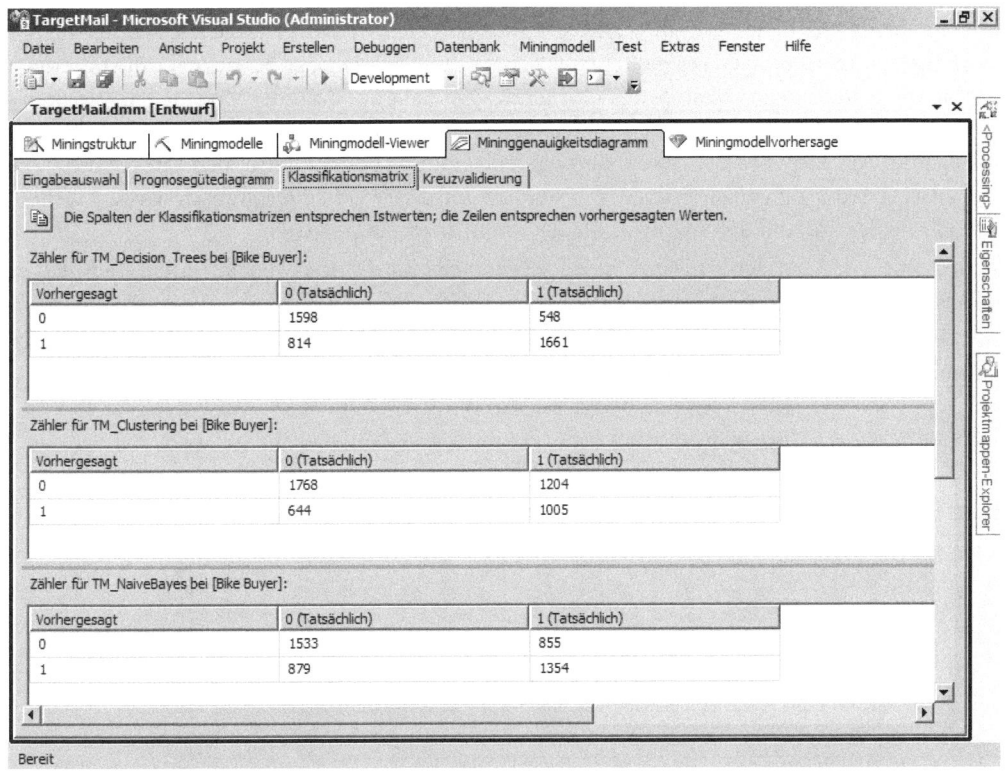

Abbildung 10.23 Registerkarte *Klassifikationsmatrix* mit den Klassifikationsmatrizen für die drei Beispielmodelle

Die Klassifikationsmatrix sei am Beispiel des Modells *TM_Decision_Trees* erklärt. Die erste Zeile gibt an, dass das Modell *TM_Decision_Trees* für 1.598 + 548 Fälle den Wert 0 vorausgesagt hat. Für 1.598 Fälle war dieser vorausgesagte Wert auch tatsächlich gegeben, 548 Fälle hatten dagegen tatsächlich den Wert 1. In Bezug auf die (nachträgliche) Voraussage des Wertes 0 hat das Modell daher für 1.598 Fälle richtig geschätzt, für 548 Fälle falsch. Entsprechendes gilt für die Vorhersage der Fälle mit dem Wert 1: In 1.661 Fällen liegt das Modell mit seiner Schätzung richtig, in 814 Fällen falsch.

Es wäre wünschenswert, dass die Quote der Fehlklassifikation auch als Prozentzahl angegeben wird, die auf der Registerkarte *Klassifikationsmatrix* jedoch nicht verfügbar ist. Sie lässt sich folgendermaßen ermitteln: Insgesamt wurden 548 + 814 = 1.362 Fälle fehlklassifiziert. Korrekt klassifiziert wurden 1.598 + 1.661 = 3.259 Fälle. Das ergibt insgesamt 4.621 Fälle. Die Quote der Fehlklassifikation kann nun als Division von 1.362 durch 4.621 ermittelt werden und beträgt 29,5 %. Entsprechend beträgt die Quote der korrekt klassifizierten Fälle 70,5 %. Diese Zahl muss unter Beachtung der Tatsache beurteilt werden, dass bei einer 0-1-Variablen die zufällige

Chance einer korrekten Klassifizierung 50 % ist. Obwohl das Modell *TM_Decision_Trees* offensichtlich keine perfekten Schätzungen geliefert hat (die Quote der Fehlklassifikation würde sonst 0 % betragen), arbeitet es andererseits doch deutlich besser als der Zufall. Mit dem im folgenden Abschnitt behandelten Prognosegütediagramm werden wir diese Aussage einerseits bestätigen, andererseits auch noch differenzierter darstellen können.

Prognosegütediagramm

In der vorangehenden Version – SQL Server 2005 – hatte das Prognosegütediagramm den Namen Liftdiagramm, womit die inhaltliche Bedeutung dieses Diagramms ziemlich treffend angegeben wurde: Als *Lift* wird die Verbesserung von Vorhersagen gegenüber einer reinen Zufallsvorhersage bezeichnet. Im vorherigen Abschnitt hatte sich gezeigt, dass die Quote korrekt vorhergesagter Fälle auf Basis des Modells *TM_Decision_Trees* 70,5 % beträgt. Dies bedeutet einen Lift von 20,5 % gegenüber der Zufallsvorhersage, die nur 50 % korrekt voraussagen würde. Der Zweck eines Prognosegütediagramms besteht darin, den Lift nicht für die Summe der Fälle (wie bei der Klassifikationsmatrix), sondern für deren *Verteilung* grafisch wiederzugeben. Gehen Sie folgendermaßen vor, um das Prognosegütediagramm anzeigen zu lassen:

1. Vergewissern Sie sich, dass auf der Registerkarte *Eingabeauswahl* für die drei Modelle unseres Beispiels in der Spalte *Wert vorhersagen* der Wert 1 angegeben ist.
2. Aktivieren Sie die Registerkarte *Prognosegütediagramm*. Daraufhin wird nach einer gewissen Zeit der Neuberechnung das Prognosegütediagramm angezeigt (Abbildung 10.24).

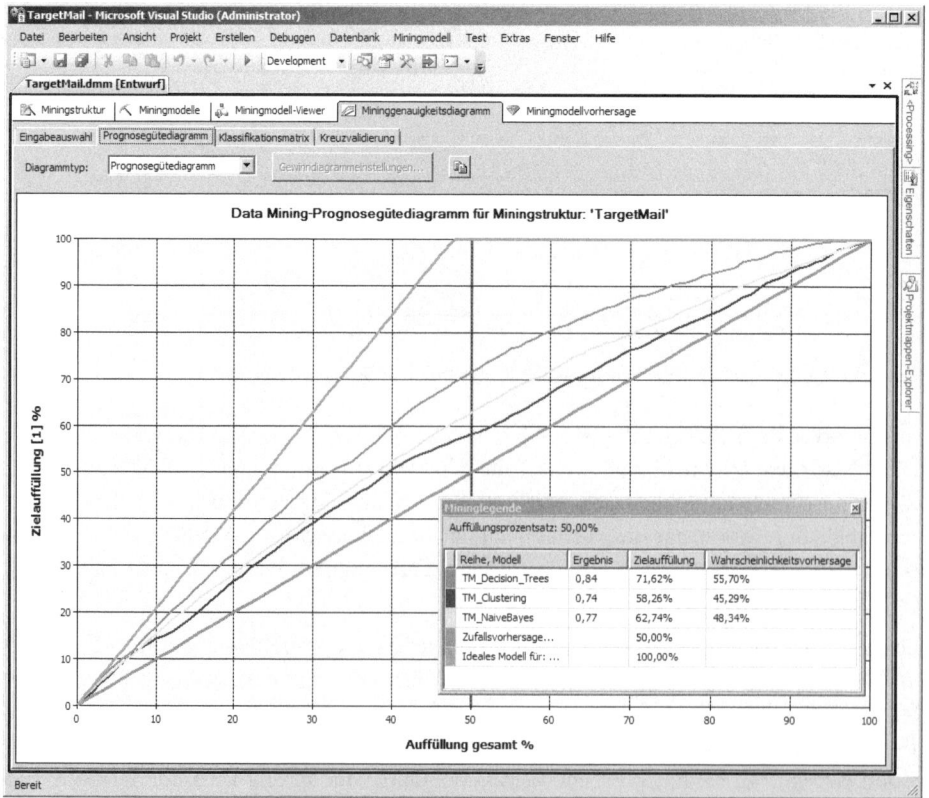

Abbildung 10.24 Prognosegütediagramm für die Miningstruktur *TM_Decision_Trees* mit angezeigter Mininglegende

Global und etwas oberflächlich lässt sich das Prognosegütediagramm folgendermaßen interpretieren: Die drei bauchigen Linien, die zwischen der Diagonallinie und der am oberen Diagrammrand abgewinkelten Linie verlaufen, geben jeweils den Lift für eines unserer drei Modelle an. Je weiter der Bauch dieser Modelllinien nach oben ausgebeult ist, desto größer ist der Lift und damit die Genauigkeit der Vorhersage. Da die obere der drei Modelllinien das Modell *TM_Decision_Trees* repräsentiert, macht das Prognosegütediagramm deutlich, dass dieses Modell die beste Vorhersage liefert. Am geringsten ist der Lift beim Clustermodell, in der Mitte liegt er beim Naive Bayes-Modell.

Aufbau des Prognosegütediagramms

Das Prognosegütediagramm lässt sich allerdings noch differenzierter als im letzten Abschnitt geschehen interpretieren. Dies setzt jedoch voraus, dass Sie dessen Aufbau kennen.

Dem Prognosegütediagramm liegt, wie bei der Klassifikationsmatrix, als Datenbasis die nachträgliche Vorhersage für die Testdaten zugrunde. Allerdings enthält die Vorhersage für das Prognosegütediagramm nicht nur je eine Spalte für die tatsächlichen und die vorhergesagten Werte der vorhersagbaren Variablen *BikeBuyer*, sondern darüber hinaus eine Spalte für die Wahrscheinlichkeit, mit der der Wert 1 zutrifft. (Wir unterstellen hier, dass auf der Registerkarte *Eingabeauswahl* in der Spalte *Wert vorhersagen* der Wert 1 ausgewählt wurde, wie wir dies im aktuellen Beispiel getan haben.)

Bei Fällen, für die das Modell den Wert 1 vorhersagt, ist diese Wahrscheinlichkeit >= 50 %, bei Fällen, für die der Wert 0 vorhergesagt wird, ist sie < 50 %. (Für 0-1-Variablen gilt allgemein: Die Wahrscheinlichkeit, mit der für einen Fall eine 1 vorhergesagt wird, ist 100 % minus die Wahrscheinlichkeit, für diesen Fall eine 0 vorherzusagen.) Die Fälle werden nun für das Prognosegütediagramm nach der Größe der Wahrscheinlichkeiten für den Wert 1 **in absteigender Folge sortiert**, sodass die Fälle mit hohen Wahrscheinlichkeiten vorne und die mit geringer Wahrscheinlichkeit hinten angeordnet sind. Nach dieser Sortierung werden zwei Spalten mit kumulierten Prozentzahlen berechnet, deren Inhalt dann im Prognosegütediagramm auf der horizontalen bzw. der vertikalen Achse abgebildet wird. In der Spalte für die horizontale Achse wird der jeweilige prozentuale Anteil der Fälle an allen Fällen berechnet, in der Spalte für die vertikale Achse der prozentuale Anteil der tatsächlich erzielten 1-Werte an allen 1-Werten. Die Werte dieser beiden Spalten werden dann im Prognosegütediagramm geplottet.

Interpretation des Prognosegütediagramms

Das Prognosegütediagramm in Abbildung 10.24 lässt sich im Einzelnen folgendermaßen interpretieren:

Auffüllung und Zielauffüllung

Betrachten wir die Linie für das Modell *TM_Decision_Trees* (Abbildung 10.24). Diese Linie hat beispielsweise einen Punkt mit den Werten 30 % für die waagerechte Achse und ca. 46 % für die senkrechte Achse. Das bedeutet Folgendes: Die besten (= größte Wahrscheinlichkeit für Wert 1) 30 % der Fälle enthalten 48 % aller Fälle mit einem tatsächlichen Wert von 1 für die Variable *BikeBuyer*. Entsprechend können Sie dem Prognosegütediagramm beispielsweise auch entnehmen, dass die besten 50 % der Fälle 71,62 % aller Fälle mit einem tatsächlichen Wert von 1 enthalten.

Den exakten Wert können Sie der Mininglegende in Abbildung 10.24 entnehmen: Dort wird als *Auffüllungsprozentsatz* 50 % ausgewiesen und als *Zielauffüllung* für das Modell *TM_Decision_Trees* 71,62 %. Den Auffüllungsprozentsatz, für den in der Mininglegende die Zielauffüllung angezeigt wird, können Sie verändern: Klicken Sie im Prognosegütediagramm auf einen beliebigen Punkt, z.B. auf einen Punkt der senkrechten

Gitternetzlinie für 70 %. Dann wird dort eine hervorgehobene senkrechte Linie angezeigt, und in der Mininglegende wird als Auffüllungsprozentsatz 70 % mit der zugehörigen Zielauffüllung ausgewiesen.

Wahrscheinlichkeitsvorhersage

In der Mininglegende wird für jeden Auffüllungsprozentsatz für die zugehörige Zielauffüllung ein Wert für die *Wahrscheinlichkeitsvorhersage* angegeben. Für das Modell *TM_Decision_Trees* beispielsweise wird für den Auffüllungsprozentsatz 50 %, die Zielauffüllung 71,62 % und dazu die Wahrscheinlichkeitsvorhersage von 55,70 % (Abbildung 10.24) ausgewiesen.

Dieser Wert hat die folgende Bedeutung: Bei 50 % Auffüllung beträgt die Wahrscheinlichkeit einer 1 für *BikeBuyer* für den letzten hinzugekommenen Fall 55,70 %. Wenn Sie im Prognosegütediagramm beispielsweise auf einen Punkt mit Auffüllungsprozentsatz 1 % klicken, weist die Mininglegende als Wahrscheinlichkeitsvorhersage einen viel höheren Wert, nämlich 97,66 %, aus, und bei einem Auffüllungsprozentsatz von 99 % beträgt sie nur 0,02 %.

Allgemein gilt: Je größer der Auffüllungsprozentsatz und daher auch die Zielauffüllung, desto geringer ist die Wahrscheinlichkeitsvorhersage. Wegen des oben dargestellten Aufbaus des Prognosegütediagramms (vgl. Aufbau des Prognosegütediagramms) muss dies auch so sein: Die Fälle wurden vor dem Erstellen des Prognosegütediagramms nach der Wahrscheinlichkeit für eine 1 in *BikeBuyer* absteigend sortiert, und genau diese Wahrscheinlichkeit wird im Prognosegütediagramm als Wahrscheinlichkeitsvorhersage bezeichnet. (Eine kleine Anmerkung: Sollte es nicht besser umgekehrt *Vorhersagewahrscheinlichkeit* heißen?)

Ideallinie und Zufallslinie

Die Ideallinie und die Zufallslinie dienen dazu, die Modelllinien durch Vergleich mit ihnen besser interpretieren zu können. Im Prognosegütediagramm in Abbildung 10.24 wird die Ideallinie durch die oberste Linie angegeben, die zunächst als ansteigende Gerade verläuft und dann bei einem Auffüllungsprozentsatz von ca. 48 % eine Zielauffüllung von 100 % erreicht. Diese Linie würde sich ergeben, wenn jeder der besten 48 % der Fälle für *BikeBuyer* einen tatsächlichen Wert von 1 hätte. In diesem Fall wäre die Vorhersage perfekt, besser ginge es nicht. Dass die Ideallinie gerade bei einem Auffüllungsprozentsatz von 48 % (exakt: 47,8 %) die Zielauffüllung von 100 % erreicht, hat den einfachen Grund, dass die Testdaten, die der nachträglichen Vorhersage zugrunde liegen, einen Anteil von Fällen mit *BikeBuyer* = 1 von 47,8 % aufweisen, sodass idealerweise bei 47,8 % Auffüllung alle Fälle mit *BikeBuyer* = 1 in die Auffüllung aufgenommen wären. Die Modelllinien werden in der Realität stets unterhalb der Ideallinie verlaufen. Je dichter sie an ihr liegen, desto besser sagt das Modell vorher.

Die Zufallslinie verläuft im Prognosegütediagramm als Diagonale von links unten nach rechts oben. Diese Linie würde sich ergeben, wenn alle Fälle zufällig (und nicht nach der Wahrscheinlichkeit für *BikeBuyer* = 1) angeordnet wären. Die Linie für ein gutes Modell sollte deutlich über der Zufallslinie liegen. In unserem Beispiel trifft dies tendenziell für das Model *TM_Decision_Trees* zu, während die Vorhersageleistung des Modells *TM_Clustering* nur sehr mäßig ist, und auch das Modell *TM_NaiveBayes* ergibt keine gute Vorhersage.

Gewinndiagramm

Die Registerkarte *Prognosegütediagramm* bietet neben dem Prognosegütediagramm, das wir bisher behandelt haben, auch noch den Diagrammtyp *Gewinndiagramm* an. Im Gewinndiagramm wird grafisch gezeigt, wie sich der Gewinn in Abhängigkeit vom Auffüllungsprozentsatz entwickelt. Dies wird, wie beim Prognosegütediagramm, für alle in der Miningstruktur definierten Modelle ermittelt. Ein Gewinndiagramm ist z.B. für folgendes Szenario sinnvoll:

- Es soll eine Werbeaktion für Fahrräder durchgeführt werden, für die eine feste Zahl von Adressen (z.B. 10.000) besorgt wird, denen ein Fahrradkatalog zugesandt werden soll.
- Diese Adressdatensätze haben mit Ausnahme des vorhersagbaren Attributs dieselben Attribute wie die Testdatensätze und weisen in deren Werten dieselbe Verteilung auf wie die Testdatensätze.
- Die Werbeaktion verursacht feste Kosten und Einzelkosten. Die festen Kosten können z.B. Kosten für den Ankauf der Adressen und/oder für das Design des Katalogs sein. Einzelkosten entstehen für den Druck der Kataloge und deren Versand: Jeder zusätzlich gedruckte und versandte Katalog verursacht einen bestimmten Betrag an Druck- und Versandkosten.
- Für den Fall, dass der Versand eines Katalogs zum Fahrradkauf führt, entsteht ein Einzelumsatz. Für die Schätzung, wie groß dieser Einzelumsatz sein mag, darf nicht der durchschnittliche Preis eines Fahrrads genommen werden, sondern es muss auch berücksichtigt werden, dass der zugesandte Katalog in vielen Fällen gar nicht zur Kenntnis genommen wird (z.B. im Papierkorb landet). Die Berechnung der Data Mining-Modelle in unserem Beispiel stützt sich auf die Daten von Personen, die bereits Kunden der Firma sind, und es wurde lediglich geschätzt, von welchen Merkmalen es abhängt, dass diese Kunden auch Käufer eines Fahrrads waren. Die Werbeaktion richtet sich jedoch an Personen, die bisher noch gar keine Kunden der Firma sind, weder für ein Fahrrad noch für andere Produkte. Daher muss bei der Abschätzung des Einzelumsatzes berücksichtigt werden, dass die Reaktionsquote (beim Versand von Fragebögen wird dies als Rücklaufquote bezeichnet) viel kleiner als 100 % ist.

Um ein Gewinndiagramm ermitteln und anzeigen zu lassen, gehen Sie folgendermaßen vor:

1. Wählen Sie auf der Registerkarte *Prognosegütediagramm* in der Dropdownliste *Diagrammtyp* den Typ *Gewinndiagramm*. Das Dialogfeld *Gewinndiagrammeinstellungen* wird geöffnet (Abbildung 10.25).

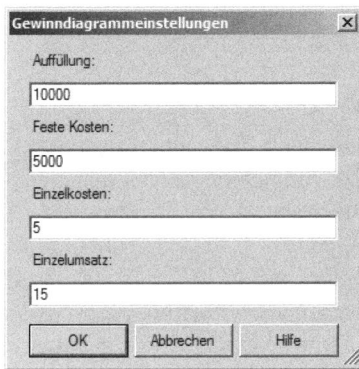

Abbildung 10.25 Die Einstellungen dieses Dialogfelds liegen dem in Abbildung 10.26 wiedergegebenen Gewinndiagramm zugrunde

2. Geben Sie für *Auffüllung* den Wert *10000* ein. Dann wird das Gewinndiagramm zeigen, wie sich der Gewinn für Auffüllungen bis zu 10.000 entwickelt. Der Wert für dieses Feld hat keinerlei Einfluss auf die Form der Gewinnlinie. Er wirkt sich nur auf die absolute Gewinngröße aus.
3. Geben Sie für *Feste Kosten* den Wert *5000* ein. Auch dieser Wert beeinflusst lediglich die absolute Gewinngröße, nicht jedoch die Form der Gewinnlinie.
4. Als *Einzelkosten* geben Sie *5* an, weil der Versand und Druck eines Katalogs diese Größenordnung haben wird.

5. Geben Sie für den *Einzelumsatz* den Wert *15* an. Dem liegt die Annahme zugrunde, dass der Kauf eines Fahrrads durchschnittlich 300 € Umsatz erbringt, dass jedoch nur jeder zwanzigste Angeschriebene den Katalog ernsthaft zur Kenntnis nimmt (300 / 20 = 15).
6. Bestätigen Sie das Dialogfeld *Gewinndiagrammeinstellungen* mit *OK*. Anschließend wird das Gewinndiagramm angezeigt (Abbildung 10.26).

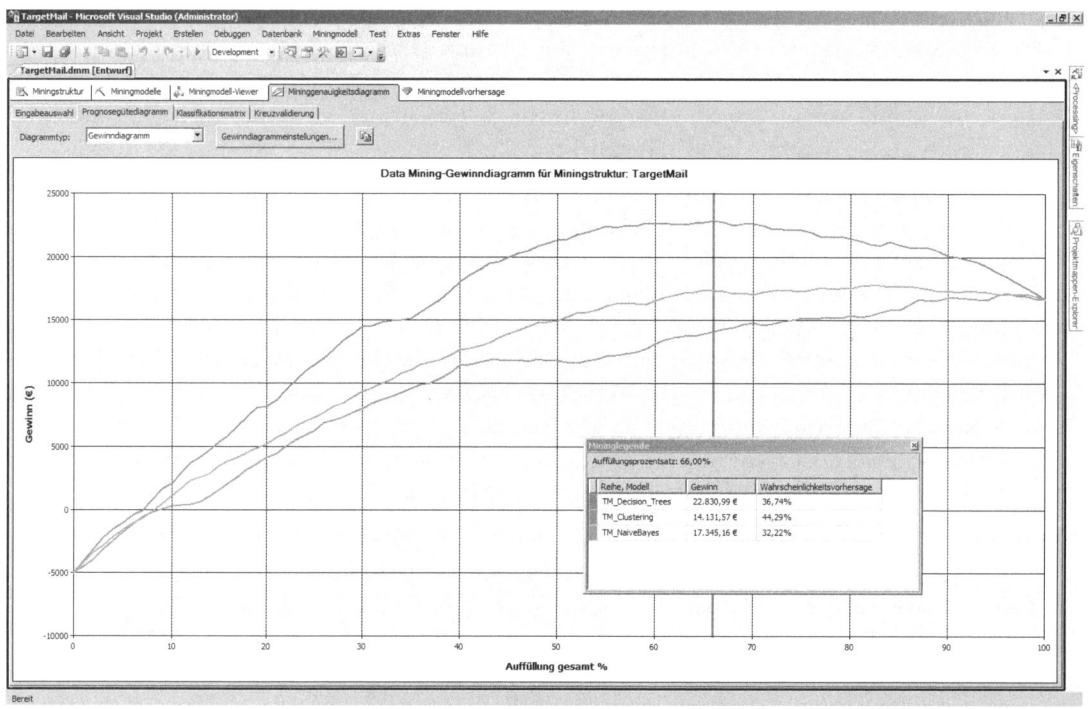

Abbildung 10.26 Gewinndiagramm für die Einstellungen in Abbildung 10.25

Erwartungsgemäß zeigt sich, dass die Gewinnlinie für das Modell *TM_Decision_Trees* am höchsten verläuft. Sie weist einen Gipfelpunkt bei einer Auffüllung von ca. 66 % auf. In der Mininglegende lässt sich erkennen, dass dies zu einem Gesamtgewinn von 22.830,99 € führen würde. Die Wahrscheinlichkeitsvorhersage für diesen Punkt beträgt 36,74 %. Wenn die Annahmen, die wir beim Ausfüllen des Dialogfelds *Gewinndiagrammeinstellungen* gemacht haben, zutreffend sind, sollte die Werbeaktion also nicht alle 10.000 besorgten Adressen anschreiben, sondern nur die 66 % besten, d.h. mit einer Wahrscheinlichkeitsvorhersage >= 36,74 %. Die betreffenden Datensätze können mit einer Abfrage, die dieses Kriterium berücksichtigt, ermittelt werden. Wie dies geschieht, wird weiter unten im Punkt »Fälle vorhersagen« gezeigt.

Kreuzvalidierung

Die Kreuzvalidierung ist ein spezielles Verfahren der Validierung von Miningmodellen. Wir haben auch bisher schon versucht, unsere drei Miningmodelle zu validieren, indem wir zwischen Trainings- und Testdaten unterschieden haben: Die Modelle wurden auf Basis der Tabelle *DM_TargetMail_Trainingsdaten* trainiert, d.h., ihre Schätzparameter werden berechnet.

Die Prüfungen der Schätzergebnisse hingegen haben wir mit den Werkzeugen Klassifikationsmatrix und Prognosegütediagramm auf Basis anderer Fälle, nämlich denen der Tabelle *DM_TargetMail_Testdaten*, vorgenommen. Der Nachteil dieser Strategie besteht darin, dass weder für das Trainieren noch für das Testen alle verfügbaren Fälle herangezogen wurden, sondern jeweils nur eine Teilmenge. Allerdings könnten wir zusätzlich zum bisherigen Vorgehen Trainings- und Testdaten austauschen, indem wir die Fälle der Tabelle *DM_TargetMail_Testdaten* zum Trainieren des Modells und die der Tabelle *DM_TargetMail_Trainingsdaten* zum Testen verwenden. Es würde also kreuzweise vorgegangen. Wenn dann die Ergebnisse für beide Vorgehensweisen ungefähr gleich wären, hätten wir eine größere Sicherheit als bisher, dass die gefundenen Lösungen der Algorithmen zuverlässig und gut sind. Sofern sie wesentlich auseinanderfielen, müssten wir prüfen, ob unsere Daten sauber sind und/oder vielleicht zu wenige Fälle aufweisen.

Bei der Kreuzvalidierung wird das zuletzt geschilderte Vorgehen des Austausches von Trainings- und Testdaten systematisiert. Sie können beispielsweise eine fünffache Kreuzvalidierung durchführen. Dann wird das Modell fünfmal trainiert (neu berechnet) und jeweils getestet, und zwar nach folgender Vorgehensweise: Die Datensätze der Eingabetabelle werden nach dem Zufallsprinzip in fünf gleich große (mit ggf. kleinen Unterschieden wegen ganzzahliger Teilbarkeit) Stichproben aufgeteilt, das Modell wird jeweils mit den restlichen Datensätzen trainiert und gegen die jeweilige Stichprobe getestet. Eine derartige Kreuzvalidierung soll jetzt für unsere drei Modelle durchgeführt werden. Gehen Sie dazu folgendermaßen vor:

1. Klicken Sie auf der Registerkarte *Mininggenauigkeitsdiagramm* auf die Registerkarte *Kreuzvalidierung*.
2. Wählen Sie in der Dropdownliste *Aufteilungsanzahl* den Wert 5 (es werden Werte zwischen 2 und 10 angeboten), belassen Sie es beim Zielattribut *BikeBuyer* (weitere Zielattribute wären nur verfügbar, wenn wir mit mehr als einer vorhersagbaren Variablen arbeiten würden) und geben Sie als *Maximale Anzahl von Fällen* die Zahl 1.000 ein. Wenn Sie es bei der voreingestellten Zahl 0 beließen, würden alle 12.014 Fälle der Tabelle *DM_TargetMail_Trainingsdaten*, die ja als Eingabetabelle unserer Miningstruktur *TargetMail* angegeben wurde, herangezogen, in fünf Stichproben mit jeweils etwa 2.403 Datensätzen aufgeteilt, jeweils mit den restlichen etwa 9.611 Fällen trainiert und gegen die 2.403 Fälle der Stichprobe getestet. Dies würde sehr lange dauern. Für Zwecke der Demonstration reichen 1.000 Fälle aus, sodass die fünf Test-Stichproben jeweils 200 und die Trainingsstichproben 800 Datensätze umfassen.
3. Klicken Sie auf die Schaltfläche *Ergebnisse abrufen*. Dann wird es einige Zeit (Größenordnung Minuten) in Anspruch nehmen, bis die Ergebnisse angezeigt werden (Abbildung 10.27).

Die Ergebnisse der Kreuzvalidierung werden für jedes unserer drei Modelle *TM_Decision_Trees*, *TM_Clustering* und *TM_NaiveBayes* ermittelt und ausgegeben. In Abbildung 10.27 ist lediglich der erste Teil für das Modell *TM_Decision_Trees* zu sehen, die restlichen Ergebnisse können durch Scrollen nach unten betrachtet werden. Konzentrieren wir uns in der Inerpretation der Ergebnisse auf die ersten beiden Blöcke von jeweils fünf Zeilen. Jede der fünf Zeilen eines Blocks bezieht sich auf eine Validierung, die in der Spalte *Partitionsindex* mit den fortlaufenden Ziffern 1 bis 5 bezeichnet sind. Die Spalte Partitionsgröße zeigt, dass jeder Aufteilung eine Teststichprobe im Umfang von 200 zugrunde liegt. Als Art des Tests wird *Classification* angegeben, bei anderen Algorithmen und/oder anderen Datentypen des Zielattributs könnte hier etwas anderes stehen. Die Angaben der Spalte *Measure* zeigen, dass die Klassifikation auf die Alternative *Korrekt* (Pass) und *Falsch* (Fail) getestet wurde.

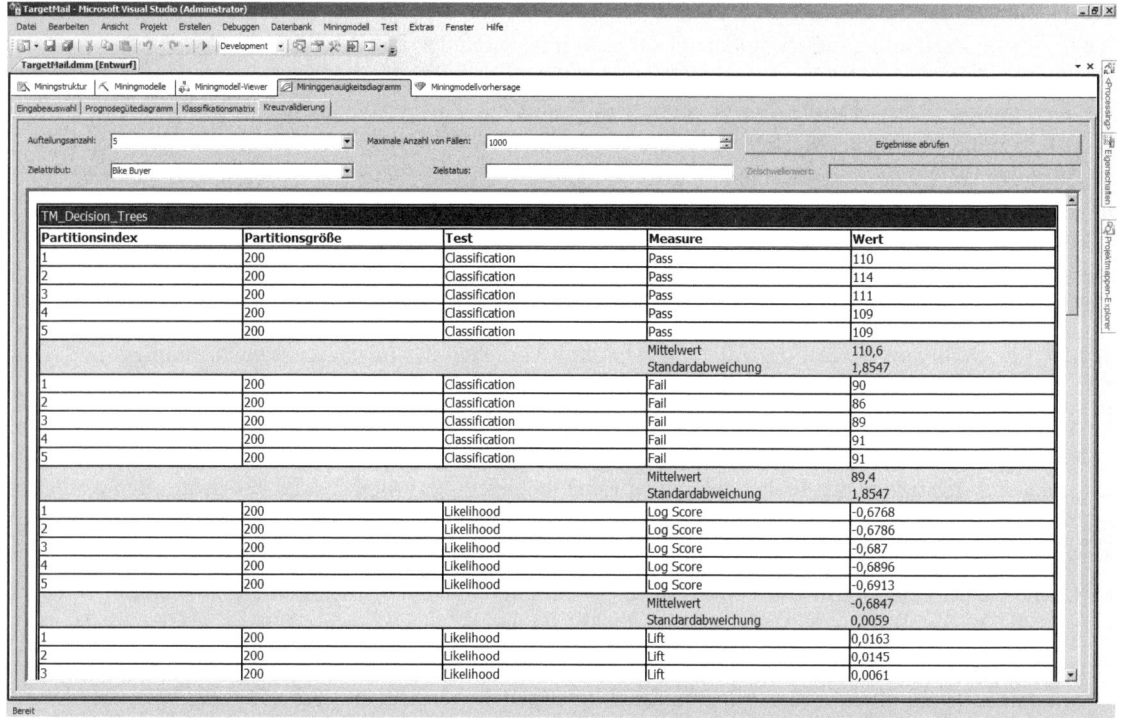

Abbildung 10.27 Ergebnisse der Kreuzvalidierung

Wir können sehen, dass die Werte für beide Seiten der Alternative recht eng nebeneinander stehen bzw. ihre Streuung sehr gering ist. Dies wird auch durch die Standardabweichung von 1,8547 verdeutlicht, denn diese ist im Vergleich zum Mittelwert von 110,6 bzw. 89,4 ziemlich klein (etwa 2 % vom Mittelwert). Diese Ergebnisse zeigen, dass die Trainingsdaten der drei Modelle, wie sie bisher verwendet wurden, ziemlich homogen sind, sodass wir weiter mit ihnen arbeiten können.

Fälle vorhersagen

Im Allgemeinen werden Miningmodelle erstellt, trainiert und getestet, um schließlich Vorhersagen zu treffen. In diesem Punkt soll gezeigt werden, wie dies geht. Im Business Intelligence Development Studio werden Vorhersagen auf der Registerkarte *Miningmodellvorhersage* erstellt und ausgeführt. Dies ist, wie Sie gleich sehen werden, sehr einfach und ohne viel Lernaufwand möglich, weil ein bequemer Editor zum Erstellen von Vorhersageabfragen bereitgestellt wird. Allerdings sind die Möglichkeiten dieses Editors beschränkt. Andererseits erfordert gerade das Arbeiten mit Vorhersageabfragen eine gewisse Flexibilität. So ist es vielfach erforderlich, die Zahl und Beschaffenheit der vorhergesagten Fälle einzuschränken bzw. zu qualifizieren. Da dies im Editor der Registerkarte *Miningmodellvorhersage* nicht möglich ist, müssen die SELECT-Statements in der Sprache DMX erstellt und ausgeführt werden. Bisher haben wir in diesem Kapitel davon abgesehen, von DMX Gebrauch zu machen. Beim Erstellen von Miningmodellvorhersagen bietet es sich aber geradezu an, wenigstens einfachere DMX-SELECT-Statements zu besprechen, zumal der Editor eine Brücke dazu anbietet.

Miningmodellvorhersage in der Entwurfsansicht erstellen

Als Beispiel soll für die Datensätze der Tabelle *DM_PotenzielleKäufer*, die wir in die Datenquellensicht des aktuellen Projekts *TargetMail* aufgenommen hatten (siehe vorne in diesem Kapitel den Abschnitt »Datenquellensicht definieren«), der Wert für *BikeBuyer* zusammen mit seiner Wahrscheinlichkeit vorhergesagt werden. Gehen Sie dazu folgendermaßen vor:

1. Klicken Sie auf die Registerkarte *Miningmodellvorhersage*, um diese zu aktivieren.
2. Falls im Dialogfeld *Miningmodell* das Miningmodell *TM_Decision_Trees* nicht bereits ausgewählt ist: Klicken Sie im Dialogfeld *Miningmodell* auf die Schaltfläche *Modell auswählen*. Das Dialogfeld *Miningmodell auswählen* wird geöffnet. Erweitern Sie im Dialogfeld *Miningmodell auswählen* den Ordner *TargetMail*, klicken Sie auf das Miningmodell *TM_Decision_Trees* und bestätigen Sie das Dialogfeld mit *OK*. Das entsprechende Miningmodell wird anschließend mit seinen aufgelisteten Variablen im Dialogfeld *Miningmodell* dargestellt.
3. Klicken Sie im Dialogfeld *Eingabetabelle(n) auswählen* auf die Schaltfläche *Falltabelle auswählen*, klicken Sie dann im Dialogfeld *Tabelle auswählen* auf die Tabelle *DM_PotenzielleKäufer* und bestätigen Sie mit *OK*. Die Tabelle wird nun mit ihren Spalten im Dialogfeld *Eingabetabelle(n) auswählen* dargestellt und es werden automatisch Verknüpfungslinien zwischen den Variablen des Miningmodells und den passenden Tabellenspalten gezogen.
4. Überprüfen Sie, ob alle Inputvariablen des Miningmodells mit den entsprechenden Spalten der Falltabelle verknüpft wurden (bei Namensgleichheit ist dies der Fall) und fügen Sie ggf. fehlende Verknüpfungen durch Ziehen von Spalten auf die entsprechenden Inputvariablen hinzu.
5. Klicken Sie im unteren Teil der Entwurfsansicht auf die Zelle unterhalb der Spalte *Quelle*, öffnen Sie die dann angezeigte Dropdownliste und wählen Sie darin den Eintrag *TM_Decision_Trees-Miningmodell* aus. Dadurch wird der Name dieses Miningmodells in das Feld übernommen und in derselben Zeile unterhalb der Spalte *Feld* wird automatisch die vorhersagbare Variable *BikeBuyer* angezeigt. Wir könnten die Vorhersageabfrage bereits jetzt ausführen lassen. Dann würde eine Spalte mit den vorhergesagten Werten für *BikeBuyer* ausgegeben werden. Zusätzlich soll jedoch noch eine Spalte für die Vorhersagewahrscheinlichkeit und die Schlüsselvariable *CustomerKey* ausgegeben werden. Die Spalte *CustomerKey* ist notwendig, wenn den Datensätzen später Adressen zugeordnet werden sollen.
6. Klicken Sie in der Spalte *Quelle* auf die leere Zelle und wählen Sie in der Dropdownliste den Eintrag *Vorhersagefunktion* aus. Dann wird für diese Zeile in der Spalte *Feld* die Funktion *IsInNode* angezeigt, weil diese Funktion als Erste in der Funktionsliste standardmäßig eingefügt wird.
7. Klicken Sie auf die Zelle mit der Funktion *BottomCount* und wählen Sie in der Dropdownliste den Eintrag *PredictProbability* aus.
8. Klicken Sie in derselben Zeile auf die Zelle der Spalte *Kriterium/Argument* und überschreiben Sie den vorhandenen Text mit »TM_Decision_Trees.[Bike Buyer]«. Dadurch wird angegeben, dass die Vorhersagewahrscheinlichkeit (*PredictProbability*) für die Modellvariable *BikeBuyer* ermittelt werden soll.
9. Geben Sie in der Spalte *Alias* in die Zelle der zweiten Zeile den Aliasnamen »Vorhersagewahrscheinlichkeit« ein, damit die entsprechende Spalte im Abfrageergebnis einen sinnvollen Namen bekommt.
10. Klicken Sie in der Spalte *Quelle* auf die leere Zelle und wählen Sie in der Dropdownliste die Tabelle *DM_PotenzielleKäufer* aus. Nun sollte in derselben Zeile in der Spalte *Feld* automatisch *CustomerKey* stehen. Falls dies nicht zutrifft, wählen Sie dieses Feld in der Dropdownliste aus. Die Registerkarte *Miningmodellvorhersage* sollte jetzt so aussehen wie in Abbildung 10.28.

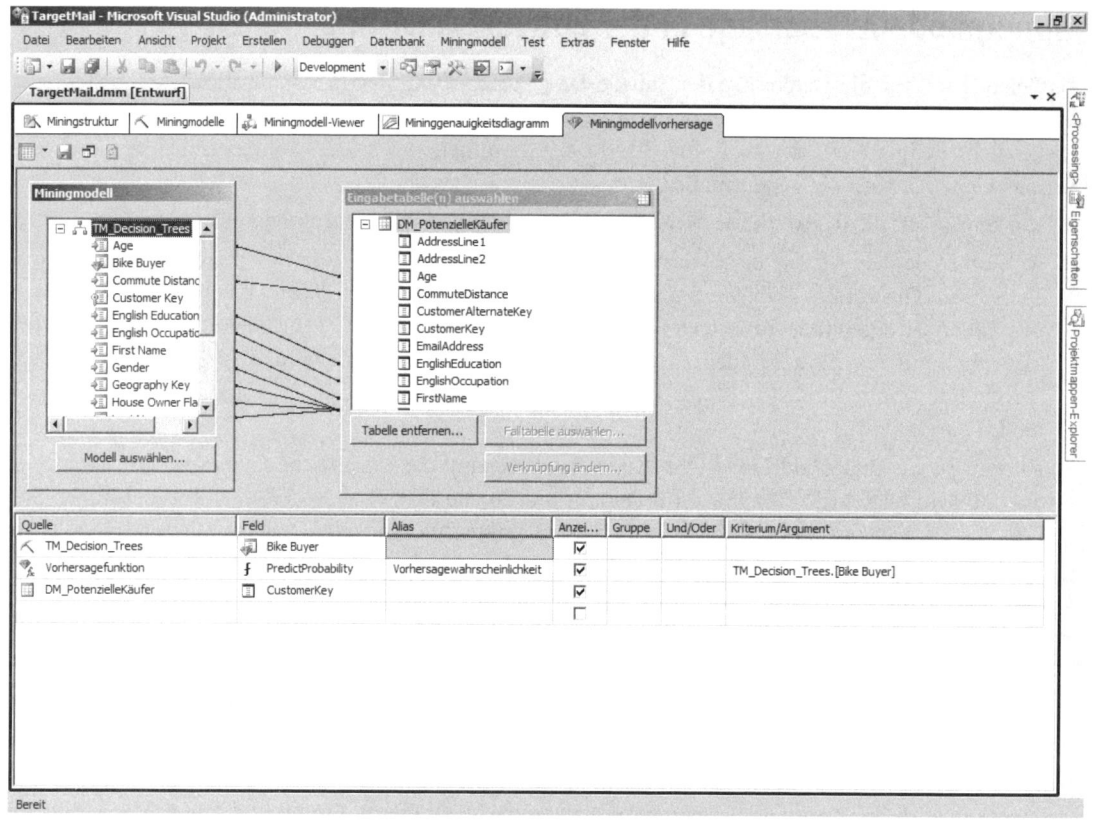

Abbildung 10.28 Registerkarte *Miningmodellvorhersage* mit den Einstellungen für die erste Miningmodellvorhersage

11. Mit den vorangehenden Schritten ist die Vorhersageabfrage erstellt. Um das Abfrageergebnis zu erhalten, klicken Sie in der Symbolleiste auf das Symbol *Zur Abfrageergebnissicht wechseln*. Daraufhin wird die Abfrage ausgeführt und das Abfrageergebnis angezeigt.

In der Abfrageergebnissicht werden die Werte der drei Spalten *Bike Buyer*, *Vorhersagewahrscheinlichkeit* und *CustomerKey* wiedergegeben. Darüber hinaus wird mitgeteilt, dass die Abfrage 1.849 Zeilen ergeben hat. Diese Zahl stimmt überein mit der Anzahl von Datensätzen in der Falltabelle *DM_PotenzielleKäufer*.

Miningmodellvorhersage in der SQL-Ansicht bearbeiten

Die Registerkarte *Miningmodellvorhersage* stellt außer den beiden bisher besprochenen Ansichten *Entwurfsansicht* und *Abfrageergebnissicht* als dritte Bearbeitungsmöglichkeit die *SQL-Ansicht* zur Verfügung. Um diese anzeigen zu lassen, klicken Sie am linken Rand der Symbolleiste auf die Dropdownliste neben dem Symbol *Zur Abfrageergebnisansicht wechseln* und wählen das Symbol *SQL* bzw. den Texteintrag *Abfrage* aus. Dadurch wird im unteren Teil der Registerkarte *Miningmodellvorhersage* das DMX-SQL-Statement angezeigt, das der in der Entwurfsansicht entworfenen Vorhersageabfrage entspricht (Abbildung 10.29).

Fälle vorhersagen

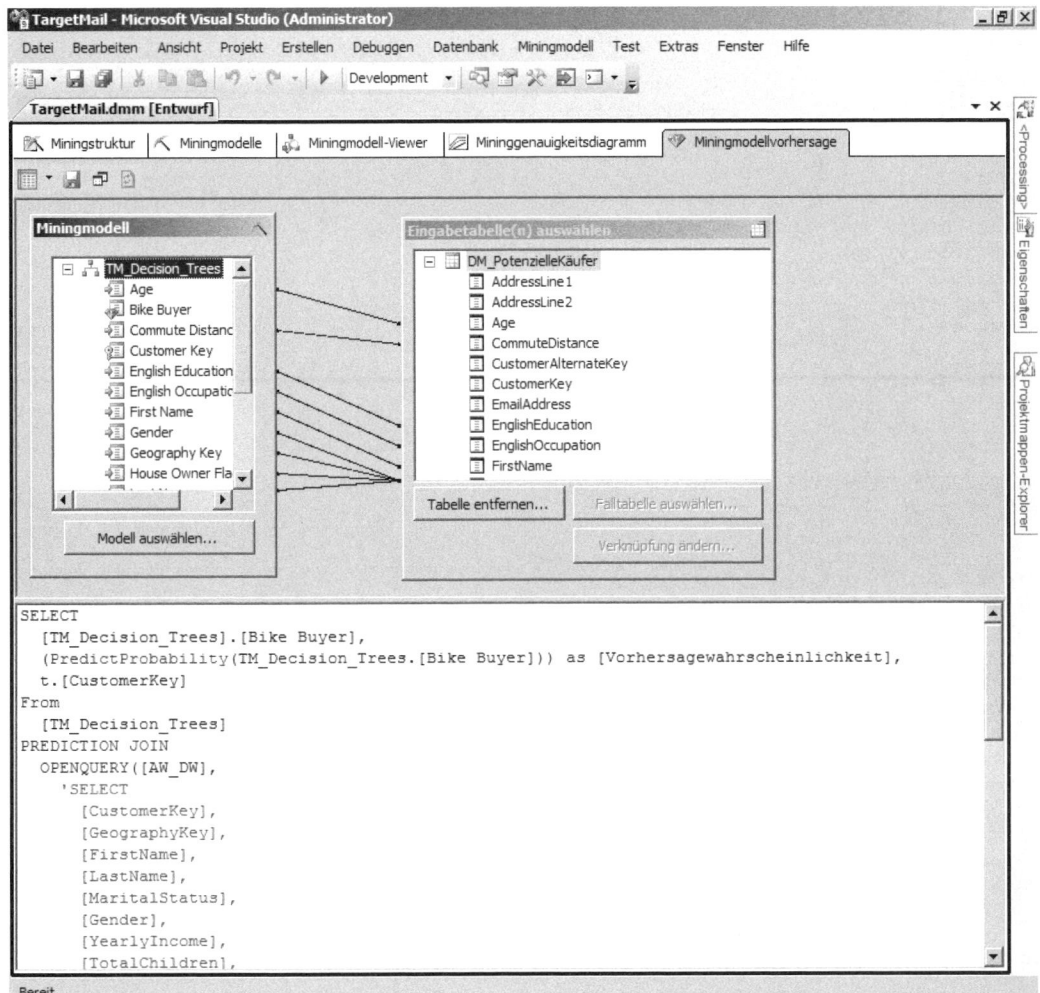

Abbildung 10.29 SQL-Ansicht der Vorhersageabfrage

Der DMX-Code soll im Folgenden bearbeitet werden, um das Abfrageergebnis auf Datensätze mit einer Mindestwahrscheinlichkeit für *Bike Buyer* = 1 zu beschränken, denn die dafür erforderliche Umformulierung ist in der Entwurfsansicht nicht möglich. Bevor diese Bearbeitung vorgenommen wird, soll jedoch kurz der DMX-Code betrachtet werden, um ihn zu verstehen und nicht einfach mechanisch Änderungen vorzunehmen. Der vollständige Code der Vorhersageabfrage ist in Listing 10.1 aufgeführt.

```
SELECT
  [TM_Decision_Trees].[Bike Buyer],
  PredictProbability(TM_Decision_Trees.[Bike Buyer]),
  t.[CustomerKey]
From
  [TM_Decision_Trees]
PREDICTION JOIN
```

Listing 10.1 Unbearbeiteter DMX-Code der in der Entwurfsansicht erstellten Vorhersageabfrage

```
OPENQUERY([AW_DW],
  'SELECT
    [GeographyKey],
    [FirstName],
    [LastName],
    [MaritalStatus],
    [Gender],
    [YearlyIncome],
    [TotalChildren],
    [NumberChildrenAtHome],
    [EnglishEducation],
    [EnglishOccupation],
    [HouseOwnerFlag],
    [NumberCarsOwned],
    [CommuteDistance],
    [Region],
    [Age]
  FROM
    [dbo].[DM_PotenzielleKäufer]
  ') AS t
ON
  [TM_Decision_Trees].[Geography Key] = t.[GeographyKey] AND
  [TM_Decision_Trees].[First Name] = t.[FirstName] AND
  [TM_Decision_Trees].[Last Name] = t.[LastName] AND
  [TM_Decision_Trees].[Marital Status] = t.[MaritalStatus] AND
  [TM_Decision_Trees].[Gender] = t.[Gender] AND
  [TM_Decision_Trees].[Yearly Income] = t.[YearlyIncome] AND
  [TM_Decision_Trees].[Total Children] = t.[TotalChildren] AND
  [TM_Decision_Trees].[Number Children At Home] = t.[NumberChildrenAtHome] AND
  [TM_Decision_Trees].[English Education] = t.[EnglishEducation] AND
  [TM_Decision_Trees].[English Occupation] = t.[EnglishOccupation] AND
  [TM_Decision_Trees].[House Owner Flag] = t.[HouseOwnerFlag] AND
  [TM_Decision_Trees].[Number Cars Owned] = t.[NumberCarsOwned] AND
  [TM_Decision_Trees].[Commute Distance] = t.[CommuteDistance] AND
  [TM_Decision_Trees].[Region] = t.[Region] AND
  [TM_Decision_Trees].[Age] = t.[Age]
```

Listing 10.1 Unbearbeiteter DMX-Code der in der Entwurfsansicht erstellten Vorhersageabfrage *(Fortsetzung)*

Der DMX-Code in Listing 10.1 ist folgendermaßen zu verstehen:

- Die SELECT-Argumentliste besteht aus den drei Argumenten

```
[TM_Decision_Trees].[Bike Buyer],
PredictProbability(TM_Decision_Trees.[Bike Buyer]),
t.[CustomerKey]
```

Mit dem ersten Argument wird die vorherzusagende Spalte *Bike Buyer* angegeben, mit dem zweiten deren Vorhersagewahrscheinlichkeit, mit dem dritten die Schlüsselvariable *CustomerKey*.

- In der FROM-Klausel wird zum einen auf das Miningmodell [TM_Decision_Trees] verwiesen. Zum anderen wird mit den Schlüsselwörtern PREDICTION JOIN ein Join auf die Inputvariablen der Tabelle [DM_PotenzielleKäufer] gebildet.

- Dies geschieht mithilfe der Anweisung OPENQUERY([AW_DW], 'SELECT ...), die zum einen auf die Datenquellensicht *AW_DW* der Analysis Services-Datenbank *TargetMail* verweist und zum anderen mit der *SELECT*-Anweisung eine Unterabfrage auf die Variablen der Tabelle [DM_PotenzielleKäufer] verarbeitet

- Die *ON*-Klausel schließlich ordnet die Variablen der Unterabfrage den Modellvariablen als Inputvariable zu

TIPP Die Anweisung PREDICTION JOIN kann auch in der Form NATURAL PREDICTION JOIN geschrieben werden. Dann kann auf die ON-Klausel verzichtet werden, sofern die entsprechenden Variablen des Miningmodells und der Falltabelle namensgleich sind. Auf diese Weise kommen Sie mit deutlich kürzerem Code aus.

Eine DMX-SELECT-Anweisung kann auch eine WHERE-Klausel enthalten, sodass Einschränkungen für die ausgegebenen Fälle formuliert werden können. Dies ist allerdings nicht in der Entwurfsansicht der Registerkarte *Miningmodellvorhersage* möglich, wohl aber in der SQL-Ansicht durch entsprechende Bearbeitung des DMX-Codes.

Wir hatten oben bei der Interpretation des Gewinndiagramms (siehe Abbildung 10.26 und die zugehörigen Erläuterungen) gesehen, dass es sinnvoll, weil gewinnmaximierend wäre, die Vorhersageabfrage für *Bike Buyer* auf Fälle zu beschränken, deren Vorhersagewahrscheinlichkeit >= 36,73 % für *Bike Buyer* = 1 ist. Diese Einschränkung soll jetzt durch entsprechende Spezifikation einer WHERE-Klausel in die Vorhersageabfrage aufgenommen werden. Allerdings ist dies mit einer kleinen Komplikation verbunden.

Wie wir bereits oben bei der Erklärung des Prognosegütediagramms (siehe zuvor in diesem Kapitel den Abschnitt »Aufbau des Prognosegütediagramms«) ausgeführt haben, ist die Vorhersagewahrscheinlichkeit bei Fällen, für die das Modell den Wert 1 vorhersagt, stets > 50 %, sodass es scheint, als ob wir uns auf eine Vorhersagewahrscheinlichkeit von 36,73 % für den Wert 1 als Grenze zur Trennung der Spreu vom Weizen gar nicht beziehen können. Tatsächlich können wir jedoch die Beziehung ausnutzen, nach der sich die Vorhersagewahrscheinlichkeit für den Wert 1 als (1 minus Vorhersagewahrscheinlichkeit für den Wert 0) ergibt. Daher kann unsere Vorhersageabfrage durch die folgende WHERE-Klausel ergänzt werden:

```
WHERE [TM_Decision_Trees].[Bike Buyer] = 1
OR
(
[TM_Decision_Trees].[Bike Buyer] = 0
AND
PredictProbability(TM_Decision_Trees.[Bike Buyer]) < (1- 0.3673)
)
```

Listing 10.2 *WHERE*-Klausel zur Beschränkung der Datensätze auf Fälle mit einer Vorhersagewahrscheinlichkeit >= 36,73 % für den Wert *Bike Buyer = 1*

Fügen Sie diese WHERE-Klausel aus Listing 10.2 dem DMX-Code in der SQL-Ansicht der Registerkarte *Miningmodellvorhersage* am Ende hinzu und klicken Sie anschließend auf das Symbol *Zur Abfrageergebnissicht wechseln*. Daraufhin wird das Abfrageergebnis mit 1.259 (statt vorher 1.849) Fällen ausgegeben.

HINWEIS Wenn Sie den DMX-Code in der SQL-Ansicht geändert haben und anschließend in die Entwurfsansicht wechseln wollen, wird ein Dialogfeld mit der Warnung, dass die Änderungen verloren gehen, angezeigt. Sie sollten daher ggf. vor dem Wechsel den DMX-Code in die Zwischenablage kopieren und in eine Datei einfügen, die Sie speichern können. Falls Sie den DMX-Code von Vorhersageabfragen häufiger bearbeiten müssen, empfiehlt sich ohnehin für diesen Zweck das Arbeiten mit DMX-Abfragen im Management-Studio. Weitere Details dazu finden Sie in Kapitel 27.

Singleton-Abfrage erstellen

Eine Singleton-Abfrage ist eine Vorhersageabfrage gegen ein (trainiertes) Miningmodell, die auf nur einen einzigen Datensatz gestützt ist (Singleton = individueller Fall). Derartige Abfragen sind sinnvoll, wenn Sie für einen Fall (eine Person) wichtige Attributwerte kennen und dafür einen Vorhersagewert bekommen möchten. Auf der Registerkarte *Miningmodellvorhersage* können Sie eine Singleton-Abfrage erstellen. Legen Sie für das Miningmodell *TM_Decision_Trees* eine Singleton-Abfrage an und gehen Sie dazu folgendermaßen vor:

1. Klicken Sie in der Entwurfsansicht der Registerkarte *Miningmodellvorhersage* auf die Schaltfläche *Modell auswählen* und wählen Sie das Miningmodell *TM_Decision_Trees* aus.
2. Klicken Sie auf der Symbolleiste auf das Symbol *SINGLETON-Abfrage*, um das Dialogfeld *SINGLETON-Abfrageeingabe* anzuzeigen (Abbildung 10.30).

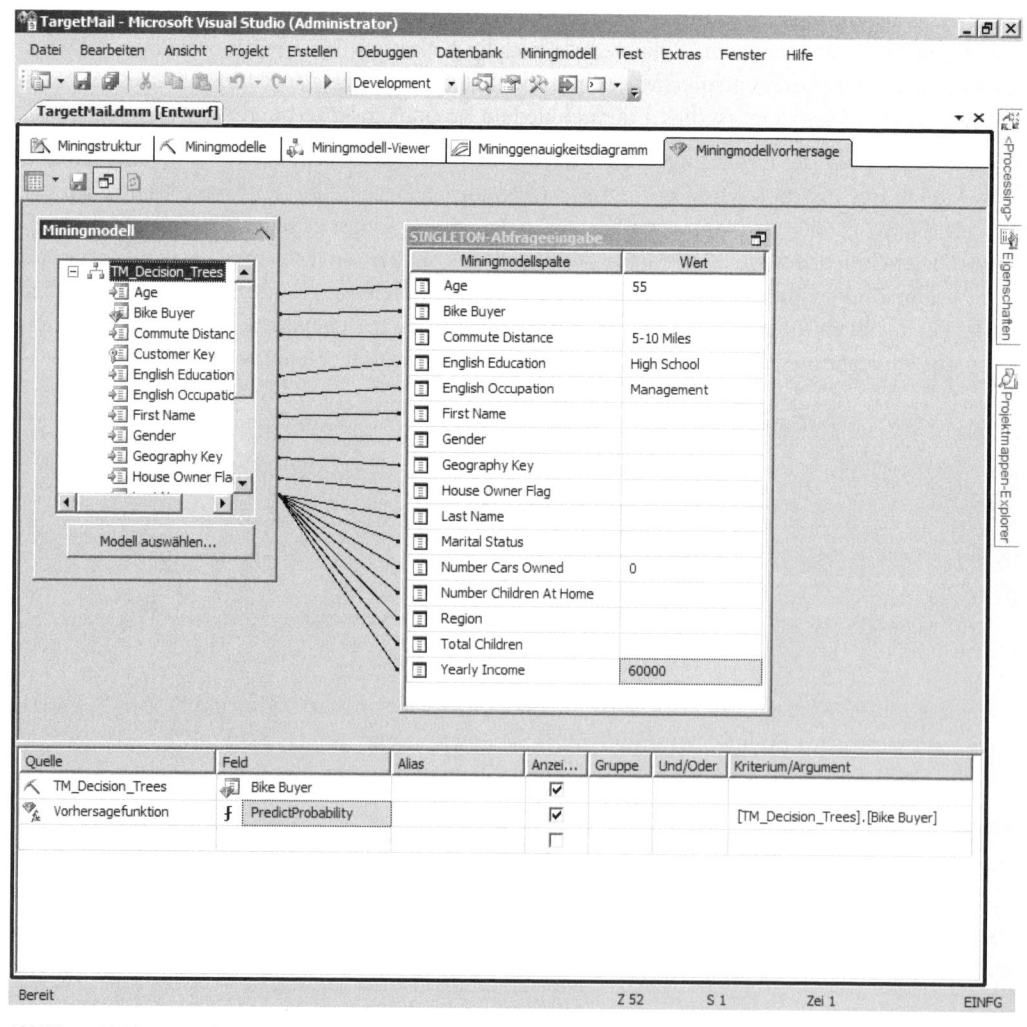

Abbildung 10.30 Entwurf einer Singleton-Abfrage auf der Registerkarte *Miningmodellvorhersage*

3. Geben Sie im Fenster *SINGLETON-Abfrageeingabe* verschiedene Werte ein bzw. wählen Sie diese für die diskreten Variablen mithilfe der Dropdownlisten aus. Sie müssen nicht für jede Variable einen Wert eingeben, es können durchaus einige Eingabefelder frei bleiben.
4. Ziehen Sie die Variable *Bike Buyer* aus dem Miningmodell auf die freie Zelle der Spalte *Quelle*.
5. Klicken Sie auf die leere Zelle der Spalte *Quelle* und wählen Sie in der Dropdownliste den Eintrag *Vorhersagefunktion* aus.
6. Klicken Sie dann in derselben Zeile auf die Zelle der Spalte *Feld* und wählen Sie in der Dropdownliste die Funktion *PredictProbability*.
7. Ziehen Sie die Variable *Bike Buyer* aus dem Miningmodell auf die freie Zelle, in der sich die Zeile mit der Vorhersagefunktion und die Spalte *Kriterium/Argument* schneiden. Die Registerkarte *Miningmodellvorhersage* sollte nun so aussehen wie in Abbildung 10.30.
8. Klicken Sie in der Symbolleiste auf das Symbol *Zur Abfrageergebnissicht wechseln*. Nun wird in der Abfrageergebnissicht eine Zeile ausgegeben, die in der Spalte *Bike Buyer* den vorgesagten Wert und in der Spalte *Expression* (es wurde kein Aliasname für den Ausdruck angegeben!) die zugehörige Vorhersagewahrscheinlichkeit wiedergibt (Abbildung 10.31).

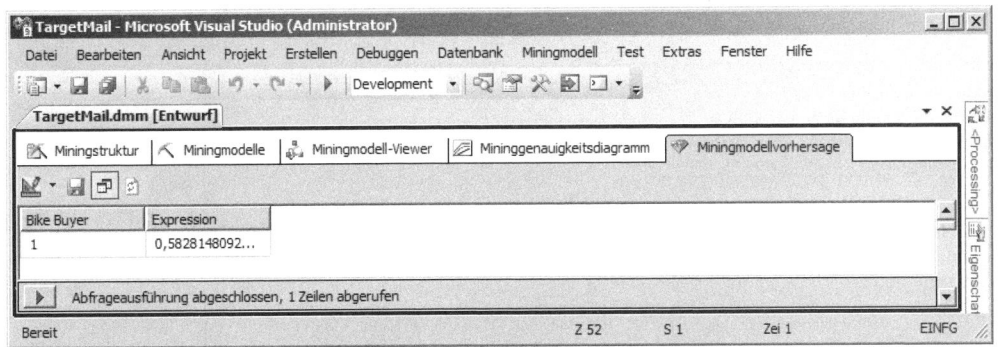

Abbildung 10.31 Abfrageergebnis der Singleton-Abfrage für die Variablenwerte in Abbildung 10.30

Wie bei Vorhersageabfragen, die in der Entwurfsansicht auf Basis einer Eingabetabelle erstellt wurden, kann auch bei einer Singleton-Abfrage das zugehörige DMX-SELECT-Statement in der SQL-Ansicht betrachtet werden. Das entsprechende Listing für unsere Beispiel-Singleton-Abfrage ist im Folgenden dargestellt:

```
SELECT
  [TM_Decision_Trees].[Bike Buyer],
  PredictProbability([TM_Decision_Trees].[Bike Buyer])
From
  [TM_Decision_Trees]
NATURAL PREDICTION JOIN
(SELECT 55 AS [Age],
  '5-10 Miles' AS [Commute Distance],
  'High School' AS [English Education],
  'Management' AS [English Occupation],
  0 AS [Number Cars Owned],
  60000 AS [Yearly Income]) AS t
```

In der Unterabfrage werden die für die Singleton-Abfrage manuell eingegebenen Variablenwerte als Aliasnamen aufgeführt, die mit den Variablennamen des Miningmodells übereinstimmen. Daher ist die Verwendung von NATURAL PREDICTION JOIN statt nur PREDICTION JOIN möglich, was die ON-Klausel erspart.

Singleton-Abfrage als Excel-Clientanwendung

Es ist schön, dass auf der Registerkarte *Miningmodellvorhersage* im Business Intelligence Development Studio eine Singleton-Abfrage erstellt werden kann. Das Business Intelligence Development Studio ist jedoch wenig geeignet für die Arbeit eines Sachbearbeiters aus der Marketingabteilung. Singleton-Abfragen sind ein typischer Fall für eine Clientanwendung. Wir haben eine Excel-Arbeitsmappe erstellt, die als Client eine Singleton-Abfrage generiert, an den Analysis-Server sendet, das zurückgegebene Abfrageergebnis entgegennimmt und dieses in ein Spreadsheet schreibt. Sie finden diese Arbeitsmappe unter dem Namen *SingletonAbfrage.xls* als Material zu diesem Kapitel auf der Internet-Site *www.FestImBiss.de*. Nähere Hinweise zu den Beispielmaterialien zum Buch finden Sie in Kapitel 2.

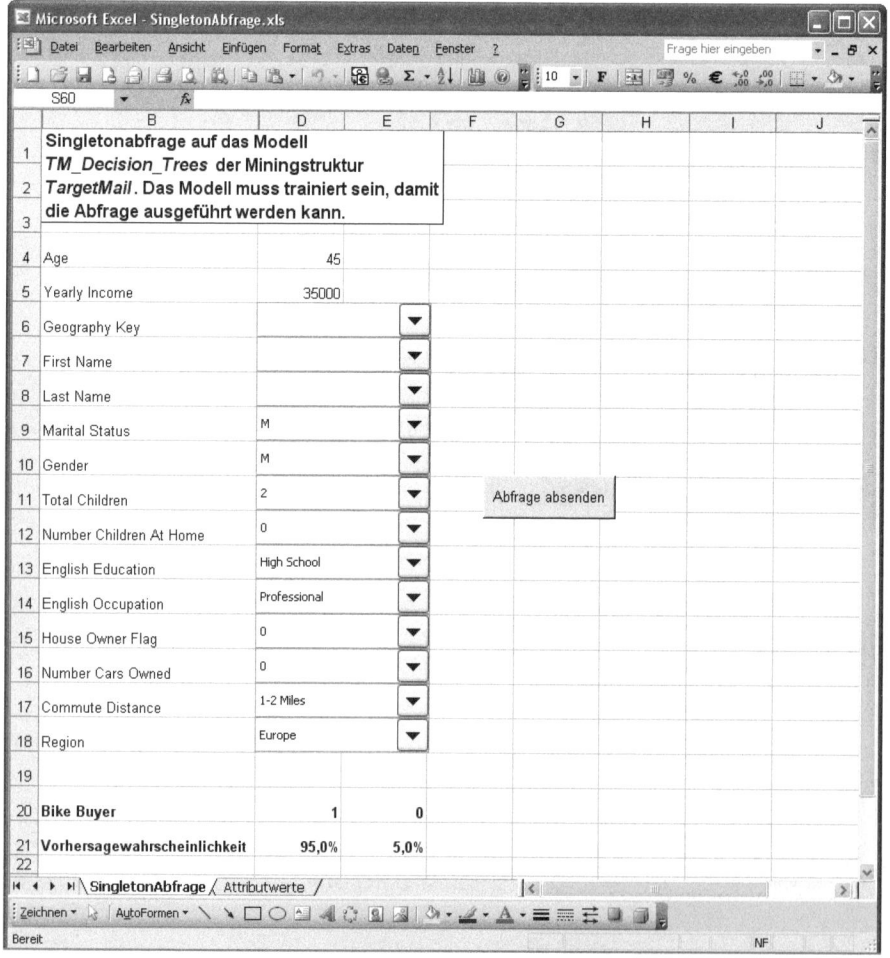

Abbildung 10.32 Excel-Arbeitsblatt zur Bearbeitung einer Singleton-Abfrage

In Abbildung 10.32 ist das Excel-Arbeitsblatt *SingletonAbfrage* zur Eingabe von Variablenwerten für eine Singleton-Abfrage wiedergegeben. Das Abfrageergebnis wird nach Klicken auf die Schaltfläche *Abfrage senden* etwas umgewandelt und unten ausgegeben (*Bike Buyer* und *Vorhersagewahrscheinlichkeit*). Die Umwandlung besteht darin, dass außer den im Abfrageergebnis ausgewiesenen Werten für *Bike Buyer* und *Vorhersagewahrscheinlichkeit* auch deren Komplementwerte berechnet und ins Arbeitsblatt geschrieben werden.

Der Benutzer gibt die Werte für die Variablen *Age* und *Yearly Income*, die den Datentyp *Continuous* haben, in die Zellen des Arbeitsblatts ein. Für die restlichen Variablen mit dem Datentyp *Discrete* werden die Werte aus Dropdownlisten gewählt. Im Arbeitsblatt *Attributwerte* sind für alle diskreten Variablen sämtliche in den Trainingsdaten verschiedenen Attributwerte aufgelistet. Die entsprechenden Spaltenbereiche dienen den Dropdownlisten als Eingabebereiche. Die in den Dropdownlisten gewählten Werte werden den Zellverknüpfungen in Spalte D als ganze Zahlen, die die gewählten Listeneinträge wiedergeben, übergeben. Mit der Excel-Funktion INDEX() werden diese Zahlen in die entsprechenden Attributwerte umgewandelt und in Zellen der Spalte E ausgegeben. Aus diesen Zellen erstellt eine VBA-Prozedur das DMX-Statement für die Singleton-Abfrage.

Obwohl es sich bei der VBA-Prozedur *SingletonAbfrageAusführen* um eine relativ kleine Prozedur handelt, wollen wir hier nicht ihren Code wiedergeben. Dieser ist mit erklärenden Kommentaren versehen und steht Ihnen mit der Arbeitsmappe zur Verfügung.

Assoziationsanalyse mit geschachtelten Tabellen

Es stellt einen der großen Vorteile des Data Mining in den Microsoft Analysis Services dar, dass hier nicht nur einfache flache Falltabellen verarbeitet werden können, sondern auch geschachtelte. Diese Möglichkeit ist bisher nur bei wenigen anderen Data Mining-Produkten anzutreffen.

Bei den Tabellen handelt es sich um eine Master- und eine Detailtabelle. Die Mastertabelle enthält die Fälle, deren Details der verschachtelten Tabelle ausgewertet werden sollen. Dies spielt gerade bei der Assoziationsanalyse, die häufig für den Zweck einer Warenkorbanalyse eingesetzt wird, eine große Rolle: Jeder Warenkorb (praktisch meist eine Bestellung) stellt einen Fall dar, der mit seinem eindeutigen Schlüsselattribut in der Mastertabelle abgelegt ist. Die zugehörigen Einzelpositionen des Warenkorbs (Details der Bestellung) werden dagegen in der Detailtabelle geführt, die das eindeutige Schlüsselattribut der Mastertabelle als Fremdschlüssel enthält.

In diesem Abschnitt soll gezeigt werden, wie Sie mit verschachtelten Tabellen im Data Mining arbeiten. Dies soll am Beispiel einer Warenkorbanalyse mit dem Data Mining-Algorithmus *Microsoft Association Rules* demonstriert werden.

Microsoft Association Rules

Ein typischer Anwendungsfall einer Assoziationsanalyse ist eine Warenkorbanalyse. Bei einer Warenkorbanalyse sollen Regelmäßigkeiten in der Zusammensetzung der Warenkörbe gefunden und als Regeln formuliert werden. Beispielsweise könnte es vorkommen, dass sich in den Warenkörben eines Möbelversenders häufig die Kombination *Gartenstuhl Teak* und *Sitzkissen strapazierfähig* findet. Dann könnte die Regel *Gartenstuhl Teak => Sitzkissen strapazierfähig* formuliert werden. Allerdings würde diese Regel für sich genommen fast nichts aussagen, denn ob sie auch leistungsfähig ist, hängt davon ab, wie oft sich diese Kombination unter den anderen möglichen Kombinationen finden lässt.

Die Erkenntnis, dass Käufer von *Gartenstuhl Teak* überhaupt einmal auch ein *Sitzkissen strapazierfähig* gekauft haben, ist eher trivial. Nicht trivial dagegen wäre die Information, dass diese Kombination in z.B. 90 % aller Fälle, in denen ein *Gartenstuhl Teak* gekauft wird, auftritt. Dann könnte man salopp formulieren, dass Gartenstuhlkäufer auch Sitzkissenkäufer sind. Aber selbst dieses Analyseergebnis könnte noch ziemlich irrelevant sein, wenn sich herausstellt, dass Sitzkissen nicht nur in Kombination mit Gartenstühlen, sondern mit vielen anderen Artikeln gekauft werden, sodass sie möglicherweise sogar in praktisch jedem Warenkorb anzutreffen sind.

Es kommt daher auch darauf an, zu prüfen, wie sich die Regel *Gartenstuhl Teak => Sitzkissen strapazierfähig* von anderen Regeln oder, eine andere Betrachtung, vom puren Zufall unterscheidet. Zur Aufklärung dieser Zusammenhänge kennt die Assoziationsanalyse die Maßzahlen *Konfidenz*, *Support* und *Lift*. Diese Begriffe sollen nicht hier abstrakt, sondern später in diesem Kapitel konkret an den Ergebnissen der folgenden Warenkorbanalyse erklärt werden, weil dies das Verständnis erleichtert.

Miningmodell für Association Rules erstellen

Im Weiteren soll eine Warenkorbanalyse mit dem Algorithmus *Microsoft Association Rules* erstellt werden. Dazu stehen in der Datenbank *AW_DW* die beiden Tabellen *DM_AssocSeqOrders* und *DM_AssocSeqLineItems* zur Verfügung. *DM_AssocSeqOrders* enthält Bestellungen, *DM_AssocSeqLineItems* die zugehörigen Bestellpositionen. Letztere werden im Kontext einer Assoziationsanalyse meist als *Items* bezeichnet.

Das neue Miningmodell kann nicht in die bestehende Miningstruktur *TargetMail* unseres gleichnamigen Beispielprojekts als weiteres Modell eingefügt werden, weil es eine völlig andere Struktur und Datenbasis haben muss. Daher muss eine neue Miningstruktur erstellt werden. Vor diesem Schritt muss jedoch noch die vorhandene Datenquellensicht *AW_DW* um die beiden angegebenen Tabellen *DM_AssocSeqOrders* und *DM_AssocSeqLineItems* ergänzt werden. Gehen Sie daher folgendermaßen vor, um das neue Miningmodell zu erstellen:

1. Fügen Sie der vorhandenen Datenquellensicht AW_DW die beiden Tabellen *DM_AssocSeqOrders* und *DM_AssocSeqLineItems* hinzu: Doppelklicken Sie dazu im Projektmappen-Explorer auf das Symbol für die Datenquellensicht *AW_DW*, um deren Entwurfsansicht zu öffnen. Klicken Sie dann mit der rechten Maustaste auf einen Punkt im Diagrammbereich und wählen Sie im Kontextmenü den Eintrag *Tabellen hinzufügen/entfernen* aus. Fügen Sie der Liste *Eingeschlossene Objekte* die beiden genannten Tabellen hinzu und bestätigen Sie mit *OK*. Daraufhin werden die beiden Tabellen dem Diagrammbereich der Datenquellensicht hinzugefügt. Da die beiden Tabellen in den Datenbank *AW_DW* nicht miteinander verknüpft sind, werden sie auch in der Datenquellensicht nicht automatisch miteinander verknüpft. Ziehen Sie daher das Feld *OrderNumber* aus der Detailtabelle *DM_AssocSeqLineItems* auf das gleichnamige Feld in der Mastertabelle *DM_AssocSeqOrders*, um eine Verknüpfungslinie einzufügen.

2. Klicken Sie im Projektmappen-Explorer mit der rechten Maustaste auf den Knoten *Miningstrukturen*, wählen Sie im Kontextmenü den Eintrag *Neue Miningstruktur* aus, und klicken Sie im *Willkommen*-Dialogfeld auf *Weiter*.

3. Belassen Sie es im Dialogfeld *Definitionsmethode auswählen* bei der Option *Aus vorhandener Datenbank oder vorhandenem Data Warehouse* und klicken Sie auf *Weiter*.

4. Wählen Sie im Dialogfeld *Data Mining-Struktur erstellen* den Algorithmus *Microsoft Association Rules* aus und klicken Sie auf *Weiter*.

5. Markieren Sie im Dialogfeld *Datenquellensicht auswählen* die Datenquellensicht *AW_DW* und klicken Sie auf *Weiter*.

Assoziationsanalyse mit geschachtelten Tabellen

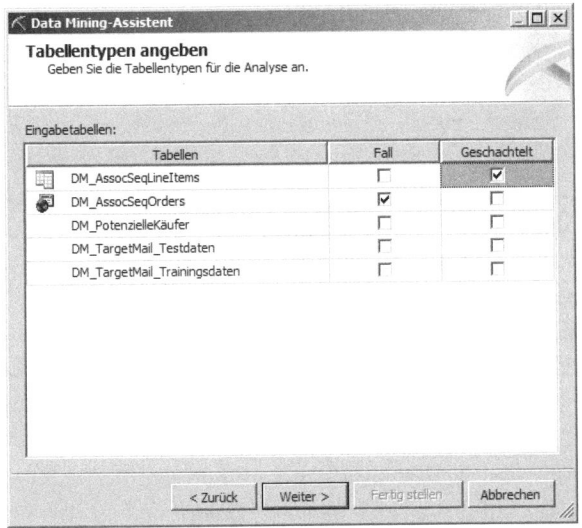

Abbildung 10.33 Dialogfeld *Tabellentypen angeben*, bereits bearbeitet

6. Aktivieren Sie im Dialogfeld *Tabellentypen angeben* (Abbildung 10.33) für die Tabelle *DM_AssocSeqLineItems* das Kontrollkästchen für *Geschachtelt* und für die Tabelle *DM_AssocSeqOrders* das Kontrollkästchen für *Fall*. Klicken Sie dann auf *Weiter*.

7. Aktivieren Sie im Dialogfeld *Trainingsdaten angeben* für *OrderNumber* das Kontrollkästchen für *Schlüssel* und für *Model* die Kontrollkästchen für alle drei Typen (Abbildung 10.34). Mit diesen Zuweisungen wird in der nachfolgenden Assoziationsanalyse jede *OrderNumber* als ein Fall (entspricht einem Warenkorb) behandelt, und die zugehörigen Detailpositionen (Items) werden der Spalte *Model* der geschachtelten Tabelle entnommen. Klicken Sie auf *Weiter*.

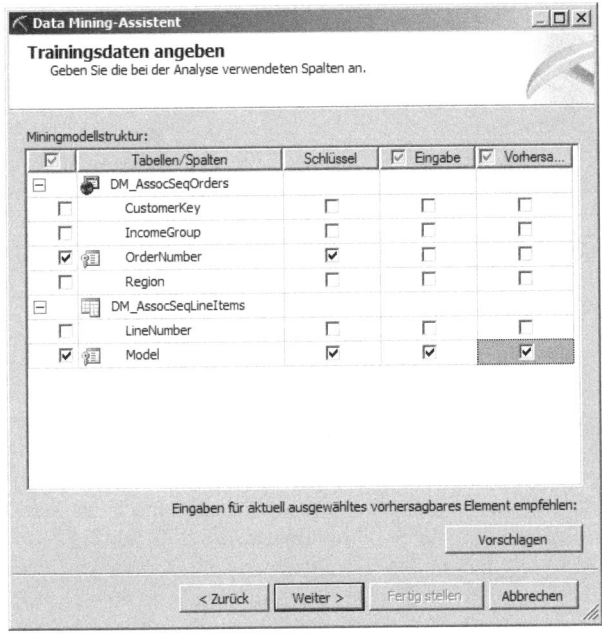

Abbildung 10.34 Typzuordnungen für Master- und Detailtabelle

8. Klicken Sie auf der Seite *Inhalt und Datentyp der Spalten angeben* auf *Weiter*.
9. Geben Sie im Dialogfeld *Testsatz erstellen* als Prozentsatz der zu testenden Daten den Wert 0 ein, da wir für die Warenkorbabalyse keine Testdaten benötigen, und klicken Sie auf *Weiter*.
10. Geben Sie auf der Seite *Assistenten abschließen* unter *Miningstrukturname* den Namen *Association_Rules* und unter *Miningmodellname* den Namen *Warenkorb_Modell* ein. Klicken Sie abschließend auf *Fertig*.

Nach dem letzten Schritt wird die neue Miningstruktur *Association_Rules* ins Projekt eingefügt und in der Entwurfsansicht angezeigt. Sie könnten die Miningstruktur mit ihrem Modell jetzt bereitstellen und verarbeiten lassen. Es ist jedoch zweckmäßig, zuvor noch die Einstellungen der Modellparameter *Minimum_Support* und *Minimum_Probability* zu ändern. *Minimum_Support* gibt den Mindestprozentsatz der Fälle an, auf die sich eine Regel bezieht, von dem ab sie als gültig betrachtet und ins Modell aufgenommen wird. *Minimum_Probability* definiert, wie hoch die Wahrscheinlichkeit einer Zuordnung eines Items zu einem oder mehreren anderen mindestens sein muss, damit sie als gültig betrachtet und ins Modell aufgenommen wird. Gehen Sie folgendermaßen vor, um diese Einstellungen zu ändern:

1. Aktivieren Sie im Data Mining-Designer die Registerkarte *Miningmodelle*.
2. Klicken Sie im Designer mit der rechten Maustaste auf die Spalte *Warenkorb_Modell* und wählen Sie im Kontextmenü den Eintrag *Algorithmusparameter festlegen*.
3. Legen Sie im Dialogfeld *Algorithmusparameter* (Abbildung 10.35) für MINIMUM_PROBABILITY den Wert *0.1* und für MINIMUM_SUPPORT den Wert *0.01* fest: Klicken Sie jeweils in die Spalte *Wert* und tragen Sie die Werte ein. Bestätigen Sie dann mit *OK*.

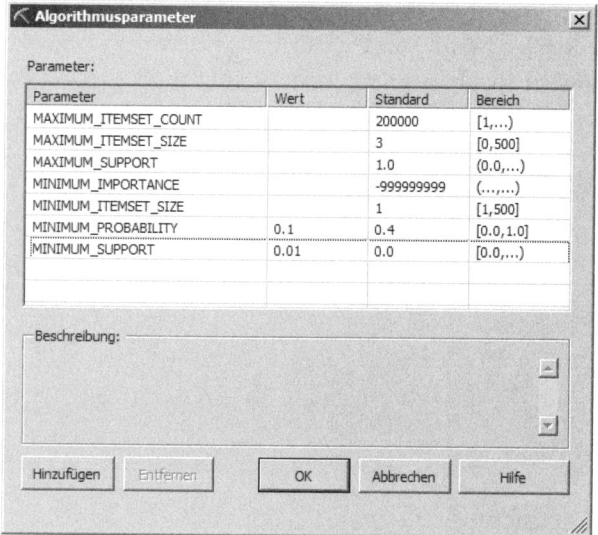

Abbildung 10.35 Dialogfeld *Algorithmusparameter*, bereits bearbeitet

4. Nach diesen Änderungen soll das Modell bereitgestellt und verarbeitet werden: Drücken Sie die Taste F5.

Während des Vorgangs der Bereitstellung und Bearbeitung wird das Dialogfeld *Bereitstellungsstatus – TargetMail* angezeigt. Nach erfolgreichem Abschluss des Verarbeitungsvorgangs wird automatisch die Registerkarte *Miningmodell-Viewer* aktiviert. Blenden Sie das Dialogfeld *Bereitstellungsstatus – TargetMail* ggf. aus, um Platz für die Prüfungen der Ergebnisse im Miningmodell-Viewer zu haben.

Miningmodell für Association Rules prüfen

Auf der Registerkarte *Miningmodell-Viewer* wird standardmäßig die Ansicht *Microsoft Association Rules-Viewer* und auf dieser die Registerkarte *Regeln* angezeigt. Wir wollen jedoch zunächst die *Itemsets* betrachten, klicken Sie daher auf diese Registerkarte.

Registerkarte *Itemsets*

Die Registerkarte *Itemsets* (Abbildung 10.36) gibt die gefundenen Itemsets wieder und stellt deren *Unterstützungswert*, *Größe* und *Itemset* in drei Spalten dar: Mit *Unterstützungswert* (Support) wird angegeben, wie oft das Itemset in den Datensätzen der Trainingstabellen vorkommt, mit *Größe* wird ausgewiesen, aus wie vielen Elementen das Itemset besteht und in der dritten Spalte wird dargestellt, aus welchen Items sich ein Itemset zusammensetzt. In Abbildung 10.36 lässt sich beispielsweise erkennen, dass das Itemset mit den Items *Mountain Bottle Cage* und *Water Bottle* aus zwei Elementen besteht und 1.623 mal vorkommt.

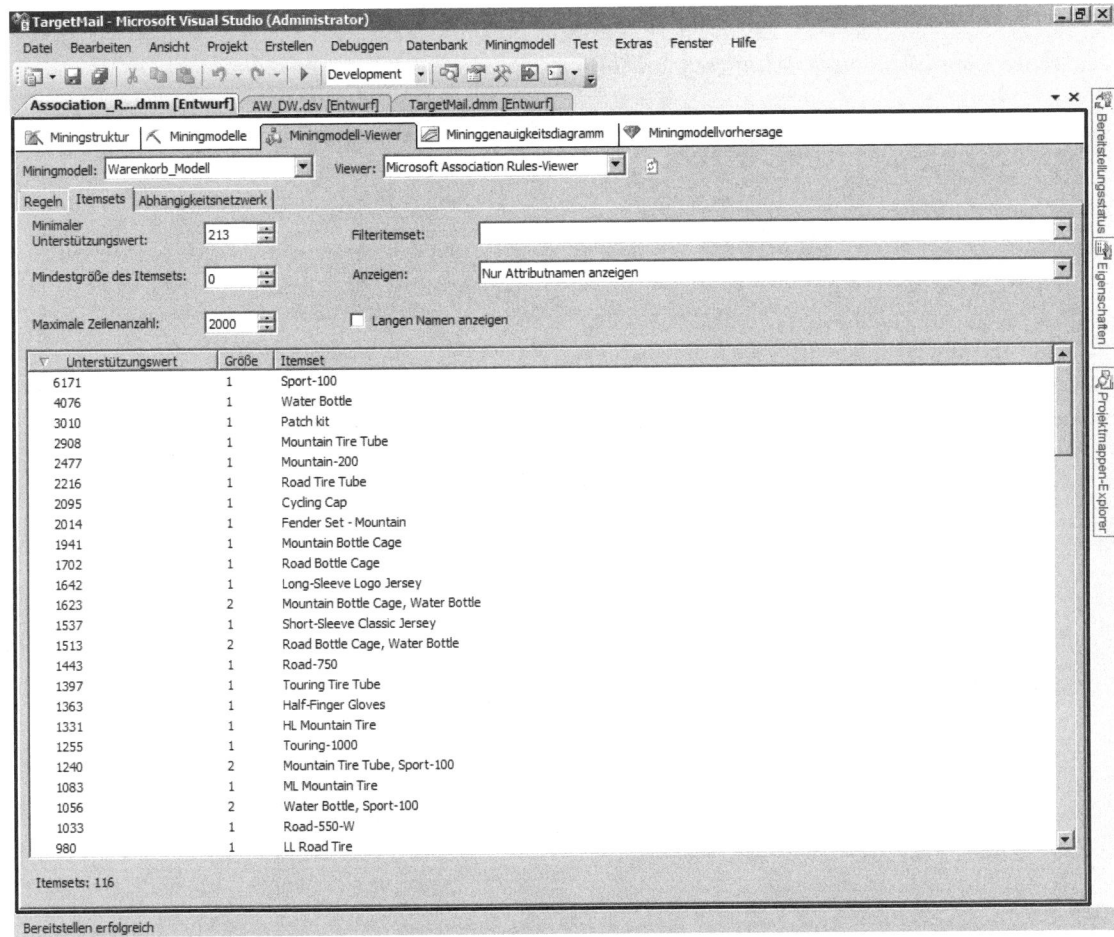

Abbildung 10.36 Registerkarte *Itemsets* mit Ergebnissen für das Miningmodell *Warenkorb_Modell*, die Ansicht wurde auf die reinen Attributnamen beschränkt

Die Zeilen lassen sich per Klick auf den Spaltenkopf nach den Inhalten der Spalten *Unterstützungswert*, *Größe* und *Itemset* sortieren. Standardmäßig sind sie nach der Spalte *Unterstützungswert* angeordnet (Abbildung 10.36). Wenn man sie nach der Spalte *Größe* absteigend anordnet, lässt sich gut erkennen, wie groß die Warenkörbe maximal waren – unter Berücksichtigung der eingestellten Modellparameter (z.B. *MINIMUM_ SUPPORT*, siehe vorherigen Abschnitt).

Mit dem Steuerelement *Mindestgröße des Itemsets* können Sie außerdem die Itemsets mit geringer Größe ausblenden. Mit den Steuerelement *Anzeigen* können Sie wählen, ob die Items (Attributnamen) zusammen mit ihren Werten (Standard), nur mit dem Namen oder nur mit dem Attributwert angezeigt werden. In Abbildung 10.36 wurde der Standard auf die Einstellung *Nur Attributnamen anzeigen* geändert, weil der Wert im vorliegenden Fall stets *Vorhanden* und damit uninteressant und eher störend ist.

Registerkarte *Regeln*

Die Registerkarte *Regeln* (Abbildung 10.37) ist die informativste und neben der noch zu besprechenden Registerkarte *Abhängigkeitsnetzwerk* die interessanteste. Auch hier lässt sich mit mehreren Steuerelementen die Menge der wiedergegebenen Zeilen filtern. Ebenso können die Zeilen wiederum nach den Werten der drei Spalten *Wahrscheinlichkeit*, *Wichtigkeit* und *Regel* angeordnet werden.

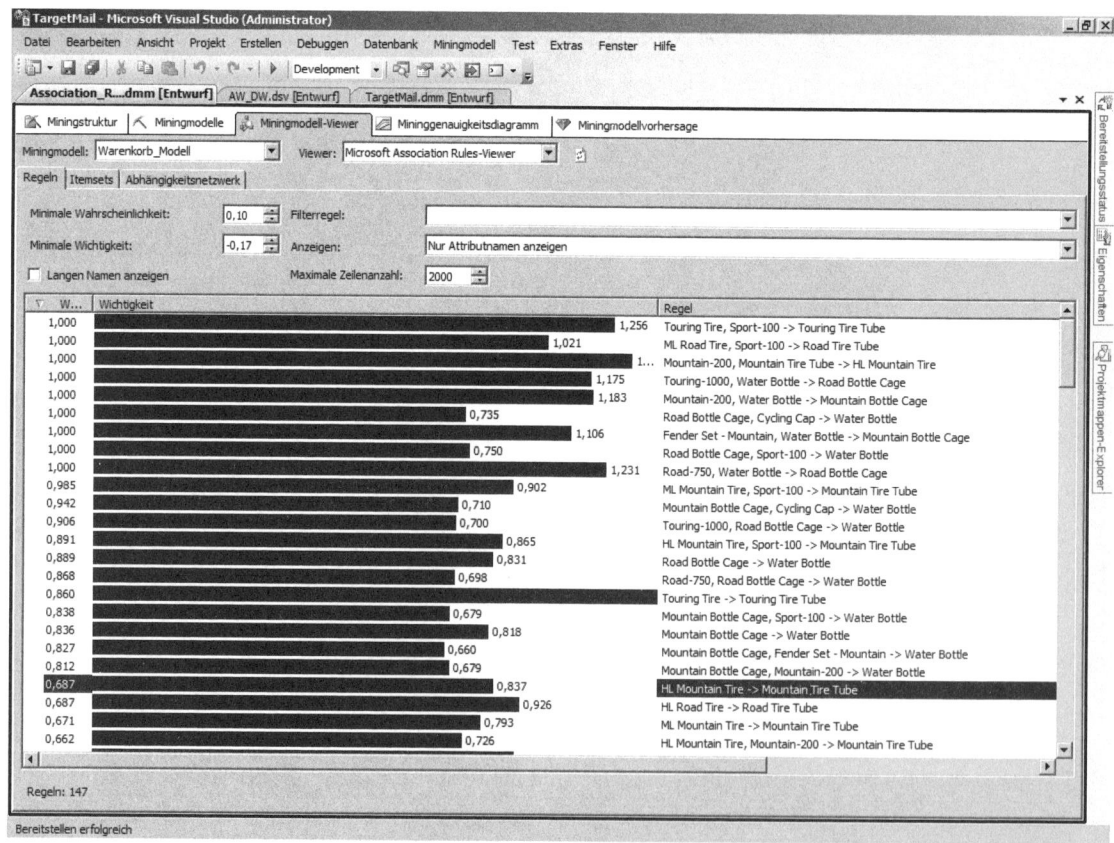

Abbildung 10.37 Registerkarte *Regeln*, die Zeilen angeordnet nach der Wahrscheinlichkeit

Die Inhalte der drei Spalten sind nicht selbsterklärend, sodass wir diese im Folgenden erläutern wollen.

Regel

Eine Regel legt fest, welche Items das Vorkommen anderer Items begünstigen. Nehmen wir als Beispiel die sechste in Abbildung 10.37 dargestellte Regel:

```
Road Bottle Cage, Cycling Cap -> Water Bottle
```

Diese Regel gibt an, dass das gleichzeitige Vorkommen der Items *Road Bottle Cage* und *Cycling Cap* das zusätzliche Vorkommen des Items *Water Bottle* mit der in der ersten Spalte angegebenen Wahrscheinlichkeit begünstigt. Das Itemset auf der linken Seite des logischen Ausdrucks wird auch als *Antecedent* (Vorgänger), dasjenige auf der rechten Seite als *Consequent* (Nachfolger) bezeichnet.

Wahrscheinlichkeit (Konfidenz)

Für die im vorangehenden Punkt angeführte Regel

```
Road Bottle Cage, Cycling Cap -> Water Bottle
```

ist die Wahrscheinlichkeit mit 1,000 ausgewiesen. Dies bedeutet, dass bei einem Kauf der beiden Artikel *Road Bottle Cage* und *Cycling Cap* mit Sicherheit auch ein *Water Bottle* gekauft wird. In der Regel ist die Wahrscheinlichkeit kleiner als 1,000. Für die Regel

```
HL Mountain Tire -> Mountain Tire Tube
```

beispielsweise wird eine Wahrscheinlichkeit von nur 0,687 ausgewiesen. Daraus können Sie erkennen, dass der Kauf von *HL Mountain Tire* in 68,7 % der Fälle auch zum Kauf von *Mountain Tire Tube* führt, in 31,3 % der Fälle jedoch nicht.

Die Wahrscheinlichkeit der Regel wird im Kontext einer Assoziationsanalyse meistens als *Konfidenz* bezeichnet. *Konfidenz* bedeutet ja Vertrauen, daher kann die Wahrscheinlichkeit der Assoziationsregel auch als das Vertrauen, das in diese Regel gesetzt werden kann, interpretiert werden.

Wichtigkeit (Lift)

Im Kontext von Assoziationsanalysen ist der Begriff *Lift* einschlägig und absolut vorherrschend. Daher erscheint es etwas unglücklich, dass er im Data Mining der Microsoft Analysis Services mit *Wichtigkeit* (engl. *Importance*) angegeben wird. Wir werden im Folgenden von beiden Bezeichnungen Gebrauch machen.

Lift bedeutet ja, dass etwas angehoben wird: Mit der Maßzahl *Lift* (Wichtigkeit) soll quantitativ angegeben werden, um welchen Faktor sich das Vorkommen des *Nachfolgers* (des *Konsequenten*) gegenüber seinem puren Vorkommen in der Grundgesamtheit erhöht, wenn er an die Bedingung des Auftretens des *Vorgängers* (des *Antecedenten*) geknüpft ist.

Der Gedanke, der hinter der Maßzahl *Lift* steht, relativiert nicht zuletzt die Bedeutung der im letzten Punkt behandelten *Wahrscheinlichkeit (Konfidenz)*: Eine Wahrscheinlichkeit von 68,7 %, mit der ein *Mountain Tire Tube* gekauft wird, nachdem klar ist, dass auch ein *HL Mountain Tire* gekauft wird, mag relativ hoch erscheinen. Diese Wahrscheinlichkeit würde sich jedoch als relativ gering erweisen, wenn der Artikel *Mountain Tire Tube* in **allen** Bestellungen (und nicht nur bei den Bestellungen, bei denen auch ein *HL Mountain Tire* gekauft wird) mit ungefähr derselben Wahrscheinlichkeit anzutreffen wäre. In diesem Falle würde die gefundene Regel praktisch überhaupt keinen Lift hervorbringen.

Für den Lift finden sich in Literatur und Data Mining-Softwareprodukten unterschiedliche Definitionen. Bei Microsoft ist die *Wichtigkeit* folgendermaßen definiert:

Wichtigkeit (A => B) = log (p(B | A) / p(B | nicht A))

Lassen wir zum leichteren Verständnis dieser Definition zunächst den Logarithmus außer Betracht, so ergibt sich diese Interpretation: Die Wichtigkeit wird als Quotient von zwei Wahrscheinlichkeiten ermittelt. Der Zähler des Quotienten gibt die Wahrscheinlichkeit von B unter der Voraussetzung von A an. Der Nenner gibt die Wahrscheinlichkeit von B unter der Voraussetzung von »nicht A« an. Aus dem Quotienten wird dann der Logarithmus zur Basis 10 ermittelt.

Überprüfen und verdeutlichen wir diesen Zusammenhang am Beispiel der in Abbildung 10.37 hervorgehobenen Regel

HL Mountain Tire -> Mountain Tire Tube

Tabelle 10.3 gibt die zur Berechnung der Wahrscheinlichkeiten relevanten absoluten Supportwerte (Häufigkeiten) wieder. Sie finden diese Werte, wenn Sie im Miningmodell-Viewer in der Dropdownliste *Viewer* den Eintrag *Generic Content Tree Viewer* wählen. Dort werden in der Zeile *NODE_SUPPORT* die Supportwerte angegeben.

	Mountain Tire Tube	Nicht Mountain Tire Tube	Gesamt
HL Mountain Tire	915	416	1.331
Nicht HL Mountain Tire	1.993	17.931	19.924
Gesamt	2.908	18.347	21.255

Tabelle 10.3 Supportwerte für die Items *HL Mountain Tire* und *Mountain Tire Tube*

Der Lift (die Wichtigkeit) für die angeführte Regel ergibt sich aus folgenden Berechnungen:

```
p(Mountain Tire Tube | HL Mountain Tire) = 915 / 1.331 = 0,687
p(Mountain Tire Tube | nicht HL Mountain Tire) = 1.993/ 19.924= 0,100
Wichtigkeit = log(0,687 / 0,100) = log(6,868) = 0,837
```

Wenn Sie diese Berechnung mit den Werten vergleichen, die in Abbildung 10.37 für die dort hervorgehobene Regel ausgewiesen werden, erkennen Sie, dass die *Wichtigkeit* mit dem von uns berechneten Wert von 0,837 identisch ist, und auch die dort ausgewiesene *Wahrscheinlichkeit* gleicht dem von uns für den Ausdruck

```
p(Mountain Tire Tube | HL Mountain Tire)
```

berechneten Wert von 0,687.

Leider lässt sich ein logarithmisch ausgedrückter Wert nicht unmittelbar »sinnlich« interpretieren. Wenn Sie ein Gefühl für die Größe der ermittelten Wichtigkeit (Lift) bekommen wollen, können Sie den Logarithmuswert aber leicht in den entsprechenden Potenzwert umrechnen, indem Sie die Zahl 10 mit ihm potenzieren. Für unser Beispiel ergibt sich dann:

Wichtigkeit (arithmetisch) = 10 ^ 0,837 = 6,868

Der arithmetisch ausgedrückte Lift gibt an, dass der Artikel *Mountain Tire Tube* um den Faktor 6,868 mal häufiger in Warenkörben, die auch den Artikel *HL Mountain Tire* enthalten, anzutreffen ist als in Warenkörben, die den Artikel *HL Mountain Tire* nicht enthalten.

Aus den vorangehenden Überlegungen ergibt sich, dass die Bedeutung einer Regel nicht allein nach deren Wahrscheinlichkeit (Konfidenz) beurteilt werden kann, sondern dass ihre Wichtigkeit (Lift) mindestens genauso bedeutsam ist. Zum Vergleich der Relevanz der im Miningmodell gefundenen Regeln empfiehlt es sich daher, diese auf der Registerkarte *Regeln* im Miningmodell-Viewer auch nach der Größe der Wichtigkeit anordnen zu lassen.

Registerkarte *Abhängigkeitsnetzwerk*

Die Registerkarte *Abhängigkeitsnetzwerk* stellt, wie wir bereits bei den Modellen zum TargetMailing gesehen haben (siehe z.B. weiter vorne in diesem Kapitel den Abschnitt »Darstellung des Entscheidungsbaums im Fenster *Abhängigkeitsnetzwerk*«), Beziehungen zwischen Knoten grafisch als Linien dar. Bei unserer Assoziationsanalyse repräsentieren die Knoten die verschiedenen Artikel (Items) der Warenkörbe. Die Pfeillinien geben die Richtungen der Abhängigkeiten an. Durch Verschieben des Reglers können Sie außerdem nach den stärkeren Verknüpfungen filtern.

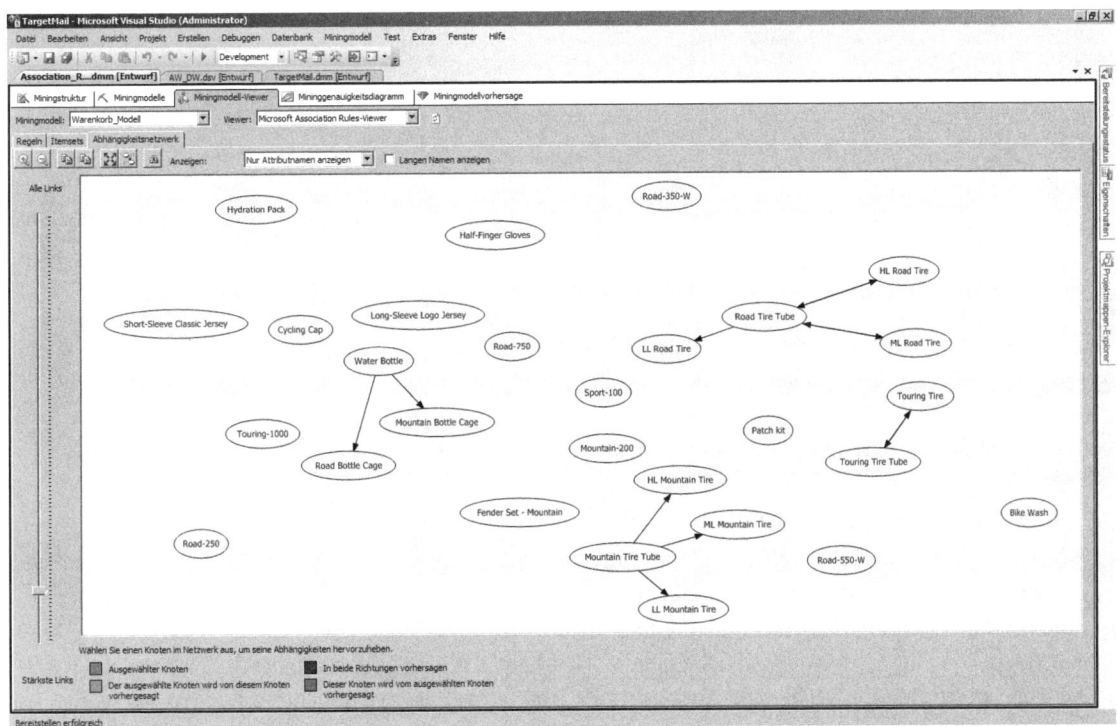

Abbildung 10.38   Die Items des trainierten Modells *Warenkorb_Modell* werden auf der Registerkarte *Abhängigkeitsnetzwerk* dargestellt

In Abbildung 10.40 ist der Regler fast ganz nach unten verschoben, sodass nur die neun stärksten Abhängigkeiten angezeigt werden. Zu erkennen ist beispielsweise, dass das Item *Road Tire Tube* vom Item *HL Road Tire* relativ stark vorhergesagt wird, aber auch die umgekehrte Beziehung gilt, denn die Verknüpfungslinie weist an beiden Enden einen Pfeil auf.

Singleton-Abfrage mit *Warenkorb_Modell* erstellen

Auf Basis eines trainierten Miningmodells mit dem Algorithmus *Microsoft_Association_Rules* lassen sich auch Vorhersageabfragen ausführen. Wir wollen dies hier für eine Singleton-Abfrage demonstrieren. Um für das Miningmodell *Warenkorb_Modell* eine Singleton-Abfrage auszuführen, gehen Sie folgendermaßen vor:

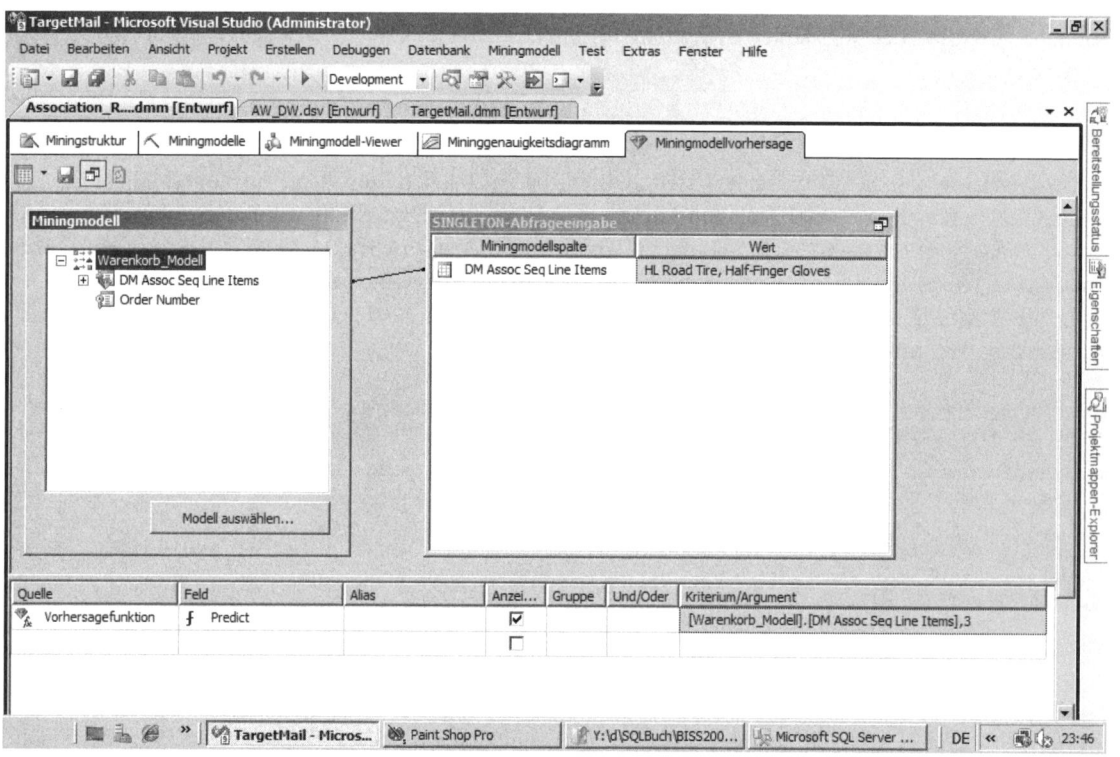

Abbildung 10.39   Dialogfeld *Miningmodellvorhersage*, bearbeitet für eine *SINGLETON*-Abfrage

1. Aktivieren Sie im Designer der Miningstruktur *Association_Rules* die Registerkarte *Miningmodellvorhersage*.
2. Klicken Sie auf der Symbolleiste auf das Symbol *SINGLETON-Abfrage*.
3. Klicken Sie im Dialogfeld *SINGLETON-Abfrageeingabe* auf die Zelle der Spalte *Wert* und anschließend auf das Steuerelement mit den drei Punkten.
4. Wählen Sie in der *Schlüsselspalte* einen Artikel aus und fügen Sie diesen der Liste *Eingabezeilen* per Klick auf *Hinzufügen* hinzu. Wiederholen Sie diesen Schritt ggf. für weitere Artikel, die Sie als Vorgänger-Artikel zur Ermittlung des Nachfolger-Artikels in die Abfrage aufnehmen möchten. Klicken Sie schließlich auf *OK*.
5. Klicken Sie auf die leere Zelle in der Spalte *Quelle* und wählen Sie in der Dropdownliste den Eintrag *Vorhersagefunktion* aus.
6. Klicken Sie in derselben Zeile auf die Zelle der Spalte *Feld* und wählen Sie in der Dropdownliste die Funktion *Predict* aus.

7. Ziehen Sie aus dem Dialogfeld *Miningmodell* das Symbol der verschachtelten Tabelle *DM Assoc Seq Line Items* auf die leere Zelle der Spalte *Kriterium/Argument*. Daraufhin wird der vollständige Name dieser als Modellspalte fungierenden Tabelle in die Zelle geschrieben.

8. Die Funktion *Predict* soll nur die drei wahrscheinlichsten Artikel ausgeben. Erweitern Sie daher in der Zelle der Spalte *Kriterium/Argument* die Argumentliste um ein weiteres und geben Sie den Wert 3 ein, vom ersten Argumentwert durch ein Komma getrennt.

Abbildung 10.39 enthält die für eine SINGLETON-Abfrage aufbereitete Registerkarte *Miningmodellvorhersage*. Als Artikel, die die Vorhersage als Vorgänger-Artikel verwenden sollen, wurden *HL Road Tire* und *Half-Finger Gloves* ausgewählt. Das Abfrageergebnis wird ausgegeben, wenn Sie zur Abfrageergebnissicht wechseln, indem Sie auf das entsprechende Symbol klicken. Abbildung 10.40 stellt das Abfrageergebnis dar. Es ist zu erkennen, dass die drei Artikel *Road Tire Tube*, *Sport-100* und *Patch kit* als die drei wahrscheinlichsten vorausgesagt wurden.

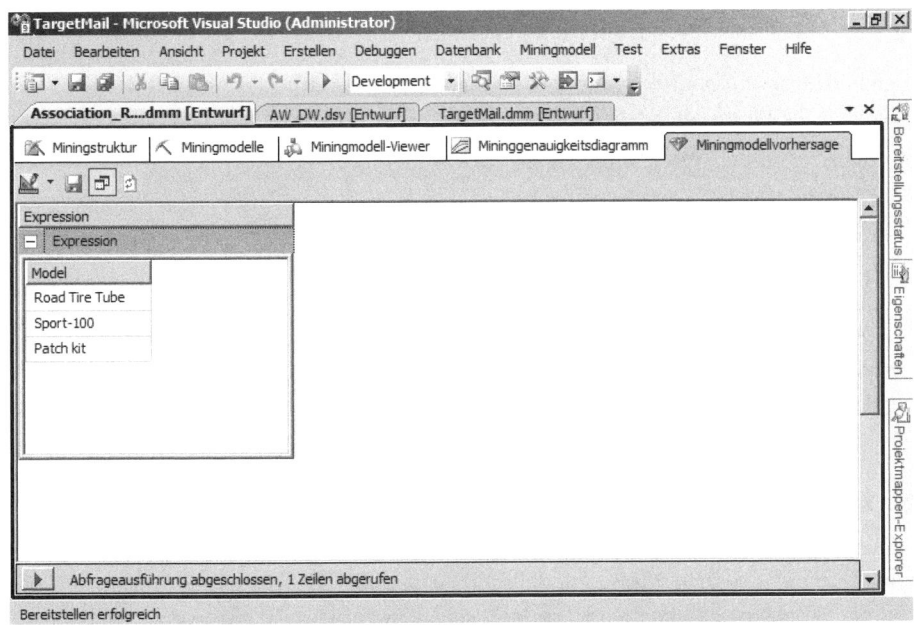

Abbildung 10.40 Abfrageergebnis der SINGLETON-Abfrage für die Werte in Abbildung 10.39

Miningmodell und Miningstruktur bearbeiten

Üblicherweise muss ein Miningmodell vielfach bearbeitet und getestet werden, bevor es als zufriedenstellend akzeptiert werden kann. Dabei stehen fachlich-inhaltliche Überlegungen im Vordergrund, auf die wir hier nicht näher eingehen können. Wir zeigen aber die Bearbeitungsmöglichkeiten für Miningstruktur und Miningmodell auf, damit Sie aus fachlichen Gesichtspunkten gebotene Änderungen realisieren können.

Algorithmusparameter ändern

In Kapitel 9 wurde dargestellt, dass jeder der neun im Microsoft SQL Server 2008 verfügbaren Modellalgorithmem mehrere Algorithmusparameter besitzt, über deren Einstellungen Sie den Algorithmus steuern können. Jeder Algorithmusparameter besitzt einen Standardwert. Daher können Sie ein Modell trainieren (verarbeiten), ohne einen einzigen Algorithmusparameter eingestellt zu haben. Dieses Vorgehen mag in vielen Fällen für den ersten Testlauf sinnvoll sein. Beim weiteren Bearbeiten eines Miningmodells werden Sie jedoch einzelne Algorithmusparameter ändern wollen. Dazu gehen Sie folgendermaßen vor:

1. Aktivieren Sie im Data Mining-Designer der betreffenden Miningstruktur die Registerkarte *Miningmodelle*.
2. Klicken Sie im Designer mit der rechten Maustaste auf die Spalte des Miningmodells, dessen Algorithmusparameter Sie ändern wollen, und wählen Sie im Kontextmenü den Eintrag *Algorithmusparameter festlegen*. Das Dialogfeld *Algorithmusparameter* wird geöffnet. Sie haben dieses Dialogfeld bereits weiter vorne in diesem Kapitel im Abschnitt »Miningmodell für Association Rules erstellen« kennengelernt (Abbildung 10.35).
3. Legen Sie im Dialogfeld *Algorithmusparameter* die gewünschten Werte fest. Klicken Sie dazu jeweils in die Spalte *Wert* und tragen Sie die Werte ein. Bestätigen Sie anschließend mit *OK*.

Nach dem Ändern von Algorithmusparametern müssen Sie das Miningmodell erneut verarbeiten lassen, um die Änderung wirksam werden zu lassen.

Variablen ändern

Es dürfte ein eher seltenes Ereignis sein, wenn Sie auf Anhieb die zur Erklärung der vorhersagbaren Variablen geeigneten Inputvariablen identifiziert und mit ihren inhaltlichen Einstellungen richtig getroffen haben. Im Regelfall werden Sie die Eigenschaften verschiedener Variablen ändern, neue ins Miningmodell einfügen, vorhandene herausnehmen oder gänzlich neu berechnete hinzufügen.

Variableneigenschaften ändern

Sie können den *Datentyp* und den *Inhaltstyp* einer Variablen ändern. Dies geschieht auf der Ebene der Miningstruktur. Sofern diese mehr als ein Miningmodell enthält, werden sich die Änderungen auf alle Modelle auswirken. Um die Variableneigenschaften zu ändern, gehen Sie folgendermaßen vor:

1. Aktivieren Sie den Designer für die betreffende Miningstruktur und holen Sie die Registerkarte *Miningmodelle* in den Vordergrund.
2. Klicken Sie in der Spalte *Struktur* auf die zu bearbeitende Variable und lassen Sie das Eigenschaftenfenster anzeigen.
3. Ändern Sie im Eigenschaftenfenster die Eigenschaft *Content* und/oder *Type*.

Eine Änderung von *Type* kann beispielsweise für den folgenden Zweck sinnvoll sein: Für eine Variable, die in der Datenquelle den Datentyp *Integer* besitzt, sei in der Miningstruktur die Eigenschaft *Type* auf *Text* und die Eigenschaft *Content* auf *Discrete* eingestellt. Die Eigenschaft *Content* soll jedoch auf *Continuous* geändert werden. Dies setzt voraus, dass in der Miningstruktur die Eigenschaft *Type* auf einen numerischen Typ eingestellt ist, z.B. *Long*.

Eine Änderung von *Type* kann beispielsweise für den folgenden Zweck sinnvoll sein: Für eine Variable, die in der Datenquelle den Datentyp *Integer* besitzt, sei in der Miningstruktur die Eigenschaft *Type* auf *Text* und die

Eigenschaft *Content* auf *Discrete* eingestellt. Die Eigenschaft *Content* soll jedoch auf *Continuous* geändert werden. Dies setzt voraus, dass in der Miningstruktur die Eigenschaft *Type* auf einen numerischen Typ eingestellt ist, z.B. *Long*.

> **HINWEIS** Wenn Sie für eine Inputvariable die Eigenschaft *Content* von *Continuous* auf *Discrete* ändern, müssen Sie im Allgemeinen anschließend auch die Miningmodell-Eigenschaft *ModelingFlags* dieser Variablen, die vermutlich auf den Wert *Regressor* eingestellt war, zurücksetzen. Andernfalls läuft die Verarbeitung des Modells auf einen Fehler hinaus.

Variablen hinzufügen oder entfernen

Es gibt zwei Möglichkeiten, Variablen hinzuzufügen oder zu entfernen: für die Miningstruktur und für das Miningmodell.

Miningstruktur

Variable entfernen Klicken Sie auf der Registerkarte *Miningstruktur* mit der rechten Maustaste auf die betreffende Variable und wählen Sie im Kontextmenü den Eintrag *Löschen*.

Variable hinzufügen Klicken Sie auf der Registerkarte *Miningstruktur* mit der rechten Maustaste auf den Knoten der Miningstruktur und wählen Sie im Kontextmenü den Eintrag *Spalte hinzufügen*. Markieren Sie dann im Dialogfeld *Spalte auswählen* die einzufügende Spalte und bestätigen Sie mit *OK*. Die eingefügte Spalte wird dann automatisch nicht nur der Miningstruktur, sondern auch dem(n) Miningmodell(en) der Miningstruktur hinzugefügt, wo ihr Status auf *Ignorieren* voreingestellt ist. Um die neue Variable beispielsweise als Inputvariable in einem Miningmodell einzusetzen, müssen Sie sie in dem betreffenden Modell auf *Input* einstellen.

Miningmodell

Alle Variablen der Miningstruktur sind automatisch in ihren Miningmodellen verfügbar. Auch das Umgekehrte gilt: In einem Miningmodell sind nur die Variablen verfügbar, die in seine Miningstruktur eingefügt wurden. Im Miningmodell haben Sie die Möglichkeit, den Status der Variablen auf *Ignorieren* oder einen der Werte *Input*, *Predict* und *PredictOnly* einzustellen.

Neue Variablen als *Benannte Berechnungen* erstellen

Über die bisher angeführten Möglichkeiten hinaus können Sie auch gänzlich neue Variablen erzeugen und in die Miningstruktur aufnehmen, indem Sie die Tabelle, auf der die Miningstruktur basiert, in der Datenquellensicht entsprechend bearbeiten. Dies sei an einem Beispiel demonstriert. Die Miningstruktur *TargetMail* unseres gleichnamigen Beispielprojekts basiert auf der Tabelle *DM_TargetMail_Trainingsdaten*. Diese Tabelle enthält neben anderen auch die beiden Spalten *NumberChildrenAtHome* und *YearlyIncome*. Basierend auf den Werten dieser Spalten soll in der Datenquellensicht die neue Spalte *YearlyIncomePerChildAtHome* erstellt werden. Gehen Sie dazu folgendermaßen vor:

1. Aktivieren Sie die Datenquellensicht *AW_DW.dsv*, indem Sie im Projektmappen-Explorer doppelt auf den entsprechenden Knoten klicken.
2. Klicken Sie im Diagrammfenster des Datenquellensichtdesigners mit der rechten Maustaste auf den Kopf der Tabelle *DM_TargetMail_Trainingsdaten* und wählen Sie im Kontextmenü den Eintrag *Neue benannte Berechnung* aus. Das Dialogfeld *Benannte Berechnung erstellen* wird geöffnet (Abbildung 10.41).

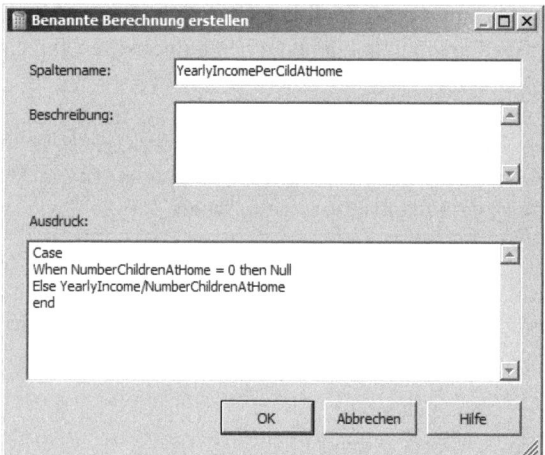

Abbildung 10.41 Dialogfeld *Benannte Berechnung erstellen*

3. Geben Sie als Spaltenname *YearlyIncomePerChildAtHome* ein.
4. Tippen Sie zur Berechnung den folgenden Ausdruck ein und schließen dann mit *OK* ab:

```
Case
When NumberChildrenAtHome = 0 then Null
Else   YearlyIncome/NumberChildrenAtHome
End
```

Nach einem Klick auf *OK* wird die eingefügte *Berechnete Spalte* im Diagrammfenster der Datenquellensicht in der Tabelle *DM_TargetMail_Trainingsdaten* als unterste Spalte und mit dem Symbol für *Berechnete Spalte* angezeigt.

Sie können sich die Werte dieser neuen Spalte über die Funktion *Daten durchsuchen* (Kontextmenü für die Tabelle in der Datenquellensicht) anschauen. Falls Änderungen erforderlich sind, kann der *Ausdruck* zur Berechnung des Spalteninhalts mit *Benannte Berechnung bearbeiten* (Kontextmenü für die berechnete Spalte in der Datenquellensicht) bearbeitet werden. Wenn alles in Ordnung ist, können Sie die neue berechnete Spalte wie jede andere Spalte der Tabelle *DM_TargetMail_Trainingsdaten* in die Miningstruktur einfügen (siehe dazu zuvor in diesem Kapitel den Abschnitt »Variablen hinzufügen oder entfernen«).

HINWEIS   Einer Abfrage der Datenquellensicht, auf der eine Miningstruktur ja ebenfalls basieren kann (siehe den folgenden Abschnitt »Trainingsdaten ändern«), lässt sich keine berechnete Spalte in derselben Weise wie einer Tabelle hinzufügen. Dies ist jedoch kein wirklicher Nachteil, denn in einer Abfrage können Sie auf der Variablenliste des SELECT-Statements beliebige berechnete Spalten mit Aliasnamen anführen.

Trainingsdaten ändern

Beim Entwickeln eines Miningmodells ist es häufig erforderlich, das Modell mit anderen als den ursprünglich mit dem Modell verbundenen Fällen zu trainieren. Beispielsweise haben Sie ein Modell zunächst mit Kundendaten aus Deutschland trainiert und möchten anschließend prüfen, ob ein Training mit österreichischen Kundendaten zu ähnlichen Ergebnissen führt. Die österreichischen Fälle weisen dieselbe Struktur auf wie die deutschen und haben auch gleiche Namen für die Spalten, jedoch unterscheidet sich der

Tabellenname (oder der Name der Sicht) von den ursprünglichen Trainingsdaten, mit denen die Miningstruktur des Analysis Services-Projekts verbunden ist.

In der Miningstruktur des Analysis Services-Projekts lässt sich diese Bindung, die bereits beim Erstellen der Miningstruktur festgelegt wurde, nicht mehr ändern, sodass es scheint, als ob sich das Problem nur dadurch lösen ließe, dass Sie die deutschen Fälle mit den österreichischen überschreiben. Tatsächlich gibt es zumindest zwei Lösungen, die man aus der Sicht des Arbeitens im Business Intelligence Development Studio allerdings als Workaround bezeichnen muss, wenngleich man gut damit leben kann.

DMX

Mit einem DMX-Statement lässt sich das Problem sehr einfach lösen: Ein Modell wird mit einem INSERT INTO-Statement trainiert. Dabei geben Sie als Trainingstabelle die Tabelle mit den neuen Trainingsdaten an. Genaueres dazu finden Sie in Kapitel 9 im Abschnitt »Modell trainieren«, in Kapitel 27 im Abschnitt »Trainieren von Modellen« sowie in Kapitel 11 im Abschnitt »Miningstruktur *TargetMail* mit alten und neuen Daten trainieren«. Mit DMX-Statements haben Sie, wie bei jeder Programmierung, die größte Flexibilität. Allerdings müssen Sie dafür den Preis zahlen, außerhalb des Business Intelligence Development Studios zu arbeiten.

Benannte Abfrage

Das Problem lässt sich auch mit den Mitteln des Business Intelligence Development Studios lösen: Sie erstellen in der Datenquellensicht eine *Benannte Abfrage*, die mit einem entsprechenden SELECT-Statement die benötigten Trainingsfälle als Abfrageergebnis wiedergibt. Beim Erstellen der Miningstruktur geben Sie die benannte Abfrage als Datenbasis an.

Um Modelle der Miningstruktur später mit anderen als den ursprünglichen Fällen zu trainieren, ändern Sie lediglich das SELECT-Statement in der benannten Abfrage. Dabei müssen Sie allerdings darauf achten, dass die Spaltennamen des geänderten SELECT-Statements mit denen des ursprünglichen übereinstimmen. Dies können Sie ggf. durch Vergabe entsprechender Aliasnamen erreichen. Im folgenden Beispiel wird eine Benannte Abfrage in der Datenquellensicht *AW_DW* unseres Beispielprojekts erstellt. Sie soll den Namen *FlexibleTrainingsdaten* bekommen und zunächst eine Sicht auf alle Fälle der Tabelle *DM_TargetMail_Trainingsdaten* enthalten. Gehen Sie folgendermaßen vor, um diese benannte Abfrage zu erstellen:

1. Aktivieren Sie den Designer für die Datenquellensicht *AW_DW*, indem Sie im Projektmappen-Explorer auf den entsprechenden Knoten doppelklicken.
2. Klicken Sie mit der rechten Maustaste auf einen leeren Bereich im Diagrammfenster des Designers und wählen Sie im Kontextmenü den Eintrag *Neue benannte Abfrage*. Daraufhin wird das Dialogfeld *Benannte Abfrage erstellen* angezeigt (Abbildung 10.42).
3. Geben Sie als Namen *FlexibleTrainingsdaten* an.
4. Tippen Sie in den SQL-Bereich (unterstes Fenster) das Statement

```
SELECT * FROM DM_TargetMail_Trainingsdaten
```

ein und klicken Sie zum Abschluss auf *OK*.

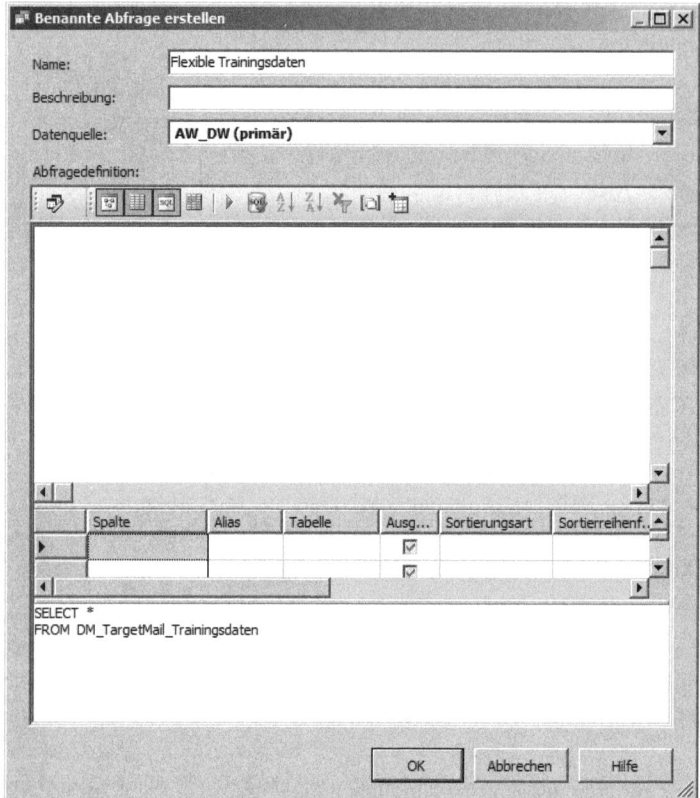

Abbildung 10.42 Dialogfeld *Benannte Abfrage erstellen*, bereits bearbeitet

Jetzt können Sie eine neue Miningstruktur erstellen, für die Sie die benannte Abfrage *FlexibleTrainingsdaten* als Datenbasis angeben. Wenn Sie dann auf einer späteren Stufe der Modellentwicklung die Trainingsdaten ändern wollen, brauchen Sie nur das SELECT-Statement der benannten Abfrage zu ändern: Wählen Sie im Kontextmenü für die benannte Abfrage *FlexibleTrainingsdaten* den Befehl *Benannte Abfrage bearbeiten*. Daraufhin wird das gleichnamige Dialogfeld angezeigt (Abbildung 10.43). Es fällt auf, dass der Abfrageeditor das schlichte Statement

```
SELECT * FROM DM_TargetMail_Trainingsdaten
```

in seiner voll mit allen Spaltenargumenten qualifizierten Form wiedergibt. Darüber hinaus ist im Abfrageeditor nunmehr auch der Diagramm- und der Rasterbereich mit Inhalt gefüllt, was das Bearbeiten der Abfrage erleichtern dürfte. Insbesondere lassen sich für die Bearbeitung im Rasterbereich ggf. erforderliche Aliasnamen für die Spalten auf einfache Weise angeben.

Data Mining-Add-In in Excel 2007

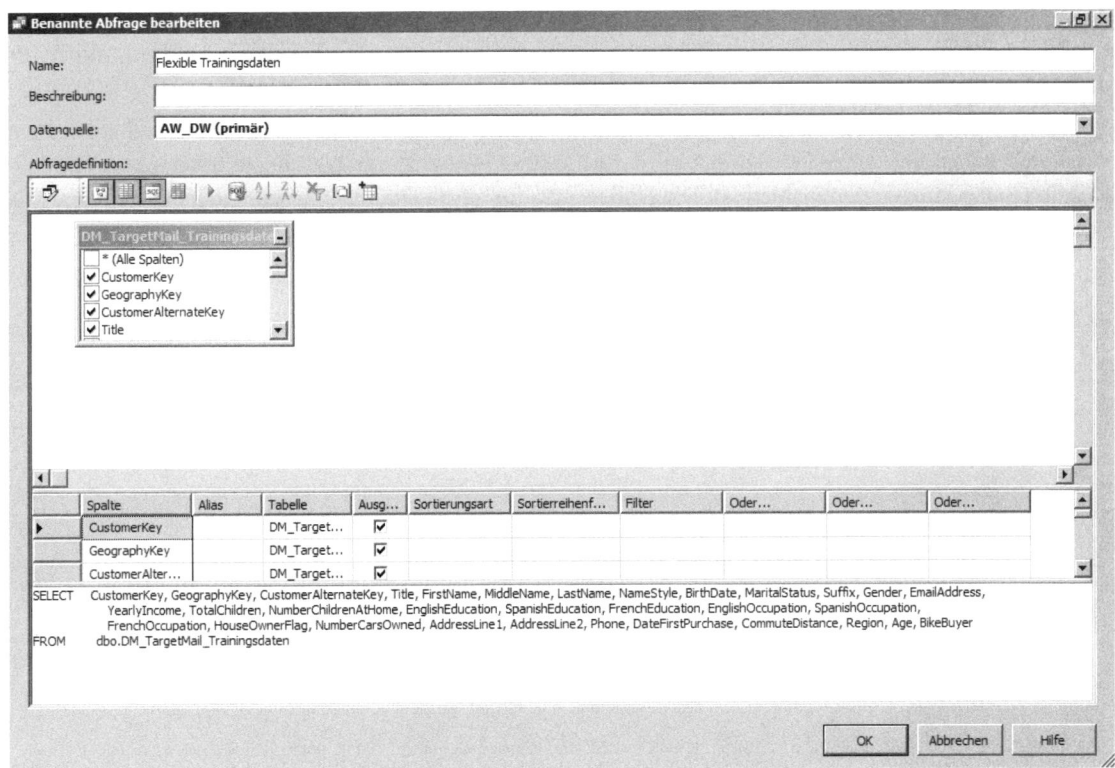

Abbildung 10.43 Dialogfeld *Benannte Abfrage bearbeiten* für die ursprünglich in der Form *SELECT * FROM DM_TargetMail_Trainingsdaten* angegebenen Sicht

Um die Trainingsdaten der benannten Abfrage so zu ändern, dass sie anstatt der Tabelle *DM_TargetMail_Trainingsdaten* einer anderen Tabelle entnommen werden, brauchen Sie im einfachsten Fall, in dem die neue Tabelle dieselben Spaltenbezeichnungen aufweist wie die alte, nur den Tabellennamen in der FROM-Klausel zu ersetzen. Im komplizierteren Fall unterschiedlicher Spaltennamen müssten Sie zusätzlich entsprechende Aliasnamen vergeben.

Die Bearbeitungsmöglichkeit des SELECT-Statements schließt alle Möglichkeiten ein, die T-SQL bietet, insbesondere auch das Anführen der WHERE- und der JOIN-Klausel. Darüber hinaus können Sie auch mehrere Tabellen mit Trainingsdaten durch das UNION-Statement zusammenführen.

Data Mining-Add-In in Excel 2007

Microsoft bietet für Excel 2007 ein Add-In zum Download an, mit dem Sie praktisch über die gesamte Data Mining-Funktionalität von SQL Server 2008 in Excel 2007 verfügen können. Zusätzlich werden dabei viele weitere Analysetools angeboten, die im Business Intelligence Development Studio nicht vorhanden sind. Die Ergebnisse der Data Mining-Modelle werden dabei im Allgemeinen in Excel-Arbeitsblättern ausgegeben. Sie können sich dieses Add-In zusammen mit einem weiteren Add-In für Tabellenanalysetools und einem für Visio 2007 vom Microsoft Download Center herunterladen. Dort lautet die Kurzbeschreibung:

»Laden Sie die SQL Server 2008 Data Mining-Add-Ins für Office 2007 herunter. Dieses Paket enthält zwei Add-Ins für Microsoft Office Excel 2007 (Tabellenanalysetools und Data Mining-Client) und ein Add-In für Microsoft Office Visio 2007 (Data Mining-Vorlagen).«

Wir können an dieser Stelle nicht näher auf diese Add-Ins eingehen. Wir möchten aber nicht verhehlen, dass es sich dabei nach unserer Einschätzung um sehr gelungene Produkte handelt, die herunterzuladen und zu installieren unbedingt zu empfehlen ist. Die beiden Add-Ins zum Data Mining und zu Tabellenanalystools haben wir ausführlich in folgender Veröffentlichung behandelt:

Gerhard Brosius, Benjamin Scheerer, Ulrich Wolff: Business Intelligence mit Office 2007 und SQL Server. Data Mining und Datenanalyse mit Excel, SQL Server 2005/2008 und Office Sharepoint Server. Microsoft Press 2009.

Kapitel 11

Data Mining mit Integration Services steuern

In diesem Kapitel:

SSIS-Tasks und -Werkzeuge für Data Mining im Überblick	352
Modelltraining und Vorhersageabfragen auf der Ebene der Ablaufsteuerung	353
Modelltraining und Vorhersageabfragen auf der Ebene des Datenflusses	357

Im vorherigen Kapitel wurde gezeigt, wie Sie Miningmodelle im Business Intelligence Development Studio entwickeln, trainieren, analysieren und schließlich für Vorhersagen einsetzen. Die Arbeit im Business Intelligence Development Studio ist ebenso unerlässlich für die Wartung von Miningmodellen, d.h. vor allem die Vornahme von Änderungen an den Metadaten. Für die Routine des in bestimmten Intervallen zu wiederholenden Modelltrainings und der Erstellung von Vorhersagen für in ihren Metadaten unveränderte Miningmodelle ist das Business Intelligence Development Studio jedoch weniger geeignet. Für diese Zwecke bietet sich SQL Server Integration Services (SSIS) an. In diesem Kapitel werden wir Ihnen erläutern, wie Sie die Data Mining-spezifischen SSIS-Werkzeuge anwenden können.

Die SQL Server Integration Services stellen einen sehr umfangreichen Dienst dar, dessen Konzept und spezifische Vorgehensweisen nicht quasi nebenbei in einem Kapitel über Data Mining behandelt werden können. Das Arbeiten mit SSIS setzt jedoch mindestens Grundkenntnisse über diesen Dienst voraus. Zum Lernen von SSIS im Allgemeinen und Besonderen sei daher auf Kapitel 12 und folgende verwiesen. In diesem Kapitel geht es allein darum, die im vorherigen Kapitel 10 erworbenen Kenntnisse um die Data Mining-spezifischen Möglichkeiten von SSIS zu erweitern, SSIS-Grundkenntnisse werden vorausgesetzt.

SSIS-Tasks und -Werkzeuge für Data Mining im Überblick

In diesem Punkt wollen wir die vier SSIS-Werkzeuge, die für die Verarbeitung und Anwendung von Miningmodellen und Miningstrukturen bestimmt sind, kurz vorstellen. Ihre konkrete Anwendung wird in den folgenden Punkten detailliert behandelt. Es gibt zwei Werkzeuge auf der Ebene der *Ablaufsteuerung* (dort heißen sie Tasks) und zwei auf der Ebene des *Datenflusses*. Die beiden Paare erfüllen jeweils prinzipiell dieselben Aufgaben, nämlich Modelltraining und Vorhersageabfragen auszuführen. Jedoch unterscheiden sie sich ganz erheblich in der Steuerungsmöglichkeit.

Tasks der Ebene *Ablaufsteuerung*

Bei den beiden Tasks der Ebene *Ablaufsteuerung* handelt es sich um Analysis Services-Verarbeitungstask und Data Mining-Abfragetask:

- **Analysis Services-Verarbeitungstask** Dieser Task verarbeitet Analysis Services-Objekte, z.B. Cubes, Dimensionen und Miningmodelle. Ein Vorteil dieses Tasks besteht darin, dass Sie mehrere Objekte derselben Analysis Services-Datenbank gleichzeitig zum Verarbeiten angeben können, beispielsweise Dimensionen, einen oder mehrere Cubes, ein oder mehrere Miningmodelle. Sie können aber auch nur ein einziges Miningmodell zum Verarbeiten, d.h. zum Trainieren, angeben. Ein Nachteil besteht darin, dass Sie Trainingsdaten an dieser Stelle nicht ändern können, sondern es werden Daten der Tabelle verwendet, die im Miningmodell für Trainingsdaten definiert ist.

- **Data Mining-Abfragetask** Mit diesem Task erstellen Sie eine Vorhersageabfrage. Der Task erfordert im DMX-Abfragestatement die Angabe einer Falltabelle mit den Inputvariablen sowie eine Ausgabetabelle, in die die vorhergesagten Fälle geschrieben werden. Sofern auf die Zusammensetzung der Falltabelle oder der Ausgabetabelle Einfluss genommen werden soll, muss dies vor bzw. nach der Ausführung dieses Tasks geschehen sein bzw. erfolgen.

Werkzeuge der Ebene *Datenfluss*

Die beiden Werkzeuge der Ebene *Datenfluss* sind Data Mining-Modelltraining und Data Mining-Abfrage.

- **Data Mining-Modelltraining**   Mit diesem Werkzeug wird eine Miningstruktur trainiert. Anders als beim *Analysis Services-Verarbeitungstask* wird hier eine Miningstruktur mit ggf. all ihren Miningmodellen trainiert. Es ist nicht möglich, gezielt nur ein Modell der Miningstruktur zum Training auszuwählen. Dies kann die Performance beeinflussen, weil möglicherweise Miningmodelle mit trainiert werden, für die dies gar nicht gewünscht ist. In solchen Fällen sollten Sie das zu trainierende Miningmodell als Einziges in der Miningstruktur belassen. Ein Vorteil dieses Werkzeugs gegenüber dem *Analysis Services-Verarbeitungstask* besteht darin, dass die Fälle, auf deren Basis die Miningstruktur trainiert werden soll, nicht durch eine Falltabelle angegeben werden müssen, sondern aus der Pipeline des Datenflusses unmittelbar übernommen werden können. Dies ermöglicht umfangreiche Transformationen der Trainingsdaten, ohne dass diese in eine Stagingtabelle geschrieben werden müssen.

- **Data Mining-Abfrage**   Wie beim *Data Mining-Abfragetask* können mit diesem Werkzeug Vorhersageabfragen erstellt werden. Ein Vorteil dieses Werkzeugs ist es, dass sowohl die Eingabe- wie auch die Ausgabefälle in der Pipeline des Datenflusses verarbeitet werden können. So lassen sich die Eingabefälle aus mehreren Datenobjekten zusammenstellen und die Ausgabefälle auf mehrere Datenobjekte verteilen.

Modelltraining und Vorhersageabfragen auf der Ebene der Ablaufsteuerung

Im Weiteren wird gezeigt, wie Sie die im vorangehenden Punkt kurz vorgestellten Tasks *Analysis Services-Verarbeitungstask* und *Data Mining-Abfragetask* sowie die Werkzeuge *Data Mining-Modelltraining* und *Data Mining-Abfrage* konkret anwenden können. Dabei beziehen wir uns auf die Miningstruktur *TargetMail*, die im vorherigen Kapitel 10 ausführlich entwickelt wurde. Die wesentlichen Inhalte dieses Kapitels werden hier vorausgesetzt, insbesondere die des Abschnitts »Fälle vorhersagen«.

> **HINWEIS**   Die im Folgenden besprochenen Anwendungen sind im SSIS-Projekt *SSIS-TargetMail* realisiert worden. Sie finden es im Material zu diesem Kapitel. Das Projekt setzt voraus, dass die relationale Datenbank *AW_DW* wie in Kapitel 2 beschrieben auf dem SQL Server 2008 installiert ist. Weiter wird vorausgesetzt, dass die Analysis Services-Datenbank *AW_DW* mit der Miningstruktur *TargetMail*, wie sie im Analysis Services-Projekt *TargetMail* in Kapitel 10 bereitgestellt wurde, auf dem Analysis-Server installiert ist (siehe dazu ebenfalls das Kapitel 2). In den Verbindungs-Managern ist als Server *localhost* angegeben. Sofern der SQL Server 2008 mit den beiden im letzten Absatz genannten Datenbanken auf der Maschine, auf der Sie das SSIS-Projekt *SSIS-TargetMail* ausführen, installiert ist, müssen Sie insoweit keine Änderungen vornehmen. Im Falle eines Netzwerkservers müssen Sie die Verbindungs-Manager entsprechend bearbeiten.

Auf der Ebene der Ablaufsteuerung sollen die folgenden Aufgaben erledigt werden;

- Das Miningmodell *TM_Decision_Trees* der Miningstruktur *TargetMail* soll mit den Daten der Tabelle, die ihm in seinen Metadaten zugeordnet ist, trainiert werden. Dies geschieht mit dem *Analysis Services-Verarbeitungstask*.

- Anschließend soll eine Vorhersageabfrage für die Fälle der Tabelle *DM_PotenzielleKäufer* ausgeführt werden, deren Abfrageergebnis in die Tabelle *DM_BikeBuyer_Vorhersage* geschrieben wird. Dies erfolgt mit dem *Data Mining-Abfragetask*.

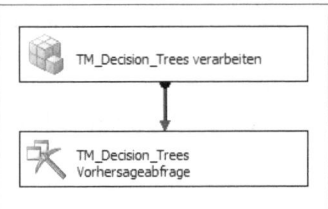

Abbildung 11.1 Tasks der Ebene *Ablaufsteuerung* im Paket *DM_Tasks.dtsx*

HINWEIS Ein Analysis Services-Verarbeitungstask zum Trainieren eines Miningmodells ergibt regelmäßig nur einen Sinn, wenn die Eigenschaft *CacheMode* der entsprechenden Miningstruktur auf *ClearAfterProcessing* eingestellt ist. Standardmäßig ist sie auf *KeepTrainingCases* eingestellt. In diesem letzteren Fall werden die Trainingsfälle mit der Miningstruktur gespeichert und beim erneuten Verarbeiten (= Trainieren) für das Training herangezogen. Diese Einstellung ist sicher beim Entwickeln einer Miningstruktur im Business Intelligence Development Studio sinnvoll. Ein späteres in Intervallen wiederholtes Trainieren der ansonsten fertigen Miningstruktur ergibt dagegen nur einen Sinn, wenn es mit veränderten Trainingsdaten erfolgt. Mit der Einstellung *CacheMode = ClearAfterProcessing* greift der Analysis Services-Verarbeitungstask dagegen auf die der Miningstruktur in den Metadaten zugeordnete Falltabelle zu, und diese könnte vor dem Ausführen des Tasks verändert werden. Ein weiterer Grund, in diesem Kontext *CacheMode = ClearAfterProcessing* einzustellen, ist das mögliche Auftreten eines Laufzeitfehlers: Mit *CacheMode = KeepTrainingCases* tritt ein Fehler auf, wenn die Miningstruktur zuvor mit dem Werkzeug *Data Mining-Modelltraining* der Ebene *Datenfluss* mit anderen Trainingsdaten trainiert wurde. Sie ändern die Miningstruktur-Eigenschaft *CacheMode* im Business Intelligence Development Studio auf der Registerkarte *Miningstruktur*.

Analysis Services-Verarbeitungstask

In Abbildung 11.1 sind die drei Tasks der Ebene *Ablaufsteuerung* wiedergegeben. Sie sind im Paket *DM_Tasks.dtsx* realisiert. Der Task mit dem Namen *TM_Decision_Trees Verarbeiten* ist ein Analysis Services-Verarbeitungstask. Zu seiner Konfiguration bietet der Editor die drei Ansichten *Allgemein*, *Verarbeitungseinstellungen* und *Ausdrücke* an, von denen in unserem Zusammenhang nur die Ansicht *Verarbeitungseinstellungen* relevant ist (Abbildung 11.2).

Per Klick auf die Schaltfläche *Hinzufügen* öffnen Sie das Dialogfeld *Analysis Services-Objekt hinzufügen*, in dem Sie das zu verarbeitende Objekt auswählen können (Abbildung 11.3). Dabei lassen sich auch mehrere Objekte gleichzeitig auswählen. Für unser Beispiel wurde nur das Miningmodell *TM_Decision_Trees* markiert. Nach Bestätigung des Dialogfelds *Analysis Services-Objekt hinzufügen* mit *OK* werden die ausgewählten Objekte in die *Objektliste* des Dialogfelds *Editor für den Analysis Services-Verarbeitungstask* eingefügt (Abbildung 11.2).

Modelltraining und Vorhersageabfragen auf der Ebene der Ablaufsteuerung

Abbildung 11.2 Editor für den Analysis Services-Verarbeitungstask mit aktivierter Ansicht *Analysis Services*

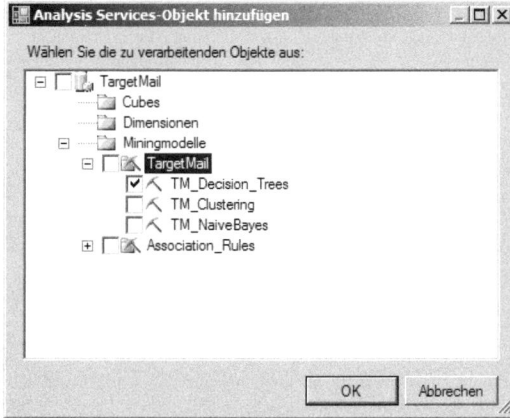

Abbildung 11.3 Dialogfeld *Analysis Services-Objekt hinzufügen*

Data Mining-Abfragetask

Im Paket *DM_Tasks.dtsx* (Abbildung 11.1) ist der Task mit dem Namen *TM_Decision_Trees Vorhersageabfrage* ein Data Mining-Abfragetask. Zu seiner Konfiguration müssen im Editor drei Registerkarten bearbeitet werden:

- Auf der Registerkarte *Miningmodell* wird zunächst der Verbindungsmanager zur Analysis Services-Datenbank *AW_DW* angegeben und dann die Miningstruktur *TargetMail* ausgewählt.

- Auf der Registerkarte *Ausgabe* werden der Verbindungsmanager zur relationalen Datenbank *AW_DW* und der Name der Ausgabetabelle, in die die Datensätze der Vorhersageabfrage geschrieben werden, angegeben. Das Kontrollkästchen *Ausgabetabelle löschen und erneut erstellen* sollte aktiviert werden, um sicher zu stellen, dass die Ausgabetabelle tatsächlich nur die von der Vorhersageabfrage ausgegebenen Datensätze enthält.

- Auf der Registerkarte *Abfrage* (Abbildung 11.4) wird das DMX-Statement für die Vorhersageabfrage eingegeben oder mit dem Abfrageeditor erzeugt. Der Abfrageeditor wird angezeigt, wenn Sie auf der Registerkarte *Abfrage* auf die Schaltfläche *Neue Abfrage erstellen* klicken. Der Editor ist im Wesentlichen derselbe wie der Abfrageeditor der Registerkarte *Miningmodellvorhersage* im Business Intelligence Development Studio, den wir in Kapitel 10 ausführlich besprochen haben (siehe dort den Abschnitt »Miningmodellvorhersage in der Entwurfsansicht erstellen«). Für die Vorhersageabfrage dieses Tasks haben wir denselben DMX-Code verwendet, der in Kapitel 10 im Abschnitt »Miningmodellvorhersage in der SQL-Ansicht bearbeiten« in Listing 10.1 wiedergegeben ist.

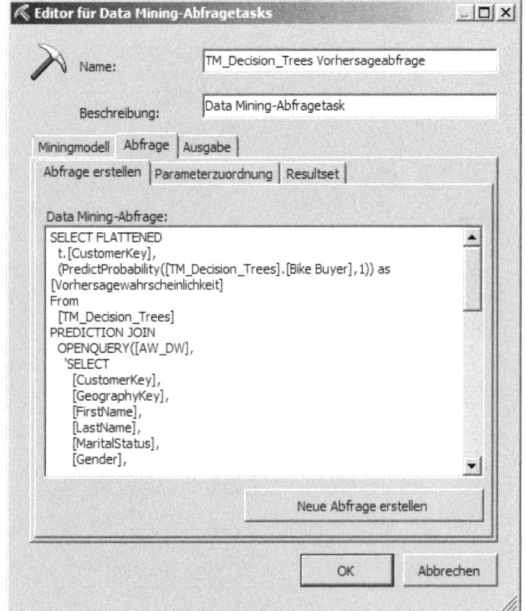

Abbildung 11.4 Registerkarte *Abfrage* mit dem DMX-*SELECT*-Statement für die Vorhersageabfrage

HINWEIS Wenn Sie im Abfrageeditor der Registerkarte *Abfrage* den DMX-Code bearbeiten wollen und dazu eine neue Zeile einfügen möchten, erleben Sie eine Überraschung: Das Drücken der ⏎-Taste erzeugt nicht, wie sonst in Editoren üblich, eine neue Zeile, sondern schließt den Editor. Neue Zeilen erzeugen Sie mit der Tastenkombination Strg+⏎!

Modelltraining und Vorhersageabfragen auf der Ebene des Datenflusses

Mit den Data Mining-Werkzeugen der Ebene *Datenfluss* (sowie mit anderen Tasks und Werkzeugen) sollen die folgenden Aufgaben gelöst werden:

1. Die Miningstruktur *TargetMail* wird mit den aus zwei verschiedenen Tabellen stammenden Fällen trainiert. Dabei fingieren wir, dass es sich um die Vereinigung alter und neuer Trainingsfälle handelt. Tatsächlich werden die Datensätze der Tabellen *DM_TargetMail_Trainingsdaten* und *DM_TargetMail_Testdaten* verwendet.
2. Das Abfrageergebnis einer Vorhersageabfrage wird in die Tabelle *DM_BikeBuyer_Vorhersage*, deren Datensätze zuvor gelöscht wurden, geschrieben.
3. Die Datensätze aus Tabelle *DM_BikeBuyer_Vorhersage* werden in die Tabellen *DM_ScoreHoch* und *DM_ScoreNiedrig*, deren Datensätze zuvor gelöscht wurden, geschrieben. Dabei werden in Tabelle *DM_ScoreHoch* Datensätze mit einer Vorhersagewahrscheinlichkeit >= 50 % eingefügt, in Tabelle *DM_ScoreNiedrig* Datensätze mit einer Vorhersagewahrscheinlichkeit < 50 %.

Die Lösung dieser Aufgaben ist im Paket *DM_Transforms.dtsx* des SSIS-Projekts *SSIS-TargetMail* realisiert. In Abbildung 11.5 ist die Ablaufsteuerung für die Erledigung der Aufgaben dargestellt.

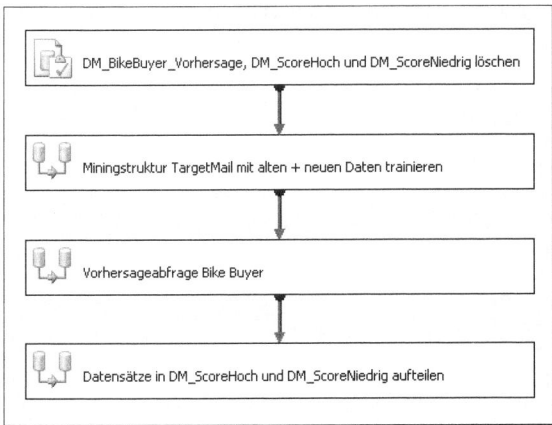

Abbildung 11.5 Tasks der Ebene *Ablaufsteuerung*, die die Werkzeuge der Ebene *Datenfluss* steuern

Im Folgenden werden die in Abbildung 11.5 dargestellten Tasks erklärt.

Miningstruktur TargetMail mit alten und neuen Daten trainieren

Mit diesem Datenflusstask wird die Aufgabe des Aufzählungspunktes 1 gelöst. Die Werkzeuge der zugehörigen Datenflussebene werden in Abbildung 11.6 dargestellt.

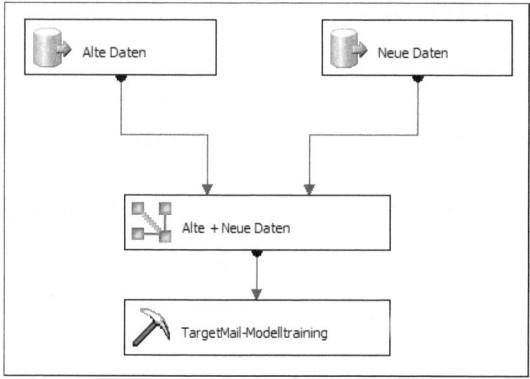

Abbildung 11.6 Werkzeuge der Datenflussebene des Datenflusstasks *Miningstruktur TargetMail mit alten + neuen Daten trainieren*

Die beiden OLE DB-Quellen *Alte Daten* und *Neue Daten* werden mit dem Werkzeug UNION ALL zusammengeführt und unmittelbar vom Werkzeug *Data Mining-Modelltraining* mit der Bezeichnung *TargetMail-Modelltraining* verarbeitet. Im Editor dieses Werkzeugs sind auf der Registerkarte *Verbindung* der Verbindungsmanager zur Analysis Services-Datenbank *AW_DW* sowie die Miningstruktur *TargetMail* spezifiziert. Auf der Registerkarte *Spalten* wird die Zuordnung der Eingabespalten, die aus den Datensätzen des Werkzeugs UNION ALL stammen, zu den Miningstrukturspalten vorgenommen (Abbildung 11.7). Bei Namensgleichheit beider Seiten, wie im vorliegenden Fall, erfolgt die korrekte Zuordnung automatisch durch den Editor. Beachten Sie, dass die mit UNION ALL zusammengeführten Datensätze nicht in eine Tabelle geschrieben, sondern dem Werkzeug *Data Mining-Modelltraining* unmittelbar übergeben werden.

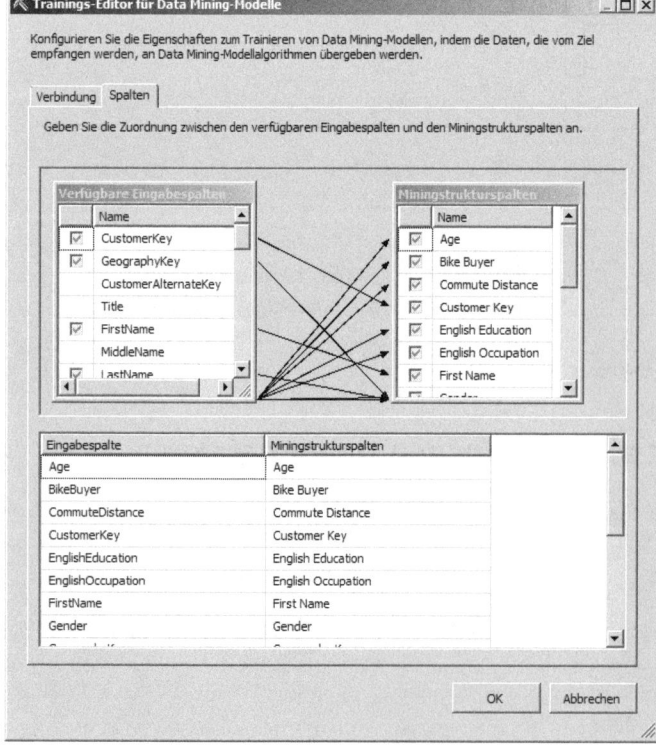

Abbildung 11.7 Registerkarte *Spalten* des Werkzeugs *Data Mining-Modelltraining*

DM_BikeBuyer_Vorhersage, DM_ScoreHoch und DM_ScoreNiedrig löschen

Dieser Task *SQL ausführen* enthält die SQL-Statements

```
Truncate Table DM_BikeBuyer_Vorhersage
Truncate Table DM_ScoreHoch
Truncate Table DM_ScoreNiedrig
```

mit denen die Datensätze der drei Tabellen gelöscht werden.

Vorhersageabfrage *Bike Buyer*

Mit diesem Datenflusstask wird die Vorhersageabfrage ausgeführt. Die Werkzeuge auf der Datenflussebene sind in Abbildung 11.8 zu sehen.

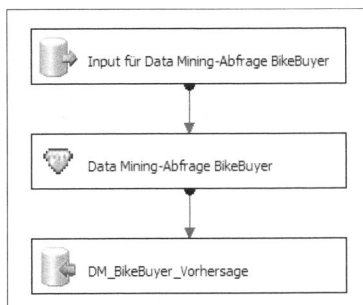

Abbildung 11.8 Werkzeuge der Datenflussebene des Datenflusstasks *Vorhersageabfrage Bike Buyer*

Die OLE DB-Quelle *Input für Data Mining-Abfrage Bike Buyer* ist Input für die Vorhersageabfrage und verweist auf die Tabelle *DM_PotenzielleKäufer*. Das OLE DB-Ziel *DM_BikeBuyer_Vorhersage* gibt die gleichnamige Tabelle als Zieltabelle der Vorhersageabfrage an. Das Werkzeug *Data Mining-Abfrage* mit der Bezeichnung *Data Mining-Abfrage Bike Buyer* ist auf den beiden Registerkarten *Verbindung* und *Abfrage* ganz entsprechend konfiguriert wie der *Data Mining-Abfragetask* der Ebene Ablaufsteuerung (siehe weiter vorne in diesem Kapitel den Abschnitt »Data Mining-Abfragetask«). Allerdings erzeugt der Abfrageeditor hier einen etwas anderen DMX-Code, dessen erste Codezeilen im folgenden Listing wiedergegeben sind:

```
SELECT FLATTENED
    (PredictProbability(TM_Decision_Trees.[Bike Buyer],1))
     as [Vorhersagewahrscheinlichkeit],
    t.[CustomerKey]
From
    [TM_Decision_Trees]
PREDICTION JOIN
 @InputRowset AS t
ON
    [TM_Decision_Trees].[Geography Key] = t.[GeographyKey] AND
    [TM_Decision_Trees].[First Name] = t.[FirstName] AND
 .....
```

Der Unterschied zwischen den beiden SELECT-Statements besteht darin, dass die Falltabelle oben mit der Funktion OPENQUERY(AW_DW) angegeben wurde (Abbildung 11.4), während sie hier mit der Funktion @Input-

Rowset spezifiziert wird. Mit @InputRowset wird auf die Eingabedaten der OLE DB-Quelle verwiesen, die im Datenfluss als Eingabetabelle für das Werkzeug *Data Mining-Abfrage* dient. Diese Form der DMX-*SELECT*-Abfrage wird vom Abfrageeditor des Werkzeugs *Data Mining-Abfrage* automatisch erzeugt.

Datensätze in *DM_ScoreHoch* und *DM_ScoreNiedrig* aufteilen

Die Datenflussebene dieses letzten Tasks ist in Abbildung 11.9 wiedergegeben. Die Datensätze der OLE DB-Quelle *DM_BikeBuyer_Vorhersage*, die die transformierten Datensätze der Vorhersageabfrage enthält, werden dem Werkzeug *Bedingtes Teilen* als Eingabedaten übergeben. Dieses verteilt sie auf die beiden Tabellen *DM_ScoreHoch* und *DM_ScoreNiedrig*.

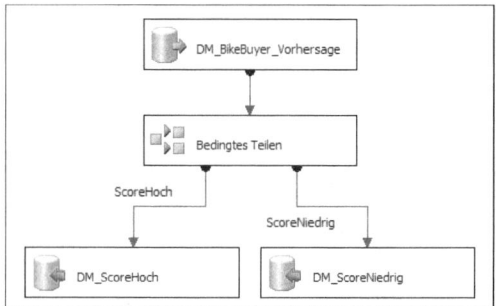

Abbildung 11.9 Datenflussebene des Tasks *Datensätze in DM_ScoreHoch und DM_ScoreNiedrig aufteilen*

Die Teilungsbedingung zum Füllen der beiden Tabellen *DM_ScoreHoch* und *DM_ScoreNiedrig* ist in Abbildung 11.10 zu sehen.

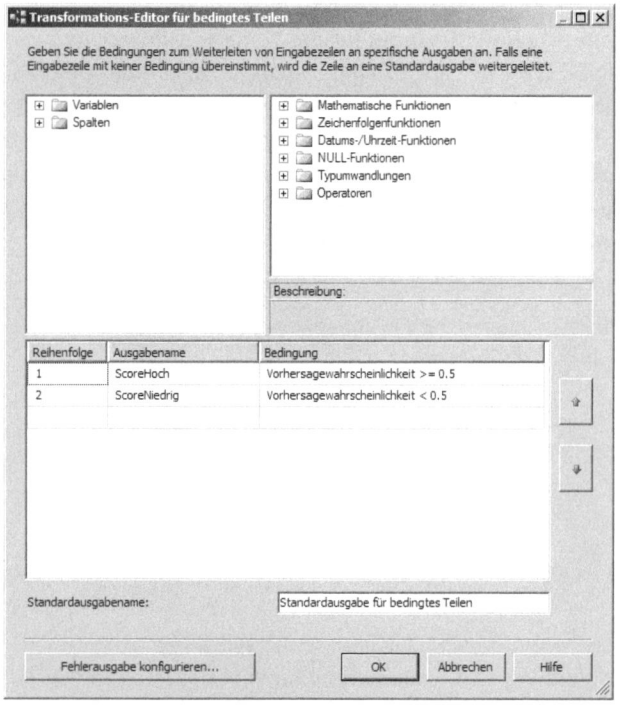

Abbildung 11.10 Editor für das Werkzeug *Bedingtes Teilen* mit den Teilungsbedingungen für die Tabellen *DM_ScoreHoch* und *DM_ScoreNiedrig*

Teil D
SQL Server Integration Services

In diesem Teil:

Kapitel 12	SSIS – Einführung und Überblick	363
Kapitel 13	SSIS – Erstes Beispielpaket	369
Kapitel 14	SSIS – Datentypen, Variablen und Ausdrücke	391
Kapitel 15	SSIS – Ablaufsteuerung	415
Kapitel 16	SSIS – Datenfluss	445
Kapitel 17	SSIS – Skripting	481
Kapitel 18	SSIS – Konfiguration, Debugging und Ausführung	513
Kapitel 19	SSIS – Eine Aufgabenstellung, viele Lösungsmöglichkeiten	543

Kapitel 12

SSIS – Einführung und Überblick

In diesem Kapitel:

Datenintegrations-Plattform	364
Workflow	365
Konfiguration	365
Business Intelligence Development Studio	366
Projekte und Pakete	366
SQL Server Agent	367
Integration Services-Beispiele	367

Die Microsoft SQL Server 2008 Integration Services (SSIS) sind eine Plattform zur Erstellung von Datenintegrations- und Datentransformationslösungen. In den SSIS werden für fast alle Aufgabenstellungen in diesen Bereichen vorgefertigte Komponenten angeboten. Fehlen Komponenten, oder erfüllen sie die Anforderungen nicht vollständig, können individuelle Lösungen programmiert werden.

Die Microsoft SQL Server 2008 Integration Services haben aber kein Alleinstellungsmerkmal. Fast jede Anforderung kann auch mit anderen Entwicklungsplattformen umgesetzt werden. Der große Vorteil der SSIS ist der einfache Einstieg in die Thematik, die hohe Skalierbarkeit und die enorme Funktionalität.

Im Rahmen dieses Buches stehen die Business Intelligence Funktionalitäten der SSIS im Vordergrund. Es wird im Detail auf die Komponenten zur Beladung eines Data Warehouses eingegangen und auf die Bereitstellung von Daten für die analytischen Services. Die umfangreichen Möglichkeiten im Rahmen der Datenbankwartung und -administration werden nur am Rande gestreift.

Mit den Microsoft SQL Server 2008 Integration Services können Daten aus heterogenen Quellen eingelesen, transformiert und in ein oder mehrere Zielsysteme geschrieben werden. Für einen solchen Vorgang wird oft die Abkürzung ETL verwendet. ETL steht für Extraktion, Transformation und Load. Die Möglichkeiten der Integration Services gehen aber weit über die eines typischen ETL-Programmes hinaus.

Die Integration Services sind vollständig in die Microsoft Entwicklungsumgebungen integriert. Die Entwicklung selbst wird im Business Intelligence Development Studio durchgeführt, einer Variante des Visual Studios. Die SSIS basieren auf dem .NET Framework. Es stehen alle .NET-Klassenbibliotheken zur Verfügung und es können sämtliche Windows-Dienste verwendet werden. Dank des offenen Systemkonzepts kann auf die Vielzahl von Standardkomponenten und zusätzlich auf eigene oder externe Komponenten zugegriffen werden. SSIS-Pakete werden hauptsächlich über den SQL-Agent ausgeführt. Es ist aber auch möglich, SSIS-Pakete aus einem .NET-Programm heraus aufzurufen.

Besonders hilfreich sind die zahlreichen Assistenten, die dem Entwickler eine Menge Programmierarbeit abnehmen. So muss kein einziger SQL-Befehl eingegeben werden, um Daten aus einer Datenbanktabelle zu lesen. Der Import-Assistent generiert automatisch ein SSIS-Paket, das ausgeführt und auf Wunsch gespeichert wird.

Darüber hinaus wird die Connectivity zu zahlreichen heterogenen Datenquellen und -zielen mitgeliefert. So überträgt der *FTP-Task* Dateien per FTP (File Transfer Protokoll) an ein Remotesystem oder über *Task 'Mail senden'* werden E-Mails per SMTP (Simple Mail Transfer Protokoll) versandt. Dieser Typ von Tasks geht über das Buchthema Business Intelligence weit hinaus. Aber auch für den Business Intelligence-Entwickler ist es wichtig zu wissen, dass ihm bei Bedarf solche Möglichkeiten zur Verfügung stehen.

Datenintegrations-Plattform

Für ein Business Intelligence System werden in den meisten Fällen Daten aus verschiedenen operativen Systemen in ein Data Warehouse integriert und konsolidiert. Die operativen Daten stammen in vielen Unternehmen aus den Anwendungen mit den 3-Buchstaben: ERP, CRM, SCM, ACD etc. Hinzu kommen externe Daten oder Daten aus webbasierten Systemen. Um diese Daten in einem System analysieren zu können, müssen die Daten in einem Data Warehouse zusammengefasst werden. Für diese Aufgabe wird eine Datenintegrations-Plattform wie die Microsoft SQL Server 2008 Integration Services verwendet.

Neben der Zusammenführung von heterogenen Daten aus unterschiedlichen Datenquellen hat eine Datenintegrations-Plattform auch die Aufgabe, diese Daten für andere Systeme in geeigneter Form zur Verfügung zu stellen. Dies können analytische Systeme sein wie die Reporting Services oder die Analysis Services. Aber vielfach werden auch für externe Systeme Daten bereitgestellt, da nur im Data Warehouse die integrierten Daten aus den verschiedenen Systemen in geeigneter Form zu Verfügung stehen. Beispielsweise können Daten für den Internetauftritt oder für Mailingaktionen bereitgestellt werden.

Auch für das Datenqualitäts-Management ist eine Datenintegrations-Plattform fast unverzichtbar. Denn nur damit ist es möglich, Daten aus unterschiedlichen Systemen miteinander zu vergleichen und zu konsolidieren.

Die Integration Services werden zusammen mit dem Microsoft SQL Server 2008 ausgeliefert und installiert. Fraglos ist Microsoft SQL Server der bevorzugte Datenbankserver. Aber eigentlich handelt es sich um zwei unabhängige Programme. Die Integration Services sind ein eigenständiges Programm. Nur für wenige Funktionalitäten wird ein Microsoft SQL Server 2008 benötigt. Eigentlich benötigen die Integration Services gar keine Datenbank. So können auch Flatfile-Daten in eine Excel-Tabelle geschrieben werden. Oder bei der Verwendung von Datenbanken können Daten aus einer DB2-Datenbank in ein Teradata-Warehouse geladen werden. Die Integration Services sind eine Integrations-Plattform zwischen heterogenen Datenwelten. Und Microsoft SQL Server ist bei dieser Sichtweise nur eine Datenwelt unter vielen.

Workflow

Die Microsoft SQL Server 2008 Integration Services verfügen über ein einfach zu handhabendes Workflowmodell, das gleichzeitig sehr komplexe Ablaufstrukturen unterstützt.

Zur Workflowsteuerung können komplexe Ausdrücke unter Verwendung von Variablen und anderer Parameter verwendet werden. Die Trennung zwischen Ablaufsteuerung und Datenfluss teilt ein Integration Services-Paket in saubere logische Einheiten auf. Zusätzlich werden Verbindungs-Manager verwendet. Die Verbindungs-Manager sind eigene Objekte und bilden eine Zwischenschicht zwischen den heterogenen Datenquellen und der Programmlogik der Integration Services-Pakete.

Die Ablaufsteuerung ist die Schaltzentrale eines Integration Services-Pakets. In ihr werden die Workflows definiert und die Datenflusstasks aufgerufen. Im Datenfluss werden Daten aus einer Quelle gelesen, transformiert und in ein Ziel geladen. Der Datenfluss ist der ETL-Programmteil der Integration Services.

Konfiguration

Systemumgebungen können sich ändern und eine integrative Plattform sollte darauf flexibel reagieren können. Zu diesem Zweck bieten die Integration Services umfassende Konfigurationsmöglichkeiten an. Die Eigenschaften von Tasks, Komponenten und Verbindungs-Managern können konfiguriert werden. Variablen lassen sich über die externe Konfiguration initialisieren und daraus können dynamische Programmparameter wie z.B. ein SQL-Befehl generiert werden.

Unterschiedliche Systemumgebungen verlangen nach unterschiedlichen Konfigurationsmöglichkeiten. Die Integration Services bieten hierfür verschiedene Möglichkeiten an.

Business Intelligence Development Studio

Die Entwicklungsumgebung der Integration Services ist Visual Studio, in der speziellen Ausprägung des *Business Intelligence Development Studios*. Im Business Intelligence Development Studio stehen standardmäßig nur die Komponenten und Vorlagen für die Entwicklung von Business Intelligence-Projekten zur Verfügung.

Die neue, objektorientierte Entwicklungsumgebung bietet einen erheblich größeren Funktionsumfang als die Vorgängerversion und ist zugleich völlig offen und flexibel.

Für Datenbankentwickler, die bisher noch keine Erfahrung mit der Entwicklungsumgebung von Visual Studio gemacht haben, dürfte die neue Entwicklungsumgebung anfangs ein kleiner Kulturschock sein. Doch keine Angst, Sie werden sich schnell an sie gewöhnen und sie schätzen lernen.

Microsoft Visual Studio Tools for Applications

In der *Skripttask* und der *Skriptkomponente* steht *Microsoft Visual Studio Tools for Applications* als zusätzliche Programmierumgebung zur Verfügung Das neue Microsoft Visual Studio Tools for Applications (VSTA) ersetzt das bisherige Microsoft Visual Studio for Applications (VSA).

Das VSTA ist nichts zu verwechseln mit dem Business Intelligence Development Studio (BIDS). Auch wenn beide Programme im Kern auf Visual Studio basieren, handelt es sich um zwei unterschiedliche Entwicklungsumgebungen.

In Microsoft Visual Studio Tools for Applications stehen die .NET-Programmiersprachen Visual Basic und C# zur Verfügung. Es können alle .NET-Klassenbibliotheken eingebunden und verwendet werden.

Fremdkomponenten

Das offene Systemkonzept von .NET Framework ermöglicht die Einbindung von Fremdkomponenten. Microsoft unterstützt Systemhäuser tatkräftig bei der Entwicklung eigener Komponenten und bietet auch selbst eine ganze Reihe von zusätzlichen, kostenlosen Komponenten zum Download an.

Auf dem Markt gibt es mittlerweile mehrere kommerzielle Anbieter, die hoch spezialisierte Komponenten und Datenbank-Adapter anbieten.

Projekte und Pakete

Für den Neueinsteiger in der Integration Services sind die unterschiedlichen Entwicklungskomponenten *Projekt* und *Paket* anfangs oftmals verwirrend. Ich nehme diese Erläuterung in dieses Einführungskapitel mit auf, da es für das Verständnis der weiteren Kapitel elementar ist.

Der Entwicklungsansatz des Visual Studios ist projektbasierend. Der erste Entwicklungsschritt ist immer die Anlage eines neuen Projekts. Erst danach werden dem Projekt weitere Objekte hinzugefügt. In der .NET-Programmierung werden Projekte ausgeführt.

In den Integration Services werden dagegen Pakete entwickelt und später Pakete ausgeführt. Ein Projekt ist für die Integration Services nur der Rahmen, um die Pakete zu entwickeln und zu organisieren.

Visual Studio wurde von Microsoft als Basis ausgewählt, um in allen Bereichen eine einheitliche Entwicklungsplattform zu haben. Dies wird sich in zukünftigen Versionen positiv bemerkbar machen, da Erweiterung von Microsoft nur einmal implementiert werden müssen und danach in allen Microsoft Tools automatisch zur Verfügung stehen.

Für die Entwicklungsorganisation von Paketen ist die Visual Studio-Projektstruktur sehr hilfreich. Pakete des gleichen Themenkreises sollten in einem Projekt zusammengefasst werden. Wird das Projekt geöffnet, werden automatisch alle Pakete des Projekts geladen. Da die Pakete beim Laden verifiziert werden, und dies recht zeitaufwendig sein kann, sollte die Anzahl der Pakete pro Projekt 10 bis 15 nicht überschreiten.

Die ausführbare Version eines Pakets sollte nach erfolgreicher Entwicklung aber außerhalb der Projektorganisation gespeichert werden. Zum einen ist damit automatisch eine Trennung zwischen Entwicklung und Produktion gegeben und außerdem kann ein geeigneter Speicherort gewählt werden. Projekte werden grundsätzlich im Dateisystem gespeichert. SSIS-Pakete können im Dateisystem und direkt im SQL Server gespeichert werden. Bei der Speicherung im SQL Server stehen zusätzliche Sicherheitsoptionen zur Verfügung.

Es ist nicht notwendig das gesamte Projekt zu deployen, nur um ein SSIS-Paket anschließend separat zu speichern. Etwas versteckt gibt es im Dateimenü des Business Intelligence Development Studios die Möglichkeit, über den Menübefehl *Kopie von 'Paketname.dtsx' speichern unter,* ein SSIS-Paket an dem gewünschten Ort zu speichern.

SQL Server Agent

Typischerweise werden Integration Services-Pakete regelmäßig ausgeführt. Der mit dem Microsoft SQL Server ausgelieferte SQL Server-Agent eignet sich sehr gut für die wiederholte Ausführung von Integration Services-Paketen. Die Bedienungsoberfläche des SQL Server-Agents ist im Microsoft SQL Server Management Studio integriert.

Alternativ können Integration Services-Pakete direkt aus der Entwicklungsumgebung über das Befehlszeilendienstprogramm *Dtexec* oder über eine .NET-Klassenbibliothek ausgeführt werden.

Integration Services-Beispiele

Beispiele erleichtern den Einstieg in eine neue Entwicklungsumgebung. Die in diesem Buch besprochenen Beispiele stehen Ihnen auf unserer Homepage *www.FestImBiss.de* zur Verfügung. Das Beispielmaterial ist unter dem Link *Material* abgelegt.

Die Beispiele zu den Integration Services finden Sie nach der Installation im Ordner *V:\BISS\SSIS\Beispiele\Kapxx\Paketname.dtsx.*

Zusätzlich stellen wir Ihnen noch einige Bonus-Beispiele zur Verfügung, die aus Platzgründen in diesem Buch nicht im Detail besprochen werden konnten. Weitere Beispiele werden fortlaufend auf unserer Homepage bereitgestellt. Ein aktuelle Aufstellung aller Integration Services-Beispiele finden Sie als Excel-Datei unter:

V:\BISS\SSIS\Beispiele\Beispielübersicht.xls

Kapitel 13
SSIS – Erstes Beispielpaket

In diesem Kapitel:

Beispielszenario	370
Datenflusstask	379
Datenviewer	387
Noch einmal: Paketerstellung in geraffter Form	388

Das erste Beispielpaket macht Sie mit der Paketentwicklung in den Integration Services vertraut. Auch wenn das Paket bewusst einfach gehalten ist, werden Sie die wesentlichen Schritte der Paketentwicklung kennenlernen.

Die Entwicklungsumgebung für Integration Services-Pakete ist das Business Intelligence Development Studio. Diese integrierte Entwicklungsumgebung wurde mit SQL Server 2005 eingeführt und basiert auf Microsoft Visual Studio. Anfangs sind die Vielzahl der Fenster und die strikte Objektorientierung ein wenig gewöhnungsbedürftig. Hat man sich jedoch erst einmal mit dieser Entwicklungsumgebung vertraut gemacht, geht die Paketentwicklung leicht von der Hand.

Um Ihnen den Einstieg zu erleichtern, nähern wir uns diesem Thema langsam. Schritt für Schritt werden wir Sie an diese Entwicklungsumgebung heranführen. In den weiterführenden Beispielen in diesem Buch gehen wir aus Gründen der Lesbarkeit und des Platzes nicht mehr im Detail auf die einzelnen Arbeitsschritte ein. Bei Bedarf sollten Sie die ausführlichen Erläuterungen in diesem Kapitel nochmals wiederholen.

Beispielszenario

Als Beispielszenario wird eine typische Aufgabenstellung für ein ETL-Programm gewählt: Daten aus einer externen Datenquelle sollen eingelesen und in einer SQL-Datenbank gespeichert werden. Die externe Datenquelle ist ein Flatfile und die SQL-Tabelle bereits in der Datenbank angelegt. Vor dem Insert der Datensätze soll der Inhalt der SQL-Tabelle gelöscht werden. Auch eine Erweiterung des Datenflusses um die Berechnung einer zusätzlichen Spalte, welche in der Datenbank upgedatet werden soll, ist vorgesehen.

Das vollständige Paketbeispiel finden Sie im Zusatzmaterial unserer Internetseite *www.FestImBiss.de* unter dem Pfad *V:\BISS\SSIS\Beispiele\Kap13\Kap13_Erstes_Beispielpaket.dtsx*. Das Laden von vorhandenen Paketen in ein Projekt ist in Kapitel 12 im Detail besprochen.

Ein neues Integration Services-Projekt erstellen

Ein Integration Services-Projekt ist einer von vielen Visual-Studio-Projekttypen. Angelegt, verwaltet und bearbeitet werden Integration Services-Projekte im Business Intelligence Development Studio. Der Name »Business Intelligence Development Studio« mag irreführend sein, handelt es sich doch lediglich um eine funktionsreduzierte Version des Visual Studios, in dem ausschließlich die Komponenten für die Business Intelligence-Entwicklung installiert sind. Installiert man zusätzlich eine Vollversion von Visual Studio 2008, stehen auch im Business Intelligence Development Studio alle Projekttypen von Visual Studio zur Verfügung.

Im Folgenden wird sowohl von Projekten als auch von Paketen gesprochen. Worin besteht der Unterschied? Ein Projekt ist die Entwicklungsumgebung für ein oder mehrere Pakete. Für jedes Projekt wird ein eigenes Verzeichnis angelegt. Ausgeführt werden im Endeffekt die Pakete, nicht das Projekt.

Um ein neues Integration Services-Projekt anzulegen, gehen Sie folgendermaßen vor:
1. Öffnen Sie das Business Intelligence Development Studio durch einen Doppelklick auf die Desktop-Verknüpfung oder über den entsprechenden Verweis im Startmenü.

    Die Startseite zeigt Ihnen die zuletzt geöffneten Projekte an und informiert Sie über aktuelle Ereignisse zum SQL-Server. Die Startseite können Sie bei Bedarf einfach schließen.

2. Mit dem Menübefehl *Datei/Neu/Projekt* öffnen Sie das Fenster *Neues Projekt*. Alternativ können Sie dieses Fenster von der Startseite aus mit einem Klick auf *Erstellen: Projekt* im linken oberen Fenster *Zuletzt geöffnete Projekte* oder mit der Tastenkombination [Strg]+[⇧]+[N] aufrufen.

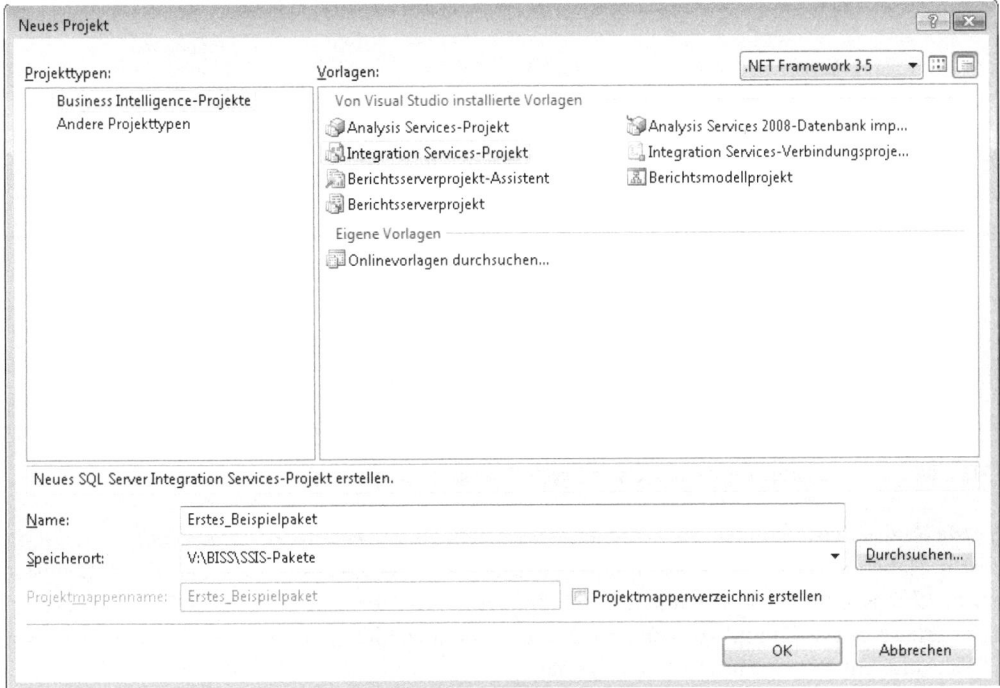

Abbildung 13.1 Anlegen eines neuen Integration Services-Projekts

3. Wählen Sie als Projekttyp *Business Intelligence-Projekte* aus. Im rechten Fensterbereich werden anschließend alle installierten Business Intelligence-Vorlagen angezeigt.
4. Markieren Sie die Vorlage *Integration Services-Projekt*. Solange Sie keine manuellen Eingaben vorgenommen haben, wird der Name und der Projektmappenname abhängig vom Vorlagentyp automatisch generiert und angezeigt.
5. Den Namen und den Speicherort eines neuen Projekts sollten Sie sorgfältig wählen. Denn es ist recht mühsam, die Namen zu einem späteren Zeitpunkt zu ändern. Und ohne aussagekräftige Namen verlieren Sie schnell den Überblick über die gespeicherten Projekte und Pakete. In unserem Beispiel wurde der Name *Erstes_Beispielprojekt* gewählt und das Projekt unter *V:\BISS\SISS\Projekte* gespeichert.
6. Das Häkchen für *Projektmappenverzeichnis erstellen* wurde entfernt. Ein weiteres Unterverzeichnis wird für Integration Services-Projekte nicht benötigt.
7. Bestätigen Sie die Eingaben mit einem Klick auf *OK*. Visual Studio legt daraufhin ein neues Projekt mit allen erforderlichen Verzeichnissen und Dateien an.

Die Entwicklungsumgebung

Nach dem Anlegen des Projekts empfängt Sie Visual Studio 2008 mit einem leeren Bildschirm. Nur ein Kommentar in der Bildmitte liefert erste Bedienhinweise.

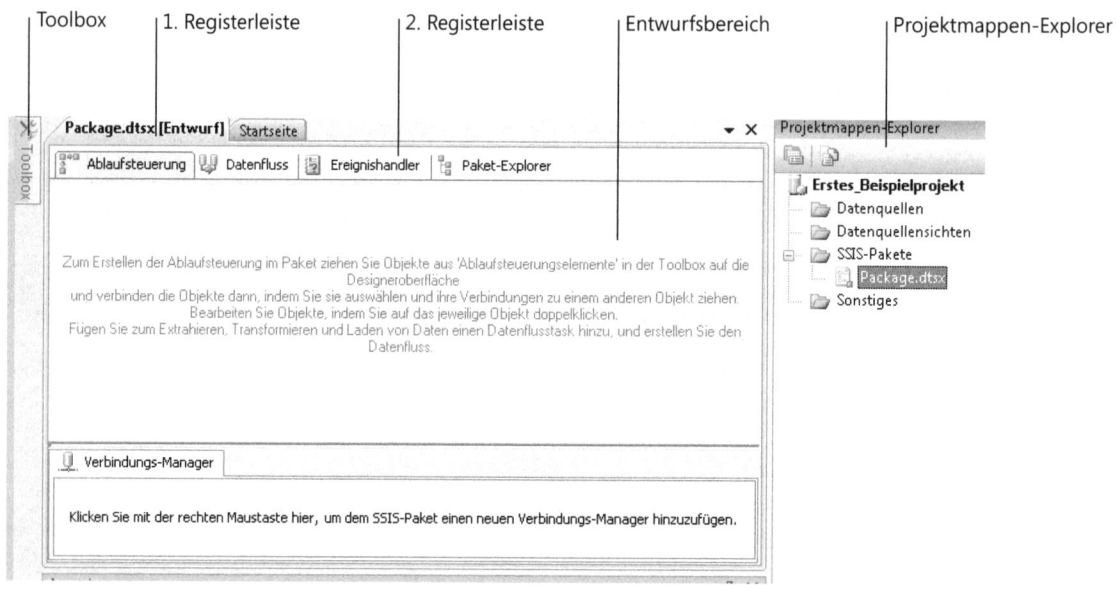

Abbildung 13.2   Die Entwicklungsumgebung des Business Intelligence Development Studio

Über die erste Registerleiste können Sie zwischen dem neuen Paket (*Package.dtsx[Entwurf]*) und der Startseite wechseln. Haben Sie in einem Projekt mehrere Pakete gespeichert, können diese mit einem Doppelklick auf das gewünschte Paket im Projektmappen-Explorer geöffnet werden. Alle geöffneten Pakete werden in der oberen Registerleiste angezeigt und können darüber ausgewählt werden. In einem neuen Projekt ist automatisch ein Paket mit dem Namen *Package.dtsx* angelegt.

Jedem Paket sollten Sie einen aussagekräftigen Namen zuweisen:

1. Markieren Sie im Projektmappen-Explorer das SSIS-Paket *Package.dtsx*.
2. Rufen Sie die Umbenennung auf (Funktionstaste [F2] oder *(Kontextmenü/Umbenennen)*). Benennen Sie das Paket um in *Kap13_Erstes_Beispielpaket.dtsx*. Wichtig: Vergessen Sie nicht die Dateiendung *.dtsx*.
3. Es erscheint ein Dialogfeld mit der Frage »Möchten Sie das Paketobjekt ebenfalls umbenennen?«. Bestätigen Sie die Frage mit einem Klick auf die Schaltfläche *Ja*.
4. Anschließend wird im Projektmappen-Explorer der neue Paketname angezeigt:

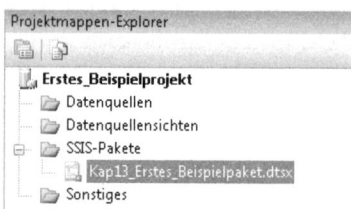

Abbildung 13.3   Umbenanntes Paket im Projektmappen-Explorer

Ist in der oberen Registerleiste ein Paket ausgewählt, erscheint darunter eine zweite Registerleiste. Hier sind die Registerkarten *Ablaufsteuerung* und *Datenfluss* für die Paketentwicklung von zentraler Bedeutung. Die Ablaufsteuerung ist die Schaltzentrale eines Pakets, im Datenfluss werden Daten von einer Quelle in ein Ziel transferiert.

Die Ablaufsteuerung kann einen oder mehrere Datenflüsse enthalten. Bei einem Wechsel zur Registerkarte *Datenfluss* wird der in der Ablaufsteuerung markierte Datenflusstask angezeigt. Enthält die Ablaufsteuerung keinen Datenflusstask, wird ein Hinweis zum Anlegen eines solchen gegeben. Im Entwurfsbereich des Datenflusses kann über ein Listenfeld zwischen den Datenflüssen gewechselt werden.

Das Aussehen des Eröffnungsbildschirmes kann variieren. Visual Studio 2008 merkt sich die letzten Einstellungen der Entwicklungsumgebung und baut beim nächsten Start den Bildschirm genauso wieder auf. Deshalb kann die Darstellung auf Ihrem Bildschirm etwas von jener abweichen, die auf den Abbildungen in diesem Kapitel zu sehen ist.

In den meisten Fällen wird auf der linken Seite das geschlossene Toolbox-Fenster angezeigt. Auf der rechten Seite sollte das geöffnete Fenster des Projektmappen-Explorers zu sehen sein. Ist eines dieser Fenster nicht vorhanden, können Sie es über das Menü *Ansicht* aktivieren. Spätestens wenn Sie hier den Befehl *Weitere Fenster* wählen, werden Sie das sehr umfangreiche Fensterangebot von Visual Studio 2008 bemerken.

Es empfehlenswert, alle nicht benötigten Fenster zu schließen. Außerdem sollten Sie die praktische Möglichkeit des automatischen Verschiebens in den Hintergrund nutzen. Fenster, in denen gerade nicht aktiv gearbeitet wird, werden in den Hintergrund geschoben und im Seitenbereich als geschlossenes Fenster angezeigt. Es reicht aus, die Maus über das geschlossene Fenster zu führen, um das Fenster automatisch zu öffnen. Dieses Fensterverhalten können Sie über das Pinn-Symbol in der Titelleiste des Fensters steuern:

Symbol	Beschreibung
▼ ⊟ ✕	Das Fenster wird, wenn es gerade nicht verwendet wird, automatisch in den Hintergrund verschoben
▼ ⟂ ✕	Das Fenster ist festgepinnt und bleibt immer im Vordergrund

Das Fensterverhalten können Sie auch über das Kontextmenü des Fensters festlegen. Fenster müssen die Eigenschaft *andockbar* haben, damit das Business Intelligence Development Studio sie automatisch in den Hintergrund verschieben kann.

Es ist sehr zu empfehlen, etwas mit der Fenstertechnik zu spielen, um ein Gefühl für das Verhalten des Business Intelligence Development Studios zu bekommen. Haben Sie unbeabsichtigterweise ein Fenster geschlossen, können Sie es jederzeit mithilfe des Menüs *Ansicht* erneut öffnen.

Für die Verbindungs-Manager ist im unteren Fensterteil ein fester Bereich reserviert, der sowohl in der Ablaufsteuerung als auch im Datenfluss angezeigt wird. Die Größe des Bereiches kann verändert werden, die Anzeige der Verbindungs-Manager gänzlich auszuschalten ist jedoch nicht möglich.

SQL-Task und Verbindungs-Manager

In unserem Beispiel soll der Insert in eine SQL-Tabelle durchgeführt werden. Um keine doppelten Datensätze in der Zieltabelle zu erzeugen, wird der Inhalt der Zieltabelle im ersten Paketschritt gelöscht. Hierzu verwenden wir die Komponente *Task 'SQL-ausführen'*.

Ausführbare Objekte, dazu zählen unter Anderem die Tasks der Ablaufsteuerung und Komponenten des Datenflusses, werden aus der Toolbox in den Entwurfsbereich gezogen. In der Toolbox stehen nur die Objekte zur Auswahl, die in dem zurzeit aktiven Entwurfsbereich genutzt werden können.

Die Anzeige der Toolboxobjekte der Ablaufsteuerung ist in die beiden Elementgruppen *Ablaufsteuerungselemente* und *Wartungsplantasks* eingeteilt. Die Elementgruppe *Allgemein* ist leer und für spätere Erweiterungen vorgesehen. Innerhalb dieser Gruppen werden die zur Verfügung stehenden Objekte alphabetisch angezeigt. Die Objekte lassen sich per Drag and Drop neu anordnen. Objekte, die Sie nicht verwenden, können Sie aus der Ansicht löschen. Neue Objekte, beziehungsweise aus der Ansicht gelöschte Objekte, können über das Kontextmenü *Elemente auswählen* in die Ansicht eingefügt werden. Über das Kontextmenü *Registerkarte hinzufügen* können Sie neue Elementgruppen anlegen. Damit ist es möglich, eine eigene Elementgruppe zu erstellen, die die am meisten verwendeten Elemente enthält. Eine ausführliche Beschreibung der wichtigsten Objekte der Ablaufsteuerung finden Sie in Kapitel 15.

Kommen wir nun zu unserem Beispiel zurück und fügen einen SQL-Task in die Ablaufsteuerung ein:

1. Überprüfen Sie, ob Sie sich auf der Registerkarte *Ablaufsteuerung* befinden.
2. Bewegen Sie den Mauszeiger über das ausgeblendete *Toolbox*-Fenster am linken Fensterrand und warten Sie, bis es sich öffnet. Sollte kein ausgeblendetes Toolbox-Fenster vorhanden sein, öffnen Sie es mit dem Menübefehl *Ansicht/Toolbox* und docken Sie das Fenster am linken Rand an. Zum Andocken aktivieren Sie im Kontextmenü die Eigenschaft *Andockbar* und führen einen Doppelklick auf die Fensterüberschrift aus oder benutzen Sie die Pinn-Nadel in der Titelleiste des Fensters.
3. Wählen Sie aus der Objektliste die Komponente *Task 'SQL ausführen'*. Ziehen Sie den Task in die Ablaufsteuerung oder klicken Sie doppelt auf den ausgewählten Task. In der Ablaufsteuerung wird ein neues Objekt erzeugt, das von der Basisklasse *Task 'SQL ausführen'* abgeleitet ist und alle Eigenschaften und Methoden dieser Basisklasse erbt.

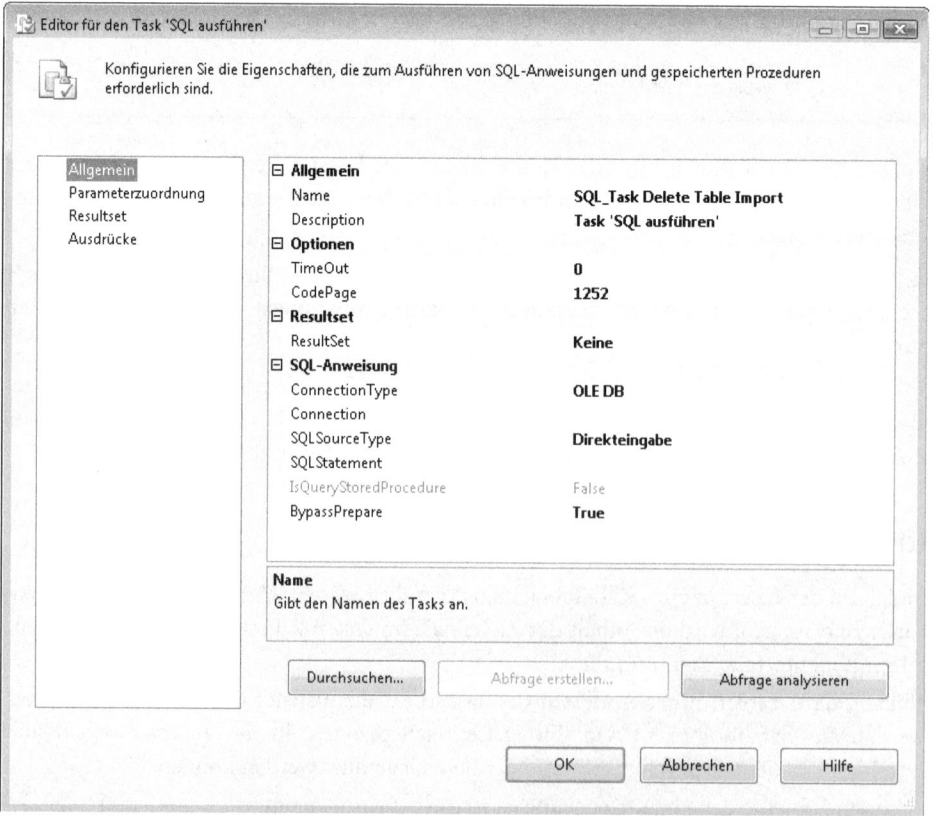

Abbildung 13.4 *Editor für den Task 'SQL ausführen'*

4. Weisen Sie dem Task den Namen *SQL_Task Delete Table Import* zu. Klicken Sie dazu auf den alten Namen und überschreiben Sie diesen.
5. Nach der Umbenennung wählen Sie über das Kontextmenü den Punkt *Automatisch anpassen* aus. Die Größe des Tasks wird automatisch dem Namen angepasst.
6. Öffnen Sie mit einem Doppelklick auf das Symbol neben dem Tasknamen des neuen Objekts den *Editor für den Task 'SQL ausführen'* (siehe Abbildung 13.4).

Viele Objekt-Editoren im Business Intelligence Development Studio verwenden eine Seitensteuerung. Die zur Verfügung stehenden Seiten werden in einem Fensterbereich auf der linken Seite angezeigt. Die Anzeige im rechten Fensterbereich wechselt in Abhängigkeit von der markierten Seite. Die Funktionalität entspricht den bekannten Registern, nur die optische Ausführung ist etwas anders.

Damit ein SQL-Task ausgeführt werden kann, werden mindestens eine Datenbankverbindung (*Connection*) und ein SQL-Statement (*SQLStatement*) benötigt. Alle anderen Eigenschaften sind optional und werden in diesem Beispiel nicht weiter verändert.

Eine Connection ist eine im Verbindungs-Manager angelegte Datenbankverbindung. Eine Datenbankverbindung kann über das Kontextmenü im Fensterbereich der Verbindungs-Manager oder direkt aus dem aufgerufenen Objekt angelegt werden. Beide Anlagevarianten sind absolut gleichwertig, denn es wird letztendliche dasselbe Anlagefenster aufgerufen. Für unser Beispiel legen wir die Datenbankverbindung direkt aus dem SQL-Task an:

1. Für unser Beispiel wird die Eigenschaft *ConnectionType* nicht verändert. Es wird eine *OLE DB*-Verbindung erstellt.
2. Markieren Sie die Eigenschaft *Connection* und öffnen Sie anschließend das zugehörige Listenfeld.
3. Da in diesem Paket noch keine Datenbankverbindung angelegt wurde, besteht die Auswahl nur aus der Option *<Neue Verbindung...>*. Klicken Sie diese Option an.
4. Es öffnet sich ein neues Fenster, in dem alle Datenbankverbindungen des gewählten Verbindungstyps (in unserem Fall *OLE DB*) angezeigt werden. Es werden nicht nur die Datenbankverbindungen des aktuellen Projekts angezeigt, sondern alle Verbindungen, die in dieser Entwicklungsumgebung bereits verwendet wurden. Bei der ersten Verwendung des Business Intelligence Development Studios ist das Fenster noch leer. Legen Sie mit einem Klick auf die Schaltfläche *Neu* eine neue Datenbankverbindung an.
5. Der Verbindungs-Manager wird geöffnet. Wählen Sie den Server aus, auf dem Sie unsere Beispieldatenbank installiert haben. Die Authentifizierung beim Server wird nicht verändert, es sei denn, Sie haben sich in Ihrer Datenbankumgebung ganz bewusst gegen die *Windows-Authentifizierung* entschieden.
6. Als Datenbankname wählen Sie in der Liste der zur Verfügung stehenden Datenbanken unsere Beispieldatenbank *AW_DW* aus.
7. Testen Sie die Verbindung per Klick auf die entsprechende Schaltfläche.
8. Mit einem Klick auf *OK* wird die Datenbankverbindung angelegt und der Verbindungs-Manager geschlossen.
9. Die neue Verbindung erscheint nun in der Auswahlliste *Connection*. Markieren Sie die neue Verbindung und bestätigen Sie Auswahl über *OK*.

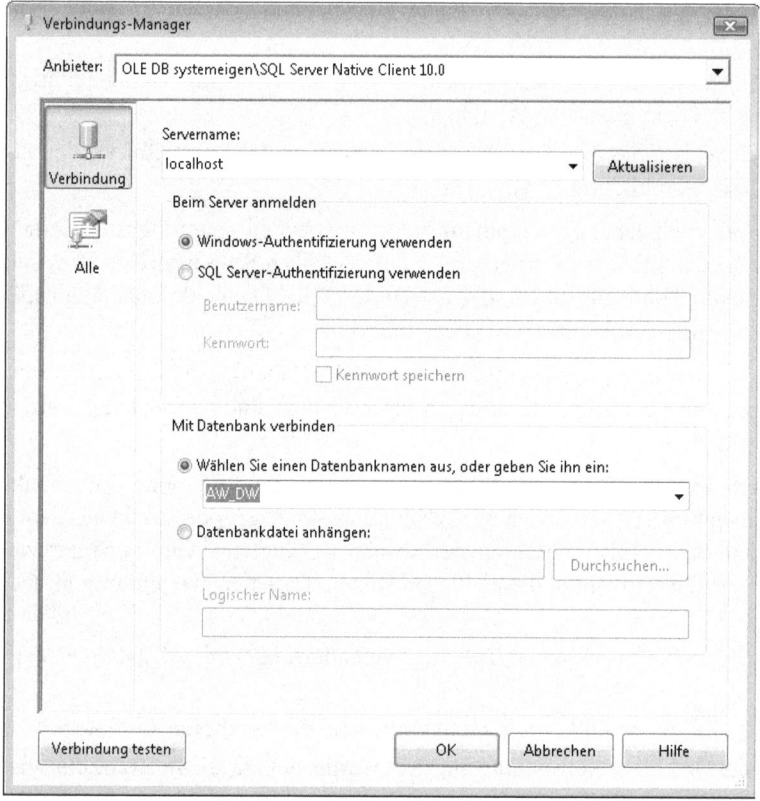

Abbildung 13.5 Auswahl der Datenbankverbindung im Verbindungs-Manager

10. Die neue Verbindung erscheint nun als Eintrag in der Eigenschaft *Connection*. Im Fensterbereich der Verbindungs-Manager ist die neue Datenbankverbindung ebenfalls aufgeführt.

Die Anlage und Auswahl der Datenbankverbindung erscheint bei der ersten Ausführung eventuell etwas kompliziert. Dieses Vorgehen ist jedoch typisch für die objektorientierte Paketentwicklung. Zuerst muss ein neues Objekt *Datenbankverbindung* angelegt werden, bevor es der Eigenschaft *Connection* zugeordnet werden kann. Ist ein Objekt vom Typ *Datenbankverbindung* in einem Paket angelegt, kann es von beliebig vielen anderen Objekten verwendet werden.

SQL-Task und SQL-Statement

Die zentrale Aufgabe eines *SQL-Tasks* ist die Ausführung eines *SQL-Statements*. Die Syntax hängt von der verbundenen Datenbank und von dem verwendeten Provider ab.

Wird, wie in unserem Beispiel, ein SQL Server 2008 mit dem OLE DB-Provider verwendet, dürfen, zusätzlich zum Standard-SQL, alle speziellen SQL-Erweiterungen des SQL Servers und der gesamte Sprachumfang von T-SQL genutzt werden. Viele andere Datenbanken sind nicht in der Lage T-SQL auszuführen.

1. In unserem Beispiel verwenden wir ausschließlich den SQL-Befehl *Delete Import*. Mit diesem Befehl wird der Inhalt der bereits vorhandene Tabelle *Import* in unserer Beispieldatenbank *AW_DW* gelöscht. Das SQL-Statement kann direkt im *Editor für den Task 'SQL ausführen'* in der Eigenschaft *SQLStatement* ein-

Beispielszenario

gegeben werden. Für umfangreichere Statements steht nach einem Klick auf die Erweiterungsschaltfläche ein mehrzeiliger Eingabebereich zur Verfügung.

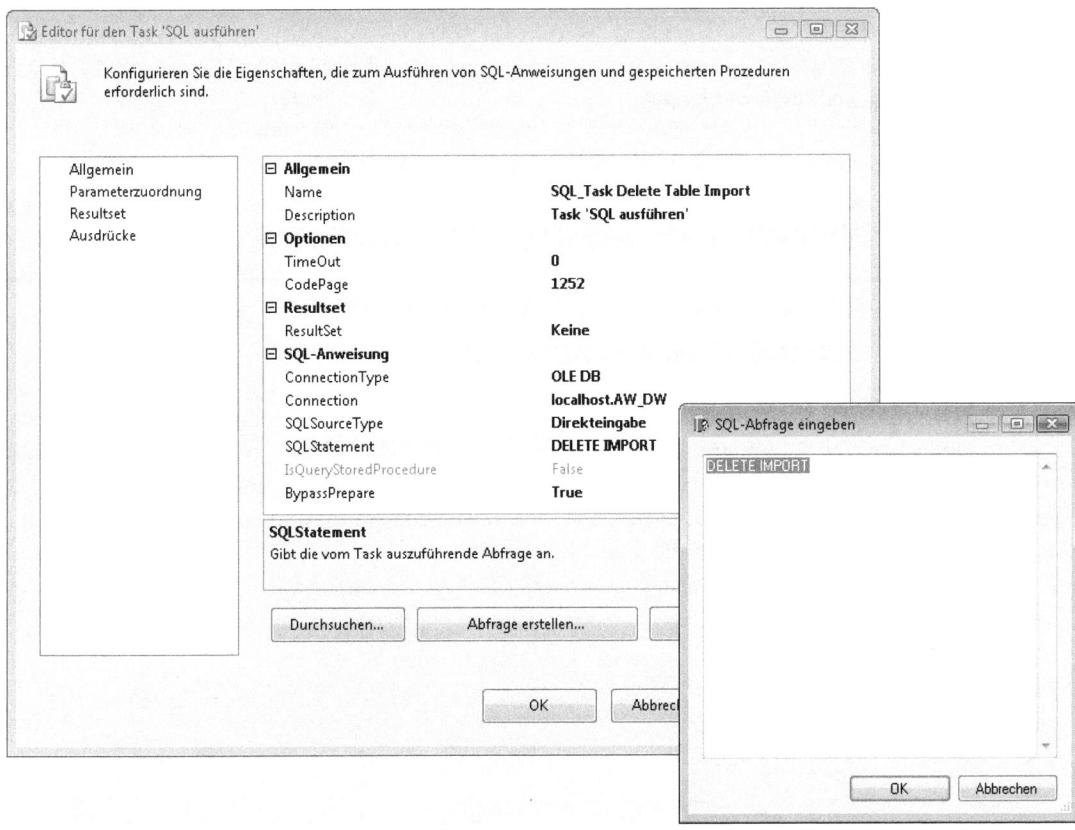

Abbildung 13.6 SQL-Statement im Editor

Um die Tabelle *Import* in einer anderen SQL Server 2008-Datenbank anzulegen, wird das folgende Statement verwendet:

```
IF EXISTS (SELECT Name FROM sys.tables WHERE name = ‚Import'
   DROP TABLE Import

CREATE TABLE Import (
   Filiale   VARCHAR(10),
   Datum     DATETIME,
   Artikel   VARCHAR(10),
   Menge     DECIMAL(18,0),
   Preis     DECIMAL(18,2),
   Betrag    DECIMAL(18,2))
```
Listing 13.1 SQL-Statement zum Anlegen der Tabelle *Import*

> **TIPP** Der mehrzeilige Eingabebereich für das SQL-Statement ist kaum mehr als ein Anzeigebereich, in dem auch Eingaben möglich sind. Sehr viel besser ist das Microsoft SQL Server Management Studio zur Eingabe von SQL-Statements geeignet. Die Eingaben werden dort farblich gekennzeichnet und können gut formatiert werden. Außerdem steht mit der Version 2008 die IntelliSense-Funktionalität zur Verfügung. Darüber hinaus ist es sehr praktisch, dass die SQL-Statements direkt getestet werden können. Die SQL-Statements werden zwischen dem Eingabebereich und dem Abfragefenster im Microsoft SQL Server Management Studio mit *Kopieren* und *Einfügen* verschoben.

2. Schließen Sie den Editor mit *OK*.
3. Führen Sie das Paket mit einem Klick auf den grünen Pfeil unterhalb der Menüleiste aus. Alternativ können Sie das Paket über das Menü *Debuggen/Debugging starten* oder die Funktionstaste F5 starten.

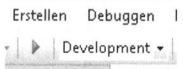 **Abbildung 13.7** Das Symbol zum Starten der Paketausführung

4. Das Paket wird im Business Intelligence Development Studio immer im Debugmodus ausgeführt. Es gibt keine Möglichkeit, den Debugmodus abzustellen. Zur Ausführung werden zusätzliche Informationsfenster geöffnet und die Anzeige auf dem Bildschirm verändert sich dynamisch. Nachdem die Datenbankverbindung aufgebaut wurde, färben sich die Objekte zuerst gelb und anschließend grün. Auf dem Bildschirm erscheint abschließend die folgende Darstellung:

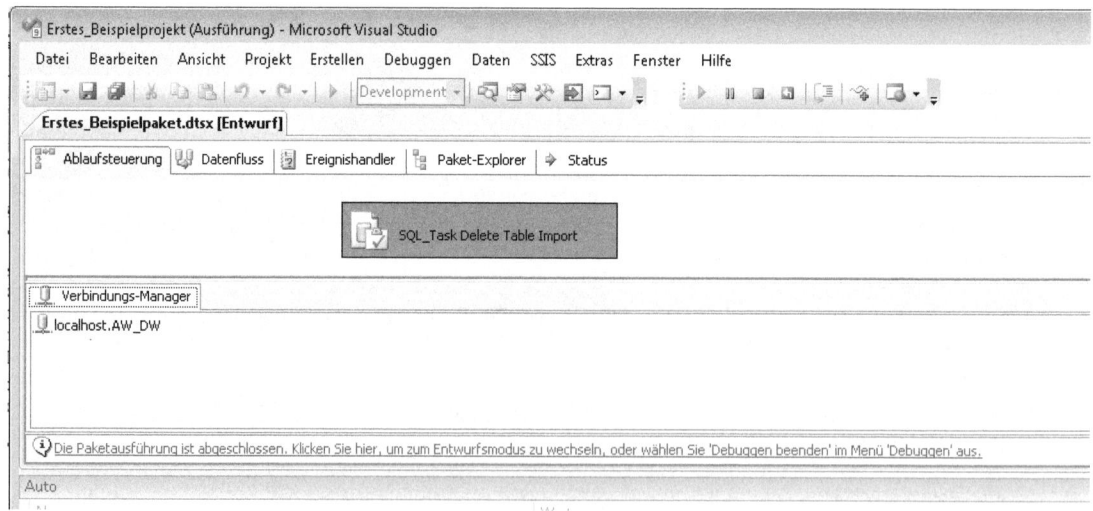

Abbildung 13.8 Ansicht nach der erfolgreichen Ausführung des Beispielspakets

5. Um die Paketausführung abzuschließen, müssen Sie entweder auf die blaue, unterstrichene Informationszeile klicken oder auf das Symbol *Debugging beenden*. Das Paket wechselt wieder in den Entwurfsmodus.

 **Abbildung 13.9** Symbol *Debugging beenden*

Sie haben gerade Ihr erstes Integration Services-Paket erstellt und dabei die wesentlichen Schritte der Paketentwicklung durchgeführt:

- Ein Objekt aus der Toolbox in den Entwicklungsbereich gezogen
- Einen Verbindungs-Manager angelegt
- Ein SQL-Statement eingegeben
- Das Paket erfolgreich ausgeführt

Datenflusstask

Zum Einlesen der Daten aus dem Flatfile und zum Abspeichern derselben in einer SQL-Tabelle verwenden wir einen *Datenflusstask*. Mithilfe des Datenflusstasks werden Daten aus einer Quelle in den Hauptspeicher des ausführenden Computers geladen. Dort werden sie aufbereitet und zum Abschluss in ein vorher definiertes Ziel geschrieben.

Der Datenflusstask ist eine Art Verzweigung in ein Unterpaket. Die Ablaufsteuerung ruft das Unterpaket Datenfluss auf und wartet mit der weiteren Ausführung, bis der Datenflusstask beendet ist. Eine Ablaufsteuerung kann mehrere Datenflusstasks enthalten.

1. Ziehen Sie einen Datenflusstask in den Entwurfsbereich der Ablaufsteuerung.
2. Benennen Sie den Datenflusstask um in *Datenflusstask Import Flatfile*. Klicken Sie dazu auf den alten Namen und überschreiben Sie diesen.
3. Markieren Sie den SQL-Task. Ein grüner Workflowpfeil wird sichtbar.
4. Klicken Sie auf den Workflowpfeil und verbinden Sie den Task *SQL_Task Delete Table Input*, welchen Sie im obigen Beispiel angelegt haben, mit dem Datenflusstask.
5. Markieren Sie zuerst den SQL-Task und anschließend zusätzlich den Datenflusstask (bei gedrückter Strg-Taste). Formatieren Sie die Tasks über die Menübefehle *Format/Größe angleichen/Beides* und *Format/Ausrichten/Links*.

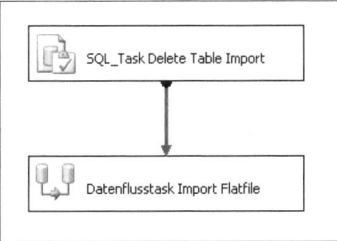

Abbildung 13.10 Ansicht der Ablaufsteuerung

Mit dem grünen Workflowpfeil wird die Ausführungsreihenfolge der Tasks gesteuert. In diesem Fall wird der Datenflusstask erst ausgeführt, nachdem der SQL-Task erfolgreich ausgeführt wurde. Jeder Task kann beliebig viele Workflows auslösen und mit beliebig vielen Workflowpfeilen verbunden werden, sodass der Task auf die Ausführung aller mit ihm verbundenen Tasks wartet, bis er selbst gestartet wird. Es ist auch möglich, einen Workflow bei einem Fehler während der Ausführung eines Tasks oder nur unter speziellen Bedingungen auslösen zu lassen. Dieses Verhalten steuern Sie über das Kontextmenü des Workflowpfeils.

Datenfluss

Anders als bei allen anderen Tasks gelangen Sie nach einem Doppelklick auf den Datenflusstask nicht in den Task-Editor, sondern wechseln in den *Datenfluss*. Um die Eigenschaften des Datenflusstasks zu ändern, müssen Sie dessen Eigenschaftenfenster über F4 öffnen.

In einem Datenfluss werden Daten in den Hauptspeicher des ausführenden Computers eingelesen, bearbeitet und abschließend in ein Datenziel geschrieben. Auffallend sind die vielfältigen und flexiblen Bearbeitungsmöglichkeiten des Datenflusses, die die Integration Services zur Verfügung stellen. Sollte eine Anforderung nicht mit den Standardkomponenten des Datenflusses gelöst werden können, besteht die Möglichkeit, eine individuelle Skriptkomponente zu programmieren.

Bildlich betrachtet fließen tatsächlich Daten in einem Datenfluss. Die Daten entspringen einer Datenquelle und münden in einem Datenziel. Auf diesem Weg können eine Vielzahl von Transformations-Komponenten eingebaut werden. Befinden sich zu viele Daten in einem Datenfluss, werden sie sukzessive bearbeitet. Die Daten fließen eben.

> **HINWEIS** Jede Komponente ermittelt und merkt sich die Metadaten des ein- und ausgehenden Datenstroms. Dieses vorauseilende Mitdenken führt jedoch oftmals zu völlig unerwarteten Fehlermeldungen. Die Integration Services bieten einen Assistenten zur Behebung derartiger Probleme an. In den meisten Fällen ist aber das Löschen und Neuanlegen einer Komponente der schnellste und effektivste Weg, die Metadaten zu bereinigen.

Flatfilequelle

In unserem Beispiel wird eine Komponente vom Typ *Flatfilequelle* als Datenquelle für unseren Datenflusstask verwendet. Es wird die ASCII-Datei *Flatfile_Import.txt* aus dem Verzeichnis *V:\BISS\SSIS\Beispiele\Kap13* eingelesen.

```
Filiale;Datum;Artikel;Menge;Preis
001;02.12.08;4711;20;2,66
001;03.12.08;10005;4;29,50
001;01.12.08;2500;50;6,90
001;17.01.09;2501;200;12,50
```

Listing 13.2 Inhalt der ASCII-Datei im CSV-Format

Die Datei liegt im CSV-Format (Comma Separated Values) vor. In der ersten Datenzeile sind die Spaltennamen aufgeführt, jede Zeile wird mit einem *Carriage Return/Line Feed (CR/LF)* abgeschlossen, das Datum ist in deutscher Notation angegeben und die Dezimalstellen in der Spalte *Preis* sind mit einem Komma getrennt.

Diese Angaben zum Datenformat sind wichtig, um die korrekten Einstellungen im Flatfile-Verbindungs-Manager vornehmen zu können.

1. Sollten Sie sich noch in der Ablaufsteuerung befinden, wechseln Sie mit einem Doppelklick auf das Symbol des Datenflusstasks oder über die zweite Registerleiste in den Entwurfsbereich des Datenflusses.
2. Ziehen Sie eine Komponente vom Typ *Flatfilequelle* aus der Toolbox in den Entwurfsbereich des Datenflusses.

Datenflusstask

3. Benennen Sie die *Flatfilequelle* um in *Flatfilequelle Flatfile_Input*. Klicken Sie zum Umbenennen auf den alten Namen, und geben Sie anschließend den neuen Namen ein. Passen Sie anschließend die Größe des Objektes automatisch an (Menü *Format*, Eintrag *Automatisch anpassen*).
4. Öffnen Sie mit einem Doppelklick auf das Symbol der *Flatefilequelle* den *Quellen-Editor für Flatfiles*.
5. Der *Quellen-Editor für Flatfiles* erwartet als Erstes die Angabe eines gültigen Verbindungs-Managers für Flatfiles.
6. Klicken Sie auf die Schaltfläche *Neu*, um einen neuen Flatfile-Verbindungs-Manager anzulegen. Es öffnet sich der *Verbindungs-Manager-Editor für Flatfiles*.
7. Nehmen Sie die Einträge gemäß Abbildung 13.11 vor. Der vollständige Dateiname lautet *V:\BISS\SSIS\Beispiele\Kap13\FlatFile_Import.txt*. Achten Sie darauf, dass Sie *Spaltennamen in der ersten Datenzeile* aktivieren.

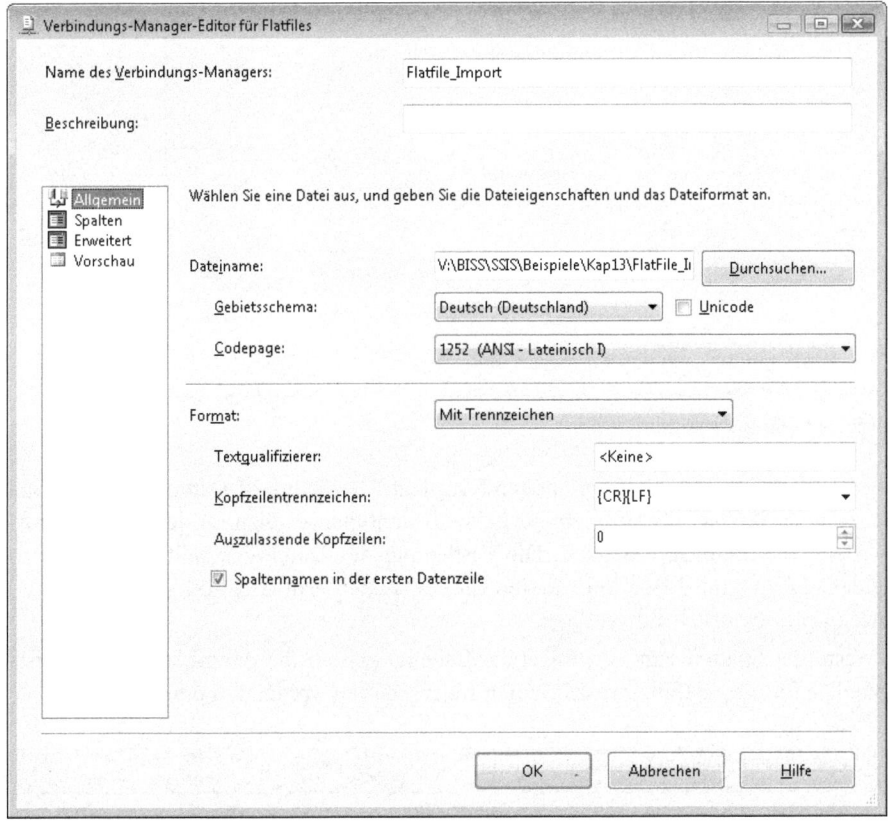

Abbildung 13.11 Verbindungs-Manager-Editor für Flatfiles

8. Wechseln Sie zur Seite *Erweitert*.

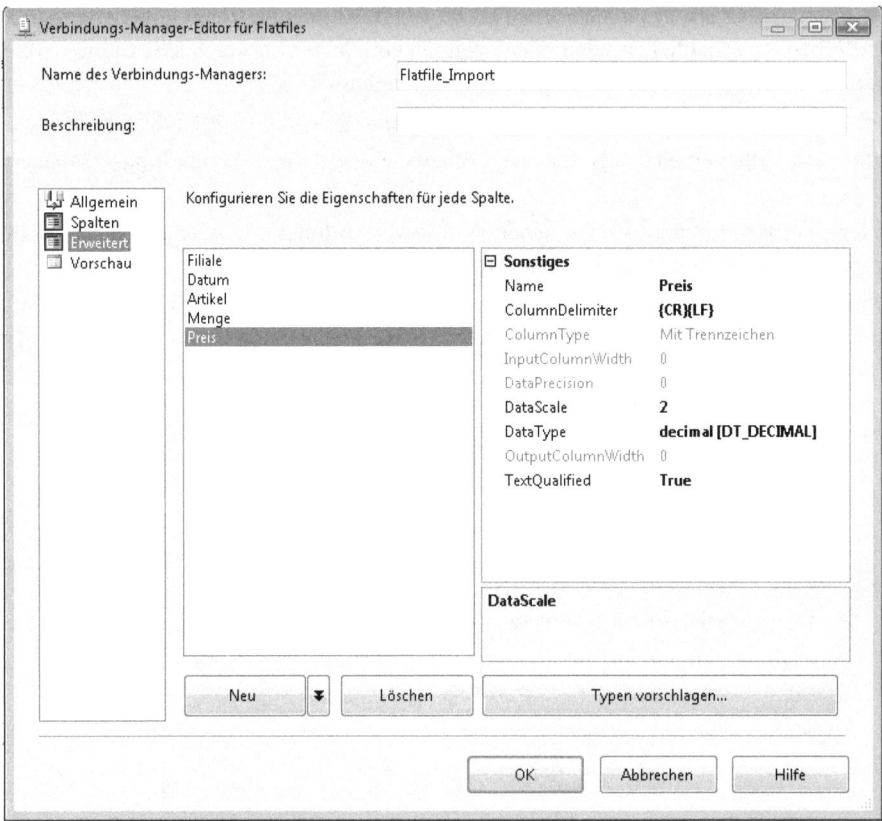

Abbildung 13.12 Konfiguration der Spalteneigenschaften

Auf der Seite *Erweitert* wird der Datentyp der Spalten festgelegt. Der Standard-Datentyp für alle Spalten eines Flatfiles ist *string (DT_STR)*. Es empfiehlt sich, die Datentypen explizit zu definieren, denn dies erleichtert die weitere Verarbeitung erheblich. Die Festlegung des Datentyps sollte möglichst sofort durchgeführt werden, da anhand dieser Information die Metadaten ermittelt und gespeichert werden. Spätere Änderungen sind wesentlich aufwendiger.

9. Ändern Sie die Werte der Spalten laut nachfolgender Tabelle. Achten Sie darauf, dass Sie zuerst den Datentyp festlegen. Die für diesen Datentyp relevanten Eigenschaften werden fett dargestellt:

	DataScale	DataType	OutputCollumWidth
Filiale	0	string[DT_STR]	10
Datum	0	date[DT_DATE]	0
Artikel	0	string[DT_DTR]	10
Menge	0	decimal[DT_DECIMAL]	0
Preis	2	decimal[DT_DECIMAL]	0

Tabelle 13.1 Spalteneigenschaften in unserem Beispielpaket

Datenflusstask

10. Schließen Sie die Anlage des Flatfile-Verbindungs-Managers mit *OK* ab. Der Flatfile-Verbindungs-Manager erscheint im Fensterbereich der Verbindungs-Manager und wird automatisch in den *Quellen-Editor für Flatfiles* übernommen.

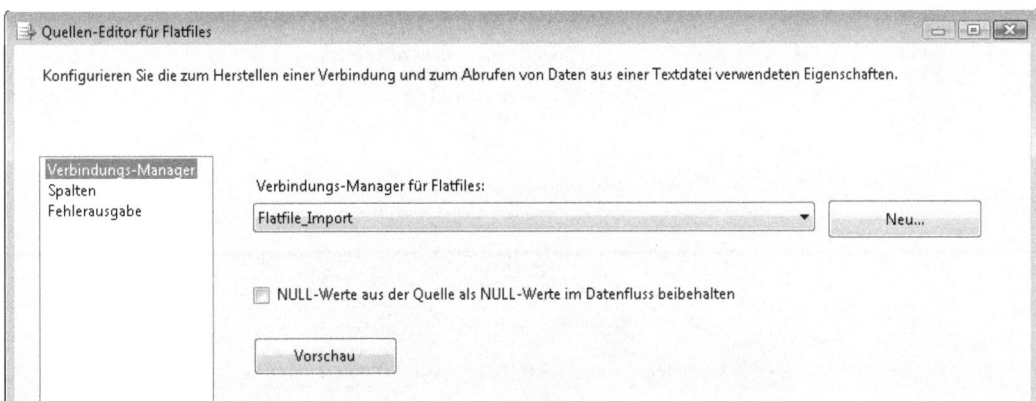

Abbildung 13.13 Verbindungs-Manager im Quellen-Editor für Flatfiles

11. Mit *Vorschau* können Sie das Ergebnis Ihrer Eingaben überprüfen. Auf der Seite *Spalten* könnten Sie bei Bedarf einzelne Spalten vom Datenfluss ausschließen.
12. Schließen Sie die Eingabe über die Schaltfläche *OK* ab.

Komponente *Abgeleitete Spalte*

Unsere Zieltabelle *Import* enthält eine Spalte *Betrag* (siehe weiter vorne in diesem Kapitel den Abschnitt »SQL-Task und SQL-Statement«), die in unserer Import-Datei nicht vorhanden ist. Die Spalte *Betrag* werden wir nun dem Datenfluss hinzufügen. Sie errechnet sich aus der Multiplikation von *Menge* und *Preis*.

Die Integration Services stellen für solche Anforderungen eine sehr nützliche Komponente zur Verfügung: *Abgeleitete Spalte*.

1. Ziehen Sie eine Komponente vom Typ *Abgeleitete Spalte* aus der Toolbox in den Entwurfsbereich des Datenflusses.
2. Benennen Sie die Komponente *Abgeleitete Spalte* um in *Abgeleitete Spalte Betrag*.
3. Markieren Sie die *Flatfilequelle*. Ein grüner und eine roter Datenflusspfeil wird sichtbar.
4. Klicken Sie auf den grünen Datenflusspfeil und ziehen Sie mit gedrückter Maustaste den Pfeil auf die Komponente *Abgeleitete Spalte*.

   Durch die Zuordnung des Datenflusspfeils wird der Input einer Komponente definiert. Aus dem Input werden die Metadaten ermittelt, welche als nicht sichtbare Eigenschaft in der Komponente gespeichert werden.
5. Öffnen Sie mit einem Doppelklick auf die Komponente *Abgeleitete Spalte* den *Transformations-Editor für abgeleitete Spalte* (Abbildung 13.14).

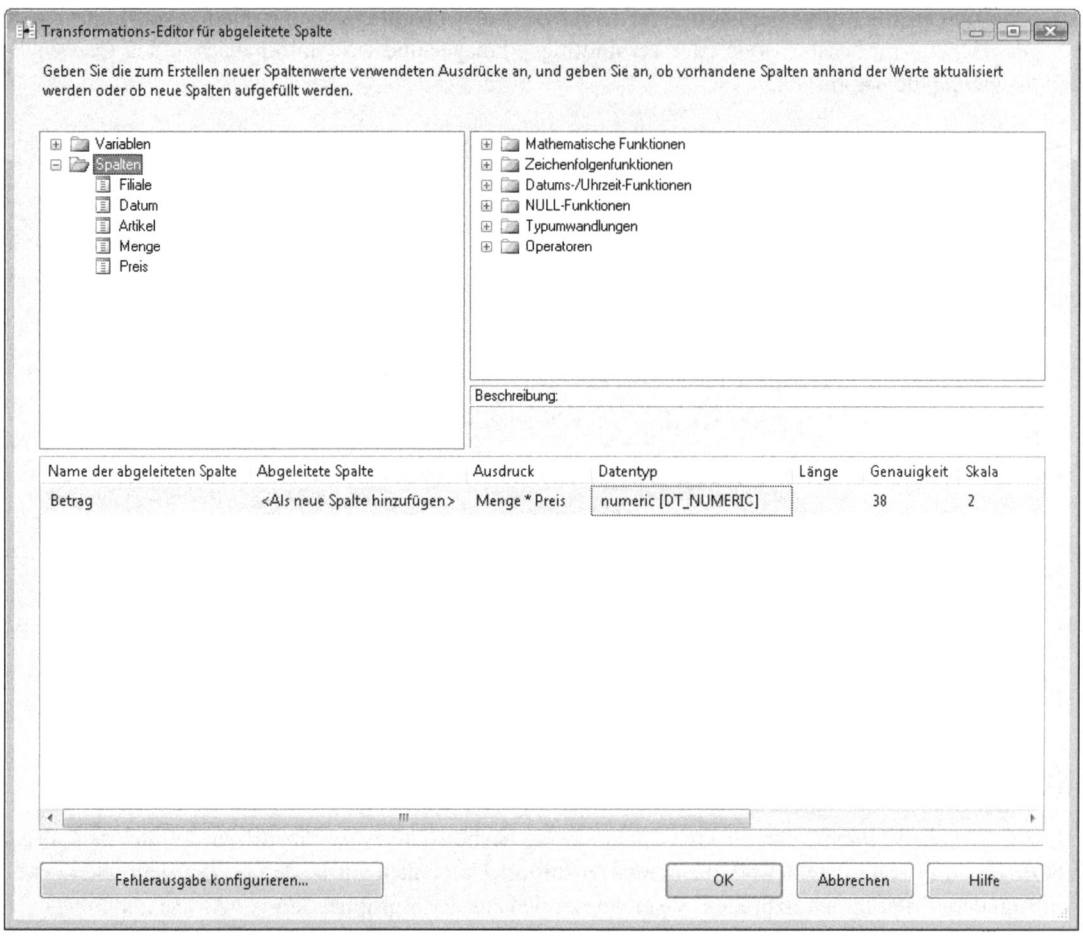

Abbildung 13.14 Transformations-Editor für abgeleitete Spalte

6. Erweitern Sie die Anzeige *Spalten*. Es werden alle verfügbaren Spalten des Datenflusses angezeigt.
7. Im unteren Fensterbereich werden die neuen, abgeleiteten Spalten definiert. Tragen Sie als Namen der abgeleiteten Spalte *Betrag* ein.
8. Als Ausdruck geben Sie *Menge * Preis* ein. Den Ausdruck können Sie auch per Drag & Drop aus den angezeigten Spalten und Operatoren zusammenstellen.
9. Beim Verlassen des Feldes wird der Ausdruck automatisch überprüft. Ist der Ausdruck fehlerhaft, wird dies durch eine rote Schrift angezeigt. Anhand der Ausdrucks-Inputdaten wird der bestmögliche Datentyp für die neue Spalte ermittelt und angezeigt. In unserem Beispiel wird als Datentyp *numeric [DT_NUMERIC]* vorgeschlagen, damit es bei der Multiplikation von zwei Datentypen im Format *decimal* keinen Datenverlust gibt. Die Nachkommastellen werden unter *Skala* mit *2* angegeben, da die Menge in unserem Beispiel keine Nachkommastellen hat. Der Datentyp kann bei Bedarf manuell geändert werden.
10. Schließen Sie den Editor mit einem Klick auf *OK*.

Datenflusstask

Komponente *OLE DB-Ziel*

Abschließend soll unser Datenfluss in die SQL-Tabelle *Import* geschrieben werden. Für einen Insert in eine Datenbank wird im Datenfluss die Komponente *OLE DB-Ziel* verwendet. Alternativ können Sie auch die Komponente *ADO.NET Destination* verwenden. Hierzu müssten Sie dann einen neuen Verbindungs-Manager mit dem ADO.NET-Provider anlegen.

1. Ziehen Sie eine Komponente vom Typ *OLE DB-Ziel* aus der Toolbox (Kategorie Datenflussziele) in den Entwurfsbereich des Datenflusses.
2. Benennen Sie die Komponente *OLE DB-Ziel* um in *OLE DB-Ziel Table Import* und passen Sie anschließend die Größe des Objektes an.
3. Markieren Sie die Komponente *Abgeleitete Spalte*. Ein grüner und eine roter Datenflusspfeil werden sichtbar.
4. Klicken Sie auf den grünen Datenflusspfeil und ziehen Sie ihn mit gedrückter Maustaste auf die OLE DB-Zielkomponente.
5. Öffnen Sie mit einem Doppelklick auf die Komponente *OLE DB-Ziel* den *Ziel-Editor für OLE DB*.

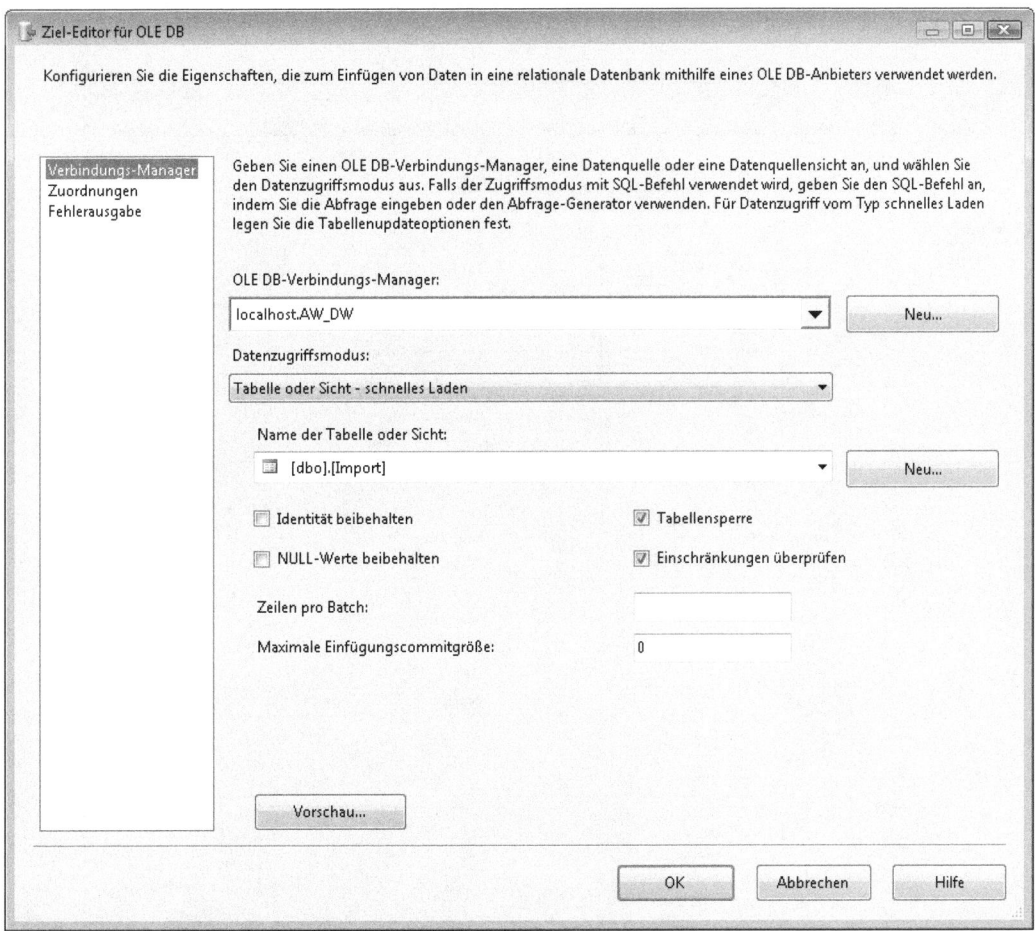

Abbildung 13.15 Ziel-Editor für OLE DB – Seite *Verbindungs-Manager*

6. Als erste Eingabe wird ein gültiger OLE DB-Verbindungs-Manager erwartet. Nach dem Öffnen des Listenfelds werden Ihnen alle in diesem Paket angelegten OLE DB Verbindungs-Manager angezeigt. Da wir in unserem Beispiel nur einen Verbindungs-Manager verwendet haben, ist dieser automatisch ausgewählt.

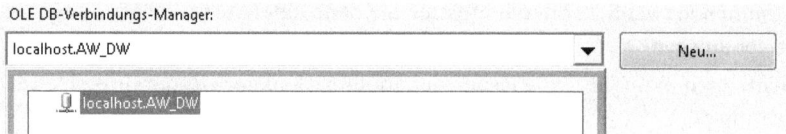

Abbildung 13.16 Auswahl der Verbindungs-Manager im Pulldownmenü

7. Klicken Sie bei der Eigenschaft *Name der Tabelle oder Sicht* auf das Listenfeld und wählen Sie aus unserer Beispieldatenbank *AW_DW* die Tabelle *[dbo].Import* aus. Alle weiteren Einträge auf dieser Seite können für unser Beispiel unverändert bleiben.
8. Wechseln Sie auf die Seite *Zuordnungen*. In unserem Beispiel stimmen die Namen des Datenflusses mit dem Namen der Zieltabelle überein. Alle Zuordnungen werden erkannt und automatisch eingetragen. Stimmen die Namen des Datenflusses nicht mit denen der Zieltabelle überein, müssen die Zuordnungen manuell durchgeführt werden. Bestätigen Sie die Zuordnungen mit einem Klick auf *OK*.

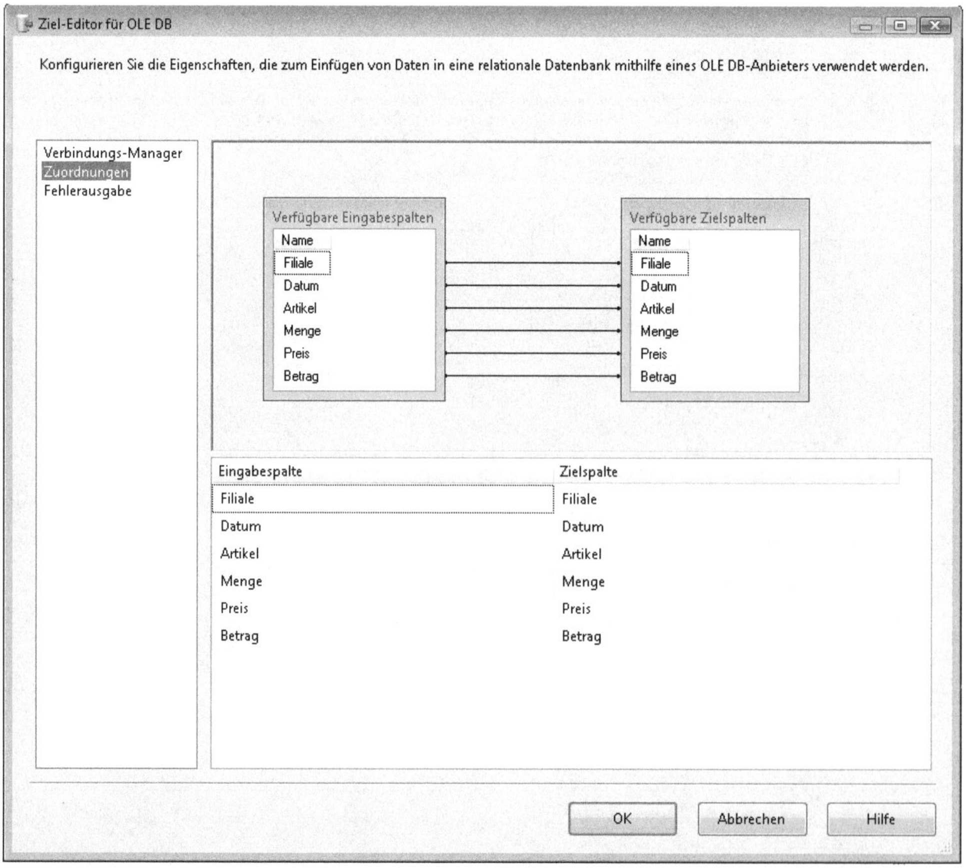

Abbildung 13.17 Ziel-Editor für OLE DB – Seite Zuordnungen

Datenviewer

Mithilfe eines Datenviewers kann der Datenfluss im Detail während der Ausführung betrachtet werden. Diese Funktion ist während der Entwicklungsphase eines Pakets ausgesprochen hilfreich. Um einen Datenviewer anzulegen, gehen Sie folgendermaßen vor:

1. Markieren Sie den grünen Datenflusspfeil zwischen der Komponente *Abgeleitete Spalte* und dem *OLE DB-Ziel*.
2. Öffnen Sie mit der rechten Maustaste das Kontextmenü und wählen Sie den Eintrag *Daten-Viewer* aus.
3. Der Datenflusspfad-Editor wird geöffnet und die Seite *Daten-Viewer* angezeigt. Klicken Sie auf die Schaltfläche *Hinzufügen*.
4. Das Dialogfeld *Daten-Viewer konfigurieren* wird geöffnet und der Typ *Raster* ist markiert. Mit einem Klick auf die Schaltfläche *OK* wird ein neuer Datenviewer dieses Typs hinzugefügt.
5. Schließen Sie den Datenflusspfad-Editor mit *OK*.

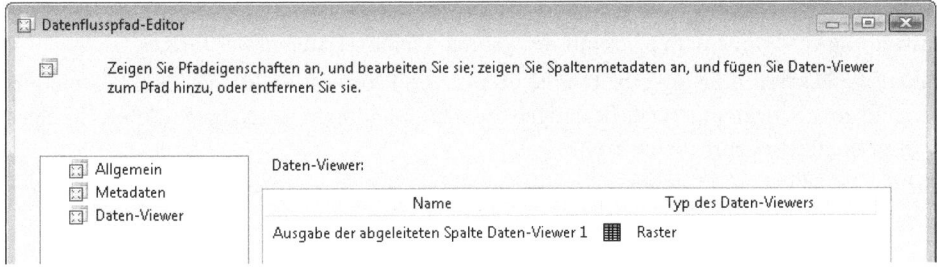

Abbildung 13.18 Anzeige des gerade hinzugefügten Datenviewers im Datenflusspfad-Editor

Im Fenster *Datenviewer konfigurieren* gibt es zahlreiche Konfigurationsmöglichkeiten. Sie können den Datenfluss z.B. als Diagramm oder als Histogramm darstellen. Zusätzlich können Sie die anzuzeigenden Spalten festlegen. Um einen schnellen Überblick über die Daten des Datenflusses zu erhalten, sind die Standardeinstellungen allerdings vollkommen ausreichend.

Die Darstellung der Komponenten des Datenflusses sollten ungefähr der nachfolgenden Abbildung entsprechen. Neben dem grünen Workflowpfeil zum OLE DB-Ziel wird der Datenviewer angezeigt:

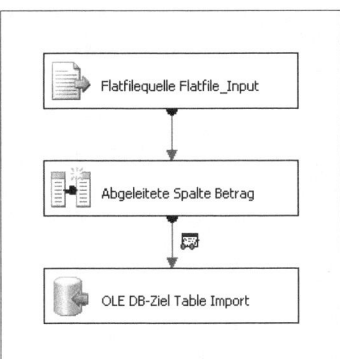

Abbildung 13.19 Ansicht des Datenflusses

6. Führen Sie das Paket mit einem Klick auf den grünen Pfeil in der Menüleiste oder mit [F5] aus.

7. Das Paket wird gestartet, die Verbindungen werden aufgebaut und die Farben der Komponenten wechseln zu gelb. Der Datenviewer wird eingeblendet und die vier Zeilen des Datenflusses werden angezeigt. Die Paketausführung wird zum Betrachten der Daten angehalten.

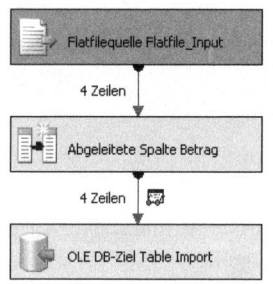

Abbildung 13.20 Ausgabe der Daten des Datenviewers

8. Die Paketausführung wird mit einem Klick auf den grünen Pfeil im Datenviewer fortgesetzt.
9. Nach Abschluss der Paketausführung erhalten Sie im unteren Fensterbereich eine Abschlussmeldung in blauer, unterstrichener Schrift angezeigt. Bestätigen Sie diese Meldung mit einem Klick, um in den Entwurfmodus des Datenflusses zurückzukehren.
10. Speichern Sie das Projekt ab und lassen Sie sich die Tabelle im SQL Server Management Studio anzeigen.

Noch einmal: Paketerstellung in geraffter Form

Sie haben Ihr erstes Integration Services-Paket erstellt und erfolgreich ausgeführt. Das Beispielpaket enthält viele wichtige Elemente der Paketerstellung:

- Verbindungs-Manager
- SQL-Task
- Datenflusstask
- Flatfilequelle
- Transformationskomponente
- Ausdrucksprogrammierung
- Datenviewer
- Update SQL-Tabelle

Darauf aufbauend können Sie sich nach und nach mit den weiterführenden Elementen der Integration Services vertraut machen.

Die Erklärungen zum Beispielpaket sind sehr ausführlich. Die gesamte Paketerstellung im Überblick können Sie der nachfolgenden, stichwortartigen Auflistung der Programmierschritte entnehmen:

Noch einmal: Paketerstellung in geraffter Form

1. Neues Projekt anlegen
2. Paket umbenennen
3. SQL-Task in die Ablaufsteuerung ziehen
4. OLE DB-Verbindungs-Manager erstellen
5. SQL-Statement eingeben
6. Datenflusstask in die Ablaufsteuerung ziehen
7. Grünen Workflowpfeil der SQL-Task mit der Datenflusstask verbinden
8. In den Datenfluss wechseln
9. Eine Flatfilequelle in den Datenfluss ziehen
10. Einen Flatfile-Verbindungs-Manager erstellen
11. Den Datentyp der Spalten definieren
12. Eine Komponente *Abgeleitete Spalte* in den Datenfluss ziehen
13. Den grünen Datenflusspfeil der Flatfilequelle mit der Komponente *Abgeleitete Spalte* verbinden
14. Eine neue Spalte *Betrag* einrichten
15. Eine Komponente *OLE DB-Ziel* in den Datenfluss ziehen
16. Den grünen Datenflusspfeil der Komponente *Abgeleitete Spalte* mit der Komponente *OLE DB-Ziel* verbinden
17. Den vorhandenen OLE DB-Verbindungs-Manager und die Tabelle *Import* zuordnen
18. Automatische Spaltenzuordnung
19. Paket ausführen
20. Projekt speichern

Kapitel 14

SSIS – Datentypen, Variablen und Ausdrücke

In diesem Kapitel:

Datentypen	392
Variablen	394
Dynamische SQL-Programmierung	399
Ausdrücke	402
Beispiel: Excel-Tabelle mit Nullwerten	409
Der Ausdrucks-Generator	411

Datentypen

Die Integration Services verwenden eigene Datentypen, die nicht zu 100 % mit den Datentypen von .NET Framework und Microsoft SQL Server übereinstimmen. Die Verwendung spezieller Datentypen ist notwendig, da ein ETL-Programm wie die Integration Services die Kommunikation zwischen deutlich unterschiedlichen Datenwelten ermöglicht. Um einen möglichst geringen Datenverlust zu erreichen, wird eine Vielzahl von Datentypen zur Verfügung gestellt.

Werden Daten aus einer externen Quelle in einen Datenfluss eingelesen, werden diese automatisch von der Quelle in den jeweiligen Integration Services-Datentyp konvertiert. Anhand der externen Metadaten wird versucht, einen möglichst gut passenden Datentyp zu ermitteln. Numerische Daten werden z.B. in Form eines numerischen Datentyps gespeichert, Strings als Zeichendatentyp.

Auf die automatische Zuweisung des Datentyps kann bei den meisten Quellen kein Einfluss genommen werden. Dies führt bei unstrukturierten Daten, z.B. bei Excel-Tabellen, teilweise zu einer unerwünschten Auswahl des Datentyps. Dieses Problem kann durch die Verwendung einer *Skriptkomponente* als Datenquelle umgangen werden. Jedoch muss in diesem Fall die Schnittstelle manuell programmiert werden.

Können externe Daten nicht in einen Integration Services-Datentyp konvertiert werden, wird eine Fehlermeldung ausgegeben. Tabelle 14.1 gibt einen Überblick über die wichtigsten Integration Services-Datentypen.

Datentyp	Beschreibung
DT_BOOL	Boolescher Wert
DT_BYTES	Binärer Wert mit variabler Länge bis maximal 8.000 Zeichen
DT_CY	Währungswert. Festkommazahl mit maximaler Genauigkeit von 19 Stellen, davon vier Dezimalstellen.
DT_DATE	Datum mit Jahr, Monat, Tag und Stunde
DT_DBDATE	Datum mit Jahr, Monat und Tag
DT_DBTIME	Zeitstruktur/Uhrzeit mit Stunde, Minute und Sekunde
DT_DBTIME2	Zeitstruktur/Stunde, Minute und Sekunde und dem Bruchteil der Sekunde (Sekundenbruchteile = max. 7 Dezimalstellen)
DT_DBTIMESTAMP	Datum mit Jahr, Monat, Tag, Stunde, Minute, Sekunde und dem Bruchteil der Sekunde (Sekundenbruchteile = max. 3 Dezimalstellen)
DT_DBTIMESTAMP2	Datum mit Jahr, Monat, Tag, Stunde, Minute, Sekunde und dem Bruchteil der Sekunde (Sekundenbruchteile = max. 7 Dezimalstellen)
DT_DBTIMESTAMPOFFSET	wie DT_DBTIMESTAMP2, aber mit Zeitzonenoffset zur koordinierten Weltzeit (UTC)
DT_DECIMAL	Festkommazahl, maximale Genauigkeit 29 Stellen, 0 bis 28 Dezimalstellen
DT_FILETIME	Anzahl der 100er-Nanosekunden seit dem 1. Januar 1601
DT_GUID	Globaler eindeutiger Bezeichner (GUID, Globally Unique Identifier)
DT_I1	Integerwert bis +/–128
DT_I2	Integerwert bis +/–32.768
DT_I4	Integerwert bis +/–2.147.483.648

Tabelle 14.1 Integration Services Datentypen

Datentypen

Datentyp	Beschreibung
DT_I8	Integerwert bis +/−9.223.372.036.854.775.808
DT_NUMERIC	Festkommazahl, maximale Genauigkeit 38 Stellen, 0 bis 38 Dezimalstellen
DT_R4	Einfache Fließkommazahl
DT_R8	Doppelte Fließkommazahl
DT_STR	String mit maximal 8.000 Zeichen
DT_UI1	Integerwert ohne Vorzeichen bis 128
DT_UI2	Integerwert ohne Vorzeichen bis 32.768
DT_UI4	Integerwert ohne Vorzeichen bis 2.147.483.648
DT_UI8	Integerwert ohne Vorzeichen bis 9.223.372.036.854.775.808
DT_WSTR	Unicode-Zeichenfolge mit einer maximalen Länge von 4.000 Zeichen
DT_IMAGE	Binärwert mit einer maximalen Größe von 2 GB
DT_NTEXT	Unicode-Zeichenfolge mit einer maximalen Größe von 1 GB
DT_TEXT	ANSI-Zeichenfolge mit einer maximalen Größe von 2 GB

Tabelle 14.1 Integration Services Datentypen *(Fortsetzung)*

Die optimale Wahl des Datentyps kann die Performance eines Integration Services-Pakets deutlich verbessern. Die gewählten Datentypen sollten möglichst wenig Platz verbrauchen, damit der Hauptspeicher bestmöglich genutzt wird und möglichst wenig ausgelagert werden muss.

Mit den Standardkomponenten *Datenkonvertierung* und *Abgeleitete Spalte* können Spalten mithilfe der Ausdrucksprogrammierung in einen anderen Datentyp konvertiert werden. Mit einer asynchronen *Skriptkomponente* können Sie nicht mehr benötigte Spalten aus dem Datenfluss entfernen und gleichzeitig eine Konvertierung durchführen.

Datentypen Excel

Der Excel-Provider verwendet nur 6 verschiedene Datentypen. Daten aus einer Excel-Datei werden analysiert und automatisch in einen Datentyp der Tabelle 14.2 umgewandelt.

Datentyp	Beschreibung
Numeric	Doppelte Fließkommazahl (DT_R8)
Currency	Währungswert (DT_CY)
Boolean	Boolescher Wert (DT_Bool)
Date/Time	Datum (DT_DATE)
String	Unicode Zeichenfolge (DT_WSTR)
Memo	Unicode Zeichenfolge (DT_NTEXT)

Tabelle 14.2 Datentypen Excel

Unicode

Excel und andere Datenquellen verwenden ausschließlich Unicode-Zeichenfolgen. Um Unicode-Zeichenfolgen in Varchar-Spalten zu speichern, müssen die Daten in den Datentyp *DT_STR* konvertiert werden. Im Datenfluss können hierzu die Komponenten *Datenkonvertierung* oder *Abgeleitete Spalte* verwendet werden. Die Verwendung einer Skriptkomponente ist bei einer größeren Anzahl von zu konvertierenden Spalten empfehlenswert. Mit einer Skriptkomponente hat man die Möglichkeit, die nicht mehr benötigten Unicode-Spalten aus dem Datenfluss zu entfernen und die Spalten in der gewünschten Reihenfolge anzuordnen.

Variablen

In einem Integration Services-Paket können Werte und Objekte in Variablen zwischengespeichert werden. Der Datentyp jeder Variablen wird bei der Variablenanlage festgelegt. In zahlreichen Tasks und Komponenten kann auf Variablen lesend zugegriffen werden. Es stehen jedoch nur wenige Tasks und Komponenten zur Verfügung, um den Wert von Variablen zu ändern.

Eigenschaften von Tasks und Komponenten können dynamisch über Ausdrücke gesetzt werden. Die Nutzung von Variablen ist in allen Ausdrücken möglich.

Variablendefinition

Variablen werden in einem Variablenfenster definiert und verwaltet. Das Variablenfenster öffnen Sie mit dem Menübefehl *SSIS/Variablen* oder alternativ mit dem Menübefehl *Ansicht/Weitere Fenster/Variablen*.

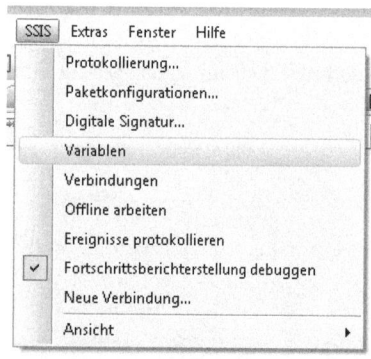

Abbildung 14.1 Aufruf des Menübefehls *Variablen*

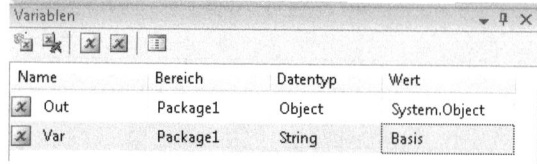

Abbildung 14.2 Das Fenster *Variablen*

Im Fenster *Variablen* stehen für die Bearbeitung von Variablen die folgenden Schaltflächen zur Verfügung:

Standardmäßig werden nur die Benutzervariablen angezeigt. Um einen Zugriff auf die Systemvariablen zu erhalten, muss die Anzeige über einen Klick auf die Symbolschaltfläche *Systemvariablen anzeigen* aktiviert werden. Der Variablenname ist frei wählbar und wird direkt im Variablenfenster editiert.

Datentypen

Als Datentyp stehen alle Integration Services-Datentypen zur Verfügung. Eine gesonderte Stellung nimmt der Datentyp *Object* ein. Eine Variable vom Typ *Object* kann praktisch alle Arten von Daten aufnehmen. In ihr können DataSets, Bilder oder auch vollständige Dokumente gespeichert werden. Diese große Flexibilität hat allerdings auch einen Nachteil: Der Datenfluss kann keine Metadaten zu einer Variable vom Typ *Object* ermitteln. Anhand der Metadaten wird der Datenfluss verifiziert und optimiert. Dies entfällt bei Variablen vom Typ *Object*. Außerdem ist es wegen der fehlenden Metadaten notwendig, dass die Daten von Typ *Object* fast immer konvertiert werden müssen. Die Integration Services können nicht wissen, welche Daten zum Zeitpunkt der Ausführung in einer Variablen vom Typ *Object* gespeichert sind.

Initialisierung von Variablen

Bei der Anlage von Variablen wird den Variablen explizit ein Initialwert zugewiesen. Nur der Datentyp *Object* macht hier eine Ausnahme. Dieser Datentyp wird mit einem leeren Objekt der Klasse *System.Object* initialisiert.

Alle Variablen können zusätzlich in der Paket-Konfiguration konfiguriert werden. Wird ein Paket gestartet, wird der Variablen zuerst ihr Initialwert zugewiesen und anschließend die Paketkonfiguration durchlaufen. Mit dem zuletzt zugewiesenen Wert wird das Paket dann ausgeführt.

Namespace

Jede Variable ist einem Namespace zugeordnet. Ein Variablen-Namespace ist eine übergeordnete Gruppierung der Variablen. Variablen werden durch den Namespace und den Variablennamen eindeutig identifiziert.

Der Standard-Namespace für Benutzervariablen ist *User* und damit identisch mit der amerikanischen SQL Server-Version. Bis Microsoft SQL Server 2005 war der Standard-Namespace für Benutzervariablen von der Sprachversion der Client-Tools abhängig. Systemvariablen gehören zum Namespace *System*.

In der Fenstervoreinstellung des Variablenfensters ist die Anzeige der Spalte *Namespace* deaktiviert. Die Aktivierung wird im Dialogfeld *Variablenspalten auswählen* vorgenommen. Dieses wird mit einem Klick auf das gleichnamige Symbol geöffnet.

Abbildung 14.3 Auswahl der im Fenster *Variablen* angezeigten Spalten

Nach der Aktivierung der Anzeige des Namespaces erscheint die Spalte *Namespace* im Variablenfenster und Sie haben die Möglichkeit, diesen zu ändern:

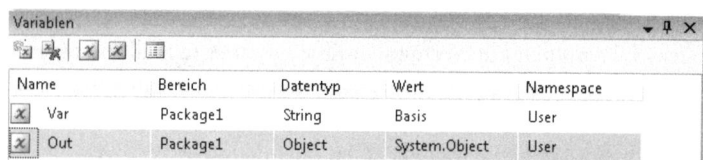

Abbildung 14.4 Die Spalte *Namespace* wird im Variablenfenster angezeigt

Ist der Variablenname über alle Namespaces eindeutig identifiziert, kann die Angabe des Namespaces entfallen. Es ist üblich, Systemvariablen qualifiziert, mit führendem Namespace, zu referenzieren. Für Benutzervariable wird dagegen oft die Kurzform gewählt. Kann die Variable über die Kurzform nicht eindeutig identifiziert werden, erhalten Sie eine Fehlermeldung.

Im *Ausdrucks-Generator* zur Erstellung von Ausdrücken wird stets der qualifizierte Name einer Variablen (@[User::Var]) verwendet. Finden Sie die Kurzform übersichtlicher, kann die Angabe des Namespaces gelöscht werden. Normalerweise ist die Verwendung des richtigen Namespaces bei der Integration Services-Paketentwicklung von untergeordneter Bedeutung.

Gültigkeitsbereich von Variablen

Variablen haben einen Gültigkeitsbereich, in dem sie zur Verfügung stehen. Eine Variable kann in ihrem Gültigkeitsbereich und in allen untergeordneten Objekten verwendet werden. In allen übergeordneten Objekten hingegen steht die Variable nicht zur Verfügung. Der Gültigkeitsbereich wird im Fenster *Variablen* in der Spalte *Bereich* angegeben. Dieser Wert wird automatisch gesetzt. Sie haben bei der Variablenanlage keine Möglichkeit, den Gültigkeitsbereich zu ändern!

Der Gültigkeitsbereich wird durch das markierte Objekt zum Zeitpunkt der Variablenanlage festgelegt. Ist kein Objekt markiert, wird als Gültigkeitsbereich das gesamte Paket (*Package*) eingetragen. Bei der Verwendung von Variablen gehen die Integration Services objektorientiert vor. Sie beginnen auf der untersten Ebene und suchen aufsteigend bis zum obersten Gültigkeitsbereich *Package*. Die zuerst gefundene Variable wird verwendet. Dieses Suchverhalten kann in den Integration Services zu unerwarteten Programmfehlern führen.

Wenn unterschiedliche Gültigkeitsbereiche verwendet werden, kann eine Variable unabsichtlich mehrfach in demselben Namespace definiert werden. Die Folge ist, dass das Paket möglicherweise eine andere Variable verwendet als vom Entwickler vorgesehen. Da in den Integration Services keine Variablengesamtübersicht implementiert ist, wird diese Fehlerquelle leicht übersehen. Im Paketexplorer werden nur die Variablen mit dem Gültigkeitsbereich des Gesamtpaktes angezeigt. Es ist zu empfehlen, stets globale Paketvariablen zu verwenden.

ACHTUNG Sollten Sie irrtümlich eine Variable in einem falschen, untergeordneten Bereich definiert haben, überprüfen Sie bitte ganz genau, ob Sie diese Variable auch wieder gelöscht haben. Andernfalls kann dies bei der Programmierung zu unerwarteten Resultaten führen.

Verwendung von Variablen

Innerhalb der Integration Services können Variablen flexibel verwendet werden. In vielen Komponenten kann auf Variablen lesend und schreibend zugegriffen werden. Allerdings unterscheidet sich die Art des Zugriffes von Komponente zu Komponente. Dies ist dadurch begründet, dass jede Komponente und jeder Task ein eigenes Entwicklungsprojekt ist. Da es bisher noch keine Best-Practice-Empfehlung für die Variablenschnittstelle gibt, kreiert jeder Komponenten-Entwickler diese neu.

Die Details der Variablenverwendung werden an entsprechender Stelle im Rahmen der Einzelbesprechungen von Tasks und Komponenten aufgeführt. An dieser Stelle wird nur auf die häufigsten Verwendungsarten kurz eingegangen.

Eine sehr gute und einfache Möglichkeit, um Variablen zu ändern, ist die Verwendung eines *Skripttasks*. Die Variable wird in der Skripttask auf der Seite *Skript* bei *ReadWriteVariables* eingetragen und in einem VB.NET-Skript selbst wie folgt angesprochen:

```
DTS.Variables("Variablenname").value
```

In Kapitel 15 finden Sie hierzu ein ausführliches Beispiel.

In der VB.NET-*Skriptkomponente* werden Variablen mit *Me.Variables.Variablenname* angesprochen. Zu beachten ist, dass es nur in der Prozedur *PostExecute* möglich ist, auf Variablen schreibend zuzugreifen.

In allen SQL-Tasks und SQL-Komponenten können Variablen als Parameter verwendet werden. Die Möglichkeiten und die Syntax sind vom genutzten Datenbankprovider anhängig. Auch bei der Verwendung von Microsoft SQL Server ist die Syntax davon abhängig, welcher Verbindungstyp (*OLE DB*, *ADO.NET*, *ADO* oder *ODBC*) verwendet wird. Details dazu entnehmen Sie bitte Kapitel 15.

Die beiden *For*-Container (*For* und *Foreach*) der Ablaufsteuerung bieten elegante Möglichkeiten, die Variablen automatisch zu füllen und in die Weiterbearbeitung einfließen zu lassen. Der *For*-Schleifencontainer kann auch für die einfache Wertezuweisung einer Variablen verwendet werden. Näheres hierzu finden Sie in der Beschreibung des *For*-Schleifencontainers.

Variablenverwendung in Ausdrücken

Ausdrücke sind ein empfehlenswertes Instrument, um die Eigenschaften von Tasks und Komponenten zu konfigurieren. Aber erst durch die Verwendung von Variablen werden Ausdrücke flexibel. Deshalb hat die Verwendung von Variablen in Ausdrücken eine besondere Wichtigkeit. Allgemeine Informationen zum Thema Ausdrücke werden im Abschnitt »Ausdrücke« in diesem Kapitel besprochen.

Variable werden in Ausdrücken durch das Zeichen »@« gekennzeichnet. Dem »@« folgt der Variablenname. Enthält der Variablenname Sonderzeichen, muss der Name von eckigen Klammern eingeschlossen werden, zum Beispiel @*[User::Variable]*.

Variablennamen können sowohl qualifiziert unter Angabe des Namespace (@[User::Variable]) oder in der Kurzform (@[Variable]) referenziert werden. Die eckigen Klammern können entfallen, wenn der Variablenname keine Sonderzeichen enthält. Qualifizierte Variablennamen hingegen müssen immer mit eckigen Klammern eingegeben werden.

Im folgenden Beispiel wird die Verwendung von Variablen für die dynamische Konfiguration des *Connection Strings* in einem Flatfile-Verbindungs-Manager gezeigt. Der Speicherort der Flatfiles wird in der Eigenschaft *Connection String* gespeichert.

1. Öffnen Sie unser Beispielpaket *Erstes_Beispielpaket.dtsx* aus Kapitel 13.
2. Legen Sie im Variablenfenster zwei Package-Variablen mit den Werten aus Abbildung 14.5 an:

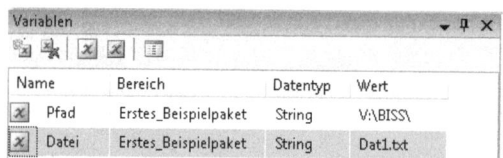

Abbildung 14.5 Die Variablen *Pfad* und *Datei*

3. Markieren Sie die Flatfile-Verbindung im Verbindungs-Manager.
4. Öffnen Sie über das Kontextmenü oder mit [F4] die Eigenschaften der Flatfile-Verbindung.
5. Markieren Sie im Eigenschaftenfenster die Eigenschaft *Expressions* und klicken Sie anschließend auf die Schaltfläche mit den drei Punkten. Es öffnet sich der Eigenschaftsausdrucks-Editor.
6. Wählen Sie als Eigenschaft *Connection String* aus.
7. Tragen Sie als Ausdruck @*[User::Pfad]*+ @*[User::Datei]* ein und klicken Sie auf *OK*.
8. Für die Bildung des Ausdrucks können Sie auch den Ausdrucks-Generator verwenden. Um diesen zu öffnen, klicken Sie auf die Erweiterungsschaltfläche rechts neben dem Ausdruck.
9. Schließen Sie das Ausdrucks- und das Eigenschaftenfenster und führen Sie das Paket aus.
10. Mittels eines Ausdrucks wird nun der Connection-String der Input-Datei flexibel gebildet und die gewünschte Datei verwendet.

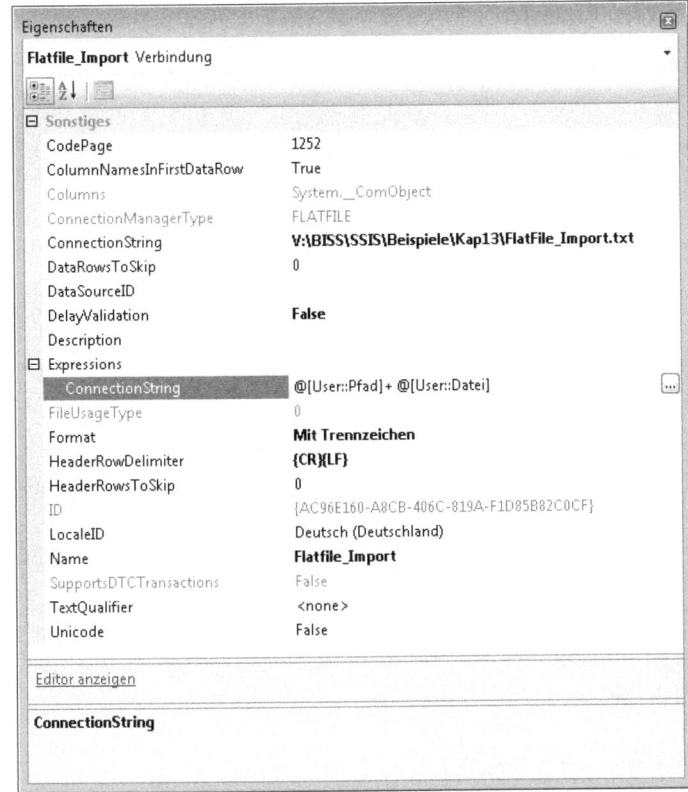

Abbildung 14.6 Der Eintrag *@[User::Pfad]+ @[User::Datei]*

Ausdrücke als Variablenwert

Ausdrücke bieten eine flexible Möglichkeit für die Wertzuweisung einer Variablen. Der Ausdruck wird zum Zeitpunkt der Variablenverwendung jedes Mal neu ausgewertet, und das Ergebnis des Ausdruckes wird der Variable zugewiesen. Damit Sie Ausdrücke als Variablenwert verwenden können, müssen Sie das Eigenschaftenfenster der Variablen öffnen. Das Eigenschaftenfenster einer Variablen wird mit F4 geöffnet. Die Variable muss hierzu im Variablenfenster markiert sein.

Um den Wert einer Variablen mit einem Ausdruck zu füllen, muss die Eigenschaft *EvaluateAsExpression* auf *True* gesetzt werden. Die Standardbelegung ist *False*. Als Ausdruck (*Expression*) können alle Möglichkeiten der Ausdrucksprogrammierung genutzt werden. Die Ausdrucksprogrammierung wird im Abschnitt »Ausdrücke« in diesem Kapitel ausführlich besprochen.

Dynamische SQL-Programmierung

Vielen Datenbankentwicklern dürften die erheblichen Einschränkungen bei der dynamischen SQL-Programmierung in T-SQL bekannt sein. So ist es beispielsweise nicht möglich, den Tabellennamen dynamisch zu programmieren. Da auch die Parametrisierung von T-SQL-Programmen etwas problematisch ist, bieten sich Ausdrücke in Variablen als Lösung an.

Beispiel: SQL-Befehl einer *OLE DB-Quelle*

Im nachfolgenden Beispiel wird der SQL-Befehl einer *OLE DB-Quelle* dynamisch aus einer Variablen generiert:

1. Legen Sie im Variablenfenster die beiden Variablen *SQL_Befehl* und *Tabelle* mit den in Abbildung 14.7 angegebenen Eigenschaften an.

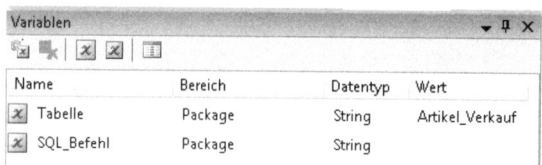

Abbildung 14.7 Die Variablen *Tabelle* und *SQL_Befehl*

2. Markieren Sie die Variable *SQL_Befehl* und öffnen Sie über F4 das Eigenschaftenfenster.
3. Setzen Sie die Eigenschaft *EvaluateAsExpression* auf *True*. Dadurch wird die Eigenschaft *Expression* aktiviert.
4. Tragen Sie bei *Expression* den Ausdruck "SELECT * FROM " + @Tabelle ein. Dieser wird als SQL-Befehl der *OLE DB-Quelle* verwendet.
5. Beim Verlassen der Eigenschaft *Expression* wird der Ausdruck ausgewertet und das Ergebnis in der Eigenschaft *Value* hinterlegt. Auch der *ValueType* wird automatisch ermittelt und eingetragen. Sollte der Ausdruck fehlerhaft sein, wird Ihnen dies angezeigt.

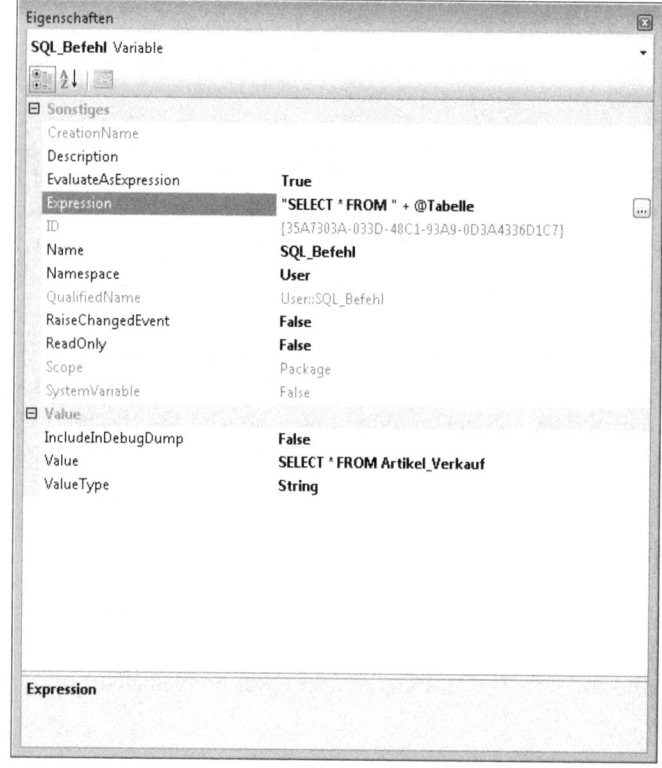

Abbildung 14.8 Das Eigenschaftenfenster der Variablen

Dynamische SQL-Programmierung

6. Schließen Sie das Eigenschaftenfenster.
7. Legen Sie in einem Datenfluss eine *OLE DB-Quelle* an.
8. Im *Quellen-Editor für OLE DB* wählen Sie als Datenzugriffsmodus *SQL-Befehl aus Variable* aus.
9. Als Variablennamen wählen Sie die Variable *User::SQL_Befehl*.

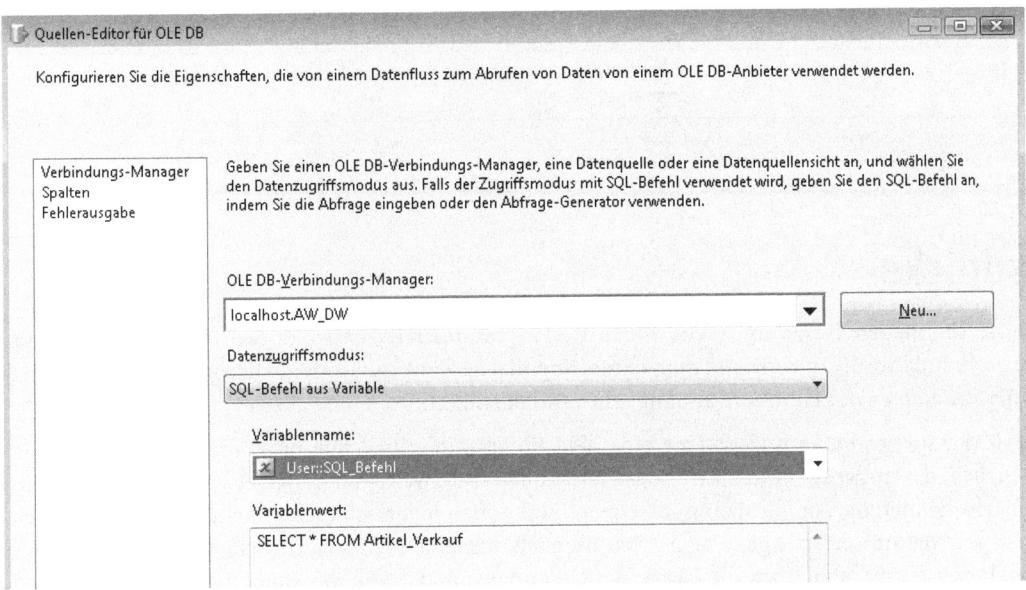

Abbildung 14.9 Der *Quellen-Editor für OLE DB* mit den für unser Beispiel konfigurierten Eigenschaften

ACHTUNG Neu angelegte Variablen fehlen manchmal in der Variablenauflistung. Ist dies der Fall, müssen Sie das Paket schließen und erneut aufrufen. Danach stehen Ihnen alle Variablen zur Verfügung.

Der verwendete SQL-Befehl kann beliebig komplex sein. Einzige Einschränkung ist die Ausdruckslängenbegrenzung von 4.000 Zeichen. Der Ausdruck wird bei der Auswahl als Variablenname sofort ausgewertet und darauf basierend werden die Metadaten ermittelt. Deshalb ist es unbedingt notwendig, dass die Variable bzw. der Ausdruck zum Zeitpunkt der Paketentwicklung einen gültigen SQL-Befehl enthält und die richtigen Metadaten erzeugt werden können. Dies gilt auch, wenn der eigentliche SQL-Befehl dynamisch über andere Variablen oder die Konfiguration erzeugt wird.

Systemvariablen

Die Integration Services stellen umfangreiche Systeminformationen in Form von Systemvariablen zur Verfügung. Tabelle 14.3 bietet eine Übersicht über die für die Programmierung wichtigsten Systemvariablen.

Systemvariable	Datentyp	Beschreibung
MachineName	String	Der Name des Computers, auf dem das Paket ausgeführt wird
PackageID	String	Der eindeutige Bezeichner des Pakets
PackageName	String	Der Name des Pakets
StartTime	DateTime	Der Zeitpunkt, zu dem das Paket gestartet wurde
UserName	String	Das Konto des Benutzers, der das Paket gestartet hat. Der Benutzername wird durch den Domänennamen qualifiziert.
VersionBuild	Int32	Die Paketversion

Tabelle 14.3 Die wichtigsten Systemvariablen

Ausdrücke

Ausdrücke sind neben T-SQL und .NET die dritte Programmieralternative in den Integration Services. Bei der Bezeichnung Ausdruck vermutet man eine sehr einfache Zuweisungsmöglichkeit. Dies entspricht jedoch nicht der Realität, da der Funktionsumfang sehr umfangreich ist.

Die Ausdrucksprogrammierung ist eine einzeilige Programmierung. Die programmierte Zeile gibt einen Wert zurück, der entweder einem Ziel zugewiesen oder anderweitig ausgewertet wird. Innerhalb der Programmzeile können die zur Verfügung stehenden Funktionen mehrfach ineinander geschachtelt werden. Da es nur eine Programmierzeile gibt, ist es nicht möglich, innerhalb eines Ausdrucks Variablen zu definieren. Zu beachten ist außerdem, dass die Länge des Gesamtausdruckes die maximale Länge von 4.000 Zeichen nicht überschreitet.

Verwendung von Ausdrücken

Ausdrücke können nur dort verwendet werden, wo sie ausdrücklich erlaubt und vorgesehen sind. Diese Einschränkung ist notwendig, weil Ausdrücke ausgewertet werden müssen. Zum Zeitpunkt der Ausführung muss der Ausdruckstext an einen Ausdrucksauswerter übergeben werden. Das Ergebnis der Ausdrucksauswertung wird für die weitere Verarbeitung zur Verfügung gestellt. Die Ausdrucksauswertung kann sehr anschaulich bei der Ausdruckszuordnung zu einer Variablen verfolgt werden (siehe hierzu den Abschnitt »Ausdrücke als Variablenwert« in diesem Kapitel).

Typische Anwendungen für Ausdrücke sind:

Element	Ausdrucksverwendung
Eigenschaften	Festlegung von Eigenschaften
Variablen	Wertzuweisung von Variablen
Komponente *Bedingtes Teilen*	Bedingung für bedingtes Teilen
Komponente *Abgeleitetes Spalte*	Abgeleitete Spalte *Ergebnis* eines Ausdruckes
For-Schleifencontainer	Dynamische Programmsteuerung eines *For*-Schleifencontainers
Workflow	Rangfolgeneinschränkung

Tabelle 14.4 Einsatzgebiete von Ausdrücken

Einfache Ausdrucksbeispiele

Der folgenden Tabelle können Sie einige einfache Beispiele für Ausdrücke entnehmen:

Ausdruck	Erläuterung
511	Die Zahl *511* wird als Integerwert zurückgegeben
511 + 20	Die Zahl *531* wird als Integerwert zurückgegeben
"Test"	Der Text *Test* wird als String zurückgegeben
GETDATE()	Das aktuelle Datum wird als Datentyp *Date* zurückgegeben
@Var	Der Wert der Variable *Var* wird zurückgegeben. Der zurückgegebene Datentyp ist identisch mit dem der Variable *Var*.
[Spalte 0] > [Spalte 1]	Vergleicht *Spalte 0* mit *Spalte 1*. Es wird *True* oder *False* als Datentyp *Boolean* zurückgegeben.
[Spalte 1] * 10	Der Wert der *Spalte 1* wird mit 10 multipliziert

Tabelle 14.5 Einfache Ausdrucksbeispiele und ihre Auswirkungen

Syntax

Die Syntax der Ausdrucksprogrammierung ist an Java angelehnt. Die Komplexität ist überschaubar und es gibt nur wenige Besonderheiten, die es zu beachten gilt. Ein Ausdruck besteht immer aus einer Programmzeile. Jeder Ausdruck gibt genau einen Wert zurück. Die Ausdrucksprogrammierung ist mit der Zellenzuweisung in Microsoft Excel vergleichbar. Auch in Excel kann auf andere Zellen und Variablen zugegriffen werden und es stehen umfangreiche Funktionen zur Verfügung.

Spalten- und Variablennamen

In Ausdrücken können Spalten des Datenflusses und Variablen verwendet werden. Variablen werden durch das @-Präfix gekennzeichnet. Die Variable »Anzahl« wird in einem Ausdruck mit @Anzahl angesprochen. Eine Variable kann durch die zusätzliche Nennung des Namespaces qualifiziert werden. Qualifiziert wird die Variable *Anzahl* im Namespace *User* so angesprochen: *@[User::Anzahl]*. Die beiden aufeinanderfolgenden Doppelpunkte werden als Namespaceauflösungsoperator bezeichnet. Der qualifizierte Variablenname muss immer von eckigen Klammern eingeschlossen sein, da die beiden Doppelpunkte als Sonderzeichen gelten.

Spaltennamen lassen sich in Ausdrücken nur in Datenflusskomponenten verwenden. Der jeweilige Editor zeigt auf Basis der Metadaten die zur Verfügung stehenden Spalten an und unterstützt die Ausdrucksprogrammierung. Spaltennamen werden ohne weitere Kennung in einem Ausdruck verwendet. Enthält der Spaltenname Sonderzeichen, ist der Spaltenname von eckigen Klammern zu umgeben. Automatisch generierte Spalten enthalten vielfach Leerzeichen, die ebenfalls als Sonderzeichen gelten.

Das erste Zeichen eines Namens muss ein Buchstabe gemäß Unicode-Standard 2.0 oder ein Unterstrich sein. Die nachfolgenden Zeichen können Buchstaben oder Zahlen gemäß Unicode-Standard 2.0 oder eines der folgenden Zeichen sein: _ @ $ #. Namen, die dieser Konvention nicht entsprechen, müssen von eckigen Klammern eingeschlossen werden. Eckige Klammern als Namensbestandteil sind in Ausdrücken nicht erlaubt.

Operatoren

Bei der Auswertung eines Ausdrucks wird die Punkt-vor-Strichregel beachtet. Die weitere Auswertungsreihenfolge ist durch Klammersetzung festzulegen. Die wichtigsten Operatoren finden Sie in Tabelle 14.6. Bitte beachten Sie, dass für die Addition von numerischen Ausdrücken der gleiche Operand verwendet wird, wie für das Verketten von Texten. Welche Operation ausgeführt wird, entscheidet der Datentyp des angesprochenen Ausdruckes.

Operator	Beschreibung
() (Klammern)	Identifiziert die Auswertungsreihenfolge von Ausdrücken
+ (Addieren)	Addiert zwei numerische Ausdrücke
+ (Verketten)	Verkettet zwei Ausdrücke
- (Subtrahieren)	Subtrahiert den zweiten numerischen Ausdruck vom ersten
- (Negation)	Negiert einen numerischen Ausdruck
* (Multiplikation)	Multipliziert zwei numerische Ausdrücke
/ (Division)	Dividiert den ersten numerischen Ausdruck durch den zweiten numerischen Ausdruck
% (Modulo)	Stellt den ganzzahligen Rest der Division des ersten numerischen Ausdrucks durch den zweiten bereit
|| (Logisches OR)	Führt eine logische OR-Operation aus
&& (Logisches AND)	Führt eine logische AND-Operation aus
! (Logisches NOT)	Negiert einen booleschen Operanden
== (Gleich)	Führt einen Vergleich aus, um zu ermitteln, ob zwei Ausdrücke gleich sind
!= (Ungleich)	Führt einen Vergleich aus, um zu ermitteln, ob zwei Ausdrücke ungleich sind
> (Größer als)	Führt einen Vergleich aus, um zu ermitteln, ob der erste Ausdruck größer ist als der zweite
? : (Bedingt)	Gibt einen von zwei Ausdrücken basierend auf der Auswertung eines booleschen Ausdrucks zurück

Tabelle 14.6 Operatoren und ihre Funktion

Die Funktionsweise der wichtigsten Operatoren wird in den nachfolgenden Abschnitten erläutert.

Konvertierungsoperator CAST

Es gibt zwei Arten von Datenkonvertierungen in Ausdrücken:
- Implizite Konvertierung
- Explizite Konvertierung

Die implizite Konvertierung wird vom Ausdrucksauswerter automatisch durchgeführt. Er konvertiert bei Bedarf die verwendeten Datentypen. So wird bei einem Vergleich von einer *Smallint*-Variable mit einer *Int*-Variablen die *Smallint*-Variable für den Vergleich in eine Int-Variable konvertiert. Eine implizite Konvertierung kann nur durchgeführt werden, wenn die Datentypen vergleichbar sind und bei der Konvertierung keine Daten verloren gehen. In der SQL Server 2008-Onlinedokumentation finden Sie ein Diagramm zu den möglichen impliziten Konvertierungen.

Bei jeder Operation zwischen zwei Teilausdrücken werden die Datentypen verglichen und bei Bedarf implizit konvertiert. Ist es dem Ausdrucksauswerter nicht möglich, ohne Datenverlust Datentypen zu konvertieren, muss die Konvertierung explizit durchgeführt werden.

Für die explizite Konvertierung wird der Konvertierungsoperator *CAST* verwendet. Dieser Konvertierungsoperator hat eine ganz besondere Syntax. Er wird dem zu konvertierenden Teilausdruck vorangestellt: (*SSIS-Datentyp*) *Ausdruck*.

Beispiel: *(DT_I4) 7.6*

Hier wird die Zahl 7,6 in eine ganze Zahl konvertiert und bei der Konvertierung automatisch gerundet. Das Ergebnis ist also 8. Achten Sie darauf, dass das Dezimaltrennzeichen auch in der deutschen Version der Punkt ist. Der Name des Operators *CAST* wird nicht mit aufgeführt.

Bei bestimmten Umwandlungen sind für eine korrekte Konvertierung zusätzliche Parameter erforderlich:

Datentyp	Parameter	Beispiel
DT_STR	Zeichenanzahl, Codepage	*(DT_STR,30,1252)* wandelt 30 Zeichen, mithilfe der 1252-Codepage in den DT_STR-Datentyp um
DT_WSTR	Zeichenanzahl	*(DT_WSTR,20)* wandelt 20 Bytepaare, oder 20 Unicode-Zeichen, in den DT_WSTR-Datentyp um
DT_BYTES	Byteanzahl	*(DT_BYTES,50)* wandelt 50 Bytes in den DT_BYTES-Datentyp um
DT_DECIMAL	Anzahl Dezimalstellen	*(DT_DECIMAL,2)* wandelt einen numerischen Wert mithilfe von zwei Dezimalstellen in den DT_DECIMAL-Datentyp um
DT_NUMERIC	Genauigkeit, Anzahl Dezimalstellen	*(DT_NUMERIC,10,3)* wandelt einen numerischen Wert mithilfe einer Genauigkeit von zehn und drei Dezimalstellen in den DT_NUMERIC-Datentyp um
DT_TEXT	Codepage	*(DT_TEXT,1252)* wandelt einen Wert mithilfe der 1252-Codepage in den DT_TEXT-Datentyp um

Tabelle 14.7 Die erweiterte Syntax des *CAST*-Operators

HINWEIS Auch in der aktuellen Version des Ausdrucksauswerters erscheinen teilweise unerwartete Fehlermeldungen bei der Verwendung des *CAST*-Operators. So produziert die Eingabe *(DT_Decimal,2)500* die Fehlermeldung: »Die angegebene OLE-Variante ist ungültig«. Wird die Zahl um den Dezimaltrenner ergänzt, *(DT_DECIMAL,2)500.0*, wird die Konvertierung fehlerfrei durchgeführt. Dieser Fehler betrifft nur die deutsche Version.

Weitergehende Informationen zur Umwandlung von Datumsdatentypen finden Sie in der SQL Server 2008-Onlinedokumentation.

Funktionen

In der Ausdruckssprache steht eine Vielzahl von Funktionen zur Verfügung. Es werden die folgenden Arten von Ausdruckfunktionen unterschieden:

- Mathematische Funktionen
- Zeichenfolgen-Funktionen
- Datums-Funktionen
- Null-Funktionen

Systeminformationen werden nicht per Funktion, sondern über Systemvariablen abgerufen

Mathematische Funktionen

Funktion	Beschreibung
ABS	Gibt den absoluten, positiven Wert eines numerischen Ausdrucks zurück
CEILING	Gibt die kleinste ganze Zahl zurück, die größer oder gleich einem numerischen Ausdruck ist
EXP	Gibt den Exponenten für die Basis e des angegebenen Ausdrucks zurück
FLOOR	Gibt die größte ganze Zahl zurück, die kleiner oder gleich einem numerischen Ausdruck ist
LN	Gibt den natürlichen Logarithmus eines numerischen Ausdrucks zurück
LOG	Gibt den Logarithmus eines numerischen Ausdrucks zur Basis 10 zurück
POWER	Gibt das Ergebnis eines in eine Potenz erhobenen numerischen Ausdrucks zurück POWER(numerischer Ausdruck, Potenz); Beispiel: POWER(2,3) => 8
ROUND	Gibt einen numerischen Ausdruck zurück, der auf die angegebene Länge oder Genauigkeit gerundet wurde ROUND(Numerischer Ausdruck,Länge); Beispiel: ROUND(1234.557,2) => 1234.56
SIGN	Gibt das positive (+) oder negative (-) Vorzeichen oder Null (0) für einen numerischen Ausdruck zurück
SQUARE	Gibt das Quadrat eines numerischen Ausdrucks zurück
SQRT	Gibt die Quadratwurzel eines numerischen Ausdrucks zurück

Tabelle 14.8 Mathematische Funktionen in Ausdrücken

Die meisten mathematischen Funktionen sind selbsterklärend und haben als Input nur einen Parameter. Nur die beiden Funktionen POWER und ROUND erwarten zwei Parameter.

Zeichenfolgefunktionen

Funktion	Beschreibung
CODEPOINT	Gibt den Unicode-Codewert des äußeren linken Zeichens eines Zeichenausdrucks zurück
FINDSTRING	Gibt den einsbasierten Index für das angegebene Auftreten einer Zeichenfolge innerhalb eines Ausdrucks zurück FINDSTRING(Ausdruck, Suchtext, Auftreten) Ausdruck: Ausdruck, der durchsucht wird Suchtext: Suchtext Auftreten: Das wievielte Auftreten des Suchtextes gemeldet werden soll Beispiel: FINDSTRING ("Server","r",1) => 3
HEX	Gibt eine Zeichenfolge zurück, die den hexadezimalen Wert einer ganzen Zahl darstellt
LEN	Gibt die Anzahl von Zeichen in einem Zeichenausdruck zurück
LOWER	Gibt einen Zeichenausdruck zurück, nachdem Großbuchstaben in Kleinbuchstaben konvertiert wurden
LTRIM	Gibt einen Zeichenausdruck zurück, nachdem führende Leerzeichen entfernt wurden

Tabelle 14.9 Zeichenfolgefunktionen in Ausdrücken

Ausdrücke

Funktion	Beschreibung
REPLACE	Gibt einen Zeichenausdruck zurück, nachdem eine Zeichenfolge im Ausdruck durch eine andere Zeichenfolge oder durch eine leere Zeichenfolge ersetzt wurde REPLACE(Ausdruck, Suchtext, Ersetzungstext) Ausdruck: Ausdruck, der durchsucht und in dem ersetzt wird Suchtext: Der gesuchte Text Ersetzungstext: Dieser Text ersetzt den Suchtext Beispiel: REPLACE("SQL SERVER 2000","2000","2008") Ergebnis: SQL SERVER 2008
REPLICATE	Gibt einen Zeichenausdruck zurück, der mehrfach repliziert wurde
REVERSE	Gibt einen Zeichenausdruck in umgekehrter Reihenfolge zurück
RIGHT	Gibt einen Zeichenausdruck in umgekehrter Reihenfolge zurück
RTRIM	Gibt einen Zeichenausdruck zurück, nachdem nachfolgende Leerzeichen entfernt wurden
SUBSTRING	Gibt einen Teil eines Zeichenausdrucks zurück SUBSTRING(Ausdruck, Position, Länge) Ausdruck: Text, aus dem ein Teil ausgeschnitten werden soll Position: Position, ab der ausgeschnitten werden soll, mit 1 beginnend Länge: Anzahl auszuschneidender Zeichen Beispiel: SUBSTRING("SQL SERVER",5,4) Ergebnis: SERV
TRIM	Gibt einen Zeichenausdruck zurück, nachdem führende und nachfolgende Leerzeichen entfernt wurden
UPPER	Gibt einen Zeichenausdruck zurück, nachdem Kleinbuchstaben in Großbuchstaben konvertiert wurden

Tabelle 14.9 Zeichenfolgefunktionen in Ausdrücken *(Fortsetzung)*

Datumsfunktionen

Funktion	Beschreibung
DATEADD	Gibt einen neuen DT_DBTIMESTAMP-Wert zurück, indem ein Datums- oder Zeitintervall einem angegebenen Datum hinzugefügt wird
DATEDIFF	Gibt die Anzahl von Datums- und Zeiteinheiten zurück, die zwischen zwei angegebenen Daten überschritten wurden
DATEPART	Gibt eine ganze Zahl zurück, die einen DATEPART-Wert eines Datums darstellt
DAY	Gibt eine ganze Zahl zurück, die den Tag des angegebenen Datums darstellt
GETDATE	Gibt das aktuelle Datum des Systems zurück
GETUTCDATE	Gibt das aktuelle Datum des Systems als UTC-Zeit (Universal Time Coordinated oder Greenwich Mean Time) zurück
MONTH	Gibt eine ganze Zahl zurück, die den Monat des angegebenen Datums darstellt
YEAR	Gibt eine ganze Zahl zurück, die das Jahr des angegebenen Datums darstellt

Tabelle 14.10 Datumsfunktionen in Ausdrücken

Die Syntax der Datumsfunktionen ist etwas umfangreicher. Um den gegebenen Rahmen nicht zu überschreiten, wird stellvertretend nur die DATEDIFF-Funktion besprochen. Die anderen Datumsfunktionen bauen auf einer ähnlichen Syntax auf. Die Einzelheiten entnehmen Sie bitte der SQL Server 2008-Onlinedokumentation.

DATEDIFF

Die Funktion *DATEDIFF* gibt die Anzahl der überschrittenen Datums- und Zeiteinheiten zwischen zwei Daten zurück. Die Syntax lautet: *DATEDIFF(Datumseinheit, Startdatum, Enddatum)*. Das Startdatum und das Enddatum müssen Datums-Datentypen sein. Liegt das Datum als Text vor, muss es explizit konvertiert werden.

Die Differenz zwischen zwei Daten kann in unterschiedlichen Datumseinheiten gemessen und die gewünschte Einheit in einem Literal angegeben werden. Das Literal enthält die Abkürzung der gewünschten Datumseinheit.

Datumseinheit	Abkürzungen	Beschreibung
Year	yy, yyyy	Jahr
Quarter	qq, q	Quartal (1 bis 4)
Month	mm, m	Monat (1 bis 12)
Dayofyear	dy, y	Tag im Jahr (1 bis 366)
Day	dd, d	Tag im Monat (1 bis 31)
Week	wk, ww	amerikanische Kalenderwoche (1 bis 53)
Weekday	dw, w	Wochentag (1 bis 7) ; Sonntag ist der erste Tag der Woche
Hour	hh	Stunde (0 bis 23)
Minute	mi, n	Minute (0 bis 59)
Second	Ss, s	Sekunde (0 bis 59)
Millisecond	ms	Millisekunde (0 bis 999)

Tabelle 14.11 Datumseinheiten der Zeitfunktion

Beispiele

```
DATEDIFF("dd", (DT_DBTIMESTAMP)"21.01.2009", (DT_DBTIMESTAMP)"15.02.2009")
```

Es wird die Anzahl der Differenztage zwischen dem 21. Januar 2009 und dem 15. Februar 2009 ermittelt. Als Ergebnis werden 25 Differenztage ausgegeben.

```
DATEDIFF("mm", (DT_DBTIMESTAMP)"21.2.2010",GETDATE())
```

Es wird die Anzahl der Monate zwischen dem 21. Februar 2010 und dem aktuellen Datum ermittelt. Das Ergebnis hängt vom aktuellen Monat ab.

Nullfunktionen

Funktion	Beschreibung
ISNULL	Gibt abhängig davon, ob ein Ausdruck NULL ist, ein boolesches Ergebnis zurück
NULL	Gibt einen NULL-Wert eines angeforderten Datentyps zurück

Tabelle 14.12 Nullfunktionen

Die ISNULL-Funktion gibt ein Ergebnis vom Datentyp *DT_Bool* zurück, in Abhängigkeit davon, ob der überprüfte Ausdruck NULL ist. Diese Funktion ist sehr gut geeignet, um Null-Werte im Datenfluss abzufangen. Unter einem Null-Wert versteht man gar keinen Wert, es ist nicht die Zahl »0« gemeint. Datenbankfelder können Nullwerte enthalten. Datenbankabfragen können Nullwerte zurückgeben und auch aus anderen Datenquellen können Nullwerte entstehen. So erzeugt beispielsweise die Komponente *Excel-Quelle* Nullwerte, wenn der Feldinhalt einer Spalte nicht mit den automatisch generierten Metadaten übereinstimmt.

Beispiel: Excel-Tabelle mit Nullwerten

Lassen Sie uns für dieses Beispiel von folgendem Szenario ausgehen: Die Marketingabteilung hat eine Excel-Tabelle mit siebenstelligen Interessentennummern erstellt. Alle aufgeführten Interessenten sollen zu einer Messe eingeladen werden. Die Daten in der Excel-Tabelle sind allerdings nicht fehlerfrei. Es wurden Leerzeilen und Kommentare hinzugefügt und einige Nummern sind nur sechsstellig eingegeben.

Sie haben nun die Aufgabe, die Excel-Tabelle einzulesen und die korrekten Eingaben weiterzuverarbeiten. Die fehlerhaften Zeilen sollen ermittelt und angezeigt werden. Zeilen ohne Interessentennummer sollen aussortiert werden. Die Trennung im Datenfluss wird von einer Komponente *Bedingtes Teilen* übernommen. Die Bedingungen für das Teilen werden über die Ausdrucksprogrammierung festgelegt.

Beachten Sie bitte, dass die Weiterverarbeitung der Daten nicht Gegenstand dieses Beispiels ist. Die Excel-Datei finden Sie unter *V:\BISS\SSIS\Beispiele\Kap14\Interessenten.xls*.

1. Legen Sie ein neues Integration Services-Paket mit dem Namen *Kap14_Excel-Interessenten* an.
2. Ziehen Sie die Komponente *Datenflusstask* aus der Toolbox in die Ablaufsteuerung und wechseln Sie in die Datenflusstask, indem Sie einen Doppelklick auf der Komponente ausführen.
3. Ziehen Sie eine *Excel-Quelle* in die Datenflusstask und führen Sie einen Doppelklick darauf aus.
4. Erstellen Sie im *Quellen-Editor* einen neuen Verbindungs-Manager für die Excel-Datei *Interessenten.xls* und wählen Sie die *Tabelle1$* aus.
5. Im Vorschaufenster können Sie sich die Daten der Excel-Tabelle ansehen (Abbildung 14.10).
6. Ziehen Sie eine Komponente *Bedingtes Teilen* in den Datenflusstask, verbinden Sie den grünen Output-Pfeil der *Excel-Quelle* mit dieser Komponente und öffnen Sie mit einem Doppelklick den *Transformations-Editor für bedingtes Teilen*.

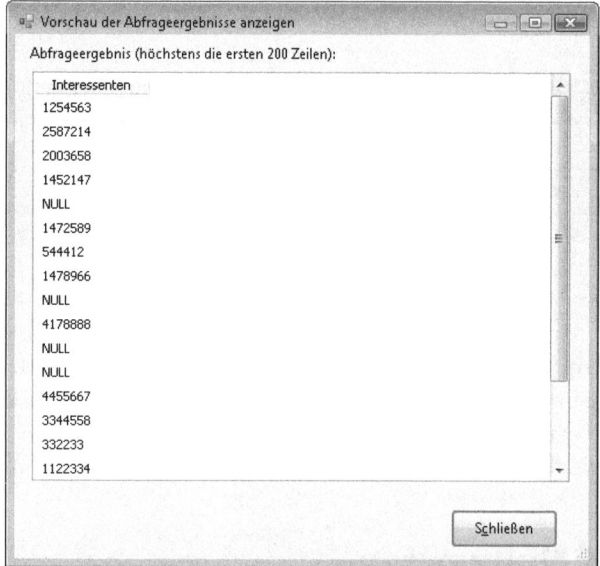

Abbildung 14.10 Daten der Excel-Tabelle im Vorschaufenster

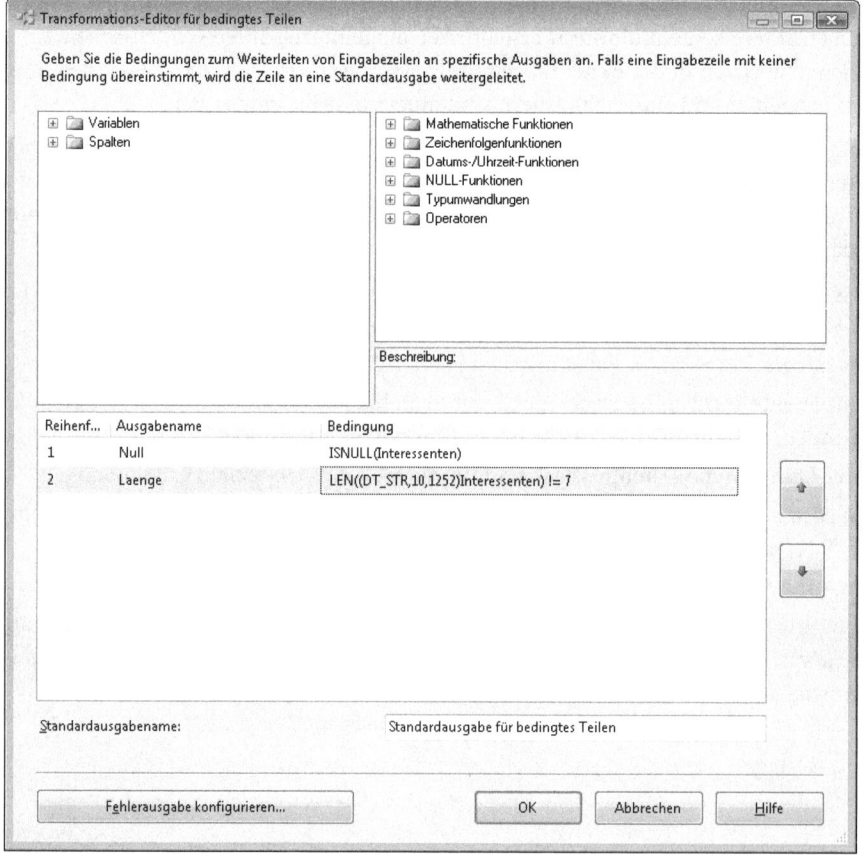

Abbildung 14.11 Beispielbedingungen *Null* und *Laenge*

7. Geben Sie die in Abbildung 14.11 abgebildeten Bedingungen ein.
8. Mit der ersten Bedingung für das bedingte Teilen werden alle Zeilen des Datenflusses, deren Interessentennummer Null ist, in der Ausgabepipeline *Null* ausgegeben.
9. In der zweiten Bedingung wird die Länge der Interessentennummer überprüft. Alle Zeilen des Datenflusses, bei denen die Länge der Interessentennummern ungleich Sieben ist, werden in der Ausgangspipeline *Laenge* ausgegeben. Bitte beachten Sie, dass die Spalte *Interessenten* ein numerischer Datentyp *DT_R8* ist und die LEN-Funktion einen String-Datentyp erwartet. Der Datentyp *DT_R8* wird für die Prüfung mit dem Operand (DT_STR,10,1252) konvertiert. Eine Alternative wäre die numerische Prüfung: »Interessenten < 1000000 || Interessenten > 9999999«. Das logische »or« wird durch den Operator »||« dargestellt.
10. Ziehen Sie drei Komponenten *Multicast-Papierkorb* (Näheres hierzu in Kapitel 16 im Abschnitt »Komponente *Multicast* als leeres Datenziel«) in den Datenflusstask und verbinden Sie jeweils den grünen Pfeil der Komponente *Bedingtes Teilen* mit jeder *Multicast*-Komponente. Beim Aufbau der Verbindung müssen Sie die Ausgabe-Pipeline auswählen.
11. Um die Ausgabe zu visualisieren, legen Sie zu jeder Ausgabe-Pipeline einen Datenviewer an.
12. Ihr Datenflusstask sollte nun ungefähr so aussehen, wie in Abbildung 14.12 dargestellt.

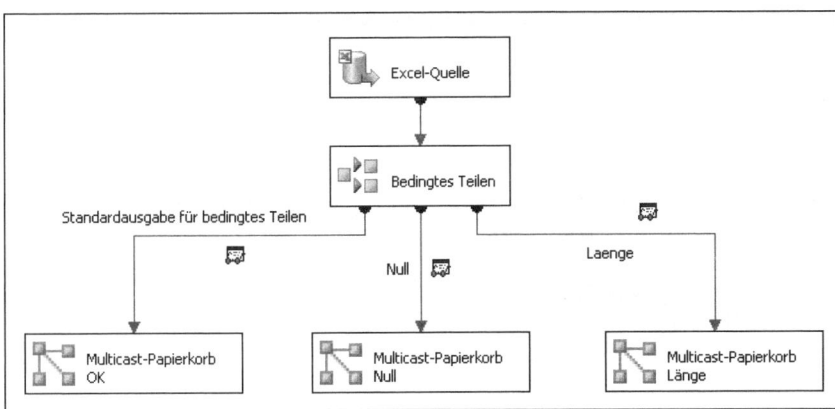

Abbildung 14.12 Ansicht der Datenflusstask

13. Starten Sie das Paket. Es werden hintereinander die drei Datenviewer geöffnet. Nach Einsicht der Viewerdaten setzen Sie den Paketdurchlauf fort. Die Excel-Daten werden wie gewünscht auf drei Datenflüsse aufgeteilt.

Der Ausdrucks-Generator

Der *Ausdrucks-Generator* vereinfacht die Eingabe von Ausdrücken. Er steht aber nicht überall zur Verfügung und kann abhängig von der genutzten Komponente unterschiedliche Ausprägungen haben. Die Verwendung des Ausdrucks-Generators wird anhand eines Beispiels verdeutlicht. In einem Skripttask wird die Eigenschaft *ReadWriteVariables* dynamisch über eine Variable zugewiesen.

Die Komponente *Skripttask* wird über die Toolbox eingefügt. Mit einem Doppelklick darauf wird der *Skripttask-Editor* geöffnet. Die Eingabe von Ausdrücken erfolgt auf der Seite *Ausdrücke*.

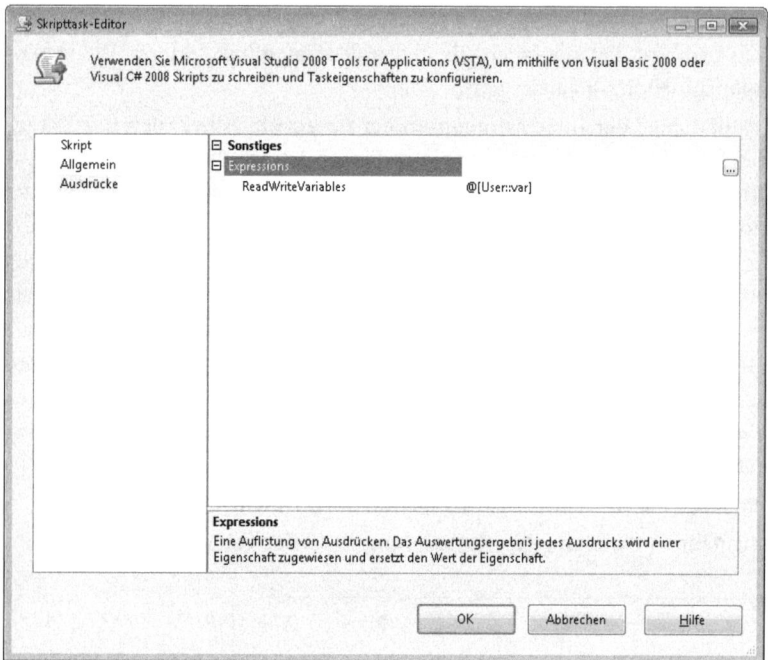

Abbildung 14.13   Eintrag der Variable @[Benutzer::Var]

Eine direkte Eingabe ist an dieser Stelle nicht möglich. Zuerst muss über die Erweiterungsschaltfläche (die Schaltfläche mit den drei Punkten) der *Eigenschaftsausdrucks-Editor* geöffnet werden, um aus der Liste der zur Verfügung stehenden Eigenschaften die gewünschte auszuwählen:

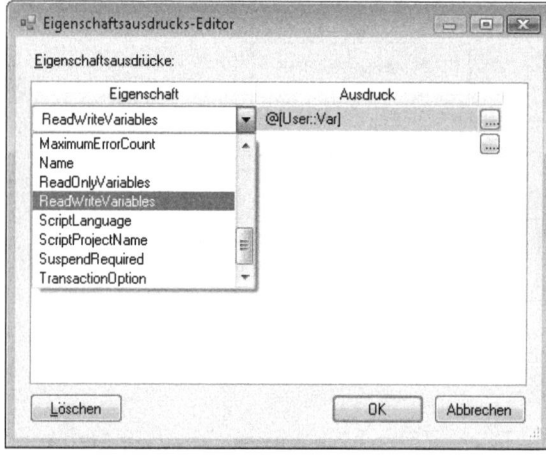

Abbildung 14.14   Auswahl der Eigenschaften

Die zur Verfügung stehenden Eigenschaften variieren von Task zu Task. In unserem Beispiel wählen wir die Eigenschaft *ReadWriteVariables* aus. Der Ausdruck kann im *Eigenschaftsausdrucks-Editor* direkt eingegeben werden. Bei der direkten Eingabe wird keine Syntaxprüfung durchgeführt und es steht auch keinerlei Eingabeunterstützung zur Verfügung. Diese wird nur im *Ausdrucks-Generator* angeboten, welcher durch einen Klick auf die Erweiterungsschaltfläche geöffnet wird.

Der Ausdrucks-Generator

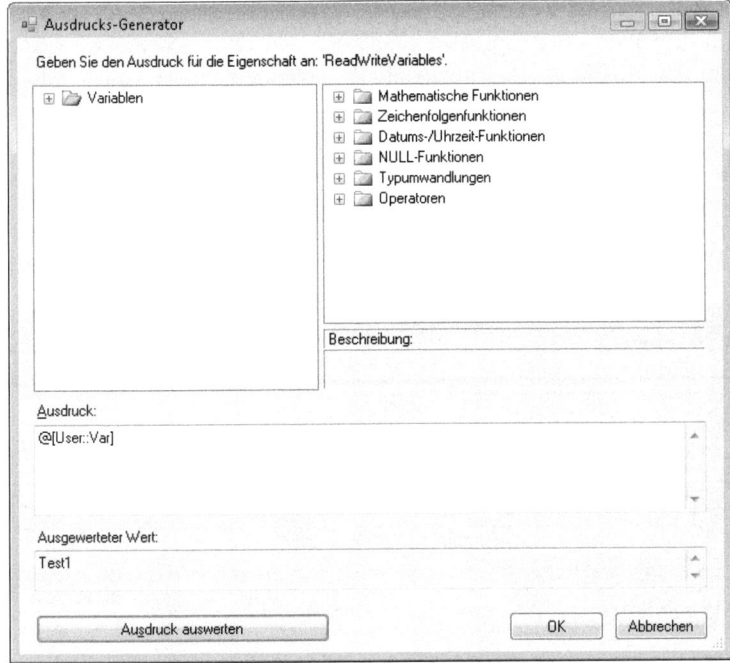

Abbildung 14.15 Ausdrucks-Generator

Der Ausdrucks-Generator unterstützt Sie bei der Auswahl von Variablen, Funktionen, Typumwandlungen und Operatoren. In den meisten Fällen wird es aber trotz allem notwendig sein, den Ausdruck manuell zu vervollständigen. Per Klick auf die Schaltfläche *Ausdruck auswerten* können Sie eine Testauswertung des Ausdruckes veranlassen. Ist die Syntax fehlerhaft, wird eine ausführliche Fehlermeldung angezeigt.

Das Ergebnis des ausgewerteten Ausdruckes wird angezeigt. In unserem Beispiel hat die Benutzervariable *Var* den Wert *Test1*. Dieser Wert wird der Eigenschaft *ReadWriteVariables* zugewiesen. Dies können Sie überprüfen, indem Sie im *Skripttask-Editor* auf die Seite *Skript* wechseln. Der Wert des Ausdrucks wird unter *ReadWriteVariables* angezeigt. Diese Eigenschaft kann im Skripttask zwar manuell überschrieben werden, aber bei jeder Paketausführung wird der Ausdruck ausgewertet und die Eigenschaft mit dem Ausdruckswert überschrieben.

Transformations-Editor

Bei den beiden Datenflusskomponenten *Bedingtes Teilen* und *Abgeleitete Spalte* ersetzt eine Variante des Ausdrucks-Generators den ansonsten üblichen Editor. Auch wenn in der Kopfzeile *Transformations-Editor* steht, handelt es sich schlicht um einen erweiterten Ausdrucks-Generator. Die Erweiterungen spezifizieren lediglich die Verwendung des Ausdruckes. In der Komponente *Bedingtes Teilen* wird in Abhängigkeit vom Wert der Ausdrücke (Boolean – *True* oder *False*) der Datenfluss auf mehrere Pipelines verteilt. In der Komponente *Abgeleitete Spalte* wird der Wert der Ausdrücke in einer neuen Spalte gespeichert. Für jede Spalte müssen ein Spaltenname und einige Metadaten angegeben werden.

Ausdrücke in Variablen

Um Variablen mittels eines Ausdrucks zu füllen, muss das Eigenschaftenfenster mit F4 geöffnet und die Eigenschaft *EvaluateAsExpression* auf *True* gesetzt werden. Der Ausdruck kann manuell eingegeben werden oder Sie nutzen den Ausdrucksgenerator. Mit dem Verlassen der Eigenschaft *Expression* wird der Ausdruck ausgewertet. Die Eigenschaft *Value* wird mit dem Wert des Ausdruckes gefüllt. Bei fehlerhafter Syntax wird eine Fehlermeldung ausgegeben (siehe hierzu den Abschnitt »Ausdrücke als Variablenwert« in diesem Kapitel). Einige Besonderheiten in der Ausdrucksprogrammierung werden nachfolgend in kurzen Beispielen erläutert:

Vergleiche

Vergleiche werden immer mit Doppelzeichen durchgeführt:

Vergleich	Zeichen
Direkter Vergleich	==
Ungleich	!=
Logisches UND	&&
Logisches ODER	||

Tabelle 14.13 Vergleiche und ihre Syntax

Der folgende Ausdruck wertet den String *ABC* aus:

```
(SUBSTRING("ABC",1,1) == "A" || SUBSTRING("ABC",1,1) == "B") && SUBSTRING("ABC",3,1) == "C"
```

Geprüft wird:

- ob der erste Buchstabe ein *A* ist
- oder ob der erste Buchstabe ein *B* ist
- und ob der dritte Buchstabe ein *C* ist

Sind die Bedingungen erfüllt, wird das boolesche Ergebnis *True* ausgegeben.

Bedingung (if)

Eine explizite *If*-Funktion ist in der Ausdruckssprache nicht vorhanden. Eine bedingte Ausführung wird über ein nachgestelltes Fragezeichen programmiert:

Boolescher-Ausdruck ? Ausdruck-if-true : Ausdruck-if-false

Mit einem Fragezeichen hinter einem Ausdruck vom Datentyp *DT_BOOL* (*True* oder *False*) wird eine Bedingung definiert. Ist das Ergebnis *True*, wird der Ausdruck vor dem Doppelpunkt und bei *False* der Ausdruck nach dem Doppelpunkt ausgeführt. Beide möglichen Ausdrücke müssen den gleichen Datentyp zurückgeben.

Beispiel: Der erste Buchstabe der Variablen @Var soll mit A verglichen werden. Ist der erste Buchstabe ein A, soll der Ausdruck den Text Ergebnis ist richtig zurückgeben, andernfalls den Text *Ergebnis ist falsch*. Der Ausdruck müsste in diesem Fall lauten:

```
(SUBSTRING(@Var,1,1) == "A") ? "Ergebnis ist richtig" : "Ergebnis ist falsch"
```

Kapitel 15

SSIS – Ablaufsteuerung

In diesem Kapitel:

Workflows	416
Komplexe Workflows	417
Verbindungs-Manager	418
Tasks der Ablaufsteuerung	423
Container der Ablaufsteuerung	433
Weitere Objekte der Ablaufsteuerung	442

Die Ablaufsteuerung ist der Ausgangspunkt eines jeden Integration Services-Pakets. Hier werden Tasks in einer grafischen Entwicklungsumgebung definiert und die Reihenfolge ihrer Ausführung festgelegt. Die Ablaufsteuerung kann auch als Schaltzentrale der Integration Services-Pakete bezeichnet werden.

Um einen Task zu verwenden, wird er aus der Toolbox in den Entwurfsbereich gezogen. Alle Tasks werden zu einem Workflow zusammengefasst. Jeder Task führt eine bestimmte Aufgabe aus. So wird mit dem Task *SQL ausführen* ein SQL-Befehl auf einem Datenbankserver ausgeführt und mit dem Task *Dateisystem* kann eine Datei kopiert werden. In den Integration Services stehen eine Vielzahl von Tasks für die unterschiedlichsten Anwendungsbereiche zur Verfügung. Zudem stellt Microsoft eine vollständige Entwicklungsumgebung bereit, die es Systemhäusern ermöglicht, eigene Tasks zu entwickeln und anzubieten.

Workflows

Die Tasks der Ablaufsteuerung werden zu einem *Workflow* zusammengefasst. Die Ausführungsreihenfolge der Tasks wird in einer grafischen Entwicklungsumgebung festgelegt. Das Arbeiten mit der Entwicklungsumgebung wurde bereits in Kapitel 13 behandelt.

Die Ausführungsreihenfolge zwischen zwei Tasks wird durch einen Workflowpfeil bestimmt. Der Workflowpfeil wird von dem zuerst auszuführenden Task auf den in der Reihenfolge nächsten Task gezogen. In Abbildung 15.1 wird zuerst der Skripttask und anschließend der Datenflusstask ausgeführt.

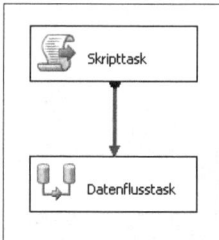

Abbildung 15.1 Workflow in der Ablaufsteuerung

Standardmäßig wird ein Workflowpfeil mit der Eigenschaft *Erfolg* verwendet. Dies bedeutet, dass der zweite Task nur ausgeführt wird, wenn die Ausführung des ersten Tasks erfolgreich war. Ein Workflowpfeil kann eine der in Tabelle 15.1 zu sehenden Eigenschaften annehmen.

Eigenschaft	Farbe
Erfolg	Grün
Fehler	Rot
Beendigung	Blau

Tabelle 15.1 Übersicht über die möglichen Eigenschaften des Workflowpfeils

Die Eigenschaft eines Workflowpfeils kann über das Kontextmenü gesetzt werden. Abhängig von der zugewiesenen Eigenschaft ändert sich die Farbe des Workflowpfeils. In den meisten Tasks wird die Eigenschaft automatisch in Abhängigkeit vom Ausführungsergebnis gesetzt. In einem Skripttask besteht die Möglichkeit, den Erfolg des Tasks selbst festzulegen.

Komplexe Workflows

Eigenschaft	Visual Basic 2008 Befehl
Erfolg	Dts.TaskResult = Dts.Result..Success
Fehler	Dts.TaskResult = Dts.Result.Failure

Tabelle 15.2 Visual Basic 2008-Befehle in einem Skripttask zur Programmierung der Eigenschaft des Workflowpfeils

Komplexe Workflows

Für komplexe Workflows reichen die standardisierten Eigenschaften oftmals nicht aus. Die Ausführung eines Tasks hängt von weiteren Faktoren ab. Für solche Anforderungen kann in der Ablaufsteuerung die Ausdrucksprogrammierung verwendet werden. Mit einem Doppelklick auf den Workflowpfeil wird der *Rangfolgeneinschränkungs-Editor* geöffnet (Abbildung 15.1).

Abbildung 15.2 Workflow *Rangfolgeneinschränkungs-Editor*

In diesem Editor wird die Ausführungseigenschaft eines Workflowpfeils im Detail festgelegt. Die Auswahl der Eigenschaft *Auswertungsvorgang* (Abbildung 15.3) legt die Art der Auswertung fest.

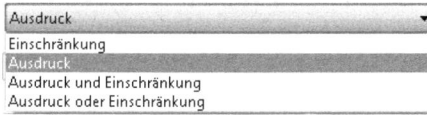

Abbildung 15.3 Einstellungen der Eigenschaft *Auswertungsvorgang*

Der Standardwert ist *Einschränkung* mit den drei Ausprägungen *Erfolg*, *Fehler* und *Beendigung*. Für komplexere Auswertungen kann die Option *Ausdruck* oder die Kombination aus einem *Ausdruck und/oder Einschränkungen* gewählt werden. Ist bei der Eigenschaft *Auswertungsvorgang* die Option *Ausdruck* ausgewählt, wird der nachfolgende Task nur ausgeführt, wenn der Ausdruck den booleschen Wert *True* liefert. Mit dem Ausdruck in Abbildung 15.2 wird die Variable *@Zahl* mit dem Wert 8 verglichen. Der nachfolgende Task wird nur ausgeführt, wenn die Variable genau den Wert 8 enthält.

HINWEIS Die Ausdruckprogrammierung wird in einem eigenen Kapitel ausführlich behandelt. Bitte lesen Sie die Details zur Ausdruckprogrammierung in Kapitel 14 nach.

Deaktivierung von Tasks

Über das Kontextmenü können Tasks und Container aktiviert und deaktiviert werden. Deaktivierte Tasks werden nicht ausgeführt. Auch eine Einzelausführung ist nicht möglich. Der gesamte Workflow eines deaktivierten Containers wird nicht ausgeführt. Die Deaktivierung wird häufig während der Entwicklungsphase eines Integration Services-Pakets für partielle Tests verwendet.

Einzelausführung von Tasks

Tasks und Container können über das Kontextmenü einzeln ausgeführt werden. Wird ein Datenflusstask einzeln ausgeführt, wird der gesamte Datenfluss ausgeführt. Wird ein Container einzeln ausgeführt, wird der vollständige Workflow des Containers ausgeführt.

Verbindungs-Manager

Verbindungs-Manager sind die flexible Zwischenschicht zwischen der Programmlogik der Integration Services-Pakete und den externen, heterogenen Datenquellen. Verbindungs-Manager sind eigenständige Objekte. Ein Verbindungs-Manager kann mehreren Tasks und Komponenten zugeordnet werden. Die Integration Services-Pakete kommunizieren mit externen Datenquellen über Verbindungs-Manager. In einem Verbindungs-Manager werden die Parameter für den Verbindungsaufbau als Eigenschaften hinterlegt. Die Eigenschaften eines Verbindungs-Managers können in der Konfiguration eines Pakets konfiguriert werden.

Die Verbindungs-Manager trennen die Programmlogik eines Integration Services-Pakets von den externen Datenquellen. Ändern sich die Speicherorte und die Zugriffsmethoden der externen Datenquellen, müssen nur die Eigenschaften des Verbindungs-Managers geändert werden und nicht die Programmlogik. Welche Eigenschaften für einen Verbindungs-Manager zur Verfügung stehen, ist vom Typ des Verbindungs-Managers abhängig. Die Integration Services stellen zahlreichen Verbindungs-Manager-Typen zur Verfügung:

Typ	Beschreibung
ADO	Verbindung mit ADO-Objekten (ActiveX Data Objects)
ADO.NET	Verbindung einer Datenquelle mithilfe eines .NET-Anbieters
CACHE	Verbindung zum SSIS-Cache-Speicher
EXCEL	Verbindung zu einer Excel-Arbeitsmappendatei
FILE (Dateiverbindung)	Verbindung mit einer Datei oder einem Ordner
FLATFILE	Verbindung mit Daten in einer einzelnen Flatfile
FTP	Verbindung mit einem FTP-Server
HTTP	Verbindung mit einem Webserver
MSMQ	Verbindung mit einer Nachrichtenwarteschlange
MSOLAP100	Verbindung zu SQL Server 2008 Analysis Services (SSAS)
MULTIFILE	Verbindung mit mehreren Dateien und Ordnern
MULTIFLATFILE	Verbindung mit mehreren Datendateien und Ordnern
ODBC	Verbindung einer Datenquelle mithilfe eines ODBC-Anbieters
OLEDB	Verbindung einer Datenquelle mithilfe eines ODBC-Anbieters
SMOServer	Verbindung mit einem SMO-Server (SQL Management Objects)
SMTP	Verbindung mit einem SMTP-Mailserver
SQLMOBILE	Verbindung mit einer SQL Server Mobile-Datenbank
WMI	Stellt eine Verbindung mit einem Server her und gibt den Bereich der WMI-Verwaltung (Windows Management Instrumentation, Windows-Verwaltungsinstrumentation) auf dem Server an

Tabelle 15.3 Übersicht über die verschiedenen Integration Services-Verbindungs-Managertypen

Für Verbindungen zum SQL Server sind die Verbindungs-Manager vom Typ *ADO.NET* und *OLEDB* optimiert. Der ADO.NET-Provider ist mit Einführung von Microsoft SQL Server 2008 für den Zugriff auf den SQL Server optimiert worden. In den Integration Services wurden nun im Datenfluss die neuen Komponenten *ADO Net Quelle* und *ADO Net Ziel* zur Verfügung gestellt. Bis Microsoft SQL Server 2005 markierte der OLE DB-Provider das Standardverfahren für den Zugriff auf SQL Server. Die Performanceunterschiede zwischen den beiden Verbindungstypen sind gering.

Der Verbindungstyp *ADO.NET* wird nun in vielen, aber nicht in allen Objekten unterstützt. So kann eine SSIS-Konfiguration nur über einen *OLE DB-Verbindungs-Manager* konfiguriert werden und es fehlt die Komponente *ADO.NET Befehl* im Datenfluss.

Beispiel: Anlegen eines OLE DB-Verbindungs-Managers

Die folgende Anleitung zeigt, wie für die Beispieldatenbank *AW_DW* ein OLE DB-Verbindungs-Manager eingerichtet wird:

1. Legen Sie ein neues Integration Services-Paket an.

    Für Verbindungs-Manager ist ein separater Fensterbereich am unteren Rand des Entwurfsbereiches reserviert. Der Fensterbereich für Verbindungs-Manager wird in der Ablaufsteuerung und im Datenfluss angezeigt.

2. Öffnen Sie das Verbindungs-Manager-Kontextmenü. Der Mauszeiger muss sich im Fensterbereich der Verbindungs-Manager befinden.

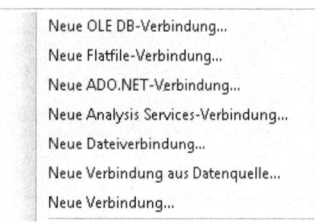

Abbildung 15.4 Verbindungs-Manager-Kontextmenü

3. Wählen Sie den obersten Menüeintrag *Neue OLE DB-Verbindung* aus. Die wichtigsten Verbindungstypen stehen Ihnen in diesem Kontextmenü direkt zur Verfügung. Nicht aufgeführte Verbindungstypen können zusätzlich über den Menübefehl *Neue Verbindung* ausgewählt werden.
4. Es öffnet sich das Fenster *OLE DB-Verbindungs-Manager konfigurieren*. Hier werden automatisch alle schon einmal verwendeten OLE DB-Verbindungs-Manager angezeigt. In der späteren Paketentwicklung muss nur noch der richtige Verbindungs-Manager ausgewählt werden. In diesem Beispiel soll jedoch ein neuer Verbindungs-Manager angelegt werden. Klicken Sie dazu auf die Schaltfläche *Neu*.
5. Im geöffneten Fenster *Verbindungs-Manager* wird der Anbieter *OLE DB systemeigen\SQL Server Native Client 10.0* als Standardwert vorgegeben. Microsoft stellt eine große Anzahl von OLE DB-Anbietern zur Verfügung. Eine Übersicht erhalten Sie im Listenfeld. Darüber hinaus ist es möglich, bei Bedarf zusätzliche OLE DB-Anbieter zu installieren.

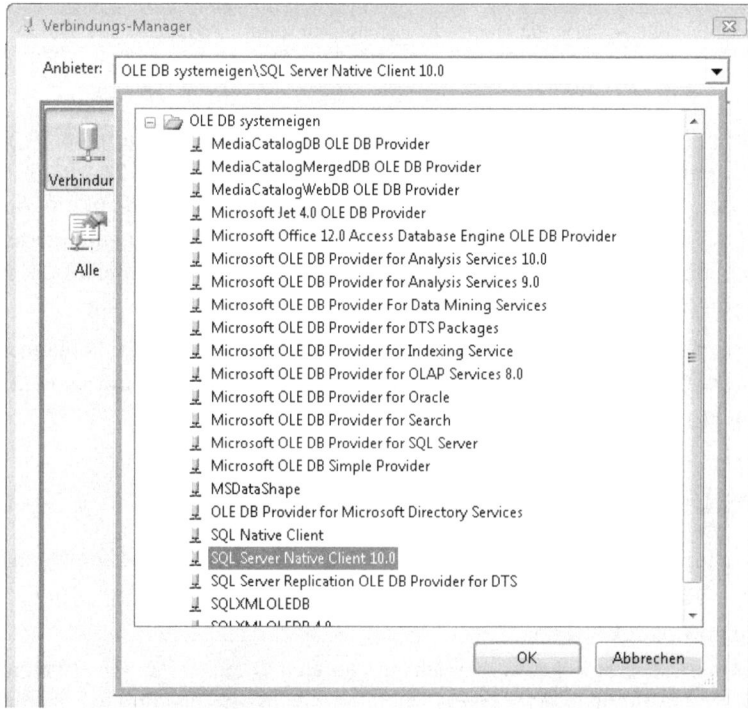

Abbildung 15.5 OLE DB-Anbieter

Verbindungs-Manager

6. Für den OLE DB-Zugriff auf einen SQL-Server ist der *SQL Native Client 10.0* die beste Wahl. Bestätigen Sie den Standardwert und tragen Sie Ihren Server ein. Für unser Beispiel verwenden wir die lokale Instanz <localhost>. Die zur Verfügung stehenden Server lassen sich über die Schaltfläche *Suchen* auflisten.
7. Wählen Sie die Anmeldungs-Authentifizierung für Ihr System aus und nehmen Sie ggf. die erforderlichen Einstellungen vor.
8. Wählen Sie in der Auflistung die Datenbank *AW_DW* aus.

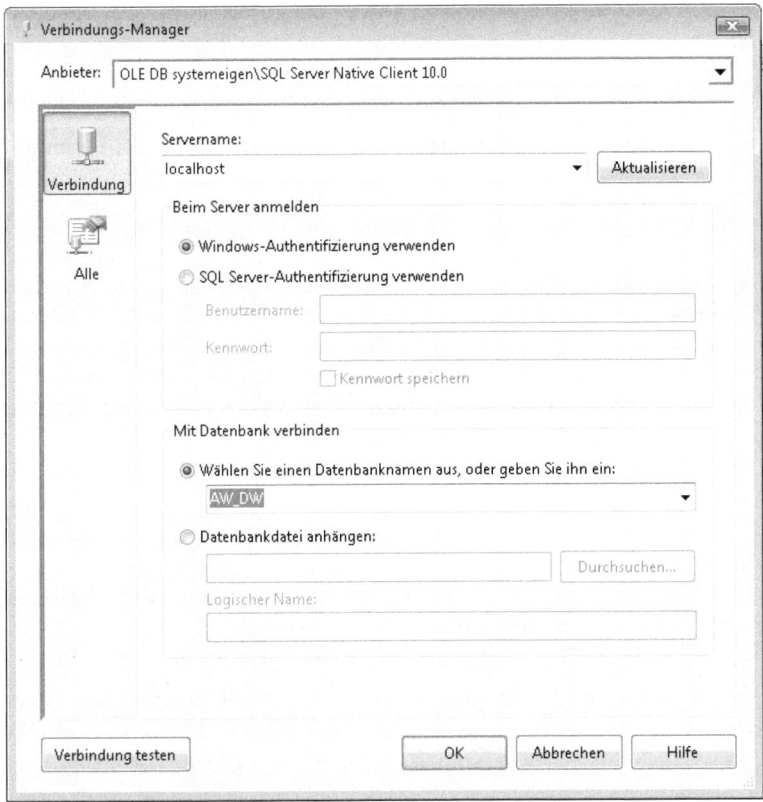

Abbildung 15.6 Anlage des OLE DB-Verbindungs-Managers

9. Auf der Seite *Alle* können sämtliche Eigenschaften einer Verbindung eingesehen und geändert werden. Für die meisten Verbindungen sind keine Änderungen auf dieser Seite notwendig. In Kapitel 17 wird Ihnen im Abschnitt »Exkurs: Nutzung einer Excel-Verbindung über einen Verbindungs-Manager« gezeigt, wie sich die Eigenschaft *ExtendedProperties* ändern lässt.
10. Testen Sie die Verbindung per Klick auf die Schaltfläche *Verbindung testen*. Ist der Test erfolgreich, wird eine entsprechende Meldung angezeigt.
11. Mit einem Klick auf *OK* legen Sie den Verbindungs-Manager an. Er wird automatisch in die Auswahl des Fensters *OLE DB-Verbindungs-Manager konfigurieren* übernommen und markiert.

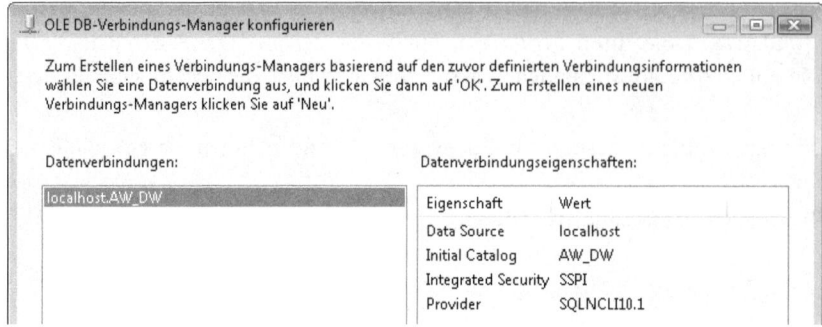

Abbildung 15.7 Auswahl des angelegten OLE DB-Verbindungs-Managers

12. Bestätigen Sie die Auswahl mit *OK*. Der Verbindungs-Manager wird im Fensterbereich der Verbindungs-Manager angezeigt:

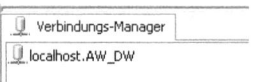

Abbildung 15.8 Fensterbereich *Verbindungs-Manager* mit neuem OLE DB-Verbindungs-Manager

13. Diesen Verbindungs-Manager können Sie nun mehrfach verwenden. Ziehen Sie zu Testzwecken einen Task *SQL ausführen* in den Entwurfsbereich, und weisen Sie nach einem Doppelklick auf die Komponente den neuen OLE DB-Verbindungs-Manager der Eigenschaft *Connection* zu.

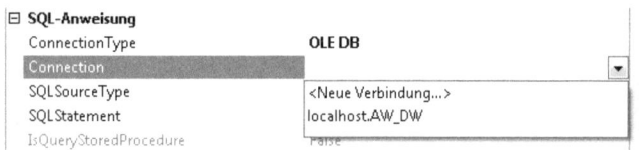

Abbildung 15.9 Im Listenfeld *Connection* steht der neue Verbindungs-Manager zur Verfügung und kann von anderen Objekten ausgewählt werden

Wie in Abbildung 15.9 zu erkennen ist, können Verbindungs-Manager vielfach auch direkt aus den Objekten über die Option *<Neue Verbindung...>* angelegt werden. Die beiden Anlagevarianten sind absolut gleichwertig, denn es wird in beiden Fällen dasselbe Anlageprogramm aufgerufen. Verbindungs-Manager, die aus einem speziellen Objekt angelegt wurden, können trotzdem in anderen Objekten verwendet werden.

Excel-Verbindungs-Manager

In einem *Excel-Verbindungs-Manager* wird jede Excel-Datei als eigenständige Datenbank angesehen. Für jede verwendete Excel-Datei wird ein Verbindungs-Manager benötigt. Die zu verwendende Excel-Datei ist in der Eigenschaft *ExcelFilePath* hinterlegt. Sie kann über die SSIS-Konfiguration oder über die Expression im Eigenschaftsfenster des Excel-Verbindungs-Managers dynamisch gesetzt werden.

Flatfile-Verbindungs-Manager

Für die Komponenten *Flatfilequelle und Flatfileziel* wird ein *Flatfile-Verbindungs-Manager* benötigt. Die gesamte Datenstruktur der zu verwendenden Datei wird im *Flatfile-Verbindungs-Manager* festgelegt. Die Komponenten *Flatfilequelle und Flatfileziel* bilden lediglich die Schnittstelle zum Datenfluss.

Nachträgliche Änderungen des Datentyps in einem Flatfile-Verbindungs-Manager werden nicht von allen Objekten automatisch aktualisiert. Wird eine *Flatfilequelle*-Komponente verwendet, werden die Metadaten des Datenflusses nur durch Löschen und erneutem Anlegen der Komponente aktualisiert. Wird eine *Flatfileziel*-Komponente verwendet, sollte der Verbindungs-Manager aus der Komponente heraus angelegt werden. Nur so werden wichtige Einstellungen vorgenommen, die nicht änderbar sind. Lesen Sie hierzu auch in Kapitel 16 den Abschnitt »Flatfileziel«.

Tasks der Ablaufsteuerung

Tasks und Container sind die Objekte der Ablaufsteuerung. Sie werden aus der Toolbox in den Entwurfsbereich gezogen und dort parametrisiert. Diese Objekte sind Bestandteil des Workflows. Container gruppieren die Objekte.

Task *SQL ausführen*

Mit dem Task *SQL ausführen* wird ein SQL-Befehl an eine Datenbank übergeben und dort ausgeführt. Für eine dynamische Programmierung kann der SQL-Befehl aus einer Variablen gelesen werden oder dem SQL-Befehl können Parameter übergeben werden. Zur weiteren Verarbeitung kann die Ergebnismenge des SQL-Befehls in Variablen gespeichert werden.

Verbindungstyp

Die Verbindung zur Datenbank wird mit einem Verbindungs-Manager hergestellt. Es stehen sechs Verbindungstypen (*ConnectionType*) zur Auswahl.

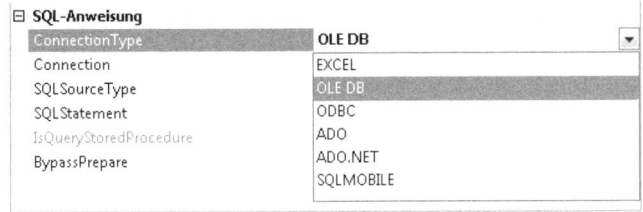

Abbildung 15.10 Task SQL ausführen – Verbindungstypen

Es stehen nur Verbindungstypen zur Verfügung, die SQL zumindest rudimentär unterstützen. Nach der Auswahl des Verbindungstyps kann ein im Paket schon angelegter Verbindungs-Manager über die Auswahlliste der Verbindung (*Connection*) ausgewählt werden. Ist noch kein oder nicht der richtige Verbindungs-Manager zum ausgewählten Verbindungstyp angelegt, kann der Verbindungs-Manager direkt aus dem Task heraus angelegt werden. Zum Neuanlegen eines Verbindungs-Managers ist in der Auswahlliste <*Neue Verbindung..*> auszuwählen.

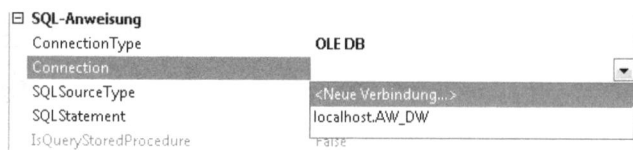

Abbildung 15.11 Task SQL ausführen – Auswahlliste *Verbindungs-Manager*

Die unterstütze SQL-Syntax ist vom Verbindungstyp, vom ausgewählten Provider des Verbindungs-Managers und von der Zieldatenbank abhängig. Die Unterschiede sind sehr groß. So unterstützt der ADO.NET-Provider für Microsoft SQL Server den vollständigen Sprachumfang von T-SQL. Der Verbindungstyp EXCEL erlaubt dagegen nur einfache SQL-Select-Abfragen. Die SQL-Syntax wird während der Eingabe nicht überprüft. Erst bei der Ausführung wird im Falle eines Fehlers eine entsprechende Meldung ausgegeben.

Der Verbindungstyp bestimmt auch die Syntax der Parameterübergabe. Details hierzu finden Sie später in diesem Kapitel im Abschnitt »Parameter«.

Eingabe eines SQL-Befehls

In der Eigenschaft *SQLSourceType* können Sie auswählen, ob Sie den SQL-Befehl direkt eingeben oder aus einer Variablen oder Datei laden möchten.

Abbildung 15.12 Auswahl der Quelle des SQL-Befehls über das Listenfeld *SQLSourceType*

Direkteingabe

Haben Sie *Direkteingabe* ausgewählt, müssen Sie den Befehl im Listenfeld *SQL-Statement* eingeben (Abbildung 15.13). Über die Erweiterungsschaltfläche mit den drei Punkten wird ein kleiner mehrzeiliger Editor aufgerufen. Ein Abfrage-Generator kann über die Schaltfläche *Abfrage erstellen* geöffnet werden. Zur Eingabe von umfangreicheren SQL-Statements ist der mehrzeilige Editor wenig geeignet. Eine Alternative ist in Kapitel 13 beschrieben.

> **TIPP** Wird der Task *SQL ausführen* in der Ablaufsteuerung angeordnet, werden alle Tabulatoren in ein Leerzeichen umgewandelt und die Formatierung geht damit verloren. Durch ein zusätzliches, manuelles Kopieren des SQL-Statements über die Zwischenablage bleiben die Tabulatoren erhalten.

Tasks der Ablaufsteuerung

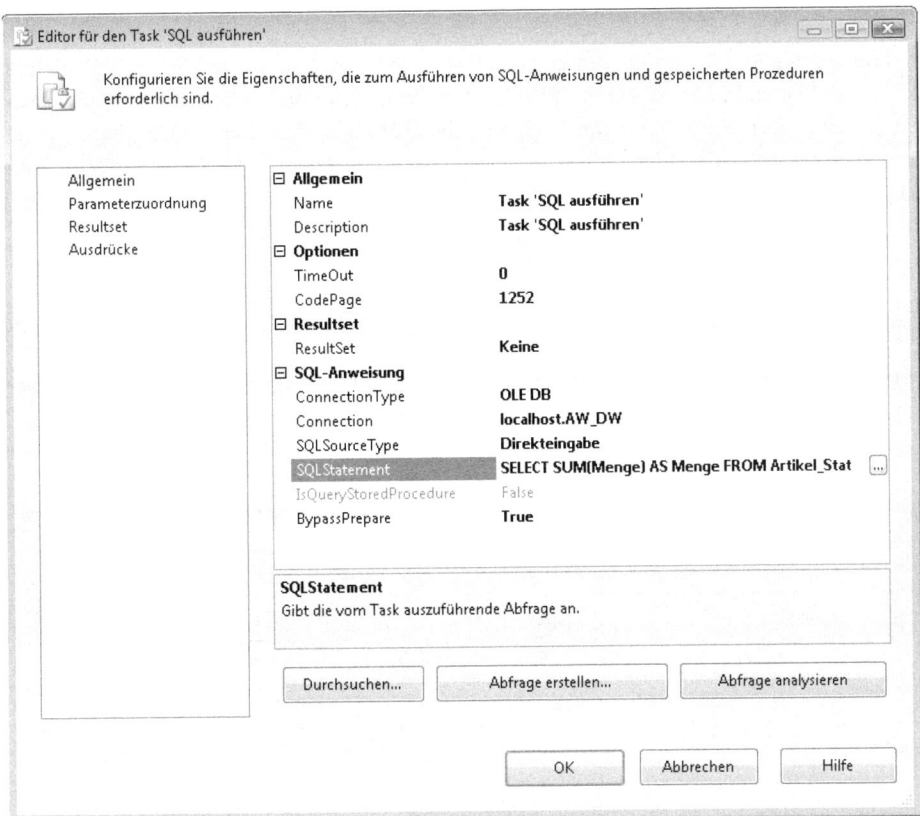

Abbildung 15.13 Task *SQL ausführen; Direkteingaben von SQL-Anweisungen*

Dateiverbindung

Mit der Option *Dateiverbindung* kann während der Paketentwicklung ein SQL-Befehl aus einer Datei im Dateisystem geladen werden. Bei der Paketausführung besteht keine Verbindung mehr zu dieser Datei. Diese Option ersetzt ausschließlich die manuelle Eingabe während der Paketentwicklung und wird in der Praxis wenig verwendet.

Variable

Durch die Bereitstellung des SQL-Befehls in einer Variablen ist es möglich, den SQL-Befehl dynamisch zu generieren. Da die Parameterübergabe an einen SQL-Befehl etwas problematisch ist, ist die Bereitstellung des vollständigen SQL-Befehls in einer Variablen eine gute Alternative. Die Variable muss vor der Ausführung des Tasks *SQL ausführen* gefüllt werden. Die Wertzuweisung der Variablen kann über die Ausdrucksprogrammierung erfolgen. Hierzu ist die Eigenschaft *EvaluateAsExpression* der Variablen auf *True* zu setzen und der Ausdruck ist in der Variablen zu hinterlegen. Ein ausführliches Beispiel finden Sie im Kapitel 14 im Abschnitt »Dynamische SQL-Programmierung«. Alternativ kann das SQL-Statement in einem *Skripttask* zusammengesetzt werden und an eine Variable ausgegeben werden.

Parameter

An einen SQL-Befehl können zur Ausführung Parameter übergeben werden. Hierzu werden im SQL-Befehl Platzhalter verwendet. Jeder Platzhalter muss einer Variablen zugeordnet werden. Während der Task-Ausführung werden die Platzhalter durch den Wert der Variablen dynamisch ersetzt. Der Task *SQL ausführen* stellt die Variablen und Zuordnung zu den Platzhaltern zur Verfügung. Die dynamische Ersetzung wird vom verwendeten Verbindungs-Anbieter durchgeführt.

Die Syntax für die Parameterübergabe ist leider nicht standardisiert. Die zu verwendende Syntax wird hauptsächlich vom Verbindungstyp festgelegt. Zusätzlich gibt es noch Varianten bei den Verbindungs-Anbietern. Deshalb sollte sich ein Entwickler für einen Verbindungstyp und einen Verbindungs-Anbieter entscheiden. Dadurch werden völlig überflüssige Programmumstellungen vermieden.

Die Unterschiede in der Parameterübergabe werden beispielhaft für den Microsoft SQL Server 2008 gezeigt. Obwohl der gleiche Datenbankserver verwendet wird, unterscheidet sich die Parameterübergabe je nach verwendetem Verbindungstyp.

Verbindungstyp	Platzhalter	Parametername	Beispiel-Parametername
OLE DB	?	0, 1, 2, …	0
ADO.NET	@Variable	@Variable	@Artikel
ADO	?	@Param1, Param2, …	@Param1
ODBC	?	1, 2, 3, ….	1

Tabelle 15.4 SQL-Parametersyntax

Bei einem »?« als Platzhalter entscheidet die Reihenfolge innerhalb des SQL-Befehls, welchem Parameter das »?« zugeordnet wird. Wird der Verbindungstyp *ADO* verwendet, wird das erste »?« dem Parameter *@Param1* und das zweite »?« dem Parameter *@Param2* zugeordnet.

Beispiel: Parameterverwendung beim Verbindungstyp *OLE DB*

An zwei Beispielen wird die Verwendung von Parametern für die beiden gebräuchlichsten Verbindungstypen *OLE DB* und *ADO.NET* betrachtet. Der Betrag in der Tabelle *Import* soll neu berechnet werden. Als Parameter werden eine Artikelnummer und ein Datum übergeben. Das Update soll nur erfolgen, wenn die Daten mit der Artikelnummer und dem Datum übereinstimmen. Die Artikelnummer und das Datum werden als Parameter an den SQL-Befehl übergeben.

Wir beginnen mit dem Beispiel für OLE DB:

1. Legen Sie ein neues Integration Services-Paket an.
2. Legen Sie zwei Variablen mit den in Abbildung 15.4 zu sehenden Eigenschaften an.

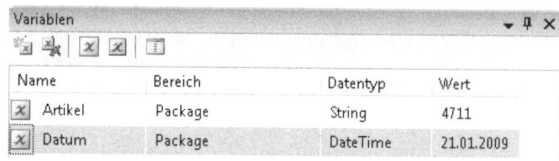

Abbildung 15.14 Variablen *Artikel* und *Datum*

3. Ziehen Sie einen Task *SQL ausführen* in den Entwurfsbereich der Ablaufsteuerung.

Tasks der Ablaufsteuerung

4. Wählen Sie den Verbindungstyp *OLE DB* für die Eigenschaft *ConnectionType* aus.
5. Verbinden Sie den Task über einen Verbindungs-Manager mit unserer Beispieldatenbank *AW_DW*.
6. Geben Sie den SQL-Befehl aus Listing 15.1 ein.

```
UPDATE Import
  SET  Betrag = Menge * Preis
WHERE Artikel = ?
  AND Datum = ?
```

Listing 15.1 SQL-Befehl mit den Parametern *Artikel* und *Datum* in einer OLE DB-Verbindung

7. Wechseln Sie zur Seite *Parameterzuordnung* und fügen Sie zwei Parameter mit den Eigenschaften aus Abbildung 15.15 ein.

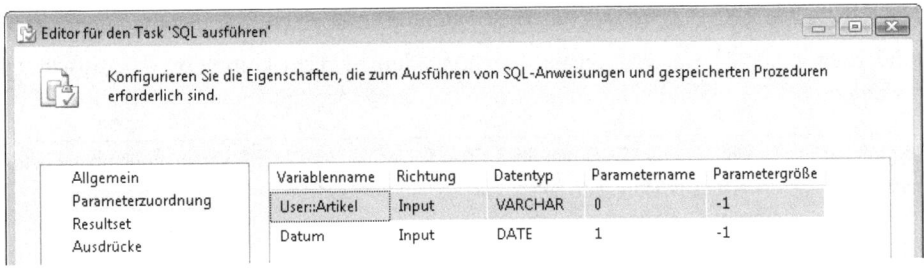

Abbildung 15.15 Parameterzuordnung zum Task *SQL ausführen* in einer OLE DB-Verbindung

Bei der Eingabe erhalten Sie nur eine geringe Unterstützung. Der Variablenname kann aus einer Variablenliste ausgewählt werden. Er wird qualifiziert mit führendem Namespace eingeblendet. Bei eindeutigem Variablennamen kann, wie bei der Variable *Datum* gezeigt, auf den Namespace verzichtet werden. Der Datentyp muss manuell gesetzt werden, er wird nicht aus dem Variablen-Datentyp ermittelt. Der Parametername ist mit *NewParameterName* vorbelegt und muss immer geändert werden. Denn diese Vorbelegung wird von keinem Verbindungstyp unterstützt. Über die Parametergröße können Sie für Datentypen mit variabler Länge, wie z.B. Zeichenfolgen und binäre Felder, feste Längen definieren. In unserem Beispiel bleibt der Standardwert -1 unverändert.

8. Schließen Sie den Editor und führen Sie den Task aus. Der grüne Task-Hintergrund zeigt Ihnen die erfolgreiche Durchführung an.
9. Überprüfen Sie das erfolgreiche Update der Tabelle *Import* in der Datenbank *AW_DW*, indem Sie den Betrag manuell auf den Wert 0 setzten und den Wert der Variablen abändern.

Beispiel: Parameterverwendung beim Verbindungstyp *ADO.NET*

Für eine *ADO.NET*-Verbindung sind folgende Änderungen vorzunehmen:

1. Ziehen Sie den Task *SQL ausführen* in den Entwurfsbereich, wählen Sie für die Eigenschaft *ConnectionType* den Verbindungstyp *ADO.NET* aus und verwenden Sie einen entsprechenden Verbindungs-Manager.
2. Geben Sie den in Listing 15.2 zu sehenden SQL-Befehl ein. Beachten Sie auch die Platzhalter @Artikel und @Datum.

```
UPDATE Import
  SET Betrag = Menge * Preis
WHERE Artikel = @Artikel
  AND Datum = @Datum
```

Listing 15.2 SQL-Befehl mit den Parametern *Artikel* und *Datum* in einer ADO.NET-Verbindung

3. Legen Sie die Parameter mit den in Abbildung 15.16 gezeigten Eigenschaften an. Die zur Auswahl stehenden Datentypen haben sich durch den Verbindungstyp *ADO.NET* verändert. Für die Variable *Artikel* muss nun der Datentyp String ausgewählt werden.

Variablenname	Richtung	Datentyp	Parametername	Parametergröße
User::Artikel	Input	String	@Artikel	-1
Datum	Input	Date	@Datum	-1

Abbildung 15.16 Parameterzuordnung *Task SQL ausführen* in einer ADO.NET-Verbindung

Werden die Besonderheiten der Parameterübergabe beachtet, können recht komplexe, dynamische SQL-Befehle generiert werden.

HINWEIS Microsoft hat mit Einführung von SQL Server 2008 einen Fehler bei der OLE DB-Parameterübergabe behoben. Es tritt kein Fehler mehr auf, wenn der erste auszuführende Befehl kein »richtiger« SQL-Befehl ist.

Rückgaben des Tasks *SQL ausführen*

Für einen Task *SQL ausführen* kann wahlweise eine Rückgabe definiert werden. Die Art der Rückgabe wird auf der Seite *Allgemein* im Eigenschaften-Editor des Tasks mit der Eigenschaft *Resultset* festgelegt.

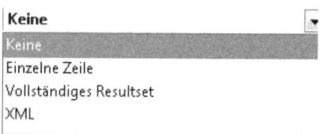

Abbildung 15.17 Listenfeld *Art der Rückgabe* in der Eigenschaft *Resultset*

Für SQL-Tasks ohne Rückgabe wird die Option *Keine* ausgewählt. Die Option *Einzelne Zeile* wird verwendet, wenn die Rückgabe aus einer Zeile mit einer oder mehreren Spalten besteht. Der Wert der zurückgegebenen Spalten kann in Variablen gespeichert werden. Die Option *Vollständiges Resultset* wird für mehrzeilige Rückgaben verwendet. Alle Zeilen der Rückgabe werden als ADO-Recordset in einer Variablen vom Datentyp *Object* gespeichert. Die Variable mit dem gespeicherten Resultset kann als Input eines Foreach-Schleifencontainers oder einer Skriptkomponente vom Typ *Quelle* (siehe Kapitel 16) verwendet werden.

Die Option *XML* wird verwendet, wenn die Abfrage ein Resultset im XML-Format zurückgeben soll. Beispielsweise wird ein solches Resultset für eine SELECT-Anweisung verwendet, die eine FOR XML-Klausel einschließt.

Beispiel: Rückgabe einer einzelnen Zeile

1. Legen Sie ein neues Integration Services-Paket an.
2. Legen Sie zwei Variablen mit den Eigenschaften aus Abbildung 15.18 an. Um Konvertierungsfehlermeldung bei der Übergabe zu vermeiden, wird der Datentyp *Object* verwendet.

Tasks der Ablaufsteuerung

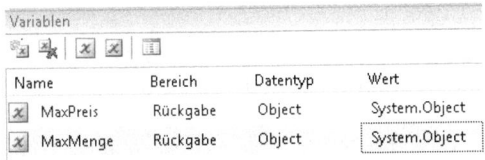

Abbildung 15.18 Definition der Variablen *MaxMenge* und *MaxPreis*

3. Wählen Sie für die Eigenschaft *Resultset* die Option *Einzelne Zeile* aus.
4. Wählen Sie den Verbindungstyp *OLE DB* für die Eigenschaft *ConnectionType* aus.
5. Verbinden Sie den Task über einen Verbindungs-Manager mit unserer Beispieldatenbank *AW_DW*.
6. Geben Sie den SQL-Befehl aus Listing 15.3 ein.

```
SELECT
   MAX(Menge) AS MaxMenge,
   MAX(Preis) AS MaxPreis
FROM Import
```

Listing 15.3 SQL-Befehl mit einzeiliger Aggregatrückgabe

Wechseln Sie auf die Seite *Resultset* und fügen Sie zwei Ausgaben hinzu, wie in Abbildung 15.19 zu sehen:

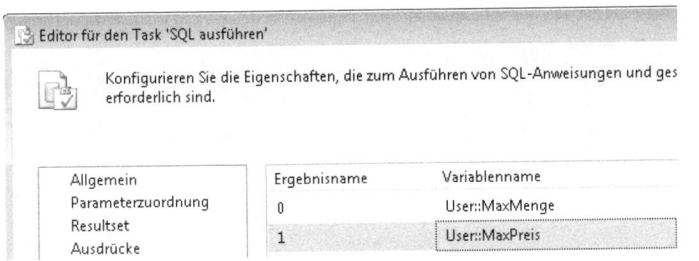

Abbildung 15.19 Variablenzuordnung der Resultset-Spalten

Die Ergebnisnamen werden über die Reihenfolge ihres Auftretens erkannt. Die erste Spalte trägt den Ergebnisnamen »0«, die zweite Spalte den Ergebnisnamen »1«. Der Verbindungstyp *OLE DB* unterstützt auch die Namensauflösung. So könnten auch die Ergebnisnamen *MaxMenge* und *MaxPreis* verwendet werden. Der Verbindungstyp *ADO.NET* unterstützt die Namensauflösung nicht, weshalb die Ergebnisnamen beginnend mit Null durchnummeriert werden müssen.

Beispiel: Rückgabe eines vollständigen Resultsets

1. Legen Sie ein neues Integration Services-Paket an.
2. Legen Sie eine Package-Variable mit dem Namen *Resultset* und dem Datentyp *Object* an.
3. Ziehen Sie den Task *SQL ausführen* in den Entwurfsbereich der Ablaufsteuerung.
4. Wählen Sie für die Eigenschaft *Resultset* die Option *Vollständiges Resultset* aus.
5. Wählen Sie den Verbindungstyp *OLE DB* für die Eigenschaft *ConnectionType* aus.
6. Verbinden Sie den Task über einen Verbindungs-Manager mit der Beispieldatenbank *AW_DW*.
7. Geben Sie den folgenden SQL-Befehl ein:

```
SELECT * FROM Import
```

8. Wechseln Sie auf die Seite *Resultset* und fügen Sie eine Ausgabe hinzu (Abbildung 15.20).

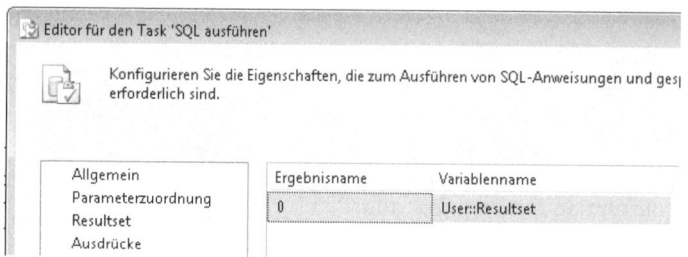

Abbildung 15.20 Variablenzuordnung vollständiges Resultset

Bei Ausführung des Tasks wird ein ADO-Recordset im Hauptspeicher gefüllt und in der Variablen *Resultset* gespeichert.

Task *Dateisystem*

Mit dem Task *Dateisystem* (Abbildung 15.21) werden Operationen durchgeführt, die sich auf Dateien und Verzeichnisse im Dateisystem beziehen.

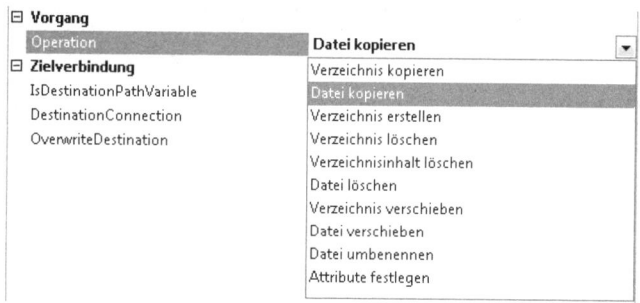

Abbildung 15.21 Operationen des Tasks *Dateisystem*

Die Dateioperationen benötigen eine oder zwei Datei-/Verzeichnisangaben. Die Datei-/Verzeichnisangaben werden entweder in einem Verbindungs-Manager festgelegt oder in einer Variablen bereitgestellt. Bei der Bereitstellung über eine Variable wird kein zusätzlicher Verbindungs-Manager angelegt. Für Operationen, die zwei Angaben zu einer Datei benötigen (z.B. *Datei umbenennen*), werden zwei Verbindungs-Manager verwendet.

Um einen Verbindungs-Manager für den Task *Dateisystem* anlegen zu können, muss die genannte Datei zum Zeitpunkt der Paketentwicklung vorhanden sein. Dies gilt auch, wenn die Zieldatei erst durch den Task *Dateisystem* erstellt (*Datei kopieren*) werden soll. Nach Abschluss der Paketentwicklung kann die Datei oder der Ordner wieder gelöscht werden. Um eine Fehleranzeige beim nächsten Öffnen des Pakets im Business Intelligence Development Studio zu verhindern, sollte die Paketeigenschaft *DelayValidation* auf *True* gesetzt werden. Die zur Verfügung stehenden Eigenschaften werden durch die angewählte Operation festgelegt und variieren stark. Die Eigenschaften sind typisch für die gewählte Operation und selbsterklärend.

Tasks der Ablaufsteuerung

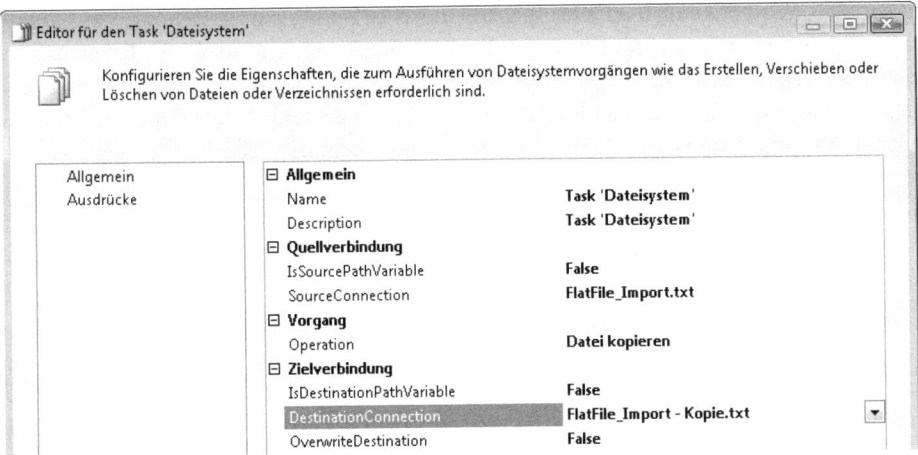

Abbildung 15.22 Editor für den Task *Dateisystem*

Task *Paket ausführen*

Mit dem Task *Paket ausführen* werden Integration Services-Pakete, die im Dateisystem oder im SQL Server gespeichert sind, ausgeführt. Die Speicherung der Integration Services-Pakete im SQL Server erfolgt in der Systemdatenbank MSDB.

Die Aufteilung eines komplexen Paketworkflows in mehrere Einzelpakete erleichtert die Entwicklung, Pflege und Wartung. Pakete können in wiederverwendbare Einheiten aufgeteilt werden und von mehreren übergeordneten Workflows gemeinsam genutzt werden. Werden Pakete aufgeteilt, benötigt der Entwickler nur die Berechtigungen für das Paket und nicht für den gesamten Workflow.

In den Integration Services gibt es keine Begrenzung der Paket-Verschachtelungstiefe. Rekursive Aufrufe sind zu vermeiden, da andernfalls keine Fehlermeldungen ausgegeben und Endlosschleifen generiert werden.

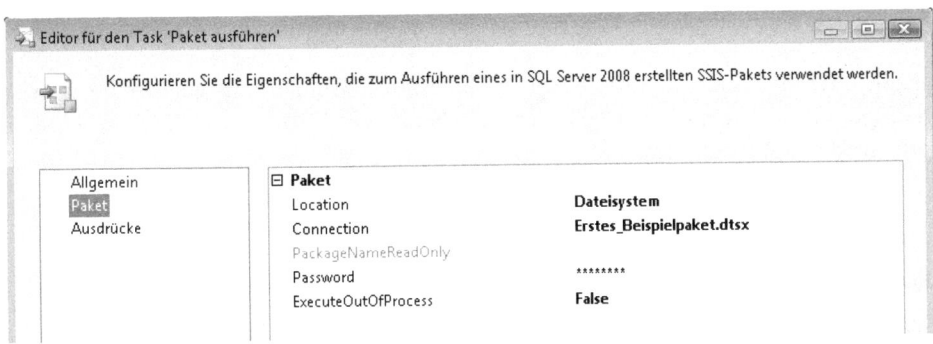

Abbildung 15.23 Editor für den Task *Paket ausführen*

Die Eigenschaft *Location* legt fest, ob das Paket aus dem Dateisystem oder dem SQL Server geladen wird. Für den SQL Server wird ein OLE DB-Verbindung verwendet und für das Dateisystem eine Dateiverbindung. Die notwendigen Verbindungs-Manager werden angelegt. Wird die Eigenschaft *ExecuteOutOfProcess* auf *True* gesetzt, wird das Paket in einem eigenen Prozess ausgeführt. Durch die Prozessinitialisierung verzögert sich die Ausführung merklich. Wird das aufrufende Hauptpaket aus dem Business Intelligence Development Studio ausgeführt, wird das aufgerufene Unterpaket in den Entwicklungsbereich geladen. Die Paketausführung kann am Bildschirm verfolgt werden. Haltepunkte beispielsweise in Daten-Viewern werden übersprungen. Der Debugger muss wie gewohnt beendet werden. Das automatisch geladene Unterpaket kann über die oberste Registerleiste angewählt werden. Das Unterpaket muss nicht dem gleichen Integration Services-Projekt angehören.

Parameterübergabe an ein Unterpaket

An ein Unterpaket können Parameter übergeben werden. Für die Kommunikation zwischen Haupt- und Unterpaket werden Variablen verwendet. Die gesamte Konfiguration findet im Unterpaket statt. Für die Zuordnung wird als Konfigurationstyp *Variable* für das übergeordnete Paket benutzt. Der im Hauptpaket verwendete Variablenname wird manuell eingetragen. Es besteht keine Auswahlmöglichkeit, da der Name des Hauptpakets nicht bekannt ist. Mit dem Wert der Variablen aus dem Hauptpaket wird eine Variable oder eine Eigenschaft im Unterpaket gefüllt.

Ein Paketbeispiel für die Übergabe von Variablen finden Sie unter:

V:\BISS\SSIS\Beispiele\Kap15\Kap15_Variablenübergabe

In dem Beispiel wird aus dem Hauptpaket ein Unterpaket aufgerufen. Im Hauptpaket ist die Variable *Anzahl* mit dem Wert 77 definiert. Das Unterpaket ist konfiguriert und übernimmt den Wert der Variablen *Anzahl* in die Variable *Input*. Die Variable *Input* wird über ein Meldungsfeld in einem *Skripttask* angezeigt. Die Konfiguration von Pakten wird im Detail in Kapitel 17 besprochen.

Task *DTS 2000-Paket ausführen*

Mit dem Task *DTS 2000-Paket ausführen* führen Sie ein DTS-Paket aus, das unter Verwendung von SQL Server 2000 entwickelt wurde. Grundsätzlich sollte die Migration von DTS-Paketen in Integration Services-Pakete bevorzugt werden. Die Migration ist für die meisten DTS-Pakete problemlos möglich. Die automatische Migration ist bei der Verwendung von ActiveX-Skripten und bei selbstmodifizierendem Code nicht möglich. Bis zur manuellen Umstellung dieser Pakete können sie mit dem Task *DTS 2000-Paket ausführen* ausgeführt werden.

Die Ausführung entspricht der des Tasks *Paket ausführen*. Nach der Ausführung des Pakets wird der Workflow fortgesetzt. Die Eigenschaft *StorageLocation* gibt den Speicherort des DTS-Pakets an. Es stehen drei mögliche Speicherorte für DTS-Pakete zur Auswahl:

- SQL Server
- Strukturierte Speicherdatei
- Eingebettet in Task

Abhängig vom Speicherort werden dynamische Eigenschaften für den Zugriff auf das Paket angezeigt.

Container der Ablaufsteuerung

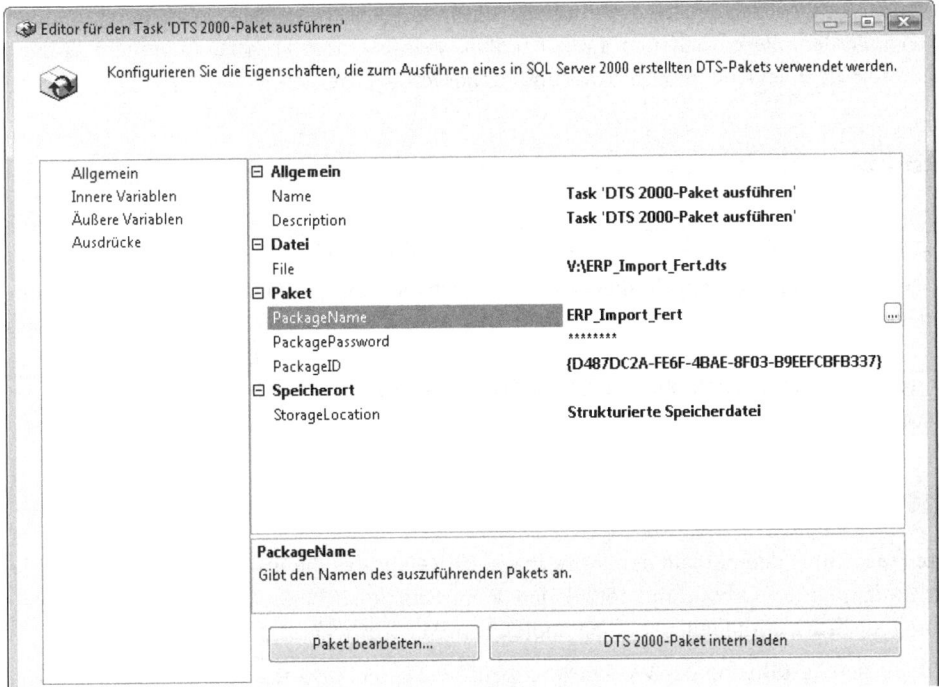

Abbildung 15.24 Editor für den Task *DTS 2000-Paket ausführen*

Mit einem Klick auf die Schaltfläche *DTS 2000-Paket intern laden* wird das DTS-Paket vom externen Speicherort in den Task eingebettet. Der Wert der Eigenschaft *StorageLocation* ändert sich dann automatisch. Der neue Wert ist *Eingebettet in Task*. Es erfolgt kein Zugriff mehr auf den externen Speicherort.

Mit einem Klick auf die Schaltfläche *Paket bearbeiten* öffnet sich der bekannte DTS-Designer. Das Paket kann wie unter SQL Server 2000 bearbeitet werden.

HINWEIS Für die Bearbeitung von DTS-Paketen werden die DTS-Designer-Komponenten von Microsoft SQL Server 2000 benötigt. Diese Komponenten sind nicht im Lieferumfang von SQL Server 2008 enthalten. Sie können diese Komponenten kostenlos aus dem Internet downloaden. Zusätzlich sollten auch die Microsoft SQL Server 2005-Abwärtskompatibilitätskomponenten installiert werden. Dadurch werden eventuelle Inkompatibilitäten vermieden. Im Microsoft Download Center finden Sie auf der Seite »Microsoft SQL Server 2008 Feature Pack« die »Microsoft SQL Server 2005-Abwärtskompatibilitätskomponenten«, aktualisiert für den SQL Server 2008. Die »Microsoft SQL Server 2000 DTS-Designer-Komponenten« finden Sie auf der Seite »Feature Pack für Microsoft SQL Server 2005«.

Container der Ablaufsteuerung

Container sind ein Gruppierungsobjekt der Ablaufsteuerung. Wie die Ablaufsteuerung selbst können sie mehrere Tasks und Container enthalten. Die Tasks und Container können zu einem oder mehreren Workflows verbunden werden.

Mit Containern können sich wiederholende Programmstrukturen realisiert werden. Wird ein Container gelöscht oder kopiert, werden alle enthaltenen Tasks ebenfalls gelöscht bzw. kopiert. Außerdem können mehrere Tasks gleichzeitig in einen Container hinein- und hinausgezogen werden.

Sequenzcontainer

Mit dem *Sequenzcontainer* werden Tasks und Container gruppiert. Komplexe Pakete lassen sich durch die Verwendung von Sequenzcontainern besser strukturieren und dokumentieren. Die Darstellung des Workflows wird durch Sequenzcontainer erheblich übersichtlicher. Wird ein Sequenzcontainer deaktiviert (Kontextmenü), werden gleichzeitig alle im Container enthaltenen Tasks deaktiviert. Die Deaktivierung eines Sequenzcontainers kann auch über die SSIS-Konfiguration durchgeführt werden. Dies ist ein Beispiel dafür, wie der Workflow durch die Konfiguration gesteuert werden kann. Während der Entwicklungsphase eines Pakets wird die Deaktivierung eines Sequenzcontainers zum Testen von Teilpaketen verwendet.

For-Schleifencontainer

Der *For-Schleifencontainer* führt den enthaltenen Workflow so lange aus, bis die Auswertung des Ausdrucks in der Eigenschaft *EvalExpression* (Abbildung 15.25) den Wert *False* zurückliefert. Die Eigenschaft *EvalExpression* muss einen Ausdruck enthalten, der einen booleschen Wert zurückgibt.

Der Ausdruck wird vor der Ausführung des Workflows geprüft. Gibt der Ausdruck den Wert *True* zurück, wird der Workflow ausgeführt und beim Wert *False* dessen Ausführung beendet. Das Programmkonzept des For-Schleifencontainers entspricht eher einer Do-While-Schleife als einer For-Schleifenstruktur.

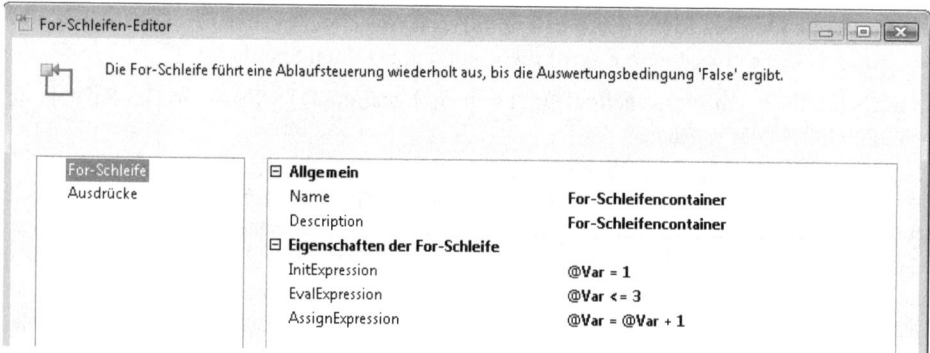

Abbildung 15.25 Editor für den *For-*Schleifencontainer

Die dynamische Ausdrucksauswertung verwendet Variablen. Die Variable ist vor der Ausdruckseingabe anzulegen. Der Wert der Variablen kann inner- oder außerhalb des For-Schleifencontainers initialisiert werden. Die Eingabe der Eigenschaft *InitExpression* ist optional. Der Ausdruck der Eigenschaft *InitExpression* wird vor allen anderen Prozeduren bei dem Ereignis *PreExecute* ausgeführt. Für die Wertzuweisung wird der Zuweisungsoperator (=) verwendet. Dieser Zuweisungsoperator steht in der normalen Ausdrucksprogrammierung nicht zur Verfügung. Ist die Eigenschaft InitExpression nicht gefüllt, wird der externe Wert der Variablen verwendet.

HINWEIS Wenn Sie einen Eintrag in der Eigenschaft *InitExpression* löschen, erscheint eine irreführende Fehlermeldung. Diese Fehlermeldung kann ignoriert werden.

Die Eingabe der Eigenschaft *AssignExpression* ist optional. Der Ausdruck der Eigenschaft *AssignExpression* wird nach der Ausführung des im *For*-Schleifencontainer enthaltenen Workflows ausgewertet. Auch dieser Ausdruck darf den Zuweisungsoperator verwenden.

Mit dem For-Schleifencontainer ist es möglich, sehr komplexe Programmstrukturen aufzubauen. Die einfachste Programmstruktur sehen Sie in Abbildung 15.25. Die Variable @Var wird vor Ausführung des Containers mit »1« initialisiert. Nach jeder Workflowausführung wird der Wert der Variablen @Var um 1 erhöht. Der Workflow wird dreimal für die Variablenwerte *1*, *2* und *3* ausgeführt.

Der Wert einer Variablen kann auch innerhalb des Workflows verändert werden, z.B. in Abhängigkeit vom Datenbankinhalt. In diesem Fall sollte die Eigenschaft *AssignExpression*, die nach jedem Durchlauf ausgeführt wird, leer bleiben und dadurch nicht verwendet werden. Der Workflow wird ausgeführt, bis die Auswertung des Ausdruckes in der Eigenschaft *EvalExpression* den Wert *False* liefert.

Variablen-Wertzuweisung

Der *For-Schleifencontainer* kann auch für die Wertzuweisung einer Variablen verwendet werden. Der Wert wird der Variablen in der Eigenschaft *InitExpression* zugewiesen (Abbildung 15.26). Die Eigenschaft *EvalExpression* wird auf *False* gesetzt. Dadurch wird kein Workflow ausgeführt. Der *For*-Schleifencontainer enthält demgemäß auch keine weiteren Tasks.

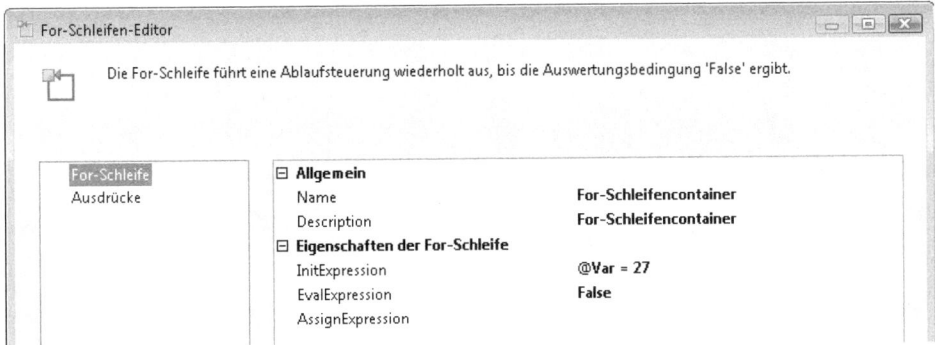

Abbildung 15.26 *For*-Schleifencontainer: Variablen-Wertzuweisung

Diese Nutzung des For-Schleifencontainers entspricht zwar nicht dem vorgesehen Anwendungszweck, erfüllt aber sehr praktisch die Anforderung der Variablen-Wertzuweisung.

Foreach-Schleifencontainer

Der *Foreach-Schleifencontainer* führt den im Container enthaltenen Workflow für jede Zeile eines internen Datasets aus. Das Dataset kann auf verschiedene Enumeratoren-Arten gefüllt werden. Für jeden Enumerator wird die Datenquelle definiert und einschränkende Bedingungen werden festgelegt. Das Dataset wird aus der Auflistung beim Start des Foreach-Schleifencontainers befüllt. Für jede Zeile des Datasets wird der Workflow des Foreach-Schleifencontainers ausgeführt. Pro Zeile kann der Inhalt des Datasets in eine Variable ausgegeben werden, die im Workflow verwendet wird.

Der Foreach-Schleifencontainer ist ein sehr effizientes, aber etwas abstraktes SQL Server Integration Services-Objekt. Mit der grundsätzlichen Logik können Sie sich in unserem Beispiel zum *Foreach*-Dateienumerator vertraut machen. Diese Logik gilt auch für die anderen Enumeratoren.

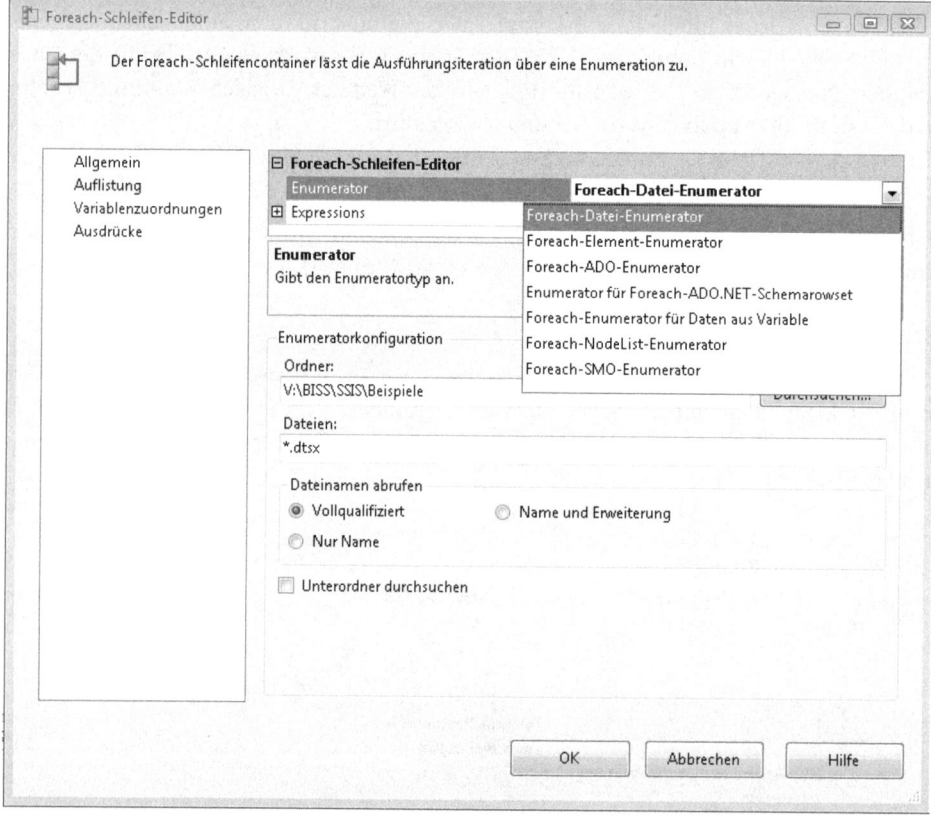

Abbildung 15.27   *Foreach*-Schleifencontainer, Enumeratoren-Auswahl

In Tabelle 15.5 sind die möglichen Datenquellen der Enumeratoren erläutert.

Enumerator	Funktion
Foreach-ADO-Enumerator	Listet Zeilen oder Tabellen eines Datensets auf, das in einer Variablen vom Datentyp *Object* gespeichert ist
Enumerator für Foreach-ADO.NET-Schemarowset	Listet Eigenschaften einer SQL-Datenbank auf
Foreach-Dateienumerator	Listet Dateien im angegebenen Ordner auf
Foreach-Enumerator für Daten aus Variable	Verweist auf eine Variable, die ein Dataset Indirekte Zuweisung enthält. Wird kaum verwendet.
Foreach-Elementenumerator	Listet Zeilen aus einer manuellen Eingabe auf

Tabelle 15.5   Die Funktionen der verschiedenen *Foreach*-Enumeratoren

Container der Ablaufsteuerung

Enumerator	Funktion
Foreach-NodeList-Enumerator	Listet Knoten und Inhalte eines XML-Dokumentes auf
Foreach-SMO-Enumerator	Listet SMO-Objekte in einer Datenbank auf

Tabelle 15.5 Die Funktionen der verschiedenen *Foreach*-Enumeratoren *(Fortsetzung)*

Beispiel: Foreach-Dateienumerator

Die Funktionsweise des Foreach-Schleifencontainers soll am Beispiel des *Foreach-Dateienumerators* erläutert werden. Der *Foreach*-Dateienumerator listet die Dateien eines Ordners auf. Der Workflow des Containers wird für jede gelistete Datei ausgeführt. Die Auswahl der Dateien kann gefiltert werden und es ist möglich, Unterordner in die Suche mit einzubeziehen:

1. Ziehen Sie einen *Foreach-Schleifencontainer* in den Entwurfsbereich der Ablaufsteuerung.
2. Rufen Sie den *Foreach-Schleifen-Editor* auf und wechseln Sie auf die Seite *Auflistungen* (Abbildung 15.28).
3. Die Eigenschaft *Enumerator* ist mit dem Wert *Foreach-Datei-Enumerator* korrekt vorbelegt.
4. Legen Sie einen Dateiordner fest und bestimmen Sie, welche Dateien ausgewählt werden sollen.
5. Legen Sie fest, ob die Unterordner ebenfalls durchsucht werden sollen.

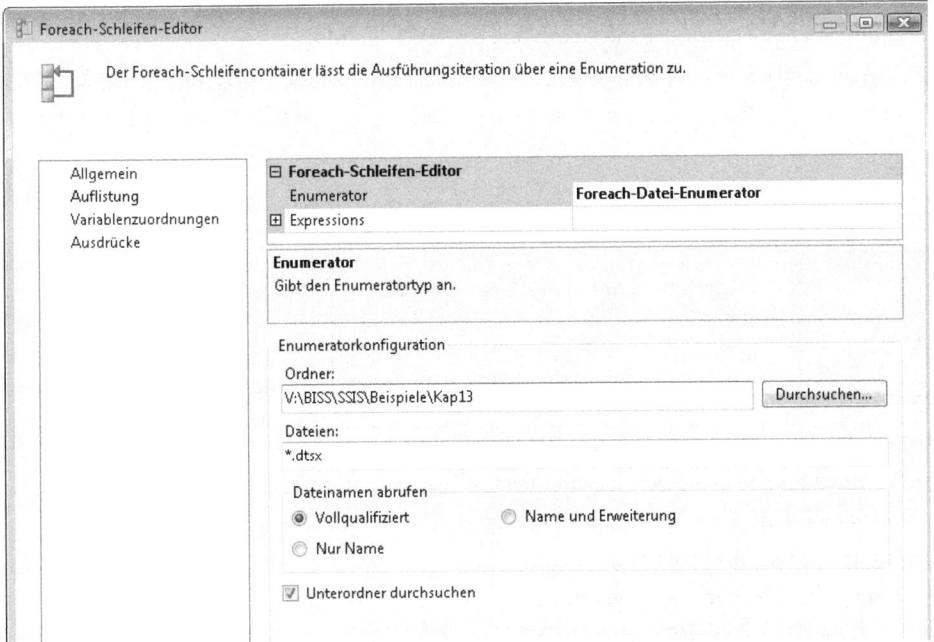

Abbildung 15.28 Editor für den Enumerator *Foreach-Datei-Enumerator*

6. Wechseln Sie auf die Seite *Variablenzuordnungen* und ordnen Sie den Index *0* einer Variablen vom Typ *String* zu. Haben Sie noch keine Variable angelegt, kann dies mit der Option *<neue Variable…>* in der Spalte *Variable* nachgeholt werden (Abbildung 15.29).

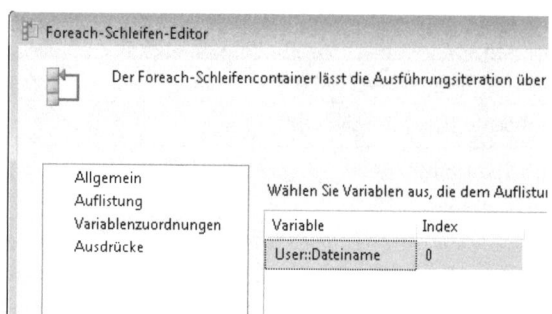

Abbildung 15.29 *Foreach-Schleifen-Editor*: Variablenzuordnung

7. Schließen Sie den *Foreach-Schleifen-Editor*.
8. Ziehen Sie einen *Skripttask* in den *Foreach-Schleifencontainer* und geben Sie über ein Meldungsfeld den Wert der Variablen *Dateiname* aus. Ein Beispiel zur Anzeige einer Variablen in einem Skripttask finden Sie in Kapitel 17.
9. Führen Sie das Paket aus.

Der *Foreach-Schleifencontainer* erstellt auf Basis der Eingabeparameter intern eine DataTable. Die DataTable enthält eine Spalte, die mit den Dateinamen gefüllt ist. In unserem Beispiel werden alle Dateien im Ordner *Kap15* einschließlich der Unterordner aufgelistet. Die DataTable wird zeilenweise abgearbeitet (*for each row*). Für jede Zeile wird die Variable *Dateiname* mit dem Wert der Spalte gefüllt.

Anschließend wird für jede Zeile der Workflow im *Foreach-Schleifencontainer* ausgeführt. In unserem einfachen Beispiel besteht der Workflow nur aus einem Skripttask, in dem der Wert der Variablen angezeigt wird:

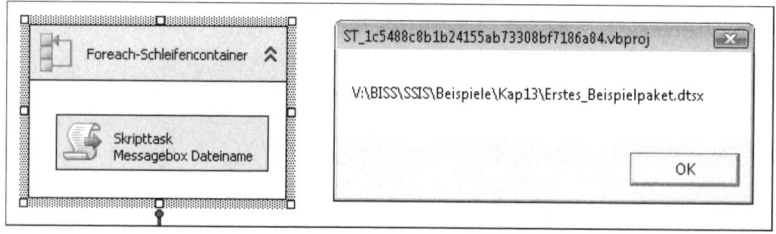

Abbildung 15.30 Ausgabe des Variablenwerts in einem Skripttask

Das Ausführungssystem eines *Foreach-Schleifencontainers* ist für alle Enumeratoren gleich:
1. Ein internes DataSet wird aus einer Datenquelle gefüllt.
2. Das interne DataSet wird zeilenweise bearbeitet.
3. Variablen werden mit den Spaltenwerten gefüllt.
4. Der Workflow des Containers wird ausgeführt.

Beispiel: Foreach-ADO-Enumerator

Wird für den Foreach-Schleifencontainer der *Foreach-ADO-Enumerator* ausgewählt, werden die Zeilen eines DataSets ausgewertet. Das DataSet wird in einer Variablen vom Typ *Object* zur Verfügung gestellt. Das DataSet kann aus einer oder aus mehreren DataTables bestehen und über mehrere Spalten verfügen. Der Wert der Spalte wird pro Zeile an die Variablen übergeben. Anschließend wird der Workflow des Containers ausgeführt. Im Workflow werden die Variablen verwendet.

Die Anwendung des *Foreach-ADO-Enumerators* wird am Beispiel eines *ADO-Recordsets* verdeutlicht:
1. Legen Sie vier Paketvariablen vom Datentyp *Object* an (Abbildung 15.31).

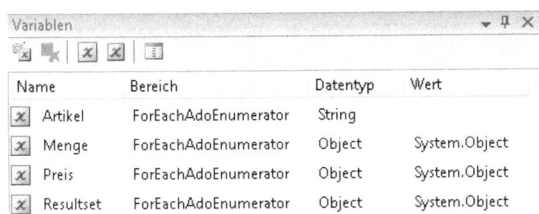

Abbildung 15.31 Definition der Variablen im *Foreach-ADO-Enumerator*

Bevor ein Resultset in einem *Foreach-Schleifencontainer* ausgewertet werden kann, muss es zuerst in einer Variablen gespeichert werden. Dafür verwenden wir den Task *SQL ausführen*, mit dem wir ein vollständiges Resultset in der Variablen *Resultset* speichern.

2. Ziehen Sie einen Task *SQL ausführen* in den Entwurfsbereich der Ablaufsteuerung.
3. Richten Sie einen Verbindungs-Manager zu unserer Beispieldatenbank *AW_DW* ein und tragen Sie den Verbindungs-Manager in der Eigenschaft *Connection* des Tasks *SQL ausführen* ein.
4. Als SQL-Statement tragen Sie ein:

```
SELECT
    Artikel,
    Menge,
    Preis
FROM Import
```

5. Wählen Sie bei der Eigenschaft Resultset den Wert *<Vollständiges Resultset>* aus (Abbildung 15.32).

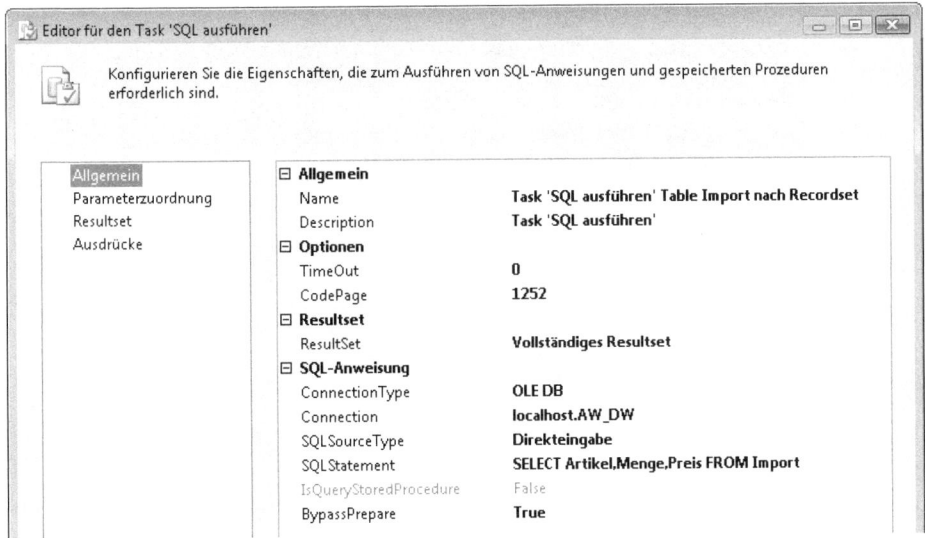

Abbildung 15.32 Task *SQL ausführen* mit Ausgabe des vollständiges Resultsets für den *Foreach-ADO-Enumerator*

6. Auf der Seite *Resultset* legen Sie über die Schaltfläche *Hinzufügen* einen neuen Eintrag an.

7. Als Ergebnisnamen verwenden Sie *0*. Als Variablenname tragen Sie *Resultset* ein (Abbildung 15.33). Schließen Sie den Editor für den Task *SQL ausführen*.

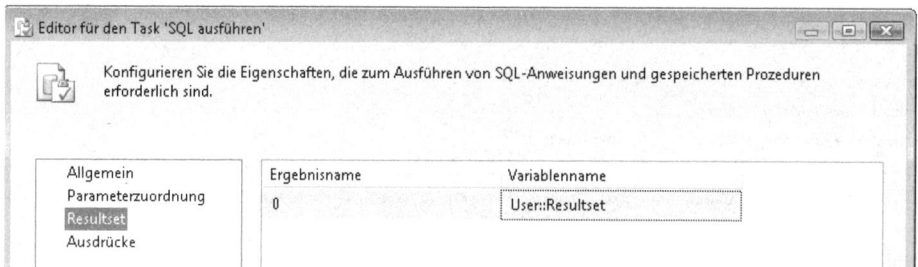

Abbildung 15.33 Task *SQL ausführen* mit Variablenzuordnung für ein vollständiges Resultset zum *Foreach-ADO-Enumerator*

Im nächsten Schritt wird das Resultset in einem Foreach-Schleifencontainer ausgewertet.

8. Ziehen Sie einen Foreach-Schleifencontainer in den Entwurfsbereich der Ablaufsteuerung.
9. Verbinden Sie den grünen Workflowpfeil des Tasks *SQL ausführen* mit dem Foreach-Schleifencontainer.
10. Öffnen Sie mit einem Doppelklick auf den Container den *Foreach-Schleifen-Editor* und wählen Sie auf der Seite *Auflistung* für die Eigenschaft *Enumerator* den Wert *Foreach-ADO-Enumerator* aus.
11. Als *ADO-Objektvariable* tragen Sie die Variable *Resultset* ein.
12. Der Enumerationsmodus behält den Wert *Zeilen in der ersten Tabelle* (Abbildung 15.34).

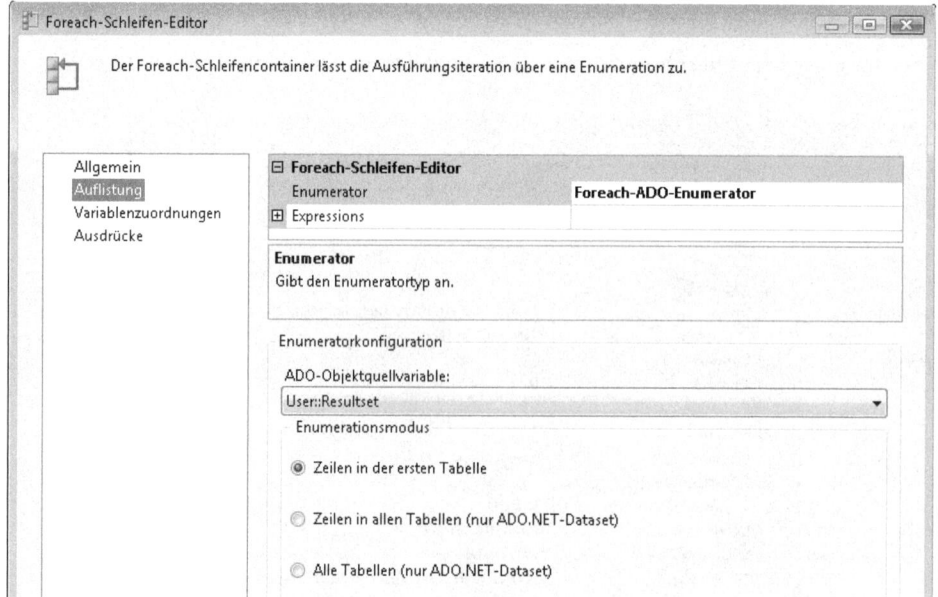

Abbildung 15.34 Foreach-Schleifencontainer mit einem *Foreach-ADO-Enumerator*

13. Ordnen Sie auf der Seite *Variablenzuordnung* die Spalten des Resultsets den Variablen zu (Abbildung 15.35).

Container der Ablaufsteuerung

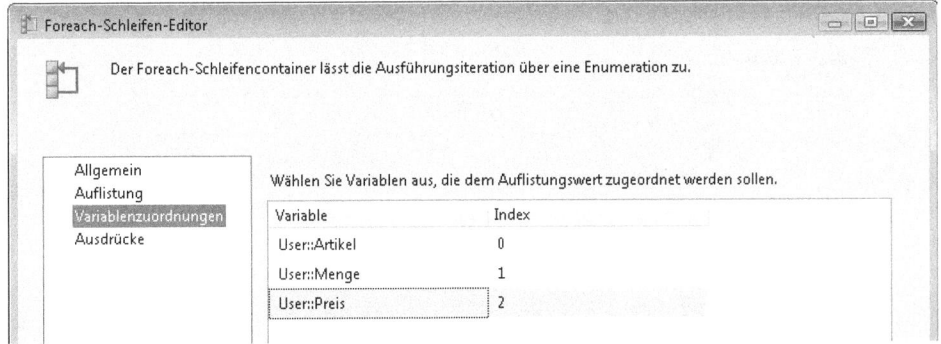

Abbildung 15.35 Variablenzuordnung im *Foreach-Schleifencontainer*

14. Schließen Sie den *Foreach-Schleifen-Editor*.
15. Als abschließender Schritt wird ein kleiner Workflow mit einem *Skripttask* angelegt. Im Skripttask werden die Variablen in einem Meldungsfeld angezeigt.
16. Ziehen Sie einen Skripttask in den Foreach-Schleifencontainer.
17. Tragen Sie die Variablen *Artikel*, *Menge* und *Preis* als *ReadOnlyVariables* ein.
18. Lassen Sie den Wert der Variablen in einem Meldungsfeld anzeigen.
19. Führen Sie das Paket aus.

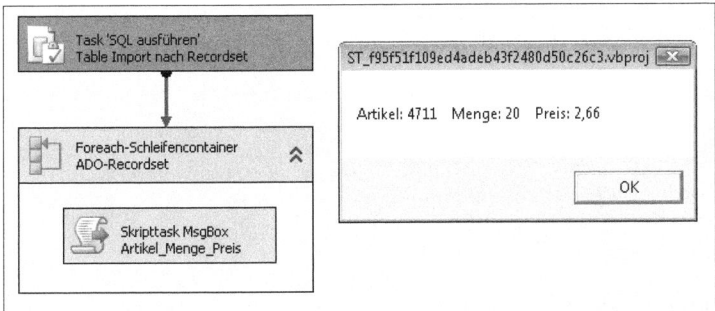

Abbildung 15.36 Beispiel *Foreach-Schleifencontainer ADO-Enumerator*; Paketausführung

In diesem Beispiel wurde das Recordset mithilfe des Tasks *SQL ausführen* gefüllt. Auch ein Datenfluss kann mithilfe der Komponente *Recordsetziel* in einer Variablen gespeichert werden (siehe hierzu in Kapitel 16 den Abschnitt »Recordsetziel«).

Foreach-Elementenumerator

Der *Foreach-Elementenumerator* ist die manuelle Enumerator-Variante. Die Daten werden nicht aus einer externen Datenquelle gelesen, sondern manuell eingegeben. Über die Schaltfläche *Spalten* auf der Seite *Auflistung* können die Elementspalten in einem kleinen Editor angelegt werden (Abbildung 15.37).

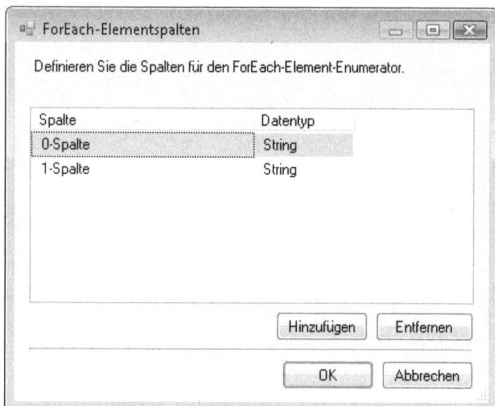

Abbildung 15.37 *Foreach*-Schleifencontainer mit *Foreach*-Elementenumerator; Spaltendefinition

Die Spalteneingabe erfolgt nach der Spaltendefinition ebenfalls auf der Seite *Auflistung*.

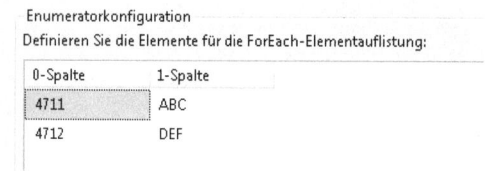

Abbildung 15.38 *Foreach*-Schleifencontainer mit *Foreach*-Elementenumerator; Manuelle Eingabe

Die Zuordnung zu den Variablen erfolgt wie bei den anderen Enumeratoren auf der Seite *Variablenzuordnung* (Abbildung 15.39).

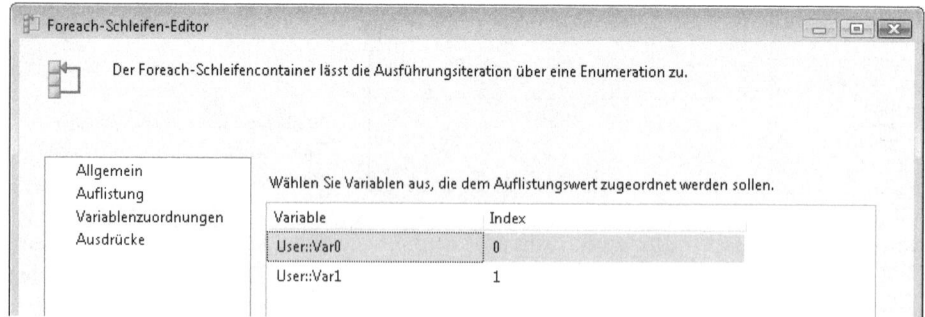

Abbildung 15.39 *Foreach*-Schleifencontainer mit *Foreach*-Elementenumerator; Variablenzuordnung

Der Foreach-Elementenumerator eignet sich sehr gut zum Testen eines Workflows innerhalb eines Foreach-Schleifencontainers.

Weitere Objekte der Ablaufsteuerung

In der Ablaufsteuerung stehen noch zahlreiche weitere Objekte zur Verfügung. Diese Tasks werden entweder an anderen Stellen in diesem Buch beschrieben oder gehen über das Thema Business Intelligence hinaus, sodass an dieser Stelle nicht näher auf sie eingegangen wird.

Business Intelligence Tasks

Die speziellen Business Intelligence Tasks *Analysis Services* und *Data Mining-Abfragetask* werden in Kapitel 10 besprochen. Dort wird die Integration der Integration Services mit den Analysis Services ausführlich dargestellt.

Datenflusstask

Dem *Datenflusstask* ist ein eigenes Kapitel gewidmet. Im Datenfluss werden Daten aus einer Datenquelle eingelesen, im Hauptspeicher bearbeitet und abschließend in ein Datenziel geschrieben.

Eine Ablaufsteuerung kann mehrere Datenflusstasks enthalten. Der Datenflusstask hat keinen eigenen Editor. Eigenschaften werden über das Eigenschaftenfenster ([F4]) geändert. Mit einem Doppelklick auf den Datenflusstask wechselt das Programm in den Datenfluss-Entwurfsbereich. Über die Registerkarten kann in den Entwurfsbereich der Ablaufsteuerung zurückgekehrt werden. Entnehmen Sie alle weiteren Details auch zu den einzelnen Datenflusskomponenten Kapitel 16.

Skripttasks

Die Verwendung und Programmierung von Skripttasks wird in Kapitel 17 ausführlich besprochen.

Tasks für externe Datenquellen

Die Ablaufsteuerung stellt einige hoch spezialisierte Tasks zur Kommunikation mit externen Datenquellen zur Verfügung:

- FTP-Task
- Nachrichtenwarteschlange
- WMI-Datenleser
- WMI-Ereignisüberwachung
- Webdienst

Der Schwerpunkt dieser Tasks liegt in der technischen Realisierung der Kommunikation mit der externen Datenquelle. Der Funktionsumfang dieser Tasks ist teilweise sehr umfangreich und es ist möglich, mit diesen Tasks Kommunikationsserver innerhalb der Integration Services zu realisieren. Diese Tasks sind kein Kernbestandteil des Themas Business Intelligence. Sie finden zwar auch in Business Intelligence-Projekten Verwendung, aber nur als reine Kommunikationsschnittstelle. Aus diesem Grund wird in diesem Buch nicht im Detail auf diese Tasks eingegangen.

Wartungsplantasks

Für Wartungsarbeiten, Datensicherungen und andere technische Aufgaben sind die Integration Services gut geeignet. Da diese Aufgabenstellungen keinen unmittelbaren Bezug zu dem Thema Business Intelligence haben, werden Wartungstasks und alle sonstigen technischen Tasks in diesem Buch ebenfalls nicht besprochen.

Kapitel 16

SSIS – Datenfluss

In diesem Kapitel:

Datenflusstask	447
Datenflusspfad-Editor	447
Daten-Viewer	449
Datenfluss-Quellen	451
Datenfluss-Ziele	460
Datenflüsse teilen	465
Datenflüsse zusammenführen	470
Transformationskomponenten	473
Datenaustausch	478

Der Datenfluss ist eine Kernapplikation der Integration Services. Im Datenfluss werden die charakteristischen ETL-Funktionen *Extract*, *Transform* und *Load* ausgeführt. Extract steht für das Extrahieren von Daten aus einer Datenquelle. Die Datenquelle ist der Ursprung des Datenflusses. Von hier fließen die Daten bis zum Datenziel. In den Integration Services stehen für alle relevanten Datenbanken Anbieter zur Verfügung. Für Excel- und XML-Dateien sowie für Flatfiles sind ebenfalls Standardkomponenten vorhanden. Sollte in der Datenquelle ein individuelles Datenformat verwendet werden, welches von den Standard-Komponenten nicht bearbeitet werden kann, besteht die Möglichkeit, eine individuelle Skriptkomponente genau den eigenen Ansprüchen anzupassen.

Transform bezeichnet die Bearbeitung der Daten im Datenfluss. Die Möglichkeiten der Bearbeitung von Daten sind sehr vielfältig. Die eingelesenen Daten können bereinigt, aufbereitet und ergänzt werden. Ein Datenfluss kann geteilt werden, oder umgekehrt, mehrere Datenflüsse können zu einem Datenfluss zusammengefasst werden. Für Business Intelligence-Anwendungen werden besondere Komponenten zur Verfügung gestellt (Fuzzy, Stichprobe, Data Mining usw.).

Load steht für das Laden der aufbereiteten Daten in ein Datenziel. Die Daten werden in das Datenziel eingefügt. Wie bei der Datenquelle stehen für alle relevanten Datenbanken Anbieter zur Verfügung.

Die Bezeichnung Datenfluss verbildlicht das Verhalten dieses Tasks sehr passend. Die Daten fließen von einer Quell- zu einer Ziel-Datenbank. Sie fließen Zeile für Zeile, stauen sich an den eingebauten Komponenten und münden in der Ziel-Datenbank. In vielen Fällen werden die ersten Zeilen schon in die Ziel-Datenbank geschrieben, wenn noch längst nicht alle Daten aus der Datenquelle eingelesen wurden.

Der Datenfluss kann Daten von einer beliebigen Quelle in ein beliebiges Ziel schreiben. Ein SQL-Server muss dabei nicht angesprochen werden. So können zum Beispiel Daten aus einer XML-Datei in eine Oracle-Datenbank geschrieben werden, ohne dass dabei Daten auf einem SQL-Server zwischengespeichert werden müssen.

Der Datenfluss lädt die eingelesenen Daten in den Hauptspeicher des ausführenden Computers. Ist die zu speichernde Datenmenge für den Hauptspeicher zu groß, werden die Daten automatisch in einem temporären Speicherbereich auf der Festplatte ausgelagert. Diese Funktionen werden von den Integration Services vollkommen selbstständig durchgeführt. Es besteht aber die Möglichkeit, dieses Verhalten über die Eigenschaften des Datenflusstasks zu konfigurieren.

Durch die Zwischenspeicherung im Hauptspeicher und die umfangreichen Bearbeitungsmöglichkeiten im Datenfluss kann in vielen Fällen auf eine Staging-Area verzichtet werden. Als Staging-Area bezeichnet man einen temporären Speicherbereich in einer Datenbank, der für die Aufbereitung von Daten verwendet wird. Der Datenfluss bietet die Möglichkeit, sehr viele dieser Aufbereitungen direkt im Hauptspeicher durchzuführen, was die Staging-Area überflüssig macht. Da die Aufbereitung im Hauptspeicher wesentlich performanter ist als die Zwischenspeicherung in einer Staging-Area, sollten Sie diese Variante wenn möglich bevorzugen.

Sollten Sie mit den grundlegenden Funktionalitäten des Datenflusses noch nicht vertraut sein, lesen Sie bitte in Kapitel 13 nach. Dort werden anhand einer einfachen Applikation die wesentlichen Funktionsobjekte eines Datenflusses behandelt. In diesem Kapitel werden wir Sie mit den einzelnen Komponenten des Datenflusses vertraut machen.

Datenflusstask

Die Basiskomponente *Datenflusstask* ist ein Task der Ablaufsteuerung. Er wird wie jeder andere Task aus der Toolbox in den Entwurfsbereich gezogen. Eine Ablaufsteuerung kann keinen, einen oder mehrere Datenflusstasks enthalten. Ein Integration Services-Paket muss also keinen Datenflusstask enthalten.

Enthält die Ablaufsteuerung genau einen Datenflusstask, kann über die Registerkarten von der Ablaufsteuerung zum Datenflusstask geschaltet werden (Abbildung 16.1).

Abbildung 16.1 Wechsel in den Datenfluss über die zweite Registerleiste

Enthält die Ablaufsteuerung mehrere Datenflusstasks, wird über die Registerleiste in den zurzeit markierten Datenflusstask gewechselt. Ist kein Datenflusstask markiert, erfolgt die Anzeige zufällig. Über das Listfeld *Datenflusstask* kann zwischen mehreren Datenflusstasks gewechselt werden.

Für den Datenflusstask existiert kein spezieller Editor. Mit einen Doppelklick auf den Datenflusstask wird direkt in den Datenfluss verzweigt. Die Eigenschaften des Datenflusstasks können über das Eigenschaftenfenster (der Aufruf erfolgt über F4) eingesehen und verändert werden. Es stehen einige interessante Eigenschaften zur Performanceoptimierung zur Verfügung.

Datenflusspfad-Editor

In einem Datenfluss werden Daten von Komponente zu Komponente weitergeleitet. Komponenten können einen Datenfluss erweitern, gruppieren, teilen oder zusammenführen. Die Ausgaben der Komponenten legen den Inhalt und die Metadaten des Datenflusses fest.

Im *Datenflusspfad-Editor* können Einstellungen zur Visualisierung des Datenflusses vorgenommen werden. Geöffnet wird der *Datenflusspfad-Editor* mit einem Doppelklick auf die Datenverbindung zwischen zwei Komponenten oder über das Kontextmenü der Datenverbindung. Um die Übersichtlichkeit des Schaubildes zu verbessern, kann man den Datenfluss beschriften. Der Name des Datenflusses wird angezeigt, wenn im *Datenflusspfad-Editor* auf der Seite *Allgemein* die Eigenschaft PathAnnotation auf *PathName* gesetzt wird (Abbildung 16.2).

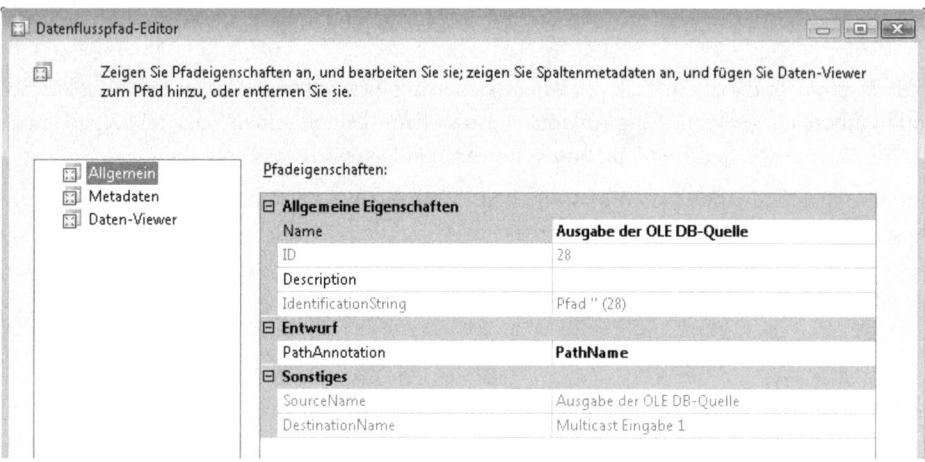

Abbildung 16.2 Der *Datenflusspfad-Editor*

Geänderte Metadaten führen häufig zu Fehlermeldungen im Datenflusstask. Die Metadaten des Datenflusses können über die Seite *Metadaten* angesehen werden, die in Abbildung 16.3 dargestellt ist.

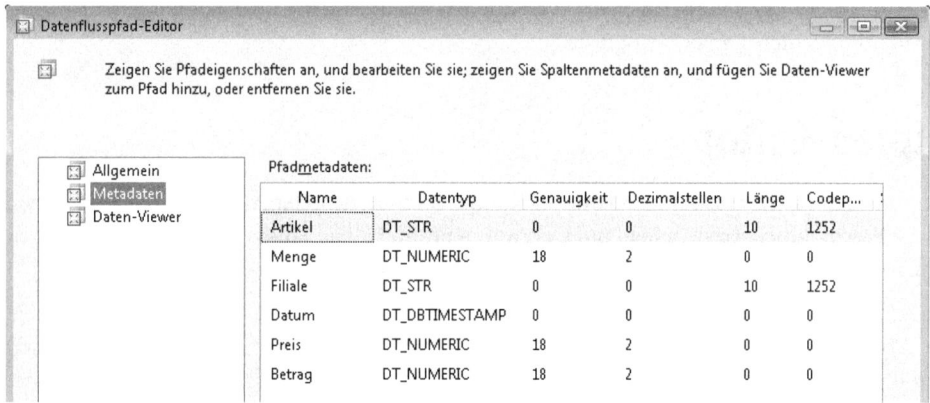

Abbildung 16.3 Ansicht der Metadaten des Datenflusses

Stimmen die Metadaten einer Komponente nicht mehr mit den Metadaten des Datenflusses überein, wird beim Öffnen der Komponente der Editor zum Wiederherstellen ungültiger Spaltenverweise geöffnet. Das weitere Vorgehen ist von den Änderungen der Metadaten abhängig. In vielen Fällen kann die Zuordnung über den Spaltennamen erfolgen. Mit einem Klick auf die Schaltfläche *Alles auswählen* werden alle ungültigen Spalten markiert. Mit der Schaltfläche *Anwenden* wird für jede markierte Spalte die aktive Option aus der Auswahlliste gesetzt, wie in Abbildung 16.4 zu sehen. Erst das Schließen des Editors mittels *OK* führt die neue Verweiszuordnung durch.

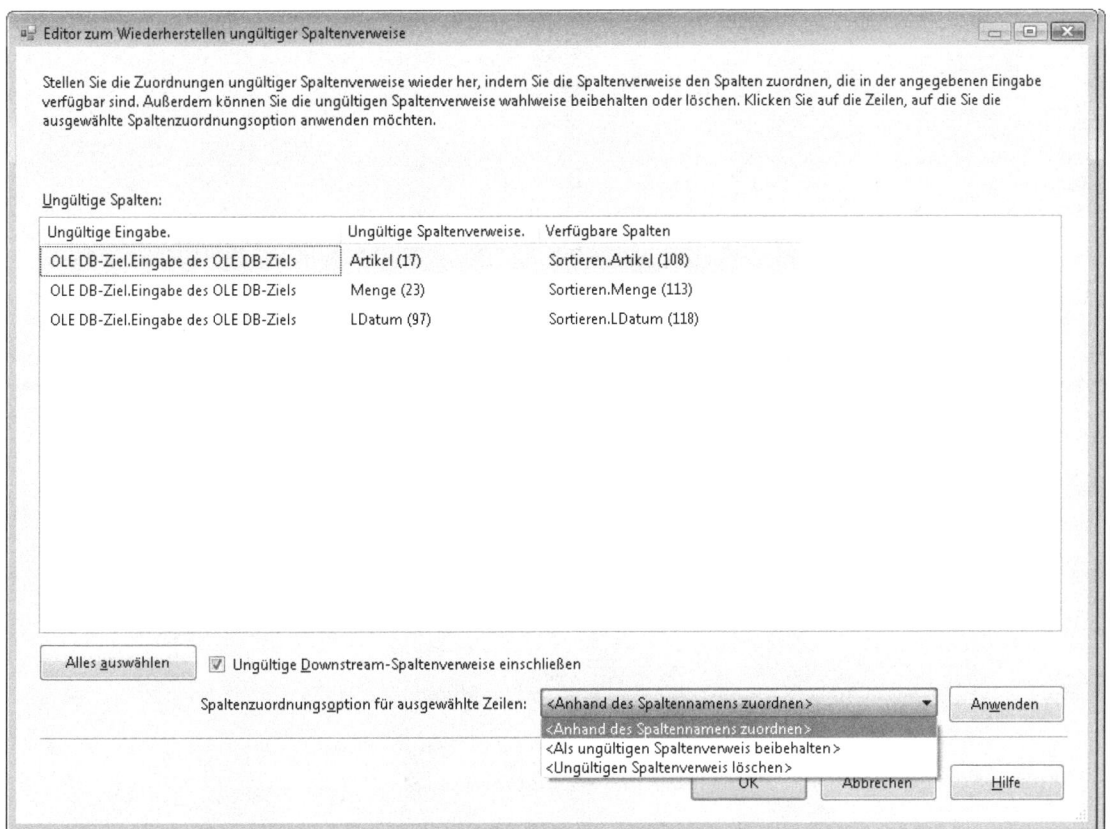

Abbildung 16.4 Neue Zuordnung der Metadaten für die einzelnen Spalten bei ungültigen Spaltenverweisen

In vielen Fällen ist es allerdings einfacher, die Zielkomponente zu löschen und anschließend neu anzulegen. Die Metadaten der Komponente werden automatisch durch die Verbindung mit dem Datenfluss generiert.

Daten-Viewer

Der Daten-Viewer visualisiert die Daten eines Datenflusses (Abbildung 16.5). Die Paketausführung stoppt und wird erst mit einem Klick auf ▶ fortgesetzt. Größere Datenmengen werden in Blöcken vom Anbieter der Datenquelle zur Verfügung gestellt. Die Daten fließen blockweise durch den Datenfluss. Der Daten-Viewer stoppt bei jedem neuen Datenblock. Mit der Schaltfläche *Trennen* kann die Anzeige von weiteren Blöcken unterbunden werden. Mit der Schaltfläche *Daten kopieren* werden die Daten in der Zwischenablage abgelegt.

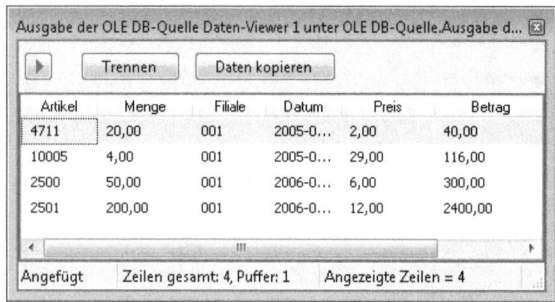

Abbildung 16.5 Daten-Viewer-Ausgabefenster vom Typ *Raster*

Da es nicht möglich ist, Debugger-Haltepunkte innerhalb eines Datenflusstasks zu setzen, ist ein Daten-Viewer eine gute Möglichkeit, die Ausführung des Datenflusses zu unterbrechen.

Es stehen vier Viewertypen zur Auswahl (siehe Abbildung 16.6):

- Raster (DataGrid)
- Histogramm
- Punktdiagramm
- Säulendiagramm

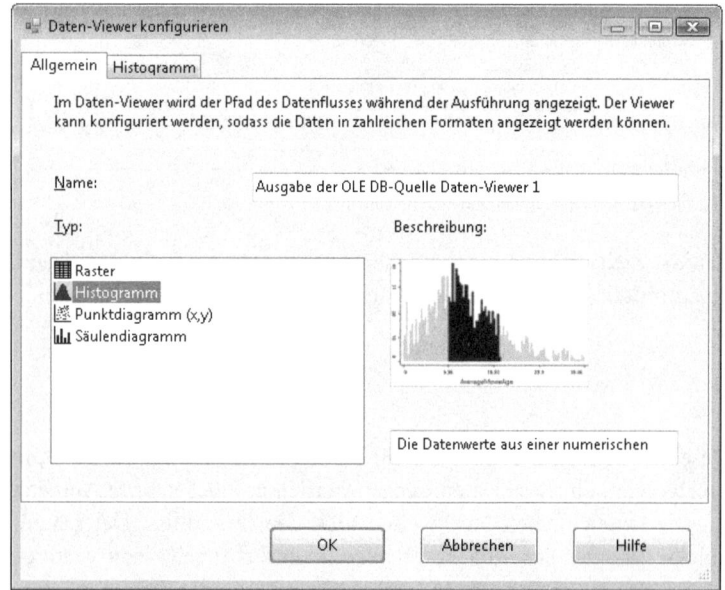

Abbildung 16.6 Auswahl des Namens und des Typs des Daten-Viewers

Das Raster ist die Standardeinstellung. Alle Spalten des Datenflusses werden als Anzeigespalten im Raster angelegt. Die Auswahl der Spalten kann bearbeitet werden.

Die Anzeige der Daten im Daten-Viewer erfolgt nur im Debug-Modus. Wird ein SQL Server Integration Services Paket über den SQL-Agent oder über *dtexec* ausgeführt, ist der Daten-Viewer nicht aktiv und es werden keine Daten angezeigt. Die angebotenen Typen *Histogramm*, *Punktdiagramm (x,y)* und *Säulendiagramm* sind eigentlich nur für den Endbenutzer interessant und kommen deshalb nur selten zum Einsatz.

Datenfluss-Quellen

Jeder Datenfluss benötigt eine Datenquelle. Die Datenquelle ist der Ausgangspunkt eines jeden Datenflusses. Mithilfe einer Datenquelle werden meist externe Daten eingelesen. Dafür stehen die folgenden Standardkomponenten zur Verfügung:

- OLE DB-Quelle
- ADO.NET-Quelle
- XML-Quelle
- Flatfile-Quelle
- Excel-Quelle
- Rohdatendatei-Quelle
- (Skriptkomponente)

Für Datenbankzugriffe werden die Komponenten *OLE DB-Quelle* und *ADO.NET-Quelle* verwendet. Es kann auf alle Datenbanken zugegriffen werden, für die auf dem ausführenden Computer entsprechende Anbieter installiert sind. Für Daten in den Formaten *XML*, *Flatfile* und *Excel-Tabelle* werden in den Integration Services spezielle Komponenten angeboten.

Um eine Skriptkomponente als Datenquelle zu verwenden, muss der Skriptkomponententyp *Quelle* ausgewählt werden. Die *Skriptkomponente* nimmt eine Sonderstellung unter den Datenquellen ein, denn der Zugriff auf die externe Datenquelle muss im Detail programmiert werden. Die Programmierung wird durch zahlreiche .NET-Klassen unterstützt. Durch die Programmierung ist es möglich, auch proprietäre Datenquellen zu verwenden. Bei allen anderen Komponenten kann der Zugriff auf die externen Daten nur konfiguriert werden.

Eine Ausnahme unter den Quellkomponenten ist die *Rohdatendatei-Quelle*. Mit der *Rohdatendatei-Quelle* wird nicht auf externe Daten zugegriffen, sondern sie wird für den Datenaustausch zwischen unterschiedlichen Prozessen auf dem ausführenden Computer verwendet. Die Komponente wird im Abschnitt »Datenaustausch« in diesem Kapitel besprochen.

OLE DB-Quelle

Die *OLE DB-Quelle* ist neben der ADO.NET-Quelle die Standardkomponente für den Datenbankzugriff. Die Verbindung zur Datenbank wird über einen OLE DB-Verbindungs-Manager hergestellt. Damit über einen Verbindungs-Manager auf eine Datenbank zugegriffen werden kann, muss der entsprechende OLE DB-Anbieter auf dem ausführenden Computer installiert sein. Microsoft stellt für die wichtigsten Datenbanken OLE DB-Anbieter zur Verfügung. Weitere OLE DB-Anbieter können von den Datenbankherstellern oder von spezialisierten Softwarehäusern bezogen werden.

Als erste Eintragung erwartet der *Quellen-Editor für OLE DB* einen gültigen OLE DB-Verbindungs-Manager. Ist noch kein Verbindungs-Manager angelegt, kann dies über die Schaltfläche *Neu* direkt vom Editor aus erfolgen.

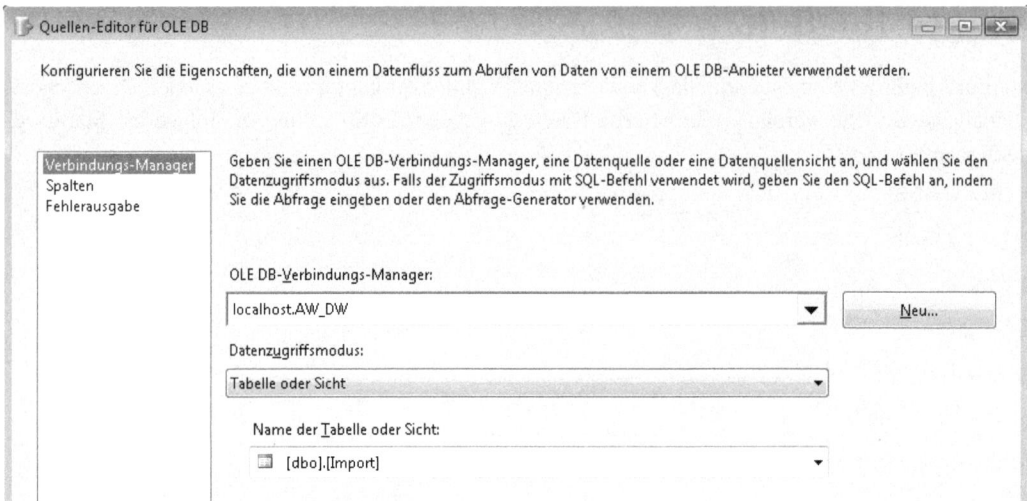

Abbildung 16.7 Eigenschaften des Verbindungs-Managers für die OLE DB-Quelle

Es stehen vier Datenzugriffsmodi zur Verfügung:

- Tabelle oder Sicht
- Variable für Tabellenname oder Sichtname
- SQL-Befehl
- SQL-Befehl aus Variable

Der einfachste Zugriff erfolgt über *Tabelle oder Sicht*. Der Name der Tabelle oder Sicht wird über das entsprechende Listenfeld ausgewählt. Nicht benötigte Spalten können über die Seite *Spalten* vom Laden ausgenommen werden.

Der Tabellenname kann mit der Auswahl *Variable für Tabellenname oder Sichtname* in einer Variablen dynamisch hinterlegt werden. Dadurch ist es möglich, Tabellen mit unterschiedlichen Namen, aber identischen Metadaten in einem Datenfluss einzulesen. Allerdings funktioniert die Validierung der Metadaten bei Änderungen des Tabellennamens in der Variablen nicht fehlerfrei.

Bei der Auswahl *SQL-Befehl* wird der SQL-Befehlstext direkt eingegeben, wie Abbildung 16.8 zeigt. Es steht eine Reihe von Eingabehilfen zur Verfügung. Über die Schaltfläche *Abfrage erstellen* wird in einen Abfragegenerator verzweigt. Dieser kann Ihnen bei der Erstellung der SQL-Abfrage behilflich sein. Inwieweit sich die Codierung dadurch leichter gestaltet, muss jeder Programmierer für sich entscheiden. Über die Schaltfläche *Durchsuchen* können Sie den Inhalt einer im Dateisystem abgespeicherten SQL-Abfrage laden. Es wird nicht der Link auf die Datei gespeichert, sondern der SQL-Befehl extrahiert und geladen. Deshalb hat eine spätere Änderung der gespeicherten SQL-Abfrage keine Auswirkung auf den SQL-Befehl in der Datei.

Datenfluss-Quellen

Abbildung 16.8 Quellen-Editor für OLE DB; Eingabe *SQL-Befehlstext*

Bei der Auswahl *SQL-Befehl aus Variable* wird der vollständige SQL-Befehlstext aus einer Variable vom Typ *String* geladen. Dadurch ist es möglich, den SQL-Befehl dynamisch zusammenzusetzen. Im Abschnitt »Dynamische SQL-Programmierung« in Kapitel 14 finden Sie hierzu ein ausführliches Beispiel.

Abhängig vom OLE DB-Anbieter kann es Einschränkungen bei der SQL-Syntax geben. Wird ein Anbieter für den Microsoft SQL Server verwendet, kann der gesamte Sprachumfang von T-SQL genutzt werden. Mit einem Klick auf die Schaltfläche *Abfrage analysieren* lässt sich die Syntax des SQL-Statements überprüfen. Außerdem steht eine Vorschaufunktion zur Verfügung.

Ein SQL-Befehl ist ein Text, der an den Datenbankanbieter übergeben wird. Dieser Text kann mehrere SQL-Statements enthalten. Beispielsweise könnte zunächst ein *Update*- und anschließend ein *Select*-Statement ausgeführt werden. Als Datenquelle für den Datenfluss wird von den Integration Services immer das Ergebnis des ersten Select-Statements verwendet. Mehrere Select-Statements sind aus diesem Grunde unsinnig und zu vermeiden. Unabhängig davon führt der Anbieter alle SQL-Statements aus.

TIPP Die Komponente *OLE DB-Quelle* verfügt über keine Parameterübergabe. Wird dies benötigt, muss für den Import ein parametrisierter Task vom Typ *SQL ausführen* verwendet werden. Die Daten werden in eine Staging-Tabelle geladen, die wiederum von einer *OLE DB-Quelle* eingelesen wird.

ADO.NET-Quelle

Die *ADO.NET-Quelle* verwendet einen Verbindungs-Manager vom Typ *ADO.NET-Verbindung*. Der Aufbau und die Funktionsweise der Komponente *ADO.NET-Quelle* sind fast identisch mit der *OLE DB-Quelle*.

Abweichend stehen aber nur zwei Datenzugriffsmodi zur Verfügung:

- Tabelle oder Sicht
- SQL-Befehl

Excel-Quelle

Mit der *Excel-Quelle* (Abbildung 16.9) werden Daten aus einer Excel-Datei geladen. Die Parametrisierung des Verbindungs-Managers beschränkt sich auf die für Excel relevanten Felder. Sie könnten eine Excel-Quelle auch über eine OLE DB-Quelle einlesen. Mehr zu diesem Thema finden Sie in Kapitel 17 im Abschnitt »Exkurs: Nutzung einer Excel-Verbindung über einen Verbindungs-Manager«.

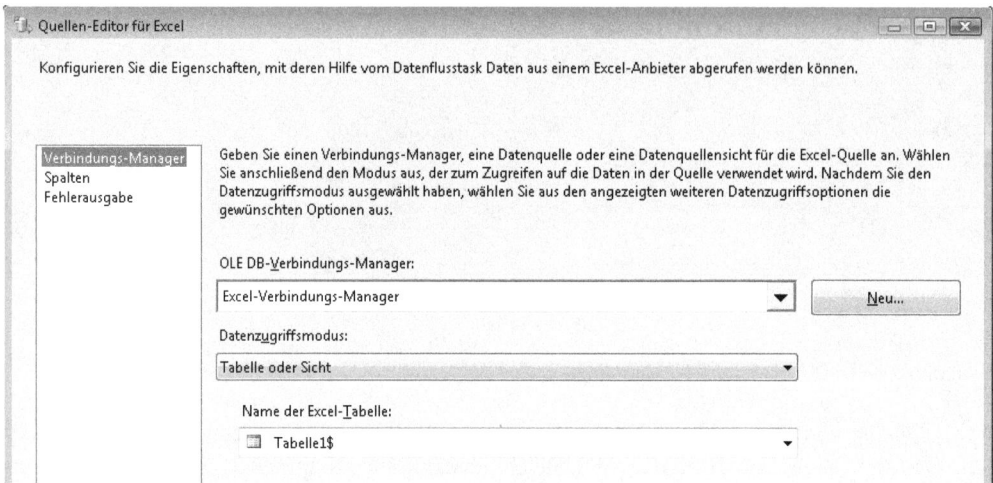

Abbildung 16.9 *Quellen-Editor für Excel*

Die einzulesende Excel-Datei wird im Verbindungs-Manager eingetragen. OLE DB behandelt jede Excel-Datei wie eine eigene Datenbank und jede Excel-Tabelle wie eine Datenbanktabelle. Deshalb muss für jede Excel-Datei ein eigener Verbindungs-Manager angelegt werden. Über die Schaltfläche *Neu* wird der Excel-Verbindungs-Manager geöffnet (Abbildung 16.10). Tragen Sie bei Bedarf im Feld *Excel-Dateipfad* den Speicherort Ihrer Excel-Datei ein.

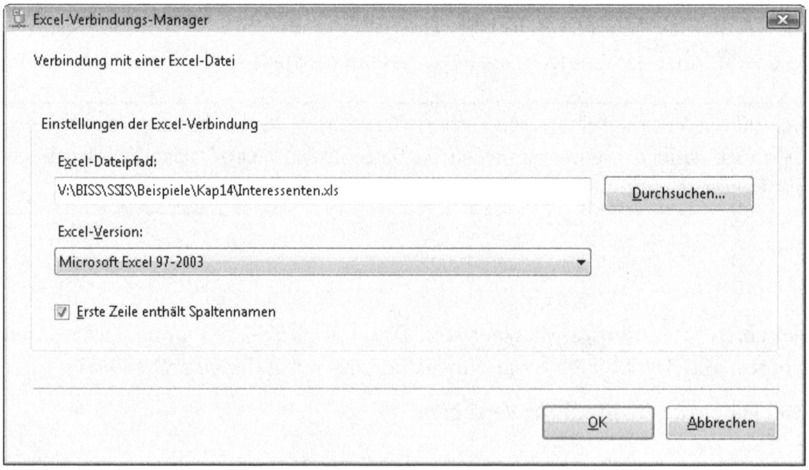

Abbildung 16.10 *Excel-Verbindungs-Manager; Excel-Dateipfad*

Mit *OK* übernehmen Sie den neuen Verbindungs-Manager in den *Quellen-Editor für Excel*.

TIPP   Der Name der Excel-Tabelle ist im Excel-Verbindungs-Manager in der Eigenschaft *ExcelFilePath* hinterlegt. Diese Eigenschaft kann über die *Expression*-Eigenschaft im Eigenschaftsfenster des Excel-Verbindungs-Managers dynamisch mittels einer Variablen gesetzt werden. Dadurch kann eine Excel-Quelle mit einem Excel-Verbindungs-Manager zum Einlesen von unterschiedlich benannten Excel-Tabellen mit gleicher Datenstruktur verwendet werden.

Datenfluss-Quellen

Im *Quellen-Editor für Excel* haben Sie ähnliche Konfigurationsmöglichkeiten wie bei der *OLE DB-Quelle*. In den allermeisten Anwendungsfällen müssen nur die einzulesende Tabelle und die gewünschten Spalten auf der Seite *Spalten* festgelegt werden.

Da eine Excel-Quelle von den Integration Services wie eine Datenbank behandelt wird und eine Datenbank den Datentyp fest vorgibt, haben Sie bei der *Excel-Quelle* keine Möglichkeit, den Datentyp der einzulesenden Spalte festzulegen. In Excel ist es nur möglich, die Formatierung einer Zelle zu hinterlegen. Durch eine Analyse der ersten Datenzeilen versucht Excel den bestmöglichen Datentyp zu ermitteln und übergibt diesen an den *Verbindungs-Manager*. Die Praxis zeigt jedoch, dass der so ermittelte Datentyp in vielen Fällen nicht der richtige ist. Deshalb ist es oftmals notwendig, die eingelesene Excel-Spalte explizit mit einer Komponente *Abgeleitete Spalte* zu konvertieren. Eine andere Möglichkeit, den Datentyp einer Excel-Datei festzulegen, ist die Verwendung einer *Skriptkomponente* als Datenquelle. Denn in einer *Skriptkomponente* können die Datentypen vor dem Einspeisen in den Datenfluss festgelegt werden.

Flatfilequelle

Mit der *Flatfilequelle* werden Daten aus Textdateien eingelesen. Die wichtigsten Einstellungen werden jedoch nicht in der Komponente *Flatfilequelle*, sondern im Flatfile-Verbindungs-Manager vorgenommen. Die *Flatfilequelle* übernimmt nur die Daten aus dem Flatfile-Verbindungs-Manager.

Über die Komponente *Flatfilequelle* ist es nur möglich, einen Flatfile-Verbindungs-Manager neu anzulegen. Es ist nicht möglich, auf diesem Weg Änderungen vorzunehmen. Bei Änderungen muss der *Verbindungs-Manager-Editor für FlatFiles* mit einem Doppelklick auf den Verbindungs-Manager direkt aufgerufen werden (Abbildung 16.11). Deshalb sollten Sie für den Verbindungs-Manager einen möglichst aussagekräftigen Namen wählen, damit er schnell im Fensterbereich *Verbindungs-Manager* erkannt werden kann.

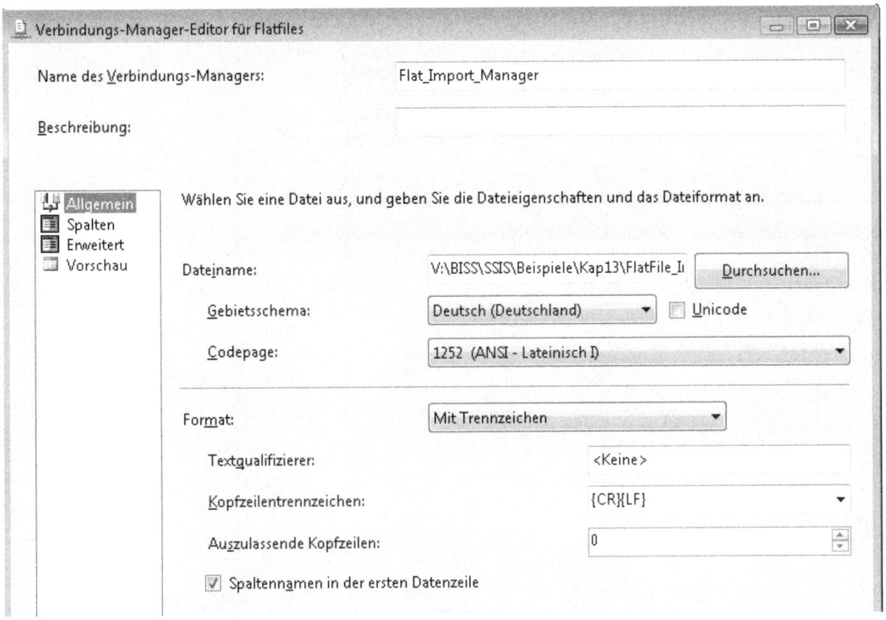

Abbildung 16.11 *Verbindungs-Manager-Editor für Flatfiles*

Der *Dateiname* gibt den Speicherort des Flatfiles an. Über das *Gebietsschema* wird die Notation im Flatfile festgelegt. Dies ist insbesondere für das Datumsformat wichtig. Das Gebietsschema kann bei der Konfiguration eines Pakets festgelegt werden. Mit *Unicode* und *Codepage* werden wie zu erwarten der Zeichensatz und die Codepage festgelegt. Es werden drei Standardformate für Flatfiles angeboten:

- Mit Trennzeichen
- Feste Breite
- Mit Flatterrand

Die typischen Anwendungen für das Format *Mit Trennzeichen* sind Comma Separated Value-Dateien (CSV). Die Standardeinstellungen sind auf CSV-Dateien abgestimmt. Das Zeilentrennzeichen ist ein Carriage Return/Line Feed (CR/LF), und die Spalten werden durch ein Semikolon getrennt. Diese Eingaben können einzeln auf der Seite *Spalten* geändert werden.

Das Format *Feste Breite* ist ein eher ungebräuchliches Format. Es wird für einen Datenstream ohne Carriage Return/Line Feed (CR/LF) verwendet. Die Breite der Spalten wird fest definiert. Es wird kein automatisches Zeilenende erkannt.

Das Format *Mit Flatterrand* (Abbildung 16.12) entspricht dem in Deutschland üblichen Format *Feste Satzlänge*. Alle Spalten haben eine feste Breite. Die letzte Spalte und damit die Zeile wird durch ein Carriage Return/Line Feed (CR/LF) abgeschlossen.

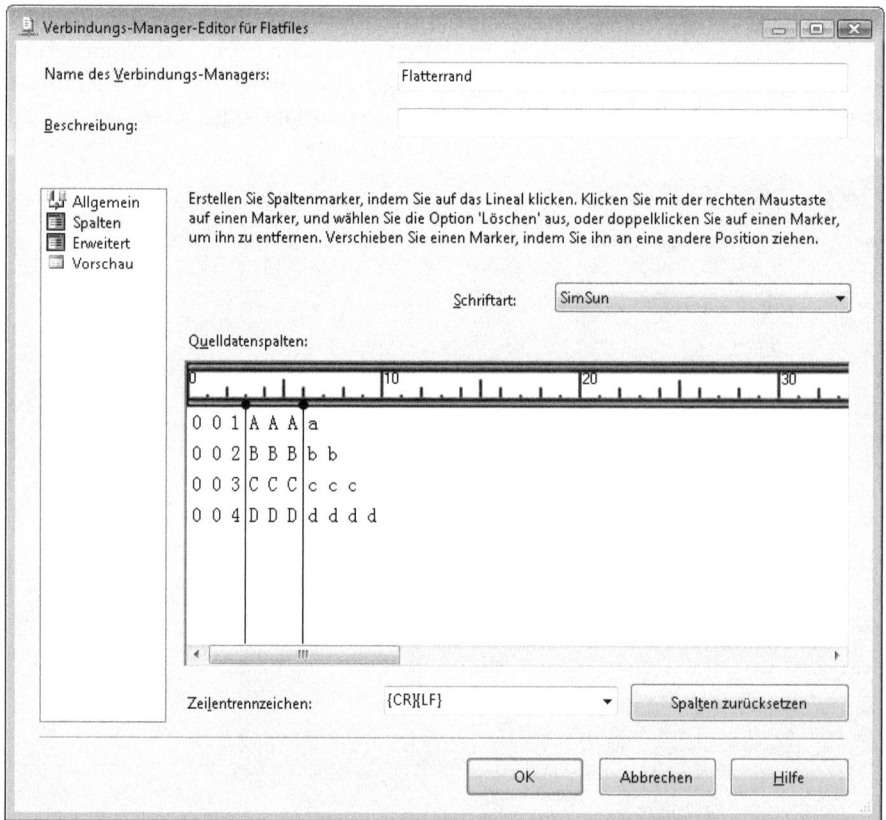

Abbildung 16.12 Flatfile-Verbindungs-Manager (Spalteneinteilung mit Flatterrand)

Auf der in Abbildung 16.13 dargestellten Seite *Erweitert* kann unabhängig vom gewählten Format der Datentyp jeder Spalte festgelegt werden. Sie sollten den richtigen Datentyp direkt bei der Erstellung des Verbindungs-Managers festlegen, denn die Metadaten des Datenflusses werden auf Basis dieser Angaben erstellt. Spätere Änderungen sind relativ aufwendig.

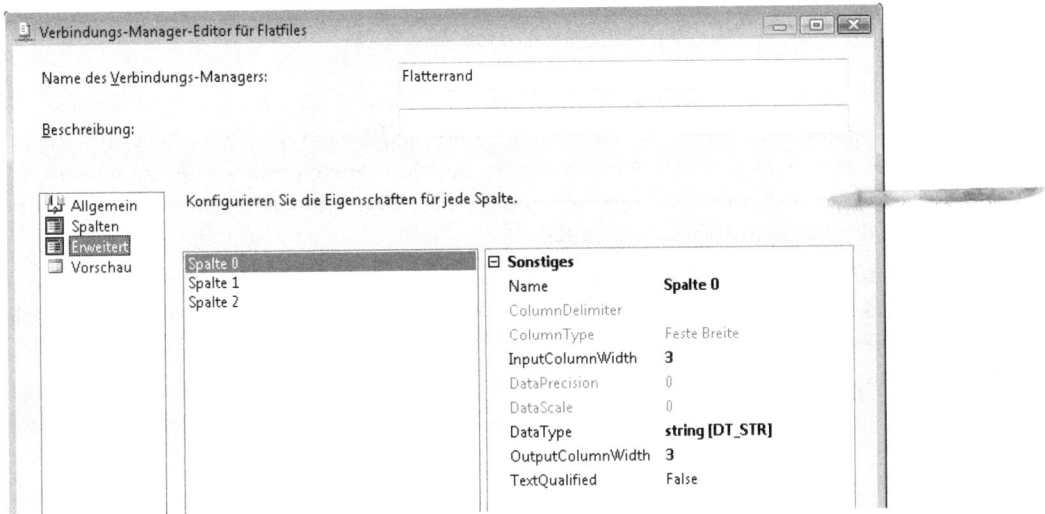

Abbildung 16.13 Konfiguration der Eigenschaften für jede Spalte im *Verbindungs-Manager-Editor für Flatfiles* auf der Seite *Erweitert*

Auf der Seite *Allgemein* wird festgelegt, ob die Spaltennamen aus der ersten Datenzeile generiert werden sollen. Ist dies nicht möglich, müssen Sie die Spaltennamen selbst definieren. Die Änderung der Spaltennamen wird auf der Seite *Erweitert* vorgenommen.

XML-Quelle

Mit der *XML-Quelle* können strukturierte Daten im XML-Format in den Datenfluss eingelesen werden. Da in einer XML-Datei häufig hierarchische Beziehungen gespeichert werden, können aus einer XML-Datei mehrere Datenflüsse entstehen. Für jede Hierarchie wird eine Ausgabe generiert und jede Ausgabe kann die Quelle eines Datenflusses sein. Im *Quellen-Editor für XML* wird auf der Seite *Verbindungs-Manager* der Zugriff auf die XML-Daten konfiguriert.

HINWEIS Nur die Seite im Editor heißt *Verbindungs-Manager*. Es wird kein Objekt *Verbindungs-Manager* angelegt und es erfolgt auch keine Anzeige im Fensterbereich *Verbindungs-Manager*.

Beispiel: Einlesen einer XML-Quelle

In diesem Beispiel wird eine hierarchische XML-Datei mit den Namen und Adressen der Buchautoren eingelesen. Die XML-Beispieldatei und das SSIS-Paket finden Sie unter *V:\BISS\SSIS\Beispiele\Kap16\ Kap16_XML-Quelle*. Der Datenzugriffsmodus konfiguriert den Zugriff auf die XML-Daten wie in Tabelle 16.1 beschrieben.

Datenzugriffsmodus	Beschreibung
XML-Dateispeicherort	Fester Speicherort im Dateisystem
XML-Datei aus Variable	Indirekte Festlegung des Speicherorts über eine Variable
XML-Daten aus Variable	Die XML-Daten sind in einer Variable vom Datentyp *String* gespeichert

Tabelle 16.1 Übersicht über die Funktionsweise des Datenzugriffsmodus einer XML-Datei

In unserem Beispiel wird der Speicherort der XML-Datei direkt angegeben. Die XML-Quelle verwendet ein Schema zur Interpretation der XML-Daten. Ist das Schema als Inlineschema in der XML-Datei gespeichert, kann die Eigenschaft *Inlineschema verwenden* aktiviert werden. In allen anderen Fällen wird das Schema aus einer XSD-Datei (XML Schema Definition) ausgelesen, um die XML-Daten in ein Tabellenformat zu übersetzen. Es werden keine Schemaauflistungen unterstützt.

Eine XSD-Datei kann direkt im *Quellen-Editor für XML* erzeugt werden. Geben Sie den Speicherort der XML-Datei an und klicken Sie auf die Schaltfläche *XSD-Code generieren*. Das Schema wird automatisch ermittelt und am gewählten Speicherort hinterlegt.

1. Ziehen Sie eine Komponente vom Typ *XML-Quelle* in den Entwurfsbereich eines Datenflusstasks und öffnen Sie den Editor. Nehmen Sie die Eintragungen auf der Seite *Verbindungs-Manager* entsprechend Abbildung 16.14 vor.

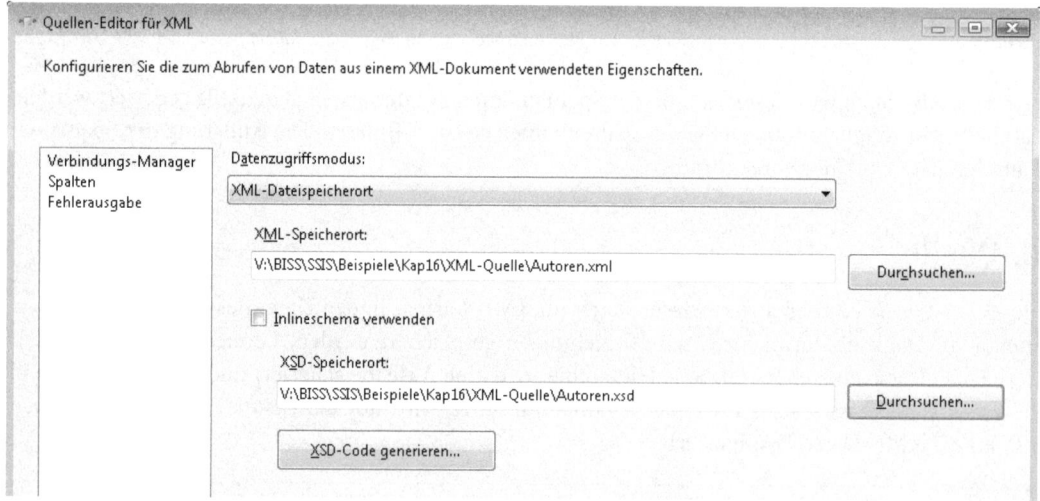

Abbildung 16.14 Die Seite *Verbindungs-Manager* im Quellen-Editor für XML

2. Wechseln Sie zur Seite *Spalten*. Der erste Ausgabename ist ausgewählt.
3. Deaktivieren Sie das Kontrollkästchen vor *Adresse_Id*. Alle weiteren Spalten sollen in den Datenfluss ausgegeben werden.
4. Wechseln Sie über das Listenfeld *Ausgabename* in die zweite Ausgabe *Adresse* und deaktivieren Sie das Kontrollkästchen vor *Adresse_Id* (Abbildung 16.15). Über die ID-Nummern könnte bei einem späteren Update festgestellt werden, welcher Name zu welcher Adresse gehört.

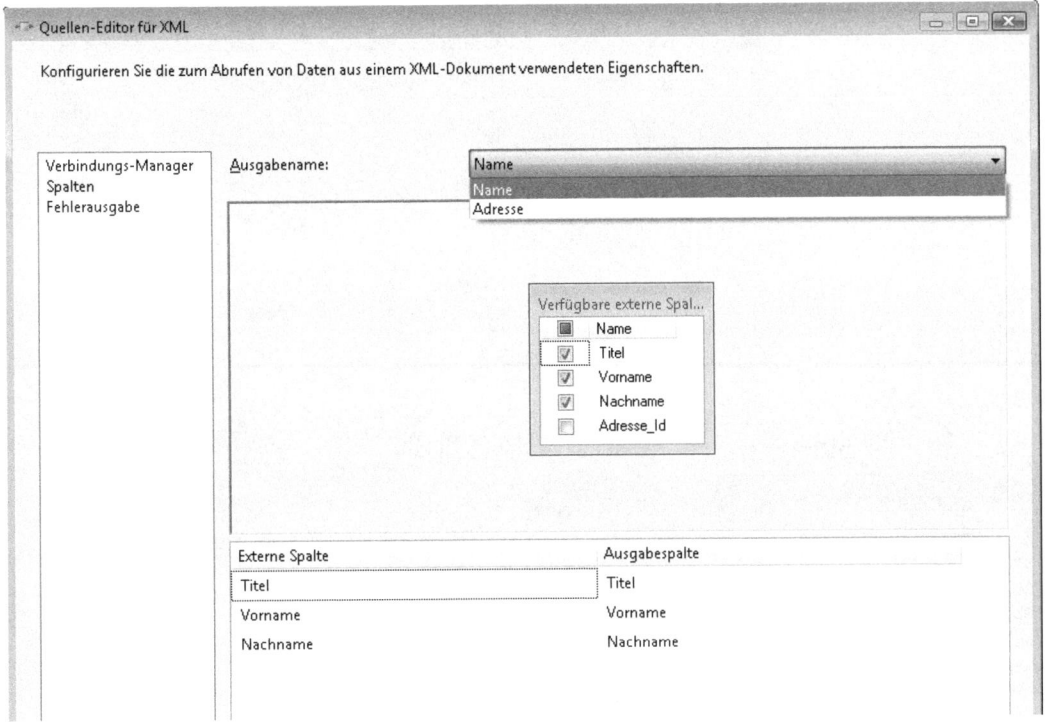

Abbildung 16.15 Quellen-Editor für XML. Zwei Ausgabenamen und deaktivierte Spalte *Adresse_Id*.

5. Schließen Sie den *Quellen-Editor für XML*.
6. Ziehen Sie zwei Komponenten von Typ *Multicast 'Papierkorb'* in den Entwurfsbereich (siehe hierzu später in diesem Kapitel den Abschnitt »Komponente *Multicast* als leeres Datenziel (Multicast-Papierkorb)«.
7. Verbinden Sie den grünen Ausgabepfeil der XML-Quelle mit jeder der Multicast-Komponenten.
8. Beim ersten Datenfluss müssen Sie die gewünschte Ausgabe spezifizieren. Wählen Sie die Ausgabe *Name*.
9. Für den zweiten Datenfluss bleibt nur noch die Ausgabe *Adresse* übrig. Beide Datenflüsse werden automatisch mit den Ausgabenamen gekennzeichnet.
10. Fügen Sie beiden Datenflüssen einen Daten-Viewer hinzu. Wie Sie einen Daten-Viewer anlegen, können Sie in Kapitel 17 im Abschnitt »Beispiel: Skripttask und Variable« nachlesen.
11. Starten Sie das Paket.
12. Die Namen und die Adressen werden in getrennten Daten-Viewern angezeigt (Abbildung 16.16).

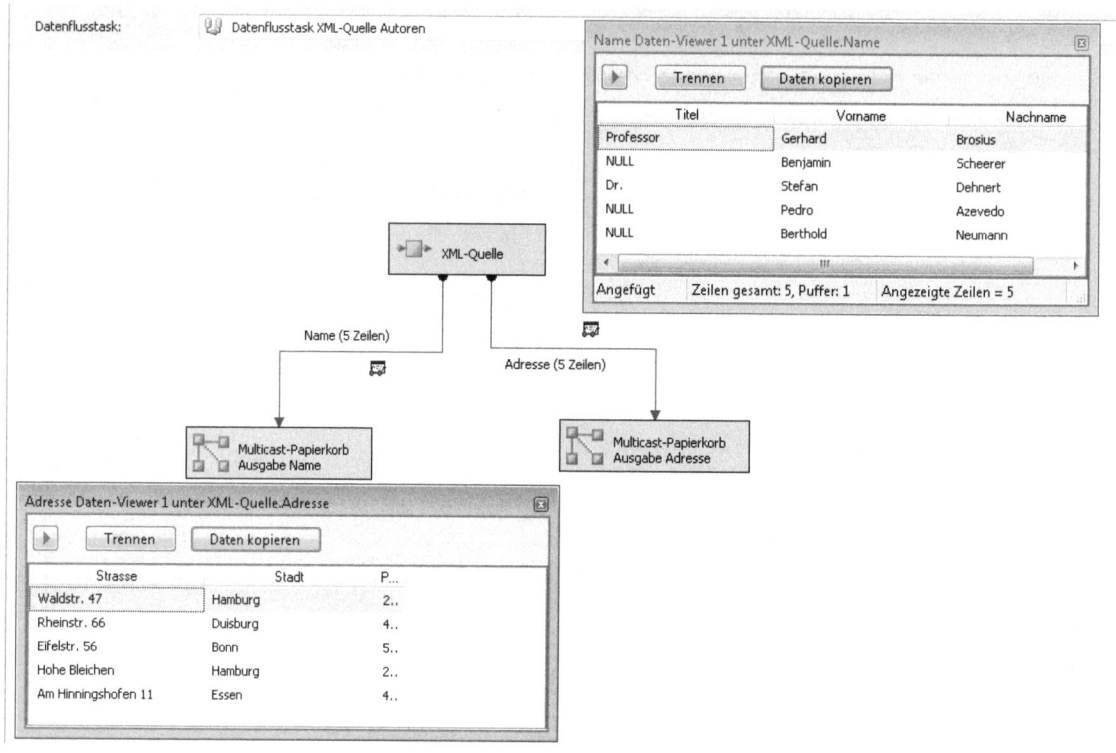

Abbildung 16.16 XML-Quelle. Ausgabe der Namen der Autoren und Ihrer Adressen in Daten-Viewer-Fenstern.

Skriptkomponente als Datenfluss-Quelle/Datenfluss-Ziel

Die Skriptkomponente ist durch die umfangreichen Programmiermöglichkeiten eine gute Alternative zum Einlesen und Ausgeben von ungewöhnlichen Datenquellen. Sie kann auch verwendet werden, um Spalten bereits vor dem Einspeisen in den Datenfluss aufzubereiten, eine Zeilenselektion durchzuführen oder Daten zu konvertieren. Durch die Programmiermöglichkeiten kann flexibel auf wechselnde Anforderungen und Speicherorte reagiert werden.

Der Nachteil der Skriptkomponente ist die Notwendigkeit der Programmierung. Es ist einfach aufwendiger eine Schnittstelle zu programmieren, als sie in einer Standardkomponente zusammenzuklicken. Ein Beispiel für ein dynamisches Excel-Update mithilfe einer Skriptkomponente finden Sie innerhalb der Beispieldateien auf unserer Homepage *www.FestImBiss.de* unter *V:\BISS\SSIS\Beispiele\Sonstiges\Excelupdate_ Dynamisch*.

Datenfluss-Ziele

Das Datenfluss-Ziel ist die normale Ausgabe des Datenflusses. Mit dem Datenfluss-Ziel werden Datenbanktabellen gefüllt oder Exportdateien erstellt. Ohne Datenfluss-Ziel ist ein Datenfluss unvollständig. Als Gegenstück zu den Datenquellen stehen folgende Standardkomponenten als Datenfluss-Ziele zur Verfügung:

Datenfluss-Ziele

- OLE DB-Ziel
- ADO.NET Destination
- SQL Server-Ziel
- Flatfile-Ziel
- Excel-Ziel
- (Partitionsverarbeitung)
- (Data Mining Modelltraining)
- (Skriptkomponente)
- (Multicast ohne Ausgabe *Papierkorb*)

Eine XML-Datei steht als Zielkomponente nicht zur Verfügung. Es besteht nur die Möglichkeit, in einer *Skriptkomponente* die XML-Ausgabe selbst zu programmieren. Mit der Komponente *Multicast 'Papierkorb'* kann der Datenfluss in ein Datenfluss-Ziel ausgegeben werden, ohne dass irgendwelche Daten geschrieben werden.

OLE DB-Ziel

Das *OLE DB-Ziel* ist die Standardkomponente für das Einfügen von Zeilen eines Datenflusses in eine Datenbank. Der verwendete *Ziel-Editor für OLE DB* entspricht fast exakt dem der *OLE DB-Quelle*. Analog zur *OLE DB-Quelle* können Sie auch beim *OLE DB-Ziel* den Tabellennamen oder den SQL-Befehl aus einer Variablen laden.

Die beiden Komponenten ähneln sich so sehr, dass als SQL-Befehl in beiden Fällen ein Select-Statement eingegeben werden muss. In der OLE DB-Quelle werden damit Daten gelesen, im OLE DB-Ziel werden mit exakt demselben Statement Daten geschrieben. Das Select-Statement wird programmintern unter Berücksichtigung der Spaltenzuordnungen in ein Insert-Statement umgewandelt.

Der Datenzugriffsmodus *Tabelle oder Sicht* kann auch in der Variante *Tabelle oder Sicht – schnelles laden* ausgewählt werden. Hier stehen Ihnen einige zusätzliche Parameter zur Verfügung, mit denen Sie die Schreibperformance optimieren können.

ADO.NET Destination

ADO.NET Destination verwendet einen Verbindungs-Manager vom Typ *ADO.NET-Verbindung*. Der Aufbau und die Funktionsweise der Komponente *ADO.NET Destination* ist identisch mit dem der Komponente *OLE DB-Ziel*.

SQL Server-Ziel

Das *SQL Server-Ziel* verwendet zum Laden der Daten des Datenflusses in eine lokale SQL Serverdatenbank den performanten Bulk Insert-Befehl. Da das SQL Server-Ziel zahlreichen Beschränkungen unterliegt, sollte diese Komponente nur für sehr zeitkritische Anwendungen verwendet werden.

Flatfile-Ziel

Die Komponente *Flatfileziel* gibt den Datenfluss in eine Textdatei aus. Die wichtigen Daten des Dateiformats stehen nicht direkt in der Komponente *Flatfileziel*, sondern im dazugehörigen Flatfile-Verbindungs-Manager. Bei einem *Flatfileziel* ist es nicht egal, auf welche Art der Verbindungs-Manager angelegt wird. Nur wenn Sie den Verbindungs-Manager direkt aus der Komponente *Flatfileziel* heraus anlegen, werden die Spalten aus dem Datenfluss übernommen. Nur so ist die Anlage einer neuen Textdatei im Format *Feste Breite* mit Zeilentrennzeichen relativ einfach möglich.

Nur beim Anlegen eines neuen Verbindungs-Managers aus der Komponente *Flatfileziel* heraus wird das Dialogfeld zur Auswahl des Flatfileformates angezeigt, wie in Abbildung 16.17 dargestellt.

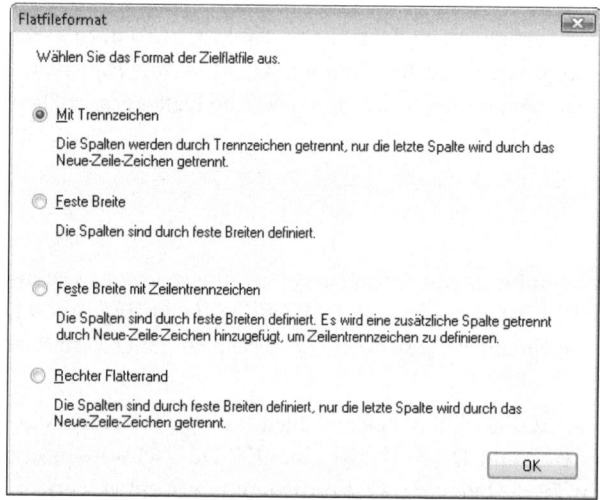

Abbildung 16.17 Auswahl des Formats für das Flatfile-Ziel

Die korrekte Auswahl des Formats an dieser Stelle ist von entscheidender Bedeutung. Wird diese Einstellung später im Verbindungs-Manager geändert, werden alle Spalten gelöscht. Es ist nicht möglich, ein Zeilentrennzeichen für eine nicht vorhandene Textdatei mit *fester Breite* einzugeben.

Mit dem Format *Mit Trennzeichen* können CSV-Dateien ausgegeben werden. Das Format *Feste Breite* gibt einen endlosen Strom von Zeichen aus. Es ist ein wenig gebräuchliches Format. Die Formate *Feste Breite mit Zeilentrennzeichen* und *Rechter Flatterrand* ähneln sich. Beide Formate geben Textdateien mit fester Spaltenbreite und einem Carriage Return/Line Feed als Zeilenabschluss aus. Die Formate unterscheiden sich nur in der Länge der letzten Spalte. Das Format *Rechter Flatterrand* schneidet die letzte Spalte nach dem letzten Zeichen ab. Im Format *Feste Breite mit Zeilentrennzeichen* wird auch die letzte Spalte immer in der definierten Länge ausgegeben.

Nach der Auswahl des Formats öffnet sich der *Verbindungs-Manager-Editor für Flatfiles*. Auf der in Abbildung 16.18 dargestellten Seite *Allgemein* werden der Name und der Speicherort der Zieldatei eingegeben. Das Format ist durch Ihre vorherige Auswahl vorbelegt und sollte keinesfalls geändert werden. Durch eine Formatänderung werden alle automatisch generierten Einstellungen für die Zieldatei gelöscht.

Datenfluss-Ziele

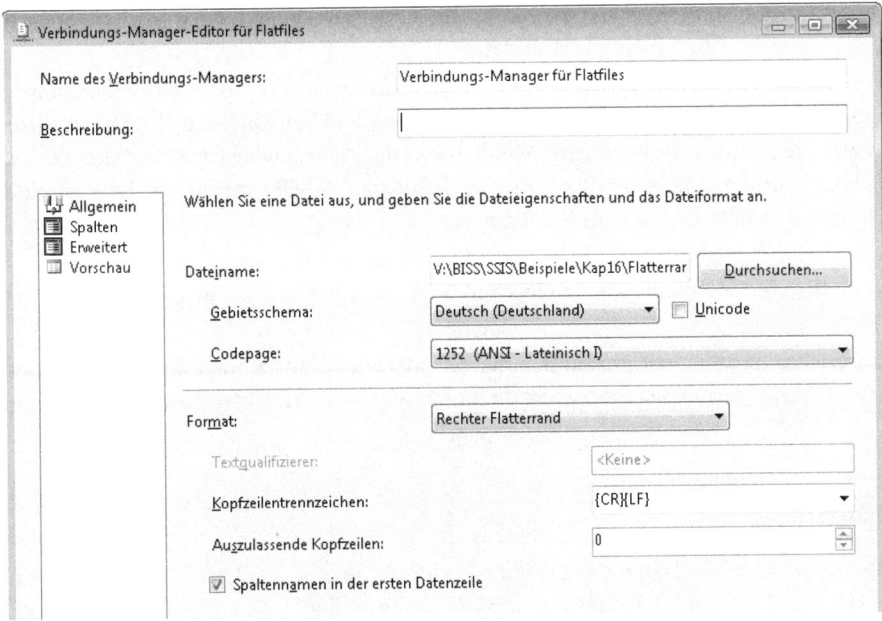

Abbildung 16.18 Verbindungs-Manager-Editor für Flatfile. Seite *Allgemein*.

Die Seite *Spalten* wird nur für den Fall benötigt, dass ein Dateiformat auf Basis eines bestehenden Flatfiles erstellt werden soll. Für eine vollständige Neuanlage wird die Seite *Spalten* nicht verwendet.

Das Ausgabeformat wird automatisch auf Basis der Metadaten des Datenflusses generiert. Auf der Seite *Erweitert* kann das Ausgabeformat der Spalten modifiziert werden. Es ist allerdings nicht möglich, die Reihenfolge der Spalten zu ändern. Hierzu muss eine Spalte am gewünschten Ort neu angelegt (Abbildung 16.19) und die alte Spalte gelöscht werden. Eine andere Möglichkeit ist die manuelle Spaltendefinition auf Basis einer vorhandenen Textdatei.

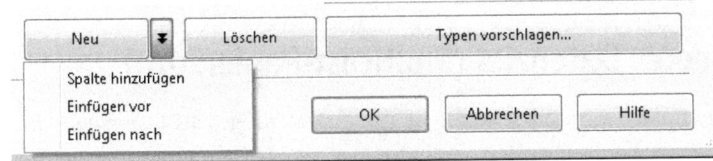

Abbildung 16.19 Hinzufügen einer Spalte auf der Seite *Erweitert* des Verbindungs-Manager-Editors für Flatfiles

Die Handhabung der Komponente *Flatfileziel* ist sehr gewöhnungsbedürftig. Um eine bestimmte Funktionalität zu erreichen, muss der dazugehörige Verbindungs-Manager mit genau festgelegten Arbeitsschritten angelegt werden. Die generierten Eigenschaften sind nicht vollständig transparent und können teilweise nicht im Nachhinein geändert werden. Nur wenn die einzelnen Arbeitsschritte exakt beachtet werden, kann das gewünschte Flatfileziel erstellt werden.

Excel-Ziel

Mit der Komponente *Excel-Ziel* lassen sich die Daten des Datenflusses in eine Excel-Datei schreiben. Diese Komponente ist für den einmaligen Export von Daten in eine Excel-Datei nützlich. Im Editor kann eine neue

Excel-Datei über den Verbindungs-Manager angelegt werden. Zur Erstellung einer Tabelle wird die Schaltfläche *Neu* neben dem Feld *Name der Excel-Tabelle* verwendet.

Das Create-Statement wird automatisch auf Basis der Daten im Datenfluss generiert. Auch die Spaltenzuordnung erfolgt automatisch auf der Seite *Zuordnungen*. Für das permanente Füllen einer Excel-Datei ist diese Komponente aber kaum geeignet, denn es besteht keine Möglichkeit, das Anlegen der Datei und der Tabelle zu automatisieren. Die Daten werden einfach am Ende der vorhandenen Tabelle angehängt. Dies ist eine äußerst selten anzutreffende Anforderung bei einem Excel-Export.

Eine Lösungsmöglichkeit ist die Verwendung einer vorgeschalteten *Skriptkomponente*. In der *Skriptkomponente* ist es möglich, eine vorhandene Excel-Datei zu löschen oder umzubenennen sowie eine neue Datei oder Tabelle anzulegen.

Ein Beispiel für ein dynamisches Excel-Update mithilfe einer Skriptkomponente finden Sie innerhalb der Beispieldateien auf unserer Homepage *www.FestImBiss.de* unter *V:\BISS\SSIS\Beispiele\Sonstiges\Excel-update_ Dynamisch.*

Partitionsverarbeitung

Mit der *Partitionsverarbeitung* werden die Daten des Datenflusses direkt in eine Analysis Services Partition geladen und verarbeitet. Hat ein Cube nur eine Partition, wird der vollständige Cube aufbereitet. Die Daten werden nicht gespeichert und stehen für eine erneute Verarbeitung nicht zur Verfügung. Die direkte Verarbeitung einer Partition aus dem Datenfluss heraus ist eher ungewöhnlich und auf sehr spezielle Anwendungen beschränkt.

Data Mining-Modelltraining

Das *Data Mining Modell-Training* lädt die Daten des Datenflusses direkt in ein Data Mining-Modell und trainiert es. Wie bei der *Partitionsverarbeitung* werden die Daten nicht gespeichert und stehen für ein erneutes Modelltraining nicht zur Verfügung. Auch die Verwendung der Datenfluss-Ziel-Komponente *Data Mining Modell-Training* ist eher ungewöhnlich und auf äußerst spezielle Anwendungen beschränkt.

Komponente *Multicast* als leeres Datenziel (Multicast-Papierkorb)

Ein Datenfluss liest Daten aus einer Datenquelle ein und schreibt sie in ein Datenziel. Das Datenziel wird jedoch meist erst gegen Ende der Paketentwicklung festgelegt. Außerdem verlangen einige Komponenten zwingend einen ausgehenden Datenfluss. Dieses Problem kann mithilfe der Komponente *Multicast* umgangen werden. Die eigentliche Aufgabe dieser Komponente ist zwar das Duplizieren eines Datenflusses, aber es wird keine Fehlermeldung generiert, wenn die Komponente über keine Ausgabe verfügt. Und genau diese Funktion kann man sich bei der Paketentwicklung zunutze machen, indem man die Komponente *Multicast* ohne Ausgabe als Platzhalter für ein später zu definierendes Datenziel temporär verwendet.

Um die Komponente *Multicast* als Abschluss eines Datenflusses zu nutzen, muss lediglich der grüne Datenflusspfeil mit einer Komponente *Multicast* verbunden werden. Es wird keine Ausgabe generiert. Der Nachteil dieses Vorgehens ist die irreführende Beschriftung und Kennzeichnung dieser Abschlusskomponente. Als Alternative kann z.B. eine externe Komponente installiert werden, die ausschließlich die Funktion hat, einen Datenfluss ohne weitere Verarbeitung abzuschließen.

In diesem Buch verwenden wir die Bezeichnung »*Multicast 'Papierkorb'*«. Damit ist die Komponente *Multicast* als Platzhalter für ein später festzulegendes Datenziel gemeint.

Datenflüsse teilen

Ein Datenfluss kann drei verschiedene Arten geteilt bzw. verzweigt werden. Im Folgenden werden diese drei Möglichkeiten beschrieben.

Komponente *Bedingtes Teilen*

Die Komponente *Bedingtes Teilen* teilt einen Datenfluss in mehrere Datenflüsse auf. Jede Zeile des Datenflusses wird mit dem Ergebnis eines Ausdruckes verglichen. Lautet das Ergebnis des Vergleiches *True*, wird diese Zeile in eine neue Ausgabe umgeleitet.

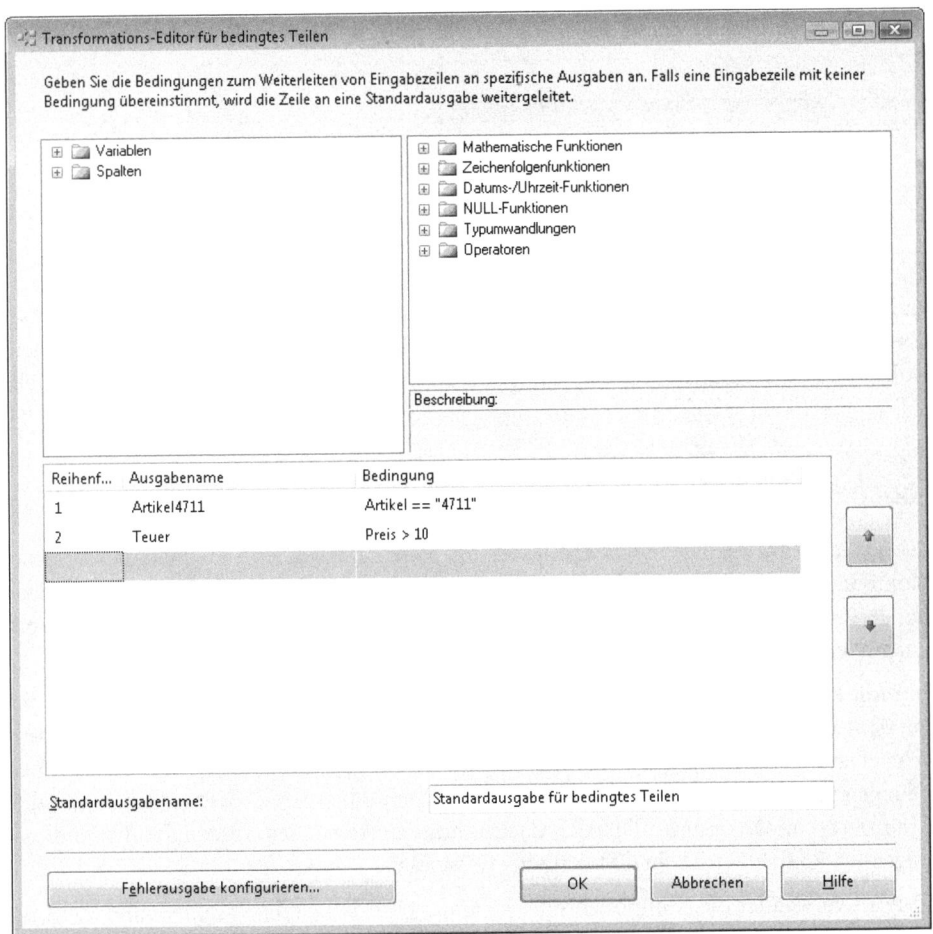

Abbildung 16.20 Komponente *Bedingtes Teilen*; Teilen des Datenflusses in die Ausgaben *Artikel4711*, *Teuer* und die Standardausgabe

Mit den in Abbildung 16.20 zu sehenden Bedingungen *Artikel4711* und *Teuer* wird der Datenfluss in drei Ausgaben und damit in drei Datenflüsse aufgeteilt. Die angegebenen Bedingungen werden von oben nach unten abgearbeitet. Die Bedingungen werden ihrer Reihenfolge entsprechend geprüft. Erfüllt eine Zeile des Datenflusses eine Bedingung, wird sie entsprechend zugeordnet. Eine mögliche Übereinstimmung mit den nachfolgenden Bedingungen wird nicht geprüft. Erfüllt eine Zeile keine der definierten Bedingungen, wird sie in der Standardausgabe ausgegeben.

Die Ausgabenamen werden in den Bedingungszeilen angegeben, der Standardausgabename im unteren Fensterbereich. Jeder Ausgabename darf nur einmal verwendet werden. Die Auswahl der Ausgabe wird erst durchgeführt, wenn der grüne Datenflusspfeil auf die Zielkomponente gezogen wird. Nach dem Loslassen des Pfeils wird das in Abbildung 16.21 zu sehende Auswahlfenster eingeblendet:

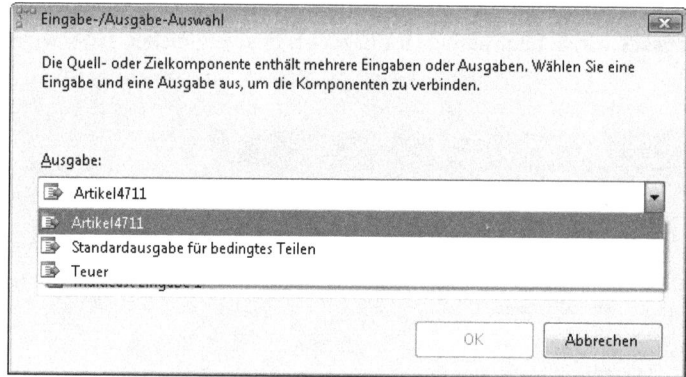

Abbildung 16.21 Auswahl des Datenflusses bei der Zuordnung zur Zielkomponente

Die letzte zur Verfügung stehende Ausgabe wird ohne Auswahlfenster zugeordnet. Die einzelnen Datenflüsse sind mit dem Ausgabenamen im Entwurfsbereich gekennzeichnet. In Kapitel 14 wird im Abschnitt »Beispiel: Excel-Tabelle mit Nullwerten« die Verwendung der Komponente *Bedingtes Teilen* anhand eines Beispiels erläutert.

Komponente *Suche*

Die Komponente *Suche* vergleicht Spalten des Datenflusses mit den Zeilen einer Datenbanktabelle. Die Funktionalität der Komponente *Suche* ist mit dem SQL-Befehl Left Join vergleichbar. Die Zeilen des Datenflusses sind die Zeilen der Basistabelle, die mit einer Datenbanktabelle gejoint werden. Der Datenfluss kann dabei in Zeilen mit Suchübereinstimmung und Zeilen ohne Suchübereinstimmung aufgeteilt werden.

Für die Komponente *Suche* kann ein Cachemodus aktiviert werden. Bei aktiviertem Cachemodus werden die Daten nicht mehr mit dem aktuellen Stand in der Datenbank verglichen, sondern es wird in dem gecachten Datenbestand gesucht. Die Ausführungszeiten können durch die Verwendung des Cachemodus bei bestimmten Anwendungen stark reduziert werden. Kann kein Cachemodus verwendet werden, sollte die Suchtabelle optimal indiziert sein. Ob es sinnvoll ist den Cachemodus zu verwenden, ist von der Anwendung abhängig. Im nachfolgenden Beispiel wird kein Cachemodus verwendet.

Für den Datenbankzugriff verwendet die Komponente *Suche* einen OLE DB-Verbindungs-Manager. Es ist nicht möglich, einen ADO.NET-Verbindungs-Manager zu verwenden.

Datenflüsse teilen

Um einen Datenfluss zu teilen, muss auf der Seite *Allgemein* die Auswahl für Zeilen ohne Übereinstimmung geändert werden. Die Vorbelegung *Fehler bei Komponente* muss in *Zeilen an Ausgabe nicht übereinstimmender Einträge umleiten* geändert werden, wie Abbildung 16.22 zeigt.

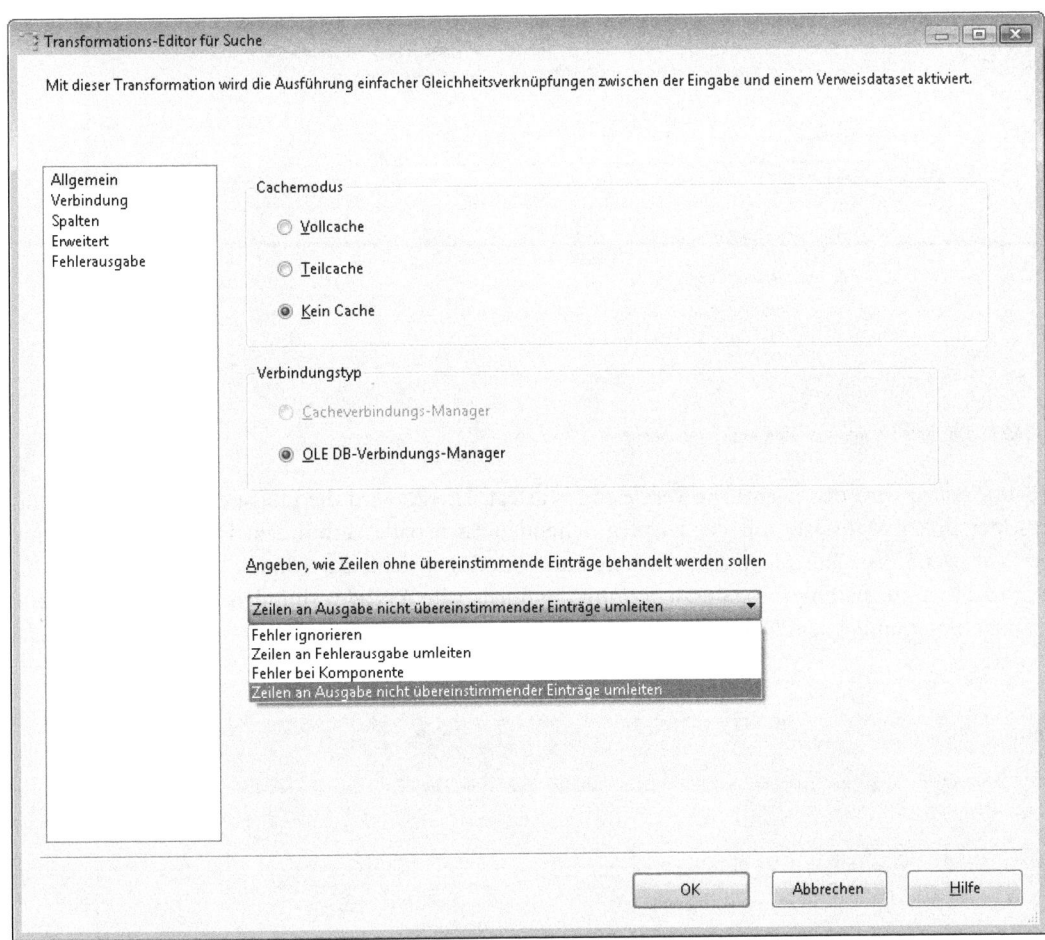

Abbildung 16.22   Konfigurieren der Ausgabe nicht übereinstimmender Einträge auf der Seite *Allgemein* der Komponente *Suche*

Auf der Seite *Verbindung* (Abbildung 16.23) wird der OLE DB-Verbindungs-Manager ausgewählt und die zu prüfende Tabelle oder Sicht angegeben. Alternativ kann ein SQL-Statement direkt eingegeben werden. Es ist nicht möglich, den Namen der Tabelle oder das SQL-Statement über eine Variable zu füllen.

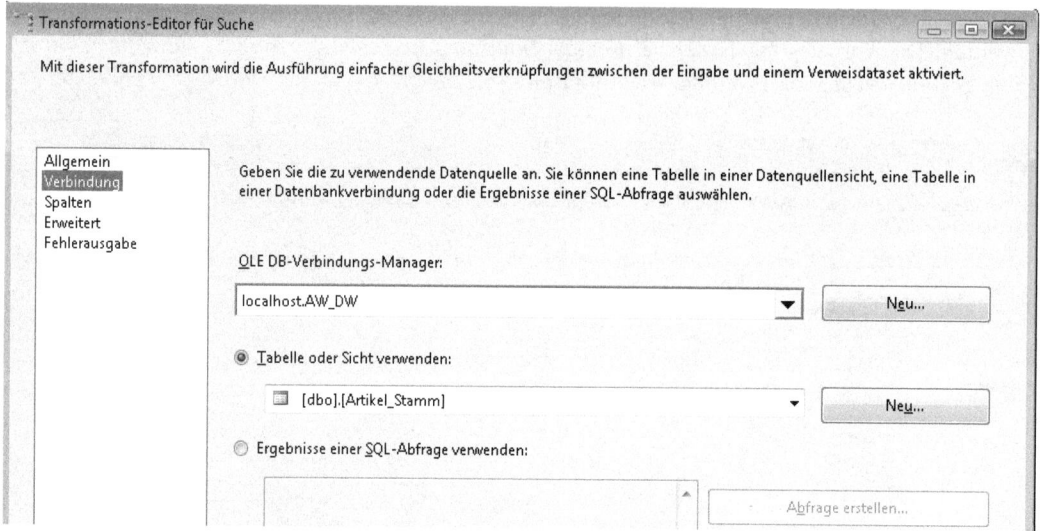

Abbildung 16.23 Die Seite *Verbindung* der Komponente *Suche*

Auf der Seite *Spalten* wird der eigentliche Vergleich festgelegt. Hierzu wird die Eingabespalte markiert und mit gedrückter linker Maustaste mit der zu vergleichenden Suchspalte verbunden. Die Verbindungslinie taucht erst auf, wenn die Maustaste gelöst wird. Es muss mindestens eine Zuordnung getroffen werden. In Abbildung 16.24 wurde die Eingabespalte *Artikel* mit der Suchspalte *Artikel* verbunden. Aus der Suchtabelle wird die Spalte *Bezeichnung* dem Datenfluss hinzugefügt. Hierzu wird die Checkbox vor der Spalte *Bezeichnung* aktiviert.

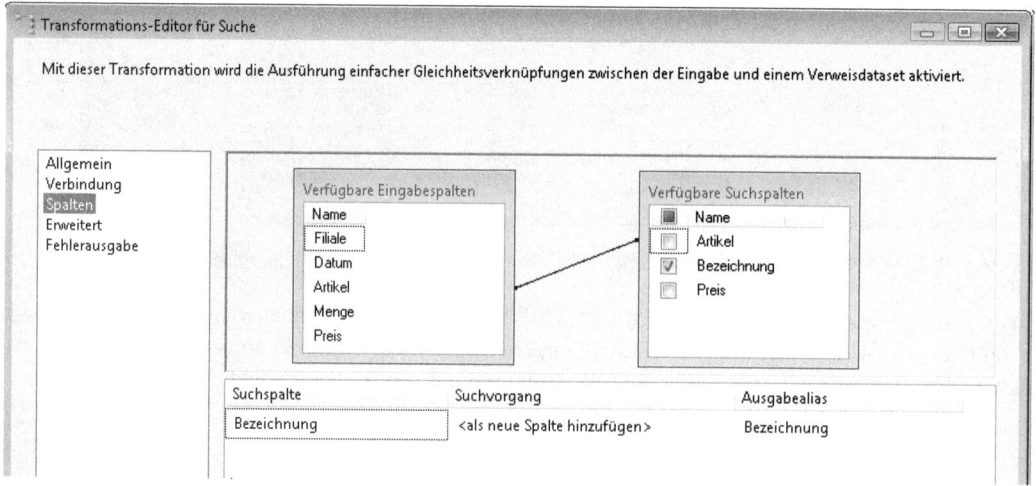

Abbildung 16.24 Spaltenzuordnung in der Komponente *Suche*

Durch die Angabe auf der Seite *Allgemein* verfügt die Komponente *Suche* über zwei normale Datenflussausgaben, wie in Abbildung 16.25 dargestellt.

Datenflüsse teilen

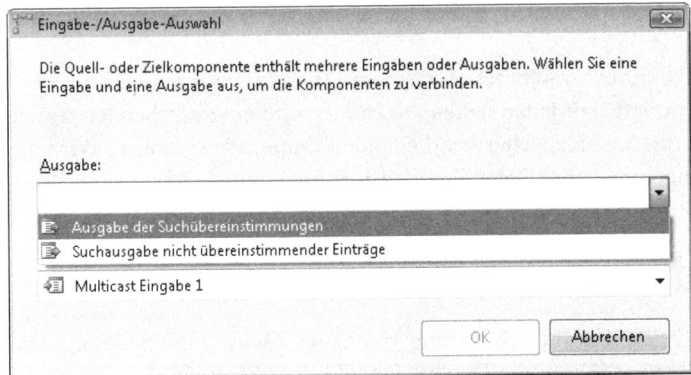

Abbildung 16.25 Auswahl der Datenflussausgabe in der Komponente *Suche*

In unserem Beispiel wird der Datenfluss getrennt in Zeilen mit Suchübereinstimmung und Zeilen ohne Suchübereinstimmung. Die Suchausgabe für nicht übereinstimmende Einträge ist eine Neuerung in Microsoft SQL Server 2008. In der vorherigen Version musste die Teilung des Datenflusses mit der Komponente *Suche* über die Fehlerausgabe realisiert werden. In Abbildung 16.26 ist im Datenviewer die neue Spalte *Bezeichnung* zu erkennen. Eine Zeile konnte nicht den Stammdaten zugeordnet werden und wurde in den Datenfluss *Suchausgabe nicht übereinstimmender Einträge* ausgegeben.

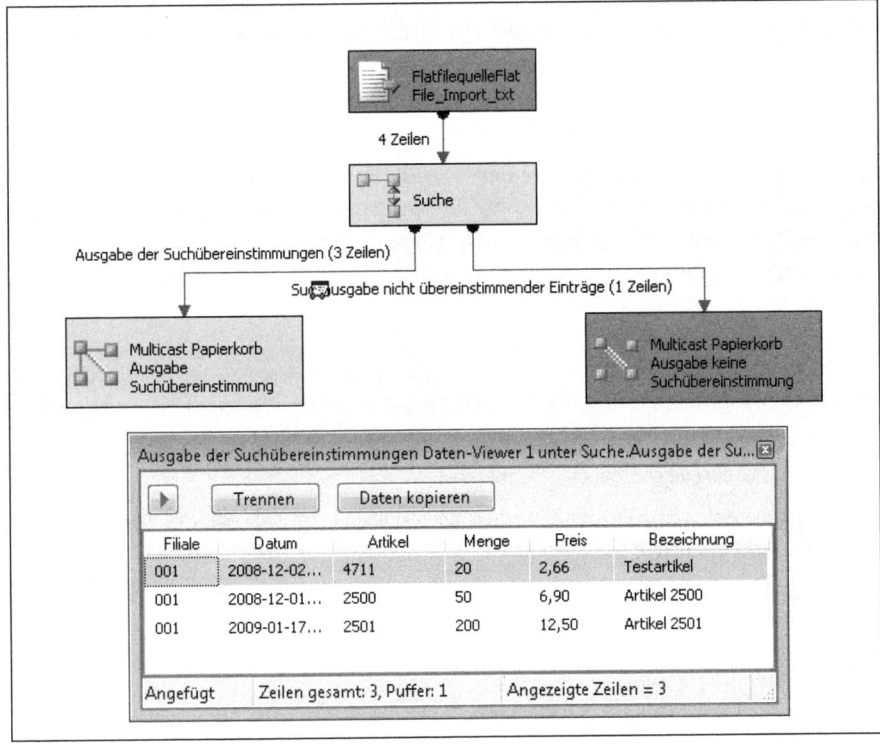

Abbildung 16.26 Datenfluss mit Datenviewer für die Komponente *Suchen*

Komponente *Multicast*

Mit der Komponente *Multicast* wird der Datenfluss dupliziert. Aus einem Datenfluss werden beliebig viele weitere Datenflüsse des gleichen Inhalts generiert. Für jeden neuen Datenfluss wird ein ausgehender grüner Datenflusspfeil von der Komponente *Multicast* auf eine weiterverarbeitende Komponente gezogen. Wird die Komponente *Multicast* markiert, steht immer ein grüner Datenflusspfeil zur Verfügung.

Datenflüsse zusammenführen

Im Datenfluss stehen drei Komponenten für die Zusammenführung von Datenflüssen zur Verfügung. Die Komponenten *Union All* und *Zusammenführung* führen die Datenflüsse additiv zusammen. Die Zeilenanzahl des Ausgabedatenflusses ergibt sich aus der Addition der Zeilenanzahl der Eingabedatenflüsse. Die beiden Komponenten unterscheiden sich in der Art der Zusammenführung. Die Komponente *Zusammenführungsverknüpfung* bildet einen Join zwischen den beiden Datenflüssen. Die Art des Joins kann als Eigenschaft der Komponente festgelegt werden.

Komponente *Union All*

Die Komponente *Union All* führt mehrere Datenflüsse zu einem Datenfluss zusammen. Die Zusammenführung ist additiv. Der Ausgabedatenfluss enthält alle Zeilen der eingehenden Datenflüsse. Die Ausgabespalten werden aus der ersten Eingabe generiert und können im *Transformations-Editor für Union All* angepasst werden. Die Zuordnung der Eingabespalten zu den Ausgabespalten wird anhand der Spaltennamen automatisch vorgenommen. Diese Zuordnungen können neu definiert werden.

Die Sortierung der Ausgabe erfolgt zufällig und kann bei einer veränderten Datenkonstellation unterschiedlich ausfallen. Ist eine bestimmte Sortierung erforderlich, sollte die Ausgabe anschließend mit einer Komponente *Sortierung* in die gewünschte Reihenfolge gebracht werden. *Union All* ist eine einfach zu handhabende Komponente. Die Eingabe-Datenflüsse müssen nicht sortiert sein und Änderungen von Metadaten werden recht elegant toleriert.

PROFITIPP Abseits der vorgesehenen Funktion ist die Komponente *Union All* für zwei weitere Aufgaben sehr nützlich: Die Spaltenreihenfolge des Datenflusses kann geändert werden und nicht benötigte Spalten lassen sich aus dem Datenfluss entfernen. In den Integration Services fehlen hierfür die speziellen Komponenten. Gehen sie dazu wie folgt vor:

1. In der Komponente *UNION ALL* wird nur ein Eingangsdatenfluss verwendet.
2. Der automatisch generierte Ausgabebereich wird zeilenweise über das Kontextmenü jeder Zeile gelöscht. Die Löschoption wird nur angeboten, wenn die Zeile nicht markiert ist.
3. Spalten lassen sich in der gewünschten Reihenfolge auswählen. Die Auswahl wird im rechten Fensterbereich, der für die Eingabe steht, getroffen.
4. Nicht benötigte Spalten werden einfach nicht ausgewählt.

Datenflüsse zusammenführen

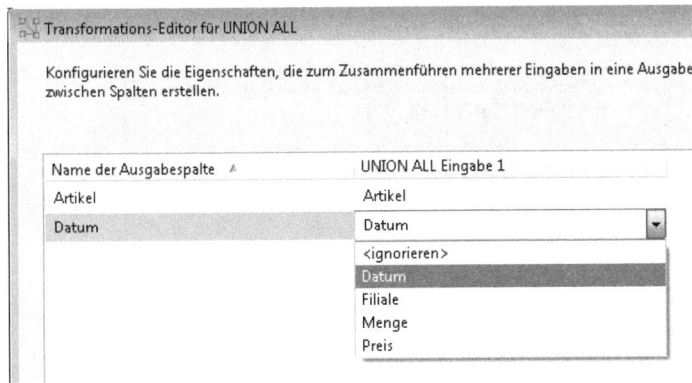

Abbildung 16.27 Spaltenzuordnung der Komponente UNION ALL

Komponente *Zusammenführung*

Die Komponente *Zusammenführung* führt zwei sortierte Datenflüsse zu einem Datenfluss zusammen. Die Zusammenführung ist additiv. Der Ausgabedatenfluss enthält alle Zeilen der beiden eingehenden Datenflüsse. Die Sortierung der Eingabedatenflüsse muss identisch sein. Diese Sortierung wird auch für die Ausgabereihenfolge übernommen. Die Komponente *Zusammenführung* ist schwieriger zu handhaben als die Komponente *Union All* und bringt praktisch keinen Mehrnutzen. Daher ist die Verwendung der Komponente *Union All* vorzuziehen.

Komponente *Zusammenführungsverknüpfung*

Die Komponente *Zusammenführungsverknüpfung* führt zwei sortierte Datenflüsse zu einem Datenfluss zusammen. Die Zusammenführung wird als Verknüpfung der beiden Eingangs-Datenflüsse realisiert. Der Verknüpfungstyp kann im Editor festgelegt werden. Der Verknüpfungstyp *Innere Verknüpfung* ist als Standardwert vorbelegt (Abbildung 16.28).

Als Verknüpfungstypen können ausgewählt werden:

- Innere Verknüpfung (inner join)
- Linke äußere Verknüpfung (left outer join)
- Vollständige äußere Verknüpfung (cross join)

Die automatische Verknüpfung der Spalten wird anhand des Spaltennamens und der Sortierreihenfolge generiert. Treten bei der automatischen Verknüpfung Probleme auf, wird eine Fehlermeldung ausgegeben.

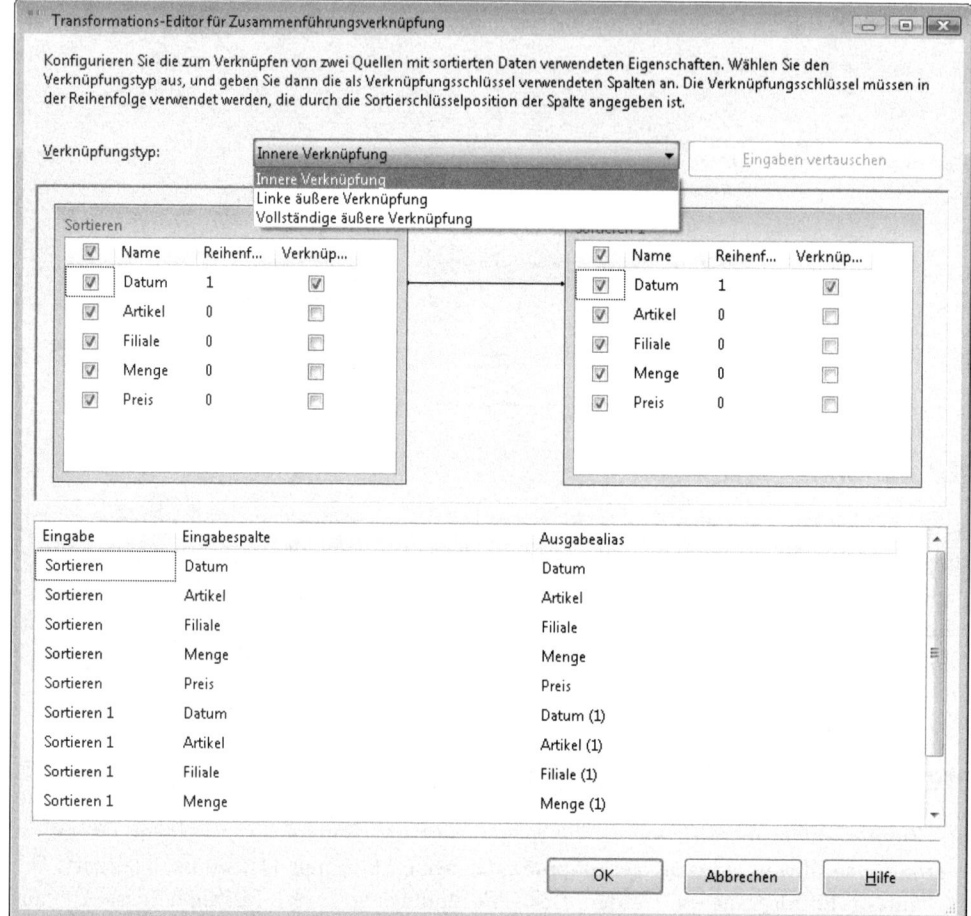

Abbildung 16.28 Komponente *Zusammenführungsverknüpfung*

Die Ausgabe wird nicht automatisch generiert, sondern die gewünschten Ausgabefelder werden durch ein Häkchen im Verknüpfungsbereich ausgewählt. Alternativ kann die Eingabe auch im unteren Zuordnungsbereich erfolgen. Die Anzeige im Verknüpfungsbereich wird entsprechend angepasst.

Komponente *Sortieren*

Mit der Komponente *Sortieren* werden die Zeilen eines Datenflusses sortiert. Die Konfiguration erfolgt über den in Abbildung 16.29 dargestellten *Transfomrations-Editor für Sortierung*. Für die Festlegung der Sortierreihenfolge stehen alle Eingabespalten zur Verfügung. Es muss mindestens ein Feld für die Sortierung ausgewählt werden.

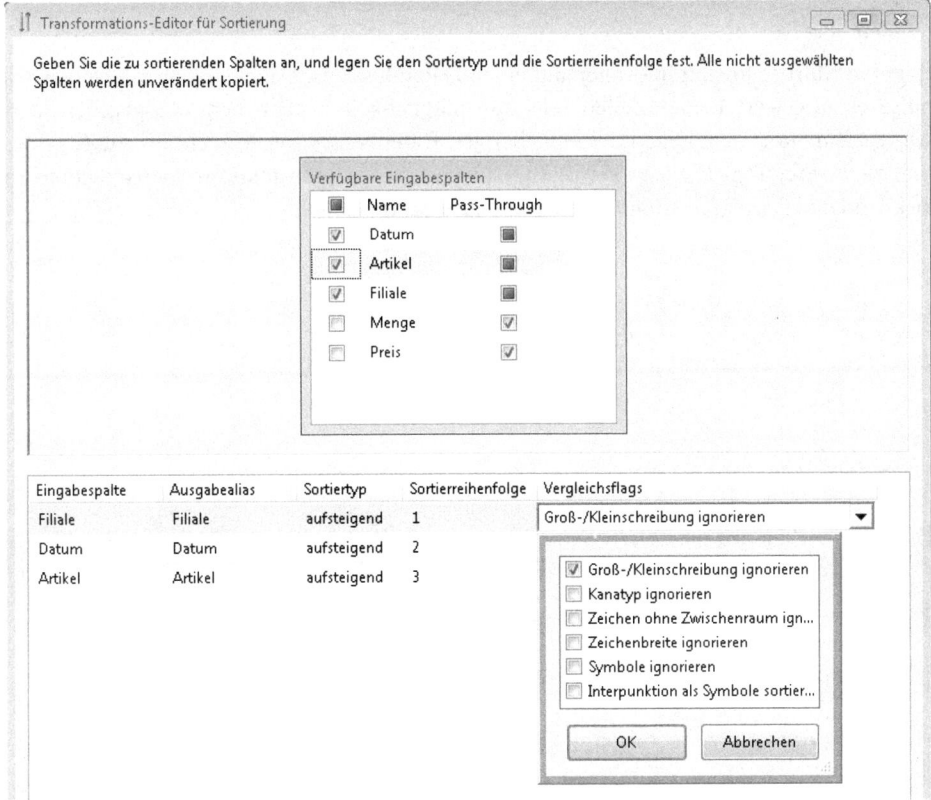

Abbildung 16.29 *Transformations-Editor für Sortierung*

Alle verfügbaren Eingabespalten werden automatisch für die Weiterleitung in die Ausgabe gekennzeichnet. Sollen einzelne Spalten nicht mit ausgegeben werden, muss das Häkchen bei *Pass-Through* entfernt werden.

Durch ein Häkchen vor einer Eingabespalte wird die Sortierung für diese Spalte aktiviert und die Spalte in den unteren Eingabebereich mit dem Sortiertyp *Aufsteigend* eingetragen. Die neue Sortierspalte wird an die letzte Stelle der Sortierreihenfolge gesetzt. Der Sortiertyp und die Sortierreihenfolge können manuell geändert werden. Die Sortierreihenfolge muss jedoch eindeutig sein.

Über die Vergleichsflags können spezielle Sortierkriterien ausgewählt werden. Eine Mehrfachauswahl ist möglich.

Transformationskomponenten

Für die Transformation des Datenflusses stehen zahlreiche Komponenten zur Verfügung. Die wichtigsten werden im Folgenden besprochen.

Komponente *Aggregat*

Die Komponente *Aggregat* führt Aggregatfunktionen auf einen Datenfluss aus. Dabei werden alle Zeilen des eingehenden Datenflusses ausgewertet. Eine Zeilen-Selektionsmöglichkeit besteht nicht. Ausgegeben wird das Ergebnis der Aggregatfunktion. Die Zeilen des eingehenden Datenflusses stehen nicht als Ausgabe der Aggregatkomponente zur Verfügung. Die zur Verfügung stehenden Aggregatfunktionen entsprechen im Wesentlichen den bekannten SQL-Aggregatfunktionen (siehe Abbildung 16.30).

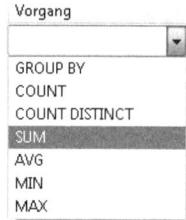

Abbildung 16.30 Aggregatfunktionen; Auswahlliste

Für alphanumerische Felder stehen nur die *COUNT*-Funktionen und die Gruppierungsfunktion *GROUP BY* zur Verfügung. Auf der Registerkarte *Erweitert* werden vielfältige Möglichkeiten zur Optimierung der Aggregatfunktion angeboten.

Komponente *OLE DB-Befehl*

Die Komponente *OLE DB-Befehl* führt für jede Zeile des Datenflusses einen SQL-Befehl aus. Der ausgehende Datenfluss ist identisch mit dem eingehenden Datenfluss. Auch wenn ein Editor für die Ausgabe zur Verfügung steht, ist es nicht möglich, die Ausgabe zu verändern. Sie ist mit der Eingabe synchronisiert. In dieser Komponente können ausschließlich OLE DB-Verbindungs-Manager verwendet werden. Der zu verwendende Verbindungs-Manager kann aus den bereits angelegten Verbindungs-Managern ausgewählt werden.

Da für jede Zeile des Datenflusses ein SQL-Befehl an den Server gesendet und ausgeführt wird, sollte diese Komponente bei einer großen Zeilenanzahl nur mit großer Vorsicht verwendet werden. Testen Sie die Performance mit einer überschaubaren Zeilenanzahl.

Die Ausführung eines SQL-Befehls pro Zeile ist nur dann sinnvoll, wenn sich der auszuführende SQL-Befehl auf den Inhalt der Zeile bezieht. Hierzu müssen einzelne Spalten als Parameter an den OLE DB-Anbieter übergeben werden. Parameter werden in einem OLE DB-Anbieter durch ein »?« gekennzeichnet. Die Reihenfolge des Auftretens legt die Parameterbezeichnung fest. Zur Entwurfszeit wird eine Verbindung zur Datenbank hergestellt und versucht den Namen des verwendeten Parameters in der Datenbank zu ermitteln. Wird eine Stored Procedure aufgerufen, erscheint der in der Stored Procedure verwendete Parametername. Kann der Name nicht ermittelt werden, trägt der erste Parameter die Bezeichnung *Param_0*, der zweite Parameter *Param_1* usw.

Ein Beispiel soll die Anwendung der Komponente *OLE DB-Befehl* veranschaulichen:

1. Wählen Sie als OLE DB-Quelle die Tabelle *Import* aus unserer Beispieldatenbank *AW_DW* aus.
2. Ziehen Sie den Datenfluss der OLE DB-Quelle auf die *OLE DB-Befehl*-Komponente.
3. Wählen Sie über die Registerkarte *Verbindungs-Manager* den *Verbindungs-Manager zur Datenbank AW_DW* aus.

4. Tippen Sie auf der Registerkarte *Komponenteneigenschaften* den SQL-Befehl UPDATE IMPORT SET BETRAG = Menge * Preis WHERE Artikel = ? ein. Beachten Sie die Parameterübergabe mit dem Fragezeichen.
5. Verbinden Sie auf der Registerkarte *Spaltenzuordnung* die Eingangsspalte *Artikel* mit dem Parameter *Param_0*, wie in Abbildung 16.31 dargestellt.

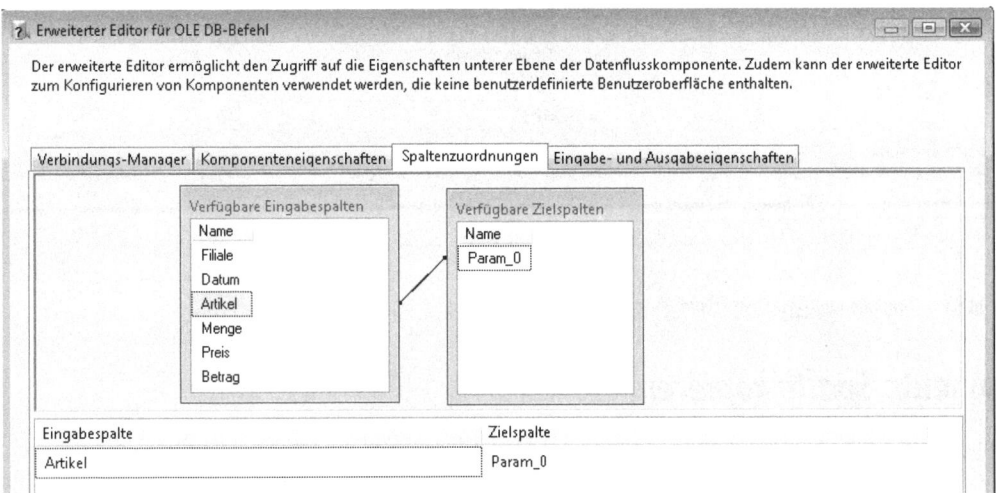

Abbildung 16.31 Editor für OLE DB-Befehl; Zuordnung der Spalte *Artikel* zum Parameter *Param_0*

6. Schließen Sie den Editor für den OLE DB-Befehl.

Für den OLE DB-Befehl muss kein ausgehender Datenfluss definiert werden. Das Paket kann auch so ausgeführt werden. Der SQL-Befehl wird für jede Zeile des Datenflusses generiert und an den SQL Server zur Ausführung gesendet. Die ausgeführten Befehle bewirken Änderungen in der SQL-Datenbank, der Inhalt des Datenflusses hingegen wird durch die Ausführung der OLE DB-Befehle nicht verändert.

Wird der OLE DB-Anbieter für SQL Server verwendet, kann der gesamte Befehlsumfang von T-SQL genutzt werden. Der OLE DB-Befehl eignet sich gut zur Ausführung parametrisierter Stored Procedures. Ein Beispiel hierzu finden Sie in Kapitel 19.

Komponente *Abgeleitete Spalte*

Die Komponente *Abgeleitete Spalte* fügt dem Datenfluss neue Spalten hinzu oder überschreibt vorhandene Spalten. Der Wert der neuen Spalte wird mit einem Ausdruck festgelegt. In der Ausdruckprogrammierung stehen alle Spalten des Datenflusses und alle Variablen zur Verfügung. Der bestmögliche Datentyp wird automatisch erkannt, kann aber überschrieben werden. Wird eine Spalte überschrieben, muss der Datentyp des Ausdrucks mit dem Datentyp der zu überschreibenden Spalte übereinstimmen. Es ist nicht möglich, die Metadaten der überschriebenen Spalte zu ändern.

In Abbildung 16.32 wurde dem Datenfluss die Spalte *Jahr* hinzugefügt. Das Jahr wird mit der Funktion *DATEPART* ermittelt. Der Eingangsparameter ist die Spalte *Datum*.

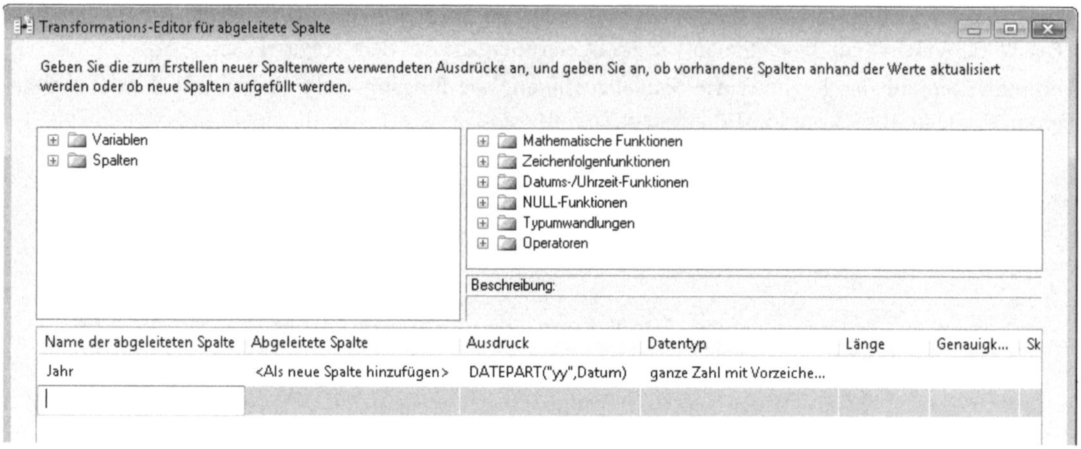

Abbildung 16.32 Komponente *Abgeleitete Spalte;* Hinzufügen einer Spalte

Komponente *Spalte kopieren*

Die Komponente *Spalte kopieren* kopiert Spalten im Datenfluss. Die kopierte Spalte wird dem ausgehenden Datenfluss hinzugefügt. Der Name der kopierten Spalten ist frei wählbar. Alle eingehenden Spalten werden in den ausgehenden Datenfluss durchgereicht.

Komponente *Datenkonvertierung*

Die Komponente *Datenkonvertierung* kopiert Spalten im Datenfluss, mit der zusätzlichen Möglichkeit, den Datentyp der kopierten Spalte abzuändern. Es sind nur Konvertierungen in die von den Integration Services unterstützten Datentypen möglich. Eine Übersicht über die gebräuchlichsten Integration Services-Datentypen finden Sie in Kapitel 14 in Tabelle 14.1. Die kopierte Spalte wird dem ausgehenden Datenfluss hinzugefügt. Der Name der kopierten Spalten ist frei wählbar. Alle eingehenden Spalten werden in den ausgehenden Datenfluss durchgereicht.

Komponente *Prozentwertstichprobe*

Die Komponente *Prozentwert-Stichprobe* (Abbildung 16.33) teilt einen Datenfluss zufällig in zwei Datenflüsse auf. Die Aufteilung zwischen den beiden ausgehenden Datenflüssen erfolgt prozentual. Die Komponente ist sehr gut für das Data Mining geeignet. Mit dem größeren Datenfluss wird das Data Mining-Modell trainiert. Mit dem kleineren, dem Stichproben-Datenfluss, wird das Modell getestet. Diese Komponente ist außerdem hilfreich, um aus einer sehr großen Datenmenge eine kleinere, aber repräsentative Datenmenge für Testzwecke zu erstellen.

Der Prozentsatz der Zeilen legt den prozentualen Anteil der Datenfluss-Stichprobe fest. Die Ausgabenamen können frei gewählt werden. Der erste Eintrag legt den Namen der Datenfluss-Stichprobe fest, der zweite Eintrag den Namen des anderen Datenflusses. Um eine zufällige Stichprobe zu erhalten, sollte das Kontrollkästchen *Folgenden zufälligen Ausgangswert verwenden* nicht aktiviert werden. Ohne Aktivierung wird der Ausgangswert auf Basis der Windows-Ticks ermittelt. Soll die Stichprobe zu Testzwecken immer gleich lauten, ist die Eigenschaft zu aktivieren und ein beliebiger Ausgangswert einzutragen.

Transformationskomponenten

Abbildung 16.33 Komponente *Prozentwertstichprobe*

Der Ausgangswert und der Prozentsatz sind Eingangsparameter für einen zeilenbezogenen Algorithmus. Für jede Zeile wird der Algorithmus intern aufgerufen und liefert das Ergebnis in Stichprobe enthalten oder in Stichprobe nicht erhalten zurück. Die Zeilenprüfung erfolgt ohne Berücksichtigung des Ergebnisses der anderen Zeilen. Durch dieses Vorgehen entspricht die Anzahl der Zeilen in der Stichprobe nur annähernd dem tatsächlichen Prozentwert.

Komponente *Zeilenstichprobe*

Die Komponente *Zeilenstichprobe* ähnelt der Komponente *Prozentwertstichprobe*. Der Unterschied besteht darin, dass die Größe der Stichprobe als absolute Zeilenanzahl angegeben wird. Die Benennung der Ausgaben und die Generierung eines Ausgangswertes sind mit der entsprechenden Vorgehensweise für die Komponente *Prozentwertstichprobe* identisch. Die tatsächliche Anzahl der ausgegebenen Zeilen entspricht exakt dem eingegebenen Wert.

Komponente *Fuzzygruppierung*

Die Komponente *Fuzzygruppierung* versucht Duplikate in einem eingehenden Datenfluss zu identifizieren. Es können nur die String-Datentypen *DT_WSTR* und *DT_STR* auf Ähnlichkeit untersucht werden. Zeilen mit ähnlichen Zeichenfolgen werden aufeinanderfolgend in den ausgehenden Datenfluss ausgegeben. Der Name der Komponente leitet sich aus dem so gruppierten Ausgabedatenfluss ab. Zur Identifizierung der Duplikate können im *Transformations-Editor für Fuzzygruppierung* zahlreiche Parameter eingestellt werden. Die Einstellungsdetails zu dieser Komponente entnehmen Sie bitte der SQL Server 2008-Onlinedokumentation.

So wie die Komponente zurzeit ausgeführt ist, ist sie nicht viel mehr als eine nette Spielerei. Eine richtige Dublettenkontrolle über einen größeren Datenbestand kann mit dieser Komponente nicht realisiert werden. Sie kann allenfalls eine grobe Vorgruppierung liefern und es bedarf weiterer, umfangreicher Bearbeitungsschritte.

Komponente *Fuzzysuche*

Die Komponente *Fuzzysuche* ist eine Erweiterung der Komponente *Suche*. Spalten des eingehenden Datenflusses werden mit den Spalten einer Vergleichstabelle verglichen. Für den Vergleich wird ein Fuzzyalgorithmus verwendet. Im Gegensatz zur Komponente *Suche*, welche die Spalten auf eine vollständige Übereinstimmung untersucht, ermittelt die Komponente *Fuzzysuche* die höchste Ähnlichkeit in der Vergleichstabelle.

Der Vergleich wird für jede Zeile des eingehenden Datenflusses einzeln durchgeführt. Für jede Zeile wird ermittelt, wie hoch die Ähnlichkeit der Vergleichsspalten in der Vergleichstabelle ist. Die gefundene Ähnlichkeit wird in der zusätzlich ausgegebenen Spalte *_Similarity* mit einem Wert zwischen Null und Eins ausgedrückt. Die Qualität der Ähnlichkeit wird in der Spalte *_Confidence* angegeben.

Microsoft stellt ein ausführliches Data Cleaning-Paketbeispiel in der Onlinedokumentation zur Verfügung. Es werden die Komponenten *Fuzzygruppierung* und *Fuzzysuche* am Beispiel der Bereinigung von Kundendaten erläutert.

Datenaustausch

Der typische Datenflusstask sieht einen abschließenden Schreibvorgang in ein Datenziel vor. Es gibt jedoch viele Anwendungsfälle, in denen zum Abschluss eines Datenflusstasks noch kein endgültiger Schreibvorgang vorgesehen ist. Bisher wurde als Lösung eine temporäre Datei in einer Staging-Area verwendet. Durch neue, im Folgenden beschriebene Möglichkeiten kann die Verwendung der Staging-Area vielfach vermieden werden.

Komponente *Rohdatendatei-Ziel*

Die Komponente *Rohdatendatei-Ziel* schreibt die Daten eines Datenflusses in eine Datei. Die Datei befindet sich im Dateisystem. Die Daten werden in einem systemeigenen Format geschrieben. Dadurch müssen diese nicht analysiert werden und die Schreib- und Lese-Vorgänge sind sehr schnell ausführbar. Die Eigenschaft *AccessMode* legt fest, ob der Dateiname fest eingegeben oder aus einer Variablen gelesen wird. Die Eigenschaft *WriteOption* legt das Schreibverhalten in die Rohdatendatei fest. Die Standardeinstellung ist *Immer erstellen*. Dadurch wird die Rohdatendatei vor dem Schreiben gelöscht und neu angelegt. Mit der Einstellung *Anfügen* werden die Daten ans Dateiende angefügt. Diese Option ist für ein mehrfaches Update und ein einfaches Laden sehr nützlich.

Das Gegenstück zum *Rohdatendatei-Ziel* ist die Komponente *Rohdatendatei-Quelle*. Auch sie verfügt über die Eigenschaft *AccessMode*, mit der die Herkunft des Dateinamens festgelegt wird. In einer Rohdatendatei sind auch die Metadaten des Datenflusses gespeichert. Diese Information wird von der *Rohdatendatei-Quelle* benötigt, um mit den Metadaten den Datenfluss zu generieren. Deshalb muss zum Zeitpunkt der Paketentwicklung ein Zugriff auf eine Rohdatendatei mit den richtigen Metadaten vorhanden sein.

Datenaustausch

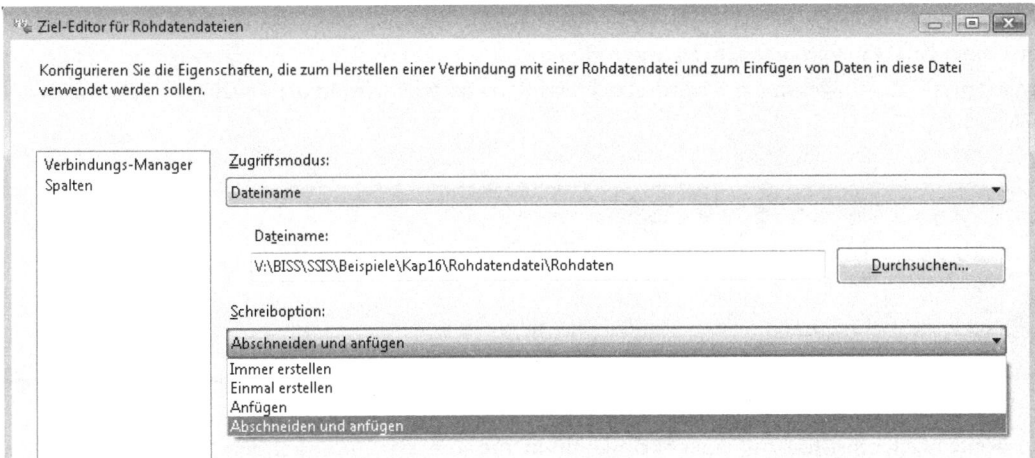

Abbildung 16.34   Rohdatendatei-Ziel: Auswahl *Schreiboption*

HINWEIS   Die Rohdatendatei muss bei der Paketausführung erst zum Zeitpunkt des Einlesens vorhanden sein. Standardmäßig überprüft ein *Datenflusstask*, ob alle im Task benötigten Objekte zum Zeitpunkt des Paketstarts vorhanden sind. Eine temporäre Rohdatendatei wird aber erst in der Ausführungsphase erstellt und steht somit zum Zeitpunkt des Paketstarts noch nicht zur Verfügung. Deshalb muss die Überprüfungseigenschaft *DelayValidation* des Datenflusstasks auf *False* gesetzt werden. Zum Öffnen des Eigenschaftenfensters markieren Sie den Datenflusstask und rufen mit F4 das Eigenschaftenfenster auf. Die Eigenschaft *DelayValidation* wird an erster Stelle angezeigt.

Aus welchem Grund Microsoft die Verwendung einer Rohdatendatei für den Datenaustausch vorsieht, ist kaum nachzuvollziehen. Die Rohdatendatei verwendet eine externe Staging-Area im Dateisystem und die Art des Austauschs kann kaum als State of the Art bezeichnet werden. Dies verwundert umso mehr, da der sonstige Datenaustausch sehr elegant gelöst ist. Mit anderen Applikation werden die Daten als DataSet über die DataReader-Komponenten ausgetauscht. Der Austausch als DataSet funktioniert leider nicht innerhalb eines Integration Services-Pakets.

Recordsetziel

Der Datenaustausch über ein Recordset ist eine gute Alternative zur Rohdatendatei. Wünschenswert wäre natürlich der Austausch über ein DataSet, aber dieses steht leider nicht zur Verfügung. Ein Recordset ist ein ADO-Objekt, das im Hauptspeicher angelegt und verwaltet wird. Ein Recordset kann mit der Komponente *Recordsetziel* oder mit dem Task *SQL ausführen* gefüllt werden. Das Recordset wird in einer Variablen vom Datentyp *Object* gespeichert. .NET stellt die Klasse *OLE DB DataAdapter* zur Verfügung, die das ADO-Objekt in eine ADO.NET-DataTable konvertiert. Aus einer DataTable kann sehr einfach ein Datenfluss gefüllt werden.

Der Datenaustausch über ein Recordset hat den kleinen Nachteil, dass die Metadaten verloren gehen. Deshalb müssen in einem als Datenquelle definierten *Skripttask* alle Spalten des Datenflusses mit dem richtigen Datentyp angelegt und gefüllt werden.

Das Arbeiten mit einem Recordsetziel in Stichworten:

1. Anlegen einer Paketvariablen mit dem Datentyp *Object*
2. Ausgabe eines Datenflusses in ein Recordsetziel. Das Recordsetziel wird in der angelegten Paketvariablen gespeichert.

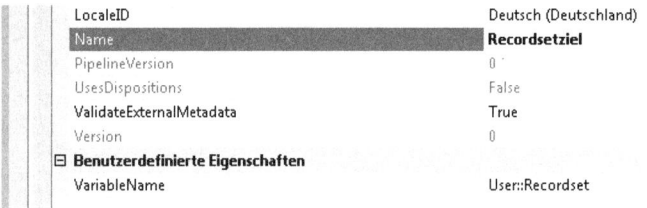

Abbildung 16.35 Recordsetziel; Variablenzuordnung

3. Einen zweiten Datenflusstask mit einer Skriptkomponente vom Typ *Quelle* anlegen
4. Alle Ausgabespalten manuell auf der Seite *Eingaben und Ausgaben* anlegen
5. Auf der Seite *Skript* die Paketvariable als *ReadOnlyVariables* eintragen
6. Einstellen der gewünschten Skriptsprache. Unser Beispiel verwendet Microsoft Visual Basic 2008.
7. Microsoft Visual Studio 2008 Tools for Applications (VSTA) über die Schaltfläche *Skript bearbeiten* aufrufen
8. Eingabe des Visual Basic-Programms analog zu Abbildung 16.36:

```
Imports System

<Microsoft.SqlServer.Dts.Pipeline.SSISScriptComponentEntryPointAttribute> _
<CLSCompliant(False)> _
Public Class ScriptMain
    Inherits UserComponent

    Public Overrides Sub CreateNewOutputRows()
        Dim OLEAdapter As New Data.OleDb.OleDbDataAdapter
        Dim DataTable As New Data.DataTable

        OLEAdapter.Fill(DataTable, Me.Variables.Recordset)
        For Each DataRow In DataTable.Rows
            With AusgabeOBuffer
                .AddRow()
                .Artikel = DataRow("Artikel").ToString
                .Preis = CDec(DataRow("Preis"))
            End With
        Next
    End Sub

End Class
```

Abbildung 16.36 Skriptkomponente; Programmcode VB.NET Ausgabe Spalten Recordset

Die ADO.NET-DataTable wird mithilfe von *OLEAdapter* aus der Variable *Recordset* gefüllt. Die Variable *Recordset* ist vom Datentyp *Object* und speichert den Datenfluss des ersten Datenflusstasks.

Für jede Zeile in der DataTable wird eine neue Zeile in der Ausgabe angelegt und die Spalten werden unter Berücksichtigung ihres Datentyps gefüllt. Die beiden Spalten *Artikel* und *Preis* wurden manuell auf der Skriptseite *Eingabe und Ausgaben* angelegt. Der ausgehende Datenfluss der Skriptkomponente enthält die Spalten *Artikel* und *Preis*.

Kapitel 17

SSIS – Skripting

In diesem Kapitel:

Komponenten für das Skripting	482
Skriptkomponente	488
Variablen in einer Skriptkomponente	499
Zugriff auf den Datenfluss	500
Benutzer- und Systemvariablen	501
Verbindungs-Manager in der Skriptkomponente	502
Exkurs: Nutzung einer Excel-Verbindung über einen Verbindungs-Manager	504
Beispiel: asynchrone Skriptkomponente	506
Verwendung von Klassenbibliotheken	511
Entwicklung eigener Komponenten	512
Fazit	512

Reichen Ihnen die Standardfunktionalitäten der Microsoft SQL Server Integration Services nicht aus? Das ist überhaupt gar kein Problem, denn mit dem Skripting lassen sich fast alle Spezialanforderungen umsetzen. Die Microsoft SQL Server Integration Services bieten sehr viele Standardkomponenten und zusätzlich werden weitere Komponenten von freien Softwarehäusern angeboten. Trotz allem sieht man sich immer wieder Anforderungen gegenübergestellt, für die es keine vorgefertigte Lösung gibt. Dank des Skriptings sollte dies kein größeres Problem sein. Programmieren Sie die benötigte Funktionalität einfach selbst.

Komponenten für das Skripting

Die individuell programmierten Skripting-Komponenten sind dabei absolut gleichwertig mit den mitgelieferten Standardkomponenten. Für die Programmierung wird immer eine .NET-Programmiersprache verwendet, und es wird in beiden Fällen Managed Code ausgeführt. Aber im Gegensatz zum Skripting können die Standardkomponenten nur parametrisiert werden und der interne Programmcode ist eine Black Box.

Die Skripting-Programmierumgebung wurde für den Microsoft SQL Server 2008 völlig überarbeitet. Die neuen Microsoft Visual Studio Tools for Applications (VSTA) ersetzen das bisherige Microsoft Visual Studio for Applications (VSA). Was hat sich geändert? Die Unterstützung der Programmiersprache C# dürfte für viele die wichtigste Neuerung sein. Darüber hinaus ist die Programmierumgebung insgesamt erheblicher reifer geworden. Es wurden unzählige Kleinigkeiten verbessert. So funktioniert jetzt das Debugging einwandfrei und eigene Klassen können an einem selbst gewählten Speicherort abgelegt werden. Das Arbeiten mit den neuen Microsoft Visual Studio Tools for Applications ist nun deutlich intuitiver und bereitet weniger Frust.

Für das Skripting stehen Ihnen die .NET-Programmiersprachen C# und Visual Basic .NET zur Verfügung. Beide Programmiersprachen sind absolut gleichwertig und es obliegt dem Programmierer, welche der beiden angebotenen Sprachen er verwendet. In beiden Programmiersprachen steht Ihnen die gesamte .NET-Klassenbibliothek mit all ihren Funktionen zur Verfügung. Unabhängig von der Skripting-Programmiersprache können alle individuellen .NET-Klassen verwendet werden. In welcher Programmiersprache die individuellen .NET-Klassen erstellt wurden spielt dabei keine Rolle.

In diesem Buch wird für alle Programmierbeispiele Visual Basic verwendet. Diese Entscheidung wurde bewusst getroffen, da vielen Entwicklern die Programmiersprache Visual Basic sehr vertraut ist. Wenn Sie sich für C# entscheiden, ist es recht einfach, die Programmierbeispiele auf C# zu übertragen. Sollten Sie dabei Schwierigkeiten haben, finden Sie im Internet zahlreiche Sprachkonverter von Visual Basic nach C#.

Der Einstieg in die Skriptprogrammierung wird Ihnen sehr einfach gemacht, denn die Microsoft Visual Studio Tools for Applications denken mit und generieren automatisch das notwendige Programmgerüst. Sie schreiben einfach Ihre Zuweisung an die vorgesehene Position. Für einfache Anwendungen ist es nicht notwendig, sich intensiv mit der Objektorientierung von .NET zu beschäftigen. Probieren Sie es einfach aus, Sie werden die Flexibilität schätzen lernen.

Skripttask und Skriptkomponente

Im Business Intelligence Development Studio werden zwei Skripting-Möglichkeiten angeboten. In der Ablaufsteuerung steht der *Skripttask* und im Datenfluss die *Skriptkomponente* zur Verfügung. Die Skriptkomponente bietet die zusätzliche Möglichkeit, die Daten des Datenflusses zu bearbeiten.

In beiden Varianten findet die Programmentwicklung in den Microsoft Visual Studio Tools for Applications statt. Bei den Microsoft Visual Studio Tools for Applications handelt es sich um eine separate Entwicklungsumgebung, die allerdings nur aus einer Applikation heraus, in diesem Fall die Microsoft SQL Server Integration Services, aufgerufen werden können.

Vor dem ersten Öffnen der Microsoft Visual Studio Tools for Applications muss die gewünschte Programmiersprache in jedem neuen Skripttask bzw. jeder neuen Skriptkomponente ausgewählt werden, wie in Abbildung 17.1 dargestellt. Die Programmiersprache C# ist voreingestellt. Eine nachträgliche Änderung der Programmiersprache ist nicht möglich.

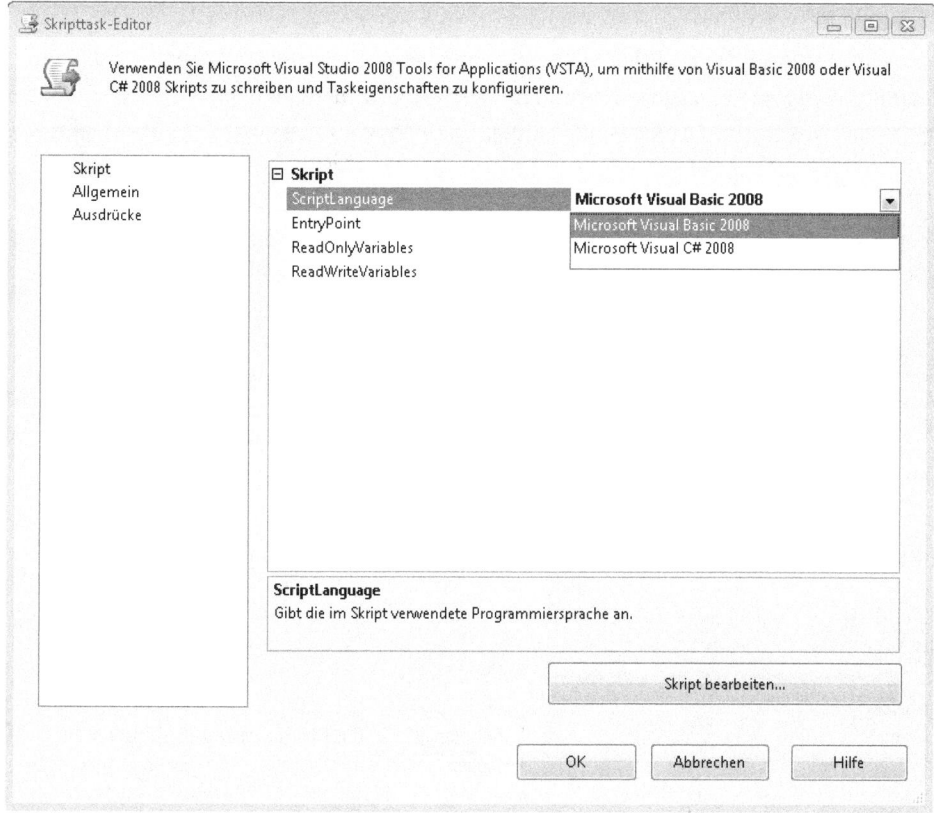

Abbildung 17.1 Auswahl der Programmiersprache im Skripttask-Editor

Die eigentliche Programmierentwicklung wird mit einem Klick auf die Schaltfläche *Skript bearbeiten* aufgerufen. Beim ersten Öffnen wird ein Basiscode in der gewählten Programmiersprache generiert, der das Eingeben der typischen Anwendungen erleichtert. Dies erspart viel Tipparbeit. Der generierte Basiscode ist für die Skripttask und die Skriptkomponente unterschiedlich und dem Anwendungsbereichen angepasst (mehr dazu weiter unten).

Sehr häufig werden beim Skripting Variablen verwendet, die im Microsoft SQL Server Integration Services Paket definiert wurden. Etwas gewöhnungsbedürftig ist die unterschiedliche Referenzierung der Variablen innerhalb der Microsoft Visual Studio Tools for Applications;

- *Skripttask*   Dts.Variables("Variablenname").Value
- *Skriptkomponente*   Me.Variables.Variablenname

Der Grund hierfür sind die unterschiedlichen programmtechnischen Ausführungen der beiden Varianten.

Beispiel: Skripttask und Variable

Im Folgenden werden wir eine *Skripttask*-Komponente benutzen, um eine User-Variable mit einem Wert zu füllen. Dank der Einfachheit der Anwendung eignet sich dieses Beispiel gut zum Einstieg in das Skripting.

Die User-Variable *Kalenderwoche* wird in einem Skripttask mit der aktuellen Kalenderwoche gefüllt und steht anschließend für die weitere Verwendung in anderen Tasks zur Verfügung.

Sollten Ihnen das Anlegen von Integration Services-Paketen, das Arbeiten mit der Registerkarte oder mit der Toolbox noch nicht vollständig vertraut sein, lesen Sie dies bitte in Kapitel 13 nach.

1. Legen Sie ein neues Integration Services-Paket mit dem Namen »*Kap17_Skripttask-Kalenderwoche*« an.
2. Bleiben Sie auf der Registerkarte *Ablaufsteuerung* und öffnen Sie die Toolbox.
3. Markieren Sie in der Toolbox das Objekt *Skripttask* (Abbildung 17.2) und ziehen Sie es in die Ablaufsteuerung.

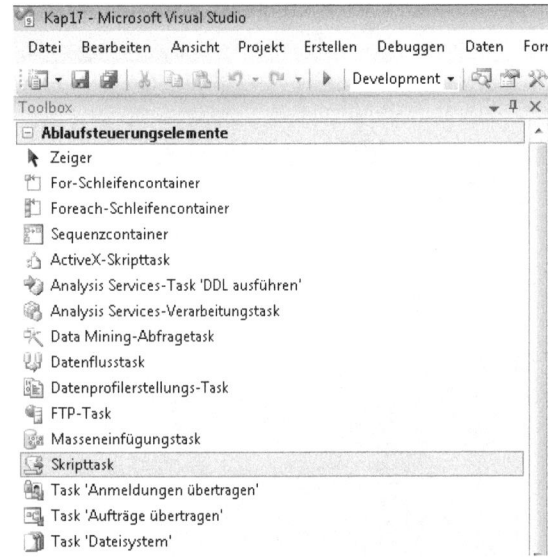

Abbildung 17.2 Das Objekt *Skripttask* in der geöffneten Toolbox

4. Ändern Sie über den Kontextmenübefehl *Umbenennen* den Namen des Skripttasks in »Skripttask Variable Kalenderwoche füllen« und passen Sie die Größe des Objektes an (Kontextmenübefehl *Automatisch anpassen*).
5. Heben Sie die Markierung der Skripttasks durch einen Klick in den leeren Bereich der Ablaufsteuerung auf. Dies ist wichtig, da sich der Gültigkeitsbereich der anzulegenden Variable auf den markierten Bereich bezieht.
6. Öffnen Sie mit dem Menübefehl *SSIS/Variablen* das Variablenfenster. Alternativ können Sie dieses Fenster auch über den Menübefehl *Ansicht/Weitere Fenster/Variablen* öffnen.
7. Legen Sie die neue Variable *Kalenderwoche* an, indem Sie in der Symbolleiste des Fensters *Variablen* auf die Schaltfläche *Variable hinzufügen* klicken. Geben Sie wie in Abbildung 17.3 dargestellt den Variablennamen *Kalenderwoche* ein.

   Das Anlegen von Variablen wird ausführlich in Kapitel 14 besprochen.

Komponenten für das Skripting

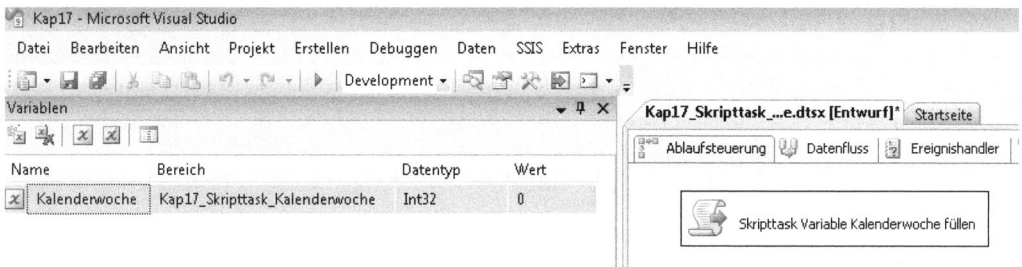

Abbildung 17.3 Definition der Variablen *Kalenderwoche*

8. Öffnen Sie mit einem Doppelklick auf den Skripttask den *Skripttask-Editor*. Im Eigenschaftenfenster können Sie anhand der Eigenschaft *Name* sehen, dass der Objektname umbenannt wurde. Es ist auch möglich, den Namen an dieser Stelle zu ändern.
9. Wählen Sie auf der Seite Skript die Programmiersprache ihrer Wahl aus. In diesem Beispiel wird Microsoft Visual Basic 2008 verwendet.
10. Geben Sie, wie in Abbildung 17.4 dargestellt, auf der Seite *Skript* bei *ReadWriteVariables* den Namen der neu angelegten Variablen an (»*Kalenderwoche*«). Achten Sie bitte unbedingt auf die korrekte Groß- und Kleinschreibung. Andernfalls erhalten Sie während der Ausführung eine Fehlermeldung. Mehrere Variablen sind durch ein Komma zu trennen.

Abbildung 17.4 Verwendung der Variablen *Kalenderwoche* als *ReadWriteVariables*

Auf *ReadOnlyVariables* können Sie im Skript nur lesend zugreifen. Auf *ReadWriteVariables hingegen* können Sie lesend und schreibend zugreifen.

11. Mit einem Klick auf die Schaltfläche *Skript bearbeiten* öffnen Sie Microsoft Visual Studio Tools for Applications.

Die Microsoft Visual Studio Tools for Applications erleichtern Ihnen den Einstieg in die Programmierung, indem sie den Zugriff auf die wichtigsten Namespaces automatisch generieren (Imports …), auf die wichtigsten Verweise im Projektmappen-Explorer referenzieren und ein erstes Programmgerüst zur Verfügung stellen. Außerdem werden einige Kommentare, die Ihnen bei der Programmierung behilflich sein sollen, generiert.

Kommentare werden in Visual Basic durch ein Hochkomma am Zeilenanfang gekennzeichnet und erhalten automatisch die Schriftfarbe Grün zugewiesen. Die automatisch generierten Kommentare können Sie problemlos löschen.

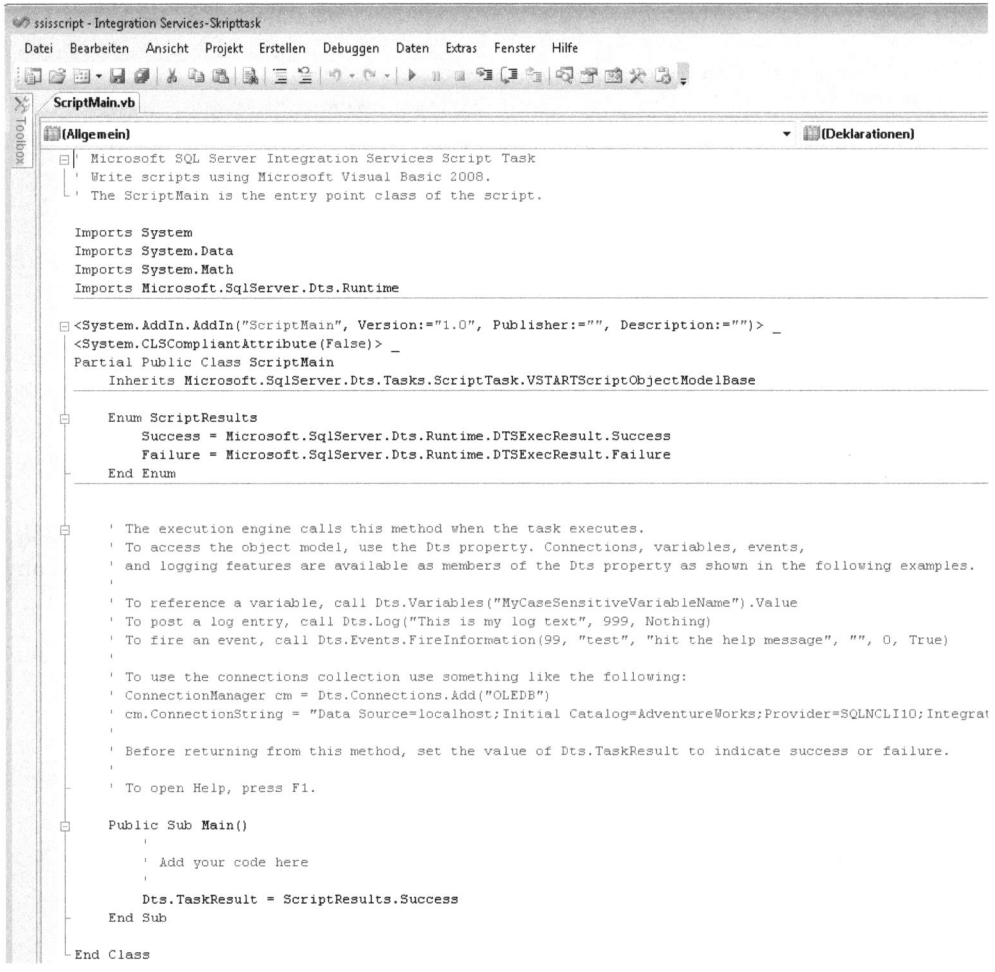

Abbildung 17.5 Skripttask mit automatisch generiertem Programmgerüst

Die Referenzierung der Verweise im Projektmappen-Explorer nehmen wir an dieser Stelle einfach als gegeben hin. Denn diese Verweise werden für ein lauffähiges Programm benötigt, und um ein solches handelt es sich hier. Der automatische Programmcode ist ein fehlerfreies, lauffähiges Skripttask-Programm!

Die ersten Programmzeilen eines Visual Basic-Programms sind für die Definition der Namespaces reserviert. Nach dem Schlüsselwort Imports folgt der Name der Bibliothek, für die man den Namespace einrichtet. Dadurch sind die angesprochenen Bibliotheken im weiteren Programmverlauf bekannt und man kann eine verkürzte Schreibweise verwenden. Für die Rundung von Zahlen verwendet man Round(Variable) anstatt System.Math.Round(Variable). Dies erleichtert die Programmierung erheblich.

Als eigentliches Programm wird die Funktion Main (Public Sub Main()) in der Klasse ScriptMain (Public Class ScriptMain) ausgeführt. Bislang beschränkt sich die Funktionalität allerdings darauf anzugeben, dass der Skripttask »successfull« ausgeführt wurde (DTS.TaskResult = DTS.Results.Success). Nachdem nun einige wichtige Informationen zum automatisch generierten Code angesprochen wurden, kann die Variable Kalenderwoche gefüllt werden. Dies geschieht mit dem in Abbildung 17.6 dargestellten Beispielcode.

```
Imports System
Imports System.Data
Imports System.Math
Imports Microsoft.SqlServer.Dts.Runtime

<System.AddIn.AddIn("ScriptMain", Version:="1.0", Publisher:="", Description:="")> _
<System.CLSCompliantAttribute(False)> _
Partial Public Class ScriptMain
    Inherits Microsoft.SqlServer.Dts.Tasks.ScriptTask.VSTARTScriptObjectModelBase

    Enum ScriptResults
        Success = Microsoft.SqlServer.Dts.Runtime.DTSExecResult.Success
        Failure = Microsoft.SqlServer.Dts.Runtime.DTSExecResult.Failure
    End Enum

    Public Sub Main()
        Dts.Variables("Kalenderwoche").Value = _
        DatePart("ww", Now(), FirstDayOfWeek.Monday, FirstWeekOfYear.FirstFourDays)

        Dts.TaskResult = ScriptResults.Success
    End Sub

End Class
```

Abbildung 17.6 Beispielcode des Skripttasks

Variablen werden in einem Skripttask mit folgender Syntax angesprochen:

`DTS.Variables("Variablenname").Value`

Die Variablen werden in der Collection *DTS.Variables* gespeichert, und der Zugriff auf den Wert einer Variablen erfolgt über die Eigenschaft *Value*. Die Collection stellt für jede Variable noch zahlreiche weitere Eigenschaften zur Verfügung. Diese Eigenschaften werden jedoch für eine Wertzuweisung nicht benötigt.

Die *DatePart*-Funktion ist Bestandteil von .NET Framework und gibt einen Teil des übergebenen Datums zurück. Dies kann der Monat, das Quartal, der Wochentag oder, wie in unserem Beispiel, die Kalenderwoche sein. Der Funktion *DatePart* können bis zu vier Parameter übergeben werden. Das Ergebnis wird immer als Integerwert zurückgegeben. Der erste Parameter gibt den gewünschten Datumsteil an (*ww* = Kalenderwoche), der zweite Parameter ist das auszuwertende Datum. In unserem Beispiel haben wir das aktuelle Systemdatum verwendet: *Now()*. Visual Basic bietet zwei Möglichkeiten für die Angabe des Datumsteils. Entweder ein String-Kürzel (*ww*) oder einen Enumerationswert (*DateInterval.WeekOfYear*).

Der dritte und vierte Parameter sind optional. Werden diese Parameter nicht mit übergeben, wird die Berechnung nach dem amerikanischen System durchgeführt. Für den Wochentag oder den Monat ist dies irrelevant. Allerdings weicht die Berechnung der Kalenderwoche in den USA von der Berechnung in Europa ab. In den USA beginnt die Woche mit dem Sonntag und die erste Kalenderwoche im Jahr beinhaltet immer den 1. Januar. In Europa gilt dagegen die ISO-Norm 8601: Die Woche beginnt mit dem Montag und die 1. Kalenderwoche im aktuellen Jahr muss mindestens vier Tage umfassen. In unserem Beispiel

`DatePart("ww", Now(), FirstDayOfWeek.Monday, FirstWeekOfYear.FirstFourDays)`

wird die Kalenderwoche des Systemdatums nach ISO-Norm als Integerwert zurückgegeben. Weitere Details zu dieser Funktion können Sie der SQL Server-Onlinedokumentation entnehmen.

Sie sollten das Beispiel jetzt auf die folgende Weise abschließen:
1. Schließen Sie die Microsoft Visual Studio Tools for Applications mit dem Menübefehl *Datei/Beenden*.

2. Schließen Sie auch den Skripttask-Editor mit *OK*.
3. Führen Sie das Integration Services-Paket mit [F5] aus. Das Paket sollte nun ohne Fehlermeldung ausgeführt werden.

Das korrekte Füllen der Variable können Sie durch die Einrichtung eines Haltepunkts überprüfen.

Gehen Sie dazu folgendermaßen vor:
1. Markieren Sie den Skripttask und öffnen Sie dessen Kontextmenü mit der rechten Maustaste.
2. Wählen Sie den Menübefehl *Haltepunkte bearbeiten* aus.
3. Aktivieren Sie: *Unterbrechen, wenn der Container das OnPostExecute-Ereignis empfängt*.
4. Schließen Sie mit *OK* das Fenster *Haltepunkte festlegen – Skripttask* und führen Sie das Integration Services-Paket aus.
5. Die Paketausführung stoppt beim Haltepunkt.
6. Sollte das Fenster *Lokal* nicht geöffnet werden, öffnen Sie es manuell mit dem Menübefehl *Debuggen/Fenster/Lokal* oder mit dem Tastaturkürzel [Strg]+[Alt]+[V],[L].
7. Erweitern Sie *Variables* und Sie werden den Wert in der Variable *Benutzer:Kalenderwoche* finden.
8. Weitere Details zum Debuggen von Integration Services-Paketen entnehmen Sie bitte Kapitel 18.

In unserem Beispiel wurden neben der Programmierung sehr viele Zusatzinformationen geliefert. Deshalb werden die wichtigsten Programmierschritte noch einmal in Kurzform aufgelistet:
1. Die Ausgangsbasis ist ein Integration Services-Paket mit einer definierten Benutzervariablen. Diese Benutzervariable soll in einem Skripttask mit einem Wert gefüllt werden.
2. *Skripttask* von der Toolbox in die Ablaufsteuerung ziehen.
3. Im *Skripttask-Editor* die Variable eintragen.
4. Die Microsoft Visual Studio Tools for Applications mit einem Klick auf die Schaltfläche *Skript bearbeiten* öffnen.
5. Die Variable mit (DTS.Variables("Variablenname").Value) füllen.
6. Die Microsoft Visual Studio Tools for Applications und den *Skripttask-Editor* schließen und anschließend das Paket ausführen.

Skriptkomponente

Die *Skriptkomponente* ist eine Komponente des Datenflusses. Sie kann in einem Datenfluss als Quelle, Ziel oder als Transformation verwendet werden. Der Skriptkomponententyp ist nach dem Herüberziehen der Skriptkomponente aus der Toolbox im Entwurfsbereich des Datenflusstasks auszuwählen, wie Abbildung 17.7 zeigt. Die Skriptkomponente wird dann mit diesem Typ initialisiert. Der Typ ist später nicht mehr über die Eigenschaften änderbar.

Der Typ *Transformation* wird am häufigsten verwendet und als Standardwert vorgeschlagen. Die Typen *Quelle* und *Ziel* sind für außergewöhnliche Datenfluss-Quellen oder -ziele bestens geeignet. So lassen sich auch proprietäre Datenformate ein- und auslesen. Auch für das flexible Update von SQL-Tabellen oder Excel-Dateien eignet sich der Skriptkomponententyp *Ziel*.

Die Skriptkomponente hat Zugriff auf alle Zeilen und Spalten des Datenflusses. Es können sowohl Zeilen als auch Spalten gelöscht oder eingefügt werden. Mit der Skriptkomponente können Sie auf verschiedene Ereignisse reagieren. So wird beim Eintreten des Ereignisses *OnPreExecute* die Prozedur PreExecute ausgeführt. Diese Prozedur eignet sich hervorragend zum Initialisieren von Variablen.

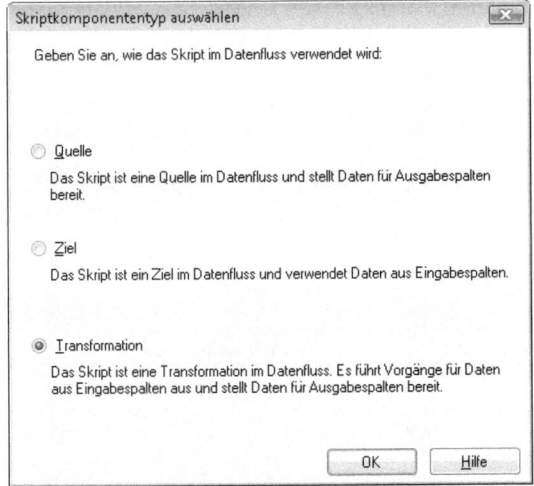

Abbildung 17.7 Auswahl des Skriptkomponententyps *Transformation*

Natürlich stehen Ihnen auch in der Skriptkomponente alle Möglichkeiten von .NET Framework zur Verfügung. So ist es beispielsweise möglich, während der Übernahme einen Zeilenzähler einzublenden oder Daten für einen anderen Prozess in einem DataSet zu hinterlegen. Die Skriptkomponente ist die mit Abstand flexibelste Komponente der Integration Services. Möchten Sie den gesamten Leistungsumfang nutzen, ist eine intensive Beschäftigung mit diesem Thema unausweichlich. Hierzu verweisen wir auf die entsprechende Fachliteratur.

Beispiel: Zusätzliche Spalten per Skriptkomponente in Datenfluss einfügen

In diesem Beispiel werden wir mithilfe einer Skriptkomponente zusätzliche Spalten in einen Datenfluss einbauen.

HINWEIS Andere Möglichkeiten, den Datenfluss um Spalten zu erweitern, sind die Komponenten *Spalte kopieren* und *Abgeleitete Spalte*. Diese Komponenten eignen sich für einfache Herleitungen. Sind die Aufgabenstellungen anspruchsvoller, empfiehlt es sich jedoch, die Skriptkomponente zu verwenden. Mit einem Ausdruck in der Komponente *Abgeleitete Spalte* ist es auch möglich, die Kalenderwoche zu ermitteln (Ausdruck: DATEPART("ww", Datum)), allerdings nur nach der amerikanischen Berechnungsmethode.

In unserem Beispielszenario sollen Daten aus einer SQL-Input-Tabelle in eine SQL-Output-Tabelle geschrieben werden. Die Input-Zeilen enthalten ein Datumsfeld. Zu diesem Datumsfeld sollen zusätzlich die Kalenderwoche nach ISO-Norm und das Kalenderwoche-Jahr ermittelt werden. Die beiden zusätzlichen Spalten werden in der Skriptkomponente gefüllt und dem Datenfluss hinzugefügt.

1. Legen Sie ein neues Integration Services-Paket mit dem Namen »*Kap17_SkriptKomponente-Kalenderwoche*« an.
2. Ziehen Sie eine *Datenflusstask*-Komponente in die Ablaufsteuerung und wechseln Sie mit einem Doppelklick in den Datenfluss.
3. Ziehen Sie eine Komponente *OLE DB-Quelle* in den Datenflusstask, und führen Sie einen Doppelklick darauf aus.

4. Wählen Sie im *Quellen-Editor für OLE DB* den *Verbindungs-Manager* für unsere Beispieldatenbank *AW_DW* aus.
5. Als Datenzugriffsmodus wählen Sie den Standardwert *Tabelle oder Sicht*.
6. Wählen Sie *[dbo].[Import]* als Namen der Tabelle aus.

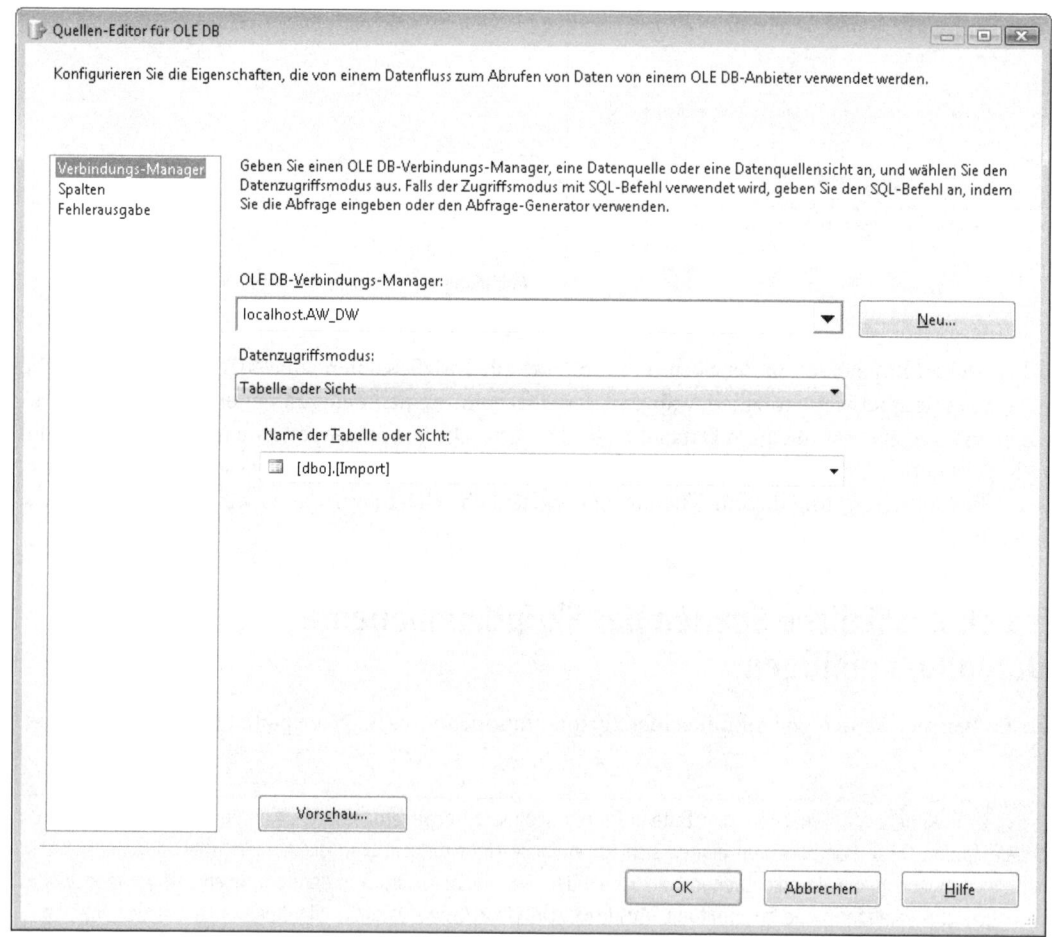

Abbildung 17.8 Der Quellen-Editor für OLE DB mit den für unser Beispiel konfigurierten Eigenschaften

7. Schließen Sie den *Quellen-Editor für OLE DB* mit *OK*.
8. Ziehen Sie eine *Skriptkomponente* in den Datenflusstask und bestätigen Sie den Standard-Skriptkomponententyp *Transformation*.
9. Verbinden Sie den grünen Output-Pfeil der *OLE DB-Quelle* mit der *Skriptkomponente*.
10. Benennen Sie die *OLE DB-Quelle* um in *OLE DB-Quelle Tabelle Import*.
11. Benennen Sie die *Skriptkomponente* in »*Skriptkomponente Kalenderwoche*« um und passen Sie die Objektgrößen an. Ihr Datenfluss sollte dann ähnlich wie in Abbildung 17.9 aufgebaut sein:

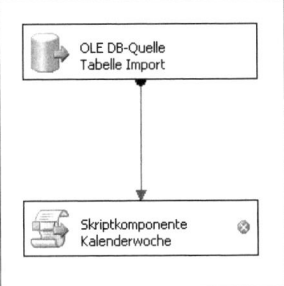

Abbildung 17.9 Ansicht des Datenflusses

12. Das rote Kreuz in der Skriptkomponente weist auf einen Fehler hin: Die Skriptkomponente enthält noch keinen Programmcode. Um dies zu ändern, öffnen Sie den *Transformations-Editor für Skripterstellung* mit einem Doppelklick auf die Skriptkomponente.
13. Wählen Sie auf der Seite *Skript* die Programmiersprache ihrer Wahl aus. In diesem Beispiel wird Microsoft Visual Basic 2008 verwendet.

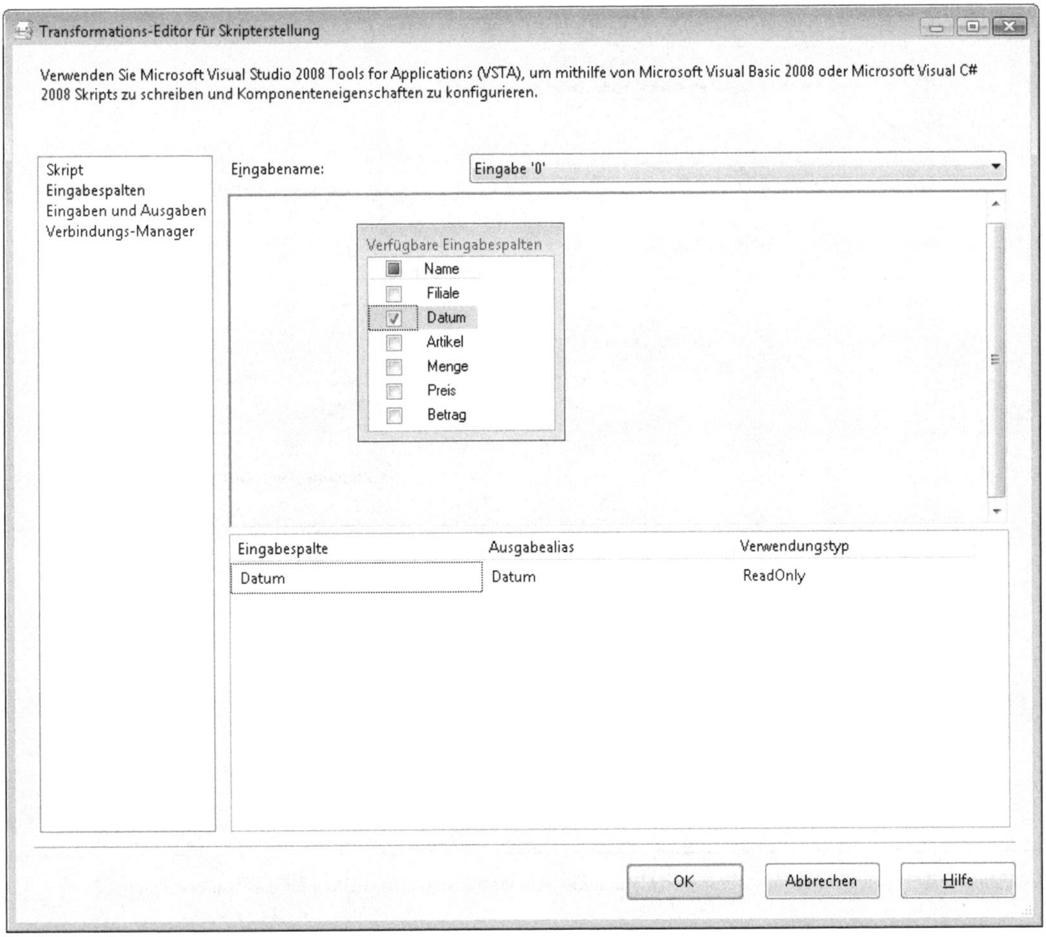

Abbildung 17.10 Die markierte Eingabespalte *Datum*

14. Auf der Seite *Eingabespalten* markieren Sie in der Auswahl *Verfügbare Eingabespalten* nur die Eingabespalte *Datum*, wie in Abbildung 17.10 dargestellt. In den Microsoft Visual Studio Tools for Applications werden wir nur auf diese Eingabespalte zurückgreifen. Die anderen Eingabespalten werden automatisch mit transformiert (Pass-Through). Hierfür müssen Sie nichts weiter tun.
15. Wechseln Sie auf die Seite *Eingaben und Ausgaben*, erweitern Sie die *Ausgabe '0'* und markieren Sie den nun sichtbaren Untereintrag *Ausgabespalten*.
16. Nach dem Erweitern des Knotens *Ausgabe '0'* ist die Schaltfläche *Spalte hinzufügen* aktiv. Fügen Sie mit einem Klick eine Spalte hinzu.
17. Benennen Sie die neue Spalte in *KW* um.
18. Die neue Ausgabe wird mit dem Standard-Datentyp *[DT_I4] Ganze Zahl mit Vorzeichen* eingerichtet. Den Datentyp können Sie im rechten Fenster ändern.
19. Legen Sie eine weitere Spalte mit dem Namen *KW_Jahr* und dem Datentyp *[DT_I4]* an.

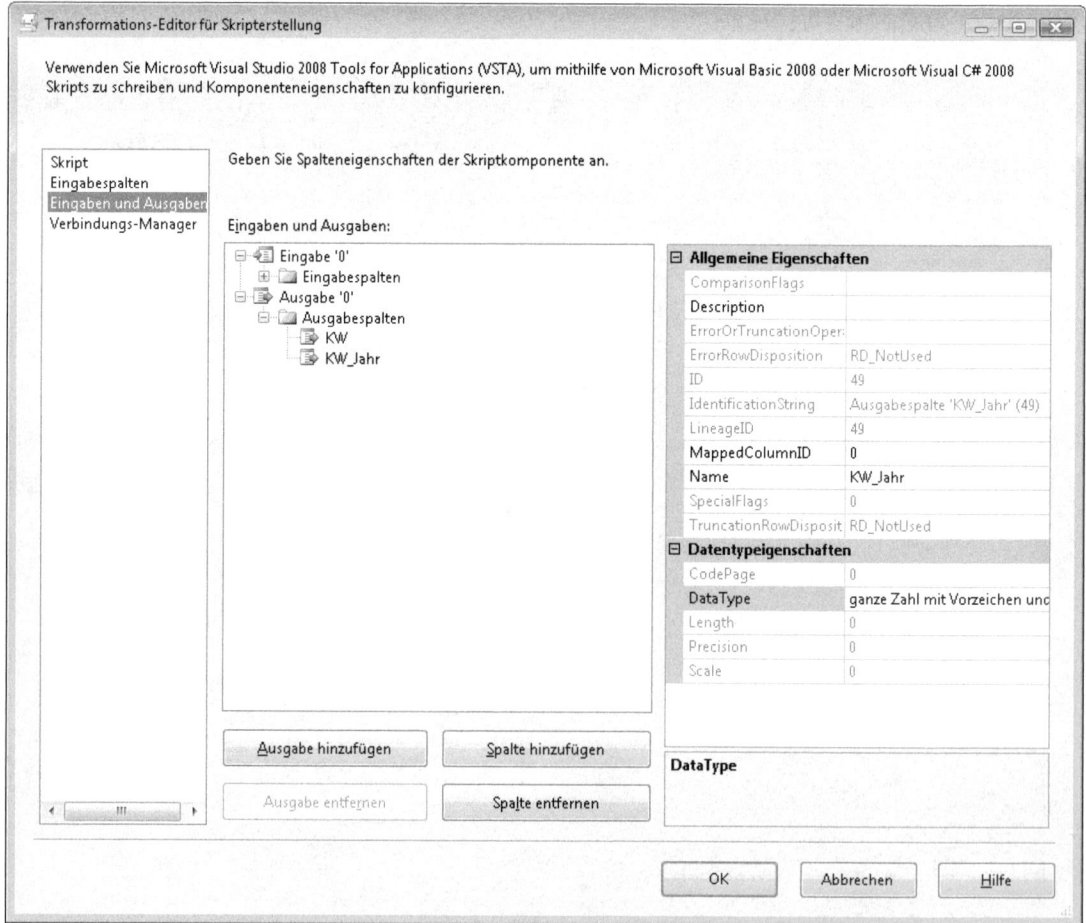

Abbildung 17.11 Definition der Ausgabespalten *KW* und *KW_Jahr* im Transformations-Editor für die Skripterstellung

Für die Programmierung sind eine Eingabespalte und zwei neue Ausgabenspalten angelegt worden. Werden die Ausgabespalten im Skript nicht gefüllt, erhalten diese im Datenfluss den Wert *<Null>*. Auf die Ausgabespalten kann nur schreibend zugegriffen werden.

20. Wechseln Sie zur Seite *Skript* und öffnen Sie Microsoft Visual Studio Tools for Applications per Klick auf *Skript bearbeiten*.

```vb
' Microsoft SQL Server Integration Services Script Component
' Write scripts using Microsoft Visual Basic 2008.
' ScriptMain is the entry point class of the script.

Imports System
Imports System.Data
Imports System.Math
Imports Microsoft.SqlServer.Dts.Pipeline.Wrapper
Imports Microsoft.SqlServer.Dts.Runtime.Wrapper

<Microsoft.SqlServer.Dts.Pipeline.SSISScriptComponentEntryPointAttribute> _
<CLSCompliant(False)> _
Public Class ScriptMain
    Inherits UserComponent

    Public Overrides Sub PreExecute()
        MyBase.PreExecute()
        '
        ' Add your code here for preprocessing or remove if not needed
        '
    End Sub

    Public Overrides Sub PostExecute()
        MyBase.PostExecute()
        '
        ' Add your code here for postprocessing or remove if not needed
        ' You can set read/write variables here, for example:
        ' Me.Variables.MyIntVar = 100
        '
    End Sub

    Public Overrides Sub Eingabe0_ProcessInputRow(ByVal Row As Eingabe0Buffer)
        '
        ' Add your code here
        '
    End Sub
End Class
```

Abbildung 17.12 Die Microsoft Visual Studio Tools for Applications mit vorgeneriertem Programmgerüst

Die Microsoft Visual Studio Tools for Applications generieren auch für die Skriptkomponente einen Basiscode, der den Einstieg in die Programmierung erleichtert und Sie bei der Programmierung unterstützt. Der Code unterscheidet sich in einigen wesentlichen Punkten vom Basiscode der Skripttask-Komponente.

Die Skriptkomponente wird von der Klasse UserComponent abgeleitet (Inherits UserComponent). Von dieser Basisklasse erbt sie alle Eigenschaften und Prozeduren. Im Basicode werden die Prozeduren:

- PreExecute
- PostExecute
- ProcessInputeRow

generiert. Jede dieser Prozeduren überschreibt eine vorhandene Prozedur in der Basisklasse (Overrides). Die Prozedur ProcessInputRow wird für jede Zeile des Datenflusses aufgerufen.

Dieser Basiscode ist ein vollständiges, fehlerfreies Programm. Allerdings werden in diesem Programm keinerlei Daten manipuliert. Im Visual Basic 2008-Code der Abbildung 17.13 werden zuerst drei Integer-Variablen definiert. Die Kalenderwoche (KW) wird mit der schon bekannten DatePart-Funktion gefüllt. Anschließend wird das Jahr der Kalenderwoche ermittelt.

Zum Abschluss werden die neuen Ausgabespalten gefüllt. Bitte beachten Sie, dass das Feld KW_Jahr mit Row.KWJahr angesprochen wird. Der Unterstrich wird wie alle anderen Sonderzeichen automatisch entfernt. Auf die Spalten Row.KW und Row.KWJahr kann nur schreibend zugegriffen werden. Die automatisch generierten Prozeduren *PreExecute* und *PostExecute* wurden entfernt.

```vb
' Microsoft SQL Server Integration Services Script Component
' Write scripts using Microsoft Visual Basic 2008.
' ScriptMain is the entry point class of the script.

Imports System
Imports System.Data
Imports System.Math
Imports Microsoft.SqlServer.Dts.Pipeline.Wrapper
Imports Microsoft.SqlServer.Dts.Runtime.Wrapper

<Microsoft.SqlServer.Dts.Pipeline.SSISScriptComponentEntryPointAttribute> _
<CLSCompliant(False)> _
Public Class ScriptMain
    Inherits UserComponent

    Public Overrides Sub Eingabe0_ProcessInputRow(ByVal Row As Eingabe0Buffer)
        Dim Jahr As Integer
        Dim Monat As Integer
        Dim KW As Integer

        KW = DatePart(DateInterval.WeekOfYear, Row.Datum, _
                      FirstDayOfWeek.Monday, FirstWeekOfYear.FirstFourDays)

        Jahr = DatePart(DateInterval.Year, Row.Datum)
        Monat = DatePart(DateInterval.Month, Row.Datum)

        If Monat = 1 And KW > 50 Then Jahr = Jahr - 1
        If Monat = 12 And KW = 1 Then Jahr = Jahr + 1

        Row.KW = KW
        Row.KWJahr = Jahr

    End Sub
End Class
```

Abbildung 17.13 Skriptkomponente; vollständiger Programmcode unseres Beispiels

21. Schließen Sie die Microsoft Visual Studio Tools for Applications mit dem Menübefehl *Datei/Beenden*.
22. Schließen Sie auch den *Transformations-Editor für Skripterstellung* mit OK.
23. Jetzt fehlt noch das Ziel für den Datenfluss. Ziehen Sie ein *OLE DB-Ziel* aus der Toolbox in den Datenfluss.
24. Verbinden Sie den grünen Output-Pfeil der *Skriptkomponente* mit dem *OLE DB-Ziel*.
25. Benennen Sie das *OLE DB-Ziel* um in *OLE DB-Ziel Artikel_Verkauf* und passen Sie die Größe der Komponente an.
26. Öffnen Sie mit einem Doppelklick auf das *OLE DB-Ziel* den *Ziel-Editor für OLE DB* und wählen Sie den Verbindungs-Manager für unsere Beispieldatenbank *AW_DW* aus.

27. Als Name der Tabelle wählen Sie *[dbo].[Artikel_Verkauf]* aus.

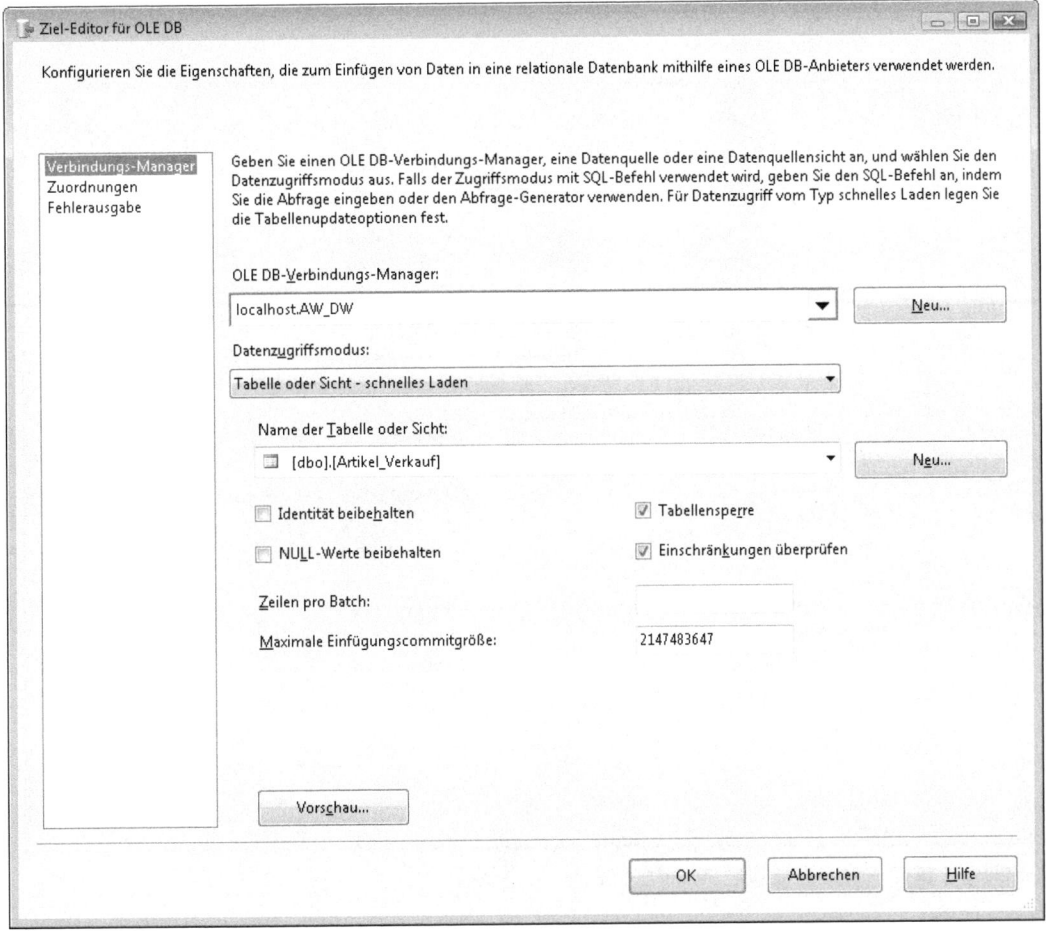

Abbildung 17.14 Die für unser Beispiel konfigurierten Eigenschaften im Ziel-Editor für OLE DB

28. Wechseln Sie zur Seite *Zuordnungen* (Abbildung 17.15). Der Editor nimmt die Zuordnungen automatisch vor. Bei Bedarf können die Zuordnungen natürlich geändert werden.

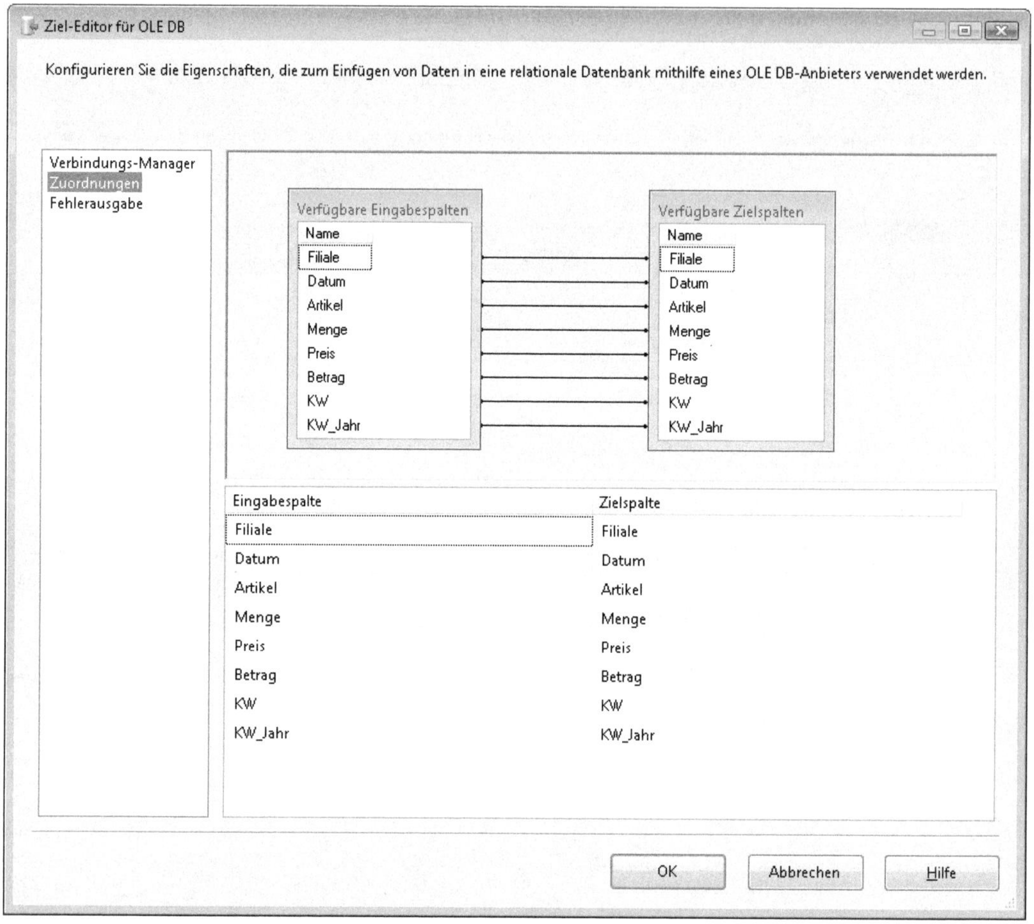

Abbildung 17.15 Zuordnungen im Ziel-Editor für OLE DB

29. Schließen Sie den *Ziel-Editor für OLE DB*. Ihr Paket sollte dann ungefähr so aussehen:

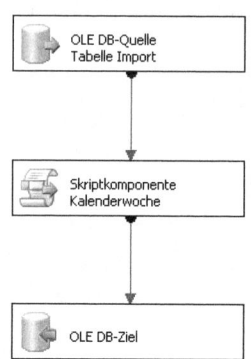

Abbildung 17.16 Ansicht des Datenflusses

30. Führen Sie das Integration Services-Paket mit [F5] aus.

Skriptkomponente

Das Ergebnis können Sie sich unter anderem im Microsoft SQL Management Studio ansehen. Stellen Sie die Verbindung zum Server her, öffnen Sie den Dateibaum *Datenbanken/AW_DW/Tabellen* und markieren Sie die Tabelle *Artikel_Verkauf*. Öffnen Sie anschließend über das Kontextmenü die Tabelle.

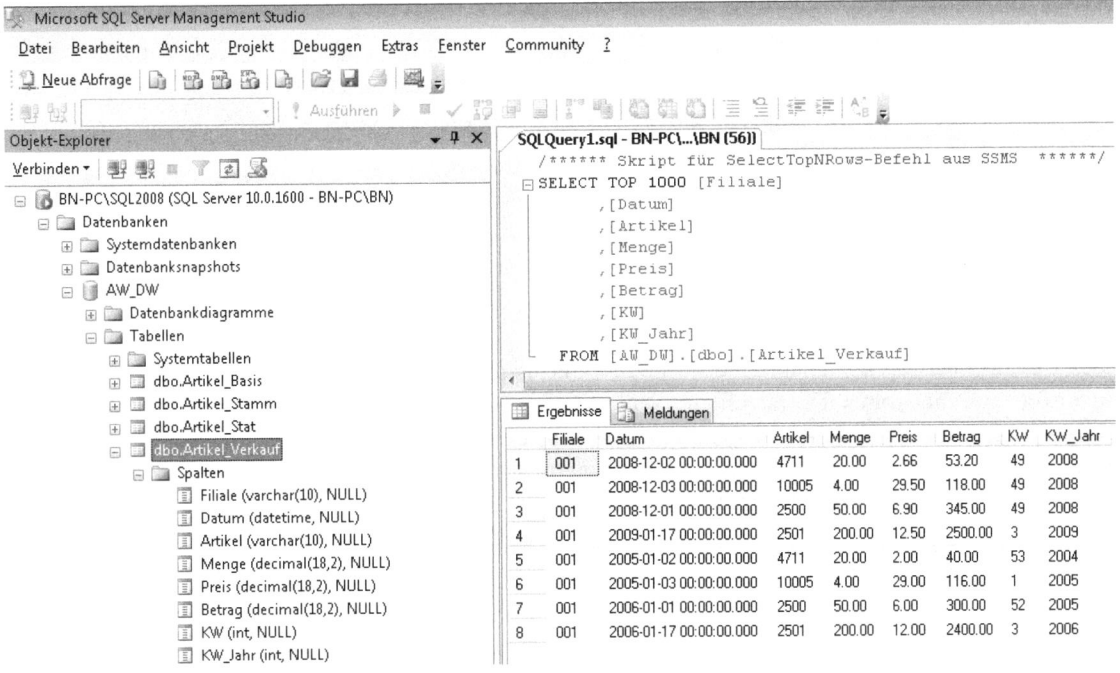

Abbildung 17.17 Die Tabelle *dbo.Artikel_Verkauf* im Microsoft SQL Server Management Studio

Die korrekte Berechnung der neuen Felder *KW* und *KW_Jahr* ist gut abzulesen. Der 02.01.2005 ist ein Sonntag und gehört demnach noch zur 53. KW des Jahres 2004. Am Montag, dem 03.01.2005, fängt die erste Kalenderwoche des Jahres 2005 an.

Standardprozeduren der Skriptkomponente

Die Basisklasse jeder individuellen Skriptkomponente ist die Klasse *UserComponent*. Durch das Statement

```
Inherits UserComponent
```

wird ein neues Objekt (im Folgenden *individuelle Skriptkomponente* genannt) von der Basisklasse abgeleitet. Die individuelle Skriptkomponente erbt von der Basisklasse alle Eigenschaften und Prozeduren. Das automatisch generierte Programmgerüst umfasst drei Prozeduren:

```
Public Overrides Sub PreExecute()
  MyBase.PreExecute()
'
' Add your code here for preprocessing or remove if not nedded
'
```

Listing 17.1 Automatisch generiertes Programmgerüst der Skriptkomponente

```
End Sub

Public Overrides Sub PostExecute()
 MyBase.PostExecute()
 '
 ' Add your code here for postprocessing or remove if not needed
 ' You can set read/write variables here, for example:
 ' Me.Variables.MyIntVar = 100
 '
End Sub

Public Overrides Sub Eingabe0 ProcessInputRow(ByVal Row As Eingabe0Buffer)
 '
 ' Add your code here
 '
End Sub
```

Listing 17.1 Automatisch generiertes Programmgerüst der Skriptkomponente *(Fortsetzung)*

Die Prozedur ProcessInputRow ist für eine Skriptkomponente im Datenfluss von besonderer Bedeutung, da in dieser Prozedur die Spalten des Datenflusses verändert werden können. Jeder Datenfluss besteht aus *n* Zeilen und jede Zeile kann *n* Spalten enthalten. Für jede Zeile des Datenflusses wird die Prozedur ProcessInputRow genau einmal ausgeführt. Jede Art von Datenveränderung pro Zeile kann in dieser Prozedur durchgeführt werden. Es ist aber auch möglich, für jede Zeile ein externes Ereignis auszulösen.

Die Prozeduren PreExecute und PostExecute werden jeweils genau einmal ausgeführt. PreExecute wird vor dem Einlesen der ersten Zeile des Datenflusses ausgeführt und ist somit für die Initialisierung bestens geeignet. PostExecute wird einmal nach der Verarbeitung der letzten Zeile des Datenflusses ausgeführt. Vielfach werden in dieser Prozedur Aggregationen wie Anzahl oder Summe weggeschrieben, die in der Prozedur ProcessInputRow gebildet wurden. Die beiden automatisch generierten Prozeduren PreExecute und PostExecute überschreiben (Overrides) die gleichnamigen Basisklassen. Als erster Prozedurschritt werden diese Basisklassen ausgeführt (MyBase.PreExecute()). Dieser Prozedurschritt ist wichtig, um in der Basisklasse programmierte Initialisierungen und Aufräumarbeiten auch wirklich auszuführen.

Der Ereignishandler ist in der Basisklasse (UserComponent) programmiert und wird automatisch an die individuelle Skriptkomponente vererbt. Tritt das entsprechende Ereignis ein, wird die namensgleiche Prozedur aufgerufen.

In dem Beispiel *Variablen in einer Skriptkomponente* (siehe Abbildung 17.19) werden alle automatisch generierten Prozeduren verwendet Zum Zwecke der Übersicht wurden alle nicht benötigten Namespaces (Imports) und Kommentare entfernt. In der Klasse ScriptMain wird die Variable AnzahlSkript definiert. Die Variable wird in der Prozedur PreExecute initialisiert und in der Prozedur Eingabe0_ProzessInputRow für jede Zeile des Datenflusses um eins erhöht. In der Prozedur PostExecute erfolgt die Ausgabe in die Paketvariable User::AnzahlPaket. Diese Variable muss vorher im Microsoft SQL Server Integration Services-Paket angelegt werden und in der Skriptkomponente als *ReadWriteVariable* aufgeführt sein.

Folgende Prozeduren werden in dieser Reihenfolge beim Eintreten der entsprechenden Ereignisse aufgerufen:

- PreExecute
- PreValidate
- PostValidate

- ProcessInputRow (für jede Zeile)
- PostExecute

Der Aufruf der Prozeduren wird vom Ereignishandler der Basisklasse übernommen.

Tritt das Ereignis ein, wird nach der auszuführenden Prozedur gesucht. Die Suche startet in der individuellen Skriptkomponente. Ist die Prozedur dort mit Overrides definiert, wird dieser Programmcode ausgeführt. Erst wenn die Prozedur in der individuellen Skriptkomponente nicht gefunden wird, wird in der Basisklasse gesucht.

Die Prozeduren PreValidate und PostValidate werden nicht automatisch generiert. Sie können analog der Prozeduren PreExecute und PostExecute implementiert werden.

Eine individuelle Skriptkomponente muss mindestens den in Abbildung 17.18 aufgeführten Programmcode enthalten:

```
<Microsoft.SqlServer.Dts.Pipeline.SSISScriptComponentEntryPointAttribute()> _
<CLSCompliant(False)> _
Public Class ScriptMain
    Inherits UserComponent
End Class
```

Abbildung 17.18 Grundgerüst einer individuellen Skriptkomponente

Auch auf die Angabe SSISScriptComponentEntryPointAttribute kann verzichtet werden. Allerdings erhalten Sie dann einen Warnhinweis, dass die Klasse ScriptMain nicht CLS-kompatibel ist.

Keine der Standardprozeduren ist mit Overrides definiert. Es werden automatisch die leeren Prozedurhüllen der Basisklasse ausgeführt. Das Programm ist als solches zwar lauffähig, hat in dieser Form jedoch noch keine Auswirkungen. Bitte beachten Sie, dass auch die automatisch generierte Prozedur ProcessInputRow gelöscht wurde.

Variablen in einer Skriptkomponente

In einer Skriptkomponente können Variablen definiert werden. Werden diese Variablen in einer Skriptkomponente global definiert, sind sie so solange existent, bis die Skriptkomponente gelöscht wird. Dieses Verhalten ist typisch für die objektorientierte Programmierung. Die global definierte Variable gehört zum *Skriptkomponente*-Objekt und wird erst mit dem Objekt zerstört. Für die Programmierung kann dieses Verhalten gut genutzt werden. Eine Variable wird global definiert, in der Prozedur PreExecute initialisiert und z.B. in der Prozedur ProcessInputRow verwendet.

Die Variable einer Skriptkomponente steht nur innerhalb der Skriptkomponente zur Verfügung. Außerhalb der Skriptkomponente, also im Datenfluss der Integration Services, kann auf diese Variable nicht direkt zugegriffen werden. Im nachfolgenden Beispiel (Abbildung 17.19) wird die Verwendung einer Variablen in einer Skriptkomponente anschaulich dargestellt:

```
ScriptMain                                              PostExecute()
<Microsoft.SqlServer.Dts.Pipeline.SSISScriptComponentEntryPointAttribute()> _
<CLSCompliant(False)> _
Public Class ScriptMain
    Inherits UserComponent
    Dim AnzahlSkript As Integer

    Public Overrides Sub PreExecute()
        MyBase.PreExecute()
        AnzahlSkript = 0
    End Sub

    Public Overrides Sub PostExecute()
        MyBase.PostExecute()
        Me.Variables.AnzahlPaket = AnzahlSkript
        MsgBox(AnzahlSkript.ToString)
    End Sub

    Public Overrides Sub Eingabe0_ProcessInputRow(ByVal Row As Eingabe0Buffer)
        AnzahlSkript = AnzahlSkript + 1
    End Sub
End Class
```

Abbildung 17.19   Die Verwendung von Objektvariablen in einer individuellen Skriptkomponente

Die Variable AnzahlSkript wird global definiert und erhält den Initialwert 40. In der Prozedur PreExecute wird ihr der neue Ausgangswert 0 zugewiesen. Mit jeder Zeile im Datenfluss (ProcessInputRow) wird der Wert um 1 erhöht. In der abschließenden Prozedur PostExecute wird der Inhalt der Variablen AnzahlSkript an die im Integration Services Paket definierte Variable AnzahlPaket übergeben. Die Variable AnzahlPaket wird in der Parametrisierung der Skriptkomponente als ReadWriteVariables angegeben. Zusätzlich wird der Wert in einem Meldungsfeld ausgegeben. Der angezeigte Wert entspricht genau der Anzahl der im Datenfluss vorhandenen Zeilen.

Zugriff auf den Datenfluss

Die Skriptkomponente ist eine Komponente des Datenflusses. Sie ermöglicht einen vollständigen Zugriff auf die Daten des Datenflusses. Damit dies innerhalb der Skriptkomponente möglich ist, muss jede Spalte des Datenflusses explizit gekennzeichnet werden (siehe Abbildung 17.10). Sollen Spalten im Datenfluss ergänzt werden, müssen diese als zusätzliche Ausgabespalten definiert werden (siehe Abbildung 17.11).

Die Daten des Datenflusses werden pro Zeile in einem Skript-Buffer (*Member of Microsoft.SqlServer.Dts.Pipeline*) zur Verfügung gestellt. Der Name des Skript-Buffers setzt sich aus dem Namen der Eingabe (*Eingabe '0'*) und dem Wort *Buffer* zusammen: *Eingabe0Buffer* (beachten Sie die Besonderheiten bezüglich der Sonderzeichen, die im nächsten Abschnitt angesprochen werden). Pro Datenzeile wird die Prozedur ProcessInputRow ausgeführt und der gefüllte Skript-Buffer wird als Parameter übergeben. Als Variablenname innerhalb der Prozedur wird Row vorgeschlagen. Da der Name sehr gut passt, ist es empfehlenswert ihn beizubehalten. Die einzelnen Spalten des Datenflusses (die Datenflussvariablen) werden mit ROW.Spaltenname referenziert.

Bei einer synchronen Skriptkomponente (zu den Besonderheiten einer asynchronen Komponente siehe den Abschnitt »Beispiel: Asynchrone Skriptkomponente« in diesem Kapitel) werden sowohl die Variablen der Eingabe als auch die Variablen der Ausgabe über den Namen des Eingabe-Buffers angesprochen.

Benutzer- und Systemvariablen

Um Benutzer- und Systemvariablen innerhalb einer Skriptkomponente nutzen zu können, müssen die Variablen im Skripteditor in den Eigenschaften *ReadOnlyVariables* bzw. *ReadWriteVariables* eingetragen werden (allgemeine Informationen zum Thema Integration Services-Variablen entnehmen Sie bitte Kapitel 14). Achten Sie unbedingt auf die korrekte Groß- und Kleinschreibung. Mehrere Variablen werden durch Kommata getrennt. Auf Variablen wird in der Skriptkomponente mit Me.Variables.Variablenname zugegriffen. Die IntelliSense-Funktionalität der Microsoft Visual Studio Tools für Applications erleichtert dabei die Eingabe.

ACHTUNG Auf Variablen, die in der Eigenschaft *ReadWriteVariables* eingetragen werden, kann nur in der Prozedur PostExecute zugegriffen werden. Andernfalls schlägt die Ausführung des Pakets fehl und es wird eine Fehlermeldung produziert (Abbildung 17.20).

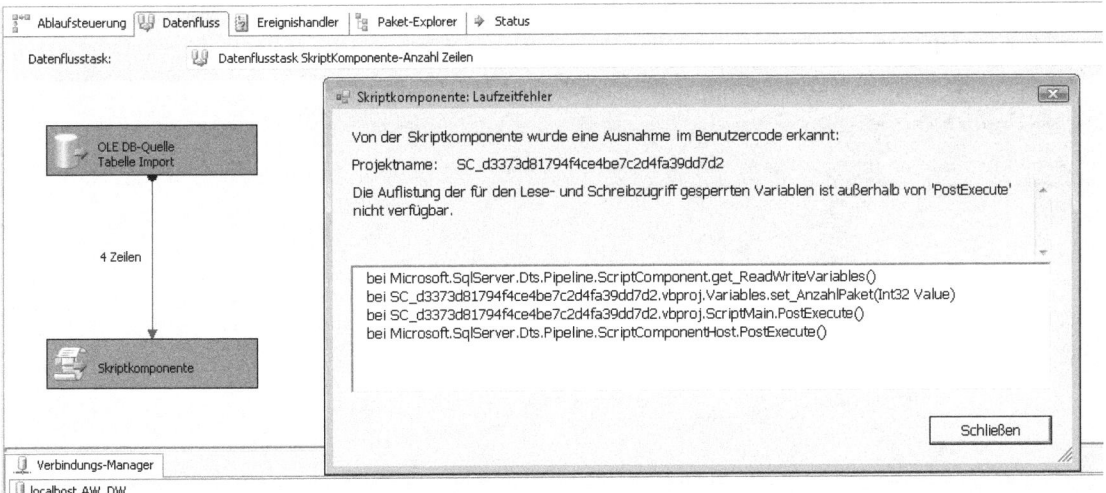

Abbildung 17.20 Fehlermeldung bei der Ausführung der Skriptkomponente

Sonderzeichen in der Skriptkomponente

Die Skriptkomponente entfernt automatisch die Sonderzeichen aus allen externen Namen. Beispiele für externe Namensquellen sind die Ein- und Ausgabe, Variablen des Datenflusses und Benutzervariablen. Deutlich wird dies bei dem automatisch generierten Eingabenamen *Eingabe '0'*. Aus diesem Namen entfernt die Skriptkomponente automatisch das Leerzeichen und die beiden Hochkommas. Aus *Eingabe '0'* wird in der Skriptkomponente *Eingabe0* und daraus wird der Name des Skript-Buffers gebildet: *Eingabe0Buffer*.

In unserem Kalenderwochenbeispiel haben wir die Ausgabespalte *KW_Jahr* genannt. In der Skriptkomponente wird diese Datenflussvariable mit Row.Variables.KWJahr angesprochen. Innerhalb der Microsoft Visual Studio Tools for Applications dürfen alle Sonderzeichen verwenden werden. Die Definition einer Objektvariablen, mit Dim KW_Jahr As Integer ist also zulässig.

Der Grund für die Eliminierung der Sonderzeichen ist die teilweise besondere Bedeutung der Zeichen in den .NET-Sprachen. So werden beispielsweise mit einem Hochkomma Kommentarzeilen gekennzeichnet und mit einem Leerzeichen werden die einzelnen Sprachelemente getrennt.

Verbindungs-Manager in der Skriptkomponente

In einer Skriptkomponente ist es möglich, mit einer ganz normalen .NET-Connection auf externe Daten zuzugreifen. Ein typischer Connection-String einer ADO.NET-Verbindung sieht wie folgt aus:

Server = MyServer ; Database = MyDatabase ; Integrated Security = True

Die Verbindungseigenschaften werden meist hart codiert. Dies hat den Nachteil, dass die Flexibilität einer Paketkonfiguration verloren geht. Denn der Connection-String in einem .NET-Programm kann mit der Paketkonfiguration der Integration Services nicht direkt konfiguriert werden.

Dieses Problem kann durch die Verwendung von Verbindungs-Managern in einer Skriptkomponente elegant gelöst werden. Um die Verbindungs-Manager eines Microsoft SQL Server Integration Services-Pakets in einer Skriptkomponente nutzen zu können, müssen sie in der Skriptkomponente aufgelistet werden. Dabei erhält jeder Verbindungs-Manager einen internen Namen für die Skriptkomponente. Über diesen internen Namen wird er im Programmcode der Skriptkomponente angesprochen. Der interne Name darf keine Sonderzeichen enthalten.

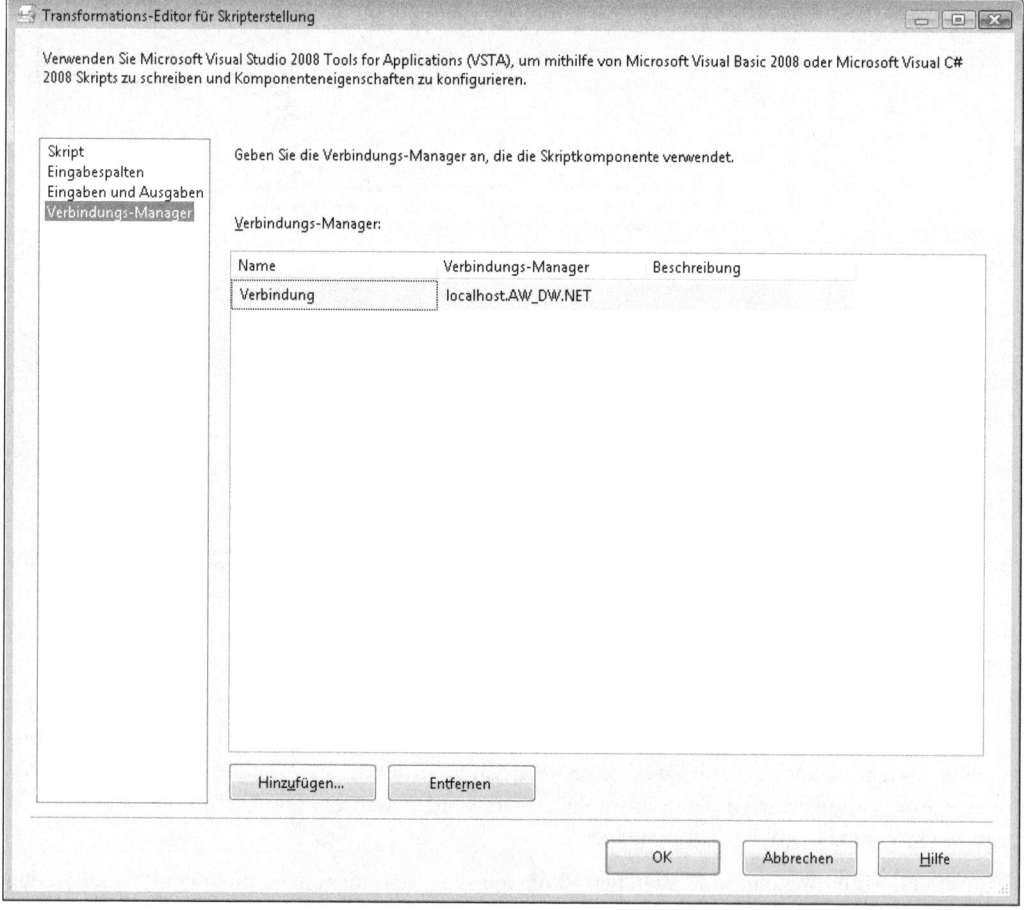

Abbildung 17.21 Der vordefinierte Verbindungs-Manager *Verbindung* verweist auf den ADO.NET-Paket-Verbindungs-Manager *localhost.AW_DW.NET*

Verbindungs-Manager in der Skriptkomponente

Die Zuordnung eines Verbindungs-Managers erfolgt im *Transformations-Editor für Skripterstellung* auf der Seite *Verbindungs-Manager*. Sie können vorhandene Verbindungs-Manager auswählen oder neue anlegen. Für den ersten Verbindungs-Manager wird automatisch der Name *Verbindung* vorgeschlagen (Abbildung 17.21). Es ist zu empfehlen, einen aussagekräftigen Namen zu wählen. Bitte denken Sie daran, dass keine Sonderzeichen verwendet werden dürfen.

Das folgende Beispiel (Abbildung 17.22) zeigt exemplarisch die Verwendung einer ADO.NET-Verbindung in Microsoft Visual Studio Tools for Applications:

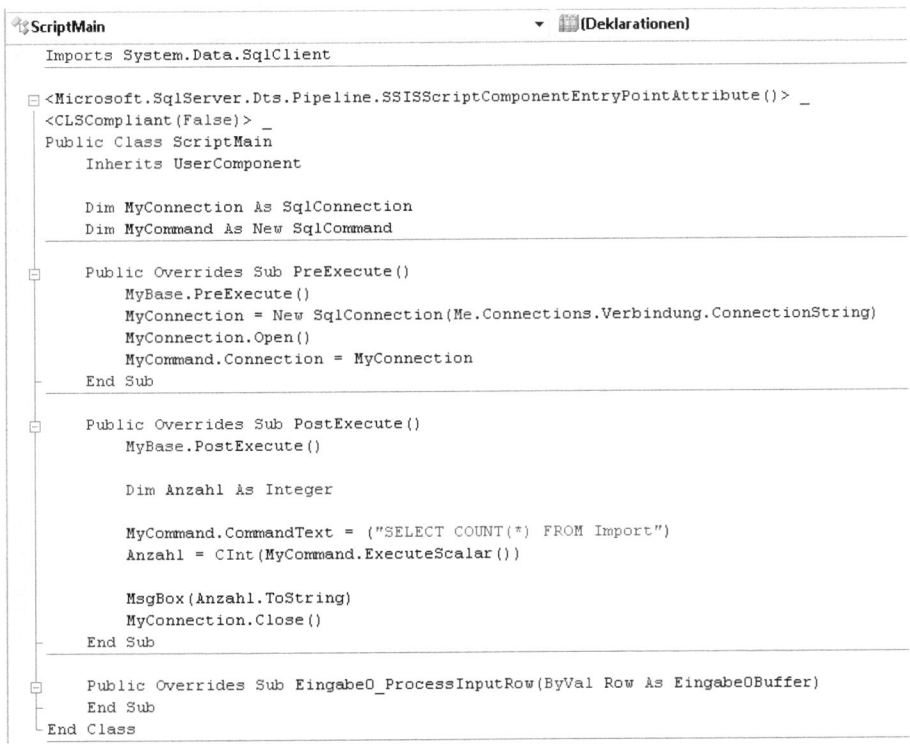

Abbildung 17.22 ADO.NET-Verbindung in Microsoft Visual Studio Tools for Applications

In der ersten Zeile wird der Namespace (Imports System.Data.SqlClient) festgelegt. Anschließend werden in der Klasse ScriptMain die beiden globalen Objektvariablen MyConnection und MyCommand deklariert. In der Prozedur PreExecute wird mit dem Connection-String eine Verbindung aufgebaut.

In der Prozedur PostExecute wird die Verbindung verwendet. Es wird die Anzahl Zeilen in der SQL-Tabelle *Import* ermittelt und als Meldungsfeld angezeigt. Abschließend wird die Verbindung geschlossen. Dies ist nicht zwingend notwendig, da mit der Zerstörung der individuellen Skriptkomponente auch alle Verbindungen zerstört werden. Das Schließen von nicht mehr verwendeten Verbindungen gehört jedoch zu einem guten Programmierstil.

Exkurs: Nutzung einer Excel-Verbindung über einen Verbindungs-Manager

In einer Skriptkomponente können nur ADO.NET-Verbindungs-Manager genutzt werden (bzw. alle Verbindungs-Manager, die verwaltete Objekte zur Verfügung stellen). OLE DB-Verbindungs-Manager und Excel-Verbindungs-Manager können nicht verwendet werden. Für die Verbindung zu einer SQL-Datenbank sollten Sie, wenn der Task oder die Komponente es zulässt, deshalb die ADO.NET-Verbindung grundsätzlich bevorzugen.

Um trotzdem eine Excel-Verbindung über einen Verbindungs-Manager in einer Skriptkomponente zu nutzen, gehen Sie folgendermaßen vor:

1. Wählen Sie die Option *<Neue Verbindung…>*.
2. Wählen Sie den Typ *ADO.NET* aus und bestätigen Sie dies mit einem Klick auf die Schaltfläche *Hinzufügen*.
3. Es werden alle bisher genutzten ADO.NET-Verbindungs-Manager aufgelistet. Fügen Sie mit *Neu* einen neuen ADO.NET-Verbindungs-Manager hinzu.
4. Wählen Sie als Anbieter im Knoten *.NET-Anbieter für OLE DB* den Eintrag *Microsoft Jet 4.0 OLE DB Provider* aus (Abbildung 17.23).

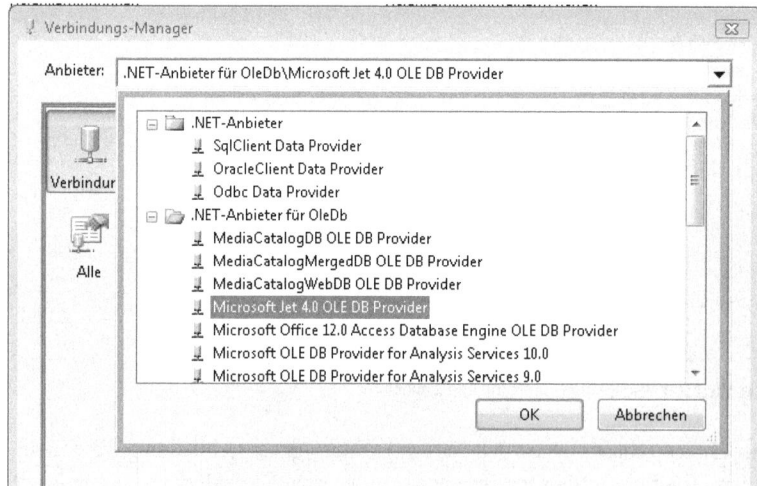

Abbildung 17.23 Auswahl des Anbieters im Verbindungs-Manager

5. Als Datenbankname tragen Sie Ihre Excel-Datei ein. Bei einer Auswahl über *Durchsuchen* ist darauf zu achten, dass der Dateityp von *Microsoft Access-Datenbanken (*.mdb)* manuell auf *Alle Dateien (*.*)* geändert wird.
6. Wechseln Sie zur Seite *Alle* und geben Sie als Wert der Eigenschaft *Extended Properties* den Text *Excel 8.0* ein (Abbildung 17.24).

Exkurs: Nutzung einer Excel-Verbindung über einen Verbindungs-Manager

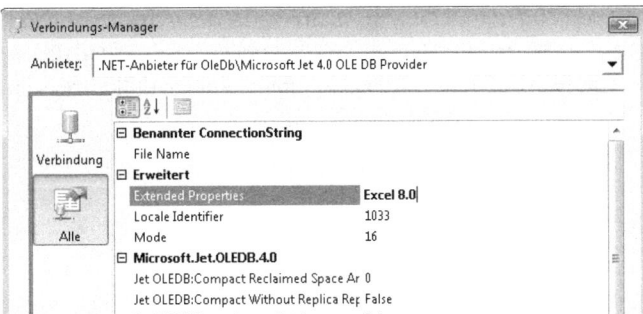

Abbildung 17.24 Der Eintrag *Excel 8.0* auf der Seite *Alle*

7. Nun können Sie die Verbindung testen und in der Skriptkomponente eintragen.

Englischsprachige Programmbeispiele

Die überwiegende Anzahl von Skripting-Programmbeispielen werden Sie im Internet auf englischsprachigen Seiten finden. Diese Programme lassen sich ohne einige kleinere Änderungen leider nicht 1:1 auf die deutsche Version der Integration Services übertragen. Der Grund hierfür ist, dass in der deutschen Version der Integration Services andere Standardwerte bei der Namensvergabe verwendet werden.

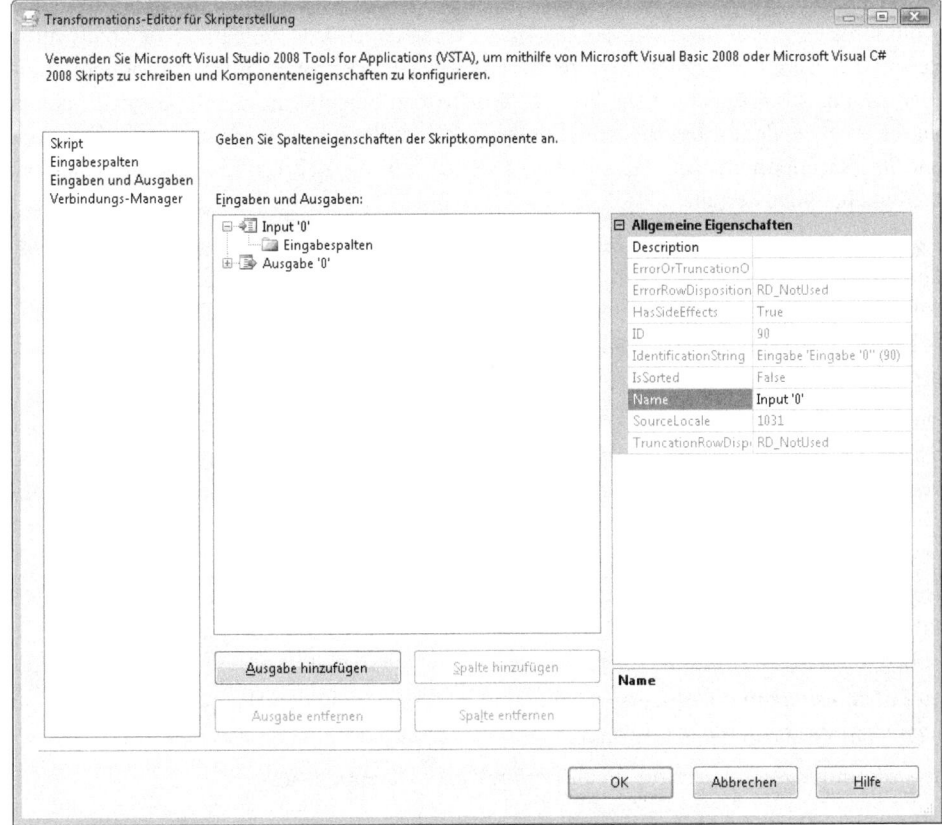

Abbildung 17.25 Der in *Input '0'* geänderte Name der Skriptkomponente

Die englische Version verwendet die Standardwerte *Input* und *Output*, während die deutsche Version *Eingabe* und *Ausgabe* benutzt. Die einfachste Möglichkeit ist es, die Namen im *Transformations-Editor für Skripterstellung* in *Input* und *Output* zu ändern, wie in Abbildung 17.25 dargestellt. Alternativ können Sie die Namen auch im Programmcode ändern.

Englische Version:

```
Input0_ProcessInputRow(ByVal Row As Input0Buffer)
```

Deutsche Version:

```
Eingabe0_ProcessInputRow(ByVal Row As Eingabe0Buffer)
```

Achten Sie bitte darauf, dass der Name an zwei Stellen ersetzt wurde.

Beispiel: asynchrone Skriptkomponente

In den bisherigen Beispielen wurden ausschließlich synchrone Skriptkomponenten verwendet. Der Eingabe-Buffer ist bei einer synchronen Skriptkomponente gleichzeitig der Ausgabe-Buffer. Der Inhalt der Zeilen und Spalten kann verändert werden, aber es bleibt der gleiche Buffer. Bei der asynchronen Skriptkomponente werden die Daten vom Eingabe-Buffer in einen Ausgabe-Buffer transferiert. Jede Zeile und jede Spalte muss explizit transferiert werden. Dadurch ist die Programmierung einer asynchronen Skriptkomponente aufwendiger, bietet aber zusätzliche Möglichkeiten. Mit der synchronen Skriptkomponente können Spalten hinzugefügt werden. Es ist aber nicht möglich, Zeilen oder Spalten zu löschen. Für solche Anforderungen sollte die asynchrone Skriptkomponente genutzt werden. Es werden nur die Zeilen und Spalten transferiert, die im weitern Datenfluss benötigt werden.

Die Unterscheidung zwischen einer synchronen und asynchronen Skriptkomponente wird in den Eigenschaften der Ausgabe getroffen. Für eine asynchrone Skriptkomponente muss der Wert der Eigenschaft *SynchronousInputID* auf *keine* gesetzt werden. Diese Eigenschaft ist standardmäßig mit der ID des Eingabe-Buffers vorbelegt. Die Eigenschaft befindet sich etwas versteckt auf der Seite *Eingaben und Ausgaben* in den Allgemeinen Eigenschaften zum Ausgabe-Buffer.

Das Arbeiten mit einer asynchronen Skriptkomponente wird im folgenden Beispiel erläutert. Die Daten der Tabelle *SalesOrderHeader* aus der Datenbank *AdventureWorks* werden als Quelle des Datenflusses eingelesen. Sollten Sie die AdventureWorks Datenbank nicht installiert haben, können Sie alternativ eine beliebige SQL-Tabelle mit einer Datumsspalte verwenden. In einer asynchronen Skriptkomponente werden nur die Zeilen weitergegeben, deren Auftragsdatum (*OrderDate*) mit der Kalenderwoche der Variablen *KW* übereinstimmen.

1. Legen Sie ein neues Microsoft SQL Server Integration Services-Paket mit dem Namen »*Kap17_Skriptkomponente_Asynchron*« an.
2. Legen Sie die beiden Variablen *KW* und *KW_Jahr* mit den Werten 24 und 2004 an.
3. Ziehen Sie einen *Datenflusstask* in die Ablaufsteuerung und wechseln Sie in den Datenfluss.
4. Ziehen Sie eine *OLE DB-Quelle* in den Datenfluss.
5. Wählen Sie einen Verbindungs-Manager für die *AdventureWorks*-Datenbank aus.

Beispiel: asynchrone Skriptkomponente

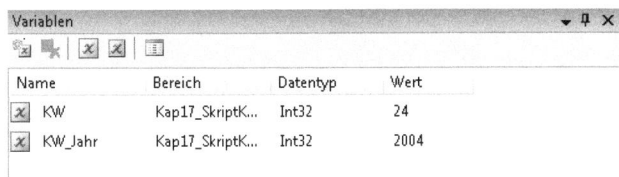

Abbildung 17.26 Die Variablen *KW* und *KW_Jahr* mit ihren Initialwerten

6. Wie in Abbildung 17.27 dargestellt, wird als Datenzugriffsmodus der Standardwert *Tabelle oder Sicht* ausgewählt und als Tabelle *[Sales].[SalesOrderHeader]*.

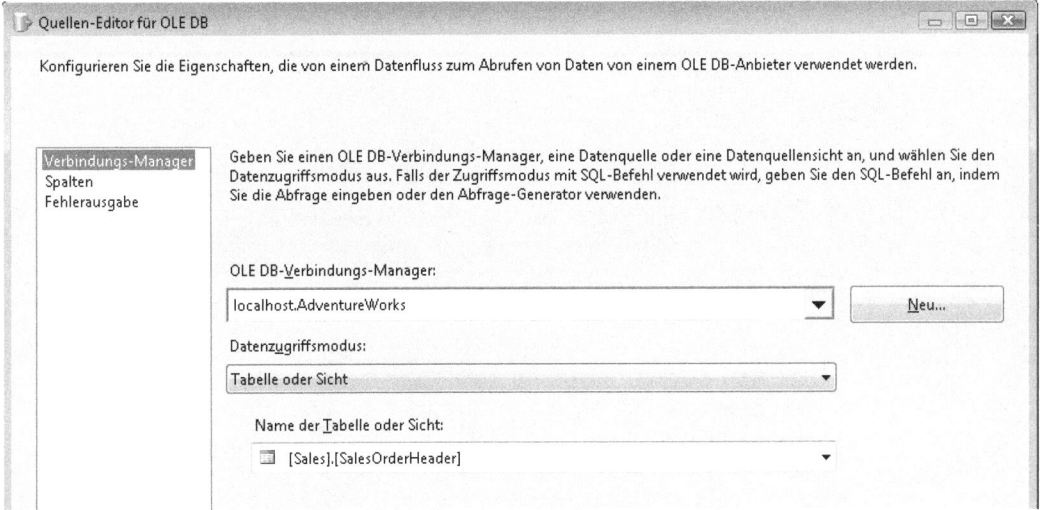

Abbildung 17.27 *Verbindungs-Manager* in der Komponente *OLE DB-Quelle*

7. Wechseln Sie zur Seite *Spalten* und wählen Sie die drei Spalten *SalesOrderID*, *OrderDate* und *SubTotal* aus. Für alle anderen Spalten entfernen Sie das Häkchen. Schließen Sie den *Quellen-Editor für OLE DB* wieder.
8. Ziehen Sie eine *Skriptkomponente* in den Datenfluss und wählen Sie als Skriptkomponententyp *Transformation* aus.
9. Verbinden Sie den grünen Output-Pfeil der *OLE DB-Quelle* mit der *Skriptkomponente*.
10. Öffnen Sie den *Editor für Skripterstellung* und wählen Sie auf der Seite *Skript* in der Eigenschaft *ScriptLanguage* die Sprache *Microsoft Visual Basic 2008* aus.
11. Wechseln Sie zur Seite *Eingabespalten* und machen Sie eine Häkchen vor jeder der 3 verfügbaren Spalten.
12. Wechseln Sie zur Seite *Eingaben und Ausgaben*.
13. Benennen Sie die Eingabe *Eingabe '0'* um in *Order*.
14. Benennen Sie die Ausgabe *Ausgabe '0'* um in *Auftrag*.
15. Mit diesem Schritt wird aus einer synchronen eine asynchrone Skriptkomponente: Markieren Sie im Fensterbereich den Ausgabe-Buffer *Auftrag*. Im Fensterbereich Allgemeine Eigenschaften werden dadurch die Eigenschaften des Ausgabe-Buffers angezeigt. Überschreiben Sie den vorbelegten Wert der Eigenschaft *SynchronousInputID* mit *keine* (Abbildung 17.28). Durch diese Eingabe wird die synchrone Verbindung zur Eingabe aufgehoben.

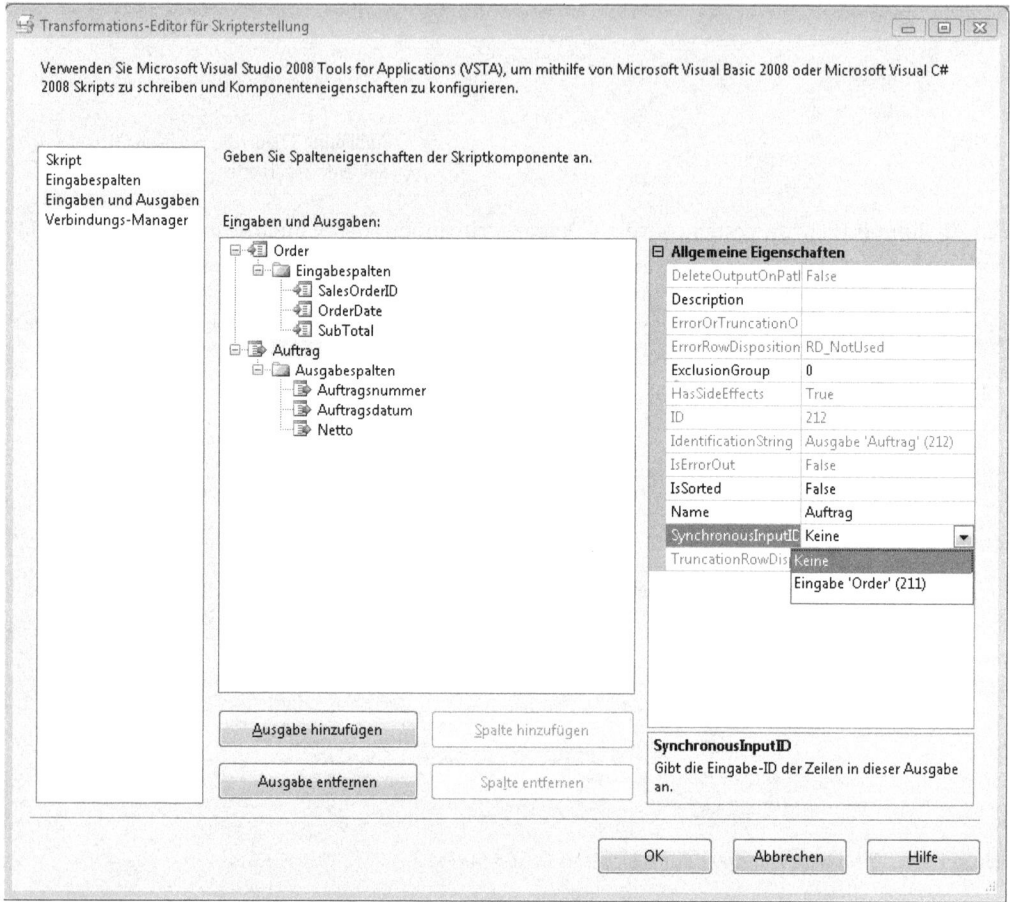

Abbildung 17.28 Einstellung für eine asynchrone Skriptkomponente auf der Seite *Eingaben- und Ausgaben*

16. Legen Sie drei neue Ausgabespalten mit folgenden Namen und Datentypen an:

Spalte	Datentyp
Auftragsnummer	DT_I4 (Standardwert)
Auftragsdatum	DT_Date
Netto	Decimal (Skale 2)

Tabelle 17.1 Zuweisung des Datentyps für die jeweiligen Spalten

17. Auf der Seite *Skript* tragen Sie unter *ReadOnlyVariables* die beiden Variablen *KW* und *KW_Jahr* ein.
18. Die Variablennamen berücksichtigen die Groß-/Kleinschreibung. Mehrere Variablen werden durch Kommata getrennt. Abweichend zum SQL Server 2005 dürfen nun zusätzlichen Leerzeichen vor und nach dem Komma eingefügt werden.
19. Wechseln Sie mit einem Klick auf die Schaltfläche *Skript bearbeiten* zu Microsoft Visual Studio Tools for Applications.

20. Geben Sie den in Abbildung 17.29 gezeigten Visual Basic-Code ein. In diesem Programm wird nur der Namespace System benötigt. Von den Standard-Prozeduren wird nur die Prozedur ProcessInputRow angesprochen. Bitte achten Sie auf das führende Order, das anstelle des Standardwertes Eingabe0 steht. Die Ermittlung der Kalenderwoche und des Jahres der Kalenderwoche nach ISO-Norm werden über Funktionen realisiert. Wenn die Kalenderwoche der Spalte OrderDate mit dem Wert der Variablen KW übereinstimmt, wird eine neue Zeile im Ausgabe-Buffer angelegt (AuftragBuffer.AddRow()). Die Ausgabe setzt sich aus dem Namen der Ausgabe und der Ergänzung Buffer zusammen. Es werden die drei Ausgabespalten mit deutschen Namen gefüllt.

```
Imports System

<Microsoft.SqlServer.Dts.Pipeline.SSISScriptComponentEntryPointAttribute()> _
<CLSCompliant(False)> _
Public Class ScriptMain
    Inherits UserComponent

    Public Overrides Sub PreExecute()
        MyBase.PreExecute()
    End Sub

    Public Overrides Sub PostExecute()
        MyBase.PostExecute()
    End Sub

    Public Overrides Sub Order_ProcessInputRow(ByVal Row As OrderBuffer)

        If KW(Row.OrderDate) = Me.Variables.KW And KW_Jahr(Row.OrderDate) = Me.Variables.KWJahr Then
            AuftragBuffer.AddRow()
            AuftragBuffer.Auftragsnummer = Row.SalesOrderID
            AuftragBuffer.Auftragsdatum = Row.OrderDate
            AuftragBuffer.Netto = Row.SubTotal
        End If
    End Sub

    Public Function KW(ByVal Datum As Date) As Integer
        Return DatePart(DateInterval.WeekOfYear, Datum, FirstDayOfWeek.Monday, FirstWeekOfYear.FirstFourDays)
    End Function

    Public Function KW_Jahr(ByVal Datum As Date) As Integer
        Dim Jahr As Integer
        Dim Monat As Integer
        Dim KW As Integer

        KW = DatePart(DateInterval.WeekOfYear, Datum, FirstDayOfWeek.Monday, FirstWeekOfYear.FirstFourDays)

        Jahr = DatePart(DateInterval.Year, Datum)
        Monat = DatePart(DateInterval.Month, Datum)

        If Monat = 1 And KW > 50 Then Jahr = Jahr - 1
        If Monat = 12 And KW = 1 Then Jahr = Jahr + 1

        Return Jahr

        Return DatePart(DateInterval.WeekOfYear, Datum, FirstDayOfWeek.Monday, FirstWeekOfYear.FirstFourDays)
    End Function

    Public Overrides Sub CreateNewOutputRows()
    End Sub

End Class
```

Abbildung 17.29 Visual-Basic-Programmcode der asynchronen Skriptkomponente

21. Schließen Sie Microsoft Visual Studio Tools for Applications. Schließen Sie ebenfalls den Transformations-Editor für Skripterstellung.
22. Ziehen Sie eine Komponente *Multicast 'Papierkorb'* (siehe hierzu in Kapitel 16 den Abschnitt »Komponente *Multicast* als leeres Datenziel«) in den Datenfluss und verbinden Sie den grünen Output-Pfeil der Skriptkomponente mit der Komponente *Multicast*.
23. Legen Sie für den Datenfluss zwischen der Skriptkomponente und der Komponente Multicast einen Datenviewer an.
24. Führen Sie das Paket aus. Das Ergebnis sollte ungefähr so aussehen:

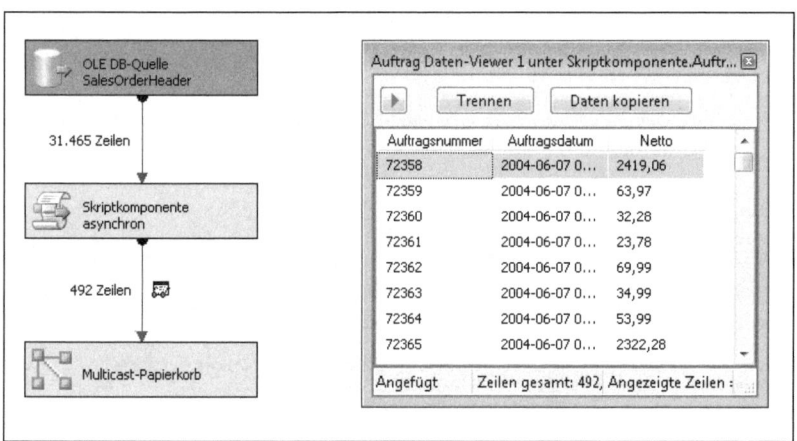

Abbildung 17.30 Ansicht Datenfluss mit Datenviewer für die asynchrone Skriptkomponente

In den Datenfluss wurden 31.465 Zeilen eingelesen. Davon haben 492 Aufträge ein Auftragsdatum in der 24. Kalenderwoche 2004. Nur diese 492 Zeilen des Datenflusses werden an das Datenziel weitergegeben. Die asynchrone Skriptkomponente ist sehr flexibel und bietet alle Möglichkeiten, den Datenfluss zu manipulieren. Jedoch ist im Vergleich zur synchronen Skriptkomponente etwas mehr Schreibarbeit notwendig.

Die Skriptkomponente als Datenquelle/Datenziel

Bisher haben wir die Skriptkomponente ausschließlich mit dem Typ *Transformation* verwendet. Skriptkomponenten des Typs *Transformation* sind bestens für die Manipulation des Datenflusses geeignet. Darüber hinaus lassen sich Skriptkomponenten auch für die Programmierung komplexerer Datenquellen und Datenziele verwenden. Mit den Standardkomponenten des Datenflusses können recht einfach die typischen Datenquellen und Datenziele angesprochen werden. Haben diese allerdings ein proprietäres Format, oder wird eine besondere Flexibilität benötigt, empfiehlt es sich, eine Skriptkomponente des Typs *Quelle* bzw. *Ziel* zu verwenden.

Die Flexibilität hat allerdings ihren Preis. Die Schnittstelle zu den externen Daten wird nicht mehr generiert, sondern sie muss programmiert werden. Hilfreich sind dabei die umfangreichen .NET-Klassen, die für fast alle Fälle die benötigten Funktionalitäten zur Verfügung stellen.

Verwendung von Klassenbibliotheken

Für erfahrene .NET-Programmierer bietet das Skripting einige weitere, sehr interessante Möglichkeiten. Diese Möglichkeiten sollen in diesem Buch nur ganz kurz skizziert werden, denn sie gehen über die normale Integration Services-Nutzung des Business Intelligence-Entwicklers hinaus.

In den Microsoft Visual Studio Tools for Applications besteht die Möglichkeit, auf alle im globalen Assemblycache des ausführenden Computers installierten .NET-Klassen zuzugreifen. Die .NET-Klasse muss dabei mit einem starken Namen signiert sein. Damit die .NET-Klasse in einer Skripttask zur Verfügung steht, muss im Programm ein Verweis auf die benötigte Klassenbibliothek vorhanden sein. Das Anlegen eines Verweises wird Referenzierung genannt und kann im Projekt-Explorer der Skripttask oder der Skriptkomponente durchgeführt werden. Um eine Verweis hinzuzufügen, öffnen Sie den Projekt-Explorer und erweitern die Ansicht mit einem Klick auf das Symbol *Alle Dateien anzeigen* (Abbildung 17.31). Im Kontextmenü des Ordners *Verweise* wählen Sie den Eintrag *Verweis hinzufügen* aus.

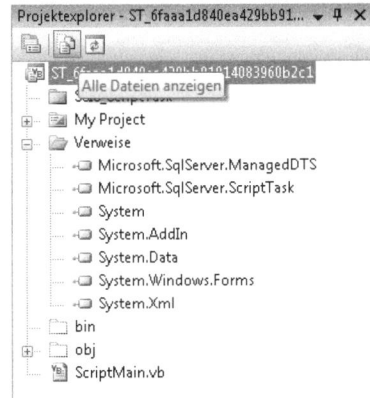

Abbildung 17.31 Verweise im Projektexplorer

Wenn der hinzuzufügende Verweis nicht in der Auflistung der Registerkarte .NET (Abbildung 17.32) vorhanden ist, kann der Verweis über die Registerkarte *Durchsuchen* auf einen beliebigen Ort des ausführenden Computers verweisen.

Sie können auf diese Weise auf die Standardbibliotheken von .NET Framework, auf externe Bibliotheken und natürlich auch auf selbst programmierte Bibliotheken zugreifen. Bei der Entwicklung von eigenen Bibliotheken müssen selbstverständlich die Regeln von .NET Framework beachtet werden. So sollte für die Bibliothek ein starker Schlüssel generiert werden und sie muss installiert werden (z.B. mit *Gacutil*). Um den Zugriff auf die hinzugefügten Klassen in den Bibliotheken im Programm zu erleichtern, ist es zu empfehlen, die entsprechenden Namespaces zu definieren.

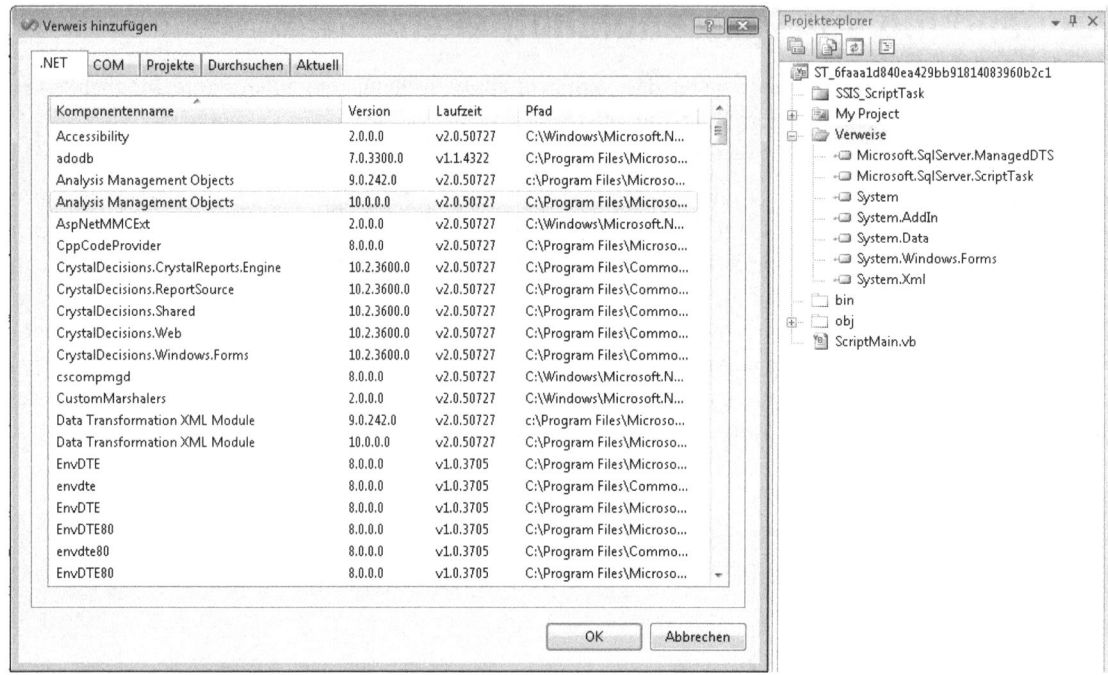

Abbildung 17.32 Hinzufügen eines Verweises

Entwicklung eigener Komponenten

Die Integration Services-Standardkomponenten decken ein sehr weites Anwendungsspektrum ab. Sicherlich haben die Microsoft-Entwickler nicht an alles denken können. Doch Dank des offen gestalteten Integration Services-Konzepts haben Sie selbst die Möglichkeit, Ihre eigenen Komponenten zu entwickeln, zu veröffentlichen und in den Integration Services zu nutzen.

Die Entwicklung eigener Integration Services-Komponenten ist eine ganz besondere Herausforderung, denn es ist eine Vielzahl von besonderen Anforderungen zu berücksichtigen. In den meisten Fällen ist es deswegen zu empfehlen, die eigene Aufgabenstellung mit einer Skriptkomponente zu lösen.

Fazit

Das Skripting ist eine der interessantesten und wichtigsten Features in den Integration Services. Es wird eine Programmierumgebung zur Verfügung gestellt, die praktisch keine Wünsche offen lässt. Fast immer wenn die Funktionalität der Standardkomponenten nicht ausreicht, kann die benötigte Lösung mit einem Visual Basic-Skript realisiert werden. Und dabei geht das eigentliche Integration Services-Paket nahtlos in die Visual Basic-Programmierung über. Jeder Entwickler hat die Möglichkeit, soviel Skripting zu nutzen, wie er es für angebracht hält.

Kapitel 18

SSIS – Konfiguration, Debugging und Ausführung

In diesem Kapitel:

Konfiguration von Integration Services-Paketen	514
Beispiel: Paketkonfiguration	521
Debugging	525
Paketausführung	531

Durch eine geeignete Konfiguration können Integration Services-Pakete sehr flexibel eingesetzt werden. Die Konfiguration der Laufzeitumgebung ist dabei mit Abstand die häufigste Anwendung. Es ist aber auch möglich, die interne Paketlogik über die Konfiguration zu steuern.

Konfiguration von Integration Services-Paketen

In den meisten Integration Services-Paketen wird die Laufzeitumgebung über die Verbindungsmanager festgelegt. Hierzu werden Servernamen, Datenbanken, Dateiordner und andere externe Eigenschaften konfiguriert. Ohne Konfiguration ist der Wert dieser Eigenschaften fest definiert und das Integration Services-Paket läuft ohne Paketänderung nur auf dem festgelegten Server. Mit einer Konfiguration kann der Wert der Eigenschaften außerhalb des Integration Services-Pakets festgelegt werden und das Integration Services-Paket läuft in der konfigurierten Laufzeitumgebung.

Die Konfiguration der Paketlogik ist dagegen eine größere Herausforderung. Dies betrifft besonders die Konfiguration des Datenflusses, da die Metadaten des Datenflusses fest im Integration Services-Paket gespeichert sind. Die Veränderung der Metadaten des Datenflusses ist mittels einer einfachen Konfiguration nicht möglich. Sehr schön konfigurieren lässt sich dagegen der Workflow in der Ablaufsteuerung und auch SQL-Statements können über Variablen dynamisch erzeugt werden.

Das typische Szenario für unterschiedliche Laufzeitumgebungen ist die Trennung von Entwicklungs-, Test- und Produktivsystemen. Diese Trennung sollte in jeder Softwareentwicklung selbstverständlich sein, denn nur so kann die Konsistenz der Produktivdatenbank sichergestellt werden.

Die einzelnen Systeme übernehmen dabei folgende Aufgaben:

- **Entwicklungssystem**   Hier findet die Entwicklung statt
- **Testsystem**   Hier werden neue Programme getestet, abgenommen und versucht, Fehler nachzuvollziehen
- **Produktivsystem**   Dieses System wird von den Endanwendern produktiv genutzt

Ein Integration Services-Paket sollte so aufgebaut sein, dass es ohne Paketänderung in allen drei Laufzeitumgebungen zu verwenden ist. Genau dies können Sie mithilfe der Konfiguration realisieren. Programmlogik und Metadaten sind für jede Laufzeitumgebung identisch, es wird nur auf andere Speicherorte zugegriffen.

Es gibt noch weitere Gründe für die Nutzung der flexiblen Konfiguration. Datenbanksysteme können umziehen und die Integration Services-Pakete sollten darauf flexibel reagieren können. So ist es ein übliches Szenario, eine Datenbank im Crashfall auf einem Alternativserver wiederherzustellen. Hierbei ändern sich meist der Servername und die TCP/IP-Adresse. Ist der Servername in allen Integration Services-Paketen konfigurierbar, muss er nur in der Konfiguration geändert werden. Ist er nicht konfigurierbar, müssen die Änderungen in jedem Paket manuell durchgeführt werden.

Bei mehreren hundert Paketen ist dies eine gewaltige Aufgabe. Deshalb kann nur empfohlen werden, die Konfigurationsmöglichkeiten der Integration Services-Pakete aktiv zu nutzen. Sie werden dadurch erheblich flexibler, können zwischen Laufzeitumgebungen wechseln und der Umzug eines Datenbankservers verliert seine Schrecken.

Konfigurationsempfehlung

Der Paketkonfigurations-Assistent bietet eine erschreckend große Anzahl von konfigurierbaren Eigenschaften an. In der Praxis werden in den meisten Fällen aber nur Variablen und Verbindungsmanager konfiguriert. Die Konfiguration der großen Anzahl weiterer Eigenschaften werden Sie nur in Spezialfällen nutzen.

Es hat sich bewährt, für jede Konfiguration Variablen zu verwenden. Eigenschaften, z.B. der Servername eines Verbindungsmanagers, sollten grundsätzlich nur indirekt über Variablen konfiguriert werden. Diese Konfigurationsmöglichkeit wird auch im Abschnitt »Beispiel: Paketkonfiguration« verwendet.

Auf den ersten Blick erscheint die indirekte Konfiguration mittels Variablen aufwendiger und komplexer zu sein. Aber die Vorteile der indirekten Konfiguration überwiegen:

- Die Konfiguration ist besser strukturiert
- Verbindungsmanager, Tasks und andere Objekte können in verschiedenen Paketen unterschiedlich benannt werden
- Eine konfigurierte Eigenschaft kann in einem Paket mehrfach verwendet werden
- Variablen können einfach in der Ausdrucksprogrammierung und im Skripting verwendet werden
- Alle Initialwerte lassen sich im Debugmodus einfach über das Variablenfenster einstellen, ohne dass eine Konfiguration verwendet oder die Konfigurationsdatei angepasst werden muss
- Berücksichtigen Sie bei der Paketentwicklung von Anfang an die später erforderlichen Konfigurationen. Realisieren Sie jede Paketkonfiguration wenn möglich mittels Variablen. Erstellen Sie eine einheitliche Konfigurationsrichtlinie für alle Integration Services-Pakete. Nur so ist es sichergestellt, dass gemeinsame Konfigurationen automatisch in allen Integration Services-Paketen richtig verwendet werden.
- An dieser Stelle möchte ich nochmals anmerken, dass es mit einfachen Mitteln nicht möglich ist, die Metadaten des Datenflusses zu konfigurieren. Diese Metadaten sind fester Bestandteil der Paketlogik und eine Konfiguration ist nicht vorgesehen.
- In vielen Konfiguration werden Kombinationen von Einzeleigenschaften benötigt (Order + Dateinamen; Server + Instanz). In diesen Fällen kann die dynamische Wertzuweisung von Variablen verwendet werden. Ein Beispiel hierzu finden Sie in Kapitel 14 im Abschnitt »Ausdrücke als Variablenwert«. Mit dieser Technik können sogar vollständige SQL-Statements dynamisch zusammengesetzt werden und im Task 'SQL ausführen' über die Eigenschaft SQLSourceType = Variable zur Ausführung gebracht werden.

Konfigurationsarten

Es gibt verschiedene Möglichkeiten, um Integration Services-Pakete zu konfigurieren:

- SSIS-Paketkonfiguration
- Parameterübergabe beim Paketaufruf
- Individuell programmierte Konfiguration

Die SSIS-Paketkonfiguration ist die üblicherweise genutzte Konfigurationsart. Die Paketkonfiguration wird hierbei typischerweise extern in einer XML-Konfigurationsdatei oder in einer SQL Server-Tabelle hinterlegt und zum Zeitpunkt der Paketausführung eingelesen.

Mit der Parameterübergabe wird der Wert von Variablen oder von Eigenschaften beim Paketaufruf festgelegt. Die Parameterübergabe erfolgt entweder im SQL-Agent oder in der Befehlszeile des Ausführungsprogramms dtexec. Eine individuell programmierte Konfiguration sollte nur dann verwendet werden, wenn die Projektanforderungen sich nicht mittels SSIS-Paketkonfiguration oder Parameterübergabe realisieren lassen.

Bei der SSIS-Paketkonfiguration gibt es eine grundsätzliche Problemstellung: Woher weiß das Integration Services-Paket, welche Konfigurationsdatei (XML oder SQL-Tabelle) es in der jeweiligen Laufzeitumgebung verwenden soll? Die angebotene Möglichkeit, dies über eine Umgebungsvariable zu lösen, ist in professionellen Entwicklungsumgebungen kaum praktikabel. Deshalb werden in der Praxis die Konfigurationsarten, Parameterübergabe und SSIS-Paketkonfiguration sehr häufig in Kombination verwendet. Mittels der Parameterübergabe wird der Speicherort (Servername, Datenbank) der Konfigurationsdatei festgelegt. Die SSIS-Konfiguration verwendet anschließend die Konfigurationsdatei am festgelegten Speicherort.

Im Folgenden wird detailliert die SSIS-Konfiguration beschrieben. Die Parameterübergabe beim Programmaufruf wird in den Kapiteln »dtexec« und »SQL Server-Agent« beschrieben. Auf die individuell programmierte Konfiguration wird im Rahmen dieses Buches nicht weiter eingegangen.

Konfigurationstypen

Die SSIS-Paketkonfiguration lässt sich grundsätzlich in fünf verschiedenen Konfigurationstypen speichern:

- XML-Konfigurationsdatei
- SQL Server-Tabelle (Anzeige im Paketkonfigurations-Assistenten lautet jedoch: SQL Server)
- Umgebungsvariable
- Registrierungseintrag
- Variable für das übergeordnete Paket

Praktische Bedeutung haben allerdings nur die XML-Konfigurationsdatei und die SQL Server-Tabelle. Hinzu kommt noch die »Variable für das übergeordnete Paket« als Sonderfall der Parameterübergabe.

In einer XML-Konfigurationsdatei und einer SQL Server-Tabelle ist es möglich, eine beliebige Anzahl von Variablen und Eigenschaften zu konfigurieren. Die zu konfigurierenden Variablen und Eigenschaften lassen sich in diesen Fällen bequem über ein Kontrollkästchen im Paketkonfigurations-Assistenten auswählen.

> **HINWEIS** Der Inhalt der XML-Konfigurationsdatei und der SQL Server-Tabelle wird bei jeder Änderung im Paketkonfigurations-Assistenten mit den aktuellen Werten des Pakets überschrieben. Dieses Verhalten ist in vielen Fällen zwar unerwünscht, aber nicht abstellbar. Überprüfen Sie deshalb immer den Inhalt der Konfigurationsdatei, bevor das Integration Services-Paket ausgeführt wird. Sehr nützlich kann dabei ein spezielles Integration Services-Paket sein, dessen einzige Aufgabe es ist, die Konfigurationsdatei nach ungewollten Veränderungen wieder richtig zu befüllen. Dieses spezielle Integration Services-Paket sollte alle zu konfigurierenden Eigenschaften aller Projektpakete beinhalten. Zur Befüllung der Konfigurationsdatei wird einfach der Paketkonfigurations-Assistent aufgerufen und die vorhandene Konfiguration wird ohne Änderung gespeichert.

Bei den Konfigurationstypen Umgebungsvariable, Registrierungseintrag und Variable für das übergeordnete Paket kann pro Konfigurationsschritt jeweils nur eine Eigenschaft konfiguriert werden. Es reicht aus, im Paketkonfigurations-Assistenten die gewünschte Variable oder Eigenschaft zu markieren und die Konfiguration zu speichern.

Den optimalen Konfigurationstyp für alle Gelegenheiten gibt es nicht. Jeder Konfigurationstyp hat Vor- und Nachteile. Grundsätzlich ist es auch möglich, die unterschiedlichen Konfigurationstypen in einer SSIS-Konfiguration miteinander zu kombinieren.

XML-Konfigurationsdatei

In einer XML-Konfigurationsdatei kann eine beliebige Anzahl von Eigenschaften gespeichert werden. Die Funktionalität ähnelt der einer INI-Datei, allerdings sind die Einträge im flexiblen XML-Format gespeichert. Die Einträge können mit einem beliebigen XML-Editor verändert werden.

HINWEIS Die Lesbarkeit einer XML-Konfigurationsdatei ist stark von der Formatierung abhängig. Sowohl das SQL Server Management Studio als auch das Business Intelligence Development Studio sind geeignete XML-Editoren. Die richtige Formatierung muss in beiden Entwicklungsumgebungen allerdings angestoßen werden. Gehen Sie dazu wie folgt vor:

1. Öffnen Sie im SQL Server Management Studio die XML-Konfigurationsdatei über das Menü *Datei/Datei öffnen/Datei*. Die XML-Konfiguration wird in einer Zeile dargestellt. Eine lesbare Darstellung erhalten Sie, indem Sie im Menü *Bearbeiten* den Eintrag *Erweitert* und dann *Dokument formatieren* wählen. Alternativ hierzu können Sie die Tastenkombination [Strg] + [D] verwenden oder auf das Symbol *Formatiert das gesamte Dokument* klicken.

2. Öffnen Sie im Business Intelligence Development Studio die XML-Konfigurationsdatei über das Menü *Datei/Datei öffnen/Datei*. Anschließend führen Sie die folgenden Schritte aus:
   - Gesamten Text markieren ([Strg] + [A])
   - Gesamten Text in Zwischenablage kopieren ([Strg] + [C])
   - Gesamten Text löschen ([Entf])
   - Gesamten Text aus Zwischenablage einfügen ([Strg] + [V])

Beim Einfügen des Textes aus der Zwischenablage wird er automatisch richtig formatiert. Auf die Funktionsfähigkeit der XML-Konfigurationsdatei hat die angezeigte Formatierung keinen Einfluss.

Der große Nachteil der XML-Konfigurationsdatei ist der fest codierte Speicherort. Da für den Speicherort der XML-Konfigurationsdatei kein Verbindungsmanager verwendet wird, ist es nicht möglich, den Speicherort von außen zu konfigurieren. Aus diesem Grund muss der Speicherort der XML-Konfigurationsdatei auf jedem Zielsystem identisch sein. Dies ist in vielen Anwendungen aber nicht möglich.

Zwar lässt sich dieser Nachteil umgehen, indem man den Speicherort in einer Umgebungsvariablen hinterlegt. Allerdings wird das Problem dadurch auf die flexible Zuweisung eines Wertes für die Umgebungsvariable verlagert. Mehr dazu im finden Sie im Abschnitt »Umgebungsvariable« weiter hinten in diesem Kapitel.

SQL Server-Tabelle

Wie bei der XML-Konfigurationsdatei kann auch in der SQL Server-Tabelle eine beliebige Anzahl von Variablen und Eigenschaften konfiguriert werden. Die Konfiguration eines SSIS-Pakets mittels einer SQL Server-Tabelle setzt einen OLE DB-Verbindungsmanager voraus. Im OLE DB-Verbindungsmanager werden der Server und die Datenbank festgelegt.

Die Verwendung eines OLE DB-Verbindungsmanagers hat einen großen Vorteil: Der Speicherort der Konfigurationstabelle kann von außen konfiguriert werden! Dadurch bietet die Konfiguration mittels einer SQL Server-Tabelle eine große Flexibilität. Der Servername und die Datenbank können per Parameterübergabe angegeben werden. Die eigentliche Konfiguration der Integration Services-Pakete steht in einer laufzeitspezifischen SQL Server-Tabelle.

Die Konfigurationstabelle ist mit dem Standardwert *[SSIS configurations]* vorbelegt. Dieser Tabellenname sollte möglichst beibehalten werden. Ist diese Tabelle auf dem Server nicht vorhanden, kann sie mittels der Schaltfläche *Neu* angelegt werden. Sie können den Namen der Konfigurationstabelle frei wählen. Wichtig ist, dass die Tabelle die folgenden vier Spalten enthält:

- *[ConfigurationFilter]*
- *[ConfiguredValue]*
- *[PackagePath]*
- *[ConfiguredValueType]*

Im Auswahlfenster (*Konfigurations-Assistent/Konfigurationstyp: SQL Server/Konfigurationstabelle*) werden alle Tabellen der Datenbank angezeigt, die diese vier Spalten enthalten.

In einer Konfigurationstabelle können mehrere Konfigurationen hinterlegt werden. Die einzelnen Konfigurationen werden über einen Konfigurationsfilter unterschieden. Zur eindeutigen Identifizierung geben Sie im Konfigurationsplaner den Namen der Konfigurationstabelle an und zusätzlich einen Konfigurationsfilter.

Die Paketkonfiguration mittels einer SQL Server-Tabelle hat den Vorteil, dass die Wertzuweisung direkt im SQL Server gespeichert ist. Wird die Datenbank-Anwendung auf einen anderen Server verlegt, zieht die Konfigurationstabelle automatisch mit um. Auch bei Verwendung von mehreren Instanzen auf einem Server hat die Verwendung einer SQL Server-Tabelle Vorteile: Die Konfiguration ist in der jeweiligen Instanz gespeichert und es gibt keinen konkurrierenden Zugriff auf Dateiebene. Der konkurrierenden Zugriff auf Dateiebene kann bei mehreren Instanzen auf einem SQL Server (z.B. Entwicklung + Test) sowie bei der Verwendung einer XML-Konfigurationsdatei zu erheblichen Problemen führen.

Umgebungsvariable

Umgebungsvariablen sind globale Variablen auf dem jeweiligen Computer. Umgebungsvariablen können entweder manuell (bei Windows Vista über *Computer/Eigenschaften/Erweiterte Systemeinstellungen/Erweitert/Umgebungsvariablen*) oder durch ein entsprechendes Programm eingerichtet werden. Einmal eingerichtete Umgebungsvariable werden vom Betriebssystem beim nächsten Hochfahren automatisch wieder mit dem Initialwert zur Verfügung gestellt.

Umgebungsvariablen bieten die Möglichkeit einer indirekten Konfiguration. Jede der anderen Konfigurationstypen lässt sich per Umgebungsvariable indirekt konfigurieren. So kann beispielsweise der Speicherort einer XML-Konfigurationsdatei indirekt in einer Umgebungsvariablen hinterlegt werden.

Um Umgebungsvariablen effektiv für die Konfiguration nutzen zu können, muss ein Weg gefunden werden, den Wert der Variablen einfach zu ändern. Denn die manuelle Änderung des Initialwertes auf allen betroffenen Computern ist höchst fehleranfällig. Besser geeignet ist eine kleine Routine, die automatisch beim Hochfahren des Computers aufgerufen wird und die Umgebungsvariable mit dem gewünschten Wert versorgt. Die Realisierung dieser Routine und die grundsätzliche Verwendung von Umgebungsvariablen sollten Sie mit Ihrem Systemadministrator abstimmen. Die Sicherheitsrichtlinien vieler Unternehmen verbieten das Anlegen und Ändern von Umgebungsvariablen.

In einer Umgebungsvariablen kann genau eine konfigurierte Eigenschaft gespeichert werden. Möchten Sie mehr als eine Eigenschaft konfigurieren, müssen Sie mehrere Umgebungsvariablen anlegen und mehrere Konfigurationsschritte dafür verwenden.

HINWEIS Beim Aufruf des Business Intelligence Development Studios werden die Umgebungsvariablen programmintern instanziiert und erhalten den Wert, den sie zum Zeitpunkt des Programmaufrufes hatten. Wird der Wert der Umgebungsvariablen außerhalb des Business Intelligence Development Studios geändert, ändert sich der interne Wert der Umgebungsvariablen im Business Intelligence Development Studio nicht!

Registrierungseintrag

Die Registry ist der zentrale Speicherort der gesamten Computerkonfiguration. Windows selbst speichert den weitaus überwiegenden Teil der Computerkonfiguration in der Registry. Für die Konfiguration wird in vielen Fällen eine benutzerfreundliche Konfigurationsoberfläche zur Verfügung gestellt, im Hintergrund werden die Daten aber in der Registry abgelegt.

In der Registry sind äußerst sensible Daten gespeichert, die für den stabilen Betrieb des Computers unbedingt benötigt werden. Deshalb ist die direkte Verwendung der Registry in den meisten Firmen durch die Sicherheitsrichtlinien verboten. Sollten Sie die Konfiguration von Integration Services-Paketen über einen Registrierungseintrag in Erwägung ziehen, stimmen Sie dies bitte vorher mit Ihrem Systemadministrator ab.

Registry-Einträge können manuell mit einem Registrierungs-Editor (zum Beispiel *Start/Ausführen/regedit* bzw. bei Windows-Vista über die Eingabe von *regedit* in das Suchfeld des Startmenüs) angelegt und verändert werden. Das .NET Framework stellt einfach zu handhabende Klassen für den Registry-Zugriff zur Verfügung, sodass mit einen Visual Basic- oder C#-Programm die gewünschten Werte hinterlegt werden können.

Im Gegensatz zu den Umgebungsvariablen wirken sich Registry-Änderungen sofort im Business Intelligence Development Studio aus. Bei jedem Integration Services-Paketstart wird auf die aktuellen Werte aus der Registry zugegriffen.

HINWEIS Für die Nutzung der Registry in der Integration Services-Paketkonfiguration ist eine spezielle Syntax einzuhalten. Wird diese Syntax beachtet, ist die Verwendung der Registry simpel. Microsoft hat es aber leider versäumt, in der Dokumentation oder in der Onlinedokumentation auf diese Syntax einzugehen. Registrierungseinträge zur Nutzung in der Integration Services-Paketkonfiguration sind grundsätzlich im Bereich *HKEY_CURRENT_USER* anzulegen. Für die weitere Vergabe der verwendeten Schlüsseleinträge gibt es keine Vorgabe. Der eigentliche Wert der Konfiguration wird in einem Eintrag mit dem Namen *Value* hinterlegt. Kein anderer Eintrag ist gültig!

Variable für das übergeordnete Paket

Die Variable für das übergeordnete Paket ist eine Besonderheit unter den Konfigurationstypen. Ihre Anwendung ist die Parametrisierung von Integration Services-Paketen, die direkt aus einem anderen Integration Services-Paket aufgerufen werden. Ein Beispiel zur Anwendung von Paketvariablen finden Sie in Kapitel 15 im Abschnitt »Task Paket ausführen«.

Wird ein Integration Services-Paket direkt mit dem SQL Server-Agent oder mit dem Programm dtexec ausgeführt, können die Variablen mit der Parameterübergabe beim Paketaufruf konfiguriert werden. Ein Beispiel zur Parameterübergabe beim Paketaufruf finden Sie in später in diesem Kapitel im Abschnitt »dtexec«.

Mehrere Konfigurationen für ein Integration Services-Paket

Im Paketkonfigurationsplaner haben Sie die Möglichkeit, mehrere Konfigurationen zu einem Integration Services-Paket zu hinterlegen. Die Konfigurationen werden beim Paketstart sequentiell von oben nach unten abgearbeitet. Sie werden sich möglicherweise fragen, weshalb mehrere Konfigurationen zu einem Integration Services-Paket notwendig sein sollten. Wird die Konfiguration in Umgebungsvariablen und Registrierungseinträgen gespeichert, können Sie in jeder Konfiguration nur eine Eigenschaft konfigurieren. Wollen Sie also mehrere Eigenschaften konfigurieren, müssen Sie auch mehrere Konfigurationen verwenden.

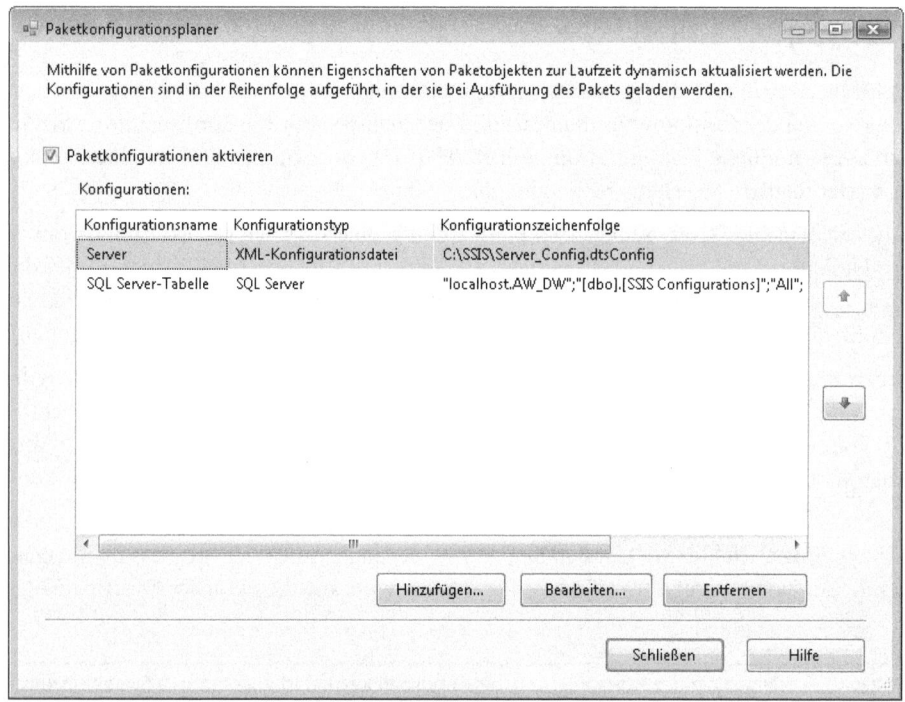

Abbildung 18.1 Zwei Konfigurationen im Paketkonfigurationsplaner

Sie können sich das sequentielle Abarbeiten der Konfigurationen aber auch anderweitig zu Nutze machen, denn die Konfiguration wird Schritt für Schritt durchgeführt. Zuerst wird die erste Konfiguration vollständig abgearbeitet, dann die zweite usw. Die im ersten Schritt durchgeführte Konfiguration kann bereits für den zweiten Schritt genutzt werden. So kann beispielsweise im ersten Schritt der Servername konfiguriert werden. Dieser lässt sich im zweiten Schritt für den Zugriff auf eine SQL Server-Konfigurationstabelle direkt verwenden, wie Abbildung 18.1 zeigt.

In diesem Beispiel wird der Servername einer OLE DB-Verbindung in einer eigenen XML-Konfigurationsdatei hinterlegt. Diese XML-Konfigurationsdatei können Sie in vielen anderen Integration Services-Paketen auch zur Konfiguration verwenden. Ändert sich der Servername, editieren Sie die XML-Konfigurationsdatei und speichern dort den neuen Servernamen ab. Durch diese eine Änderung haben Sie den Servernamen in allen Integration Services-Paketen geändert, die über diese XML-Datei konfiguriert werden.

HINWEIS Den Servernamen können Sie auch über die Parameterübergabe beim Paketaufruf konfigurieren. Die Konfiguration über eine XML-Konfigurationsdatei wurde nur gewählt, um beispielhaft die Verwendung von mehreren Konfigurationen zu zeigen.

Die Konfiguration »SQL Server-Tabelle« verwendet genau den OLE DB-Verbindungsmanager, der im ersten Konfigurationsschritt »Server« konfiguriert wurde.

Beispiel: Paketkonfiguration

Als Beispiel für eine Paketkonfiguration wählen wir das in Kapitel 13 erstellte Paket *Erstes_Beispielpaket*. Der Name und der Speicherort des Flatfiles werden mittels einer XML-Konfigurationsdatei konfiguriert. Die Konfiguration erfolgt dabei indirekt über eine Variable. Zum Abschluss werden wir die Eigenschaft *Dateiname* in der XML-Datei editieren und eine andere Datei importieren:

1. Rufen Sie im Business Intelligence Development Studio das in Kapitel 13 erstellte Beispielpaket auf.
2. Legen Sie eine neue Variable mit dem Namen Dateiname an. Achten Sie darauf, dass die Variable im gesamten Paket gültig ist (Bereich = Erstes_Beispielpaket), vom Typ String ist und einen gültigen Wert enthält (Speicherort und Dateiname). Das Anlegen von Variablen ist in Kapitel 14 ausführlich beschrieben.

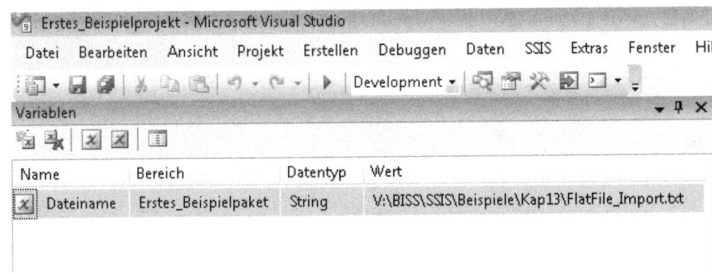

Abbildung 18.2 Anlegen der Konfigurationsvariable Dateiname

3. Rufen Sie den Paketkonfigurationsplaner über den Menübefehl *SSIS/Paketkonfigurationen* auf (Abbildung 18.3).
4. Setzen Sie im geöffneten Paketkonfigurationsplaner ein Häkchen bei *Paketkonfigurationen aktivieren* und klicken Sie auf *Hinzufügen*. Der *Paketkonfigurations-Assistent* wird geöffnet (siehe Abbildung 18.4).

Kapitel 18: SSIS – Konfiguration, Debugging und Ausführung

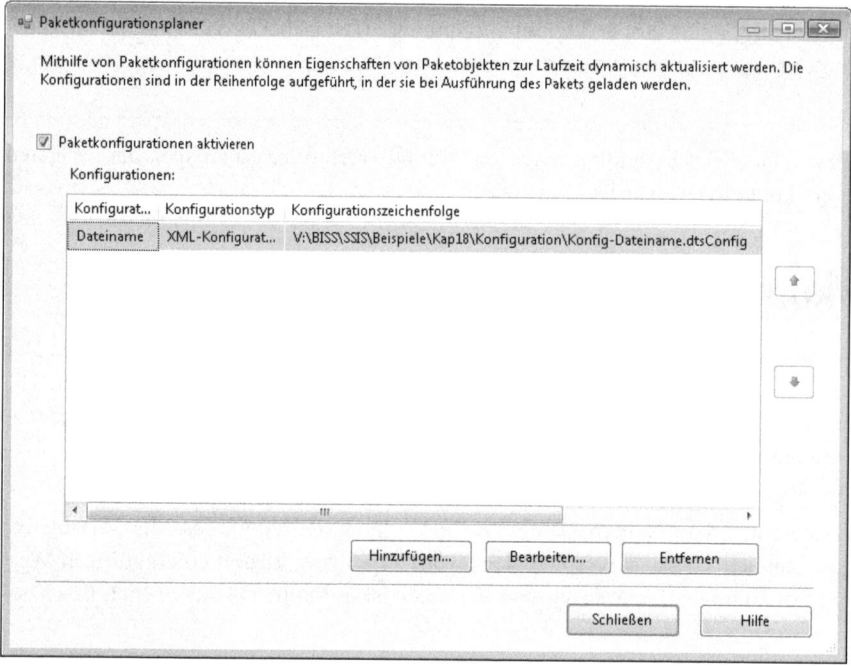

Abbildung 18.3 Der Paketkonfigurationsplaner nach Eingabe der Beispieleinstellungen

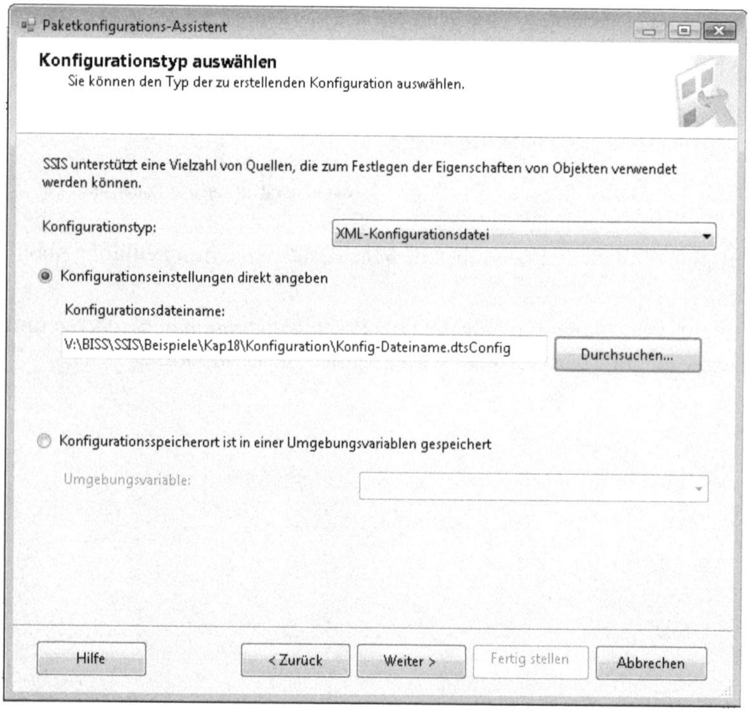

Abbildung 18.4 Erste Seite des Paketkonfigurations-Assistenten mit Beispieleinstellungen

5. Der Standardwert des Konfigurationstyps ist die XML-Konfigurationsdatei. In diesem Beispiel bleibt der Konfigurationstyp unverändert.
6. Der Speicherort der XML-Datei wird im Konfigurationsdateinamen festgelegt.

ACHTUNG Bei der Konfiguration mithilfe einer XML-Konfigurationsdatei muss der Speicherort auf jedem eingesetzten System identisch sein. Ansonsten ist es notwendig, den Speicherort eines jeden Pakets manuell anzupassen.

7. Klicken Sie auf *Weiter*. Die Selektionsmaske für die Eigenschaften wird angezeigt.
8. Diese Selektionsmaske ist nach dem Öffnen recht unübersichtlich. Vergrößern Sie daher die Maske und passen Sie die Spaltenbreiten an.
9. Der Konfigurationsbaum ist nach dem Öffnen vollständig aufgeblättert. Schließen Sie alle nicht benötigten Zweige, bis Sie ungefähr die folgende Ansicht vor sich sehen (Abbildung 18.5):

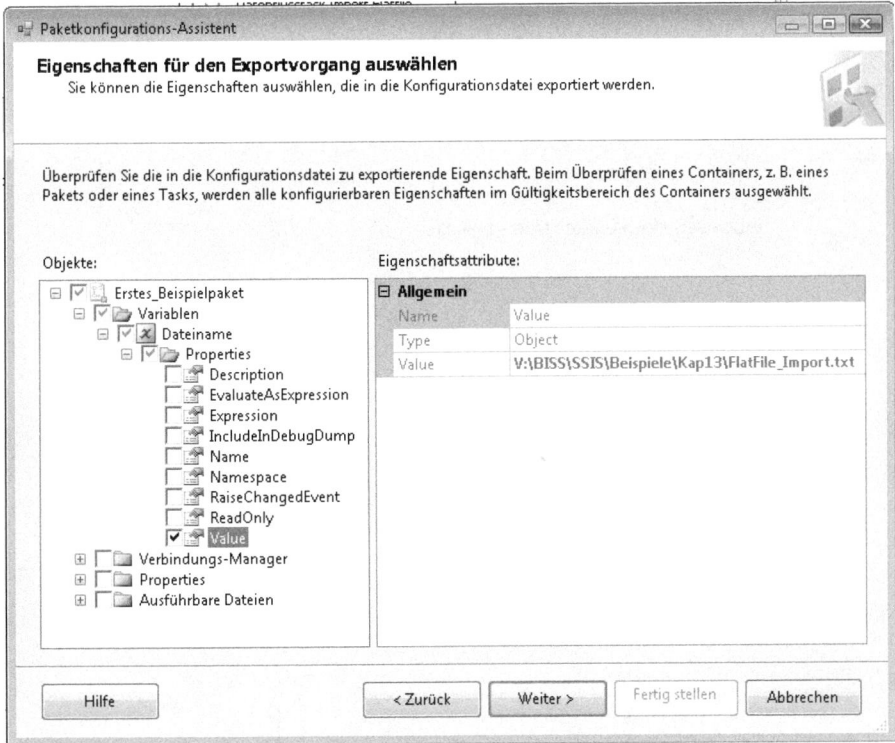

Abbildung 18.5 Festlegen der *Value*-Eigenschaft der Variablen *Dateiname* im Paketkonfigurations-Assistenten

10. Setzen Sie für die Variable *Dateiname* ein Häkchen bei *Value*. Im rechten Fenster wird unter *Value* der bei der Variablenanlage eingegeben Wert angezeigt. Diesen Wert können Sie im Konfigurationsplaner nicht direkt verändern! Alle Änderungen müssen in der angegebenen Konfigurationsdatei vorgenommen werden.
11. Mit *Weiter* gelangen Sie zum Abschlussbildschirm. Wählen Sie einen aussagekräftigen Namen für die Konfiguration aus, z.B. *Dateiname*.
12. Schließen Sie den Paketkonfigurations-Assistenten mit einem Klick auf die Schaltfläche *Fertig stellen*.

Im Paketkonfigurationsplaner erscheint nun die erstellte Konfigurationseinstellung. Es ist natürlich möglich, diese Konfigurationseinstellung später erneut aufzurufen und zu modifizieren.

13. Schließen Sie den Paketkonfigurationsplaner.

Bisher wurde nur der Wert der Variablen *Dateiname* konfiguriert. Der konfigurierte Variablenwert muss noch dem Verbindungsmanager zugewiesen werden. Dies wird in den Eigenschaften des Verbindungsmanagers über die Expressions durchgeführt.

1. Markieren Sie den Verbindungsmanager für das Flatfile (*Flatfile_Import* im Fensterbereich der Verbindungsmanager). Rufen Sie die Eigenschaften über das Kontextmenü oder mit F4 auf.
2. Klicken Sie auf das Listenfeld bei *Expressions*. Der Eigenschaftsausdrucks-Editor wird geöffnet.
3. Klicken Sie in die leere Zelle unter den Eigenschaften und anschließend auf das nun sichtbare Listenfeld. Wählen Sie die Eigenschaft *ConnectionString* aus, wie in Abbildung 18.6 dargestellt.

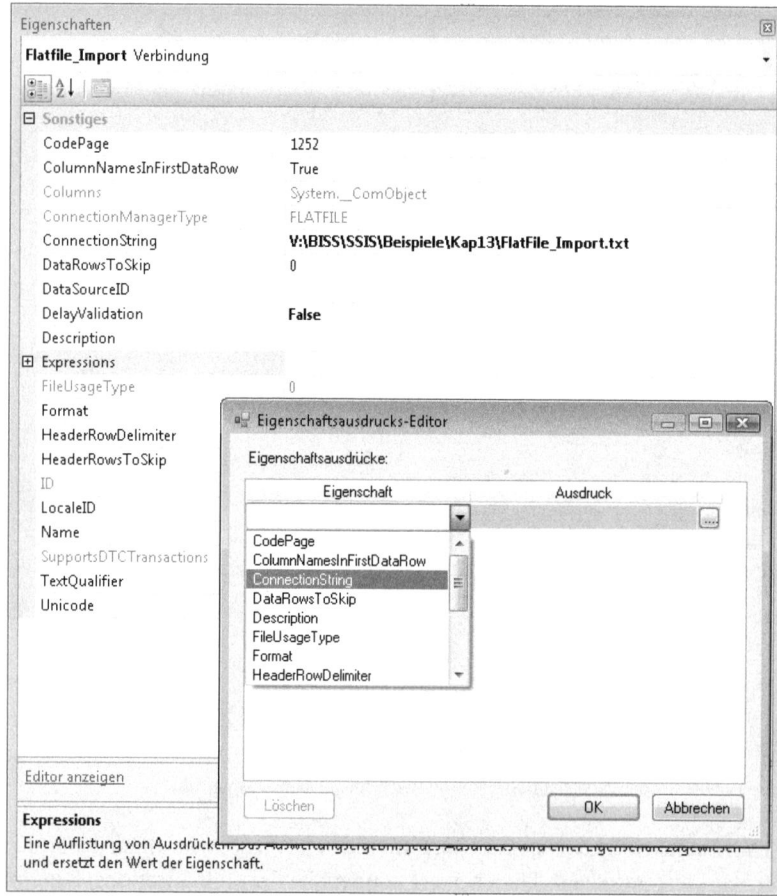

Abbildung 18.6 Eigenschaften-Verbindungsmanager *Flatfile_Import*

4. Geben Sie für die Eigenschaft *ConnectionString* die Variable *@Dateiname* als Ausdruck an. Und bestätigen Sie die Eingabe mit *OK*.

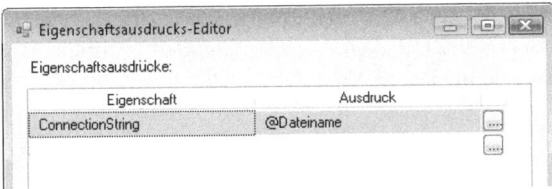

Abbildung 18.7 Zuweisung der Variablen *@Dateiname* zur Eigenschaft *ConnectionString*

5. Schließen Sie das Eigenschaftsfenster und speichern Sie das Integrations-Services-Paket ab.
6. Öffnen Sie die erstellte XML-Konfigurationsdatei im Business Intelligence Management Studio über das Menü *Datei/Öffnen* (Abbildung 18.8). Formatieren Sie die XML-Anzeige (siehe Hinweis im Abschnitt »XML-Konfigurationsdatei« in diesem Kapitel).

```
Konfig-Dateiname.dtsConfig*  Startseite  Erstes_Beispielpaket.dtsx [Entwurf]*
    <?xml version="1.0"?>
    <DTSConfiguration>
        <DTSConfigurationHeading>
            <DTSConfigurationFileInfo GeneratedBy="BN-PC\BN" GeneratedFromPackageName="Erstes_Bei:
        </DTSConfigurationHeading>
        <Configuration ConfiguredType="Property" Path="\Package.Variables[User::Dateiname].Proper1
            <ConfiguredValue>V:\BISS\SSIS\Beispiele\Kap13\FlatFile_Import.txt</ConfiguredValue>
        </Configuration>
    </DTSConfiguration>
```

Abbildung 18.8 Die geöffnete XML-Konfigurationsdatei

7. In der 6. Zeile steht die zu konfigurierende Variable *Package.Variable(User::Dateiname)*. Der aktuell konfigurierte Wert *V:\BISS\SSIS\Beispiele\Kap13\FlatFile_Import.txt* steht in Zeile 7.
8. Kopieren Sie das Flatfile, ändern Sie anschließend den Inhalt des Flatfiles und geben Sie in der XML-Konfigurationsdatei den neuen Namen des Flatfiles an. Speichern Sie die XML-Konfigurationsdatei.
9. Führen Sie das Integration Services Paket *Erstes_Beispielpaket.dtsx* aus. Im Daten-Viewer wird Ihnen der neue Inhalt des Flatfiles angezeigt.
10. Öffnen Sie die SSIS-Paketkonfiguration und entfernen Sie das Häkchen vor *Paketkonfiguration aktivieren*. Führen Sie das Paket *Erstes_Beispielpaket.dtsx* aus. Im Daten-Viewer wird Ihnen der alte Inhalt des Flatfiles angezeigt.
11. Ändern Sie den Wert der Variablen *Dateiname* auf dem Namen des neuen Flatfiles und führen Sie das Paket aus. Nun wird im Daten-Viewer der neue Inhalt des Flatfiles angezeigt.
12. Die Konfiguration mittels einer Variablen ist zwar etwas aufwendiger, aber die dadurch gewonnene Flexibilität und die verbesserte Paketstruktur rechtfertigen den Zusatzaufwand alle mal.

Debugging

In der Entwicklungsumgebung des Business Intelligence Development Studios werden Integration Services-Pakete normalerweise im Debug-Modus ausgeführt. Der Debug-Modus ist der normale Entwicklungs-Modus für Integration Services-Pakete. Ein Integration Services-Paket kann ohne Debugging gestartet werden, wenn die Paketausführung über das Menü *Debugging/Starten ohne Debugging* oder mit `Strg`+`F5` gestartet wird. Bei einer Paketausführung ohne Debugging erfolgt die Darstellung und Ausgabe in einem MS-DOS Fenster.

Wird die Paketausführung von außerhalb des Business Intelligence Development Studios angestoßen, ist der Debug-Modus nicht aktiv und kann auch nicht aktiviert werden. Pakete, die nicht im Debug-Modus laufen, ignorieren alle definierten Haltepunkte und zeigen auch keine Daten-Viewer an.

Automatischer Debug-Modus

Wird ein Integration Services-Paket im Business Intelligence Development Studio normal ausgeführt, wird der Debug-Modus aktiviert und ist sofort sichtbar. Die Farben der Tasks und der Komponenten verändern sich, im Datenfluss wird die Zeilenanzahl angezeigt, Fenstergrößen verändern sich, Symbolleisten und neue Fenster werden eingeblendet. Dies alles passiert automatisch, ohne dass Sie eine zusätzliche Debug-Funktion aktivieren müssten. Nach abgeschlossener Paketausführung muss der Debug-Modus beendet werden. Die Beendigung erfolgt wahlweise durch:

- Einen Klick auf die eingeblendete Meldungszeile
- Einen Klick auf die eingeblendete Schaltfläche *Debugging beenden*
- Über das Menü *Debuggen/Debugging beenden*
- Die Tastenkombination ⇧+F5

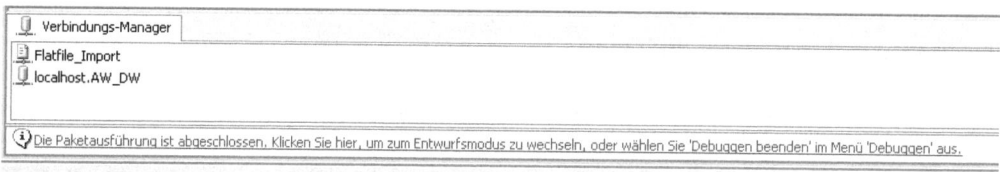

Abbildung 18.9 Beenden des Debug-Modus durch Klick auf die blaue Meldungszeile

Abbildung 18.10 Beenden des Debug-Modus durch Klick auf die Schaltfläche *Debugging beenden*

Farbcodierung

Besonders auffällig ist die wechselnde Farbcodierung der Tasks und Komponenten während der Paketausführung. Welcher Ausführungsstatus mit der jeweiligen Farbe verknüpft ist, erfahren Sie in der folgenden Tabelle 18.1.

Farbe	Ausführungsstatus
Grau	Wartet auf Ausführung
Gelb	Wird ausgeführt
Grün	Wurde mit Erfolg ausgeführt
Rot	Wurde mit Fehlern ausgeführt

Tabelle 18.1 Übersicht über die Farbcodierung im Debug-Modus und ihre Bedeutung

Fenster *Status/Ausführungsergebnis*

In der unteren Registerleiste finden Sie im Debug-Modus eine Registerkarte mit der Bezeichnung *Status*. Aktivieren Sie diese, wird die Statusanzeige des in der Ausführung befindlichen Pakets angezeigt. Bei größeren Paketen kann die Anzeige sehr umfangreich werden. Im Entwurfs-Modus heißt die Registerkarte *Ausführungsergebnis*. Beim Öffnen wird das letzte Ausführungsergebnis angezeigt.

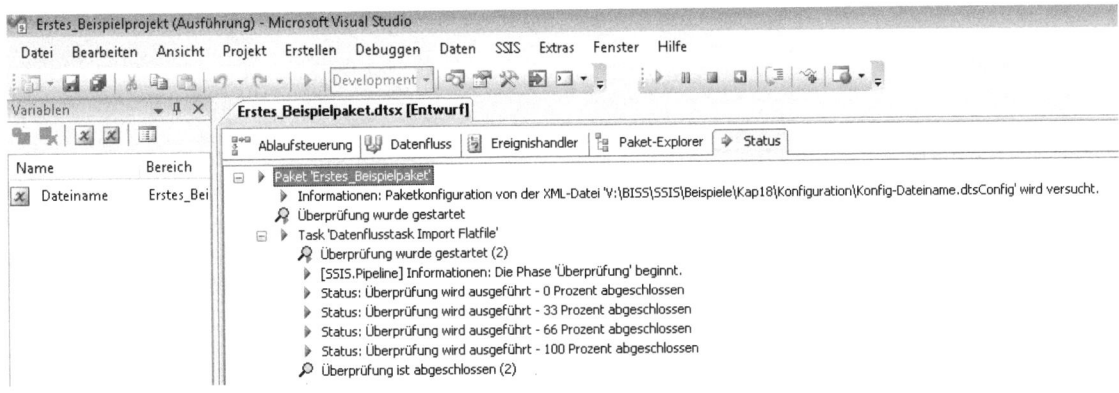

Abbildung 18.11 Ansicht der Registerkarte *Status* innerhalb des Debug-Modus

Fenster *Ausgabe*

Während der Programmausführung wird das Fenster *Ausgabe* gefüllt. Auch hier wird die Programmausführung protokolliert. Die ausgegebenen Meldungen weichen von denen der *Status*-Seite ab.

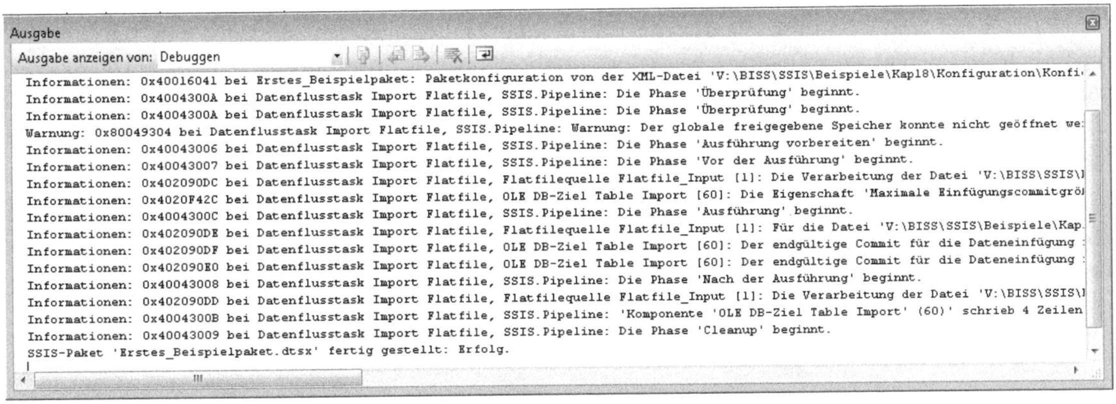

Abbildung 18.12 Ansicht des Fensters *Ausgabe* im Debug-Modus

Tritt bei der Paketausführung ein Fehler auf (Farbcodierung wechselt auf rot), wird die Fehlermeldung als letzter Eintrag im Fenster *Ausgabe* angezeigt.

Daten-Viewer

Daten-Viewer eignen sich gut für die Visualisierung des Datenflusses während der Paketausführung im Debug-Modus. Die Daten werden im gewählten Viewerformat angezeigt und die Paketführung wird gestoppt. Die Paketausführung kann im Ausgabefenster des Daten-Viewers fortgesetzt werden. Weitere Details zum Daten-Viewer entnehmen Sie bitte Kapitel 16.

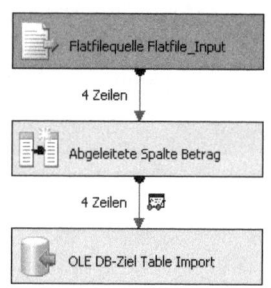

Abbildung 18.13 Der Daten-Viewer stellt die Daten in einem Ausgabefenster dar

Haltepunkte

Für alle Tasks, Container und die Ablaufsteuerung selbst können Haltepunkte gesetzt werden. Die Programmausführung im Debug-Modus stoppt, wenn das Ereignis des aktivierten Haltepunktes eintritt. Die Programmausführung wird erst bei einem Klick auf den grünen Ausführungspfeil oder durch F5 fortgesetzt. Ist das Programm gestoppt, kann der Wert von Variablen angezeigt werden.

Haltepunkte werden im Fenster *Haltepunkte festlegen* definiert. Das Fenster rufen Sie über das Kontextmenü des Objektes auf. Das Kontextmenü der Ablaufsteuerung kann aufgerufen werden, wenn kein anderes Objekt markiert ist. Für jedes Objekt stehen zehn Unterbrechungsbedingungen zur Verfügung. Die Aktivierung einer Bedingung wird durch einen roten Punkt angezeigt. Standardmäßig wird die Programmausführung beim Eintreten der Bedingung immer unterbrochen. Über die Eigenschaften *Typ der Treffenanzahl und Trefferanzahl* können Sie dieses Verhalten verändern.

Das OnVariableValueChanged-Ereignis tritt ein, wenn eine Variable, deren Gültigkeitsbereich genau dieses Objekt ist und deren Eigenschaft *RaisedChangedEvent* auf *True* gesetzt wurde, im Wert verändert wird. Um die Wertänderung von Paketvariablen zu verfolgen, muss ein Haltepunkt für die Ablaufsteuerung aktiviert werden.

Debugging

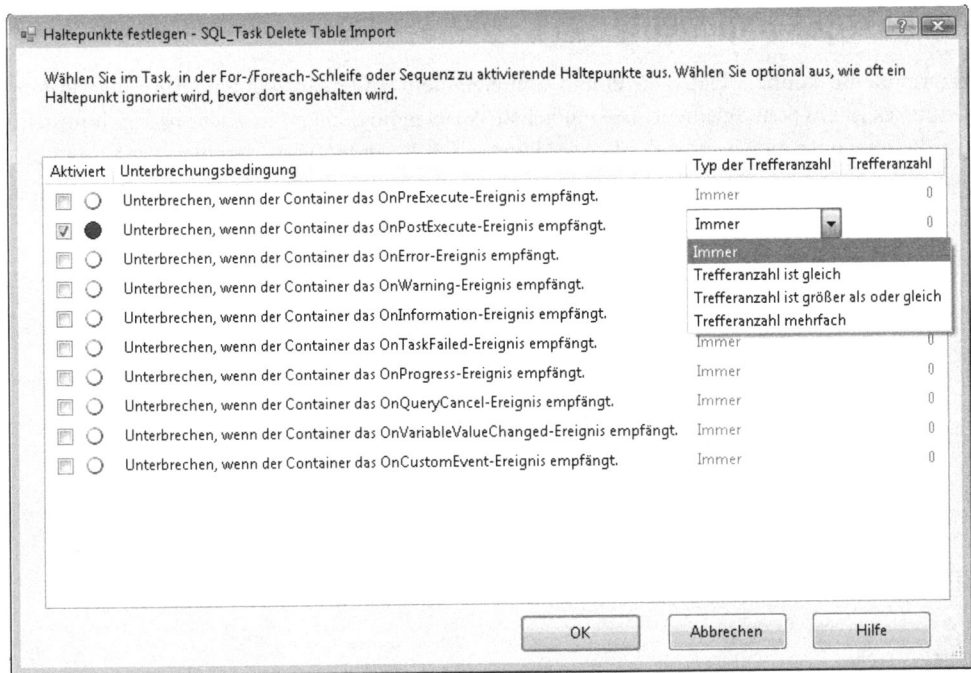

Abbildung 18.14 Für das *OnPostExecute*-Ereignis wird im Fenster *Haltepunkte festlegen* bestimmt, dass die Unterbrechung *Immer* erfolgen soll

In einem Skripttask können zusätzliche Haltepunkte definiert werden. Im SQL Server 2005 war die Verwendung von Haltepunkten im Skripttask nicht zu empfehlen. Mit der Einführung von Microsoft Visual Studio 2008 Tools for Applications (VSTA) hat sich das Arbeiten mit Haltepunkten in einem Skripttask erheblich verbessert. In der SQL Server 2008-Onlinedokumentation finden Sie zusätzliche Erläuterungen zu den Unterbrechungsbedingungen.

Haltepunkte während der Paketausführung

Ist für ein Objekt ein Haltepunkt definiert, wird das Objekt im Entwurfsmodus mit einem roten Punkt gekennzeichnet. Während der Paketausführung bleibt dieser Punkt bis zum Eintreten der Unterbrechungsbedingung unverändert. Tritt die Unterbrechungsbedingung ein, wird in dem roten Punkt zusätzlich ein gelber Pfeil angezeigt.

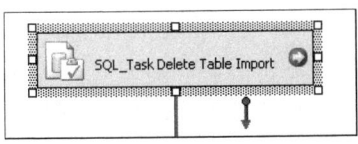

Abbildung 18.15 Das Unterbrechungsereigniss tritt ein, es wird in dem roten Haltepunktsymbol zusätzlich ein gelber Pfeil eingeblendet

Die Paketausführung kann mit [F5] oder einem Klick auf die mit dem nach rechts weisenden grünen Pfeil beschriftete Schaltfläche (Weiter) fortgesetzt werden. Der gelbe Pfeil verschwindet.

Debuggen der Skriptkomponente

In einer Skriptkomponente können Daten in einem Steuerelement angezeigt werden. Auch der Daten-Viewer des Datenflusses ist ein Steuerelement. Die einfachste Anzeigemöglichkeit ist aber ein Meldungsfeld. Im nachfolgenden Beispiel wird die Variable *Zahl* in der Eigenschaft *ReadOnlyVariables* übergeben und während der Programmausführung in einem Meldungsfeld angezeigt. Der hierfür notwendige Programmcode lautet:

```
MsgBox("Variable Zahl: " & Me.Variables.Zahl.ToString)
```

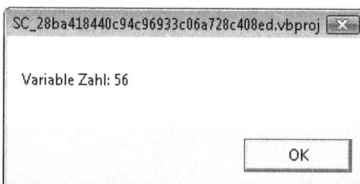

Abbildung 18.16 Das Meldungsfeld gibt den Wert der Variablen *Zahl* aus

Haltepunkte werden in der Skriptkomponente nicht unterstützt.

Fenster *Lokal*

Im Fenster *Lokal* werden bei einem Stopp an einem Haltepunkt die Werte aller Variablen angezeigt.

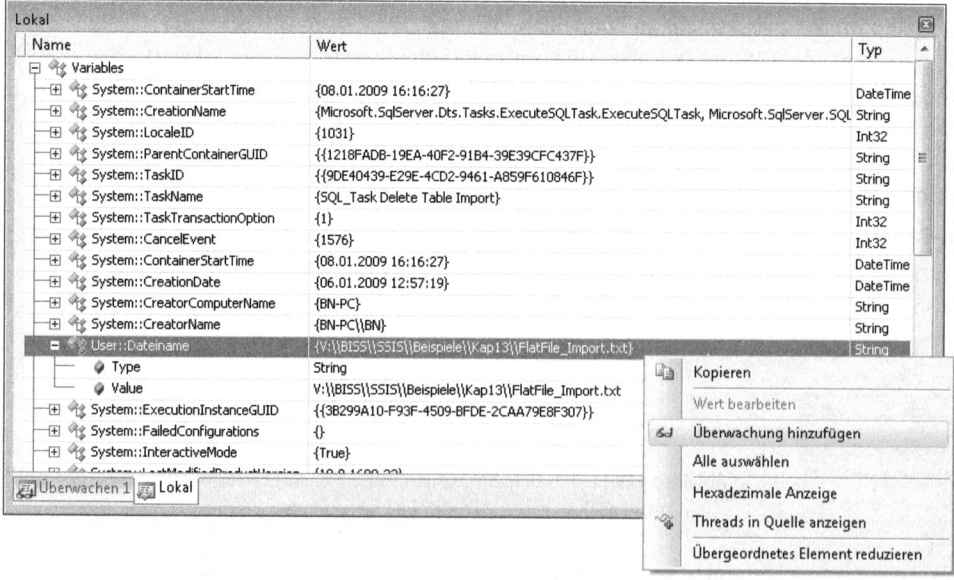

Abbildung 18.17 Debugfenster *Lokal* – die benutzerdefinierte Variable *Dateiname* wurde erweitert und im Kontextmenü wird die Variable der Überwachung hinzugefügt

Sollte bei Ihnen das Fenster *Lokal* nicht automatisch eingeblendet werden, können Sie es über den Menübefehl *Debuggen/Fenster/Lokal* aktivieren.

Fenster *Überwachen*

Ist Ihnen die Anzeige aller Variablen, also inklusive der Systemvariablen, zu unübersichtlich, können Sie zusätzlich vier Überwachungsfenster aktivieren. Ist kein Überwachungsfenster eingeblendet, können Sie es über den Menübefehl *Debuggen/Fenster/Überwachen/Überwachen 1* aktivieren.

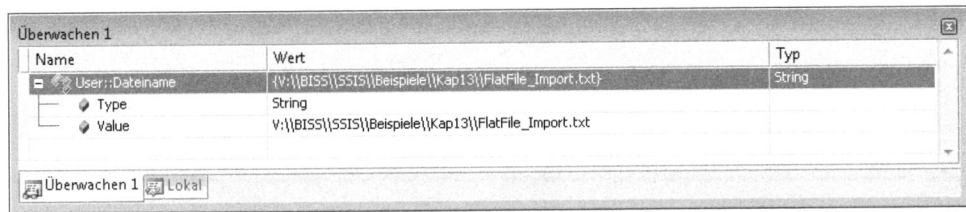

Abbildung 18.18 Benutzerdefinierte Variable *Dateiname* in der Überwachung

Paketausführung

Typischerweise werden Integration Services-Pakete regelmäßig ausgeführt. Hierzu werden meist Scheduling-Programme wie der Microsoft SQL Server-Agent verwendet. Die Ausführung im Business Intelligence Development Studio sollte nur zur Paketentwicklung verwendet werden. Eine Ausnahme sind Pakete, die nur einmalig angewendet werden.

Paketspeicherung

Bevor ein Integration Services-Paket ausgeführt wird, sollte es an einem geeigneten Ort gespeichert werden. Die Wahl des geeigneten Speichortes ist viel wichtiger, als es auf den ersten Blick erscheint. Bei der Paketentwicklung arbeiten Sie in einem Microsoft Visual Studio 2008 Projekt. Die Integration Services-Pakete werden in einem Projektordner im Dateisystem gespeichert. Der Speicherort Projektordner ist für die regelmäßige Ausführung von Integration Services-Paketen nicht geeignet, er sollte ausschließlich der Paketentwicklung vorbehalten sein.

HINWEIS Im Microsoft Visual Studio 2008 ist die Erstellung des gesamten Projekts der normale Weg der Bereitstellung. Allerdings ist diese Art der Bereitstellung für Integration Services-Pakete recht aufwendig und umständlich. Denn abweichend zu normalen Microsoft Visual Studio 2008 Projekten werden mit den Integration Services Einzelpakete entwickelt und der Speicherort der Pakete muss nicht im Dateisystem sein. Aus diesem Grund wird auf die Standardbereitstellung von Microsoft Visual Studio 2008-Projekten in diesem Buch nicht weiter eingegangen.

Die einfachste Methode, ein Integration Services-Paket zu speichern, bietet das Menü *Datei*:

1. Öffnen Sie das zu speichernde Integration Services Paket im Business Intelligence Development Studio.
2. Öffnen Sie das Menü *Datei*.

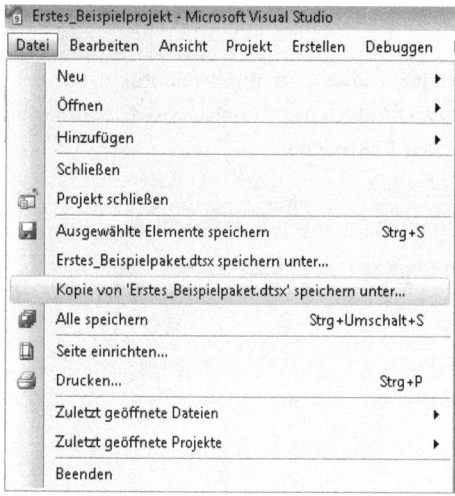

Abbildung 18.19 Abspeichern eines Integration Services-Pakets über das Menü *Datei*

3. Öffnen Sie den Menüpunkt *Kopie von 'Paketname.dtsx' speichern unter…*. Falls dieser Menüpunkt fehlt, ist das Paket in der Entwicklungsumgebung nicht richtig markiert oder es hat nicht den Fokus.
4. Es öffnet sich ein Fenster zum Speichern des Pakets (Abbildung 18.20).

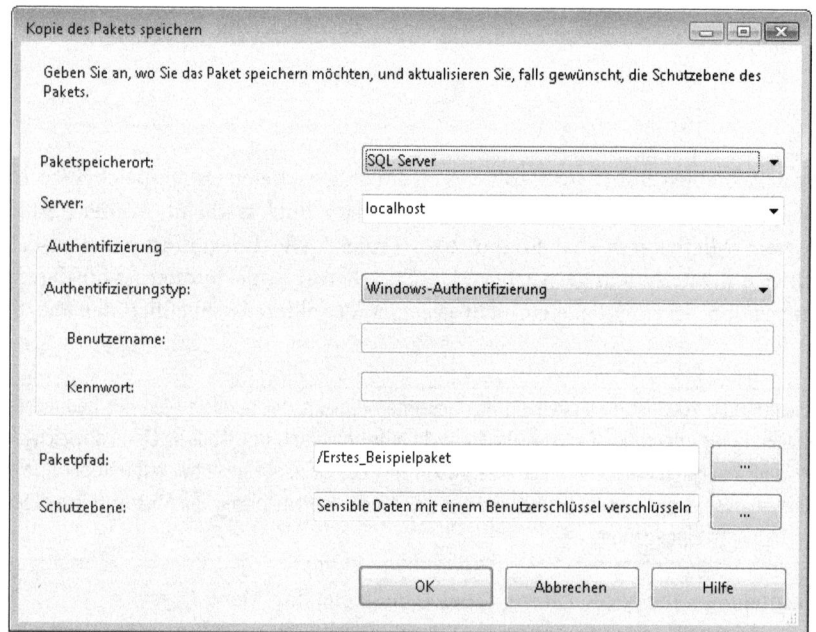

Abbildung 18.20 Fenster zum Speichern eines Integration Services-Pakets

5. Es kann der Paketspeicherort, der Paketpfad und die Schutzebene eingegeben werden. Auf diese Punkte wird im Folgenden detailliert eingegangen. Nach der vollständigen Eingabe wird das Paket mit einem Klick auf die Schaltfläche *OK* gespeichert.

Paketspeicherort

Die Integration Services stellen 3 Paketspeicherorte zur Verfügung:

- SQL Server
- Dateisystem
- (SSIS-Paketspeicher)

Relevant sind nur die Speicherorte *SQL Server* und *Dateisystem*. Der Speicherort *SSIS-Paketspeicher* ist eine zusätzliche Verwaltungsschicht, mit der die Pakete entweder im *SQL Server* oder im *Dateisystem* gespeichert werden können. Auf den Speicherort *SSIS-Paketspeicher* wird deshalb nicht weiter eingegangen.

Die Speicherung der Pakete auf dem *SQL Server* erfolgt in der Systemdatenbank *MSDB*. Zur Strukturierung der Speicherung können Unterverzeichnisse angelegt werden. Die Pakete können direkt mit den Integration Services verwaltet werden. Die Integration Services werden über das Microsoft SQL Server Management Studio aufgerufen. Beim Speicherort *Dateisystem* werden die Integration Services-Pakete unabhängig vom Projekt im Dateisystem gespeichert.

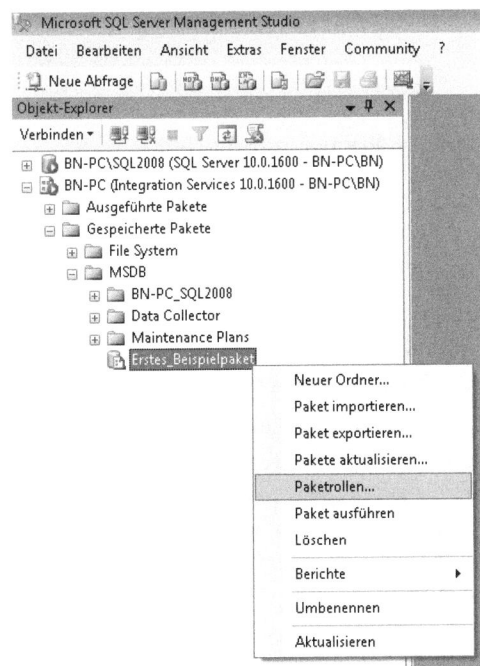

Abbildung 18.21 Geöffnetes Kontextmenü eines gespeicherten Pakets im Microsoft SQL Server Management Studio

Welche Vor- und Nachteile haben die Speicherorte SQL Server und Dateisystem? Die Paketspeicherung im Dateisystem hat den Nachteil, dass die Paketschutzebene *Serverspeicher und Rollen für die Zugriffssteuerung verwenden* nicht zur Verfügung steht. Die gesamte Berechtigungsstruktur muss auf Dateiebene realisiert werden. Die Paketspeicherung im SQL Server hat den Nachteil, dass die Pakete sich nicht ganz so einfach verwalten lassen wie im Dateisystem. Dafür können Berechtigungskonzepte erheblich komfortabler umgesetzt werden.

Ist ein Integration Services-Paket im SQL Server gespeichert, können über die Integration Services im Microsoft SQL Server Management Studio die Zugangsberechtigungen gesetzt werden. Die einfachste Methode ein Integration Services-Paket zu speichern bietet das Menü *Datei:*

1. Verbinden sie das Microsoft SQL Server Management Studio mit den Integration Services auf Ihrem Server.
2. Markieren Sie in *Integration Services/Gespeicherte Pakete/MSDB* das gespeicherte Integration Services-Paket.
3. Klicken Sie im Kontextmenü des gespeicherten Pakets auf *Paketrollen*.

Es öffnet sich das Fenster *Paketrollen*. Die Berechtigungen können auf Basis Ihres Berechtigungskonzeptes eingegeben werden. Wird das Paket aus dem Business Intelligence Development Studio überschrieben, bleiben die eingetragenen Berechtigungen erhalten. Achten Sie bitte besonders darauf, dass bei Verwendung eines Proxy-Accounts zur Paketausführung die notwendigen Leserechte für diesen Account eingetragen sind.

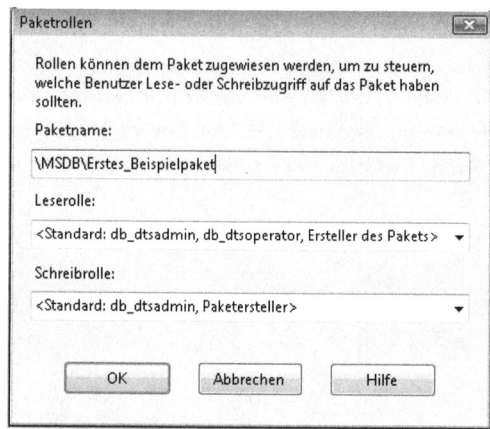

Abbildung 18.22 Zuweisung von Paketrollen in den Integration Services

Paketschutzebene

Passwörter werden in den Integration Services besonders geschützt. Bis zum Microsoft SQL Server 2000 wurden Passwörter direkt in den Paketen gespeichert. Dies war eine sehr große Sicherheitslücke. Denn es reichte der Zugriff auf ein Paket mit gespeicherten Passwörtern aus, um alle Operationen auf dem Zielsystem ausführen zu können. Das Passwort selbst blieb versteckt, aber es konnte genutzt werden.

Diese Sicherheitslücke wurde mit Einführung des Microsoft SQL Servers 2005 geschlossen. Passwörter können nicht mehr uneingeschränkt in den Verbindungs-Managern der Integration Services-Pakete gespeichert werden. Deshalb sollte auf die Verwendung von Passwörtern verzichtet werden, wenn irgendwie möglich. Der Zugriff auf den SQL Server selbst sollte über Windows-Authentifizierung erfolgen. Aber leider ist die Windows-Authentifizierung nicht für alle externen Datenquellen möglich und es muss mit Passwörtern auf diese Datenquellen zugegriffen werden.

Die Standardeinstellung der Integration Services-Pakete ist *EncryptSensitiveWithUserKey* oder in der deutschen Übersetzung *Sensible Daten mit einem Benutzerschlüssel verschlüsseln*. Die Paketschutzebene kann entweder über die Eigenschaften des Pakets oder beim Abspeichern des Pakets gesetzt werden. Die Eigenschaften des Pakets werden über das Kontextmenü des Pakets aufgerufen. Achten Sie darauf, dass kein Task im Paket markiert ist, wenn sie das Kontextmenü öffnen. Die Einstellung zur Paketschutzebene wird in der Eigenschaft *ProtectionLevel* vorgenommen (Abbildung 18.23). Im Eigenschaftsfenster wird die Auswahl der Paketschutzebene in englischer Sprache angezeigt. Beim Abspeichern des Pakets erfolgt die Anzeige in deutscher Sprache. Im Folgenden werden wir die englischen Bezeichnungen verwenden. Die möglichen Werte der ProtectionLevel-Eigenschaft sind in Tabelle 18.2 aufgeführt.

Paketausführung

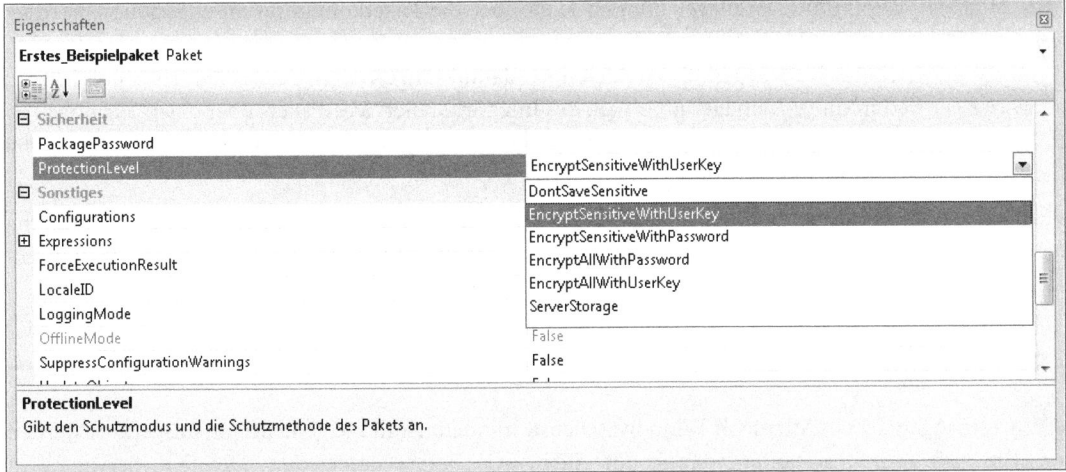

Abbildung 18.23 Paketeigenschaft *ProtectionLevel*

ProtectionLevel-Wert	Beschreibung
DontSaveSensitive	Passwörter werden nicht im Paket gespeichert
EncryptSensitiveWithUserKey	Standardeinstellung. Passwörter werden mit einer Benutzerverschlüsselung im Paket gespeichert. Bei der Paketausführung werden die Passwörter nur für den Benutzer entschlüsselt, der das Paket gespeichert hat. Für die Paketentwicklung ist diese Einstellung recht praktisch. Werden im operativen Betrieb Passwörter verwendet, sollte eine andere Einstellung gewählt werden.
EncryptSensitiveWithPassword	Passwörter werden mit einem Paketpasswort verschlüsselt. Bei der Paketausführung und bei der Paketentwicklung muss grundsätzlich das Passwort angegeben werden. Für die tägliche Entwicklung und für die regelmäßige Ausführung von Paketen nicht geeignet.
EncryptAllWithPassword	Der gesamte Inhalt des Pakets wird mit einem Paketpasswort verschlüsselt. Bei der Paketausführung und bei der Paketentwicklung muss grundsätzlich das Passwort angegeben werden. Für die tägliche Entwicklung und für die regelmäßige Ausführung von Paketen nicht geeignet.
EncryptAllWithUserKey	Der gesamte Inhalt des Pakets wird mit einer Benutzerverschlüsselung gespeichert. Das Paket kann nur noch von diesem Benutzer geöffnet und ausgeführt werden. Für die tägliche Entwicklung und für die regelmäßige Ausführung von Paketen nicht geeignet.
ServerStorage	Das Paket inklusive der Passwörter wird unverschlüsselt auf einem SQL Server gespeichert. Die Zugriffsteuerung erfolgt über die Leseberechtigung für die Integration Services und über die Paketrollen. Achtung: Mit dieser Einstellung ist es nicht möglich, ein Paket im Dateisystem zu speichern oder im Rahmen eines Projekts zu entwickeln. Hierzu muss der ProtectionLevel-Wert geändert werden.

Tabelle 18.2 Übersicht über die ProtectionLevel-Werte

Die einzige Möglichkeit, die Passwörter der Verbindungs-Manager in einem Integration Services-Paket zu speichern, ist der ProtectionLevel-Wert *ServerStorage*. Mit dieser Einstellung ist es aber nicht möglich, ein Integration Services-Paket im Business Intelligence Development Studio zu entwickeln. Deshalb ist es üblich, das Integration Services-Paket mit der Standardeinstellung *EncryptSensitiveWithUserKey* zu entwickeln und den ProtectionLevel-Wert *ServerStorage* beim Speichern auf den SQL Server auszuwählen.

Die Passwörter der Verbindungs-Manager können auch über die Paketkonfiguration zugesteuert werden. Dies ist aber nicht ganz unproblematisch, da die Passwörter in der XML-Konfigurationsdatei oder der SQL Server-Tabelle unverschlüsselt vorliegen. Es sei auch noch darauf hingewiesen, dass es natürlich möglich ist, die Passwörter der Verbindungs-Manager innerhalb des Integration Services-Pakets über einen Skripttask zu setzen. Dieses Vorgehen entspricht der Speichermethode, wie sie bis zum Microsoft SQL Server 2000 gebräuchlich war.

Da es keine ideale Methode zur Speicherung der Passwörter gibt, sollte wenn möglich auf die Verwendung von Passwörtern verzichtet werden. Ist dies nicht möglich, sollte die Systematik gewählt werden, die in Ihrem Projekt am sichersten und am praktikabelsten ist.

SQL Server-Agent

Der SQL Server-Agent ist ein Microsoft Windows-Dienst, mit dem Aufträge geplant und ausgeführt werden können. Die Auftragsinformationen werden auf einem SQL Server gespeichert. Der SQL Server-Agent gehört zum Lieferumfang von Microsoft SQL Server 2008.

HINWEIS Bei einer Standardinstallation von Microsoft SQL Server 2008 ist der SQL Server-Agent-Dienst deaktiviert. Während der Installation kann die Option gesetzt werden, dass der SQL Server-Agent-Dienst automatisch gestartet werden soll. Wurde dies bei der Installation versäumt, kann die entsprechende Einstellung in der Dienstverwaltung des Datenbankservers nachgeholt werden (*Systemsteuerung/Verwaltung/Dienste/SQL Server-Agent (SQL2008)*).

Der SQL Server-Agent führt nicht nur Integration Services-Pakete aus. Er wird von Datenbankadministratoren auch zur Wartung, Optimierung und Datensicherung der Datenbank eingesetzt. Er kann auch ganz allgemein als Scheduling-Programm verwendet werden. In diesem Kapitel werden wir nur die Anlage und Ausführung eines Integration Services-Auftrages behandeln. Weiterführende Informationen zum SQL Server-Agent finden Sie in der Onlinedokumentation und in der Fachliteratur.

Die Verwaltung des SQL Server-Agenten erfolgt im Microsoft SQL Server Management Studio. Läuft der SQL Server-Agent-Dienst auf dem Datenbankserver, wird der Dienst im Objekt-Explorer angezeigt.

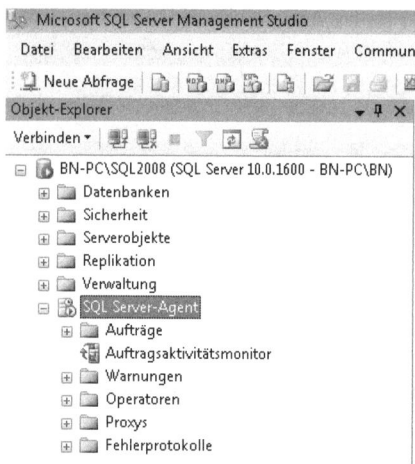

Abbildung 18.24 SQL Server-Agent im Microsoft SQL Server Management Studio

Nach der Erweiterung des Eintrags *SQL Server-Agent* kann über das Kontextmenü des Eintrags *Aufträge* ein neuer Auftrag angelegt werden. Es öffnet sich das Fenster *Neuer Auftrag*. Für jeden Auftrag muss ein Name vergeben werden. Dieser Name wird in der Auftragsübersicht des SQL Server-Agenten angezeigt. Über den Namen bzw. über Namensbestandteile kann gesucht werden.

Beispiel: Auftragsanlage im SQL Server-Agent

Als Beispiel legen wir einen Auftrag für das Integration Services-Paket *Union_All* an. Das Paket soll aus dem Paketspeicher des SQL Servers heraus ausgeführt werden:

1. Speichern Sie das Integration Services-Paket *Union_All* auf dem SQL Server.
2. Rufen Sie das Microsoft SQL Server Management Studio auf und erweitern Sie den Eintrag *SQL Server-Agent*.
3. Legen Sie über das Kontextmenü zum Eintrag *Auftrag* einen neuen Auftrag an. Daraufhin wird das Dialogfeld Neuer Auftrag angezeigt, wie in Abbildung 18.25 dargestellt.

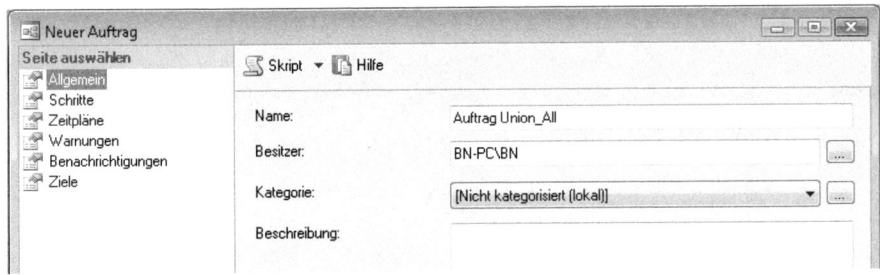

Abbildung 18.25 SQL Server-Agent – Neuer Auftrag

4. Tragen Sie einen Namen für den Auftrag ein und wechseln Sie zur Seite *Schritte*.
5. Fügen Sie dem Auftrag einen neuen Schritt per Klick auf die Schaltfläche *Neu* hinzu. Das Fenster *Neuer Auftragsschritt* wird geöffnet (Abbildung 18.26).
6. Tragen Sie einen Schrittnamen ein. Für jeden Auftragsschritt muss ein Schrittname vergeben werden.
7. Als Typ wählen Sie *SQL Server Integration Services-Paket* aus. Aus der Vielzahl der angebotenen Typen können Sie entnehmen, welch unterschiedliche Auftragsarten mit dem SQL Server-Agenten ausgeführt werden können.
8. Der Standardwert SQL Server Agent Account der Eigenschaft *Ausführen als* wird in diesem Beispiel nicht verändert. Der Auftrag wird später unter diesem Account ausgeführt. Bitte beachten Sie die Ausführungen, die später in diesem Kapitel im Abschnitt »Proxy-Account« folgen.
9. Als Paketquelle wählen Sie bitte SQL Server aus und geben den Namen Ihres Datenbankservers an. Wählen Sie das Paket *Union_All* aus.

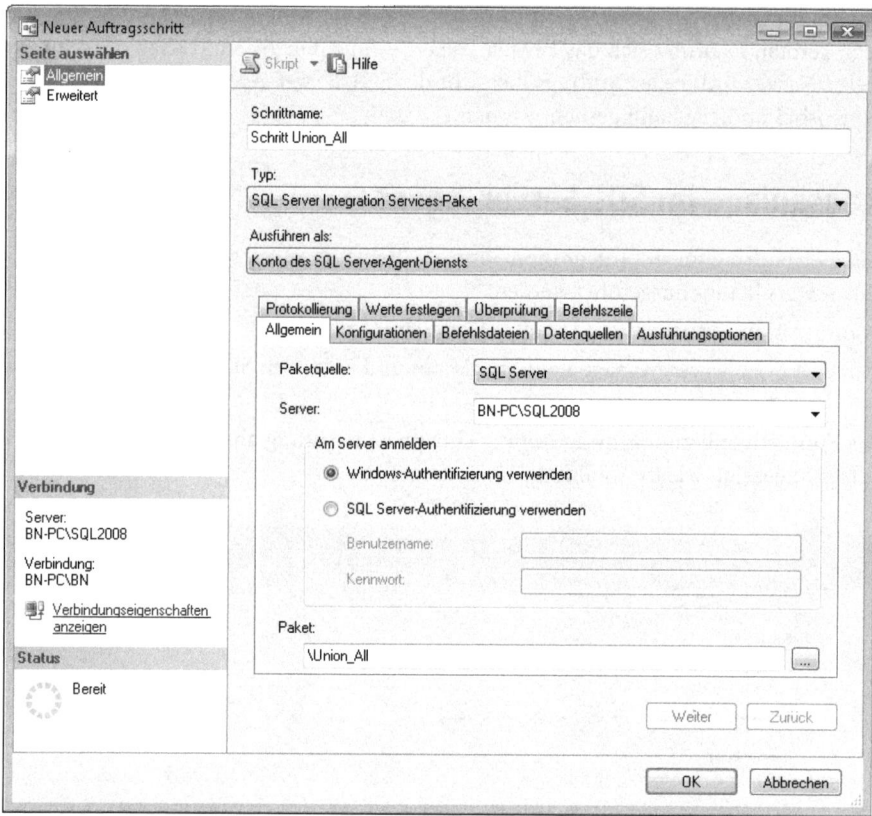

Abbildung 18.26 SQL Server-Agent-Fenster *Neuer Auftragsschritt*

10. Öffnen Sie die Registerkarte *Befehlszeile*. Die angezeigte Befehlszeile enthält die Befehlsparameter für das Programm *dtexec*. Der SQL Server-Agent stellt nur die Parameter zusammen. Die Ausführung wird später vom Programm *dtexec* übernommen. Die Parameter werden in den verschiedenen Registerkarten festgelegt.

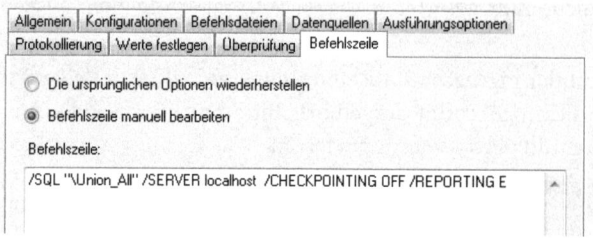

Abbildung 18.27 Die Auftrags-Befehlszeile für *dtexec*

11. Schließen Sie das Fenster *Neuer Auftragsschritt*. Sie könnten nun weitere Auftragsschritte hinzufügen. Bei der Eingabe von weiteren Auftragsschritten achten Sie bitte auf die Reihenfolge und die richtige Aktionsauswahl in der Eigenschaft *Aktion bei Erfolg*.
12. Legen Sie auf der Seite *Zeitpläne* (Abbildung 18.28) einen Zeitplan für die Auftragsausführung an.

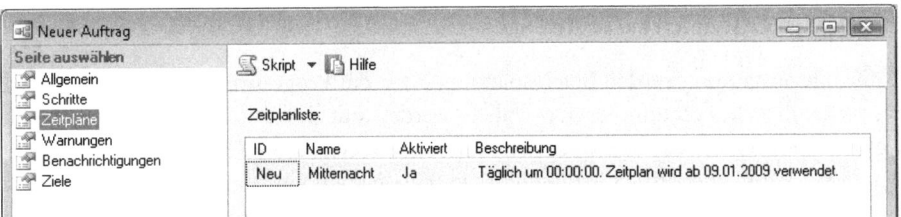

Abbildung 18.28 Die Zeitplanliste gibt Name, Status und Ausführungszeiten wieder

13. Schließen Sie die Auftragsanlage über die Schaltfläche *OK* ab. Nach Abschluss der Auftragsanlage wird der neue Auftrag in der Auftragsübersicht des SQL Server-Agenten angezeigt.
14. Starten Sie den Auftrag über das Kontextmenü mit dem Befehl *Auftrag starten bei Schritt...* Da der Auftrag nur aus einem Schritt besteht, wird er sofort ausgeführt. Besteht ein Auftrag aus mehreren Schritten, muss der Startschritt explizit ausgewählt werden. Der Auftrag wird ausgeführt und es erscheint anschließend die in Abbildung 18.29 dargestellte Meldung:

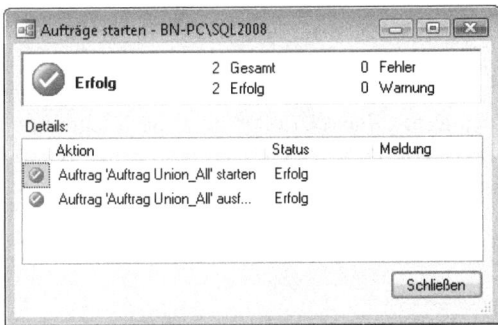

Abbildung 18.29 Erfolgsmeldung nach Auftragsausführung

Proxykonto

Das ausführende Konto eines Auftragsschrittes wird in der Schritteigenschaft *Ausführen als* eingetragen. Die Auftragsschritte werden nicht mit dem Konto des Paketerstellers ausgeführt. Deshalb laufen viele Integration Services-Pakete zwar in der Entwicklungsumgebung des Business Intelligence Development Studios, aber nicht in der Paketausführung über den SQL Server-Agenten. Im Business Intelligence Development Studio werden die Integration Services-Pakete mit dem Konto des Entwicklers ausgeführt. Im SQL-Agent mit dem eingetragenen Konto unter *Ausführen als*.

Als ausführende Konten stehen das *Konto des SQL Server-Agent-Dienstes* und alle auf dem SQL Server berechtigten Proxykonten zur Verfügung. Sehr wichtig ist, dass das Proxykonto über alle notwendigen Berechtigungen zur Paketausführung verfügt. Werden in einem Integration Services-Paket Laufwerksbuchstaben angeben, muss auch das Proxykonto das entsprechende Laufwerksmapping haben. UNC-Pfade sind eine gute Alternative zu gemappten Laufwerken.

Das Anlegen von Proxykonten ist die Aufgabe der Systemadministratoren und es ist kein zentrales Business Intelligence-Thema. Deshalb wird in diesem Buch das Anlegen von Proxykonten nicht im Detail besprochen. Christoph Muthmann hat auf *www.insideSQL.org* eine sehr hilfreiche Dokumentation zu diesem Thema mit dem Titel »SSIS für Nicht-Sysadmins« veröffentlicht.

Paketausführungsprogramm *dtexecUI*

Mit dem Paketausführungsprogramm werden Befehlsparameter für das Programm *dtexec* generiert und das Paket anschließend ausgeführt. Integration Services-Pakete werden mit der Dateiendung *dtsx* gespeichert. Diese Dateiendung wird bei der Installation von Microsoft SQL Server 2008 dem Paketausführungsprogramm (Execute Package Utility) zugeordnet. Mit einem Doppelklick auf ein im Dateisystem gespeichertes Integration Services-Paket wird das Paketausführungsprogramm geöffnet. Sie können das Programm auch über die Option *Öffnen mit* auswählen (Abbildung 18.30).

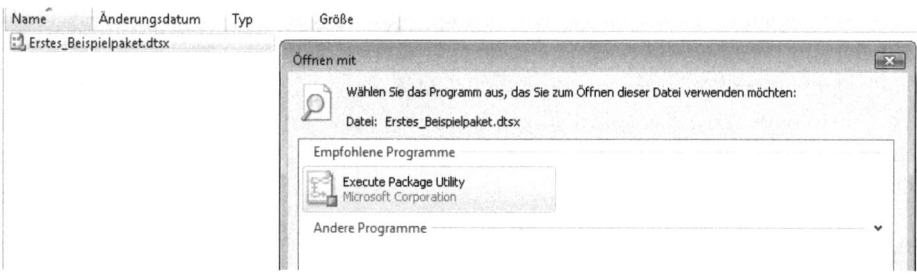

Abbildung 18.30 Aufruf des Paketausführungsprogramm über den Microsoft Windows-Explorer

Alternativ kann das Programm über die Eingabeaufforderung mit *dtexecUI* oder über die Integration Services im Objekt-Explorer des Microsoft SQL Server Management Studios (*SQL Server/Integration Services/Gespeicherte Pakete/MSDB/Paketname/Kontextmenü/Paket ausführen*) geöffnet werden (Abbildung 18.31).

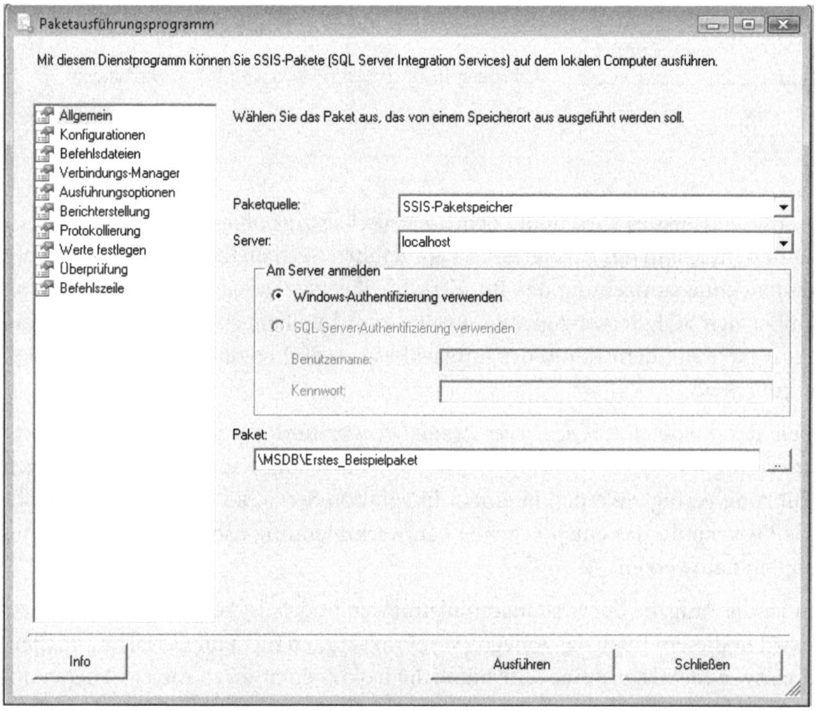

Abbildung 18.31 Paketausführungsprogramm *dtexecUI*

Bei einem Aufruf über den Windows-Explorer oder über das Microsoft SQL Server Management Studio werden die Parameter für das ausgewählte Paket automatisch gesetzt. Sie können umfangreiche Änderungen an den Einstellungen vornehmen und anschließend das Paket ausführen. Im Gegensatz zum SQL Server-Agent wird die Paketausführung mit dem angemeldeten Account durchgeführt.

Sehr interessant ist die Möglichkeit, die Parameter für das Programm *dtexec* auszutesten. Die generierten Parameter sehen Sie auf der Seite *Befehlszeile*. Sie haben die zusätzliche Möglichkeit, die Parameter manuell zu ändern.

dtexec

Mit dem Befehlszeilendienstprogramm *dtexec* werden Integration Services-Pakete ausgeführt und konfiguriert. Sowohl der SQL Server-Agent als auch das Paketausführungsprogramm generieren Befehlszeilen für *dtexec* und rufen das Programm anschließend auf. Sie können das Programm *dtexec* auch direkt aus der Eingabeaufforderung heraus aufrufen. Die notwendigen Programmparameter werden in der Befehlszeile mit angegeben:

dtexec /FILE "V:\BISS\SSIS\BEISPIELE\Kap18\Erstes_Beispielpaket.dtsx"

Das Dienstprogramm *dtexec* ermöglicht das Laden von Paketen aus den drei in Tabelle 18.3 beschriebenen Quellen:

Paketquelle	Option
Dateisystem	/FILE
SQL Server	/SQL
SSIS-Dienst	/DTS

Tabelle 18.3 Mögliche *dtexec*-Paketquellen

Alle Optionen beginnen mit einem führenden Schrägstrich. Als Argumente werden immer Zeichenfolgen übergeben. Enthalten die Zeichenfolgen Leerzeichen, sind sie von Anführungszeichen einzuschließen. Außer bei Kennwörtern wird die Groß- und Kleinschreibung nicht beachtet. In den Programmen *dtexecUI* und SQL Server-Agent kann die Befehlszeile für das Dienstprogramm *dtexec* generiert werden. Mit dem Dienstprogramm *dtexec* ist es möglich, Parameter an das Integration Services-Paket zu übergeben. Im nachfolgenden Listing wird das Integration Services-Paket Beispielpaket.dtsx im Ordner C:\SSIS mit dem Dienstprogramm *dtexec* aufgerufen. Die Paketvariable *Server* wird mit dem Wert *SQL2008* gefüllt. Für diese Art der Parameterübergabe wird keine SSIS-Paketkonfiguration benötigt.

dtexec /FILE "C:\SSIS\Beispielpaket.dtsx" /SET "\package.variables[Server].Value";"SQL2008"

Die Optionen des Dienstprogramms *dtexec* sind sehr umfangreich und werden aus Platzgründen in diesem Buch nicht im Detail besprochen. In der Onlinedokumentation finden Sie unter *dtexec (Dienstprogramm)* eine ausführliche Beschreibung inklusive zahlreicher Beispiele.

Kapitel 19

SSIS – Eine Aufgabenstellung, viele Lösungsmöglichkeiten

In diesem Kapitel:

Die Aufgabenstellung	544
SQL-Lösungen	546
Datenflusslösungen	547

Ein Datenbankentwickler muss sich jedes Mal neu entscheiden, welchen Lösungsweg er für eine Aufgabenstellung einschlägt. Viele Probleme lassen sich auf unterschiedliche Art und Weise lösen. Aufgabe des Datenbankentwicklers ist es, sich für die Möglichkeit zu entscheiden, die am vernünftigsten realisierbar ist. Hierzu ist es wichtig, mit dem Funktionsumfang der Integration Services vertraut zu sein.

In diesem Kapitel werden die unterschiedlichsten Lösungsmöglichkeiten mit ihren individuellen Vor- und Nachteilen für ein einfaches Problem behandelt.

Die Aufgabenstellung

Eine Artikel-Tabelle soll auf ein Update vorbereitet werden. In der Tabelle *Artikel_Stat* sind zu jedem Artikel das letzte Verkaufsdatum und die kumulierte Verkaufsmenge gespeichert. Bevor das Update durchgeführt wird, soll geprüft werden, ob alle Artikel in der Zieltabelle vorhanden sind. Andernfalls sollen diese angelegt werden.

Ein neuer Eintrag enthält die Artikelnummer, den Eintrag *01.01.1900* als letztes Verkaufsdatum und den Wert *0* in der Spalte *Menge*. Datentechnisch formuliert würde die Aufgabenstellung wie folgt lauten: »Vergleiche Tabelle A mit Tabelle B. Lege Datensätze, die nur in Tabelle B vorhanden sind, neu in Tabelle A an.«

Im gesamten Kapitel wird wie gewohnt die Datenbank *AW_DW* verwendet. In den Beispielpaketen ist localhost als Server im Verbindungs-Manager eingetragen. In der einfach gehaltenen Tabelle *Artikel_Stat* (Tabelle 19.1) sind vor dem Update fünf Datensätze gespeichert.

Artikel	LDatum	Menge
333	15.01.09	45
2500	24.01.09	23
5000	21.01.09	400
7000	22.01.09	70
10005	18.01.09	10

Tabelle 19.1 Die Tabelle *Artikel_Stat* vor dem Update

Die aktuelle Vergleichstabelle *Import* umfasst vier Zeilen mit je sechs Spalten (Tabelle 19.2).

Filiale	Datum	Artikel	Menge	Preis	Betrag
001	02.01.08	4711	20	2,00	40,00
001	03.01.08	10005	4	29,00	116,0
001	01.01.09	2500	50	6,00	300,00
001	17.01.09	2501	200	12,00	2400,00

Tabelle 19.2 Die Vergleichstabelle *Import*

Vergleichen Sie die beiden Tabellen, werden Sie feststellen, dass die Artikel mit den Artikelnummern 4711 und 2501 in der Ursprungstabelle Tabelle *Artikel_Stat* nicht vorhanden sind. Diese Artikel müssen neu angelegt werden. Die Tabelle *Artikel_Stat* sieht nach dem Update so aus (Tabelle 19.3):

Die Aufgabenstellung

Artikel	LDatum	Menge
333	15.01.09	45
2500	24.01.09	23
5000	21.01.09	400
7000	22.01.09	70
10005	18.01.09	10
4711	01.01.1900	0
2501	01.01.1900	0

Tabelle 19.3 Die Tabelle *Artikel_Stat* nach erfolgtem Update

Es werden sieben verschiedene Lösungswege aufgezeigt:

- SQL – Where not in (Sub-Select)
- SQL – Left outer Join Null
- SQL – Merge
- Datenfluss – Vergleich Tabelle
- Datenfluss – Left outer Join
- Datenfluss – Stored Procedure
- Datenfluss – Skriptkomponente

Alle Lösungen gehen davon aus, dass die zu importierenden Daten schon in der Staging-Tabelle *Import* im Microsoft SQL Server gespeichert sind. Die Tabelle *Import* wird in unserem ersten Beispielpaket in Kapitel 13 angelegt und gefüllt. Die ersten drei Beispiele sind reine SQL-Lösungen und kommen ohne den Einsatz des Datenflusses aus. Bei Datenflusslösungen könnte die OLE DB-Quelle durch die Flatfile-Quelle aus Kapitel 13 ersetzt werden. In diesem Fall würde keine Staging-Tabelle benötigt.

Initialisierung der Tabelle *Artikel_Stat*

Damit bei jeder vorgestellten Lösungsmöglichkeit die Ausgangssituation identisch ist, wird jedes Mal, vor dem eigentlichen Paketstart die Tabelle *Artikel_Stat* initialisiert. Hierzu wird der *Task 'SQL ausführen'* *Artikel_Stat_Init* ausgeführt. Der Inhalt der Tabelle *Artikel_Stat* wird gelöscht und anschließend mit den Datensätzen der Tabelle *Artikel_Bas* neu gefüllt:

```
DELETE Artikel_Stat

INSERT
INTO Artikel_Stat
SELECT * FROM Artikel_Basis
```

Listing 19.1 Der SQL-Befehl des Tasks *'SQL ausführen'* *Artikel_Stat_Init*

SQL-Lösungen

Die SQL-Lösungen benötigen jeweils nur ein SQL-Statement für die Neuanlage der Daten.

SQL-Befehl *Where not in* (Sub-Select)

Es wird ein Sub-Select verwendet:

```
INSERT Artikel_Stat
  SELECT
    Artikel,
    '19000101' AS LDatum,
    0        AS Menge
  FROM  IMPORT
  WHERE  ARTIKEL NOT IN (SELECT ARTIKEL FROM Artikel_Stat)
```

Listing 19.2 SQL-Lösung *Where not in* (Sub-Select)

SQL-Befehl *Left Outer Join Null*

In der zweiten Lösung wird ein *Left Outer Join* gebildet und nach den dadurch entstehenden NULL-Datensätzen selektiert.

```
INSERT Artikel_Stat
  SELECT
    Import.Artikel,
    '19000101' AS LDatum,
    0        AS Menge
  FROM IMPORT
  LEFT OUTER JOIN Artikel_Stat ON Import.Artikel = Artikel_Stat.Artikel
  WHERE Artikel_Stat.ARTIKEL IS NULL
```

Listing 19.3 SQL-Lösung *Left Outer Join Null*

SQL-Befehl *Merge*

Der Merge-Befehl ist eine der Neuerungen von Microsoft SQL Server 2008. Mit einem Merge-Befehl ist es möglich, gleichzeitig Datensätze einzufügen, zu aktualisieren und zu löschen. Wir verwendet aber nur die Möglichkeit des Einfügens. Achten Sie darauf, dass jeder Merge-Befehl mit einem Semikolon abgeschlossen wird. Dies entspricht dem ANSI-SQL-92 Standard.

```
MERGE INTO Artikel_Stat
USING IMPORT
ON  (Import.Artikel = Artikel_Stat.Artikel)
WHEN NOT MATCHED THEN
INSERT (Artikel,LDatum,Menge)
VALUES (Import.Artikel,Import.Datum,0);
```

Listing 19.4 SQL-Lösung *Merge*

Alle drei SQL-Lösungen sind zügig programmiert und performant. Die Voraussetzung ist allerdings, dass sich beide Tabellen auf demselben Server befinden. Dafür sind in einem primären Verarbeitungsschritt die Daten in eine Staging-Area zu laden und anschließend mit SQL zu transferieren.

Datenflusslösungen

Alle Datenflusslösungen arbeiten mit zwei Tasks der Ablaufsteuerung. Mit dem ersten Task *'SQL ausführen'* *Artikel_Stat_Init* wird die Tabelle *Artikel_Stat* initialisiert. Der zweite Task ist ein Datenflusstask, in dessen Rahmen in der Zieltabelle *Artikel_Stat* Datensätze hinzugefügt werden. Beide Tasks sind in Abbildung 19.1 dargestellt.

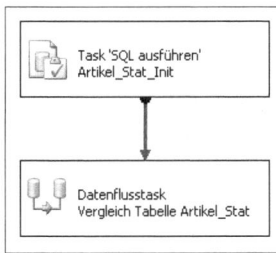

Abbildung 19.1 Ansicht der Ablaufsteuerung *Datenflusslösungen*

Innerhalb des Datenflusses wird die Tabelle *Artikel_Stat_Import* mit einer *OLE DB-Quelle* aufgerufen (Abbildung 19.2). Nur bei der Lösung, die eine Skriptkomponente nutzt, wird eine *ADO.NET Quelle* verwendet.

Abbildung 19.2 Datenfluss-Quelle *Tabelle Import*

Datenflusslösung *Vergleich Tabelle*

Bei dieser Lösung werden die zu importierenden Daten in den Datenfluss eingelesen und mit dem Inhalt der Tabelle *Artikel_Stat* verglichen. Für den Vergleich wird im Datenfluss die Komponente *Suche* verwendet. Es wird auf gleiche Artikel geprüft. Hierzu wird in der Komponente *Suche* auf der Registerkarte Spalten der Vergleich auf die Spalte *Artikel* beschränkt.

Uns interessieren nur die Artikelzeilen des Datenflusses, die nicht in der Vergleichstabelle vorhanden sind. Die nicht vorhandenen Einträge werden in die Ausgabe nicht übereinstimmender Einträge umgeleitet (Abbildung 19.3).

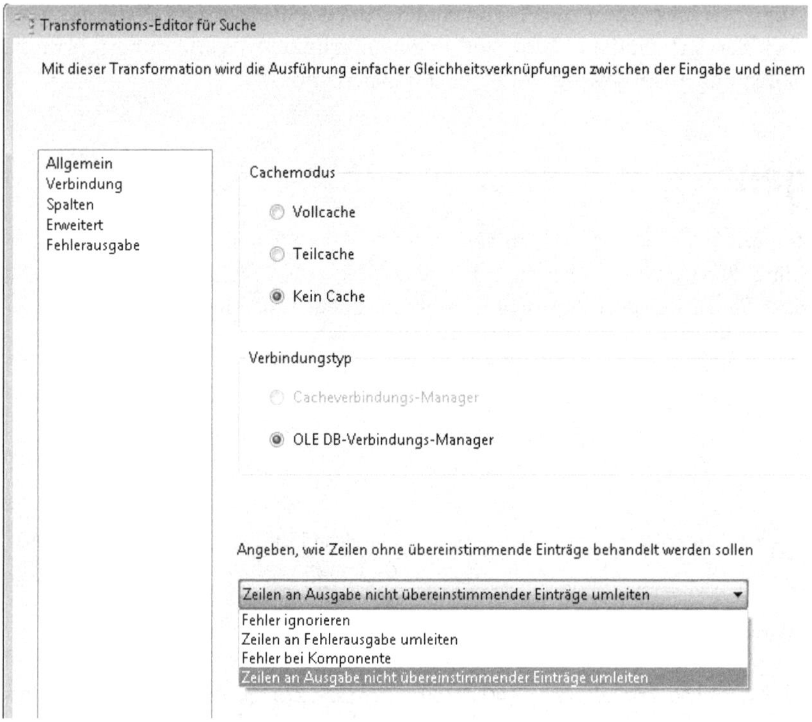

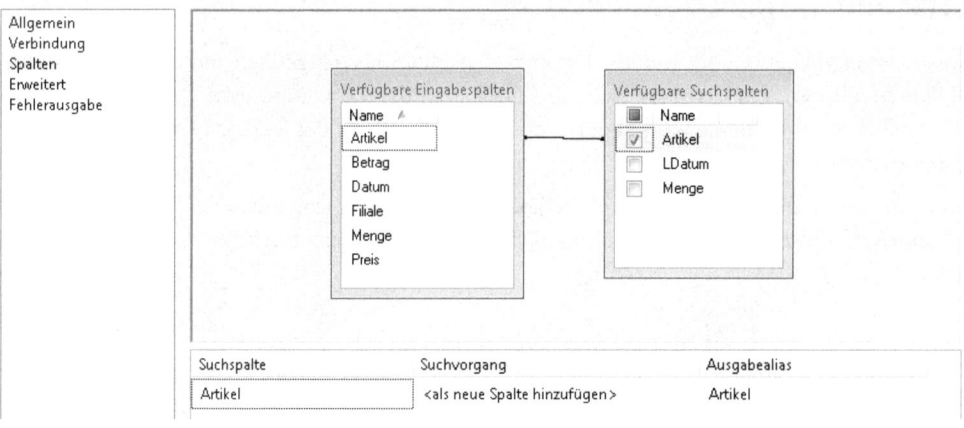

Abbildung 19.3 Konfiguration der Ausgabe nicht übereinstimmender Einträge im Transformations-Editor

Es wird keine Cachemodus aktiviert, da sich die vorhandenen Daten in der Vergleichstabelle bei jedem Import ändern können. Auf der Seite *Verbindungen* wird die Vergleichstabelle *Artikel_Stat* ausgewählt. Auf der Seite *Spalten* wird der Vergleich der Artikelspalten aktiviert (Abbildung 19.4).

Abbildung 19.4 Vergleich der Artikelspalten auf der *Spalten*-Seite des Transformations-Editors

Auf den Seiten *Erweitert* und *Fehlerausgabe* werden keine Eingaben vorgenommen und der Editor der Komponente *Suchen* kann geschlossen werden. Für den nächsten Verarbeitungsschritt wird eine Komponente *Abgeleitete Spalte* zum Datenfluss hinzugefügt. Die Komponenten *Suche* und *Abgeleitete Spalte* werden miteinander verbunden. Als Ausgabe der Komponente *Suche* wird die *Suchausgabe nicht übereinstimmender Einträge* ausgewählt (Abbildung 19.5).

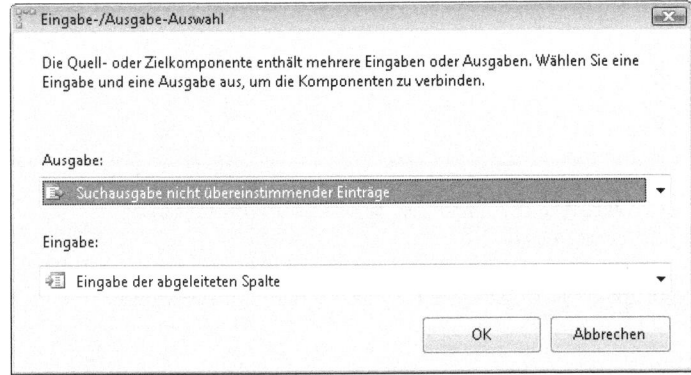

Abbildung 19.5 Datenflussverbindung zwischen den Komponenten *Suchen* und *Abgeleitete Spalte*

Durch diese Auswahl werden im Datenfluss nur die Zeilen weitergegeben, die beim Vergleich nicht gefunden wurden. In der Komponente *Abgeleitete Spalte* werden die beiden neuen Spalten *LDatum* und *Menge* dem Datenfluss hinzugefügt. Die Spalte *LDatum* erhält den Wert *01.01.1900* und die Spalte *Menge* den Wert *0* (Abbildung 19.6).

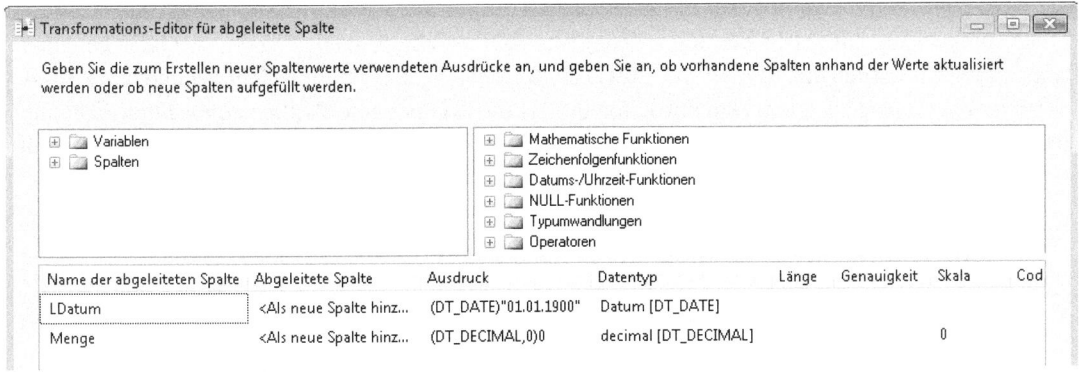

Abbildung 19.6 Die Komponente *Abgeleitete Spalte* fügt zwei neue Spalten zum Datenfluss hinzu

Abschließend werden alle Zeilen des verbliebenen Datenflusses unter Verwendung einer Komponente vom Typ *OLE DB-Ziel* in die Tabelle *Artikel_Stat* eingefügt. Der gesamte Datenfluss ist in Abbildung 19.7 dargestellt.

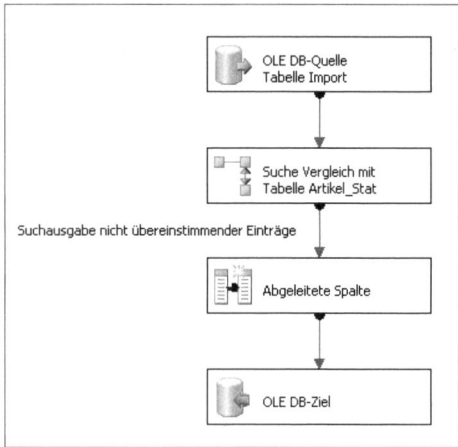

Abbildung 19.7 Ansicht des Datenflusses der Datenflusslösung *Vergleich Tabelle*

Der Vorteil dieser Lösung ist, dass sie recht kompakt ist. Es werden nur diese Schritte durchlaufen:

- Daten einlesen
- Datenzeilen selektieren
- Fehlende Spalten ergänzen
- Daten einfügen

Datenflusslösung *Left Outer Join*

Diese Datenflusslösung entspricht der SQL-Lösung aus dem Abschnitt »SQL-Befehl *Left Outer Join Null*«. Die beiden Tabellen werden im Rahmen von zwei Datenflüssen eingelesen und in einer Komponente *Zusammenführungsverknüpfung* zu einem Datenfluss vereint. Da die Komponente *Zusammenführungsverknüpfung* auf einen sortierten Datenfluss besteht, werden die beiden eingelesenen Datenflüsse vor der Zusammenführung sortiert (Abbildung 19.8).

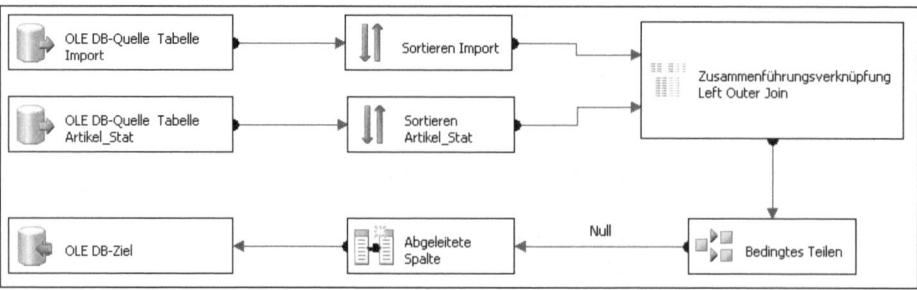

Abbildung 19.8 Datenflusslösung *Left outer Join*

In der Komponente *Zusammenführungsverknüpfung* wird eine linke äußere Verknüpfung über das Feld *Artikel* definiert. Ausgegeben werden die beiden Spalten *Artikel_Stat* und *Artikel_Import*. Die Spalte *Artikel_Stat* hat für die nicht in der Tabelle *Artikel_Stat* vorhandenen Zeilen den Wert *Null*.

Datenflusslösungen

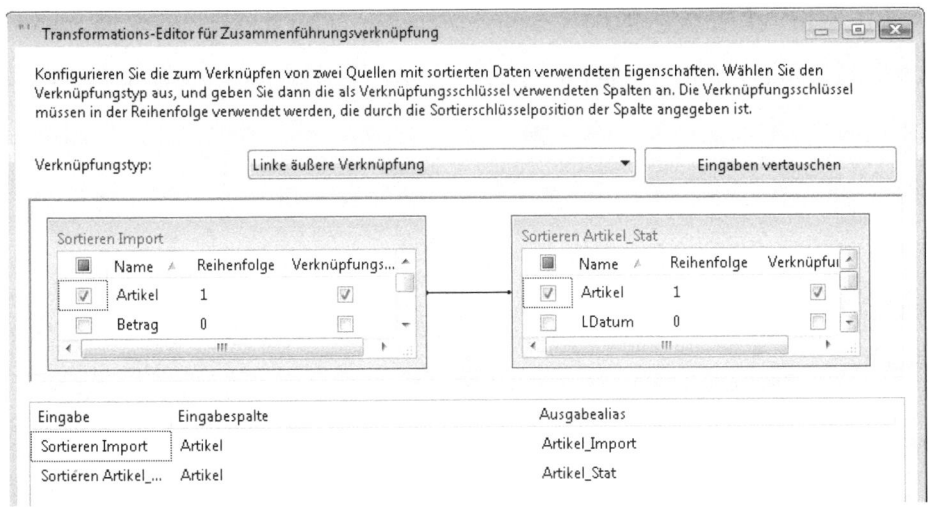

Abbildung 19.9 Komponente *Zusammenführungsverknüpfung* mit Verknüpfungstyp *Linke äußere Verknüpfung*

In einer Komponente vom Typ *Bedingtes Teilen* werden die Zeilen des Datenflusses getrennt. Die Spalte *Artikel_Stat* wird auf den Wert Null geprüft (Abbildung 19.10). Ist das Ergebnis dieser Prüfung *True*, werden die Zeilen in die Ausgabe *Null* ausgegeben. Ist das Ergebnis *False*, wird die Standardausgabe verwendet.

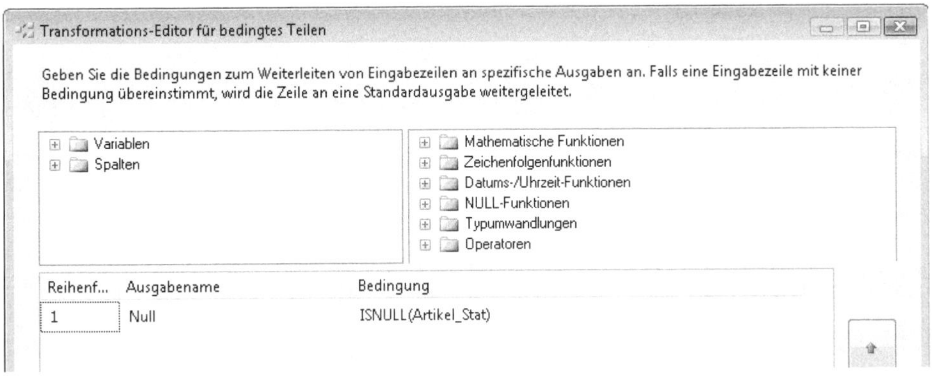

Abbildung 19.10 Ausgabe für Null-Werte bei der Komponente *Bedingtes Teilen*

Für die weitere Verarbeitung wird nur die Ausgabe *Null* benötigt. Die Standardausgabe der Komponente *Bedingtes Teilen* wird nicht verwendet. Bildlich betrachtet, versiegt dieser Teil des Datenflusses.

Die beiden nächsten Verarbeitungsschritte sind identisch mit den letzten beiden Verarbeitungsschritten aus dem Abschnitt »Datenflusslösung *Vergleich Tabelle*« weiter vorne in diesem Kapitel. Es werden die beiden Spalten *LDatum* und *Menge* zum Datenfluss ergänzt und die neuen Zeilen werden in die Tabelle *Artikel_Stat* eingefügt. Die Ausführung dieser Lösungsvariante ist etwas aufwendiger, aber durchaus typisch für einen Datenfluss. Jeder einzelne Verarbeitungsschritt wird in einer eigenen Komponente durchgeführt. Diese Lösung hat den Nachteil, dass alle Zeilen der Tabelle *Artikel_Stat* in den Datenfluss eingelesen werden. Dies kann bei größeren Datenmengen zu einer nicht unerheblichen Verschlechterung der Performance führen.

Datenflusslösung *Stored Procedure*

Bei dieser Lösung (Abbildung 19.11) wird für jede Zeile des Datenflusses eine parametrisierte Stored Procedure ausgeführt.

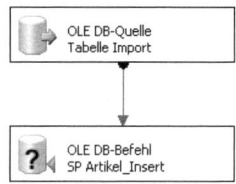

Abbildung 19.11 Datenflusslösung *Stored Procedure*

Die *Stored Procedure* ist in unserer Beispieldatenbank *AW_DW* gespeichert und wurde wie folgt angelegt:

```
CREATE PROCEDURE [dbo].[Artikel_Insert] @Artikel VARCHAR(10) AS
INSERT INTO Artikel_Stat SELECT @Artikel, '01.01.1900',0
WHERE @Artikel NOT IN (SELECT Artikel FROM Artikel_Stat)
```
Listing 19.5 Programmcode *Stored Procedure Artikel_Insert*

Der Aufruf der Stored Procedure erfolgt in einer Komponente vom Typ *OLE DB-Befehl*. Über den vorhandenen Verbindungs-Manager wird die Verbindung zur Datenbank *AW_DW* erstellt und der Aufruf der Stored Procedure wird als SQL-Befehl eingegeben:

```
Exec dbo.Artikel_Insert ?
```

Auf der Registerkarte *Spaltenzuordnungen* in der Komponente *OLE DB-Befehl* erfolgt die Zuordnung des Parameters ? mit der Spalte *Artikel* aus dem Datenfluss. Die Komponente greift dabei auf die Stored Procedure zu und stellt den Namen des Parameters zur Verfügung (Abbildung 19.12).

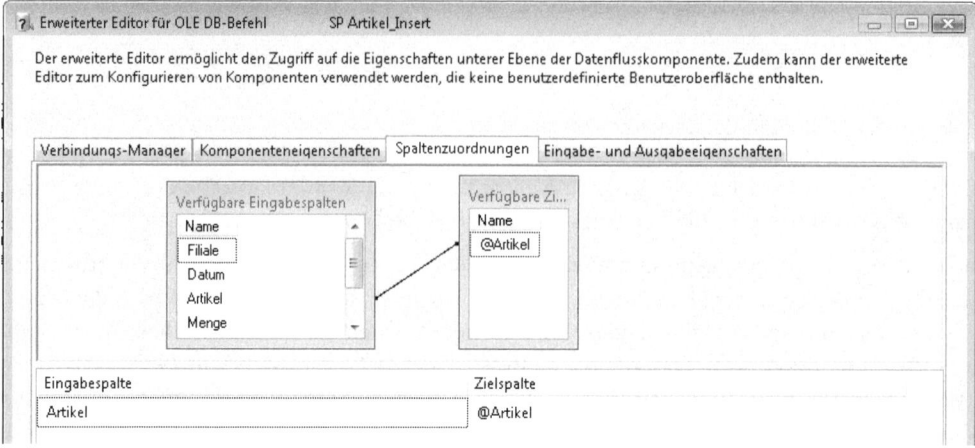

Abbildung 19.12 Spaltenzuordnung für den OLE DB-Befehl bei der Datenflusslösung *Stored Procedure*

Der Aufruf einer Stored Procedure für jede Zeile des Datenflusses ist nicht die performanteste Lösung, da für jede Zeile ein Datenbankaufruf durchgeführt werden muss. Tests mit einigen zehntausend Datenzeilen ergaben eine akzeptable Ausführungsgeschwindigkeit. Zur Überprüfung von mehreren Millionen Datenzeilen würden wir trotzdem eine andere Lösungvariante empfehlen.

Datenflusslösung *Skriptkomponente*

Auch bei der Lösung mithilfe einer *Skriptkomponente* (Abbildung 19.13) wird für jede Zeile des Datenflusses ein Datenbankaufruf ausgeführt. Der SQL-Befehl wird in der Skriptkomponente aufbereitet und als fertiger Befehl an die Datenbank übergeben. Die Ausführungsgeschwindigkeit ist vergleichbar mit der im Abschnitt »Datenflusslösung *Stored Procedure*« beschriebenen Lösung.

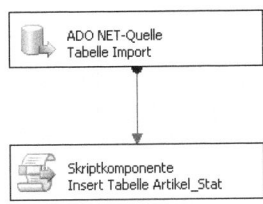

Abbildung 19.13 Datenflusslösung *Skriptkomponente* mit *ADO.NET Quelle*

Der Skriptkomponente wird die Spalte *Artikel* als Eingangsparameter übergeben. Für den Verbindungsaufbau zur Datenbank wird ein ADO.NET-Verbindungs-Manager verwendet. Denken Sie bitte daran, dass ein OLE DB-Verbindungs-Manager nicht verwendet werden kann.

Im Visual Basic-Programm wird in der Prozedur PreExecute die Verbindung aufgebaut. Für jede Zeile des Datenflusses wird in der Prozedur Eingabe0_ProcessInputRow ein Insert-Befehl an den Datenbankserver gesendet. Bitte beachten Sie die in Visual Basic 2008 übliche Zusammensetzung des SQL-Befehls.

```
ScriptMain                                          ▼  (Deklarationen)
    Imports System.Data.SqlClient

  <Microsoft.SqlServer.Dts.Pipeline.SSISScriptComponentEntryPointAttribute()> _
  <CLSCompliant(False)> _
  Public Class ScriptMain
      Inherits UserComponent

      Dim MyConnection As SqlConnection
      Dim MyCommand As New SqlCommand

      Public Overrides Sub PreExecute()
          MyBase.PreExecute()
          MyConnection = New SqlConnection(Me.Connections.Verbindung.ConnectionString)

          MyConnection.Open()
          MyCommand.Connection = MyConnection
      End Sub

      Public Overrides Sub Eingabe0_ProcessInputRow(ByVal Row As Eingabe0Buffer)
          Dim Artikel As String
          Dim LDatum As Date
          Dim Menge As Decimal

          Artikel = Row.Artikel
          LDatum = CDate("01.01.1900")
          Menge = 0

          MyCommand.CommandText = ("INSERT INTO Artikel_Stat (Artikel,LDatum,Menge) " & _
          " SELECT '" & Artikel & "','" & LDatum & "', " & Menge & _
          " WHERE '" & Artikel & "' NOT IN (SELECT Artikel FROM Artikel_Stat)")
          MyCommand.ExecuteNonQuery()
      End Sub
  End Class
```

Abbildung 19.14 Visual Basic-Programmcode der Datenflusslösung *Skriptkomponente*

Fazit

In diesem Kapitel wurden sieben verschiedene Lösungsmöglichkeiten für ein und dasselbe Problem aufgezeigt. Und mit ein wenig Kreativität lassen sich noch weitere Varianten finden. Die ersten drei Lösungen sind reine SQL-Lösungen und benötigen die Import-Daten in einer Staging-Tabelle auf dem Microsoft SQL Server. Bei den vier Datenflusslösungen könnten auch externe Datenquellen verwendet werden. Man benötigt also keine Staging-Area. Die SQL-Lösungen haben den Vorteil, dass sie für den erfahrenen SQL-Entwickler sehr schnell zu implementieren sind. Durch den kompakten Programmcode sind T-SQL-Lösungen auch für sehr komplexe Aufgabenstellungen gut geeignet.

Dagegen haben die Datenflusslösungen den Vorteil, dass die einzelnen Transformationsschritte gut getrennt aufeinander folgen. Dies erleichtert dem weniger erfahren SQL-Programmierer den Aufbau der Transformationen. Allerdings werden Datenflusslösungen bei komplexen Aufgabenstellungen schnell unübersichtlich und nur schwer pflegbar. Die Vor- und Nachteile der einzelnen Lösungsvarianten sind bei der Wahl der geeigneten Implementierung zu berücksichtigen. Und es wird immer mehrere gute Lösungsvarianten geben.

Teil E
SQL Server Reporting Services

In diesem Teil:

Kapitel 20	Reporting Services im Überblick	557
Kapitel 21	Berichtserstellung	577
Kapitel 22	Berichtsverwaltung	647
Kapitel 23	Berichtserstellung mit dem Berichts-Generator	683
Kapitel 24	Office-Integration	705

Kapitel 20

Reporting Services im Überblick

In diesem Kapitel:

Allgemeine Anforderungen an ein Berichtswesen	558
Architektur der Reporting Services	560
Konfiguration der Reporting Services	570

Das Berichtswesen ist ein zentraler Bestandteil von Business Intelligence-Lösungen. Es kann, allgemein betrachtet, als Benutzerschnittstelle derartiger Systeme verstanden werden. Um die Reporting Services richtig darstellen und einordnen zu können, werden zunächst einige Grundlagen der Gestaltung eines Berichtswesens für Unternehmen und Organisationen erläutert. Im Anschluss daran wird die Architektur der Reporting Services beschrieben. Schließlich wird die Konfiguration der Reporting Services Schritt für Schritt vorgestellt, um deren vollen Leistungsumfang nutzen zu können.

Bei der Betrachtung der Architektur der Reporting Services werden Vergleiche mit der Vorgängerversion herangezogen, um Veränderungen besser darstellen zu können. Die Reporting Services sind wohl die Komponente von Microsoft SQL Server 2008, die die größten Veränderungen gegenüber der Vorgängerversion erfahren hat. Diese Veränderungen sind insbesondere auch für Nutzer der Reporting Services 2005 interessant, die mit Problemen bei der Performance bzw. bei der zuverlässigen Berichtsauslieferung zu kämpfen haben oder Schwierigkeiten mit der richtigen Konfiguration der Internet Information Services hatten. Hier bietet sich die überarbeitete Architektur der Reporting Services 2008 als echte Alternative an.

Allgemeine Anforderungen an ein Berichtswesen

Es mag zwar müßig erscheinen, im Rahmen der Vorstellung eines sehr leistungsfähigen Berichts-Frameworks wie den Reporting Services zunächst auf die recht trockenen, allgemeinen Zielsetzungen eines Berichtswesens einzugehen, aber auch die Reporting Services müssen sich schließlich an den Möglichkeiten, die sie zur Verwirklichung dieser Zielsetzungen bieten können, messen lassen.

Einheitliche und zentrale Definition von Informationen

Häufig kommt es in Unternehmen dazu, dass gleichzeitig mehrere, von unterschiedlichen Mitarbeitern erstellte Auswertungen existieren, die abweichende Informationen zum gleichen Sachverhalt enthalten. Die häufigste Ursache hierfür ist, dass der gleiche Informationsbedarf an verschiedenen Stellen im Unternehmen auftritt und unabhängig voneinander befriedigt wird. Durch ein zentrales Berichtswesen lässt sich hier Abhilfe schaffen. Voraussetzungen dafür sind zum einen der einfache Zugang zu vorhandenen Berichten, um die Berichtsdoppelung zu vermeiden, und zum anderen eine zentrale Organisationseinheit, die die Informationsbedürfnisse und deren Sättigung durch Berichte und Auswertungen koordiniert. Als weitere Voraussetzung existiert die Möglichkeit der Erstellung von Ad-hoc-Berichten im Rahmen des Berichtswesens, die auf vordefinierte Datenquellen mit einer auswertungsfreundlichen Struktur zugreifen. Diese verhindert das natürliche Wachstum des Bestands an individuellen Sonderauswertungen.

Adressatengerechte Informationsversorgung

Je nach Einbindung der Berichtsadressaten in die betrieblichen Prozesse und in die Hierarchie der Unternehmung bestehen unterschiedliche Anforderungen an Berichte und deren Erstellungswerkzeuge. Eine klassische Unterteilung zeigt die in Abbildung 20.1 dargestellte Nutzerpyramide, die eine grobe Einteilung in drei Adressatengruppen vornimmt: Die Autoren (die Berichte für andere erstellen), die Analysten (die nach Zusammenhängen suchen und eine hohe Flexibilität in ihren Auswertungsmöglichkeiten benötigen) und die Konsumenten (die relativ starre Auswertungen häufig und schnell benötigen).

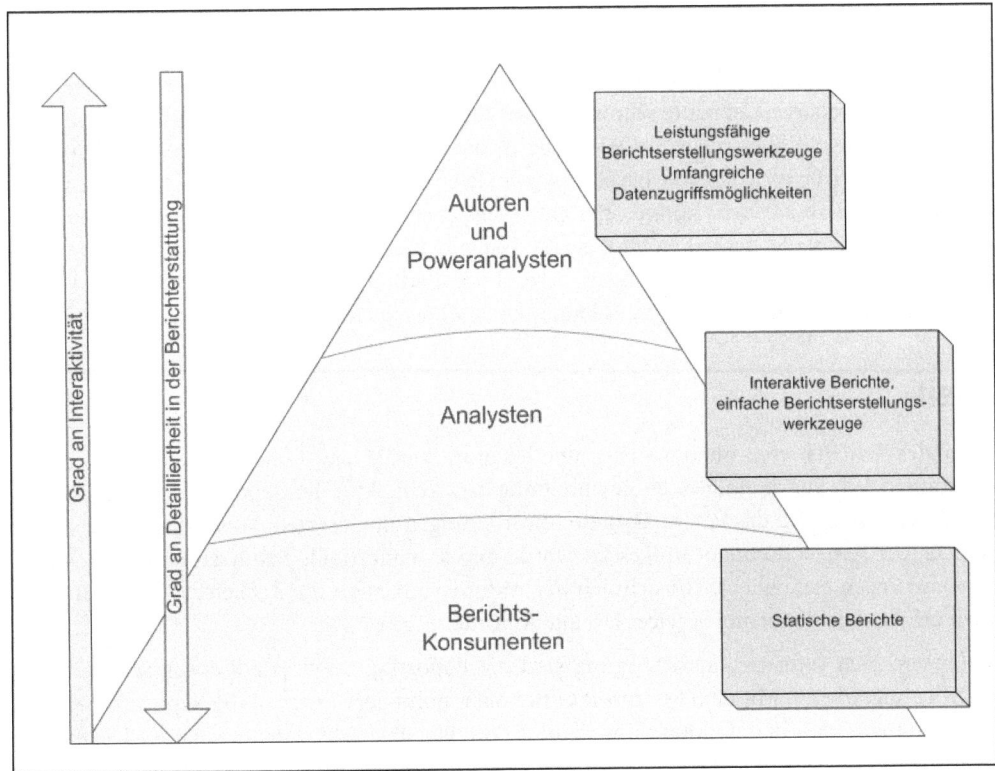

Abbildung 20.1 Pyramide der Berichtsnutzer

Diese grobe Einteilung erweist sich in der Praxis zumeist als nur mäßig brauchbar, da die Erzeugung statischer Berichte häufig dazu führt, dass jedes Detail, das zwar selten aber doch hin und wieder benötigt wird, in den Bericht eingebaut werden muss. Das führt dann zu sehr unübersichtlichen Auswertungen. Hier bieten sich Techniken wie DrillDown oder Berichts/Berichts-Schnittstellen zur Lösung an.

Werden solche interaktiven Berichtsangebote unterbreitet, wird schnell deutlich, dass es reine Informationskonsumenten kaum gibt. Der Hunger nach Informationen nimmt mit der Partizipation an der Mitgestaltung der Informationsaufbereitung zu. Die Reporting Services zielen vom Grad der Interaktivität her auf den unteren bis mittleren Bereich der Berichtsnutzer-Pyramide. Die mit den Reporting Services auslieferbaren Berichte weisen nicht die OLAP-Navigationsmerkmale auf, die Analysten heute nachfragen. Allerdings können über die Reporting Services auch Ressourcen distribuiert werden (wie Excel-Dateien mit PivotTables). Zudem bieten sich die Berichte der Reporting Services als Drillthrough-Sprungziele an.

PivotTables adressieren den oberen Bereich der Pyramide. Mit diesen Formen der analytischen Auswertung beschäftigt sich in Teilen und sehr knapp das Kapitel 24. Aus den erhöhten Anforderungen an die Interaktivität ergibt sich ein weiterer Anspruch an ein modernes Berichtswesen: die datenbezogene, rollenbasierte Berechtigungsvergabe. Da die Berichte interaktiv sind (bzw. die Nutzer mithilfe einfacher Berichtserstellungswerkzeuge diese selbst erstellen), genügt es nicht, Rechte berichtsbezogen zu vergeben, sondern die Zugriffsmöglichkeiten müssen auf Datenbereiche eingeschränkt werden können. Um die Berechtigungskonzepte unabhängig von Personen implementieren zu können, müssen Rollen definiert werden können.

Flexible Berichtsdistribution

Berichte müssen auf verschiedenen Distributionskanälen (Web, E-Mail, Dateisystem, Mobile Client) verteilbar sein. Die allseitige Verfügbarkeit ist heute schon selbstverständlich. Gefragt sind Push-Mechanismen und datengetriebene Auswertungen. Ebenfalls von Bedeutung ist die Flexibilität hinsichtlich der Auslieferungsformate. Bestes Beispiel hierfür ist Microsoft Excel, das von vielen Benutzern gewünscht wird, um mit den Zahlen leicht weiterarbeiten zu können. Können Berichte nicht auch als Spreadsheets geliefert werden, finden die Benutzer mit ziemlicher Sicherheit einen Weg, die Daten in dieses Format zu bekommen und weiter zu bearbeiten. Am Ende stehen dann Auswertungen, deren Datenherkunft nicht mehr transparent ist. Eine Wahlfreiheit bei Auswertungsformaten sollte im Zeitalter von XML weitgehend erreicht werden können.

Skalierbarkeit

Ein softwaregestütztes Berichtswesen muss wachsen und leicht in Portale bzw. Office-Anwendungen eingebunden werden können. Wie aus der folgenden Beschreibung der Architektur der Reporting Services ersichtlich wird, haben diese weitgehend das Potential, diese Anforderungen umzusetzen. Wesentlich dafür ist der Frameworkgedanke, der sehr konsequent umgesetzt wurde und so nahezu alle benutzerdefinierten Änderungen bzw. Erweiterungen ermöglicht. Hinsichtlich der Anforderungen an die Auslieferungsformate und die Skalierbarkeit erfüllen die Reporting Services fast alle Anforderungen.

Bei der adressatengerechten Informationsversorgung sind die Reporting Services auf etwas Schützenhilfe von Microsoft Office angewiesen. Mit dem Microsoft Office Sharepoint Server stehen die Reporting Services in sehr enger Verbindung, sodass deren Einbindung in diese Portallösung leicht durchführbar ist. Die flexible Berechtigungsvergabe ist in den Reporting Services nur auf Berichtsebene möglich. Eine Zugriffsdifferenzierung auf Datenebene muss durch die zugrunde liegende Datenquelle geleistet werden. Gut gelingt dies z.B. bei den Analysis Services durch den Einsatz von Dimension Security.

Architektur der Reporting Services

Mit den Reporting Services stellt Microsoft ein Reporting-Framework mit hoher Leistungsfähigkeit für Unternehmen und Organisationen zur Verfügung. Dieses wird durch eine Architektur ermöglicht, die als offenes Framework gestaltet ist. Das bedeutet, dass Benutzer Erweiterungen zu den angebotenen Möglichkeiten programmieren und einbinden können. Zudem können die Reporting Services von Anwendungen auf verschiedenen Plattformen, in verschiedenen Programmiersprachen und auf Basis unterschiedlicher Datenbanken verwendet werden.

In der vorhergehenden Version der Reporting Services wurden die benötigten Funktionen von dem Berichtsserverdienst und den Internet Information Server (IIS) gemeinsam bereitgestellt. Im Rahmen dieser Arbeitsteilung wurden die ASP.NET-Anwendungen zur Berichtsverwaltung, der Berichts-Manager und die Web Services des Berichtsservers von IIS gehostet. Durch die Verquickung mit IIS ergaben sich einige Problembereiche für die Reporting Services:

- Bei Änderungen in der Konfiguration des Internet Information Servers aufgrund des Bedarfs anderer Anwendungen wurden die Reporting Services in Mitleidenschaft gezogen. Wenn z.B. auf oberster Ebene, bei eingeschalteter Vererbung, im Internet Information Server die anonyme Authentifizierung aktiviert wurde, war der Berichtsserver nicht mehr zugänglich.

- Der Berichtsserver konnte in seinem Ressourcenverbrauch nicht eingeschränkt werden, da er ja aus zwei Diensten bestand und hier keine klare Zuordnung möglich war
- Die Reporting Services 2008 kommen nun ohne IIS aus. Der Webdienst und der Berichts-Manager nutzen die Komponenten, die auch vom SQL Server selbst genutzt werden. Hierbei wird von den Reporting Services direkt auf HTTP.SYS zugegriffen. Hierbei handelt es sich um das Windows Modul zum Verarbeiten von HTTP-Anfragen und -Antworten, auf das auch IIS zugreift. Zudem kommen die Netzwerkkomponenten des SQL-Servers jetzt auch bei den Reporting Services zum Einsatz. Abbildung 20.2 gibt einen Überblick über die neue Architektur des Berichtsserverdienstes.

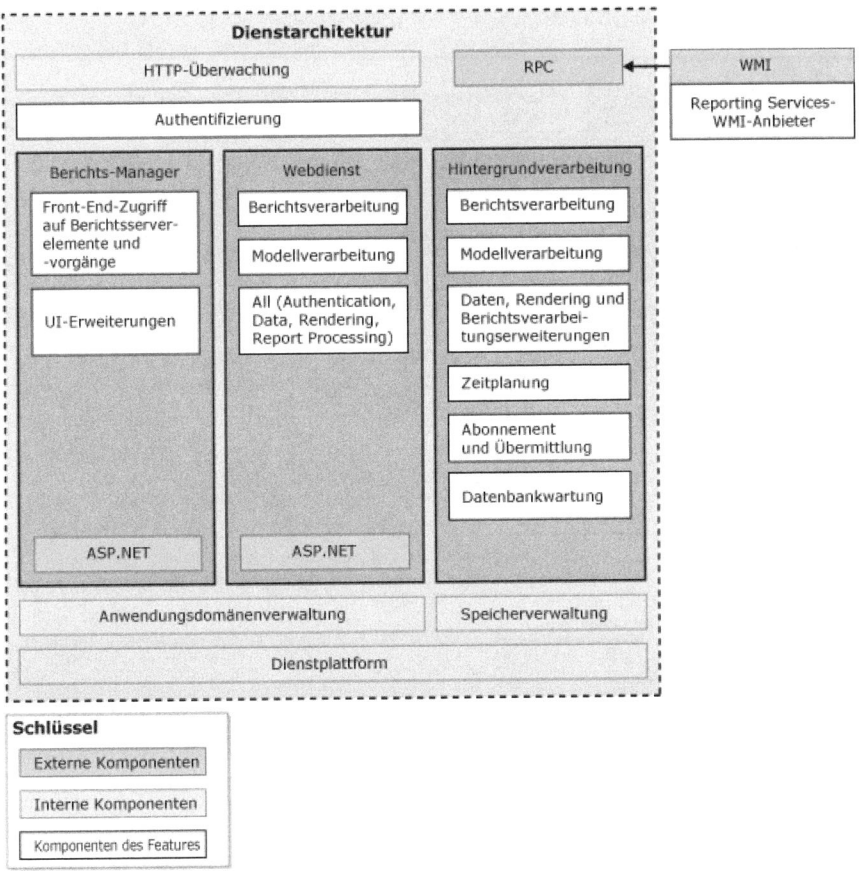

Abbildung 20.2 Dienstarchitektur der Reporting Services (Abbildung aus der Online-Hilfe von SQL Server 2008)

- Dank der neuen Architektur des Berichtsserverdienstes kann jetzt der Arbeitsspeicherzugriff kontingentiert werden. Wie Sie das machen können, wird später im Abschnitt *Konfiguration der Reporting Services* beschrieben. Weitere massive Verbesserungen wurden bei der Berichtsverarbeitung eingebaut. Die Berichtsverarbeitung kann jetzt bei Engpässen im Arbeitsspeicher auf einen Cache im Dateisystem zurückgreifen. Dabei ist es dem Berichtsserver möglich, in einer entspannteren Situation die Verarbeitung wieder aufzunehmen, statt wie in der Vorgängerversion die Berichtsverarbeitung abzubrechen.

Einen Überblick über die an der Funktionsausübung des Berichtsservers beteiligten Komponenten gibt Abbildung 20.3.

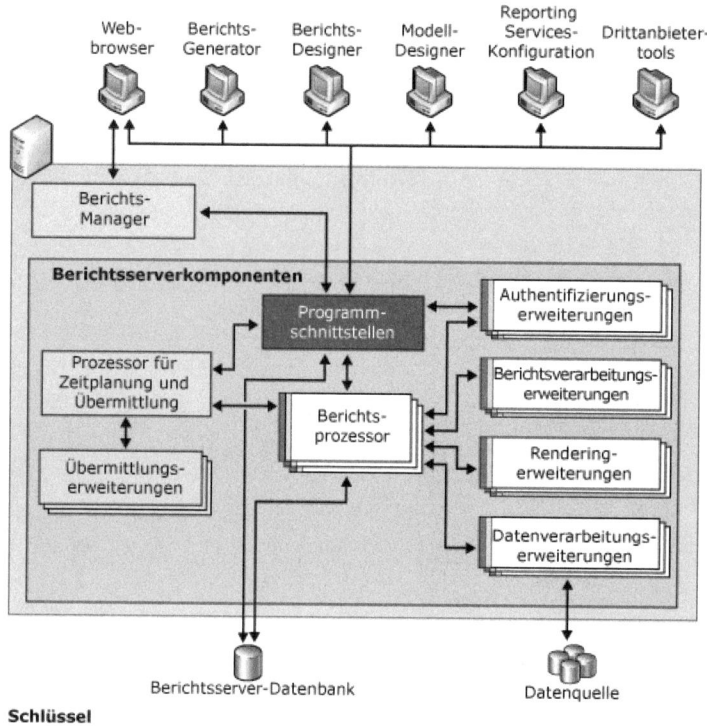

Abbildung 20.3 Die Komponenten der Reporting Services im Überblick (Abbildung aus der Online-Hilfe des SQL Server 2008)

Auch bei den Komponenten sind erhebliche Änderungen gegenüber den Reporting Services 2005 vorgenommen worden. Insbesondere das Berichtsrendering wurde stark überarbeitet. Hierbei wurden vor allem drei Ziele adressiert:

- Erzielung eines skalierbareren und sparsameren Ressourcenverbrauchs
- Schnellere Anzeige der ersten Seite des Berichts
- Stärkere Konsistenz des Layouts in den verschiedenen Ausgabeformaten

Um die Ziele zu erreichen, wurde das Berichtsrendering neu strukturiert und programmiert. Teile des Renderings werden jetzt, wo möglich, auf den Client verlagert und das Berichtsrendering kann auf Abruf auch in Teilen erfolgen, sodass schneller ein Ergebnis bzw. die erste Seite angezeigt wird. Im Folgenden werden die Komponenten der Reporting Services genauer beschrieben.

Berichts-Manager

Beim Berichts-Manager handelt es sich um eine ASP.NET-Anwendung, die es ermöglicht, eine Reihe von Verwaltungsfunktionen auf dem Reporting Server zu verrichten. Hierzu zählen:

- Erzeugen und Verwalten einer Ordnerstruktur, in der die Berichte und Datenquellen abgelegt werden
- Setzen von Berechtigungen für diese Ordnerstruktur
- Pflege der Eigenschaften von Berichten und Datenquellen, unter anderem das Setzen der Accounts, mit denen auf Datenquellen zugegriffen wird
- Einstellungen zur Distribution der Berichte, insbesondere die Einrichtung von Abonnements und von Zeitplänen
- Hochladen und Verwalten von weiteren Dateien, die den Nutzern zur Verfügung gestellt werden sollen
- Generieren von Berichtsmodellen
- Aufrufen des Berichts-Generators

Die Anwendung, die den Namen Berichts-Manager trägt, basiert auf einer weiteren Komponente der Reporting Services, den Programmierschnittstellen. Mit Programmierschnittstellen sind alle nach außen sichtbaren Möglichkeiten des Zugriffs mittels Programmierung gemeint. Eine Anwendung wie der Berichts-Manager kann auch von Dritten in einer anderen Umgebung, wie z.B. Windows Forms, programmiert werden, da die genutzten API-Funktionalitäten frei verfügbar sind. Der Berichts-Manager ist das ausgelieferte Zugriffs- und Verwaltungswerkzeug für eine Berichtslandschaft, die mit den Reporting Services aufgebaut wird.

Der Berichts-Manager wird von den Reporting Services mithilfe des Moduls HTTP.SYS zur Verfügung gestellt. Damit das funktioniert, muss der im Berichtsserver für den Berichts-Manager konfigurierte URL im HTTP.SYS-Modul im Rahmen der Berichtsserverkonfiguration reserviert werden. Nach der Installation der Reporting Services kann auf den Report- oder Berichts-Manager über den folgenden URL zugegriffen werden: *http://localhost/Reports* bei einer lokalen Installation, bei einer Installation auf einem entfernten Computer ist localhost durch den Computernamen zu ersetzen, auf dem die Reporting Services installiert sind.

Teile der Verrichtungen, die im Berichts-Manager möglich sind, können auch über das SQL Server Management Studio erfolgen. Hierzu zählt insbesondere die Vergabe von Rechten für den Zugriff auf Ordner und Berichte. Jedoch insbesondere nicht die Verwaltung von Abonnements.

> **HINWEIS** Die Browserunterstützung wurde von Microsoft leider so gestaltet, dass der volle Funktionsumfang des Berichts-Managers nur mit Browsern wie dem Internet Explorer 5.0 oder höher nutzbar ist. Das hat zum einen seine Ursache darin, dass z.B. Mozilla die integrierte Windows-Authentifizierung nicht unterstützt und so eine gesonderte Anmeldung erforderlich ist, zum anderen jedoch auch in der Tatsache, dass das Layout nicht browserübergreifend gut aussieht. Das ist wirklich schade, da das auch die Verwendung des ReportViewer-Steuerelements in Webanwendungen oft ausschließt.

Berichtsserver

Hauptcontainer der Reporting Services ist der Berichtsserver, der die Komponenten zusammenfasst, die für die Speicherung, Distribution und das Rendern der erstellten Berichte zuständig sind. Über eine Programmierschnittstelle sind alle Komponenten des Berichtsservers ansprechbar. Die Programmierschnittstelle ist vollständig als Webdienst ausgelegt. Der Berichtsserver kann auf unterschiedliche Arten angesprochen werden, um Berichte von ihm zu erhalten:

- über einen URL, der direkt einen Bericht anspricht
- über einen Webdienst.

Reporting Services/Web Services-Schnittstelle

Die Reporting Services stellen ihren vollen Funktionsumfang als Webdienst (Web Service) zur Verfügung. Damit können die Reporting Services aus allen Umgebungen genutzt werden, die SOAP-Aufrufe versenden und empfangen können. Beim Simple Object Access-Protokoll handelt es sich um ein auf HTTP basierendes Protokoll zum Datenaustausch in Form von XML-Dateien.

Die Programmierschnittstelle verarbeitet alle Anfragen, die an den Berichtsserver gestellt werden. Zur Verwaltung der Anfragen wird das Modul HTTP.SYS genutzt, das die als SOAP- oder HTTP-GET-Anfragen eingehenden Anforderungen annimmt. Bei der Installation der Reporting Services werden zwei URLs reserviert. Über einen dieser URLs wird der Berichts-Manager zur Verfügung gestellt *(Reports)*, während der zweite URL alle Anfragen an den Berichtsserver entgegennimmt *(ReportServer)*.

Sobald Sie einen Berichtsserver in Ihrer Domäne bzw. auf Ihrem Rechner installiert haben, können Sie sich aus Visual Studio heraus die angebotenen Webdienste näher ansehen, indem Sie Ihrem Projekt einen Webverweis hinzufügen und die lokale Maschine oder einen vorhandenen Universal Description, Discovery and Integration (UDDI) Server nach verfügbaren Webdiensten durchsuchen lassen.

Wenn Sie auf einen der angebotenen Dienste klicken, erhalten Sie eine recht detaillierte Beschreibung über die Eigenschaften und Methoden, die der Webdienst zur Verfügung stellt (siehe Abbildung 20.4). ReportService2006 ist der Webdienst für einen Berichtsserver, der für den integrierten Modus mit dem Microsoft Office Share Point Portal Server konfiguriert ist.

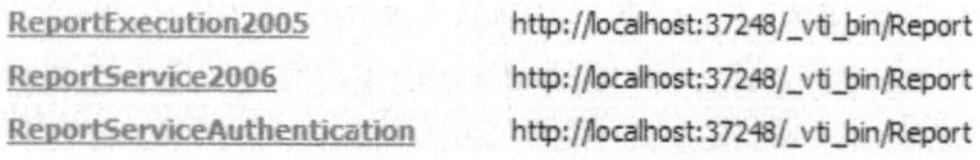

```
ReportExecution2005          http://localhost:37248/_vti_bin/Report
ReportService2006            http://localhost:37248/_vti_bin/Report
ReportServiceAuthentication  http://localhost:37248/_vti_bin/Report
```

Abbildung 20.4 Webdienste der Reporting Services

Ist der Webverweis gesetzt, können Sie alle in Abbildung 20.5 aufgeführten Methoden und Eigenschaften in Ihrem Visual Studio-Projekt verwenden.

HINWEIS Für Anwendungen, die auf den Webdienst der Reporting Services 2005 zugreifen sollen, gilt, dass alle Aufrufe von Funktionen auch beim Zugriff auf eine Instanz von Microsoft SQL Server 2008 noch funktionieren. Die Webdienste der Reporting Services 2000 hingegen werden nicht mehr unterstützt.

Architektur der Reporting Services

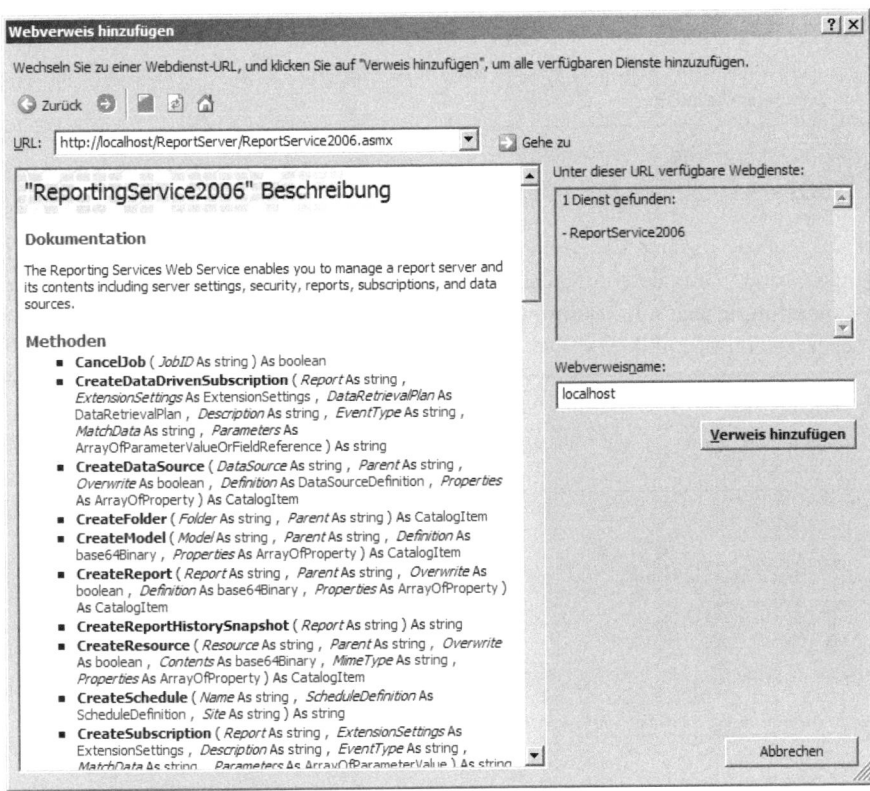

Abbildung 20.5 Detaillierte Angaben zum Webdienst *ReportingService2006*

Die Berichtsserver-Datenbanken

Bei der Installation der Reporting Services werden standardmäßig zwei Datenbanken auf dem angegebenen SQL-Server angelegt. Zum einen die Berichtsserver-Datenbank, die sämtliche Ressourcen, die bei der Definition und Erstellung von Berichten erzeugt bzw. benötigt werden, speichert und auch teilweise protokolliert. Diese Datenbank wird standardmäßig unter der Bezeichnung *reportserver* angelegt.

Weiterhin wird die Datenbank *reportservertempdb* angelegt, in der Informationen temporärer Natur vom Berichtsserver zwischengespeichert werden. In der Haupttabelle der Berichtsserver-Datenbank *Catalog* werden sämtliche Objektdefinitionen des Berichtsservers gehalten. Diese sind durch eine rekursive Beziehung miteinander verknüpft, sodass die hierarchischen Beziehungen zwischen Ordnern, Datenquellen und Berichten persistiert werden können. In dieser Tabelle werden zu den definierten Berichten auch die Berichtsdefinitionen in Form von binären Daten in der Report Definition Language verwahrt.

In der temporären Berichtsserver-Datenbank werden u.a. die Informationen zur Sessionverwaltung der Berichte verwaltet. Zudem findet hier ein Caching statt, falls mehrere Prozesse auf einen Bericht zugreifen. Die Berichtsserverdatenbanken haben gegenüber der Vorgängerversion keine großen Veränderungen erfahren. Sie können auch direkt von Instanzen der Reporting Services 2008 genutzt werden, was eine Migration bestehender Berichtsserver erheblich vereinfacht.

ACHTUNG Zu beachten ist, dass diese Datenbanken in ihrer Struktur nicht modifiziert werden dürfen, um Updates durch Microsoft zu ermöglichen und die Funktionalität der Reporting Services aufrecht zu erhalten. Fällt eine dieser Datenbanken aus, funktionieren auch die Reporting Services nicht mehr.

Der Berichtsprozessor

Der Berichtsprozessor ist die zentrale Instanz, die Berichtsanforderungen erhält und für die Prüfung und Erfüllung der Anforderungen sorgt. Um diese Aufgabe zu erfüllen, bedient sich der Berichtsprozessor diverser Erweiterungen (Programmmodule mit bestimmten Funktionen). Einen Überblick über die Verarbeitung einfacher Berichtsanfragen bietet Abbildung 20.6.

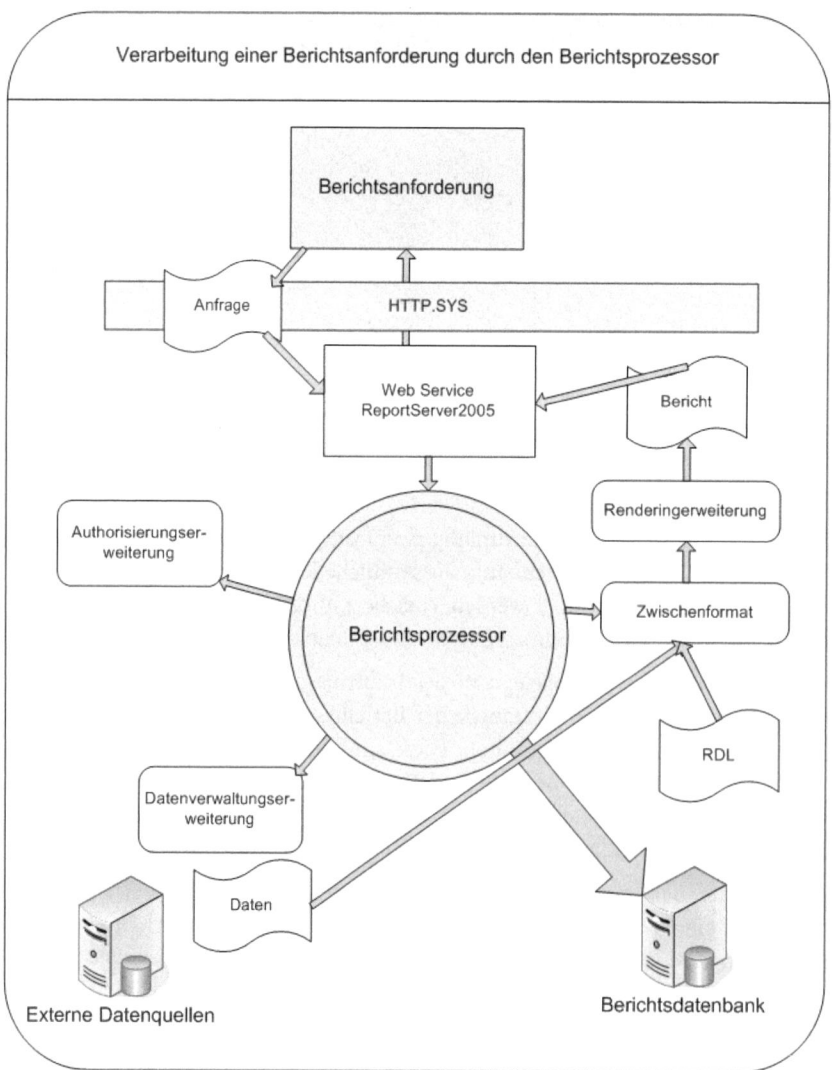

Abbildung 20.6 Abarbeitung einer einfachen Berichtsanforderung durch den Berichtsprozessor

Der Berichtsprozessor empfängt vom Web Service des Berichtsservers die Anfrage nach einem Bericht und kommuniziert mit den Erweiterungen, um folgende Funktionen durchzuführen:

- Prüfen, ob die anfordernde Person den Bericht sehen darf (Authentifizierungserweiterung)
- Holen der Berichtsdefinitionsdatei aus der Berichtsserver-Datenbank
- Lesen der Daten des Berichts über die Datenverarbeitungserweiterungen
- Zusammenspielen der Daten mit den Berichtsinformationen
- Ausgabe des Berichts mithilfe der Rendering-Erweiterungen
- Rückgabe des fertigen Berichts an den Web Service

Erweiterungen zur Generierung von Ausgabeformaten

Beim Aufruf eines Berichts wird die Berichtsdefinition in Form einer *.rdl*-Datei aus der Datenbank geholt und mit den Daten aus der bzw. den definierten Datenquellen zum Bericht verarbeitet. Die für die Berichtsverarbeitung zuständige Komponente greift hierbei auf die Erweiterungen für Datenverarbeitung und Rendering zu. Microsoft liefert Rendering-Erweiterungen für folgende Formate mit den Reporting Services aus:

- **XML-Datei mit Berichtsdaten**   Hierbei handelt es sich um ein Format, das für die maschinelle Weiterverarbeitung gedacht ist
- **CSV-Datei (Comma Separated Values)**   Eigentlich wie das XML-Format eher zur Weiterverarbeitung durch andere Programme als für das menschliche Auge bestimmt
- **TIFF-Datei (Tagged Image File Format)**   Gibt den Bericht als Bild aus
- **Acrobat-Datei (PDF)**   Die bekannten PDF-Dateien stellen wohl das druck- und versandfreudigste Ausgabeformat aus dem Standardumfang der Reporting Services dar
- **HTML**   Die Standardsicht im Berichts-Manager ist die Ausgabe der Berichte in HTML
- **Webarchiv (MHTML)**   Bei MHTML handelt es sich um ein Format, das es ermöglicht, Webseiten komplett in einer Datei abzuspeichern. Dadurch wird das Problem umgangen, dass bei HTML-Dateien integrierte Bilder etc. separat gespeichert werden. Die Abkürzung steht für »MIME Encapsulation of Aggregate HTML Documents«.
- **Excel**   Das wohl beste Format zur Ausgabe von Zahlen, mit denen weitergerechnet werden soll, stellen Tabellenkalkulationsprogramme dar
- **Word**   Hierdurch wird es auch möglich, Berichte mit komplexeren Layoutvorgaben und mit hohem Textanteil auszuliefern oder vorzubereiten

Es ist jederzeit möglich, durch das Programmieren eigener Erweiterungen neue Auslieferungsformate bereitzustellen.

Datenverarbeitungserweiterungen

Datenverarbeitungserweiterungen dienen dem Zugriff auf Datenbanken und dem Erhalt der Daten von einer Datenquelle. Die zentralen Funktionen sind hierbei der Verbindungsaufbau zur Datenquelle, eine eventuelle Parameterverarbeitung, das Senden einer Abfrage an und der Erhalt einer Ergebnismenge von der Datenquelle. Microsoft liefert standardmäßig vier Provider aus:

- **SQL Server-Provider**   Erlaubt den Zugriff auf alle Datenquellen des SQL-Servers wie Tabellen, Sichten, gespeicherte Prozeduren etc.

- **Oracle-Provider** Ermöglicht den Zugriff auf Oracle-Datenbanken
- **OLE DB-Provider** Erlaubt es, auf eine ganze Reihe von Datenquellen zuzugreifen; neben Microsoft Office-Anwendungen wie Excel und Access sind über diesen Provider unter anderem auch die Analysis Services und das Active Directory zu erreichen.
- **ODBC** Erlaubt den Zugriff auf fast alle heute gebräuchlichen Datenbanksysteme, stellt allerdings die am wenigsten performanteste Datenverbindung aus dem Standardumfang der Reporting Services dar

Das Reporting Services Framework setzt in seiner Architektur auf die .NET Managed Providers und erlaubt es, über diese auch eigene benutzerdefinierte Datenverarbeitungserweiterungen zu erstellen. Auch in diesem Bereich gibt es schon einige Produkte von Drittanbietern. Gerade bei der Datenextraktion von OLTP-Systemen in Data Warehouses ist die Performance der Datenverarbeitungsprovider oft erfolgskritisch, weshalb sich hier eine Berücksichtigung aller Wahlmöglichkeiten lohnen kann.

Übermittlungserweiterungen

Wenn Abonnements vorhanden sind und Nutzer ihre Berichte erhalten sollen, kommen die Übermittlungserweiterungen zum Einsatz. Microsoft liefert im Standardumfang der Reporting Services zwei Übermittlungserweiterungen aus:

- **E-Mail** Die Verteilung der Reports erfolgt per E-Mail. Voraussetzung für das Verteilen von Berichten mit dieser Erweiterung ist, dass die Reporting Services mit einem SMTP-Server verbunden sind. Im Abschnitt »Konfiguration der Reporting Services« weiter hinten in diesem Kapitel wird das Einrichten dieser Verbindung ausführlich beschrieben, denn unserer Erfahrung nach ist der Versand der Berichte per E-Mail die gefragteste Methode der Berichtsdistribution im Push-Verfahren.
- **Dateisystem** Die Berichte werden in das Dateisystem geschrieben

Auch bei den Übermittlungserweiterungen ist es möglich, eigene zu programmieren, wie zum Beispiel die direkte Ausgabe auf einen Drucker.

Authentifizierungserweiterungen

Die Standard-Authentifizierungserweiterungen, die die Reporting Services bereitstellen, sind die integrierte Windows-Sicherheit oder die Eingabe von Benutzername und Kennwort. Nach der Installation ist die integrierte Windows-Sicherheit aktiv. Für andere Szenarien (wie z.B. *Single Sign-On* von anderen Anwendungen aus oder formularbasierte Sicherheit) müssen eigene Authentifizierungserweiterungen programmiert und eingebunden werden.

Prozessor für Zeitplanung und Übermittlung

Der Prozessor für Zeitplanung und Übermittlung sorgt dafür, dass die Auslieferung von Berichten und deren Aktualisierung hinsichtlich ihres zeitlichen Eintretens geplant werden können. Er bedient sich zur Erfüllung seiner Funktion des SQL Server-Agenten der SQL Server-Instanz, die auch die Berichtsserver-Datenbanken verwaltet.

Die zeitliche Einplanung von Berichtserstellung bzw. -verteilung geschieht häufig über Abonnements. Die Erstellung von Zeitplänen bzw. Ausführungsplänen erfolgt analog zur Einrichtung anderer Jobs auf dem SQL Server. Entsprechend lassen sich geplante Berichtsausführungen auch im Auftragsaktivitäts-Monitor der entsprechenden SQL Server-Instanz verwalten. Zu erkennen sind die Jobs an der Kategorie *Report Server*.

Architektur der Reporting Services

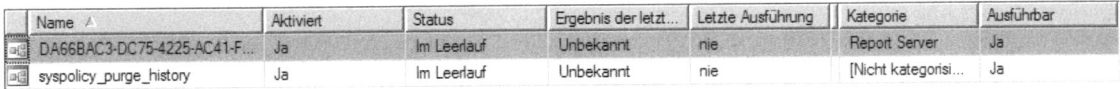

Abbildung 20.7 Auftragsaktivitäts-Monitor mit einem Auftrag der Reporting Services

Werkzeuge zum Erzeugen von Berichten und Modellen

Mit der Installation von Microsoft SQL Server 2008 werden Werkzeuge zum Erstellen von Berichten und Berichtsmodellen ausgeliefert. Der Funktionsumfang dieser Werkzeuge macht im Zusammenwirken mit der Integration in Visual Studio das Design von Berichten und Berichtsmodellen sehr komfortabel.

Gegenüber den Reporting Services 2005 hat sich auch die Oberfläche in Visual Studio verändert und es sind neue Möglichkeiten zur Berichtsgestaltung hinzugekommen. Diese werden im Kapitel 21 ausführlich vorgestellt. Zudem ist der Berichts-Generator in der Version 2.0 jetzt ein vollwertiges Berichtserstellungswerkzeug, das in Kapitel 23 vorgestellt wird.

Visual Studio und Business Intelligence Development Studio

Bei zwei Werkzeugen für das Erstellen von Berichten und Modellen handelt es sich um Add-Ins in Visual Studio. Mit der Installation von SQL Server 2008 bzw. den Analysis Services und den Reporting Services wird das SQL Server Business Intelligence Development Studio installiert. In diesem ist eine Reihe zusätzlicher Projekttypen für Visual Studio enthalten. Unter anderem die folgenden drei, die für die Nutzung der Reporting Services relevant sind:

- **Berichtsserverprojekt**   Hiermit wird der Berichts-Designer aufgerufen, der es ermöglicht, Datenquellen zu definieren, Berichte zu erstellen und beide auf dem Reporting Server bereitzustellen
- **Berichtsserverprojekt-Assistent**   Bei diesem Projekttyp handelt es sich um ein Berichtsserverprojekt, das mithilfe eines mehrstufigen Assistenten erstellt wird
- **Berichtsmodellprojekt**   Damit Nutzer mithilfe des Berichts-Generators Berichte erstellen können, muss ein Berichtsmodell auf dem Berichtsserver definiert sein; mit dem Anlegen eines Berichtsmodellprojekts wird der Berichtsmodell-Designer in Visual Studio aufgerufen.

Berichts-Designer

Der Berichts-Designer stellt in Visual Studio eine Oberfläche zur Definition von Berichten dar. Diese Oberfläche werden Sie im Kapitel 21 noch ausführlich kennenlernen. Im Rahmen einer Architekturdarstellung ist es wichtig, dass die Auslieferung eines Berichts auf einem Reporting Server durch Bereitstellung erfolgt (ähnlich dem Veröffentlichen von ASP.NET-Anwendungen). Durch eine Hinterlegung des Zielservers in den Projekteigenschaften wird festgelegt, auf welchem Berichtsserver die Bereitstellung erfolgt.

Model-Designer

Der Model-Designer ist eine in Visual Studio integrierte grafische Benutzeroberfläche zur Definition und Modifikation von Berichtsmodellen. Diese werden physisch in Form von XML-Dateien mit der Endung *.smdl* gespeichert und enthalten Metadaten zur Verwaltung und Präsentation eines Teilbereichs einer Datenquelle.

Berichts-Generator

Der Berichts-Generator ist eine Windows Forms-.NET-Anwendung, die es den Benutzern erlaubt, auf Basis eines Berichtsmodells oder einer freigegebenen Datenquelle Berichte zu erstellen und auszuliefern. Die Anwendung wird mithilfe der ClickOnce-Technologie aus dem Berichts-Manager heraus aufgerufen. Über das Berichtsmodell ist es den Benutzern möglich, in einer Office-ähnlichen Oberfläche Berichte innerhalb von Standardlayouts mit Drag & Drop zu definieren. Wie einfach und qualitativ hochwertig diese Möglichkeit genutzt werden kann, hängt allerdings in hohem Maße von der Qualität des Berichtsmodells ab, auf das zugegriffen wird.

Management Studio

Die Möglichkeiten zum Einbinden von Berichten und zum Erzeugen von Berichtsmodellen über das Management Studio des SQL-Servers, wie sie in der Vorgängerversion existierten, sind in den Reporting Services nicht mehr vorhanden. Generell beschränkt sich die Verwaltungsfunktionalität des Management Studios jetzt auf globale Sicherheitsaspekte wie Rollendefinition, Oberflächenkonfiguration und die Servereinstellungen.

Berichts-Manager

Mit dem aus dem Berichts-Manager aufrufbaren Berichts-Generator lassen sich Berichte schnell erstellen. Zudem können im Berichts-Manager Berichtsmodelle auf Basis freigegebener Datenquellen erstellt werden.

Konfiguration der Reporting Services

Von der richtigen Konfiguration der Reporting Services hängt sowohl deren zuverlässiges Funktionieren als auch in erheblichem Maße ihr Funktionsumfang ab. Da die Grundstruktur des Architekturmodells nun bekannt ist, können wir auf die für eine konkrete Implementierung der Reporting Services notwendigen Vorüberlegungen und Einstellungen eingehen. Wir beginnen mit den Vorüberlegungen und arbeiten uns über die Konfigurationswerkzeuge zur konkreten Konfiguration vor. Durch die Trennung vom Internet Information Server ist die Konfiguration der Reporting Services tendenziell einfacher geworden.

Vorüberlegungen zur Einrichtung der Reporting Services

Vor einer Planung und Implementierung eines softwaregestützten Berichtswesens ist es ratsam, sich die Anforderungen, die das einführende Unternehmen an die Lösung hat, zu vergegenwärtigen und sie soweit zu operationalisieren, dass aus ihnen Entscheidungen für die Art der Einrichtung und Konfiguration ableitbar sind.

Hierzu zählen zum einen Anforderungen in quantitativer Hinsicht (Nutzerzahl, erzeugter Netzwerkverkehr etc.) und zum anderen qualitative Bedingungen (z.B. Datenaktualität, Auslieferungsformate). Hinzu kommen Sicherheitsüberlegungen, die bei Business Intelligence-Lösungen nicht nur den unberechtigten Zugriff von außen, sondern insbesondere die Abschottung bzw. feine Zugriffsdifferenzierung bei berechtigten Systemnutzern im Innern im Auge behalten müssen. Wir können Ihnen hier nur einige Bereiche und mögliche Maßnahmen vorstellen, die für eine konkrete Planung hilfreich sein können.

Konfiguration der Reporting Services

Bereitstellungsszenarien

Nachdem uns jetzt die wesentlichen Komponenten der Reporting Services bekannt sind, können wir über die Möglichkeiten nachdenken, in welcher Infrastruktur diese untergebracht werden sollen. In der Hilfe zu den Reporting Services werden mehrere Szenarien unterschieden: Das erste ist das Standardszenario, das vorsieht, den Berichtsserver auf einer Maschine unterzubringen und die Berichtsserver-Datenbank auf einem separaten Datenbankserver. Dieses Szenario wird in der folgenden Abbildung 20.8 dargestellt.

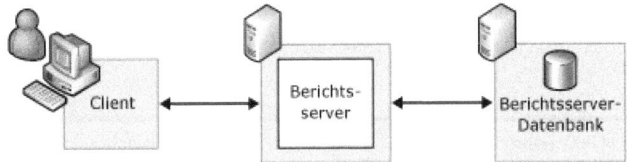

Abbildung 20.8 Standardinfrastruktur einer Reporting Services Installation (Abbildung aus der Online-Hilfe zu Microsoft SQL Server 2008)

Selbstverständlich ist es auch möglich, die Berichtsserverdatenbank auf dem gleichen Server wie den Berichtsserver unterzubringen. Das spart schließlich Lizenzkosten. Hier gilt es, die Anforderungen und die Ressourcen gegeneinander abzuwägen. Generell ist ein solches Einzelserverszenario durch die neue Architektur der Reporting Services (Speicherkontingentierung) als wesentlich zuverlässiger einzustufen als beim SQL Server 2005. Zudem sind mit den heute verfügbaren Mehrprozessorkernen und den 64-Bit-Maschinen sehr leistungsfähige Einzelserver erwerbbar. Somit kann ein alleinstehender Berichtsserver für kleine bis mittlere Unternehmen durchaus geeignet sein.

Von Bedeutung bei der Planung der Umgebung ist insbesondere die geplante Methode der Berichtsdistribution: Ob der Berichts-Manager dafür verwendet werden soll oder ob selbst entworfene Anwendungen auf den Berichtsserver zugreifen. Soll der Berichts-Manager als Hauptdistributionswerkzeug eingesetzt werden, kommt für ihn zu der Last des Berichtsrenderings und der Datenbankverwaltung noch die Prozesslast für das Web-Interface hinzu. Ein vom Einrichtungs- und Investitionsaufwand erheblich höhere Ansprüche stellendes Szenario ist ein skalierbares Modell: Hierbei werden die Berichtsserver über ein Lastenausgleichsmodul auf einer Reihe von Maschinen installiert. Diese greifen dann auf eine Berichtsserver-Datenbank auf einem SQL Server oder einem SQL-Server Failovercluster zu.

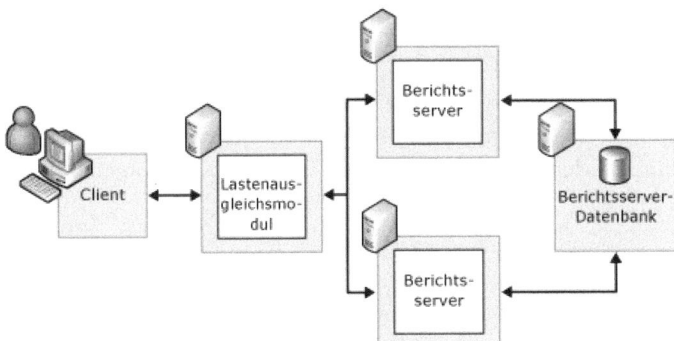

Abbildung 20.9 Skalierbare Konfiguration der Reporting Services (Abbildung aus der Online-Hilfe zu Microsoft SQL Server 2008)

In einem solchen Szenario ist es möglich, Load Balancing zu betreiben und auch auf steigende Nachfrage nach Berichten angemessen und zügig durch das Einbringen weiterer Maschinen in die Cluster zu reagieren. Die Bereitstellung für das horizontale Skalieren steht nur in der Enterprise Edition von Microsoft SQL Server 2008 zur Verfügung.

Konten und Berechtigungen

Bevor Sie die Reporting Services in einem der oben genannten Szenarios implementieren, ist es ratsam, sich Gedanken über die von den Reporting Services verwendeten Benutzerkonten zu machen. Dies gilt insbesondere für den Betrieb innerhalb von Domänen. Zunächst einmal läuft nach der Installation des Berichtsservers ein ReportServer-Dienst auf der Maschine. Dieser Dienst hat den Anzeigenamen *SQL Server Reporting Services (MSSQLSERVER)*. Er benötigt ein Konto, unter dem er läuft, und er muss auf die Berichtsserverdatenbank zugreifen können. Den Datenbankzugriff können Sie auf zwei Arten regeln: Als SQL Server-Authentifizierung für die SQL Server-Instanz, auf der die Berichtsserver-Datenbanken laufen, oder durch die Einrichtung eines speziellen Domänenkontos, das entsprechende Rechte auf den Berichtsserver-Datenbanken erhält.

> **ACHTUNG** Vermeiden Sie die Angabe eines persönlichen Kontos. Wenn das Kennwort geändert wird, funktionieren die Reporting Services nicht mehr! Es empfiehlt sich, für den Berichtsserverdienst ein eigenes Domänenkonto anzulegen.

Etwas mehr Entscheidungsmöglichkeiten sind gegeben, wenn die Nutzerzugriffe auf Daten, die potentiell vom Berichtsserver angesteuert werden sollen, eingeschränkt werden müssen. Hier existieren drei Ebenen der Rechtevergabe, die genutzt werden können:

Zum einen ist der Zugriff auf Daten in der Datenquelle reglementierbar. Dies ist nutzerabhängig allerdings nur dann möglich, wenn auf die Datenquelle mit integrierter Windows-Sicherheit zugegriffen werden kann, also bei einem SQL-Server oder wenn Sie den Benutzer bei jedem Berichtsaufruf zur Authentifizierung auffordern. Soll der Zugriff auf eine Datenquelle mit Hinterlegung von Zugriffsinformationen im Berichtsserver erfolgen, empfiehlt es sich, hierfür einen gesonderten Datenbanknutzer mit für die Funktionserfüllung minimalen Leserechten anzulegen.

Ein Sicherheitsrisiko könnten beispielsweise Berichte darstellen, die unangenehmen Transact-SQL-Code in der *.rdl*-Datei enthalten. Erfolgt der Zugriff eines solchen Berichts auf Basis eines hinterlegten Nutzerkontos mit ausreichenden Rechten auf der Datenquelle, wird dieser Code ausgeführt und kann entsprechende Schäden anrichten.

Zum anderen kann der Zugriff auf Berichte durch die Zuweisung der Nutzer zu im Berichtsserver definierten Rollen auf Ordnerebene eingeschränkt werden. Dieses bei heterogenen Datenquellen wohl praktikabelste Szenario lässt sich nur dann effizient umsetzen, wenn die Ordnerstruktur auch unter Berücksichtigung der Berechtigungsvergabe konzipiert wird.

Werden Berichte aus selbst erstellten Anwendungen heraus über die Webdienst-Schnittstelle aufgerufen, müssen beim Aufruf Berechtigungsinformationen übergeben werden. Arbeitet der Berichtsserver in seinem Standard-Authentifizierungsverfahren, der integrierten Windows-Sicherheit, ist hierfür ein Domänenkonto notwendig.

Verschlüsselung

Reporting Services verwalten eine Reihe sensibler Informationen. Diese sensiblen Informationen lagern zum einen in den *.config*-Dateien (Verbindungsinformationen zur Berichtsdatenbank) und zum anderen in der Berichtsdatenbank (Authentifizierungsinformationen für externe Datenquellen, Berichtsdefinitionen etc.). Um diese Informationen zu schützen, bedienen sich die Reporting Services einer symmetrischen Verschlüsselung. Mit dieser ist es möglich, Daten zu ver- und zu entschlüsseln. Der zu diesem Zweck benötigte Schlüssel lässt sich über den Reporting Services Configuration Manager sichern.

Konfiguration der Reporting Services

WICHTIG Erstellen Sie immer ein Backup des Encryption Keys Ihres Reporting Servers zum Zweck der Wiederherstellung bzw. des Transports Ihrer Daten.

Berichtsverteilung

Es gibt mehrere Szenarien, wie Sie Berichte von den Reporting Services zum Nutzer befördern können:

- über den Berichts-Manager als webbasiertes Berichtsportal
- über URL-Access aus beliebigen Websites heraus
- über SharePoint-Webparts in einem bestehenden SharePoint Portal Server
- über Aufrufen des Berichts-Webdienstes aus beliebigen SOAP-fähigen Anwendungen heraus, also von Office über Windows Forms bis hin zu Java-Anwendungen

Die Einbindung in bestehende Portal- oder Berichtslösungen sollte durch einen der genannten Kanäle möglich sein.

Bereitstellungsmodus

Ein Berichtsserver kann seit den Reporting Services 2005 Service Pack 2 zum einen als alleinstehender Berichtsserver und zum anderen im integrierten Sharepoint-Modus bereitgestellt werden. Als alleinstehender Berichtsserver ist der Berichtsserver selbstständig in der Lage, alle seine Leistungen anzubieten. Im integrierten Sharepoint-Modus wird er über eine Seite des Sharepoint-Servers angesprochen und administriert. Auch bei einem alleinstehenden Berichtsserver können Berichte über entsprechende Webparts im Sharepoint Portal angezeigt werden.

Konfigurationswerkzeuge

Bei der Installation der Reporting Services können verschiedene Konfigurationseinstellungen vorgenommen werden. Im Nachhinein können Konfigurationen auf zwei Wegen geändert werden: Einerseits ist unter den Konfigurationstools von Microsoft SQL Server die Anwendung *ReportingServices-Konfiguration* aufrufbar und andererseits gibt es mehrere Konfigurationsdateien für verschiedene Teilfunktionen der Reporting Services.

Die wohl wichtigste Datei ist rsreportserver.config, in die im Wesentlichen auch die Konfigurationsanwendung schreibt. Diese können Sie nach der Standardinstallation in dem Verzeichnis *C:\Program Files\Microsoft SQL Server\MSRS10.MSSQLSERVER\Reporting Services\ReportServer* finden. Zudem müssen Sie, um eigene Steuerelemente oder Datenzugriffserweiterungen im Berichts-Designer sichtbar zu machen, die Datei *RSReportDesigner.config* modifizieren, die Sie bei einer Standardinstallation von Visual Studio 2008 unter dem Pfad *C:\Program Files\Microsoft Visual Studio 9.0\Common7\IDE finden.*

Reporting Services-Konfigurationsmanager

Den Konfigurationsmanager können Sie über das Startmenü aufrufen. Wählen Sie hier *Alle Programme/Microsoft SQLServer 2008/Konfigurationstools/Konfigurationsmanager für Reporting Services*. Einen Überblick über die Bereiche, in denen Sie Konfigurationseinstellungen vornehmen können, gibt Ihnen Abbildung 20.10.

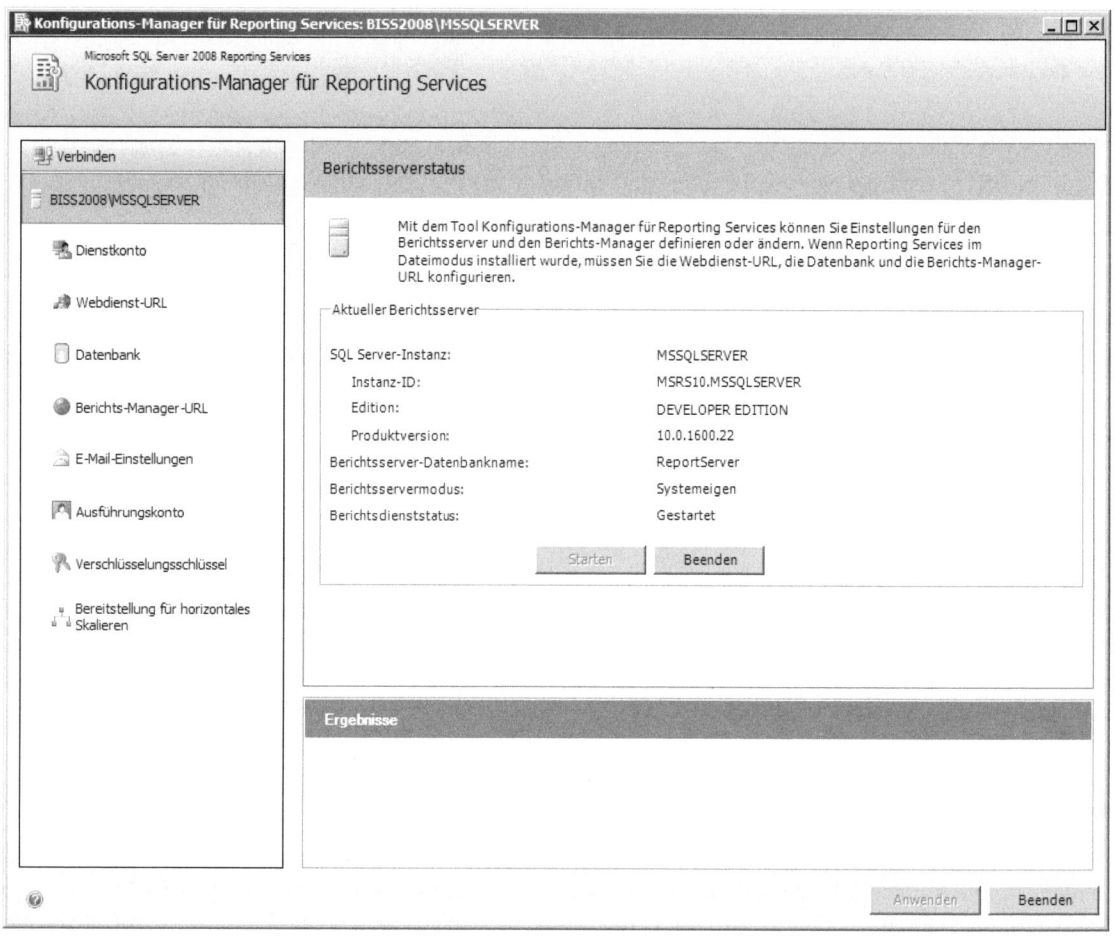

Abbildung 20.10 Konfigurationsbereiche der Reporting Services

Die Konfiguration gestaltet sich größtenteils recht einfach. Wie üblich stößt die grafische Unterstützung jedoch schnell an ihre Grenzen, wenn komplexere Aufgaben zu regeln sind. Aber der Reihe nach:

- Unter dem Punkt *Berichtsserverstatus* können Sie den Reporting Services-Dienst starten und stoppen. Real wird nicht nur der Windows-Dienst gestoppt, sondern auch der Webdienst der Reporting Services. Andere Methoden, den Dienst zu stoppen oder zu starten, sind der allgemeine Weg über die Systemsteuerung oder der SQL Server Konfigurations- Manager.

- Unter dem Punkt *Dienstkonto* kann angegeben werden, unter welchem Windows-Konto der Berichtsserver-Dienst laufen soll

- Mit der Konfiguration *Webdienst-URL* des Berichtsservers können Sie bestimmen, unter welchem Pfad der Berichtsserver und der Berichts-Manager über das http-Protokoll erreicht werden. Sie können hier ebenfalls Einstellungen zur Verschlüsselung der Übertragung mit SSL vornehmen.

- Über *Datenbank* werden die Verbindungsinformationen hinterlegt, die die Reporting Services für den Zugriff auf die Berichtsserver-Datenbank nutzen. Zudem können Sie dort, falls noch nicht geschehen, die Datenbanken anlegen alssen.

- Im Bereich *Berichts-Manager-URL* legen Sie die Internetadresse für den Berichtsmanager fest und können in den erweiterten Einstellungen SSL konfigurieren.
- *E-Mail-Einstellungen* – die möglichen Einstellungen sind in der folgenden Abbildung 20.11 einsehbar:

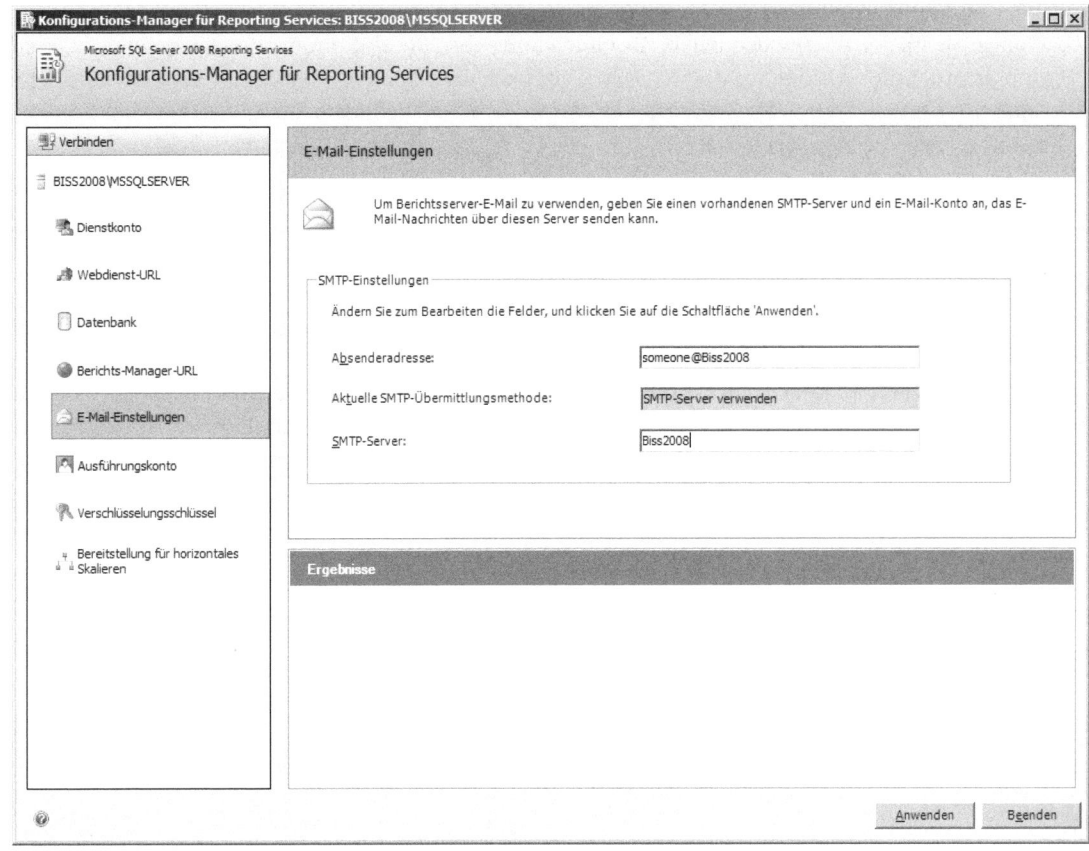

Abbildung 20.11 E-Mail-Einstellungen in der Konfiguration der Reporting Services

- Im Abschnitt *Ausführungskonto* können Sie optional ein Systemkonto angeben, unter dem der Berichtsserver spezielle Operationen, wie etwa die Ablage von Berichten im Dateisystem des Servers, ausführt
- Unter dem Punkt *Verschlüsselungsschlüssel* können die Schlüssel für die Verschlüsselung verwaltet und verschlüsselte Inhalte gelöscht werden
- Bei der *Bereitstellung für horizontales Skalieren* können Sie mehrere Berichtsserver miteinander verknüpfen. Diese Server müssen, damit das möglich wird, auf die gleiche Berichtsserverdatenbank zugreifen.

Damit auch Personen die Beispiele zur Berichtsdistribution nachvollziehen können, die keinen Zugang zu einem SMTP-Server haben, möchten wir kurz die Aktivierung des SMTP-Servers vorstellen, der mit Windows XP bzw. Windows 2003 Server ausgeliefert wird. Gehen Sie hierzu wie folgt vor:

1. Wechseln Sie in die Systemsteuerung Ihres Rechners und dort in den Bereich *Software*.
2. Klicken Sie im linken Bereich auf die Schaltfläche *Windows-Komponenten hinzufügen/entfernen*. Es erscheint der Assistent für Windows-Komponenten.

3. Wenn Sie Windows 2003 Server benutzen, öffnen Sie die Komponente Anwendungsserver und klicken Sie in der Liste doppelt auf *Internetinformationsdienste (IIS)*. Unter Windows XP erscheinen die Internetinformationsdienste direkt in der Komponentenliste. Bei den Detailkomponenten aktivieren Sie das Kontrollkästchen vor *SMTP-Dienst*. Bestätigen Sie mit *OK* und beenden Sie den Assistenten für Windows-Komponenten mit der *Weiter* und *Beenden*.

4. Wählen Sie im *Start*-Menü den Befehl *Ausführen* und geben Sie als Kommando *inetmgr* ein. Sie gelangen zum Internetinformationsdienste-Manager. Unterhalb des Knotens, der Ihren Rechner repräsentiert, sollte sich jetzt ein Eintrag *Virtueller Standardserver für SMTP* befinden. Stellen Sie in dessen Kontextmenü sicher, dass der Dienst gestartet ist.

5. Sie können jetzt E-Mails an Adressen wie *irgendetwas@<Ihr Computername>* mit den Reporting Services verschicken.

Berichtsserver-Befehlszeilenprogramme

Es gibt mehrere Befehlszeilenprogramme, die es ermöglichen, die Datenbankverbindung der Reporting Services zu verwalten (*rsconfig*), die Verschlüsselungsschlüsselverwaltung zu verrichten (*rskeymgmt*) und schließlich einen Script Host (*rs*), der mit VBScript eine ganze Reihe von Administrationsmöglichkeiten bietet (u.a. die Möglichkeit, Berichtsserver-Objekte zwischen zwei Servern hin- und her zu bewegen). Alle Befehlszeilenprogramme stehen nach der Installation auf dem Berichtsserver zur Verfügung.

Kapitel 21

Berichtserstellung

In diesem Kapitel:

Quickstart	578
Datenbereitstellung	596
Berichtselemente und ihre Eigenschaften	608
Berichtseinrichtung und interaktive Elemente	628
Ausdrücke	636

In diesem Kapitel beschäftigen wir uns mit den Möglichkeiten zur Erstellung und Gestaltung von Berichten in den Reporting Services mit dem Business Intelligence Development Studio. Das Erstellen von Berichten wird von den Reporting Services und den mit ihnen verbundenen Visual-Studio-Werkzeugen mit einer sehr umfangreichen Funktionsvielfalt unterstützt, deren ausführliche Beschreibung den Rahmen dieses Kapitels sprengen würde. Wir werden daher nur auf die aus unserer Sicht wesentlichen Aspekte eingehen und nicht alle Eigenschaften und Einstellungsmöglichkeiten detailliert beschreiben.

Im ersten Abschnitt dieses Kapitels, *Quickstart,* werden zunächst zur Veranschaulichung für Einsteiger in die Reporting Services zwei einfache Reports mit dem Berichts-Assistenten erstellt. Im weiteren Verlauf des Kapitels gehen wir im Detail auf das Arbeiten mit dem Berichts-Designer ein. So erläutern wir ein Visual Studio-Snap-In für die Gestaltung von Berichten, und behandeln dessen bedeutsamste Möglichkeiten. Zudem wird exemplarisch auf die neuen Möglichkeiten der Reporting Services 2008 eingegangen. Hier sind zum einen die Erweiterungen von Tabellen- und Matrixelementen zu Tablix zu nennen und zum anderen die besseren Diagrammfeatures, die durch die Integration von Dundas-Diagrammen geboten werden.

Quickstart

Im Folgenden werden zwei Beispielberichte erstellt, von denen der erste auf die relationale Datenbank *AdventureWorks2008DW* zugreift und der zweite auf den Cube *Adventure Works*, der in der multidimensionalen Datenbank AdventureWorks DW 2008 liegt. Beide Datenbanken werden als Beispiele mit Microsoft SQL Server 2008 ausgeliefert. Wie Sie die Beispieldatenbanken installieren, erfahren Sie in Kapitel 2.

Bericht erstellen: Zugriff auf relationale Datenbank

Zum Einstieg in die Erstellung von Berichten benutzen wir den Berichts-Assistenten. Dieser Assistent bietet eine strukturierte und schnelle Methode zur Erstellung eines einfachen Berichtsserverprojekts. Ein mit dem Berichts-Assistenten erstelltes Berichtsprojekt ist später im Berichts-Designer von Business Intelligence Development Studio jederzeit weiter bearbeitbar. Zur Schaffung einer Arbeitsgrundlage ist der Assistent also sehr geeignet. Im folgenden Beispielbericht sollen einige Produktkategorien hinsichtlich ihrer Bedeutung für das Sortiment und den Umsatz der Firma Adventure Works betrachtet werden.

1. Sie legen ein neues Berichtsprojekt an, indem Sie in Visual Studio den Menübefehl *Datei/Neu/Projekt* aufrufen. Wählen Sie im anschließenden Dialogfeld in der Rubrik *Business Intelligence-Projekte* die Vorlage *Berichtsserverprojekt-Assistent* (Abbildung 21.1). Geben Sie als Projektbezeichnung *proj_KAP_21* an und schließen Sie Ihre Eingaben mit *OK* ab. Jetzt startet automatisch der Berichts-Assistent.

Quickstart

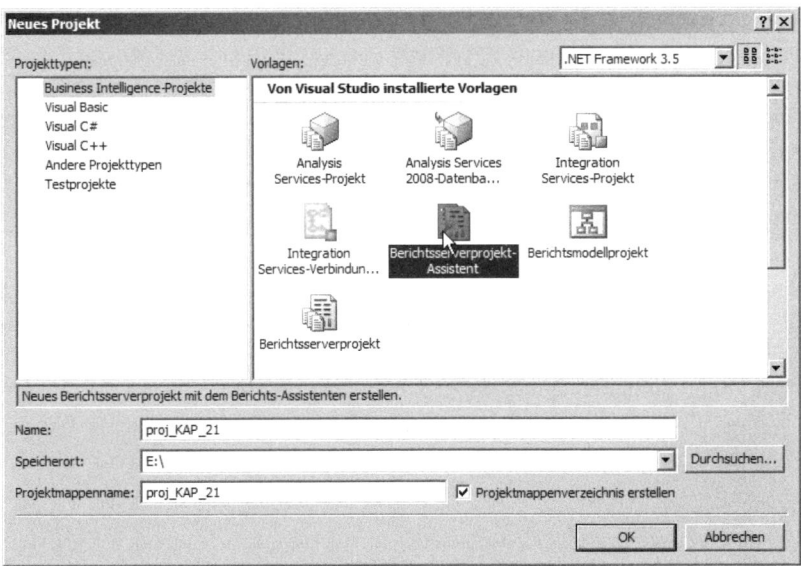

Abbildung 21.1 Anlegen des Projekts *Berichtsserverprojekt-Assistent*

2. Es öffnet sich das Willkommensfenster des Berichts-Assistenten. Sie können in diesem Fenster das Kontrollkästchen vor *Diese Seite nicht mehr anzeigen* aktivieren. Falls Sie den Assistenten häufig nutzen, sparen Sie sich damit in Zukunft diesen Schritt. Nachdem Sie auf die Schaltfläche *Weiter* geklickt haben, müssen Sie eine Datenquelle angeben, auf der die Daten des Berichts basieren sollen (Abbildung 21.2). Sie können später bei der Berichtsbearbeitung auch weitere Datenquellen hinzufügen und Daten aus diesen in Ihren Bericht integrieren. Der Assistent selbst bietet nur die Möglichkeit, auf eine Datenquelle zuzugreifen.

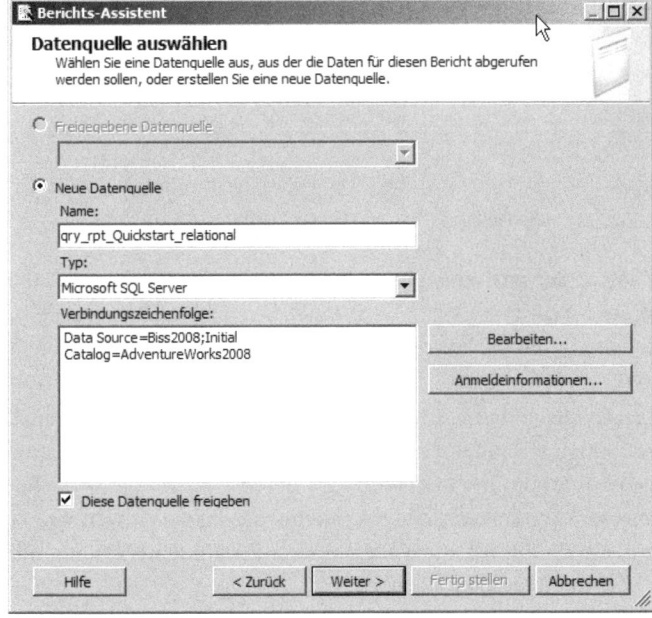

Abbildung 21.2 Neue Datenquelle im Berichts-Assistenten erstellen

3. Da es sich um ein neues Projekt handelt, ist die Option *Freigegebene Datenquelle* deaktiviert und Sie müssen eine neue Datenquelle anlegen. Als Datenquellentyp wählen Sie aus dem entsprechenden Kombinationsfeld den Eintrag *Microsoft SQL Server* aus. Abschließend muss die Verbindungszeichenfolge (Connection String) zur Datenquelle angegeben werden. Dies lässt sich am einfachsten erledigen, indem Sie auf die Schaltfläche *Bearbeiten* neben dem Textfeld für die Verbindungszeichenfolge klicken und die entsprechenden Angaben im sich öffnenden Dialogfeld einpflegen. Da die neu erstellte Datenquelle für weitere Berichte zur Nutzung zur Verfügung stehen soll, aktivieren Sie das Kontrollkästchen vor *Diese Datenquelle freigeben*.

4. Wählen Sie als Servernamen Ihre Installation von Microsoft SQL Server 2008 aus, bei einer lokalen Installation können Sie als Server auch *localhost* angeben. Als Datenbank soll *AdventureWorks2008* ausgewählt werden (siehe Abbildung 21.3). Nachdem Sie den Servernamen und die Datenbank angegeben haben, können Sie die Verbindung mit der entsprechenden Schaltfläche testen.

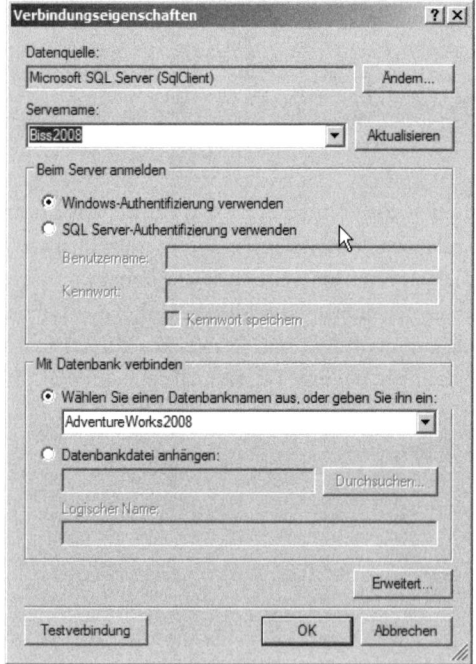

Abbildung 21.3 Einrichten der Verbindungszeichenfolge

5. Wurde die Datenquellenanlage mit der *Weiter*-Schaltfläche abgeschlossen, erscheint das Fenster *Abfrage entwerfen* des Berichts-Assistenten. In diesem Schritt müssen Sie eine auf die erstellte Datenquelle bezogene Abfrage formulieren, die angibt, welche Daten Sie aus der Datenquelle benötigen. Klicken Sie hierfür auf die Schaltfläche *Abfrage-Generator*.

6. Welcher Editor zur Gestaltung einer Abfrage angeboten wird, hängt von der Auswahl des Datenquellentyps ab. Beim standardmäßigen Abfrage-Designer handelt es sich bei relationalen Datenquellen um den Abfrage-Generator, der auch im Management Studio des Microsoft SQL Servers verwendet wird. In diesem Bericht soll nun ein Überblick über die Ausgestaltung des Sortiments der Firma Adventure Works gewonnen werden. Zunächst sollen mit einer Abfrage die vorhandenen Produktkategorien und die Anzahl der diesen zugehörigen Produkte ermittelt werden.

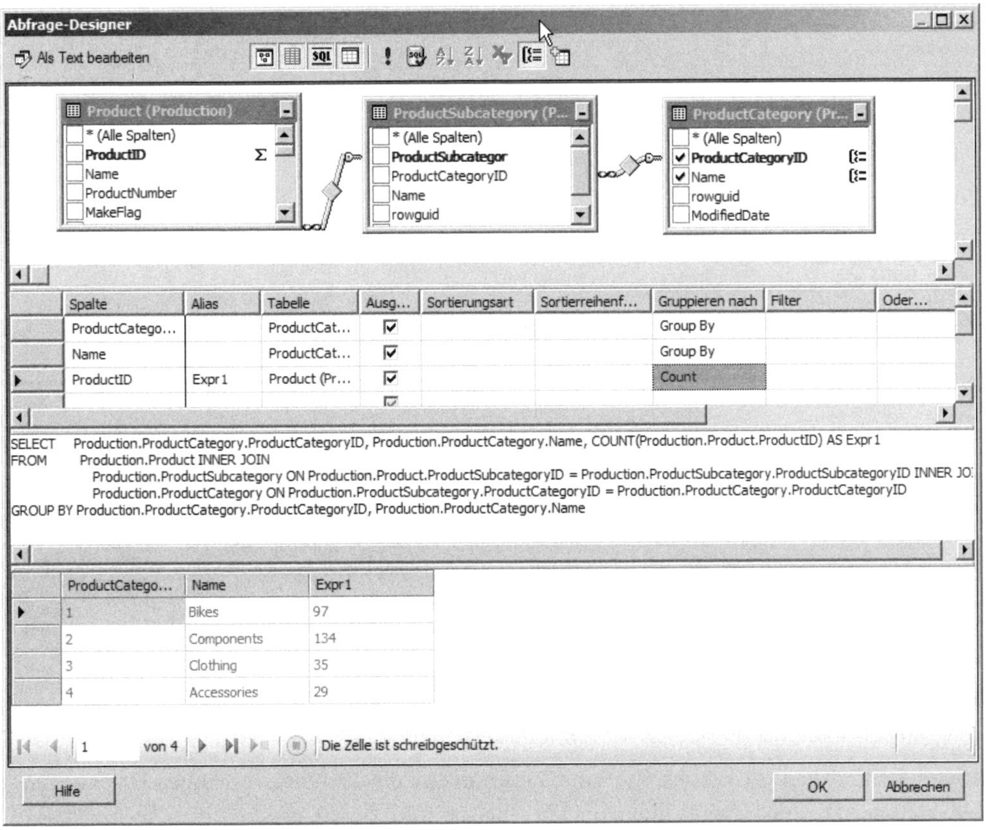

Quickstart

Abbildung 21.4 Die Abfrage im Abfrage-Generator

7. Die Abfrage benötigt die Tabellen *ProductCategory*, *ProductSubcategory* und *Product*. Fügen Sie diese mithilfe der Schaltfläche *Tabellen hinzufügen* in die Abfrage ein. Die Schaltfläche finden Sie oben im Abfrage Designer ganz rechts. Am besten werden Sie vom Abfrage-Generator bei der Abfrageerstellung unterstützt, wenn Sie zunächst die drei gewünschten Felder *ProductCategoryID*, *Name* und *ProductID* mittels der Kontrollkästchen in den beteiligten Tabellen selektieren und anschließend mit der Schaltfläche *GROUP BY verwenden* (Abbildung 21.5) aus der Abfragesymbolleiste die Spalte *Gruppieren nach* im Abfrage-Generator einblenden. Jetzt können Sie bei der *ProductID* die Gruppierungsart auf *Count* stellen und den Alias *Anzahl_Produkte* angeben. Die übrigen Felder werden mit *Group By* gruppiert. Überprüfen Sie das Abfrageergebnis mittels der Schaltfläche *Ausführen*. Das Ergebnis sollte dem in Abbildung 21.4 entsprechen.

Abbildung 21.5 *GROUP BY verwenden*-Schaltfläche in der Abfragesymbolleiste

8. Nachdem Sie den Abfrage-Generator mit der *OK*-Schaltfläche beendet haben, wird Ihnen vom Berichts-Assistenten im Dialogfeld *Abfrage entwerfen* die Abfragezeichenfolge angezeigt, wie in Abbildung 21.6 dargestellt. Schließen Sie diesen Schritt mit der *Weiter*-Schaltfläche ab. Sie haben jetzt implizit ein Dataset erstellt, das der Berichts-Assistent bei den weiteren Schritten verwendet.

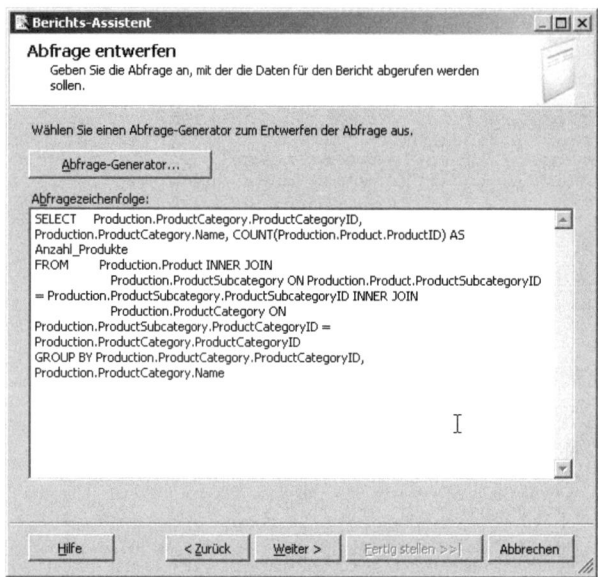

Abbildung 21.6 Generiertes SQL-Statement im Berichts-Assistenten

Bei der Auswahl des Berichtstyps bietet Ihnen der Assistent zwei Standarddarstellungslayouts für die Abbildung von Abfragedaten an:

- **Tabellen** Die klassische Darstellung von Zahlenmaterial. Diese Darstellungsform ist besonders für die Ausgabe in statischen Formaten wie z.B. PDF geeignet.
- **Matrix** Hierbei handelt es sich um eine Kreuztabelle, die bei entsprechender Datenquelle (z.B. MDX-Statements) auch ein Drilldown über Spalten und Zeilen ermöglicht. Die Matrixform ist besonders für die interaktive Ausgabe der Berichte in HTML geeignet.

9. Wählen Sie hier das einfache tabellarische Layout aus und bestätigen Sie mit der Schaltfläche *Weiter*.

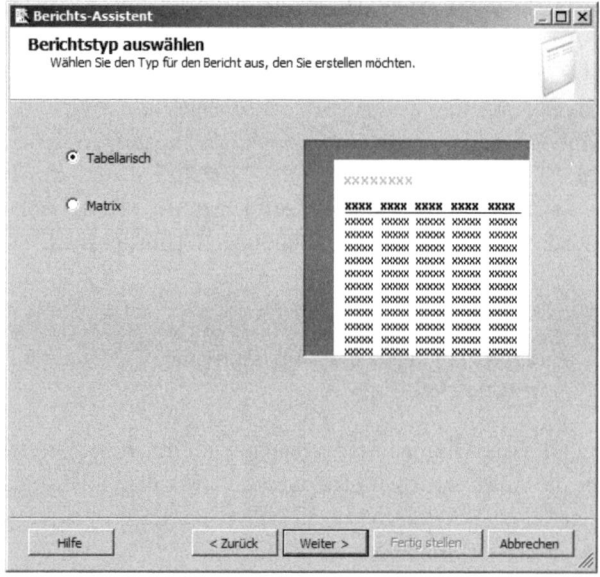

Abbildung 21.7 Berichtstypwahl im Berichts-Assistenten

10. Im Dialogfeld *Tabelle entwerfen* des Berichts-Assistenten (Abbildung 21.8) lassen sich die Felder des Datasets gruppieren. Für diese Aufgabe benötigt der Berichts-Assistent die Zuordnung der im Dataset enthaltenen Felder zu den verfügbaren Gruppierungsebenen. Diese Ebenen sind *Seite*, *Gruppierungs-* und *Detailebene*. Weisen Sie im Rahmen dieses Beispiels alle Felder des Datasets mit der *Detail*-Schaltfläche der Detailebene zu.

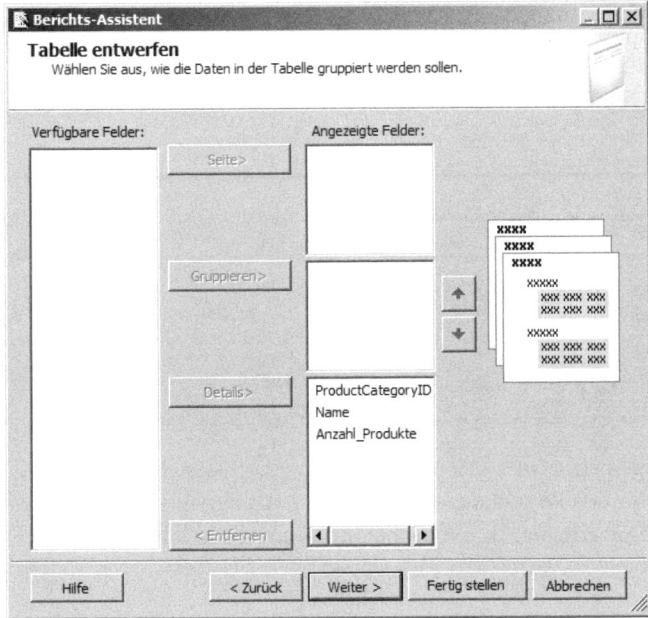

Abbildung 21.8 Tabellenentwurfs-Dialogfeld des Berichts-Assistenten

11. Nach dem Klicken auf die *Weiter*-Schaltfläche gelangen Sie zu einem Fenster, in dem Sie ein Standardlayout auswählen können. Entscheiden Sie hier nach Ihrem Gutdünken. Wir verwenden die Standardauswahl *Schiefer*. Im anschießenden Schritt müssen Sie im Rahmen des Berichtsassistenten-Projekts den Berichtsserver und den Bereitstellungsordner auf diesem festlegen. Tätigen Sie hier die Eintragungen entsprechend der Abbildung 21.9.

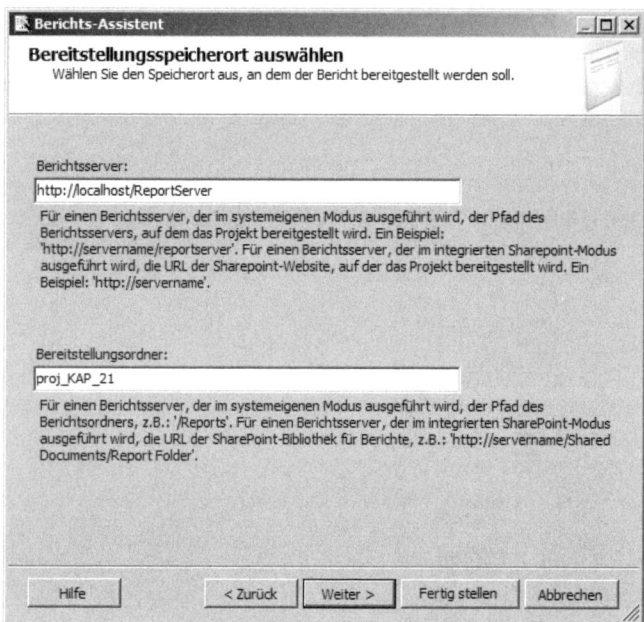

Abbildung 21.9 Bereitstellungsspeicherort im Berichts-Assistenten auswählen

12. Nach der Festlegung des Bereitstellungsspeicherorts gelangen Sie zum Abschlussfenster des Berichts-Assistenten. In diesem muss ein Name für den Bericht angegeben werden. Als Berichtsnamen verwenden Sie hier bitte *rpt_Quickstart_relational*. Sie erhalten Ihre Eingaben noch einmal in komprimierter Form als Text zusammengefasst.

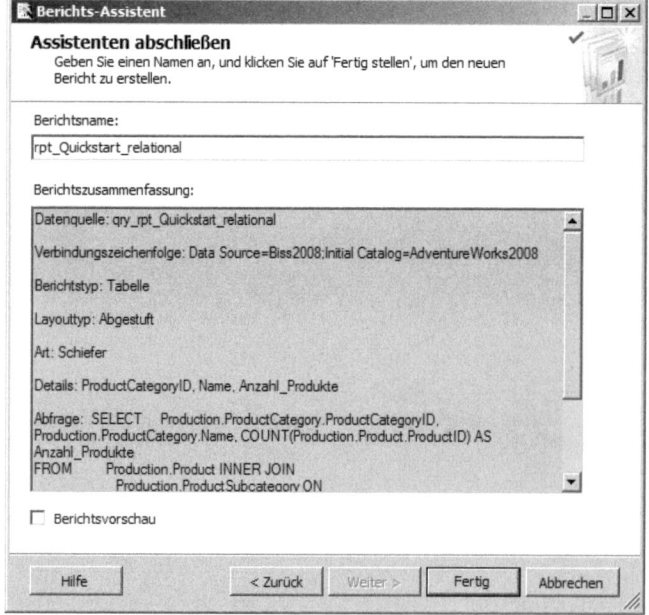

Abbildung 21.10 Abschlussfenster des Berichts-Assistenten

13. Mit einem Klick auf die Schaltfläche *Fertig stellen* beenden Sie den Berichts-Assistenten und gelangen zurück zu Visual Studio. Im weiteren Verlauf sollen noch das Layout des Berichts verbessert und ein Diagrammelement eingebunden werden.

In der folgenden Abbildung 21.11 sehen Sie den Bericht in der Vorschauansicht in Visual Studio. Die Berichte werden innerhalb von Visual Studio im Berichts-Designer bearbeitet. Dieser setzt sich im Wesentlichen aus zwei Registerkarten und einem Fenster zusammen: Über das *Berichtsdaten-Fenster* werden die zum aktiven Bericht gehörenden Datasets verwaltet, auf der Registerkarte *Layout* werden die Berichtselemente und ihre Eigenschaften bearbeitet und auf der Registerkarte *Vorschau* wird eine Berichtsvorschau angezeigt. Zudem werden zur Berichtsbearbeitung das Eigenschaftenfenster und der Projektexplorer von Visual Studiobenutzt.

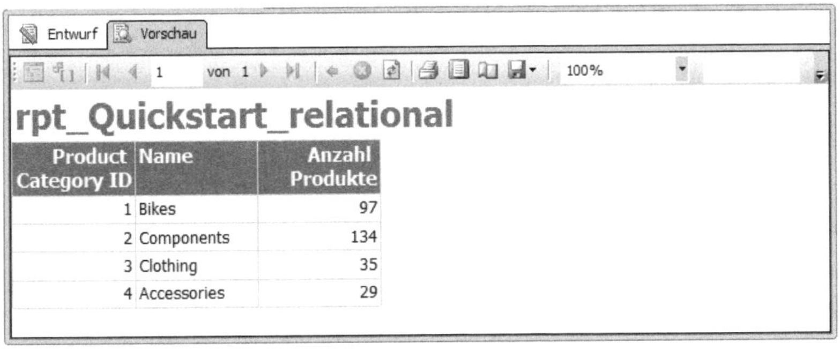

Abbildung 21.11 Der Bericht in der Vorschauansicht im Berichts-Designer

Die Bearbeitung auf der Registerkarte *Layout* erfolgt wie in WYSIWIG-Editoren üblich. So können Sie die Spalten des Tabellenelements einfach verschieben, indem Sie den Mauszeiger auf die Spaltengrenze setzen und ziehen.

Vergrößern Sie bitte die Spalte mit den Bezeichnungen der Produktkategorien, indem Sie einmal auf die Tabelle klicken, sodass die Bearbeitungszeile und -spalte am oberen und linken Rand der Tabelle angezeigt wird. Bewegen Sie den Mauszeiger in die Bearbeitungszeile am oberen Rand und platzieren Sie ihn zwischen den Spalten für die Produktkategorie und den Namen. Sobald der Mauszeiger die Form eines nach rechts und links weisenden Pfeils annimmt, klicken und halten Sie die linke Maustaste und ziehen die Maus nach rechts, um die Produktkategoriespalte zu vergrößern.

Sie können die Berichtsüberschrift und die Spaltenüberschriften direkt editieren, wenn Sie in den entsprechenden Bereich klicken. Sie gelangen anschließend in den Textbearbeitungsmodus, der durch eine Einfügemarke angezeigt wird. Ändern Sie die Berichtsüberschrift in *Produktkategorien*, wie in Abbildung 21.12 dargestellt.

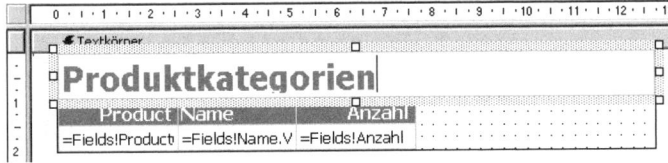

Abbildung 21.12 Editieren von Textfeldern in der Layoutansicht des Berichts-Designers

Der Bericht soll nun durch ein Diagramm ergänzt werden, das den Umsatz der Produktkategorien in den Kalenderjahren visualisiert. Zunächst müssen Sie die hierfür benötigten Daten in einem Dataset bereitstellen.

1. Um den Berichtsdaten ein neues Dataset hinzuzufügen, öffnen Sie das Fenster *Berichtsdaten*. In der Regel ist dieses sichtbar. Andernfalls kann es über ein entsprechendes Icon am linken Rand des Business Intelli-

gence Development Studios aufgerufen werden. Alternativ ist dies auch über den Menüpunkt *Ansicht* in Visual Studio möglich. In diesem Fenster sind alle für den Bericht relevanten Ressourcen über eine hierarchische Baumstruktur zugänglich. Über das Kontextmenü des Ordners der Berichtsdatenquelle *qry_rpt_Quickstart_relational* können Sie über den Befehl *Dataset hinzufügen* ein neues Dataset anlegen, wie in der Abbildung 21.13 zu sehen ist. Sind in einem Bericht mehrere Datenquellen vorhanden, werden entsprechend mehr Ordner an dieser Stelle angezeigt.

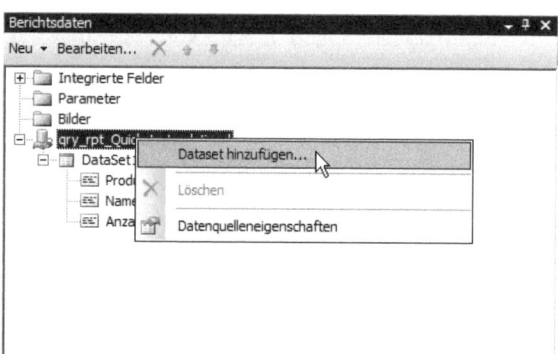

Abbildung 21.13 Neues Dataset im Berichts-Designer anlegen

2. Im folgenden Dialogfeld *Dataseteigenschaften* (Abbildung 21.14) geben Sie als Bezeichnung für das neue Dataset bitte *qry_Quickstart_Diagramm* an. Die Datenquelle ist schon richtig vorbelegt.

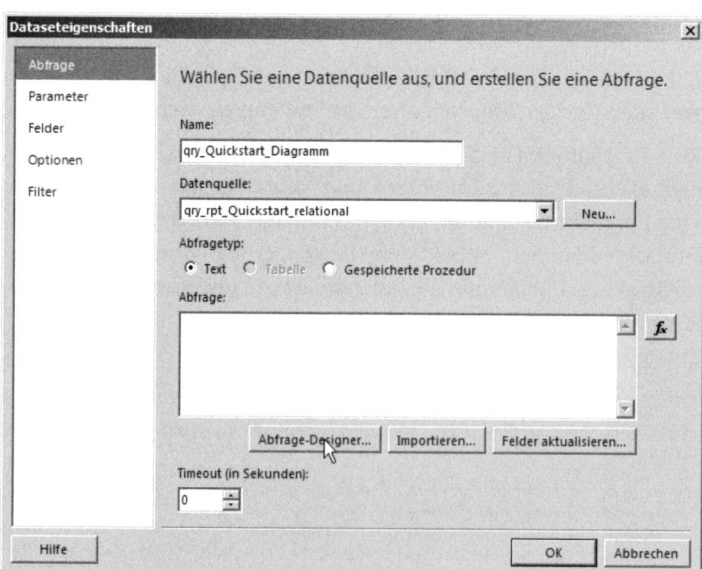

Abbildung 21.14 Anlage eines neuen Datasets

3. Klicken Sie auf die Schaltfläche Abfrage-Designer, um diesen zu öffnen, wie in Abbildung 21.15 dargestellt. Deaktivieren Sie ggf. die Schaltfläche *Als Text bearbeiten*, die sich oben links im Designer befindet.
Zur Erstellung der Abfrage werden die Tabellen *Product*, *ProductSubCategory*, *ProductCategory*, *SalesOrderDetails* und *SalesOrderHeader* benötigt. Es sollen die Felder *ProductCategoryID* und *Name* sowie die

zwei Ausdrücke *Jahr* und *Umsatz* ausgegeben werden. Der Ausdruck *Jahr* wird durch die Anwendung der SQL-Funktion *Year* auf das *OrderDate* aus der Tabelle *SalesOrderHeader* bestückt. Der Ausdruck *Umsatz* wird durch die Summe des Produktes von *OrderQty* und *UnitPrice* aus der Tabelle *SalesOrderDetails* berechnet.

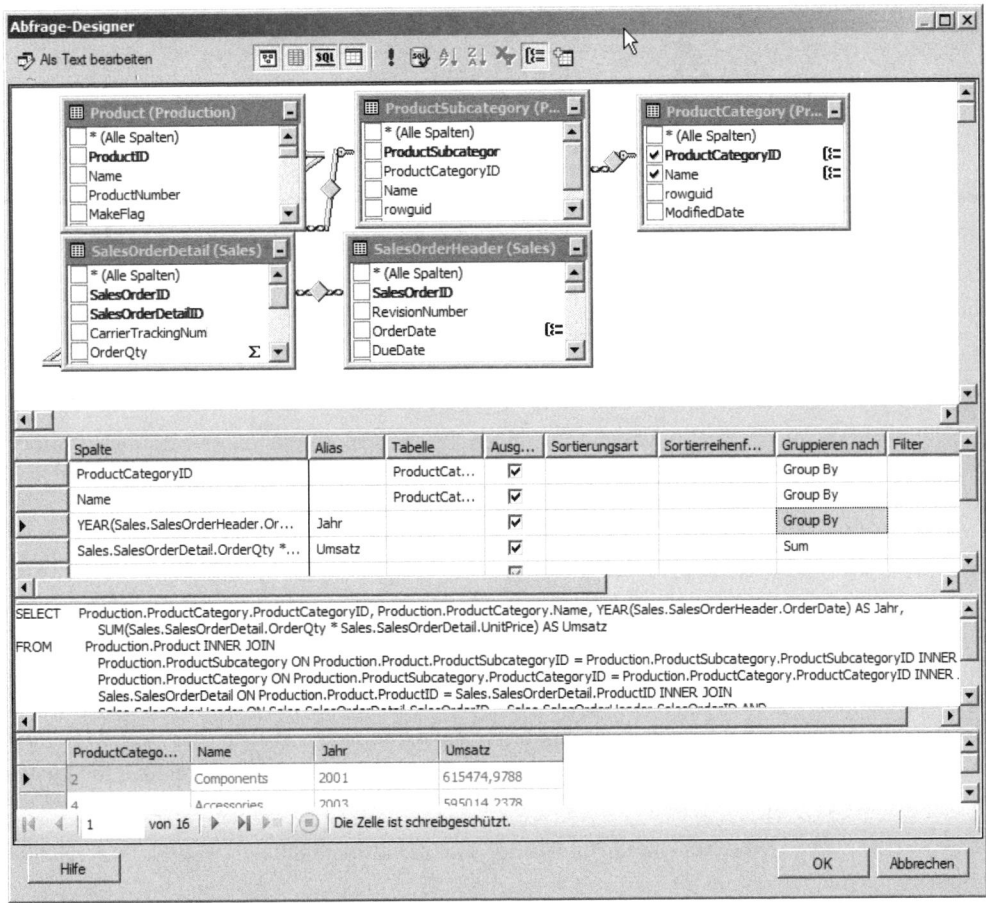

Abbildung 21.15 Das Dataset für das Diagramm im Abfrage-Editor

4. Sie können sich die Erstellung der Abfrage wieder erleichtern, indem Sie mittels der Schaltfläche *Gruppierung verwenden* die Spalte *Gruppieren nach Spalte* einblenden. Dies geschieht auch automatisch, wenn Sie im Abfragetext einen Ausdruck eingeben. Übernehmen Sie Ihre Eingaben mit einem Klick auf OK.

5. Achten Sie darauf, dass die Registerkarte *Entwurf* geöffnet ist. Jetzt soll das Diagramm im Bericht platziert werden. Zu diesem Zweck vergrößern Sie zunächst die Entwurfsfläche nach unten, indem Sie sie mit der Maus größer ziehen. Anschließend öffnen Sie die Toolbox mit den zur Verfügung stehenden Berichtselementen links von der Berichtsbearbeitung. Falls die Toolbox in Ihrem Business Intelligence Development Studio nicht eingeblendet sein sollte, können Sie sie über den Menübefehl *Ansicht/Toolbox* aufrufen. Aus der Toolbox wählen Sie das Berichtselement *Diagramm* und ziehen es mit gedrückter Maustaste auf die Berichtsfläche, wie in Abbildung 21.16 dargestellt.

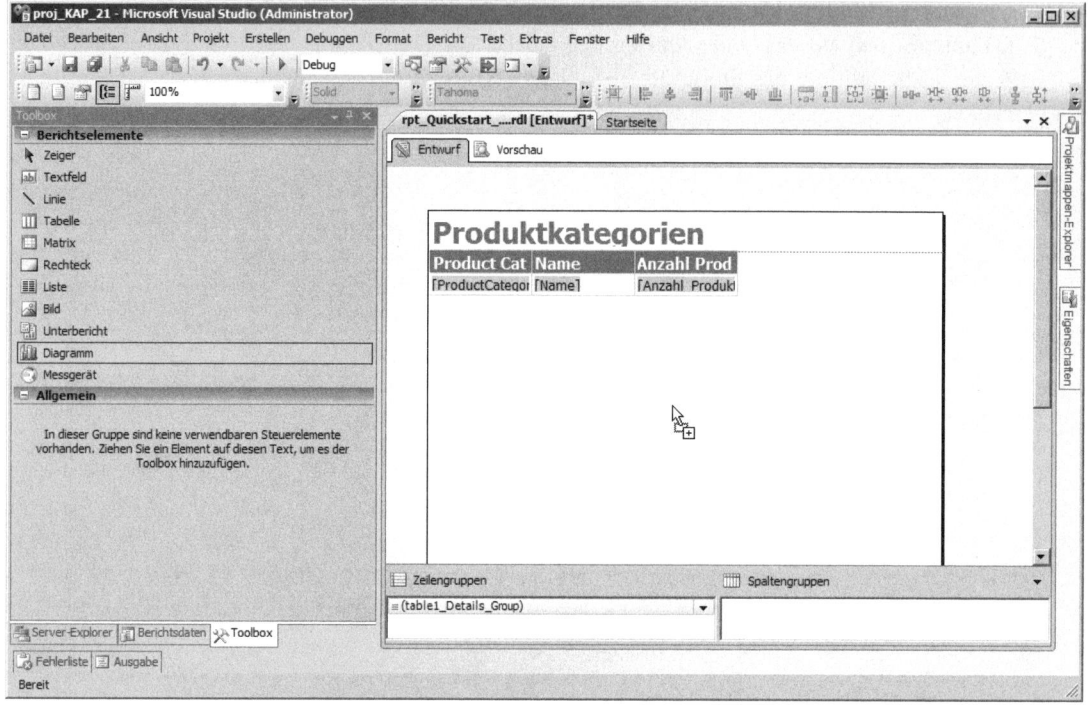

Abbildung 21.16 Einfügen eines Diagramm-Elements in den Bericht

6. Nachdem Sie das Diagramm eingefügt haben erscheint die Diagrammtypauswahl. Wählen Sie hier die Standardauswahl *Spalte*.

7. Um das Diagramm mit Daten zu versorgen, müssen Sie auf die zum Bericht gehörenden Datasets zugreifen. Die Datasets erreichen Sie wieder über das Fenster *Berichtsdaten*. Aus dem *Berichtsdaten*-Fenster können Sie die Felder aus den Datasets den jeweiligen Berichtselementen mittels Drag & Drop zuweisen. Das Diagramm bietet hierfür drei Aufnahmeflächen an:

   - *Datenfelder* sind die Daten, die die Proportionen der Zeichenelemente, wie z.B. die Balkenlänge, bestimmen
   - *Kategorienfelder* sind die Bezeichnungen, die in der Regel auf der x-Achse abgetragen werden
   - *Reihenfelder* sind die Bezeichnungen der verschiedenen Datenreihen, die angezeigt werden sollen
   - Dem Datenfeld weisen Sie den Umsatz, dem Kategorienfeld die Produktkategorien und dem Reihenfeld die Jahre zu, wie in Abbildung 21.17 dargestellt.

8. Nun nehmen Sie am Layout des Diagramms noch einige Verbesserungen vor. Ändern Sie den Diagrammtitel in *Umsatz der Kategorien nach Jahren*. Ändern Sie danach die Hintergrundfärbung des Diagrammtitels, indem Sie im Kontextmenü des Diagrammtitels den Befehl *Titeleigenschaften* wählen. Hier können Sie, wie in der Abbildung 21.18 zu sehen ist, eine Reihe von Veränderungen vornehmen, die sofort im Diagramm zu sehen sind. Daher ist es sinnvoll, das Eigenschaftenfenster des jeweils in Bearbeitung befindlichen Diagrammobjekts neben die Entwurfsansicht des Berichts zu verschieben. Hier zeigen sich die Änderungen bei der Visualisierung von Daten durch den Einsatz von Dundas-Diagrammen.

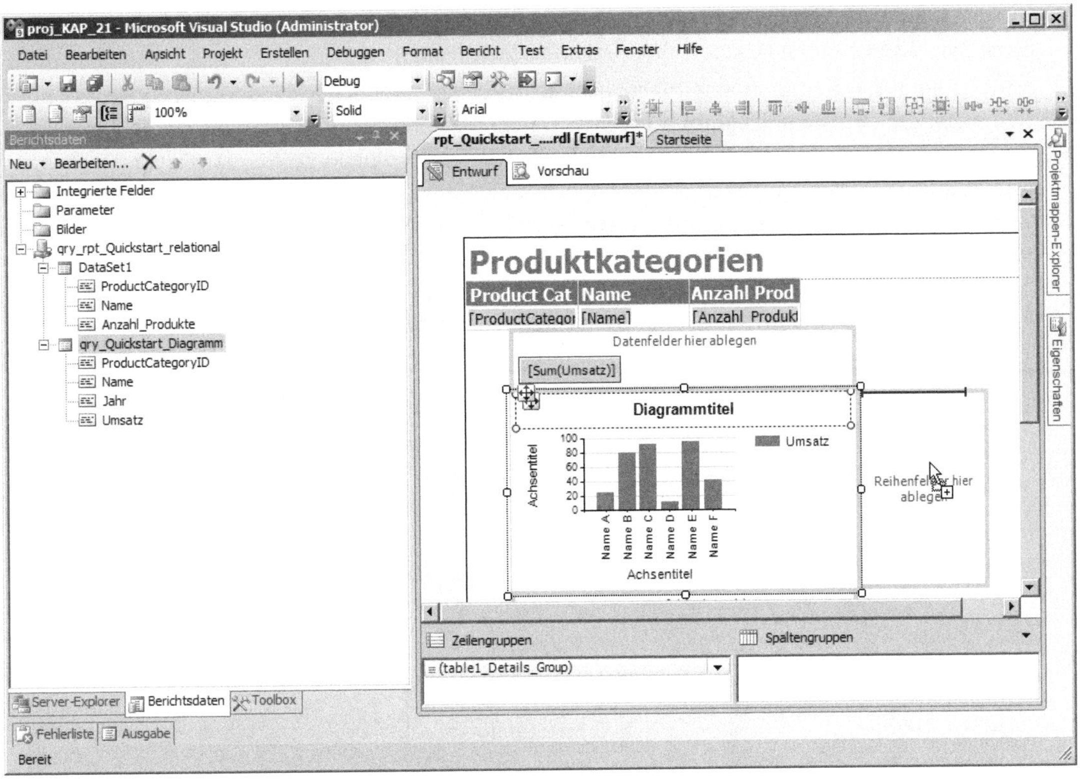

Quickstart

Abbildung 21.17 Zuweisung der Dataset-Felder zum Diagramm

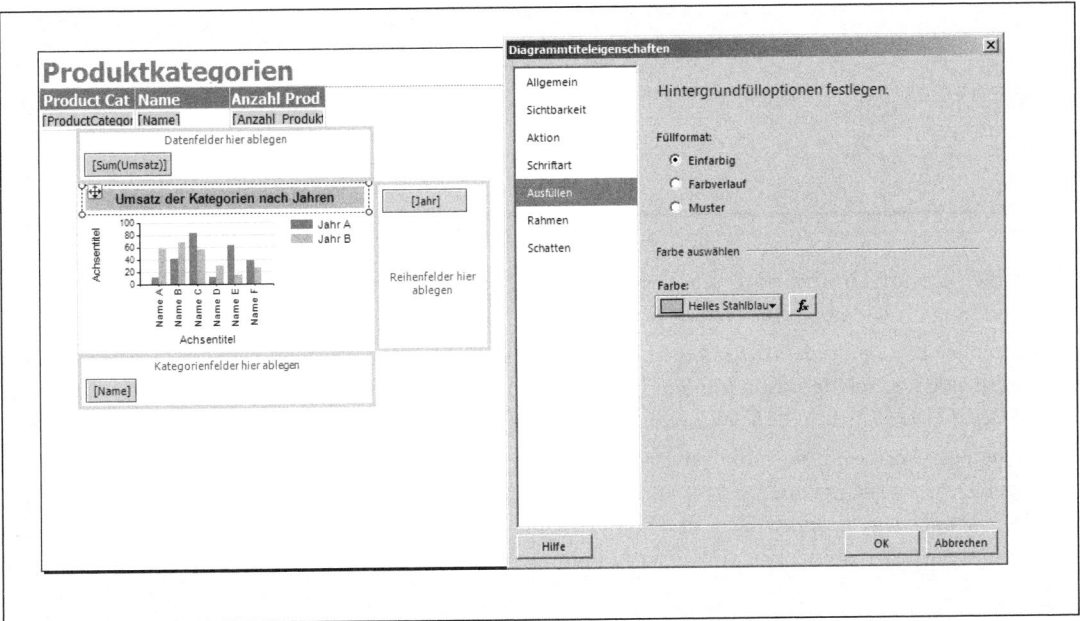

Abbildung 21.18 Eigenschaftenfenster des Diagrammtitels

9. Sorgen Sie im Kontextmenü der beiden Achsentitel dafür, dass diese nicht angezeigt werden, indem Sie in deren Kontextmenüs den Haken vor *Achsentitel anzeigen* entfernen.
10. Ziehen Sie das Diagramm in eine Ihnen ansprechend erscheinende Größe und sorgen Sie anschließend dafür, dass die über dem Diagramm liegende Datentabelle mit dem Diagramm bündig angezeigt wird. Das können Sie tun, indem Sie die Spalten der Tabelle entsprechend größer oder kleiner ziehen. Dabei kommt Ihnen eine weitere Neuerung der Reporting Services 2008 zugute, die Fanglinien. Hierbei handelt es sich um blaue Hilfslinien, die auftauchen, wenn ein Berichtsobjekt die gleiche Höhe wie ein anderes Berichtsobjekt erreicht. Die Fanglinien erleichtern das Ausrichten von Berichtselementen aneinander. In der Abbildung 21.19 erkennen Sie gut die blaue Linie, die auf der rechten Seite auftaucht, wenn der rechte Rand der Datentabelle auf Höhe des rechten Randes des Diagramms ist.

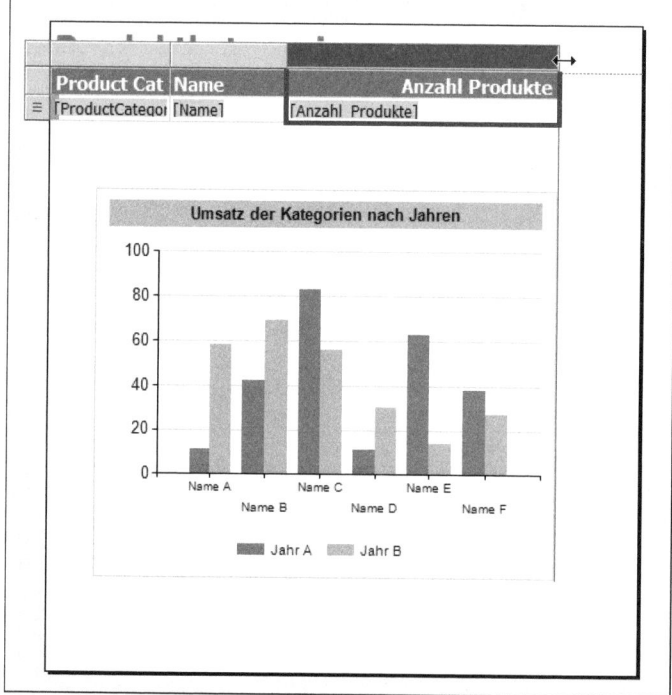

Abbildung 21.19 Fanglinien im Berichtsdesigner

11. Wählen Sie im Kontextmenü der Legende den Befehl *Legendeneigenschaften*. Es erscheint das in der Abbildung 21.20 dargestellte Dialogfeld.
12. Sorgen Sie hier dafür, dass die Legende unterhalb der Zeichnungsfläche angezeigt wird, indem Sie die entsprechende Legendenposition wählen. Um das Erscheinungsbild des Berichts zu überprüfen, wechseln Sie im Berichts-Designer in die Vorschauansicht. Das Ergebnis sollte dem der Abbildung 21.21 entsprechen.
13. Ungenügend erscheint noch die Sortierung der Jahre. Hier können Sie wieder intuitiv vorgehen. Wechseln Sie zunächst in die Entwurfsansicht und klicken Sie doppelt in das Diagramm. Rufen Sie anschließend die *Reihengruppeneigenschaften* über das Kontextmenü des Jahressymbols im Bereich *Reihenfelder* des Diagramms auf. Hier können Sie, wie in der Abbildung 21.22 zu sehen ist, einfach die Sortierung einstellen.

Quickstart

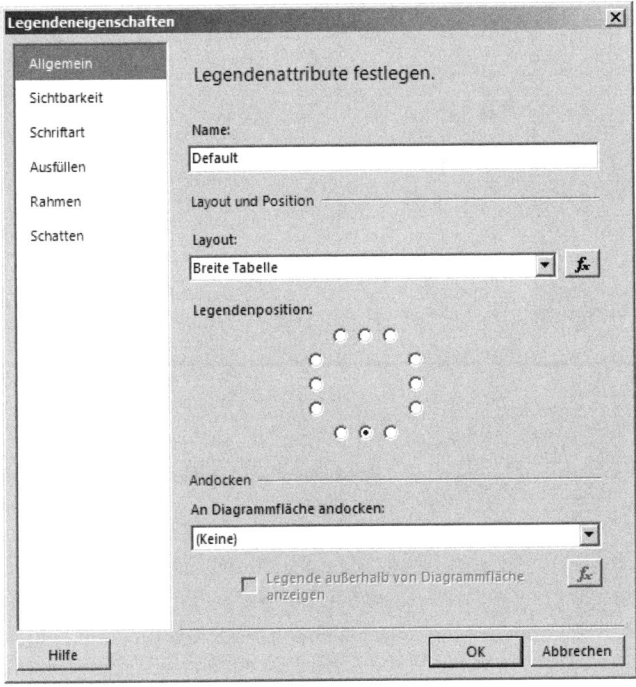

Abbildung 21.20 Dialogfeld *Legendeneigenschaften*

Produktkategorien

Product Category ID	Name	Anzahl Produkte
1	Bikes	97
2	Components	134
3	Clothing	35
4	Accessories	29

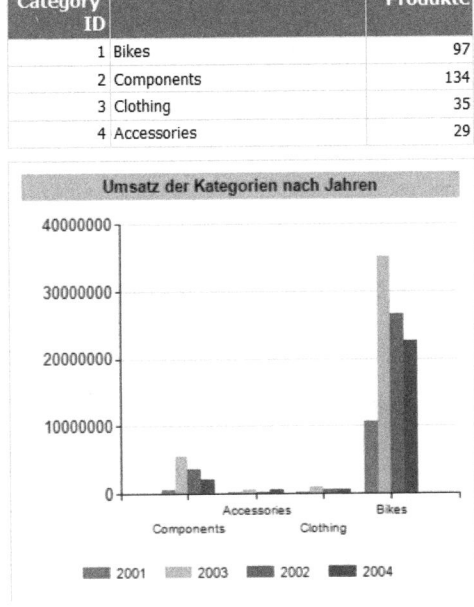

Abbildung 21.21 Der fertige Bericht in der Vorschauansicht des Berichts-Designers

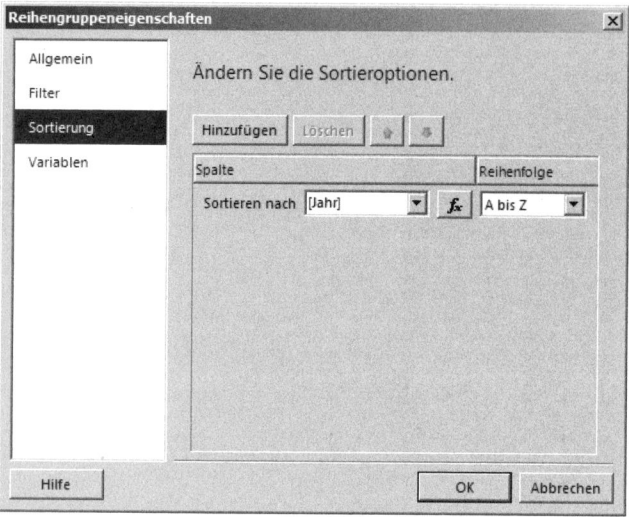

Abbildung 21.22 Reihengruppeneigenschaften des Diagramms

Es gelingt recht schnell, mithilfe des Assistenten einen Bericht zu erstellen. Den höchsten Zeitaufwand erfordern die Abfrageerstellung und die Feinheiten des Layouts. Bei der Diagrammerstellung und -bearbeitung bieten die Reporting Services 2008 erhebliche Verbesserungen gegenüber der Vorgängerversion und auch gegenüber den Dundas-Diagrammen selbst. Als sehr gelungene Verbesserung ist auch das Berichtsdatenfenster zu betrachten.

Auf der Registerkarte *Vorschau* können Sie mithilfe des kleinen Pfeils neben der Diskette in der Symbolleiste das Erscheinungsbild des Berichts in verschiedenen anderen Ausgabeformaten anzeigen lassen, indem Sie den Bericht in einer entsprechenden Datei speichern und diese anschließend öffnen. Das Standardausgabeformat in der Visual Studio-Vorschau ist HTML. Hier ist mit den Reporting Services 2008 noch Word als Ausgabeformat hinzugekommen, wie in der Abbildung 21.23 zu sehen ist.

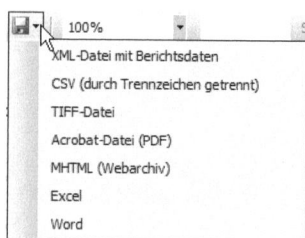

Abbildung 21.23 Aufruf anderer Renderingformate in der Vorschauansicht des Berichts-Designers

Bericht erstellen: Zugriff auf multidimensionale Daten

Vom Zugriff mit den Reporting Services auf relationale Datenbanken haben Sie einen ersten Eindruck erhalten. Im zweiten Teil dieses Quickstarts zeigen wir Ihnen nun das Erstellen eines Berichts mit Zugriff auf die Analysis Services. Zielsetzung unseres Beispielberichts soll sein, die Kennzahl *SalesAmount* nach Kalenderjahr und Produktkategorie aufgegliedert zu betrachten. Zusätzlich soll es möglich sein, Quartalswerte und Produktwerte sowie deren Kombination anzuzeigen:

1. Öffnen Sie zunächst das Projekt *proj_KAP_21* in Visual Studio, falls noch nicht geschehen.
2. Für einen Bericht, der auf die Analysis Services zugreift, wird eine neue Datenquelle benötigt. Im Kontextmenü des Ordners *Freigegebene Datenquellen* im Projektmappen-Explorer, der sich am rechten Rand der Arbeitsumgebung befindet, können Sie eine neue freigegebene Datenquelle anlegen. Sollte der Projektmappen-Explorer nicht eingeblendet sein, können Sie ihn mit dem Menübefehl *Ansicht/Projektmappen-Explorer* anzeigen lassen. Nachdem Sie den Kontextmenübefehl *Neue Datenquelle hinzufügen* (Abbildung 21.24) ausgewählt haben, erscheint das Dialogfeld *Freigegebene Datenquelle*. Erstellen Sie eine Datenquelle für den Cube *Adventure Works* in der Datenbank *AdventureWorks DW 2008* vom Typ *Microsoft SQL Server Analysis Services*. Geben Sie als Bezeichnung *qry_rpt_Quickstart_multidimensional* an und testen Sie die Verbindung. Alternativ können Sie die neue Datenquelle auch mithilfe der *Neu* Schaltfläche aus dem Berichtsdaten-Fenster anlegen.

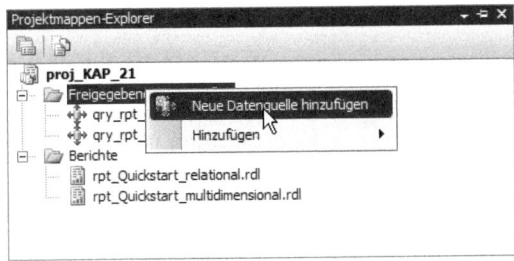

Abbildung 21.24 Hinzufügen einer neuen freigegebenen Datenquelle im Projektmappen-Explorer

3. Anschließend fügen Sie dem Projekt einen neuen Bericht hinzu, indem Sie im Kontextmenü des Ordners *Berichte* im Projektmappen-Explorer den Befehl *Neuen Bericht hinzufügen* aufrufen. Nachdem ein neuer Bericht angelegt wurde, öffnet sich automatisch der Berichts-Assistent. Geben Sie als Datenquelle die angelegte freigegebene Datenquelle an, die auf den Cube *Adventure Works* zeigt. Im nächsten Schritt klicken Sie bitte auf die Schaltfläche *Abfrage-Generator*.

An der Art der Datenquelle erkennt die Anwendung, dass Sie hier nicht den Abfrage-Editor des relationalen SQL-Servers benötigen, sondern den Abfrage-Generator zur Erstellung von MDX-Abfragen. Der hier angezeigte Abfrage-Generator ist stark an den Browser aus dem Business Intelligence Development Studio angelehnt. Im Abfrage-Generator sehen Sie links im Metadaten-Fenster die im betreffenden Cube vorhandenen Objekte in der bekannten Baumstruktur. Sie können diese Objekte mit Drag & Drop in den Ergebnisbereich ziehen, um das gewünschte Dataset zu bilden. Es werden für den Bericht folgende Entitäten benötigt: Als Measure *Measures.[Sales Summary].[Sales Amount]* sowie die beiden Hierarchien *Product.[Product Categories]* und *Date.Calendar.Calendar*. Das Ergebnis sollte dem der Abbildung 21.25 entsprechen.

4. Wenn Sie die drei Objekte in das Ergebnisfenster gezogen haben, müssen Sie eine Weile auf die Anzeige des Ergebnisses warten, da es sich hierbei um eine multiplikative Verknüpfung handelt, die eine recht große Ergebnismenge zurückgibt. Nach Anzeige des Ergebnisses wird der erste deutliche Unterschied zum Browser im Business Intelligence Development Studio deutlich: Sie erhalten keine Ansicht der einbezogenen Hierarchien für ein Drilldown, sondern schlicht das komplette kartesische Produkt der beteiligten Dimensionshierarchien und Measures in einer flachen Tabelle.

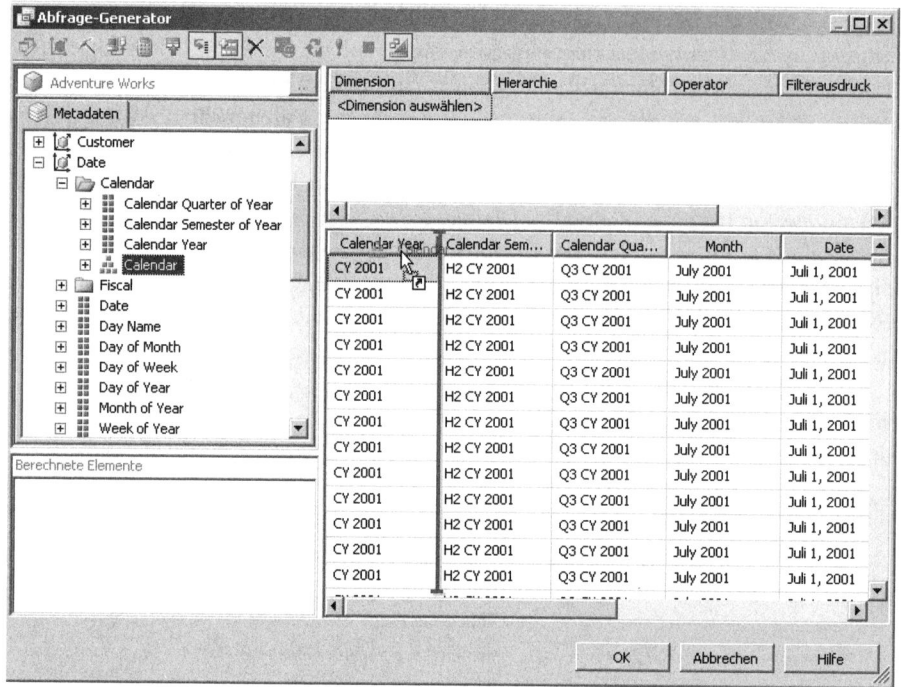

Abbildung 21.25 Der Abfrage-Generator für den Zugriff auf multidimensionale Daten

5. Sie können mit der Symbolschaltfläche rechts oben im Abfrage-Generator in die MDX-Ansicht wechseln. Sie bekommen dann den im folgenden Listing wiedergegebene MDX-Statement angezeigt.

```
SELECT NON EMPTY { [Measures].[Sales Amount] } ON COLUMNS, NON EMPTY { ([Date].[Calendar].[Date].ALLMEMBERS *
[Product].[Product Categories].[Product Name].ALLMEMBERS ) } DIMENSION PROPERTIES MEMBER_CAPTION,
MEMBER_UNIQUE_NAME ON ROWS FROM [Adventure Works] CELL PROPERTIES VALUE, BACK_COLOR, FORE_COLOR,
FORMATTED_VALUE, FORMAT_STRING, FONT_NAME, FONT_SIZE, FONT_FLAGS
```

Listing 21.1 Das vom Abfrage-Editor generierte MDX Statement

ACHTUNG Beachten Sie, dass Sie hier mit wenigen Drag & Drop-Aktionen sehr große Resultatsmengen anfordern. Wenn Sie zum Beispiel zusätzlich zu den genannten benutzerdefinierten Hierarchien noch die *Customer/Geography*-Hierarchie in den Ergebnisbereich ziehen, müssen Sie auch bei leistungsfähigen Rechnern erhebliche Geduld aufbringen und dann eventuell mit der Fehlermeldung rechnen, dass nicht genug Speicher vorhanden ist. Eine solche Fehlermeldung kann wie in Abbildung 21.26 aussehen.

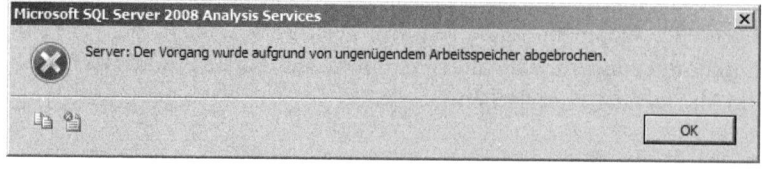

Abbildung 21.26 Fehlender Arbeitsspeicher bei leichtfertigem Gebrauch des Abfrage Editors für multidimensionale Datenquellen

6. Beenden Sie den Abfrage-Generator per Klick auf die *OK*-Schaltfläche. Sie bekommen vom Berichts-Assistenten das erzeugte MDX-Statement angezeigt und können zum nächsten Schritt übergehen. Hier müssen Sie entscheiden, ob Sie das Abfrageergebnis in einer Tabelle oder in einer Matrix darstellen möchten.

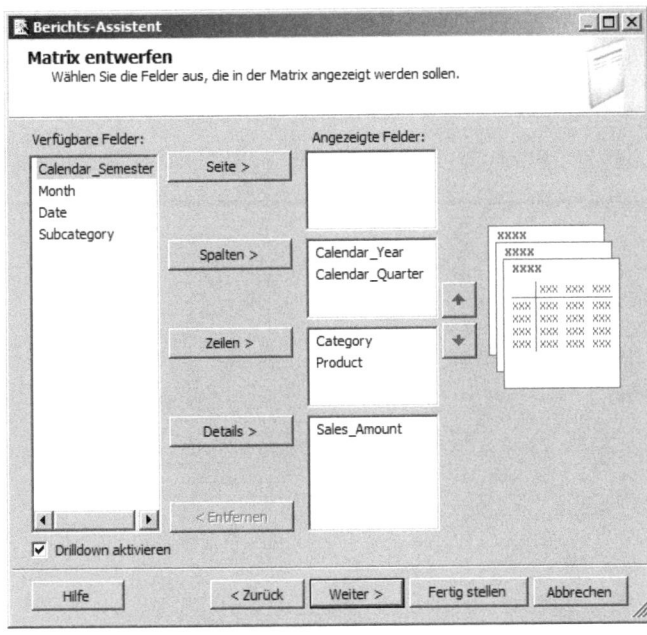

Abbildung 21.27 Gruppierungsangaben zur Darstellung der MDX-Abfrage

Da benutzerdefinierte Hierarchien eingebunden sind und eine recht große Resultatsmenge zu erwarten ist, soll das Abfrageergebnis einen interaktiven Drilldown ermöglichen. Das Berichtselement *Tabelle* ermöglicht nur einen Drilldown in den Zeilen, wohingegen das Matrix-Element auch einen Drilldown über die Spalten unterstützt. Die Matrix erscheint daher geeigneter. Bei den Gruppierungsangaben ist erkennbar, dass die Hierarchien nicht direkt übernommen werden, sondern dass Sie auch Ausschnitte für den Drilldown selektieren können. Es genügt für den Bericht, in den Zeilen unterhalb der Jahre die Quartale zu betrachten und in den Spalten direkt nach den Produktkategorien die Produkte angezeigt zu bekommen. In die Details soll das Measure *Sales Amount* übernommen werden.

7. Setzen Sie bitte ein Häkchen im Kontrollkästchen vor *Drilldown aktivieren*. Ihre Angaben sollten der Abbildung 21.27 entsprechen.
8. Sie können den Berichts-Assistenten jetzt abschließen, da die wesentlichen Angaben gemacht wurden.

Das in Abbildung 21.28 dargestellte Ergebnis wurde im Stil *Schiefer* erstellt und das Detailtextfeld als Währung formatiert. Bei der Verwendung der Drilldown-Möglichkeit ist zu berücksichtigen, dass interaktive Berichte nicht in allen existierenden Renderingformaten sinnvoll sind. In der Ausgabe als PDF-Datei wird die Matrix lediglich in ihrem Standardaufriss ausgegeben. Dieser Standardaufriss ist bei mit dem Berichts-Assistenten erstellten Matrixelementen jeweils die oberste Hierarchieebene, die in die Gruppierungsfelder gezogen wurde.

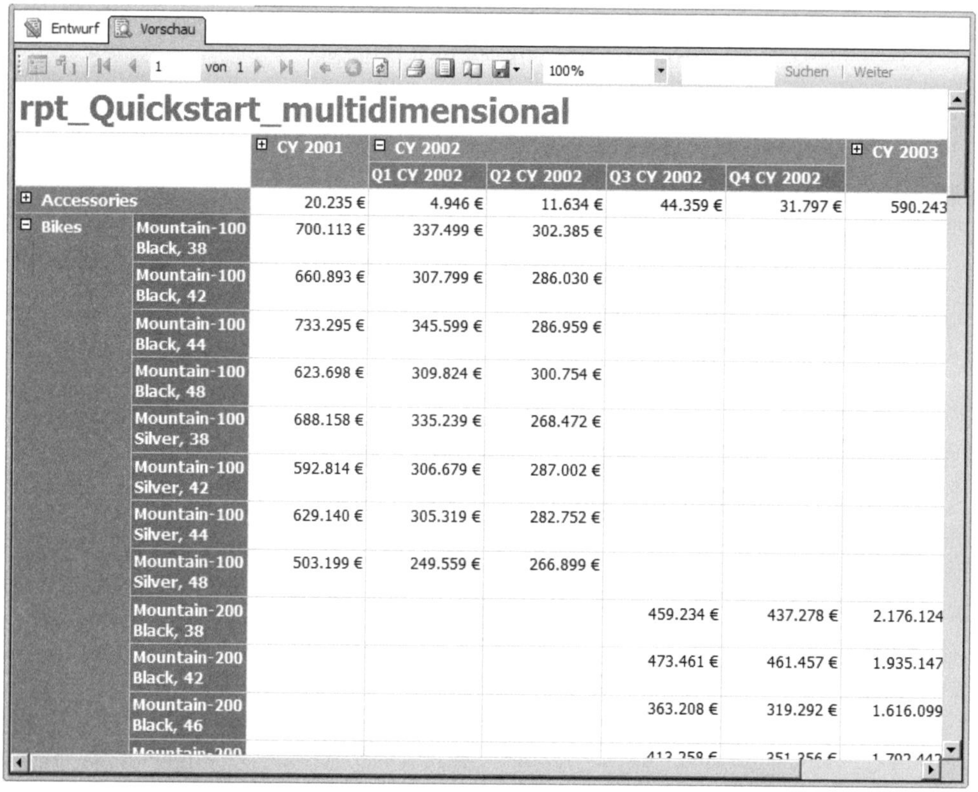

Abbildung 21.28 Der Matrix-Bericht in der Vorschauansicht

Im zweiten Beispielbericht wurde eine etwas detailliertere Auswertung erstellt als im ersten Report dieses Abschnittes. Die abgefragten Daten für das Diagramm im relationalen Bericht entsprechen ungefähr denen, die der multidimensionalen Matrix zugrunde liegen. Die Erstellung der Abfrage für die Matrix gelingt dank eines auf menschliche Auswertungen ausgerichteten Datenmodells zügiger und es ist keine detaillierte Kenntnis der Datenstrukturen für die Erstellung nötig. Allerdings verlangt der Einsatz des Abfrage-Editors bei multidimensionalen Datenquellen eine gute Kenntnis der Mengenverhältnisse im Cube und/oder etwas Erfahrung im Erstellen von MDX-Abfragen.

Datenbereitstellung

Die Datenbereitstellung implementiert eine Sicht, die Daten der Datenquelle für die Nutzung durch Berichte bereitstellt. Die Datenbereitstellung durch die Reporting Services erfolgt, wie in fast allen Business Intelligence Projekten, zunächst durch die Definition von Datenquellen. Anschließend werden diese Abfragen abgesetzt, deren Ergebnisse in Datasets für die Ausführung der Berichte bereitgestellt werden. Die Datenbereitstellung setzt sich also aus den Datenquellen und den darauf aufbauenden Datasets zusammen. Mit diesen Themen beginnt der folgende Abschnitt. Anschließend werden der Zugriff auf MDX-Datenquellen, die Übergabe von Parametern sowie die Filterung von Berichten beschrieben.

Datenquellen

In den Reporting Services stellen Datenquellen die Verbindung zu den Quelldaten für ein Berichtsprojekt dar. Die Datenquellen werden auf dem Berichtsserver bereitgestellt. Es gibt zwei Arten der Datenquelleneinrichtung: freigegebene Datenquellen und berichtsspezifische Datenquellen. In der Regel empfehlen sich freigegebene Datenquellen, um die Wartbarkeit erstellter Lösungen zu erhöhen und Sicherheitsstandards einfacher entwickeln, halten und verändern zu können. Die Einrichtung einer Datenquelle haben Sie schon im Rahmen des Quickstarts kennengelernt. Allerdings wurden dort lediglich die Datenquellen *Microsoft SQL Server* und *Microsoft Analysis Services* vorgestellt und es erfolgte keine genauere Betrachtung der Einstellungsmöglichkeiten.

Verbindung

Auf der Registerkarte *Allgemein* des Datenquellendefinitions-Dialogfelds werden der Datenquellentyp, der Name der Datenquelle sowie die Verbindungszeichenfolge eingegeben. Als Datenquellentyp können neben dem SQL Server und den Analysis Services unter anderen folgende Datenquellen in der Standardinstallation angesprochen werden:

- OLEDB
- Oracle
- ODBC
- XML
- Report Server Model
- SAP NetWeaver BI
- Hyperion Essbase
- TERADATA

Authentifizierung

Auf der Registerkarte *Anmeldeinformationen* können Sie zwischen mehreren Authentifizierungsformen wählen und ggf. Anmeldeinformationen hinterlegen. Letztere werden dann in verschlüsselter Form auf dem Berichtsserver gespeichert. Die Informationen zur freigegebenen Datenquelle werden in einer Datei mit der Endung *.rds* gespeichert. Eine solche Datei kann anschließend auch von anderen Projekten dem aktuellen Projekt über das Kontextmenü unter dem Punkt *Vorhandenes Element hinzufügen* hinzugefügt werden, um dort eine ähnliche Datenquelle zu erzeugen. Hierbei wird eine Kopie in der Projektmappe des aktuellen Projekts gespeichert, sodass Sie nicht mit Änderungen an der *rds*-Datei die Funktionsfähigkeit des Herkunftsprojekts gefährden können.

Bei der *rds*-Datei handelt es sich, wie üblich, um eine XML-Datei, die die Verbindungsinformationen speichert. Dazu gehören in erster Linie der Connection String und die Authentifizierungsinformationen. Von den drei zur Verfügung stehenden Authentifizierungsmethoden scheint zwar die integrierte Windows-Authentifizierung die Übergabe eines hart codierten Nutzers mit Passwort überflüssig zu machen, doch stößt dieses Verfahren schnell an seine Grenzen: Mit der integrierten Windows-Sicherheit können keine zeitgesteuerten Berichtsbereitstellungen und Abonnements durchgeführt werden, da bei automatischer Berichtsausführung kein Nutzer eingeloggt ist, der Verbindungsinformationen zur Verfügung stellen könnte. Es empfiehlt sich, für den Datenzugriff ein entsprechendes Domänenkonto einzurichten. Dies verlagert allerdings die Berechtigungsprüfung zum Zugriff auf sensible Daten stark in die Reporting Services hinein. Genaueres zum Rollenkonzept der Reporting Services erfahren Sie in Kapitel 22.

Datasets

Datasets werden aus Abfragen auf die Datenquellen gebildet. Sie stellen eine Konkretisierung der Datenquellen dar. Sind die Daten im Dataset, ist es egal, ob sie aus einer Oracle-Datenbank, dem Microsoft SQL Server oder einer sonstigen Datenquelle stammen. Datasets können auf Basis folgender Abfragetypen erstellt werden:

- **Stored Procedures** (mit einem Rückgabewert) können Sie verwenden, wenn Sie auf eine relationale Datenquelle zugreifen. Sie müssen beim Erstellen der Abfrage den Befehlstyp von *Text* auf *Stored Procedure* umstellen. Anschließend bekommen Sie die in der Quelldatenbank enthaltenen Stored Procedures zur Auswahl angeboten. Enthält die Stored Procedure Parameter, werden diese automatisch als Berichtsparameter übernommen. Genaueres zu Parametern im folgenden Abschnitt.

- **SQL-Queries** können wie gewohnt im Standard-Abfrage-Designer erstellt werden und stellen die wohl gebräuchlichste Datenbereitstellungsart für Datasets dar. Mit SQL-Abfragen können auch Tabellenwertfunktionen angesprochen werden.

- **MDX-Queries** ermöglichen das Reporting bezogen auf Cubes in den Analysis Services oder auf andere multidimensionale Datenprovider, wie z.B. SAP NetWeaver BI. Der mit den Reporting Services ausgelieferte grafische Editor für diese Abfragen erleichtert deren Erstellung wesentlich. Die Überführung der MDX-Abfragen in ein Dataset steht allerdings im Widerspruch zur Natur der Ergebnismengen von MDX-Abfragen: Datasets bilden nur flache und keine multidimensionalen Datenstrukturen ab.

Zwischen MDX-Abfragen einerseits und SQL-Abfragen und Stored Procedures andrerseits muss nicht abgewogen werden: Hier hängt der Einsatz des Werkzeugs von der Datenquelle ab. Beim Zugriff auf relationale SQL Server-Datenbanken lohnt es sich aber, grundsätzlich darüber nachzudenken, ob SQL-Abfragen oder Stored Procedures zur Datenabfrage verwendet werden sollen. Stored Procedures stellen eine gute Möglichkeit dar, die Berichtswelt etwas von der zugrunde liegenden Datenbank abzukapseln.

Als gute Alternative können inzwischen auch Tabellenwertfunktionen gelten, da beim Zugriff auf diese leicht kleinere Ergänzungen wie das Anfügen einer ORDER BY Klausel auf Berichtsebene erfolgen können. Dies macht das Berichtswesen gegenüber Veränderungen an der Datenbasis unempfindlicher und erleichtert die Anpassung sowie das Testen der Anpassung. Auf eine detaillierte Erörterung des bekannten Abfrage-Designers oder von Stored Procedures wird an dieser Stelle verzichtet, da es hierzu genügend geeignete Literatur gibt und hier der Platz nicht ausreicht.

Arbeiten mit dem MDX-Abfrage-Editor

Mit dem grafischen Abfrage-Designer ist der Zugriff auf multidimensionale Strukturen komfortabel gestaltet. Im Abschnitt Quickstart haben Sie schon Erfahrungen damit gemacht. An dieser Stelle möchten wir Ihnen nun seine Nutzung systematisch näher bringen. Wir werden die Erläuterungen im Rahmen eines neuen beispielhaften Berichts mit der Bezeichnung *rpt_MDX_Demo* vornehmen. Dazu gehen Sie bitte vor wie folgt:

1. Öffnen Sie das Projekt *proj_KAP_21*, falls noch nicht geschehen.
2. Legen Sie einen neuen Bericht an, indem Sie im Kontextmenü des Berichtsordners im Projektmappen-Explorer den Eintrag *Hinzufügen/Neues Element?* wählen, wie in der Abbildung 21.29 zu sehen ist. Hierdurch können Sie einem Projekt einen neuen Bericht unter Umgehung des *Berichts-Assistenten* hinzufügen. Anschließend selektieren Sie das Berichts-Template und geben Sie als Namen für den Bericht *rpt_MDX_Demo* an.

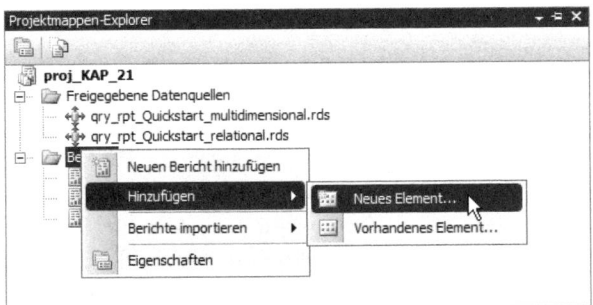

Abbildung 21.29 Hinzufügen eines neuen Elements im Projektmappen-Explorer

3. Im Berichtsdatenfenster des neuen Berichts können Sie jetzt einen Verweis auf die freigegebene Datenquelle *qry_rpt_Quickstart_multidimensional* hinzufügen. Klicken Sie zu diesem Zweck auf die *Neu*-Schaltfläche oben links im Berichtsdatenfenster und wählen Sie dort den Eintrag *Datenquelle*.
4. Es erscheint das in Abbildung 21.30 dargestellte Fenster *Datenquelleneigenschaften*. Aktivieren Sie dort die Option Verweis auf freigegebene Datenquelle und wählen Sie in dem darunterliegenden Listenfeld die freigegebene Datenquelle *qry_rpt_Quickstart_multidimensional*. Klicken Sie auf *OK*.

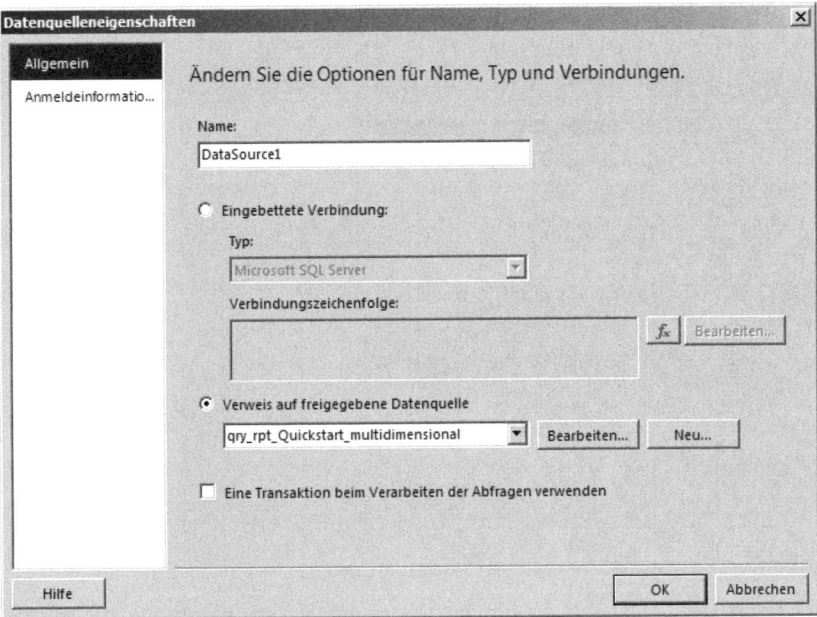

Abbildung 21.30 Datenquelleneigenschaften

5. Im Berichtsdatenfenster des neuen Berichts ist jetzt die Datenquelle verfügbar und Sie können in deren Kontextmenü den Eintrag *Dataset hinzufügen* auswählen. Vollziehen Sie diesen Schritt und benennen Sie das neue Dataset mit der Bezeichnung *ds_rpt_MDX_Demo*. Öffnen Sie aus dem Dialogfeld Dataseteigenschaften heraus durch einen Klick auf die gleichnamige Schaltfläche den *Abfrage-Designer*. Da Sie diesen von einer multidimensionalen Datenquelle aus aufgerufen haben, wird der Abfrage-Designer für MDX-Abfragen angezeigt, wie er in der Abbildung 21.31 zu sehen ist.

6. Oben links ist der gerade im Fokus befindliche Cube auf dem Analysis-Server eingeblendet. Mit der rechts daneben befindlichen Schaltfläche mit den drei Punkten kann der Cube, für den die Abfrage erstellt werden soll, innerhalb der Datenbank ausgewählt werden.

Der Einfachheit halber bleiben wir beim Cube *Adventure Works*. Generell ist es so, dass in der Auswahl nicht nur Cubes sondern auch sogenannte *Perspektiven* angezeigt werden, die eine Art Sicht auf einen Cube darstellen. Der einzig echte Cube im physikalischen Sinne ist der Cube *Adventure Works*. Aus dem linken Metadatenfenster können die Elemente, die in der Query verwendet werden sollen, mittels Drag & Drop einfach in den Ergebnisbereich gezogen werden. Die Elemente sind nach *Measure Groups* und *Dimensionen* gruppiert und geordnet. Weiterhin können Sie im Metadatenfenster auf die KPIs zugreifen. Diese stellen in den Cubes vordefinierte Kennzahlen dar, für die Ziel- und Statuswerte hinterlegt sind.

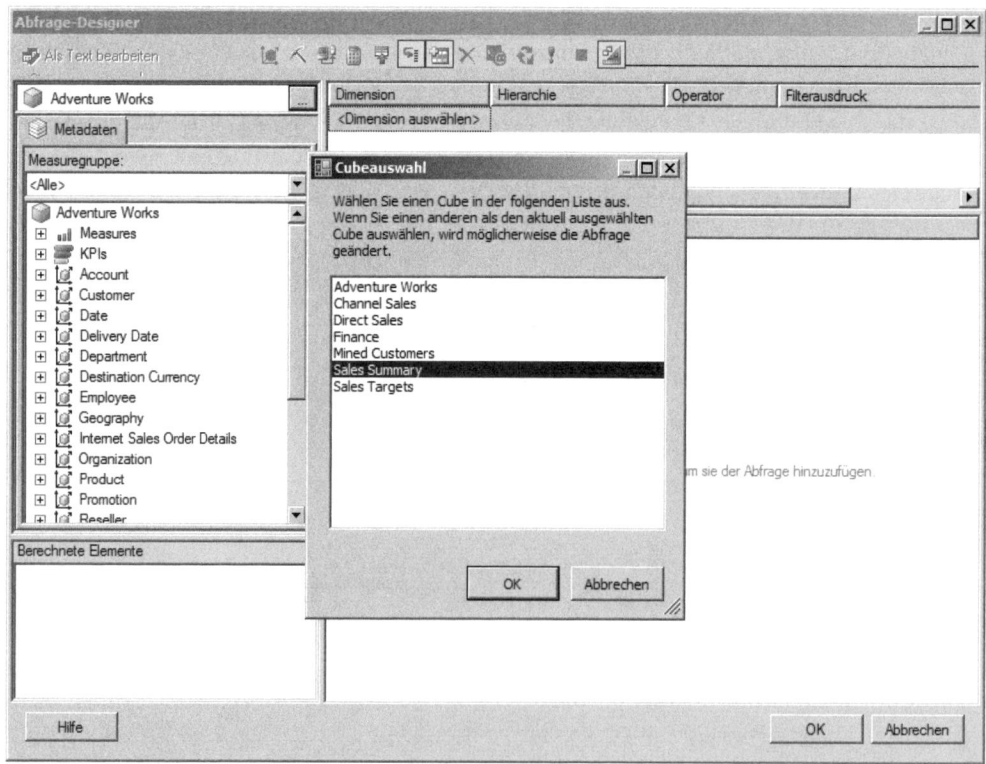

Abbildung 21.31 Der MDX Query Designer

7. Ziehen Sie die Measures *[Sales Summary].StandardProductCosts* und *[Sales Summary].TotalProductCosts* in das Ergebnisfenster. Als Aufriss ziehen Sie die Dimension *[Sales Channel].[Sales Channel]* hinzu.

Im unterhalb des Metadatenfensters befindlichen Bereich *Berechnete Elemente* können innerhalb der Query neue berechnete Elemente gebildet werden. In diesem Bereich ist über das Kontextmenü mit der Auswahl *Neues berechnetes Element* der Generator für berechnete Elemente aufrufbar, wie er in der Abbildung 21.32 zu sehen ist. Darin stehen Ihnen im linken unteren Bereich die im Cube vorhanden Entitäten zum Einfügen zur Verfügung und im rechten unteren Bereich eine Palette von MDX-Funktionen. Im oberen Fensterteil kann der Ausdruck auch mit der Tastatur bearbeitet werden.

8. Wir erzeugen nun ein einfaches berechnetes Element, das wir *DiffTotalToStandard* nennen. Tragen Sie diese Bezeichnung oben in das Namensfeld ein. Anschließend ziehen Sie zunächst das Measure *[Measures].[Total Product Cost]* aus dem Metadatenbereich in das Ausdrucksfeld. Tippen Sie hernach ein Minuszeichen ein und ziehen Sie das Measure *[Measures].[Standard Product Cost]* dahinter. Damit haben Sie ein berechnetes Element definiert, das die Differenz aus *Totalen Produktkosten* und *Standardproduktkosten* bildet. Sie können die Definition der Berechnung mit der gleichnamigen Schaltfläche *überprüfen*.

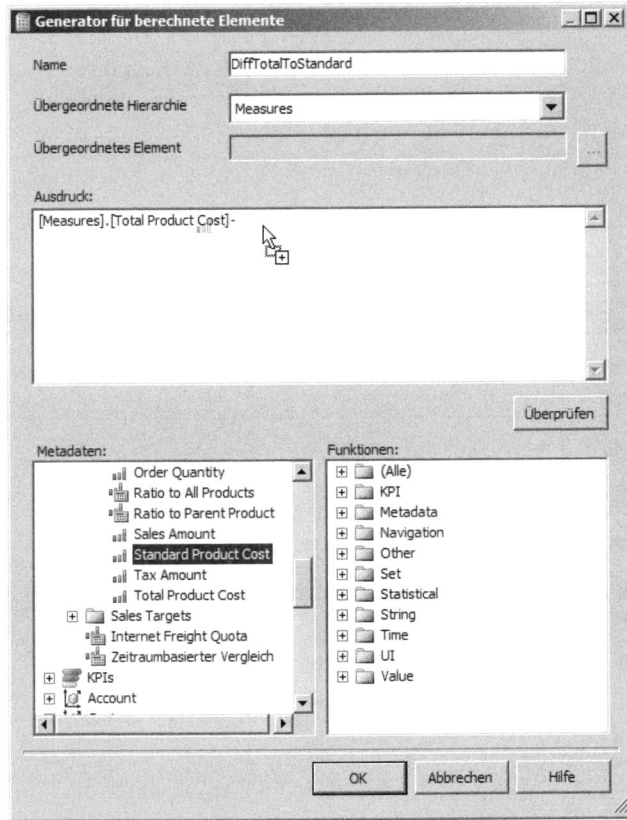

Abbildung 21.32 Der Generator für berechnete Elemente

9. Nachdem Sie mit *OK* bestätigt haben, steht das berechnete Element im Bereich für berechnete Elemente zur Verwendung in der Query bereit. Ziehen Sie das neue berechnete Element in den Ergebnisbereich.
10. Im oberen Bereich des *Abfrage-Designers* besteht die Möglichkeit, beliebige Dimensionsausprägungen zu filtern und diese Filterung als Berichtsparameter zu übernehmen. Auf Letzteres werden wir später in diesem Kapitel im Abschnitt »Parameter« noch ausführlich eingehen. Die Filterung auf Dimensionsausprägungen führt zu einer entsprechenden Einschränkung der MDX-Abfrage. Sie ziehen nun aus der *Date-*

Dimension die Attributhierarchie *Calendar Year* in den Filterbereich und schränken Sie mit einer Mehrfachauswahl auf die Jahre 2002 und 2003 ein. Hier können auch mehrere Einschränkungen aus verschiedenen Dimensionen hinterlegt werden.

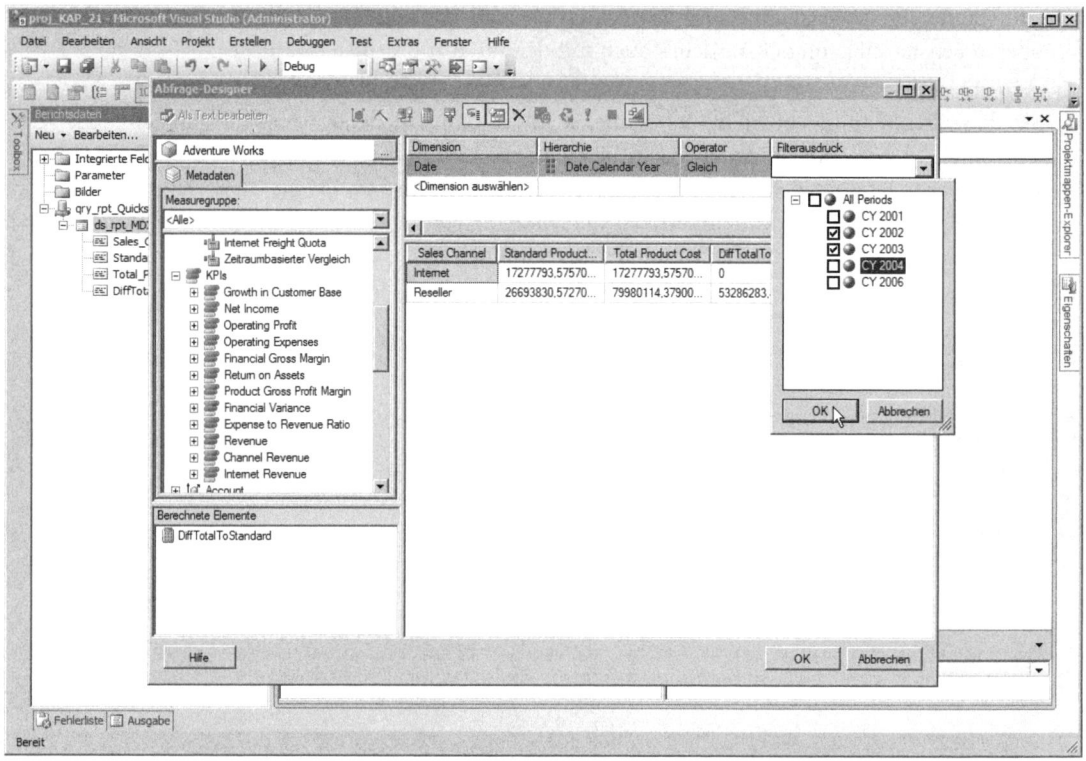

Abbildung 21.33   Einschränkung der Ergebnismenge durch Dimensionsfilterung

11. Mithilfe der Schaltfläche *Entwurfsmodus* rechts oben im Abfrage-Designer können Sie zwischen dem MDX-Text der Abfrage und dem grafischen Editor hin- und herschalten (Abbildung 21.34).

```
WITH MEMBER [Measures].[DiffTotalToStandard] AS [Measures].[Total Product Cost]-[Measures].
[Standard Product Cost] SELECT NON EMPTY { [Measures].[Total Product Cost], [Measures].
[DiffTotalToStandard], [Measures].[Standard Product Cost] } ON COLUMNS, NON EMPTY { ([Sales
Channel].[Sales Channel].[Sales Channel].ALLMEMBERS ) } DIMENSION PROPERTIES
MEMBER_CAPTION, MEMBER_UNIQUE_NAME ON ROWS FROM ( SELECT ( { [Date].[Calendar
Year].&[2003], [Date].[Calendar Year].&[2002] } ) ON COLUMNS FROM [Adventure Works]) WHERE (
[Date].[Calendar Year].CurrentMember ) CELL PROPERTIES VALUE, BACK_COLOR, FORE_COLOR,
FORMATTED_VALUE, FORMAT_STRING, FONT_NAME, FONT_SIZE, FONT_FLAGS
```

Abbildung 21.34   Die Abfrage im MDX Entwurfsmodus

Zusammenfassend lassen sich mit diesem Editor bei einem guten Verständnis des jeweils abzufragenden Cubes schneller Abfragen definieren als für relationale Datenquellen. Zudem können Sie im Abfrage-Designer mittels der kleinen Schaltfläche oben links mit der Spitzhacke auch Abfragen mit DMX auf Data Mining Modelle der Analysis Services absetzen und so Prognosewerte aus derartigen Modellen in Berichten ausgeben. Leider funktioniert das Umschalten zwischen der MDX-Ansicht und dem grafischen Abfrage-Editor nur vom Editor hin zur MDX-Ausgabe. Änderungen, die in der MDX-Ansicht vorgenommen werden, gehen

Datenbereitstellung

beim Zurückschalten in den grafischen Abfrage-Editor verloren. Gleiches gilt für Abfragen, die mit DMX erstellt werden.

Für erfahrene MDX- oder DMX-Entwickler, die Ihre Abfragen zunächst im SQL Server Management Studio oder anderen Umgebungen entwickeln und testen ist der Abfrage-Designer daher eine nur mäßig attraktive Option. Ein neues Feature der Reporting Services 2008 im Bereich der Dataset-Erstellung soll noch erwähnt werden. Es handelt sich hierbei um die Möglichkeit, aus dem Fenster *Dataset-Eigenschaften* heraus mittels der Schaltfläche *Importieren* ein Dataset aus einem anderen Bericht zu importieren. Wenn Sie auf die Schaltfläche klicken, öffnet sich das Standard-Dialogfeld zum Öffnen einer Datei und Sie müssen zu der entsprechenden Berichtsdefinitionsdatei im *.rdl*-Format navigieren. Nachdem Sie diese ausgewählt haben, bekommen Sie, wie in der Abbildung 21.35 zu sehen ist, die in dem Bericht enthaltenen Datasets für den Import angeboten.

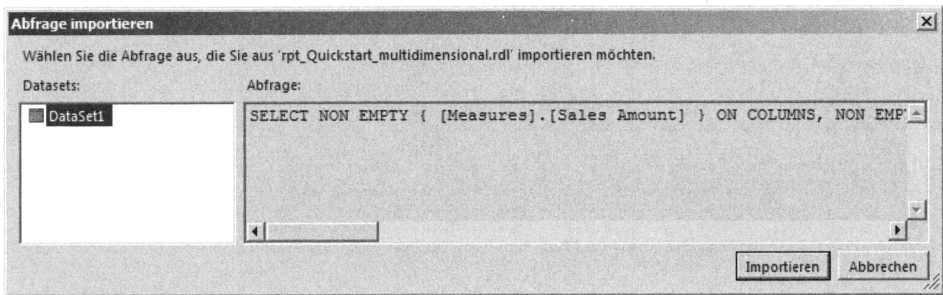

Abbildung 21.35 Import eines Datasets aus einem bestehenden Bericht

Parameter und Filter

In den seltensten Fällen sollen Abfrageergebnisse komplett an den Benutzer bzw. in einem Bericht ausgegeben werden. Meistens geht es darum, die Ergebnismenge programmgesteuert oder durch Benutzerinteraktion einzuschränken. Dazu dienen Parameter und Filter. Berichtsparameter können für eine Benutzerinteraktion oder den Empfang eines durch andere Einstellungen oder Programme übergebenen Wertes eingesetzt werden. Für die Benutzerinteraktion werden von den Reporting Services automatisch Eingabefelder aus den Parametern erzeugt. Berichtsparameter schränken das Abfrageergebnis auf dem Datenbankserver der Datenquelle ein. Filter filtern lediglich die Anzeige des Datasets im Bericht. Wir werden zunächst die Parametererzeugung und Verarbeitung im Zusammenhang mit Abfragen behandeln und anschließend auf die Filterverarbeitung eingehen.

Berichtsparameter

Bei dem Berichtsparameter handelt es sich um ein zum Bericht gehörendes Auflistungsobjekt, das in einem eigenen Ordner im Berichtsdatenfenster verwaltet wird. Hier können Berichtsparameter angelegt, editiert und gelöscht werden. Wichtig ist, dass beim Eintrag eines Abfrageparameters in einer relationalen oder multidimensionalen Abfrage automatisch ein Berichtsparameter angelegt wird. Bei einer relationalen Abfrage auf Microsoft SQL Server erfolgt der Eintrag eines Parameters schlicht durch die Verwendung eines Elements mit einem @-Zeichen davor (...Where ProductID = @PID...).

In einer auf einen Cube bezogenen Abfrage wird ein Parameter generiert, wenn im Abfrage-Designer das Kontrollkästchen *Parameter* neben einem Dimensionsfilter aktiviert wird. Hierbei wird automatisch im Hintergrund ein Dataset angelegt, das die verfügbaren Werte für den Dimensionsfilter enthält. Sie können sich dieses MDX-Dataset anzeigen lassen, indem Sie im Berichtsdatenfenster im Kontextmenü den Eintrag *Alle ausgeblendeten Datasets anzeigen* aktivieren. Für Berichtsparameter können eine ganze Reihe von Eigenschaften festgelegt werden (Abbildung 21.36): Neben der *Bezeichnung* muss ein Datentyp angegeben werden, neben *Eingabeaufforderung* eine Beschriftung des Eingabefeldes. Der Berichtsparameter kann optional ausgeblendet werden und NULL-Werte, leere Werte oder mehrere Werte zulassen. Die verfügbaren Werte können aus einer Abfrage bezogen werden. Bei MDX-Parametern wird eine solche Abfrage sogar automatisch generiert, die Werte können aber auch fix eingetragen werden. Ist eine Liste verfügbarer Werte hinterlegt, werden diese dem Nutzer in einem Kombinationsfeld angeboten. Hierbei wird zwischen Bezeichnungs- und Schlüsselfeld unterschieden.

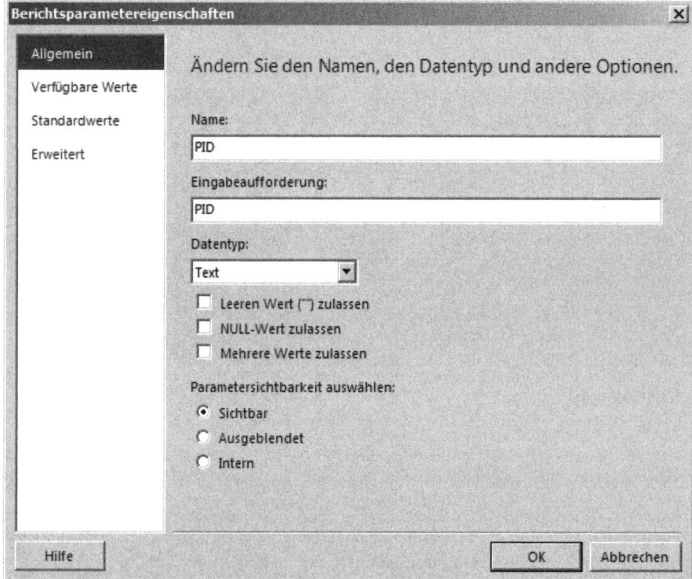

Abbildung 21.36 Fenster zum Bearbeiten von Berichtsparametern

Auch bei den Parametern hat sich gegenüber den Reporting Services 2005 etwas getan. auf der Registerkarte *Erweitert* kann jetzt zwischen drei Aktualisierungsarten unterschieden werden:

- Aktualisierungszeitpunkt automatisch bestimmen
- Immer aktualisieren
- Nie aktualisieren

Bei dieser Auswahl geht es zum einen darum, zu bestimmen, ob gesetzte Standardwerte noch gültig sind. Eine Aktualisierung der dem Parameter zugrunde liegenden Abfrage kann sich negativ auf die Performance auswirken und ist manchmal unnötig. Sollten Sie, insbesondere bei kaskadierenden Parametern Performanceprobleme haben, können Sie versuchen, bei Parametern, deren Werte stets gültig sein werden, die Option *nie aktualisieren* auszuwählen.

Einsatz eines relationalen Berichtsparameters am Beispiel

Zur Demonstration der Nutzung von Berichtsparametern in relationalen Abfragen wird ein Bericht mit der Bezeichnung *rpt_Produktdetails* erstellt. Gehen Sie dafür folgendermaßen vor:

1. Öffnen Sie das Projekt *proj_KAP_21*, falls noch nicht geschehen.
2. Wählen Sie im Kontextmenü des Ordners *Berichte* im Projektmappen-Explorer des Projekts *proj_KAP_21* den Eintrag *Neuen Bericht hinzufügen*.
3. Wählen Sie die freigegebene Datenquelle *qry_rpt_Quickstart_relational* aus.
4. Lassen Sie sich den Abfrage-Editor anzeigen und fügen Sie die Tabelle *Production.Products* hinzu. Selektieren Sie aus dieser die Felder *ProductID*, *Name* und *ListPrice*. Tragen Sie für das Feld *ProductID* in der Spalte *Filter* den Ausdruck *@PID* ein. Sie sollten nun das folgende Statement im *SQL*-Bereich des Abfrage-Editors sehen:

```
SELECT    ProductID, Name, ListPrice FROM    Production.Product WHERE    (ProductID = @PID)
```

5. Mit dem in der WHERE-Klausel des SQL-Statements übergebenen @PID (gleiche Schreibweise wie Variablen in T-SQL) haben Sie einen Platzhalter für einen Berichtsparameter eingefügt. Wird dieser Platzhalter gefüllt, fungiert er als Filterwert für die Abfrage. Arbeiten Sie die nächsten Schritte des Berichtsassistenten durch, indem Sie ein Tabellenlayout wählen und alle Felder den Details zuordnen und benennen Sie den Bericht mit *rpt_Produktdetails*.
6. Benennen Sie das Dataset DataSet1 über das Berichtsdatenfenster in *qry_ProduktDetails* um.
7. Erstellen Sie ein neues Dataset, indem Sie im Berichtsdatenfenster des neuen Berichts im Kontextmenü der Datenquelle *qry_rpt_Quickstart_relational* den Eintrag *Dataset hinzufügen* wählen.
8. Benennen Sie das Dataset mit *ProduktAuswahl* und schalten Sie zum Abfrage-Designer um.
9. Erstellen Sie eine Abfrage, die die Produktbezeichnungen und Produktschlüssel wiedergibt, indem Sie die Tabelle *Product* hinzufügen und die Felder *ProductID* und *Name* selektieren. Übernehmen Sie Ihre Eingaben mit einem Klick auf OK.
10. Im Berichtsdatenfenster des neuen Berichts finden Sie jetzt im Ordner *Parameter* den automatisch generierten Parameter *PID*. Wechseln Sie über den Kontextmenüeintrag *Parametereigenschaften* in das Fenster zum Bearbeiten des Berichtsparameters. Wenn Sie nun auf der Seite *Verfügbare Werte* das Optionsfeld *Werte aus Abfrage abrufen* aktivieren, können Sie nicht nur Ihr Dataset *ProduktAuswahl* hinterlegen, sondern auch noch angeben, welcher Wert als Bezeichnungs- bzw. als Wertfeld dient. Mit Wertfeld ist hier der eigentliche Parameter gemeint, der die Abfrage filtert – also die *ProductID* – und mit Bezeichnungsfeld der Wert, den der Berichtskonsument selektiert – also der Name des Produktes.
11. Bestätigen Sie per Klick auf *OK* und wechseln Sie in die Berichtsvorschau. Sie sehen, dass Sie zunächst oben links das Produkt auswählen und anschließend mit der Schaltfläche *Bericht anzeigen* rechts oben den parametrisierten Bericht aufrufen müssen. Es erscheint im Bericht nur das Produkt, das Sie selektiert haben, mit den noch recht rudimentären Produktdetails.

Die Parametrisierung von Abfragen auf Datenquellen, die nicht vom Typ *Microsoft SQL Server* sind, hängt von den Syntaxanforderungen des Datenproviders ab. Bei Oracle können benannte Parameter durch einen Doppelpunkt vor dem Parameternamen übergeben werden:

```
SELECT     *
FROM       Help
WHERE      (SEQ = :Parameter1) OR (SEQ = :Parameter2)
```

Listing 21.2 Syntax zur Parameterverwendung beim Datenquellentyp *Oracle*

Bei den Datenquellentypen *OLE DB* und *ODBC* können Parameter in Form eines Fragezeichens in der Abfrage angegeben werden. Die Parameter werden dann unter der Bezeichnung *Parameter1*, *Parameter2* usw. in die Berichtsparameter aufgenommen. Ein Umbenennen ist nicht möglich.

```
SELECT    MATRNR
FROM   :     Studenten
WHERE     (MATRNR = ?) AND (GESCHLECHT = ?)
```
Listing 21.3 Syntax zur Parameterverwendung bei den Datenquellentypen *OLE DB* oder *ODBC*

> **TIPP** Sie können kaskadierende Parameter verwenden: Kaskadierende Parameter sind Parameter, deren Auswahlmenge von der Selektion anderer, vorher bestückter Parameterwerte abhängt. Zu beachten ist dabei die Reihenfolge im Berichtsdatenfenster. Nach dieser werden die Parameter abgearbeitet, daher muss der für einen anderen Parameter benötigte Parameter vor diesem in der Bearbeitungsreihenfolge stehen. Die Bearbeitungsreihenfolge ergibt sich aus der Position der Parameter im Berichtsdatenfenster. Der am weitesten oben stehende Parameter wird zuerst abgearbeitet und anschließend der darunter usw. Die Reihenfolge können Sie mit den kleinen Pfeilen oben rechts im Berichtsdatenfenster ändern.

Parametrisieren multidimensionaler Abfragen

Auch die Parametrisierung multidimensionaler Abfragen erläutern wir an einem Beispiel. Wir benutzen hierfür den Bericht *rpt_MDX_Demo* als Grundlage:

1. Öffnen Sie das Projekt *proj_KAP_21*, falls noch nicht geschehen, und öffnen Sie im Berichtsdatenfenster das Dataset *ds_rpt_MDX_Demo* in der Abfragebearbeitung, indem Sie in dessen Kontextmenü den Befehl *Abfrage* auswählen.

2. Ziehen Sie zusätzlich zur Attributhierarchie *CalendarYear* noch die *Category* aus der Dimension *Product* in den Dimensionsfilterbereich. Geben Sie als Filterwert *Bikes* an.

3. Aktivieren Sie beide Kontrollkästchen hinter den Dimensionsfilterausdrücken in der *Parameter*-Spalte und speichern Sie das Projekt. Es kann sein, dass Sie die Fenstergröße etwas verändern müssen, um die Parameterspalte im Abfrage-Designer sichtbar zu machen.

4. Wechseln Sie zum *Layout* und fügen Sie dem Bericht ein Tabellenelement hinzu. Ziehen Sie aus dem Dataset die Felder *SalesChannel*, *StandardProductCost* und *TotalProductCost* in die Detailzeile der Tabelle.

5. Wechseln Sie zur Vorschauansicht. Diese sollte in ihrem Erscheinungsbild der von Abbildung 21.38 entsprechen. Beide Parameter sind eingabebereit und es erscheinen Daten, da für beide Parameter Standardwerte (die Filterausdrücke in der Abfrage) vorhanden sind.

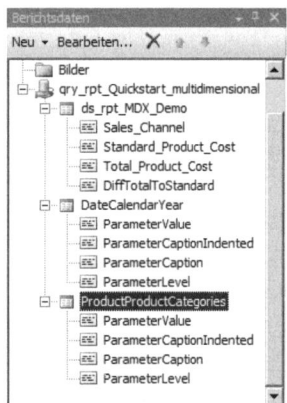

Abbildung 21.37 Automatisch erzeugte Datasets für MDX-Parameter

6. Wählen Sie im Berichtsdatenfenster im Kontextmenü den Befehl *Alle ausgeblendeten Datasets anzeigen*. Sie stellen fest, dass automatisch für jeden Parameter eine neue MDX-Abfrage generiert wurde, die die

Datenbereitstellung

Auswahlliste für den jeweiligen Parameter bereitstellt. Das Berichtsdatenfenster sollte sich wie in Abbildung 21.37 präsentieren.

WICHTIG Wenn Sie Abfrageparameter später umbenennen oder anderweitig verändern, werden diese Änderungen nicht an die Berichtsparameter weitergegeben, sondern müssen manuell nachgetragen werden.

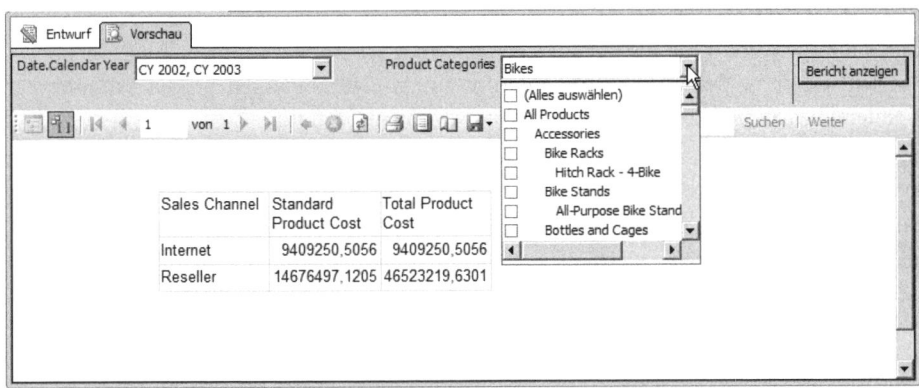

Abbildung 21.38 Der MDX-Demoreport mit Parameterauswahl

Filtern auf Berichtsebene

In jedem datentragenden Berichtselement, also in Datasets, Tabellen, Matrix-Elementen, Textfeldern, Listen und Diagrammen, ist es möglich, in den Eigenschaften eine oder mehrere Filterbedingungen zu hinterlegen. Diese Methode ist zur Datenselektion nur die zweite Wahl, aber bei Datenquellen, die eine Parameterübergabe nicht unterstützen, die einzige Möglichkeit. Hier kann auch mittels Ausdrücken auf Berichtsparameter verwiesen werden. Die Filtereinstellungen (Abbildung 21.39) sind über die jeweiligen Eigenschaftenfenster der Berichtselemente erreichbar.

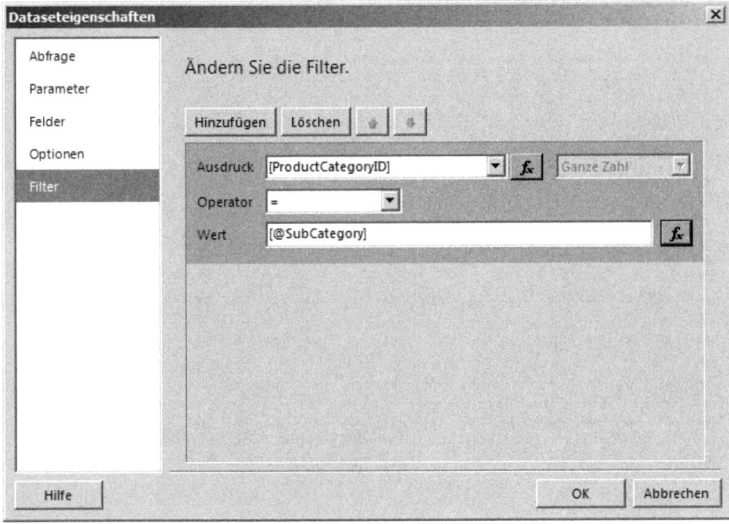

Abbildung 21.39 Filterung in den Eigenschaften eines Berichtselements mit einem Berichtsparameter

Auf die Eigenschaften von Berichtselementen sowie die Erzeugung von Ausdrücken in den Eigenschaften von Berichtselementen werden wir im folgenden Abschnitt ausführlich eingehen.

Berichtselemente und ihre Eigenschaften

In diesem Abschnitt möchten wir Ihnen die von Microsoft mit dem Berichts-Designer angebotenen Berichtselemente, deren Verwendungszweck und die entsprechenden möglichen Einstellungen vorstellen. Die Eigenschaften aller Berichtselemente lassen sich zum einen in einem eigenständigen Eigenschaftenfenster bearbeiten und zum anderen im Standard-Eigenschaftenfenster von Visual Studio.

Da Sie beim Erstellen von Berichten sehr häufig in den Eigenschaften von Berichtselementen Änderungen vornehmen werden, lohnt sich ein kurzer Vergleich dieser beiden Möglichkeiten: Die elementspezifisch gestalteten Eigenschaftenfenster, die Sie über das Kontextmenü der Elemente aufrufen können, sind tendenziell etwas komfortabler strukturiert. Unserer Meinung nach ist die Bearbeitung im Standard-Eigenschaftenfenster etwas zügiger möglich. Die Bearbeitung von Eigenschaften mittels Copy and Paste im Standard-Eigenschaftenfenster in Zusammenhang mit der hier möglichen Mehrfachselektion ist ein gutes Instrument für deren Nachbearbeitung.

In Abbildung 21.40 sehen Sie, dass die Navigation mithilfe der Registerkarte eine bessere Übersicht über die möglichen Schriftformatseinstellungen eines Textfeldes bietet. Dafür sind alle diese Einstellungen im Standard-Eigenschaftenfenster von Visual Studio in der Gruppenzeile *Font-Eigenschaften* (Abbildung 21.41) zusammengefasst und können so mittels Copy and Paste auf andere Berichtselemente übertragen werden.

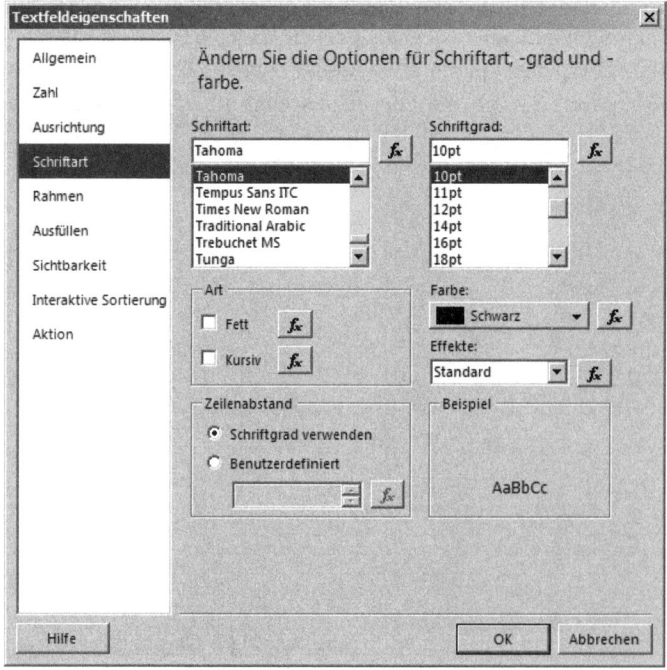

Abbildung 21.40 Eigenschaftenfenster eines Textfeldes

Berichtselemente und ihre Eigenschaften

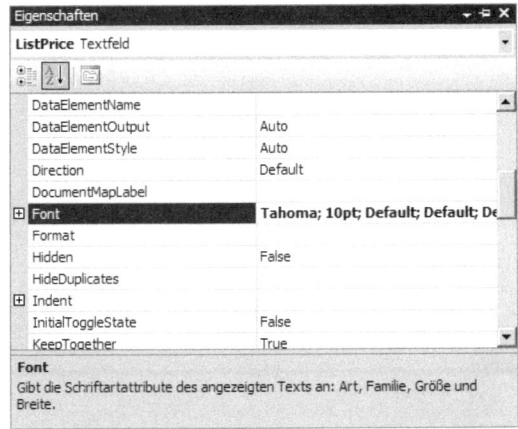

Abbildung 21.41 Standard-Eigenschaftenfenster von Visual Studio bei ausgewähltem Textfeld

Im Standard-Eigenschaftenfenster von Visual Studio können Sie mit den drei oben angebrachten Schaltflächen zwischen einer Kategorienansicht, einer alphabetischen Gliederung oder den Registerkarten mit den spezifischen Eigenschaften wählen. Grundsätzlich lassen sich Standardeigenschaften besser in der tabellarischen Ansicht bearbeiten, erweiterte oder elementspezifische Eigenschaften besser in der Registerkartenansicht.

HINWEIS Die hier im Zusammenhang mit der Besprechung der Elemente genannten Beispiele beziehen sich alle auf das Berichtsprojekt *proj_KAP_21* und den Bericht *rpt_Produktdetails*.

Textfeld

Das Element *Textfeld* besitzt zwei Hauptverwendungsmöglichkeiten: zum einen als Bezeichnungsfeld und zum anderen als Anzeigefeld für Daten. Wenn Sie ein Datenfeld aus dem Berichtsdaten-Fenster im Berichts-Designer auf die Berichtsfläche ziehen, wird dieses dort als Textfeld eingefügt. Normalerweise sind in einem Dataset mehrere Datensätze enthalten. In dem mit Drag & Drop aus dem Datenfeld erzeugten Textfeld wird im Standardfall der erste Wert aus dem Datenfeld angezeigt, sofern es sich um ein nichtnumerisches Feld handelt, bei Feldern mit einem Zahlenwert hingegen die Summe.

Die datentragenden Berichtselemente wie Tabelle oder Matrix bestehen aus Textfeldern. Darum gehen wir hier so ausführlich auf dieses vermeintlich banale Berichtselement ein. Textfelder lassen sich durch ihre Eigenschaften vielfältig verändern. Sie können beispielsweise zu Hyperlinks werden (Interaktive Elemente) und so als Verweis zu einem anderen Bericht, einem bestimmten Abschnitt im aktuellen Bericht oder zu einem URL fungieren.

Ein Textfeld ist durch seine Eigenschaften in vielfältiger Hinsicht manipulierbar. Betrachten wir den Listenpreis in unserem Beispielbericht *rpt_Produktdetails*, zeigt sich dessen mangelnde Formatierung. Um den Preis in einem Währungsformat anzeigen zu lassen, benutzen Sie die Format-Eigenschaften des Textfeldes. Diese erreichen Sie im Eigenschaftenfenster des Textfeldes unter dem Register *Zahl*, wo Ihnen eine eng an Microsoft Office angelehnte Formatauswahl wie in Abbildung 21.42 angeboten wird. Wenn Sie schon einmal Zahlen in Excel formatiert haben, benötigen Sie hier keine weiteren Erklärungen. Dieses ist eine erhebliche Verbesserung gegenüber den Formateigenschaften der Vorgängerversion der Reporting Services.

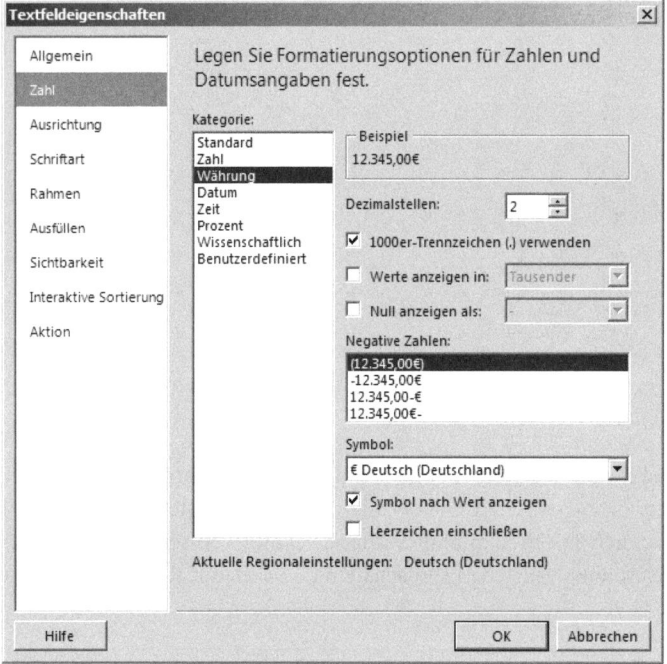

Abbildung 21.42 Zahlenformatierung in einem Textfeld

Sie können nicht nur die vorgegebenen Standardformate auswählen, sondern auch benutzerdefinierte Formate angeben. Benutzerdefinierte Formate können mit einer einfachen Syntax erstellt werden. Beispielhaft werden in der folgenden Tabelle 21.1 einige nützliche Formatierungsmöglichkeiten für Datumswerte aufgelistet:

Formatzeichen	Ausgabe
M	1 oder 10 als Monatsangabe
D	1 oder 31 als Tagesanzeigeformat
yy	06 als Jahresausgabe
yyyy	2006 als Jahresausgabe
hh	06 als Stundenformat
mm	00 als Minutenausgabe

Tabelle 21.1 Wichtige Formatangaben zur Formatierung von Daten in Textfeldern im Datumsformat

Diese Bestandteile lassen sich wie üblich auch kombinieren, indem sie zusammengefasst werden, wie z.B. *dd.MM.yyyy*. Diese Syntax ist Ihnen vielleicht aus anderen Anwendungen wie Microsoft Excel vertraut.

Beispiele	Ausgabe bei Eingabe von *1.1.2006 6:00*
dd.MM.yyyy	01.01.2006
hh	06

Tabelle 21.2 Beispiele für benutzerdefinierte Datumsformate

Beispiele	Ausgabe bei Eingabe von *1.1.2006 6:00*
dd.MM hh:mm	01.01 06:00
dddd, der dd.MM.yyyy	Sonntag, der 01.01.2006

Tabelle 21.2 Beispiele für benutzerdefinierte Datumsformate *(Fortsetzung)*

Zahlenangaben lassen sich ebenfalls, wie in Microsoft Excel, benutzerdefiniert formatiert ausgeben. Mit den drei Basiselementen aus der folgenden Tabelle 21.3 lassen sich fast alle möglichen Ausgabeformate zusammenstellen:

Formatzeichen	Ausgabe
0	0 oder Wert aus der Zahl
#	Nichts oder Wert aus der Zahl
–, . : / .	Erlaubte Zahlenergänzungszeichen

Tabelle 21.3 Wichtige Formatangaben zur Formatierung von Zahlenwerten

Beispiele	Ausgabe bei Eingabe von *20*
#0 "Stck."	20 Stck.
"Zählerstand: " 0000	Zählerstand: 0020
00.–	20.–
#.00	20.00

Tabelle 21.4 Beispiele für benutzerdefinierte Zahlenformate

Tablix

Wie Ihnen vielleicht schon aufgefallen ist, handelt es sich bei *Tablix* nicht um ein selbstständiges Berichtselement, sondern um eine Erweiterung bzw. Zusammenführung von Tabelle und Matrix. Ein *Tablix* kann also zum einen durch eine Erweiterung einer Tabelle und zum anderen durch eine Erweiterung einer Matrix entstehen.

Der Unterschied zwischen einer Tabelle und einer Matrix bestand bisher darin, dass eine Tabelle keine Spaltengruppen enthalten konnte und eine Matrix keine festen Spalten. So war z.B. eine Berichtsanforderung, die den Umsatz nach Produktgruppen in den Zeilen und nach Jahren in den Spalten dynamisch darstellen soll, und dazu noch in einer Spalte den Gesamtumsatz und in einer weiteren Spalte den Durchschnittsumsatz, nur sehr umständlich umzusetzen. Das ist mit *Tablix*, wie wir noch zeigen werden, jetzt ganz einfach. Im Prinzip gibt es also keine Tabelle und keine Matrix mehr, sondern diese stellen nur noch verschiedene Ausgangspunkte zur Erstellung eines *Tablix* dar.

Tabelle

Die Tabelle ist das klassische Instrument der Berichtsgestaltung. Sie können die Tabellen in den Reporting Services sehr einfach über das Kontextmenü Ihren Wünschen gemäß verändern. Zur Veranschaulichung werden wir zunächst den Bericht *rpt_Produktdetails* dahingehend verändern, dass die Position der Tabelle nach unten versetzt wird und zusätzlich zu den bisherigen Informationen die Farbe (*Color*) und die Standardkosten des jeweiligen Produkts angezeigt werden. Zudem soll die Produktbezeichnung aus der Tabelle entfernt und in ein über ihr liegendes Textfeld ausgelagert werden. Dieses Textfeld soll in einer größeren Schrift und fett formatiert werden. Abschließend soll noch der Rohertrag aus der Differenz von Preis und Standardkosten absolut und prozentual innerhalb der Tabelle ausgewiesen werden. Gehen Sie zur Umsetzung wie folgt vor:

1. Öffnen Sie das Projekt *proj_KAP_21*, falls noch nicht geschehen, und zeigen Sie den Bericht *rpt_Produktdetails* an.

2. Wechseln Sie zum Fenster *Berichtsdaten* und wählen Sie im Kontextmenü des Datasets *qry_ProduktDetails* den Eintrag *Abfrage* aus. Der Abfrage-Designer für die dem Dataser zugrunde liegende relationale Abfrage wird angezeigt. Aktivieren Sie die Kontrollkästchen vor den Feldern *Color* und *Standardcost* in der Tabelle *Product*. Verlassen Sie das Dialogfeld mit einem Klick auf OK.

3. Aktivieren Sie die Registerkarte *Entwurf* und erweitern Sie zunächst die Zeichnungsfläche des Berichts nach unten, indem Sie mit der Maus auf den Rand des Berichtsbereichs gehen bis der Mauszeiger die Form des Ziehsymbols annimmt und Sie ihn dann mit gedrückter Maustaste nach unten bewegen.

4. Markieren Sie die Tabelle, indem Sie einmal an beliebiger Stelle in den Datenbereich klicken und anschließend in das Kästchen links oben im Tabellenrand. Ist die Tabelle entsprechend markiert, stehen Ihnen mehrere Möglichkeiten zur Verfügung, ihre Größe und Position zu verändern. Sie können mit gedrückter [Strg]-Taste und den Pfeiltasten Ihrer Tastatur die Position verschieben oder mit der Maus auf den Tabellenrand zeigen bis der Mauszeiger die Form des Verschiebesymbols annimmt und sie dann per Drag & Drop bewegen. Weiterhin können Sie die Größe entweder mit der [⇧]-Taste und den Pfeiltasten Ihrer Tastatur manipulieren oder mit der Maus, wie Sie es schon beim Berichtsbereich getan haben. Sie verschieben in diesem Fall die Tabelle ein Stück nach unten.

5. Markieren Sie die Tabelle wieder so, dass die Spalten- und Zeilenköpfe zu sehen sind, und klicken Sie mit der rechten Maustaste in den Spaltenkopf der Spalte *ListPrice*. Wählen Sie den Punkt *Spalte einfügen/links*. Es erscheint eine neue Spalte links von der Spalte *ListPrice*.

6. Wählen Sie links im Berichtsdaten-Fenster das Feld *Color* im Dataset aus und ziehen Sie es per Drag & Drop in das Detailfeld der neuen Spalte. Die Überschrift *Color* im blauen Bereich erscheint dann automatisch. Gehen Sie erneut in das Kontextmenü des Spaltenkopfes der Spalte *ListPrice* und wählen Sie diesmal den Punkt *Spalte einfügen/rechts*. Fügen Sie dort entsprechend wie bei der Farbe die Standardkosten ein. Gehen Sie in den Spaltenkopf der Spalte *ProductName* und wählen Sie *Spalten löschen*.

7. Ziehen Sie aus dem Dataset-Fenster das Feld *Name* aus dem Dataset in den Berichtsbereich oberhalb der Tabelle. Sorgen Sie dafür, dass das neu eingefügte Textfeld die gleiche Formatierung erhält wie die Spaltenüberschriften in der Tabelle, indem Sie die Formateigenschaften im Eigenschaftenfenster entsprechend anpassen oder die office-ähnlichen Symbolleisten zur Formatierung nutzen. Positionieren Sie das Textfeld abschließend unter Zuhilfenahme der Fanglinien linksbündig mit dem Tabellenrand und verbreitern Sie es etwas.

8. Klicken Sie mit der rechten Maustaste in den Spaltenkopf der Spalte *StandardCost* und wählen Sie in dessen Kontextmenü den Eintrag *Spalte einfügen/rechts*. Wechseln Sie anschließend in das Kontextmenü der Detailzelle der neuen Spalte und wählen Sie den Eintrag *Ausdruck*. Im linken Fensterteil des Ausdruckseditors (Abbildung 21.43) wählen Sie *Datasets* und das Dataset *qry_ProduktDetails* im mittleren Fensterteil. Selektieren Sie mittels Doppelklick zunächst das Feld *ListPrice*, geben Sie ein Subtraktionszeichen ein und fügen Sie wieder mittels Doppelklick das Feld *StandardCost* ein. Bestätigen Sie mit OK. Anschließend schreiben Sie in die Spaltenüberschrift der neuen Spalte die Überschrift *Rohertrag abs*.

Berichtselemente und ihre Eigenschaften

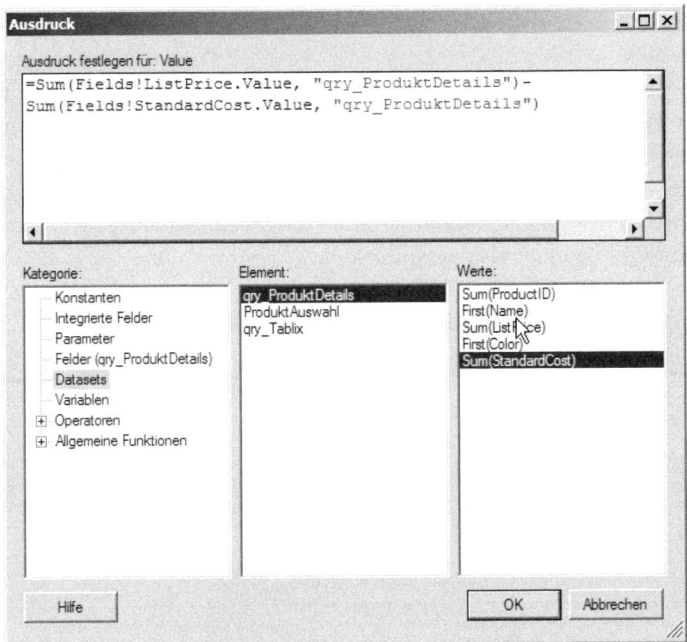

Abbildung 21.43 Der Ausdrucks-Editor im Einsatz

9. Gehen Sie entsprechend vor, um den relativen Rohertrag auszuweisen. Die Berechnung können Sie mithilfe eines Ausdrucks vornehmen, der die Rohertragsermittlung aus dem vorherigen Punkt durch den Preis dividiert. Formatieren Sie das Feld als Prozentwert, indem Sie zu den Eigenschaften und dort auf die Registerkarte *Zahl* wechseln. Bestätigen Sie mit einem Klick auf die *OK*-Schaltfläche. Verfahren Sie ebenso mit den bisher nicht adäquat formatierten Feldern. Das Ergebnis sollte Abbildung 21.44 entsprechen.

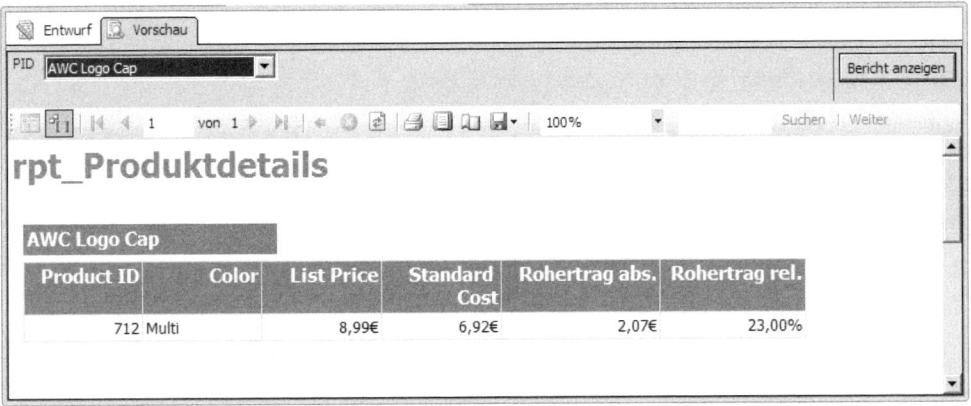

Abbildung 21.44 Die modifizierte Tabelle im Bericht *rpt_Produktdetails*

Wie Sie feststellen konnten, ist es so ohne viel Aufwand möglich, Tabellenelemente zu erstellen, mit Daten zu verknüpfen und an die sich ändernden Bedürfnisse anzupassen. Im nächsten Schritt möchten wir den Bericht um ein Tablix ergänzen, dass den Umsatz pro Jahr in den Spalten ausweist und zudem den Gesamtumsatz und den durchschnittlichen Umsatz pro Jahr ausgibt. Um ein solches Element in den Bericht zu integrieren gehen Sie wie folgt vor:

1. Öffnen Sie das Projekt *proj_KAP_21*, falls noch nicht geschehen, und zeigen Sie den Bericht *rpt_Produktdetails* an.
2. Legen Sie im Berichtsdaten-Fenster ein neues Dataset auf Basis der Datenquelle *qry_rpt_Quickstart_relational* an, indem Sie im Kontextmenü der Datenquelle den Eintrag *Dataset hinzufügen* wählen. Benennen Sie das Dataset mit der Bezeichnung *qry_Tablix*. Bei der Erstellung der Abfrage können Sie, wenn Sie das Beispiel *Quickstart_relational* weiter vorne in diesem Kapitel nachvollzogen haben, die Abfrage für das Diagramm aus dem Bericht importieren, wie in der Abbildung 21.45 dargestellt. Andernfalls bauen Sie die Abfrage so auf, dass das folgende SQL-Statement herauskommt:

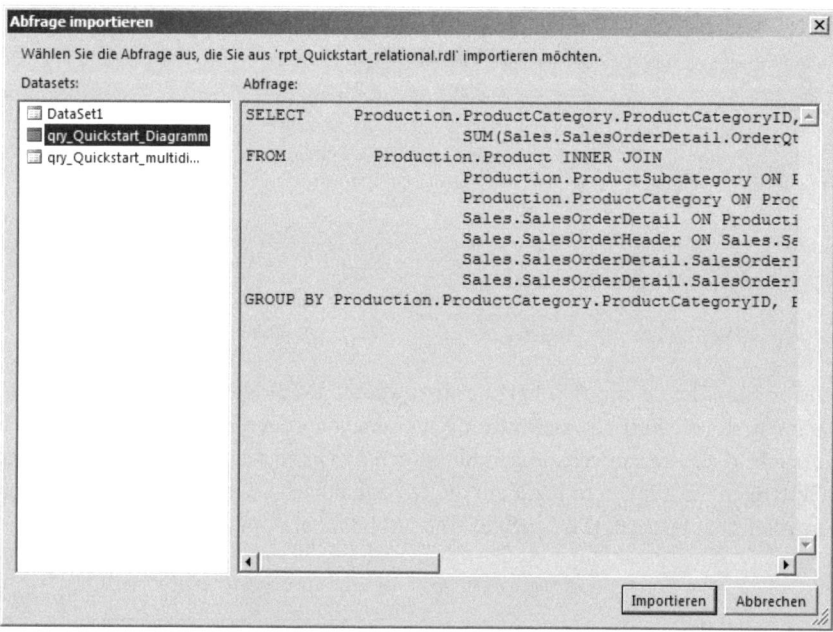

Abbildung 21.45 Importieren der Abfrage aus dem *Quickstart_relational*-Bericht

```
SELECT     Production.ProductCategory.ProductCategoryID,
           Production.ProductCategory.Name,
           YEAR(Sales.SalesOrderHeader.OrderDate) AS Jahr,
           SUM(Sales.SalesOrderDetail.OrderQty * Sales.SalesOrderDetail.UnitPrice) AS Umsatz
FROM       Production.Product INNER JOIN
               Production.ProductSubcategory ON Production.Product.ProductSubcategoryID =
                                    Production.ProductSubcategory.ProductSubcategoryID
               INNER JOIN Production.ProductCategory ON Production.ProductSubcategory.ProductCategoryID =
                                    Production.ProductCategory.ProductCategoryID
               INNER JOIN Sales.SalesOrderDetail ON Production.Product.ProductID =
                                    Sales.SalesOrderDetail.ProductID
               INNER JOIN Sales.SalesOrderHeader ON Sales.SalesOrderDetail.SalesOrderID =
                                    Sales.SalesOrderHeader.SalesOrderID AND
                      Sales.SalesOrderDetail.SalesOrderID = Sales.SalesOrderHeader.SalesOrderID AND
                      Sales.SalesOrderDetail.SalesOrderID = Sales.SalesOrderHeader.SalesOrderID
Where Production.Product.ProductID=@PID
GROUP BY Production.ProductCategory.ProductCategoryID, Production.ProductCategory.Name,
YEAR(Sales.SalesOrderHeader.OrderDate)
```

Listing 21.4 Abfrage für das Dataset *qry_Tablix*

Berichtselemente und ihre Eigenschaften

3. Nach der Fertigstellung des Datasets fügen Sie in den Bericht unterhalb der oberen Tabelle eine weitere Tabelle ein. Ziehen Sie danach die Felder *Name* und *Umsatz* aus dem Berichtsdaten-Fenster in die Detailzeile der ersten beiden Spalten der Tabelle. Löschen Sie anschließend die dritte Spalte der Tabelle.
4. Im Kontextmenü des Textfeldes *Umsatz* wählen Sie jetzt in der Gruppe *Tablix* den Eintrag *Gruppe hinzufügen/Angrenzend rechts*, wie in der Abbildung 21.46 zu sehen ist. Im anschließenden Dialogfeld *Tablix-Gruppe* können Sie das Gruppierungskriterium festlegen. Wählen Sie hier *Jahr* und bestätigen Sie mit *OK*. Anschließend erscheint rechts neben der Spalte ein leere Spaltengruppe. Ziehen Sie aus dem Dataset das Feld *Umsatz* in diese Spaltengruppe und ändern Sie anschließend das Feld im Spaltenkopf *in Jahr*. Ihre Tablix-Spalte ist jetzt fertig.
5. Wählen Sie im Kontextmenü der Spalte *Spaltengruppe/Gruppeneigenschaften* und legen Sie auf der Registerkarte *Allgemein* den Namen für die Gruppe auf *Jahr* fest.
6. Gruppieren Sie die Zeilen nach dem Namen der Produktgruppe, indem Sie im Gruppierungsfenster unterhalb der Berichtsfläche bei den Zeilengruppen in den Gruppeneigenschaften *Gruppieren nach [Name]* wählen.

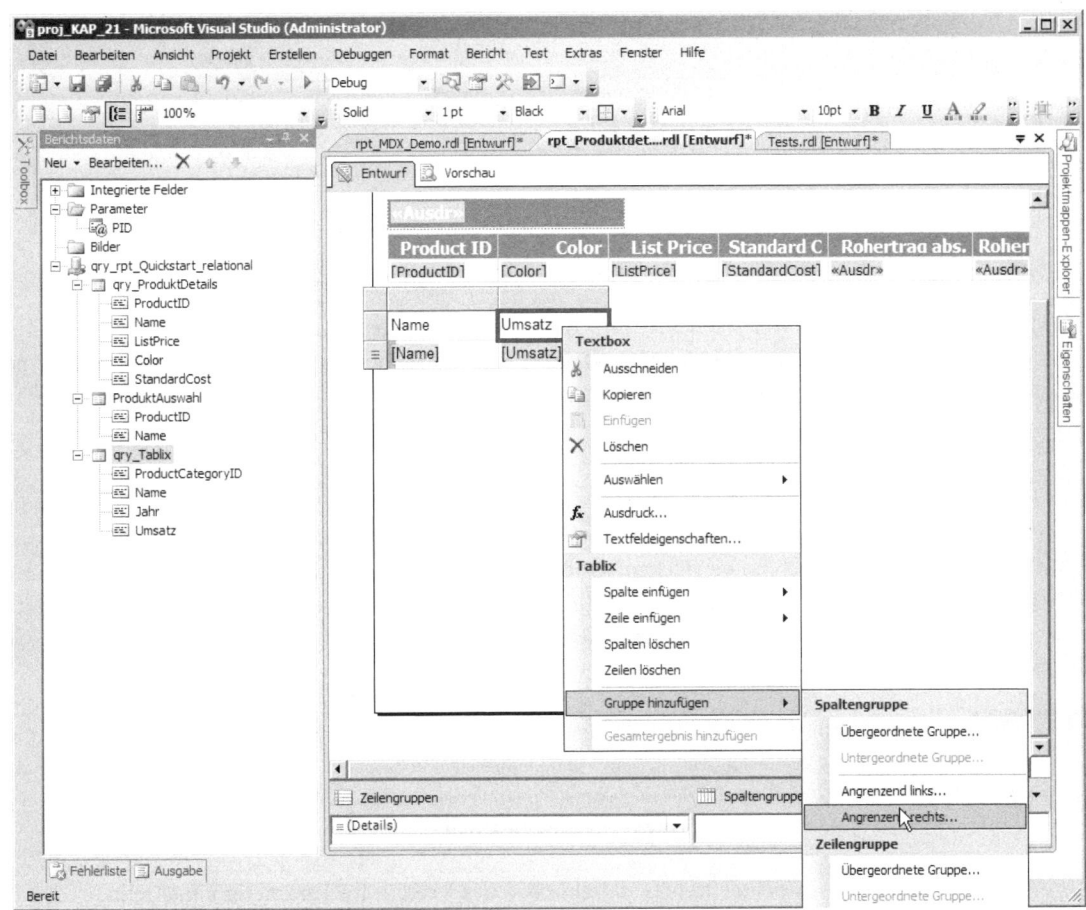

Abbildung 21.46 Einfügen einer Spaltengruppe in eine Tabelle über das Tablix-Kontextmenü

7. Fügen Sie rechts neben der Gesamtumsatzspalte noch eine Spalte mit einem Ausdruck ein, der den Durchschnittsumsatz in der Form =Avg(Fields!Umsatz.Value) ausgibt und formatieren Sie die Zellen der Tabelle ansprechend. Der Bericht sollte jetzt in etwa der in Abbildung 21.47 wiedergegebenen Darstellung entsprechen.

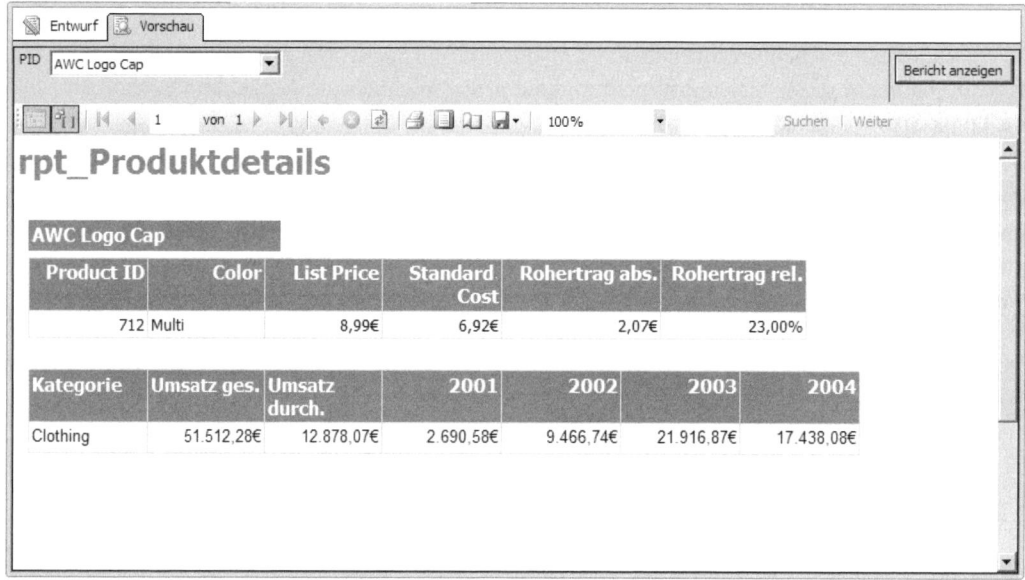

Abbildung 21.47 Die Tabelle mit der Tablix-Spalte *Jahr* in der Berichtsvorschau

Die beliebige Kombination von statischen und dynamischen Spalten in einer Tablix Darstellung ist sehr gelungen. Beim folgenden Berichtselement *Matrix* werden wir eingehender auf das Gruppierungsfenster und die erweiterten Möglichkeiten durch Tablix eingehen.

Matrix

Bei der Matrix handelt es sich um eine Kreuztabelle. Diese ist dadurch gekennzeichnet, dass in den Spaltenköpfen keine Kennzahlbezeichnungen stehen, sondern Merkmale, welche die in den Detailfeldern wiedergegebenen Werte weiter differenzieren. Haben wir bisher in der Tabelle verschiedene Angaben zur Dimension *Produkt* ausgegeben, können mithilfe einer Matrix eine oder mehrere Kennzahlen aus zwei Perspektiven betrachten werden.

HINWEIS Bei einer Matrix oder auch einer Tablix mit Spaltengruppen ist nicht nur die Anzahl der Zeilen datengetrieben determiniert, sondern auch die Anzahl der Spalten. Daher sind Matrixelemente für Berichte, die eine bestimmte Breite nicht überschreiten dürfen (z.B. Druckausgabe), tendenziell ungeeignet, sofern in den Spalten nicht ein hinsichtlich der Anzahl seiner Ausprägungen sehr konstantes Merkmal wie z.B. Geschlecht ausgegeben wird.

In unserem Beispiel sollen in einer Matrix die Umsätze des jeweilig im Parameter eingestellten Produktes nach Zeit und Region aufgerissen ausgegeben werden. Gehen Sie hierzu wie folgt vor:

Berichtselemente und ihre Eigenschaften

1. Wechseln Sie in das Berichtsdaten-Fenster des Berichts *rpt_Produktdetails*. Wählen Sie im Kontextmenü der freigegebenen Datenquelle *qry_rpt_Quickstart_relational* den Eintrag *Dataset hinzufügen* aus. Geben Sie als Bezeichnung *UmsatzNachRegionUndZeit* ein und rufen Sie den Abfrage-Designer auf.

2. Fügen Sie dort die Tabellen *SalesTerritory*, *SalesOrderHeader* und *SalesOrderDetail* hinzu und generieren bzw. schreiben Sie das SQL-Statement aus Listing 21.5:

```
SELECT    Sales.SalesOrderDetail.OrderQty * Sales.SalesOrderDetail.UnitPrice AS Umsatz,
Sales.SalesTerritory.Name, YEAR(Sales.SalesOrderHeader.OrderDate) AS Jahr
FROM      Sales.SalesTerritory INNER JOIN
Sales.SalesOrderHeader ON Sales.SalesTerritory.TerritoryID = Sales.SalesOrderHeader.TerritoryID
INNER JOIN Sales.SalesOrderDetail ON Sales.SalesOrderHeader.SalesOrderID = Sales.SalesOrderDetail.SalesOrderID
WHERE     (Sales.SalesOrderDetail.ProductID = @PID)
```

Listing 21.5 SQL-Statement für die Beispielmatrix

3. Ziehen Sie aus der Toolbox ein Matrixelement auf die Berichtsfläche und positionieren Sie es nach Belieben. Ziehen Sie aus dem Berichtsdaten-Fenster aus dem Dataset *UmsatzNachRegionUndZeit* das *Jahr* in das Feld Spalten, den Namen der Region (Name) in das Feld *Zeilen* und den *Umsatz* in das Detailtextfeld (*Daten*). Speichern Sie den Bericht und betrachten Sie ihn in der Vorschau für ein Produkt.

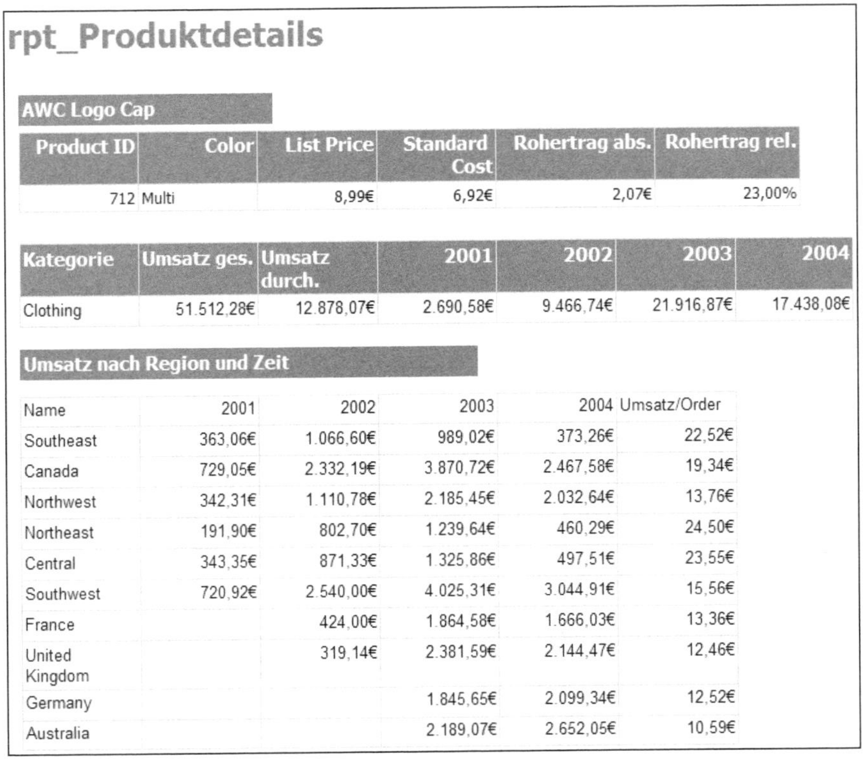

rpt_Produktdetails

AWC Logo Cap

Product ID	Color	List Price	Standard Cost	Rohertrag abs.	Rohertrag rel.
712	Multi	8,99€	6,92€	2,07€	23,00%

Kategorie	Umsatz ges.	Umsatz durch.	2001	2002	2003	2004
Clothing	51.512,28€	12.878,07€	2.690,58€	9.466,74€	21.916,87€	17.438,08€

Umsatz nach Region und Zeit

Name	2001	2002	2003	2004	Umsatz/Order
Southeast	363,06€	1.066,60€	989,02€	373,26€	22,52€
Canada	729,05€	2.332,19€	3.870,72€	2.467,58€	19,34€
Northwest	342,31€	1.110,78€	2.185,45€	2.032,64€	13,76€
Northeast	191,90€	802,70€	1.239,64€	460,29€	24,50€
Central	343,35€	871,33€	1.325,86€	497,51€	23,55€
Southwest	720,92€	2.540,00€	4.025,31€	3.044,91€	15,56€
France		424,00€	1.864,58€	1.666,03€	13,36€
United Kingdom		319,14€	2.381,59€	2.144,47€	12,46€
Germany			1.845,65€	2.099,34€	12,52€
Australia			2.189,07€	2.652,05€	10,59€

Abbildung 21.48 Der Bericht mit Tabelle und Matrix mit Tablix-Elementen

4. Wechseln Sie zur Registerkarte *Entwurf* und sorgen Sie dafür, dass die Textfelder der Matrix entsprechend denen der Tabelle formatiert sind und oberhalb der Matrix eine entsprechende Überschrift steht. Zu diesem Zweck wird die Matrix auf der Berichtsfläche etwas nach unten versetzt. Am schnellsten lässt sich

eine ansprechend formatierte Überschrift einfügen, indem Sie das Textfeld mit der Produktbezeichnung kopieren und den Feldverweis durch den einfachen Text *Umsätze nach Jahren und Regionen* ersetzen.

5. Wählen Sie im Kontextmenü des *Umsatz*-Textfeldes der Matrix den Eintrag *Spalte einfügen/Außerhalb von Gruppe ? Rechts*, um eine neue statische Spalte in der Matrix einzufügen. Geben Sie in die Detailzelle den Ausdruck =AVG(Fields!Umsatz.Value) ein und als Überschrift *Umsatz/Order*. Nach einigen Formatierungsarbeiten sollte der Bericht jetzt dem der Abbildung 21.48 entsprechen.

6. Beide Berichtselemente hätten Sie auch erstellen können, indem Sie mit einer Matrix bzw. einer Tabelle begonnen hätten. Das beliebige Einfügen von Spalten- und Zeilengruppen ermöglicht dies. Wenn Sie in der Bearbeitung einer Tabelle oder einer Matrix sind, können Sie jederzeit über das unten eingeblendete Gruppierungsfenster neue Gruppen in Zeilen und/oder Spalten einfügen.

Wenn Sie hier aussagekräftige Namen für die Gruppen vergeben, hilft Ihnen dieses Fenster auch sehr gut dabei den Überblick zu behalten. Das verdeutlicht Abbildung 21.49. Aus diesem Fenster heraus können Sie auch bei mehreren Gruppen auf einer Achse über die *Gruppeneigenschaften* auf der Registerkarte *Sichtbarkeit* das ein- und ausblenden von Gruppen steuern. Wie das geht wird weiter hinten in diesem Kapitel beschrieben.

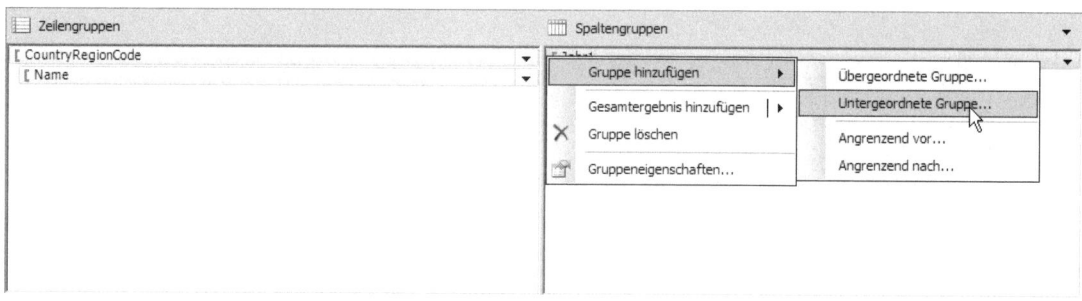

Abbildung 21.49 Das neue Gruppierungsfenster für Tablix-Elemente

Diagramm

Das Diagrammelement wird Nutzern, die schon Diagramme in Tabellenkalkulationsprogrammen erstellt haben, vertraut vorkommen. Das Handling ist eng an Excel 2007 angelehnt. Zudem hat sich sowohl was den Bedienkomfort als auch was die Darstellungsmöglichkeiten angeht mit dem Einbau der Dundas-Diagramme in die Reporting Services gegenüber der 2005er Version einiges zum Positiven verändert. Es stehen auch noch mehr Diagrammtypen zur Verfügung.

Anzumerken ist, dass innerhalb des Diagramms automatisch eine Aggregation der Daten stattfindet, wenn nicht alle Elemente eines Datasets im Diagramm zum Einsatz kommen. Wir möchten die Möglichkeiten, die Ihnen zur Visualisierung von Daten in Diagrammen durch die Reporting Services geboten werden, erneut anhand eines kurzen Beispiels erläutern. In diesem Beispiel wird im *Produktdetails-Bericht* ein Diagramm vom Typ *Explodierter Kreis* eingefügt, das die Umsatzverteilung des jeweiligen Produktes auf die Regionen wiedergibt.

1. Ziehen Sie auf der Registerkarte *Entwurf* des Berichts-Designers ein Diagramm aus der Toolbox in den Berichtsbereich. Positionieren Sie es unterhalb der übrigen Berichtselemente. Es erscheint das in der Abbildung 21.50 dargestellte Fenster *Diagrammtyp auswählen*. Wählen Sie dort auf der Registerkarte *Form* den Diagrammtyp *3D-Kreis, explodiert*.

Berichtselemente und ihre Eigenschaften

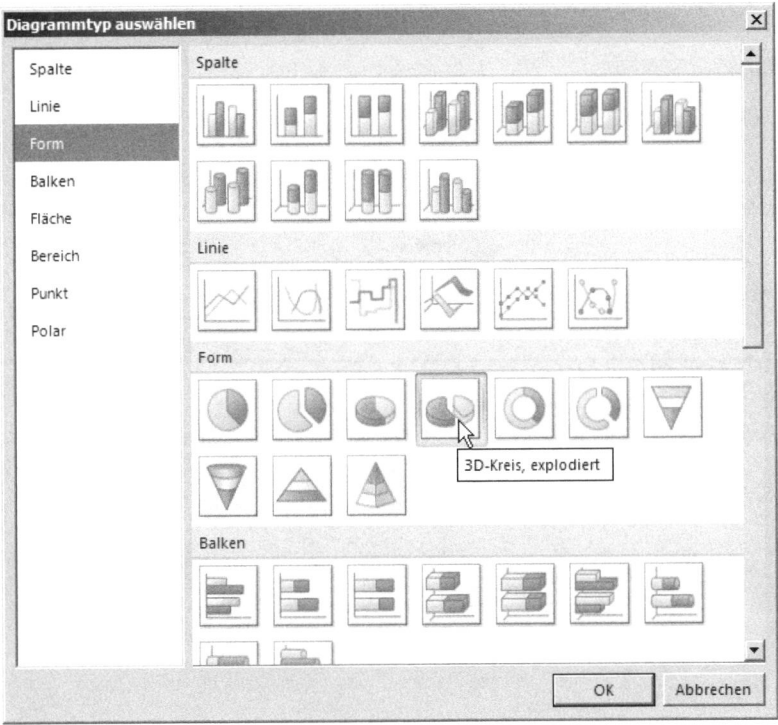

Abbildung 21.50 Auswahl des Diagramm- und des Diagrammuntertyps im Kontextmenü

2. Mit einem Doppelklick auf das Diagramm gelangen Sie in die Diagrammbearbeitung. Ziehen Sie anschließend im Berichtsdaten-Fenster und dort aus dem Dataset *UmsatzNachRegionUndZeit* das Feld *Umsatz* in den Datenfeldbereich und das Feld *Name* in den Kategorienbereich des Diagramms.

3. Die Bearbeitung der einzelnen Bestandteile erfolgt im jeweiligen Kontextmenü des zu bearbeitenden Elements. Ändern Sie zunächst den Titel in *Umsätze nach Regionen*, indem Sie doppelt auf den Diagrammtitel klicken und schreiben.

4. Anschließend sorgen Sie dafür, dass die Tortenstücke beschriftet werden, indem Sie im Kontextmenü des explodierten Kreises den Eintrag *Datenbezeichnungen anzeigen* auswählen. Anschließend erscheinen auf den Tortenstücken markierte Zahlen. In deren Kontextmenü selektieren Sie nun den Eintrag *Reihenbezeichnungseigenschaften*. Es erscheint das Dialogfeld *Reihenbezeichnungseigenschaften*. In dessen ersten Register *Allgemein* können Sie nun festlegen, welche Reihendaten in welcher Form angezeigt werden sollen. Hier werden eine ganze Reihe von Möglichkeiten angeboten. In der Hilfe findet sich unter dem Punkt *Formatieren von Datenpunkten in einem Diagramm* eine gute Übersichtstabelle. Wählen Sie im Rahmen unseres Beispiels die Option *#Percent*, um die Umsatzanteile der Regionen in Prozent anzeigen zu lassen. Wenn Sie das Fenster mit den Reihenbezeichnungseigenschaften neben das Diagramm geschoben haben, sehen Sie direkt, dass die Zahlen als Prozentwerte dargestellt werden.

5. Wechseln Sie zur Registerkarte *Schriftart* und formatieren Sie die Datenpunktbezeichnungen mit Fett, Arial, 11 Punkt und weißer Schriftfarbe. Wechseln Sie anschließend auf die Registerkarte *Ausfüllen* und hinterlegen Sie die Beschriftungen dort mit einem dunklen Grau. Abschließend sorgen Sie auf der Registerkarte *Rahmen* noch dafür, dass die Beschriftung einen einfarbigen schwarzen Rahmen erhält. Es sollte sich Ihnen jetzt ein ähnliches Bild bieten, wie in der Abbildung 21.51.

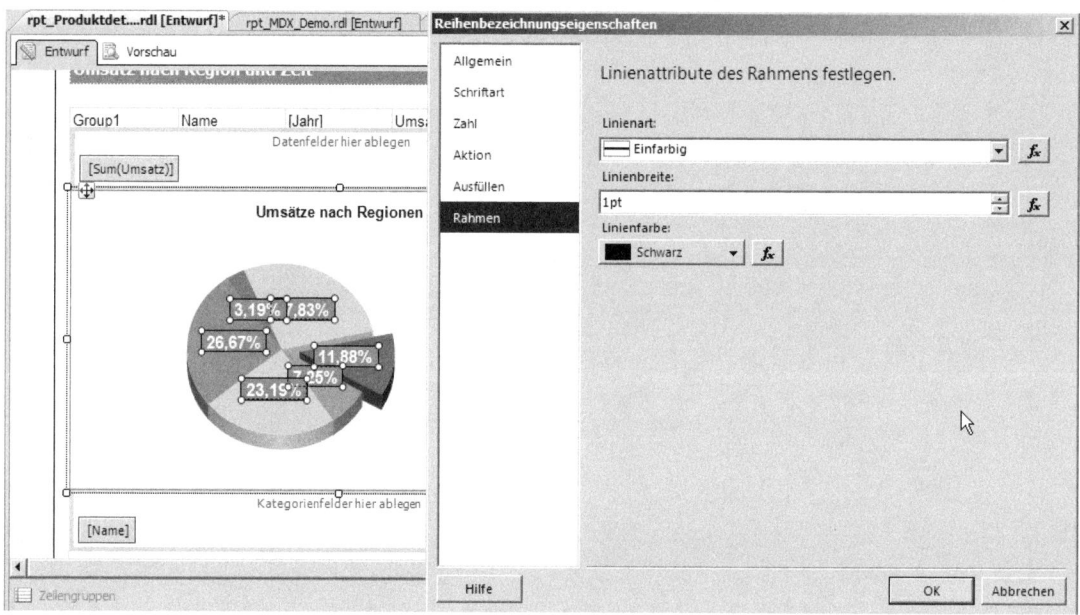

Abbildung 21.51 Das Diagramm in der Bearbeitung

6. Betrachten Sie den Bericht in der Vorschau.

Die vor allem hinsichtlich ihrer Kombinationsmöglichkeiten unzähligen Formatierungsoptionen von Diagrammen mit dem Berichts-Designer haben wir hier nur angerissen. Die Erstellung ist jedoch insgesamt nicht sehr kompliziert und es sollte Ihnen nach dieser Einführung sicherlich gelingen, ein Diagramm nach Ihren Vorstellungen zu erstellen. Als sehr gelungen sind die Bearbeitung aller Elemente über das Kontextmenü und die direkte Anzeige der vorgenommenen Änderungen hervorzuheben.

Versierten Excel-Diagramm-Nutzern wird die Möglichkeit der Speicherung von benutzerdefinierten Diagrammtypen als Vorlage fehlen. Es ist zu hoffen, dass auch diese noch entwickelt wird. Bis dahin können Sie sich Formatierungsarbeiten ersparen, indem Sie ein fertig formatiertes Diagramm kopieren und die Feldzuweisungen austauschen. So können Sie das Kuchendiagramm kopieren und in unseren Bericht einfügen, anschließend in den Kategorienfeldern den Namen entfernen und stattdessen das Jahr hineinziehen. Jetzt müssen Sie nur noch den Titel ändern und Sie haben ohne den Aufwand der Neuformatierung ein weiteres Diagramm mit den gleichen Formateigenschaften. Dieses Verfahren funktioniert berichts- und projektübergreifend.

TIPP Sie können Berichtselemente auch zwischen Projekten über die Zwischenablage transportieren, wenn Sie zwei Instanzen von Visual Studio geöffnet haben. Um ein durchgängig gleiches Erscheinungsbild Ihrer Berichtselemente zu gewährleisten, kann es daher arbeitssparend sein, ein Projekt mit Elementvorlagen zu erstellen, die Sie dann in Ihre Berichtsprojekte nach Bedarf einfügen können.

Linie

Bei der *Linie* handelt es sich um ein Schmuckelement. Fügen Sie unterhalb der Produktbezeichnung eine Linie ein, indem Sie diese aus der Toolbox in den Berichtsbereich ziehen. Formatieren Sie im Standard-Eigenschaftenfenster von Visual Studio die Linie in der Farbe *SteelBlue* und auf eine Stärke von 2 Punkt.

Rechteck

Beim *Rechteck* handelt es sich nicht nur um ein strukturierendes Schmuckelement, sondern auch um einen Container, der für Layoutvorgaben verwendet werden kann:

1. Ziehen Sie aus der Toolbox ein Rechteck auf die Berichtsfläche und formatieren Sie seinen Rand im Standard-Eigenschaftenfenster von Visual Studio auf *SteelBlue* und *Solid* mit 2 Punkt Stärke. Falls das Rechteck jetzt andere Berichtselemente verdeckt, können Sie es über das Kontextmenü in den Hintergrund verschieben.

2. Erstellen Sie im Berichtsdatenfenster ein neues Dataset auf Basis der Datenquelle *rpt_Quickstart_relational*. Bezeichnen Sie das Dataset mit *Produktbild* und öffnen Sie den Abfrage-Designer und erstellen Sie die folgende Abfrage:

```
SELECT     Production.ProductPhoto.LargePhoto,Production.ProductProductPhoto.ProductID
FROM       Production.ProductProductPhoto INNER JOIN Production.ProductPhoto ON
Production.ProductProductPhoto.ProductPhotoID = Production.ProductPhoto.ProductPhotoID
WHERE      (Production.ProductProductPhoto.ProductID = @PID)
```

Listing 21.6 Abfrage zur Ausgabe der Produktabbildung

3. Nachdem Sie das Dataset erstellt haben, wechseln Sie über das Kontextmenü des Rechtecks in die *Rechteckeigenschaften*. Nehmen Sie dort die in der Abbildung 21.52 dargestellten Einstellungen auf der Registerkarte *Ausfüllen* vor.

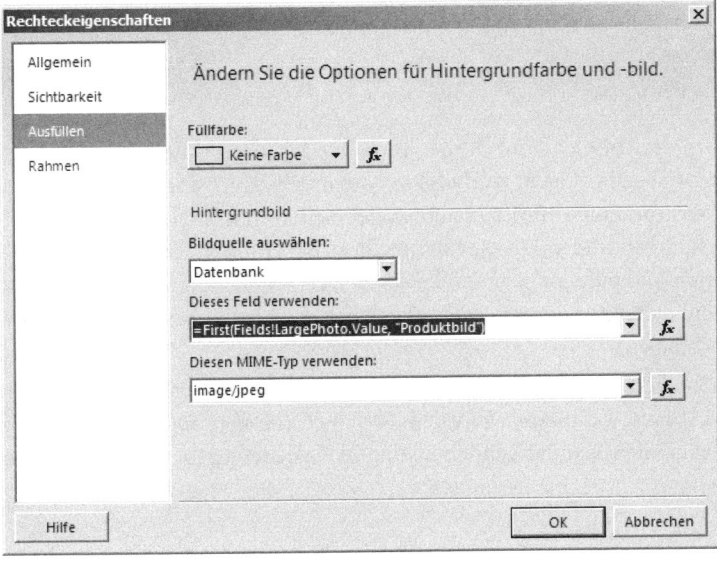

Abbildung 21.52 Rechteckeigenschaften zur Anzeige eines Bildes im Rechteck

Die besondere Bedeutung des Rechtecks als Container für Layoutaufgaben liegt darin, dass es quasi eine Hierarchiestufe zwischen den Layoutobjekten, die es selbst enthält, und den übrigen, in der Entwurfsfläche des Berichts enthaltenen Elementen, darstellt. So werden Elemente innerhalb eines Rechtecks sich zwar gegenseitig verschieben bzw. überlagern, jedoch geschieht dies nicht mit den Elementen außerhalb des Rechtecks, da sie verglichen mit diesen nicht gleichberechtigt sind. In Abbildung 21.53 ist gut zu erkennen, dass die Abbildungsgröße durch die Rechteckgröße eingeschränkt wird.

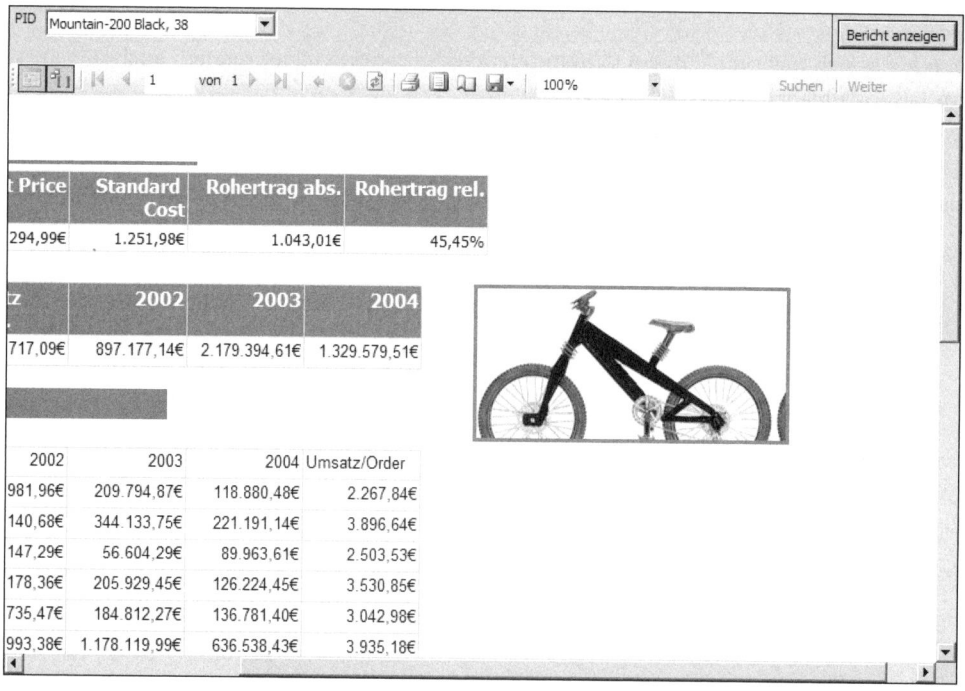

Abbildung 21.53 Beschränkung der Bildgröße durch ein Rechteck

Liste

Eine *Liste* ist ein Container, der andere Berichtselemente enthält und diese für jeden Datensatz einer angegebenen Gruppierung im Dataset erneut ausgibt. Listen sind also vornehmlich dann sinnvoll, wenn Sie eine ganze Reihe von Daten nach einer bestimmten Gruppierung auf vielen Seiten in immer der gleichen Form, ähnlich einem Formular, ausgeben möchten. Im Fall unseres Beispielberichts könnten Sie sich beispielsweise hinter den Produktdetails die einzelnen Verkäufe auf je einer Seite anzeigen lassen. Um aber den Beispielbericht nicht unnötig ausufern zu lassen, erstellen wir stattdessen eine Liste der fünf Kunden, die den größten Umsatz mit diesem Produkt generiert haben:

1. Wechseln Sie in das Berichtsdaten-Fenster und erstellen Sie ein neues Dataset mit der Bezeichnung *Top_5_Kunden*. Fügen Sie dem Abfrage-Editor die Tabellen *Person*, *Customer*, *SalesOrderHeader* und *SalesOrderDetails* hinzu und erstellen Sie das im folgenden Listing 21.7 wiedergegebene SQL-Statement:

Berichtselemente und ihre Eigenschaften

```
SELECT    TOP (5) SUM(Sales.SalesOrderDetail.OrderQty * Sales.SalesOrderDetail.UnitPrice) AS Umsatz,
Sales.SalesOrderDetail.ProductID,                     Person.Person.FirstName AS Vorname,
Person.Person.LastName AS Nachname, Person.Person.TitleFROM     Sales.SalesOrderHeader INNER JOIN
Sales.SalesOrderDetail ON Sales.SalesOrderHeader.SalesOrderID = Sales.SalesOrderDetail.SalesOrderID INNER JOIN
              Sales.Customer ON Sales.SalesOrderHeader.CustomerID = Sales.Customer.CustomerID INNER JOIN
                   Person.Person ON Sales.Customer.PersonID = Person.Person.BusinessEntityID AND
Sales.Customer.PersonID = Person.Person.BusinessEntityID
WHERE     (Sales.SalesOrderDetail.ProductID = @PID)
GROUP BY Sales.SalesOrderDetail.ProductID, Person.Person.FirstName, Person.Person.LastName, Person.Person.Title
ORDER BY Umsatz DESC
```

Listing 21.7 SQL-Statement für die Top-Fünf-Kunden

2. Wechseln Sie zur Registerkarte *Layout* des Berichts-Designers und ziehen Sie eine Liste in den Entwurfsbereich des Berichts. Positionieren Sie den Listenrahmen nach Belieben Ziehen Sie jetzt ein Tabellenelement in den Listenrahmen.

3. Sorgen Sie dafür, dass in der Tabelle die drei Felder *Vorname*, *Nachname* und *Umsatz* des Datasets *Top5_Kunden* ausgegeben werden, indem Sie die Felder des Datasets in die entsprechenden Detailfelder der Tabelle ziehen. Formatieren Sie die Kopfzeile der Tabelle in *SteelBlue*, *Fett* und Schriftgröße *11*.

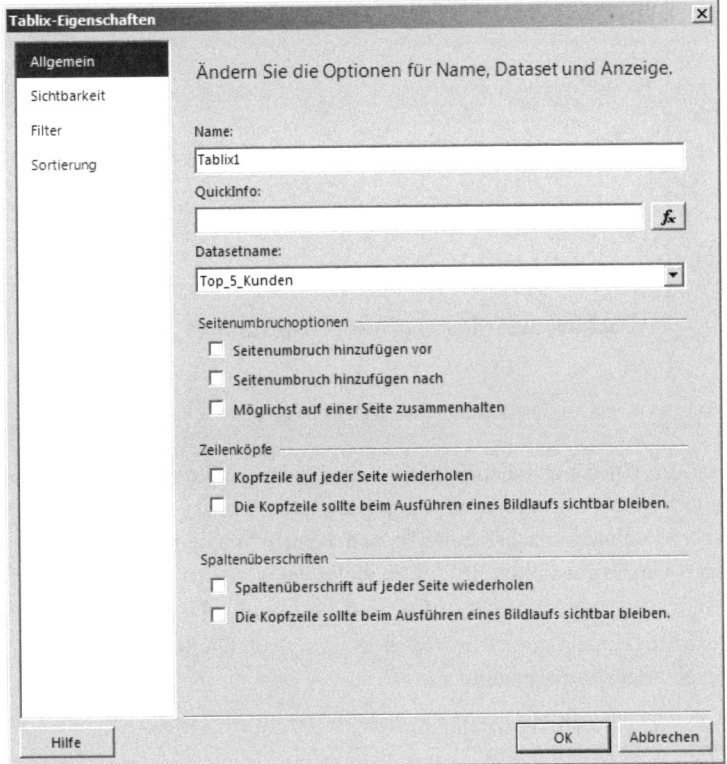

Abbildung 21.54 Zuweisung eines Datasets in den Tablix-Eigenschaften

4. Bislang ist die Liste noch nicht funktionsfähig, da eine Liste immer mindestens ein Gruppierungselement benötigt. Klicken Sie auf den Listenrahmen und betrachten Sie das sich anbietende Kontextmenü. Es fällt auf, dass zum einen Rechteck- und zum anderen Tablixbefehle zur Auswahl angeboten werden. Es handelt sich also bei einer Liste in Wahrheit um ein Rechteck mit Tablix-Funktionalität. Um der Liste

zunächst ein Dataset zuzuordnen, müssen Sie in das Eigenschaftenfenster des Tablix wechseln. Das ist ausnahmsweise etwas kompliziert. Im ersten Schritt können Sie im Kontextmenü der Liste den Eintrag *Auswählen/Tablix1* selektieren. Als zweiten Schritt müssen Sie nun im Kontextmenü des kleinen Kästchens zwischen Zeilen- und Spaltenköpfen der Liste den Befehl *Tablix-Eigenschaften* aufrufen. Sie gelangen nun in das gleichnamige Dialogfeld, das in Abbildung 21.54 dargestellt ist.

5. In einem letzten Schritt können Sie nun im Gruppierungsfenster des Tablix/Listen-Hybrides im Kontextmenü der *(Details)*-Gruppe, die standardmäßig angelegt wurde, die Gruppeneigenschaften aufrufen und dort angeben, dass nach *Vorname* gruppiert werden soll.

Im Ergebnis werden nun fünf Rechtecke mit jeweils einer Tabelle und den Daten eines der Top 5 Kunden erzeugt. Einen Eindruck davon gibt die Abbildung 21.55.

Abbildung 21.55 Eine Liste mit einer Tabelle pro Kunde

Unterbericht

Bei einem *Unterbericht* handelt es sich um einen normalen Bericht, der in einen anderen Bericht eingebunden wird. Sie können nur vorhandene Berichte einbinden. Um einen Bericht in unser Produktdetails-Beispiel einbinden zu können, erstellen Sie daher zunächst einen neuen Bericht, in dem beispielsweise die Lagerbestände der verschiedenen Lagerorte des gewählten Produktes angezeigt werden:

1. Klicken Sie mit der rechten Maustaste auf den Knoten *Berichte* im Projektmappen-Explorer und wählen Sie im Kontextmenü die Befehlsfolge *Hinzufügen/Neues Element* aus. Anschließend wählen Sie die Berichtsvorlage und vergeben den Namen *rpt_Lagerbestaende.rdl*.
2. Legen Sie ein neues Dataset mit der Bezeichnung *Lagerbestaende* an, das auf der freigegebenen Datenquelle *qry_rpt_Quickstart_relational* basiert.
3. Rufen Sie den Standard-Abfrage-Editor auf. Fügen Sie die Tabellen *ProductionInventory*, *Product* und *Location* hinzu. Erstellen Sie das folgende SQL-Statement aus Listing 21.8:

Berichtselemente und ihre Eigenschaften

```
SELECT   Production.ProductInventory.ProductID, Production.Product.Name AS ProductName,
         Production.ProductInventory.LocationID, Production.Location.Name AS LocationName,
         Production.ProductInventory.Quantity
FROM     Production.Location INNER JOIN
         Production.ProductInventory
         ON Production.Location.LocationID = Production.ProductInventory.LocationID INNER JOIN
         Production.Product ON Production.ProductInventory.ProductID = Production.Product.ProductID
WHERE    (Production.ProductInventory.ProductID = @PID_Lagerbestand)
```

Listing 21.8 SQL-Statement für den Unterbericht

4. Ziehen Sie in der Entwurfsansicht des neuen Berichts eine Tabelle aus der Toolbox auf die Oberfläche des Berichts und ordnen Sie den Detailfeldern der Tabelle die Felder *LocationID*, *LocationName* und *Quantity* zu.

5. Um den Bericht bezogen auf die aktuelle *ProductID* unseres Hauptberichts filtern zu können, editieren Sie noch den implizit in der Abfrage erzeugten Berichtsparameter. Wählen Sie im Berichtsdaten-Fenster und dort im Kontextmenü des Berichtsparameters den Eintrag *Parametereigenschaften*. Lassen Sie für diesen Parameter leere Werte zu, setzen Sie ihn auf *ausgeblendet* und geben Sie an, dass kein Standardwert und keine verfügbaren Werte definiert sind.

6. Wechseln Sie anschließend zur Seite *Parameter* und klicken Sie dort auf die *Hinzufügen*-Schaltfläche. Im linken Teil der nun angezeigten Parameterzeile wählen Sie aus den angebotenen Werten *@PID_Lagerbestand* aus. Im rechten Teil rufen Sie mit der Funktionsschaltfläche den Ausdruckseditor auf. In diesem verweisen Sie, wie in Abbildung 21.56 dargestellt, auf den Parameter @PID aus dem übergeordneten Bericht. Nachdem Sie gespeichert haben, können Sie sich nun in der Berichtsvorschau die zum Produkt gehörenden Lagerbestände ansehen.

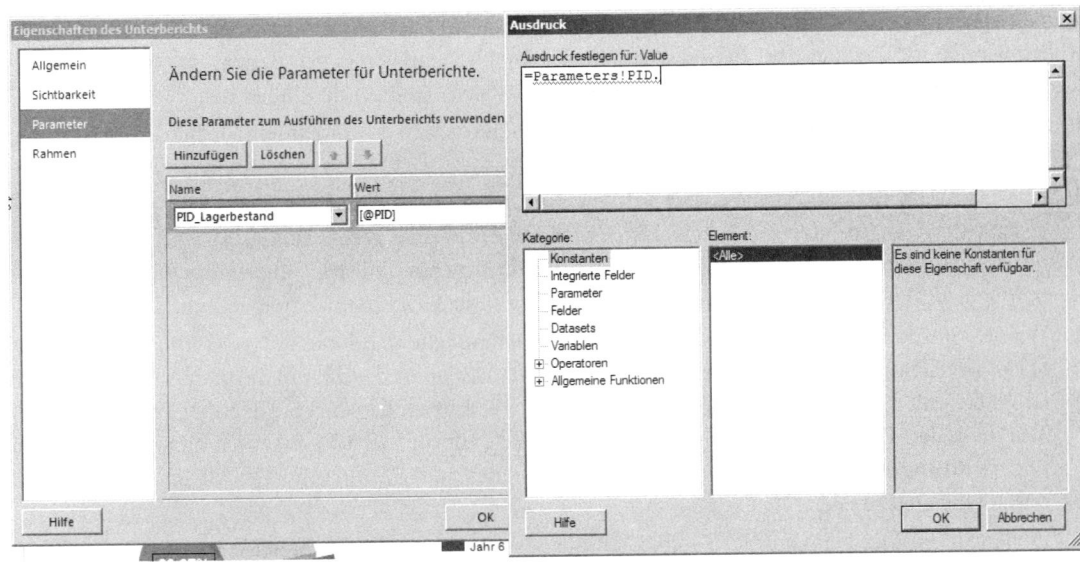

Abbildung 21.56 Parameterzuweisung in den Eigenschaften des Unterberichts

7. Speichern Sie diesen Bericht und wechseln Sie anschließend zum Bericht *rpt_Produktdetails*. Jetzt ziehen Sie eine Unterbericht-Komponente in die Entwurfsfläche des Berichts. In seinen Eigenschaften weisen Sie dem Unterbericht den Bericht *rpt_Lagerbestaende* als Quelle zu.

Ein Unterbericht stellt eine gute Möglichkeit dar, um mehrfach verwendete Informationszusammenstellungen nur einmal in einem Bericht zu arrangieren, sie aber in mehreren Berichten zu verwenden. Eine Alternative hierfür stellen Links zu anderen Berichten dar, die bei größerer Informationsdichte eine bessere Übersicht versprechen (siehe hierzu den Abschnitt »Hyperlinks« in diesem Kapitel).

Bild

Ein *Bild* wird in der einen oder anderen Form in nahezu jedem Bericht benötigt. Neben dem Firmen-Logo, das zumeist eingearbeitet wird, geht es in Detailberichten beispielsweise um Fotos der präsentierten Produkte oder auch Angestellten. Da wir schon bei der Erörterung des Rechtecks die Einbindung eines Bildes aus einer Datenbank gezeigt haben verzichten wir an dieser Stelle auf das beispielhafte Einbinden eines Bildes. Wenn Sie ein einzelnes Bild einfügen möchten, können Sie einfach im Berichtsdaten-Fenster im Kontextmenü des Bilderordners den Eintrag *Bild hinzufügen* wählen und dem Bericht ein Bild aus dem Dateisystem hinzufügen. Dieses kann dann per Drag & Drop in den Bericht eingearbeitet werden.

Messgerät

Das *Messgerät* ist eine Spezialform des Diagramms, die es ermöglichen soll, auf einen Blick den Zustand eines Objektes zu erkennen. Eben wie ein Fieberthermometer, Drehzahlmesser oder ein Barometer. Es gibt zwei Typen von Messgeräten. Zum einen radiale und zum anderen lineare Messgeräte.

Radiale Messgeräte entsprechen im Aussehen Rundinstrumenten wie beispielsweise Tachometern. Lineare Instrumente gleichen am ehesten Thermometern. Um ein Messgerät dazu zu bringen, einen Zustand anzuzeigen, werden zunächst eine entsprechende Skala und ein entsprechend normierter Zustandswert benötigt. Hervorragend geeignet für die Bestückung von Messgeräten mit Daten sind *Key Performance Indicators (KPI)*. Wie üblich wollen wir dies im Rahmen eines Beispiels demonstrieren. Dazu werden in den Bericht *rpt_Produktdetails* zwei Messgeräte, ein radiales und ein lineares, eingefügt. Dazu gehen Sie folgendermaßen vor:

1. Öffnen Sie das Projekt *proj_KAP_21*, falls noch nicht geschehen, und wechseln Sie in die Bearbeitung des Berichts *rpt_Produktdetails*.
2. Klicken Sie im Berichtsdaten-Fenster auf den Button *Neu* und wählen Sie den Eintrag *Datenquelle*. Im anschließend angezeigten Dialogfeld *Datenquelleneigenschaften* geben Sie der Datenquelle den Namen *qry_rpt_Quickstart_multidimensional*. Wählen Sie im unteren Teil des Fensters die Option *Verweis auf freigegebene Datenquelle* und setzen Sie den Verweis auf die gleichnamige freigegebene Datenquelle.
3. Wählen Sie im Kontextmenü der neu angelegten Datenquelle den Befehl *Dataset hinzufügen*. Vergeben Sie als Bezeichnung für das Dataset *KPI_Gross_Profit_Margin* und wechseln Sie in den Abfrage-Designer. Expandieren Sie dort den KPI-Ordner im Metadaten-Fenster und ziehen Sie den KPI *Product Gross Profit Margin* in den Ergebnisbereich. Dort werden die Werte für die vier KPI-Eigenschaften Wert, Ziel, Status und Trend angezeigt. Verlassen Sie den Abfrage-Designer mit *OK* und schließen Sie die Anlage des Datasets auf die gleiche Weise ab.
4. Ziehen Sie ein Messgerät aus der Toolbox auf die Berichtsoberfläche. Wählen Sie anschießend im Dialogfeld *Messgerättyp auswählen* ein radiales Messgerät vom Typ *180 Grad Nord*, wie in Abbildung 21.57 dargestellt.

Berichtselemente und ihre Eigenschaften

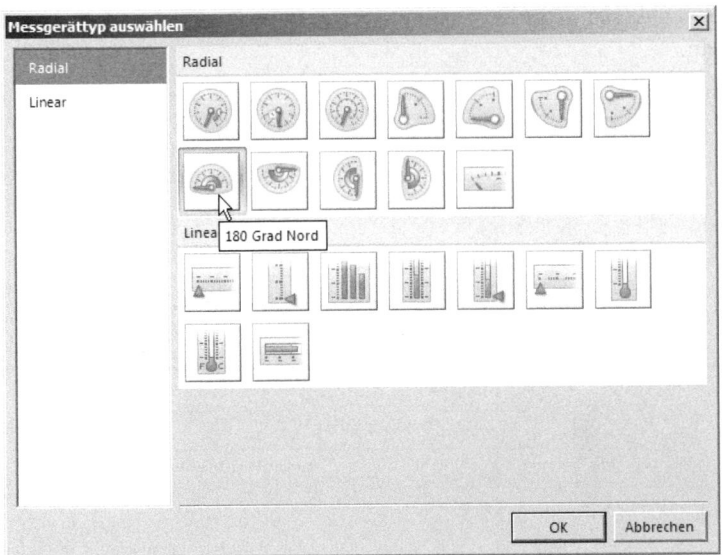

Abbildung 21.57 Auswahl des Meßgerättyps

5. Beginnen Sie die Bearbeitung des Messgeräts, indem Sie hineinklicken. Analog zur Diagrammbearbeitung können Sie durch Drag & Drop ein Datenfeld aus dem Berichtsdaten-Fenster in den Datenfeldbereich oberhalb des Messgeräts ziehen. Vollziehen Sie dies mit dem Feld *Product_Gross_Profit_Margin_Wert*. Damit legen Sie auch die Dataset-Zuordnung des Steuerelements fest. Durch das im Datenfeldbereich hinterlegte Feld wird die Position des Zeigers auf dem Messgerät bestimmt.

6. Wechseln Sie nun zur Bearbeitung der Skala, indem Sie auf diese Klicken und anschließend in deren Kontextmenü den Eintrag *Skalierungseigenschaften* auswählen. Hier können Sie jede Menge Einstellungen vornehmen. Die entscheidenden Einträge befinden sich auf der Registerkarte *Allgemein*. Sie legen das Minimum und Maximum der Skala fest. Hier können Sie in einem Dropdown-Listenfeld die Felder des Datasets auswählen. Wählen Sie als Minimum *Product_Gross_Profit_Margin_Trend* und für das Maximum *Product_Gross_Profit_Margin_Ziel*. Der Trendwert ist hier Null und daher als Minimum gut zu gebrauchen. Schließen Sie Ihre Eingaben mit *OK* ab.

7. Wählen Sie im Kontextmenü des Messgeräts den Eintrag *Bezeichnung hinzufügen* und geben Sie eine Bezeichnung für das Messgerät an. Anschließend können Sie über die Bezeichnungseigenschaften die Darstellung der Bezeichnung modifizieren. Auch hier werden die Änderungen, die Sie im Eigenschaftendialog vornehmen, sofort im Messgerät sichtbar. Es empfiehlt sich, hier spielerisch Erfahrung zu sammeln, um ein Gefühl für die Möglichkeiten zu bekommen.

8. Ziehen Sie anschließend ein weiteres Messgerät aus der Toolbox auf den Bericht und wählen Sie diesmal einen linearen Typ mit dem Untertyp *Drei Farbenbereiche*. Verfahren Sie hier zunächst mit dem Datenfeld und der Skalierung so, wie bei dem Element *180 Grad Nord*.

9. Jetzt müssen Sie noch die Farbbereiche der Skala formatieren. Das können Sie wieder über das Kontextmenü der einzelnen Farbzonen tun. In deren *Bereichseigenschaften* kann ein Beginn und ein Ende des Bereiches angegeben oder durch einen Ausdruck festgelegt werden. Wir tun Letzteres. Für den roten Bereich wird der Beginn mit 0 festgelegt und das Ende mit dem Ausdruck *=Fields!Product_Gross_Profit_Margin_Ziel.Value/3*. Der gelbe Bereich reicht vom Ende des roten Bereiches bis zum Ergebnis des Ausdrucks *=Fields!Product_Gross_Profit_Margin_Ziel.Value/3*2* und der grüne Bereich von dort bis zum Zielwert.

10. Wechseln Sie nach den vielen Verrichtungen in die Diagrammvorschau. Ihre Messgeräte sollten ungefähr denen der Abbildung 21.58 ähneln.

Zum besseren Verständnis sind unterhalb der Messgeräte die Werte der KPI-Eigenschaften noch einmal in Tabellenform zu sehen.

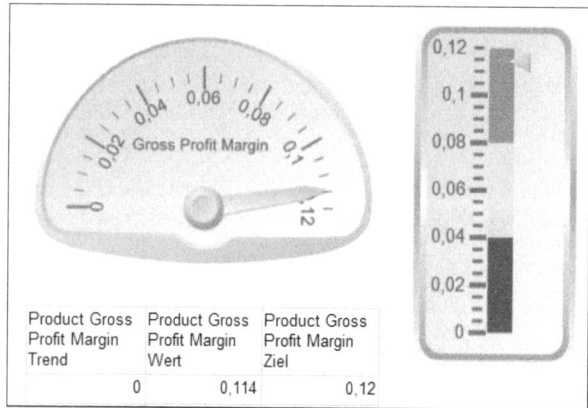

Abbildung 21.58 Messgeräte im Einsatz

Berichtseinrichtung und interaktive Elemente

Berichte unterliegen häufig sich widersprechenden Anforderungen hinsichtlich ihrer Verwendung. Zum einen sollen sie interaktiv sein und sich so durch Benutzereingaben in ihrem Erscheinungsbild wandeln. Zum anderen aber sollen sie sich mit einer festgelegten Darstellung ausdrucken lassen. Um mögliche Einschränkungen der Papierausgabe durch Interaktivität in Berichten einschätzen zu können, lernen Sie hier zunächst die interaktiven Elemente kennen und erfahren anschließend, wie Sie einen Bericht für die Druckausgabe einrichten können.

Interaktive Elemente

Unter interaktiven Elementen werden solche verstanden, die es dem Benutzer ermöglichen, in einem Bericht zu navigieren, zu selektieren oder sonstige Aktionen auszuführen, die eine Auswirkung auf den Bericht haben. Interaktive Elemente haben häufig zwei Hauptzielsetzungen: Einerseits sollen den Nutzern innerhalb eines Berichts mehr Informationen zur Verfügung gestellt werden, ohne dabei die Übersichtlichkeit zu beeinträchtigen (Drilldown), und andererseits sollen mit möglichst wenigen Berichten möglichst große Datenräume abgedeckt werden (eingabebereite Parameter, Hyperlinks zu Berichten).

Um die interaktiven Elemente wie gewohnt in der Praxis parallel betrachten zu können, wird ein neuer Beispielbericht benötigt: Dieser soll die Produktkategorien darstellen und ein Drilldown auf die zugehörigen Produkte ermöglichen. Von den Produkten aus soll eine Verzweigung zum Bericht *rpt_Produktdetails* erfolgen können. Gehen Sie dazu wie folgt vor:

1. Rufen Sie im Kontextmenü des Knotens *Berichte* im Projektmappenexplorer den Eintrag *Hinzufügen/ Neues Element* auf und wählen Sie den Elementtyp *Bericht* aus. Als Berichtsname geben Sie *rpt_Produktkategorien* an. Legen Sie im Berichtsdaten-Fenster eine neue Datenquelle an, die auf die freigegebene Datenquelle *qry_rpt_Quickstart_relational* verweist. Anschließend wählen Sie im Kontextmenü

Berichtseinrichtung und interaktive Elemente

der neu angelegten Datenquelle den Eintrag *Dataset hinzufügen*. Benennen Sie anschließend das Dataset mit der Bezeichnung *ds_Produktkategorien* und rufen Sie den Abfrage-Designer auf.

2. Fügen Sie im Abfrage-Designer die Tabellen *Product*, *ProductCategory* und *ProductSubCategory* hinzu. Selektieren Sie die Felder *CategoryID*, *Category.Name*, *Product.Name* und *ProductID*. Sorgen Sie durch zwei Aliase dafür, dass die Namen für die Kategorie und die Produkte unterscheidbar ausgegeben werden.

```
SELECT     Production.ProductCategory.ProductCategoryID, Production.ProductCategory.Name AS CategoryName,
Production.Product.Name AS ProductName, Production.Product.ProductID
FROM       Production.ProductCategory INNER JOIN Production.ProductSubcategory ON
Production.ProductCategory.ProductCategoryID = Production.ProductSubcategory.ProductCategoryID INNER JOIN
Production.Product ON Production.ProductSubcategory.ProductSubcategoryID =
Production.Product.ProductSubcategoryID
```

Listing 21.9 SQL-Statement für das Dataset *ProduktKategorien*

3. Wechseln Sie zur Registerkarte *Entwurf* des Berichts-Designers und ziehen Sie ein Tabellenelement in den Berichtsbereich. Ziehen Sie aus dem Dataset das Feld *ProductName* in die erste Spalte der Detailzeile. Klicken Sie mit der rechten Maustaste in die Zeile und wählen Sie dort im Bereich *Tablix* den Kontextmenüeintrag *Gruppe hinzufügen* und im Bereich *Spaltengruppe* den Eintrag *Übergeordnete Gruppe*. Geben Sie im folgenden Dialogfeld neben *Gruppieren nach* das Kriterium *Category Name* an. Formatieren Sie die Tabelle nach Ihren Vorstellungen. In der Berichtsvorschau sollte sich Ihnen in etwa folgendes Bild bieten (Abbildung 21.59):

Abbildung 21.59 Der Beispielbericht für die interaktiven Elemente in der Vorschauansicht

Hyperlinks

Der Begriff *Hyperlink* bezeichnet allgemein Verweise auf Websites, andere Berichte oder Elemente innerhalb des Berichts, aus dem der Verweis erfolgt. Uns geht es hier um die Möglichkeiten, die die Reporting Services für die Einrichtung von Hyperlinks bieten. Genauer betrachtet ist ein Hyperlink ein Textfeld mit speziellen Eigenschaften. In den Textfeldeigenschaften können Sie auf der Registerkarte *Aktion* die entsprechenden Einstellungen vornehmen.

In dem Augenblick, in dem in der Optionsschaltflächengruppe *Als Hyperlink aktivieren* ein anderer Eintrag als *Keine* (Standardwert) ausgewählt ist, wird das Textfeld zu einem aktiven Hyperlink. Die zweite Option *Gehe zu Bericht* ermöglicht die Angabe eines Berichts, zu dem gesprungen werden soll, und – mittels der *Hinzufügen*-Schaltfläche – die Übergabe eines oder mehrerer Parameter an diesen beim Aufruf. Die dritte

Option ermöglicht die Angabe eines *Lesezeichens*, zu dem innerhalb des aktiven Berichts gesprungen werden soll. Voraussetzung hierfür ist die vorherige Definition eines Lesezeichens, indem die *Lesezeichen-ID* in den Berichtselementeigenschaften definiert wurde. Die vierte und letzte Option ermöglicht den Wechsel zu einem URL im Intra- oder Internet.

Bei den letzten beiden Optionen besteht die Möglichkeit, das Sprungziel aus einem Ausdruck heraus zu definieren. Zur Veranschaulichung dieser Anwendung werden wir im Folgenden die Produktnamen des oben genannten Produktkategorienberichtes in Hyperlinks zu ihren Produktdetails umwandeln:

1. Wechseln Sie zu den Eigenschaften des Textfelds in der Tabelle, das die Produktnamen enthält, wechseln Sie zur Registerkarte *Navigation* und wählen Sie die Option *Zu Bericht springen*. Geben Sie als Zielbericht, wie in Abbildung 21.60 gezeigt, den Bericht *rpt_Produktdetails* an.

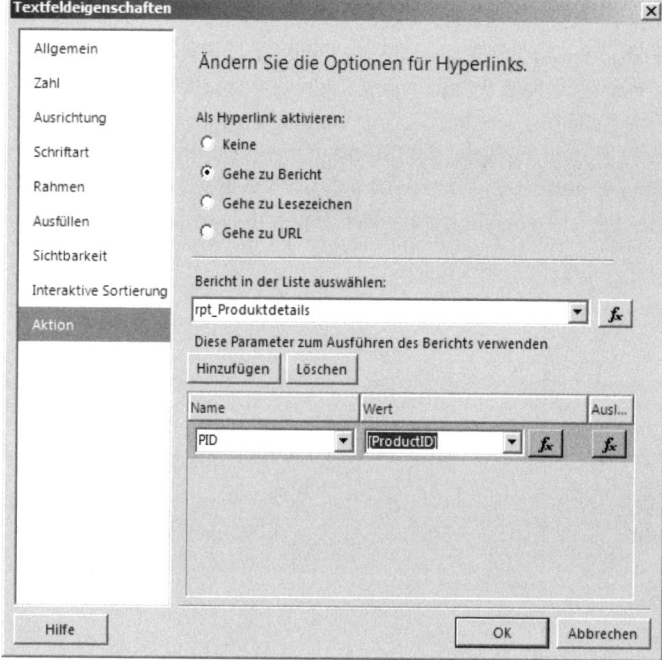

Abbildung 21.60 Parameterübergabe bei Berichtsaktion

2. Klicken Sie auf die Schaltfläche *Hinzufügen* und weisen Sie dem Parameter *PID* den Feldwert *ProductID* zu.
3. Speichern Sie den Bericht und betrachten Sie ihn in der Vorschau. Fahren Sie mit der Maus über die Berichtsnamen und navigieren Sie zum Detailbericht.

Die anderen Hyperlink-Optionen werden hier nicht durch ein Beispiel vorgeführt, da sie im Vergleich zum Berichtssprungziel von eher untergeordneter Bedeutung sind.

Drilldown und Drillup

Im Grunde genommen handelt es sich bei den Möglichkeiten des Drilldown und Drillup um die besondere Verwendung der Eigenschaft *Sichtbarkeit* im Zusammenhang mit Gruppenelementen. Die Sichtbarkeit vieler Berichtselemente kann in Abhängigkeit von einem anderen Berichtselement ein- und ausgeschaltet werden. Das schaltende Berichtselement erhält als Schalter ein Kästchen vorangestellt, in dem je nach Schaltzustand

Berichtseinrichtung und interaktive Elemente

ein Plus- oder ein Minuszeichen erscheint. Mit Klicken auf das Kästchen, das auch als Knoten bezeichnet wird, lässt sich das geschaltete Berichtselement anzeigen oder ausblenden.

Sie werden diesen Vorgang nachvollziehen, indem Sie im soeben erstellten Bericht *Produktkategorien* die Produkte von den jeweils übergeordneten Elementen ein- und ausblenden lassen. Sie gehen dazu folgendermaßen vor:

1. Markieren Sie die Tabelle und wechseln Sie in das Gruppierungsfenster unten. Rufen Sie im Kontextmenü der Gruppe Details die *Gruppeneigenschaften* auf. Wechseln Sie dort zur Seite *Sichtbarkeit*, wie in Abbildung 21.61 dargestellt.

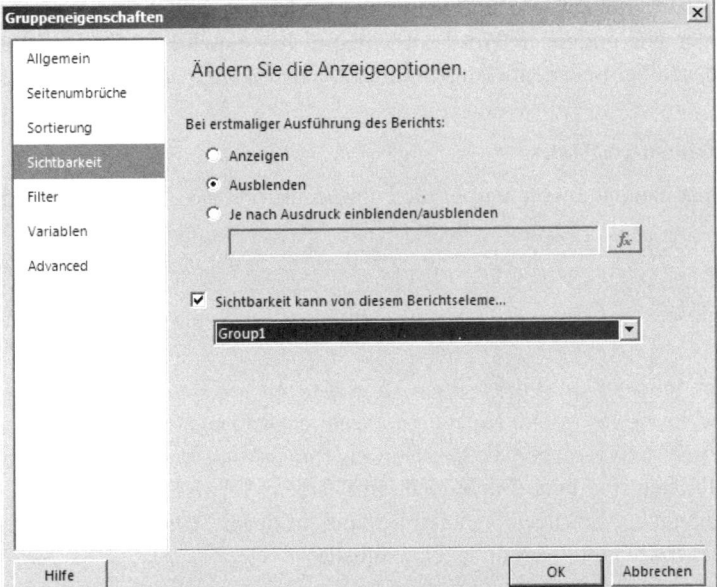

Abbildung 21.61 Sichtbarkeitseinstellungen in den *Gruppeneigenschaften*

2. In der Optionsschaltflächengruppe *Bei erstmaliger Ausführung des Berichts* wählen Sie die Option *Ausgeblendet*, um zu erreichen, dass die Produkte zunächst nicht sichtbar sind. Aktivieren Sie das Kontrollkästchen vor *Sichtbarkeit kann von diesem Berichtselement* und wählen Sie als umschaltendes Berichtselement *Group1* aus.

3. Speichern Sie den Bericht und betrachten Sie ihn in der Vorschauansicht (Abbildung 21.62).

Abbildung 21.62 Ein- und Ausblenden einer Tabelle durch ein Textfeld

Wie schon bei der Auswahl der schaltenden Berichtselemente deutlich wurde, können nur Textfelder oder Gruppierungselemente zur Steuerung der Sichtbarkeit von Berichtselementen genutzt werden. Dies mag daran liegen, dass gewöhnlich nicht nur einzelne Berichtselemente komplett ein- bzw. ausgeblendet, sondern beim Drilldown insbesondere nur die direkt unterhalb eines Gruppierungselements liegenden Detaildaten eingeblendet werden sollen. Da das Gruppierungselement die Gruppierungsinformationen per se hält, ist es dafür gut geeignet. Selbstverständlich können Sie auch tiefer schachteln, indem Sie weitere Gruppierungsebenen auf diese Art und Weise einbinden.

Dokumentenstruktur

Eine Dokumentenstruktur soll die Navigation in sehr umfangreichen Berichten ermöglichen. Die Dokumentstruktur entspricht ungefähr der gleichnamigen Word-Ansicht und hat dieselbe Funktionalität. Im Visual Studio Eigenschaftenfenster der Berichtselemente können unter *DocumentMapLabel* folgende Einstellungen vorgenommen werden:

- Direkter Eintrag eines benutzerdefinierten Wertes
- Bezüge auf Datenfelder. Im Grunde handelt es sich hierbei auch um Ausdrücke, die allerdings im Kombinationsfeld angeboten werden.
- Direkte Eingabe von Ausdrücken

Um eine Dokumentenstruktur im Einsatz zu sehen, wird eine etwas rudimentäre Kopie des Produktkategorie-Berichts erstellt:

1. Erzeugen Sie einen neuen Bericht, indem Sie mit der rechten Maustaste auf den Berichtsordner im Projektmappen-Explorer klicken und im Kontextmenü *Hinzufügen/Neues Element* auswählen. Im folgenden Dialogfeld selektieren Sie den Bericht und vergeben die Bezeichnung *rpt_Dokumentenstruktur*. Fügen Sie dem Bericht im Berichtsdaten-Fenster eine neue Datenquelle mit einem Verweis auf die bestehende Datenquelle *rpt_Quickstart_relational* an. Erzeugen Sie anschließend ein neues Dataset für den Bericht mit dem Namen *qry_Dokumentenstruktur* auf Basis dieser Datenquelle.

2. Im Dialogfeld Dataseteigenschaften klicken Sie auf die Schaltfläche *Importieren* und navigieren zur Datei *Produktkategoriebericht.rdl*, deren Abfrage Sie importieren.

3. Wechseln Sie zur Registerkarte *Entwurf* und fügen Sie dem Bericht ein Tabellenelement hinzu. Ziehen Sie aus dem Berichtsdaten-Fenster aus dem Dataset das Feld *ProductName* in die Detailzeile der zweiten Spalte des Tabellenelements. Löschen Sie die linke Spalte mithilfe des Kontextmenüs zum Spaltenkopf.

4. Fügen Sie oberhalb der Tabelle ein Textfeld ein, in das Sie den Namen des Berichts schreiben.

5. Rufen Sie im Gruppierungsfenster im Kontextmenü der Detailgruppe den Punkt *Gruppe hinzufügen/ Übergeordnete Gruppe* auf. Geben Sie als Gruppierungsausdruck den Bezug auf den Kategoriennamen aus der angebotenen Auswahl an. Bestätigen Sie mit *OK*.

6. Wählen Sie anschließend im Kontextmenü der neu angelegten übergeordneten Gruppe den Eintrag *Gruppeneigenschaften* aus. Wechseln Sie dort zur Seite *Advanced* und verweisen Sie in der Dropdown-Liste *Document map* ebenfalls auf die Kategorienamen (Abbildung 21.63).

Berichtseinrichtung und interaktive Elemente

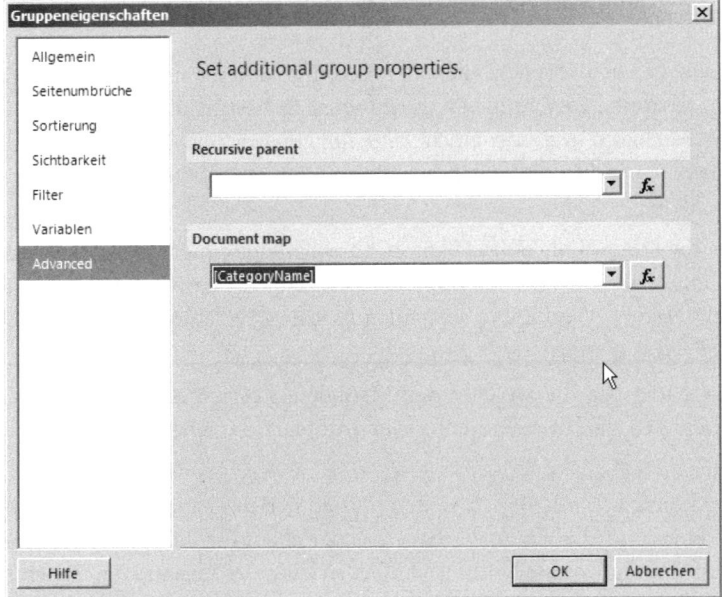

Abbildung 21.63 Dokumentstrukturbezeichnung in den Gruppierungs- und Sortierungseigenschaften

7. Abschließend soll noch im Eigenschaftenfenster des Textfeldes oberhalb der Tabelle, das den Berichtstitel enthält, eine benutzerdefinierte Dokumentstrukturbezeichnung eingegeben werden. Wechseln Sie dazu in das Standardeigenschaftsfenster des Textfeldes und geben Sie bei der Eigenschaft *DocumentMapLabel* die Bezeichnung *rpt_Dokumentstruktur* an. Anschließend sollte Ihr Bericht in der Berichtsvorschau dem von Abbildung 21.64 gleichen.

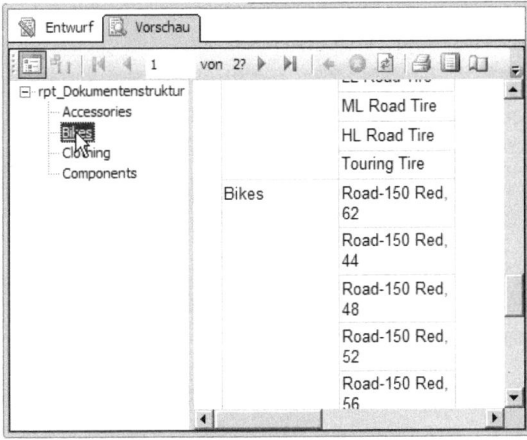

Abbildung 21.64 Der Bericht mit der Dokumentenstruktur in der Vorschauansicht

Berichtseinrichtung

Unter der Einrichtung von Berichten werden Möglichkeiten der Layoutgestaltung und sonstiger Eigenschaften, die eine Gültigkeit für den gesamten Bericht haben, verstanden. Es besteht die Möglichkeit, über das Kontextmenü des Berichts einen Seitenkopf und/oder einen Seitenfuß einzurichten. In einem Seitenkopf bzw. -fuß können Sie alle Berichtselemente verwenden. Alternativ können die Seitenbereiche auch über den Menüeintrag *Bericht* hinzugefügt werden.

Insbesondere werden diese Bereiche zur Einbindung eines Logos und zur Anzeige einiger globaler Variablen wie z.B. Berichtsname, Seitenzahl, Datum etc. verwendet. Die globalen Variablen werden in normalen Textfeldern über Ausdrücke bereitgestellt. Die zur Verfügung stehenden globalen Variablen sind im Berichtsdaten-Fenster im Ordner *Integrierte Felder* verfügbar.

Wenden wir uns den Berichtseigenschaften zu, die Sie über den Menübefehl *Bericht/Berichtseigenschaften* aufrufen können. Die Berichtseigenschaften sind in mehrere Register gruppiert, die sehr verschiedene Funktionen haben:

auf der Registerkarte *Seite einrichten* können Sie die Berichtsseiten hinsichtlich des Papierformats gestalten. Es ist hier möglich, genaue Seitenbreiten und -höhen anzugeben, was vor allem für die Druckausgabe von Berichten oder das Rendering im PDF-Format von Bedeutung ist. Ebenso kann der Abstand der Berichtselemente vom Seitenrand konfiguriert werden. Über die Registerkarte *Code* ist es möglich, benutzerdefinierten Code in Visual Basic zu hinterlegen, der im Bericht verwendet werden kann. Wir möchten Ihnen dies kurz am Beispiel des Berichts *rpt_Lagerbestaende* demonstrieren. Dazu müssen Sie folgende Schritte ausführen:

1. Öffnen Sie den Bericht *rpt_Lagerbestaende* in Visual Studio. Ersetzen Sie im SQL-Statement des Datasets *Lagerbestaende* die Variable *@PID_Lagerbestand* durch den Wert 795. Zudem fügen Sie im Abfrage-Editor noch die Tabelle *SalesOrderDetails* hinzu und erweitern das SQL-Statement so, dass es dem folgenden Listing 21.10 entspricht:

```sql
SELECT    Production.ProductInventory.ProductID, Production.Product.Name AS ProductName,
          Production.ProductInventory.LocationID, Production.Location.Name AS LocationName,
          Production.ProductInventory.Quantity, SUM(Sales.SalesOrderDetail.OrderQty) AS SalesQty
FROM      Production.Location INNER JOIN Production.ProductInventory ON
          Production.Location.LocationID = Production.ProductInventory.LocationID INNER JOIN
          Production.Product ON Production.ProductInventory.ProductID = Production.Product.ProductID INNER JOIN
Sales.SalesOrderDetail ON Production.ProductInventory.ProductID = Sales.SalesOrderDetail.ProductID
WHERE     (Production.ProductInventory.ProductID = 795)
GROUP BY Production.ProductInventory.ProductID, Production.Product.Name,
Production.ProductInventory.LocationID, Production.Location.Name,
Production.ProductInventory.Quantity
```

Listing 21.10 Modifiziertes SQL-Statement des Datasets für den Lagerbestandsbericht

2. Rufen Sie die Berichtseigenschaften auf und wechseln Sie zur Registerkarte *Code* (Abbildung 21.65). Geben Sie dort die Listings ein, die Sie im Bericht verwenden möchten. Wir haben als Beispiel zwei Funktionen mit diskussionswürdigem Nutzen gewählt, die aber vom Typ her zwei sehr häufig auftretende Bedürfnisse befriedigen können: Zum einen die Ermittlung von Schwellenwertüberschreitungen (*MindestBestandUnterschritten*) und zum anderen die Manipulation von Beschriftungen (*KategorieHallo*).

Berichtseinrichtung und interaktive Elemente

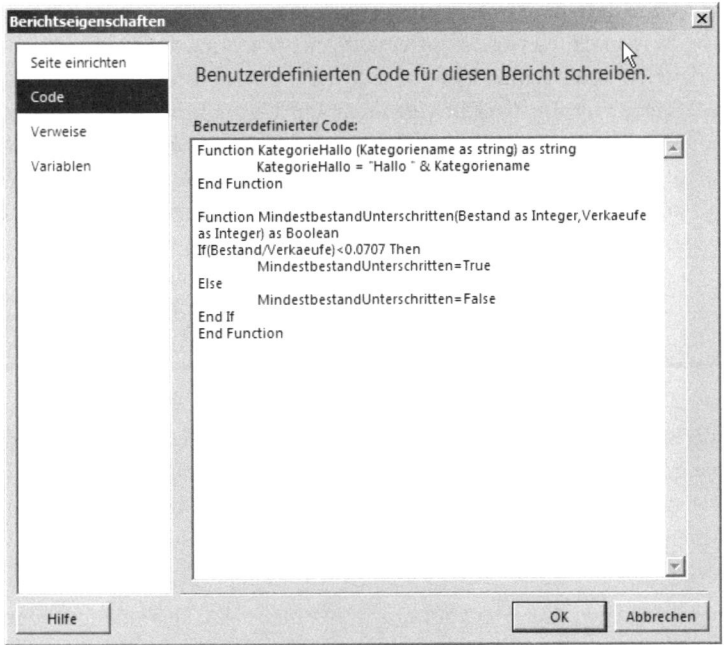

Abbildung 21.65 Hinterlegung von Code in den Berichtseigenschaften

3. Wechseln Sie in die Layoutansicht und markieren Sie das Textfeld in der Tabelle, das die Lagerort-ID enthält. Wählen Sie in dessen Kontextmenü den Eintrag *Ausdruck* und geben Sie dort die folgende Codezeile ein:

```
=code.KategorieHallo(Fields!LocationID.Value)
```

4. Mit dem Statementbeginn *code* geben Sie an, dass jetzt benutzerdefinierter Code folgt. Im Ergebnis erhalten Sie vor der Lagerortidentifikationsnummer in der Tabelle ein *Hallo*.

5. Markieren Sie das Feld mit den Lagerbeständen und wechseln Sie in das Standard-Eigenschaftenfenster von Visual Studio zur Gruppe *Ausfüllen* und zur Eigenschaft *BackgroundColor*. Sie können in allen Eigenschaften Ausdrücke verwenden. Navigieren Sie zum Ausdruckseditor, indem Sie aus dem Kombinationsfeld keine Farbe, sondern den Begriff *Ausdruck* auswählen. Geben Sie dort das folgende Listing ein:

```
=IIf(
code.MindestbestandUnterschritten(Fields!Quantity.Value, Fields!SalesQty.Value)
,"Red","SteelBlue")
```

6. Mit der *IIf*-Funktion sorgen Sie dafür, dass bei Unterschreitung des Mindestanteils des Lagerbestandes an den Gesamtverkäufen das Feld, das die Lagerbestandsmenge ausweist, rot hinterlegt wird, wie in Abbildung 21.66 dargestellt.

Abbildung 21.66 Der Lagerbestandsbericht mit den eingebauten Funktionen

Die Verwendung von benutzerdefiniertem Code in den Berichtseigenschaften ergibt eher dann einen Sinn, wenn er als Ad-hoc-Instrument zur bedarfsgerechten Gestaltung eines Berichts genutzt wird, der zeitnah fertig gestellt werden muss. Eine längerfristige und nachhaltigere Möglichkeit, programmierte Funktionen zu verwenden, bietet die Registerkarte *Verweise* in den Berichtseigenschaften. Hier können Sie Verweise auf .NET-Assemblys einrichten, die Sie dann ebenso wie den Code aus dem vorherigen Beispiel in Ihren Berichtsausdrücken verwenden können. Die Erstellung einer eigenen Assembly wird im Abschnitt *Ausdrücke* behandelt. Über die Gruppe *Variable* können Sie berichtsweit gültige Variablen definieren und diesen mithilfe von Ausdrücken Werte zuweisen. Das ist in manchen Situationen der Verwendung von Parametern vorzuziehen.

Ausdrücke

Sie haben in einigen Abschnitten bereits Ausdrücke und den Ausdruckseditor verwendet, ohne dass wir explizit auf deren Potentiale eingegangen wären: Mithilfe einer an Visual Basic angelehnten Skriptsprache können in Ausdrücken – unter Verwendung der dem Bericht zugrunde liegenden Daten, der Berichtselemente und einer Reihe von Konstanten – Funktionen geschrieben werden. Über Ausdrücke können viele Eigenschaften fast aller Berichtselemente gesetzt werden.

Gelegentlich wird in diesem Zusammenhang auch von »Programming into Properties«, also von der Programmierung in Eigenschaften gesprochen. Inwieweit die Programmierung an dieser Stelle sinnvoll ist, soll hier nicht Thema sein. Wir möchten uns allerdings die Bemerkung erlauben, dass ein Vorgehen, das stark auf die Datenmodifikation im Reporting setzt, nur durch einen besonderen Kundenbedarf und nicht durch Ansprüche an ein konsistentes Berichtswesen zu rechtfertigen ist. In Ausdrücken kann auch auf selbst geschriebene Assemblys zugegriffen werden, was die Transparenz der Berichte für sachkundige Dritte nicht erhöht.

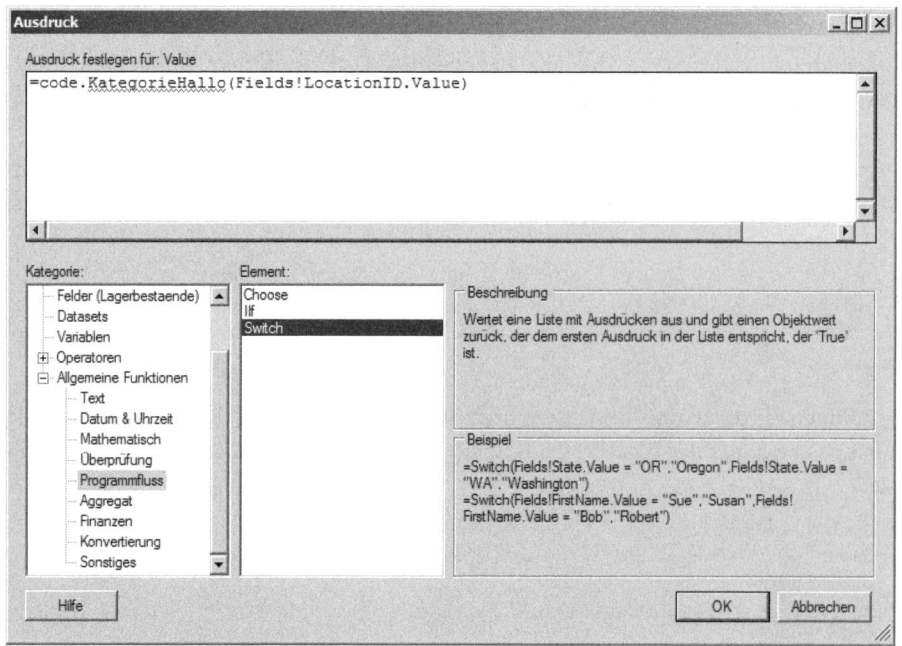

Abbildung 21.67 Der Ausdrucks-Generator

Der Ausdrucks-Generator (Abbildung 21.67) unterscheidet sich im Grunde kaum von anderen seiner Art. Im oberen Bereich ist der Ausdruck in einem Textfenster per Hand editierbar. Hier steht *IntelliSense* zur Verfügung, wenn Sie auf Auflistungen zugreifen. Im unteren Bereich sind nebeneinander drei Listenfelder angeordnet, die von links nach rechts immer detaillierter die zur Verfügung stehenden Kategorien, die in den Kategorien enthaltene Elemente und schließlich deren Ausprägungen anzeigen. Mittels Doppelklick oder über die Schaltfläche *Einfügen* können die im rechten Listenfeld angezeigten Ausprägungen im Ausdruck verwendet werden. Ist im linken Fenster eine Funktion ausgewählt, wird rechts unten zudem ein Beispielaufruf der Funktion angezeigt.

Der Ausdrucks-Generator verwendet Visual Basic-Funktionen. Zusätzlich sind einige Berichtsobjekte bzw. Auflistungen verfügbar. Für die Bildung von Ausdrücken kann daher auf eine Vielzahl von Funktionen zurückgegriffen werden, die hier kurz vorgestellt werden sollen.

Um die unserer Ansicht nach wesentlichen Möglichkeiten der Verwendung von Ausdrücken wie bisher auch praktisch zu demonstrieren, erstellen wir einen neuen Bericht: In diesen Bericht werden in den folgenden Abschnitten eine ganze Reihe von Ausdrücken eingearbeitet, die Konstanten, Globals, Parameter, Felder und Operatoren verwenden. Zunächst gilt es, den Basisbericht zu erstellen:

1. Fügen Sie dem Berichtsserverprojekt ein neues Element vom Typ *Bericht* hinzu, indem Sie im Kontextmenü des Berichtsordners im Projekt-Explorer den Eintrag *Hinzufügen/Neues Element* aufrufen. Wählen Sie den Vorlagentyp *Bericht* und geben Sie als Bezeichnung *rpt_Ausdruecke* an. Schließen Sie mit einem Klick auf *Hinzufügen* ab.

2. Wechseln Sie zum Berichtsdaten-Fenster des neuen Berichts und legen Sie ein neues Dataset mit der Bezeichnung *qry_InternetMarge* an. Greifen Sie dabei auf die Datenquelle *qry_rpt_Quickstart_multidimensional* zu.

3. Im grafischen MDX-Abfragegenerator ziehen Sie die Measures *[Internet Sales Amount]* und *[Internet Gross Profit]*, die Sie unter den Measures im Ordner *[Internet Sales]* finden, aus den Metadaten in den Ergebnisbereich.

4. Ziehen Sie das Hierarchieelement *State-Province*, das Sie im Metadatenbaum in der Dimension *Customer* in der Hierarchie *Customer-Geography* finden, in den Ergebnisbereich. Ziehen Sie das *Country*-Element aus der gleichen Hierarchie in den Filterbereich oben, wählen Sie als Filterwert *Germany* aus und aktivieren Sie das Kontrollkästchen in der *Parameter*-Spalte.

5. Wechseln Sie in die Entwurfsansicht und fügen Sie dem Bericht ein Tabellenelement hinzu, in das Sie aus dem Dataset *qry_InternetMarge* die Felder *StateProvince*, *InternetSalesAmount* und *InternetGrossProfit* in die Detailzeile der Tabelle ziehen. Formatieren Sie die Detailzellen mit den Beträgen als Währung.

6. Betrachten Sie den Bericht in der Vorschau. Er sollte in etwa dem der Abbildung 21.68 entsprechen.

HINWEIS Für Konstanten, Globals und Parameter wird Ihnen nicht explizit jeder Schritt zur Erstellung der jeweiligen Berichtselemente vorgegeben. Es steht Ihnen jedoch frei, die Beispiele nachzuvollziehen. Im Bericht *rpt_Ausdruecke* des Beispielprojekts dieses Kapitels sind sie in jedem Falle enthalten.

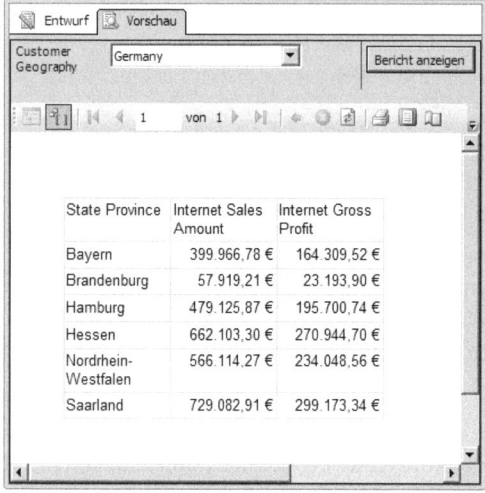

Abbildung 21.68 Der *rpt_Ausdruecke* in der Vorschauansicht

Konstanten

Konstanten sind projektweit gültige Werte, die für bestimmte Eigenschaften gesetzt werden können. Dies bezieht sich überwiegend auf Formatierungseigenschaften. Es existiert eine Reihe von vordefinierten Konstanten, wie beispielsweise die möglichen Farbtöne, die ein Textfeld als Hintergrund- oder Schriftfarbe verwenden kann. Es können aber auch benutzerdefinierte Konstanten eingerichtet werden, auf die anschließend in Ausdrücken verwiesen werden kann. So lässt sich beispielsweise eine eigene Farbpalette definieren (siehe Abbildung 21.69).

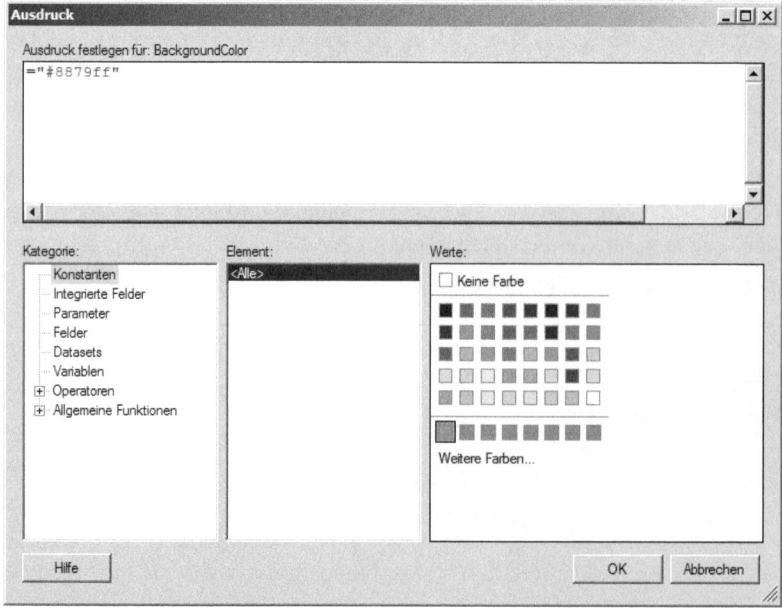

Abbildung 21.69 Verwenden einer benutzerdefinierten Farbpalette in der Konstanten-Auflistung

Integrierte Felder

Die *Integrierte Felder*-Auflistung (Globals) stellt eine Reihe globaler Variablen zur Verfügung, die sich grob in zwei Gruppen unterteilen lassen: Eine Gruppe, zu der die *UserID*, die *UserLanguage* und die Seitenzahlenvariablen gehören, kann zur Entwurfszeit in der Vorschau betrachtet werden. Die andere Gruppe, die den URL des Reporting Servers und den Berichtsordner enthält, lässt sich nur auf dem Berichtsserver anzeigen. Eine Übersicht über die verfügbaren Globals und deren Ausgaben liefert Abbildung 21.70.

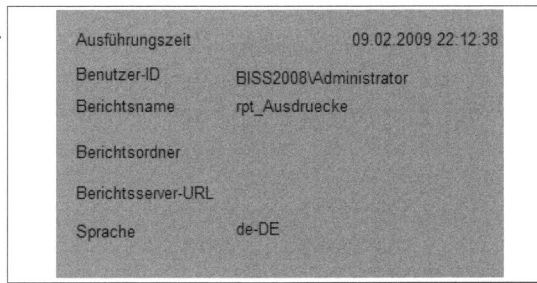

Abbildung 21.70 Globale Variablen, auf die in Ausdrücken zugegriffen werden kann

Die Ausgabewerte der Globals lassen sich selbstverständlich innerhalb von Ausdrücken zur Formatsteuerung und Ähnlichem verwenden. Weiterhin ist zu den Globals auch die Auflistung der ReportItems zu rechnen, die in dieser Gruppe wohl die größte Bedeutung hat. Die Auflistung ReportItems enthält alle Berichtselemente, die im Bericht verwendet werden. So kann beispielsweise auf den wertmäßigen Inhalt eines Textfeldes namens *Text1* mit dem Ausdruck =ReportItems!Text1.Value zugegriffen werden. Wir werden dies später in einem Beispiel anwenden.

Parameter

Die Anzeige von gesetzten Berichtsparametern ist insbesondere bei durch externe Programme angeforderten Berichten häufig notwendig, damit die Berichtsfilterung dem Berichtskonsumenten ersichtlich ist. In unserem Beispielbericht kann zwar aus den Provinzen auf den Parameter geschlossen werden, dies bedarf allerdings schon gewisser Kenntnisse europäischer Geographie und ist in anderen Sachzusammenhängen sicherlich schwieriger.

Auf die Parameter eines Berichts kann in Ausdrücken mit der Parameterauflistung verwiesen werden. Es handelt sich dabei um eine Liste benannter Parameter. Zu beachten ist, dass mit der Neuerung der Mehrfachauswahl bei Parametern zwei verschiedene Sorten von Parametern existieren, die sich eben durch die Möglichkeit der Mehrfachauswahl unterscheiden. In Ausdrücken wird dafür im Parameterverweis hinter dem Parameter-Wert durch eine eingeklammerte Zahl angegeben, welcher Wert der Mehrfachauswahl zurückgegeben wird. Bei Parametern ohne Mehrfachauswahl darf der Ausdruck einen solchen Verweis nicht enthalten.

Der Zugriff auf die *Parameters Collection* in dieser Form ist mit einigen Unzulänglichkeiten behaftet. Zum einen wird der Parameter in der Form *[Customer].[Country]. & [Germany]* ausgegeben. Zum anderen führt der Ausdruck =Parameters!CustomerCountry.Value(0) dazu, dass bei einer erfolgten Mehrfachauswahl lediglich der erste Parameterwert angezeigt wird. Die einfache Verkettung von Parametern auf Vorrat führt, sobald sie auf mehr Parameterwerte verweist, als die Mehrfachauswahl enthält, zu einer Fehlerausgabe. Gleiches gilt für den Verweis auf Parameterwerte in Ausdrücken, wenn die Mehrfachauswahlfähigkeit des Parameters geändert wurde. Hier besteht noch ein Verbesserungsbedarf.

Ist also nicht genau bekannt, wie viele Werte in der Mehrfachauswahl enthalten sein werden, und sollen die Parameterwerte im Bericht ausgegeben werden, ist ein Workaround gefragt. Eine Möglichkeit dafür ist der Zugriff mit der *Join*-Funktion in der Form =Join(Parameters!CustomerCountry.Value). Eine etwas ansehnlichere Möglichkeit besteht darin, dass Sie ein neues Dataset anlegen, das lediglich die Länder bzw. eben das parametrisierte Feld enthält, den gleichen Parameter darauf anwenden und das Ergebnis in einer schlichten, kleinen Tabelle ausgeben. Das Ergebnis können Sie in Abbildung 21.71 sehen.

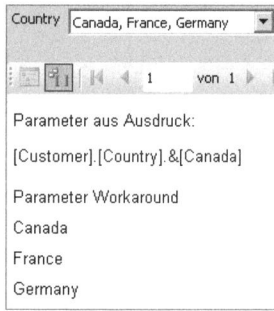

Abbildung 21.71 Parameterwertausgabe bei Mehrfachauswahl

Felder und Datasets

Bei Feldern und Datasets handelt es sich um die Auflistungen, die für den Datenzugriff in Ausdrücken verwendet werden. In den Feldern befinden sich die Elemente des dem jeweiligen Berichtselement zugeordneten Datasets. Das betrifft fast ausschließlich die Berichtselemente Tabelle, Matrix, Liste und Diagramm. Mit der Dataset-Auflistung kann auf alle Felder sämtlicher dem Bericht zugehöriger Datasets zugegriffen werden. Wir möchten zunächst in einem Beispiel auf die Feldauflistung der Tabelle in unserem Beispielprojekt zugreifen, um in der Fußzeile der Tabelle den Durchschnittswert der Spalte auszugeben.

1. Wählen Sie im Kontextmenü zur Tabellenfußzeile der Spalte mit den Interneterlösen den Eintrag *Ausdruck*. Wählen Sie unter dem Ordner *Allgemeine Funktionen* unterhalb der Aggregatfunktionen die *Avg*-Funktion und fügen Sie diese hinter dem Gleichheitszeichen ein.
2. Öffnen Sie im Ausdruckseditor eine Klammer und fügen Sie anschließend aus der Feldauflistung des Datasets *Internet_marge* das Feld *Internet_Sales_Amount* ein und schließen Sie die Klammer.
3. Verfahren Sie analog mit der Spalte *Internet_Gross_Profit* und schreiben Sie in die Fußzeile der Landesbezeichnungsspalte die Beschriftung *Durchschnitt*.
4. Formatieren Sie die neuen Betragsfelder als Währung.
5. Fügen Sie auf der rechten Seite der Tabelle eine neue Spalte ein, indem Sie im Kontextmenü des Spaltenmarkierers der Spalte *Gross_Profit* den Punkt *Spalte rechts einfügen* wählen. Geben Sie in die Kopfzeile die Spaltenüberschrift *Marge* ein.
6. Rufen Sie aus der Detailzelle der neuen Spalte den Ausdruckseditor auf und geben Sie den Ausdruck =Fields!Internet_Gross_Profit.Value/Fields!Internet_Sales_Amount.Value ein. Formatieren Sie die Zelle abschließend als Prozentwert und führen Sie eine Plausibilitätsprüfung in der Vorschau durch.
7. Jetzt soll in der Fußzeile der Tabelle noch die durchschnittliche Marge ausgegeben werden. Hierfür stehen uns mehrere Wege offen:

- Dividieren des durchschnittlichen *Internet_Gross_Profits* durch den durchschnittlichen *Internet_Sales_Amount*
- Bilden des Durchschnitts der ermittelten prozentualen Marge
- Dividieren der Summe der *Internet_Gross_Profits* durch die Summe der *Internet_Sales_Amount*

8. Um auch einmal auf ein Dataset zuzugreifen, entscheiden wir uns für die letztgenannte Methode. Sie wählen dafür die beiden an der Berechnung beteiligten Elemente aus dem Dataset *Internet_marge*, was dazu führt, dass automatisch eine Summierung stattfindet. Es entsteht der im folgenden Listing angegebene Ausdruck:

```
=Sum(Fields!Internet_Gross_Profit.Value, "qry_InternetMarge")/
Sum(Fields!Internet_Sales_Amount.Value, "qry_InternetMarge")
```

9. Die ausgewiesenen prozentualen Margen der Regionen sollen noch in Abhängigkeit von ihrem Verhältnis zum Durchschnitt farblich unterlegt werden. Dazu markieren Sie das Detailfeld der Margenspalte und rufen im Standard-Eigenschaftenfenster von Visual Studio mithilfe der Eigenschaft *BackgroundColor* den Ausdruck-Generator auf, indem Sie im Feld des entsprechenden Eigenschaftswertes den Eintrag Ausdruck auswählen.

10. Hier geben Sie eine Wenn-Funktion folgender Ausprägung ein:

```
=IIf((Fields!Internet_Gross_Profit.Value/
Fields!Internet_Sales_Amount.Value)
< ReportItems!Textbox33.Value,"Red","Green")
```

11. Die durchschnittliche Marge der gewählten Länder bzw. des gewählten Landes soll in Abhängigkeit von der durchschnittlichen Marge des Gesamtunternehmens auf gleiche Art und Weise eingefärbt werden. Dazu muss ein neues Dataset mit Namen *GesamtOhneParameter* erstellt werden, in das Sie einfach die beiden Kennzahlen *Internet_Sales_Amount* und *Internet_Gross_Profit* ziehen. Anschließend können Sie die Gesamtunternehmensmarge im Internet-Bereich in einem Textfeld mit dem folgenden Ausdruck ausgeben:

```
=Sum(Fields!Internet_Gross_Profit.Value,
"GesamtOhneParameter")/Sum(Fields!Internet_Sales_Amount.Value, "GesamtOhneParameter")
```

12. Abschließend rufen Sie aus der Formateigenschaft des rechten unteren Feldes der Tabelle heraus den Ausdruck-Generator auf und pflegen wieder eine *Wenn*-Funktion analog zu der in Schritt 10 angegebenen ein:

```
=IIf(ReportItems!Textbox33.Value<ReportItems!Textbox34.Value,"Red","Green")
```

Nun müssen noch die richtigen Felder mit dem Prozentformat versehen werden und der Bericht *rpt_Ausdruecke* sollte dem der Abbildung 21.72 entsprechen.

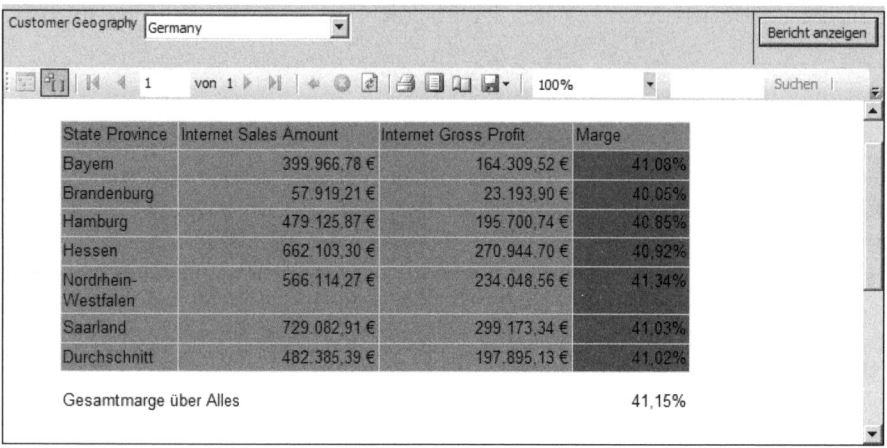

Abbildung 21.72 Der Bericht *rpt_Ausdruecke* mit den ermittelten Margen

Operatoren und Funktionen

Der Ausdruckseditor stellt eine ganze Reihe von Operatoren und Funktionen zur Verfügung, die hier nicht alle behandelt werden können. Einige von ihnen haben Sie im Beispielbericht implizit schon kennengelernt, die übrigen sollten sich Ihnen in der praktischen Arbeit schnell erschließen. Einige interessante Aggregatfunktionen haben wir in der folgenden Tabelle 21.5 aufgeführt.

Funktion	Beschreibung
RunningValue (Expression, Function, Scope)	Die *RunningValue*-Funktion erzeugt zu einem mittels eines Ausdrucks (Expression) übergebenen Wert in einem Bereich (Dataset oder Berichtselement) ein laufendes Aggregat nach der übergebenen Funktion (z.B. Sum)
CountDistinct (Expression, Scope)	*CountDistinct* zählt die verschiedenen Vorkommen der im Ausdruck übergebenen Entität im übergebenen Bereich
Aggregate (Set_Expression)	*Aggregate* gibt die Standardaggregation für den übergebenen MDX-Mengenausdruck zurück

Tabelle 21.5 Beispielhafte Aggregatfunktionen des Ausdruckseditors

Einbinden von privaten Assemblys

Die Einbindung von .NET-Bibliotheken erschließt eine ganze Reihe von Möglichkeiten, um eigene Funktionen in Berichten zu verwenden. Wenn es notwendig ist, eigene Funktionen für das Berichtswesen zu verwenden, sollten Sie die Verwendung von eigenen Assemblys in Betracht ziehen. Wir werden auch das Einbinden einer selbst erstellten Assembly anhand eines kurzen Beispiels Schritt für Schritt nachvollziehen. Im ersten Teil wird die Assembly bereitgestellt, und im nächsten Teil im Bericht *rpt_Lagerbestaende* verwendet.

Bereitstellen der DLL

Erstellen Sie in Visual Studio eine Klasse mit einer einfachen öffentlichen Funktion, wie sie in folgendem Listing 21.11 zu sehen ist.

Ausdrücke

```
Public Class Artikel
    Public Shared Function BestAnteil()
        Dim _Wert As Double
        _Wert = 0.327
        Return _Wert
    End Function
End Class
```

Listing 21.11 Die Funktion der Mini-Klasse

Erzeugen Sie mit dem *Erstellen*-Befehl die DLL. Sie finden die erzeugte DLL bei der Standardinstallation von Visual Studio im Verzeichnis *C:\Dokumente und Einstellungen\<Benutzername>\Eigene Dateien\ Visual Studio 2005\Projects\BerichtsUtilityKlasse\BerichtsUtilityKlasse\bin\Debug* oder *Release*.

Um private Assemblys sowohl in den Berichten als auch im Berichtsdesigner nutzen zu können, müssen Sie die aus Ihrem Visual Studio-Projekt heraus generierte DLL-Datei zunächst in zwei Verzeichnisse kopieren. Die angegebenen Pfade beziehen sich auf die Standardinstallationspfade und müssen, wenn Sie bei der Installation einen anderen Ordner gewählt haben, entsprechend angepasst werden. Für die Nutzung im Berichts-Designer muss die Datei im Verzeichnis *C:\Programme\Microsoft Visual Studio 9.0\Common7\IDE\ PrivateAssemblies* und für den Berichts-Server unter *C:\Program Files\Microsoft SQL Server\MSRS10.MS-SQLSERVER\Reporting Services\ReportServer\bin* gespeichert werden.

Da hier Managed Code genutzt werden soll, müssen noch einige Sicherheitseinstellungen vorgenommen werden. Grundsätzlich möchte die .NET Code Security für jede Assembly wissen, ob sie eine zugelassene Assembly ist, und dafür einen Beweis erhalten. Damit die Assembly akzeptiert wird, muss sie einer CodeGroup zugeordnet werden und im Rahmen dieser Zuordnung ist der bereits erwähnte Beweis zu erbringen.

Zudem gilt es festzulegen, was der in der Assembly enthaltene Code tun darf. Dafür ist die Assembly mit einem PermissionSet zu assoziieren. In dem PermissionSet wird ein Flag gesetzt, das dem Code verschiedene Rechte einräumt. Einige der gebräuchlichsten Flags sind in Tabelle 21.6 aufgeführt.

Flag	Beschreibung
All Flags	Alles ist erlaubt
Assertion	Versicherung, dass der Nutzer, der den Code aufruft, diesen auch ausführen darf
Execution	Der Code darf ausgeführt werden
Binding Redirects	Binding-Umleitungen sind erlaubt

Tabelle 21.6 Einige *Permission*-Flags

Die vom Berichtsserver genutzten Assemblys werden der Code Security über die Datei *rssrvpolicy.config* mitgeteilt, die in der Standardinstallation im Verzeichnis *C:\Program Files\Microsoft SQL Server\MSRS10. MSSQL-SERVER\Reporting Services\ReportServer* liegt. Die Datei ist eine XML-Datei, die eine Reihe von CodeGroup- und Permission-Elementen enthält. In einem CodeGroup-Element wird über verschiedene Attribute und ein Unterelement geklärt, um welche Assembly es sich handelt, welches benannte PermissionSet auf sie angewendet wird und wodurch sie sich als Gruppenmitglied ausweist. In unserem Beispiel aus Listing 21.12 ist die Mitgliedsbedingung für die CodeGroup, dass die Datei am angegebenen URL zu finden ist.

```
<CodeGroup class="UnionCodeGroup" version="1"
PermissionSetName="BenutzerDarfAusfuehren"
Description="Der den Report ausfuehrende Nutzer darf den Code ausfuehren">
<IMembershipCondition class="UrlMebershipCondition" version="1"
Url=" C:\Program Files\Microsoft SQL Server\MSRS10.MSSQLSERVER\Reporting Services\ReportServer\bin
\BerichtsUtilityKlasse.dll"/>
</CodeGroup>
```

Listing 21.12 Ein neues *CodeGroup*-Element in der Datei *rssrvpolicy.config*

In der CodeGroup in Listing 21.12 wird auf ein PermissionSet verwiesen, das noch nicht existiert. Die PermissionSet-Elemente finden Sie in der Datei *rssrvpolicy.config* oberhalb der CodeGroup-Elemente. Ein benanntes PermissionSet besteht aus der Angabe der PermissionSet-Klasse, dem Namen, einer Versionsnummer und aus einer Reihe von IPermission-Elementen, die Aktionen des Codes zulassen. Im Falle des Listings handelt es sich um eine IPermission vom Typ SecurityPermission, die das Ausführen des Codes generell zulässt. Wenn Ihr Code noch weitere Rechte benötigt, wie z.B. den Zugriff auf eine Datei, müssen Sie dem PermissionSet ein weiteres IPermission-Element z.B. vom Typ IOFilePermission hinzufügen.

```
<PermissionSet class="NamedPermissionSet" version="1" Name="BenutzerDarfAusfuehren">
<IPermission class="SecurityPermission" version="1" Flags="Execution"/>
</PermissionSet>
```

Listing 21.13 Ein neues *PermissionSet* in der *rssrvpolicy.config*

Verweis auf die DLL in den Berichtseigenschaften

Nachdem die DLL bereitgestellt wurde, muss der Berichtsserver-Dienst neu gestartet werden, damit die *rssrvpolicy.config* neu geladen wird. Am besten bewerkstelligen Sie dies, indem Sie über *Start/Alle Programme/Microsoft SQL Server 2008/Konfigurationswerkzeuge/SQL Server Konfigurations Manager* den Kofigurations-Manager aufrufen und dort im Kontextmenü der Reporting Services *Restart* wählen. Jetzt können Sie in den Berichtseigenschaften auf die Funktion BestAnteil zugreifen, indem Sie folgende Schritte ausführen:

1. Markieren Sie den Bericht *rpt_Lagerbestaende* und rufen Sie die Berichtseigenschaften auf.
2. Wechseln Sie zur Registerkarte *Verweise* und klicken Sie auf die Schaltfläche mit den drei Punkten. Im Formular *Verweise hinzufügen* klicken Sie auf *Durchsuchen* und wählen die Komponentendatei *BerichtsUtilityKlasse*.
3. Wechseln Sie anschließend zur Entwurfsansicht des Berichts und fügen Sie der Tabelle ganz rechts eine neue Spalte hinzu. Sorgen Sie dafür, dass das in der Detailzeile enthaltene Textfeld den in Abbildung 21.73 abgebildeten Ausdruck enthält.

Mithilfe einer eingebundenen Assembly lässt sich fast alles umsetzen, was programmierbar ist. Die meisten Anforderungen können allerdings auch mit normalen Ausdrücken erledigt werden. Für diese ist der Datenbankzugriff einfacher herzustellen und die Berechtigungen folgen der Systematik der Reporting Services. Lohnend erscheint der Einsatz privater Assemblys nur, wenn eine Reihe von Sonderfunktionen in mehreren Berichten benötigt wird.

Ausdrücke

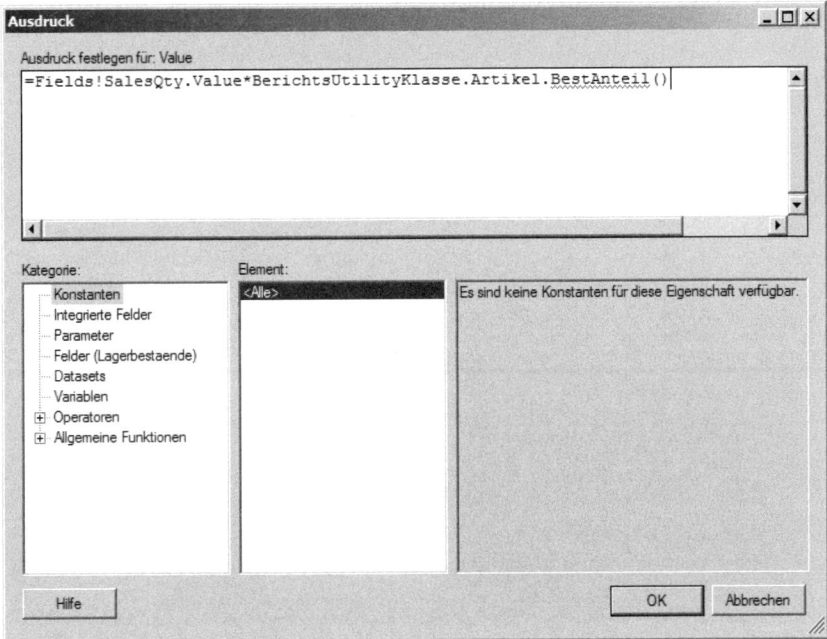

Abbildung 21.73 Verwendung einer privaten Assembly in einem Ausdruck

Kapitel 22

Berichtsverwaltung

In diesem Kapitel:

Berichtsverwaltung mit dem Berichts-Manager	648
Berichtsverwaltung mit dem SQL Server Management Studio	665
Berichtszugriff über Web Service	667
Berichtszugriff über URL	680

In diesem Kapitel beschäftigen wir uns mit der Verwaltung von Berichten mit den Reporting Services. Im ersten Teil geschieht dies durch eine ausführliche Beschreibung der Berichtsverwaltung mit dem Berichts-Manager. Auch die Auslieferung von Berichten über den HTML-Viewer wird kurz behandelt. Im zweiten Teil geht es dann um den Zugriff auf den Berichtsserver über den Reporting Services-Webdienst. Dieser wird anhand einer Beispielanwendung erläutert.

Berichtsverwaltung mit dem Berichts-Manager

Beim Berichts-Manager handelt es sich um eine mit den Reporting Services ausgelieferte ASP.NET-Anwendung, die eine Reihe von Funktionalitäten des Berichtsmanagements in Form einer Webanwendung anbietet. Zudem bietet der Berichts-Manager auch die Möglichkeit, ihn zur webbasierten Berichtsverteilung zu nutzen. Wir werden den Berichts-Manager hier aus zwei Perspektiven betrachten: Zum einen bezüglich der Administration von Berichten, Usern, Rechten und Verteilungsmöglichkeiten und zum anderen hinsichtlich der Berichtsverteilung bzw. des Berichtskonsumenten. Da die Reporting Services in ihrem kompletten Funktionsumfang als Webdienste implementiert sind und der Berichts-Manager diese nutzt, erhalten Sie implizit mit der Funktionsbeschreibung des Berichts-Managers eine Beschreibung des Funktionsumfangs der Reporting Services-Webdienste.

Verwaltungsfunktionen des Berichts-Managers

Der Berichts-Manager stellt in seiner Benutzeroberfläche folgende Funktionen zur Verwaltung von Objekten auf dem Berichtsserver zur Verfügung:

- Einrichtung, Bearbeitung und Pflege der Ordnerstruktur auf dem Berichtsserver
- Löschen, Bereitstellung, Bearbeitung, Verknüpfung und Verschiebung von Berichten, Datenquellen, Berichtsmodellen und Dateien
- Pflege von Berichts- und Datenquelleneigenschaften
- Konfiguration der automatischen Berichtsdistribution durch Abonnements
- Anlegen und Konfigurieren von Zeitplänen
- Anlegen, Editieren und Löschen von Rollen auf dem Berichtsserver
- Vergabe von Zugriffsrechten auf Berichte und Ordner

Berichts-, Datenquellen- und Dateiverwaltung

Berichte, Datenquellen und Dateien sind im Berichtsserver in einer Ordnerstruktur angeordnet. Über den Berichts-Manager können Sie diese bereitstellen und konfigurieren. Wir werden die Bereitstellung und den Zugriff auf Berichtsmodelle an dieser Stelle nicht behandeln, da dies ausführlich in Kapitel 23 geschieht.

Arbeiten im Berichts-Manager

Der Berichts-Manager kann über den Browser mit der URL *http://<<Berichtsservername>>/Reports* aufgerufen werden. Ist der Berichtsserver auf dem lokalen Rechner installiert, kann anstelle des Berichtsservernamens auch *localhost* verwendet werden. Der Berichts-Manager präsentiert sich leider nur dann im Internet Explorer vollständig, wenn die Standardeinstellung *Integrierte Windows-Sicherheit* eingestellt ist.

Berichtsverwaltung mit dem Berichts-Manager

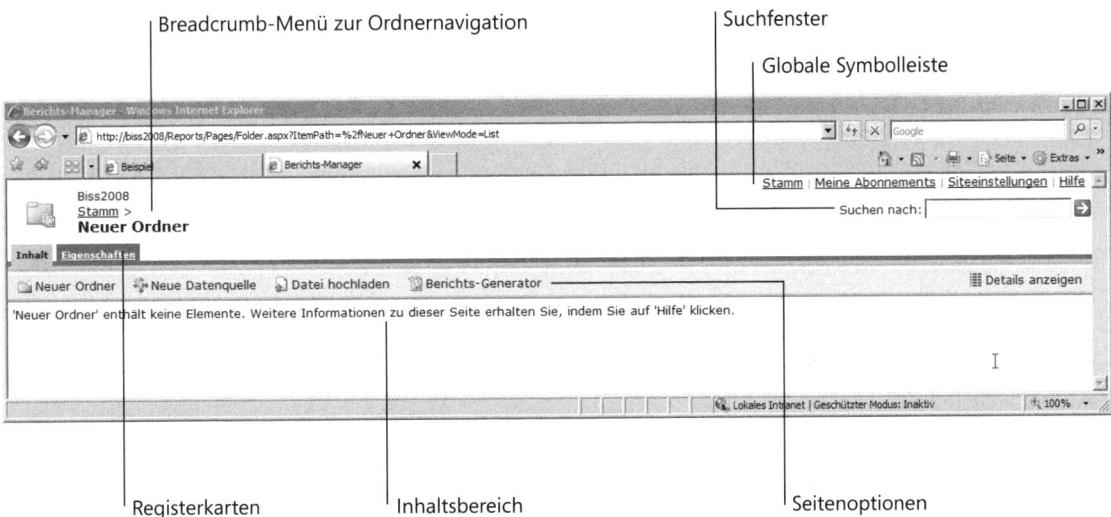

Abbildung 22.1 Die Funktionsbereiche im Berichts-Manager

Oben links im Berichts-Manager sehen Sie ein Breadcrumb-Menü, das es Ihnen ermöglicht, in der Ordnerhierarchie des Berichtsservers zu navigieren. Die Bezeichnung für das Breadcrumb-Menü ist Ordnernavigation. Im weiteren Text werden die Begriffe Breadcrumb-Menü und Ordnernavigation synonym und alternierend verwendet. Mit dem Suchfenster können die Dateien auf dem Berichtsserver nach Schlüsselbegriffen durchsucht werden. Die globale Symbolleiste ermöglicht von links nach rechts die im Folgenden aufgeführten Aktionen:

Für alle Nutzer:

- **Stamm**   Mit dem Stamm-Link gelangen Sie zum Home-Verzeichnis des Berichtsservers (eben dessen Wurzelknoten)
- **Meine Abonnements**   Bietet die Möglichkeit, zu einer Seite zu gelangen, in der die eigenen Abonnements verwaltet werden können; ein Abonnement dient dazu, den regelmäßigen Berichtsbezug zeit- oder ereignisgesteuert einzurichten.
- **Hilfe**   Ermöglicht den Zugriff auf eine zwar nicht umfassende, aber doch gelegentlich nützliche Hilfsseitensammlung speziell zum Gebrauch des Berichts-Managers

Für Administratoren:

- **Siteeinstellungen**   Diese Option ist nur Mitgliedern der Administratorenrolle zugänglich; hier kann die angezeigte Berichtsmanager-Bezeichnung verändert werden und es können die Sicherheitseinstellungen für den Berichts-Manager konfiguriert werden.
- **Registerkarten**   erlauben es, in den kontextbezogenen Eigenschaftsbereich der derzeit aktiven Berichtselemente zu wechseln. Der Inhaltsbereich zeigt Berichte bzw. Angaben zu anderen selektierten Ressourcen des Berichtsservers an. Die Seitenoptionen bieten eine Reihe von Befehlsschaltflächen, die auf Ordner- und Elementebene unterschiedlich zusammengesetzt sind. Auf Ordnerebene ist die Zusammensetzung (wie in Abbildung 22.1 zu sehen ist) folgende:
- **Neuer Ordner**   Mit dieser Schaltfläche können neue Ordner angelegt werden
- **Neue Datenquelle**   Hier kann eine neue Datenquelle angelegt werden

- **Datei hochladen** Vom lokalen Client aus kann mithilfe eines StandardDialogfelds eine beliebige Datei ausgewählt und zum Berichtsserver übermittelt werden
- **Berichts-Generator** Mit dieser Schaltfläche wird der Berichts-Generator aufgerufen
- **Details anzeigen/Details ausblenden** Ähnlich wie beim Windows-Explorer werden hier die in einem Ordner enthaltenen Elemente in einer Listenform angezeigt. Dabei werden zusätzlich die Eigenschaften *Geändert von*, *Geändert am* und *Letzter Ausführungszeitpunkt* angezeigt. Weiterhin erscheint vor jeder angezeigten Ressource ein Kontrollkästchen, nach dessen Aktivierung in den Seitenoptionen zusätzlich die Befehlsschaltflächen *Löschen* und *Verschieben* zur Verfügung stehen.

Zusätzlich zur Möglichkeit, durch die *Details anzeigen*-Schaltfläche Elemente zu löschen, kann dies auch in der *Eigenschaften*-Registerkarte der jeweiligen Objekte geschehen.

Berichtsbereitstellung

Die Berichtsbereitstellung über den Berichts-Manager erfolgt schlicht über die Schaltfläche *Datei hochladen* in den Seitenoptionen. Wird dort eine .rdl-Datei selektiert, erkennt der Berichts-Manager, dass es sich dabei um einen Bericht handelt und visualisiert ihn entsprechend. Gleiches gilt für Datenquellen und die *rds*-Dateien, in denen die Datenquelleninformationen enthalten sind. Die Berichtsbereitstellung auf diesem Weg ist allerdings fehlerträchtig und wenig komfortabel. Vorzuziehen ist hier die Bereitstellung aus Visual Studio bzw. dem Business Intelligence Studio heraus. Zur Veranschaulichung folgt an dieser Stelle ein beispielhaftes Bereitstellungsszenario:

1. Legen Sie im Stammverzeichnis des Berichts-Managers einen Ordner mit der Bezeichnung *proj_KAP_21* an, indem Sie in das Stammverzeichnis navigieren und dort in den Seitenoptionen auf die Schaltfläche *Neuer Ordner* klicken. Geben Sie als Beschreibung an: enthält die Beispielberichte aus Kapitel 21. Klicken Sie auf OK.
2. Wechseln Sie zu Visual Studio bzw. Business Intelligence Studio und öffnen Sie das Beispielprojekt zu Kapitel 21. Rufen Sie die Eigenschaften des Projekts auf und modifizieren Sie die Bereitstellungseigenschaften wie in Abbildung 22.2.

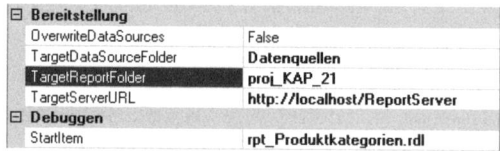

Abbildung 22.2 Bereitstellungseigenschaften eines Berichtsprojekts

3. Klicken Sie in der Symbolleiste auf die Schaltfläche *Debugging starten* oder rufen Sie den Menübefehl *Erstellen/Bereitstellen* auf. Alle Berichte und Datenquellen Ihres Berichtsprojekts werden nun auf den Berichtsserver kopiert und dort bereitgestellt.
4. Wechseln Sie wieder in den Berichts-Manager und frischen Sie die Seite mit Ihrem neuen Ordner auf. Sie sollten nun mit den angezeigten Details das in der folgenden Abbildung dargestellte Ergebnis sehen.

Einen Bericht können Sie im Berichts-Manager einfach durch einen Mausklick anzeigen lassen. In Abhängigkeit der dem Betrachter im Ordnerkontext zugewiesenen Rolle werden neben der Berichtsanzeige noch weitere Registerkarten angezeigt.

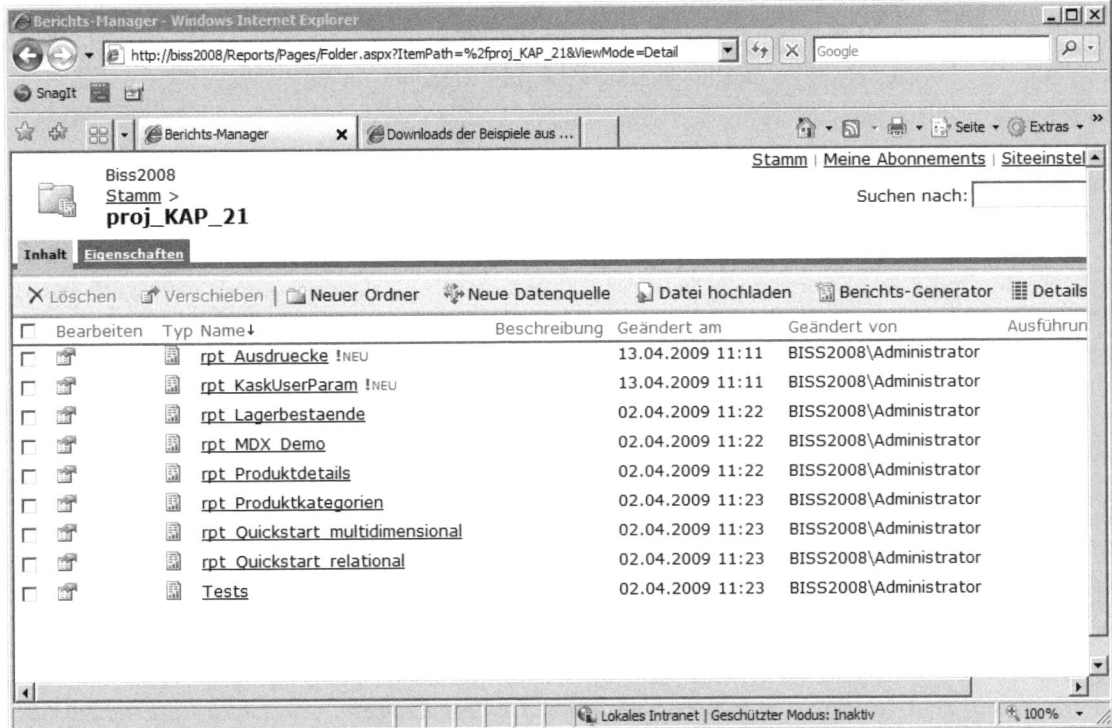

Abbildung 22.3 Die bereitgestellten Berichte im Berichts-Manager

Berichtseigenschaften

Die wichtigste Registerkarte befindet sich direkt rechts neben dem Register *Anzeige*. In den Berichtseigenschaften können recht viele Einstellungen vorgenommen werden. Daher sind die Berichtseigenschaften zusätzlich auf verschiedene Seiten aufgeteilt, die über eine Navigationsaufzählung im linken Teil der Berichtseigenschaften angesprochen werden können.

Allgemein Standardmäßig wird die Allgemein-Seite angezeigt. Hier können der Berichtsname und die Berichtsbeschreibung editiert werden. Zudem kann hier die *.rdl*-Datei aufgerufen, editiert und anschließend wieder hochgeladen werden. Schließlich können Sie den Bericht löschen, verschieben oder eine Verknüpfung zu ihm anlegen.

> **ACHTUNG** Beachten Sie bitte, dass Sie in einer Webanwendung arbeiten. Sie müssen Eingaben oder sonstige Änderungen stets mit der Schaltfläche *Anwenden* abschließen, sonst werden diese nicht durchgeführt.

Parameter Der Link zu einer Bearbeitung der Berichtsparameter ist nur dann sichtbar, wenn Parameter im Bericht enthalten sind. Auf der Parameterseite können die Parameter insofern verändert werden, dass es möglich ist, den Standardwert zu wechseln, die Parameter auszublenden und zu entscheiden, ob eine Benutzerauswahl angeboten wird.

Datenquellen In der Datenquellensicht kann der Verweis auf die Berichtsdatenquelle verändert werden. So kann auf freigegebene und auf dem Berichtsserver vorhandene Datenquellen verwiesen werden, es kann aber auch eine gänzlich neue Datenquelle konfiguriert werden. Hierzu müssen lediglich der Datenquellentyp, die

Verbindungszeichenfolge und die Authentifizierungsmethode mit Parametern versorgt werden. Zur Authentifizierung kann neben der integrierten Windows-Sicherheit eine verschlüsselt hinterlegte Benutzer/Kennwort-Kombination oder eine Eingabeaufforderung verwendet werden.

Ausführung   Die Berichtsausführung lässt sich auf zwei Arten einrichten:

- Immer mit den neuesten Daten (hier lassen sich allerdings noch Caching-Optionen konfigurieren)
- In einem Snapshot einmalig (nach einem allgemeinen oder nach einem berichtsspezifischen Zeitplan)

Die Snapshot-Option ermöglicht es, die Rechenkapazität für das Berichts-Rendering einzuteilen und deren unnötige Beanspruchung zu vermeiden. So ist es bei Daten, deren Aktualität sich nur einmal täglich ändert, tendenziell sinnlos, den Bericht mehrmals täglich zu erstellen. Zum einen senken nach Zeitplänen erstellte Berichts-Snapshots die Last für den Berichtsserver, zum anderen erhöhen Sie die Performance bei der Anzeige für den Nutzer deutlich. Ein berichtsspezifischer Zeitplan gilt nur für diesen Bericht. Ein allgemeiner Zeitplan kann in den Seiteneinstellungen des Berichts-Managers verwaltet werden. Die Verwendung von allgemeinen Zeitplänen erhöht natürlich die Übersicht darüber, was wann auf dem Berichtsserver passiert.

WICHTIG   Eine Snapshot-Generierung nach einem Zeitplan ist nur möglich, wenn die zu dem Bericht gehörende Datenquelle nicht mit integrierter Windows-Authentifizierung arbeitet, da für eine maschinelle Berichtsanforderung eine fest hinterlegte Kennung nötig ist. Gleiches gilt selbstverständlich auch für die Einrichtung von Abonnements.

Nachdem Sie ein Snapshot-Rendering des Berichts eingerichtet haben, wird für den Nutzer unterhalb des Berichts in der Ordneransicht des Berichts-Managers stets das letzte Ausführungsdatum angezeigt, um Irrtümern bezüglich der Datenaktualität vorzubeugen. Außer den Einstellungen zur Snapshot-Generierung können auf der Ausführungsseite Einstellungen zum Caching und zum Timeout des Berichts vorgenommen werden. Beim Caching handelt es sich um eine Zwischenspeicherung des fertig gestellten Berichts im Arbeitsspeicher des Berichtsservers. Zur Konfiguration des Caching-Verhaltens eines Berichts können Sie in der obersten Optionsschaltflächengruppe zwischen folgenden Varianten wählen:

- **Keine temporäre Kopie zwischenspeichern**   Die Daten sind stets neu aus der Datenquelle zu lesen
- **Eine temporäre Kopie des Berichts zwischenspeichern nach fester Zeitangabe**   Zusätzlich kann (in Minuten) angegeben werden, für welche Dauer die Kopie vorgehalten werden soll, bevor der Bericht wieder mit neuen Daten gerendert wird
- **Eine temporäre Kopie des Berichts zwischenspeichern nach Plan**   Diese läuft nach einem Zeitplan ab. Wie üblich kann hier ein berichtsspezifischer Zeitplan oder ein freigegebener Zeitplan verwendet werden.

Als Timeout-Einstellung kann entweder die Standardeinstellung, eine übergebene Sekundenanzahl oder kein Timeout gewählt werden.

Verlauf   In den Verlaufseinstellungen wird die Möglichkeit der Abspeicherung von Berichten zum jeweiligen Ausführungszeitpunkt im Verlauf konfiguriert. Wenn Sie beispielsweise in den Verlaufseinstellungen das Kontrollkästchen vor *Alle Berichtsausführungs-Snapshots im Verlauf speichern* aktivieren und nach einem Zeitplan Snapshots erstellen lassen, werden diese Snapshots im Verlauf gespeichert und können als Berichtsarchiv dienen.

Da es sich bei Snapshots um ein datentragendes Zwischenformat handelt, sind in ihnen die zum Generierungszeitpunkt enthaltenen Daten gespeichert. Eine weitere Konfigurationsvariante für den Verlauf ist die Möglichkeit, das manuelle Hinzufügen von Snapshots zu erlauben (z.B. wenn ein Nutzer einen bestimmten Berichtszustand speichern möchte). Zudem ist es problemlos möglich, Snapshots nach einem berichtsspezifischen oder allgemeinen Zeitplan in den Verlauf einzustellen. Schließlich kann hier noch festgelegt werden, ob beliebig viele Snapshots im Verlauf gespeichert werden sollen oder eine Höchstgrenze festgesetzt wird. Letztere führt dazu, dass bei Erreichen der Höchstgrenze automatisch die ältesten Snapshots gelöscht werden. Die Standardeinstellung für die Höchstgrenze ist in den Site-Eigenschaften einstellbar und gilt für alle Berichte, sofern nichts anderes angegeben wird.

Sicherheit Die Zugriffserlaubnis zu einem Bericht wird über die Rollenzugehörigkeit des zugreifenden Nutzers geregelt. Der Bericht übernimmt die Sicherheitseinstellungen von dem ihm übergeordneten Element, also dem Ordner. Sie können an dieser Stelle abweichende Rollenkombinationen angeben. Dies führt dazu, dass die von Ihnen angegebenen Rollen Zugriff auf den Bericht haben, möglicherweise aber nicht auf den übergeordneten Ordner oder umgekehrt. Näheres zum Rollenkonzept erfahren Sie später in diesem Kapitel im Abschnitt »Zugriffssteuerung«.

Berichtsverlauf

Im Berichtsverlauf werden alle Snapshots angezeigt, die nach den Verlaufsoptionen in den Berichtseigenschaften erzeugt wurden.

Abonnements

Abonnements bieten die Möglichkeit, Berichte nach Zeitplänen an Empfänger auszuliefern. Es können zwei Arten von Abonnements angelegt werden: erstens das normale Abonnement, das es erlaubt, einen Bericht in ein Verzeichnis oder per E-Mail an einen oder mehrere Empfänger auszuliefern. Zweitens das datengesteuerte Abonnement, das es ermöglicht, die Empfänger bzw. die Dateibezeichnungen mittels einer Abfrage aus einer Datenbank auszulesen. Wie schon angesprochen können die Berichte auf zwei Arten ausgeliefert werden: Die Berichtsserver-Dateifreigabe ermöglicht das Speichern des gerenderten Berichts in einem angegebenen Ordner des dem Berichtsserver zugänglichen Verzeichnissystems. Die Berichtsserver-E-Mail hingegen erlaubt das Versenden des Berichts über das im Berichtsserver konfigurierte E-Mail-Konto über einen SMTP-Server. Falls Ihnen die Berichtsserver-E-Mail für die Einrichtung eines Abonnements nicht automatisch angeboten wird, müssen Sie noch die entsprechenden Einstellungen im Berichtsserver vornehmen. Wie dies funktioniert, ist in Kapitel 20 beschrieben. Abonnements lassen sich nicht auf Berichte erstellen, die auf Datenquellen mit integrierter Windows Authentifizierung zugreifen. Das liegt daran, dass die Abonnements bei ihrer Ausführung nicht in einem Kontext zum Benutzer ausgeführt werden können, da kein Benutzer angemeldet ist. Um die folgenden Beispiele nachvollziehen zu können, muss die Datenquelle des genutzten Berichts *Company Sales 2008* der *AdventureWorks* Beispielberichte angepasst werden.

1. Navigieren Sie im Berichts-Manager zu dem Bericht *Stamm/Adventure Works 2008 Sample Reports/Company Sales 2008*.
2. Wechseln Sie in zur Registerkarte *Eigenschaften* des Berichts und dort zu den Datenquelleneigenschaften. Ändern Sie den Zugriff auf die Datenbank von der Option *Integrierte Sicherheit von Windows* auf die Option *Anmeldeinformationen, die sicher auf dem Berichtsserver gespeichert sind*.
3. Als Werte für die Felder *Benutzername* und *Kennwort* kann entweder ein Windows-Konto oder ein im SQL-Server hinterlegter Benutzername mit dem entsprechenden Kennwort angegeben werden. Bei der ersten Möglichkeit muss noch das Kontrollkästchen vor *Beim Herstellen einer Verbindung…* aktiviert werden, wie es in Abbildung 22.4 zu sehen ist.

Kapitel 22: Berichtsverwaltung

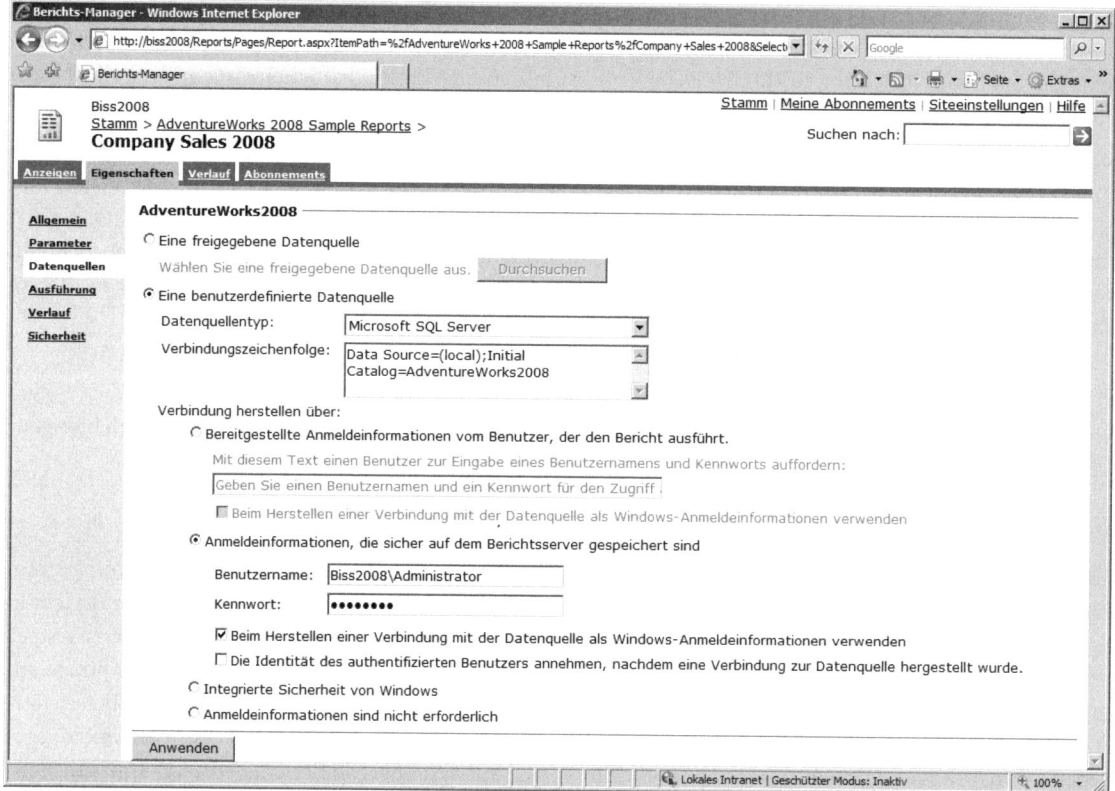

Abbildung 22.4 Bearbeitung der Datenquelle im Berichts-Manager zur Vorbereitung auf die Abonnementerstellung

WICHTIG Abonnements werden – wie alle zeitgesteuerten Aktionen in den Reporting Services – über den SQL Server-Agenten gesteuert und abgewickelt. Daher muss für die Einrichtung und Ausführung von Abonnements der SQL Server-Dienst gestartet sein.

Dateifreigabe-Übermittlung

Im Folgenden soll die Abonnement-Einrichtung anhand eines Beispiels mit dem Bericht *Company Sales 2008* nachvollzogen werden. Am Anfang steht dabei die Dateifreigabe-Übermittlung:

1. Öffnen Sie den Bericht *Company Sales 2008* im Berichts-Manager und wechseln Sie zur Registerkarte *Abonnements*.
2. Klicken Sie in den Seitenoptionen auf die Schaltfläche *Neues Abonnement*. Im Kombinationsfeld *Übermittelt von* wählen Sie den Eintrag *Berichtsserver-Dateifreigabe* aus. Ihnen stehen eine Reihe von Einstellungen zur Verfügung, die in der Tabelle 22.1 aufgeführt sind.

Eingabefeld	Beschreibung	Beispielwert
Übermittelt von	Auswahlfeld zur Angabe der Übermittlungsart	Wählen Sie hier Windows Dateifreigabe

Tabelle 22.1 Tabelle mit den Einstellungsmöglichkeiten zur Dateifreigabe

Eingabefeld	Beschreibung	Beispielwert
Dateiname	Textfeld zur Eingabe des Dateinamens	Dateifreigabe
Dateinamenserweiterung hinzufügen	Kontrollkästchen, mit dessen Aktivierung der Berichtsserver angewiesen wird, hinter den Dateinamen eine Dateinamenserweiterung zu schreiben	
Pfad	Textfeld, in das der Pfad eingetragen werden muss, unter dem der Bericht gespeichert werden soll. Er muss im UNC-Format angegeben werden.	\\<Ihr Computername>\C$\temp oder nach Wahl
Renderformat	Kombinationsfeld, in dem das Dateiausgabeformat festgelegt wird	PDF
Anmeldeinformationen	Damit der Berichtsserver in das Dateisystem schreiben kann, wird ein Ausführungskonto benötigt, in dessen Kontext die Zugriffsrechte vom Betriebssystem ermittelt werden können	Wenn Sie keine andere Nutzer-Passwortkombination haben: Ihr Benutzername und Ihr Kennwort
Optionen für das Überschreiben	In dieser Optionsschaltflächengruppe können Sie angeben, ob eine evtl. schon vorhandene Datei überschrieben wird oder nicht	

Tabelle 22.1 Tabelle mit den Einstellungsmöglichkeiten zur Dateifreigabe *(Fortsetzung)*

3. Wählen Sie jetzt noch bei den Optionen für die Abonnementverarbeitung die Option *Wenn die geplante Berichtsausführung abgeschlossen ist* und klicken Sie auf die Schaltfläche *Zeitplan auswählen*.

4. Wählen Sie auf der folgenden Seite die Option *Stunden* und geben Sie an, dass das Abonnement alle 0 Stunden und 10 Minuten ausgeführt werden soll. Übernehmen Sie den Standardwert und schließen Sie die Zeitplan-Konfiguration per Klick auf *OK* ab.

Jetzt können Sie entweder einen Kaffee trinken oder das SQL Server Management Studio starten, unterhalb des SQL Server-Agenten die Jobübersicht aufrufen und von dort aus den Job direkt über das Kontextmenü starten. Die einzige mögliche Schwierigkeit, auf die Sie hierbei stoßen können, ist herauszufinden, um welchen Job es sich handelt, falls dort schon einige eingetragen sind. Der zuletzt eingetragene Job steht tendenziell immer ganz unten.

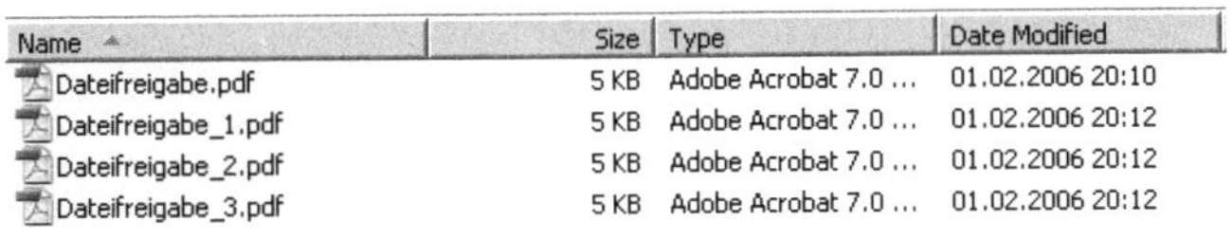

Abbildung 22.5 Das Ergebnis des Dateifreigabe-Abonnements nach viermaliger Ausführung

E-Mail-Übermittlung

Ein Abonnement mit Berichtsauslieferung per E-Mail richten Sie folgendermaßen ein:

1. Aktivieren Sie die Registerkarte *Abonnements* des Berichts, für den Sie das Abonnement einrichten möchten.
2. Wählen Sie als Option für die Berichtsübermittlung *Berichtsserver-E-Mail* aus.
3. Nehmen Sie weiterhin die Einträge gemäß der folgenden Tabelle 22.2 vor:

Steuerelement	Erläuterung	Beispiel
An, Cc, Bcc	E-Mail-Empfänger-Adresse	Bei einem lokalen SMTP-Server someone@<Ihr Computername>
Antwort an	E-Mail-Adresse, an die Antworten gerichtet werden; diese kann vom Absender (der bei der E-Mail-Konfiguration angegebenen Adresse) abweichen	Biss2008@<Ihr Computername>
Betreff	Text für die Betreffzeile; hierbei besteht Zugriff auf die beiden rechts aufgeführten globalen Variablen	@ReportName von @ExecutionTime
Bericht einschließen	Gibt an, ob der Bericht mit der E-Mail versandt werden soll	
Verknüpfung einschließen	Gibt an, ob ein Link auf den Bericht in der E-Mail enthalten sein soll	
Renderformat	Hier kann das Format, in dem der Bericht der E-Mail angehängt werden soll, selektiert werden	
Priorität	E-Mail-Priorität	
Kommentar	Weiterer Text, der in der E-Mail enthalten sein soll	Dieser Bericht wurde automatisch erstellt und versandt, bitte antworten Sie nicht auf die E-Mail. Vielen Dank

Tabelle 22.2 Einträge zur Einrichtung eines Berichtsserver-E-Mail-Abonnements

Sie können die generierten E-Mails, falls Sie die E-Mail-Konfiguration wie in Kapitel 20 beschrieben vorgenommen haben, im Verzeichnis C:\Inetpub\mailroot\Drop finden.

Bei den Optionen für die Abonnementverarbeitung richten Sie bitte analog zu dem Dateifreigabe-Abonnement einen Zeitplan ein, der eine zeitnahe Ausführung anstößt.

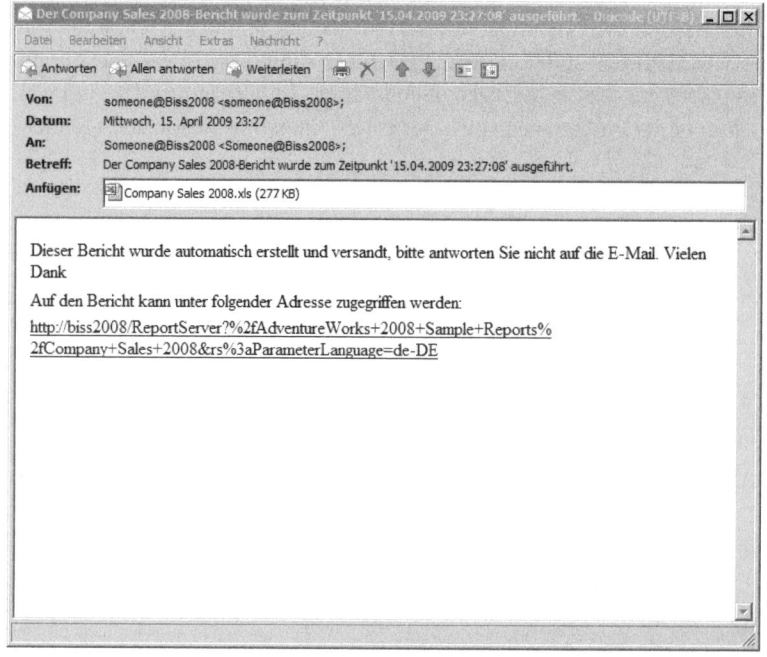

Abbildung 22.6 Die per E-Mail-Abonnement versandte Nachricht

Die von der eingerichteten Standard-Adresse abweichende Antwort-Adresse kann auch dafür genutzt werden, dort einen Berichtsverantwortlichen einzutragen, der sehr wohl per Antwort-E-Mail Anregungen und Kritik entgegennehmen kann.

Datengesteuerte Abonnements

Bei einem datengesteuerten Abonnement stammen die Empfängerangaben (bei E-Mail-Übermittlung) bzw. die Zieldateinamen (bei Dateifreigabe-Übermittlung) aus einem Dataset. Dieses Dataset wird – wie es meistens der Fall ist – durch Zugriff auf eine hinterlegte Datenquelle und einen Abfragetext erzeugt. Im Rahmen der Konfiguration eines datengesteuerten Abonnements ist es auch möglich, aus dem Dataset Werte für Berichtsparameter für jeden Berichtsempfänger differenziert einzusteuern. Da das datengesteuerte Abonnement eine gute Methode dafür darstellt, viele Empfänger mit speziell für diese ausgewählten Daten zu versorgen, möchten wir auch dafür ein Beispiel bringen: Im Beispielbericht sollen alle in der Tabelle *Person.Contact* enthaltenen Personen eine E-Mail mit ihren Kontaktdaten erhalten, um diese zu überprüfen. Gehen Sie zur Umsetzung dieses Vorhabens wie folgt vor:

1. Erstellen Sie in Visual Studio bzw. im Business Intelligence Development Studio ein neues Projekt vom Typ *Berichtsserverprojekt* mit der Bezeichnung *proj_KAP_22*.
2. Fügen Sie dem Projekt eine neue freigegebene Datenquelle hinzu, indem Sie im Projektmappen-Explorer im Kontextmenü des Ordners *Freigegebene Datenquellen* den Eintrag *Neue Datenquelle hinzufügen* wählen. Bezeichnen Sie die Datenquelle mit *ds_Kontaktdaten*. Die Datenquelle soll vom Typ *SQL Server* sein und auf die Datenbank *AdventureWorks2008* zeigen. Geben Sie bei der Authentifizierung einen Benutzernamen und ein Passwort eines Accounts ein, der über Zugriffsrechte auf diese Datenbank verfügt. Benutzen Sie nicht die integrierte Windows Authentifizierung, da Sie so kein Abonnement erstellen können.
3. Fügen Sie dem Projekt einen neuen Bericht hinzu, indem Sie im Kontextmenü des Berichtsordners im Projektmappen-Explorer auf *Hinzufügen/Neues Element* klicken und anschließend den Elementtyp *Bericht* selektieren. Nennen Sie den Bericht *rpt_Kontaktdaten*.
4. Erstellen Sie im Berichtsdatenfenster eine neue Datenquelle indem Sie in der Dropdownauswahl der Schaltfläche *Neu* den Eintrag *Datenquelle* auswählen. Verweisen Sie im anschießend angezeigten Dialogfeld *Datenquelleneigenschaften* auf die freigegebene Datenquelle *ds_Kontaktdaten* und vergeben Sie diese Bezeichnung erneut für die Berichtsdatenquelle. Legen Sie über das Kontextmenü der neuen Datenquelle über den Eintrag *Dataset hinzufügen* ein neues Dataset mit der Bezeichnung *qry_Kontaktdaten* an. Wechseln Sie im Fenster *Dataseteigenschaften* über die Schaltfläche *Abfrage-Designer* zum Abfrage-Editor. Fügen Sie dort die Sicht *HumanResources.vEmployee* hinzu. Selektieren Sie aus dieser anschließend die Felder *Title, FirstName, MiddleName, LastName, EmailAddress, BusinessEntityID* und *PhoneNumber*. Geben Sie als Filterwert hinter der *BusinessEntityID* den Parameter *@BEID* ein.
5. Ziehen Sie in der Entwurfsansicht der neuen Berichts die Felder aus dem Dataset *qry_Kontaktdaten* in den Berichtsentwurf. Fügen Sie oberhalb der Textfelder ein Textfeld ein, in das Sie die Berichtsüberschrift *Überprüfen Sie bitte Ihre Kontaktdaten* eintragen. Für dieses Beispiel ist eine weitere Formatierung nicht notwendig.
6. Rufen Sie das Eigenschaftenfenster des Projekts über das Kontextmenü der Projektbezeichnung im Projektmappen-Explorer auf. Machen Sie dort die für die Bereitstellung des Projekts notwendigen Angaben, wie *TargetServerUrl* und *StartItem*. Stellen Sie anschließend das Projekt auf dem Berichtsserver bereit, indem Sie im Kontextmenü des Projektordners den Befehl *Bereitstellen* auswählen.
7. Nach der erfolgreichen Bereitstellung des Projekts wechseln Sie zur Registerkarte *Daten* des Berichts-Designers und kopieren Sie das SQL-Statement des Datasets *qry_Kontaktdaten* in die Zwischenablage.

8. Rufen Sie den Berichts-Manager auf und navigieren Sie zum neu bereitgestellten Bericht. Wechseln Sie zur Registerkarte *Abonnements* und betätigen Sie die Schaltfläche *Neues datengesteuertes Abonnement*.
9. Sie gelangen so zu Schritt 1 des Assistenten zur Erstellung eines datengesteuerten Abonnements: Geben Sie als Bezeichnung *Kontaktdatenpruefung* an. Der Empfänger soll per Berichtsserver-E-Mail benachrichtigt werden. Als Datenquelle soll eine freigegebene Datenquelle verwendet werden. Anschließend betätigen Sie bitte die Schaltfläche *Weiter*.
10. Wählen Sie in Schritt 2 die Datenquelle *ds_Kontaktdaten* aus dem Baum aus und klicken Sie auf die *Weiter*-Schaltfläche.
11. In Schritt 3 können Sie das SQL-Statement aus der Zwischenablage einfügen. Ändern Sie die WHERE-Klausel in Where (BusinessEntityID < 20). Dies ist wichtig, damit nicht zu viele E-Mails erzeugt werden. Klicken Sie anschließend zunächst auf die Schaltfläche *Überprüfen*, um zu testen, ob Sie die Verbindung korrekt eingerichtet haben. Bei positivem Prüfungsresultat gehen Sie zum nächsten Schritt über.
12. Sie müssen jetzt noch die E-Mail-Adressen der ersten Kontaktdaten mit einem Update-Statement so manipulieren, dass der von Ihnen angegebene SMTP-Server diese verarbeiten kann. Ein beispielhaftes SQL-Statement dafür wäre das folgende:

```
Update [AdventureWorks2008].[Person].[EmailAddress] Set EmailAddress='someone@<<IhrComputername>>' Where BusinessEntityID between 1 and 300
```

13. In Schritt 4 können Sie nun Felder des Datasets verschiedenen Werten zuweisen, die bei dem datengesteuerten Abonnement genutzt werden können. Die Felder sind die gleichen, die Sie schon vom normalen E-Mail-Abonnement her kennen. Hier soll lediglich im *An*-Feld die Option *Rufen Sie den Wert aus der Datenbank ab* ausgewählt werden und im daneben befindlichen Dropdown-Listenfeld der Verweis auf die E-Mail-Adresse (*EmailAddress*) aus dem Dataset erfolgen. Sie können die restlichen Werte in der Standardausprägung belassen und zum nächsten Schritt übergehen.
14. In Schritt 5 des Assistenten erhalten Sie die Möglichkeit, die Berichtsparameter mit Werten aus dem Dataset zu füllen. Den einzigen Parameter dieses Berichts – die BusinessEntityID (*BEID*) – möchten wir nun für jeden Empfänger mit dessen BusinessEntityID aus dem Dataset bestücken. Wählen Sie die Option *Rufen Sie den Wert aus der Datenbank ab* und selektieren Sie im Dropdown-Feld die *BusinessEntityID*.
15. In Schritt 6 wählen Sie als Verarbeitungsart *Nach einem Zeitplan, der für dieses Abonnement erstellt wurde* und klicken Sie auf *Weiter*. Im anschließenden Fenster erstellen Sie einen Zeitplan mit baldiger Ausführung und beenden das Anlegen des datengesteuerten Abonnements mit der Schaltfläche *Fertig stellen*.
16. Die generierten E-Mails sollten jetzt im Drop-Verzeichnis des SMTP-Servers erscheinen. Bei einer lokalen Einrichtung befindet sich dieser Ordner im Verzeichnis *C:\Inetpub\mailroot\Drop*.

Jeder der selektierten Kontakte hat jetzt eine E-Mail mit seinen Kontaktdaten zur Überprüfung erhalten. Es sollte deutlich geworden sein, dass so in den Daten personalisierte Berichte einfach erstellt und verteilt werden können. Dafür bieten sich sicherlich vielfältige Einsatzmöglichkeiten.

Ein datengesteuertes Abonnement mit Ausgabe in das Dateisystem läuft in der Einrichtung äquivalent ab. Es muss lediglich statt der Empfänger-Adresse der Dateiname aus dem Dataset heraus bestückt werden und – wie Sie es aus dem einfachen Abonnement mit Dateifreigabe kennen – eine Benutzername/Passwort-Kombination für den Zugriff auf das Dateisystem hinterlegt werden.

Berichtsverwaltung mit dem Berichts-Manager

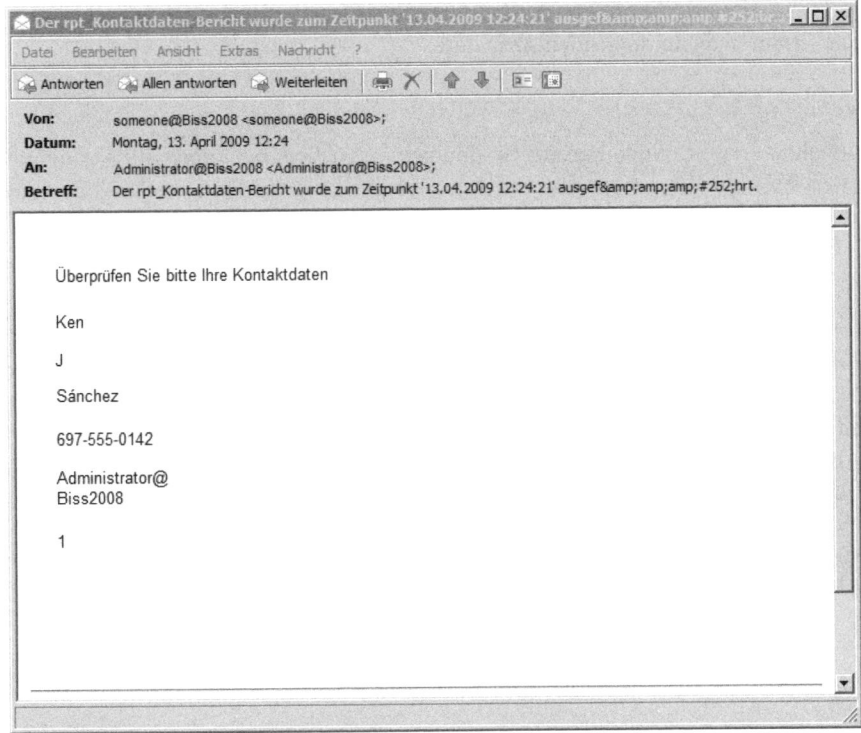

Abbildung 22.7 Die E-Mail aus dem datengesteuerten Abonnement

HINWEIS Vergessen Sie nicht, die Abonnements so abzuändern, dass diese nicht weiterhin alle fünf Minuten ausgeführt werden.

Siteeinstellungen im Berichts-Manager

Bei den verschiedenen Einrichtungen von Abonnements oder Snapshot-Generierungen sind Sie schon öfter der Option begegnet, freigegebene Zeitpläne für die Planung der Aufgaben zu verwenden. Diese werden in den Siteeinstellungen eingerichtet. Die Siteeinstellungen sind durch den gleichnamigen Link in der globalen Symbolleiste erreichbar. Dort finden Sie unten im Bereich *Sonstige* einen Link *Freigegebene Zeitpläne verwalten*, der zu einer Seite führt, in der – falls vorhanden – die freigegebenen Zeitpläne aufgelistet sind. Mit der Schaltfläche *Neuer Zeitplan* kann ein neuer Zeitplan erstellt werden. Dieser benötigt einen Namen und einen Ausführungsrhythmus, dessen Einrichtung genau wie bei den berichts- oder aufgabenspezifischen Zeitplänen erfolgt. Die Verwendung von freigegebenen Zeitplänen empfiehlt sich, um leichter den Überblick zu behalten, wann welche Aufträge ablaufen.

Im oberen Bereich der Siteeinstellungen können verschiedene Standardeinstellungen konfiguriert werden:

- Der Name des Berichts-Managers, der auf den Seiten erscheint
- Ein- und Ausschalten der *Meine Berichte*-Funktionalität sowie Definition der Rolle, die darauf angewendet wird
- Konfiguration der Standardeinstellungen zur Verlaufssteuerung und für das Berichts-Timeout
- Aktivieren und Parametrisieren der Protokollierung

Zusätzlich können in den Siteeinstellungen die Seitensicherheit und die Rollen der Reporting Services konfiguriert werden. Näheres dazu erfahren Sie im folgenden Abschnitt.

Meine Berichte-Funktionalität

Die *Meine Berichte*-Funktionalität erlaubt es den Benutzern, in einem speziellen, nur ihnen zur Verfügung stehenden Ordner eigene Berichte und Ressourcen zu verwalten. Wenn die *Meine Berichte*-Funktionalität aktiviert ist, verfügt jeder Benutzer über einen neuen Ordner *Meine Berichte* im Stammverzeichnis der Reporting Services. Nutzer in der Rolle des Administrators haben Zugriff auf einen Ordner *Benutzerberichte*, der wiederum die *Meine Berichte*-Ordner aller Benutzer enthält.

So können den Benutzern auch Berichte in ihren *Meine Berichte*-Ordnern zur Verfügung gestellt werden. Die Benutzer erhalten in der Rolle *Meine Berichte* standardmäßig Rechte für ihren gleichnamigen Ordner. Damit sind sie in der Lage, den Inhalt des Ordners eigenständig zu administrieren. Sie können Verknüpfungen zu anderen Berichten anlegen und sich so an diesem Ort den Zugriff auf die für sie wichtigsten Berichte erleichtern. Bei Verwendung des Berichts-Managers als Berichtsdistributions-Plattform kann die *Meine Berichte*-Funktionalität den Verwaltungsaufwand für die Berichtsserver-Administration reduzieren.

HINWEIS Seit den Reporting Services 2008 kann die *Meine Berichte*-Funktionalität nicht mehr im Berichts-Manager aktiviert werden, sondern muss im Management Studio in den Eigenschaften des Berichtsservers über ein Kontrollkästchen angeschaltet werden.

Zugriffssteuerung

Die Zugriffssteuerung ist eine erfolgskritische Komponente bei der Einrichtung eines Berichtswesens. Da die Reporting Services durch ihr Rollenkonzept nur die Differenzierung von Zugriffsrechten auf Ressourcen- bzw. Ordner- oder Berichtsebene erlauben, gehen wir in diesem Abschnitt auch auf eine Datendifferenzierung durch Parameter ein. Zunächst wenden wir uns den Sicherheitseinstellungen zu, die in den Siteeinstellungen vorgenommen werden können. Generell erfolgen alle Berechtigungsvergaben durch die Zuweisung von Rollen und Aufgaben. Aufgaben sind Gruppen von Zugriffsrechten für bestimmte Elementtypen (wie Berichte oder Datenquellen). Rollen werden über die Zusammenstellung von Aufgaben gebildet. Den Rollen werden Windows-Benutzer zugewiesen. Eine andere Authentifizierungsmethode ist nur durch Programmierung und Implementierung einer Authentifizierungserweiterung möglich. Gegenüber der Vorgängerversion haben Verschiebungen von rollenbezogenen Verrichtungen weg vom Berichts-Manager hin zum Management Studio stattgefunden.

Rollenzuweisungen

Es existieren zwei Arten von Rollen, die Standardrollen und die Systemrollen. Die Systemrollen werden durch Zusammenstellungen von Systemaufgaben definiert. Damit können Sie für die gesamte Reporting Service-Instanz Sicherheitskonfigurationen und Standardwerte bearbeiten. Es gibt zwei Standard-Systemrollen: Systemadministrator und Systembenutzer. Die Benutzer können im Sicherheit-Bereich der Siteeinstellungen den Systemrollen zugewiesen werden. Sie können auch die bestehende Zuweisung von BUILTIN/Administrator zur Systemrolle *Systemadministrator* entfernen und so dafür sorgen, dass nicht jeder Administrator Vollzugriff auf die Reporting Services hat. Bedenken Sie dabei aber, dass mindestens ein Nutzer der Systemadministrator-Rolle zugewiesen sein sollte. Die einzelnen Funktionen, die die Rollen ausüben sollen, sind nur noch über das Management Studio änderbar.

Zugriffssteuerung auf Elementebene

Rollendefinitionen erfolgen durch die Regelung der Zugriffsmöglichkeiten auf verschiedene auf dem Berichtsserver vorhandene Elementarten. Die Zuweisung von Zugriffsrechten auf Elemente erfolgt im Rahmen der Rollendefinition und der Benutzerzuordnung zu Rollen. Die Rollendefinition kann nur noch über das Management Studio vorgenommen werden und wird so auch im entsprechenden Abschnitt in diesem Kapitel behandelt. Im Berichts-Manager hingegen erfolgt die Zuordnung von Benutzern oder Benutzergruppen zu Rollen. Diese Rollenzuweisung erfolgt jeweils auf Ordnerebene.

Zugriffsdifferenzierung auf Ordnerebene

Mithilfe der Rollen in Kombination mit dem Benutzernamen ist es möglich, zusätzlich zu der Differenzierung der Bearbeitungs- bzw. Sichtrechte auf Elementebene den Zugriff auf Verzeichnisbereiche im Baum einzuschränken. Um dabei den Überblick zu behalten, empfiehlt es sich, in zwei Schritten vorzugehen: Zunächst gilt es, eine Ordnerstruktur zur Gliederung der Berichte auf dem Berichtsserver zu erstellen, die eine durch Vererbung gekennzeichnete Rechtevergabe gut unterstützt.

Im Allgemeinen ist dies eine Ordnerstruktur, die diejenigen Elemente, die von den wenigsten Nutzern eingesehen werden sollen, möglichst am äußeren Ende der Äste enthält. Im zweiten Schritt sollen dann eigene Rollen definiert werden, die in ihrer Bezeichnung einen Organisationsbezug haben, sodass die Zugehörigkeit ihrer Mitglieder zu den Organisationseinheiten leicht nachvollzogen werden kann. Auf der Registerkarte *Sicherheit der Ordner* können diejenigen Gruppen und Nutzer angegeben werden, die Zugriff auf den Ordner und die in ihm enthaltenen Ressourcen haben sollen.

Um die Nutzung von Rollen, Benutzerzuordnungen und Ordnersicherheit etwas anschaulicher darzustellen und nachzuvollziehen, benutzen wir erneut ein Beispiel. Gehen Sie bitte analog zu den folgenden Schritten vor:

1. Legen Sie einen neuen Benutzer mit einem Namen Ihrer Wahl an. In unserem Beispiel haben wir den Benutzer *Harald* getauft. Selbstverständlich können Sie auch bereits auf Ihrem System vorhandene Benutzer verwenden, um das Beispiel nachzuvollziehen. Gehen Sie über das Startmenü *Start/Einstellungen/Systemsteuerung* in die Systemsteuerung und dort zunächst in die Verwaltung, anschließend rufen Sie in dieser die Computerverwaltung auf.

2. Erweitern Sie den Ordner *Lokale Benutzer und Gruppen* und wählen Sie im Kontextmenü des Ordners *Benutzer* den Befehl *Neuer Benutzer*. Geben Sie im Anschluss in das Dialogfeld als Nutzernamen *Harald* und als Kennwort eine Zeichenfolge Ihrer Wahl ein. Deaktivieren Sie das Kontrollkästchen vor *Benutzer muss Kennwort bei der nächsten Anmeldung ändern*. Beenden Sie die Erstellung des Benutzers mit einem Mausklick auf die Schaltfläche *Erstellen* und schließen Sie das Dialogfeld.

3. Navigieren Sie im Berichts-Manager zum Ordner mit den Beispielprojekten aus Kapitel 21 und wechseln Sie dort zur Registerkarte Eigenschaften. Wenn Sie noch keine weiteren Sicherheitseinstellungen vorgenommen haben müssen Sie den Ordner zunächst mittels der Schaltfläche *Elementsicherheit bearbeiten* aus der Vererbungshierarchie der Ordnerzugriffsrechte herausnehmen. Sie können dies später über die Schaltfläche *Zur übergeordneten Sicherheit zurückkehren* jederzeit wieder rückgängig machen.

4. Betätigen Sie in den Seitenoptionen die Schaltfläche *Neue Rollenzuweisung*, wie in Abbildung 22.8 dargestellt.

Abbildung 22.8 Registerkarte *Eigenschaften* des Ordners *KAP_21*

5. Tragen Sie den neu angelegten Benutzer in das Textfeld *Gruppen- oder Benutzername* ein und selektieren Sie die Rollen, mit denen der Benutzer im Ordner assoziiert werden soll. Hier ist eine Mehrfachauswahl möglich. Wählen Sie bitte die Rolle *Browser* und bestätigen Sie mit *OK* (Abbildung 22.9).

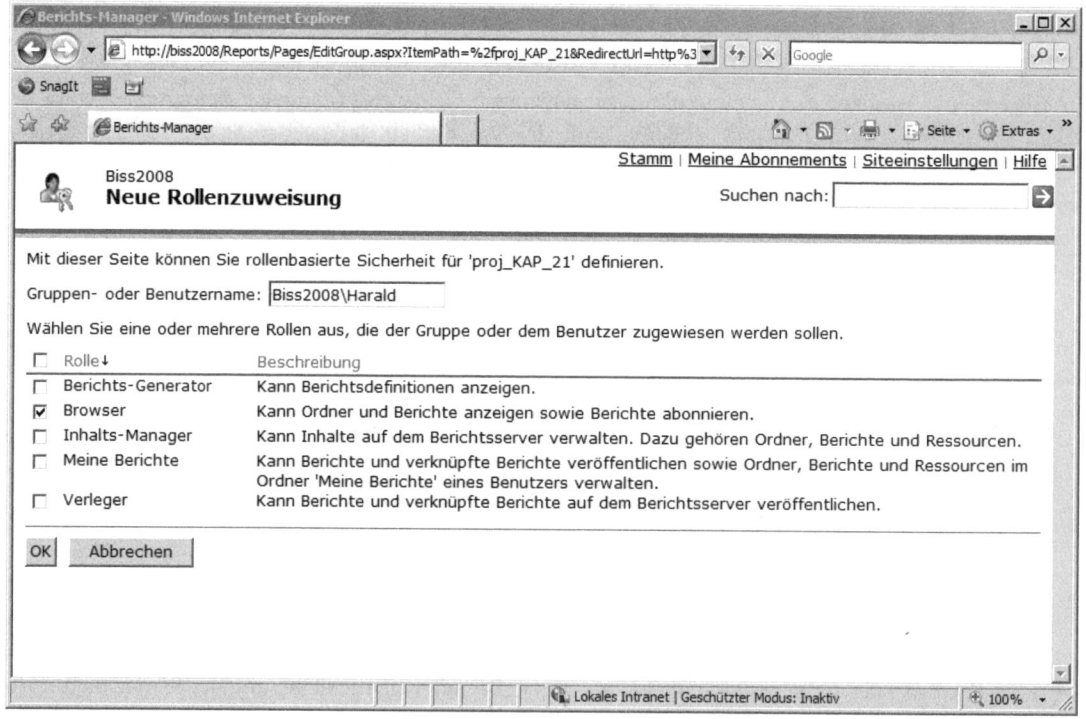

Abbildung 22.9 Neue Rollenzuweisung in den Ordnereigenschaften

6. Jetzt hat der neue Benutzer das Recht, auf den Ordner *KAP_21* und alle darunter liegenden Ressourcen zuzugreifen. Melden Sie sich selbst ab und unter dem Account des neuen Benutzers wieder an. Öffnen Sie den Browser und geben Sie die URL *http://localhost/Reports* ein.

Sie sehen keine Ordner oder Elemente, da Sie keine Rechte im Stammverzeichnis besitzen. Erst mit einem URL, der direkt auf den Ordner *KAP_21* verweist, erhalten Sie Zugriff auf die darin liegenden Berichte. Ein solcher URL ist *http://localhost/Reports/Pages/Folder.aspx?ItemPath=%2fKAP_21&ViewMode=List*. Wenn Sie im jetzt angezeigten Ordner die Eigenschaften betrachten, bekommen Sie lediglich ein paar Metadaten angezeigt, können aber keine Tätigkeiten durchführen.

Zugriffsdifferenzierung innerhalb von Berichten

Sehr häufig tritt die Notwendigkeit auf, in einem Bericht benutzerabhängig nur bestimmte Daten anzuzeigen. Dies kann in den Reporting Services durch Parameter und durch Filter geschehen.

Eine Möglichkeit zu einer derartigen Sichtbeschränkung besteht darin, im Bericht einen Parameter UserID anzulegen, der nicht zur Auswahl angeboten und als Standardwert mit dem Ausdruck =User!UserID gefüllt wird. Dieser Parameter kann anschließend in einer Abfrage zur Beschränkung der Auswahlmöglichkeiten für einen anderen Parameter dienen. Ist eine entsprechende Benutzerkennung (UserID) in Ihrem Datenmodell enthalten und sind die Zugriffsrechte hinterlegt, kann so für eine nutzergetriebene Differenzierung der angezeigten Daten gesorgt werden.

Die andere Möglichkeit der Einschränkung angezeigter Daten in Abhängigkeit von der Identität des Benutzers ist die Verwendung eines Filters, der ebenfalls mit dem Ausdruck =User!UserID gesetzt wird. Der Nachteil dieses Verfahrens ist die späte Selektion, die bei großen Datenmengen ungünstig für die Berichtsperformance ist.

Die Differenzierung anzeigbarer Daten in Abhängigkeit vom Benutzernamen mittels Parametern möchten wir in einem kurzen Beispiel verdeutlichen. Wir möchten eine Liste derjenigen Mitarbeiter anzeigen, die in der gleichen Abteilung, wie der eingeloggte Benutzer arbeiten. Gehen Sie zur Erstellung und Erprobung folgendermaßen vor:

1. Öffnen Sie im Management Studio die Abfrage *vEmployeeDepartment* aus der Datenbank AdventureWorks2008 im Bearbeitungsmodus und entfernen Sie aus dieser die Where-Klausel.
2. Öffnen Sie das Projekt *proj_KAP_21* in Visual Studio.
3. Erstellen Sie einen neuen Bericht mit der Bezeichnung *rpt_UserParam*. Fügen Sie diesem Bericht ein Dataset *qry_EmpData* hinzu, das das Ergebnis der folgenden Abfrage enthält:

```sql
SELECT    Employee_1.BusinessEntityID, HumanResources.vEmployeeDepartment.FirstName,
          HumanResources.vEmployeeDepartment.LastName, Employee_1.MaritalStatus,
          Employee_1.Gender, Employee_1.SickLeaveHours, HumanResources.vEmployeeDepartment.Department
FROM      HumanResources.Employee AS Employee_1 INNER JOIN
          HumanResources.vEmployeeDepartment ON Employee_1.BusinessEntityID =
          HumanResources.vEmployeeDepartment.BusinessEntityID
WHERE     (HumanResources.vEmployeeDepartment.Department = @Abteilung)
```

Listing 22.1 Das SQL-Statement für das Dataset *qry_EmpData*

4. Wechseln Sie zur Registerkarte *Entwurf* und fügen Sie eine neue Tabelle in den Bericht ein. Ziehen Sie die Felder *BusinessEntityID*, *Department*, *FirstName* und *LastName*, *Marital Status*, *Gender* und *SickLeaveHours* in die Detailzeile der Tabelle.
5. Legen Sie aus dem Kontextmenü der Datenquelle im Berichtsdatenfenster ein neues Dataset *qry_Namenswahl* an, das die Daten aus dem folgenden SQL-Statement enthält.

```sql
SELECT    Employee.LoginID, HumanResources.vEmployeeDepartment.
          FirstName + ' ' + HumanResources.vEmployeeDepartment.LastName AS NAME,
          HumanResources.vEmployeeDepartment.FirstName, HumanResources.vEmployeeDepartment.
          LastName, HumanResources.vEmployeeDepartment.Department
FROM      HumanResources.Employee AS Employee INNER JOIN
          HumanResources.vEmployeeDepartment ON Employee.BusinessEntityID =
          HumanResources.vEmployeeDepartment.BusinessEntityID
WHERE     (Employee.LoginID = @UID)
```

Listing 22.2 Das SQL-Statement für das DataSet *qry_Namensauswahl*

6. Im Berichtsdatenfenster sind jetzt die beiden Parameter *UID* und *Abteilung* unterhalb des Ordners Parameter zu sehen. Sorgen Sie mithilfe der Pfeiltasten rechts oben dafür, dass der Parameter UID oben steht. Wechseln Sie über das Kontextmenü des *UID*-Parameters zu den Parametereigenschaften. Selektieren Sie im Abschnitt Sichtbarkeit die Option intern. Wählen Sie als Standardwert die Option *Wert angeben* und fügen Sie unten einen Ausdruck ein, der auf das integrierte Feld *User!UserId* verweist.
7. Selektieren Sie in der Parameterliste den Parameter *Abteilung*. Wählen Sie bei *Verfügbare Werte* die Option *Aus Abfrage* und selektieren Sie die Abfrage *qry_Namensauswahl*. Als Wertfeld geben Sie *Department* und als Bezeichnungsfeld *Name* an.
8. Jetzt ist der Bericht fertig eingerichtet. Sie erhalten jedoch noch keine Namen zur Auswahl, da vermutlich Ihr Benutzername keiner *LoginID* in der Employee-Tabelle entspricht. Wechseln Sie in das Microsoft SQL Server Management Studio und führen Sie das folgende Update-Statement aus:

```
Update HumanResources.Employee Set LoginID= '<<Ihr Nutzername>>' Where EmployeeID<2
```

9. Anschließend erhalten Sie im *Parameter*-Listenfeld einen Namen zur Auswahl angeboten. Es sollte sich dabei um Ken Sanchez handeln. In Ihrer Abteilung sind allerdings nur Sie und eine weitere Mitarbeiterin verortet, da Sie der Chief Executive sind und vermutlich nur eine direkte Mitarbeiterin im Büro haben.

Das Prinzip der Einschränkungsmöglichkeiten der Parameterauswahl durch entsprechend vorbelegte interne Parameter sollte trotz des etwas konstruierten Beispiels deutlich geworden sein.

Berichtsauslieferung

Der Berichts-Manager kann auch dafür genutzt werden, als zentrales Berichtsdistributionselement zu fungieren. Nachdem die Berichte bereitgestellt und die Zugriffsrechte entsprechend konfiguriert worden sind, können die Nutzer über ihren Browser die ihnen zugänglichen Ordner öffnen und sich Berichte oder Dateien ansehen. Mithilfe der *Meine Berichte*-Funktionalität können sich die Nutzer eine für sie relevante Berichtszusammenstellung erstellen und mithilfe des Berichts-Generators eigene Berichte anfertigen (sofern ihnen Berichtsmodelle angeboten werden). Zudem ist es bei der Verwendung entsprechender Rollen für die Nutzer möglich, eigene Abonnements für Berichte zu erstellen. Insgesamt wird so eine recht umfangreiche Distributionsfunktionalität durch den Berichts-Manager angeboten. Die Berichtsausgabe erfolgt im HTML-Viewer. In diesem werden diverse Basisfunktionalitäten angeboten.

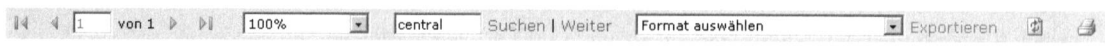

Abbildung 22.10 Symbolleiste des HTML-Viewers

In den Berichten kann geblättert werden, die Ansicht kann vergrößert bzw. verkleinert werden, der Bericht kann nach einem Suchbegriff durchforstet und in einem der angebotenen Formate exportiert, aktualisiert und gedruckt werden.

Berichtsverwaltung mit dem SQL Server Management Studio

Neben dem Berichts-Manager kann auch das Management Studio zur Verwaltung von Ressourcen auf dem Berichtsserver genutzt werden. Um Verwaltungsaktionen vornehmen zu können, müssen Sie zunächst den Berichtsserver im Management Studio registrieren. Dieses kann über das Kontextmenü im Listenfeld *Registrierte Server* mit dem Befehl *Neu/Serverregistrierung* geschehen, nachdem die Symbolschaltfläche *Reporting Services* oberhalb des Listenfeldes angeklickt wurde. Nach der Registrierung des Berichtsservers kann über den Objekt-Explorer auf einige Objekte auf dem Berichtsserver zugegriffen werden. Gegenüber der Vorgängerversion sind die zur Verfügung stehenden Möglichkeiten überschaubarer geworden. Es sind einige zum Berichts-Manager redundante Funktionalitäten abgebaut worden. Übrig geblieben sind:

- Die Erstellung und Konfiguration von Rollen und Systemrollen
- Die Erstellung und Konfiguration von freigegebenen Zeitplänen
- Die Konfiguration einer Reihe von Servereinstellungen

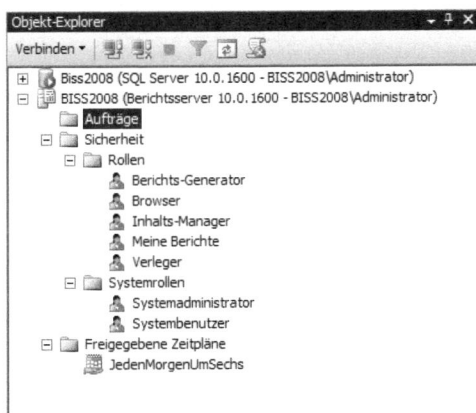

Abbildung 22.11 Ressourcen eines Berichtsservers im Objekt-Explorer des Management Studios

Rollen definieren

Die wohl zentrale Aufgabe, die über das Management Studio gelöst werden muss, ist die Definition und Bearbeitung von Rollen und Systemrollen. Diese Rollen werden aus einer Reihe vorhandener Berechtigungen zusammengesetzt. Die folgende Tabelle 22.3 gibt einen Überblick über die Berechtigungen, die für die Definition einer normalen Rolle verwendet werden können.

Aufgabe	Erläuterung
Alle Abonnements verwalten	Anlegen, Löschen und Ändern aller Abonnements
Berichte lesen	Ermöglicht den lesenden Zugriff auf Berichte
Berichte verwalten	Autorenrechte für Berichte
Datenquellen anzeigen	Sichtrecht für Datenquellen

Tabelle 22.3 Die wichtigsten Aufgaben, aus deren Kombination Rollen definiert werden können

Aufgabe	Erläuterung
Datenquellen verwalten	Administrationsrechte für Datenquellen
Einzelne Abonnements verwalten	Ermöglicht es, eigene Abonnements zu verwalten
Modelle anzeigen	Sichtrecht für Berichtsmodelle
Modelle verwalten	Administrationsrechte für Berichtsmodelle
Ordner anzeigen	Sichtrechte für Ordner
Ordner verwalten	Administrationsrechte für Ordner
Ressourcen anzeigen	Sichtrechte für sonstige Dateien auf dem Berichtsserver
Ressourcen verwalten	Administrationsrechte für sonstige Dateien auf dem Berichtsserver
Sicherheit für einzelne Elemente festlegen	Die wohl zentrale Zugriffsteuerungsaufgabe: Mitglieder von Rollen mit dieser Berechtigung können Nutzern Rechte für den Zugriff auf Ordner, Berichte und/oder sonstige Ressourcen erteilen
Verknüpfte Berichte erstellen	Ermöglicht die Erstellung und Veröffentlichung verknüpfter Berichte
Zeigt Berichte an	Berichte, Berichtseigenschaften und Snapshots zur Auswahl angezeigt bekommen

Tabelle 22.3 Die wichtigsten Aufgaben, aus deren Kombination Rollen definiert werden können *(Fortsetzung)*

Zentrale Einstellungen

Über das Kontextmenü eines im Management Studio verbundenen Berichtsservers sind die Eigenschaften der Serverinstanz erreichbar. In den Servereigenschaften können eine Reihe von Einstellungen vorgenommen werden, von denen in der folgenden Auflistung die aus unserer Sicht wichtigsten enthalten sind:

- Aktivieren der *Meine Berichte*-Funktionalität
- Festlegung der Timeout-Eigenschaften für die Berichtsausführung
- Festlegung der maximalen Anzahl an Berichtsversionen, die im Berichtsverlauf gespeichert werden
- Aktivieren der Berichtsausführungsprotokollierung
- Aktivieren der Downloadmöglichkeit für den Berichtsgenerator

Berichtszugriff über Web Service

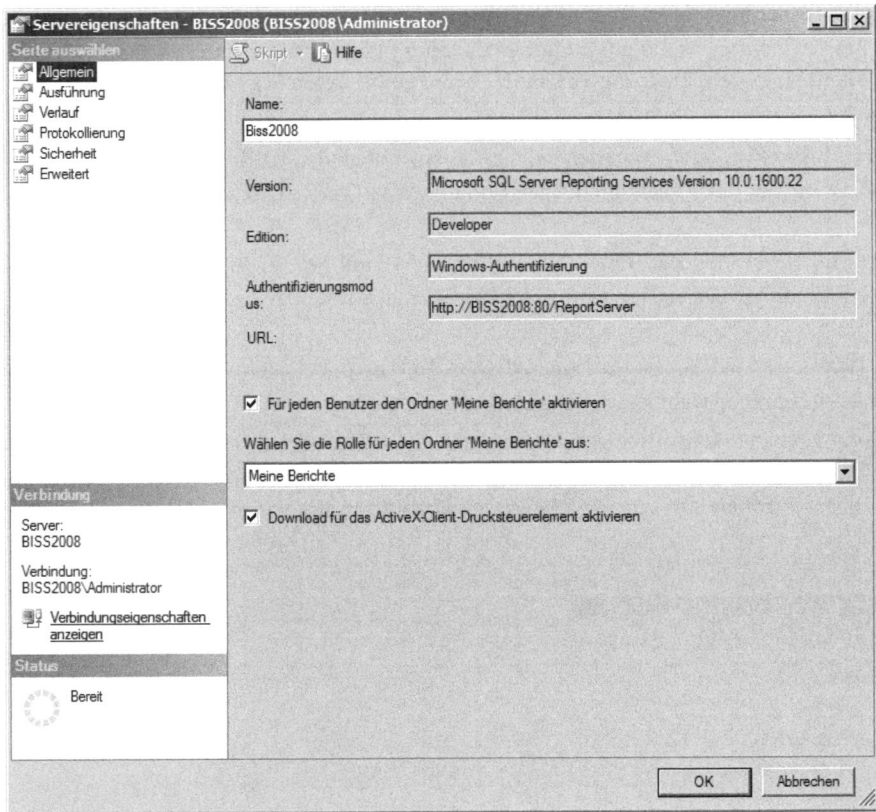

Abbildung 22.12 Berichtsservereigenschaften im Management Studio

Berichtszugriff über Web Service

Die Webdienste der Reporting Services ermöglichen es Ihnen, mit eigenen Anwendungen auf die Reporting Services zuzugreifen und so das Berichts-Framework mit zu nutzen. Selbstverständlich können hier nicht alle Möglichkeiten der Programmierung abgehandelt werden. Jedoch soll exemplarisch der Zugriff auf und die Darstellungsmöglichkeiten von Berichten in einer Webanwendung gezeigt werden. Die genannten Möglichkeiten und Methoden lassen sich leicht auf die Erstellung von Windows Forms oder andere Anwendungstypen übertragen. Wir haben ein ASP.NET 3.5-Projekt gewählt, da das Web inzwischen zum Standard bei der Berichtsbereitstellung geworden ist und sich mit diesem Projekttyp mit recht wenig Code eine kleine Beispiel-Webanwendung erstellen lässt. Um diese Erstellung möglichst nachvollziehbar zu gestalten, gehen wir abschnittsweise vor.

Erstellung des Projekts und Verweis auf den Web Service

Um auf die Reporting Services aus einer Anwendung heraus zugreifen zu können, muss ein Verweis auf den Webdienst der Reporting Services gesetzt werden. Hierbei wurden Sie von Visual Studio und SQL Server 2005 auf sehr komfortable Weise unterstützt, was leider in der aktuellen Version nicht mehr der Fall ist. Einen Grund hierfür zu erkennen fällt schwer.

Zunächst einmal fällt auf, dass der Webdienst immer noch ReportingService2005 heißt. Zudem ist er nicht mehr in der Liste der lokal verfügbaren Webdienste enthalten, sondern Sie müssen die Adresse im entsprechenden Dialogfeld per Hand eintragen. Trotz dieser kleineren neu eingebauten Schwierigkeiten ist die Einrichtung des Verweises jedoch insgesamt einfach vorzunehmen.

Im ersten Schritt unseres Beispielprojekts möchten wir in einem Label den URL des Webdienstes des Berichtsservers anzeigen lassen. Um das Projekt anzulegen und den Web Service einzubinden, gehen Sie folgendermaßen vor:

1. Öffnen Sie Visual Studio über *Start/Alle Programme/Microsoft Visual Studio 2008.* Navigieren Sie in Visual Studio über den Menüpfad *Datei/Neu* zum Befehl *Website* und erstellen Sie so ein neues Webprojekt.
2. Im Dialogfeld *Neue Website* wählen Sie als Vorlage *ASP.NET-Website* und benennen den Projektordner mit *proj_KAP_22_Web*. Als Sprache wählen Sie Visual C# oder Visual Basic.
3. Nach dem Abschluss der Projektanlage durch einen Mausklick auf die *OK*-Schaltfläche wird als Nächstes der Verweis auf den Webdienst der Reporting Services gesetzt. Wählen Sie im Projektmappen-Explorer im Kontextmenü des Projektordners den Eintrag *Webverweis hinzufügen* aus, wie in Abbildung 22.13 dargestellt.

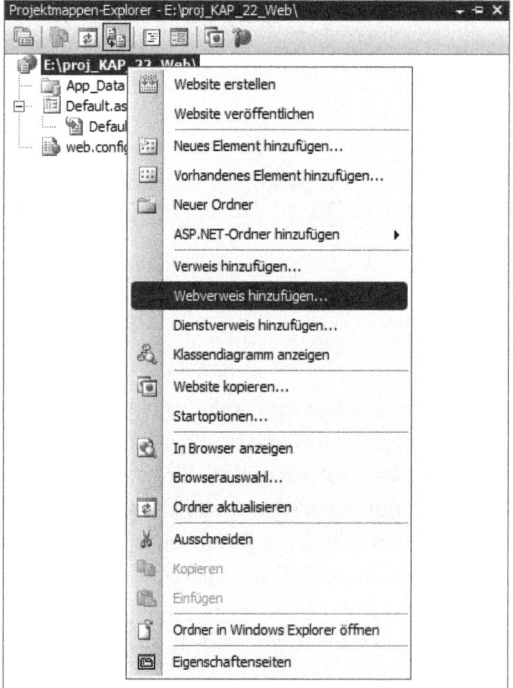

Abbildung 22.13 Webverweis aus dem Projektmappen-Explorer heraus setzen

4. Im folgenden Dialogfeld (Abbildung 22.14) tragen Sie in das Textfeld *URL* den folgenden URL ein:

```
http://<< Ihr Servername>>/reportserver/reportservice2005.asmx/WSDL
```

Es kann einige Zeit vergehen, bis sich das Ergebnis wie in der folgenden Abbildung 22.14 dargestellt aufgebaut hat.

Berichtszugriff über Web Service

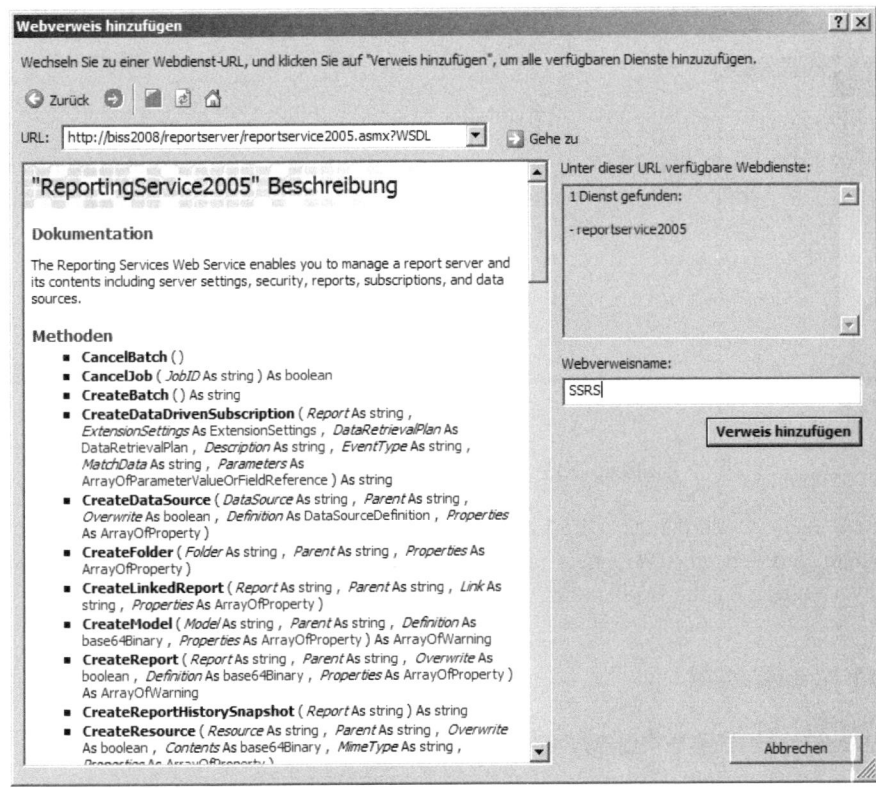

Abbildung 22.14 Beschreibung des gewählten Webdienstes

5. Geben Sie als Verweisname *SSRS* an und klicken Sie auf *Verweis hinzufügen*. Als Folge erscheint im Projektmappen-Explorer ein neuer Ordner mit der Bezeichnung des Webverweisnamens. Wechseln Sie in die Codedatei der Default-Website (indem Sie diese im Projektmappen-Explorer expandieren und einen Doppelklick auf der Datei *Default.aspx.cs* ausführen) und sorgen Sie dafür, dass der Webdienst im Code angesprochen werden kann, indem Sie die Anweisung using SSRS; oben bei den anderen Using-Statements einfügen.

6. Wechseln Sie in der Seite *Default.aspx* zur Entwurfsansicht und ziehen Sie ein Tabellensteuerelement aus der Toolbox aus der Elementgruppe *HTML* auf die Website. Wechseln Sie anschließend in der unteren Registerleiste zu *Quelle* und modifizieren Sie die eingefügten HTML-Tags. Schreiben Sie in den ersten <td>-Tag das Attribut colspan="3" und löschen Sie die beiden restlichen <td>-Paare in der ersten Tabellenreihe, wie in der folgenden Abbildung 22.15 zu sehen:

```
<table>
    <tr>
        <td colspan="3">
        </td>
    </tr>
    <tr>
        <td>
        </td>
        <td>
        </td>
        <td>
        </td>
    </tr>
    <tr>
        <td>
        </td>
        <td>
        </td>
        <td>
        </td>
    </tr>
</table>
```

Abbildung 22.15 Die modifizierte Tabelle in der Quelltextansicht von *Default.aspx*

7. Wechseln Sie wieder in die Design-Ansicht und ziehen Sie aus der *Standard*-Gruppe der Toolbox ein Label in die oberste Tabellenzeile. Vergeben Sie im Eigenschaftenfenster des Labels den Namen *lbl_RS_ServerUrl*. Verbreitern Sie die Tabelle noch etwas.

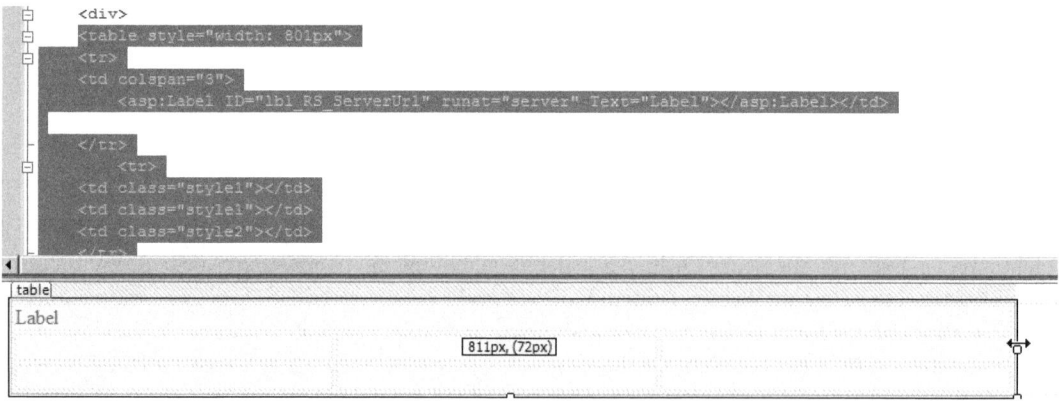

Abbildung 22.16 Modifizierte Tabelle mit Label in der neuen Split Screen-Ansicht von Visual Studio 2008

8. In der *Default.aspx.cs*-Datei soll jetzt der Server-URL des Webdienstes ausgelesen und in das Label geschrieben werden. Wir ergänzen die Prozedur, die beim Aufruf der Seite aufgerufen wird, um den folgenden Code:

```csharp
using SSRS;
public partial class _Default : System.Web.UI.Page
{
    protected void Page_Load(object sender, EventArgs e)
    {
        ReportingService2005 rs = new ReportingService2005();
        lbl_RS_Serverurl.Text = rs.Url;
    }
}
```

Listing 22.3 Anzeige des Berichtsserver-URLs in C#

```
Imports SSRS
Partial Class _Default
    Inherits System.Web.UI.Page
    Protected Sub Page_Load(ByVal sender As Object, ByVal e As System.EventArgs) Handles Me.Load
        Dim rs As New ReportingService2005
        lbl_RS_ServerUrl.Text = rs.Url
    End Sub
End Class
```

Listing 22.4 Anzeige des Berichtsserver-URLs in Visual Basic

9. Jetzt können Sie in Visual Studio mit [F5] oder der Schaltfläche *Debugging starten* den ersten Funktionstest durchführen. Das Ergebnis sollte der folgenden Abbildung entsprechen:

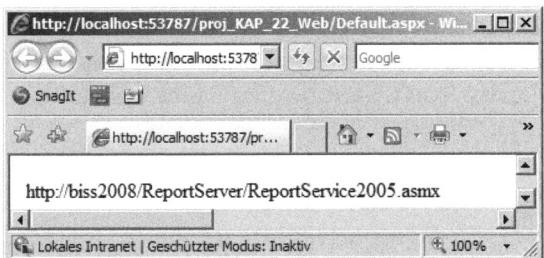

Abbildung 22.17 Der URL des Berichtsservers in der *Default.aspx*-Vorschau

HINWEIS Es kann sein, dass Ihnen als Webdienst noch der ReportService2006 angeboten wird. Dieser dient dem Zugriff auf einen Berichtsserver im integrierten Share Point-Modus. Wenn Ihr Berichtsserver nicht in diesem Modus läuft führt der Zugriffsversuch auf diesen Webdienst zu einer Fehlermeldung.

Zugriff auf Ordner und Berichte im Berichtsserver

Die interne Ordnerstruktur der Reporting Services ist in der Berichtsserver-Datenbank gespeichert. Um Berichte aufrufen zu können, ist die Kenntnis des Berichtspfades unumgänglich. Um hier eine Erleichterung zu schaffen, möchten wir in diesem Schritt ein *TreeView* mit der Ordnerstruktur und den darin enthaltenen Berichten in die Website einbauen. In einem ersten Schritt muss die Zugriffsberechtigung (*Credentials*) geregelt werden und anschließend geht es an das eigentliche TreeView-Control.

Credentials

Da in unserem Beispiel über den Internet Information Server auf die Reporting Services via HTTP zugegriffen wird und der anonyme Zugang für das virtuelle Verzeichnis des Berichtsservers standardmäßig deaktiviert ist, müssen zunächst dem rs-Objekt Anmeldeinformationen (Credentials) übergeben werden, die den Zugriff auf mehr Informationen als dem Server-URL gestatten. Mit der folgenden Codezeile übergeben wir die Credentials des aktuellen Users:

```
rs.Credentials = System.NET.CredentialCache.DefaultCredentials;
```

Bitte fügen Sie diese Zeile unterhalb der Instanzierung der Variablen rs in den Code der Seite *Default.aspx.cs* ein.

Diese Übergabe funktioniert allerdings nur innerhalb eines Microsoft-Netzwerks und mit dem Internet Explorer. Für die Zwecke unseres Beispiels scheint uns das ausreichend zu sein. Alternativ kann z.B. mit der folgenden Codezeile ein Benutzerkonto mit Kennwort übergeben werden:

```
rs.Credentials = new System.NET.NETworkCredential("User", "Passwort", "BISS");
```

Die Methode kann natürlich auch mit einer Eingabemaske bestückt werden.

TreeView

Um das TreeView-Steuerelement zu erstellen, gehen Sie wie folgt vor:

1. Öffnen Sie das Projekt *proj_KAP_22_Web*, falls noch nicht geschehen.
2. Wechseln Sie in die Design-Ansicht der einzigen enthaltenen Website. Ziehen Sie innerhalb der Toolbox aus der Gruppe der Navigationssteuerelemente ein TreeView-Steuerelement in die zweite Zeile der ersten Spalte der dort befindlichen Tabelle. Benennen Sie das TreeView-Element im Eigenschaftenfenster mit *RS_FolderTree*.

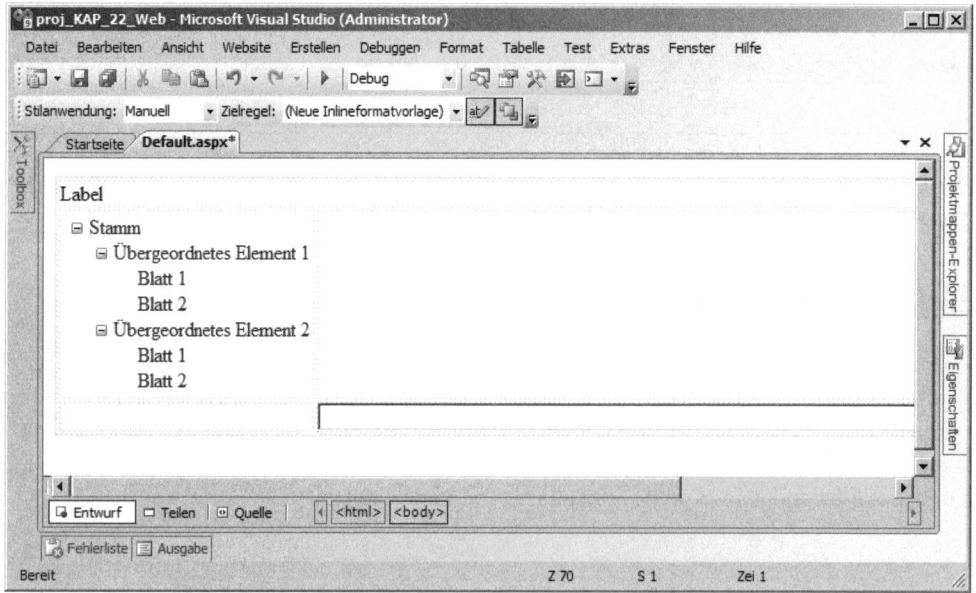

Abbildung 22.18 Das TreeView in der Tabelle in der Design-Ansicht

3. In der Code-Datei der Seite *Default.aspx* wartet jetzt etwas Handarbeit zur Befüllung des TreeViewer-Steuerelements auf Sie. In einem ersten Schritt erstellen Sie zwei neue Methoden. Die erste Methode liest die Ordnerstruktur auf dem Berichtsserver und die zweite Methode fügt dem TreeView neue Knoten hinzu. Letztere Methode wird zunächst nur als Rumpf eingefügt.

Beachten Sie zunächst, dass die Deklaration der Variablen rs in den Gültigkeitsbereich der Klasse verschoben wurde, um sie auch von den anderen Methoden aus nutzen zu können. Zudem sind die Anweisungen, die beim Laden der Seite aufgerufen werden, in ein If-Statement eingehüllt, das den wiederholten Aufruf verhindert, wenn aus der Seite heraus neue Anfragen eingehen. Die Methode get_RS_Folders initiali-

Berichtszugriff über Web Service

siert zunächst einen Array namens items mit null und bestückt diesen anschließend mit der ListChildren-Methode der Reporting Services-Webdienstschnittstelle. Die beiden Argumente geben hier zum einen das Trennzeichen zwischen den Pfadentitäten und zum anderen den Wunsch nach dem Erhalt einer rekursiven Struktur mit allen Elementen aus dem Verzeichnisbaum des Berichtsservers an.

In den folgenden drei Zeilen wird der Wurzelordner des TreeViews erzeugt und mit einer Beschriftung und einem Wert versehen. In der foreach-Schleife wird durch alle Mitglieder des items-Arrays iteriert und für jedes Mitglied wird ein neuer TreeNode initialisiert und mit den item-Werten Pfad und Name bestückt. Bei dem Namen handelt es sich schlicht um die Bezeichnung des Elements auf dem Berichtsserver und bei dem Pfad um den Pfad des Elements in der Berichtsserver-Ordnerstruktur. Der Pfad des Elternelements des Berichtselements wird einfach ermittelt, indem der Name des aktuellen Elements aus dessen Berichtspfad ausgeschnitten wird. Abschließend wird die Methode zum Anfügen des neuen TreeNode-Elements an das TreeView aufgerufen. Dieser werden als Argumente der Elternpfad als Text und eine anzufügende sowie ein zu durchsuchender TreeNode übergeben:

```csharp
ReportingService2005 rs;
protected void Page_Load(object sender, EventArgs e)
    {
        if (!Page.IsPostBack)
        {
            rs = new ReportingService2005();
            rs.Credentials = System.NET.CredentialCache.DefaultCredentials;
            lbl_RS_Serverurl.Text = rs.Url;
        }
    }
private void get_RS_Folders()
    {
        CatalogItem[] items = null;
        items = rs.ListChildren("/", true);
        TreeNode root = new TreeNode("Berichtsserver Ordner");
        root.Value = "/";
        RS_FolderTree.Nodes.Add(root);
        foreach (CatalogItem item in items)
        {
                TreeNode tn = new TreeNode(item.Name);
                tn.Value = item.Path.ToString() + "/";
                string ParentNodeValue = item.Path.ToString().Replace(item.Name.ToString(), "");
                this.addTreeNode(ParentNodeValue, tn, root);
        }
    }
private void addTreeNode(String pn_String, TreeNode cn, TreeNode sn)
{
}
```

Listing 22.5 Schritt 1 zur Befüllung des TreeViews in C#

```vb
Protected Sub Page_Load(ByVal sender As Object, ByVal e As System.EventArgs) Handles Me.Load
    If Not (Page.IsPostBack) Then
        rs = New ReportingService2005
        rs.Credentials = System.NET.CredentialCache.DefaultCredentials
        lbl_RS_ServerUrl.Text = rs.Url
        Me.getRS_Folders()
    End If
End Sub
Protected Sub getRS_Folders()
    Dim items As CatalogItem()
    Dim item As CatalogItem
    Dim q As String
    items = rs.ListChildren("/", True)
    Dim root As New TreeNode
    root.Text = "Berichtsserver Ordner"
    root.Value = "/"
    Me.RS_FolderTree.Nodes.Add(root)
    For Each item In items
        q = item.Type.ToString()
        If q = "Folder" Or q = "Report" Then
            Dim tn As New TreeNode
            tn.Text = item.Name
            If q = "Folder" Then
                tn.Target = ""
            End If
            tn.Value = item.Path.ToString() + "/"
            tn.Target = Me.txt_ReportPath.Text + item.Path.ToString()
            Dim ParentNodeValue As String
            ParentNodeValue = item.Path.ToString().Replace(item.Name.ToString(), "")
            Dim pn As TreeNode
            pn = RS_FolderTree.FindNode(ParentNodeValue)
            Me.addTreeNode(ParentNodeValue, tn, root)
        End If
    Next
End Sub
```

Listing 22.6 Schritt 1 zur Befüllung des TreeViews in Visual Basic

4. In der Methode addTreeNode muss durch eine rekursive Struktur dafür gesorgt werden, dass die Berichtselemente im TreeView richtig angeordnet werden. Als Argumente werden der Pfad des Elternelements auf dem Berichtsserver, der anzufügende Knoten (TreeNode) und der Knoten, der nach dem Pfad des Elternelements durchsucht werden soll, übergeben.

Der Pfad der Elemente auf dem Berichtsserver ist in Node.Value hinterlegt. Im ersten If-Block wird geprüft, ob der zu durchsuchende TreeNode der richtige ist. Anschließend wird eine Knotenauflistung (TreeNode-Collection) aus den Kindelementen des zu durchsuchenden Knotens gebildet, durch die dann mit einer foreach-Schleife iteriert wird. Verläuft der Vergleich der Knotenwerte mit dem Pfad des Elternelements positiv, wird an der Position ein Knoten angefügt. Wird ein Knoten mit Kindelementen gefunden, wird die Methode rekursiv aufgerufen (mit einem neuen zu durchsuchenden TreeNode-Element als letztem Argument):

Berichtszugriff über Web Service

```csharp
private void addTreeNode(String pn_String, TreeNode cn, TreeNode sn)
{
    if (sn.Value.ToString() == pn_String)
    {
        sn.ChildNodes.Add(cn);
    }
    TreeNodeCollection tnc = sn.ChildNodes;
    foreach (TreeNode tn in tnc)
    {
        if (tn.Value.ToString() == pn_String)
        {
            tn.ChildNodes.Add(cn);
        }
        else
        {
            if (tn.ChildNodes.Count > 0)
            {
                addTreeNode(pn_String, cn, tn);
            }
        }
    }
}
```

Listing 22.7 Die Methode *addTreeNode* in C#

```vbnet
Protected Sub addTreeNode(ByVal pn_String As String, ByVal cn As TreeNode, ByVal sn As TreeNode)
    If sn.Value.ToString() = pn_String Then
        sn.ChildNodes.Add(cn)
    End If
    Dim tnc As TreeNodeCollection
    tnc = sn.ChildNodes
    Dim tn As TreeNode
    For Each tn In tnc
        If tn.Value.ToString() = pn_String Then
            tn.ChildNodes.Add(cn)
        Else
            If (tn.ChildNodes.Count > 0) Then
                addTreeNode(pn_String, cn, tn)
            End If
        End If
    Next
End Sub
```

Listing 22.8 Die Methode addTreeNode in Visual Basic

Jetzt sollte das TreeView bereit für die erste Erprobung sein. Das Ergebnis ist in der folgenden Abbildung zu sehen. Selbstverständlich entsprechen die bei Ihnen angezeigten Elemente und Ordner denjenigen von Ihrem Berichtsserver und gleichen somit nicht denen der Abbildung 22.19.

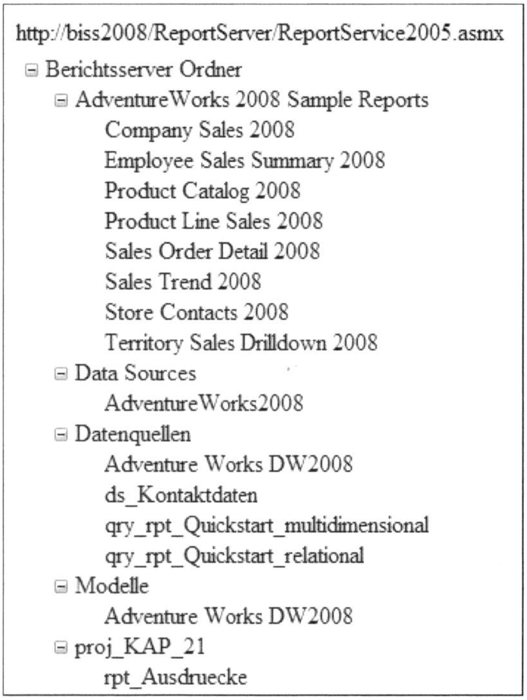

```
http://biss2008/ReportServer/ReportService2005.asmx
  Berichtsserver Ordner
    AdventureWorks 2008 Sample Reports
       Company Sales 2008
       Employee Sales Summary 2008
       Product Catalog 2008
       Product Line Sales 2008
       Sales Order Detail 2008
       Sales Trend 2008
       Store Contacts 2008
       Territory Sales Drilldown 2008
    Data Sources
       AdventureWorks2008
    Datenquellen
       Adventure Works DW2008
       ds_Kontaktdaten
       qry_rpt_Quickstart_multidimensional
       qry_rpt_Quickstart_relational
    Modelle
       Adventure Works DW2008
    proj_KAP_21
       rpt_Ausdruecke
```

Abbildung 22.19 Das TreeView-Element im Einsatz

In dem bisherigen Ergebnis gibt es noch einige Schönheitsfehler: Es werden nicht nur Berichte und Ordner angezeigt, sondern alle Elementtypen. Auf die Elementtypen kann mit der Type-Eigenschaft der Berichtsserver-Elemente zugegriffen werden. Daher wird folgende Änderung in der Methode get_RS_Folders vorgenommen: Innerhalb der foreach-Schleife werden alle Anweisungen im folgenden If-Statement angeordnet, damit im Baumsteuerelement nur noch Knoten für Berichtselemente vom Typ Folder oder Report angelegt werden:

```
String it = item.Type.ToString();
if (it=="Folder"|it=="Report")
{
}
```

Listing 22.9 *If*-Statement, das Berichtsserver-Elemente filtert

Zum Abschluss soll noch kurz die Autoformat-Funktion von ASP.NET 3.5 genutzt werden.
1. Wechseln Sie in die Entwurfsansicht der Seite *Default.aspx*
2. Wählen Sie im Kontextmenü des *TreeView*-Steuerelements den Eintrag *AutoFormat*.
3. Selektieren Sie anschließend eine Ihnen genehme Vorlage.

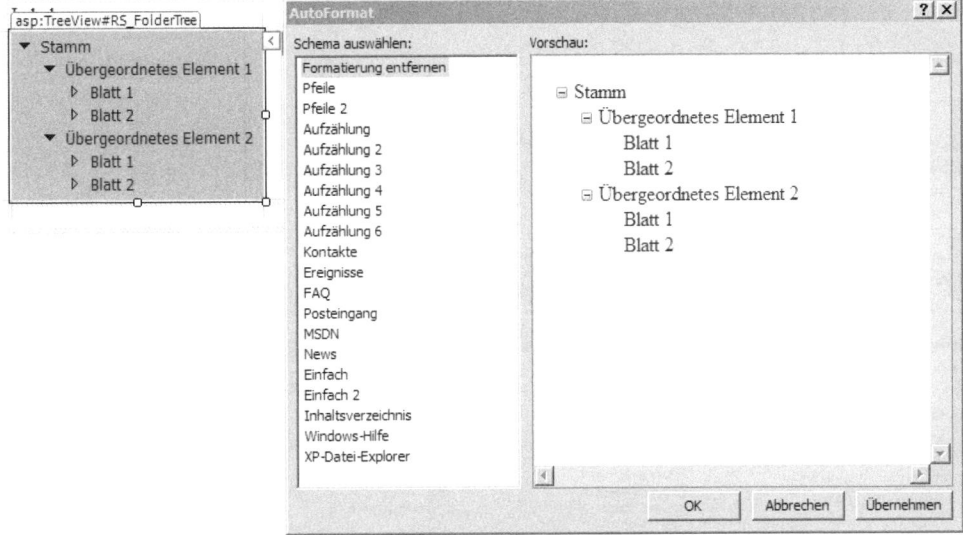

Abbildung 22.20 AutoFormatierung des *TreeView*-Steuerelements

ReportViewer-Steuerelement

Das Steuerelement *ReportViewer* erlaubt es, auf einfachste Art Berichte der Reporting Services bzw. *.rdl*-Dateien in .NET-Anwendungen zu nutzen. Das Steuerelement bietet alle Rendering-Methoden an und übernimmt auch die Parameterverwaltung. Es ist hinsichtlich seiner Funktionalität identisch mit dem HTML-Viewer aus dem Berichts-Manager.

Es ist sogar möglich, mithilfe des Steuerelements lokale Berichte einzubinden, ohne auf einen Berichtsserver zuzugreifen. Beide Zugriffsarten werden durch die Angabe weniger Eigenschaften konfiguriert. Die Einbindung lokaler Berichte wird hier nicht weiter behandelt, da es in Business Intelligence-Lösungen hierfür keine Einsatzszenarien geben dürfte. In unserem Beispielprojekt werden wir zunächst ohne Programmierung einfach den Bericht *rpt_Produktdetails* aus dem Beispielprojekt von Kapitel 21 anzeigen lassen. Anschließend wird das TreeView-Steuerelement mit dem ReportViewer verbunden. Bitte gehen Sie wie folgt vor:

1. Öffnen Sie das Projekt *proj_KAP_22_Web*, falls noch nicht geschehen.
2. Wechseln Sie in die Entwurfsansicht der Webseite *Default.aspx* und ziehen Sie aus der Toolbox-Kategorie *Daten* oder *Berichtserstellung* ein *ReportViewer*-Steuerelement in die zweite Zeile der zweiten Spalte der Tabelle. In den Eigenschaften des ReportViewer-Steuerelements sind folgende Einstellungen vorzunehmen (Tabelle 22.4):

Eigenschaft	Wert
ProcessingMode	*Remote*
ReportServerUrl	*http://localhost/ReportServer*
ReportPath	*/proj_KAP_21/rpt_Produktdetails* (bitte ggf. anpassen!)

Tabelle 22.4 Eigenschaften des *ReportViewer*-Steuerelements

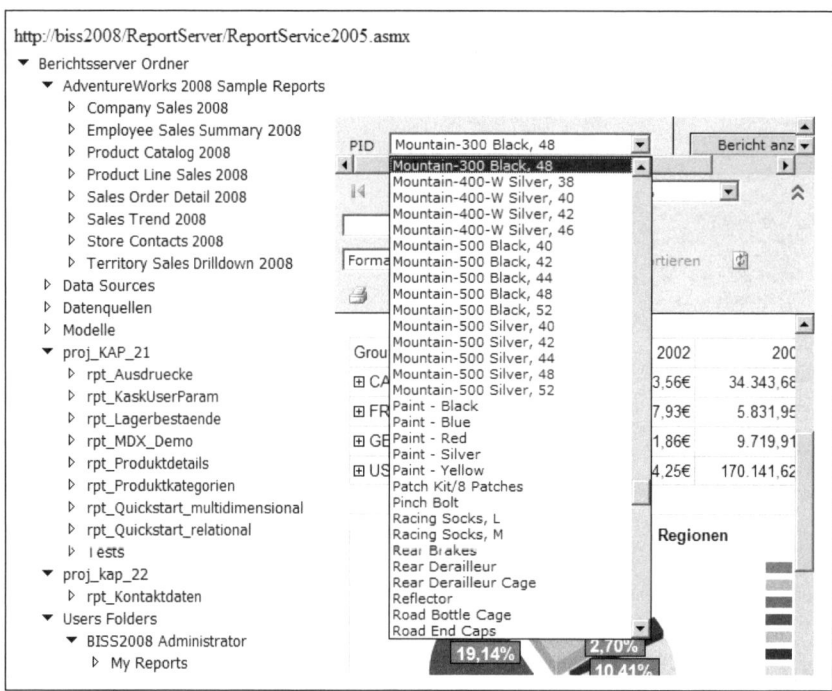

Abbildung 22.21 Der ReportViewer im ersten Einsatz

3. Um nun die Berichte aus dem TreeView heraus anzuzeigen, muss zunächst ein Ereignis eingerichtet werden. Dies wird durch einen Doppelklick auf das *TreeView*-Steuerelement in der Design-Ansicht erreicht. Daraufhin wird automatisch eine Ereignismethode *RS_FolderTree_SelectedNodeChanged* angelegt und an die entsprechende Stelle in der *Code-Behind*-Datei gesprungen.

4. Zunächst soll der Berichtspfad (ReportPath) in einem Textfeld angezeigt werden. Ziehen Sie daher ein Textfeld aus der Toolbox-Kategorie *Allgemein* in die mittlere Zelle der untersten Zeile der Tabelle und nennen Sie es *txt_ReportPath*. Fügen Sie nun den im folgenden Listing enthaltenen Code in die Ereignismethode des TreeView-Steuerelements ein.

Es wird der *Value*-Wert des selektierten Knotens aus dem *TreeView*-Steuerelement ausgelesen. Dieser String muss für seine Verwendung als Berichtspfad-Angabe noch dahingehend modifiziert werden, dass ein Schrägstrich (Slash) vorangestellt und der letzte abschließende Schrägstrich weggenommen wird. Das Ergebnis wird in das Textfeld geschrieben. Dessen Inhalt wird anschließend der *ReportPath*-Eigenschaft des *Report-Viewer*-Steuerelements zugewiesen. Damit werden nun im Baum selektierte Berichte im Viewer angezeigt.

```
protected void RS_FolderTree_SelectedNodeChanged(object sender, EventArgs e)
    {
        String klickedNodeTarget = RS_FolderTree.SelectedNode.Value.ToString();
        int i = klickedNodeTarget.Length;
        String rp = klickedNodeTarget.Substring(1, i - 2);
        txt_ReportPath.Text = "/" + rp;
        ReportViewer.ServerReport.ReportPath = txt_ReportPath.Text;
    }
```

Listing 22.10 Ereignismethode des *TreeView*-Steuerelements (C#-Code)

Berichtszugriff über Web Service

```vb
Protected Sub RS_FolderTree_SelectedNodeChanged(ByVal sender As Object, ByVal e As System.EventArgs) _
        Handles RS_FolderTree.SelectedNodeChanged
    Dim klickedNodeTarget, rp As String
    Dim i As Integer
    klickedNodeTarget = RS_FolderTree.SelectedNode.Value.ToString()
    Me.txt_ReportPath.Text = klickedNodeTarget
    i = klickedNodeTarget.Length
    rp = klickedNodeTarget.Substring(1, i - 2)
    Me.ReportViewer.ServerReport.ReportPath = "/" + rp
    ReportViewer.ProcessingMode = Microsoft.Reporting.WebForms.ProcessingMode.Remote
End Sub
```

Listing 22.11 Ereignismethode des *TreeView*-Steuerelements in Visual Basic

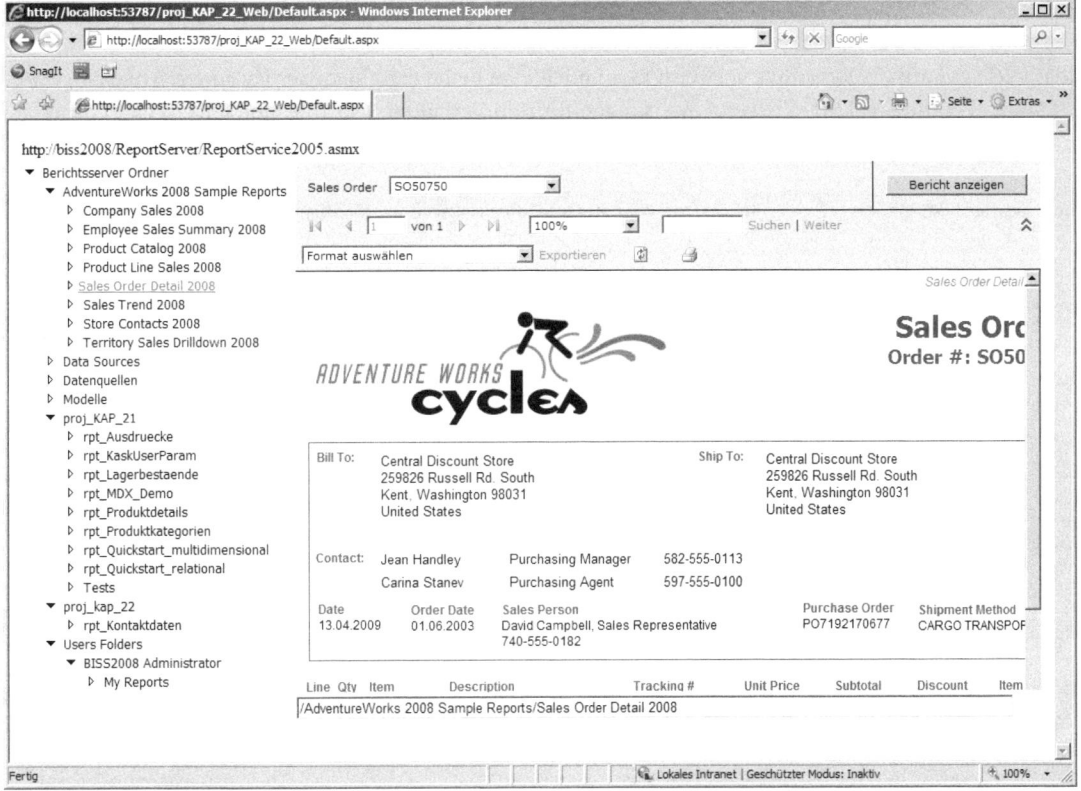

Abbildung 22.22 Das fertige Beispiel im Browser

Um in einer Produktivumgebung bestehen zu können, müsste das Coding erheblich erweitert werden. Es ist jedoch nicht der Zweck dieses Beispiels, hier auch nur ansatzweise einen nutzbaren Berichtsbrowser zu erstellen, sondern es sollen die Zugriffslogik und der Aufwand zur Implementierung eines Berichtszugriffs verdeutlicht werden. Wenn die Berichte und Ordner sich erst einmal im Zugriff Ihrer Anwendung befinden, können Sie mit ihnen alle Arbeiten, die mit dem Berichts-Manager durchgeführt werden können, mittels Code verrichten. Die Einsatzgebiete reichen daher von der Automatisierung administrativer Aufgaben bis zur Erstellung eigener Berichtspräsentationsumgebungen.

Erwähnt werden soll auch noch der andere Webdienst *ReportExecution2005*. Dieser übernimmt unter anderem die Bereitstellung fertiger Berichte und deren Auslieferung in Form von Binärdaten. Ihn gilt es anzusprechen, wenn z.B. ein einzelner spezieller Bericht als PDF-Datei erwünscht ist.

Berichtszugriff über URL

Alle Berichte auf dem Berichtsserver können durch einen URL im Browser angesprochen werden. Dieser URL zeigt nicht auf den Berichts-Manager, sondern direkt auf den Berichtsserver. Folgender URL öffnet den Ordner *KAP_21* und listet die darin enthaltenen Elemente auf:

```
http://localhost/reportserver/KAP_21/
```

An den URL, der auf die Ressource verweist, kann noch eine Reihe verschiedener Parameter angehängt werden. Diese geben dem HTML-Viewer Anweisungen für sein Verhalten. Der folgende URL zeigt den Bericht *rpt_MDX_Demo* ohne Toolbar und ohne Parametereingabemöglichkeit an:

```
http://localhost/ReportServer?/proj_KAP_21/rpt_MDX_Demo&rs:Command=Render&rc:Toolbar=false
```

Sie können in dem oben stehenden Link erkennen, dass zwei Parametergruppen verwendet werden. Die erste Gruppe mit dem Präfix *rs:* ist für den Berichtsserver gedacht und die zweite Gruppe mit dem Präfix *rc:* für das Berichtssteuerelement. In den folgenden beiden Tabellen (Tabelle 22.5 und Tabelle 22.6) sind die wichtigsten Parameter der beiden Gruppen aufgelistet.

Bezeichnung	Erläuterung	Standardwert
Toolbar	Gibt an, ob die Symbolleiste angezeigt wird	True
Parameters	Gibt an, ob die Berichtsparameterauswahl angezeigt wird	True
Zoom	Setzt einen Zoom-Wert in den angegebenen Prozent	100

Tabelle 22.5 Die wichtigsten Parameter für den HTML-Viewer

Bezeichnung	Erläuterung	Mögliche Werte
Command	Gibt an, was mit dem angesprochenen Element geschehen soll	GetDataSourceContent GetRessourceContents ListChildren Render
Format	Gibt das Render-Format an	u.a. EXCEL CSV PDF
Snapshot	Gibt einen Bericht auf Basis eines Snapshots zurück	Gültige Snapshot-ID

Tabelle 22.6 Die wichtigsten Parameter für den Berichtsserver

Der folgende URL gibt den Bericht *rpt_MDX_Demo* als Excel-Datei zurück:

```
http://localhost/ReportServer?/proj_KAP_21/rpt_MDX_Demo&rs:Command=Render&rc:Toolbar=false&rs:Format=EXCEL
```

Im Intranet eines Unternehmens stellt der URL-Zugriff eine einfache Möglichkeit dar, Berichte in Websites einzubinden. Hierbei ist es sehr einfach, Parameter zu übergeben. Dieses geschieht simpel durch das Anfügen der Parameterbezeichnung und des Parameterwertes am URL. Das folgende Beispiel verdeutlicht dies für den Bericht *rpt_Produktdetails*:

```
http://biss2008/ReportServer/Pages/ReportViewer.aspx?%2fproj_KAP_21%2frpt_Produktdetails&rs%3aCommand=Render&PID=505
```

Auf diese Art können einfach Links auf Berichte aus Office-Anwendungen oder anderen Anwendungen im Intranet erstellt und Parameter übergeben werden.

Kapitel 23

Berichtserstellung mit dem Berichts-Generator

In diesem Kapitel:

Ein einfaches Berichtsmodell mit dem Berichtsmodell-Assistenten	685
Berichts-Generator und Berichtsmodelle	688
Filter bei Abfragen auf Berichtsmodelle	693
Berichtsmodelle im Detail	696
Berichtsmodelle auf Basis von Analysis Services Cubes	700
Berichts-Generator und freigegebene Datenquellen	702

Eine der wesentlichen Neuerungen der Reporting Services 2005 war die Möglichkeit für Benutzer, mithilfe des Berichts-Generators ohne Visual Studio eigene Berichte zu erstellen. Diese Berichte können auch für andere Nutzer auf dem Berichts-Server bereitgestellt werden. Bei dem Berichts-Generator handelt es sich um eine .NET-Anwendung, die z.B. aus dem Berichts-Manager heraus per One-Click-Deployment aufgerufen und installiert wird.

Die Berichtserstellung mit dem Berichts-Generator erfolgt in einer an Microsoft Office angelehnten Benutzeroberfläche. Voraussetzung für die Nutzung des Berichts-Generators war die Existenz eines Berichtsmodells auf dem Berichtsserver. In der neuen Version kann bei der Berichtserstellung jedoch auch auf freigegebene Datenquellen auf dem Berichtsserver zugegriffen werden. Die Berichtsmodelle werden mithilfe des Berichtsmodell-Assistenten größtenteils automatisch aus Metadaten erstellt. Bei der Verwendung einer relationalen Datenquelle werden die Modelle in der Regel im Business Intelligence Development Studio erzeugt und von dort aus auf dem Berichtsserver bereitgestellt.

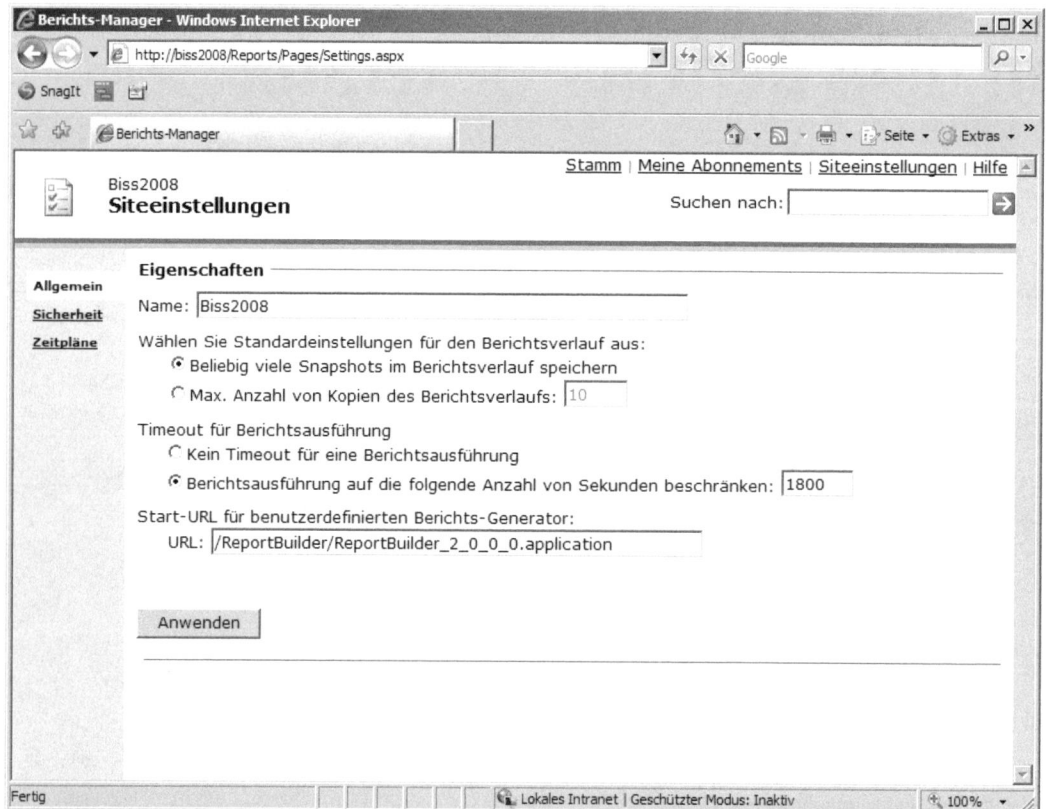

Abbildung 23.1 Verweis auf die neue ReportBuilder-Version in den Siteeinstellungen des Berichtsservers

Für die Reporting Services 2008 ist mit dem Berichts-Generator 2.0 eine ganz neue Version eingeführt worden. Diese Version stellt gegenüber der vorhergehenden Version eine große Verbesserung dar. In der Version 1.0 war der Berichts-Generator ein recht ärmliches Werkzeug mit vielen Einschränkungen, wie z.B. dass nur ein Berichtselement pro Bericht verwendet werden konnte. Jetzt handelt es sich um ein vollwertiges Berichtserstellungswerkzeug, das dem Business Intelligence Studio sehr ähnlich ist und dankenswerterweise auch von der Benutzeroberfläche und den Features her in großen Teilen mit diesem baugleich ist. Der Berichts-Generator 2.0 ist ab dem Service Pack 1 für den Microsoft SQL Server 2008 verfügbar.

Nach der Installation des Service Packs kann für jede Berichtsserver Instanz geregelt werden, welche Version des Berichts Generators im Rahmen des One-Click-Deployments ausgeliefert werden soll. Die erforderliche Konfiguration erfolgt in den Siteeinstellungen. Hier muss der in Abbildung 23.1 dargestellte Pfad eingetragen werden.

Berichtsmodelle können nicht nur mit dem Berichtsmodell-Designer erstellt werden, sondern auch aus dem Berichts-Manager heraus. Modelle, die auf Cubes der Analysis Services zugreifen, können nur mit dem Berichts-Manager erstellt werden. In diesem Kapitel wird zunächst ein einfaches Berichtsmodell erstellt und dann ein Bericht mit dem Berichts-Generator auf Basis dieses Modells erzeugt.

Anschließend werden die Berichtsmodelle hinsichtlich ihrer Definitionselemente, der Generierungsregeln und deren Auswirkungen auf die Berichtsgestaltung mit dem Berichts-Generator genauer betrachtet. Im Weiteren wird auf die aus Cubes bzw. Perspektiven generierten Modelle und deren Nutzung durch den Berichts-Generator eingegangen. Abschließend wird noch ein Bericht auf Basis einer freigegebenen Datenquelle erstellt. Auf Details der Berichtsgestaltung wird an dieser Stelle verzichtet, da die Schilderungen aus Kapitel 21 gut auf den Berichts-Generator übertragen werden können.

Einfaches Berichtsmodell mit dem Berichtsmodell-Assistenten erstellen

Zunächst soll ein Berichtsmodell erstellt werden, das zu Internet-Verkäufen Auswertungen bezüglich der Kunden, Zeit und Geographie ermöglicht. Führen Sie dazu die folgenden Schritte durch:

1. Erstellen Sie in Visual Studio ein neues Projekt, indem Sie im Menü *Datei* den Untermenübefehl *Neu/Projekt* aufrufen. Im folgenden Dialogfeld wählen Sie die Vorlage *Berichtsmodellprojekt* unter dem *Business Intelligence*-Projekttyp. Geben Sie als Projektbezeichnung *proj_KAP_23* ein und klicken Sie auf OK; es wird eine Projektmappe mit drei leeren Ordnern erstellt. Der Projektmappen-Explorer stellt sich wie in Abbildung 23.2 dar:

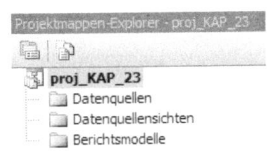

Abbildung 23.2 Projektmappen-Explorer nach der Neuanlage eines Berichtsmodell-Projekts

2. Um ein Berichtsmodell erstellen zu können, müssen zunächst eine Datenquelle und eine Datenquellensicht angelegt werden. Im Kontextmenü des Datenquellenordners im Projektmappen-Explorer wählen Sie den Befehl *Neue Datenquelle hinzufügen*. Zur Unterstützung der Einrichtung der neuen Datenquelle öffnet sich der Datenquellen-Assistent. In diesem legen Sie zunächst eine Verbindung zu Ihrem Datenbankserver und dort zur Datenbank *AdventureWorksDW2008* an. Bezeichnen Sie die Datenquelle als *ds_Berichtsmodell_simple*.

3. Mithilfe des Kontextmenüs des Ordners *Datenquellensichten* im Projektmappen-Explorer des Berichtsmodellprojekts rufen Sie den Befehl *Neue Datenquellensicht hinzufügen* auf. Wählen Sie als Datenquelle *ds_Berichtsmodell_simple* aus und betätigen Sie die *Weiter*-Schaltfläche.

4. Im folgenden Dialogfeld des Datenquellensicht-Assistenten wählen Sie die Tabellen *DimCustomer*, *DimSalesTerritory*, *DimDate*, *FactInternetSales* und *FactInternetSalesReason* aus (Abbildung 23.3). Wechseln Sie anschließend zum letzten Schritt des Datenquellensicht-Assistenten. Hier geben Sie als Bezeichnung für die Datenquellensicht *dsv_Berichtsmodell_simple* an.

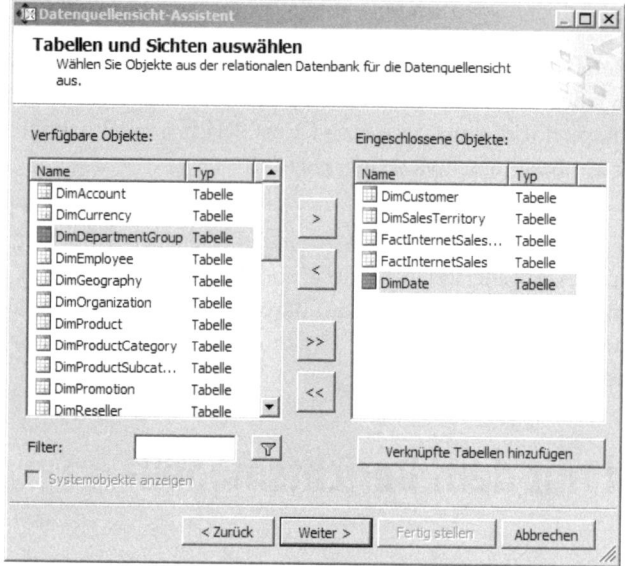

Abbildung 23.3 Auswahl der Tabellen für die Datenquellensicht

5. Fügen Sie nun mithilfe des Befehls *Neues Berichtsmodell hinzufügen* aus dem Kontextmenü des Ordners *Berichtsmodelle* im Projektmappen-Explorer dem Projekt ein neues Berichtsmodell hinzu.

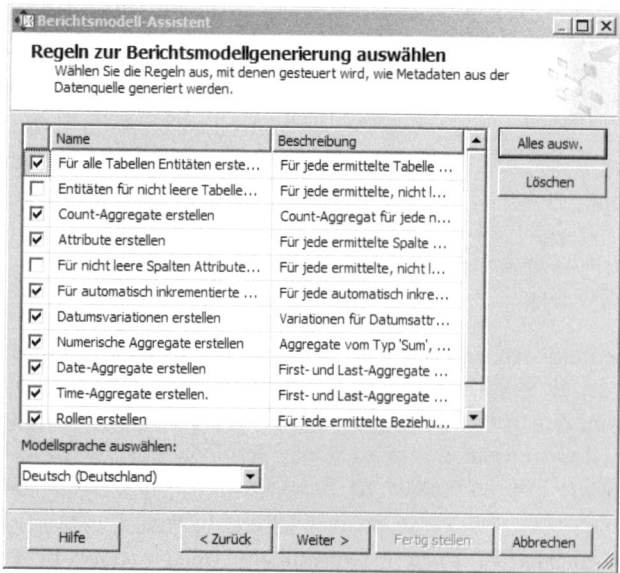

Abbildung 23.4 Auswahl der Regeln zur Berichtsmodellgenerierung im Berichtsmodell-Assistenten

Einfaches Berichtsmodell mit dem Berichtsmodell-Assistenten erstellen

6. Im ersten Schritt des Berichtsmodell-Assistenten bestätigen Sie die Auswahl der Datenquellensicht *dsv_Berichtsmodell_simple*. Anschließend werden Sie vom Berichtsmodell-Assistenten aufgefordert, aus einer Reihe von angebotenen Regeln zur Berichtsmodellgenerierung diejenigen auszuwählen, die bei der Generierung Ihres Berichtsmodells angewendet werden sollen (Abbildung 23.4). Die Regeln und ihre Auswirkungen werden im Abschnitt »Regeln bei der Berichtsmodellgenerierung« weiter hinten in diesem Kapitel ausführlich behandelt. Bitte belassen Sie in diesem Fall die Einträge so, wie vom Berichtsmodell-Assistenten standardmäßig vorgegeben.

7. Im folgenden Dialogfeld des Berichtsmodell-Assistenten können Sie entscheiden, ob die Modellstatistiken aktualisiert werden sollen. Bitte selektieren Sie die Option *Modellstatistiken vor Generierung aktualisieren*.

8. Im letzten Dialogfeld des Berichtsmodell-Assistenten geben Sie als Bezeichnung für das Berichtsmodell *rm_Berichtsmodell_simple* an, betätigen Sie die Schaltfläche *Ausführen* und klicken Sie nach der entsprechenden Aufforderung auf *Fertig stellen*.

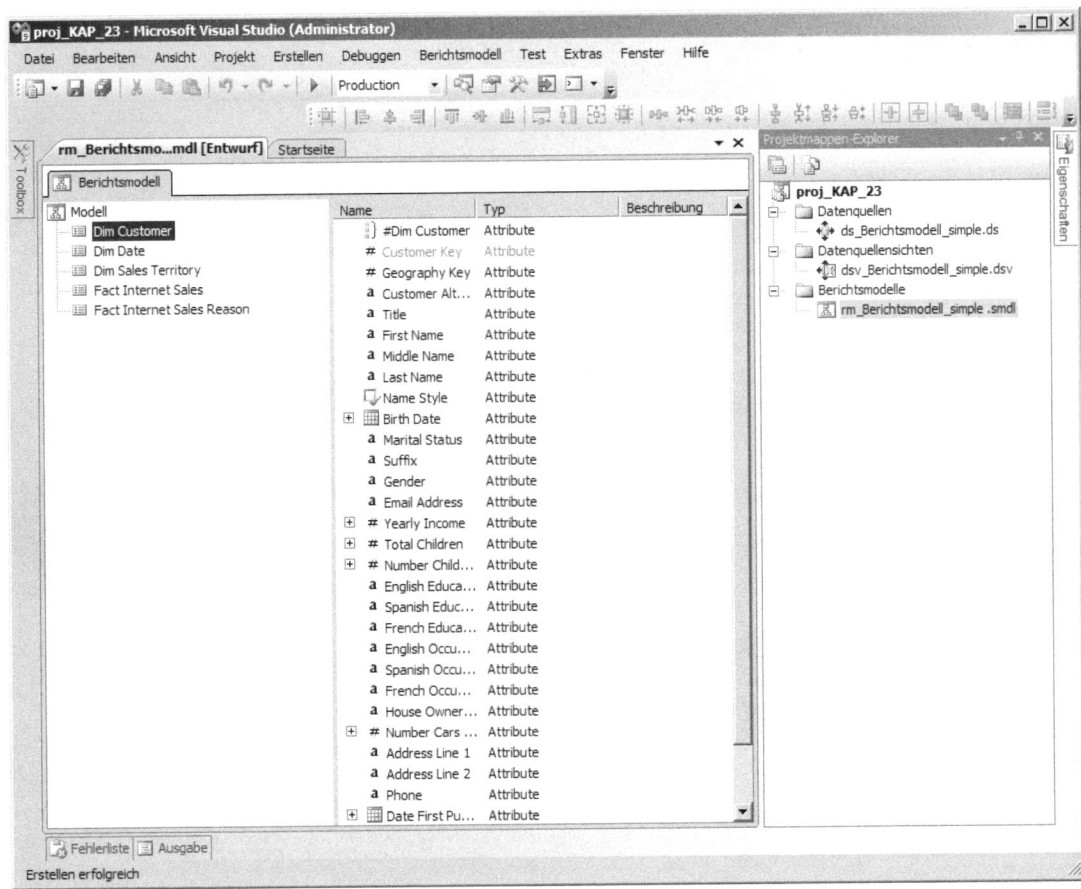

Abbildung 23.5 Das fertig gestellte Berichtsmodell in Visual Studio

9. Nach dem Abschluss des Berichtsmodell-Assistenten werden Sie von Visual Studio gefragt, ob Sie die Datei *dsv_Berichtsmodell_simple.dsv* erneut laden möchten, da diese außerhalb des Editors verändert

wurde. Dabei handelt es sich um eine Folgewirkung der Generierung der Modellstatistiken. Bestätigen Sie das Dialogfeld mit *Ja*.

10. In Visual Studio sollte das Berichtsmodell, nachdem Sie im Berichtsmodell-Explorer doppelt auf die Entität *Dim* Customer geklickt haben, in seinem Erscheinungsbild der Abbildung 23.5 entsprechen. Bitte stellen Sie das Berichtsmodell abschließend noch auf dem Berichtsserver bereit, damit Sie es im folgenden Abschnitt als Grundlage für einen Bericht nutzen können.

Berichts-Generator und Berichtsmodelle

In den Seitenoptionen des Berichts-Managers wird der Berichts-Generator durch einen Klick auf die Schaltfläche *Berichts-Generator* geöffnet. Wie in der folgenden Abbildung erkennbar ist, handelt es sich bei dem Berichts-Generator in der Version 2.0 um eine Office 2007 ähnliche Version des Berichts-Designers in Visual Studio. Als wesentliche gemeinsame Merkmale sind sofort das Berichtsdaten- und das Eigenschaftenfenster erkennbar. Im oberen Teil gibt es die Office-Schaltfläche über die die Neuanlage und das Speichern und/oder Versenden eines Berichts angestoßen werden können.

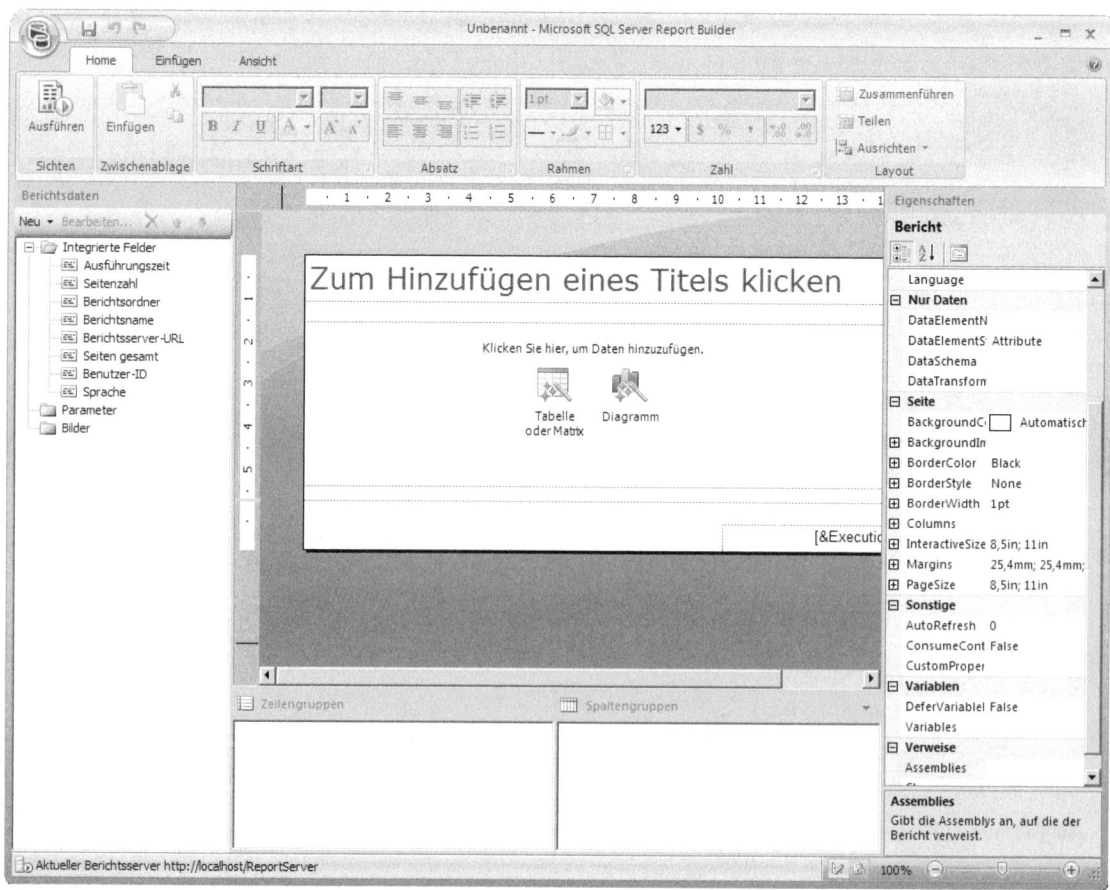

Abbildung 23.6 Anlegen eines neuen Berichts mit dem Berichts-Generator

Darunter lieget eine Multifunktionsleiste mit den für die Berichtserstellung und die Berichtsansicht verfügbaren Funktionalitäten. Im Unterschied zum Berichts-Generator der Version 1.0 ist es jetzt möglich, Berichte zu erstellen (Abbildung 23.6), die nicht nur auf vordefinierten Berichtsmodellen, sondern ebenfalls auf freigegebenen Datenquellen basieren können. Der Zugriff ist insofern vereinheitlicht, dass auch für Berichtsmodelle Abfragen erstellt werden, die anschließend analog zum Zugriff auf freigegebene Datenquellen im Berichtsdaten-Fenster verwaltet werden können.

Zudem wird in dieser Version des Berichts-Generators die doch sehr einschränkende Restriktion auf ein Berichtselement aufgehoben und es ist daher möglich, beliebige Berichtselemente in einem Bericht zu kombinieren. Diese sind über das Multifunktionsleiste *Einfügen* verfügbar. Die Multifunktionsleiste ist in Abbildung 23.7 zu sehen.

Abbildung 23.7   Die Befehle aus der *Einfügen*-Multifunktionsleiste des Berichts-Generators

Weitere Funktionalitäten des Berichts-Generators sollen im Rahmen der Erstellung eines beispielhaften Berichts mit dem Berichts-Generator vermittelt werden. In diesem Bericht sollen die Umsätze (*Sales Amount*) im Internet nach Geschlecht der Käufer aufgegliedert angezeigt werden. Gehen Sie zur Erstellung des Berichts wie folgt vor:

1. Öffnen Sie den Berichts-Generator per Klick auf die Schaltfläche *Berichts-Generator* im Berichts-Manager.

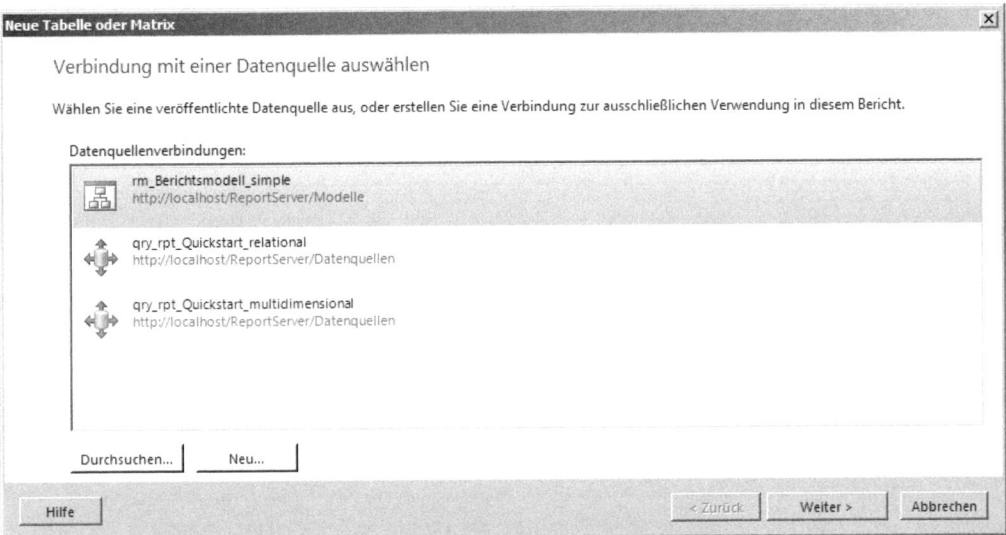

Abbildung 23.8   Schritt 1 zum Einfügen einer Tabelle/Matrix in einen Berichts-Generator Bericht

2. Wählen Sie die Layout-Vorlage *Tabelle oder Matrix*, die auf der Zeichenfläche des Berichts angeboten wird, mit einem Mausklick aus. Sie gelangen zu dem in der folgenden Abbildung dargestellten ersten Schritt zur Erzeugung einer neuen Tabelle bzw. Matrix. Sie erkennen, dass nicht nur vorhandene

Berichtsmodelle, wie das im vorigen Abschnitt erstellte Modell *rm_Berichtsmodell_simple* angeboten werden, sondern auch die im Kapitel 21 erstellten freigegebenen Datenquellen *qry_rpt_Quickstart_relational* und *qry_rpt_Quickstart_multidimensional*.

3. Wählen Sie, um im Beispiel zu bleiben, das Berichtsmodell aus und klicken Sie auf *Weiter*.

   Sie gelangen zum Dialogfeld zum Definieren der Abfrage des Berichtsmodells. Hier erhalten Sie auf der linken Seite eine Art Explorer zum Navigieren in den Entitäten des Berichtsmodells angeboten. Mit den darüber befindlichen Schaltflächen lassen sich die Abfragedefinitionen in der Textansicht darstellen, bestehende Berichte importieren, eine Ergebnisvorschau der Abfrage aufrufen und Filter definieren.

4. Wählen Sie an dieser Stelle das Merkmal *Gender* aus der Entität *Customer* aus und dazu die Kennzahl *Summe Sales Amount* aus der Entität *Fact Internet Sales*. Nachdem Sie auf das Ausrufungszeichen oben geklickt haben, sollte Ihr Ergebnis der folgenden Abbildung entsprechen.

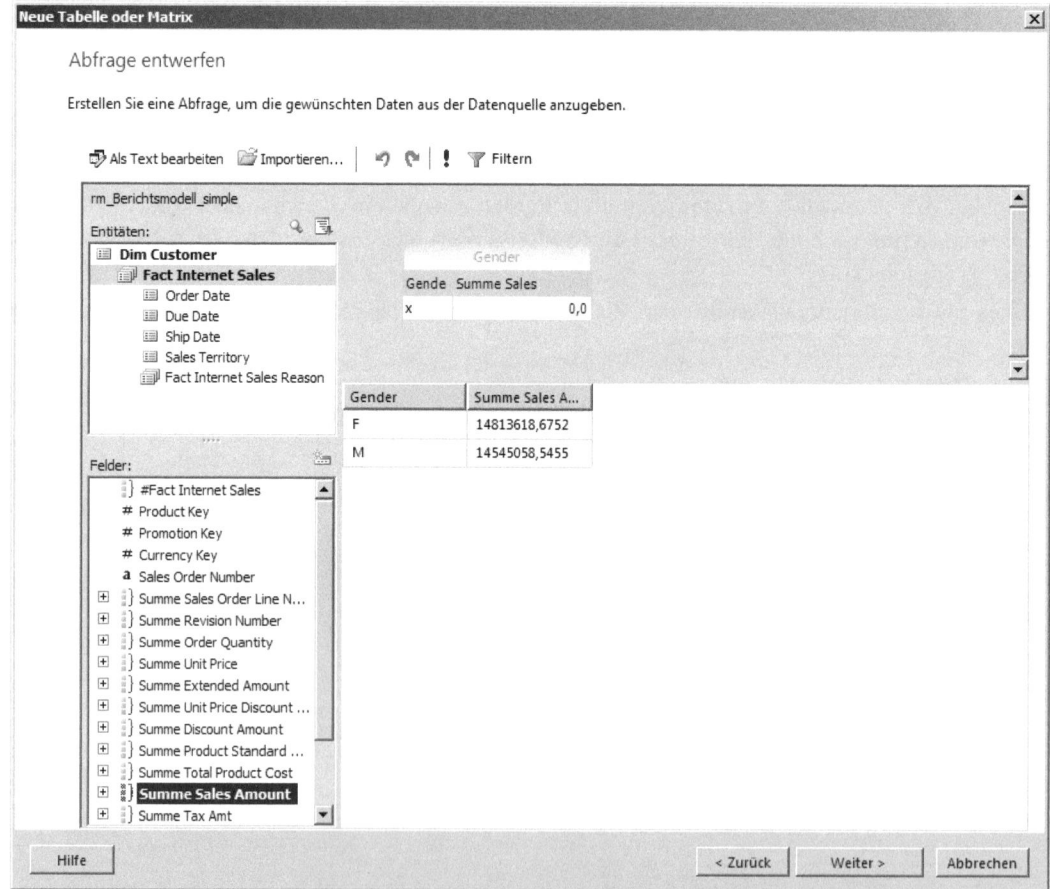

Abbildung 23.9 Schritt 2 zum Einfügen einer neuen Tabelle/Matrix in einen Bericht mit dem Berichts-Generator

5. Nach dem Klick auf die *Weiter*-Schaltfläche wird im folgenden Schritt die Positionierung der Elemente im Tablix-Element geregelt. Sie können hier die aus der Abfrage zurückgegebenen Felder per Drag & Drop den Zeilen- und Spaltengruppen oder den Werten zuordnen. Ziehen Sie in unserem Beispiel das Merkmal *Gender* in die Zeilengruppen und die Kennzahl *Summe Sales Amount* in die Werteliste. Klicken

Sie auf *Weiter* und selektieren Sie im folgenden Dialogfeld zur Layoutfestlegung die Option *Teil- und Gesamtergebnisse anzeigen*. Klicken Sie auf *Weiter* und wählen Sie bei den angebotenen Formatvorlagen eine Ihnen genehme aus. Im Anschluss daran können Sie das Einfügen der Tabelle mit einem Klick auf die Schaltfläche *Fertig stellen* abschließen.

6. Klicken Sie in der Entwurfsansicht mit der rechten Maustaste in die Detailzelle der Spalte *Summe Sales Amount* und wählen Sie den Kontextmenübefehl *Textefeldeigenschaften*. Hier können Sie, wie in Visual Studio, eine ganze Reihe von Formatierungen einstellen. An dieser Stelle müssen Sie lediglich das Währungsformat auf der Registerkarte *Zahl* auswählen. Formatieren Sie die Summenausgabe entsprechend. Alternativ können Sie auch in den Eigenschaften der ganzen Spalte in der Eigenschaft *Format* ein *C* für *Currency* eintragen. Das Eigenschaftsfenster kann über den Menüpunkt *Ansicht* eingeblendet werden.

7. Klicken Sie in das *Titel*-Textfeld und geben Sie als Berichtsnamen *Sales Amount nach Geschlecht* ein.

8. Wählen Sie im Kontextmenü des Datasets im Berichtsdaten-Fenster den Befehl *Eigenschaften* und klicken Sie dort auf die Schaltfläche zum Aufruf des Abfragedesigners. Hier können Sie mittels der Schaltfläche *Filter* einen Filter auf die Daten legen. Selektieren Sie das Merkmal *Marital Status* aus der Entität *Customer* mittels Doppelklick und im nun angezeigten Listenfeld den Buchstaben *M* für *Married* (Abbildung 23.10). Sie können auch mehrere Filterbedingungen hinzufügen. Diese werden dann standardmäßig mit einem logischen *Und* verknüpft.

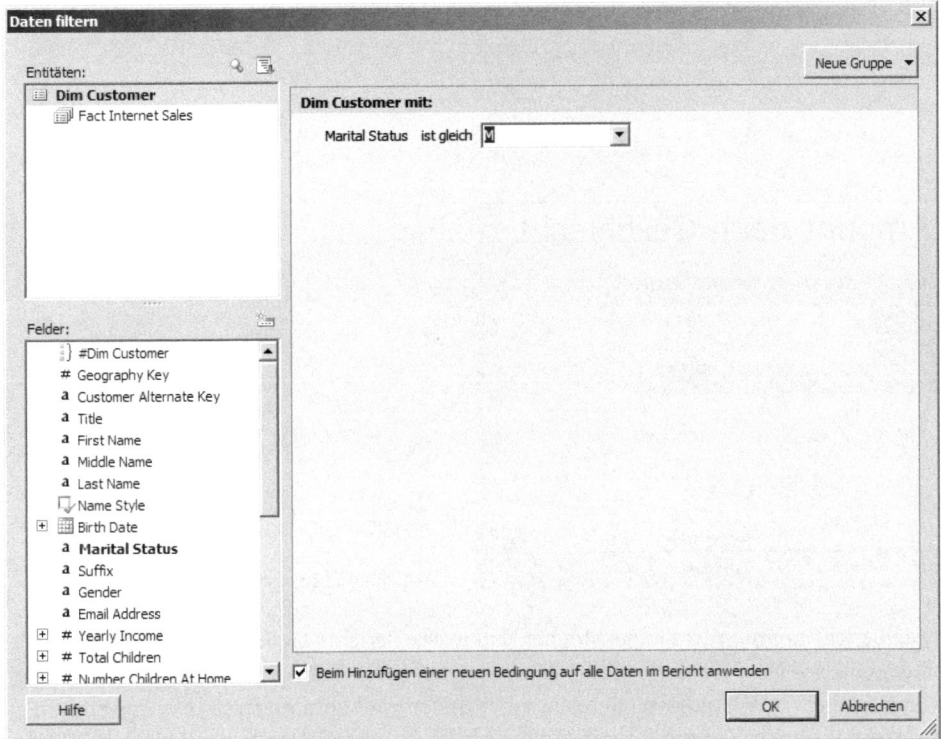

Abbildung 23.10 Das Filter-Fenster des Berichts-Generators

9. Der Bericht ist nun fertig und muss noch auf den Berichtsserver übertragen werden. Dazu klicken Sie auf die Schaltfläche mit dem Diskettensymbol oben links: Es öffnet sich das Standarddialogfeld zum Spei-

chern einer Datei, das jedoch zur Auswahl des Speicherorts die Ordnerstruktur des Berichtsservers anbietet. Speichern Sie den Bericht an einem Ort Ihrer Wahl unter der Bezeichnung *rpt_s_SalesAmountGender*.

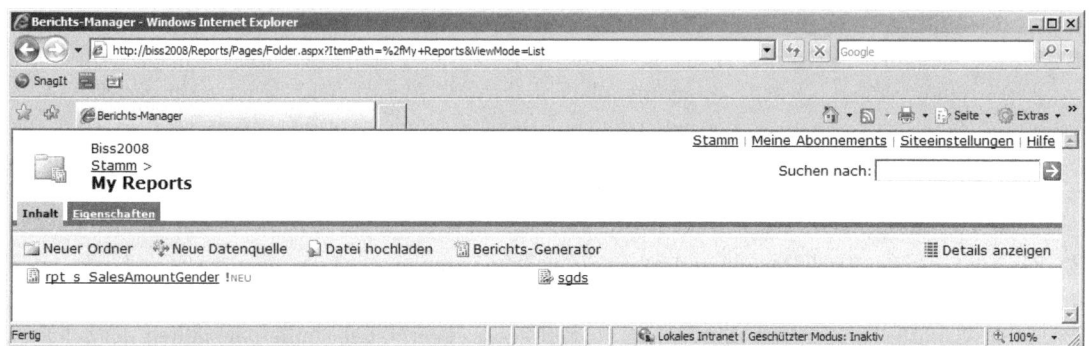

Abbildung 23.11 Der mit dem Berichts-Generator erstellte Bericht im Berichts-Manager

10. Betrachten Sie nun den Bericht in der Berichtsvorschau des Berichts-Generators. Er sollte in etwa dem Bericht der Abbildung 23.12 entsprechen:

Abbildung 23.12 Der fertige Bericht der Vorschau

Der kurze Beispielbericht konnte nur einige Möglichkeiten des Berichts-Generators und damit auch des erstellten Berichtsmodells zeigen. Generell gehört es zu den Aufgaben des Berichts-Generators, zum einen die Berichts-Designer, die Visual Studio verwenden, zu entlasten und zum anderen den Anwendern einen schnellen und unkomplizierten Zugang zu den gewünschten Informationen zu ermöglichen. Dies wird durch den Berichts-Generator gut erreicht.

Der Berichts-Generator der zweiten Generation bildet alle wesentlichen Gestaltungsmöglichkeiten des Berichts-Designers im Business Intelligence Studios an. Dadurch, dass der Berichts-Generator nun auch auf freigegebene Datenquellen zugreifen kann, ist auch die Reichweite für die Erstellung von Ad-hoc-Berichten enorm angestiegen. Der Zugriff auf Berichtsmodelle bietet jedoch gegenüber dem Zugriff auf freigegebene Datenquellen einige Vorteile, die im Folgenden dargestellt werden sollen. Der Schwerpunkt liegt dabei auf der Filterfunktion, die der Abfrage-Designer beim Zugriff auf Berichtsmodelle bietet.

Filter bei Berichtsmodellabfragen

Jeder, der häufig Berichte in einer Organisation erstellt, weiß aus eigener Erfahrung, dass immer neue spezielle Auswertungen mit dementsprechend speziellen Kriterien gewünscht werden. Hierbei handelt es sich meist um hart zu codierende Filterkriterien, die sich lediglich von der Fachabteilung inhaltlich nachvollziehen lassen. Die umfangreichen Filterfunktionalitäten des Berichts-Generators ermöglichen es nun, dass die Fachabteilungen diese Auswertungen selbst erstellen und verwalten können. In dem Beispielbericht wurde bereits ein einfacher Filter angewendet. Im Berichts-Generator ist aber auch die Erzeugung sehr komplexer Filterausdrücke auf recht simple Weise möglich. Die Filter werden auf Ebene der Datenquelle angewandt; Sie können in Gruppen organisierte Filterkriterienkombinationen erstellen.

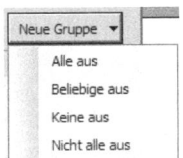

Abbildung 23.13 Einfügen einer neuen Bedingungsgruppe im Filterfenster des Abfrage-Designers

Es können vier Arten von Ausdrucksgruppen in die Filterbedingungen aufgenommen werden:

- **Alle aus** eine Reihe von Filterbedingungen, die alle erfüllt sein müssen und daher ausschließlich mit dem logischen Operator UND verbunden sind; die Rückgabemenge besteht aus Daten, die alle Kriterien erfüllen.
- **Beliebige aus** eine Reihe von Filterbedingungen, die mit dem logischen Operator ODER verbunden sind; die Rückgabemenge besteht aus Daten, die ein Kriterium erfüllen.
- **Keine aus** eine Reihe von Filterbedingungen, die mit dem logischen Operator ODER verbunden sind; die Rückgabemenge besteht aus Daten, die mindestens ein Kriterium nicht erfüllen.
- **Nicht alle aus** eine Reihe von Filterbedingungen, die alle erfüllt sein müssen, daher ausschließlich mit dem logischen Operator UND verbunden sind; die Rückgabemenge besteht aus Daten, die alle Kriterien nicht erfüllen.

Es ist möglich, Filtergruppen mit UND oder ODER zu verbinden. Zwischen den logischen Operatoren können Sie umschalten, indem Sie auf die Operatoren klicken und anschließend zwischen den angebotenen Operatoren mit der Maus wählen.

Die Verwendung von Filtergruppen ist nicht zwingend erforderlich. Filterbedingungen können auf einfache Weise direkt in den Filterbereich oder in Filtergruppen eingefügt werden, indem die Felder, auf die ein Filter Anwendung finden soll, in den Filterbericht gezogen oder mittels Doppelklick ausgewählt werden.

Anschließend erscheinen die drei Bestandteile eines Filterausdrucks im Filterbereich: Diese sind die Feldbezeichnung, der Vergleichsoperator und das Filterkriterium. Alle drei Bestandteile können durch Anklicken mit der Maus manipuliert werden. Eine Besonderheit bei den Filterausdrücken im Berichts-Generator ist, dass abhängig vom Feldtyp und den im Feld enthaltenen Daten unterschiedliche Auswahlmöglichkeiten für den Vergleichsoperator sowie unterschiedliche Auswahlarten für das Filterkriterium angeboten werden. Bei den Feldern kann eingestellt werden, dass der Filterausdruck zur Eingabe durch den Benutzer vorgesehen ist. Dies hat für den Nutzer dieselbe Auswirkung in der Ansicht wie ein eingabebereiter Berichtsparameter. Des Weiteren kann der Feldinhalt durch eine Formel aufbereitet werden. Zudem kann an dieser Stelle der Filterausdruck aus dem Filterbereich entfernt werden.

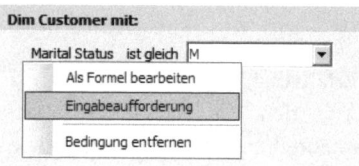

Abbildung 23.14 Feldbearbeitung bei Filterausdrücken

Die Vergleichsoperatoren können, wie bereits erwähnt wurde, aus einer felddatentypabhängigen Liste selektiert werden. In Abbildung 23.15 sehen Sie eine beispielhafte Liste von Vergleichsoperatoren, die für den Familienstand angeboten werden. Im Unterschied dazu werden bei Datumswerten wesentlich mehr Vergleichsoperatoren angeboten, wie in Abbildung 23.16 zu sehen ist.

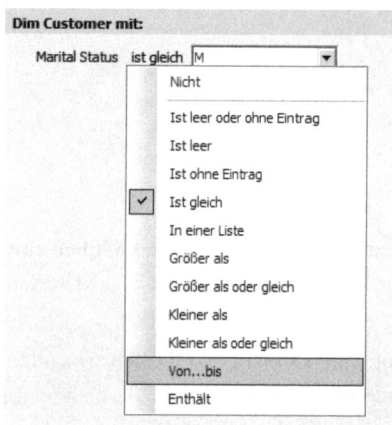

Abbildung 23.15 Vergleichsoperatoren eines Feldes

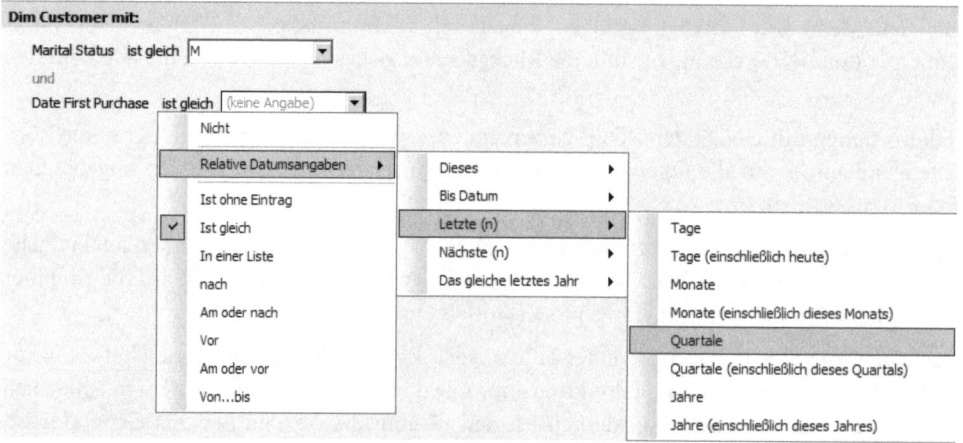

Abbildung 23.16 Mögliche Vergleichsoperatoren bei Datumswerten

Wie bei den Vergleichsoperatoren ist auch die Auswahl der Filterkriterien von den im Berichtsmodell enthaltenen Metadaten abhängig. Die Bandbreite reicht hier von der simplen direkten Werteingabe über Kalendersteuerelemente für Datumsangaben bis hin zu einem Filterdialogfeld, in dem eine benutzerdefinierte Liste als Filterkriterium erstellt wird, wie in Abbildung 23.17 dargestellt.

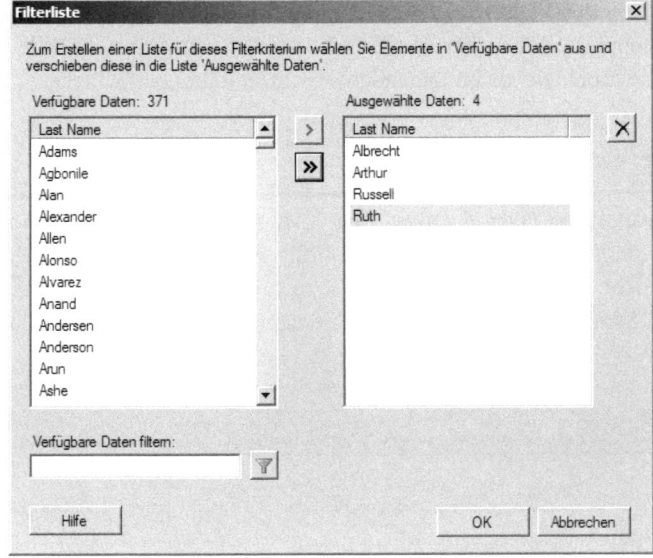

Abbildung 23.17 Auswahl zur Verfügung stehender Werte zur Erzeugung einer Filterliste

Die Vielzahl der unterschiedlichen Filterdefinitionen macht es möglich, dass sehr differenzierte Berichte erstellt werden können. Zudem ist durch die daten- und modellgetriebene Anpassung der Filterausdrucksbearbeitung die Erstellung intuitiv handhabbar. Die Nutzer können so im Rahmen der Erstellung von Ad-hoc-Berichten beispielsweise Fragen wie die folgenden schnell und einfach beantworten:

- Welche Kunden in Deutschland, die verheiratet sind und mehr als zwei Kinder haben, haben zwischen dem 1.1.2004 und dem 30.3.2004 Umsätze in welcher Höhe bewirkt?
- Welche Kunden haben morgen Geburtstag und hatten im letzten Halbjahr einen höheren Umsatz als 5.000 €?
- Welche Umsätze sind bisher mit dem Kunden *Alonso* erzielt worden und wie lautet dessen E-Mail-Adresse?

Diese Beispielfragen zeigen, dass einem engagierten Vertriebsmitarbeiter schier unbegrenzte Auswertungspotentiale zur Verfügung stehen. Informationsbedarfe können mittels Ad-hoc-Reporting da befriedigt werden, wo Sie auftreten, also bei den Fachabteilungen und Mitarbeitern mit ihren speziellen Fragen und Interessen. Es ist für Fragestellungen, die durch Filterung auf Basis eines Modells beantwortbar sind – und das sind nicht wenige, nicht mehr nötig, in einer anderen Abteilung die Erstellung eines Berichts zu beantragen.

Berichtsmodelle im Detail

Der Erfolg des Ad-hoc-Reportings hängt wesentlich von den angebotenen Berichtsmodellen ab. Diese sollten zum einen möglichst einfach sein, um den Nutzer nicht durch zu viele (unnötig) angebotene Elemente zu verwirren, und zum anderen sollten sie umfangreich genug sein, um ausreichende Informationen zugänglich zu machen. Um trotz dieser teilweise konkurrierenden Zielsetzungen zu einem guten Berichtsmodell gelangen zu können, werden Kenntnisse über Elemente und Struktur von Berichtsmodellen benötigt. Die Elemente und Regelungen zur Strukturgenerierung möchten wir im folgenden Abschnitt näher betrachten.

Elemente von Berichtsmodellen

Berichtsmodelle werden in XML-Dateien gespeichert. Der dazugehörige XML-Dialekt heißt Semantic Model Definition Language. In einer solchen *.smdl*-Datei sind eine Reihe von Elementen enthalten, die das Berichtsmodell definieren. Die aus unserer Sicht wichtigsten möchten wir hier vorstellen. Im Berichtsmodell-Designer werden die Elemente durch Symbole repräsentiert. Die Elementbezeichnungen und die Symbole sind in Tabelle 23.1 aufgelistet:

Elementsymbol	Elementbezeichnung
	Entität
	Filter
	Perspektive
	Rolle mit verschiedener Kardinalität
	Feld mit Datentyp Text, Zahl, Datum

Tabelle 23.1 Berichtsmodellelemente und ihre Symbole

Perspektiven

Ein Modell wird auf Basis einer Datenquellensicht generiert. Eine Perspektive bildet nun einen Unterausschnitt eines Modells. Hier können Entitäten, Rollen und auch Felder aus dem Modell ausgeblendet werden, um die Anzahl der verfügbaren Elemente zu verringern und so die Übersichtlichkeit zu erhöhen.

Eine Perspektive kann aus dem Menü des Modell-Designers in Visual Studio mit dem Befehl *Berichtsmodell/ Neue Perspektive* dem Modell hinzugefügt werden. Die Perspektive wird in einem Dialogfeld definiert bzw. bearbeitet, in dem die Modellstruktur in einer Explorer-Baumstruktur (Abbildung 23.18) abgebildet ist. Neben den Elementen des Modells befinden sich Kontrollkästchen, mit denen Sie die Bestandteile der Perspektive bestimmen können. Beachten Sie hierbei, dass die Deaktivierung von Rollenelementen die gemeinsame Auswertung der mit der Rolle verbundenen Entitäten unmöglich macht. Das Ausblenden einer Reihe von für die Auswertung irrelevanten Feldern kann die Akzeptanz und somit häufig auch die Nutzung von Berichtsmodellen erheblich verbessern.

Berichtsmodelle im Detail

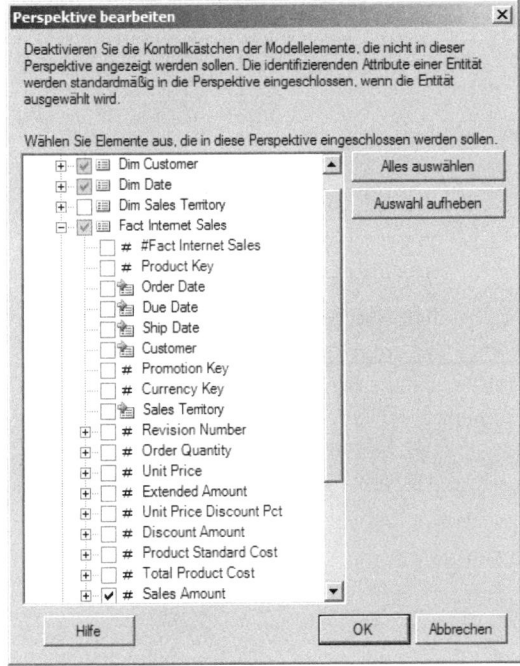

Abbildung 23.18 Dialogfeld zur Definition einer Perspektive im Modell-Designer

Perspektiven bieten eine gute Möglichkeit, umfangreiche Modelle in einzelne – für die Anwender leicht zugängliche – Berichte zu unterteilen. Für die Ersteller von Ad-hoc-Berichten werden die Perspektiven unterhalb des Modells in der Aufgabenseite des Berichts-Generators zur Verfügung gestellt.

Entitäten und Filter

Bei den Entitäten handelt es sich um die Tabellen, die aus der Datenquellensicht in das Berichtsmodell übernommen wurden. Die Entitäten enthalten die entsprechenden Felder und sind mit Rollen (Beziehungen) miteinander verbunden. Ein möglicher Ansatz für das Design eines Berichtsmodells ist, dieses um eine Kernentität herum aufzubauen. Dabei werden Sie besonders durch die Schaltfläche *Verknüpfte Tabellen und Sichten hinzufügen* im Schritt *Tabellen und Sichten hinzufügen* Abbildung 23.3 des Datenquellensicht-Assistenten unterstützt. Möchten Sie beispielsweise ein Modell zur Erstellung kundenzentrierter Berichte generieren, können Sie hier zunächst nur die Kundentabelle auswählen und anschließend alle mit dieser in Beziehung stehenden Tabellen zu Ihrer Datenquellensicht und somit auch später zu Ihrem Modell hinzufügen. Modelle können ebenso wie die auf ihnen basierenden Berichte gefiltert werden. Die Erstellung und die Einrichtung von Filtern erfolgt genauso, wie früher in diesem Kapitel im Abschnitt »Filter« beschrieben.

Felder und Rollen

Wie bereits angesprochen, repräsentieren Felder die Quellfelder der Entitäten und die Rollen deren Beziehungen. In den Berichtsmodellen werden Felder in Abhängigkeit von den in ihnen enthaltenen Daten mit unterschiedlichen Attributen versehen.

```xml
<Attribute ID="G21d5b3ad-845d-4e1f-93ee-fbacdf826c19">
    <Name>Middle Name</Name>
    <DataType>String</DataType>
    <Nullable>true</Nullable>
    <SortDirection>Ascending</SortDirection>
    <Width>2</Width>
    <ValueSelection>Dropdown</ValueSelection>
    <Column Name="MiddleName"/>
</Attribute>
```

Listing 23.1 Ein Feld in der *Fields*-Auflistung der *smdl*-Datei

Aus der Datenquelle werden der Datentyp, die Nullable-Eigenschaft, die Feldgröße und ein Format übernommen. In Abhängigkeit von den in der zugrunde liegenden Spalte enthaltenen Daten werden zu den Feldattributen noch Aggregate und Angaben über die Auswahlsteuerung beim Filtern im Berichts-Generator zugesteuert. In Listing 23.1 wird bei dem *Value Selection*-Element festgelegt, dass ein Listenfeld zur Werteselektion (z.B. im Filterbereich des Berichts-Generators) angeboten werden soll. Diese Elemente werden beim Durchlaufen der Regeln zur Modellgenerierung bestückt, die im Abschnitt »Regeln bei der Berichtsmodellgenerierung« später in diesem Kapitel behandelt werden.

Eine Rolle wird in der *.smdl*-Datei wie folgt repräsentiert (Listing 23.2):

```xml
<Role ID="G5f1ab261-b286-4c61-9f56-c6d41fa7335b">
  <!--Customer-->
  <RelatedRoleID>G9300c27c-b061-4fa1-a3d3-7aa24a01314d</RelatedRoleID>
  <Cardinality>OptionalMany</Cardinality>
  <Relation Name="FK_FactInternetSales_DimCustomer" RelationEnd="Source" />
</Role>
```

Listing 23.2 Eine Rolle in der *smdl*-Datei

Bei einer Rolle werden die Fremdschlüsselrestriktion und die Kardinalität hinterlegt. Hierbei werden die Beziehungsarten *1:1*, *1:N* und *N:M* unterstützt.

Ordner

Ordner dienen in Berichtsmodellen als Container für selten verwendete bzw. einem eigenen Bereich zugehörige Elemente. Beispielsweise können Sie die Entität *Internet Sales Reason* in einen Ordner auslagern, da diese nicht sehr häufig von den Benutzern verwendet wird. Bei der Verschiebung von Modellelementen in Ordner ist allerdings zu beachten, dass die Wirkung der Verschiebung durch die Relationen der im Ordner enthaltenen Elemente häufig nach wenigen Navigationsschritten im Modell konterkariert wird. Einen Ordner erstellen Sie über den *Berichtsmodell*-Menüeintrag. Elemente können per Drag & Drop darin abgelegt werden.

Regeln bei der Berichtsmodellgenerierung

Regeln zur Generierung von Berichtsmodellen sorgen dafür, dass unterschiedliche Informationen aus der Datenquellensicht abgeleitet und in das Berichtsmodell überführt werden können. So werden zum einen – wie schon bezogen auf die Berichtsmodellelemente erwähnt – Tabellen in Entitäten überführt, Spalten in Feldattribute und Beziehungen in Rollen. Zum anderen werden aber auch Datenstatistiken (wie z.B. die Anzahl der verschiedenen Werte in einem Feld) herangezogen, um abzuleiten, wie Werte aus diesem Feld ausgesucht werden können sollen (mithilfe des Listenfeldes, eines Filter-Dialogfelds oder nur mit einem vorgeschalteten Filter). Ebenfalls im Rahmen der regelbasierten Berichtsmodellgenerierung findet die Fest-

Berichtsmodelle im Detail

setzung der Detailattribute statt, die die Feldauswahl beim Drilldown in der Berichtsauswahl steuert. Zudem werden noch mehrere Standardaggregate und Datumsvariationen erzeugt, die bei der Berichtserstellung verwendet werden können.

Bei der Generierung eines Berichtsmodells bietet der Berichtsmodell-Assistent eine Reihe von Regeln zur Auswahl an, die zur Anwendung kommen können. Der Benutzer kann jeweils wählen, ob er die Regel verwenden möchte oder nicht. Folgende Regeln stehen zur Verfügung:

Option	Erläuterung
Für alle Tabellen Entitäten erstellen	Für alle Tabellen in der Datenquellensicht werden Entitäten im Berichtsmodell erzeugt
Für nicht leere Tabellen Entitäten erstellen	Nur für Tabellen, in denen Daten enthalten sind, werden Entitäten im Berichtsmodell erstellt; Nachteil: Probleme, wenn in die Tabellen später Daten geladen werden
Count-Aggregate erstellen	Es werden Anzahl-Aggregate für geeignete Felder erstellt (*DistinctCount*)
Attribute erstellen	Für jede Spalte werden Feldattribute erstellt
Für nicht leere Spalten Attribute erstellen	Nur für Spalten mit Daten werden Feldattribute erstellt
Für automatisch inkrementierte Spalten Attribut erstellen	Erzeugt ein verborgenes Feld, das automatisch inkrementierte Daten aus der Datenbank enthält
Datumsvariationen erstellen	Es werden automatische Datumsvariationen wie Monat, Tag und Jahr erzeugt
Numerische Aggregate erstellen	Es werden für geeignete Felder Aggregate erzeugt (*Sum, Avg, Min, Max*)
Date-Aggregate erstellen	Es werden ein Anfangs- und Enddatumsaggregat erstellt
Rollen erstellen	Erzeugt zwei Rollenelemente – für jede Beziehungsrichtung eines: dadurch ist es möglich, bei der Berichtserstellung von beiden Seiten aus beide Entitäten auszuwerten
Time-Aggregate erstellen	Es werden ein Anfangs- und Endzeitaggregat erstellt

Tabelle 23.2 Regeln, über deren Anwendung der Benutzer entscheiden kann

Der Berichtsmodell-Assistent wendet noch einige weitere Regeln an, die der Nutzer nicht aktivieren bzw. deaktivieren kann. Die aus unserer Sicht wichtigsten Regeln, die verdeckt Anwendung finden, sind in der folgenden Tabelle zusammengefasst.

Regel	Erläuterung
Nachschlageentitäten	Entitäten mit nur einem Feld werden als Nachschlagetabellen behandelt und in einem speziellen Ordner zusammengefasst
Kurze Listen	Diese Regel sorgt im Fall von Filterdefinitionen dafür, dass bei Feldern, die weniger als 200 verschiedene Werte enthalten, Listenfelder angeboten werden bzw. die entsprechende Elementausprägung über *ValueSelection* in die *smdl*-Datei geschrieben wird
Umfangreiche Listen	Diese Regel sorgt dafür, dass das Listenauswahlfenster im Berichts-Generator erscheint, falls das entsprechende Feld mehr als 200 verschiedene Wertausprägungen enthält
Sehr umfangreiche Listen	Falls ein Feld mehr als 5.000 verschiedene Werte enthält, wird zur Eingabe eines Filters aufgefordert
Identifizierende Attribute festlegen	Schlüsselkandidaten werden identifiziert

Tabelle 23.3 Regeln, die immer automatisch angewendet werden

Regel	Erläuterung
Standarddetailattribute festlegen	Steuert die Feldauswahl der Detailfelder, die bei einem entsprechenden Klick im Bericht angezeigt werden
Nur Rollenname	Rollen werden automatisch benannt
Formatierung für numerische Werte/Datumswerte	Datums- und Zahlwerte werden absteigend sortiert
Formatierung für eine ganze Zahl/Dezimalzahl	Ganze Zahlen werden mit Nachkommastellen formatiert
Fließkommaformatierung	Fließkommazahlen werden formatiert
Datumsformatierung	Datumswerte werden ohne Zeitanzeige formatiert
Von Gruppierung abraten	Benutzer können keine Gruppierung von Feldern mit eindeutigen Werten vornehmen

Tabelle 23.3 Regeln, die immer automatisch angewendet werden *(Fortsetzung)*

Die bei der Modellgenerierung zur Anwendung kommenden Regeln erleichtern die Erzeugung qualitativ hochwertiger und benutzerfreundlicher Berichtsmodelle erheblich. Die Standardaggregate und Datumsvarianten vereinfachen die Berichtserstellung und die Festlegung der Detailattribute ermöglicht ein automatisch angebotenes Drillthrough. Die hervorragenden Filteroptionen bei der Berichtserstellung mit dem Berichts-Generator basieren ebenfalls auf diesen Regeln, da durch sie die differenzierte Wertauswahl und das differenzierte Vergleichsoperatorenangebot generiert werden.

Berichtsmodelle auf Basis von Analysis Services-Cubes

Leider können Berichtsmodelle, die auf einen Cube der Analysis Services aufsetzen, nicht mit dem Berichtsmodell-Designer erstellt bzw. bearbeitet werden. Um Berichtsmodelle auf Basis multidimensionaler Strukturen zu erstellen, muss der Berichts-Manager verwendet werden. Dort können Modelle auf Basis von Datenquellen, die auf die Analysis Services zeigen, erstellt werden. Allerdings können diese Modelle hinsichtlich ihrer Struktur und Zusammensetzung nicht weiter bearbeitet werden. Berichtsmodelle können sowohl auf Basis relationaler Datenbanken als auch auf Basis von Analysis Services-Cubes aus dem Berichts-Manager heraus generiert werden.

Erzeugen lässt sich ein Modell aus den Eigenschaften einer Datenquelle heraus: Hier steht auf der Seite *Allgemein* die Schaltfläche *Modell generieren* zur Verfügung. Mit ihrer Hilfe kann ein Modell auf Basis der Datenquelle generiert werden. Es muss hierfür auf der folgenden Seite lediglich eine Bezeichnung und gegebenenfalls ein abweichender Speicherort angegeben werden. Mit dem Berichts-Manager können auch die *smdl*-Dateien der Modelle zur Bearbeitung geöffnet werden. Dies kann aus den Eigenschaften der Modelle heraus angestoßen werden. Zum Abschluss des Kapitels soll noch als Beispiel eine Mitarbeiterliste erstellt werden, um zu verdeutlichen, wie schnell Berichte bzw. Listen bei einer guten Datengrundlage mit dem Berichts-Generator erstellt werden können. Die Arbeitsschritte dafür sind:

1. Navigieren Sie im Berichts-Manager zur Datenquelle *qry_Quickstart_multidimensional* aus dem Kapitel 21 und klicken Sie in deren Eigenschaften auf die Schaltfläche *Modell generieren* (Abbildung 23.19). Anschließend benennen Sie das Modell mit der Bezeichnung *AdventureWorks_DW-Modell*. Nach einigen Minuten sollte das Modell erstellt worden sein.

Berichtsmodelle auf Basis von Analysis Services-Cubes

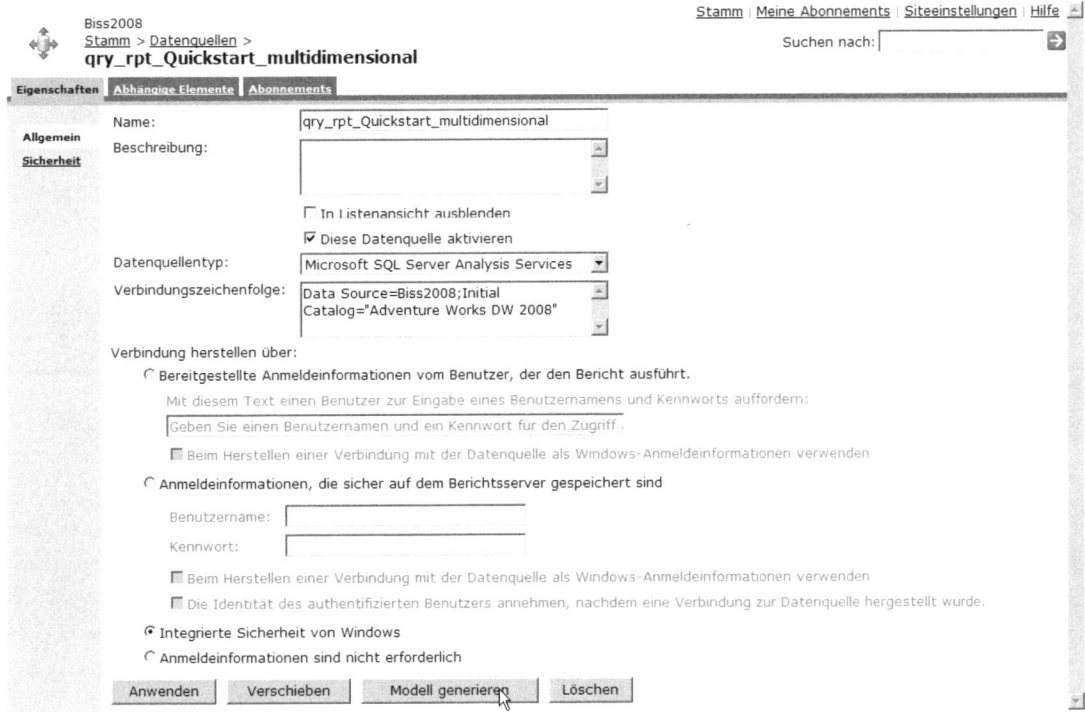

Abbildung 23.19 Die Schaltfläche zum Generieren eines Berichtsmodells auf Basis eines Analysis Services Cubes

2. Öffnen Sie den Berichts-Generator und erstellen Sie einen neuen Bericht mit einem Tablix-Element auf Basis des Cube-Berichtsmodells *AdventureWorks_DW-Modell* und dessen Perspektive *Adventure Works*. Klicken Sie hierzu auf das *Tabellen/Matrix* Icon auf der Entwurfsfläche und Navigieren Sie anschließend zu diesem Berichtsmodell.

3. Nach dem Klick auf die *Weiter*-Schaltfläche werden Sie zur Auswahl einer Perspektive aufgefordert. Wählen Sie hier *Adventure Works*. Fügen Sie der Abfrage aus der Entität *Employee* alle Felder aus dem Ordner *Organization* hinzu, indem Sie einen Doppelklick auf diesen ausführen. Lassen Sie die Ergebnisse der Abfrage im unteren Teil des Fensters ausgeben. Ziehen Sie im folgenden Schritt die Felder *DepartmentName*, *Employee1*, *Phone*, *Sick_Leave_Hours*, *Status*, *Title* und *Vacation_Hours* in die Werteliste.

4. Geben Sie als Titel *Mitarbeiter* ein und betrachten Sie den Bericht in der Vorschauansicht. Er sollte in etwa dem Bericht der Abbildung 23.20 entsprechen.

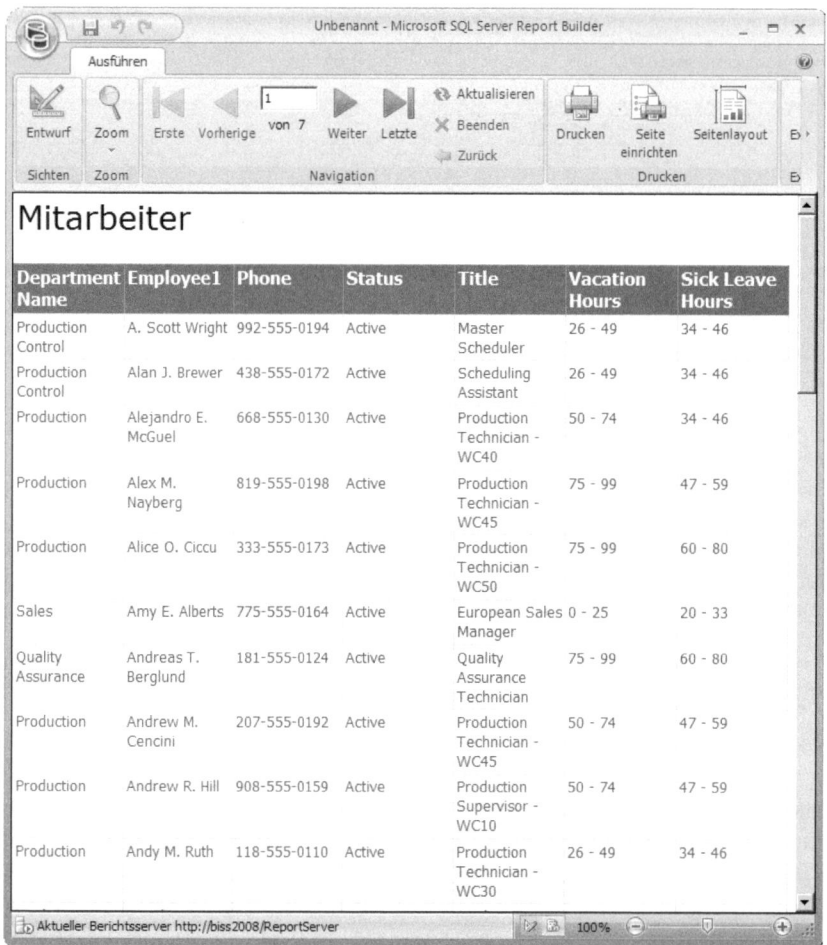

Abbildung 23.20 Mitarbeiterliste

Ein Berichtsmodell auf Basis von Cube-Perspektiven scheint ein gutes Mittel zu sein, flexibel große Informationsmengen für die Ad-hoc-Auswertung zur Verfügung zu stellen. Die Modellgenerierung ist, wie gezeigt, denkbar einfach und kann bei Änderungen an Cube oder Perspektive einfach wiederholt werden.

Berichts-Generator und freigegebene Datenquellen

Mit dem Berichts-Generator können auch Berichte auf Basis von freigegebenen Datenquellen erstellt werden. Hier verhält sich der Berichts-Generator dann sehr ähnlich wie das Business Intelligence Development Studio. Je nach ausgewählter Datenquelle (relational oder multidimensional) wird der jeweilige Abfrage-Designer angeboten. Die Erstellung und Modifikation von Abfragen mit diesen Designern wird in Kapitel 21 ausführlich behandelt und soll an dieser Stelle nur durch ein kurzes Beispiel exemplarisch dargestellt werden.

1. Öffnen Sie den Berichts-Generator und erstellen Sie einen neuen Bericht, indem Sie auf das Diagrammsymbol der Berichtsfläche klicken. Navigieren Sie im folgenden Schritt zum Datenquellenordner und wählen Sie die freigegebene Datenquelle *qry_Quickstart_multidimensional* aus.

2. Im nächsten Schritt können Sie im Abfragedesigner für multidimensionale Datenquellen auf den AdventureWorks-Cube zugreifen. Schränken Sie zunächst durch eine entsprechende Auswahl im Kombinationsfeld links oben auf die Measure-Gruppe *Internet Sales* ein. Ziehen Sie aus dieser das Measure *Internet Sales Amount* in den Ergebnisbereich. Verfahren Sie ebenso mit dem Attribut *SalesReason* aus der Dimension *SalesReason* und *Date.Calendar Year* aus der Dimension *Date*.
3. Wählen Sie anschließend den Diagrammtyp *Säule* aus und aktivieren Sie die beiden Kontrollkästchen vor *Gestapeltes Diagramm* und *100 % gestapeltes Diagramm*.
4. Ziehen Sie im folgenden Dialogfeld das Measure *Internet Sales Amount* in den Wertebereich, das *Date.Calendar Year* in den Kategorienbereich und die *SalesReason* in das Reihenkästchen.
5. Der Bericht sollte in etwa dem der Abbildung 23.21 entsprechen.

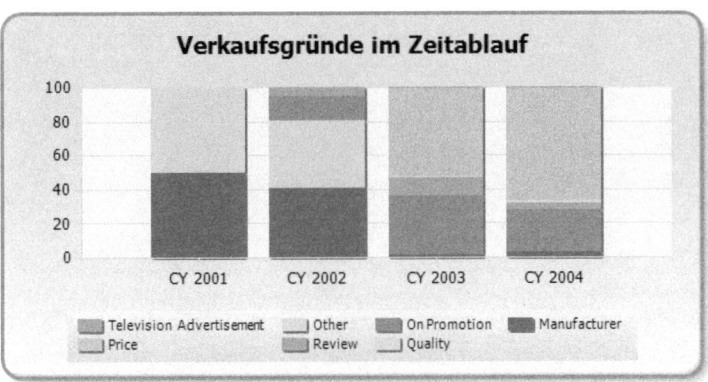

Abbildung 23.21 Der fertige Diagrammbericht

Wenn Sie die Oberfläche ein wenig untersuchen, werden Sie schnell merken, dass das komplette Handling des Berichtsdatenfensters, der Diagrammbearbeitung und der weiteren Berichtselemente exakt dem in Visual Studio entspricht. Der Berichts-Generator ist in der Version 2.0 ein fast vollständiger Ersatz für das Business Intelligence Development Studio. Dadurch kann er auch dazu dienen, in den Fachabteilungen spezielle Mitarbeiter für die Berichtserstellung heranzuziehen.

Kapitel 24

Office-Integration

In diesem Kapitel:

Integration mit dem Microsoft Office SharePoint Server 2007	706
PivotTables	713

In den vorangegangenen Kapiteln zum Thema Reporting haben wir uns überwiegend mit den Reporting Services und deren Nutzungsmöglichkeiten befasst. In diesem Kapitel möchten wir nun den Horizont etwas erweitern, indem wir betrachten, wie die Reporting Services und die Analysis Services selbst mit anderen Lösungen aus dem Office-Bereich zusammenarbeiten.

Der Office-Bereich soll hier im weiteren Sinne als die Lösungssuite für den Information Worker aufgefasst werden. Microsoft scheint diesen Bereich wesentlich ambitionierter zu adressieren als bisher (wenn wir die Produkte zu diesem Bereich rechnen, die den Begriff Office in der Produktbezeichnung tragen). Unsere Betrachtung der Produkte bleibt jedoch, um den Rahmen nicht zu sprengen, sehr oberflächlich und soll lediglich dazu dienen, weitere Teile aus dem Spektrum der Möglichkeiten aufzuzeigen. Auch gibt es insbesondere zum Microsoft Office SharePoint Server 2007 bereits genügend Spezialliteratur. Wir beschränken uns hierbei daher auf die Integration mit den Reporting Services.

Microsoft hat angekündigt, den Office PerformancePoint Server 2007 nicht mehr weiter zu entwickeln. Daher wird an dieser Stelle auf eine Betrachtung von dessen Möglichkeiten verzichtet. Zurzeit scheint es unklar zu sein, wo die High End-Aktivitäten der Business Intelligence, die Planung und das strategische Management (Balanced Scorecards), im BI-Produktportfolio von Microsoft untergebracht werden sollen. Vermutlich wird es auf eine Komponente im Office SharePoint Server hinauslaufen.

Integration mit Microsoft Office SharePoint Server 2007

Bei Microsoft Office SharePoint Server 2007 handelt es sich um die Portallösung von Microsoft. Eine etwas weniger leistungsfähige Version mit der Bezeichnung Windows SharePoint Services ist kostenfreier Bestandteil von Windows Server ab der Version 2003. Eine Behandlung der Konfiguration der SharePoint Services oder von Office SharePoint Server 2007 würde hier zu weit führen. Wir beschränken und also auf die absolut notwendigen Angaben.

Die Integration wird durch die Verwendung von zwei Webparts vollzogen, die mit den Reporting Services ausgeliefert werden: dem Berichts-Viewer, der im Grunde dem HTML-Viewer des Berichts-Managers entspricht, und dem Berichts-Explorer, der stark an den Berichts-Manager angelehnt ist. Aus dem Berichts-Explorer können Sie Berichte und den Berichts-Generator aufrufen, wohingegen der Berichts-Viewer die Berichte anzeigt und ein Ausdrucken bzw. einen Export (in einem der verfügbaren Formate) ermöglicht. Wir werden die Einbindung eines Berichtsservers mit diesen beiden Webparts in eine SharePoint-Seite an einem Beispiel durchführen. Als Ergebnis soll im Berichts-Explorer in der Ordnerstruktur des Berichtsservers navigiert werden können und ausgewählte Berichte sollen im Berichts-Viewer angezeigt werden.

Berichtsserver-Webparts

Bei den Berichtsserver-Webparts handelt es sich um zwei Webparts, die mit den Reporting Services ausgeliefert werden und die Anzeige von Berichten und die Navigation auf dem Berichtsserver unterstützen. Der Einsatz dieser Webparts beim Aufruf von Berichten aus einer Standardinstanz der Reporting Services verlangt leider, dass die Zugriffsrechte an zwei Stellen geregelt werden müssen. Zum einen auf dem SharePoint Server und zum anderen auf dem Berichtsserver. Dieses Problem lässt sich lösen, indem der Berichtsserver für den integrierten Modus mit dem SharePoint Server konfiguriert wird. Das Einbinden der Webparts und deren Konfiguration erfolgt jedoch in beiden Modi auf die gleiche Art.

Integration mit Microsoft Office SharePoint Server 2007

Bereitstellen der Webparts

Die Integration der Reporting Services in die SharePoint Services erfolgt mittels Webparts. Die Webparts der Reporting Services werden in einer *.cab*-Datei namens *RSWebParts.cab* bereitgestellt, die in der Standardinstallation unter dem Pfad *C:\Program Files\Microsoft SQL Server\100\Tools\Reporting Services\SharePoint* zu finden ist. Um die Webparts auf dem SharePoint-Server zur Verfügung zu stellen, führen Sie bitte die folgenden Schritte durch:

1. Kopieren Sie die *.cab*-Datei in ein Verzeichnis, das vom Host der SharePoint Services erreichbar ist.
2. Auf dem SharePoint-Server im Verzeichnis *C:\Programme\Gemeinsame Dateien\Microsoft Shared\Web Server Extensions\12\BIN* befindet sich das Hilfsmittel *STSADM.exe*. Dieses kann unter anderem dazu verwendet werden, dem SharePoint-Server Webparts hinzuzufügen. Dazu werden der Parameter *addwppack* und der Dateipfad der *.cab*-Datei übergeben. Öffnen Sie daher z.B. über *Start/Ausführen* ein Eingabeaufforderungsfenster und tippen Sie den im folgenden Listing angegebenen Eintrag ein. Hier wurde die *.cab*-Datei in einen Ordner *C:\CABS* abgelegt. Diesen Pfad müssen Sie gegebenenfalls anpassen.

ACHTUNG Sollten Sie auf einem Computer mit Windows Vista oder Windows Server 2008 arbeiten, müssen Sie das Eingabefenster als Administrator ausführen, um keinen Fehler vom Typ *Zugriff verweigert* zu erzeugen.

```
C:\Programme\Gemeinsame Dateien\Microsoft Shared\Web Server Extensions\12\BIN >
stsadm -o addwppack -filename C:\CABS\RSWebParts.cab
```

3. Als Bestätigung sollten Sie nach kurzer Wartezeit die Meldung erhalten: *Der Vorgang wurde erfolgreich abgeschlossen.*

Webpart-Verwendung

Wir werden in unserem Beispiel die Webparts direkt auf der Startseite unterbringen. Gehen Sie dazu folgendermaßen vor:

1. Öffnen Sie die Startseite der SharePoint Services *http://localhost/default.aspx*.
2. Klicken Sie auf den rechts oben stehenden Link *Websiteaktionen/Seite bearbeiten* und entfernen Sie anschließend alle Webparts der Seite durch Klicken auf das Kreuz rechts oben im Rahmen der Webparts.
3. Klicken Sie erneut auf den Link *Websiteaktionen/Seite bearbeiten* und wählen Sie diesmal den Befehl *Webparts hinzufügen*. Es erscheint ein Fenster zur Auswahl des einzufügenden Webparts. Klicken Sie in diesem auf den unten rechts befindlichen Link *Erweiterter Webpartkatalog und Optionen*. Anschließend erscheint im rechten Bereich der Seite der Bereich *Webparts hinzufügen*. Selektieren Sie hier den Katalog *Server-Katalog*. Nachdem Sie diesen Katalog per Mausklick ausgewählt haben, erhalten Sie darunter die beiden Webparts *Berichts-Viewer* und *Berichts-Explorer* angeboten.

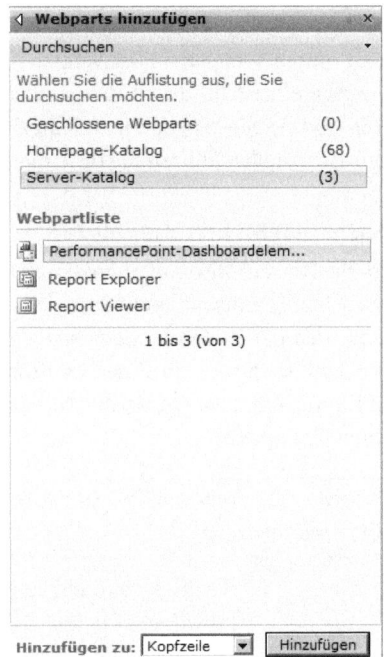

Abbildung 24.1 Die Webparts aus dem Server-Katalog

4. Fügen Sie dem rechten Bereich der Kopfzeile das Webpart *Berichts-Viewer* und das Webpart *Berichts-Explorer* hinzu.

5. Konfigurieren Sie zunächst das Webpart *Berichts-Viewer*, indem Sie auf den Pfeil rechts oben im Rahmen klicken und den Befehl *Freigegebenes Webpart bearbeiten* auswählen. Es erscheint im rechten Bereich der Website ein Bearbeitungsfenster für das Webpart *Berichts-Viewer*. Nehmen Sie in diesem die folgenden Einstellungen vor (Tabelle 24.1):

Konfigurationsfeld	Eingabe
Berichts-Manager-URL	*http://<Ihr Berichtsserver>/Reports*
Berichtspfad	*/<Ordnername>/<Berichtsname>*
Höhe	Feste Höhe: ja 400 Pixel

Tabelle 24.1 Konfiguration des Webparts *Berichts-Viewer*

6. Das Ergebnis sollte, nachdem Sie auf die *Übernehmen*-Schaltfläche geklickt haben, Abbildung 24.2 entsprechen.

Integration mit Microsoft Office SharePoint Server 2007

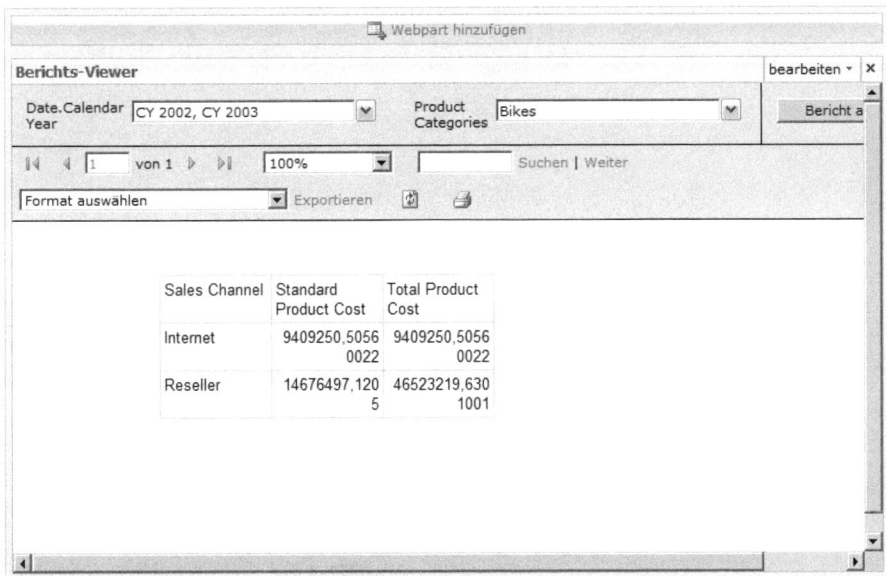

Abbildung 24.2 Ein Beispielbericht im Webpart *Berichts-Viewer*

7. Wenden Sie sich nun dem Webpart *Berichts-Explorer* zu. Klicken Sie auch hier auf den kleinen Pfeil oben rechts, wählen Sie den Befehl *Freigegebenes Webpart bearbeiten* und nehmen Sie die in Tabelle 24.2 aufgeführten Einstellungen vor:

Konfigurationsfeld	Eingabe
Berichts-Manager-URL	http://<Ihr Berichtsserver>/Reports
Startpfad	/<Name des Ordners>/...
Ansichtsmodus	Liste
Titel	Berichts-Explorer
Höhe	Feste Höhe: ja 400 Pixel
Breite	Feste Breite: ja 250 Pixel

Tabelle 24.2 Konfigurationseinstellungen für das Webpart *Berichts-Explorer*

8. Nachdem Sie auf die *Übernehmen*-Schaltfläche geklickt haben, sollte die Anzeige Abbildung 24.3 entsprechen.
9. Sie können bereits jetzt im Webpart *Berichts-Explorer* navigieren wie im richtigen Berichts-Manager. Wenn Sie einen Bericht anklicken, öffnet sich dieser in einem neuen Browserfenster. Jetzt soll sich dieser Bericht aber nicht in einem neuen Browserfenster, sondern im Webpart *Berichts-Viewer* öffnen, das Sie eingerichtet haben. Dies erreichen Sie, indem Sie den kleinen Pfeil rechts oben im Berichts-Viewer anklicken und den Befehl *Verbindungen/Bericht erhalten von/Berichts-Explorer* wählen. Jetzt werden im Berichts-Explorer selektierte Berichte im Berichts-Viewer angezeigt. Die komplette SharePoint-Seite sollte in etwa so aussehen wie in Abbildung 24.4.

Kapitel 24: Office-Integration

Abbildung 24.3 Das Webpart *Berichts-Explorer* im Einsatz

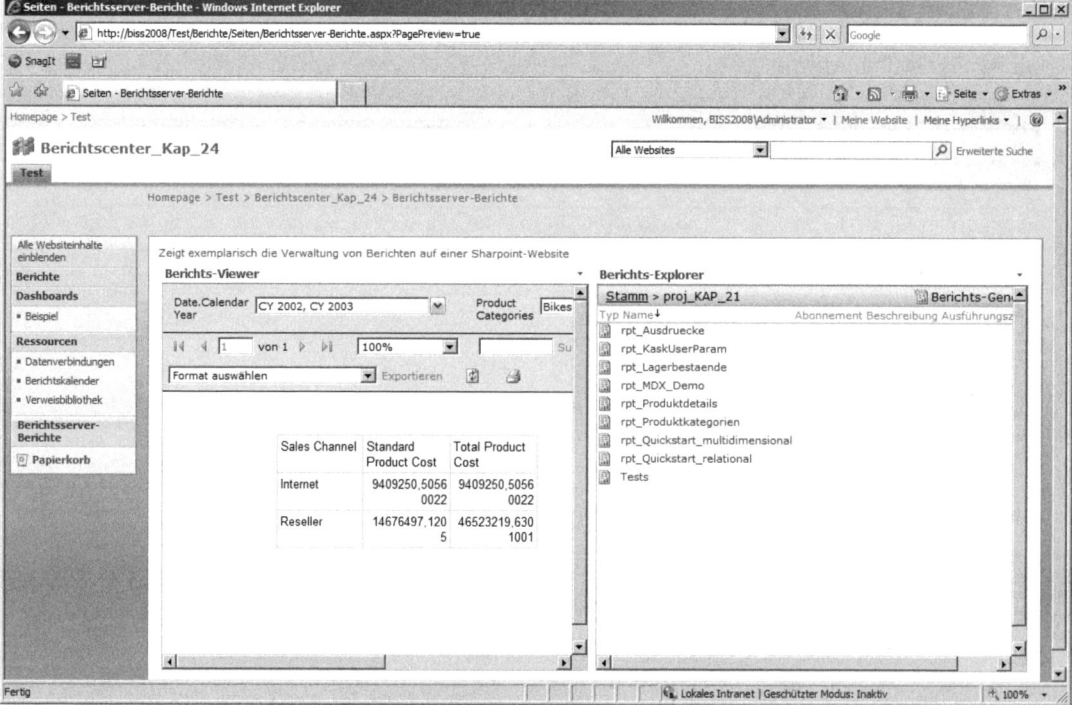

Abbildung 24.4 Die fertig gestellte SharePoint-Seite in der Gesamtansicht

Berichtscenter

Der Microsoft Office SharePoint Server 2007 bietet in der Enterprise Edition die Erstellung einer Website vom Typ *Berichtscenter* an. Im Berichtscenter können Sie mit Microsoft Excel 2007 Excel-Dateien oder Ausschnitte daraus gemeinsam mit Key Performance-Indicators (KPIs) aus verschiedenen Quellen präsentieren. Einen Eindruck von den Nutzungsmöglichkeiten gibt das Beispieldashboard, das standardmäßig mit dem Microsoft Office SharePoint Server 2007 ausgeliefert wird. Dieses ist in der Abbildung 24.5 dargestellt.

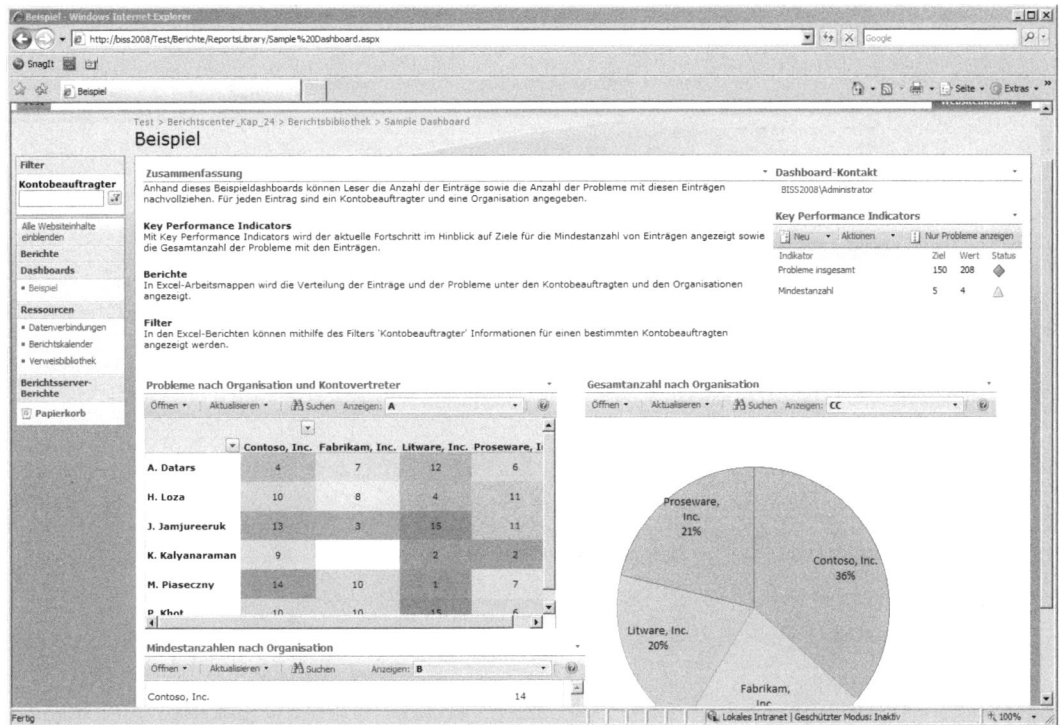

Abbildung 24.5   Das Beispieldashboard von SharePoint Server

Ein solches Dashboard kann als zentrale Anlaufstelle zur Überwachung wichtiger betrieblicher Kennzahlen dienen und so konfiguriert werden, dass der Anwender auch zu detaillierten Berichten navigieren kann, um Ursachenforschung zu betreiben. Die Konfiguration eines Dashboards am Beispiel würde den Rahmen dieses Buches sprengen.

Nutzung von KPIs der Analysis Services

Um Key Performance-Indicators (KPIs) aus einem Cube in den Analysis Services in einem SharePoint Portal-Dashboard nutzen zu können müssen Sie zunächst eine Datenquelle auf dem SharePoint-Server bekannt machen. Dies können, Sie z.B. tun, indem Sie im linken Bereich unter der Rubrik Ressourcen auf den Link Datenverbindungen klicken. Im folgenden Fenster können Sie eine Office Data Connection-Datei (.odc) hochladen, die beispielsweise auf den Cube Adventure Works zeigt. Anschließend könne Sie eine bestehende KPI-Liste öffnen und Indikatoren aus dem Adventure Works-Cube hinzufügen oder eine eigene Liste mit Indikatoren erstellen.

Klicken Sie zum Hinzufügen eines Indikators zu einer bestehenden Liste auf den Eintrag *Freigegebenes Webpart bearbeiten* und anschließend auf die Schaltfläche *Neu* und selektieren Sie dort, wie in der Abbildung 24.6 zu sehen ist, den Eintrag *Indikator von SQL Server 2005 Analysis Services*. Damit können Sie auch KPIs der Analysis Services 2008 ansprechen. Sie müssen nun eine Datenverbindung auswählen und können hier auf die zuvor angesprochene *.odc*-Datei verweisen. Anschießend können Sie auf der in der Abbildung 24.7 dargestellten Seite den KPI auswählen.

Abbildung 24.6   Hinzufügen eines neuen KPI zu einer bestehenden Liste

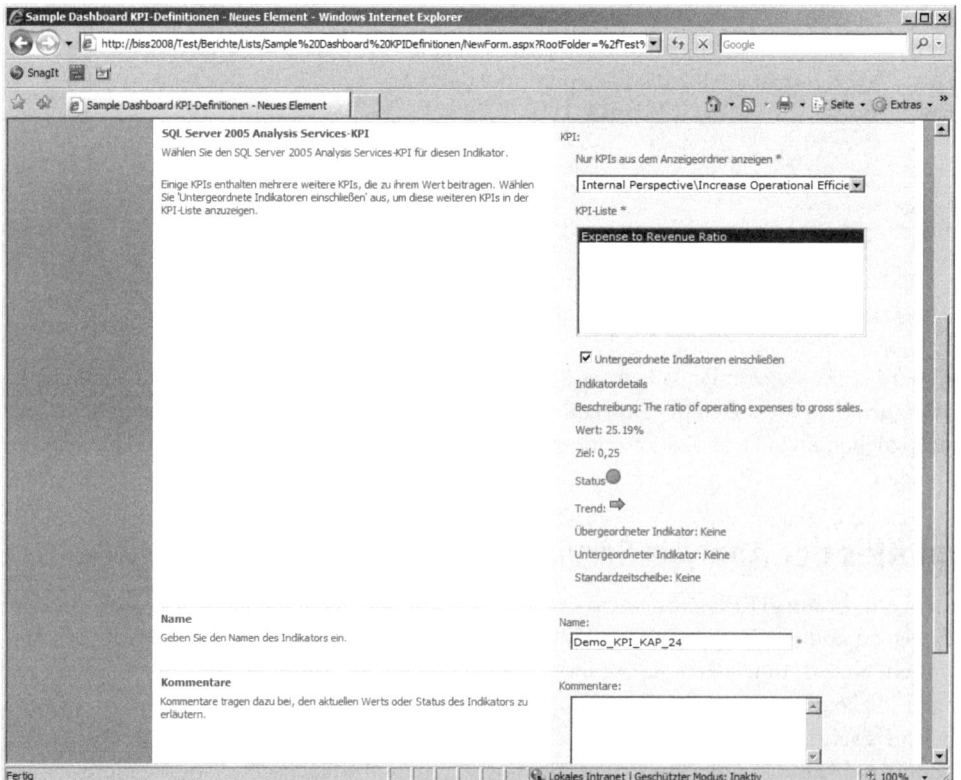

Abbildung 24.7   Einbindung eines KPI aus dem AdventureWorks-Cube in SharePoint Server

Dargestellt werden die KPIs in zwei Webparts, eines für die KPI-Liste und ein weiteres für die KPI-Details. Sie können dem Dashboard ein neues Webpart vom Typ KPI-Details hinzufügen und in dessen Bearbeitung den KPI angeben der dort angezeigt werden soll. Beide Webparts nebeneinander zeigt die Abbildung 24.8. Hier ist auch das Ergebnis der Listenergänzungen zu sehen.

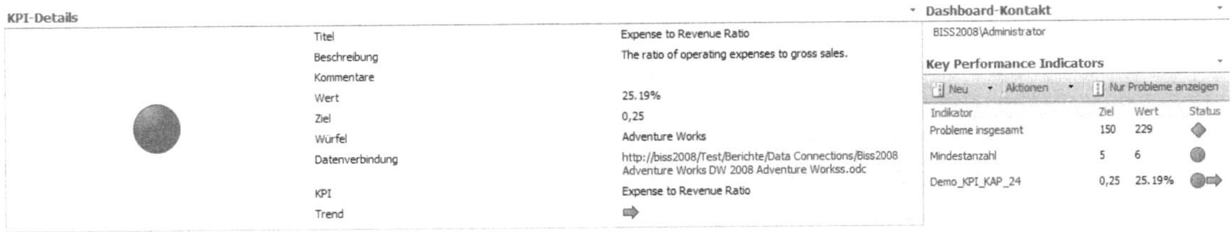

Abbildung 24.8 KPI-Details und KPI-Liste im Dashboard

Die Möglichkeiten der Dashboard-Gestaltung werden hier nur angerissen. Es sollte aber deutlich geworden sein, dass zum einen der Zugriff auf die Analysis Services sehr einfach ist und zum anderen vielfältige Möglichkeiten zur Darstellung von wichtigen Zahlen bestehen. Gemeinsam mit den Standardmöglichkeiten des SharePoint Servers wie Filterung und Personalisierung lassen sich hier viele Information Worker gezielt adressieren.

PivotTables

Mit der Einführung von Office 2007 ist die Funktionalität von PivotTables und PivotCharts erheblich erweitert worden. Es können jetzt eine Reihe von in Cubes definierten Elementen verwendet werden. Unter anderem ist es möglich Elementeigenschaften anzuzeigen, Formatierungen zu übernehmen und aus der Pivot-Table zu Berichten zu springen.

Erstellen einer auf einem Cube basierenden PivotTable

Um eine PivotTable basierend auf einem Cube der Analysis Services zu erstellen, gehen Sie folgendermaßen vor:

1. Öffnen Sie Microsoft Excel 2007. Wählen Sie in der Multifunktionsleiste *Daten* den Eintrag *Aus anderen Quellen/Analysis Services*. Im folgenden Dialogfeld nehmen Sie die in Abbildung 24.9 dargestellten Einstellungen vor.
2. Klicken Sie nach der Angabe des Servernamens auf *Weiter* und wählen Sie im nächsten Schritt die Datenbank und den Cube oder die Perspektive aus, um die Daten mit der PivotTable abzurufen. Im oberen Teil des in Abbildung 24.10 dargestellten zweiten Schrittes des Datenverbindungs-Assistenten können Sie die Analysis Services-Datenbank auswählen, auf die Sie zugreifen möchten. In unserem Falle die Datenbank *Adventure Works 2008 DW*. Nach deren Auswahl bekommen Sie im unteren Bereich die in der Datenbank befindlichen Objekte angezeigt. In unserem Beispiel ist dies der Cube *Adventure Works*.

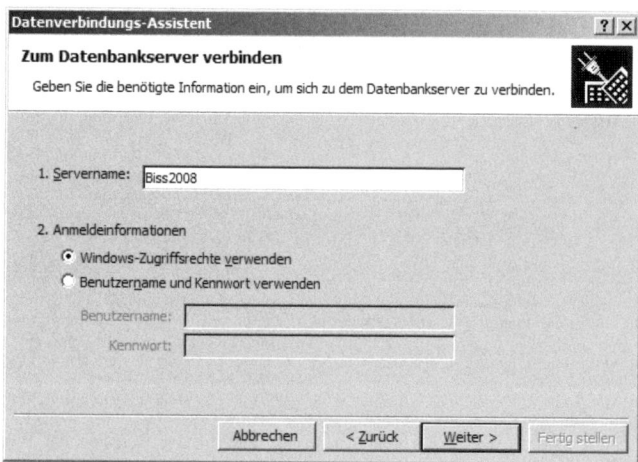

Abbildung 24.9 Verbindungs-Assistent für PivotTables in Excel 2007

3. In den folgenden beiden Schritten müssen Sie noch den Speicherort der Datenverbindungsdatei angeben und festlegen, wo in Ihrer Excel-Arbeitsmappe die PivotTable eingefügt werden soll.

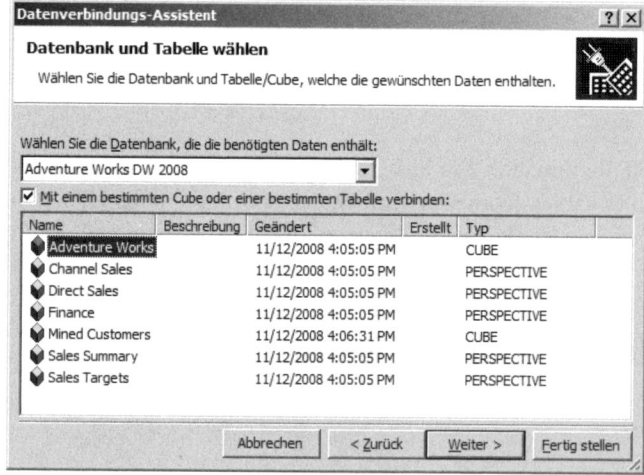

Abbildung 24.10 Auswahl der auf der Analysis Services befindlichen Datenbanken, Cubes und Perspektiven

4. In der Feldliste, die sich nach der Einrichtung der Datenverbindung für die PivotTable im rechten Bereich öffnet, selektieren Sie zunächst oben im Kombinationsfeld die Wertegruppe, auf der Sie ihren PivotTable-Bericht aufbauen möchten. Das erhöht zum einen die Übersicht für die folgenden Schritte und verhindert zum anderen die Kombination von Merkmalen im Bericht, die über keine Beziehung zueinander verfügen. Wählen Sie hier *Sales Summary*. Ziehen Sie danach die *Product Categories*-Hierarchie aus der Dimension *Product* in die Zeilen, das *Calendar Year* aus der Dimension *Date* in die Spalten und die Kennzahl *Sales Amount* in den Wertebereich der PivotTable. Ihre PivotTable sollte jetzt in etwa der Abbildung 24.11 entsprechen.

PivotTables

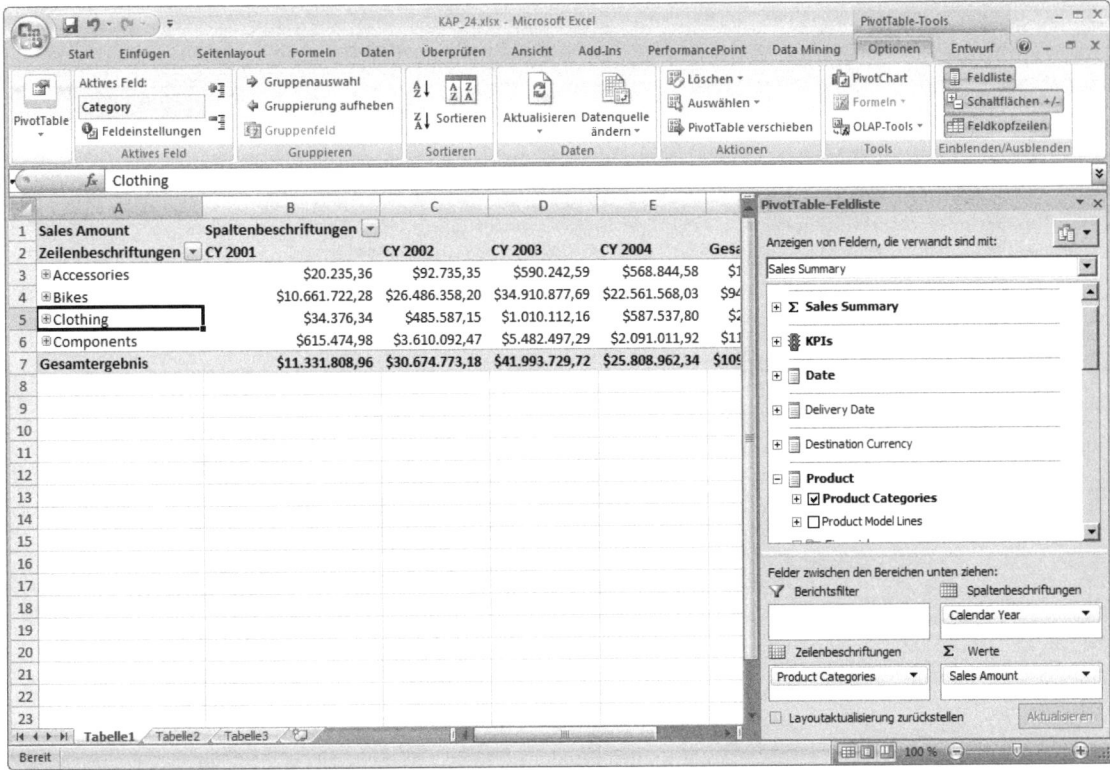

Abbildung 24.11 Die auf dem Cube *AdventureWorks* basierende PivotTable

Sie können erkennen, dass sich gegenüber Excel 2003 eine Menge getan hat. So ist die Feldliste wesentlich strukturierter und übersichtlicher geworden, es werden dort neue Elemente (z.B. KPIs) angezeigt und das Layout der PivotTable hat sich stark verändert. Ebenfalls stark verbessert wurden die PivotCharts. Die komplette Funktionalität der neuen PivotTable in Excel 2007 würde den Rahmen dieses Buches sprengen und ist möglicherweise auch nicht adressatengerecht. Darum sei noch in der folgenden Abbildung ein PivotChart gezeigt und anschließend betrachten wir den Zugriff auf einen Reporting Services-Bericht aus der PivotTable heraus. Das PivotChart können Sie aus dem Kontextmenü der PivotTable oder über die Multifunktionsleiste *PivotTable/Optionen* aufrufen.

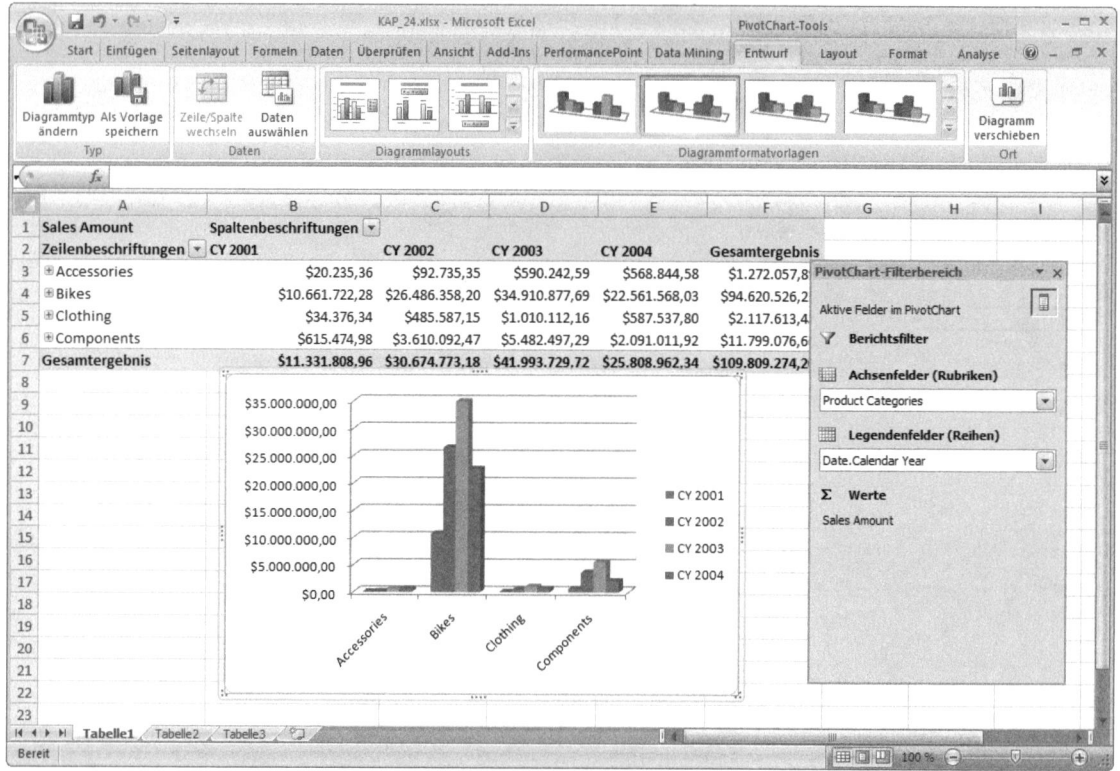

Abbildung 24.12 Das PivotChart auf Basis der PivotTable

Aufruf eines Berichts aus der PivotTable

Der Aufruf eines Berichts der Reporting Services aus einer PivotTable erfolgt über Serveraktionen (Näheres über deren Einrichtung erfahren Sie in Kapitel 7 im Abschnitt »Endbenutzermodell«), die im Cube definiert werden. Für den Aufruf eines Berichts wird eine Berichtsaktion benötigt. Die Berichtsaktion ruft den Browser auf und übergibt ihm einen URL, der auf den eingestellten Bericht verweist. Im Cube *Adventure Works* ist eine Berichtsaktion implementiert, die allerdings leicht modifiziert werden muss. Die Serveraktionen werden im Rahmen der Cubebearbeitung auf der Registerkarte *Aktionen* erstellt und bearbeitet. Die Berichtsaktion im Cube *Adventure Works* ist in Abbildung 24.13 zu sehen.

Sie können erkennen, dass der Bericht *Sales Trend 2008* aufgerufen werden soll. Das Aktionsziel definiert, aus welchem Cube-Objekt heraus die Aktion aufgerufen werden kann. In diesem Falle das Attribut *Product.Category*. In der Praxis wirkt sich das so aus, dass in der PivotTable im Kontextmenü des Dimensionselements *Product.Category* unter dem Eintrag *Zusätzliche Aktionen* ein Aufruf für den angegebenen Bericht angeboten wird, wie in der Abbildung 24.14 zu sehen ist. Im Cube *Adventure Works* wird auf den Bericht *Sales Reason Comparisons* verwiesen, der leider in den Beispielberichten nicht mehr vorhanden ist. Ändern Sie daher Bezeichnung und Berichtspfad entsprechend der Angabe in Abbildung 24.13.

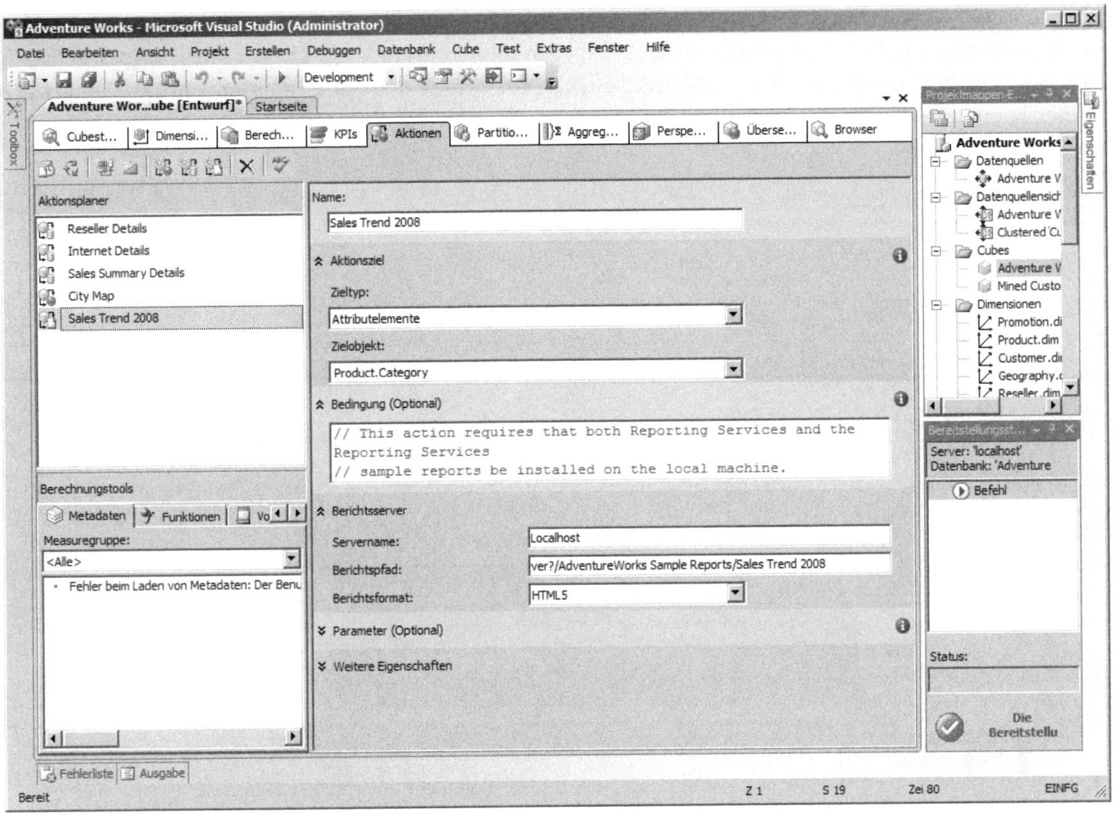

PivotTables

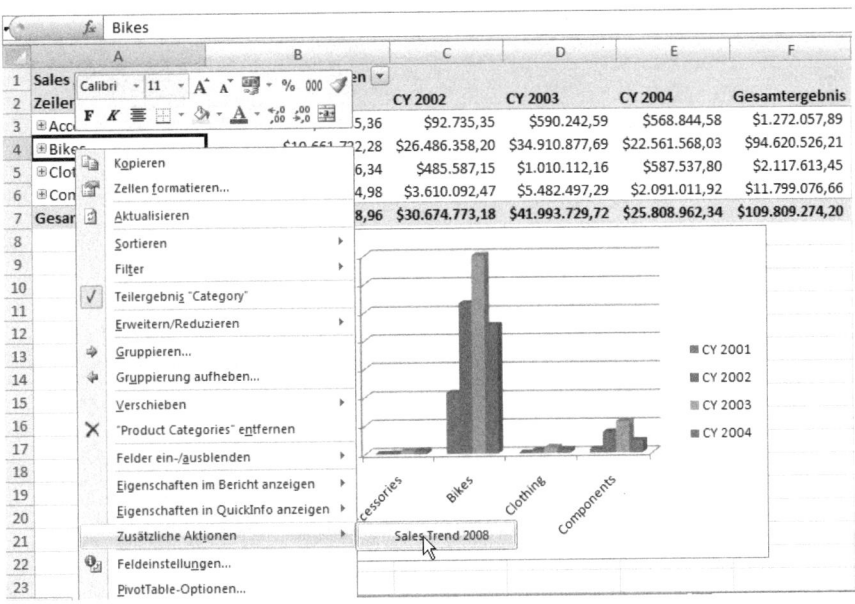

Abbildung 24.13 Definition der Berichtsserveraktion im Cube *Adventure Works*

Abbildung 24.14 Aufruf der Serveraktion zum Berichtsaufruf aus der PivotTable heraus

Führen Sie die Aktion durch, dann öffnet sich der Browser und der Bericht wird wiedergegeben (Abbildung 24.15). Eine derartige Berichtsserveraktion lässt sich auch mit dem gerade markierten Element in der PivotTable parametrisieren, sodass auch ein spezieller Bericht zur aktuell markierten Produktkategorie aufgerufen werden könnte.

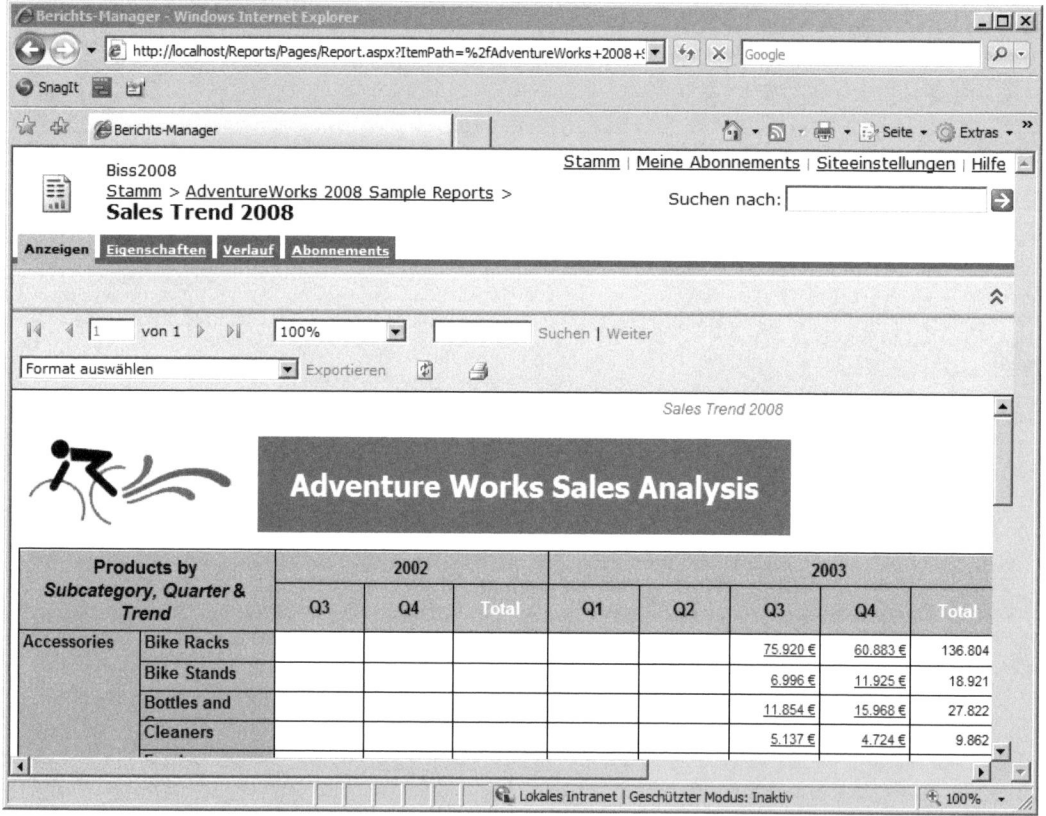

Abbildung 24.15 Der aus der PivotTable aufgerufene Bericht

Teil F
SQL Server Analysis Services-Programmierung

In diesem Teil:

Kapitel 25	MDX – OLAP programmieren	721
Kapitel 26	Erweiterungen für die Analysis Services	821
Kapitel 27	DMX – Data Mining programmieren	841
Kapitel 28	Datenzugriff mit ADOMD.NET	875
Kapitel 29	Administration mit AMO	905
Kapitel 30	Zugreifen auf die Analysis Services mit XMLA	931
Kapitel 31	Dynamic Management Views und Monitoring	961

Kapitel 25

MDX – OLAP programmieren

In diesem Kapitel:

Einsatzbereiche von MDX	722
Einführung	723
Der Raum eines Cubes	726
Grundlegende Objekte	728
Abfragen	735
Berechnete Elemente und benannte Mengen erzeugen	752
Aggregationen und Drillthrough	764
Element- und Zelleigenschaften verwenden	779
Key Performance-Indicators und Aktionen	783
Excel- und VBA-Funktionen	786
Arbeiten mit dem Cube-Skript	787
Rückschreiben von Daten in den Cube	812
Lokale Cubes mit MDX erzeugen	820

Multidimensional Expressions (MDX) ist die Datenbanksprache für OLAP-Datenprovider. Sie wird seit 1997 maßgeblich von Microsoft entwickelt und hat sich mittlerweile als Industriestandard etabliert. Die Sprachelemente von MDX, die über Abfragemöglichkeiten multidimensionaler Datenquellen hinausgehen, wie zum Beispiel Skripting, werden nicht von allen OLAP-Datenprovidern gleichermaßen unterstützt, sondern werden von Microsoft weiterentwickelt.

Einsatzbereiche von MDX

Der Einsatzbereich von MDX in Analysis Services ist sehr breit gefächert. So ist es zum Beispiel möglich, Ad-hoc-Abfragen zu erstellen, berechnete Kennzahlen (Measures) zu definieren oder Daten in einen Cube zu schreiben. Allgemeiner formuliert bietet MDX die Möglichkeiten einer Datendefinitionssprache (DDL), einer Datenmanipulationssprache (DML) und Skripting-Funktionalitäten.

MDX als Datenmanipulationssprache

Die Datenmanipulation mit MDX ermöglicht es, Teilmengen aus einem Cube abzufragen oder zu verändern. Da die Hauptfunktionalität von Business Intelligence-Anwendungen in der Datenauswertung und -analyse liegt, ist der Schwerpunkt in diesem Abschnitt die Abfragefunktionalität von MDX. Mit MDX-Abfragen ist es möglich, multidimensionale Datenstrukturen aus einem Cube zurückgeben zu lassen. Damit werden Clients in die Lage versetzt, dem Nutzer OLAP-Auswertungen anzubieten.

MDX als Skriptingfunktionalität

Die MDX-Skriptingfunktionalität findet hauptsächlich im Cube-Skript Anwendung und baut größtenteils auf Datendefinitionsanweisungen auf. Zu jedem Cube in Analysis Services gehört ein Cube-Skript, welches aus einem oder mehreren MDX-Ausdrücken besteht. Das Cube-Skript füllt den Cube mit Daten auf. Das bedeutet, dass alle Blätter und Aggregationen mithilfe des Cube-Skripts aus den Quelldaten gebildet werden. Zusätzlich ist es mit einem Cube-Skript möglich, berechnete Elemente, Zellmanipulationen und Sonderaggregationen für den Cube zu deklarieren.

MDX als Datendefinitionssprache

Die Datendefinitionsanweisungen von MDX lassen sich im Rahmen von Abfragen, sitzungsbasiert und im Cube-Skript, serverseitig verwenden. Zudem können sie von Clientanwendungen abgesetzt werden. Sie dienen der Erstellung und Manipulation von Cubestrukturen auf OLAP-Servern, von berechneten Werten bis hin zu ganzen Cubes.

MDX-Funktionen

In MDX gibt es weit über hundert Funktionen. Sie verarbeiten Daten, liefern Metadaten oder dienen der Navigation durch einen Cube. Die vollständige Darstellung aller Funktionen würde dieses Kapitel sprengen. Stattdessen werden wir Ihnen, im Zusammenhang wichtiger Sprach- und Modellierungskonzepte, einzelne Funktionen exemplarisch vorstellen, anhand derer Sie sich die übrigen Funktionen leicht erarbeiten können. Eine Übersicht aller Funktionen finden Sie in der Online-Hilfe.

MDX-Editoren in den SSAS

Die Änderungen an einem Cube-Skript werden meistens aus dem Business Intelligence Development Studio heraus getätigt, da durch dieses sowohl ein einfacher Zugang zum Skript besteht als auch eine Reihe von Formularen von hier aus die Implementierung bestimmter Funktionalitäten erleichtert.

Prinzipiell ist es aber auch möglich, alle Manipulationen am Cube-Skript aus dem Management Studio heraus vorzunehmen, jedoch ist dieser Weg wesentlich unbequemer. Für Arbeitsschritte allerdings, die sich auf Ad-hoc-Anfragen beziehen und damit ein direktes Überprüfen der Abfrageergebnisse ermöglichen, ist das Management Studio sehr zu empfehlen. Abfragen dieser Art sind der Kern der meisten Clientanwendungen. Auf die Möglichkeiten, eigene Clientanwendungen zu programmieren, gehen wir in den Kapiteln 28 und 30 ein. Aufgrund der einfachen, direkten Kontrollmöglichkeit arbeiten wir in den ersten Abschnitten dieses Kapitels aus dem Management Studio heraus, um Ihnen MDX-Abfragen zu erläutern. Sie können fast alles, was Sie in diesen Abschnitten lernen, analog im Cube-Skript verwenden. Auf das Cube-Skript und dessen Manipulationsmöglichkeiten gehen wir dann im Abschnitt »Arbeiten mit dem Cube-Skript« ein.

Alternativ kann das von Mosha Pasumansky entwickelte MDX Studio verwendet werden. Es liegt derzeit zum freien Download unter *www.mdxstudio.com* in der Version 0.4.12 bereit. Über die Möglichkeiten des Management Studios hinaus bietet es unter anderem Intellisense, Analyse Funktionalitäten und Profiler Funktionalitäten.

> Alle Beispiele dieses Abschnittes verwenden den Cube *Adventure Works* aus der Datenbank *Adventure Works 2008 SE*, dem von Microsoft gelieferten Beispielprojekt. Sie können das Projekt und die zugrunde liegende Datenbank von *Codeplex.com*, der Open Source-Webseite von Microsoft, herunterladen. Weitere Informationen zur Installation von *Adventure Works* erhalten Sie in Kapitel 2.

Einführung

Um mit MDX arbeiten zu können, sollten Sie zunächst die Grundlagen der multidimensionalen Modellierung und der damit verbundenen Fachbegriffe kennen, wie sie in den Kapiteln 3 bis 6 dieses Buches ausführlich dargestellt wurden. Zusätzlich ist ein Verständnis der in MDX benutzten Datenstrukturen und eine Einführung in die Syntax von MDX erforderlich, um Abfragen oder Skripte schreiben zu können. Im Folgenden werden wir Ihnen zunächst eine kleine Einweisung in jene Teile der Oberfläche des Management Studios geben, die Sie für MDX-Abfragen benötigen, dann den Aufbau eines Cubes erläutern und im Anschluss daran die im Kontext mit MDX gebräuchlichen Datenstrukturen beschreiben.

Die erste Abfrage – Verwendung des Management Studios

Im Folgenden finden Sie die Beschreibung einer einfachen Methode, um auf einen Cube bezogene Abfragen auszuführen. Gehen Sie hierfür bitte folgendermaßen vor:

1. Öffnen Sie unter *Start/Alle Programme/Microsoft SQL Server 2008* das *SQL Server Management Studio* (Abbildung 25.1):

Kapitel 25: MDX – OLAP programmieren

Abbildung 25.1 Aufruf des SQL Server Management Studios

2. Wählen Sie im sich öffnenden Dialogfeld *Verbindung mit Server herstellen* als Servertyp *Analysis Services* und als Servername den Server, mit dem Sie arbeiten wollen. Klicken Sie wie in Abbildung 25.2 dargestellt auf die Schaltfläche *Verbinden*. Nachdem die Verbindung hergestellt wurde, erscheint im Hauptfenster das Registerblatt *Zusammenfassung*, in dem die wichtigsten Serverdaten aufgeführt werden.

Abbildung 25.2 Herstellen der Verbindung zum Server

3. Um eine neue Abfrage für eine Analysis Services Datenbank zu erstellen, gehen Sie folgendermaßen vor: Im *Objekt-Explorer* markieren Sie die Datenbank, an der Sie arbeiten, im vorliegenden Beispiel *Adventure Works DW 2008 SE*, und klicken im Kontextmenü auf *Neue Abfrage/MDX* (Abbildung 25.3). Alternativ können Sie eine MDX-Abfrage z.B. auch über die Standard Symbolleiste starten. In diesem Fall muss die die Abfrage allerdings erneut mit dem gewünschten Server verbunden werden.

Einführung

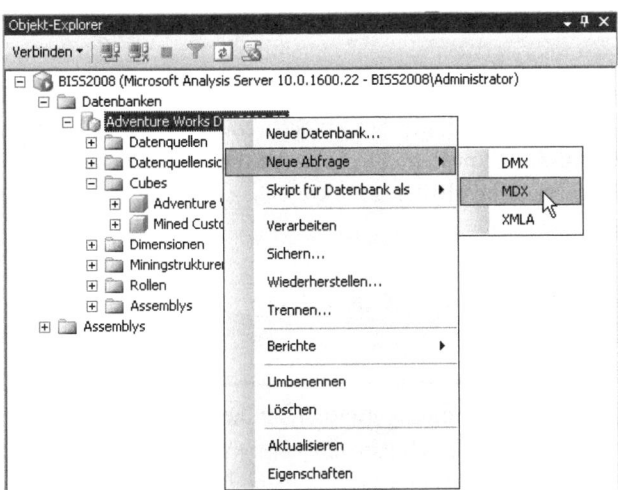

Abbildung 25.3 Aufruf des MDX Editor aus dem Kontextmenü des Objekt-Explorers

4. Es erscheint eine neue Registerkarte im Hauptfenster, vgl. Abbildung 25.4. Auf der linken Seite dieser Registerkarte wird angezeigt, in welchem Cube Sie arbeiten. Für diesen Cube werden die Metadaten seiner Objekte angezeigt. Die Auswahl der Measuregruppe erlaubt es, die Dimensionen im Metadaten Registerblatt auf die mit der Measuregruppe verbundenen einzuschränken. Zusätzlich können Sie sich in einem zweiten Registerblatt alle MDX-Funktionen anzeigen lassen. Auf der rechten Seite dieses Blattes können Sie Abfragen an den Cube in einen Editor schreiben.

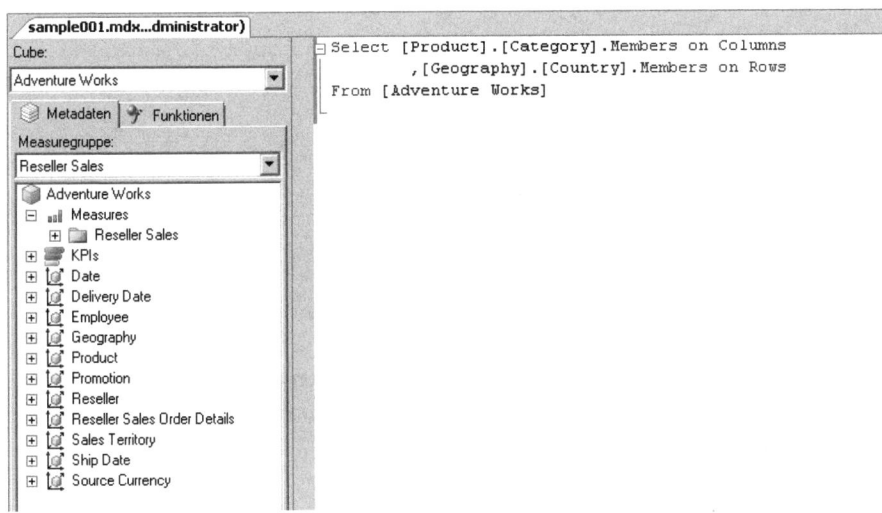

Abbildung 25.4 Arbeiten mit dem Editor – die erste Beispielabfrage

Dabei unterstützt Sie das Management Studio wie folgt: Sie können Objekte aus dem Metadatenblatt und beliebige Funktionen aus der Registerkarte *Funktionen* per Drag & Drop auf den Editor ziehen. Zur Veranschaulichung haben wir in der Abbildung als Auswertungsdimensionen die Attributhierarchie [Category] aus der Dimension [Product] für die Spalten und die Attributhierarchie [Country] aus der Dimension [Geography] für die Zeilen in den Abfragebereich gezogen. Auf beide Ausdrücke wenden wir die MDX-Funktion *Member* an, mit deren Hilfe alle zur jeweiligen Attributhierarchie gehörenden Elemente zurückgegeben werden. Eine ausführliche Einführung in die Syntax von MDX-Abfragen folgt im Abschnitt »Abfragen«.

5. Um die Abfrage auszuführen, klicken Sie auf die Schaltfläche *Ausführen* in der Symbolleiste *SQL Server Analysis Services-Editoren* oder drücken die Taste [F5]. Mit den Schaltflächen dieser Symbolleiste können Sie zusätzlich die Abfrage auf syntaktische Korrektheit prüfen, die in Bearbeitung befindliche Datenbank wechseln, die Verbindung zu den Analysis Services bearbeiten bzw. trennen oder Codeformatierungen vornehmen.

Abbildung 25.5 Die Symbolleiste *SQL Server Analysis Services-Editoren*

Nach dem Ausführen der Abfrage erhalten Sie das Ergebnis im Ergebnisbereich unterhalb der Abfrage. Das Ergebnis zeigt den nach Produktkategorien und Ländern aufgeschlüsselten [Reseller Sales Amount] aus dem Cube an. Das Measure [Reseller Sales Amount] wird verwendet, da es für den Cube als »default Measure« angegeben ist. Die Formatierung in Euro erfolgt, da Deutsch die Standardsprache des Servers ist und diese nicht von einem anderen Datenbank- oder Cube-Objekt überschrieben wird.

	All Products	Accessories	Bikes	Clothing	Components
All Geographies	€80.450.596,98	€571.297,93	€66.302.381,56	€1.777.840,84	€11.799.076,66
Australia	€1.594.335,38	€23.947,53	€1.323.820,73	€42.915,80	€203.651,31
Canada	€14.377.925,60	€118.127,35	€11.636.380,59	€378.947,63	€2.244.470,02
France	€4.607.537,94	€48.031,73	€3.560.665,65	€128.092,22	€870.748,34
Germany	€1.983.988,04	€35.083,07	€1.543.015,65	€71.619,43	€334.269,89
United Kingdom	€4.279.008,83	€42.593,03	€3.405.747,21	€118.828,80	€711.839,79
United States	€53.607.801,21	€303.515,23	€44.832.751,73	€1.037.436,95	€7.434.097,31

Abbildung 25.6 Das Ergebnisfenster

Wenn die Abfrage fehlschlägt, wird auf der Registerkarte *Meldungen* eine Fehlermeldung angezeigt.

MDX-Vorlagen des Management Studios

Ein hilfreiches Tool des Management Studios ist der *Vorlagen-Explorer*. Im Vorlagen-Explorer, den Sie über den Menübefehl *Ansicht/Vorlagen-Explorer* öffnen können, finden Sie etliche Vorlagen für MDX-Ausdrücke. Sie können diese Vorlagen verwenden, um syntaktisch korrekte Anweisungen und Abfragen zu erstellen. Wir gehen an dieser Stelle nicht auf die angebotenen Vorlagen ein, da wir MDX systematisch einführen wollen.

Der Raum eines Cubes

In den ersten Kapiteln dieses Buches wurde ausführlich der Aufbau eines Cubes besprochen. An dieser Stelle werden wir die den Cube-Raum bildenden Komponenten vorstellen. Anschließend wird das *Autoexist-Konzept* eingeführt. Hierbei handelt es sich um eine wesentliche Eigenschaft in der Cube-Struktur der Analysis Services, die der Minimierung der real existierenden Zellen dient.

Dimensionen und Hierachien

Ein Analysis Services Cube wird von seinen *Attributhierarchien* aufgespannt. Die Attribute werden in der Regel aus den Spalten des relationalen Modells gebildet und beinhalten die Ausprägungen dieser Spalte als Elemente, die in einer Ebene der Attributhierarchie liegen. Attribute, die keine Hierarchien haben, sind also nicht im Raum des Cube enthalten und lassen sich nicht direkt in Abfragen benutzen.

Die *Dimensionen*, in denen Attributhierarchien verortet sind, dienen als Container für diese und mögliche benutzerdefinierte Hierarchien. Insofern ist der Begriff der Dimension im Analysis-Server doppeldeutig. In einer von allgemeiner Begrifflichkeit geprägten Sprechweise entspricht die Dimension des multidimensionalen Raumes einer Attributhierarchie, im Objektmodell des Analysis Services meint das Objekt *Dimension* einen Container für Attributhierarchien. Wir werden im Folgenden den Begriff *Dimension* im Sinne des Analysis Services-Objekts benutzen und von Attributhierarchien als *Achsen* sprechen.

HINWEIS Die konkreten Datenobjekte eines Cubes setzen wir in eckige Klammern. Dies ist zum Teil der MDX-Syntax geschuldet, die wir Ihnen später näher bringen werden, darüber hinaus heben sie sich so vom Fließtext ab.

Hierarchien sind Strukturen, die Elemente ordnen. Die Ordnungsstufen werden Ebenen genannt. Zum Beispiel kann die Hierarchie *Geographie* aus den Ebenen *Länder*, *Bundesländer* und *Städte* bestehen. Attributhierarchien haben ein oder zwei Ebenen. Zum einen die Ebene der Elemente und optional eine zusammenfassende [All]-Ebene. Die Ausprägungen der Attributhierarchien werden als *Elemente* bezeichnet. Zum Beispiel gehören zur Attributhierarchie [Category] aus der Dimension *Product* die Elemente [Accessories], [Bikes], [Clothing] und [Components]. Sie finden die eben genannten Elemente in Abbildung 25.7.

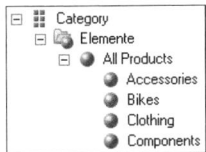

Abbildung 25.7 Attributhierarchie *Category* mit Elementen

Benutzerdefinierte Hierarchien stellen dem Benutzer Navigationspfade zu den Elementen einer Attributhierarchie zur Verfügung. Die Ebenen einer benutzerdefinierten Hierarchie werden aus in der Dimension vorhandenen Attributhierarchien gebildet. Diese Hierarchien haben zumeist mehrere Ebenen, sie beeinflussen den Raum des Cube allerdings nicht, da sie keine weiteren Achsen zu ihm hinzufügen.

Abbildung 25.8 Benutzerdefinierte Hierarchie

Parent-Child-Hierarchien haben dieselbe Aufgabe wie benutzerdefinierte Hierarchien, werden aber durch die Selbstreferenz eines Attributs gebildet.

Autoexist

Durch das Feature *Autoexist* wird der tatsächliche Raum eines Cubes möglichst klein gehalten. Der Raum des Cube wird von den Attributhierarchien aufgespannt, ist aber nicht deren Produkt. Autoexist beschränkt den Raum des Cube auf die Zellen, die existieren können. Innerhalb einer Dimension gibt es meist Elemente aus unterschiedlichen Attributhierarchien, die nicht zusammen existieren. Solche Zellen werden von Autoexist aus dem Raum des Cube ausgeschlossen.

Als Beispiel betrachten wir in der Dimension [Product] die Elemente [Bikes] aus der Attributhierarchie [Category] und [Components] aus der Attributhierarchie [Product Line]. Die Elemente haben keinen Schnittpunkt, da Fahrräder keine Komponenten sind. Dieses Konzept hat weitreichenden Einfluss auf das Abfrageergebnis. Es kann je nach Art der Abfrage entweder ein NULL-Wert für die nicht existierende Zelle zurückgegeben werden oder die nicht existierenden Zellen werden aus dem Ergebnisraum ausgeschlossen. Ein Beispiel hierzu finden Sie später in diesem Kapitel im Abschnitt zur CrossJoin-Funktion. Darüber hinaus kann in solche nicht existierenden Zellen kein Wert geschrieben werden. Im Gegensatz werden Zellen, für die es keine Daten in den Fakten gibt, als *leere* Zellen bezeichnet.

Grundlegende Objekte

Für das Verständnis von MDX-Statements ist die Kenntnis von *Elementen*, *Tupeln* und *Mengen* sowie der zu ihnen gehörenden Syntax unabdingbar. Sowohl in Abfragen als auch in Skripts werden syntaktisch an bestimmten Stellen Mengen oder Tupel verlangt, beziehungsweise geben Funktionen entweder ein Tupel oder eine Menge zurück.

> **HINWEIS** Im englischen Sprachraum werden Mengen als Sets bezeichnet. Diese Terminologie wird auch in der deutschen Literatur zumeist benutzt. Wir verwenden im Folgenden, wie es in der Online-Hilfe geschieht, die Bezeichnung Menge. Gemäß der mathematischen Definition können die Elemente einer Menge nicht mehrmals vorkommen und sie sind nicht sortiert. Diese Einschränkungen gelten jedoch nicht für den Mengenbegriff in MDX: Hier können Mengen beliebig viele gleiche Elemente beinhalten und sie haben eine festgelegte Reihenfolge.

Dimensionen, Hierarchien, Ebenen und Elemente

Dimensionen bestehen aus Hierarchien, Ebenen und Elementen. Jedes dieser Objekte kann über seinen Namen, seinen qualifizierten Namen oder seinen eindeutigen Namen referenziert werden. Wir empfehlen die Verwendung der qualifizierten Namen, stellen die beiden anderen Möglichkeiten, da sie oft Verwendung finden, jedoch ebenfalls vor.

Qualifizierte Namen

Qualifizierte Namen entstehen durch das Aufführen aller übergeordneten Objekte einschließlich des zu benennenden Objekts. Zum Beispiel wird das Element *Bikes* aus der Dimension *Product* qualifiziert folgendermaßen referenziert:

```
[Product].[Category].[Category].[Bikes]
```

Das erste [Category] bezeichnet die Attributhierarchie, das zweite die Ebene der Elemente. Insgesamt wird ein solches Statement *Elementausdruck* genannt.

Die Namen, oder allgemeiner ausgedrückt *Bezeichner*, der verwendeten Strukturen, in diesem Beispiel Dimension, Attributhierachie, Ebene und Element, werden mit eckigen Klammern begrenzt und durch einen Punkt getrennt. Sie sind nicht case-sensitiv, es wird also kein Unterschied zwischen Groß- und Kleinschreibung gemacht. Die Begrenzung mit Trennzeichen – bei MDX werden eckige Klammer verwendet – ist nur nötig, wenn der Bezeichner kein regulärer Bezeichner ist. Zur besseren Lesbarkeit, insbesondere zur Abgrenzung von den Schlüsselwörtern, werden wir in allen MDX-Ausdrücken die Bezeichner mit eckigen Klammern versehen.

ACHTUNG Reguläre Bezeichner in MDX müssen folgenden Regeln entsprechen:

- Das erste Zeichen muss ein Buchstabe oder ein Unterstrich sein. Hierbei sind alle Buchstaben aus Unicode 2.0 zulässig (also auch griechische, kyrillische etc.).
- Als weitere Zeichen sind Dezimalziffern möglich. Eingebettete Leer- oder Sonderzeichen sind also nicht zulässig.
- Sie dürfen keinem MDX-Schlüsselwort gleichen (dies sollte ohnehin vermieden werden)

Eine Dimension wird qualifiziert mit ihrem Namen bezeichnet:

```
[Product]
```

Eine Hierarchie wird qualifiziert mit dem Namen der Dimension und dem Namen der Hierarchie bezeichnet:

```
[Product].[Category]
```

Eine Ebene wir qualifiziert durch Nennung der zugrunde liegenden Hierarchie, bei einer benutzerdefinierten Hierarchie gegebenfalls durch übergeordnete Ebenen und gewünschte Ebene selbst bezeichnet:

```
[Product].[Category].[Category]
```

Ein Element wird qualifiziert durch Nennung der zugrunde liegenden Hierarchie, mit dem Namen des übergeordneten Elements oder einer Reihe von übergeordneten Elementen und mit dem Namen des gewünschten Elements bezeichnet. Am Beispiel der benutzerdefinierten Hierarchie *Product Model Lines* wird das Element *Cycling Cap* also folgendermaßen benannt (vgl. Abbildung 25.9):

```
[Product].[Product Model Lines].[Accessory].[Cycling Cap]
```

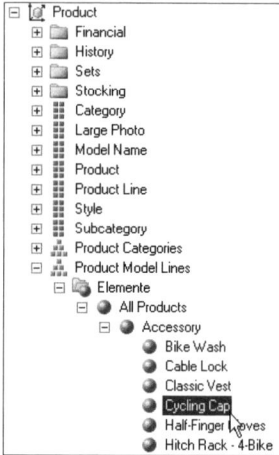

Abbildung 25.9 Elementausdrücke in Hierarchien

Alternativ zum Elementnamen kann auch der *Elementschlüssel* verwendet werden. Die Verwendung des *Elementschlüssels* wird durch Vorstellen eines *kaufmännischen Und* (&) vor den Bezeichner signalisiert. Für das einleitende und letzte Beispiel ergibt sich folgender qualifizierte Name unter Verwendung der Elementschlüssel:

```
[Product].[Category].&[1]
[Product].[Product Model Lines].&[S].&[Cycling Cap]
```

HINWEIS Meist wird der Elementschlüssel aus der Schlüsselspalte oder den Schlüsselspalten einer Attributhierarchie gebildet. Am einfachsten ermitteln Sie den Elementschlüssel, indem Sie ein Element aus einer Attributhierarchie in das Editorfenster ziehen. Standardmäßig wird das Element mit seinem Elementschlüssel eingefügt.

Einfache Namen

Das Element aus dem einleitenden Beispiel wird mit seinem Namen folgendermaßen bezeichnet:

```
[Bikes]
```

Diese Bezeichnungsart hat mehrere Nachteile: Zum einen muss der gesamte Cube nach dem Element durchsucht werden, dies ist sehr imperformant, zum anderen können Mehrdeutigkeiten entstehen, wenn der Name mehrfach im Cube vorkommt. Diese Mehrdeutigkeiten können zu nicht vorhersagbaren Abfrageergebnissen führen. Darüber hinaus kann es in benutzerdefinierten Hierarchien zu Aggregationsfehlern kommen. Von der Referenzierung von Objekten mit einfachen Namen ist also unbedingt abzusehen. Ebenfalls gebräuchlich sind Mischungen aus qualifiziertem und einfachem Namen. In einem solchen Fall werden zum Beispiel nur die Namen von Dimension und Element angegeben.

Eindeutige Namen

Analysis Services vergibt für jedes Objekt einen eindeutigen Namen. Zumeist wird dieser Name aus den *Elementschlüsseln* gebildet. Sie erhalten den eindeutigen Namen, zum Beispiel wenn Sie ein Objekt aus der Registerkarte *Metadaten* in den Editorbereich ziehen. Sie können den Namen dann durch einen Doppelklick auf einen Spalten- oder Zeilenkopf im Ergebnis oder mithilfe von Metadatenfunktionen anzeigen lassen (vgl. »Elementeigenschaften«). Die eindeutigen Namen für die Elemente *bikes* und *Cycling Cap* aus den vorigen Beispielen sehen folgendermaßen aus:

```
[Product].[Category].&[1]
[Product].[Product Model Lines].[Model].&[Cycling Cap]
```

Eindeutige Namen haben den Vorteil gegenüber qualifizierten Namen, dass sie bei sich ändernden Zuordnungen eins Elements in einer Hierarchie trotzdem noch korrekt auf das Element verweisen. Sollte zum Beispiel *Cycling Cap* in Zukunft zu *Product Line Touring* gehören, so wird es durch den eindeutigen Namen immer noch referenziert, der qualifizierte Namen liefert einen Fehler.

Tupel und Zelle

Als *Tupel* wird ein Ausdruck bezeichnet, der eine Zelle im Cube definiert. Wie besprochen, wird der Raum eines Cubes und damit die Menge seiner Zellen durch die in ihm definierten Attributhierarchien und Measuregruppen aufgespannt. Diese werden im Folgenden als Achsen bezeichnet.

Eine Blattzelle ist eine Zelle, die nicht in weitere Zellen zerlegt werden kann. Sie wird durch Angabe eines Elements jeder Achse definiert. Die beschriebene Zelle liegt dann im Schnittpunkt der Elemente. Bei den verwendeten Elementen darf es sich allerdings nicht um ein *All*-Element handeln, da die Zelle sonst anhand der dem *All*-Element untergeordneten Elemente weiter zerlegbar wäre. Der Wert einer Blattzelle entspricht genau dem eines Wertes einer Faktentabelle.

Meist werden Zellen benutzt die aus mehreren Blattzellen, welche einen abgeschlossenen Raum bilden, zusammengesetzt sind. Dies ist zum Beispiel der Fall, wenn ein oder mehrere *All*-Elemente beim Bilden des Tupels Verwendung finden. Die bisher beschriebenen Tupel werden *vollqualifiziert* genannt, da alle Achsen zu ihrer Bezeichnung beitragen. Tupel müssen nicht unter der Angabe eines Achsenelements jeder Achse gebildet werden. Wenn Achsen ausgelassen werden, verwendet Analysis Services implizit ein Element dieser Achsen. Dabei wird nach folgenden Regeln vorgegangen:

- Wenn eine Attributhierarchie im Tupel nicht explizit mit einem Element vertreten ist, ermittelt Analysis Services wie folgt ein *Standardelement*:
  - Ist für die Attributhierarchie ein Standardelement definiert, wird dem Tupel dieses Standardelement hinzugefügt
  - Ist für die Attributhierarchie kein Standardelement definiert und ist für die Attributhierarchie die Eigenschaft IsAggregatable=true definiert, was der Standardeinstellung entspricht, wird dem Tupel das *All*-Element der Attributhierarchie hinzugefügt
  - Ist für die Attributhierarchie kein Standardelement definiert und ist für die Attributhierarchie die Eigenschaft IsAggregatable=false definiert, wird dem Tupel das erste Element der Attributhierarchie hinzugefügt
- Wenn für eine Measuregruppe kein Element (Measure) explizit im Tupel genannt ist, verfährt Analysis Services folgendermaßen:
  - Ist für die Measuregruppe ein Standard-Measure definiert, wird dieses dem Tupel hinzugefügt
  - Ist für die Measuregruppe kein Standard-Measure definiert, wird das erste Measure der Achse dem Tupel hinzugefügt

Die während des Designs festgelegten Eigenschaften der Objekte sind also ausschlaggebend für die implizite Auswahl eines Elements. Syntaktisch wird das Tupel durch eine kommagetrennte und in runden Klammern eingeschlossene Aufzählung der beteiligten Achsenelemente gebildet:

```
(
  [Measures].[Reseller Order Quantity]
  ,[Product].[Category].[Bikes]
  ,[Product].[Product Line].[Road]
  ,[Geography].[Country].[France]
)
```

Enthält das Tupel lediglich ein Element, kann auf die umschließenden Klammern verzichtet werden. In einem Tupel dürfen nie mehrere Elemente derselben Achse enthalten sein, da ein Schnittpunkt dieser Elemente im Cube nicht existieren kann. Ein Ausdruck wie

```
(
  [Measures].[Reseller Order Quantity]
  ,[Product].[Category].[Bikes]
  ,[Product].[Product Line].[Road]
  ,[Geography].[Country].[France]
  ,[Geography].[Country].[Germany]
)
```

ist zwar syntaktisch korrekt, wird aber, wenn er in einer Abfrage oder einem Skript verwendet wird, mit der in Abbildung 25.10 dargestellten Fehlermeldung durch Analysis Services abgelehnt:

```
Abfrage wird ausgeführt...
Query (2, 1) Die Country-Hierarchie ist im Tupel mehrmals vorhanden.
```

Abbildung 25.10 Syntaxfehler im Elementausdruck

Etwas komplizierter gestaltet sich die Verwendung von benutzerdefinierten Hierarchien in Tupeln. Betrachten Sie beispielsweise das Element *Cycling Cap* in der benutzerdefinierten Hierarchie *Product Model Line*, welche wir im vorigen Abschnitt vorgestellt haben (vgl. Abbildung 25.9). Ein Tupel aus der benutzerdefinierten Hierarchie wird folgendermaßen gebildet:

```
(
  [Product].[Product Model Lines].[Accessory].[Cycling Cap]
)
```

Als Tupel aus Elementen der Attributhierachien sieht der Ausdruck folgendemaßen aus:

```
(
  [Product].[Product Line].[Accessory]
  ,[Product].[Model Name].[Cycling Cap]
)
```

Hingegen wird das Element *Cycling Cap* aus der Attributhierarchie *Model Name* durch das folgende Tupel beschrieben:

```
(
[Product].[Product Line].[All]
,[Product].[Model Name].[Cycling Cap]
)
```

In diesem Fall wird aus den Attributhierarchien *Product Line* implizit das *All*-Element benutzt. Es ist wichtig, zu wissen, dass durch die Navigation über die Ebenen der benutzerdefinierten Hierarchie eine andere Zelle adressiert wird, als wenn direkt das Element unterhalb des Attributs ausgewählt wird. Dies kann gegebenfalls andere Abfrageergebnisse zur Folge haben.

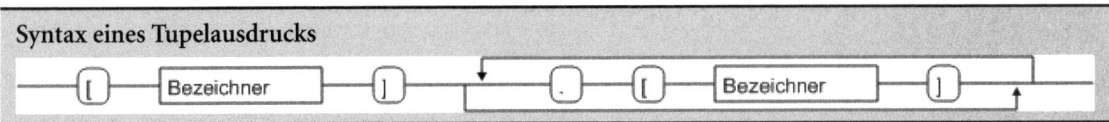

Mengen

Mengen sind Sammlungen von keinem, einem oder mehreren Tupeln. Alle in einer Menge beinhalteten Tupel müssen die gleiche Dimensionalität haben. Dies bedeutet, dass sie aus den gleichen Attributhierarchien bzw. Measuregruppen in derselben Reihenfolge gebildet sein müssen. Syntaktisch ist eine Menge folgendermaßen aufgebaut: Die Menge wird mit einer geschweiften Klammer geöffnet, dann folgen, durch Kommata getrennt, die beteiligten Tupel und geschlossen wird die Menge mit einer schließenden geschweiften Klammer. Im Folgenden führen wir einige korrekt gebildete Mengen auf.

Die leere Menge:

```
{}
```

Eine Menge aus genau einem Tupel:

```
{([Product].[Product Line].[Accessory])}
```

Eine Menge aus zwei Tupeln einer benutzerdefinierten Hierarchie:

```
{
  ([Product].[Product Model Lines].[Accessory].[Cycling Cap])
, ([Product].[Product Model Lines].[Model].&[Road-150])
}
```

Eine Menge aus drei Tupeln, die jeweils aus zwei Attributhierarchien einer Dimension bestehen:

```
{
  (
     [Product].[Product Line].[Accessory]
     ,[Product].[Model Name].[Cycling Cap]
  )
  ,(
     [Product].[Product Line].[Accessory]
     ,[Product].[Model Name].[Patch Kit]
  )
  ,(
     [Product].[Product Line].[Road]
     ,[Product].[Model Name].[Road-150]
  )
}
```

Eine Menge, die aus Tupeln verschiedener Dimensionen besteht:

```
{
  (
     [Measures].[Reseller Order Quantity]
     ,[Product].[Category].[Bikes]
     ,[Geography].[Country].&[France]
  )
  ,(
     [Measures].[Measures].[Discount Amount]
     ,[Product].[Category].[Bikes]
     ,[Geography].[Country].&[France]
  )
}
```

Eine durch MDX beschriebene Menge hat andere Merkmale als eine Menge gemäß der mathematischen Definition: Die Menge bei MDX darf dasselbe Element mehrfach enthalten und die Reihenfolge der Tupel in der Menge ist geordnet.

Eine andere Möglichkeit, eine Menge zu bilden, besteht darin, zwei Tupel derselben Attributhierarchie mit einem Doppelpunkt zu verknüpfen. Durch dieses Vorgehen wird eine Menge konstruiert, die sowohl die beiden begrenzenden Tupel als auch alle dazwischenliegenden beinhaltet. Die folgenden beiden Mengen sind also identisch:

```
{([Product].[Style].[Mens]):([Product].[Style].[Unisex])}
{([Product].[Style].[Mens]),([Product].[Style].[Not Applicable]),([Product].[Style].[Unisex])}
```

Die Anordnung der Tupel in der Menge hängt bei der Doppelpunktschreibweise nicht von der Reihenfolge der begrenzenden Tupel ab, sondern entspricht immer der in der Attributhierarchie. Die folgende Menge ist also auch mit den beiden oben genannten identisch:

```
{([Product].[Style].[Unisex]):([Product].[Style].[Mens])}
```

Ebenfalls ergibt die Aneinanderreihung mehrerer durch Kommata getrennter Mengen eine Menge:

```
{
    {([Product].[Style].[Unisex]):([Product].[Style].[Mens])}
    ,{([Product].[Style].[Unisex]):([Product].[Style].[Mens])}
    ,{([Product].[Style].[Unisex]):([Product].[Style].[Mens])}
}
```

Diese Menge enthält einige Tupel mehrfach.

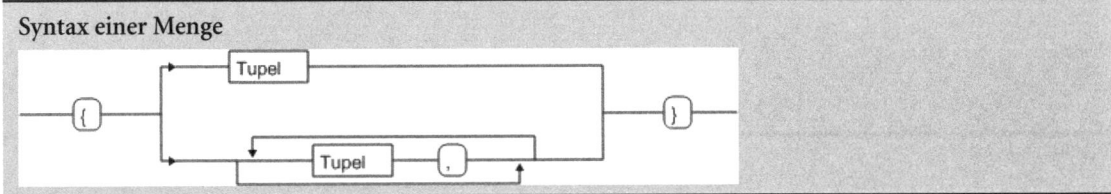

Syntax einer Menge

Abfragen

Im täglichen Umgang mit Analysis Services werden Sie bei Ihrer Tätigkeit implizit Abfragen für jeden OLAP-Datenabruf vom Analysis-Server erstellen. Diese werden entweder sofort ausgeführt oder sie werden für das Reporting oder einen beliebigen Client gespeichert.

Abfragen auf einen Cube geben mehrdimensionale Räume als Lösung zurück. Sie können aus dem Datenraum des Cube beliebige Mengen- und Dimensionskombinationen unter Einschluss von Ad-hoc-Berechnungen zurückgeben. In den Zellen der Ergebnismenge werden Measures ausgegeben. Diese Measures werden entsprechend der zur Designzeit festgelegten Aggregatfunktionen für die Zellen des Abfrageraums berechnet.

Einführung in Sprachelemente und ihre Anwendungen

In diesem Abschnitt geben wir Ihnen einen kurzen Überblick über die wesentlichen Sprachelemente von MDX und einige Möglichkeiten für deren Verwendung in Abfragen.

Grundgerüst einer Abfrage

Eine MDX-Abfrage beginnt mit dem Schlüsselwort SELECT. Diesem folgen Angaben, die die Abfrageachsen spezifizieren. Jede Abfrageachse enthält eine Menge, deren Tupel auf die Achse aufgetragen werden. Mit den Abfrageachsen wird also festgelegt, welcher Teil des Cube im Ergebnis auftaucht.

Auf die Achsenausdrücke folgt das Schlüsselwort FROM, hinter dem der Cubekontext angegeben wird – für gewöhnlich der Name des Cube, der abgefragt wird. Optional kann eine WHERE-Klausel angegeben werden, deren Tupel oder Menge für Cubeachsen, die nicht in den Abfrageachsen enthalten sind, Elemente als Einschränkung vorgeben/vorgibt. Für alle Cubeachsen, die weder im FROM- noch im WHERE-Teil der Abfrage vorkommen, werden die Standardelemente verwendet (vgl. zuvor in diesem Kapitel den Abschnitt »Tupel und Zelle«).

Schließlich kann eine Abfrage eine Reihe von Eigenschaften angeben, die die vom Server angeforderten Zellen aufweisen müssen. Diese Eigenschaften können z.B. die Formatierung der in der Abfrage angesprochenen Zellen enthalten. Die Verwendung von Zelleigenschaften behandeln wir ausführlich später in diesem Kapitel im Abschnitt »Zelleigenschaften«.

Optional kann vor SELECT ein WITH-Abschnitt stehen. Dessen Bedeutung und Syntax wird später in diesem Kapitel im Abschnitt »Berechnete Elemente und benannte Mengen erzeugen« erläutert. Bevor die Teile einer Abfrage genauer beschrieben werden, stellen wir Ihnen zwei Beispiele vor.

Zum Einstieg betrachten wir eine Abfrage, die zwei Dimensionen zurückgibt. Wir wollen herausfinden, wie die Anzahl der verkauften Artikel vom Stil (Style) der Artikel und dem Geschlecht der Käufer (Gender) abhängt. Hierzu soll das Geschlecht in den Spalten, der Stil in den Zeilen und die Anzahl der verkauften Artikel in den Zellen dargestellt werden.

```
SELECT
  {
    ([Customer].[Gender].[Gender].[Female])
   ,([Customer].[Gender].[Gender].[Male])
  } ON 0
 ,{
    [Product].[Style].[Style].[Mens] : [Product].[Style].[Style].[Women]
  } ON 1
FROM [Adventure Works]
WHERE
  [Measures].[Customer Count];
```

Listing 25.1 Einstiegsbeispiel 1

In der Abfrage aus Listing 25.1 wird auf der ersten Achse (die Spaltenachse) die Menge der Elemente [Female] und [Male] aus der in der Dimension [Customer] liegenden Attributhierarchie [Gender] abgebildet. Hierzu werden entsprechende Tupel benutzt. Auf die zweite Achse (die Zeilenachse) werden die Stile von [Mens] bis [Womens] aufgetragen. Für diese Menge verwenden wir die Doppelpunktsyntax, die Sie bereits zuvor in diesem Kapitel im Abschnitt »Mengen« kennengelernt haben. Das Measure, das für die Ergebniszellen verwendet wird, [Measures].[Customer Count], folgt in der WHERE-Klausel.

	Female	Male
Mens	(NULL)	(NULL)
Not Applicable	7.451	7.663
Unisex	5.844	5.949
Womens	1.786	1.751

Abbildung 25.11 Ergebnis aus Listing 25.1

Klammern um Tupel und Mengen

Bei der Auswertung von MDX-Ausdrücken nimmt Analysis Services implizite Konvertierungen vor:

- Ein Element wird, falls keine Klammern vorhanden sind, die es einem Tupel zuweisen, zu einem Tupel konvertiert
- Ein Tupel wird, falls keine geschweiften Klammern vorhanden sind, die es einer Menge zuordnen, zu einer Menge konvertiert

In den folgenden Beispielen wird zum Teil von diesen impliziten Konvertierungen Gebrauch gemacht.

Unser zweites Beispiel ist eine Abfrage, die eine ähnliche Auswertung ermöglicht. In dieser Abfrage sollen die Ergebnisse eindimensional zurückgegeben werden:

Abfragen

```
SELECT
  {
    (
      [Customer].[Gender].[Gender].[Female]
      ,[Product].[Style].[Style].[Unisex]
    )
    ,(
      [Customer].[Gender].[Gender].[Male]
      ,[Product].[Style].[Style].[Unisex]
    )
  } ON 0
FROM [Adventure Works]
WHERE
  [Measures].[Customer Count];
```
Listing 25.2 Mehrere Tupel auf einer Achse

Um die Informationen sowohl über die Attributhierarchie [Gender] als auch über die Attributhierarchie [Style] auf einer Achse abzubilden, verwenden wir Tupel, die beide Attributhierarchien enthalten. Die Tupel werden auf der 0-Achse, der Spaltenachse, aufgetragen. In die Datenzellen sind die aggregierten Werte des Measures [Customer Count] eingetragen.

Female	Male
Unisex	Unisex
5.844	5.949

Abbildung 25.12 Ergebnis von Listing 25.2

> Die Dimensionseigenschaft *MDXMissingMemberMode*, die zur Entwurfszeit der Dimension festgelegt wird, bestimmt, wie auf MDX-Abfragen, die unbekannte Elemente anfordern, reagiert werden soll. Standardmäßig steht die Eigenschaft auf *Ignore*. Dies bewirkt, dass für unbekannte Elemente keine Ergebnisse und keine Fehlermeldung zurückgegeben werden. Wenn die Eigenschaft auf *Error* steht gibt Analysis Services nach der Anforderung eines unbekannten Elements eine Fehlermeldung zurück. Sollten Sie bei einer Abfrage kein Ergebnis bekommen, prüfen Sie bitte, ob Sie sich vertippt haben.

Die Abfrageachsen

Die einzelnen Abfrageachsen werden durch ein Komma getrennt und von 0 bis zur um den Wert 1 geminderten gewünschten Anzahl von Achsen fortlaufend nummeriert. Alternativ können Sie statt der Nummern auch die Achsenbezeichner COLUMNS, ROWS, PAGES, SECTIONS und CHAPTERS angeben. Auch diese Bezeichner müssen ohne Auslassung in genau dieser Reihenfolge verwendet werden. Insgesamt können die Analysis Services-Abfragen bis zu 128 Abfrageachsen bearbeiten. Dieses Volumen werden Sie allerdings fast nie ausschöpfen. Menschen können Ergebnisse, die mehr als drei Achsen haben, nur schwer verarbeiten. Eine Abfrageachse enthält eine Menge und damit eine geordnete Anzahl von Tupeln mit den dazugehörigen Elementen. Folgende Restriktionen sind bei der Bildung von Abfrageachsen zu beachten:

- Eine Cubeachse, also eine Attributhierarchie, darf in maximal einer Abfrageachse auftauchen
- Alle Tupel der Menge, die eine Abfrageachse bildet, müssen die gleiche Dimensionalität haben. Tupel haben die gleiche Dimensionalität, wenn sie dieselben Attributhierarchien und Measures in derselben Reihenfolge enthalten.

ACHTUNG Die Ergebnisanzeige des Query-Editors kann nur zwei Achsen darstellen. Wenn Sie mehr Abfrageachsen in Ihrer Abfrage definieren, gibt Analysis Services folgende Fehlermeldung aus:

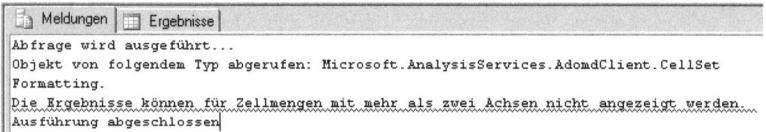

Dies bedeutet nicht, dass Ihre Abfrage falsch ist, ihr Ergebnis wird lediglich nicht angezeigt. Wird jedoch eine andere Fehlermeldung ausgegeben, dürfte Ihre Abfrage vermutlich fehlerhaft sein.

Der Cubekontext

Nach den Achsen muss der Cubekontext, in dem diese Abfrage ausgeführt wird, angegeben werden. Er wird durch das Schlüsselwort FROM eingeleitet und erwartet dann entweder einen gültigen Ausdruck für einen Cube, einen MDX-Ausdruck, der ein SubSelect darstellt, oder einen Subcube. Auf SubSelects und SubCubes gehen wir später in diesem Kapitel im Abschnitte »SubSelect und Subcubes« ein.

Das SELECT und der Cubekontext sind für eine Abfrage obligatorisch, auf die Angabe von Abfrageachsen kann verzichtet werden. In diesem Fall wird eine einzelne Zelle zurückgegeben. Diese kann, falls gewünscht, von der WHERE-Klausel definiert werden.

Die WHERE-Klausel

Die Abfrage kann durch die Angabe einer Abfrageachse (Slicer-Achse), die den abgefragten Cube beschränkt (sliced), abgeschlossen werden. Sie wird von dem Schlüsselwort WHERE eingeleitet und besteht aus einer Menge. Besteht diese Menge aus einem einzelnen Tupel, werden nur diejenigen Cubezellen zur Berechnung der Ergebniszellen verwendet, die in der von diesem Tupel beschriebenen Zelle liegen. Sind es mehrere Tupel, wird die Abfrage für jedes beteiligte Tupel durchgeführt und anschließend werden die Ergebnisse entsprechend der Aggregationsvorschriften der beteiligten Measures zu den Ergebniszellen aggregiert.

Wird aus einer Achse des Cube kein Element zur Beschränkung benutzt, wird für diese Achse das Ergebnis der Abfrage mit dem Standardelement der Achse beschränkt.

Abfragen

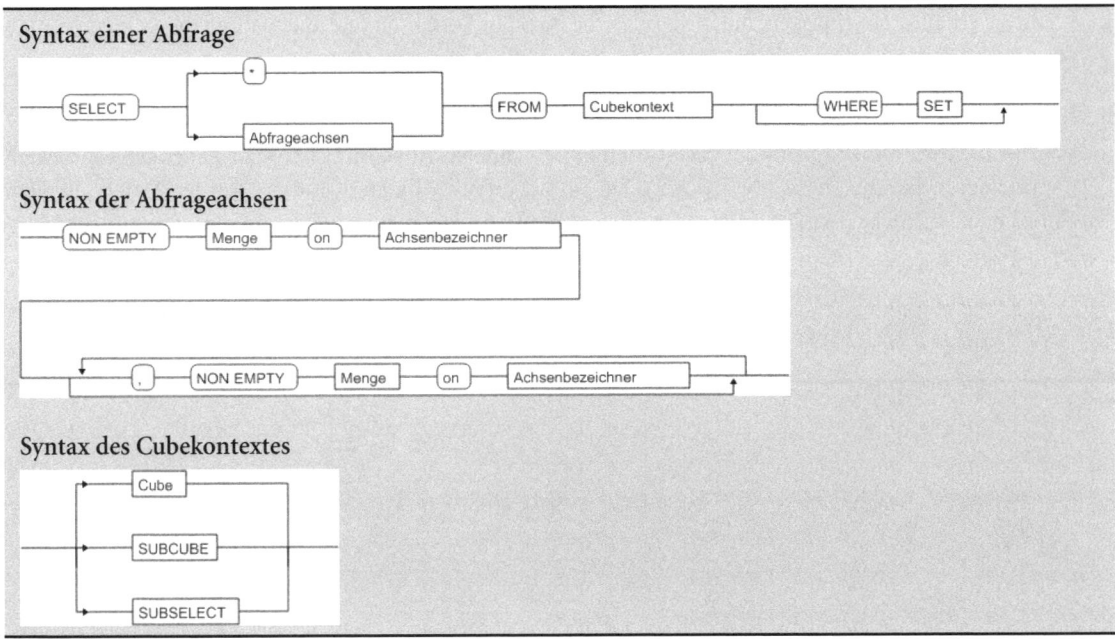

Kommentare

Das Kommentieren eines Codes ist ein wichtiger Beitrag zu seiner Verständlichkeit und damit auch seiner Wartbarkeit. Sie haben in MDX zwei Möglichkeiten, um Kommentare einzufügen:

- Ein Kommentar erstreckt sich von zwei aufeinander folgenden Trennstrichen (--) bis zum Zeilenumbruch. Diese Art des Kommentierens wird für einzeilige Kommentare oder Kommentare, die sich in derselben Zeile an einen vorherigen MDX-Ausdruck anschließen, verwendet.
- Kommentare, die mit /* eingeleitet werden und mit */ beendet werden müssen. Diese Art des Kommentierens lässt sich sogar innerhalb von MDX-Anweisungen anwenden.

SubSelect und Subcubes

Eine Abfrage kann statt auf einen Cube auch auf ein SubSelect oder einen Subcube als Cubekontext verweisen. Der Unterschied zwischen SubSelect und Subcube besteht lediglich in der Lebensdauer der Objekte. Während das SubSelect nur im Abfragekontext existiert, ist der Subcube für die Dauer einer Sitzung verfügbar. Beide Konstrukte werden oft in Clientanwendungen nach einer Vorauswahl durch den Benutzer zur Einschränkung des Ergebnisraums verwendet. Zudem sind auf ein SubSelect oder einen Subcube bezogene Abfragen oft performanter.

Einen Subcube definieren und abfragen

Die Definition eines Subcubes erfolgt für die CREATE SUBCUBE-Anweisung im Sitzungskontext. Diese enthält eine Abfrage, die den multidimensionalen Raum des Subcubes festlegt. Der Subcube, der so erzeugt wird, muss denselben Namen haben wie der abgefragte Cube. Zum Subcube gehören dann zusätzlich zu den in der Abfrage benannten Mengen weitere Elemente, die nach Maßgabe der Abfrageachsen eingefügt werden:

- Wenn Sie das *All*-Element einer Hierarchie einfügen, fügen Sie jedes Element dieser Hierarchie ein

- Wenn Sie ein Element einfügen, fügen Sie auch die direkten Vorfahren und Nachfahren dieses Elements ein
- Wenn Sie jedes Element einer Ebene einfügen, fügen Sie alle Elemente aus der Hierarchie ein
- Ein Subcube enthält immer jedes *All*-Element aus dem Cube
- Werden in einer Abfrage, zum Beispiel mit einer berechneten Anweisung, explizit Zellen angesprochen, die im zugrunde liegenden Cube jedoch nicht im Subcube vorhanden sind, so werden Daten aus dem Cube benutzt. Aggregierte Zellen des Subcubes werden standardmäßig aus den in ihm vorhandenen Zellen berechnet.

Im Folgenden ein Beispiel für die Verwendung eines Subcubes, der auf der ersten Abfrageachse die Elemente France, Germany, United Kingdom und United States enthält:

```
CREATE SUBCUBE [Adventure Works] AS
  (
    SELECT
      {
        [Geography].[Country].&[France] : [Geography].[Country].&[United States]
      } ON 0
    FROM [Adventure Works]
  );
```

Listing 25.3 Datendefinitionsanweisungen zum Erstellen eines Subcubes

All Geographies	France	Germany	United Kingdom	United States
€64.478.336,01	€4.607.537,94	€1.983.988,04	€4.279.008,83	€53.607.801,21

Abbildung 25.13 Ergebnis der Abfrage aus Listing 25.3

Um diesen Subcube abzufragen, wenden wir die Members-Funktion auf die *Country*-Hierarchie an. Diese Funktion, die systematisch im nächsten Abschnitt eingeführt wird, gibt die in der Hierarchie enthaltenen Elemente zurück.

```
SELECT
  [Geography].[Country].MEMBERS ON 0
FROM [Adventure Works];
```

Listing 25.4 Abfrage des Subcubes

Die Abfrage aus Listing 25.4 gibt wie erwartet die gewählten Elemente plus dem *All*-Element zurück. Es wird hierbei aus der Summe der gewählten Elemente berechnet. In einigen Fällen ist dies nicht gewünscht, sondern es soll für das *All*-Element die Summe der Elemente des zugrunde liegenden Cubes verwendet werden. Hierzu wird das NON VISUAL-Schlüsselwort verwendet:

```
CREATE SUBCUBE [Adventure Works] AS NON VISUAL
  (
    SELECT
      {
        [Geography].[Country].&[France] : [Geography].[Country].&[United States]
      } ON 0
    FROM [Adventure Works]
  );
```

Listing 25.5 Erstellen eines Subcubes mit dem *NON VISUAL*-Schlüsselwort

Abfragen

All Geographies	France	Germany	United Kingdom	United States
€80.450.596,98	€4.607.537,94	€1.983.988,04	€4.279.008,83	€53.607.801,21

Abbildung 25.14 Ergebnis im *NON VISUAL*-Modus

In Subcubes können nicht alle Sprachelemente, die zum Bilden von Abfragen möglich sind, eingesetzt werden, zum Beispiel ist der WITH-Ausdruck nicht erlaubt.

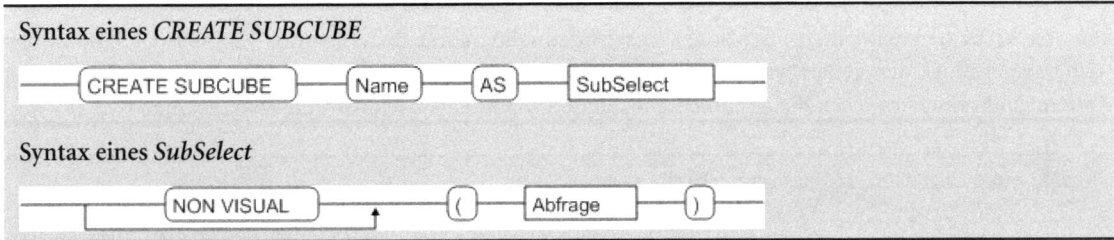

SubSelect in der Abfrage einsetzen

Mit einem SubSelect wird wie beim Subcube ein multidimensionaler Raum geschaffen, der abgefragt wird. SubSelects unterliegen keiner Beschränkung bezüglich der in ihnen erlaubten Funktionen und Anweisungen, so können zum Beispiel auch WITH-Ausdrücke in SubSelects Anwendung finden. SubSelects können beliebig tief ineinander verschachtelt werden.

In den folgenden beiden Beispielen werden SubSelects gebildet, die den Beispielen aus dem vorangegangenen Subcubes-Abschnitt entsprechen. Für SubSelects wirkt das NON VISUAL-Schlüsselwort genauso wie für Subcubes.

```
SELECT
  [Geography].[Country].MEMBERS ON 0
FROM
(
  SELECT
    {
      [Geography].[Country].&[France] : [Geography].[Country].&[United States]
    } ON 0
  FROM [Adventure Works]
);
```
Listing 25.6 Abfrage mit SubSelect

```
SELECT
  [Geography].[Country].MEMBERS ON 0
FROM
NON VISUAL
(
  SELECT
    {
      [Geography].[Country].&[France] : [Geography].[Country].&[United States]
    } ON 0
  FROM [Adventure Works]
);
```
Listing 25.7 Abfrage mit SubSelect im NON VISUAL-Modus

Erste Funktionen und Operatoren

Eine der Stärken von MDX beruht auf der Vielzahl von Funktionen, die es zur Analyse von multidimensionalen Strukturen bereitstellt. In diesem Abschnitt werden wir Ihnen einige besonders wichtige Funktionen vorstellen. Wir werden dabei die Funktionen nicht abschließend unter Berücksichtigung aller möglichen Parameter erläutern, sondern in ihrer – unserer Ansicht nach – gebräuchlichsten Form. Im weiteren Verlauf des Kapitels werden Sie dann nach und nach weitere Funktionen kennenlernen. Einen Überblick über alle MDX-Funktionen erhalten Sie in der Online-Hilfe.

Die von MDX bereitgestellten Funktionen verwenden keine einheitliche Syntax. Ein Teil der Funktionen wird in einer objektbezogenen Syntax angewendet, in diesem Fall muss das Argument ein Cube-Objekt sein. Andere Funktionen erwarten die Argumente in runden Klammern nach dem Funktionsnamen.

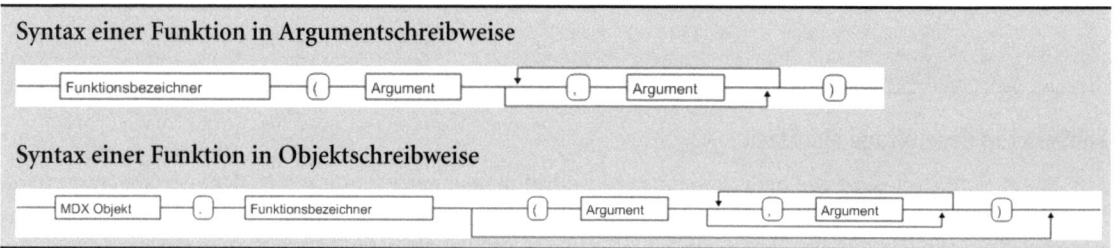

Als erstes Beispiel für Funktionen in Objektschreibweise stellen wir Ihnen die Children-Funktion vor. Sie erwartet als Objekt einen MDX-Ausdruck, der auf ein Element verweist, und liefert alle eine Ebene tiefer liegenden Elemente zurück. Ein Beispiel hierfür bietet die folgende Abfrage:

```
SELECT
  [Product].[Style].[All Products].Children ON 0
  ,[Date].[Calendar Quarter of Year].Children ON 1
FROM [Adventure Works];
```

Listing 25.8 Die *Children*-Funktion

Für die Spalten haben wir das All Products-Element der Attributhierarchie Style gewählt. Die Children-Funktion liefert hierfür alle unterhalb der All-Ebene liegenden Elemente zurück. Für die Zeilenachse geben wir hingegen nur die Attributhierarchie als Argument an. Hierfür liefert die Children-Funktion sämtliche Elemente unterhalb des Standardelements, in diesem Fall das All Products-Element. Wenn die Children-Funktion auf eine Ebene oder Hierarchie angewendet wird, wertet sie das Standardelement der Hierarchie aus. In den Zellen wird das Standard-Measure *Reseller Sales Amount* ausgegeben. Die Ausgabe erfolgt aufgrund der Servereinstellungen in Euro.

	Mens	Not Applicable	Unisex	Womens
CY Q1	€32.773,73	€252.734,81	€14.210.446,68	€1.942.259,43
CY Q2	€64.740,32	€528.392,10	€16.800.788,63	€2.429.180,68
CY Q3	€92.692,33	€838.134,50	€19.026.422,07	€3.042.820,59
CY Q4	€58.431,96	€545.259,99	€18.076.995,24	€2.508.523,91

Abbildung 25.15 Ergebnis aus Listing 25.8

Ähnliche Ergebnisse liefert die Members-Funktion. Sie wird auf Hierarchien oder Ebenen angewandt und liefert die darin enthaltenen Elemente zurück. Berechnete Elemente (siehe den entsprechenden Abschnitt) werden allerdings nicht ausgegeben. Sie können mit der AllMembers-Funktion abgefragt werden. Wir können die Abfrage aus Listing 25.8 entsprechend wie folgt formulieren:

```
SELECT
  [Product].[Style].MEMBERS ON 0
 ,[Date].[Calendar Quarter of Year].MEMBERS ON 1
FROM [Adventure Works];
```
Listing 25.9 Die *Members*-Funktion

In diesem Fall werden für beide Achsen die All-Elemente mit zurückgegeben, da diese unterhalb der gewählten Hierarchie liegen. Wird in einer benutzerdefinierten Hierarchie die Members-Funktion auf die Hierarchie angewandt, so werden alle Element, die in der tiefsten Ebene liegen und zusätzlich das All-Element zurückgegeben. Für folgende Abfrage also alle Product-Elemente:

```
SELECT
  [Product].[Product Categories].MEMBERS ON 0
FROM [Adventure Works];
```
Listing 25.10 Die *Members*-Funktion in benutzerdefinierten Hierarchien

Wird die Members-Funktion in derselben Hierarchie auf eine Ebene angewandt, gibt sie hingegen die Elemente der Ebene zurück. Zum Beispiel gibt die folgende Abfrage auf die Ebene Category die Elemente [Accessories], [Bikes], [Clothing] und [Components] zurück.

```
SELECT
  [Product].[Product Categories].[Category].MEMBERS ON 0
FROM [Adventure Works];
```
Listing 25.11 Die *Members*-Funktion in einer Ebene der benutzerdefinierten Hierarchie

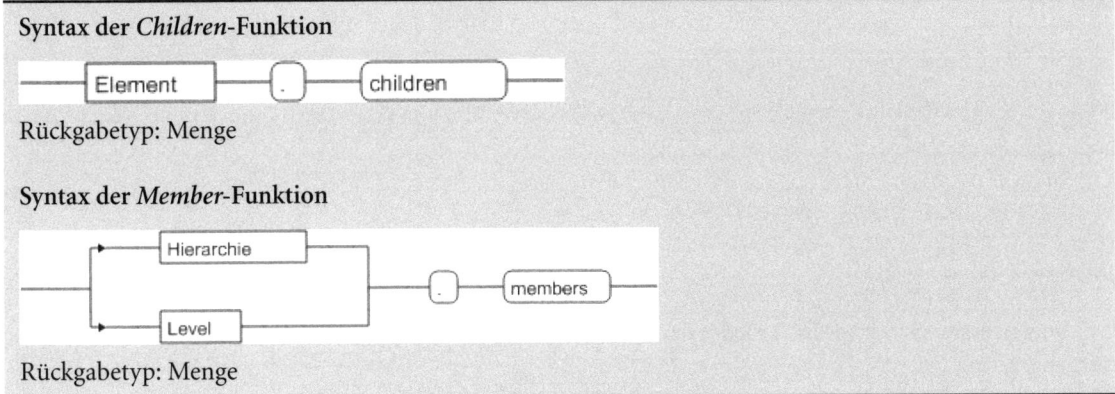

Ein Beispiel für Funktionen, die ihre Argumente als Aufzählung erwarten, ist die Filter-Funktion. Die Filter-Funktion wird verwendet, um Mengen nach beliebigen Kriterien zu filtern. Sie erwartet in ihrer gebräuchlichsten Anwendung als erstes Argument eine Menge und als zweites Argument einen booleschen Ausdruck.

Zurückgegeben wird eine Menge, die alle Tupel der Ursprungsmenge enthält, für die der boolesche Ausdruck wahr ist.

> **Boolesche Operatoren**
>
> MDX stellt die folgenden bekannten Vergleichsoperatoren zur Bildung boolescher Ausdrücke zur Verfügung:
>
> - = prüft auf Gleichheit von numerischen Werten oder Zeichenketten
> - <> prüft auf Ungleichheit von numerischen Werten oder Zeichenketten
> - <= prüft, ob der erste Wert kleiner als oder gleich dem zweiten Wert ist
> - < prüft, ob der erste Wert kleiner als der zweite Wert ist
> - >= prüft, ob der erste Wert größer als oder gleich dem zweiten Wert ist
> - > prüft, ob der erste Wert größer als der zweite Wert ist
> - is vergleicht zwei Objektreferenzen auf Gleichheit. Der Operator gibt true bei Gleichheit der beiden Objekte zurück und andernfalls false.
>
> Der boolesche Wahrheitswert false entspricht der Ziffer Null, alle anderen numerischen Werte entsprechen true. Die folgenden logischen Verknüpfungsoperatoren können entweder mit den Wahrheitswerten true und false oder mit beliebigen numerischen Werten arbeiten:
>
> - AND
> - OR
> - NOT
> - XOR

Als erstes Beispiel für die *Filter*-Funktion benutzen wir einen Filter, der immer wahr ist:

```
SELECT
  Filter
  (
    {
      [Product].[Category].[Bikes] : [Product].[Category].[Components]
    }
    ,true
  ) ON 0
  ,{[Measures].[Reseller Order Quantity]} ON 1
FROM [Adventure Works];
```

Listing 25.12 Die *Filter*-Funktion

Der boolesche Ausdruck true ist für jedes der Tupel in der Menge wahr und deshalb wird die gesamte Menge zurückgegeben.

	Bikes	Clothing	Components
Reseller Order Quantity	75.015	64.497	49.027

Abbildung 25.16 Ergebnis von Listing 25.12

In einem zweiten Fall wollen wir – auf das Beispiel aus Listing 25.12 aufbauend – nur die Produkte erhalten, deren Bestellmenge über 50.000 Stück liegt.

```
SELECT
  Filter
  (
    {
      [Product].[Category].[Bikes] : [Product].[Category].[Components]
    }
    ,
    [Measures].[Reseller Order Quantity] > 50000
  ) ON 0
  ,{[Measures].[Reseller Order Quantity]} ON 1
FROM [Adventure Works];
```
Listing 25.13 Die *Filter*-Funktion mit Measure als Filter

Wie gewünscht, werden die Kategorien zurückgegeben, von denen mehr als 50.000 Stück bestellt wurden.

	Bikes	Clothing
Reseller Order Quantity	75.015	64.497

Abbildung 25.17 Ergebnis aus Listing 25.13

ACHTUNG Der Filter filtert nur die Achse, auf die er angewendet wird. Ergänzen Sie die vorige Abfrage etwa wie folgt:

```
SELECT
  Filter
  (
    {
      [Product].[Category].[Bikes] : [Product].[Category].[Components]
    }
    ,
    (
      [Measures].[Reseller Order Quantity]
      ,[Geography].[Country].&[France]
    )
    > 4000
  ) ON 0
  ,{[Measures].[Order Quantity]} ON 1
FROM [Adventure Works];
```
Listing 25.14 Die *Filter*-Funktion mit Tupel als Filter

So wird die erste Achse derart gefiltert, dass nur Kategorien aufgetragen werden, von denen in Frankreich mehr als 4.000 Produkte bestellt wurden, in den Zeilen wird allerdings die Anzahl der Bestellungen zu den Kategorien weltweit ausgegeben. Wenn Sie die Anzahl der Bestellungen, die in Frankreich getätigt wurden, angezeigt bekommen wollen, sollten Sie in der WHERE-Klausel das Element [Geography].[Country].&[France] zum slicen der Abfrage benutzen.

```
SELECT
  Filter
  (
    {
      [Product].[Category].[Bikes] : [Product].[Category].[Components]
    }
    ,
    [Measures].[Reseller Order Quantity] > 4000
  ) ON 0
  ,{[Measures].[Reseller Order Quantity]} ON 1
FROM [Adventure Works]
WHERE
  [Geography].[Country].&[France];
```

Listing 25.15 Die *Filter*-Funktion mit *WHERE*-Klausel

Die Filter-Funktion findet hauptsächlich Verwendung bei der Einschränkung von Kennzahlen mit numerischen Werten. Die WHERE-Klausel hingegen wird zur Ergebnisbeschränkung durch slicen des Cube genutzt.

Syntax der *Filter*-Funktion

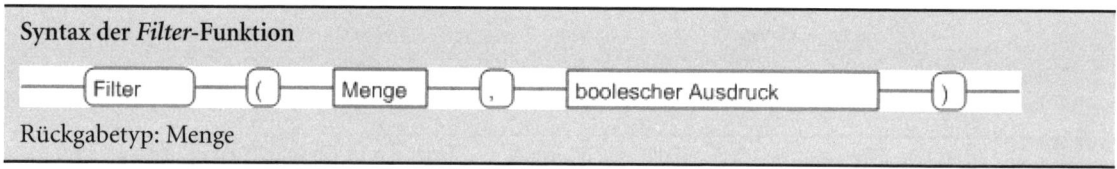

Rückgabetyp: Menge

Als nächste Funktion erläutern wir die Funktion CrossJoin. Diese Funktion gibt für zwei übergebene Mengen ihre multiplikative Verknüpfung, ebenfalls eine Menge, zurück. Zur Veranschaulichung bezeichnen wir die erste Menge mit A und die zweite mit B. Die in den Mengen enthaltenen Tupel sind von eins bis n durchnummeriert. Die multiplikative Verknüpfung enthält folgende Tupel:

{(A1,B1), (A1,B2),…,(A1,Bn),(A2,B1),…,(A2,Bn),…,(An,Bn)}

Als Beispiel soll der CrossJoin aus der Menge [France] und [Australia] mit der Menge [Bikes], [Clothing]und [Components] gebildet werden.

```
SELECT
  CrossJoin
  (
    {
      [Geography].[Country].[France]
      ,[Geography].[Country].[Australia]
    }
    ,{
      [Product].[Category].[Bikes] : [Product].[Category].[Components]
    }
  ) ON 0
FROM [Adventure Works];
```

Listing 25.16 Die *CrossJoin*-Funktion

Der CrossJoin der beiden Mengen besteht aus der Menge folgender Tupel:

Abfragen

{([France].[Bikes]),([France].[Clothing]),([France].[Components]),([Australia].[Bikes]),
([Australia].[Clothing]),([Australia].[Components])}

In der Abbildung 25.18 sehen Sie die Tupel als Spaltenbezeichnungen.

France	France	France	France	France	France
Road	Road	Road	Road	Road	Road
Unisex	Unisex	Unisex	Womens	Womens	Womens
Mountain	Road	Touring	Mountain	Road	Touring
(NULL)	€1.036.899,33	(NULL)	(NULL)	€627.770,46	(NULL)

Abbildung 25.18 Ergebnis aus Listing 25.16

ACHTUNG In der Ergebnismenge eines CrossJoins sind möglicherweise nicht alle Kombinationen von Tupeln aus den beiden Mengen enthalten. Vielmehr werden nur Zellen angezeigt, die existieren. Zellen, die nicht existieren, weil sie wegen Autoexist nicht zum Raum des Cube gehören, erscheinen nicht in der Ergebnismenge (siehe hierzu auch zuvor im diesem Kapitel den Abschnitt »Autoexist«). Bei Abfragen, die nicht existierende Zellen als Schnittpunkt zweier Abfrageachsen bilden, werden die nicht existierenden Zellen mit Null angezeigt (siehe Listing 25.17). Zellen, die eine Null enthalten werden immer mit Null angezeigt. In folgender Abfrage werden die nicht existierenden Zellen [Bikes].[Mens] und [Bikes].[Not Applicable] mit Null angezeigt:

```
SELECT
  [Product].[Category].[Bikes] ON COLUMNS
  ,[Product].[Style].MEMBERS ON ROWS
FROM [Adventure Works];
```

Listing 25.17 Nicht existierende Zellen im Abfrageergebnis

Werden dieselben Mengen über einen CrossJoin multipliziert, fallen die nicht existierenden Mengen weg.

```
SELECT
  CrossJoin
  (
    [Product].[Category].[Bikes]
    ,[Product].[Style].MEMBERS
  ) ON COLUMNS
FROM [Adventure Works];
```

Listing 25.18 Der CrossJoin schließt nicht existierende Zellen aus dem Ergebnis aus.

Als alternative Syntax für die Funktion CrossJoin stellen die Analysis Services das Zeichen Stern (*) als Mengenoperator zur Verfügung. Die Abfrage aus Listing 25.16 sieht in dieser Syntax folgendermaßen aus:

```
SELECT
  {
    [Geography].[Country].[France]
    ,[Geography].[Country].[Australia]
  }
  *
  {
    [Product].[Category].[Bikes] : [Product].[Category].[Components]
  } ON 0
FROM [Adventure Works];
```

Listing 25.19 Alternative *CrossJoin*-Syntax

Es ist ebenfalls möglich, die CrossJoin-Funktion zu schachteln. Mit dem *-Operator können mehrere multiplikative Verknüpfungen hintereinander ausgeführt werden, indem die beteiligten Mengen ohne weitere Klammerungen mit dem Operator verknüpft werden. Analysis Services arbeitet die Verknüpfungen von links nach rechts ab. Alternativ ist die Schachtelung auch mit CrossJoin möglich: Hierzu werden die Mengen innerhalb der Klammer kommagetrennt aufgelistet:

```
SELECT
    {
      (
        [Geography].[Country].[France]
        ,[Product].[Product Line].[Road]
      )
    }*
    {
      [Product].[Style].[Unisex]
      ,[Product].[Style].[Womens]
      ,[Product].[Style].[Mens]
    }*

    [Reseller].[Product Line].Children ON 0
FROM [Adventure Works];
```

Listing 25.20 *CrossJoin* mit drei Mengen

In der CrossJoin-Schreibweise sieht die Abfrage folgendermaßen aus:

```
SELECT
   CrossJoin
   (
     {
       (
         [Geography].[Country].[France]
         ,[Product].[Product Line].[Road]
       )
     }
    ,{
       [Product].[Style].[Unisex]
       ,[Product].[Style].[Womens]
       ,[Product].[Style].[Mens]
     }
    ,{[Reseller].[Product Line].Children}
   ) ON 0
FROM [Adventure Works];
```

Listing 25.21 *CrossJoin*-Funktion mit drei Mengen

Als Ergebnis erhalten Sie die folgende Anzeige:

France	France	France	France	France	France	France	France
Road	Road	Road	Road	Road	Road	Road	Road
Unisex	Unisex	Unisex	Unisex	Womens	Womens	Womens	Womens
All Resellers	Mountain	Road	Touring	All Resellers	Mountain	Road	Touring
€1.036.899,33	(NULL)	€1.036.899,33	(NULL)	€627.770,46	(NULL)	€627.770,46	(NULL)

Abbildung 25.19 Ergebnis aus Listing 25.20 oder aus Listing 25.21

Am Ergebnis aus Listing 25.20 und Listing 25.21 fällt zum einen auf, dass im Ergebnis statt den erwarteten 18 nur 6 Zellen enthalten sind. Die übrigen Zellen existieren nicht. Oft ist es gewünscht, die Zellen, die Null als Datum liefern, auch aus dem Abfrageergebnis auszuschließen. Hierzu gibt es zwei Möglichkeiten. Die NonEmpty-Funktion und das Non Empty-Statement in der SELECT-Anweisung. Das Non Empty-Statement kann in jeder Abfrageachse einleitend eingesetzt werden, um leere Elemente aus der Achse zu entfernen.

Die NonEmpty-Funktion hingegen schließt leere Elemente aus einer Menge aus. Mit der Abfrage aus Listing 25.22 werden durch die NonEmpty-Funktion lediglich Spalte drei und fünf aus Abbildung 25.19 ausgegeben. Optional können Sie der NonEmpty-Funktion eine zweite Menge übergeben, anhand derer alle im CrossJoin der beiden Mengen leer werdenden Tupel aus der ersten Menge gefiltert werden:

```
SELECT
  NonEmpty
  (
    CrossJoin
    (
      {
        (
          [Geography].[Country].[France]
          ,[Product].[Product Line].[Road]
        )
      }
      ,{
        [Product].[Style].[Unisex]
        ,[Product].[Style].[Womens]
        ,[Product].[Style].[Mens]
      }
      ,{[Reseller].[Product Line].Children}
    )
  ) ON 0
FROM [Adventure Works];
```

Listing 25.22 Die *NonEmpty*-Funktion

ACHTUNG Bitte verwenden sie die NonEmptyCrossJoin-Funktion nicht mehr. Diese Funktion liefert unter bestimmten Bedingungen fehlerhafte Resultate, deshalb sollte sie durch die NonEmpty-Funktion ersetzt werden.

Unter Umständen differieren die Ergebnisse der NonEmpty-Funktion von denen der Non Empty-Anweisung. Die NonEmpty-Funktion wertet nur die übergebene Menge aus. Hingegen werden von der Anweisung die Tupel der Achse unter Berücksichtigung der anderen Achsen ausgewertet, sodass von ihr möglicherweise mehr Zellen aus dem Ergebnis ausgeschlossen werden. Ein Beispiel für die NonEmpty-Anweisung finden Sie in Listing 25.23

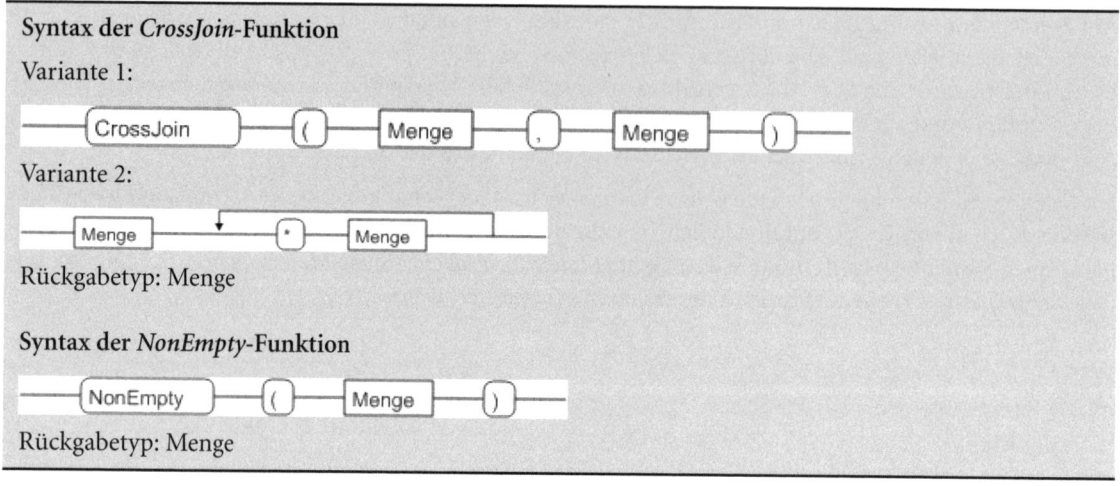

Als Nächstes stellen wir Ihnen die Funktion *Order* vor. Die Ergebnisse der bisherigen Abfragen lieferten die Elemente auf den Achsen in der Reihenfolge, die von der Datenquelle vorgegeben wird. Wollen Sie nun zum Beispiel die Anzahl der Bestellungen des CrossJoins aus den Elementen der Hierarchie Product Line aus der Dimension Reseller und den Style Womens und Mens aufsteigend nach der Reseller Order Quantity sortieren, müssen Sie die Abfrage wie folgt formulieren:

```
SELECT
  NON EMPTY
    Order
    (
      CrossJoin
      (
        {[Reseller].[Product Line].Children}
        ,{
          [Product].[Style].[Womens]
          ,[Product].[Style].[Mens]
        }
      )
      ,[Measures].[Reseller Order Quantity]
      ,basc
    ) ON 0
  ,[Measures].[Reseller Order Quantity] ON 1
FROM [Adventure Works];
```

Listing 25.23 Die *Order*-Funktion

Das erste Argument der Funktion ist die Menge der Tupel, die sortiert werden soll. Das zweite Argument liefert einen numerischen Ausdruck, welcher mithilfe des Kriteriums berechnet wird, das auf alle Tupel der Menge angewandt wird. Das dritte Argument bestimmt die Reihenfolge der Sortierung. Im Listing 25.23 werden die Tupel der Menge auf der ersten Achse aufsteigend sortiert, wobei auf die Beibehaltung der Hierarchie keine Rücksicht genommen wurde. Das Schlüsselwort asc steht für eine aufsteigende Sortierung. Durch das vorgestellte b für break Hierarchies wird zusätzlich angegeben, dass ohne Rücksichtnahme auf Beibehaltung der Hierarchie sortiert wird.

Abfragen

	Mountain	Road	Mountain	Road
	Mens	Mens	Womens	Womens
Reseller Order Quantity	2.309	3.088	11.684	15.409

Abbildung 25.20 Ergebnis von Listing 25.23

Geben Sie als Sortierreihenfolge *asc* an, erhalten Sie das in Abbildung 25.21 dargestellte Ergebnis:

	Mountain	Mountain	Road	Road
	Mens	Womens	Mens	Womens
Reseller Order Quantity	2.309	11.684	3.088	15.409

Abbildung 25.21 *Order*-Funktion unter Beibehaltung der Hierarchie

In diesem Fall wird unter Beachtung der Hierarchie Product Line das Ergebnis sortiert. Dasselbe Ergebnis erhalten Sie, wenn die Abfrage ohne Sortierreihenfolge ausgeführt wird, da asc die Standardsortierreihenfolge ist. Analog zu asc und basc gibt es desc und bdesc zur Abwärtssortierung.

Im Sortierkriterium kann statt einem numerischen Wert auch eine Zeichenfolge angegeben werden. Im nächsten Beispiel wird mithilfe der Funktionen TupleToString und CurrentMember aufsteigend alphabetisch nach den Elementbezeichnungen sortiert:

```
SELECT
  Order
  (
    {[Product].[Style].MEMBERS}
    ,TupleToStr([Product].[Style].CurrentMember)
  ) ON 0
  ,[Measures].[Reseller Order Quantity] ON 1
FROM [Adventure Works];
```
Listing 25.24 *Order* nach Elementnamen

Als Ergebnis erhalten Sie die in Abbildung 25.22 dargestellte Anzeige:

	All Products	Not Applicable	Mens	Unisex	Womens
Reseller Order Quantity	214.378	47.774	5.397	134.114	27.093

Abbildung 25.22 Ergebnis aus Listing 25.24

Die Funktion CurrentMember gibt im Rahmen einer Abfrage das aktuelle Element einer Hierarchie oder Achse zurück. Stellen Sie sich vor, dass die Analysis Services die Elemente auf den Abfrageachsen durchläuft und Sie mit CurrentMember auf die aktuell durchlaufene Zelle zugreifen können. Im Beispiel oben wird durch die Order-Funktion die Menge der [Style]-Elemente nach ihrem Namen geordnet. Durch den Ausdruck [Product].[Style].CurrentMember wird bei der jeweiligen Berechnung der Reihenfolgeposition auf das Element referenziert, das gerade berechnet wird. CurrentMember ist die Standardfunktion für Dimensions- und Hierarchieausdrücke. Wenn Sie diese im Beispiel weglassen, wird sie implizit angewendet.

Die Funktion TupleToString wandelt ein Tupel in eine Zeichenfolge um. Ist im Tupel nur ein Element enthalten, so wird der eindeutige Name des Elements zurückgegeben. Sind mehrere Achsen im Tupel enthalten, besteht die Zeichenfolge aus den eindeutigen Namen der Tupel, die durch ein Komma getrennt und insgesamt in Klammern eingeschlossen sind.

```
TupleToStr([Product].[Color].[Red])= '[Product].[Color].[Red]'
TupleToStr([Customer].[Gender].[All],[Product].[Color].[Blue])=
         '([Customer].[Gender].[All],[Product].[Color].[Blue])'
```

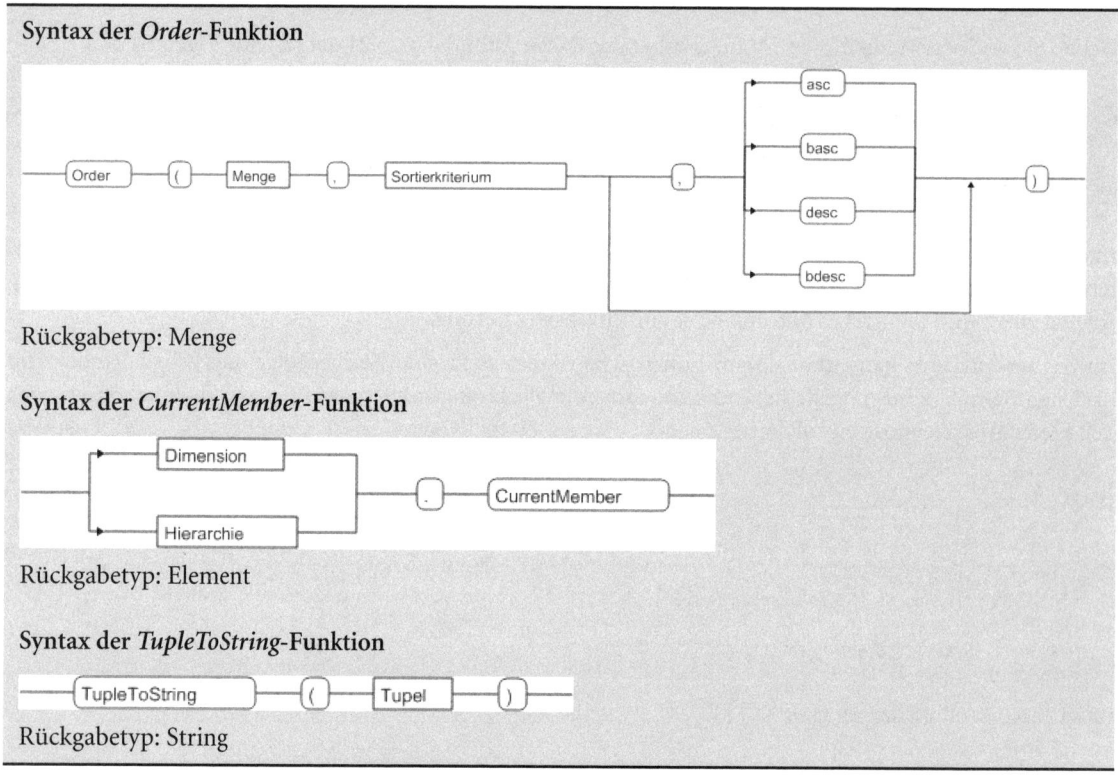

Syntax der *Order*-Funktion

Rückgabetyp: Menge

Syntax der *CurrentMember*-Funktion

Rückgabetyp: Element

Syntax der *TupleToString*-Funktion

Rückgabetyp: String

Berechnete Elemente und benannte Mengen erzeugen

Benannte Mengen sowie berechnete Elemente können im Abfragekontext, im Sitzungskontext oder während der Erstellung des Cube erzeugt werden. Für den Cube werden sie im Cube-Skript deklariert (später in diesem Kapitel im Abschnitt »Arbeiten mit dem Cube-Skript«). Die Verwendung im Sitzungskontext wird in diesem Abschnitt lediglich kurz angesprochen, ausführlich erläutern wir im Folgenden die für den Abfragekontext temporär erzeugten Objekte.

Eine Abfrage kann mit einem optionalen WITH-Statement beginnen, der vor dem SELECT steht. Im WITH-Teil einer Abfrage können für die Lebensdauer der Abfrage Objekte erzeugt werden, die der Abfrage zur Verfügung stehen. Zur Erzeugung dieser Objekte werden Datendefinitionsausdrücke verwendet. Im WITH-Teil können zum Beispiel berechnete Elemente erzeugt werden, die dann in einer der Abfrageachsen Verwendung finden. Eine Berechnung ist direkt in einer Abfrageachse nicht möglich, da hier eine Menge von Tupel erwartet wird. Folgende Objekte lassen sich im WITH-Teil einer Abfrage erzeugen:

- Viele Fragestellungen lassen sich nur mithilfe von Berechnungen vornehmen. Ein Konzept, das MDX für dieses Problem bereitstellt, sind *berechnete Elemente*. Diese können aus im Cube vorhandenen Daten berechnet werden. Berechnete Elemente werden einer Attributhierarchie oder einer Measuregruppe zugeordnet, sie lassen sich genauso wie alle anderen Elemente verwenden.

- *Benannte Mengen* sind Mengen, die über ihren Namen direkt in der Abfrage oder im WITH-Teil verfügbar sind. Sie können über die direkte Angabe einer Menge oder mithilfe einer Funktion, die eine Menge zurückgibt, erzeugt werden. Benannte Mengen werden direkt unterhalb einer Dimension angelegt. Sie können benannte Mengen verwenden, um inhaltlich wichtige Mengen hervorzuheben oder um komplizierte Abfragen leichter lesbar und verständlich und somit sicherer und wartungsfreundlicher zu machen.
- *Berechnete Zellen* bieten die Möglichkeit, den Inhalt von Zellen zu verändern. Auf diese Möglichkeit gehen wir nur knapp ein, da die Verwendung von Zuweisungen angenehmer ist. Die in Analysis Services 2000 eingeführten berechneten Zellen sind nur noch aus Kompatibilitätsgründen in Analysis Services 2008 vorhanden. Zuweisungen können zwar nicht im Abfragekontext verwendet werden, jedoch lassen sich fast alle Anwendungsfälle durch die Verwendung von berechneten Elementen abdecken. Das Thema Zuweisungen behandeln wir ausführlich im Abschnitt über das Cube-Skript.

Für das Erstellen von berechneten Elementen und benannten Mengen können Sie sämtliche MDX-Funktionen verwenden. Zusätzlich haben Sie die Möglichkeit, auf die MDX-Anweisungen EXISTING und CASE zurückzugreifen, die wie Funktionen einen Rückgabeparameter haben (Abschnitt »EXISTING-Anweisung« und Abschnitt »CASE-Anweisung« später in diesem Kapitel). Dort finden Sie auch einige Beispiele für diese Anweisungen.

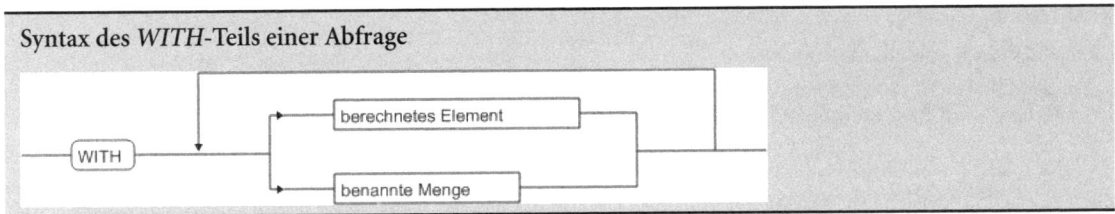

Berechnete Elemente

Wenn Sie in einer Abfrage Daten anzeigen lassen wollen, die so nicht im Cube vorkommen, sich aber berechnen lassen, so ist die Bildung berechneter Elemente ein geeignetes Mittel. Als erstes Beispiel soll ein Element gebildet werden, das immer die Zeichenfolge »Hallo« zurückgibt:

```
WITH
  MEMBER [Measures].[Hallo] AS "Hallo"

SELECT
  {[Measures].[Hallo]} ON 0
  ,[Product].[Style].MEMBERS ON 1
FROM [Adventure Works];
```

Listing 25.25 Erstes berechnetes Element *Hallo*

In diesem Beispiel ist sehr gut zu sehen, dass es ein neues Element [Hallo] mit dem Wert *Hallo* gibt.

Abbildung 25.23 Ergebnis aus Listing 25.25

Durch die Schlüsselwörter With Member wird für den Kontext der Abfrage ein Element erstellt. Die Ausdrücke im Zusammenhang mit der WITH-Anweisung sind Teil der Abfrage. Sie sind der Teil, in dem selbst erzeugte Objekte definiert werden. Der Ort, an dem das Element erstellt wird, sowie der Name des Elements werden durch den nachfolgenden Namen des Elements festgelegt (in diesem Beispiel [Measures].[Gewinn]). Falls nur der Name des Elements angegeben ist, wird das Element in der Achse erstellt, die durch die an der Berechnung teilnehmenden Objekte festgelegt ist. Die Definition für das Element wird durch das Schlüsselwort AS eingeleitet. Innerhalb der Definition können MDX-Ausdrücke, Operatoren und Funktionen verwendet werden.

Soll zum Beispiel der Umsatz in einer Abfrage ausgewiesen werden, bietet der folgende Ausdruck eine Möglichkeit dafür:

```
WITH
  MEMBER [Measures].[Gewinn] AS
      [Measures].[Reseller Sales Amount]
    -
      [Measures].[Reseller Total Product Cost]
SELECT
  [Product].[Style].MEMBERS ON 0
 ,{[Measures].[Gewinn]} ON 1
FROM [Adventure Works];
```

Listing 25.26 Zweites berechnetes Element

Im Ergebnis wird der vereinfacht berechnete Gewinn pro Style ausgewiesen.

	All Products	Mens	Not Applicable	Unisex	Womens
Gewinn	€470.482,60	€76.586,09	€607.616,05	(€66.981,22)	(€146.738,31)

Abbildung 25.24 Ergebnis aus Listing 25.26

HINWEIS Aufgrund der im Cube definierten Formatierung *Currency* für das Element *Gewinn* werden negative Werte im Management Studio nicht mit negativen Vorzeichen versehen, sondern in Klammern gesetzt. Dies ist in anderen Frontends wie zum Beispiel Excel nicht der Fall.

Eine alternative Möglichkeit, ein berechnetes Element zu benutzen, besteht darin, es für den Zeitraum der aktiven Clientsitzung zu erstellen. So wird das berechnete Element für weitere Zugriffe aus derselben Sitzung verfügbar. Das Erzeugen eines berechneten Elements im Sitzungskontext wird mit der CREATE MEMBER-Anweisung ausgeführt. Optional können Sie auch CREATE SESSION MEMBER verwenden, um explizit darauf hinzuweisen, dass es sich um ein Element im Sitzungskontext handelt. Auf das vorherige Beispiel bezogen würde der Ausdruck lauten:

```
CREATE SESSION MEMBER [Adventure Works].[Measures].[Gewinn] AS
    [Measures].[Reseller Sales Amount]
  -
    [Measures].[Reseller Total Product Cost]
```

Listing 25.27 Berechnetes Element im Sitzungskontext

Berechneten Elementen können eine Reihe von Eigenschaften beim Erzeugen mitgegeben werden:

- FORMAT_STRING   Diese Eigenschaft bestimmt, wie eine Clientanwendung das Element formatieren soll. Werte für diese Eigenschaft sind zum Beispiel Currency und Percent.
- DISPLAY_FOLDER   Diese Eigenschaft kann eine Clientanwendung verwenden, um Elemente strukturiert in verschiedenen Ordnern anzuzeigen
- ASSOCIATED_MEASURE_GROUP   Diese Eigenschaft bietet einer Clientanwendung die Möglichkeit, Dimensionen aus dem Cube zu Filtern, die zur angegebenen Measuregruppe gehören und mit dem berechneten Element zusammen Verwendung finden können
- CAPTION   Diese Eigenschaft legt die in einer Clientanwendung anzuzeigende Beschriftung des Elements fest.
- NON_EMPTY_BEHAVIOR   Falls das berechnete Element in einer Abfrage mit der NON EMPTY-Anweisung oder der NonEmpty-Funktion Anwendung findet, gibt diese Eigenschaft den Ananlysis Services die Möglichkeit, performanceoptimiert zu prüfen, ob das Element leer ist. Hierzu wird meist auf ein Measure oder eine Menge von Measures verwiesen. Zum Beispiel kann für das vorangehende Beispiel in Listing 25.27 der Wert {[Reseller Sales Amount]} übergeben werden, da der Ausdruck [Reseller Sales Amount] - [Reseller Total Product Cost] leer wird, wenn [Reseller Sales Amount] leer ist.
- SOLVEORDER   Diese Eigenschaft legt fest, welche Priorität ein berechnetes Element gegenüber anderen berechneten Elementen hat. Diese Eigenschaft werden wir im Verlauf dieses Abschnittes ausführlich erläutern.

Das berechnete Element Gewinn kann mit allen möglichen Eigenschaften wie folgt erstellt werden:

```
CREATE MEMBER [Adventure Works].[Measures].[Gewinn]  AS
     [Measures].[Reseller Sales Amount]
     -
     [Measures].[Reseller Total Product Cost]
, NON_EMPTY_BEHAVIOR = {[Reseller Sales Amount]}
, DISPLAY_FOLDER = 'Gewinne'
, ASSOCIATED_MEASURE_GROUP = 'Reseller Sales'
, Caption='G1'
, SolveOrder=1
```

Listing 25.28   Ein Element mit Eigenschaften erstellen

Beachten Sie, dass bei einer CREATE-Anweisung der Cube im Ausdruck für das berechnete Element angegeben werden muss. Dies können Sie entweder mit dem Namen des Cube oder besser mithilfe des Ausdrucks CurrentCube erreichen. Wenn Sie CurrentCube verwenden, können Sie sicher sein, dass Sie auf den Cube referenzieren, zu dem Sie eine Verbindung aufgebaut haben. Das CREATE-Schlüsselwort signalisiert, dass die Anweisung zur Daten-Definitionssprache (DDL) von MDX gehört. Ein CREATE-Ausdruck gehört nicht zur Abfrage, er muss also vor ihr ausgeführt werden. Danach kann die Abfrage mit der Referenz auf das erzeugte berechnete Element ausgeführt werden:

```
SELECT
  [Product].[Style].MEMBERS ON 0
 ,{[Measures].[Gewinn]} ON 1
FROM [Adventure Works];
```

Listing 25.29   Abfragen des in Listing 25.27 erstelltem Elements

	All Products	Mens	Not Applicable	Unisex	Womens
G1	€470.482,60	€76.586,09	€607.616,05	(€66.981,22)	(€146.738,31)

Abbildung 25.25 Berechnetes Element im Sitzungskontext erstellt

Sie können dieses Beispiel auf zwei Arten im Management Studio ausführen:

- Sie schreiben zuerst die CREATE-Anweisung und führen sie alleine aus, um dann die Abfrage in demselben Editor zu schreiben und auszuführen
- Sie schreiben sowohl CREATE als auch die Abfrage in den Editor und markieren dann die CREATE-Anweisung. Wenn Sie jetzt auf Ausführen klicken (oder F5 drücken), wird nur CREATE ausgeführt. Markieren Sie anschließend die Abfrage und führen Sie diese aus.

Beide Anweisungen können nicht auf einmal ausgeführt werden. Einen entsprechenden Versuch quittiert der Analysis-Server mit einer Fehlermeldung, da er die Statements nicht voneinander trennen kann.

Weitere DDL-Statements für berechnete Elemente sind Update Member und Drop Member. Das Update Member-Statement kann nur auf ein berechnetes Element im Sitzungskontext angewendet werden. Mit ihm wird die Berechnung des Elements geändert. Zusätzlich können alle Eigenschaften außer SOLVEORDER geändert werden. Im folgenden Beispiel wird das bekannte berechnete Element Gewinn mit einer neuen Berechnung und neuen Eigenschaften versehen:

```
Update  MEMBER [Adventure Works].[Measures].[Gewinn]   AS 1
, DISPLAY_FOLDER = 'Gewinne1'
, ASSOCIATED_MEASURE_GROUP = 'Reseller Sales'
, Caption='G_1'
```

Listing 25.30 Update eines berechneten Elements

	All Products	Mens	Not Applicable	Unisex	Womens
G_1	1	1	1	1	1

Abbildung 25.26 Berechnetes Element *Gewinn* nach erfolgtem Update

Wird ein berechnetes Element im Sitzungskontext nicht mehr benötigt, kann es durch das *Drop*-Statement gelöscht werden

```
Drop MEMBER [Adventure Works].[Measures].[Gewinn]
```

Listing 25.31 Löschen eines berechneten Elements

HINWEIS In MDX können Sie folgende Operatoren für Berechnungen verwenden:

- \+ addiert zwei numerische Werte
- − subtrahiert einen numerischen Wert von einem anderen
- * multipliziert zwei Werte
- / dividiert einen Wert durch einen zweiten

Plus und Minus können Sie auch verwenden, um das Vorzeichen eines Wertes festzulegen. Die Berechnungsreihenfolge kann durch Klammersetzung festgelegt werden.

Berechnete Elemente und benannte Mengen erzeugen

Es ist auch möglich, mehrere berechnete Elemente im WITH-Ausdruck zu erzeugen. Wenn in einer Abfrage mehrere berechnete Elemente auf verschiedenen Achsen verwendet werden, macht es meist Sinn, die Eigenschaft SOLVE_ORDER zu nutzen. Diese Eigenschaft legt fest, welche Priorität das berechnete Element hat. Die Priorität wird benötigt, wenn im Ergebnis eine Zelle im Schnittpunkt der berechneten Elemente liegt. In diesem Fall wird die Zelle gefüllt, deren berechnetes Element die höhere SOLVE_ORDER aufweist.

Die Priorität wird als ganze Zahl angegeben und kann Werte zwischen -8.152 und 65.535 annehmen. Es sollten jedoch nur positive Werte benutzt werden, da sonst im Extremfall die Analysis Services versuchen würden, ein berechnetes Element zu berechnen, bevor im Cube-Design festgelegte Berechnungen für Attribute durchgeführt wären.

```
WITH
  MEMBER [Geography].[Country].[France-Germany] AS
    [Geography].[Country].[France] - [Geography].[Country].[Germany]
    ,solve_order = 1
  MEMBER [Measures].[avg Unit Price] AS
      [Measures].[Reseller Sales Amount]
    /
      [Measures].[Reseller Transaction Count]
    ,Format_String = "Currency"
    ,solve_order = 2
SELECT
  {
    [Measures].[Reseller Sales Amount]
   ,[Measures].[Reseller Transaction Count]
   ,[Measures].[avg Unit Price]
  } ON 0
 ,{
    [Geography].[Country].[France]
   ,[Geography].[Country].[Germany]
   ,[Geography].[Country].[France-Germany]
  } ON 1
FROM [Adventure Works];
```

Listing 25.32 Aufeinander aufbauende berechnete Elemente und *SOLVE_ORDER*

Das Ergebnis präsentiert sich wie in Abbildung 25.27:

	Reseller Sales Amount	Reseller Transaction Count	avg Unit Price
France	€4.607.537,94	3.530	€1.305,25
Germany	€1.983.988,04	1.839	€1.078,84
France-Germany	€2.623.549,90	1.691	€1.551,48

Abbildung 25.27 Ergebnis aus Listing 25.32

Die beiden berechneten Elemente France-Germany und avg Unit Price werden auf den Achsen aufgetragen. Im Schnittpunkt der beiden Achsen sollte die Differenz des durchschnittlichen Stückpreises von Frankreich und Deutschland stehen. Wie Sie am Beispiel erkennen können, ist dies leider nicht der Fall. Stattdessen wird die Zelle mit der Formel des berechneten Elements avg Unit Price berechnet, da dieses die höhere SOLVE_ORDER hat.

Um das gewünsche Ergebnis zu erzielen, haben wir die Eigenschaft SOLVE_ORDER angepasst:

```
WITH
  MEMBER [Geography].[Country].[France-Germany] AS
    [Geography].[Country].[France] - [Geography].[Country].[Germany]
    ,solve_order = 10
  MEMBER [Measures].[avg Unit Price] AS
    [Measures].[Reseller Sales Amount]
    /
    [Measures].[Reseller Transaction Count]
    ,Format_String = "Currency"
    ,solve_order = 2
SELECT
  {
    [Measures].[Reseller Sales Amount]
    ,[Measures].[Reseller Transaction Count]
    ,[Measures].[avg Unit Price]
  } ON 0
  ,{
    [Geography].[Country].[France]
    ,[Geography].[Country].[Germany]
    ,[Geography].[Country].[France-Germany]
  } ON 1
FROM [Adventure Works];
```

Listing 25.33 *SOLVE_ORDER* richtig angewandt

Das Ergebnis präsentiert sich nun wie in Abbildung 25.28:

	Reseller Sales Amount	Reseller Transaction Count	avg Unit Price
France	€4.607.537,94	3.530	€1.305,25
Germany	€1.983.988,04	1.839	€1.078,84
France-Germany	€2.623.549,90	1.691	€226,41

Abbildung 25.28 Ergebnis aus Listing 25.33

Jetzt sieht das Ergebnis wie erwartet aus. Sie können beliebige Abstände zwischen den einzelnen SOLVE_ORDER-Werten lassen. Dies hat den Vorteil, dass Prioritäten, die durch CREATE-Statements im Sitzungskontext oder im Cube-Skript festgelegt sind, keine endgültige Reihenfolge für die benutzerdefinierten Elemente festlegen. So können später in WITH-Ausdrücken definierte, berechnete Elemente noch in die Lösungsreihenfolge eingearbeitet werden.

Syntax eines berechneten Elements im *WITH*-Teil einer Abfrage

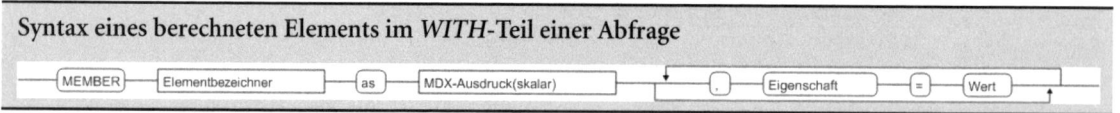

Benannte Mengen

Benannte Mengen erstellen Sie auf ähnliche Weise wie berechnete Elemente. Sie lassen sich entweder im Kontext der Abfrage im WITH-Bereich oder für eine Client-Sitzung bzw. den Cube mit der CREATE-Syntax erstellen. Die benannte Menge kann dazu dienen, interessante Tupel gleicher Dimensionalität vorzuhalten oder eine Abfrage zu vereinfachen, indem die Mengenerstellung in den WITH-Bereich verschoben wird. Die benannte Menge gehört keiner Dimension an. Deshalb wird sowohl bei ihrer Definition als auch in einer Abfrage nur ihr Name angegeben. Standardmäßig wird die benannte Menge statisch erstellt. Sie können dies auch explizit mit dem Schlüsselwort STATIC SET tun.

Berechnete Elemente und benannte Mengen erzeugen

```
WITH
  SET [Meine Länder] AS
    {
      [Geography].[Country].[France]
     ,[Geography].[Country].[Germany]
    }
SELECT
  [Meine Länder] ON 0
 ,[Measures].[Reseller Order Quantity] ON 1
FROM [Adventure Works];
```

Listing 25.34 Benannte Menge im *WITH*-Teil der Abfrage

Sie erhalten das in Abbildung 25.29 dargestellte Ergebnis angezeigt:

	France	Germany
Reseller Order Quantity	14.348	7.380

Abbildung 25.29 Ergebnis aus Listing 25.34

Benannten Mengen können Sie wie berechneten Elementen Eigenschaften bei der Erstellung zuweisen. Analysis Services bietet hierzu die bekannten Eigenschaften DISPLAY_FOLDER und CAPTION. Benannte Mengen haben den Nachteil, dass sie in der bisher gezeigten Form einmal erstellt und dann statisch in weiteren Berechnungen oder der Abfrage verwendet werden.

Spätere Veränderungen des abgefragten Raums, etwa über eine WHERE-Klausel, beeinflussen die Menge leider nicht mehr. Dies ist besonders für Frontends wie zum Beispiel Exel 2007 schlecht, in denen Benutzer im Cube vorhandene Mengen verwenden und sie mit WHERE-Klauseln einschränken können. Die Lösung für dieses Problem sind dynamische benannte Mengen. Diese Mengen werden im jeweiligen Abfragekontext neu ausgewertet. Dies führen wir Ihnen im Folgenden an einem Beispiel vor. Es soll eine Menge erstellt werden, die Länder mit negativem Gewinn, also Verlust, enthält. Doch zuvor schauen wir uns die Datenlage direkt an:

```
SELECT
  [Measures].[Reseller Gross Profit] ON 0
 ,Filter
  (
    [Geography].[Country].[Country].MEMBERS
    ,
    [Measures].[Reseller Gross Profit] < 0
  ) ON 1
FROM [Adventure Works]
WHERE
  [Date].[Calendar Year].[All];
```

Listing 25.35 Abfrage von Ländern mit Verlusten über alle Jahre

	Reseller Gross Profit
Australia	(€108.720,88)
France	(€37.309,60)
Germany	(€111.253,70)

Abbildung 25.30 Das Ergebnis der Abfrage von Ländern mit Verlusten über alle Jahre

Als Ergebnis aus Listing 25.35 sehen sie, dass über alle Jahre Australien, Frankreich und Deutschland Verlust gemacht haben. Im Jahr 2004 sieht dies anders aus, hier wurde in Frankreich, Deutschland, Großbritannien und den USA ein Verlust erzielt. Um dies abzufragen, verwenden wir eine WHERE-Klausel, die den Cube im Jahr 2004 schneidet:

```
SELECT
  [Measures].[Reseller Gross Profit] ON 0
  ,Filter
  (
    [Geography].[Country].[Country].MEMBERS
    ,
    [Measures].[Reseller Gross Profit] < 0
  ) ON 1
FROM [Adventure Works]
WHERE
  [Date].[Calendar Year].[CY 2004];
```

Listing 25.36 Abfrage von Ländern mit Verlusten in 2004

	Reseller Gross Profit
Australia	(€11.017,61)
France	(€4.950,46)
Germany	(€13.223,92)
United Kingdom	(€6.217,40)
United States	(€10.111,54)

Abbildung 25.31 Ergebnis: Länder mit Verlust in 2004

Die Menge der Länder, die Verluste machen, wird mit folgender Anweisung in der statischen *Session*-Menge [Negativer Gewinn] erstellt:

```
CREATE
  STATIC SET [Adventure Works].[Negativer Gewinn] AS
    Filter
    (
      [Geography].[Country].[Country].MEMBERS
      ,
      [Measures].[Reseller Gross Profit] < 0
    ) ;
```

Listing 25.37 Statische *Session*-Menge mit Ländern, die Verluste haben

Diese Menge enthält implizit auch das All-Element der Calender Year-Attributhierarchie. Beim Verwenden dieser Menge in einer Abfrage, die im Jahr 2004 liegt, werden falsche Ergebnisse erzeugt:

```
SELECT
  [Measures].[Reseller Gross Profit] ON 0
  ,[Negativer Gewinn] ON 1
FROM [Adventure Works]
WHERE
  [Date].[Calendar Year].[CY 2004];
```

Listing 25.38 Statische Menge mit schneidender *WHERE*-Klausel

Statt des richtigen Ergebnisses Frankreich, Deutschland, Großbritannien und den USA werden durch die statische Menge fälschlich nur Australien, Frankreich und Deutschland ausgewiesen. Um das richtige Ergebnis zu erhalten, muss eine dynamische Menge verwendet werden. Hierzu wird zunächst die bestehende benannte Menge [Negativer Gewinn] mit der DROP-Anweisung gelöscht und im Anschluss wird eine entsprechende dynamische benannte Menge erstellt:

Berechnete Elemente und benannte Mengen erzeugen

```
--Die statische Menge wird gelöscht
Drop SET [Adventure Works].[Negativer Gewinn];
-- Dynamisches Menge wird erzeugt
CREATE
  DYNAMIC SET [Adventure Works].[Negativer Gewinn] AS
    Filter
    (
      [Geography].[Country].[Country].MEMBERS
    ,
      [Measures].[Reseller Gross Profit] < 0
    ) ;
```

Listing 25.39 Löschen der statischen und Erzeugen der dynamischen benannten Menge

Wird diese Menge nun in der Abfrage aus Listing 25.38 verwendet, um die Länder mit Verlusten in 2004 zu zeigen, so ist das Ergebnis korrekt. Die Menge wird während der Abfrage unter Berücksichtigung der WHERE-Klausel neu erstellt.

Dynamische benannte Mengen müssen auch bei Einsatz von SubSelects oft zum Erreichen von korrekten Ergebnissen benutzt werden. Folgende Abfrage liefert fälschlicherweise als Ergebnis, dass 398 Produkte in der Kategorie [Clothing] vorhanden sind.

```
WITH
  MEMBER Measures.[Anzahl Produkte] AS
    Count([Product].[Product].MEMBERS)
SELECT
  [Anzahl Produkte] ON 0
FROM
(
  SELECT
    [Product].[Category].[Clothing] ON 0
  FROM [Adventure Works]
);
```

Listing 25.40 *Count*-Fehler in Abfrage mit *SubSelect*

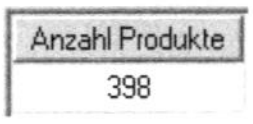

Anzahl Produkte
398

Abbildung 25.32 Falsches Ergebnis aus der Abfrage mit SubSelect

Das richtige Ergebnis, 49 Stück, erzielen Sie, wenn die Menge der Produkte als dynamische benannte Menge erzeugt und diese dann in der Abfrage verwendet wird.

```
WITH
  DYNAMIC SET [Produkte dynamisch] AS
    [Product].[Product].MEMBERS
  MEMBER Measures.[Anzahl Produkte] AS
    Count([Produkte dynamisch])
SELECT
  [Anzahl Produkte] ON 0
FROM
(
  SELECT
    [Product].[Category].[Clothing] ON 0
  FROM [Adventure Works]
);
```

Listing 25.41 *SubSelect* mit dynamischer Menge

Abbildung 25.33 Richtiges Ergebnis durch dynamische Menge

Insgesamt raten wir Ihnen, standardmäßig dynamische benannte Mengen zu verwenden. Statische Mengen sollten nur verwendet werden, wenn sichergestellt ist, dass sie nie in einer Abfrage mit WHERE-Klausel Verwendung finden oder das statische Verhalten explizit erwünscht ist.

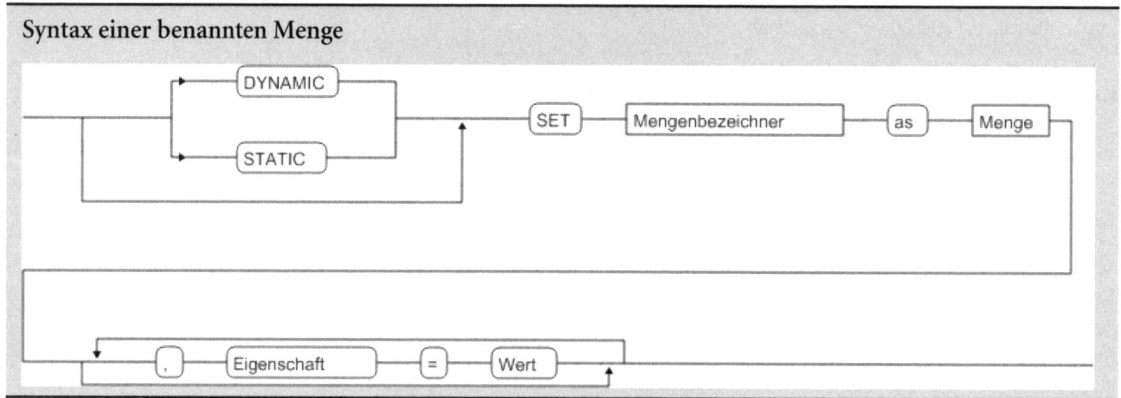

Berechnete Zellen

Die Anweisung CELL CALCULATION erlaubt es, im Abfragekontext, im Sitzungskontext oder im Cube-Skript die Berechnung von Zellen zu ändern. Für die Verwendung im Sitzungskontext und besonders im Cube-Skript wird allerdings die Verwendung von Zuweisungen (siehe später in diesem Kapitel den Abschnitt »Arbeiten mit dem Cube-Skript«) empfohlen, die wesentlich leichter zu verarbeiten sind. Hier besteht CREATE CELL CALCULATION lediglich aus Kompatibilitätsgründen. Im Abfragekontext lassen sich die meisten Probleme, für die CELL CALCULATION verwendet wird, auch mit berechneten Elementen lösen.

Im Listing 25.42 wird erst eine Zellberechnung im WITH-Teil einer Abfrage erstellt und anschließend in dieser genutzt. Die Berechnung setzt das Measure Reseller Order Count für alle Elemente der [Product].[Category].[Category] Ebene auf 2. Das All-Element bleibt hingegen auf dem alten Wert.

```
WITH
    CELL CALCULATION myCellCalc2
        FOR '([Product].[Category].[Category].members,[Measures].[Reseller Order Count])' AS 2
SELECT
    [Product].[Category].members on 0
FROM [Adventure Works]
WHERE [Measures].[Reseller Order Count]
```

Listing 25.42 Berechnete Zelle in einer Abfrage

Abschließendes Beispiel und weitere Funktionen

Zum Abschluss dieses Abschnittes stellen wir Ihnen ein Beispiel vor, das die bisher beschriebenen Konzepte zusammenfasst. Hierzu führen wir zunächst noch drei weitere Funktionen ein:

Berechnete Elemente und benannte Mengen erzeugen

Die Funktionen TopCount und BottomCount ähneln der Funktion Order. Sie erwarten eine Menge, die erst sortiert wird, um dann Tupel aus ihr auszuwählen. Der Unterschied zwischen den beiden Funktionen ist, dass TopCount absteigend und BottomCount aufsteigend sortiert. Das erste Argument der Funktionen bestimmt die Menge, die bearbeitet werden soll, das zweite Argument die Anzahl der Tupel, die zurückgegeben werden, und das dritte enthält das Sortierkriterium. Das Sortierkriterium wird auf die Tupel der Menge angewendet und gibt für jedes Tupel einen Wert zurück, nach dem sortiert wird.

Die Funktion Sum summiert die Werte der Tupel einer Menge. Die Funktion benötigt mindestens ein Argument: die Menge, deren Tupel summiert werden sollen. Mit dem optionalen zweiten Argument kann angegeben werden, über welches Measure die Tupelwerte berechnet werden. Wird das optionale Argument nicht angegeben, erfolgt die Summierung über das vom Abfragekontext bestimmte Measure.

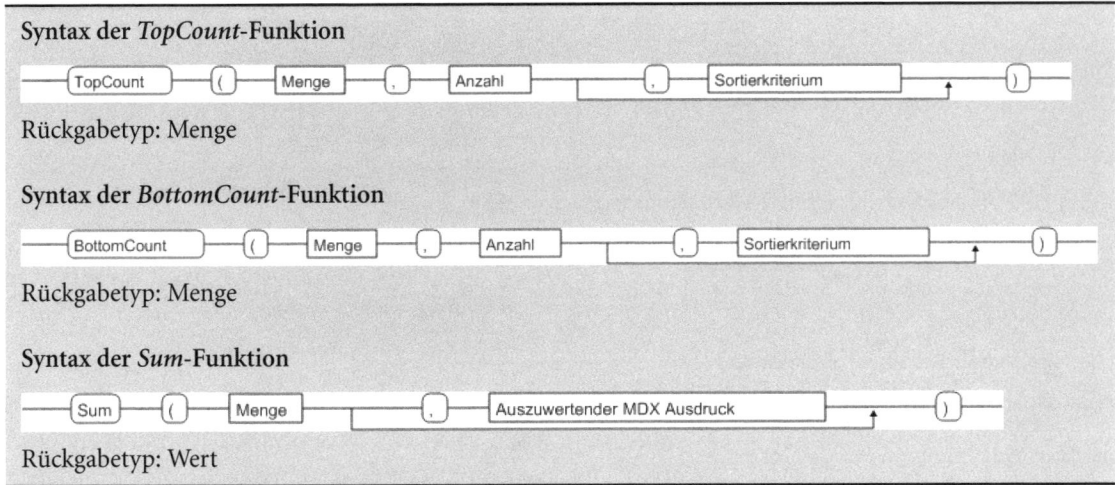

Im Beispiel sollen die drei Produkte mit dem höchsten Gewinn mit ihrem Umsatz ausgegeben werden. Hierzu bilden wir das berechnete Elemente Reseller Gewinn und die benannte Menge Top 3. Zusätzlich soll noch der Anteil der Top 3-Produkte am Gesamtgewinn und Gesamtumsatz ausgegeben werden. Die hierzu erstellten berechneten Elemente Summe Top 3 und Anteil Top 3 werden in der Attributhierarchie [Product].[Product] erstellt, damit diese in derselben Abfrageachse wie der Produktname ausgegeben werden können. Schließlich muss SOLVE_ORDER noch so festgelegt werden, dass die Berechnungsprioritäten der Elemente Summe Top 3 und Anteil Top 3 über der von Gewinn liegen.

```
WITH
  MEMBER [Measures].[Reseller Gewinn] AS
    [Measures].[Reseller Sales Amount]
    -
    [Measures].[Reseller Total Product Cost]
  ,Format_String = "Currency"
  ,solve_order = 1
DYNAMIC SET [Top 3] AS
  TopCount
  (
    [Product].[Product].[Product].MEMBERS
    ,3
```

Listing 25.43 *Abschlussbeispiel berechnete Elemente*

```
      ,[Measures].[Reseller Gewinn]
    )
  MEMBER [Product].[Product].[Summe Top 3] AS
    Sum([Top 3])
    ,solve_order = 2
  MEMBER [Product].[Product].[Anteil Top 3] AS
    [Product].[Product].[Summe Top 3] / [Product].[Product].[All]
    ,Format_String = "Percent"
    ,solve_order = 50
SELECT
  {
    [Measures].[Reseller Gewinn]
    ,[Measures].[Reseller Sales Amount]
  } ON 0
  ,{
    [Product].[Product].[All]
    ,[Top 3]
    ,[Product].[Product].[Summe Top 3]
    ,[Product].[Product].[Anteil Top 3]
  } ON 1
FROM [Adventure Works];
```

Listing 25.43 Abschlussbeispiel *berechnete Elemente (Fortsetzung)*

	Reseller Gewinn	Reseller Sales Amount
All Products	€470.482,60	€80.450.596,98
Mountain-200 Black, 38	€146.318,34	€1.471.078,72
Mountain-200 Black, 38	€136.026,32	€1.634.647,94
Mountain-200 Black, 42	€133.378,92	€1.360.828,02
Summe Top 3	€415.723,58	€4.466.554,68
Anteil Top 3	88,36%	5,55%

Abbildung 25.34 Ergebnis aus Listing 25.43

Aggregationen und Drillthrough

In diesem Abschnitt behandeln wir die Aggregation von Daten und die Bildung von Verhältniskennzahlen unter besonderer Berücksichtigung von Zeithierarchien in MDX-Abfragen. Nach einem theoretischen Einstieg, in dem die Aggregationsmechanismen in Cubes der Analysis Services beleuchtet werden, folgen einige anwendungsorientierte Beispiele. Abschließend stellen wir das Drillthrough-Statement vor, mit dem es möglich ist, auf Quelldaten zuzugreifen.

Aggregationen

Um zu verstehen, wie Analysis Services aggregiert, benötigen Sie Einblick in das Konzept der *Granularität* in Analysis Services. Die Granularität einer Dimension wird durch das Attribut der Dimension bestimmt, welches die Dimension mit der Faktentabelle verbindet. Dieses Attribut wird *Granularitätsattribut* genannt. Es ist meist der Schlüssel der Dimension, kann aber auch ein beliebiges anderes Attribut sein. So könnte zum Beispiel die Dimension [Zeit] den Schlüssel *Stunde* haben, zur Verknüpfung mit der Faktentabelle wird aber das Datum verwendet.

Dimensionsblätter sind diejenigen Elemente innerhalb einer Dimension, die die feinstmögliche Granularität haben. Es gibt zu jedem Element des Granularitätsattributes genau eine Blattzelle, auch Blatt genannnt. Ist

Aggregationen und Drillthrough

der Dimensionsschlüssel das Granularitätsattribut, so sind die Ausprägungen aller anderen Attribute für das Blatt festgelegt. In der Dimension [Product] ist der [ProductKey] mit den Measuregruppen verknüpft. Durch die Festlegung von [ProductKey] wird eine Zeile der *Dim Product*-Tabelle ausgewählt. Dadurch sind die Werte aller anderen Spalten und entsprechend ihre Attribute im Cube festgelegt.

Ist nicht der Dimensionsschlüssel das Granularitätsattribut, wird ein Blatt aus einem Element des Granularitätsattributes, den dadurch festgelegten Werten der anderen Attributhierarchien und den *All*-Elementen der nicht festgelegten Attributhierarchien gebildet. Die nicht festgelegten Attributhierarchien sind diejenigen, die eine feinere Körnung als das Granularitätsattribut besitzen.

Mit diesen Informationen lässt sich für jede Zelle im Cube die Granularität bestimmen. Die Granularität einer Zelle ergibt sich aus der Entfernung jedes Elements, das implizit oder explizit am die Zelle definierenden Tupel beteiligt ist, zur feinstmöglichen Granularität seiner Hierarchie. Das Element [Style].[Bikes] hat also eine feinere Granularität als das Element [Style].[All]. *Blattzellen* sind solche Zellen, die im Schnittpunkt von je einem Dimensionsblatt jeder Dimension stehen. Sie sind die Zellen im Cube mit der feinsten Granularität.

Analysis Services aggregiert, von den Blattzellen beginnend, aus den Werten der Zellen mit feinerer Granularität die Werte der Zellen mit gröberer Granularität auf. Zum Aggregieren benutzt Analysis Services dabei die AggregateFunction-Eigenschaft der Measures. Um sich die Blätter des Cube oder einer Dimension anzusehen, können Sie die Leaves-Funktion benutzen.

```
SELECT
  Head
  (
    Leaves()
    ,5
  ) ON 0
FROM [Adventure Works]
WHERE
  [Measures].[Reseller Order Count];
```

Listing 25.44 Die *Leaves*-Funktion

Im Listing 25.44 werden die fünf ersten Blattzellen zum Measure Reseller Order Count ermittelt. Das Measure in der Slicer-Achse muss angegeben werden, da die Leaves-Funktion nur für Measures mit gleicher AggregateFunction ausgeführt wird. Die Head-Funktion liefert eine Menge in der gewünschten Größe, mit den ersten gefunden Tupel. Da die Abfrage Tupel mit 136 Elementen zurückgibt, verzichten wir auf einen Screenshot des Ergebnisses.

Mit nahezu derselben Abfrage lassen sich die Dimensionsblätter der Dimension [Geography] bestimmen:

```
SELECT
  TopCount
  (
    Leaves([Geography])
    ,5
    ,[Reseller Order Count]
  ) ON 0
FROM [Adventure Works]
WHERE
  ([Measures].[Reseller Order Count]);
```

Listing 25.45 Blätter in *[Dim Customer]*

Das Beispiel aus Listing 25.45 ändert sich zum vorhergehenden nur insofern, dass der Leaves-Funktion in diesem Fall als Argument die Dimension [Geography] übergeben und die TopCount-Funktion zur Ermittlung der Menge verwendet wird:

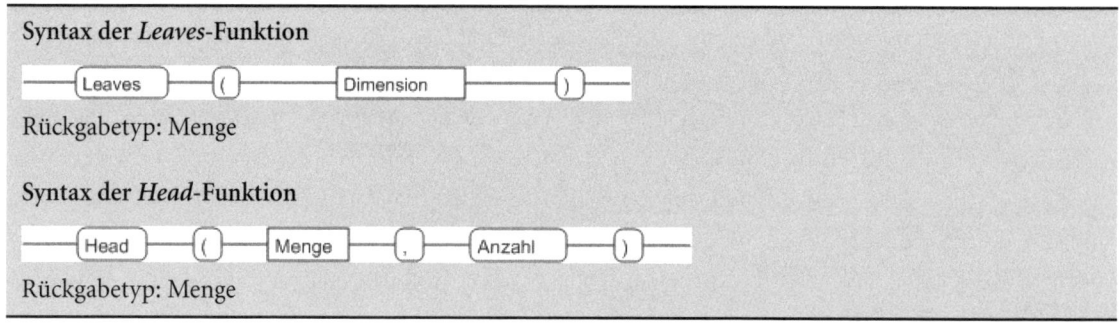

Abbildung 25.35 Ergebnis aus Listing 25.45

Berechnungen über die Blätter von Cubes sind speicher- und zeitaufwendig. Falls Sie die Informationen nicht auf Blattebene benötigen, sollten Sie mit voraggregierten Daten aus höheren Ebenen arbeiten. Das Wissen um die Art und Weise, wie in einem Cube aggregiert wird, ist auch für das Arbeiten mit dem Cube-Skript wichtig: In diesem ist es möglich, durch Zuweisungen Zellen zu verändern. Diese Veränderungen betreffen dann auch die darüber liegenden Zellen mit gröberer Granularität (siehe später in diesem Kapitel den Abschnitt »Arbeiten mit dem Cube-Skript«).

Syntax der *Leaves*-Funktion

――――[Leaves]――――[( ]――――[Dimension]――――[ )]――――

Rückgabetyp: Menge

Syntax der *Head*-Funktion

――――[Head]――――[( ]――――[Menge]――――[,]――――[Anzahl]――――[ )]――――

Rückgabetyp: Menge

Summen

Eine einfache Aggregation ist die Summenbildung. Sie wird in MDX mit der Sum-Funktion ausgeführt, die Ihnen im letzten Abschnitt vorgestellt wurde. In vielen Szenarien soll ein Measure über einen Zeitraum summiert werden. Dies ist zum Beispiel der Fall, wenn der Umsatz aus einem bestimmten Zeitraum gefragt ist. Sie können einen solchen Zeitraum durch das Aufzählen von Elementen einer Zeithierarchie oder mit dem Doppelpunktoperator bilden. Eine andere Möglichkeit bietet die PeriodsToDate-Funktion. Mit ihr können Sie einen Zeitraum erzeugen.

Die PeriodsToDate-Funktion liefert zu einem Element einer Zeithierarchie eine Menge von Elementen aus dieser Hierarchie. Die Funktion tritt je nach Parametrisierung in einer von drei Varianten auf:

1. Wird der Funktion kein Argument übergeben, verwendet sie das Zeitelement aus dem Abfragekontext, also CurrentMember. Die zurückgegebene Menge besteht dann aus CurrentMember und allen Elementen, die auf der Ebene von CurrentMember in der Vergangenheit liegen. Wie weit in die Vergangenheit gegangen wird, bestimmt das über CurrentMember liegende Element. Der Menge werden nur die Elemente zugeordnet, die unterhalb dieses Elements liegen.

2. Die Funktion bekommt als Argument eine Ebene aus einer Zeithierarchie übergeben. Die Funktion arbeitet wie in der ersten Variante beschrieben, allerdings wird soweit in die Vergangenheit zurückgegan-

Aggregationen und Drillthrough

gen, wie die übergebene Ebene reicht. Ist CurrentMember zum Beispiel der Monat Mai und die übergebene Ebene ist Jahr, wird bis zum Januar zurückgegangen.

3. Die Funktion bekommt als Argumente sowohl eine Ebene aus einer Zeithierarchie als auch ein Element übergeben. Die Funktion arbeitet dann so, wie in der zweiten Variante beschrieben, sie benutzt in diesem Fall aber statt CurrentMember das übergebene Element.

Im folgenden Beispiel werden alle Monate bis einschließlich August, die im Jahr 2003 liegen, zurückgegeben:

```
WITH
  DYNAMIC SET [erste Monate] AS
    PeriodsToDate
    (
      [Date].[Calendar].[Calendar Year]
      ,[Date].[Calendar].[Month].&[2003]&[8]
    )
SELECT
  [erste Monate] ON 0
FROM [Adventure Works]
WHERE
  [Measures].[Reseller Order Count];
```

Listing 25.46 Die *PeriodsToDate*-Funktion

In dem Beispiel aus Listing 25.46 wird mit der PeriodsToDate-Funktion eine Menge erzeugt. Zu den Elementen der Menge wird die Bestellmenge angezeigt. Die Menge besteht aus den Monaten bis einschließlich dem übergebenen, die im selben Jahr liegen.

January 2003	February 2003	March 2003	April 2003	May 2003	June 2003	July 2003	August 2003
65	132	106	74	134	102	94	185

Abbildung 25.36 Ergebnis aus Listing 25.46

Um eine solche Menge zu summieren, verwenden Sie die PeriodsToDate-Funktion in einem berechneten Element. Im Beispiel in Listing 25.47 wird das Zeitelement nicht angegeben, sondern die Analysis Services beziehen es als CurrentMember dynamisch aus dem Abfragekontext:

```
WITH
  MEMBER [Measures].[Summe erste Monate] AS
    Sum
    (
      PeriodsToDate([Date].[Calendar].[Calendar Quarter])
      ,[Measures].[Reseller Order Count]
    )
SELECT
  {
    [Measures].[Summe erste Monate]
    ,[Measures].[Reseller Order Count]
  } ON 0
  ,
    [Date].[Calendar].[Month].&[2003]&[1]
    :
    [Date].[Calendar].[Month].&[2003]&[8] ON 1
FROM [Adventure Works];
```

Listing 25.47 Die *PeriodsToDate*-Funktion in einem berechneten Element

Im Beispiel in Listing 25.47 wird die Bestellmenge in den ersten Monaten von 2003 bezüglich der Quartale summiert. Dasselbe Ergebnis entsteht, wenn PeriodsToDate-kein Argument übergeben wird, da auch in diesem Fall die direkt über den Monaten liegende Ebene Quartale Verwendung findet.

	Summe erste Monate	Reseller Order Count
January 2003	65	65
February 2003	197	132
March 2003	303	106
April 2003	74	74
May 2003	208	134
June 2003	310	102
July 2003	94	94
August 2003	279	185

Abbildung 25.37 Ergebnis der Abfrage aus Listing 25.47

Vereinfachte Versionen dieser Funktion sind Ytd(Element), Qtd(Element), Mtd(Element) und Wtd(Element). Sie liefern zu einem gegebenen Element die Vorgänger und das gegebene Element, die in einem Jahr, einem Quartal, einem Monat oder einer Woche liegen.

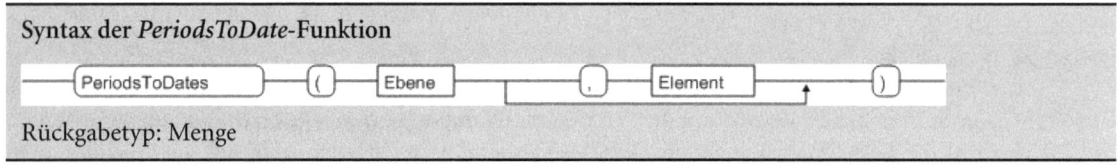

Syntax der *PeriodsToDate*-Funktion

Rückgabetyp: Menge

Die Aggregate-Funktion

Wenn Sie die Aggregation über eine Menge nach verschiedenen Measures mit unterschiedlichen Aggregationsvorschriften durchführen wollen, bietet sich die Aggregate-Funktion an. Die Aggregate-Funktion aggregiert in Bezug auf die Tupel einer Menge. Diese Menge wird als erstes Argument übergeben.

```
WITH
  MEMBER [Product].[Category].[Accessories und Clothing] AS
    Aggregate
    (
      {
        [Product].[Category].[Accessories]
       ,[Product].[Category].[Clothing]
      }
    )
SELECT
  {
    [Measures].[Reseller Order Count]
   ,[Measures].[Reseller Sales Amount]
  } ON 0
 ,{
    [Product].[Category].[Accessories]
   ,[Product].[Category].[Clothing]
   ,[Product].[Category].[Accessories und Clothing]
  } ON 1
FROM [Adventure Works];
```

Listing 25.48 Die *Aggregate*-Funktion

Aggregationen und Drillthrough

Die Aggregate-Funktion benutzt zum Aggregieren eines jeden Measures dessen Aggregationsfunktion. Zum Beispiel summiert sie Measures, deren Aggregationsvorschrift auf Sum steht, und sie zählt die unterschiedlichen Elemente, wenn die Aggregationsfunktion auf DistinctCount steht. Mehr über Aggregatfunktionen von Measures erfahren Sie in Kapitel 6. Da die Funktion einen Wert zurückgibt, lässt sie sich kaum direkt im SELECT-Ausdruck verwenden, sondern dient dazu, ein benutzerdefiniertes berechnetes Element zu erzeugen.

Im Beispiel in Listing 25.48 wird ein berechnetes Element als Aggregat über die Produktkategorien Accessories und Clothing des Cube Adventure Works gebildet. In der Abfrage wird dieses berechnete Element dann bezüglich der Measures [Reseller Order Count] mit der Aggregationsvorschrift DistinctCount und [Reseller Sales Amount] mit der Aggregationsvorschrift Sum ausgewertet. Wie Sie im Ergebnis sehen können, arbeitet das berechnete Element wie gewünscht:

	Reseller Order Count	Reseller Sales Amount
Accessories	1.315	€571.297,93
Clothing	2.410	€1.777.840,84
Accessories und Clothing	2.521	€2.349.138,77

Abbildung 25.38 Ergebnis der Abfrage aus Listing 25.48

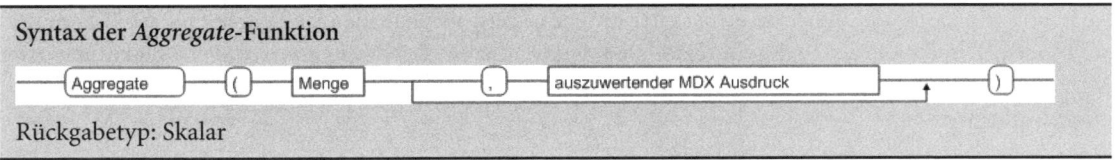

Syntax der *Aggregate*-Funktion

Rückgabetyp: Skalar

Relationen

Verhältniskennzahlen, wie Umsatz- oder Gewinnanteil, sind im Berichtswesen von Unternehmen und Organisationen gefragte Größen. Dies mag daraus resultieren, dass sich Verhältniskennzahlen unabhängig von den Absolutwerten recht gut vergleichen lassen. Wie Sie diese mithilfe von MDX bilden können, erfahren Sie im folgenden Abschnitt.

> **HINWEIS** In diesem Abschnitt beginnen wir damit, bei der Definition von berechneten Elementen *Formatierungsschablonen* zu verwenden. Diese Schablonen ermöglichen es, in der Abfrage die Zellen zu formatieren. Mehr über die Formatierung von Zellen erfahren Sie später in diesem Kapitel im Abschnitt »Zelleigenschaften«. Die Erstellung der Formatierungsschablonen ist einfach: Nach der Definition des berechneten Elements folgt, mit einem Komma getrennt, das Schlüsselwort FORMAT_STRING und ein entsprechender Wert. Dieser kann zum Beispiel *Currency* für eine Währung sein.

Einfaches Verhältnis

Im einfachsten Fall interessiert Sie das Verhältnis bzw. die Relation zweier Measures. Um dieses zu berechnen, benutzen Sie ein berechnetes Element, in dem das Verhältnis gebildet wird.

```
WITH
  MEMBER [Measures].[Durchschnittliche Frachtkosten] AS
    [Measures].[Internet Freight Cost] / [Measures].[Internet Order Count]
   ,Format_String = 'Currency'
SELECT
  [Measures].[Durchschnittliche Frachtkosten] ON 0
 ,[Date].[Calendar Year].MEMBERS ON 1
FROM [Adventure Works];
```

Listing 25.49 Einfache Relation

	Durchschnittliche Frachtkosten
All Periods	€26,54
CY 2001	€80,61
CY 2002	€60,99
CY 2003	€22,42
CY 2004	€18,72
CY 2006	(NULL)

Abbildung 25.39 Ergebnis aus Listing 25.49

Bei der Bildung von Verhältnissen sollte bedacht werden, dass der Nenner des Bruchs, der das Verhältnis darstellt, null sein kann. Um mögliche Fehler oder unschöne Ausgaben abzufangen, können Sie die Iif-Funktion verwenden. Diese gibt, abhängig von einer Bedingung, die einen Wahrheitswert liefert, einen von zwei MDX-Ausdrücken zurück. Wenn die Bedingung wahr ist, wird der erste Ausdruck zurückgegeben, sonst der zweite Ausdruck.

Bei dem zurückgegebenen Ausdruck kann es sich zum Beispiel um einen Wert, ein Tupel oder eine Menge handeln. Die beiden Ausdrücke können sogar von unterschiedlichem Typ sein. Im folgenden Listing wird die Iif-Funktion auf das Beispiel aus Listing 25.49 angewendet, um zu prüfen, ob [Measures].[Internet Order Count] gleich null ist. Wenn die Bedingung zutrifft, soll der Text »SC ist Null« ausgegeben werden, wenn sie nicht zutrifft, soll das Verhältnis aus Fracht und Anzahl ausgegeben werden:

```
WITH
  MEMBER [Measures].[Durchschnittliche Frachtkosten] AS
    IIF
    (
      [Measures].[Internet Order Count] = 0
     ,"SC ist Null"
     ,
      [Measures].[Internet Freight Cost] / [Measures].[Internet Order Count]
    )
   ,Format_String = 'Currency'
SELECT
  [Measures].[Durchschnittliche Frachtkosten] ON 0
 ,[Date].[Calendar Year].MEMBERS ON 1
FROM [Adventure Works];
```

Listing 25.50 Die *Iif*-Funktion im Einsatz

Syntax der *Iif*-Funktion

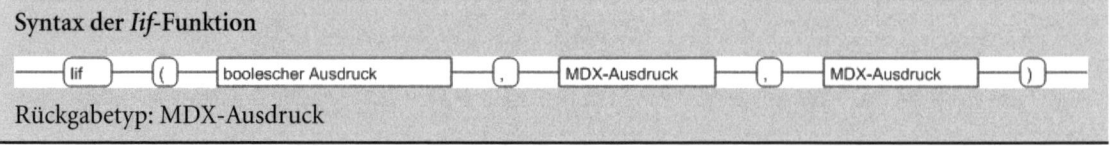

Rückgabetyp: MDX-Ausdruck

Mittelwert

Ein Spezialfall solch einfacher Relationen ist das Bilden des Mittelwertes, also des Quotienten aus der Summe von Tupelwerten für ein Measure und ihrer Anzahl. Für diese Aufgabe stellt MDX die Funktion Avg bereit. Diese Funktion liefert zu einer als Argument übergebenen Menge den Mittelwert.

```
WITH
  SET [erste Quartale] AS
    {
      [Date].[Calendar Quarter of Year].&[CY Q1]
     ,[Date].[Calendar Quarter of Year].&[CY Q2]
    }
  MEMBER [Measures].[erwarteter Umsatz] AS
    Avg([erste Quartale],[Measures].[Internet Sales Amount]) * 4
   ,Format_String = 'Currency'
SELECT
  {
    [Measures].[erwarteter Umsatz]
   ,[Measures].[Internet Sales Amount]
  } ON 0
 ,[Date].[Calendar Year].[Calendar Year].MEMBERS ON 1
FROM [Adventure Works];
```

Listing 25.51 Bildung eines Mittelwertes

In Listing 25.51 wird über die benannte Menge [erste Quartale] der Mittelwert im berechneten Element [erwarteter Umsatz] gebildet. Dieser Mittelwert wird in grober Vereinfachung vervierfacht, um den Jahresumsatz abzuschätzen.

	erwarteter Umsatz	Internet Sales Amount
CY 2001	(NULL)	€3.266.373,66
CY 2002	€7.611.421,17	€6.530.343,53
CY 2003	€6.075.002,72	€9.791.060,30
CY 2004	€19.440.118,22	€9.770.899,74
CY 2006	(NULL)	(NULL)

Abbildung 25.40 Ergebnis aus Listing 25.51

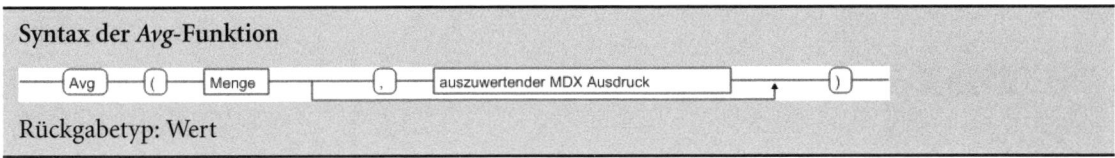

Syntax der *Avg*-Funktion

Avg (Menge , auszuwertender MDX Ausdruck)

Rückgabetyp: Wert

Verhältnis zum übergeordneten Element

Eine andere häufig gefragte Relation ist die eines Hierarchieelements zum übergeordneten Element. Eine solche Relation wird in folgendem Beispiel gebildet:

```
WITH
  MEMBER [Measures].[Verhältnis zum Parent] AS
      [Measures].[Internet Order Count]
    /
    (
        [Measures].[Internet Order Count]
       ,[Customer].[Customer Geography].Parent
    )
   ,Format_String = 'Percent'
SELECT
   [Measures].[Verhältnis zum Parent] ON 0
  ,DrillDownMember
   (
     {[Customer].[Germany]}
    ,{
       [Customer].[Germany]
      ,[Customer].[Bayern]
     }
    ,RECURSIVE
   ) ON 1
FROM [Adventure Works];
```

Listing 25.52 Verhältnis zum übergeordneten Element

In Listing 25.52 wird ein berechnetes Element [Verhältnis zum Parent] gebildet. Es berechnet sich aus dem Verhältnis der Bestellmenge zur Bestellmenge des übergeordneten Elements. Um das übergeordnete Element zu adressieren, wird die Funktion Parent eingesetzt. Die Parent-Funktion gibt zu einem Element das direkt darüber liegende Element zurück.

Im Abfragekontext wird das berechnete Element mit dem implizit verwendeten CurrentMember der aktuellen Zelle gebildet. Um die Wirkungsweise des berechneten Elements vorzuführen, wird zum Bestücken der Zeilenachse die DrilldownMember-Funktion verwendet. Diese Funktion erwartet als Argumente zwei Mengen und liefert eine Menge zurück, die aus einem Drilldown von jedem Element der ersten Menge zu den Elementen, die auch in der zweiten Menge vorkommen, besteht. Das Drilldown besteht jeweils aus allen direkt untergeordneten Elementen. Wird das optionale Flag RECURSIVE als dritter Parameter verwendet, so wird von der Ergebnismenge aus die beschriebene Operation für die Elemente der zweiten Menge rekursiv ausgeführt, bis keine neuen Elemente mehr der Ergebnismenge hinzugefügt werden.

	Verhältnis zum Parent
Germany	8,98%
Bayern	13,20%
Augsburg	(NULL)
Erlangen	22,26%
Frankfurt	14,33%
Grevenbroich	13,11%
Hof	24,09%
Ingolstadt	26,22%
Brandenburg	1,81%
Hamburg	16,38%
Hessen	21,66%
Nordrhein-Westfalen	21,90%
Saarland	25,04%

Abbildung 25.41 Ergebnis aus Listing 25.52

Im Ergebnis erkennen Sie, dass für Deutschland der Anteil der deutschen Absatzmenge an der Weltabsatzmenge, für Bayern der Anteil an der deutschen Absatzmenge und für die bayerischen Ortschaften die Anteile an der bayrischen Absatzmenge ausgegeben werden. Zusammenfassend eben immer der Anteil an der Absatzmenge des übergeordneten Elements in der Customer/Geography-Hierarchie.

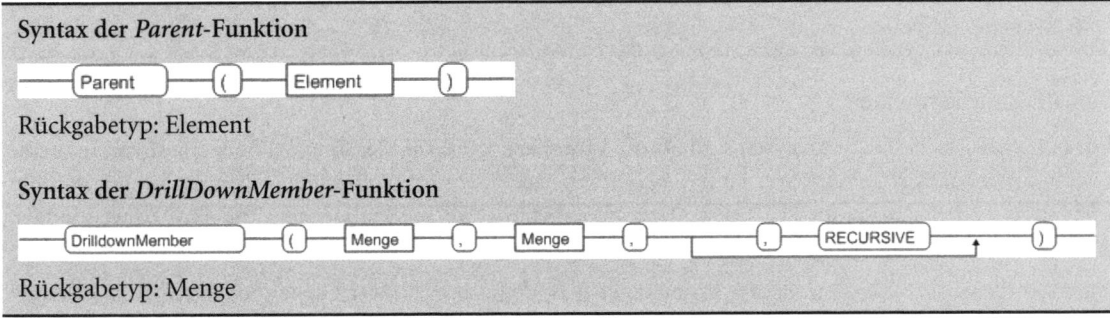

Verhältnis zur Gesamtheit

Analog zum Beispiel aus Listing 25.52 kann leicht das Verhältnis zur Gesamtheit berechnet werden. Lediglich im Nenner des berechneten Elements wird statt auf das Parent-Element des aktuellen Elements, auf das All-Element der höchsten Ebene verwiesen. Diesen Verweis erzeugen wir im folgenden Beispiel mit der Root-Funktion, die auf die Customer-Dimension angewendet wird:

```
WITH
  MEMBER [Measures].[Verhältnis zur Gesamtheit] AS
      [Measures].[Internet Order Count]
    /
    (
      [Measures].[Internet Order Count]
      ,Root([Customer])
    )
    ,Format_String = 'Percent'
SELECT
  [Measures].[Verhältnis zur Gesamtheit] ON 0
 ,DrillDownMember
  (
    {[Customer].[Germany]}
   ,{
      [Customer].[Germany]
      ,[Customer].[Bayern]
    }
   ,RECURSIVE
  ) ON 1
FROM [Adventure Works];
```

Listing 25.53 Berechnung des Verhältnisses zur Gesamtheit

Die Root-Funktion gibt, wenn ihr als Argument ein Dimensionsausdruck übergeben wird, das Tupel mit allen All-Elementen der Attributhierarchien der übergebenen Dimension zurück. Wird ihr ein Tupel übergeben, liefert sie ein Tupel, in dem, zusätzlich zu den im Ursprungstupel enthalten Elementen, die All-Elemente der übrigen Dimensionen enthalten sind.

Syntax der *Root*-Funktion

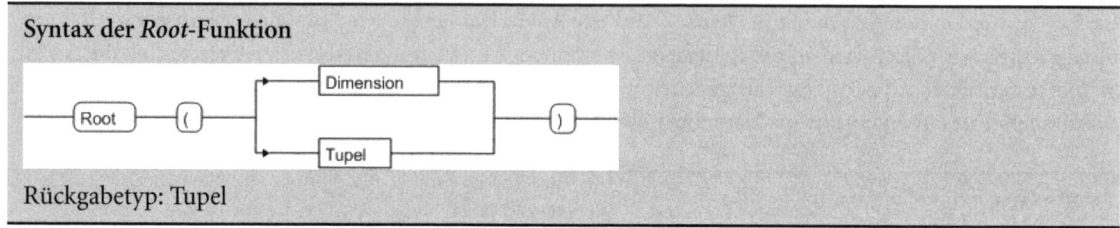

Rückgabetyp: Tupel

Verhältnis zur Vorperiode

Für betriebswirtschaftliche Analysen sind oft die Veränderungen von Measures im Zeitverlauf von Interesse. Hierzu bietet MDX eine Reihe von Funktionen an, die geeignet sind, Zeiträume – also eine Menge von Elementen aus einer Zeithierarchie – elegant zu bilden. Einige dieser Funktionen und ihre Anwendung in Abfragen, sind das Thema der nächsten Beispiele.

Im ersten Beispiel soll die Umsatzsteigerung einer Periode bezüglich ihrer Vorperiode ausgewiesen werden. Hierzu wird die PrevMember-Funktion verwendet. Die Funktion PrevMember ermittelt zu einem als Argument übergebenen Element dasjenige Element, das auf derselben Ebene eine Zeitperiode vor dem übergebenen Element liegt. Im Codebeispiel werden aufeinander aufbauende berechnete Elemente verwendet.

```
WITH
  MEMBER [Measures].[Gewinn] AS
      [Measures].[Reseller Sales Amount]
    -
      [Measures].[Reseller Total Product Cost]
    ,Format_String = 'Currency'
  MEMBER [Measures].[Gewinn Vorperiode] AS
    (
      [Measures].[Gewinn]
      ,[Date].[Calendar].CurrentMember.PrevMember
    )
  MEMBER [Measures].[GewinnsteigerungAbs] AS
    [Measures].[Gewinn] - [Gewinn Vorperiode]
  MEMBER [Measures].[GewinnsteigerungProz_1] AS
    [Measures].[Gewinn] / [Gewinn Vorperiode] - 1
  MEMBER [Measures].[GewinnsteigerungProz] AS
    IIF
    (
      (NOT
        IsEmpty([Gewinn Vorperiode]))
      ,GewinnsteigerungProz_1
      ,"Vorjahresumsatz null"
    )
    ,Format_String = 'Percent'
SELECT
  {
    [Measures].[Gewinn]
    ,[Measures].[GewinnsteigerungAbs]
    ,[Measures].[GewinnsteigerungProz]
  } ON 0
  ,[Date].[Calendar Year].[Calendar Year].MEMBERS ON 1
FROM [Adventure Works];
```

Listing 25.54 Aufeinander aufbauende Berechnungen mit der *PrevMember*-Funktion

In Listing 25.54 werden aufeinander aufbauend die berechneten Elemente [Gewinn], [Gewinn Vorperiode], [GewinnsteigerungAbs] und [GewinnsteigerungProz] ermittelt. Die Wiederverwendung von berechneten Elementen hat den Vorteil, dass der Code klarer strukturiert ist und dass Teilberechnungen immer auf die gleiche Weise verrichtet werden.

In der Berechnung des Elements [Gewinn Vorperiode] kommt die Funktion PrevMember zum Einsatz. Sie ermittelt an dieser Stelle das auf einer Zeitebene der Hierarchie [Due Date].[Fiscal Time] – bezogen auf CurrentMember ist dies eine Periode in der Vergangenheit – liegende Element. Mit diesem Aufbau ist es möglich, eine beliebige Ebene der Hierarchie zu verwenden. Das von der Funktion PrevMember gelieferte Element bildet mit dem Element [Gewinn] die Zelle, die den Wert für [Gewinn Vorperiode] enthält.

In der Berechnung des Elements [GewinnsteigerungProz] wird die IIf-Funktion verwendet, um auszuschließen, dass die vorher berechnete Zelle [GewinnsteigerungProz_1] einen ungültigen Wert hat. Wenn die Bedingung wahr ist, wird der Wert von [UmsatzsteigerungPrz_1] zurückgegeben, andernfalls der Text *Vorjahresumsatz null*. Zur Überprüfung des Zellwerts wird die IsEmpty-Funktion verwendet.

Die Funktion IsEmpty bietet eine sichere Möglichkeit, um zu testen, ob ein Zellwert dem leeren Zellwert entspricht. Eine Zelle hat den leeren Zellwert wenn sie existiert, ihr aber kein Wert zugewiesen worden ist.

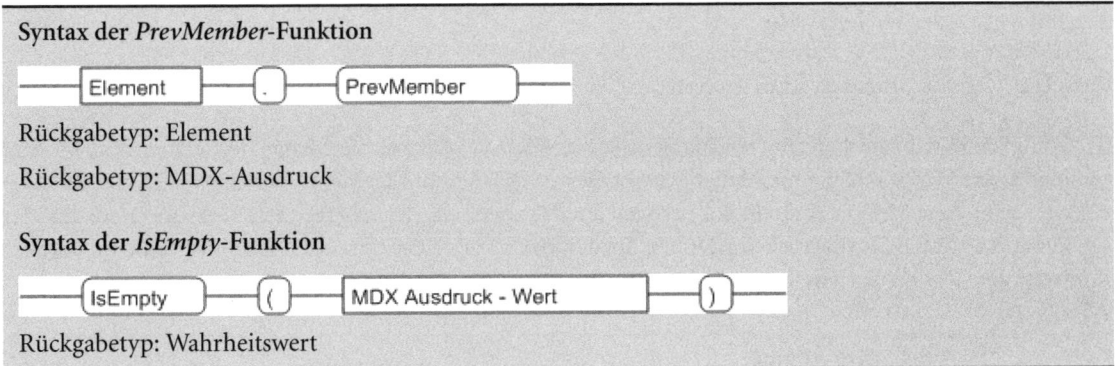

Abbildung 25.42 Ergebnis aus Listing 25.54

Gleitender Mittelwert

Als gleitender Mittelwert wird ein Mittelwert bezeichnet, der über einen Zeitraum berechnet wird, der relativ zu dem abgefragten Zeitpunkt liegt. Hierzu wird zuerst ein Zeitraum, also eine Menge von Elementen einer Zeitebene, dynamisch aus dem Abfragekontext erzeugt. Anschließend wird diese Menge mit der Avg-Funktion ausgewertet.

Im Folgenden stellen wir Ihnen zwei Möglichkeiten vor, den Zeitraum zu erzeugen. In beiden Verfahren wird die Menge, die den Zeitraum bildet, mit dem Doppelpunktoperator erzeugt. Lediglich der in der Vergangenheit liegende Zeitpunkt der Menge wird unterschiedlich gebildet: In der Variante mit der Lag-Funktion können Sie diesen Zeitpunkt innerhalb einer Ebene frei wählen, in der Variante mit der ParallelPeriod-Funktion können Sie den Zeitpunkt bezüglich eines Maßes der Zeithierarchie – wie Quartal oder Jahr – bestimmen.

Gleitender Mittelwert mit der Lag-Funktion

Die Lag-Funktion gibt zu dem Element, auf das sie angewandt wird, und einer ganzen Zahl ein Element zurück, das um die übergebene Anzahl von Elementen auf der gleichen Ebene nach hinten versetzt ist. Sie können zum Beispiel mit der Lag-Funktion zu jedem Monat den Mittelwert des Gewinns der letzten fünf Monate ermitteln:

```
WITH
  MEMBER [Measures].[Gewinn] AS
      [Measures].[Internet Sales Amount]
      -
      [Measures].[Internet Total Product Cost]
   ,Format_String = 'Currency'
  MEMBER [Measures].[Mittlerer Gewinn 5 Monate] AS
    Avg
    (
      [Date].[Calendar].CurrentMember.Lag(1) : [Date].[Calendar].CurrentMember
     ,[Measures].[Gewinn]
    )
SELECT
  {
    [Measures].[Mittlerer Gewinn 5 Monate]
   ,[Measures].[Gewinn]
  } ON 0
 ,{[Date].[Calendar Quarter].[Calendar Quarter].MEMBERS} ON 1
FROM [Adventure Works]
WHERE
  {
    [Date].[Calendar Year].[Calendar Year].[CY 2001]
   ,[Date].[Calendar Year].[Calendar Year].[CY 2002]
  };
```

Listing 25.55 Gleitender Durchschnitt mit der *Lag*-Funktion

In Listing 25.55 wird im berechneten Element [Mittlerer Gewinn 5 Monate] die Menge der letzten fünf Monate gebildet. Diese Menge reicht vom Element CurrentMember.Lag(5) bis zum Element CurrentMember. Den Mittelwert über die gefundene Menge ermitteln wir bezogen auf das zuvor angelegte berechnete Measure Gewinn mit der Avg-Funktion. Im SELECT-Ausdruck wird in die Spalten der mittlere Gewinn der letzten fünf Monate und zur Kontrolle der Gewinn des jeweiligen Monats aufgetragen. Für die Zeilen werden alle Monate verwendet.

	Mittlerer Gewinn 5 Monate	Gewinn
Q3 CY 2001	€583.329,56	€583.329,56
Q4 CY 2001	€655.802,94	€728.276,31
Q1 CY 2002	€723.737,61	€719.198,90
Q2 CY 2002	€765.774,85	€812.350,79
Q3 CY 2002	€688.953,25	€565.555,70
Q4 CY 2002	€557.650,23	€549.744,76

Abbildung 25.43 Ergebnis aus Listing 25.55

Die Lead-Funktion ähnelt der Lag-Funktion. Im Unterschied zu ihr gibt sie jedoch ein Element zurück, das um eine als Parameter übergebene Zahl hinter dem Element liegt, auf das die Funktion angewandt wird.

Aggregationen und Drillthrough

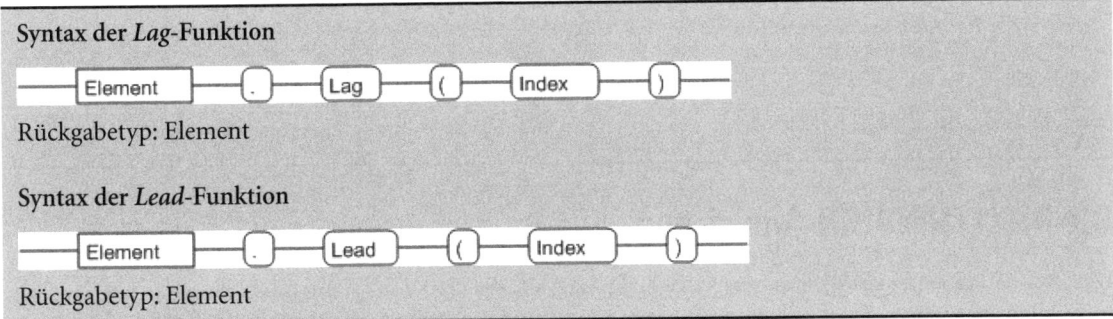

Gleitender Mittelwert mit der *ParallelPeriod*-Funktion

Ein gleitender Mittelwert kann auch mithilfe der ParallelPeriod-Funktion berechnet werden. Die ParallelPeriod-Funktion gibt zu einem Zeitpunkt, der als Element einer Zeithierarchie übergeben wird, ein Element derselben Ebene zurück, welches um eine übergebene Anzahl von Perioden verschoben ist. Das Maß der Periodenverschiebung kann dabei eine beliebige Ebene der verwendeten Zeithierarchie sein.

Im folgenden Beispiel wird der Durchschnitt über eine Periode gebildet, die zwei Quartale zurückgeht:

```
WITH
  Member [Measures].[Gleitender Durchschnitt] As
    Avg (
          {ParallelPeriod (
                    [Date].[Calendar].[Calendar Quarter]
                   ,2
                   ,[Date].[Calendar].CurrentMember)
          : [Date].[Calendar].CurrentMember}
         ,[Measures].[Internet Sales Amount]),
    Format_String = 'Currency'

SELECT
  {[Measures].[Gleitender Durchschnitt],[Measures].[Internet Sales Amount]}  on 0,
  {[Date].[Calendar Quarter].[Calendar Quarter].MEMBERS} ON 1
FROM [Adventure Works]
WHERE
  {
    [Date].[Calendar Year].[Calendar Year].[CY 2001]
   ,[Date].[Calendar Year].[Calendar Year].[CY 2002]
  };
```

Listing 25.56 Gleitender Durchschnitt mit der *ParallelPeriod*-Funktion

	Gleitender Durchschnitt	Internet Sales Amount
Q3 CY 2001	€1.453.522,89	€1.453.522,89
Q4 CY 2001	€1.633.186,83	€1.812.850,77
Q1 CY 2002	€1.686.024,04	€1.791.698,45
Q2 CY 2002	€1.872.853,79	€2.014.012,13
Q3 CY 2002	€1.734.181,40	€1.396.833,62
Q4 CY 2002	€1.579.548,36	€1.327.799,32

Abbildung 25.44 Ergebnis aus Listing 25.56

Syntax der *ParallelPeriod*-Funktion

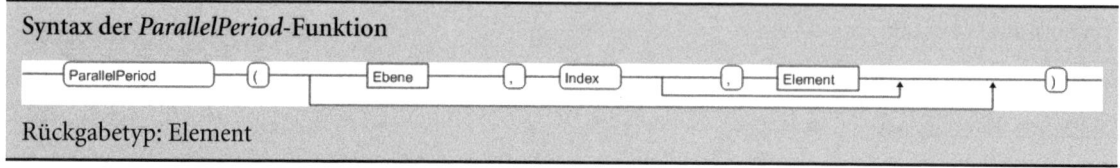

Rückgabetyp: Element

Die DRILLTHROUGH-Anweisung

Die DRILLTHROUGH-Anweisung liefert zu einer Zelle des Cube die Daten mit der feinsten Granularität des Cube in tabellarischer Form. Diese Tabelle enthält die Werte aller Blattzellen, die in der Zelle aggregiert sind. Die Zelle des Cube wird durch einen speziellen SELECT-Ausdruck angegeben. In diesem SELECT-Ausdruck darf in jeder Abfrageachse nur ein Element aufgeführt sein. Die Daten werden als Rowset, also in Tabellenform, zurückgegeben.

In der DRILLTHROUGH-Anweisung kann mithilfe der RETURN-Klausel festgelegt werden, welche Spalten zurückgegeben werden sollen. Als Spalten können Measures oder Attributhierarchien angegeben werden, allerdings müssen alle Measures aus derselben Measuregruppe kommen. Die Spalten werden kommagetrennt angegeben und können mit einem Alias versehen sein. Zusätzlich können über die Eigenschaften MAXROWS und FIRSTROWSET die Anzahl der maximal zurückgegebenen Zeilen sowie die Nummer der als Erstes zurückgegebenen Zeile angegeben werden.

ACHTUNG Den Measuregruppen- beziehungsweise Dimensionsbezeichnern für die Spalten in der RETURN-Klausel muss ein Dollarzeichen vorangestellt werden.

In folgendem Beispiel werden für die Zelle [Dim Customer].[Customer Geography].[Country Region].&[France] die ersten 20 Zeilen aus dem Server zurückgegeben:

```
DRILLTHROUGH MAXROWS 20
  SELECT
    {[Customer].[Customer Geography].[Country].&[France]} ON 0
  FROM [Adventure Works]
  RETURN
    [$Measures].[Internet Order Quantity] AS [Bestellmenge]
   ,[$Measures].[Internet Unit Price] AS [Preis pro Stück]
   ,[$Product].[Product] AS Produkt;
```

Listing 25.57 Beispiel der *DRILLTHROUGH*-Anweisung

In der Ausgabe (Abbildung 25.45) werden die ersten 20 Datensätze aufgeführt, die zur übergebenen Zelle beitragen. Entsprechend der RETURN-Klausel sind die Spalten *Bestellmenge, Preis pro Stück* und *Produkt* vorhanden.

Bestellmenge	Preis pro Stück	Produkt
1	3399,99	Mountain-100 Si...
1	3578,27	Road-150 Red, ...
1	3578,27	Road-150 Red, ...
1	3578,27	Road-150 Red, ...
1	3578,27	Road-150 Red, ...

Abbildung 25.45 Ergebnis aus Listing 25.57

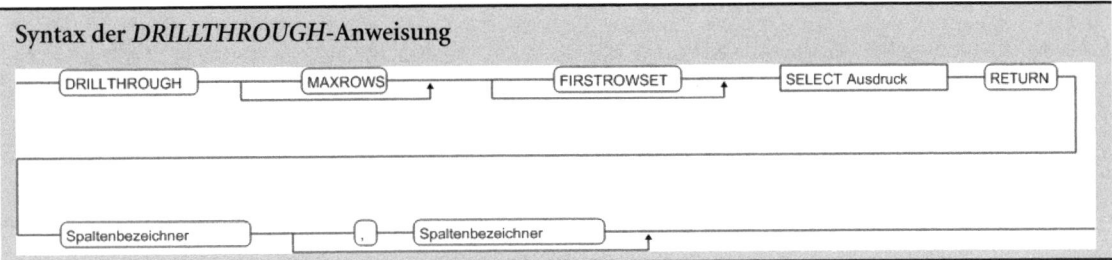

Syntax der *DRILLTHROUGH*-Anweisung

Element- und Zelleigenschaften verwenden

Elementeigenschaften enthalten mit dem Element verbundene Informationen. Es werden dabei *integrierte* und *benutzerdefinierte* Elementeigenschaften unterschieden. Integrierte Elementeigenschaften sind vom System zur Verfügung gestellte Elementmetadaten, wie z.B. der Name des Elements. Benutzerdefinierte Elementeigenschaften werden beim Design der Dimension angelegt (siehe Kapitel 7). Hierbei werden Attributbeziehungen hinterlegt, die ein Element mit Daten anderer Attribute verknüpft. Elementeigenschaften können in Abfragen zum Anzeigen von Metadaten beziehungsweise assoziierten Attributen genutzt werden.

Zelleigenschaften enthalten Informationen über Inhalt und Format von Zellen. Mithilfe der Zelleigenschaften kann ein Client die Zellen gemäß den auf dem Server hinterlegten Vorgaben im Ergebnis darstellen.

Elementeigenschaften

Es gibt eine Vielzahl integrierter Elementeigenschaften. Eine vollständige Liste der Eigenschaften finden Sie in der Online-Hilfe. Gebräuchliche integrierte Elementeigenschaften sind:

- Name   gibt den Namen eines Elements zurück
- Key   gibt den Schlüssel eines Elements zurück
- Member_Unique_Name   gibt den eindeutigen Namen eines Elements zurück; dieser Name ist aus der Dimension, den Hierarchien und dem Schlüssel des Elements zusammengesetzt.
- Cube_Name   gibt den Namen des Cube zurück

Sie können sämtliche Elementeigenschaften mithilfe der Properties-Funktion abfragen. Der Properties-Funktion wird hierzu die gewünschte Eigenschaft als Zeichenfolge übergeben. Da die Funktion einen Wert zurückgibt, wird sie meist zur Konstruktion von berechneten Elementen benutzt, die dann in einer Abfrage verwendet werden.

In den berechneten Elementen im Listing 25.58 wird die Properties-Funktion anscheinend auf eine Hierarchie angewendet. Dies ist jedoch nicht der Fall, vielmehr verwendet Analysis Services zur Ausführungszeit der Abfrage implizit das Element CurrentMember.

```
WITH
  MEMBER [Measures].[Name] AS
    [Product].[Product].Properties("Name")
  MEMBER [Measures].[Key] AS
    [Product].[Product].Properties("Key")
  MEMBER [Measures].[Cube Name] AS
    [Product].[Product].Properties("Cube_Name")
  MEMBER [Measures].[Eindeutiger Element Name] AS
    [Product].[Product].Properties("Member_Unique_Name")
SELECT
  {
   [Measures].[Cube Name]
  ,[Measures].[Name]
  ,[Measures].[Key]
  ,[Measures].[Eindeutiger Element Name]
  } ON 0
  ,[Product].[Product].MEMBERS ON 1
FROM [Adventure Works];
```

Listing 25.58 Beispiele zur Abfrage von integrierten Elementeigenschaften

In der Abfrage werden aus den integrierten Elementeigenschaften berechnete Elemente gebildet, die anschließend zum Anzeigen der Elementeigenschaften in den Abfragespalten dienen (Abbildung 25.46).

	Cube Name	Name	Key	Eindeutiger Element Name
All Products	Adventure Works	All Products	0	[Product].[Product].[All Products]
All-Purpose Bike Stand	Adventure Works	All-Purpose Bike Sta...	486	[Product].[Product].&[486]
AWC Logo Cap	Adventure Works	AWC Logo Cap	223	[Product].[Product].&[223]
AWC Logo Cap	Adventure Works	AWC Logo Cap	224	[Product].[Product].&[224]
AWC Logo Cap	Adventure Works	AWC Logo Cap	225	[Product].[Product].&[225]
Bike Wash - Dissolver	Adventure Works	Bike Wash - Dissolver	484	[Product].[Product].&[484]
Cable Lock	Adventure Works	Cable Lock	447	[Product].[Product].&[447]
Chain	Adventure Works	Chain	559	[Product].[Product].&[559]

Abbildung 25.46 Ergebnis aus Listing 25.58

Benutzerdefinierte Elementeigenschaften sind Attribute, die zur Designzeit einer Hierarchie angefügt wurden. So kann zum Beispiel der Attributhierarchie Kunden das Attribut Telefonnummer angefügt werden. Über diese Elementeigenschaft lässt sich dann zu jedem Kunden leicht die Telefonnummer ermitteln. Das Attribut Telefon muss hierzu nicht im Cube sichtbar sein: Sie können die benutzerdefinierte Elementeigenschaft mit der Properties-Funktion abrufen.

```
WITH
  MEMBER [Customer].[City].[Telefon] AS
    [Customer].[Customer].Properties("Phone")
SELECT
  TopCount
  (
   [Customer].[Customer].Children
  ,3
  ,[Measures].[Internet Order Count]
  ) ON 0
  ,[Customer].[City].[Telefon] ON 1
FROM [Adventure Works];
```

Listing 25.59 Benutzerdefinierte Elementeigenschaft mit der *Properties*-Funktion abfragen

Im Ergebnis (Abbildung 25.47) werden die Telefonnummern der drei Kunden mit den meisten Internetbestellungen ausgewiesen. Das berechnete Element haben wir in der Attributhierarchie [City] erzeugt, da keine Cubeachse auf mehr als eine Abfrageachse abgebildet werden darf.

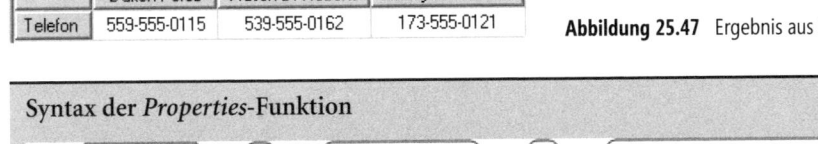

Abbildung 25.47 Ergebnis aus Listing 25.59

Syntax der *Properties*-Funktion

Element . Properties (Eigenschafts Name)

Rückgabetyp: Wert

Zelleigenschaften

Eine Abfrage kann angeben, welche Zelleigenschaften der Server zurückgeben soll. Die im Ergebnis enthaltenen Zelleigenschaften können vom Client dann zum Beispiel zur Formatierung des Ergebnisses verwendet werden. Die Anfrage nach Zelleigenschaften wird von der Abfrage nach der WHERE-Klausel durch das Schlüsselwort CELL PROPERTIES eingeleitet. Die gewünschten Zelleigenschaften folgen danach als kommagetrennte Aufzählung. Die Reihenfolge der Eigenschaften in der Aufzählung bestimmt die Reihenfolge der zurückgegeben Eigenschaften. Abgefragt werden können folgende Zelleigenschaften:

- ACTION_TYPE   gibt die für die Zellen festgelegte Aktion zurück
- BACK_COLOR   gibt einen Farbwert für die Darstellung von Zellinhalten zurück
- CELL_ORDINAL   gibt die Ordnungsnummer der Zelle im Ergebnis zurück. Diese Eigenschaft kann nicht explizit angegeben werden, sondern wird immer automatisch zurückgeliefert.
- FONT_FLAGS   gibt Informationen bezüglich der Schrifteffekte zur Darstellung der Zellinhalte an
- FONT_NAME   gibt einen Schrifttyp zur Darstellung der Zellinhalte an
- FONT_SIZE   gibt die Schriftgröße zur Darstellung der Zellinhalte an
- FORE_COLOR   gibt die Vordergrundfarbe zur Darstellung der Zellinhalte an
- FORMAT_STRING   gibt die Formatierungsschablone an
- FORMATTED_VALUE   gibt den formatierten Wert einer Zelle an
- LANGUAGE   gibt das Gebietsschema an, das auf eine Zelle angewendet werden soll. Diese Eigenschaft wird zum Beispiel zu Währungsumrechnungen verwendet.
- UPDATEABLE   gibt an, ob die Zelle aktualisiert werden kann
- VALUE   gibt den unformatierten Wert einer Zelle an

In Listing 25.60 werden beispielhaft alle möglichen Zelleigenschaften angefragt:

```
SELECT
  {[Measures].[Total Product Cost]} ON 0
FROM [Adventure Works]
CELL PROPERTIES
  ACTION_TYPE
  ,BACK_COLOR
  ,FONT_FLAGS
  ,FONT_NAME
  ,FONT_SIZE
  ,FORE_COLOR
  ,FORMAT_STRING
  ,FORMATTED_VALUE
  ,LANGUAGE
  ,UPDATEABLE
  ,VALUE;
```

Listing 25.60 Die Verwendung von *CELL PROPERTIES*

Im Abfrageergebnis werden die gesamten Produktionskosten ausgewiesen. Zusätzlich werden die angeforderten Zelleigenschaften vom Server an den Client übermittelt. Um diese sichtbar zu machen, klicken Sie doppelt auf die Zelle, deren Eigenschaften angezeigt werden sollen.

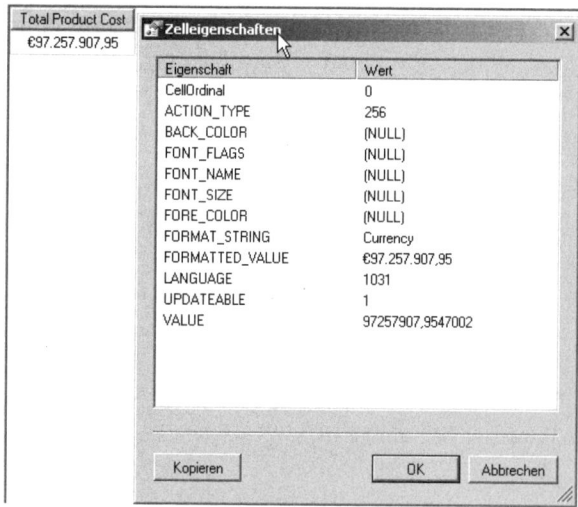

Abbildung 25.48 Ergebnis aus Listing 25.60

Die möglichen Werte der Zelleigenschaften, die deren Formatierung betreffen, finden Sie später in diesem Kapitel im Abschnitt »Zelleigenschaften für berechnete Elemente setzen«. Für Informationen bezüglich der anderen Eigenschaften greifen Sie bitte auf die Online-Hilfe zurück.

Wenn das Schlüsselwort CELL PROPERTIES nicht angegeben ist, werden standardmäßig die Zelleigenschaften VALUE, FORMATTED_VALUE und CELL_ORDINAL zurückgegeben. Wird CELL PROPERTIES dagegen angegeben, dann werden nur die Eigenschaft CELL_ORDINAL und die explizit mit dem Schlüsselwort angegeben Zelleigenschaften zurückgegeben.

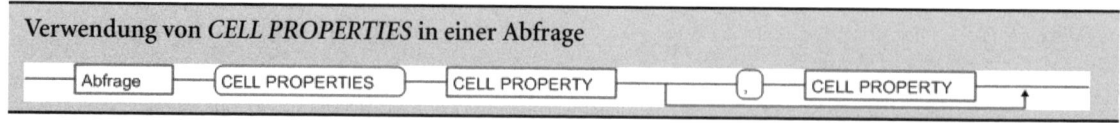

Key Performance-Indicators und Aktionen

Key Performance-Indicators (KPIs) dienen dazu, Unternehmensziele anhand von Kennzahlen festzulegen und das Erreichen derselben zu prüfen. KPIs können mit MDX im Sitzungskontext oder im Cube angelegt werden. Daraufhin ist es möglich, mit Abfragen zu prüfen, inwieweit die Ziele erreicht wurden.

KPIs erstellen

In Analysis Services 2008 können KPIs mit dem CREATE KPI-Statement angelegt werden. Diesem wird mindestens der Name des zu erstellenden KPIs und ein MDX-Ausdruck, der den KPI-Wert darstellt, übergeben. Im einfachsten Fall sieht die Definition wie folgt aus:

```
CREATE KPI [Adventure Works].[Gewinnüberwachung] as [Measures].[Reseller Gross Profit]
```

Listing 25.61 Erstellen eines KPIs

In dieser Form hat der KPI wenig Sinn, da ihm zum Beispiel Informationen über das zu erreichende Ziel, den derzeitigen Status und den Trend fehlen. Solche Informationen können dem Ausdruck als Parameter/Wert-Paare übergeben werden. Als Beispiel legen wir den KPI Wertüberwachung mit Ausdrücken für das Ziel und den Status an. Der verwendete CASE-Ausdruck wird später in diesem Kapitel im Abschnitt »Arbeiten mit dem Cube-Skript« beschrieben.

```
CREATE KPI [Adventure Works].[Gewinnüberwachung] as [Measures].[Reseller Gross Profit]
,Goal=
    Case
    When IsEmpty
        (
            ParallelPeriod
            (
                [Date].[Fiscal].[Fiscal Year],
                1,
                [Date].[Fiscal].CurrentMember
            )
        )
    Then [Measures].[Reseller Gross Profit]
    Else 1.30 *
        (
            [Measures].[Reseller Gross Profit],
            ParallelPeriod
            (
                [Date].[Fiscal].[Fiscal Year],
                1,
                [Date].[Fiscal].CurrentMember
            )
        )
    End
,status=
    Case
    When KPIValue( "Gewinnüberwachung" ) / KPIGoal( "Gewinnüberwachung" ) > 1
    Then 1
    When KPIValue( "Gewinnüberwachung" ) / KPIGoal( "Gewinnüberwachung" ) <= 1
        And
        KPIValue( "Gewinnüberwachung" ) / KPIGoal( "Gewinnüberwachung" ) >= .85
```

Listing 25.62 KPI anlegen mit Ausdrücken für Ziel und Status

```
    Then 0
    Else -1
End
```

Listing 25.62 KPI anlegen mit Ausdrücken für Ziel und Status *(Fortsetzung)*

Insgesamt gibt es folgende Parameter, die festgelegt werden können:

- GOAL   Ein MDX-Ausdruck, der den numerischen Zielwert liefert
- STATUS   Ein MDX-Ausdruck, der den derzeitigen Status des KPIs als numerischen Wert zwischen -1 und 1 liefert
- TREND   Ein MDX-Ausdruck, der den Trend der des KPIs als numerischen Wert zwischen -1 und 1 liefert
- STATUS_GRAPHIC   Eine Zeichenkette, die einer Clientanwendung die zu verwendende Grafik für den Status vorgibt, z.B. traffic light
- TREND_GRAPHIC   Eine Zeichenkette, die einer Clientanwendung die zu verwendende Grafik für den Trend vorgibt, z.B. standard arrow
- WEIGHT   Das Gewicht des KPIs in einem größeren KPI-Zusammenhang
- PARENT_KPI   Der übergeordnete KPI
- DISPLAY_FOLDER   Diese Eigenschaft kann eine Clientanwendung verwenden, um Elemente strukturiert in verschiedenen Ordnern anzuzeigen
- ASSOCIATED_MEASURE_GROUP   Diese Eigenschaft bietet einer Clientanwendung die Möglichkeit, Dimensionen aus dem Cube zu filtern, die zur angegebenen Measuregruppe gehören und mit dem berechneten Element zusammen Verwendung finden können
- CAPTION   Diese Eigenschaft legt die in einer Clientanwendung anzuzeigende Beschriftung des Elements fest

Für weitere Eigenschaften und mögliche Ausprägungen im Zusammenspiel mit Office-Anwendungen informieren Sie sich bitte in der Onlinedokumentation.

KPIs abfragen

Die in Analysis Services 2005 neu zum Sprachschatz von MDX hinzugekommenen *KPI*-Funktionen ermöglichen es, auf einfache Weise den Stand angelegter KPIs abzufragen. Im Folgenden stellen wir Ihnen beispielhaft vor, wie die Eigenschaften eines KPIs abgefragt werden können. Um die *KPI*-Funktionen gegebenenfalls zu formatieren, werden sie hier in berechneten Elementen verwendet:

Key Performance-Indicators und Aktionen

```
WITH
  MEMBER [Measures].[Wert] AS
    KPIValue("Revenue")
    ,Format_String = 'Currency'
  MEMBER [Measures].[Ziel] AS
    KPIGoal("Revenue")
    ,Format_String = 'Currency'
  MEMBER [Measures].[Status] AS
    KPIStatus("Revenue")
  MEMBER [Measures].[Trend] AS
    KPITrend("Revenue")
SELECT
  {
    [Measures].[Wert]
    ,[Measures].[Ziel]
    ,[Measures].[Status]
    ,[Measures].[Trend]
  } ON 0
  ,[Date].[Fiscal].[Fiscal Quarter].MEMBERS ON 1
FROM [Adventure Works]
WHERE
  {[Date].[Fiscal Year].[Fiscal Year].[FY 2003]};
```

Listing 25.63 Verwendung der *KPI*-Funktionen

Im Management Studio können Sie eine *KPI*-Funktion direkt durch Ziehen der Eigenschaft eines KPIs aus den Metadaten in das Editorfenster erzeugen.

	Wert	Ziel	Status	Trend
Q1 FY 2003	€10.277.073,06	€5.344.230,38	1	1
Q2 FY 2003	€8.368.983,08	€7.687.349,92	1	1
Q3 FY 2003	€6.679.873,80	€6.740.017,16	0	1
Q4 FY 2003	€8.357.874,88	€7.093.007,44	1	1

Abbildung 25.49 Ergebnis aus Listing 25.63

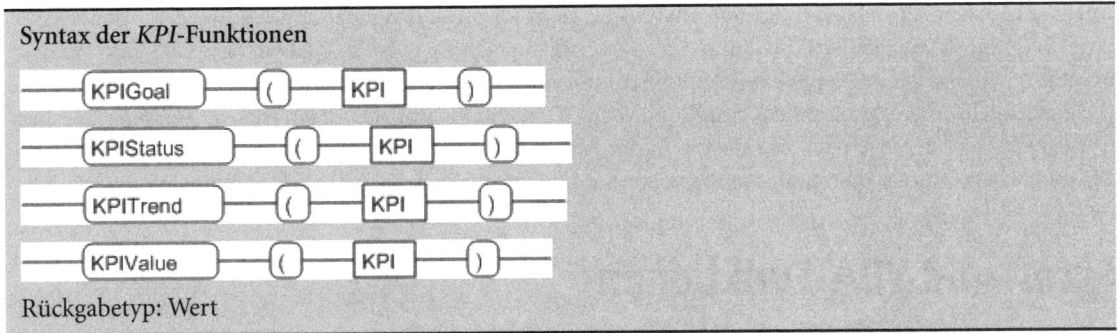

Syntax der *KPI*-Funktionen

Rückgabetyp: Wert

Aktionen anlegen

Aktionen können für beliebige Bereiche eines Cubes, also zum Beispiel für Hierarchien oder Dimensionen, definiert werden und bieten dann einer Clientanwendung die Möglichkeit, mit den von der Aktion übergebenen Daten, eine Aktion auszulösen. Eine Aktion stellt Metadaten wie den Typ der Aktion und Daten, die aus der vom Benutzer gewählten Zelle bestimmt werden, bereit.

Der Bereich könnte beispielsweise die Elemente der Attributhierarchie [Geography].[City] umfassen, der Typ könnte Url und das Datum eine Internetadresse sein, die einen Kartendienst mit der gewünschten Stadt aufruft. Eine ähnliche Aktion ist im *Adventure Works Cube* unter dem Namen *City Map* angelegt. Sie können dies testen, indem sie im Cubebrowser des Business Intelligence Development Studio die [Geography].[City] Hierarchie in die Spalten ziehen. Daraufhin können sie durch Rechtsklick auf eine Stadt die Aktion wählen, was zum Start des Internet Explorers und der Anzeige einer entsprechenden Seite führt (Abbildung 25.50).

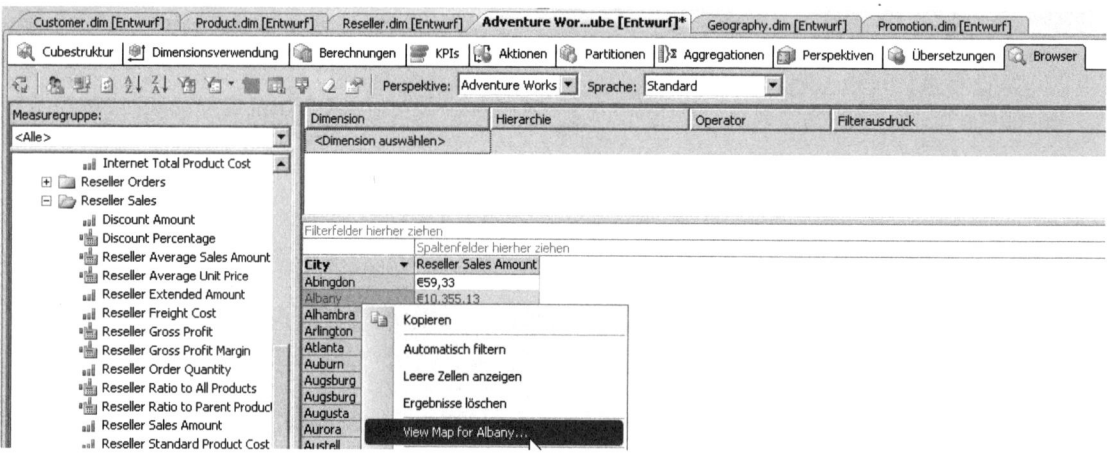

Abbildung 25.50 Auswählen der Aktion im Cubebrowser

Analysis Services stellt eine Reihe von Aktionstypen zur Verfügung, die in Microsoft Produkten wie Excel 2007 verwendet werden können. Es ist aber auch möglich, generische Aktionstypen in selbst programmierten Frontends zu verwenden, um beliebige Aktionen zu erzeugen.

MDX Datendefinitionsanweisungen, die eine Aktion erstellen, sind in Analysis Services 2008 nur noch aus Kompatibilitätsgründen vorhanden. Aktionen können im Business Intelligence Development Studio, mit Analysis Management Objects oder mit Analysis Services Scripting Language angelegt werden. Analysis Services Scripting Language wird im Kapitel 30 »Zugriff mit XMLA auf die Analysis Services« und Analysis Management Objects im Kapitel 29 »Administration mit AMO« vorgestellt. Das Anlegen einer Aktion im Business Intelligence Development Studio wird im Cube-Editor auf der Registerkarte *Aktionen* durchgeführt. Dort werden Sie je nach Aktionstyp in der Auswahl der Parameter unterstützt. Über die Gesamtheit der möglichen Aktionstypen und ihre Parametrisierung, informieren sie sich in der Onlinedokumentation.

Excel- und VBA-Funktionen

Alle Excel- und die meisten VBA-Funktionen können in MDX-Ausdrücken verwendet werden. Dies ist möglich, weil die Excel-Funktionsbibliothek und eine VBA-Funktionsbibliothek standardmäßig als Assembly in Analysis Services zur Verfügung stehen. Sie finden diese Assemblys im Objektexplorer des Management Studios im Ordner *Assemblies*. Weitere Informationen über Assemblys finden Sie in Kapitel 26. Die Funktionen werden wie aus Excel bzw. VBA bekannt angewandt.

Als Beispiel und Anregung für eigene Anwendungen stellen wir Ihnen nun eine Möglichkeit vor, ein Element mit dem heutigen Datum mithilfe von VBA-Datumsfunktionen zu erstellen:

Arbeiten mit dem Cube-Skript

```
WITH
  MEMBER [Measures].[Heute] AS
    "[Date].[Date]." + Format(Now(),"&[2002MMdd]")
SELECT
  StrToMember([Measures].[Heute]) ON 0
 ,{
    [Measures].[Internet Sales Amount]
   ,[Measures].[Internet Order Count]
  } ON 1
FROM [Adventure Works];
```

Listing 25.64 Verwendung von *VBA*-Zeitfunktionen

Die Abfrage verwendet die VBA-Funktionen Now und Format. Die Funktion Now gibt das aktuelle Datum und die aktuelle Uhrzeit zurück, die Funktion Format bietet umfangreiche Möglichkeiten, ein Datum zu formatieren. Hier wird mit der Format-Funktion ein Datum erzeugt, das von der Syntax den Datumselementen in [Date].[Date] gleicht, aber das Jahr 2002 sowie den Monat und Tag des aktuellen Datums hat. Diese Zeichenfolge bildet – verknüpft mit der Zeichenfolge [Date].[Date] – den Wert des berechneten Elements [Measures].[Heute]. Im SELECT-Teil der Abfrage wird aus der Zeichenfolge, die [Measures].[Heute] zurückgibt, mit der StrToMember-Funktion ein Element gebildet und ausgewertet.

	Januar 12, 2002
Internet Sales Amount	€25.047,89
Internet Order Count	7

Abbildung 25.51 Ergebnis aus Listing 25.64

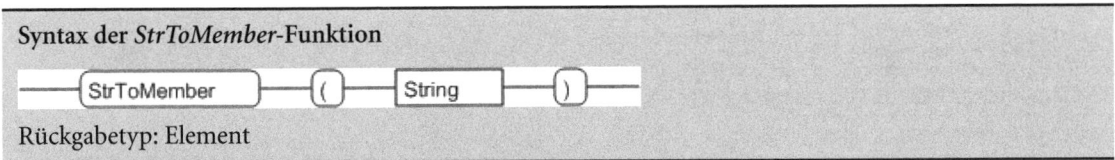

Syntax der *StrToMember*-Funktion

StrToMember (String)

Rückgabetyp: Element

Arbeiten mit dem Cube-Skript

In Analysis Services ist jedem Cube ein Skript zugeordnet, das die Zellen im Cube mit Daten füllt. Hierbei werden alle Zellen oberhalb der Blattzellen entsprechend der definierten Aggregationsanweisungen berechnet. Zusätzlich können in diesem Skript zum Beispiel berechnete Elemente gebildet, benannte Mengen bereitgestellt oder Zuweisungen getätigt werden. Auf diese Möglichkeiten werden wir im Rahmen dieses Anschnitts eingehen. Objekte, die im Cube-Skript definiert werden, sind, im Gegensatz zu Objekten die im Abfrage- oder Sitzungskontext angelegt werden, dauerhaft im Cube vorhanden.

Das Cube-Skript besteht aus einer oder mehreren Anweisungen. Wenn dem Cube kein eigenes Skript zugewiesen wurde, wird das Standard-Skript verwendet. Dieses enthält nur die CALCULATE-Anweisung, mit der die Zellen des Cube, die keine Blattzellen sind, mit Aggregationen aufgefüllt werden. Jede Anweisung im Skript wird mit einem Semikolon abgeschlossen. Das Standard-Skript hat also folgendes Aussehen:

```
CALCULATE;
```

Im folgenden Abschnitt beschreiben wir, wie das Standard Cube-Skript aus dem Business Intelligence Development Studio heraus erweitert werden kann. Danach gehen wir darauf ein, wie die früher in diesem Kapitel im Abschnitt »Abfragen« beschriebenen Konzepte für berechnete Elemente und benannte Mengen im Cube-Skript umgesetzt werden können. Abschließend behandeln wir die Möglichkeit, aus dem Cube-Skript Zelldaten mit Skriptanweisungen zu manipulieren.

Verwendung des Business Intelligence Development Studios

Um das Cube-Skript zu bearbeiten, gehen Sie bitte folgendermaßen vor:

1. Öffnen Sie im Business Intelligence Development Studio das Adventure Works-Projekt.
2. Wählen Sie im Projektmappen-Explorer den *Adventure Works.cube* durch Doppelklick aus. Der Cube befindet sich im Ordner *Cubes*. Gegebenfalls können sie den Projektmappen-Explorer über den Menübefehl *Ansicht/Projektmappen-Explorer* öffnen.
3. Im Hauptfenster hat sich der Cube-Editor geöffnet. Wählen Sie in diesem die Registerkarte *Berechnungen*. Sie sollten nun etwa Folgendes sehen:

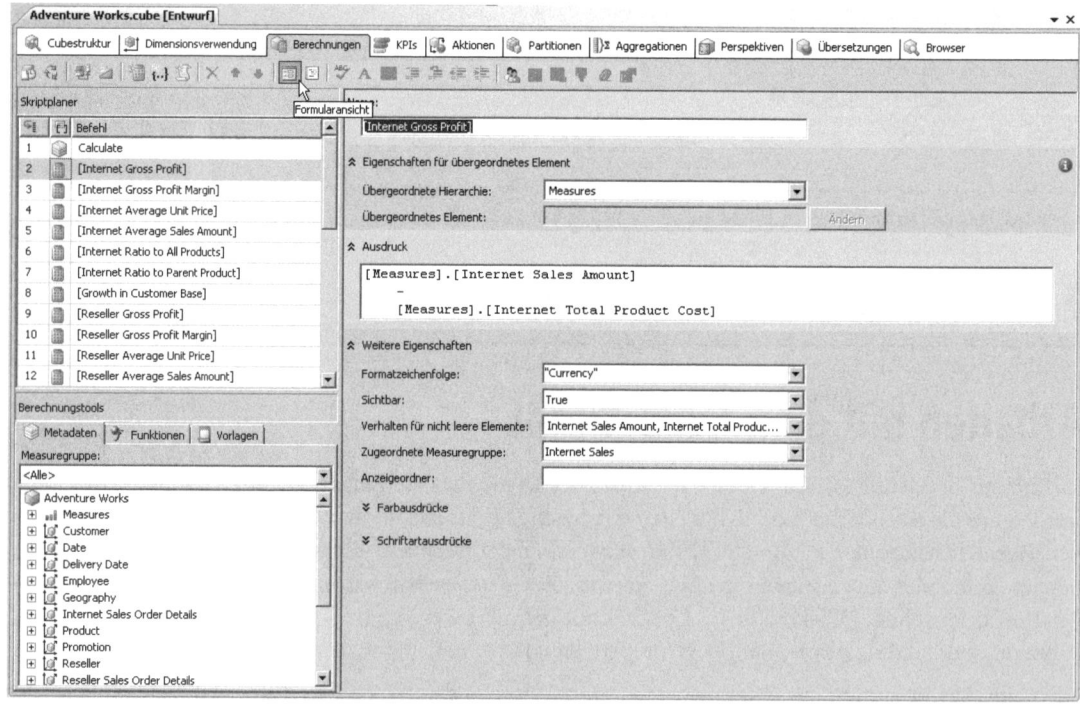

Abbildung 25.52 Das Cube-Skript im Business Intelligence Development Studio

Die Formularansicht

Abbildung 25.52 zeigt die Registerkarte *Berechnungen* des Cube-Editors in der Formularansicht. In der Formularansicht stehen Ihnen Formulare zum Anlegen neuer Anweisungen zur Verfügung. Es gibt drei Typen von Anweisungen: berechnete Elemente, benannte Mengen und Skriptanweisungen. Berechnete Elemente und benannte Mengen kennen Sie bereits aus dem Abschnitt »Abfragen«. Skriptanweisungen führen wir im später folgenden Abschnitt »Skriptanweisungen« ein.

Links auf der Registerkarte *Berechnungen* sehen Sie den *Skriptplaner*, der alle angelegten Anweisungen auflistet. Im Falle des Skripts von *Adventure Works* sind dies eine ganze Reihe. Im Skriptplaner sehen Sie die Reihenfolge der Anweisungen, die Anweisungsart und die Anweisungsbezeichnung. Die im Skriptplaner markierte Anweisung wird im Hauptfenster rechts angezeigt und kann dort bearbeitet werden.

Handelt es sich bei der Anweisung um ein berechnetes Element oder eine benannte Menge, so wird die Anweisung in ihrer Formularansicht dargestellt. Handelt es sich um eine Skriptanweisung, so wird diese in einem Editor bereitgestellt. Hilfreich ist, dass die Kontexthilfe im Skriptplaner zur Anweisung den Code anzeigt. So können Sie sich zum Beispiel zu einem berechneten Element sowohl das Formular anzeigen lassen als auch die Umsetzung in die Create-Anweisung betrachten. In Abbildung 25.52 ist das berechnete Element *Internet Gross Profit* im Skriptplaner aktiviert und wird im Hauptfenster angezeigt.

Beachten Sie, dass in dieser Ansicht die Anweisung ohne abschließendes Semikolon verwendet wird. Das Semikolon wird implizit an jede Anweisung angefügt. Mit dem Kontextmenü des Skriptplaners können Sie neue Anweisungen erzeugen, bestehende löschen oder die Reihenfolge der Anweisungen ändern.

Das *Berechnungstool*, es befindet sich links unten, besteht aus drei Registerkarten:

- Auf der ersten Registerkarte *Metadaten* werden der Cube und die im Cube verfügbaren Measuregruppen, Measures, Dimensionen, Attribute, Hierarchien und Elemente in einer Explorer-Ansicht aufgeführt. Per Drag & Drop können Sie jedes dieser Objekte in das Hauptfenster ziehen, um es für Berechnungen oder Skriptanweisungen zu nutzen.
- Auf der zweiten Registerkarte *Funktionen* des Berechnungstools sind die in Analysis Services verfügbaren Funktionen nach Anwendungsgebieten gegliedert aufgeführt. Diese können zur Verwendung ebenfalls in das Hauptfenster gezogen werden.
- Auf der dritten Registerkarte *Vorlagen* sind eine Reihe von Vorlagen für berechnete Elemente und benannte Mengen aufgeführt, die für Standardfragen aus den Bereichen Analyse, Finanzen und Zeitreihe von Belang sind. Diese Vorlagen können Sie ebenfalls in das Hauptfenster ziehen, sie lassen sich allerdings nur in der Skriptansicht nutzen.

Folgende Features sind sowohl in der Formular- als auch in der Skriptansicht über die Registerkarten-Symbolleiste *Berechnungen* verfügbar:

- Die Standardfunktionalitäten des Cube-Designers, die in jedem seiner Registerblätter verfügbar sind und keinen direkten Bezug zum Skript haben: *Business Intelligence hinzufügen*, *Verarbeiten* und *Verbindung wieder herstellen*. Sie finden sie von links nach rechts in der Symbolleiste.
- Sie können die Syntax der Anweisungen auf ihre syntaktische Korrektheit durch Klicken auf das Symbol *Syntax überprüfen* testen lassen
- Durch das Klicken auf *Berechnungseigenschaften* können Sie bestimmen, wo ein berechnetes Element angezeigt wird
- Um Zugriff auf Dimensionen oder Metadaten zu haben, über die der aktuelle Benutzer nicht verfügt, verwenden Sie das Symbol *Benutzer wechseln*
- Sowohl die Formular- als auch die Skriptansicht haben ein Editorfenster, in dem Ihnen jeweils dasselbe Kontextmenü zur Verfügung steht. Neben den üblichen Editoranweisungen wie *Suchen* und *Ersetzen* haben Sie die Möglichkeit, ein begonnenes Wort vervollständigen zu lassen.

Sie können jederzeit von der Formular- zur Skriptansicht umschalten, um die Anweisung in der Skriptansicht weiterzubearbeiten. Zum Umschalten zwischen Formular- und Skriptansicht benutzen Sie die gleichnamigen Symbole aus der Symbolleiste:

Abbildung 25.53 Umschalten zwischen Skript- und Formularansicht

Das Wechseln von der Skriptansicht zur Formularansicht ist allerdings nur möglich, wenn das Skript syntaktisch korrekt ist. Ansonsten wird Ihnen eine Fehlermeldung im Hauptfenster gezeigt, die Sie zur Fehlerbehebung auffordert.

Die Skriptansicht

In der Skriptansicht (Abbildung 25.54) haben Sie im Editorfenster Zugriff auf das gesamte Cube-Skript. Sie können im Editor jede Anweisung bearbeiten und neue Anweisungen hinzufügen. Jede Anweisung lässt sich wie im Code-Editor von Visual Studio ein- und ausklappen.

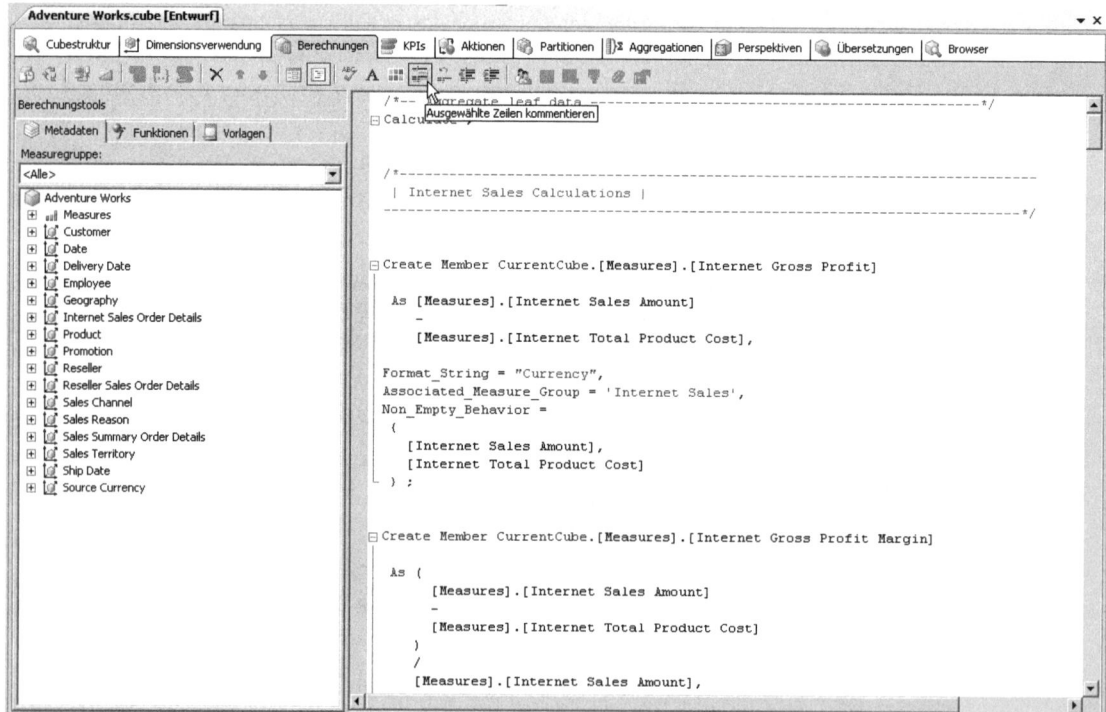

Abbildung 25.54 Das Skript in der Skriptansicht

In der Skriptansicht haben Sie Zugriff auf Hilfsmittel zur Formatierung von berechneten Elementen. Sie können über einen Farbwähler den Farbcode für eine Farbe oder über einen Schriftwähler die Schriftart, Schriftgröße und ihr Erscheinungsbild in das Skript einfügen lassen.

> Um die Beispiele in diesem Abschnitt nachvollziehen zu können, müssen Sie das bestehende Cube-Skript komplett bis auf die Claculate;-Anweisung ausschneiden und zum späteren Wiederherstellen der Funktionalitäten von *Adventure Works* in einer Textdatei speichern. Das originale Cube-Skript ist auch in den Materialien zum Buch enthalten, sodass Sie es notfalls problemlos zurücksetzen können. Wir haben uns zu diesem Vorgehen entschieden, um Ihnen Downloads zu ersparen und möglichst nah am Standardprojekt *Adventure Works* arbeiten zu können.

Berechnete Elemente und benannte Mengen

Früher in diesem Kapitel im Abschnitt »Berechnete Elemente und benannte Mengen erzeugen« haben wir bereits die wesentlichen Informationen über benannte Mengen und berechnete Elemente erläutert. In diesem Abschnitt zeigen wir Ihnen, wie Sie die dort erlernten Techniken beim Cube-Design im Business Intelligence Development Studio anwenden können. Berechnete Elemente und benannte Mengen lassen sich in drei Kontexten erzeugen:

- Berechnete Elemente und benannte Mengen, die im WITH-Teil einer Abfrage erstellt wurden, sind nur innerhalb der Abfrage verwendbar
- Elemente und Mengen die in einer CREATE-Anweisung von einem Client erzeugt wurden, sind nur von diesem Client solange verfügbar, bis die Sitzung des Clients beendet ist. Hierzu kann optional das SESSION-Schlüsselwort verwendet werden.

Berechnete Elemente und benannte Mengen, die im Cube-Skript definiert werden, können unterschiedliche Bereiche haben, in denen sie sichtbar sind:

- Sie sind immer im Cube-Skript sichtbar und können in diesem für die Definition weiterer Objekte verwendet werden
- Wenn für berechnete Elemente die Eigenschaft VISIBLE auf True gesetzt ist, sind sie für Clients sichtbar. Diese Eigenschaft ist die standardmäßige Einstellung, sie muss also auf False gesetzt werden, damit das betroffene Element außerhalb des Skripts nicht sichtbar ist. Die Sichtbarkeit betrifft lediglich das Vorkommen des Elements in den Metadaten. Ist ein Element nicht sichtbar, erhält ein Client keine Informationen darüber, dass dieses Element existiert. Er hat aber die Möglichkeit, es zu verwenden, wenn er seinen Namen und die Dimension, in der es angelegt ist, kennt. Sichtbare berechnete Elemente können in einer Abfrage mit der AddCalculatedMembers-Funktion einer Menge angefügt werden.
- Auch benannte Mengen sind als Standard für Clients sichtbar. Durch das zusätzliche Schlüsselwort HIDDEN können allerdings auch diese aus den Metadaten ausgeschlossen werden.
- Die Eigenschaft DISPLAY_FOLDER legt sowohl für berechnete Elemente als auch für benannte Mengen den Anzeigeordner fest. Dieser wird in Clientanwendungen genutzt, um die Objekte strukturiert anzuzeigen. Der Ordner wird automatisch gebildet. Die Syntax der Eigenschaft ist: DISPLAY_FOLDER='Ordnername'

Objekte, die Sie im Cube-Skript anlegen, müssen inklusive des Cube, in dem sie angelegt werden sollen, bezeichnet werden. Benutzen Sie vorzugsweise CurrentCube statt des Cubenamens, da Sie so sicher auf den Cube referenzieren, zu dem Sie eine Verbindung aufgebaut haben. Auf diese Art sind Sie sicher vor einer Verwechslung mit einem ähnlich benannten Cube.

Benannte Mengen im Business Intelligence Development Studio erstellen

Benannte Mengen können Sie im Cube-Designer auf der Registerkarte *Berechnungen* erstellen. Sie können die benannte Menge entweder in der Formular- oder in der Skriptansicht anlegen und bearbeiten. Eine benannte Menge, die Sie in der Formularansicht angelegt haben, können Sie später in der Skriptansicht weiterbearbeiten und umgekehrt. In die Formularansicht lässt sich allerdings nur wechseln, wenn alle Anweisungen im Skript korrekt sind. Im folgenden Beispiel wird zuerst in der Formularansicht eine einfache berechnete Menge definiert und, da diese für Clients nicht verwendbar sein soll, wird sie anschließend in der Skriptansicht entsprechend verändert. Darauf aufbauend wird, unter Verwendung einer Vorlage aus den Berechnungstools, eine zweite Menge erstellt:

1. Klicken Sie in der Symbolleiste auf das Symbol *Neue benannte Menge*, wie in Abbildung 25.55 dargestellt.

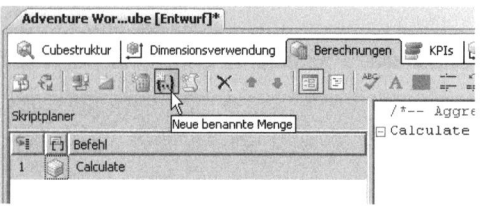

Abbildung 25.55 Eine neue benannte Menge in der Formularansicht erstellen

2. Im Skriptplaner erscheint eine neue Anweisung mit der Bezeichnung *benannte Menge*. Ändern Sie im Hauptfenster die Bezeichnung in *[Deutsche Bundesländer]*. Wie Sie sehen, ändert sich auch die Bezeichnung im Skriptplaner. Im nächsten Schritt ziehen Sie das Element *Germany* aus der Hierarchie *Customer Geography/Country Region* in das Editorfeld für den MDX-Ausdruck. Sie können jedes Objekt aus den Metadaten in das Textfeld ziehen, um MDX-Ausdrücke aufzubauen.

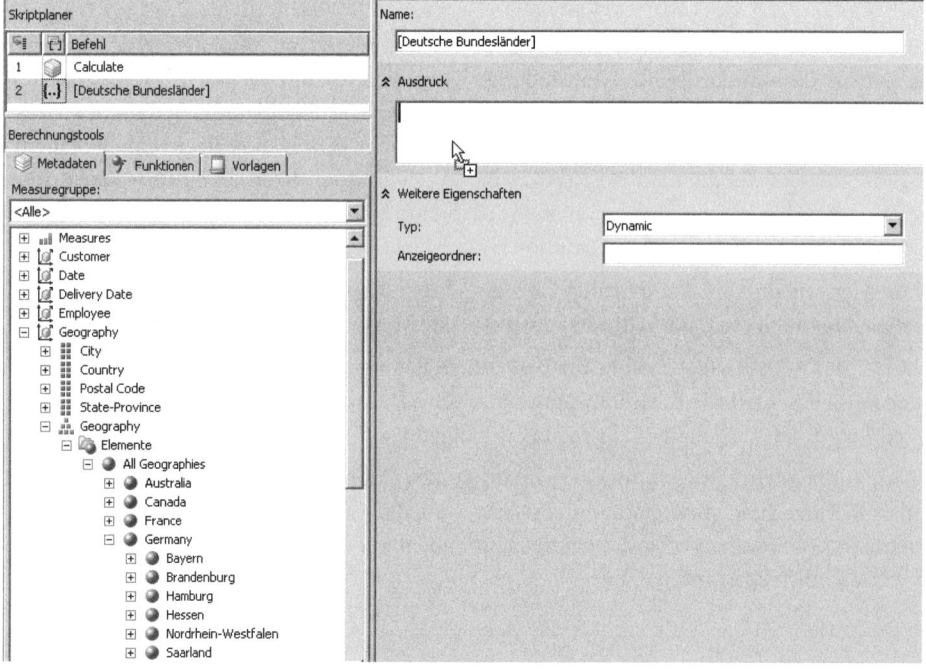

Abbildung 25.56 Eine Hierarchie aus dem Metadaten-Explorer verwenden

3. Nachdem Sie das Objekt in das Editorfeld gezogen haben, wird in diesem der MDX-Ausdruck für das gewählte Objekt angezeigt. Um die Bundesländer zu erhalten, wenden Sie auf den Ausdruck die Children-Funktion an. Sie können Funktionen entweder selbst schreiben oder aus der Registerkarte Funktionen des Berechnungstools in das Editorfeld ziehen. Wenn Sie eine Funktion aus dem Berechnungstool nehmen, wird Ihnen die Syntax der Funktion im Editorfeld mit angezeigt.

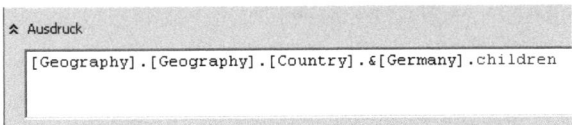

Abbildung 25.57 Editorfeld mit dem vollständigen MDX-Ausdruck

4. Schalten Sie nun über die Symbolleiste zur Skriptansicht um. Sie sehen in der Skriptansicht alle vorhandenen Anweisungen. Die Einfügemarke ist zu der Anweisung gesprungen, die Sie im Skriptplaner markiert hatten, und Sie können diese im Editor weiterbearbeiten. Ändern Sie die benannte Menge so, dass sie für Clients in den Metadaten nicht sichtbar ist, indem Sie zwischen CREATE und DYNAMIC SET das Schlüsselwort HIDDEN einfügen.

5. Setzen Sie dann die Einfügemarke hinter die Anweisung zum Erzeugen der benannten Menge, also hinter das Semikolon, welches die Anweisung abschließt. Ziehen Sie nun aus der Registerkarte *Vorlagen* des Berechnungstools die Vorlage *Erste n nach Anzahl* an die Stelle, an der die Einfügemarke steht (Abbildung 25.58).

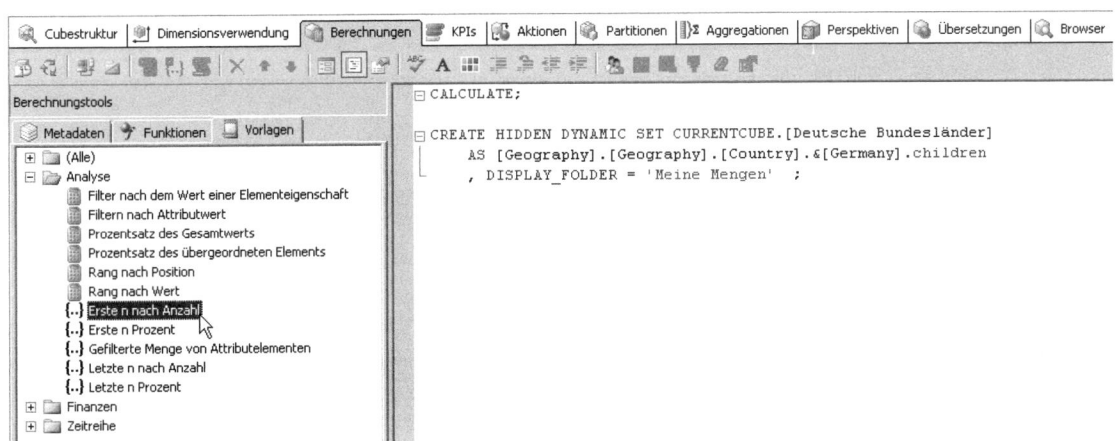

Abbildung 25.58 Skriptansicht beim Einfügen der Vorlage

6. Nachdem Sie die Vorlage in den Editor gezogen haben, wird eine Schablone für eine neue benannte Menge angezeigt (Abbildung 25.59). Der Skripteditor erkennt diese Vorlage derzeit nicht als Anweisung an, da sie noch syntaktisch falsch ist. Sie erkennen dies daran, dass die Anweisung nicht auf- bzw. zuklappbar ist.

```
CALCULATE;

CREATE HIDDEN DYNAMIC SET CURRENTCUBE.[Deutsche Bundesländer]
    AS [Geography].[Geography].[Country].&[Germany].children
    , DISPLAY_FOLDER = 'Meine Mengen'  ;


//
/*Gibt eine angegebene Anzahl von Artikeln aus den obersten Elementen
CREATE SET CURRENTCUBE.[Erste n nach Anzahl]
AS TopCount
(
    <<Set>>,
    <<Count>>,
    <<Numeric Expression>>
)

// This expression will return a specified number of items from the
// topmost members of a specified set.

// The TopCount function always breaks the hierarchy.
    ;
```

Abbildung 25.59   Skripteditor nach dem Einfügen der Vorlage

7. Wenn Sie das Skript mit der auf der Symbolleiste enthaltenen Anweisung *Syntax überprüfen* auf korrekte Syntax prüfen, erhalten Sie eine Fehlermeldung, in der Sie für die Details des oder der aufgetretenen Fehler auf die Fehlerliste verwiesen werden. In der Fehlerliste finden Sie den in Abbildung 25.60 dargestellten Fehler:

Abbildung 25.60   Fehlerliste von Visual Studio

8. Der Fehler ist im Editor ebenfalls durch eine rote Schlangenlinie markiert. Sie müssen die Platzhalter aus der Vorlage durch MDX-Ausdrücke ersetzen. Als Menge (Set) wählen Sie die eben erstellte Menge [Deutsche Bundesländer], als Anzahl der zu wählenden Tupel nehmen Sie den Wert 3 und als MDX-Ausdruck, nach dem das Ranking stattfinden soll, das Measure [Sales Account]. Darüber hinaus ändern Sie die Bezeichnung der benannten Menge auf [Top 3]. Nach diesen Veränderungen erkennt der Editor die MDX-Anweisung und es ist möglich, in die Formularansicht zu wechseln.

```
/*Gibt die ersten drei Bundesländer nach dem Measure
CREATE Dynamic SET CURRENTCUBE.[Top 3 Bundesländer]
AS TopCount
(
    [Deutsche Bundesländer],
    3,
    [Measures].[Reseller Sales Amount]
), DISPLAY_FOLDER = 'Meine Mengen'  ;
```

Abbildung 25.61   Fertiggestellte MDX-Anweisung

9. Schalten Sie zur Formularansicht um. Sie sehen von der MDX-Anweisung lediglich den Ausdruck, der die Menge definiert, sowie den Bezeichner für die Menge, wie in Abbildung 25.62 dargestellt.

Arbeiten mit dem Cube-Skript

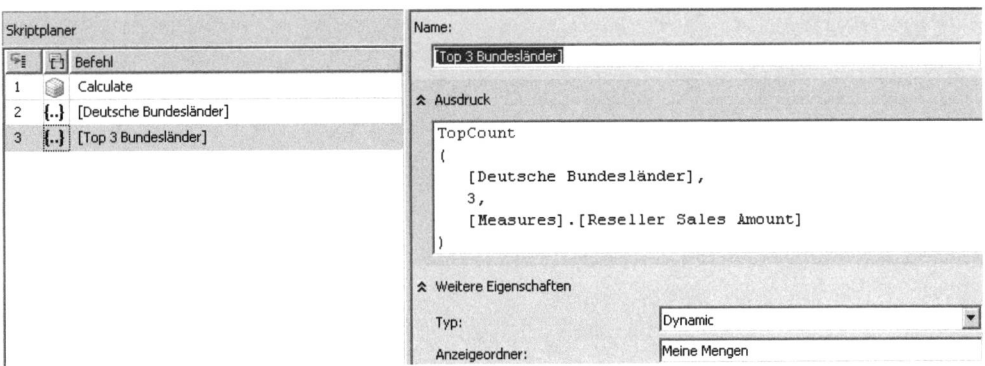

Abbildung 25.62   Ansicht der Anweisung in der Formularansicht

10. Wenn Sie nun den Cube neu bereitstellen, indem Sie im Projektmodus den Menübefehl *Erstellen/Adventure Works 2008 SE bereitstellen* aufrufen oder im Onlinemodus speichern, können Sie die benannte Menge zum Beispiel im Management Studio für eine Abfrage verwenden, wie in Abbildung 25.63 dargestellt.

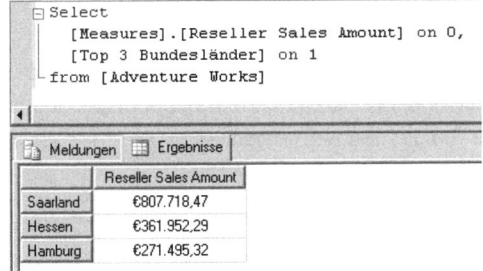

Abbildung 25.63   Eine einfache Abfrage aus dem Management Studio heraus

Berechnete Elemente im Business Intelligence Development Studio erstellen

Ein berechnetes Element können Sie auf dieselbe Art und Weise erstellen wie eine benannte Menge. Besonders hilfreich zur Erstellung eines berechneten Elements sind die Felder für weitere Eigenschaften in der Formularansicht. Die Formularansicht stellt eine sehr einfache und intuitive Oberfläche zur Erstellung und insbesondere zur Formatierung von berechneten Elementen dar.

Komplexere MDX-Ausdrücke zur Berechnung eines neuen Elements lassen sich unserer Meinung nach allerdings besser in der Skriptansicht entwickeln. Hier haben Sie Zugriff auf die Vorlagen und umfangreiche Berechnungen lassen sich besser überblicken. Alle Beispiele für berechnete Elemente aus dem Abschnitt »Abfragen« können Sie auch im Cube-Skript verwenden. Ein Beispiel für die Verwendung von bedingter Formatierung für berechnete Elemente erläutern wir später im Abschnitt zur »CASE-Anweisung«. Ein Beispiel zur Erstellung eines berechneten Elements in der Formularansicht finden Sie in Kapitel 4.

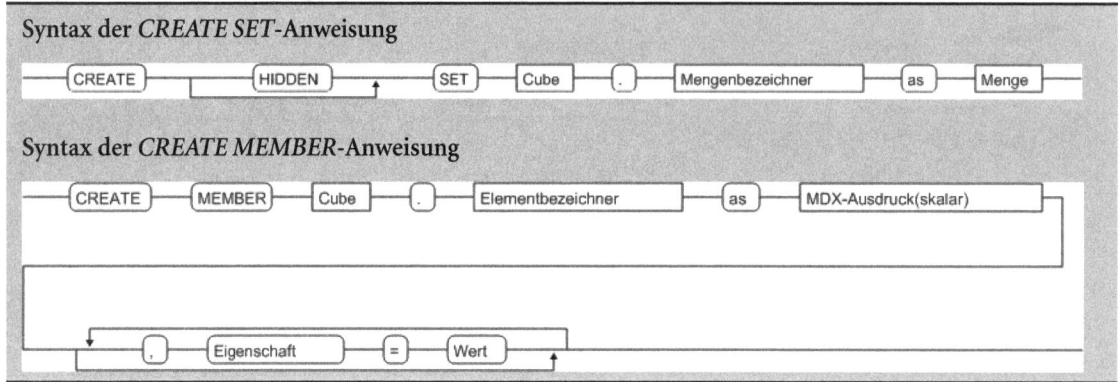

Die Eigenschaften, die Sie für berechnete Elemente angeben können, lassen sich in zwei Gruppen aufteilen. Zum einen gibt es Eigenschaften, die die serverseitige Erstellung von Zellen steuern, und zum anderen Eigenschaften, welche Formatierungsinformationen angeben, die ein beliebiger Client verwenden kann. Folgende Eigenschaften steuern die serverseitige Erstellung von Zellen, die auf berechnete Elemente zurückgehen:

- Mit der Eigenschaft SOLVE_ORDER wird angegeben, in welcher Reihenfolge die Berechnungen für eine Zelle ausgeführt werden, falls diese durch mehrere berechnete Elemente berechnet wird. Diese Fragestellung wird ausführlich früher in diesem Kapitel im Abschnitt »Abfragen« behandelt.

- Die Eigenschaft NON_EMPTY_BEHAVIOR gibt das Measure oder die Menge an, mit dem oder der Analysis Services im Falle der Verwendung von NON EMPTY oder NonEmpty() bei späteren Berechnungen prüfen kann, ob das berechnete Element leer ist. Diese Eigenschaft dient zur Performancesteigerung von Abfragen. Syntax: NON_EMPTY_BEHAVIOR=Mengenausdruck

- Die Eigenschaft VISIBLE legt fest, ob das Element für Clients sichtbar ist oder nicht. Soll es nicht sichtbar sein, muss VISIBLE auf false gesetzt werden, da das Element in der Standardeinstellung sichtbar ist. Syntax: VISIBLE=true|false

- Die Eigenschaft DISPLAY_FOLDER legt sowohl für berechnete Elemente als auch benannte Mengen den Anzeigeordner fest. Dieser wird in Clientanwendungen genutzt, um die Objekte geordnet anzuzeigen. Der Ordner wird automatisch gebildet. Syntax: DISPLAY_FOLDER='Ordnername'

Zelleigenschaften, die Auswirkungen auf die Formatierung von Zellen haben können, werden im nächsten Abschnitt behandelt

Zelleigenschaften für berechnete Elemente setzen

Im Cube-Skript können Sie Eigenschaften für Zellen festlegen. Diese Eigenschaften lassen sich in folgende Gruppen unterteilen:

- Formatierungseigenschaften werden im Folgenden ausführlich behandelt
- Eigenschaften, die Aktionen festlegen, die mit der Zelle verbunden sind und die bequem auf der Registerkarte *Aktionen* erstellt und bearbeitet werden können
- Eigenschaften, die das Verhalten von Zellen bei einem Update steuern

Für einen Bericht ist es obligatorisch, dass die enthaltenen Informationen ansprechend und auch aussagekräftig formatiert werden. So sollen zum Beispiel Währungsangaben mit dem Eurozeichen sowie zwei Nachkommastellen und Prozentangaben mit dem Prozentzeichen und ohne Nachkommastellen angezeigt werden. Wichtige Kennzahlen werden zusätzlich fett und bei kritischer Ausprägung mit rotem Hintergrund angezeigt.

In Analysis Services können Sie berechneten Elementen zur Designzeit Formatierungseigenschaften für die Zellen zuweisen, denen sie entsprechen. Ein Clientprogramm kann diese Informationen dann verwenden, um Zellen entsprechend zu formatieren. Hierzu besteht in der MDX-Abfrage die Möglichkeit, anzugeben, welche der definierten Zelleigenschaften von Analysis Services abgerufen werden sollen. Viele Clients, wie zum Beispiel Excel 2007, übernehmen die Zelleigenschaften automatisch.

Die Eigenschaft FORMAT_STRING

Die Eigenschaft FORMAT_STRING stellt eine Formatierungsschablone bereit, die Clientanwendungen benutzen können. Sie können auf einige feste Formatierungsschablonen zurückgreifen oder selbstdefinierte verwenden. Folgende feste Formate stehen Ihnen zur Verfügung:

- STANDARD FORMAT_STRING="STANDARD"
- CURRENCY FORMAT_STRING="CURRENCY"
- SHORT DATE FORMAT_STRING="SHORT DATE"
- SHORT TIME FORMAT_STRING="SHORT TIME"
- PERCENT FORMAT_STRING="PERCENT"

Über die vorgegebenen Formatschablonen hinaus können Sie eigene Formatschablonen mithilfe von Regeln und Wildcards definieren. Weitere Informationen über diese Möglichkeiten finden Sie in der Online-Hilfe.

Die Eigenschaften FORE_COLOR und BACK_COLOR

Über die Eigenschaften FORE_COLOR und BACK_COLOR geben Sie die Schrift- und die Hintergrundfarbe an, die das berechnete Element in einer Clientanwendung annehmen soll. Hierzu wird das RGB-Format verwendet:

```
BACK_COLOR=255 // Die Hintergrundfarbe wird auf rot gesetzt.
```

> **Das RGB-Format**
>
> Im RGB-Format werden Farben durch die Komponenten rot, grün und blau definiert und durch eine Zahl zwischen 0 und 255 oder – bei Hexadezimalangabe – zwischen 00 und FF dargestellt. Dies entspricht dem Wertebereich eines Bytes. Der gültige Bereich einer RGB-Farbe ist 0 bis 16.777.215 oder in hexadezimaler Schreibweise von 000000 bis FFFFFF). Die drei Bytes bestimmen, vom niedrigsten zum höchsten Byte, den Anteil von Rot, Grün und Blau.
>
> Sie können die Farbe für ein berechnetes Element entweder als Dezimalwert oder unter Verwendung der *VBA*-Funktion Rgb angeben. Diese Funktion berechnet aus den drei einzelnen Farbwerten den entsprechenden kombinierten Farbwert. Im Business Intelligence Development Studio steht ein Farbpicker zur Verfügung, der zu einer gewählten Farbe die entsprechende Dezimalzahl ausgibt.

Schriftformate

Für die Schriftformatierung stehen Ihnen folgende Eigenschaften zur Verfügung:

- Mit FONT_NAME geben Sie den Namen der Schriftart an
- Mit FONT_SIZE geben Sie die Schriftgröße als Zahl an

- Mit der Eigenschaft FONT_FLAGS geben Sie an, ob kursiv, fett, durchgestrichen oder unterstrichen formatiert werden soll. Zur Verfügung stehen folgende Konstanten, die durch Addition der entsprechenden Werte auch gleichzeitig angewendet werden können:
  - MDFF_BOLD = 1 für fett
  - MDFF_ITALIC = 2 für kursiv
  - MDFF_UNDERLINE = 4 für unterstrichen
  - MDFF_STRIKEOUT = 8 für durchgestrichen

Um eine Zelle in Arial mit einer Schriftgröße von 12 Punkt in fett und kursiv zu formatieren, benutzen Sie folgende Eigenschaft/Wert-Paare:

- FONT_NAME="Arial"
- FONT_SIZE=12
- FONT_FLAGS=3

Skriptanweisungen

MDX hat als Skriptsprache eine Reihe von Anweisungen in seinem Sprachumfang, die das Aufbereiten der Daten steuern, die Zuweisungen zu Zellen ermöglichen oder den Ablauf von Anweisungen steuern. Diese Anweisungen, die meist im Cube-Skript zur Anwendung kommen, allerdings teilweise auch im Sitzungskontext Verwendung finden, sind Thema dieses Abschnitts.

CALCULATE-Anweisung

Die CALCULATE-Anweisung aggregiert die Daten der Blattzellen zu den Zellen mit höherer Granularität nach den Regeln, die für die einzelnen Measures angelegt wurden. Bevor die CALCULATE-Anweisung ausgeführt wird, sind die Zellen des Cube leer, die keine Blattzellen sind. Die CALCULATE-Anweisung hat keine Auswirkungen auf berechnete Elemente oder benannte Mengen. Sie können das Berechnen der Zellen mithilfe der Debugging-Funktionalität von Visual Studio nachvollziehen. Im weiteren Verlauf dieses Abschnittes wird der Debugger häufig zum Einsatz kommen, deshalb stellen wir ihn im folgenden Exkurs vor.

> **Im Business Intelligence Development Studio debuggen**
>
> Sie können das Cube-Skript im Business Intelligence Development Studio in Einzelschritten durchlaufen oder Haltepunkte setzen, um bei längeren Skripts direkt eine zu überprüfende Anweisung anzusteuern. Gleichzeitig können Sie vor und nach der Anweisung über eine PivotTable und mit Abfragen die Auswirkungen der Anweisung auf die Zellen im Cube nachvollziehen. Um das Debuggen des Cube-Skripts zu starten, gehen Sie folgendermaßen vor:
>
> 1. Ausgehend vom bisher in diesem Abschnitt erstellten Skript rufen Sie den Debugger über den Menübefehl *Debuggen/Debugging starten* auf (Abbildung 25.64). Dies ist sowohl aus der Skript- als auch aus der Formularansicht möglich. Nach dem Aufrufen des Debuggers wechselt die Ansicht gegebenenfalls in die Skriptansicht und die Ausführung des Skripts wartet vor der ersten Anweisung. ▶

Arbeiten mit dem Cube-Skript

Abbildung 25.64 Aufrufen des Debuggers

2. Unten im Hauptfenster haben Sie nun die Möglichkeit, entweder in einer PivotTable oder in einer MDX-Abfrage den jeweiligen Datenstand des Cube zu betrachten. In diesem Beispiel wird die Pivot-Table verwendet (Abbildung 25.65). Ziehen Sie aus den Metadaten das Measure [Reseller Sales Amount] in den Datenbereich, die benutzerdefinierte Hierarchie [Product].[Product Line] in die Zeilen und die Attributhierarchie [Geography].[Country] in die Spalten. Die PivotTable hat nun folgendes Aussehen:

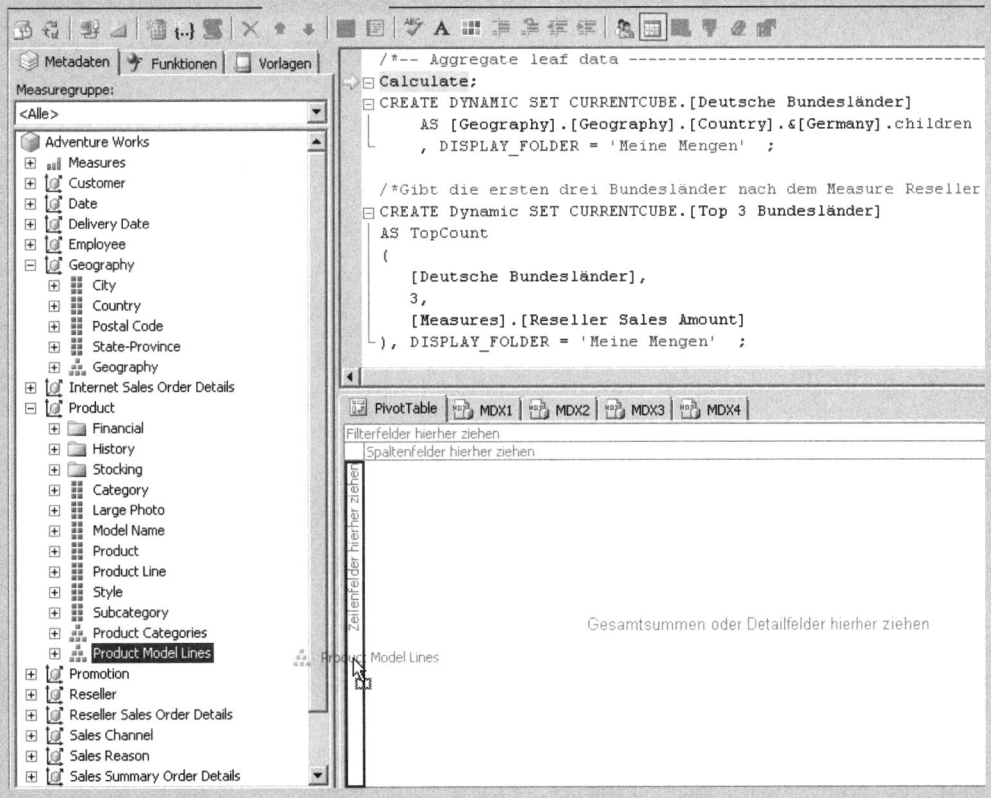

Abbildung 25.65 Der Debugger in Aktion

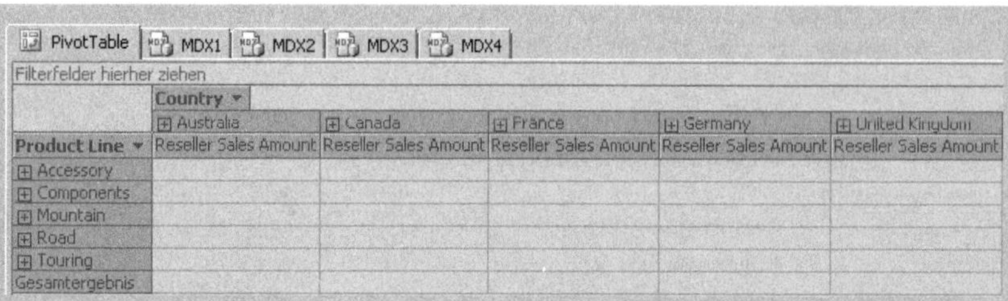

Abbildung 25.66 PivotTable-Ansicht während des Debuggens des Cube-Skripts

3. Wie Sie sehen, sind alle derzeit sichtbaren Zellen noch ungefüllt. Vor der CALCULATE-Anweisung sind nur die Blattzellen mit Daten gefüllt. Dies können Sie mit einer MDX-Abfrage auf die Blattzellen überprüfen. In den MDX-Registerkarten führen Sie die folgende Abfrage durch Klicken auf den grünen Pfeil aus:

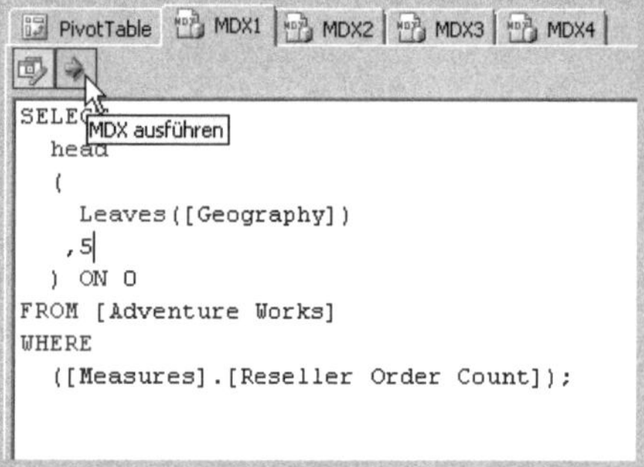

```
SELECT
  head
  (
    Leaves([Geography])
    ,5
  ) ON 0
FROM [Adventure Works]
WHERE
  ([Measures].[Reseller Order Count]);
```

Abbildung 25.67 Ausführen einer MDX-Abfrage während des Debuggens

4. Nach einer etwas längeren Berechnungszeit erhalten Sie die fünf ersten Blattzellen aus der Geography-Dimension. Diese sind, wie erwartet, bereits mit Daten gefüllt (Abbildung 25.68).

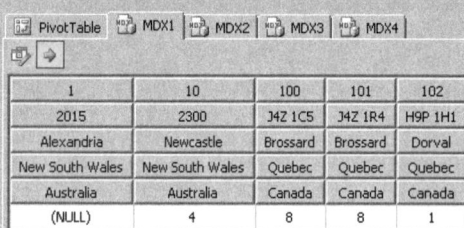

Abbildung 25.68 Blattelemente der *Geography* Dimension

5. Wählen Sie nun wieder die Registerkarte *PivotTable* und führen Sie im Skript die CALCULATE-Anweisung aus. Zur Ausführung von Anweisungen im Debugger haben Sie verschiedene Möglichkeiten: Benutzen Sie die Taste [F5] für das Ausführen bis zum Ende des Skripts respektive bis zum nächsten Haltepunkt (Haltepunkte setzen und entfernen Sie mit [F9]). Einzelne Prozedurschritte können Sie mit [F10] ausführen. Alternativ zu den Tastaturanweisungen können Sie aber auch die Symbolleiste Debuggen benutzen, die beim Start des Debuggingprozesses eingeblendet wird. Sie enthält von links nach rechts folgende Anweisungen: Ausführen, Unterbrechen, Debuggen beenden, Neu starten, Prozedurschritt ausführen sowie Haltepunkte.

Arbeiten mit dem Cube-Skript

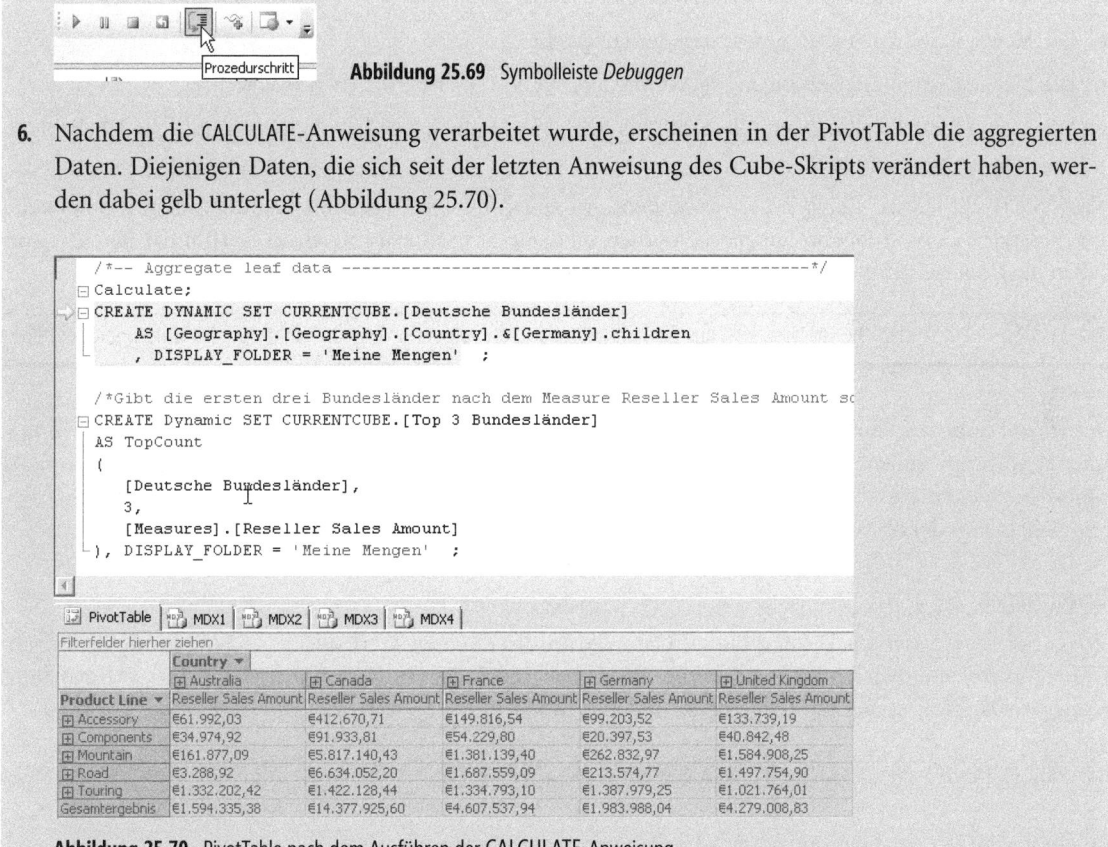

Abbildung 25.69 Symbolleiste *Debuggen*

6. Nachdem die CALCULATE-Anweisung verarbeitet wurde, erscheinen in der PivotTable die aggregierten Daten. Diejenigen Daten, die sich seit der letzten Anweisung des Cube-Skripts verändert haben, werden dabei gelb unterlegt (Abbildung 25.70).

Abbildung 25.70 PivotTable nach dem Ausführen der CALCULATE-Anweisung

Subcube

Der Subcube-Ausdruck ist eine wichtige Grundlage für Zellmanipulationen. Ein Subcube kann nicht als Objekt gebildet und dann in weiteren Anweisungen verwendet werden, sondern er wird als Ausdruck in Anweisungen eingesetzt. Ein Subcube ist, genau wie ein Cube, ein multidimensionales Gebilde. Im Cube-Skript wird der Subcube aus einer Menge oder dem CrossJoin mehrerer Mengen gebildet. Die am CrossJoin beteiligten Mengen unterliegen dabei bestimmten Beschränkungen: Zum einen darf keine Achse des ursprünglichen Cubes, also keine Attributhierarchie, mehr als einmal im CrossJoin enthalten sein. Der folgende CrossJoin ist zur Bildung eines Subcubes also unzulässig, da die Attributhierarchie [Gender] in jeder der beteiligten Mengen enthalten ist:

```
{[Customer].[Gender].[Female]}*{[Dim Customer].[Gender].[Male]}
```

Zum anderen muss eine Menge, die am Aufspannen eines Subcubes beteiligt ist, einer der folgenden Definitionen entsprechen:

- Die Menge besteht aus einem einzelnen Element oder einem MDX-Ausdruck, der auf ein einzelnes Element verweist
- Die Menge besteht aus beliebigen Elementen, außer dem All-Element einer Attributhierarchie

- Die Menge besteht aus den Blattelementen einer Hierarchie
- Die Menge besteht aus allen Elementen der Hierarchie
- Die Menge besteht aus beliebigen Elementen einer Ebene einer natürlichen Hierarchie
- Die Menge besteht aus einem Element, das aus einer natürlichen Hierarchie stammt, und beliebigen Nachfolgern des Elements

Wenn Sie das Wildcard-Zeichen (*) verwenden, um einen Subcube zu definieren, entspricht der Subcube dem gesamten Cube. Subcube-Ausdrücke werden im Cube-Skript dazu verwendet, bestimmte Bereiche von Zellen des Cube zu definieren, die manipuliert werden sollen.

HINWEIS Eine natürliche Hierarchie ist aus Ebenen aufgebaut, die folgender Regel gerecht werden: Untergeordnete Ebenen müssen die übergeordnete Ebene als benutzerdefinierte Elementeigenschaft enthalten.

Der Begriff Subcube wird in den Analysis Services unterschiedlich verwendet. Im Abfrage- oder Sitzungskontext wird ein Subcube mit einer CREATE-Anweisung erstellt, um an dieses kleinere multidimensionale Objekt performantere Abfragen zu stellen. Allerdings werden diese Subcubes anders gebildet und unterliegen nicht den in der obigen Aufzählung enthaltenen Beschränkungen.

Zuweisungen

Einem Subcube-Ausdruck können Sie im Cube-Skript direkt einen Wert oder eine Berechnung zuweisen. Wenn also zum Beispiel im Cube *Adventure Works* das Tupel ([Product].[Style].[Mens],[Reseller Sales Amount]) auf 1 gesetzt werden soll, ist dies mit folgendem Ausdruck möglich:

```
{([Product].[Style].[Mens],[Measures].[Reseller Sales Amount])}=1;
```

Abbildung 25.71 zeigt einen Ausschnitt des Cube nach der Zuweisung.

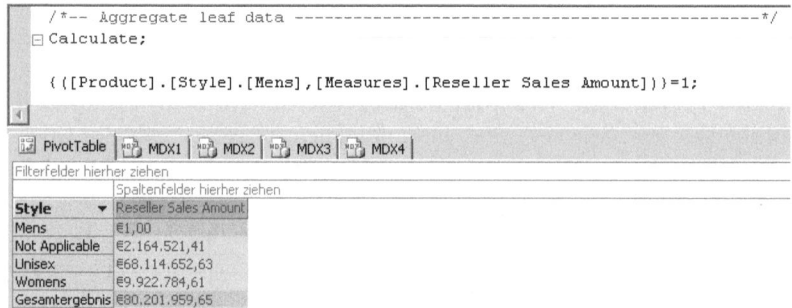

Abbildung 25.71 Ein Ausschnitt des Cube nach der Zuweisung

Da in diesem Tupel implizit die Standardelemente aller weiteren Achsen des Cube enthalten sind, werden durch diesen Ausdruck alle Zellen, in denen das Tupel ([Product].[Style].[Mens],[Reseller Sales Amount]) enthalten ist, auf eins gesetzt. Eine solche Zuweisung erscheint zunächst wenig sinnvoll. Ein Anwendungsfall für derartig feste Zuweisungen sind zum Beispiel die Gehälter von Mitarbeitern in einer Parent/Child-Hierarchie. Es ist sehr unwahrscheinlich, dass sich die Gehälter von Managerinnen aus den Gehältern der zugeordneten Mitarbeiter aggregieren lassen. In einem solchen Fall kann es notwendig sein, die Gehälter der »höheren« Mitarbeiterinnen festzusetzen.

Eine andere Form der einfachen Zuweisung besteht darin, einen Zellraum mit einer Berechnung, die auf die Zellinhalte vor der Zuweisung aufbaut, durchzuführen. Wollen Sie zum Beispiel in einem Szenario betrachten, wie sich die Daten im Cube ändern, wenn sich der *Reseller Sales Amount* verdoppelt, können Sie folgende Zuweisung verwenden:

```
{([Measures].[Reseller Sales Amount])}=2*[Measures].[Reseller Sales Amount];
```

Eine solche rekursive Zuweisung führt in Analysis Services zu keinem Fehler. Vielmehr wird die Zuweisung richtig aufgelöst.

SCOPE und THIS

Mit der SCOPE-Anweisung lässt sich der Bereich, in dem Anweisungen im Cube-Skript ausgeführt werden, auf einen Subcube-Bereich einschränken. Der Standardbereich im Cube-Skript ist der ganze Cube. Mit dem Schlüsselwort THIS kann auf den Cube oder den Subcube, der im Skript im aktuellen Kontext Anwendung findet, verwiesen werden. Mit folgendem MDX-Ausdruck wird jede Zelle im Cube auf 1 gesetzt:

```
this=1;
```

Die SCOPE-Anweisung ermöglicht es, eine oder mehrere Anweisungen auf einen Subcube anzuwenden. Sie hat folgende Syntax:

```
┌─( SCOPE )──( ; )──→──( MDX Skript Anweisung )──( END SCOPE )──( ; )──┐
                    └─────────────────────────────────────────────┘
```

Die im letzten Abschnitt betrachtete Zuweisung lässt sich mithilfe der SCOPE-Anweisung wie folgt formulieren:

```
Scope ([Measures].[Reseller Sales Amount]);
    this=2*[Measures].[Reseller Sales Amount];
End Scope;
```

Listing 25.65 Erstes Beispiel einer *SCOPE*-Anweisung

Die Möglichkeiten der SCOPE-Anweisung sind aber noch wesentlich vielseitiger. Im folgenden Beispiel werden wir Ihnen demonstrieren, wie in einem Gültigkeitsbereich (Scope) quasi durch eine in ihm enthaltene Hierarchie iteriert wird. Wir gehen in diesem Fall davon aus, dass die Monate des Jahrs 2001 falsche Daten für das Measure [Reseller Sales Amount] enthalten, es stimmen aber die Werte für die einzelnen Quartale. Mit dem folgenden MDX-Ausdruck (Listing 25.66) sollen die Werte für die Monate aus den Quartalswerten berechnet werden:

```
Scope (
        [Date].[Calendar Year].&[2001]
        ,[Date].[Calendar].[Month].Members
        ,[Measures].[Reseller Sales Amount]
        );
        this=[Date].[Calendar].CurrentMember.Parent
               /
            3;
End Scope;
```

Listing 25.66 Berechnung der Monatswerte

Um diese Anweisungen im Cube-Skript einzufügen und zu debuggen, gehen Sie wie folgt vor:

1. Wählen Sie auf der Registerkarte *Berechnungen* die Skriptansicht und fügen Sie die Anweisungen aus Listing 25.66 am Ende des Skripts ein. Setzen Sie die Einfügemarke auf die einleitende SCOPE-Anweisung und erzeugen Sie mit der Taste F9 einen Haltepunkt. Nun starten Sie den Debuggingprozess mit der Taste F5. Sollte die Abarbeitung des Skripts bei der ersten Skriptanweisung (CALCULATE) stehen bleiben, drücken Sie erneut F5, um bis zum Haltepunkt zu gelangen.

Um die Zellberechnungen zu verfolgen, verwenden Sie die PivotTable folgendermaßen: In die Spalten der PivotTable ziehen Sie die Hierarchie *Calender* aus der Dimension *Date* und klappen Sie die Monate des Jahres 2001 auf. Dann ziehen Sie das Measure *Reseller Sales Amount* in den Datenbereich. Es sollte nun etwa Folgendes im Debugger zu sehen sein (Abbildung 25.72):

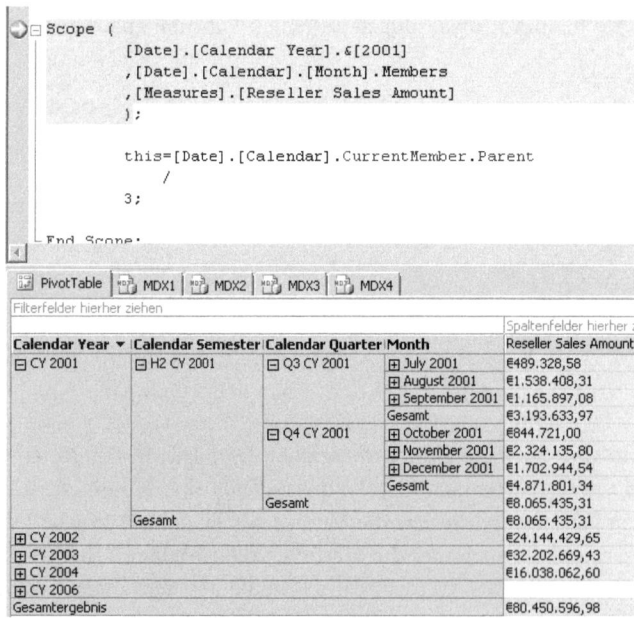

Abbildung 25.72 Debuggen der *SCOPE*-Anweisung

2. Alle Zellen in dem sichtbaren Ausschnitt sind mit der letzten Anweisung (der CALCULATE-Anweisung) aggregiert worden. Dies wird durch den gelben Hintergrund angezeigt. Führen Sie nun die SCOPE-Anweisung und die Zuweisung durch zweimaliges Drücken der Taste F10 aus. Sie sollten nun das folgende Ergebnis sehen (Abbildung 25.73):

Arbeiten mit dem Cube-Skript

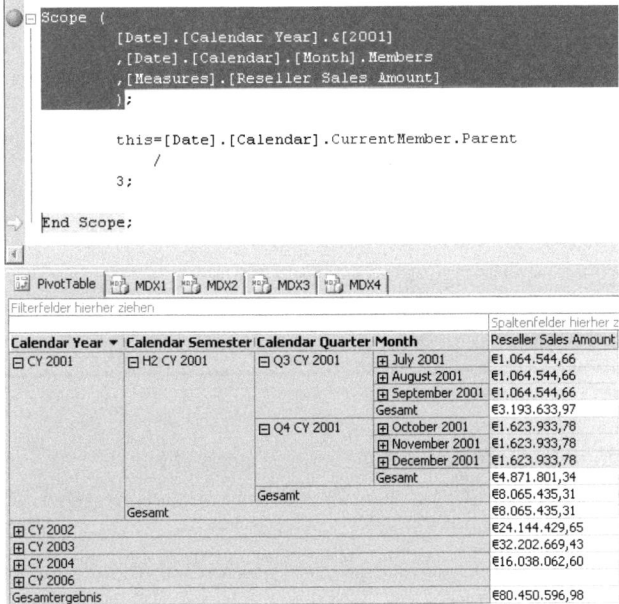

Abbildung 25.73 Ansicht nach der Zuweisung

3. Die Zuweisung hat das Measure [Order Quantity] nur in den Monaten des ersten Halbjahres vom Jahr 2001 neu berechnet. Dies hatte keinen Einfluss auf höher liegende Ebenen, was daran erkennbar ist, dass nur die entsprechenden Zellen gelb hinterlegt sind. Wollen Sie die Berechnung ändern, so ist dies während des Debuggings möglich: Ziehen Sie den markierenden gelben Zeiger auf die SCOPE-Anweisung und ersetzen Sie die Zuweisungsanweisung mit folgendem Code:

```
this = [Date].[Calender].CurrentMember.Parent /
       [Date].[Calender].CurrentMember.parent.children.count;
```

Listing 25.67 Alternative Zuweisung

4. Wenn Sie nun erneut die Zuweisung durchführen, erkennen Sie, dass diese etwas generischere Zuweisung dieselben Dienste leistet.

Verschachteltes SCOPE

SCOPE-Anweisungen können ineinander verschachtelt werden. Der weiter innen liegende Gültigkeitsbereich (Scope) schränkt dabei den außen liegenden Subcube-Bereich weiter ein. Betrachten Sie folgende Ausdrücke (Listing 25.68):

```
Scope([Customer].[Country].&[France]);
this=1;
    Scope([Customer].[Gender].[Female]);
    this=2;
        Scope([Date].[Calendar Year].&[2004]);
            this=3;
        end scope;
    end scope;
End Scope;
```

Listing 25.68 Verschachtelte Scopes

Bei geeigneter Wahl der Zeilen und Spalten der PivotTable ergibt sich nach der letzten END SCOPE-Anweisung folgendes Ergebnis (Abbildung 25.74):

PivotTable | MDX1 | MDX2 | MDX3 | MDX4

Filterfelder hierher ziehen

		Calendar Year				
		CY 2001	CY 2002	CY 2003	CY 2004	CY 2006
Country	Gender	Internet Sales Amount	Internet Sales Amount	Internet Sales Amount	Internet Sales Amount	Internet Sales Amount
⊞ Australia		€1.309.047,20	€2.154.284,88	€3.033.784,21	€2.563.884,29	
⊞ Canada		€146.829,81	€621.602,38	€535.784,46	€673.628,21	
⊟ France	Female	2	2	2	€3,00	2
	Male	1	1	1	1	1
	Gesamt	3	3	3	€4,00	3
⊞ Germany		€237.784,99	€521.230,85	€1.058.405,73	€1.076.890,77	
⊞ United Kingdom		€291.590,52	€591.586,85	€1.298.248,57	€1.210.286,27	
⊞ United States		€1.100.549,45	€2.126.696,55	€2.838.512,36	€3.324.031,16	
Gesamtergebnis		€3.085.804,96	€6.015.404,51	€8.764.738,33	€8.848.724,70	€3,00

Abbildung 25.74 Ergebnis der verschachtelten Scopes

Beim Debuggen des Skripts aus Listing 25.68 können Sie folgende Zuweisungen beobachten:

1. Als Erstes wird der Scope auf die Schnittmenge des Cube mit [Customer].[Country].&[France] begrenzt. Dann werden alle Zellen dieses Subcubes auf eins gesetzt.
2. Der Subcube aus Punkt 1 wird mit dem Element [Customer].[Gender].[Female] geschnitten und die Elemente dieses Subcubes werden auf den Wert zwei gesetzt.
3. Der Subcube aus Punkt 2 wird mit dem Element [Date].[Calendar Year].&[2004] geschnitten und die Zellen dieses Subcubes werden auf den Wert drei gesetzt. Die All-Elemente werden entsprechend der geänderten Zellen neu berechnet.

Beispiel-Plandaten

Zum Abschluss des Abschnittes über SCOPE-Anweisungen versorgen wir Sie mit einem etwas umfangreicheren Beispiel zum Schreiben von Plandaten: Es baut einerseits auf Listing 25.67 und andererseits auf das Konzept verschachtelter Scopes auf.

Im Cube *Adventure Works* werden durch folgendes Skript alle Ebenen des Kalenderjahres 2004 mit Werten für die Measures gefüllt. Dabei wird nicht wie üblich von den Blattzellen aus zu den anderen Hierarchien aggregiert: Stattdessen werden die Measures für das Element ([Date].[Calendar Year].&[2004]) aus dem Durchschnitt der übrigen Jahre berechnet. Von diesem obersten Element aus werden mit einer gleichmäßigen Verteilung die darunter liegenden Ebenen nach und nach gefüllt.

Kopieren Sie dieses Skript in das Cube-Skript des *Adventure Works*-Cubes und debuggen Sie es, wie in den vorigen Beispielen beschrieben. Sie sollten nach der Ausführung der letzten Zuweisung ein Ergebnis wie in Abbildung 25.75 erstellen können. Dieses Skript ist nur als Anregung für einen Einsatz in einem realen Szenario gedacht. So ist in diesem Beispiel die Berechnung des höchsten Elements sehr einfach gehalten und die Measures, deren *Aggregate*-Funktion nicht *Sum* ist, werden nicht korrekt berechnet. Sie können dies überprüfen, indem Sie das Measure Unit Price in die PivotTable ziehen. Um derartige Probleme zu bewältigen, können Sie die später behandelten Anweisungen IF und CASE einsetzen:

Arbeiten mit dem Cube-Skript

```
Scope ([Date].[Calendar Year].&[2004]);
    /*
    Der Wert für 2004 wird ermittelt, indem alle Measures für 2004 auf null gesetzt werden,
    und dann der Durchschnitt aus dem Aggregat der übrigen Jahre gebildet wird.
    */
    this=0;
    this=aggregate([Date].[Calendar].[Calendar Year].members)/
        (count([Date].[Calendar].[Calendar Year].members)-1);
    /*
    Für alle weiteren Ebenen wird ein Element aus dem Wert seines Eltern-Elements geteilt durch
    die Anzahl der Elemente in dieser Ebene ermittelt.
    */
    //Berechnung der Halbjahre
    scope([Date].[Calendar].[Calendar Semester]*[Date].[Calendar Year].&[2004]);
        This = [Date].[Calendar].CurrentMember.Parent /
                [Date].[Calendar].CurrentMember.Parent.Children.count;
    end scope;//Ende Halbjahre

    //Berechnung der Quartale
    scope([Date].[Calendar].[Calendar Quarter]*[Date].[Calendar Year].&[2004]);
        This = [Date].[Calendar].CurrentMember.Parent /
                [Date].[Calendar].CurrentMember.Parent.Children.count;
    end scope;//Ende Quartale

    //Berechnung der Monate
    scope([Date].[Calendar].[Month]*[Date].[Calendar Year].&[2004]);
        This = [Date].[Calendar].CurrentMember.Parent /
                [Date].[Calendar].CurrentMember.Parent.Children.count;
    end scope;//Ende Monate

    //Berechnung der Tage
    scope([Date].[Calendar].[Date]*[Date].[Calendar Year].&[2004]);
        This = [Date].[Calendar].CurrentMember.Parent /
                [Date].[Calendar].CurrentMember.Parent.Children.count;
    end scope;//Ende Tage
End Scope;
```

Listing 25.69 Plandaten in das Jahr 2004 schreiben

In der Abbildung 25.75 sehen Sie den Cube nach dem Ausführen der Skriptanweisungen. Am Beispiel des Measures [Reseller Sales Amount] beschreiben wir den Rechenweg und das Ergebnis:

1. Der *Reseller Sales Amount* für das Kalenderjahr 2004 wird aus dem Durchschnitt aller Jahre mit 16.103.133,60 € berechnet. Da die Aggregationsformeln für die Zellen bestehen bleiben, werden (nachdem eine näher an den Blättern gelegene Zelle verändert wurde) alle darüber liegenden Zellen neu aggregiert. Sie erkennen dies im Ergebnis daran, dass nach der letzten Zuweisung alle Zellen in 2004 und die Gesamtsumme gelb hinterlegt werden. In diesem Beispiel wird also die Zelle für das Kalenderjahr 2004 zum letzten Mal berechnet, wenn die Bestellmenge für die Tage geändert wird.
2. Für das erste und zweite Halbjahr des Jahres 2004 sind es jeweils 8.051.566,80 €, nämlich die Hälfte von 16.103.133,60 €.
3. Bei der Verteilung der Bestellmengen der Halbjahre auf die Quartale fallen auf jedes 4.025.783,40 €, die Hälfte des Wertes der Halbjahre.
4. Auf die Monate verteilt fällt auf die jeden ein drittel des Wertes der Quartale.
5. Die Verteilung der Stückzahlen von den Monaten auf die Tage wird mithilfe der Anzahl der Tage des jeweiligen Monates berechnet. So entfallen beispielsweise auf jeden Tag im Januar 43.288 €.

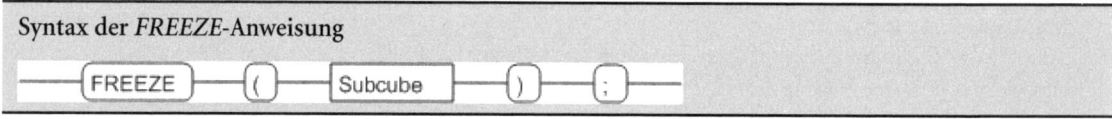

Abbildung 25.75 Plandaten in das Jahr 2004 schreiben

FREEZE-Anweisung

Die FREEZE-Anweisung wird angewendet, wenn im Skript bestimmte Zellen mehrfach von Berechnungen betroffen sind. Normalerweise wird der Wert von Zellen im Cube durch die letzte Berechnung, die im Skript steht, festgelegt. Wenn Sie einen Subcube, also einen bestimmten Bereich von Zellen im Cube, vor Änderungen durch spätere Berechnungen schützen wollen, bietet Ihnen die FREEZE-Anweisung eine Möglichkeit dafür.

Syntax der *FREEZE*-Anweisung

```
FREEZE ( Subcube ) ;
```

Das folgende Beispiel (Listing 25.70) stellt die *FREEZE*-Anweisung vor:

```
[Product].[Style].[All Products]=1;
Freeze([Product].[Style].[All Products]);
[Product].[Style].[Style].members=2;
```

Listing 25.70 Beispiel für die *FREEZE*-Anweisung

Abbildung 25.76 Ergebnis aus Listing 25.70

Im Beispiel aus Listing 25.70 wird dem All-Element der Attributhierarchie Style der Wert 1 zugewiesen. Anschließend wird dieses Element mithilfe der FREEZE-Anweisung festgesetzt. Danach werden die Elemente, aus denen das All-Element berechnet wird, auf den Wert 2 gesetzt. Ohne die FREEZE-Anweisung würde der Wert für das All-Element neu berechnet werden (Abbildung 25.77).

Durch die FREEZE-Anweisung wird jedoch die Neuberechnung des All-Elements verhindert. Wenn Sie Zellen vor einer erneuten Berechnung schützen wollen, empfehlen wir Ihnen, die Effekte ausführlich zu testen. Wollen Sie beispielsweise den Wert für die Jahre aus Abbildung 25.75 vor der erneuten Berechnung bewahren, müssen Sie darauf achten, die eingefrorene Zelle nicht zu groß zu wählen, da sonst die nachfolgenden Berechnungen fehlschlagen.

Arbeiten mit dem Cube-Skript

Style	Reseller Sales Amount	Reseller Order Count
Mens	€2,00	2
Not Applicable	€2,00	2
Unisex	€2,00	2
Womens	€2,00	2
Gesamtergebnis	€10,00	1

Abbildung 25.77 Ergebnis ohne die *FREEZE*-Anweisung

EXISTING-Anweisung

Die EXISTING-Anweisung ermöglicht es, eine Menge im Abfragekontext statt im Cubekontext auszuwerten. Das Haupteinsatzgebiet für diese Anweisung liegt in der Erstellung von berechneten Elementen und benannten Mengen. Diese können entweder im WITH-Ausdruck einer Abfrage im Cube-Skript oder von einem Client aus Verwendung finden. Zum Beispiel werden, wenn die EXISTING-Anweisung nicht verwendet wird, in eine Menge, die mit der Funktion [ELEMENT].children gebildet wird, alle im Cube enthaltenen Kindelemente von [ELEMENT] eingefügt. Wenn Sie diese Menge dagegen mit der EXISTING-Anweisung bilden, werden in die Menge nur diejenigen Elemente eingefügt, die in dem Subcube liegen, den der SELECT-Ausdruck im jeweiligen Abfrage-Kontext beschreibt.

Wir stellen Ihnen ein Beispiel im WITH-Ausdruck einer Abfrage vor (Listing 25.71):

```
create member CurrentCube.Measures.[Kinder] as
Generate(
        Existing(
                [Customer].[Total Children].Children
                )
        ,[Customer].[Total Children].Currentmember.Name
        ,','
        )
, DISPLAY_FOLDER = 'Meine Elemente';
```

Listing 25.71 Verwendung der *EXISTING*-Anweisung

Im Ergebnis von Listing 25.71 werden in den Zeilen die Geburtstage der Kunden aufgetragen. Die Spalte enthält das berechnete Measure [Kinder]. In den Ergebniszellen wird eine Aufzählung der Einkommensklassen der Kunden zusammen mit der Anzahl der Autos im Haushalt angegeben. Die children-Menge, aus der diese Aufzählung gebildet wird, ist durch die EXISTING-Anweisung beschränkt. Ohne die EXISTING-Anweisung würden in jeder Zelle alle Einkommen aufgeführt werden. Die umschließende Generate-Funktion dient lediglich dazu, die in der Menge enthaltenen Werte in eine Zeichenfolge umzuwandeln.

```
Select [Kinder] on 0
    , [Customer].[Yearly Income].Children*[Customer].[Number of Cars Owned].Children on 1
From [Adventure Works]
```

Listing 25.72 Abfrage zum Testen der *Existing*-Funktion

		Kinder
10000 - 30000	0	0,1,2,3,4,5
10000 - 30000	1	0,1,2,3,4,5
10000 - 30000	2	0,1,2,3,4,5
10000 - 30000	3	2,3,4,5
10000 - 30000	4	3,5

Abbildung 25.78 Ausschnitt aus dem Ergebnis vom Test der *Existing*-Funktion

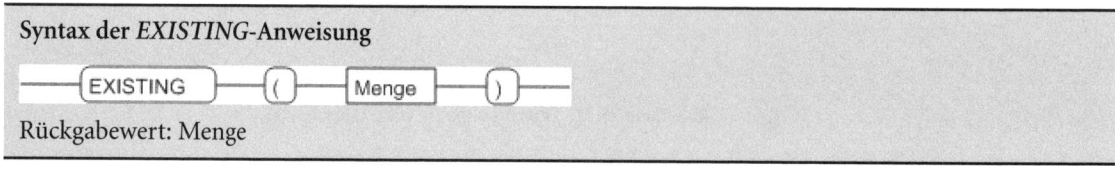

Syntax der *EXISTING*-Anweisung

Rückgabewert: Menge

IF-Anweisung

Die IF-Anweisung dient dazu, in einem Skript die Ausführung einer Zuweisung von einer Bedingung abhängig zu machen. Die Bedingung besteht aus einem MDX-Ausdruck, der einen booleschen Wert zurückgibt oder als boolescher Wert ausgewertet werden kann. Im Gegensatz zu den meisten anderen Programmiersprachen enthält die IF-Anweisung in MDX keine Möglichkeit für eine alternative Zuweisung, falls die Bedingung nicht zutrifft. Die IF-Anweisung beinhaltet die in ihr liegende Zuweisung. Die Zuweisung darf also nicht mit einem Semikolon abgeschlossen werden. Vielmehr wird die gesamte IF-Anweisung mit einem Semikolon nach dem END IF abgeschlossen.

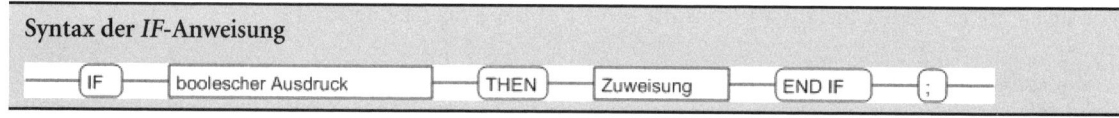

Syntax der *IF*-Anweisung

CASE-Anweisung

Die CASE-Anweisung entspricht in ihrer Wirkungsweise einer Funktion. Der Rückgabewert der CASE-Anweisung ist ein MDX-Ausdruck. Welchen MDX-Ausdruck die CASE-Anweisung zurückgibt, wird auf folgende Weise bestimmt:

In der CASE-Anweisung, die mit dem Schlüsselwort CASE beginnt und mit END abschließt, befinden sich eine Reihe von WHEN-Klauseln und eine optionale ELSE-Klausel. Es wird nun das Zutreffen der WHEN-Klauseln der Reihe nach überprüft. Falls eine WHEN-Klausel zutrifft, wird der in ihr enthaltene MDX-Ausdruck zurückgegeben, andernfalls wird, wenn eine ELSE-Klausel existiert, deren MDX-Ausdruck und sonst der Wert Null zurückgegeben.

Für die Definition und die Überprüfung der WHEN-Klauseln gibt es zwei Möglichkeiten:

- Wenn hinter dem Schlüsselwort CASE ein numerischer Ausdruck angegeben ist, wird überprüft, ob ein entsprechender numerischer Ausdruck in der WHEN-Klausel vorliegt
- Wenn hinter dem Schlüsselwort CASE direkt die erste WHEN-Klausel folgt, werden die MDX-Ausdrücke der WHEN-Klauseln auf ihren booleschen Wert hin ausgewertet

Syntax der CASE-Anweisung

Zur verständlicheren Darstellung haben wir die *CASE*-Anweisung in zwei Varianten zerlegt:

Die Syntax der ersten Variante ist nachfolgend aufgeführt:

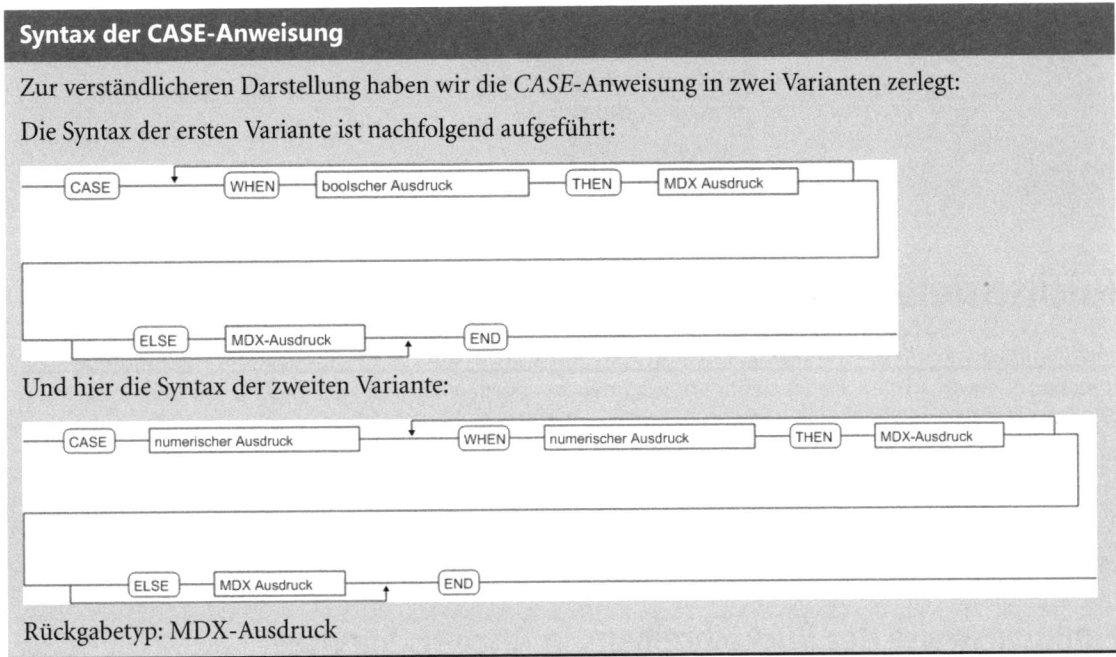

Und hier die Syntax der zweiten Variante:

Rückgabetyp: MDX-Ausdruck

Als Beispiel für die CASE-Anweisung benutzen wir ein berechnetes Element im Abfragekontext. Dieses Element wird bei kleinerem Wert als Null mit rotem und sonst mit grünem Hintergrund formatiert. Selbstverständlich können Sie dieselbe CASE-Anweisung im Abfragekontext in einem WITH MEMBER-Ausdruck verwenden:

```
Create Member Currentcube.[Measures].[Gewinn]
as [Measures].[Reseller Sales Amount]- [Measures].[Reseller Total Product Cost]
    ,Format_String="Currency"
    , DISPLAY_FOLDER = 'Meine Elemente';

Create Member Currentcube.[Measures].[Gewinnsteigerung zur Vorperiode]
as [Gewinn]-([Gewinn],[Date].[Fiscal].prevmember)
    ,Back_Color=Case
                When [Gewinn]-([Gewinn],[Date].[Fiscal].prevmember)<0
                then 255
                else 62025
                end

    ,Format_String="Currency"
, DISPLAY_FOLDER = 'Meine Elemente';
```

Listing 25.73 Beispiel für die *CASE*-Anweisung

In Listing 25.73 wird ein berechnetes Element erstellt, das den Gewinn ausweist und ein zweites für die Gewinnsteigerung im Vergleich zur Vorperiode. Am Ende der Elementdefinition wird der Zelleigenschaft BACK_COLOR mithilfe der CASE- Anweisung ein Wert zugewiesen. Die WHEN-Klausel der CASE-Anweisung wertet hierfür den Ausdruck ([Measures].[Gewinn]-([Gewinn],[Date].[Fiscal].prevmember))<0 aus. Wenn er wahr ist, wird BACK_COLOR auf 255 (rot), andernfalls in dem ELSE-Zweig der CASE-Anweisung auf 62025 (grün) gesetzt.

Fiscal Year	Fiscal Semester	Fiscal Quarter	Month	Gewinnsteigerung zur Vorperiode	Gewinn
⊞ FY 2002				(€9.235,05)	(€9.235,05)
⊟ FY 2003	⊞ H1 FY 2003			€999.726,04	€661.563,92
	⊞ H2 FY 2003			(€169.683,06)	€491.880,85
	Gesamt			€1.162.679,82	€1.153.444,77
⊟ FY 2004	⊞ H1 FY 2004			(€1.152.319,44)	(€660.438,59)
	⊞ H2 FY 2004			€647.150,06	(€13.288,53)
	Gesamt			(€1.827.171,88)	(€673.727,11)
⊞ FY 2005				€673.727,11	
Gesamtergebnis				€470.482,60	€470.482,60

Abbildung 25.79 Ergebnis aus Listing 25.73

Rückschreiben von Daten in den Cube

Meist werden OLAP-Anwendungen zum Abfragen von Daten benutzt. Es gibt aber auch Anwendungsfälle, in denen es gewünscht ist, Daten zu ändern oder neu zu erstellen. Dies ist zum Beispiel für Was-wäre-wenn-Analysen der Fall. In einer solchen können Sie zum Beispiel untersuchen, was geschähe, wenn die Verkäufe um 10 % stiegen oder eine neue Region erschlossen würde. Solche Änderungen können Sie entweder im Sitzungskontext erstellen und untersuchen oder auf dem Server dauerhaft speichern, sodass andere Benutzer sie ebenfalls sehen. Analysis Services 2008 bietet die neue Möglichkeit, Rückschreibeoperationen sowohl auf ROLAP- als auch auf MOLAP-Partitionen auszuführen.

Funktionsweise des Rückschreibens in Analysis Services

Beim Rückschreiben von Daten in den Cube werden diese zuerst in einem Delta-Verfahren in den Rückschreibe-Cache geschrieben. In den Cache wird beim Update einer Blattzelle das Delta zu der Zelle im Cube geschrieben. Wird eine übergeordnete Zelle geändert, so wird der Wert auf alle darunter liegenden Zellen bis zu den Blattzellen aufgeteilt. Gespeichert werden in jedem Fall die Delta-Werte auf Blattzellenebene. Bei Abfragen auf höher liegende Zellen werden diese aus den Blattzellen der regulären Partition und den zugehörigen Delta-Werten aggregiert. Für jede Sitzung werden die zurückgeschriebenen Werte getrennt im Cache gespeichert. Zum dauerhaften Speichern eines Rückschreibevorganges werden die Delta-Werte in einer relationalen Tabelle gespeichert. Falls in eine MOLAP-Partition zurückgeschrieben wird, wird diese automatisch verarbeitet.

Einschränkungen für das Rückschreiben

Leider sind nicht alle Zellen zum Rückschreiben geeignet. Folgende Einschränkungen gelten für Updates im Sitzungskontext:

- Das zur Zelle gehörende Measure muss die Aggregationsfunktion SUM aufweisen
- Die Zelle darf nicht auf einem berechneten Element aufbauen
- Alle zum Tupel gehörenden Dimensionen müssen mit der Measuregruppe, deren Measure geändert werden soll, verbunden sein
- Die Zellen dürfen nicht durch Zellsicherheit geschützt sein

Zusätzlich muss für das dauerhafte Speichern von Rückschreibevorgängen sichergestellt sein, dass auch in der betroffenen Measuregruppe alle Aggregationsvorschriften auf SUM stehen. Eine Clientanwendung kann über die Zelleigenschaft Updateable prüfen, ob eine Zelle upgedated werden kann.

Rückschreiben von Daten in den Cube

Wenn die Eigenschaft als Bitmaske den Wert Eins, Zwei oder Drei zurückgibt, kann die Zelle geändert werden. Bei anderen Werten können Rückschlüsse auf die missachtete Regel gezogen werden. Genauere Informationen zu diesen Fehlerwerten können Sie der Onlinedokumentation entnehmen. Für das Measure [Sales Amount Quota] haben wir im folgenden Listing 25.74 eine Blattzelle darauf geprüft, ob sie upgedated werden kann:

```
SELECT
   (
     [Date].[Calendar].[Calendar Quarter].&[2001]&[3]
    ,[Employee].[Employee].&[272]
    ,[Measures].[Sales Amount Quota]
   ) ON 0
FROM [Adventure Works]
CELL PROPERTIES
  updateable
 ,value;
```

Listing 25.74 Blattzelle, die geändert werden kann

Die Zelleigenschaft, die Sie nach einem Doppelklick auf die Zelle angezeigt bekommen, sagt aus, dass die Zelle geändert werden kann (Abbildung 25.80).

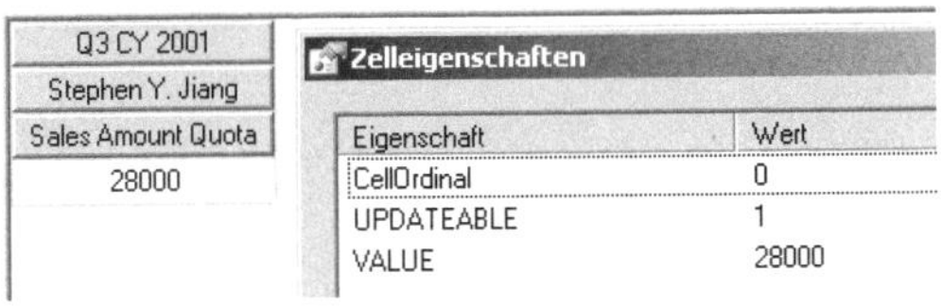

Abbildung 25.80 Die Zelle mit ihren Zelleigenschaften

Das Update-Anweisung im Sitzungskontext

Mit dem Update Cube-Statement kann eine Zelle geändert werden. Dem Statement werden der Cube und eine oder mehrere Zellzuweisungen übergeben. Anknüpfend an das letzte Beispiel schreiben wir in die Zelle ([Date].[Calendar].[CalendarQuarter].&[2001]&[3],[Employee].[Employee].&[272],[Measures].[Sales Amount Quota]) den Wert 10. In den Rückschreibe-Cache wird der Wert -27990 geschrieben, der mit dem ursprünglichen Wert 28000 addiert 10 ergibt.

ACHTUNG Leider bietet Adventure Works keine Möglichkeiten, um ein durchgängiges Beispiel zum Rückschreiben zu bieten. Die einzige Measuregruppe, die nur Measures mit Sum-Aggregation aufweist, ist *Sales Targets* mit dem Measure *Sales Amount Quota*. Dieses Measure weist allerdings nach den Berechnungen, die für das Measure im Cube-Skript vorgenommen wurden, Fehlaggregationen in der Hierarchie [Date].[Calendar] auf. Wir haben für dieses Beispiel die Berechnungen im Cube-Skript (ganz am Ende ab *Sales Quota Allocation*) auskommentiert und den Cube neu aufbereitet.

Zur Überprüfung der verschiedenen Updates verwenden wir die folgende Abfrage (Listing 25.75). Sie liefert die Sales Amount Quota des Employee mit der ID 272 im Jahr 2001 mit den dazugehörigen Halbjahren und Quartalen.

```
SELECT
(
 [Employee].[Employee].&[272]
 ,[Measures].[Sales Amount Quota]
) ON 0
, Descendants([Date].[Calendar].[Calendar Year].&[2001],2,SELF_AND_BEFORE) on 1
FROM [Adventure Works]
```
Listing 25.75 Abfrage zum Überprüfen des Updates

Vor dem Ausführen des Updates sieht die Datenlage folgendermaßen aus (Abbildung 25.81):

	Stephen Y. Jiang
	Sales Amount Quota
CY 2001	€35.000,00
H2 CY 2001	€35.000,00
Q3 CY 2001	€28.000,00
Q4 CY 2001	€7.000,00

Abbildung 25.81 Datenlage vor dem Update

Die 28.000 Euro aus Quartal 4 werden mit den 7.000 Euro aus Quartal 3 mit der Aggregationsfunktion Sum zu 35.000 Euro im zweiten Halbjahr addiert. Da im ersten Halbjahr keine Werte stehen, werden im gesamten Jahr 35.000 Euro erreicht. Nun wird mit dem folgenden Statement der Wert für das dritte Quartal auf 10 gesetzt.

```
Update CUBE [Adventure Works]
SET(
    [Date].[Calendar].[Calendar Quarter].&[2001]&[3]
    ,[Employee].[Employee].&[272]
    ,[Measures].[Sales Amount Quota]
)=10
```
Listing 25.76 Update einer Zelle

Entsprechend der Aggregationsfunktion wird nun für das Halbjahr und das Jahr der Wert 7.010 angezeigt (Abbildung 25.82).

	Stephen Y. Jiang
	Sales Amount Quota
CY 2001	€7.010,00
H2 CY 2001	€7.010,00
Q3 CY 2001	€10,00
Q4 CY 2001	€7.000,00

Abbildung 25.82 Datenlage nach dem Update der Blattzelle

Um weitere Updates zu testen, leeren wir den Cache, sodass wieder die ursprüngliche in Abbildung 25.81 dargestellte Datenlage hergestellt ist. Hierzu beenden wir die Sitzung mit dem Befehl *Verbindung ändern* aus der Symbolleiste *SQL Server Analysis Services-Editoren* (Abbildung 25.83) und stellen gleichzeitig eine neue Sitzung her. Andernfalls würde das Update die aggregierten Werte aus dem Cache und der regulären Partition als Grundlage für das nächste Update nehmen.

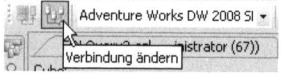

Abbildung 25.83 Datenlage wiederherstellen

Rückschreiben von Daten in den Cube

Etwas komplizierter gestaltet sich die Lage, wenn nicht eine Blattzelle, sondern eine übergeordnete Zelle geändert wird. Als Beispiel setzen wir den Wert für das gesamte Jahr 2001 auf 30.000. Wir verwenden zur Verteilung des Wertes auf untergeordnete Ebenen die Use_Equal_Allocation-Verteilung.

```
Update CUBE [Adventure Works] set
(
    [Date].[Calendar].[Calendar Year].&[2001]
    ,[Employee].[Employee].&[272]
    ,[Measures].[Sales Amount Quota]
)=30000
Use_Equal_Allocation
```

Listing 25.77 Update auf das Jahr

Wie erwartet werden die 30.000 im gleichen Verhältnis auf die Quartale verteilt. Jedes Quartal erhält den Wert 15.000 (Abbildung 25.84).

	Stephen Y. Jiang
	Sales Amount Quota
CY 2001	€30.000,00
H2 CY 2001	€30.000,00
Q3 CY 2001	€15.000,00
Q4 CY 2001	€15.000,00

Abbildung 25.84 Datenlage nach einem Update auf das Jahr mit Gleichverteilung

Im Rahmen des Update-Ausdruckes stehen mehrere Verteilungsalgorithmen zur Auswahl:

- Use_Equal_Allocation   Der Wert des übergeordneten Elements wird gleichmäßig auf die Elemente der untergeordneten Ebene verteilt. Die angewandte Formel ist: *Childwert = Parentwert/Childanzahl*

- Use_Equal_Increment: Beim Verteilen wird von allen untergeordneten Elementen derselbe Wert abgezogen, sodass das *Parent*-Element den zugewiesenen Wert erhält. Die angewandte Formel ist: *Childwert = Childwert + (neuer Parentwert - alter Parentwert)/Childanzahl*

- Use_Weighted_Allocation: Die Verteilung auf die Elemente der untergeordneten Ebene wird gewichtet vorgenommen

- Use_Weighted_Increment Child: Den untergeordneten Elementen wird gewichtet ein Wert abgezogen

Den Verfahren, bei denen eine Gewichtung möglich ist, kann diese mit dem Parameter By übergeben werden und sollte einen Wert zwischen 0 und 1 haben. Abschließend zum Thema *Verteilung* zeigen wir Ihnen in Abbildung 25.85 noch das Ergebnis eines Updates, wie es in Listing 25.77 mit der Use_Equal_Increment-Verteilung präsentiert wurde:

	Stephen Y. Jiang
	Sales Amount Quota
CY 2001	€30.000,00
H2 CY 2001	€30.000,00
Q3 CY 2001	€25.500,00
Q4 CY 2001	€4.500,00

Abbildung 25.85 Datenlage nach einem Update auf das Jahr mit inkrementeller Verteilung

In diesem Fall wird von beiden Blattzellen der gleiche Wert, in unserem Beispiel 3.500, abgezogen, um den gewünschten Wert für das Jahr zu erzielen.

Innerhalb einer Update-Anweisung können auch mehrere Zellen geändert werden. Hierzu werden die einzelnen Zuweisungen kommagetrennt aufgeführt.

```
Update CUBE [Adventure Works] set
(
    [Date].[Calendar].[Calendar Semester].&[2003]&[1]
    ,[Employee].[Employee].&[295]
    ,[Measures].[Sales Amount Quota]
)=100000
;
(
    [Date].[Calendar].[Calendar Quarter].&[2003]&[1]
    ,[Employee].[Employee].&[295]
    ,[Measures].[Sales Amount Quota]
)=60000
```

Listing 25.78 Mehrere Updates in einer Anweisung

In diese Anweisung werden zum einen nicht existierende Zellen mit Werten gefüllt und zum anderen wird einer Zelle zweimal ein Wert zugewiesen. Dass die Zellen für das erste Halbjahr und die ersten beiden Quartale nicht existieren, prüfen wir mit der Exists-Funktion. Ihr werden als Parameter zwei Mengen und eine Measuregruppe als String übergeben. Sie liefert dazu die Menge der Tupel, die Zellen beschreiben, die unter Berücksichtigung der Measuregruppe als Kombination aus den beiden Mengen im Cube existieren.

```
SELECT
  Exists
  (
    {
      [Date].[Calendar].[Calendar Semester].&[2003]&[1]
      ,[Date].[Calendar].[Calendar Quarter].&[2003]&[1],
      ,[Date].[Calendar].[Calendar Quarter].&[2003]&[2]
    }
    ,{[Employee].[Employee].&[295]}
    ,"Sales Targets"
  ) ON 0
FROM [Adventure Works];
```

Listing 25.79 Anwendung der *Exists*-Funktion

Im Beispiel wird eine leere Zellmenge zurückgegeben. Die Zellen zu den kombinierten Tupeln existieren also vor dem Update nicht. Im Update werden nun zuerst die Quartale auf 50.000 Euro, nämlich den verteilten 100.000 Euro aus dem Halbjahr, geändert und anschließend wird das erste Quartal auf 60.000 Euro geändert. Analysis Services arbeitet mehrere Zuweisungen in einem Update von oben nach unten ab. Insgesamt ergibt sich nach dem Update folgende Datenlage:

	Rachel B. Valdez
	Sales Amount Quota
CY 2003	€1.404.000,00
H1 CY 2003	€110.000,00
Q1 CY 2003	€60.000,00
Q2 CY 2003	€50.000,00
H2 CY 2003	€1.294.000,00
Q3 CY 2003	€728.000,00
Q4 CY 2003	€566.000,00

Abbildung 25.86 Datenlage nach dem Update mit zwei Zuweisungen

Rückschreiben von Daten in den Cube

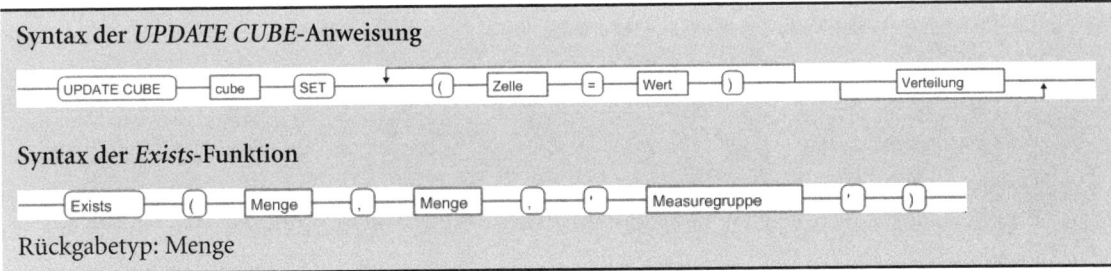

Syntax der *UPDATE CUBE*-Anweisung

Syntax der *Exists*-Funktion

Rückgabetyp: Menge

Updates persistent machen

Soll ein Update auf dem Server dauerhaft gespeichert werden, so ist hierzu zum einen eine vollständige Transaktion für das Update Statement notwendig und zum anderen muss das Rückschreiben für die gewählte Measuregruppe aktiviert sein. Eine Transaktion beginnt mit dem Statement Begin Transaction und einer oder mehreren Update-Anweisungen und wird mit Commit Transaction vollzogen. Dieser Vorgang persistiert die Daten der Sitzung auf dem Server und löscht sie im Cache.

Daten für dieselben Zellen anderer Sitzungen, die im Cache vorhanden sind, werden anschließend neu berechnet. Alternativ kann die Transaktion mit Rollback Transaction rückgängig gemacht werden und die Daten im Cache können gelöscht werden. Wird ein Update ohne Begin Transaction, also im Sitzungskontext ausgeführt, so wird implizit eine Transaktion begonnen, die dann mit Commit Tranaction auf dem Server persistiert werden kann. Wird die Sitzung beendet, so wird automatische ein Rollback durchgeführt, das die Daten im Cache verwirft.

Mit dem Aktivieren des Rückschreibens für die Partition einer Measuregruppe wird für diese eine Rückschreibepartition angelegt, in der die Delta-Werte gespeichert werden. Hiefür wird auf dem SQL-Server eine Rückschreibetabelle angelegt. Mit Commit Transaction werden die Delta-Werte für die Blattzellen in die Rückschreibetabelle geschrieben. Handelt es sich bei der Rückschreibepartition um eine ROLAP-Partition, stehen die Daten sofort bereit. Handelt es sich um eine MOLAP-Partition, muss diese noch auf Grundlage der Rückschreibetabelle aufbereitet werden. Bei einer späteren Abfrage werden die Daten der Rückschreibepartition zur Aggregation der Measures verwendet, die in der Rückschreibepartition enthalten sind. Weitere persistente Updates werden in der Rückschreibepartition mit den bestehenden Delta-Werten verrechnet. Bei Updates im Sessionkontext werden die Daten aus der regulären Partition, der Rückschreibepartition und dem Cache miteinander verrechnet.

Die Daten der Rückschreibepartion lassen sich durch Deaktivieren derselben wieder zurücknehmen, sodass die ursprünglichen Daten wieder bereitstehen. Im Folgenden werden wir Ihnen zunächst die Verrichtungen im Business Intelligence Development Studio zum Anlegen einer Rückschreibepartition erläutern und dann ein Beispiel vorführen:

1. Öffnen Sie das Business Intelligence Development Studio und wählen Sie das Projekt *Adventure Works* aus.
2. Im Projektmappen-Explorer des geöffneten Projekts wählen Sie den *Adventure Works*-Cube mit einem Doppelklick, um den Cube-Editor zu öffnen.
3. Auf der Cube-Editor-Registerkarte *Partitionen* klappen Sie die *Sales Targets*-Partition zur Bearbeitung durch einen Klick auf den Doppelpfeil auf. Im Kontextmenü der nun sichtbaren *Sales_Quota*-Partition wählen Sie den Eintrag *Rückschreibeeinstellungen* (Abbildung 25.87).

Kapitel 25: MDX – OLAP programmieren

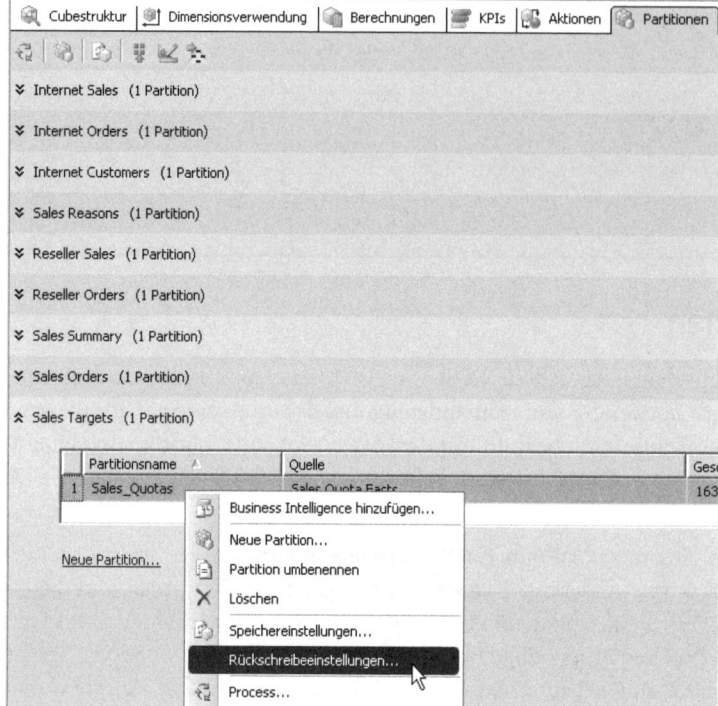

Abbildung 25.87 Rückschreiben für eine Partition einrichten

4. Im sich öffnenden Dialogfeld *Rückschreiben aktivieren* werden der Tabellenname, die Datenquelle und der Speichermodus für die Rückschreibepartition gewählt. Bestätigen Sie die vom Business Intelligence Development Studio vorgeschlagenen Einstellungen. Dies bewirkt, dass eine Tabelle *Writetable_Sales Targets* in der zur Datenquelle *Adventure Works* gehörenden Datenbank *AdventureWorksDW2008* angelegt wird. Aufbauend auf diese Tabelle wird die Rückschreibepartition mit dem Speichermodus MOLAP gebildet (Abbildung 25.88).

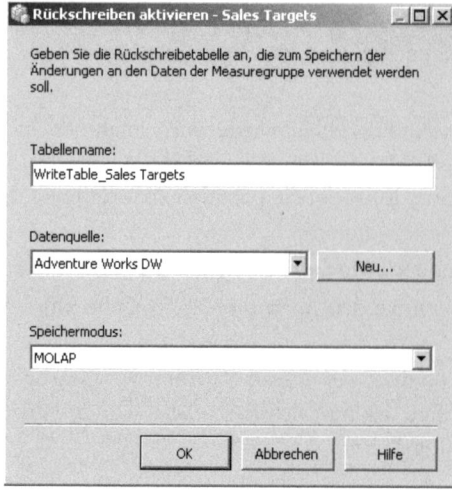

Abbildung 25.88 Einstellungen zum Rückschreiben wählen

5. Nachdem Sie das Dialogfeld mit *OK* geschlossen haben, erscheint die neu gebildete Rückschreibepartition unter der *Sales_Quotas*-Partition. Sie erhält standardmäßig den Namen der Rückschreibetabelle.

	Partitionsname	Quelle	Geschätzte Zeilen	Speichermodus
1	Sales_Quotas	Sales Quota Facts	163	MOLAP
2	WriteTable_Sales Targets	WriteTable_Sales Targets [Adventure Works DW]	0	MOLAP

Abbildung 25.89 Eingerichtete Rückschreibe-Parition

6. Abschließend müssen Sie die neue Partition bereitstellen, indem Sie zum Beispiel den Cube verarbeiten.

Nachdem die Rückschreibepartition bereitgestellt ist, können Sie erste Tests durchführen. Wir verwenden hiefür das Ihnen bekannte Update aus

```
Begin Transaction

Update CUBE [Adventure Works] set
(
    [Date].[Calendar].[Calendar Semester].&[2003]&[1]
    ,[Employee].[Employee].&[295]
    ,[Measures].[Sales Amount Quota]
)=100000
,
(
    [Date].[Calendar].[Calendar Quarter].&[2003]&[1]
    ,[Employee].[Employee].&[295]
    ,[Measures].[Sales Amount Quota]
)=60000

Commit Transaction
```

Listing 25.80 Anweisungen zum Persistieren eines Updates

Um die Rückschreibepartition zu deaktivieren, öffnen Sie, wie zuvor beschrieben, die Registerkarte *Partitionen* und wählen im Kontextmenü zur Rückschreibepartition den Eintrag *Rückschreibeeinstellungen*. Im sich daraufhin öffnenden Dialogfeld bestätigen Sie das Deaktivieren. Um die Deaktivierung auf den Analysis Services zu realisieren, muss der Cube noch bereitgestellt und verarbeitet werden.

Das ausschließliche Bereitstellen und Verarbeiten der Partitionen führte bei uns zu einem Fehler. Nach der Deaktivierung befinden sich die Daten wieder im ursprünglichen Zustand, da in der Rückschreibepartition lediglich Delta-Werte verwahrt wurden. Eine deaktivierte Rückschreibepartition lässt sich später wieder aktivieren. Hierzu muss die nicht gelöschte relationale Tabelle während des *Aktivieren*-Dialogs gewählt werden. Da in der Tabelle die Delta-Daten noch vorhanden sind, wird der Zustand vor der Deaktivierung wieder hergestellt.

Im Management Studio kann eine Rückschreibepartition in eine reguläre verwandelt werden. Hierzu wird im Objekt-Explorer die Rückschreibepartition ausgewählt und im dazugehörenden Kontextmenü der Eintrag *In Partition konvertieren* angeklickt, wie in Abbildung 25.90 dargestellt. Mit diesem Vorgang wird das Schreiben in die Partition unmöglich. Updates der zugehörigen Measures sind nur noch im Sitzungskontext möglich. Allerdings sind nach dem Konvertieren der Partition Analysis Services-Datenbank und -Projekt nicht mehr synchron. Falls mit dem Business Intelligence Development Studio im Onlinemodus gearbeitet wird, kann das Projekt aktualisiert werden. Andernfalls muss gegebenenfalls das Bereitstellen der Speicherverwaltung deaktiviert werden. Dies können Sie im Bereitstellungsassistenten einstellen.

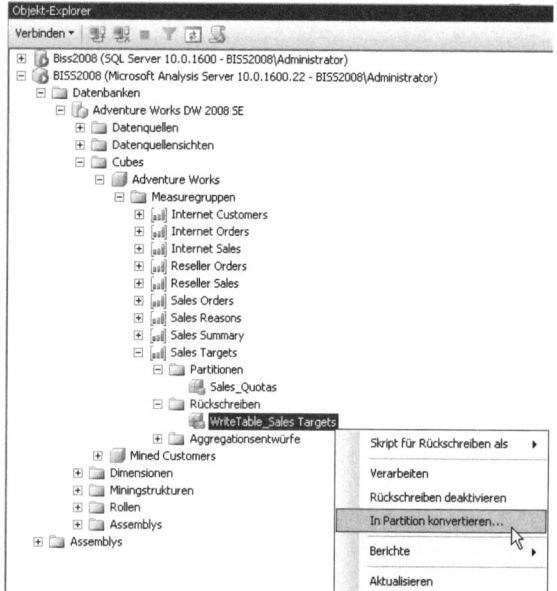

Abbildung 25.90 Rückschreibepartition in reguläre Partition umwandeln

Lokale Cubes mit MDX erzeugen

Die Anweisung CREATE GLOBAL CUBE erstellt eine Cube-Datei auf dem Server. Eine solche Datei kann zum Beispiel genutzt werden, um Clients, die keinen Zugriff auf die Analysis Services haben, einen Ausschnitt eines Cubes als lokale Kopie zu Verfügung zu stellen. Dieser Cube besteht aus Measures und Dimensionen des Ursprungscubes. Jede Dimension kann durch die Angabe von Attributhierarchien oder Elementen eingeschränkt werden. Sie können einen lokalen Cube also an einen User schicken, der ihn dann offline, zum Beispiel mit Excel, verwenden kann. Für CREATE GLOBAL CUBE wollen wir es bei einem Beispiel belassen, das die wesentlichen Möglichkeiten dieser Anweisung zeigt:

```
CREATE GLOBAL CUBE [Test]
STORAGE 'c:\cubes\klein.cub'
FROM [AW_DW]
(
 MEASURE [AW_DW].[Order Quantity],
 DIMENSION [AW_DW].[Dim Product],
 DIMENSION [AW_DW].[Due Date]
   (
     LEVEL [Calendar Year],
     LEVEL [Month Name],
     MEMBER [Due Date].[Calendar Time].[Calendar Year].&[2002]
   )
)
```

Listing 25.81 Erstellung eines lokalen Cubes

Unglücklicherweise sind die Möglichkeiten der Create Global Cube-Anweisung beschränkt. Es ist zum Beispiel nicht möglich, passwortgeschützte lokale Cubes zu erstellen.

ACHTUNG Leider ist es in unserer Testumgebung aufgrund von Inkompatibilitäten zwischen der Clientbibliothek *msmdlocal.dll*, die Excel 2007 verwendet, und der Serverbibliothek, mit der der lokale Cube erstellt wird, nicht möglich, den erstellten Cube mit Excel zu öffnen.

Kapitel 26

Erweiterungen für die Analysis Services

In diesem Kapitel:

Hello World	822
Erweiterungen näher betrachtet	831
Erweiterungen und ADOMD.NET	834

Serverseitige *Erweiterungen* bieten die Möglichkeit, nahezu beliebige Funktionalitäten zur Erweiterung von MDX oder DMX zu programmieren. Erweiterungen werden auch als *Assemblys* bezeichnet. Zur Abgrenzung zu anderen Assemblys, die in diesem Buch beschrieben werden, benutzen wir im Folgenden den Begriff *Erweiterungen*. In diesem Kapitel beschränken wir uns auf die beispielhafte Beschreibung von Erweiterungen für MDX. Diese Erweiterungen sind entweder *User Defined Functions (UDF)* oder *Stored Procedures*. UDFs werden in Abfragen wie gewöhnliche MDX-Funktionen eingesetzt, während Stored Procedures Anweisungen sind, die aufgerufen werden können, um auf dem Server bestimmte Arbeiten auszuführen.

Im Abschnitt »UDFs und Stored Procedures« werden wir auf den Unterschied zwischen UDFs und Stored Procedures genauer eingehen. Im Folgenden werden wir unter dem Begriff *Erweiterungen* UDFs und Stored Procedures zusammenfassen. Mit der Einführung von .NET-Erweiterungen für die Analysis Services ist es besonders einfach, selbst geschriebene Methoden in Analysis Services einzubinden. Dabei ist es möglich, eine beliebige Sprache mit *Common Language Runtime*-Unterstützung zu benutzen. Zusätzlich stehen über das .NET Framework eine Reihe von Bibliotheken zum Zugriff auf Analysis Services-Objekte bereit.

Besonders hervorzuheben für die Erstellung von Erweiterungen ist die ADOMD.NET-Bibliothek. ADOMD.NET stellt mit seiner ADOMD-Serverbibliothek sämtliche Server-Objekte wie Cubes, Dimensionen oder Tupel zur Verfügung. Somit können Sie in einer Erweiterung direkt mit diesen Objekten arbeiten. Neben den .NET-Erweiterungen ist es nach wie vor möglich, COM-Erweiterungen zu benutzen. Dies soll jedoch nicht Thema dieses Kapitels sein, da zum einen .NET die modernere Technologie ist und zum anderen die Programmierung mit .NET wesentlich komfortabler ist. Ein Beispiel für eine eingebundene COM-Bibliothek sind die eingebunden Excel-Funktionen (siehe Kapitel 25)

Dieses Kapitel beginnt mit einem Abschnitt, in dem ein erstes Beispiel für eine UDF vorgestellt wird. In diesem Abschnitt geben wir eine Einführung in das Erstellen, Bereitstellen und Debuggen von Erweiterungen. Im zweiten Teil dieses Kapitels, dem Abschnitt »Erweiterungen näher betrachtet«, werden Erweiterungen für die Analysis Services systematisch eingeführt. Im abschließenden Abschnitt »Erweiterungen und ADOMD.NET« wird in die Verwendung von ADOMD.NET zum Programmieren von Erweiterungen beschrieben.

Die Beispiele in diesem Kapitel bauen auf die Ihnen bekannte Datenbank *Adventure Works DW 2008 SE* auf. Wir gehen davon aus, dass Ihnen das *Adventure Works*-Projekt vorliegt und Sie es auf den Analysis Services bereitgestellt haben. Nähere Informationen hierzu finden Sie in Kapitel 4. Für die *Adventure Works DW 2008 SE*-Datenbank werden im Rahmen dieses Kapitels einige Erweiterungen erstellt, die Sie jederzeit wieder löschen können.

ACHTUNG Um die Beispiele aus diesem Kapitel nachzuvollziehen, muss auf Ihrem Rechner Microsoft Visual Studio 2008 installiert sein.

Hello World

Sie kennen mit Sicherheit das beliebte »Hello World«-Beispiel, mit dem traditionell das Erlernen einer neuen Programmiersprache beginnt. Darum geht es in diesem Abschnitt zwar nicht, doch das Beispiel erscheint uns auch ein geeigneter Einstieg für die ersten Schritte mit den Ihnen vielleicht unbekannten Werkzeugen und Konzepten zu sein. Ziel des folgenden Abschnitts ist es, eine MDX-Funktion zu erstellen, welche die Zeichenfolge *Hello World* zurückgibt.

Zuerst erstellen und debuggen wir das Beispiel in Visual Basic, wobei der Bereitstellungsprozess über das Business Intelligence Development Studio gesteuert wird. Anschließend zeigen wir dasselbe Beispiel in C#, wobei in diesem Fall die Bereitstellung aus dem Management Studio erfolgt.

Erstellen einer UDF in Visual Basic 2008

Um das *Hello World*-Beispiel mit dem Business Intelligence Development Studio zu erstellen, befolgen Sie bitte die nachstehenden Schritte.

1. Öffnen Sie das *Adventure Works*-Projekt, in dem die Erweiterung angelegt wird. Standardmäßig wird das Projekt unter *C:\Program Files\Microsoft SQL Server\100\Tools\Samples\AdventureWorks 2008 Analysis Services Project* installiert.
2. Aus dem Business Intelligence Development Studio fügen Sie ein neues Projekt hinzu, indem Sie den Menübefehl *Datei/Hinzufügen/Neues Projekt* aufrufen, wie in Abbildung 26.1 dargestellt.

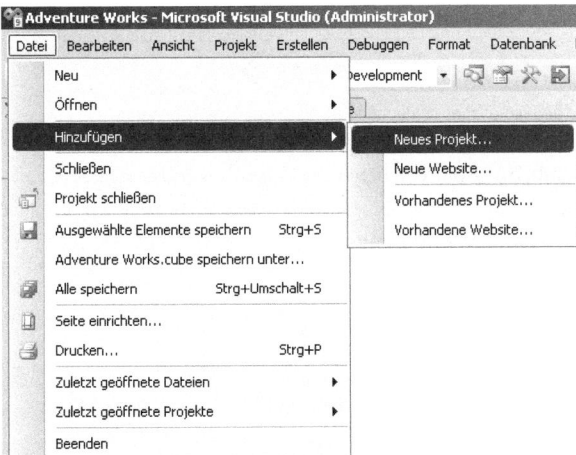

Abbildung 26.1 Ein neues Projekt wird der Projektmappe hinzufügt

3. Um im Dialogfeld *Neues Projekt hinzufügen* eine Visual Basic-UDF zu erstellen, markieren Sie als Projekttyp *Visual Basic* und wählen dann die Vorlage *Klassenbibliothek*. Diese Vorlage dient zum Erstellen von Klassenbibliotheken, die in andere Programme eingebunden werden können. Als Namen für das Projekt geben Sie *VB_Erweiterungen* an. Das Projekt wird standardmäßig im bereits geöffneten Projektmappen-Ordner angelegt. Verlassen Sie das Dialogfeld mit *OK*.

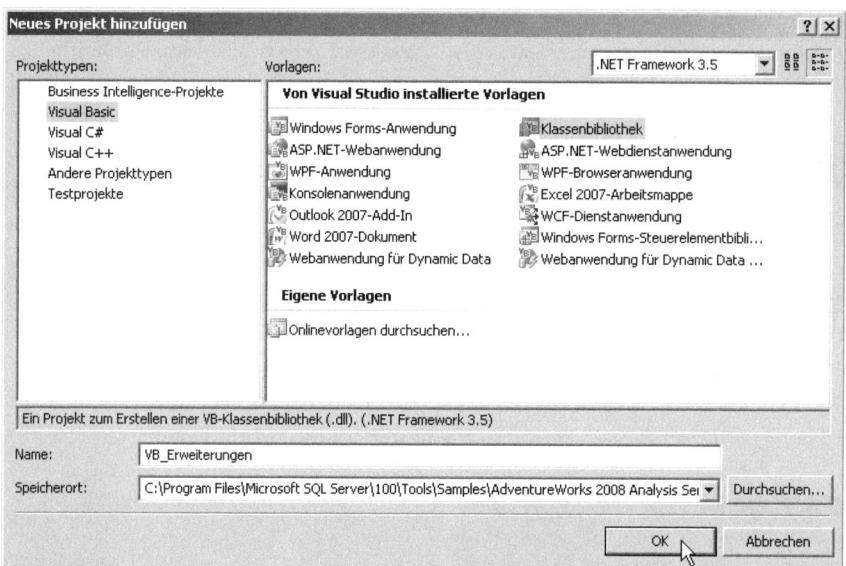

Abbildung 26.2 Im Dialogfeld *Neues Projekt hinzufügen* werden die Grundeinstellungen für das neue Projekt getätigt

4. Nachdem das Projekt angelegt wurde, benennen Sie im Projektmappen-Explorer die Klasse *Class1.vb* um. Wählen Sie hierzu im Kontextmenü den Eintrag *Umbenennen*. Als neuen Namen für die Klasse geben Sie *Hello_World.vb* an (Abbildung 26.3). Visual Studio benennt automatisch alle zur Klasse gehörenden Objekte entsprechend um.

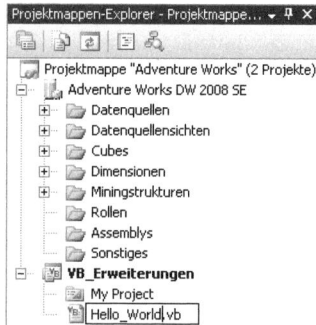

Abbildung 26.3 Umbenennen der automatisch angelegten Klasse im Projektmappen-Explorer

5. Im Hauptfenster wird eine neue Registerkarte *Hello_World.vb* angezeigt. In diesem Editor ergänzen Sie die vorgegebene Klasse *Hello_World* um die in Abbildung 26.4 dargestellte Funktion. Benutzen Sie dazu *Public Shared*, damit die Funktion von außerhalb der Klasse aufgerufen werden kann. Die eigentliche Funktion ist sehr einfach gehalten. Durch die Typisierung als String wird festgelegt, dass die Funktion einen String zurückgibt. Der Rückgabeparameter wird in der *Return*-Anweisung auf *hello world* festgelegt.

Hello World

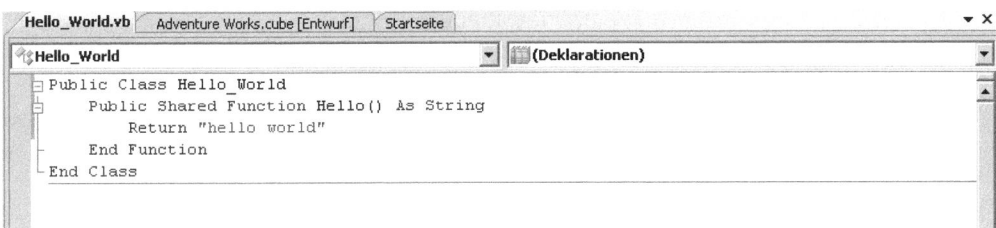

Abbildung 26.4 Die *Hello*-Funktion im Editor

6. Um das Projekt *VB_Erweiterungen* bereitzustellen, müssen Sie gegebenenfalls noch die Eigenschaften von *Hello_World.vb* konfigurieren. Falls das Eigenschaftenfenster nicht geöffnet ist, rufen Sie es mit F4 auf. Setzen Sie im Projektmappen-Explorer den Focus auf *Hello_World.vb*, das Eigenschaftenfenster zeigt nun die Eigenschaften von *Hello_World.vb* an. Ändern Sie, falls nötig, die Eigenschaft *Buildvorgang* auf den Wert *Kompilieren*.

7. Nun können Sie das Projekt *VB_Erweiterungen* erstellen. Rufen Sie dazu den Menübefehl *Erstellen/ VB_Erweiterungen erstellen* auf (Abbildung 26.5). Mit dem Erstellen des Projekts werden die entsprechend konfigurierten Dateien kompiliert und zur Verfügung gestellt. War die Erstellung erfolgreich, wird links in der Statusleiste eine entsprechende Mitteilung angezeigt, andernfalls werden Ihnen Fehler in der Fehlerliste angezeigt, die Sie korrigieren müssen, bevor Sie eine erneute Erstellung vornehmen.

Abbildung 26.5 Erstellen von *Hello_World.vb*

8. Abschließend können Sie sich die erstellten Dateien über den Windows-Explorer anschauen. Sie befinden sich im Ordner *VB_Erweiterungen\bin\Debug* unterhalb Ihres Projektordners. In diesem Ordner sollten sich die in Abbildung 26.6 dargestellten Dateien befinden. Die Datei *VB_Erweiterungen.dll* ist die Programmbibliothek, die die programmierten Funktionalitäten enthält. Die Datei *VB_Erweiterungen.pdb* wird zum Debuggen verwendet und die Datei *VB_Erweiterungen.xml* enthält Metadaten zur DLL.

Abbildung 26.6 Die durch die Bereitstellung erzeugten Dateien

Bereitstellen einer UDF mit dem Business Intelligence Development Studio

Nachdem Sie die *Hello_World*-UDF erstellt haben, können Sie die Bereitstellung der UDF mithilfe des Business Intelligence Development Studios anhand der im Folgenden beschriebenen Schritte nachvollziehen:

1. Um die Funktion Hello in der Datenbank *Adventure Works* verwenden zu können, müssen Sie die Programmbibliothek, die diese Funktion enthält, in der Datenbank bereitstellen. Dies tun Sie, indem Sie dem Projekt *Adventure Works DW 2008 SE* die Programmbibliothek *VB_Erweiterungen.dll* hinzufügen.

Öffnen Sie hierzu im Projektmappen-Explorer das Kontextmenü des Assembly-Ordners und beginnen Sie mit der Erstellung eines neuen Assembly-Verweises, wie in Abbildung 26.7 dargestellt.

Abbildung 26.7 Dem Projekt *KAP_26* wird im Projektmappen-Explorer die UDF hinzufügen

2. Im sich öffnenden Dialogfeld *Verweis hinzufügen* haben Sie die Möglichkeit, .NET-Komponenten, selbst erstellte Komponenten oder andere Komponenten dem Projekt hinzuzufügen. Da das Projekt *VB_Erweiterungen* in derselben Projektmappe wie das Projekt *Adventure Works DW 2008 SE* liegt, holen Sie die Registerkarte *Projekte* in den Vordergrund. Hier werden im oberen Teil die in der Projektmappe enthaltenen Projekte aufgelistet. Markieren Sie das Projekt *VB_Erweiterungen* und fügen Sie den Verweis dem Projekt *Adventure Works DW 2008 SE* hinzu, indem Sie ihn mithilfe der Schaltfläche *Hinzufügen* in das Feld *Ausgewählte Projekte und Komponenten* verschieben und dann mit *OK* bestätigen, wie in Abbildung 26.8 dargestellt.

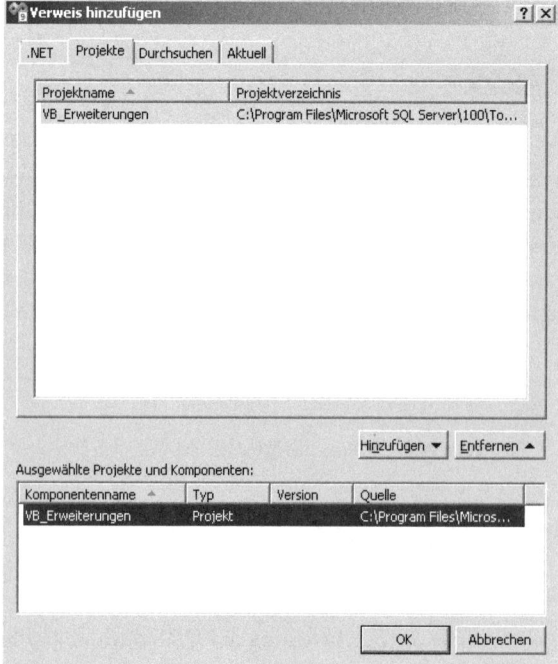

Abbildung 26.8 Im Dialogfeld *Verweis hinzufügen* wird die gewünschte Komponente ausgewählt

3. Stellen Sie nun das Projekt *Adventure Works DW 2008 SE* über den Menübefehl *Erstellen/Adventure Works DW bereitstellen* bereit. Dieser Menübefehl steht Ihnen zur Verfügung, wenn Sie ein Objekt, das zum Projekt *Adventure Works DW 2008 SE* gehört, aktiviert haben. Nach der Bereitstellung taucht die

Komponente *VB_Erweiterungen* im Objekt-Explorer des Management Studios als Assembly der Datenbank *Adventure Works DW 2008 SE* auf. Nun ist es möglich, die UDF zu nutzen. Wie Sie eine Erweiterung für alle Datenbanken, also auf Serverebene, einbinden, erläutern wir später in diesem Kapitel im Abschnitt »Bereitstellen einer Erweiterung mit dem Management Studio«.

Abbildung 26.9 Der Objekt-Explorer im Management Studio mit der neuen Erweiterung

4. Um die *Hello*-Funktion der Erweiterung zu testen, erstellen Sie im Management Studio die folgende auf den Cube *Adventure Works* bezogene MDX-Abfrage in der Datenbank *Adventure Works DW 2008 SE*:

```
WITH Member [Measures].[Hallo] as
    VB_Erweiterungen.hello()
Select
    [Measures].[Hallo] on 0
From [Adventure Works]
```

Listing 26.1 Test der Visual Basic-Funktion *Hello()*

Da die Funktion *Hello* einen String zurückgibt, kann sie nicht direkt in einer Achse der Abfrage eingesetzt werden. Vielmehr muss ein berechnetes Element erzeugt werden, in diesem Fall [Measures].[Hallo]. Dieses berechnete Element wird in der 0-Achse benutzt. Die Ausgabe *hello world* erscheint wie gewünscht, wenn Sie die Abfrage ausführen (Abbildung 26.10).

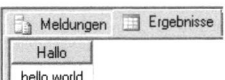

Abbildung 26.10 Das Ergebnis aus Listing 26.1

Debuggen von Erweiterungen

Das bei komplexeren Stored Procedures oder UDFs nahezu unverzichtbare Feature des Debuggens richten Sie folgendermaßen ein:

1. Öffnen Sie im Business Intelligence Development Studio die Datei *Hello_World.vb* per Doppelklick auf den entsprechenden Eintrag im Objekt-Explorer. Öffnen Sie über den Menübefehl *Debuggen/An den Prozess anhängen* das entsprechende Dialogfeld. Hier wählen Sie den Prozess aus, von dem aus das Debuggen eingeleitet wird. Für die Verarbeitung von MDX-Abfragen ist der Analysis Services-Dienst, der als *msmdsrv.exe*-Prozess läuft, zuständig. Aktivieren Sie die Kontrollkästchen *Prozesse aller Benutzer anzeigen* und Kontrollkästchen *Prozesse in allen Sitzungen anzeigen*, um auch die Prozesse zu sehen, die vom System ausgeführt werden. Markieren Sie den Prozess *msmdsrv.exe*, wie in Abbildung 26.11 dargestellt, und bestätigen Sie durch Klicken auf die Schaltfläche *Anfügen*.

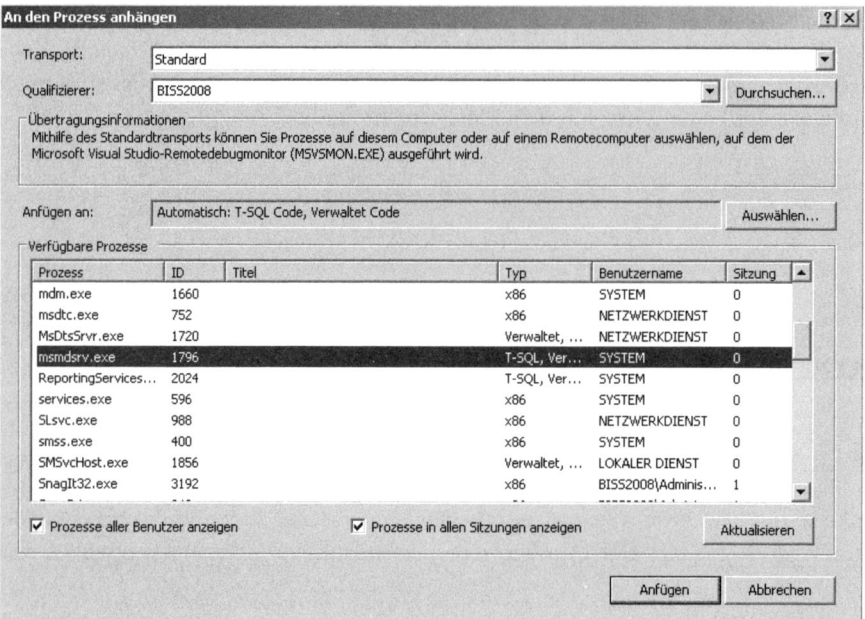

Abbildung 26.11 Im Dialogfeld *An den Prozess anhängen* wird der Prozess des Analysis Services-Dienstes ausgewählt

2. Setzen Sie mit [F9] in die Zeile Return "hello World" einen Haltepunkt. Nun können Sie das Debuggen starten, indem Sie die Abfrage aus Listing 26.1 erneut ausführen. Wenn Sie nun ins Business Intelligence Development Studio wechseln, sehen Sie, dass die Ausführung der Funktion am Haltepunkt stehen geblieben ist (Abbildung 26.12).

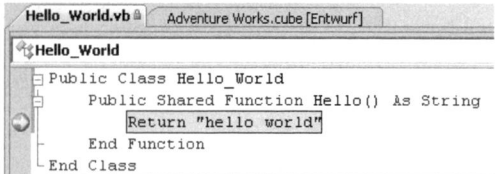

Abbildung 26.12 Debugging von *Hello_World.vb*

3. Den Debuggingprozess steuern Sie über die Symbolleiste *Debugging*. In dieser Symbolleiste (siehe Abbildung 26.13) stehen Ihnen Symbole zur Fortführung des Prozesses, zum Beenden des Debuggens, zum Einzelschrittdurchlauf sowie zum Setzen von Haltepunkten zur Verfügung. Leider können Sie im Debuggingmodus keinen Code im Editor verändern, was Sie am Schloss im Reiter der Registerkarte *Hello_World.vb* erkennen. Um den Code ändern zu können, müssen Sie das Debuggen beenden. Für ein erneutes Starten des Debuggens ist es danach allerdings nötig, erneut wie in Schritt 1 beschrieben, den Analysis Services-Dienst anzuhängen.

Abbildung 26.13 Mit der Symbolleiste *Debugging* kann der Debugging-Prozess gesteuert werden

Die UDF in C#

Die Vorgehensweise, um eine UDF in C# zu erstellen, stimmt mit der zur Erstellung einer Visual Basic-UDF im Wesentlichen überein. Wir stellen Ihnen im Folgenden die erforderlichen Schritte kurz vor, allerdings erzeugen wir die UDF diesmal in einem eigenen Projekt, da Sie auf Serverebene bereitgestellt werden soll und deshalb nicht an ein Datenbankprojekt gebunden ist. Falls Probleme beim Verständnis dieses Vorgangs auftreten sollten, lesen Sie bitte früher in diesem Kapitel den Abschnitt »Erstellen einer UDF in Visual Basic 2008«.

1. Aus dem Business Intelligence Development Studio erstellen Sie ein neues Projekt, indem Sie den Menübefehl *Datei/Neu/Projekt* aufrufen.

2. Markieren Sie im Dialogfeld *Neues Projekt* den Projekttyp *Visual C#* und wählen Sie dann die Vorlage *Klassenbibliothek*. Diese Vorlage dient zur Erstellung von Klassenbibliotheken, die in andere Programme eingebunden werden können. Als Namen für das Projekt geben Sie *Cs_Erweiterungen* an. Den Speicherort und den Projektmappennamen können Sie frei wählen. Bestätigen Sie Ihre Auswahl mit *OK*.

3. Nachdem das Projekt angelegt wurde, benennen Sie die Klasse *Class1.cs* im Projektmappen-Explorer um. Wählen Sie hierzu im Kontextmenü den Eintrag *Umbenennen*. Als neuen Namen für das Projekt geben Sie *Hello_World* an. Visual Studio benennt nun automatisch alle zur Klasse gehörenden Objekte entsprechend um.

4. Im Hauptfenster wird eine neue Registerkarte *Hello_World.cs* angezeigt. In diesem Editor ergänzen Sie die vorgegebene Klasse *Hello_World* um eine *public*-Methode, damit diese von außerhalb der Klasse aufgerufen werden kann. Der Rückgabeparameter, als String definiert, wird in der *return*-Anweisung auf hello world c# gesetzt.

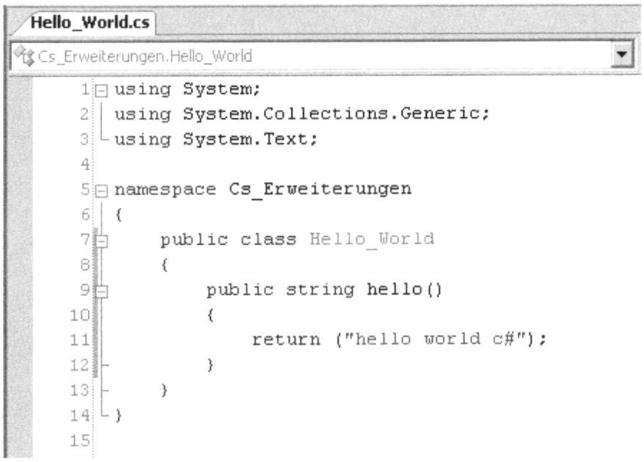

```csharp
using System;
using System.Collections.Generic;
using System.Text;

namespace Cs_Erweiterungen
{
    public class Hello_World
    {
        public string hello()
        {
            return ("hello world c#");
        }
    }
}
```

Abbildung 26.14 Die *Hello*-Funktion in C#

5. Um die Erweiterung *Cs_Erweiterungen* zu kompilieren, setzen Sie, falls nötig, die *Buildvorgang*-Eigenschaft der Datei *Hello_World.cs* auf den Wert *Kompilieren*. Über den Menübefehl *Erstellen/Cs_Erweiterungen erstellen* stoßen Sie dann das Kompilieren des Projekts an.

Bereitstellen einer Erweiterung mit dem Management Studio

Wenn Sie eine Erweiterung mit dem Management Studio bereitstellen, kann diese Erweiterung später für alle Datenbanken verwendet werden:

1. Aus dem Kontextmenü des Ordners *Datenbanken/Assemblys* im Objekt-Explorer des Management Studios wählen Sie den Eintrag *Neue Assembly*.
2. Im sich öffnenden Dialogfeld *Serverassembly registrieren* (Abbildung 26.15) lassen Sie alle Einstellungen auf ihren Standardwerten, lediglich im Feld *Dateiname* setzen Sie den Pfad auf die erzeugte Datei *Cs_Erweiterungen.dll*. Sie können hierfür die *Durchsuchen*-Funktionalität nutzen. Falls Sie die Erweiterung debuggen wollen, müssen Sie das Kontrollkästchen *Debuginformationen einschließen* aktivieren. Verlassen Sie das Dialogfeld mit *OK*. Die Erweiterung ist nun registriert und sollte im Objekt-Explorer angezeigt werden.

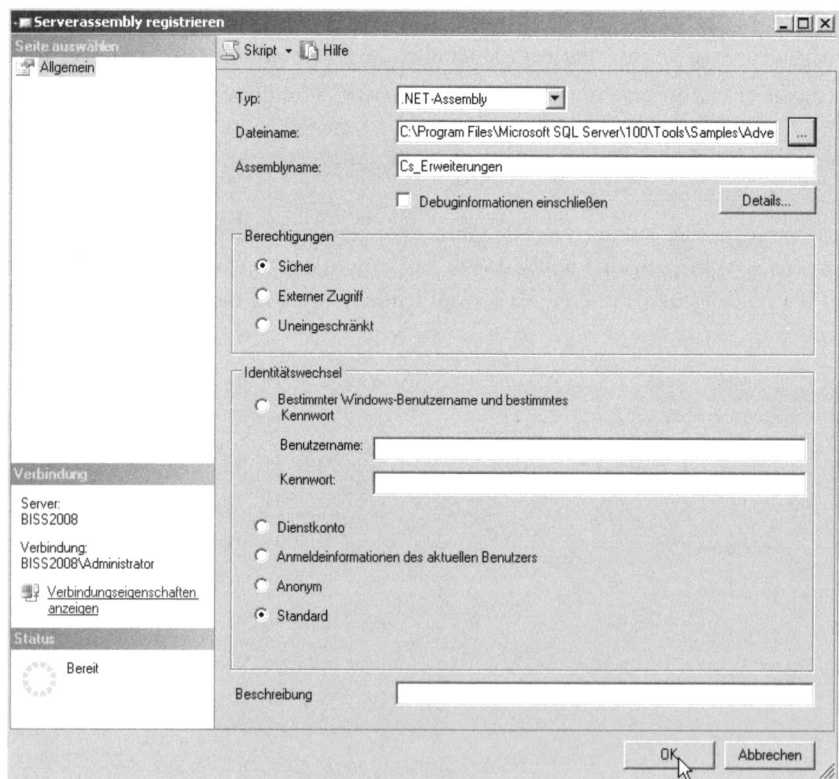

Abbildung 26.15 Registrieren einer Assembly aus dem Management Studio heraus

3. Um die Wirkung der neuen MDX-Funktion zu testen, verwenden Sie die folgende Abfrage:

```
with Member [Measures].[Hallo] as
    Cs_Erweiterungen.hello()
select
    [Measures].[Hallo] on 0
from AW_DW
```

Listing 26.2 MDX-Abfrage zum Testen der C#-Funktion

Nach dem Ausführen der Abfrage erhalten Sie das folgende Ergebnis angezeigt:

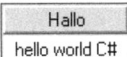

Abbildung 26.16 Das Ergebnis der Abfrage

Erweiterungen näher betrachtet

Im Hello World-Beispiel haben wir Ihnen bereits eine Vielzahl von Informationen über Erweiterungen vorgestellt. In diesem Abschnitt werden wir nun die Eigenschaften von Erweiterungen systematisch erläutern. Erweiterungen können Methoden oder Funktionen zur Verfügung stellen, die entweder über Funktionen oder über die CALL-Anweisung aufgerufen werden können.

In Analysis Services werden Erweiterungen als Assembly bereitgestellt. Eine Assembly kann entweder eine COM-Bibliothek oder eine .NET-Bibliothek sein. Im Folgenden werden wir nur auf .NET-Bibliotheken eingehen, da die Möglichkeit, COM zu benutzen, hauptsächlich hinsichtlich der Kompatibilität mit bestehenden Bibliotheken existiert. Eine .NET-Assembly kann in einer beliebigen .NET-Sprache geschrieben sein. Sie besteht aus einer oder mehreren Klassen sowie den in diesen Klassen enthaltenen öffentlichen Methoden, die jeweils eine Erweiterung darstellen.

UDFs und Stored Procedures

UDFs weisen dieselbe Leistungsfähigkeit wie die nativen MDX-Funktionen auf. Sie können also zum Beispiel aus dem Abfragekontext aufgerufen werden, beliebige Eingangsparameter erhalten und einen Parameter zurückgeben. Dieser zurückgegebene Parameter kann von einem beliebigen MDX-Datentyp sein.

Stored Procedures sind UDFs sehr ähnlich, im Unterschied zu ihnen können sie allerdings lediglich ein Dataset, ein IDataReader-Objekt oder ein leeres Ergebnis zurückgeben. Sie werden mit der MDX-Anweisung CALL aufgerufen. Stored Procedures dienen meistens dazu, bestimmte Arbeiten auf dem Server zu verrichten.

Ausführungskontext von Erweiterungen

Erweiterungen werden im Analysis Services-Prozess ausgeführt. Damit ist eine schnelle Verarbeitung ohne Wartezeiten, wie sie zum Beispiel durch die Kommunikation über ein Netzwerk anfallen, gewährleistet. Es müssen zur Ausführung von Erweiterungen keinerlei Bibliotheken auf Clients installiert werden. Erweiterungen können sowohl aus Instanzmethoden als auch aus Klassenmethoden bestehen. Allerdings ist es nicht möglich, eine bestimmte Instanz der Klasse anzusprechen. Es ist also beispielsweise nicht möglich, Klassenvariablen über mehrere Aufrufe einer UDF hinweg zu benutzen.

Aufrufsyntax von Erweiterungen

Der vollqualifizierte Name einer Erweiterung lautet:

Assemblyname.Namespace.Klassenname.Erweiterungsname

Der Assemblyname ist für gewöhnlich der Name der DLL-Datei. Der Name kann allerdings auch während der Registrierung der Assembly geändert werden. Der Namespace der Erweiterungen lässt sich in den Eigenschaften des Projekts in Erfahrung bringen. Der Klassen- und der Methodenname stehen immer im Code.

Für die C#-Funktion hello aus dem Abschnitt »Hello World« lautet der vollqualifizierte Aufruf also:

```
Cs_Erweiterungen.Cs_Erweiterungen.Hello_World.hello()
```

Dieser Ausdruck kann auch ohne Namespace und Klassennamen verwendet werden, wenn dadurch keine Doppeldeutigkeit entsteht, also keine Assembly mit dem gleichen Namen und einer gleichlautenden Methode existiert. Der Aufruf in Kurzform lautet:

```
Cs_Erweiterungen.hello()
```

Sicherheitskonzepte von Erweiterungen

Erweiterungen (Assemblys) können einer von drei verschiedenen Berechtigungsstufen zugeordnet werden (siehe Abbildung 26.15):

- In der Berechtigungsstufe *Sicher*, der Standardeinstellung, dürfen die in der Assembly enthaltenen Methoden nur auf interne Ressourcen zurückgreifen
- In der Berechtigungsstufe *Externer Zugriff* darf der in der Assembly enthaltene Code auch auf außerhalb liegende Ressourcen zugreifen. Diese können Netzwerkverbindungen, Dateien oder Datenbankzugriffe sein.
- In der Berechtigungsstufe *Uneingeschränkt* darf auf alle erreichbaren Ressourcen zugegriffen werden. Insbesondere dürfen in dieser Stufe auch Programme aufgerufen oder Bibliotheken verwendet werden, die als nicht sicher eingestuft sind (nicht verwalteter Code; unmanaged code).

Zusätzlich können Sie festlegen, unter welcher Identität der Code einer Assembly ausgeführt wird (siehe Abbildung 26.15). Hiermit können Zugriffe auf externe Ressourcen durch Erweiterungen feinjustiert werden.

Bereitstellung von Erweiterungen

Damit eine Erweiterung verwendet werden kann, muss die Klassenbibliothek, welche die gewünschte Methode enthält, in Analysis Services als Assembly registriert werden. Auf diese Weise wird der Zugriff auf alle öffentlichen Methoden freigegeben. Um die Klassenbibliothek zu registrieren, muss sie in kompilierter Form als DLL-Datei vorliegen. Es besteht die Möglichkeit, eine Assembly entweder auf Datenbankebene oder auf Serverebene zu registrieren. Dementsprechend sind dann die enthaltenen Methoden entweder nur aus der einen Datenbank oder von allen Datenbanken aus verfügbar. Bei der Registrierung wird die DLL-Datei auf den Server kopiert und eine XML-Datei erstellt, welche die DLL-Datei dem Server bekannt macht.

Die Registrierung kann sowohl auf Datenbankebene als auch auf Serverebene aus dem Management Studio heraus vorgenommen werden. Um eine neuere Version der Assembly zu verwenden, muss dann allerdings die vorhandene Assembly gelöscht und die neue Version registriert werden.

Alternativ kann die Registrierung aus dem Business Intelligence Development Studio heraus erfolgen. Sie ist dann allerdings nur auf Datenbankebene möglich, also für das im Business Intelligence Development Studio bearbeitete Projekt. Wenn die Registrierung aus dem Business Intelligence Development Studio heraus erfolgt, wird eine neuere Version der Bibliothek beim Bereitstellen der Projektmappe automatisch mit ausgeliefert. Wenn die Klassenbibliothek sich in der gleichen Projektmappe wie das Datenbankprojekt befindet, wird sie beim Bereitstellen der Projektmappe auf Änderungen untersucht und gegebenenfalls kompiliert.

Für eine Bibliothek, die mit dem Business Intelligence Development Studio registriert wird, ist das Debuggen immer möglich. Wird die Bibliothek mit dem Management Studio registriert, lässt sich über das Kontrollkästchen *Debuginformationen einschließen* festlegen, ob ein Debuggen möglich sein soll oder nicht (siehe Abbildung 26.15).

Verwendung von Erweiterungen

Auf der einen Seite können Erweiterungen aufgrund ihrer einfachen Erstellung für viele kleine Aufgaben oder Erleichterungen genutzt werden. Auf der anderen Seite sind Erweiterungen mit der Hilfe von ADOMD.NET in der Lage, auch sehr komplexe Probleme zu lösen. Die Verwendung von ADOMD.NET in Erweiterungen erläutern wir später in diesem Kapitel im Abschnitt »Erweiterungen und ADOMD.NET«. Im folgenden Abschnitt stellen wir Ihnen zunächst einige Beispiele für UDFs vor, die ohne ADOMD.NET auskommen. Mögliche Anwendungsbereiche sind beispielsweise:

- Funktionen für Berechnungen, die sehr häufig benötigt werden. Dies könnte zum Beispiel eine Methode sein, die das prozentuale Verhältnis zweier Größen liefert, die nicht mit MDX gebildet werden kann.
- Funktionen, die komplexe Berechnungen auslagern
- Eine große Hilfe bei der Verwendung von Erweiterungen ist, dass Parameter – soweit möglich und gewünscht – implizit konvertiert werden. Übergeben Sie einer Erweiterung zum Beispiel ein Tupel, erwarten als Eingangsparameter aber einen String, so wird der Zellwert des Tupels in einen String konvertiert. Ebenso wird implizit von Tupel zu Integer bzw. von Tupel zu Decimal konvertiert.
- Als einfaches Beispiel stellen wir Ihnen eine UDF vor, die einen Eingangsparameter mit einem Faktor multipliziert. Der Faktor ist in unserem Beispiel fest in der UDF gespeichert, er könnte aber zum Beispiel auch aus einer Datenbank oder einem Web Service bezogen werden.

```
Public Shared Function Umrechnen(ByVal wert As Decimal) As Decimal
    Dim faktor As Decimal
    faktor = 1.756
    Return faktor * wert
End Function
```

Listing 26.3 Umrechnen in Visual Basic

```
public decimal umrechnen(decimal wert)
{
    decimal faktor=1.756M;
    return( wert*faktor);
}
```

Listing 26.4 Umrechnen in C#

Beide Funktionen können in die Klassen aus dem *Hello World*-Beispiel eingefügt werden.

Erweiterungen und ADOMD.NET

Die ADOMD.NET-Bibliothek liegt in einer Client- und in einer Serverversion vor. Beide Bibliotheken haben eine Vielzahl gleicher Objekte. Die Clientbibliothek ist allerdings auf den Zugriff über ein Netzwerk ausgelegt und stellt Objekte und Methoden bereit, um eine Verbindung zum Server herzustellen, Abfragen abzuschicken usw. Die Serverbibliothek dagegen geht von einer Umgebung aus, in der eine direkte Verbindung zum Server besteht. Alle Verrichtungen geschehen in diesem Serverkontext. Sie brauchen also in einer Erweiterung keine Verbindung zu Analysis Services zu verwalten, sondern können direkt auf alle Serverobjekte zugreifen. Abbildung 26.17 zeigt eine Übersicht der Hauptobjekte und Auflistungen der ADOMD.NET-Serverbibliothek.

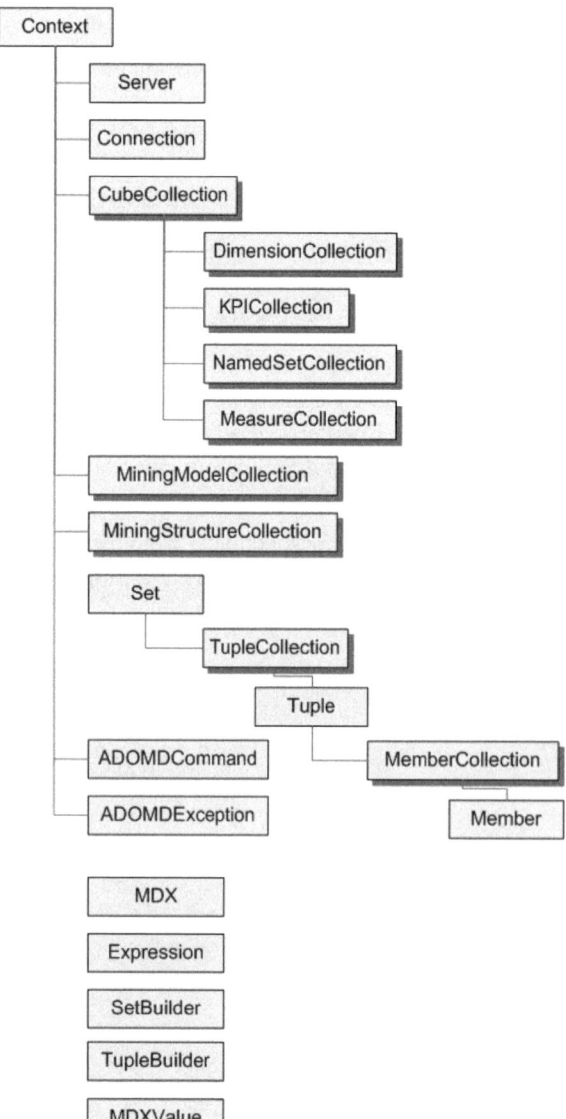

Abbildung 26.17 Die wichtigsten Auflistungen und Objekte der ADOMD.NET-Serverbibliothek

Ausgehend vom Context-Objekt, das es nur in der Serverbibliothek gibt, können die Objekte Server und Connection verwendet werden, um Informationen abzufragen. Desgleichen ist es möglich auf CubesCollection, MiningModelCollection und MiningStructureCollection zuzugreifen. Diese Auflistungen enthalten sämtliche weiteren Metadaten-OLAP-Objekte.

Zum Beispiel befinden sich unterhalb von CubesCollection Objekte für Dimensionen, KPIs, benannte Mengen und Measures. Zusätzlich gibt es ein Set-Objekt, um Mengen und die darin enthaltenen Tupel und Elemente bearbeiten zu können, ein ADOMDCommand-Objekt,t um Befehle auf dem Server auszuführen, und ein ADOMDException-Objekt, um Fehler abzufangen. Bis hierhin gleicht das Objektmodell im Wesentlichen dem Objektmodel der Clientbibliothek. Die meisten dieser Objekte werden im Rahmen des Kapitels über die Clientbibliothek vorgestellt. Zusätzlich enthält die Serverbibliothek die in Tabelle 26.1 beschriebenen wichtigen Objekte.

Objekt	Beschreibung
MDX	Ein MDX-Objekt stellt einige MDX-Funktionen bereit, die direkt verwendet werden können. Diese Funktionen sind: Aggregate, CrossJoin, DrillDownMember, Filter, Generate, ParallalPeriod und StrToSet.
Expression	Das Expression-Objekt dient dazu, ein Tupel basierend auf einem MDX-Ausdruck auszuwerten
SetBuilder	Ein SetBuilder-Objekt wird verwendet, um aus einem oder mehreren Tupeln eine Menge zu bilden
TupleBuilder	Ein TupleBuilder-Objekt dient dazu, aus Elementen ein Tupel zu bilden
MDXValue	Ein MDXValue-Objekt führt implizite Konvertierungen zwischen den folgenden Typen aus: Hierarchy, Level, Member, Tuple, Set sowie skalaren Typen

Tabelle 26.1 Objekte der Serverbibliothek die über die der Clientbibliothek hinausgehen

Die ADOMD.NET-Serverbibliothek unterliegt allerdings auch Einschränkungen. So können aus einer Erweiterung keine MDX-Abfragen, sondern lediglich DMX-Abfragen gestellt werden, und es besteht lediglich Lesezugriff auf die Daten und Metadaten. Im Sitzungskontext können allerdings mit den neuen *Personalisierungserweiterungen für Analysis Services* Objekte erzeugt werden. Auf den folgenden Seiten versuchen wir, Ihnen eine Einführung in die Verwendung der wichtigsten Objekte der Serverbibliothek zu geben. Weitere Objekte und ihre Verwendung werden im Kapitel zur ADOMD-Clientbibliothek vorgestellt.

> Es können auch weitere Bibliotheken in Erweiterungen benutzt werden. Zum Beispiel bietet es sich zum Abfragen mancher Metadaten an, die AMO-Bibliothek zu verwenden, die wir in einem eigenen Kapitel ausführlich vorstellen.

Einbinden des ADOMD.NET-Server-Verweises

Um die ADOMD.NET-Serverbibliothek nutzen zu können, müssen Sie in Ihrem Visual Basic- oder C#-Projekt einen Verweis darauf einrichten:

1. Wählen Sie im Kontextmenü des Projekts den Eintrag *Verweis hinzufügen*, wie in Abbildung 26.18 dargestellt.

Abbildung 26.18 Kontextmenü des Projekts zum Hinzufügen eines Verweises

2. Wählen Sie den Verweis für die ADOMD.NET-Serverbibliothek (Abbildung 26.19) und fügen ihn Ihrem Projekt durch Bestätigen mit *OK* hinzu.

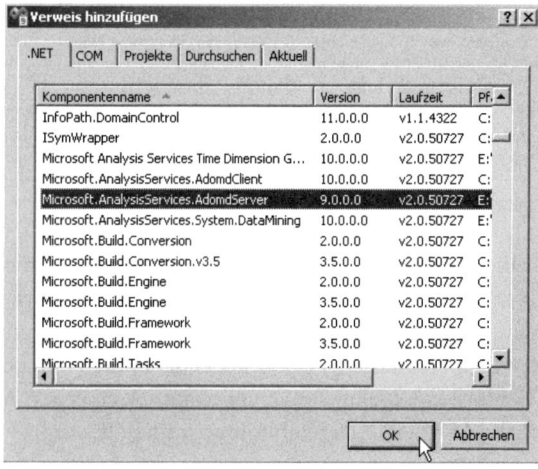

Abbildung 26.19 Hinzufügen des Verweises auf die ADOMD.NET-Serverbibliothek

Sie können nun in Ihrem Projekt die Objekte aus der ADOMD.NET-Serverbibliothek benutzen. Allerdings müssen Sie diese vollqualifiziert angeben. Zum Beispiel müssen Sie für das Tupel-Objekt folgenden Ausdruck formulieren:

```
Microsoft.AnalysisServices.AdomdServer.Tuple
```

Um das Tupel-Objekt direkt mit Tupel adressieren zu können, müssen Sie den Namespace der ADOMD.NET-Serverbibliothek importieren. In C# ist dies auf Klassenebene mit folgendem Ausdruck möglich:

```
using Microsoft.AnalysisServices.AdomdServer;
```

Die entsprechende Anweisung in Visual Basic lautet:

```
Imports Microsoft.AnalysisServices.AdomdServer
```

Abschließend stellen wir Ihnen einige Beispiele für Erweiterungen unter Verwendung der ADOMD.NET-Bibliothek vor.

Element-Tupel und -Sets verwenden

In diesem Beispiel wird eine UDF programmiert, die zu einem übergebenen Element alle Elemente zurückgibt, die auf der Ebene unter der direkt übergeordneten liegen. Wir stellen Ihnen eine Lösung in C# vor. Dieses Beispiel soll in einer neuen Klasse namens ADOMD_Beispiel entstehen. Sie können eine neue Klasse aus dem Kontextmenü des Projekts mit *Hinzufügen/Klasse* erstellen.

```
using System;
using System.Collections.Generic;
using System.Text;
using Microsoft.AnalysisServices.AdomdServer;

namespace Cs_Erweiterungen
{
    public class ADOMD_Beispiel
    {
        public static Set geschwister(Member el)
        {
            Member p=el.Parent;
            SetBuilder sb = new SetBuilder();
            foreach (Member c in p.GetChildren())
            {
                TupleBuilder tb = new TupleBuilder(c);
                sb.Add(tb.ToTuple());
            }

            return sb.ToSet();
        }
    }
}
```
Listing 26.5 C#-Klasse für die Geschwister-Funktion

In Listing 26.5 werden die ADOMD.NET-Objekte Member, Tuple und Set verwendet. Diese entsprechen den Ihnen bekannten MDX-Objekten Element, Tupel und Menge. In der Deklaration der Funktion wird angegeben, dass die Funktion ein Element als Parameter übergeben bekommt und eine Menge zurückgibt. Danach wird dem Element p das direkt übergeordnete Element von el zugewiesen. In der darauf folgenden Zeile wird ein SetBuilder sb erzeugt. In der foreach-Schleife werden nun alle Elemente, die unterhalb von p liegen, also alle Geschwister von el, durchlaufen. In den folgenden Zeilen werden die jeweiligen Geschwisterelemente c in ein Tupel umgewandelt und dem SetBuilder sb angefügt. Als Rückgabeparameter wird der SetBuilder sb in eine Menge umgewandelt.

Nachdem Sie das C#-Projekt kompiliert und als Assembly bereitgestellt haben, können Sie die Geschwister-UDF mit folgender Abfrage testen:

```
Select
   Cs_Erweiterungen.geschwister([Geography].[Geography].[City].&[Hof]&[BY]) on 0
from [Adventure Works]
```
Listing 26.6 Abfrage zum Testen der Geschwister-Funktion

Wie erhofft gibt die Geschwister-UDF alle Städte, die wie Hof zu Bayern gehören, zurück. Leider wird in den Daten der *Adventure Works 2008 SE*-Datenbank nicht allzu fein zwischen den Bundesländerzuordnungen unterschieden.

Augsburg	Erlangen	Frankfurt	Grevenbroich	Hof	Ingolstadt
€3.192,37	(NULL)	€12.795,43	€186.217,07	(NULL)	(NULL)

Abbildung 26.20 Ergebnis aus Listing 26.6

Tupel auswerten

Eine wichtige Klasse der ADOMD.NET-Serverbibliothek, die wir nur kurz behandeln, ist die Expression-Klasse. Mit der Calculate-Methode dieser Klasse können beliebige MDX-Ausdrücke in Bezug auf ein Tupel ausgewertet werden. Im Beispiel in Listing 26.7 wird diese Methode genutzt, um die Tupel einer als Argument übergebenen Menge namens menge mit dem MDX-Ausdruck filter, der als String übergeben wird, auszuwerten. Die Methode MengenFilter gibt die Menge der Tupel zurück, die mit dem filter-Ausdruck als wahr ausgewertet wurden

```
public static Set MengenFilter(Set menge, String filter)
{
    SetBuilder sb = new SetBuilder();
    Expression exp = new Expression(filter);
    foreach (Tuple tupel in menge)
    {
        if ((bool)(exp.Calculate(tupel)))
        {
            sb.Add(tupel);
        }
    }
    return sb.ToSet();
}
```

Listing 26.7 Beispiel für die Verwendung eines *Expression*-Objekts

Zum Testen dieser Funktion verwenden wir die MDX-Abfragen in Listing 26.8. In der ersten Abfrage wird ein Filter angewandt, der die Menge aller Städte auf die filtert, für die das Measure *Reseller Order Count* leer ist. Die zweite Abfrage filtert die Menge über die Namen.

```
Select Cs_Erweiterungen.MengenFilter([Geography].[City].members
                      ,"ISEMPTY( [Measures].[Reseller Order Count] )") on 0
from [Adventure Works]
Select Cs_Erweiterungen.MengenFilter([Geography].[City].members
                      ,"[Geography].[City].Currentmember.Name = 'Austin' ") on 0
from [Adventure Works]
```

Listing 26.8 MDX-Abfragen zum Testen der *MengenFilter*-Funktion

Personalisierungserweiterungen für Analysis Services

Mit Analysis Services 2008 wurde die Möglichkeit geschaffen, für Stored Procedures auf Serverebene bei bestimmten Serverereignissen ein Callback in die Stored Procedure auszulösen. Folgende Ereignisse können verwendet werden (Tabelle 26.2):

Name	Beschreibung	Aufruf
SessionOpened	Wird aufgerufen, wenn eine neue Sitzung von einem Benutzer zum Server hergestellt wird	Context.Server.SessionOpened

Tabelle 26.2 Ereignisse, für die Callbacks in Stored Procedures ausgelöst werden können

Erweiterungen und ADOMD.NET

Name	Beschreibung	Aufruf
SessionClosing	Wird aufgerufen, wenn eine Benutzersitzung geschlossen wird.	Context.Server.Session.Closed
CubeOpened	Wird aufgerufen, wenn aus einer Sitzung heraus die erste Abfrage eines Cubes erfolgt	Context.CurrentConnection.CubeOpened
CubeClosing	Wird aufgerufen, wenn aus der Sitzung heraus keine weiteren Abfragen an den Cube gestellt werden. Zum Beispiel wird das Ereignis aufgerufen, bevor die Sitzung geschlossen wird.	Context.CurrentConnection.CubeClosing

Tabelle 26.2 Ereignisse, für die Callbacks in Stored Procedures ausgelöst werden können *(Fortsetzung)*

Um Analysis Services mitzuteilen, dass es sich um eine *Callback Stored Procedure* handelt, wird das Attribut [PluginAttribute] zur Einleitung der Klasse verwendet. Um eine solche Stored Procedure zu nutzen, muss sie mit den Berechtigungen *Uneingeschränkt* und dem Konto *Dienstkonto* auf dem Server bereitgestellt werden. Nach der Bereitstellung muss der Server neu gestartet werden, um die Ereignisbehandlung wirksam werden zu lassen.

Microsoft bezeichnet diese Callback-Funktionalität als *Analysis Services Personalisierungserweiterungen*, da sie es ermöglicht, neue Analysis Services-Objekte und Funktionalität dynamisch im jeweiligen Benutzerkontext herzustellen. Zum Beispiel können für bestimmte Personen berechnete Elemente oder KPIs erstellt werden, die auf sie zugeschnitten sind und lediglich in der Sitzung existieren.

Im Listing 26.9 stellen wir ein Beispiel vor, in dem ein berechnetes Element mit dem Namen des die Sitzung herstellenden Nutzers erstellt wird. Der Wert des Elements ergibt sich aus dem Hash des Namens.

```csharp
using System;
using System.Collections.Generic;
using System.IO;
using System.Linq;
using System.Text;
using Microsoft.AnalysisServices.AdomdServer;

namespace Cs_Erweiterungen
{
    [PlugInAttribute]
    public class CallBack
    {
        public  CallBack()
        {
            Context.Server.SessionOpened += new EventHandler(Server_SessionOpened);
            Context.Server.SessionClosing += new EventHandler(Server_SessionClosing);
        }

        public void Server_SessionClosing(object sender, EventArgs e)
        {
        }

        public void Server_SessionOpened(object sender, EventArgs e)
        {
            new SessionManager();
        }
    }
}
```

Listing 26.9 Eine Stored Procedure für Analysis Services Personalisierungserweiterungen

```
class SessionManager{
  public SessionManager()
  {
      Context.CurrentConnection.CubeOpened += new EventHandler(CurrentConnection_CubeOpened);

  }

  void CurrentConnection_CubeOpened(object sender, EventArgs e)
  {
      String user = Context.CurrentConnection.User.Name;
      String cube = Context.CurrentCube.Name;
      AdomdCommand c = new AdomdCommand(
                              "Create Member [" + cube + "].Measures.[" + user + "] as "
                              + user.GetHashCode() );
      c.ExecuteNonQuery();
      c.Dispose();
  }
 }
}
```

Listing 26.9 Eine Stored Procedure für Analysis Services Personalisierungserweiterungen *(Fortsetzung)*

Im Konstruktor der als PluginAttribute gekennzeichneten Klasse CallBack werden Ereignisbehandlungsroutinen für SessionOpened und SessionClosed registriert. Wenn das Ereignis SessionOpened eintritt, wird die Klasse Session-Manager instanziert. Diese führt beim Ereignis CubeOpened die Methode CurrentConnection_CubeOpened aus, in der ein AdomdCommand-Objekt zum Erzeugen des berechneten Elementes erstellt und ausgeführt wird. Dieser Befehl wird im Kontext der Sitzung ausgeführt. Unterschiedliche Benutzer sehen entsprechend unterschiedliche berechnete Elemente mit unterschiedlichen Werten.

In den Abbildungen Abbildung 26.21 und Abbildung 26.22 wird das dynamisch im Sitzungskontext erzeugte berechnete Element unter zwei verschiedenen Anmeldungen betrachtet. Es hat jeweils den Namen des Benutzers und einen individuellen Wert. Wenn Sie das Beispiel nachvollziehen wollen, vergessen Sie bitte nicht die Analysis Services nach der Bereitstellung der Stored Procedure neu zu starten. Dies ist mit dem Objekt-Explorer im Management Studio möglich. Wählen Sie im Kontextmenü des Serverknotens den Eintrag *Neu starten*.

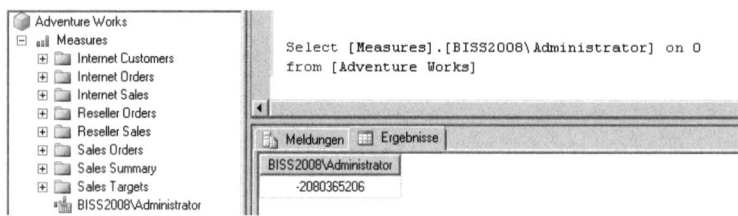

Abbildung 26.21 Das durch die Stored Procedure gebildete Element in einer Sitzung des Administrators

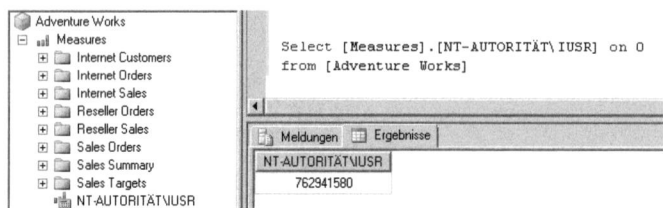

Abbildung 26.22 Das durch die Stored Procedure gebildete Element in einer Sitzung des IUSR

Kapitel 27

DMX – Data Mining programmieren

In diesem Kapitel:

Strukturen und Modelle vorbereiten	842
Strukturen und Modelle untersuchen	853
Vorhersageabfragen	859

Data Mining Extensions (DMX) ist eine Sprache der Analysis Services, die zum Arbeiten mit Data Mining-Objekten dient. Mit DMX stehen sowohl Funktionalitäten zum Erstellen, Ändern und Löschen als auch zum Trainieren und Abfragen von Data Mining-Objekten zur Verfügung.

DMX ist syntaktisch eng an die Structured Query Language (SQL) angelehnt. Die Ähnlichkeit beruht auf dem tabellenförmigen Aufbau von Miningstrukturen und Miningmodellen. Wenn Sie mit SQL vertraut sind, werden Ihnen also die meisten hier genannten Anweisungen bekannt vorkommen.

In diesem Kapitel werden wir Ihnen zunächst die Datendefinitionsanweisungen (DDL) und danach die Datenbearbeitungsanweisungen (DML) von DMX vorstellen. Im Abschnitt »Strukturen und Modelle vorbereiten« werden zuerst DDL-Anweisungen zum Erstellen von Miningstrukturen und Miningmodellen erläutert, anschließend werden DML-Anweisungen zum Trainieren von Modellen untersucht.

In den folgenden Abschnitten steht die DML-Anweisung SELECT im Mittelpunkt. Sie wird verwendet, um Vorhersageabfragen zu erstellen und um das Miningmodell zu untersuchen. Im Zusammenhang mit den Abfragen, die ein Miningmodell zu untersuchen, stellen wir einige Stored Procedures vor, die Informationen über die Güte eines Modells liefern. Im Abschnitt über Vorhersageabfragen werden wir auch intensiv auf den Vorhersageabfrage-Generator des Management Studios eingehen. Zudem werden wir in diesem Kapitel den DMX-Editor des Management Studios verwenden.

Wir illustrieren die Themen dieses Kapitels hauptsächlich anhand von zwei Beispielen, die sehr ähnlich in *Adventure Works DW 2008 SE* enthalten sind. Es handelt sich hierbei um die Miningstruktur *Targeted Mailing* mit dem Modell *TM Naive Bayes* und die Miningstruktur *Market Basket* mit dem Miningmodell *Association*. Die Erstellung ähnlicher Miningstrukturen und Miningmodelle werden im Abschnitt »Strukturen und Modelle vorbereiten« besprochen. In den folgenden Abschnitten können Sie dann wählen, ob Sie die selbst erstellten Modelle oder diejenigen aus *Adventure Works DW 2008 SE* verwenden möchten. Wir werden in den Listings die Bezeichnungen der Miningmodelle aus *Adventure Works DW 2008 SE* verwenden, damit Leser, die am Erstellen von Miningmodellen nicht interessiert sind, trotzdem Abfragen erstellen können.

Diese Kapitel baut auf die im ersten Teil des Buches behandelten Data Mining-Grundlagen auf. Wir werden in diesem Kapitel weniger inhaltliche Fragen beantworten, sondern vielmehr die Programmiermöglichkeiten vorstellen.

Strukturen und Modelle vorbereiten

DMX bietet eine einfache Syntax, um Miningstrukturen zu erstellen. Die mit DMX erstellten Miningstrukturen verwahren jedoch (im Gegensatz zu den mit Business Intelligence Development Studio erstellten Miningstrukturen) keine Informationen bezüglich der Datenquelle, mit der sie verbunden sind, und auch keine Informationen über das Mapping zwischen Feldern einer Tabelle der Datenquelle und Feldern der Miningstruktur. Dieses Manko spielt allerdings nur beim Training der Strukturen und der in ihnen enthaltenen Modelle eine Rolle. Ist kein Mapping angegeben, muss dies beim Training nachgeholt werden. Für das Abfragen von Modellen, die auf mit DMX erstellten Strukturen aufbauen und irgendwann einmal trainiert worden sind, hat es keine Bedeutung.

Miningmodelle lassen sich mit DMX einfach auf eine bestehende Miningstruktur aufbauend erstellen. Es ist auch möglich, Miningmodelle direkt zu erzeugen und damit implizit eine Miningstruktur anzulegen. Dieses Vorgehen werden wir in diesem Abschnitt allerdings nicht behandeln, da es zum einen keine wesentlichen Vorteile bietet und zum anderen der Weg über die Erstellung einer Miningstruktur den Vorgang insgesamt transparenter macht.

Miningstrukturen erstellen

Eine Miningstruktur besteht im einfachsten Fall aus einer Aufzählung von Spalten, die in einem oder mehreren Miningmodellen Verwendung finden sollen (Listing 27.1). Für jede Spalte müssen ein Name, ein Datentyp und ein Inhaltstyp angegeben werden. Der Name muss den aus SQL bekannten Regeln für Bezeichner genügen oder in eckige Klammern gesetzt werden. Über ihn lässt sich später auf die Spalte zugreifen.

Um Spalten zu definieren, lassen sich die folgenden Datentypen verwenden:

- Der Datentyp Text enthält eine Zeichenkette und entspricht dem SQL Server-Datentyp WChar
- Der Datentyp Long enthält eine ganze Zahl und entspricht dem SQL Server-Datentyp Integer
- Der Datentyp Boolean enthält einen Wahrheitswert und entspricht dem SQL Server-Datentyp Boolean
- Der Datentyp Double enthält eine Fließkommazahl und entspricht dem SQL Server-Datentyp Double
- Der Datentyp Date enthält ein Datum/eine Zeitangabe und entspricht dem SQL Server-Datentyp Date.

Die Inhaltstypen beeinflussen die Verarbeitung der Daten durch den Mining-Algorithmus. Wir geben an dieser Stelle nur die wichtigsten Inhaltstypen an (weitere Informationen zu diesen und den übrigen Inhaltstypen erhalten Sie in Kapitel 10). Allerdings passt nicht jeder Inhaltstyp zu jedem Datentyp. In der folgenden Liste beschreiben wir kurz die Inhaltstypen und geben an, mit welchem Datentyp sie zusammen verwendet werden können:

- Der Inhaltstyp DISCRETE wird für Spalten verwendet, die eine abzählbare Menge von Elementen aufnehmen sollen. Dieser Inhaltstyp kann im Zusammenhang mit allen Datentypen eingesetzt werden.
- Der Inhaltstyp CONTINUOUS wird für Spalten verwendet, die kontinuierlich verteilte Daten enthalten. Dieser Inhaltstyp kann im Zusammenhang mit den Datentypen Date, Double und Long eingesetzt werden.
- Der Inhaltstyp KEY wird für Spalten verwendet, die den Datensatz eindeutig identifizieren. Dieser Inhaltstyp kann im Zusammenhang mit den Datentypen Date, Double, Text und Long eingesetzt werden.

Mit der CREATE MINING STRUCTURE-Anweisung in Listing 27.1 wird eine einfache Miningstruktur erstellt:

```
CREATE MINING STRUCTURE [MAILING_2]
(
   [AgeDiscrete] LONG DISCRETE,
   [Age] LONG CONTINUOUS,
   [Bike Buyer]LONG DISCRETE,
   [Education] TEXT DISCRETE,
   [Gender]TEXT DISCRETE,
   [House Owner Flag] LONG DISCRETE,
   [CustomerKey]LONG KEY,
   [Marital Status] TEXT DISCRETE,
   [Number Cars Owned]LONG DISCRETE,
   [Number Children At Home] LONG DISCRETE,
   [Occupation] TEXT DISCRETE,
   [Total Children] LONG DISCRETE,
```

Listing 27.1 Erstellen einer Miningstruktur

```
    [Yearly Income] DOUBLE CONTINUOUS,
    [First Name] TEXT DISCRETE,
    [Last Name] TEXT DISCRETE,
    [Email Address] TEXT DISCRETE,
    [Region]TEXT DISCRETE
)
With Holdout(20 Percent or 2000 Cases)
    Repeatable (50)
```

Listing 27.1 Erstellen einer Miningstruktur *(Fortsetzung)*

In der Definition der Miningstruktur verwenden wir zwei Spalten für das Alter. Zum einen Age und zum andern AgeDiscrete. Verschiedene, der Miningstruktur zugeordnete Miningmodelle können je nach Algorithmus auf die für sie zutreffende Age-Spalte zugreifen. Zum Beispiel kann ein Miningmodell, das den Microsoft Naive Bayes-Algorithmus verwendet, keine kontinuierlichen Daten verarbeiten und die AgeDiscrete Spalte benutzen, während ein für dieselbe Struktur zum Vergleich aufgesetztes Miningmodell mit dem Microsoft Decision Trees-Algorithmus die Spalte mit den kontinuierlichen Daten verwendet.

Die Spalten *First Name*, *Last Name* und *Email Address* werden nur in der Struktur verwendet, um gegebenenfalls bei einem Kontrollieren der Trainingsfälle direkt den betreffenden Kunden zu sehen. Für die Arbeit des Modells sollen sie nicht verwendet werden.

Das optionale With Holdout-Statement ermöglicht es, aus den der Struktur zugeordneten Fällen eine Trainings- und eine Testpartition zu generieren. Ohne das With Holdout-Statement werden alle Fälle zum Trainieren verwendet. Zum Überprüfen der Qualität eines Modells kommen dann entweder zurückgehaltene Testdaten oder die Kreuzvalidierung in Frage. Möglichkeiten zur Kreuzvalidierung behandeln wir im letzen Abschnitt dieses Kapitels »Stored Procedures zur Kontrolle des Trainings«. Die Größe der Testpartition wird als Anzahl an Fällen oder als prozentualer Anteil an den Eingangsdaten angegeben. Werden sowohl prozentuale als auch feste Angaben gemacht, wie im Beispiel Listing 27.1, so werden die Angaben benutzt, die die kleinere Anzahl an Fällen generiert. Mögliche With Holdout-Statements sind also zum Beispiel:

- With Holdout (1000 Cases)   Es werden tausend Fälle als Testfälle benutzt
- With Holdout (30 Percent)   Es werden 30 Prozent der Fälle als Testfälle benutzt
- With Holdout (30 Percent or 1000 Cases)   Es werden maximal 30 Prozent oder maximal tausend Fälle als Testfälle benutzt

Die Auswahl der Testdaten aus den Gesamtdaten erfolgt nach dem Zufallsprinzip. Um bei wiederholtem Trainieren mit denselben Daten reproduzierbare Ergebnisse zu erzeugen, kann dem With Holdout-Statement ein Repeatable-Schlüsselwort angefügt werden. Repeatable gibt einen ganzzahligen Ausgangswert für die Zufallsfunktion an. Wird Repeatable nicht angegeben, wird standardmäßig Repeatable (0) benutzt. Dies initialisiert die Zufallsfunktion mit einem Hashwert, der aus dem Namen der Miningstruktur gebildet wird.

Um eine solche Struktur zu erstellen, gehen Sie wie folgt vor:

1. Starten Sie das Management Studio (falls es noch nicht geöffnet ist) über *Start/Alle Programme/Microsoft SQL Server 2008/Microsoft SQL Server Management Studio*.
2. Öffnen Sie im Management Studio ein DMX-Editorfenster durch Klicken auf *DMX* in der *Standard*-Symbolleiste. Sollte diese Symbolleiste nicht eingeblendet sein, kann sie über den Menübefehl *Ansicht/Symbolleisten/Standard* aktiviert werden.
3. Für das neue DMX-Editorfenster müssen Sie angeben, über welchen Server Sie die Abfrage laufen lassen wollen. In unserem Beispiel ist dies der Server *BISS2008*.

Strukturen und Modelle vorbereiten

4. In der nun angezeigten Symbolleiste *SQL Server Analysis Services-Editoren* (Abbildung 27.1) wählen Sie die Datenbank aus, in der Sie die Miningstruktur erstellen wollen. Wählen Sie hier die *Adventure Works DW 2008 SE*-Datenbank, da wir auf darin enthaltene Tabellen zugreifen möchten.

Abbildung 27.1 Die Symbolleiste *SQL Server Analysis Services-Editoren*

5. Aus dieser Symbolleiste heraus können Sie nun die Anweisung ausführen oder die Verbindung zum Server bearbeiten. Alternativ können Sie die Anweisung auch über F5 ausführen.
6. Wenn Sie die Struktur erstellt haben, sollte sie nach einer Aktualisierung im Objekt-Explorer erscheinen.

Miningstrukturen mit verschachtelten Tabellen erstellen

Etwas komplizierter gestaltet sich der Vorgang, wenn eine Miningstruktur erstellt werden soll, die verschachtelte Tabellen enthält. Dies ist zum Beispiel dann notwendig, wenn Vorhersagen über eine Datenstruktur getroffen werden sollen, die ein 1:N-Verhältnis darstellt. In Listing 27.2 soll eine Struktur erstellt werden, die es erlaubt, Vorhersagen über die Zusammensetzung einer Bestellung zu machen.

Den Zusammenhang zwischen der Bestellung und den zur Bestellung gehörenden Modellen bildet die 1:N-Beziehung ab. Um eine solche Miningstruktur zu erstellen, wird statt einer Spalte eine innere Tabelle in die Spaltenaufzählung aufgenommen. Diese Tabelle beinhaltet später die Detaildatensätze. Die innere Tabelle hat den Datentyp TABLE und enthält selbst wieder Spalten oder auch Tabellen. Im Beispiel wird eine innere Tabelle mit dem Namen Modelle erstellt, die eine Spalte Modell enthält. Diese Spalte hat den Datentyp Text und den Inhaltstyp Key.

Wenn Sie das Beispiel nachvollziehen möchten, erstellen Sie diese Struktur ebenfalls in der Datenbank *Adventure Works DW 2008 SE*:

```
CREATE MINING STRUCTURE BASKET_2(
    [BESTELLUNG] TEXT KEY,
    [MODELLE] TABLE ([MODELL]TEXT KEY)
)
```

Listing 27.2 Die Anweisung zum Erstellen einer Miningstruktur

Miningstrukturen löschen

Die Syntax zum Löschen einer Miningstruktur ist simpel: Wenn die Verbindung zur Datenbank, in der die Miningstruktur liegt, hergestellt ist, muss lediglich die Anweisung DROP MINING STRUCTURE auf den Namen der Struktur angewandt werden. In Listing 27.3 verwenden wir diese Anweisung, um die in Listing 27.1 erstellte Struktur zu löschen.

```
DROP MINING STRUCTURE MAILING_2
```

Listing 27.3 Löschen einer Miningstruktur

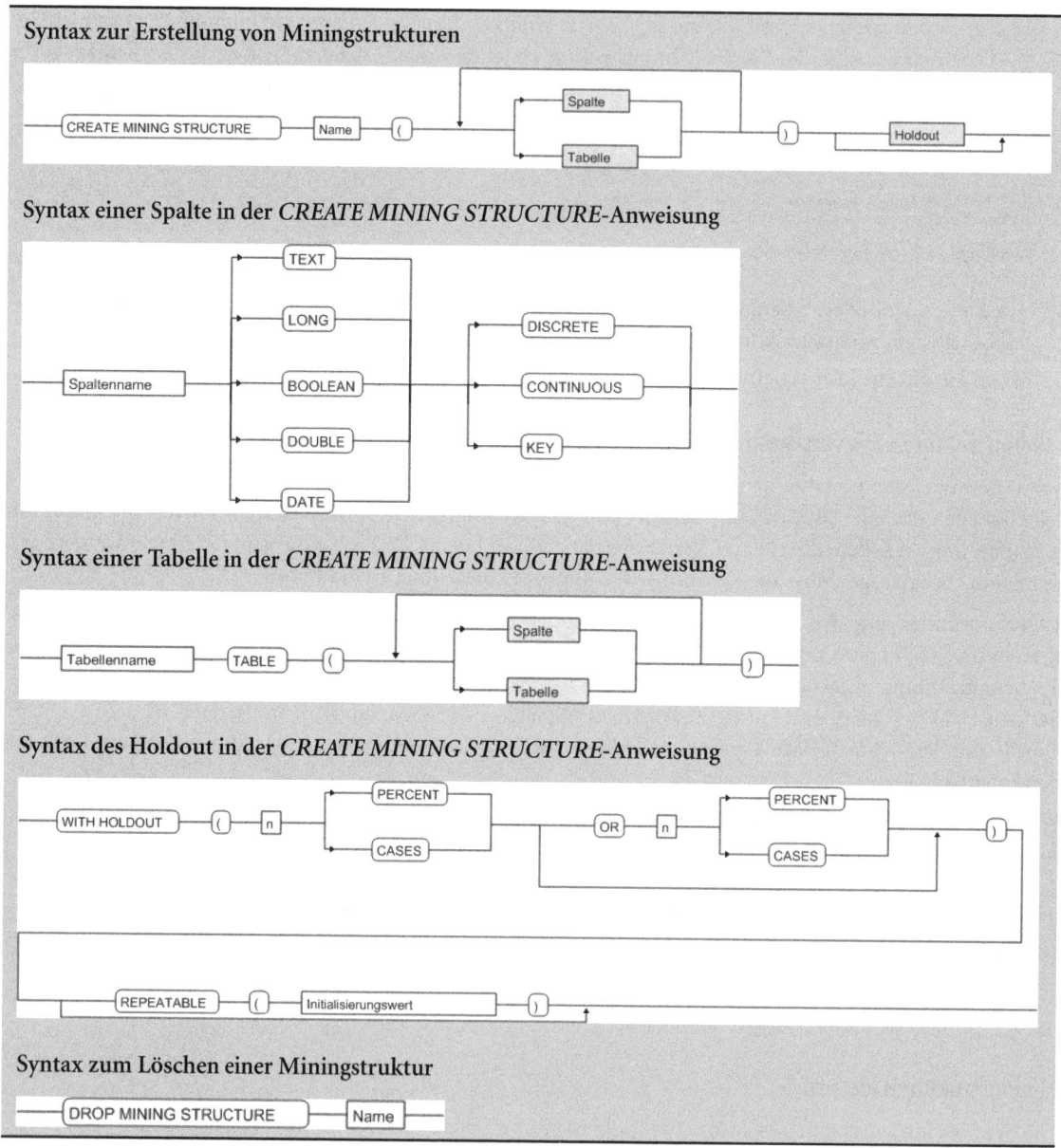

Miningmodelle auf Grundlage einer Miningstruktur erstellen

Aufbauend auf eine Miningstruktur kann ein Miningmodell durch die Anweisung ALTER MINING STRUCTURE ... ADD MINING MODEL erstellt werden. Ein Miningmodell übernimmt Spalten der zugrunde liegenden Miningstruktur. Dabei kann es entweder alle Spalten übernehmen oder lediglich einen Teil der Spalten auswählen. Die Spalten, die übernommen werden, sind als Aufzählung mit dem in der Miningstruktur festgelegten Namen anzugeben. Spalten, die das Miningmodell vorhersagen soll, müssen entweder den Zusatz PREDICT oder den Zusatz PREDICT_ONLY erhalten. Das Schlüsselwort PREDICT signalisiert, dass die Spalte zur Vorhersage

Strukturen und Modelle vorbereiten

dient, aber gleichzeitig als Eingabespalte zur Vorsage anderer Spalten benutzt werden kann. Wird PREDICT_ONLY angegeben, wird die Spalte ausschließlich zur Vorhersage benutzt.

Zusätzlich wird in der ADD MINING MODEL-Anweisung nach der Spaltenaufzählung in der USING-Klausel angegeben, mit welchem Algorithmus das Miningmodell arbeiten soll. In dieser Klausel kann auch eine Parameterliste enthalten sein, in der Variablen/Wert-Paare zur Justierung des Algorithmus angegeben werden können.

Ein Beispiel hierfür finden Sie in Listing 27.6. In Listing 27.4 wird das Miningmodell MAILING_2_NAIVE_BAYES auf Grundlage der in Listing 27.1 beschriebenen Miningstruktur MAILING_2 erstellt. Das Miningmodell erhält die Spalten der Miningstruktur, die wir für eine Vorhersage als relevant erachten. Für das Alter verwenden wir die Spalte AgeDiscrete, da die Spalte Age den Inhaltstyp CONTINUOUS hat, den der für das Modell gewählte Naive Bayes-Algorithmus nicht verarbeiten kann. Um später ähnliche Abfragen für verschiedene der Miningstruktur zugeordnete Modelle formulieren zu können, versehen wir die Spalte mit einem Alias. Dieser Alias hat dieselbe Bezeichnung wie die kontinuierliche Spalte.

```
ALTER MINING STRUCTURE [MAILING_2]
ADD MINING MODEL [MAILING_2_NAIVE_BAYES]
(
   [AgeDiscrete] as [Age],
   [Bike Buyer] PREDICT_ONLY,
   [Education],
   [Gender],
   [House Owner Flag],
   [CustomerKey],
   [Marital Status],
   [Number Cars Owned],
   [Number Children At Home],
   [Occupation],
   [Total Children]
)USING Microsoft_Naive_Bayes
```

Listing 27.4 Erstellen eines Miningmodells, das auf der Miningstruktur *MAILING_2* basiert

Im Beispiel Listing 27.5 erweitern wir das ADD MINING MODEL-Statement mit den Zusätzen DRILLTHROUGH und FILTER. Zusätze werden mit WITH eingeleitet und kommagetrennt aufgeführt. Die DRILLTHROUGH-Klausel bewirkt, dass in späteren Abfragen direkt auf die Trainingsfälle des Modells zugegriffen werden kann. Dieser Zugriff kann nur aktiviert werden, wenn das Modell erstellt wird. Die FILTER-Klausel beschränkt die für das Modell verwendeten Trainingsdaten auf einen Ausschnitt der für die Struktur zu Verfügung stehenden Daten. Im Beispiel soll das Modell mit Daten aus Europa trainiert werden.

```
ALTER MINING STRUCTURE [MAILING_2]
ADD MINING MODEL [MAILING_2_Decision_Trees]
(
   [Age] ,
   [Bike Buyer]PREDICT_ONLY,
   [Education],
   [Gender],
   [House Owner Flag],
   [CustomerKey],
   [Marital Status],
   [Number Cars Owned],
```

Listing 27.5 Erstellen eines Miningmodells mit Drillthrough und Filter

```
    [Number Children At Home],
    [Occupation],
    [Total Children],
    [Yearly Income]
)USING Microsoft_Decision_Trees
WITH DRILLTHROUGH
    ,FILTER ([Region]='Europe')
```

Listing 27.5 Erstellen eines Miningmodells mit Drillthrough und Filter *(Fortsetzung)*

Der für das Modell verwendete Microsoft Decision Trees-Algorithmus kann mit kontinuierlichen Inhaltstypen umgehen. Deshalb wird für das Alter die Spalte Age vom Typ CONTINUOUS benutzt.

Miningmodelle für verschachtelte Tabellen anlegen

Aufbauend auf die Miningstruktur BASKET_2 aus Listing 27.2 wird in Listing 27.6 ein Miningmodell erstellt, das eine geschachtelte Tabelle enthält. Der Name der inneren Tabelle, hier MODELLE, wird – wie bei der Erstellung der Miningstruktur – in die Aufzählung der Spalten mit aufgenommen. Die in der inneren Tabelle enthaltenen Spalten werden hinter der Tabelle, in einer geklammerten Aufzählung, angegeben. Die Tabelle kann auch selbst zur Vorhersage genutzt werden, indem ihr entweder der Zusatz PREDICT beziehungsweise PREDICT_ONLY angehängt wird.

```
ALTER MINING STRUCTURE [BASKET_2]
ADD MINING MODEL BASKET_2_Association(
    [BESTELLUNG],
    [MODELLE] PREDICT ([MODELL])
)USING Microsoft_Association_Rules
        (Minimum_Probability=0.1,Minimum_Support=0.01)
WITH DRILLTHROUGH
```

Listing 27.6 Erstellen eines Miningmodells mit geschachtelten Tabellen

Für die Miningstruktur BASKET_2 wird ein zweites Miningmodell erstellt, das dem Miningmodell aus Listing 27.6 bis auf die Auswahl des Algorithmus gleicht. In Listing 27.7 wird der Microsoft Decision Trees-Algorithmus verwendet.

```
ALTER MINING STRUCTURE [BASKET_2]
    ADD MINING MODEL BASKET_2_Decision_Tree(
        [BESTELLUNG],
        [MODELLE] PREDICT ([MODELL])
    )USING Microsoft_Decision_Trees
```

Listing 27.7 Verwendung des Microsoft Decision Trees-Algorithmus

Miningmodelle löschen

Ein Miningmodell kann mithilfe der Anweisung DROP MINING MODEL unter Angabe seines Namens gelöscht werden. Es ist dafür erforderlich, dass das DMX-Editorfenster mit der Datenbank verbunden ist, in der sich das zu löschende Miningmodell befindet.

```
DROP MINING MODEL [MAILING_2_NAIVE_BAYES]
```

Listing 27.8 Löschen eines Miningmodells

Strukturen und Modelle vorbereiten

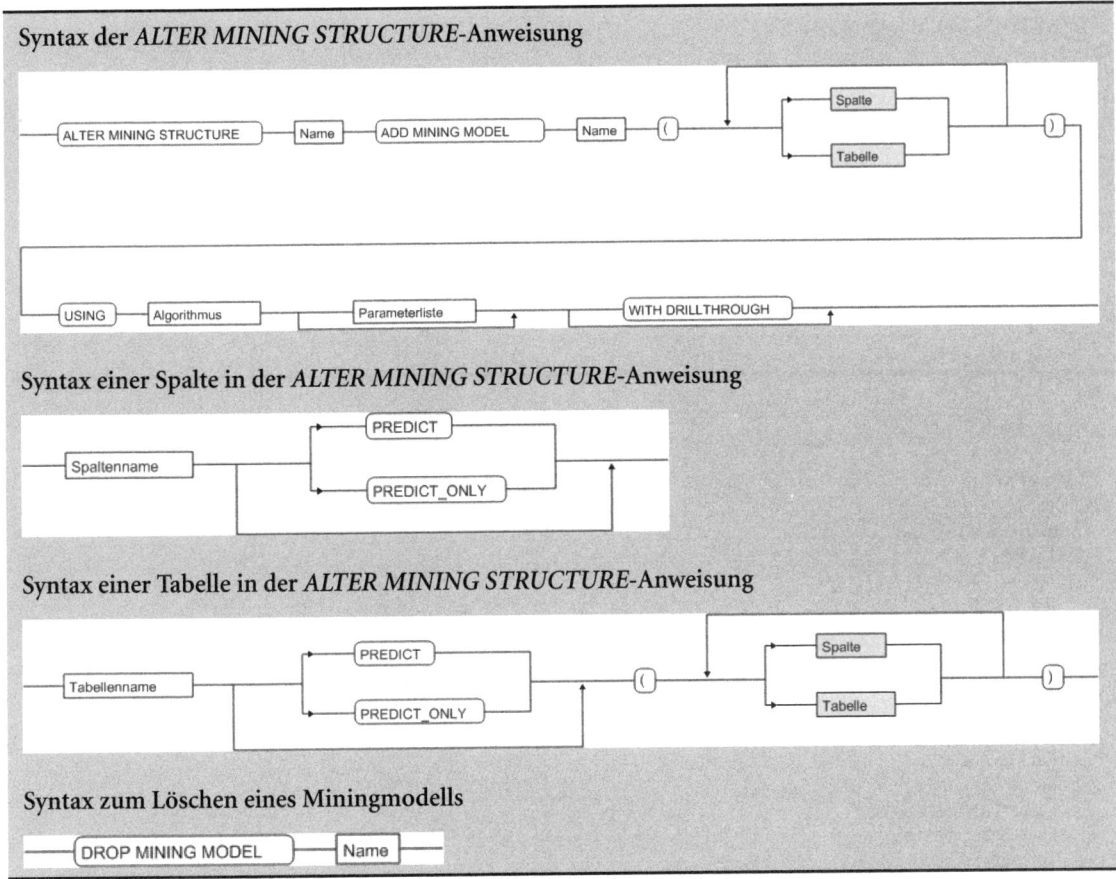

Trainieren von Modellen

Ein bestehendes Miningmodell wird mit der Anweisung INSERT INTO MINING MODEL trainiert. Sind in einer Miningstruktur mehrere Miningmodelle vorhanden, muss zum Trainieren der Miningstruktur die Anweisung INSERT INTO MINING STRUCTURE verwendet werden. Im Wesentlichen läuft das Trainieren darauf hinaus, dass die Spalten des Miningmodells mit den Spalten einer Eingangstabelle verknüpft werden. Dies geschieht, indem diejenigen Spalten des Modells, in die Daten eingefügt werden sollen, aufgelistet werden.

Die Spalten der Trainingstabelle, aus welcher die Daten eingefügt werden, müssen in derselben Reihenfolge zur Verfügung gestellt werden. In unserem Beispiel Listing 27.9 verwenden wir eine OPENQUERY-Abfrage, um eine Tabelle zu erstellen, die in ihrer Struktur der Miningstruktur entspricht. Der Verweis auf die zu verwendende Datenquelle [ADVENTURE WORKS DW] benennt in unserem Beispiel den Namen der *Adventure Works DW 2008 SE*-Datenquelle. Weitere Informationen über OPENQUERY erhalten Sie im nächsten Abschnitt: »Möglichkeiten zur Angabe von Daten in tabellarischer Form«.

```
INSERT INTO MINING Structure MAILING_2
(
  [AgeDiscrete],
  [Age] ,
  [Bike Buyer],
  [Education],
  [Gender],
  [House Owner Flag],
  [CustomerKey],
  [Marital Status],
  [Number Cars Owned],
  [Number Children At Home],
  [Occupation],
  [Total Children],
  [Yearly Income],
  [First Name],
  [Last Name],
  [Email Address],
  [Region]
)OPENQUERY(
  [ADVENTURE WORKS DW],
  'SELECT
    Age as [AgeDiscrete],
    Age,
    BikeBuyer,
    EnglishEducation,
    Gender,
    HouseOwnerFlag,
    CustomerKey,
    MaritalStatus,
    NumberCarsOwned,
    NumberChildrenAtHome,
    EnglishOccupation,
    TotalChildren,
    YearlyIncome,
    FirstName,
    LastName,
    EmailAddress,
    Region
  FROM dbo.vTargetMail'
)
```

Listing 27.9 Trainieren des Miningmodells *MAILING_2_NAIVE_BAYES*

Trainieren von Miningmodellen, die verschachtelte Tabellen enthalten

Soll eine Spalte, die in den Trainingsdaten vorkommt, übersprungen werden – um eine korrekte Verknüpfung zwischen den Spalten des Miningmodells und den Spalten der Trainingsdaten sicherzustellen – kann in der Auflistung der Spalten des Miningmodells eine SKIP-Anweisung statt der Spalte eingesetzt werden. Dieses Vorgehen ist beim Training von Miningmodellen, die verschachtelte Tabellen enthalten, notwendig, da zum Verknüpfen der Tabellen in den Trainingsdaten unter Umständen ein Fremdschlüssel in der inneren Tabelle enthalten sein muss, der im Miningmodell nicht vorkommt.

Strukturen und Modelle vorbereiten

In unserem Beispiel Listing 27.10 wird die Tabelle, wie bekannt, als Spalte eingesetzt. Da die innere Trainingstabelle den Fremdschlüssel OrderNumber enthält, der die Verbindung zur äußeren Tabelle herstellt, das Miningmodell in der inneren Tabelle aber nur ein Feld enthält, muss für die OrderNumber-Spalte eine SKIP-Anweisung eingesetzt werden.

In beiden Tabellen, aus denen die Trainingsdaten bestehen, müssen die Schlüssel in der gleichen Reihenfolge enthalten sein, damit der Algorithmus die Daten verarbeiten kann. Deshalb ist es notwendig, dass beide Tabellen gleichermaßen nach OrderNumber sortiert werden. Weitere Informationen zur SHAPE-Anweisung, welche die verschachtelten Tabellen mit den Trainingsdaten bereitstellen, erhalten Sie im nächsten Abschnitt. Zum Trainieren wird im Beispiel Listing 27.10 die Anweisung INSERT INTO MINING STRUCTURE verwendet, da beide Modelle der Struktur trainiert werden müssen.

```
INSERT INTO MINING STRUCTURE BASKET_2(
   [BESTELLUNG],
   MODELLE (SKIP,[MODELL])
)SHAPE{
   OPENQUERY([ADVENTURE WORKS DW],
      'SELECT OrderNumber FROM dbo.vAssocSeqOrders ORDER BY OrderNumber')
}APPEND(
   {OPENQUERY([ADVENTURE WORKS DW],
      'SELECT OrderNumber,Model FROM dbo.vAssocSeqLineItems ORDER BY OrderNumber'
   )}RELATE OrderNumber TO OrderNumber
) AS MODELLE
```

Listing 27.10 Anweisung zum Trainieren eines Modells mit verschachtelter Tabelle

Erneutes Trainieren eines Modells

Wenn entweder das Miningmodell trainiert ist oder die übergeordnete Miningstruktur mit Daten gefüllt ist, müssen die Daten aus dem Modell und gegebenenfalls auch aus der Struktur mit DELETE-Anweisungen für Struktur und Modell gelöscht werden, bevor sie erneut trainiert werden können.

```
DELETE FROM MINING MODEL MAILING_2_NAIVE_BAYES
DELETE FROM MINING STRUCTURE BASKET_2
```

Listing 27.11 Trainingsdaten löschen

Nach dem Ausführen von DELETE für ein Modell muss gegebenenfalls auch die zugehörige Struktur geleert werden, um das Modell neu trainieren zu können.

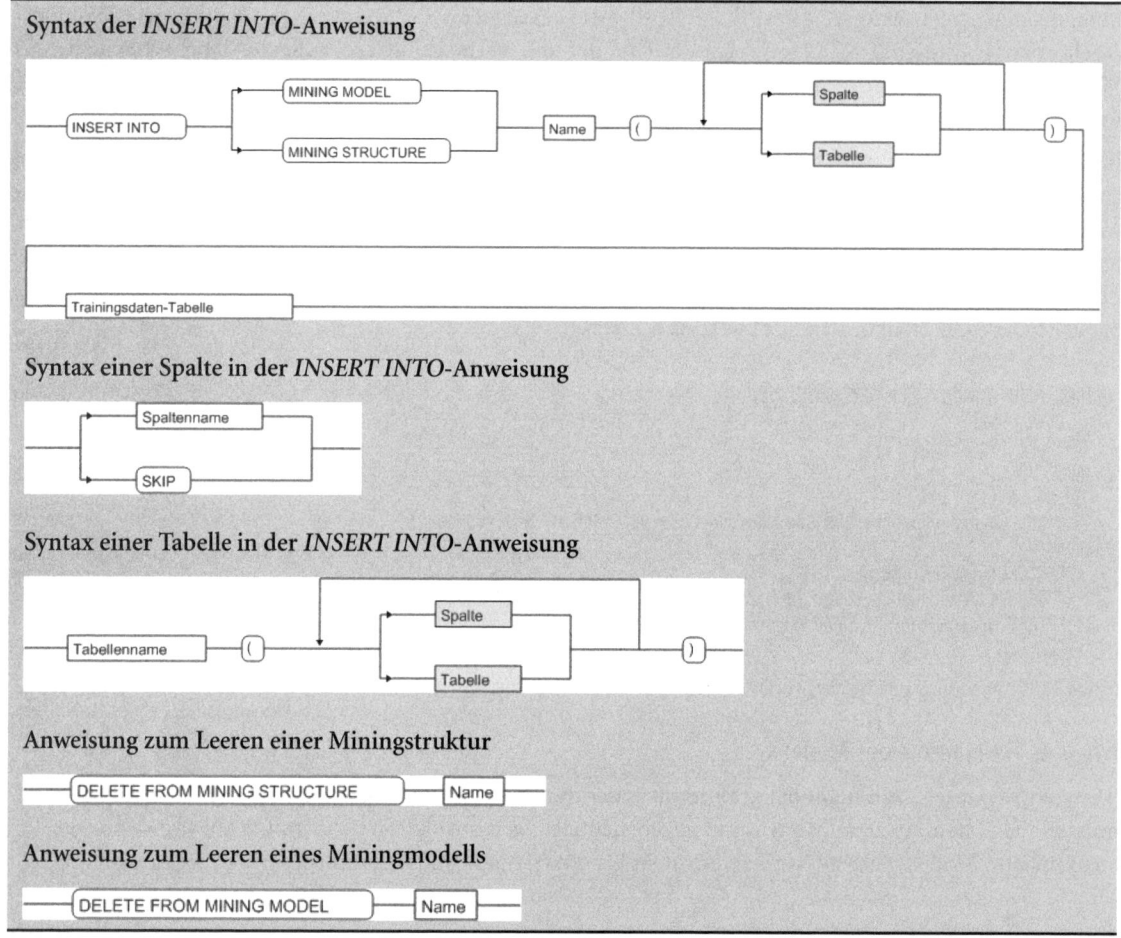

Möglichkeiten zur Angabe von Daten in tabellarischer Form

OPENQUERY kann auf ein beliebiges Objekt einer Datenquelle zugreifen, die der Datenbank, in der das Miningmodell liegt, zugeordnet ist. Das Objekt, auf das zugegriffen wird, muss ein Rowset (also eine Tabellenstruktur) zurückliefern. Meist wird also auf eine Tabelle oder eine Sicht zugegriffen. Der OPENQUERY-Anweisung werden zwei Argumente übergeben, zum einen der Name der Datenquelle, über die zugegriffen werden soll, und zum anderen eine SQL-Abfrage, die die Daten bereitstellt. Die SQL-Abfrage wird als String in Hochkommata übergeben.

OPENROWSET unterscheidet sich von OPENQUERY lediglich dadurch, dass es auf externe Datenbanken und Datenquellen zugreifen kann. OPENROWSET benötigt drei Argumente: als erstes Argument den Datenprovider, der angesprochen werden soll, als zweites den Verbindungsstring zur Datenquelle und als drittes die SQL-Abfrage als String.

Es ist möglich, aus mehreren OPENQUERY- und OPENROWSET-Anweisungen mithilfe der SHAPE-Anweisung ineinander verschachtelte Tabellenstrukturen zu erzeugen. Auf die einleitende SHAPE-Anweisung folgt die Abfrage, welche die äußere Tabelle zurückgibt. Die Abfragen in die inneren Tabellen werden mit der APPEND-Anweisung angefügt. Hierbei muss die Verbindung der äußeren zur inneren Tabelle in einer RELATE-Klausel

Strukturen und Modelle untersuchen

beschrieben werden. In dieser Klausel findet eine Verknüpfung von einer Spalte der äußeren Tabelle zu einer Spalte der inneren Tabelle statt. Da die OPENROWSET-Anweisung in diesem Kapitel sonst nicht verwendet wird, stellen wir Ihnen an dieser Stelle eine OPENROWSET-Anweisung vor, die eine Abfrage auf eine Access-Datenbank ermöglicht.

```
OPENROWSET('Microsoft.Jet.OLEDB.4.0', 'data source=AW.mdb',
        'SELECT
            [FirstName],
            [LastName],
            [EmailAddress],
            [City],
            [Gender],
            [MaritalStatus],
            [TotalChildren],
            [NumberChildrenAtHome],
            [Education],
            [Occupation],
            [HouseOwnerFlag],
            [NumberCarsOwned]
        FROM
            [ProspectiveBuyer]'
) AS t
```

Listing 27.12 Beispiel für *OPENROWSET*

Weitere Erläuterungen zu diesem Thema erhalten Sie in der Onlinedokumentation.

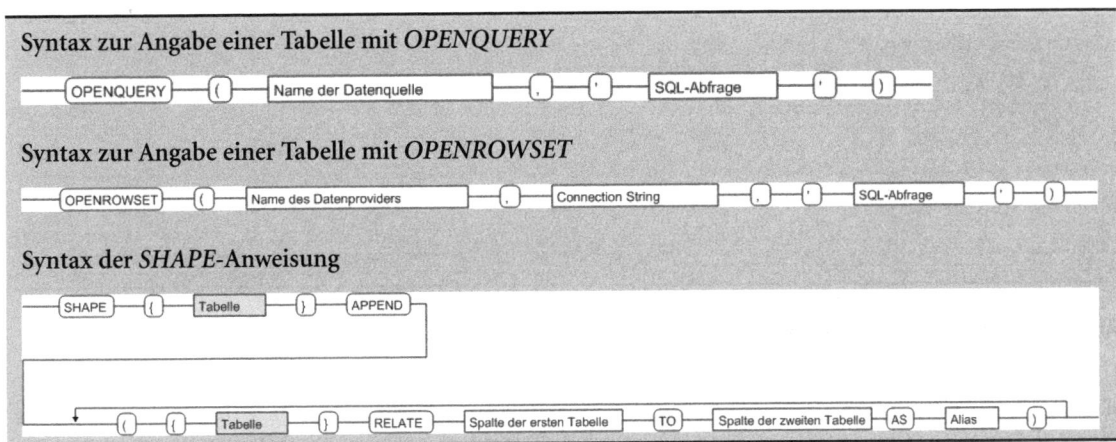

Strukturen und Modelle untersuchen

In diesem Abschnitt werden wir Ihnen zum einen Abfragen vorstellen, die zur Untersuchung von Miningstrukturen und -Modellen zur Verfügung stehen, zum anderen werden wir einige Stored Procedures einführen, mit denen die Güte von Modellen untersucht werden kann.

Auf Miningmodelle und -Strukturen bezogene Abfragen

Das Hauptinteresse bei auf Data Mining-Objekte bezogene Abfragen betrifft Vorhersagen bezüglich externer Daten. Dieses Thema behandeln wir später im Abschnitt »Vorhersageabfragen«. Bevor solche Abfragen in Angriff genommen werden ist es meist sinnvoll, Modelle und Strukturen zu untersuchen. Dies kann auch von Interesse sein, wenn Miningstrukturen oder -Modelle untersucht werden, deren Inhalt nicht mehr genau bekannt ist.

Die Abfragen werden ähnlich wie in SQL mit dem Schlüsselwort SELECT eingeleitet. Mit einem anschließenden FLATTENED kann angegeben werden, dass im Ergebnis enthaltene verschachtelte Tabellen in die äußere Tabelle aufgelöst werden. Dies ermöglicht zum Beispiel, die Daten in Steuerelementen anzuzeigen, die verschachtelte Tabellen nicht darstellen können. Weiterhin können in Abfragen die aus SQL bekannten Konstrukte TOP, WHERE und ORDER angegeben werden. TOP n beschränkt die Anzahl der im Ergebnis enthaltenen Zeilen auf die angegebene Zahl n, mit WHERE wird eine Bedingung angegeben, die das Ergebnis einschränkt, und mit ORDER können eine oder mehrere Spalten angegeben werden, nach denen das Ergebnis sortiert werden soll. Insgesamt sieht eine vollständige Abfrage zum Beispiel wie in Listing 27.13 aus:

```
SELECT FLATTENED TOP 100
   NODE_CAPTION,NODE_NAME,NODE_DESCRIPTION,NODE_PROBABILITY, NODE_DISTRIBUTION
FROM [TM Decision Tree].Content
WHERE NODE_PROBABILITY>0.15
ORDER BY NODE_PROBABILITY desc
```

Listing 27.13 Beispiel einer Abfrage

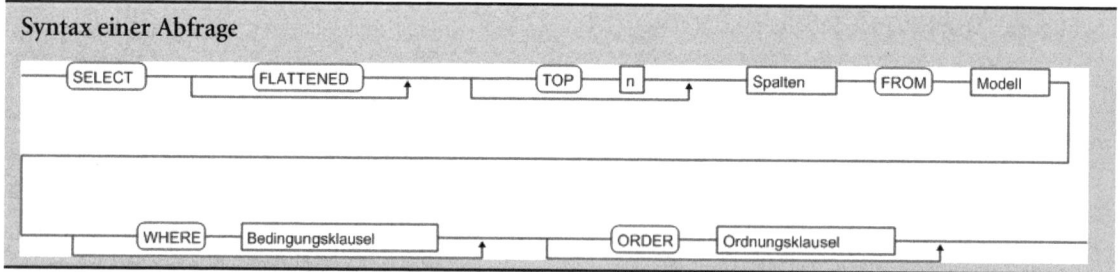

Auf vorhersagbare Spalten bezogene Abfragen

Um Informationen über die vorhersagbaren Spalten eines Modells abzurufen, wird für das Modell eine SELECT-Abfrage ohne weitere Zusätze definiert. Dies führt zu einer Vorhersageabfrage ohne Verknüpfung zu externen Daten. Im Beispiel Listing 27.14 wird das bekannte Miningmodell TM Naive Bayes abgefragt. Zur genaueren Untersuchung der vorhersagbaren Spalte kommt die Funktion PredictHistogram zum Einsatz. Diese Funktion liefert zu einer vorhersagbaren Spalte eine Reihe von statistischen Daten in tabellarischer Form. Wir haben im Beispiel die Tabelle nicht durch die FLATTENED-Anweisung aufgelöst, deshalb erscheint in Abbildung 27.2 als Ergebnis eine verschachtelte Darstellung.

```
SELECT PredictHistogram([Bike Buyer])as [Statistische Werte zu den Trainingsdaten]
   FROM [TM Naive Bayes]
```

Listing 27.14 Ermittlung von statistischen Daten zu einem Miningmodell

Strukturen und Modelle untersuchen

Statistische Werte zu den Trainingsdaten					
Bike Buyer	$SUPPORT	$PROBABILITY	$ADJUSTEDPROBABILITY	$VARIANCE	$STDEV
0	9352	0,505951092837048	0,0093068964478939	0	0
1	9132	0,494048907162952	0,0104004387340607	0	0
	0	0	0	0	0

Abbildung 27.2   Ausgabe von statistischen Werten zur Vorhersagespalte

Wird eine Abfrage lediglich für eine vorhersagbare Spalte ausgeführt, so wird der wahrscheinlichste Wert der Spalte zurückgegeben. Wie Abbildung 27.2 zu entnehmen ist, liegt die Wahrscheinlichkeit dafür, dass *Bike Buyer* gleich Null ist, über 50 %. Deshalb liefert folgende Abfrage den Wert Null.

```
SELECT [Bike Buyer]
   FROM [TM Naive Bayes]
```

Listing 27.15   Eine einfache, auf eine vorhersagbare Spalte bezogene Abfrage

Auf nicht vorhersagbare Spalten bezogene Abfragen

Der Inhalt einer nicht vorhersagbaren Spalte eines Modells kann mit der SELECT DISTINCT-Abfrage untersucht werden. Ist diese Spalte als diskret definiert, so werden alle Werte der Spalte zurückgegeben. Ist die Spalte hingegen als kontinuierlich definiert, wird der Mittelwert der Spalte zurückgegeben.

Im Listing 27.16 und der dazugehörigen Abbildung 27.3 wird die als diskret definierte Spalte Education des Miningmodells TM Decision Tree untersucht.

```
SELECT DISTINCT [Education]
FROM [TM Decision Tree]
```

Listing 27.16   Eine auf eine diskrete Spalte bezogene Abfrage

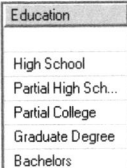

Abbildung 27.3   Ergebnis der auf eine diskrete Spalte bezogenen Abfrage

Im Beispiel Listing 27.17 und der dazugehörigen Abbildung 27.4 wird die als kontinuierlich definierte Spalte Yearly Income des Miningmodells TM Decision Tree untersucht. Für eine kontinuierliche Spalte können die Funktionen RangeMin und RangeMax verwendet werden, um das Minimum beziehungsweise das Maximum der in der Spalte verwendeten Werte zu erhalten. Diese Funktionen können auch in PREDICTION JOIN-Abfragen für vorhersagbare Spalten verwendet werden. In diesem Anwendungsfall kann die RangeMid-Funktion verwendet werden, um den Mittelwert der angegebenen Spalte zu liefern.

```
SELECT Distinct
   RangeMin([Yearly Income]) as Minimum,[Yearly Income] as Mittelwert,RangeMax([Yearly Income]) as Maximum
FROM [TM Decision Tree]
```

Listing 27.17   Abfrage auf eine kontinuierliche Spalte

Minimum	Mittelwert	Maximum
10000	90000	170000

Abbildung 27.4 Ergebnis der auf eine kontinuierliche Spalte bezogenen Abfrage

Auf den Inhalt eines Modells bezogene Abfragen

Der Inhalt eines Miningmodells lässt sich durch eine Abfrage der CONTENT-Eigenschaft des Modells abfragen. Auf eine Eigenschaften des Modells wird über die übliche Punkt-Schreibweise zugegriffen, der Inhalt (CONTENT) ist also über [Mining-Modell].CONTENT abrufbar. Als Spalten für den Inhalt eines Modells können die im SchemaRowset aufgeführten Schlüsselwörter benutzt werden. Die gebräuchlichsten sind:

- NODE_CAPTION   die Beschriftung des Knotens
- NODE_NAME   der Name des Knotens
- NODE_DESCRIPTION   die Beschreibung des Knotens
- NODE_PROBABILITY   die dem Knoten zugeordnete Wahrscheinlichkeit
- NODE_DISTRIBUTION   eine Tabelle mit Statistiken, die die im Knoten enthaltenen Werte beschreiben

In der Beispielabfrage Listing 27.18 werden diese Spalten verwendet, um Informationen des Miningmodells TM Decision Tree zu erhalten. Dabei wird die Menge der zurückgegebenen Zeilen durch eine WHERE-Klausel auf NODE_PROBABILITY eingeschränkt.

```
SELECT
   NODE_CAPTION,NODE_NAME,NODE_DESCRIPTION,NODE_PROBABILITY
FROM [TM Decision Tree].Content
WHERE NODE_PROBABILITY>0.15
ORDER BY NODE_PROBABILITY desc
```

Listing 27.18 Abfrage zur Anzeige der im Modell enthaltenen Knoten

NODE_CAPTION	NODE_NAME	NODE_DESCRIPTION	NODE_PROBABILITY
Alle	000000001	Alle	1
Number Cars Owned = 2	00000000104	Number Cars Owned = 2	0,349329149534733
Number Cars Owned = 1	00000000102	Number Cars Owned = 1	0,26417442112097
Number Cars Owned = 0	00000000100	Number Cars Owned = 0	0,229279376758277
Yearly Income >= 58000 und < 106000	0000000010402	Number Cars Owned = 2 und Yearly Income >= 58000 und < 106000	0,159218783813027

Abbildung 27.5 Ergebnis der Abfrage zum Inhalt des Modells

Abfragen Trainings- und Testdaten

Auf die Trainings- und Testdaten, die in einer Miningstruktur enthalten sind, kann mit einer Abfrage, die sich auf die CASES-Eigenschaft der Struktur bezieht, zugegriffen werden. Die Berechtigung hierzu haben lediglich Benutzer mit Administrationsrechten. Um feststellen zu können, ob ein Datum zu den Trainings- oder den Testdaten gehört, gibt es die Funktionen IsTestCase und IsTrainingCase. Folgende Abfrage liefert alle Daten aus der Miningstruktur Mailing_2:

```
select
    *
    ,IsTestCase() AS Testdaten
    ,IsTrainingCase() as Trainingsdaten
from Mailing_2.cases
```

Listing 27.19 Abfragen der Fälle, die in einer Miningstruktur enthalten sind

Strukturen und Modelle untersuchen

Ist das Miningmodell mit der Anweisung WITH DRILLTHROUGH erstellt worden, kann auch auf die Fälle des Modells mit der Modell-Eigenschaft CASES zugegriffen werden. Dieser Zugriff ist nicht an weitere Berechtigungen geknüpft. Mit einer solchen Abfrage können alle Spalten, die zum Trainieren des Modells verwendet wurden, abgefragt werden. Zusätzlich können Spalten aus der Struktur mithilfe der Funktion StructureColumn abgefragt werden. Im folgenden Beispiel fragen wir alle Fälle des Miningmodells MAILING_2_Decision_Trees ab. Mit der Spalte Region, die aus der zugehörigen Struktur Mining_2 stammt, prüfen wir, ob der Filter, den wir zum Anlegen des Miningmodells verwendet haben, den gewünschten Effekt erzielt.

```
SELECT
    IsTestCase()
    ,[CustomerKey]
    ,[Bike Buyer],[Age]
    ,[Number Children At Home]
    ,[Number Cars Owned]
    ,StructureColumn('Region') as Region
FROM [MAILING_2_Decision_Trees].Cases
```

Listing 27.20 Aus einer Abfrage eines Miningmodells heraus auf die Spalten einer Miningstruktur zugreifen

Im Beispiel Listing 27.21 und der dazugehörigen Abbildung 27.6 werden die Daten für das Miningmodell TM Decision Tree abgefragt, die im Knoten 0000000010402 des Modells enthalten sind. Die Beschränkung auf diesen Knoten wird durch die Funktion IsInNode erreicht. Diese Funktion liefert einen Wahrheitswert, der aussagt, ob ein Datensatz in dem als Parameter angegebenen Knoten enthalten ist oder nicht.

```
SELECT
    [Customer Key],[Bike Buyer],[Age],[Number Children At Home],[Number Cars Owned]
FROM [TM Decision Tree].Cases
Where IsInNode('0000000010402')
```

Listing 27.21 Abfrage auf die Trainingsdaten

Customer Key	Bike Buyer	Age	Number Children...	Number Cars Ow...
11007	1	44	3	2
11012	0	44	0	2
11024	0	32	0	2
11036	1	32	0	2
11041	1	32	0	2
11042	1	32	0	2
11043	0	32	0	2
11053	1	32	0	2
11057	1	56	0	2
11058	1	56	0	2

Abbildung 27.6 Darstellung der Fälle des Miningmodells

Stored Procedures zur Kontrolle des Trainings

Um die Güte eines Miningmodells zu bestimmen, bietet zum Beispiel das Business Intelligence Development Studio einige Hilfsmittel wie Prognosegütediagramm und Kreuzvalidierungen. Mithilfe von Stored Procedures können Sie solche Daten auch direkt abfragen, um sie in eigenen Anwendungen verwenden zu können. Für die meisten der Stored Procedures muss als Parameter angegeben werden, welche Fälle verwendet werden sollen. Dieser Parameter sollte als Bitmaske aus den Informationen »Trainingsfälle verwenden«, »Testfälle verwenden« und »Modellfilter anwenden« angegeben werden. Sie haben allerdings auch die Möglichkeit, die folgenden in Tabelle 27.1 aufgeführten Zahlenwerte zu nutzen:

Kodierung	Zu verwendende Fälle
1	Nur Trainingsfälle
2	Nur Testfälle
3	Sowohl Trainingsfälle als auch Testfälle
5	Nur Trainingsfälle unter Anwendung des Modellfilters
6	Nur Testfälle unter Anwendung des Modellfilters
7	Sowohl Trainingsfälle als auch Testfälle unter Anwendung des Modellfilters

Tabelle 27.1 Kodierung der zu verwendenden Fälle

Inhaltliche Erläuterungen zu den Ergebnissen der Stored Procedures entnehmen Sie bitte Kapitel 10, in dem die einzelnen Diagramme ausführlich beschrieben werden.

Stored Procedures zum Prognosegütediagramm

Mit der Stored Procedure SystemGetLiftTable können Sie die Daten abfragen, die ein Prognosegütediagramm liefert. Die Parameter für die Stored Procedure sind der Name des Miningmodells, die Bitmaske für die zu verwendenden Fälle, vorauszusagendes Attribut und vorauszusagender Wert des Attributs. Im Beispiel Listing 27.22 wird für die Testfälle des Miningmodells MAILING_2_NAIVE_BAYES das Attribut Bike Buyer mit dem Zielwert Eins untersucht. In der zugehörigen Abbildung (Abbildung 27.7) werden die ersten zehn Datensätze des Ergebnisses wiedergegeben.

```
CALL SystemGetLiftTable ( [MAILING_2_NAIVE_BAYES], 2, 'Bike Buyer',1)
```

Listing 27.22 Daten zur Prognosegüte ermitteln

ModelName	AttributeName	AttributeValue	Percentile	Value	Probability	TotalCases	TotalAttributeVal...
MAILING_2_NA...	Bike Buyer	1	1	1,68067226890...	0,92964574065...	2000	952
MAILING_2_NA...	Bike Buyer	1	2	3,36134453781...	0,91720291934...	2000	952
MAILING_2_NA...	Bike Buyer	1	3	5,25210084033...	0,91022902666...	2000	952
MAILING_2_NA...	Bike Buyer	1	4	7,14285714285...	0,89820173685...	2000	952
MAILING_2_NA...	Bike Buyer	1	5	8,92857142857...	0,87664114573...	2000	952
MAILING_2_NA...	Bike Buyer	1	6	10,8193277310...	0,86301221892...	2000	952
MAILING_2_NA...	Bike Buyer	1	7	11,9747899159...	0,84997777791...	2000	952
MAILING_2_NA...	Bike Buyer	1	8	13,4453781512...	0,83641538943...	2000	952
MAILING_2_NA...	Bike Buyer	1	9	14,4957983193...	0,83262428727...	2000	952

Abbildung 27.7 Ausschnitt aus den Daten zur Prognosegüte

Stored Procedures zur Klassifikationsmatrix

Die Daten, die einer Klassifikationsmatrix entsprechen, werden mit der Stored Procedure SystemGetClassificationMatrix abgerufen. Als Parameter werden der Name des Miningmodells, die zu verwendenden Fälle als Bitmaske und das zu untersuchende Attribut als String übergeben.

```
CALL SystemGetClassificationMatrix( [MAILING_2_NAIVE_BAYES], 1, 'Bike Buyer')
```

Listing 27.23 Aufruf der Stored Procedure *SystemGetClassificationMatrix*

Vorhersageabfragen

ModelName	AttributeName	ActualValue	PredictedValue	Count
MAILING_2_NA...	Bike Buyer	1	1	4957
MAILING_2_NA...	Bike Buyer	0	1	2805
MAILING_2_NA...	Bike Buyer	1	0	3223
MAILING_2_NA...	Bike Buyer	0	0	5499

Abbildung 27.8 Daten der Klassifikationsmatrix

Stored Procedure für die Kreuzvalidierung

Um eine Kreuzvalidierung auszuführen, kann die Stored Procedure SystemGetCrossValidationResults verwendet werden. Diese Storde Procedure liefert die im Kreuzvalidierungsdiagramm dargestellten Daten. Als Parameter werden übergeben: der Name der Miningstruktur, ein oder mehrere zur Struktur gehörende Modelle, die Anzahl der zu bildenden Partitionen, die Anzahl der zu verwendenden Fälle, der Name des Attributs und der vorauszusagende Wert des Attributs. Als Beispiel wird eine Kreuzvalidierung für das Miningmodell MAILING_2_Decision_Trees aus der Miningstruktur MAILING_2 verwendet. Es sollen tausend Fälle in 10 Partitionen geteilt werden, um die Vorhersage des Attributs Bike Buyer auf den Wert eins zu testen. In der zugehörigen Abbildung 27.9 werden die Ergebnisse für die erste Partition wiedergegeben.

```
CALL SystemGetCrossValidationResults(
   MAILING_2// Structur Name
   ,[MAILING_2_Decision_Trees] // zu untersuchende Modelle
   ,10 // Anzahl Partitionen
   ,1000 //Amzahl zu verwendende Fälle
   ,'Bike Buyer' // Vorherzusagendes Attribut
   ,1 //Wert des Attributs für den getestet werden soll
)
```
Listing 27.24 Stored Procedure zum Ausführen einer Kreuzvalidierung

ModelName	AttributeName	AttributeState	PartitionIndex	PartitionSize	Test	Measure	Value
MAILING_2_Decision...	Bike Buyer	1	1	99	Classification	True Positive	35
MAILING_2_Decision...	Bike Buyer	1	1	99	Classification	False Positive	15
MAILING_2_Decision...	Bike Buyer	1	1	99	Classification	True Negative	31
MAILING_2_Decision...	Bike Buyer	1	1	99	Classification	False Negative	18
MAILING_2_Decision...	Bike Buyer	1	1	99	Likelihood	Log Score	-0,5883801876...
MAILING_2_Decision...	Bike Buyer	1	1	99	Likelihood	Lift	0,10471597687...
MAILING_2_Decision...	Bike Buyer	1	1	99	Likelihood	Root Mean Squ...	0,35189513726...
MAILING_2_Decision...	Bike Buyer	1	2	100	Classification	True Positive	38
MAILING_2_Decision...	Bike Buyer	1	2	100	Classification	False Positive	13

Abbildung 27.9 Ergebnis aus der Kreuzvalidierung

Vorhersageabfragen

DMX-Abfragen dienen meist dazu, Vorhersageabfragen zu formulieren. Auf externe Daten bezogene Vorhersageabfragen sind das Thema dieses Abschnitts. Abfragen, die nur einen externen Datensatz auf eine Wahrscheinlichkeit hin untersuchen, werden *Singleton-Abfragen* genannt. Abfragen, die mehrere externe Datensätze auf Wahrscheinlichkeiten hin untersuchen, heißen *Batch-Abfragen*.

Einführendes Beispiel mit einer Singleton-Abfrage

Als einführendes Beispiel soll vorhergesagt werden, mit welcher Wahrscheinlichkeit eine einzelne Person, zu der unterschiedliche Daten vorliegen, die wiederum den Eingabespalten des Miningmodells entsprechen (wie Anzahl der Kinder, Geschlecht etc.), ein Käufer ist. Es wird also, da es sich um die Abfrage eines Einzelfalls handelt, die Singleton-Abfrage verwendet.

Eine DMX-Abfrage, die eine Vorhersage für einen solchen Einzelfall erstellt, finden Sie in Listing 27.25. In dieser Abfrage werden die Eingabespalten des Miningmodells TM Naive Bayes über NATURAL PREDICTION JOIN mit den gleichlautenden Spalten des Einzeldatensatzes verknüpft. Damit der Einzelfall in Spalten vorliegt, wird er durch einen SELECT-Ausdruck gebildet. In diesem Ausdruck werden die Daten des Einzelfalls durch das AS-Schlüsselwort in Spalten organisiert.

Insgesamt wird für die so erzeugte einzeilige Tabelle wiederum durch AS ein Name vergeben. Der Name für die Tabelle lautet in diesem Fall Datensatz. Mit diesem Tabellennamen kann auf eine Spalte des Einzelfalls zugegriffen werden. So wird im DMX-SELECT-Ausdruck über Datensatz.[Kunde] auf die Kunde-Spalte zugegriffen. Auf die Vorhersagespalte [Bike Buyer] des Modells wird über den Namen des Modells zugegriffen. Die Funktion *PredictProbability* bestimmt die Wahrscheinlichkeit dafür, dass für den Einzellfall die Vorhersagespalte gleich 1 wird.

```
SELECT
  (PredictProbability([TM Naive Bayes].[Bike Buyer],1)) as [Wahrscheinlichkeit],
  Datensatz.[Kunde]
From
  [TM Naive Bayes]
NATURAL PREDICTION JOIN
  (SELECT
     'Karl Kirsch' AS [Kunde],
     'M' AS [Gender],
     'S' AS [Marital Status],
     0 AS[Total Children],
     0 AS[Number Children At Home],
     'Bachelors' AS[Education],
     'Professional' AS [Occupation],
     0 AS[House Owner Flag],
     1 AS [Number Cars Owned]
  ) AS Datensatz
```

Listing 27.25 Erste Vorhersageabfrage

Um diese Abfrage aus dem DMX-Editorfenster des Management Studios heraus auszuführen, gehen Sie wie folgt vor:

1. Öffnen Sie im Management Studio ein DMX-Editorfenster durch Klicken auf DMX in der Standard-Symbolleiste. Sollte diese Symbolleiste nicht eingeblendet sein, kann sie über den Menübefehl Ansicht/Symbolleisten/Standard aktiviert werden.
2. Für das neue DMX-Editorfenster müssen Sie angeben, auf welchem Server Sie die Abfrage laufen lassen wollen. In unserem Beispiel ist dies der Server BISS2008.
3. In der neu erschienen Symbolleiste *SQL Server Analysis Services-Editoren* wählen Sie die Datenbank aus, die abgefragt werden soll. Für unser Beispiel ist dies *Adventure Works DW 2008 SE*. Aus der genannten Symbolleiste heraus ist es auch möglich, die Abfrage auszuführen oder die Verbindung zum Server zu bearbeiten. Alternativ können Sie die Abfrage auch über F5 ausführen.
4. Im Seitenteil des Editorfensters (Abbildung 27.10) wählen Sie das Miningmodell, an dem gearbeitet werden soll. In diesem Beispiel ist es das Modell *TM Naive Bayes*. Im Seitenfenster finden Sie daraufhin die Spalten des Modells. Sie können beim Arbeiten mit dem Editorfenster Elemente aus dem Seitenfenster in das Editorfenster ziehen, um sich Tippparbeit zu ersparen und eine richtige Schreibweise zu garantieren.

Auf der zweiten Registerkarte des Seitenfensters sind für jeden Algorithmus die verfügbaren DMX-Funktionen aufgelistet.

Abbildung 27.10 Seitenfenster des Editors

5. In das Editorfenster kann nun eine neue Abfrage geschrieben und an das TM Naive Bayes-Modell gestellt werden. Tragen Sie die Abfrage aus Listing 27.25 in das Editorfenster ein und starten Sie dann die Abfrage mit F5 . Das Ergebnis sollte dem der Abbildung 27.11 gleichen.

Abbildung 27.11 Ergebnis des Einführungsbeispiels

Vorhersagen mit externen Daten

DMX-Abfragen, die auf Tabellendatensätze oder Einzeldatensätzen bezogene Wahrscheinlichkeitsaussagen machen sollen, entsprechen in ihrer Grundstruktur dem von SQL bekannten Muster SELECT...FROM...WHERE... ORDER BY.... Lediglich im FROM-Teil unterscheiden sich die Abfragen wesentlich von SQL-Abfragen: In diesem Teil wird die Verknüpfung zwischen den Spalten des Modells und den Spalten der Eingabedaten vollzogen. Hier wird ein PREDICTION JOIN verwendet, der die Beziehungen zwischen den Spalten des Miningmodells und den Spalten der Eingabetabelle in einer ON-Klausel definiert. Eine Abfrage, die eine solche ON-Klausel enthält, wird PREDICTION JOIN-Abfrage genannt. Eine komplette PREDICTION JOIN-Abfrage finden Sie in Listing 27.27. Im SELECT-Teil können Sie zum einen Spalten aus der Eingabetabelle und zum anderen vorhersagbare Spalten aus dem Miningmodell verwenden.

Im weiteren Verlauf dieses Abschnittes erläutern wir die Teile der Abfragen, die über gewöhnliches SQL hinausgehen.

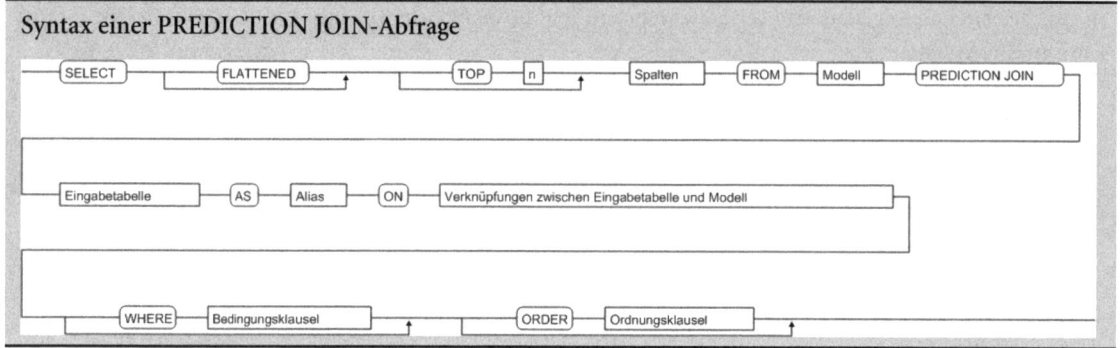

Abfragen mit NATURAL PREDICTION JOIN

Eine Abfrage, in der die Namen der Spalten des Modells und die Namen der Spalten der Eingabetabelle identisch sind, kann NATURAL PREDICTION JOIN verwenden. In diesem Fall werden die Spalten von Modell und Eingabetabelle automatisch verknüpft, es wird also auf die Angabe der Verknüpfung verzichtet. Dieses Vorgehen haben Sie in der als Eingangsbeispiel dienenden Singleton-Abfrage kennengelernt. Ein Beispiel für eine Batch-Abfrage mit NATURAL PREDICTION JOIN finden Sie in Listing 27.31.

Strukturen von Eingabedaten

Um einen Einzeldatensatz anzugeben, wird er in eine SELECT-Anweisung gekapselt, die keinen FROM-Teil enthält. In diesem SELECT wird jeweils ein Wert einem Spaltennamen zugeordnet. Spalten, die zur Ermittlung einer Wahrscheinlichkeit benötigt werden, werden mit einem Namen versehen, der dem Namen der zuzuordnenden Spalte im Miningmodell entspricht. Da die Spaltennamen von Miningmodell und Datensatz identisch sind, kann für die Abfrage NATURAL PREDICTION JOIN verwendet werden.

Soll das Modell hinsichtlich mehrerer Datensätze abgefragt werden, können mehrere SELECT-Ausdrücke mit einem UNION-Operator verbunden werden. Ist das Modell aus verschachtelten Tabellen aufgebaut, können Sie zur syntaktisch korrekten Angabe entsprechender Spalten SELECT-Ausdrücke ineinander verschachteln. Beispiele hierzu finden Sie gegen Ende des Kapitels unter »Abfragen mit verschachtelten Tabellen«.

Eingabedaten in tabellarischer Form werden über eine OPENQUERY-Abfrage, eine OPENROWSET-Abfrage oder eine SHAPE-Anweisung angegeben. Diese Möglichkeiten haben wir bereits früher in diesem Kapitel im Abschnitt »Möglichkeiten zur Angabe von Daten in tabellarischer Form« beschrieben. Wenn die Spalten der Eingabedaten mit denen des Miningmodells übereinstimmen, kann NATURAL PREDICTION JOIN die Verknüpfung zwischen Miningmodell und Eingabedaten erzeugen. Andernfalls muss diese durch einen PREDICTION JOIN erzeugt werden.

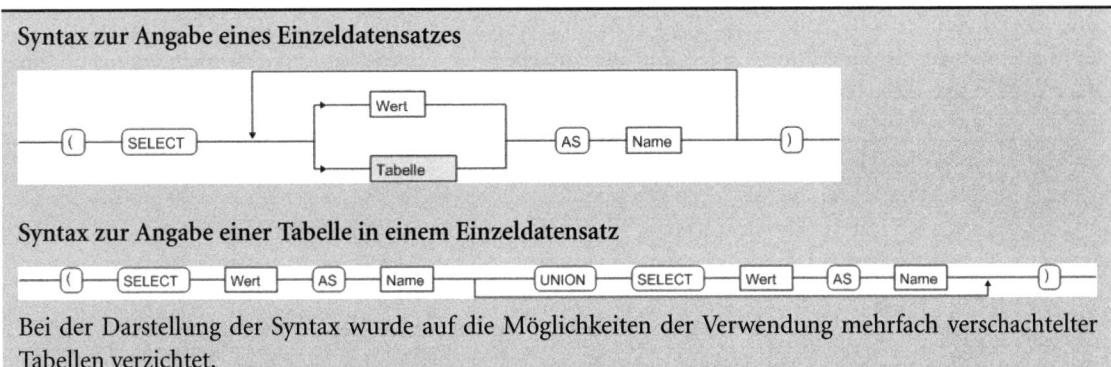

Beziehungen zwischen Modell und Tabelle mit PREDICTION JOIN festlegen

Wenn nicht NATURAL PREDICTION JOIN, sondern PREDICTION JOIN verwendet wird, müssen nach Angabe der Eingabetabelle die Verknüpfungen zwischen Modell und Eingabetabelle in einer ON-Klausel angegeben werden. Die Syntax der Verknüpfungen entspricht der von SQL-JOIN-Ausdrücken. Eine Verknüpfung hat also beispielsweise folgende Form:

```
ON
  [TM Naive Bayes].[Marital Status] = Datensatz.[MaritalStatus] AND
  [TM Naive Bayes].[Gender] = Datensatz.[Gender]
```

Verknüpfungen mehrerer Spalten werden mit einem AND verbunden. Die einführende Singleton-Abfrage kann mit PREDICTION JOIN folgendermaßen formuliert werden:

```
SELECT
  (PredictProbability([TM Naive Bayes].[Bike Buyer],1)) as [Wahrscheinlichkeit],
  Datensatz.[Kunde]
From
  [TM Naive Bayes]
PREDICTION JOIN
  (SELECT
    'Karl Kirsch' AS [Kunde],
    'M' AS [Gender],
    'S' AS [Marital Status],
    0 AS[Total Children],
    0 AS[Number Children At Home],
    'Bachelors' AS[Education],
    'Professional' AS [Occupation],
    0 AS[House Owner Flag],
    1 AS [Number Cars Owned]
  ) as Datensatz
  on
    [TM Naive Bayes].[Gender]=Datensatz.[Gender] and
    [TM Naive Bayes].[Marital Status]=Datensatz.[Marital Status] and
    [TM Naive Bayes].[Total Children]=Datensatz.[Total Children] and
    [TM Naive Bayes].[Number Children At Home]=Datensatz.[Number Children At Home] and
    [TM Naive Bayes].[Education]=Datensatz.[Education] and
    [TM Naive Bayes].[House Owner Flag]=Datensatz.[House Owner Flag] and
    [TM Naive Bayes].[Number Cars Owned]=Datensatz.[Number Cars Owned]
```

Listing 27.26 Singleton Abfrage mit PREDICTION JOIN

Abweichend von der SQL-Syntax kann für das Miningmodell kein Alias vergeben werden. Dass im Beispiel die Spaltennamen für das Miningmodell und die Eingabedaten übereinstimmen, ist nicht zwingend, vielmehr werden sich diese bei einem PREDICTION JOIN meist unterscheiden.

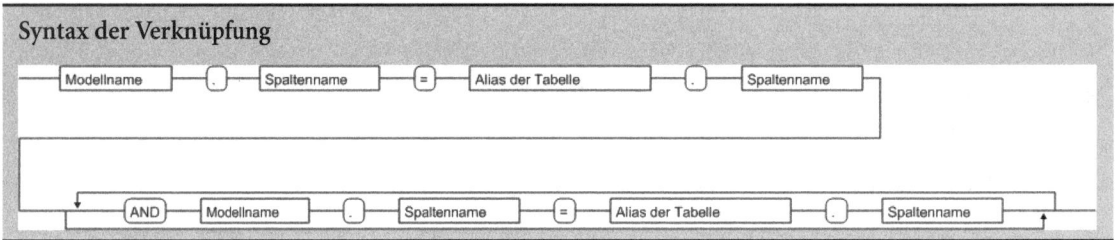

Beispielabfrage und Verwendung des Abfrage-Generators

Aus dem Management Studio heraus haben Sie verschiedene Möglichkeiten, mit Data Mining zu arbeiten. Zum Beispiel können Sie über den Objekt-Explorer auf Miningstrukturen und die darin enthaltenen Modelle zugreifen. Im Kontextmenü des jeweiligen Objektes (Abbildung 27.12) haben Sie die Möglichkeit, folgende – Ihnen aus Kapitel 10 bekannten – Business Intelligence-Tools aufzurufen:

- Über den Eintrag *Durchsuchen* des Kontextmenüs können Sie den zum Algorithmus gehörigen Miningmodell-Viewer für das gewählte Miningmodell öffnen
- Über den Eintrag *Prognosegütediagramm anzeigen* des Kontextmenüs können Sie das zum gewählten Modell gehörende Prognosegütediagramm öffnen, um abzuschätzen wie sicher eine Vorhersage mit dem Modell ist
- Über den Eintrag *Vorhersageabfrage erstellen* des Kontextmenüs können Sie den Vorhersageabfrage-Generator für das gewählte Modell öffnen

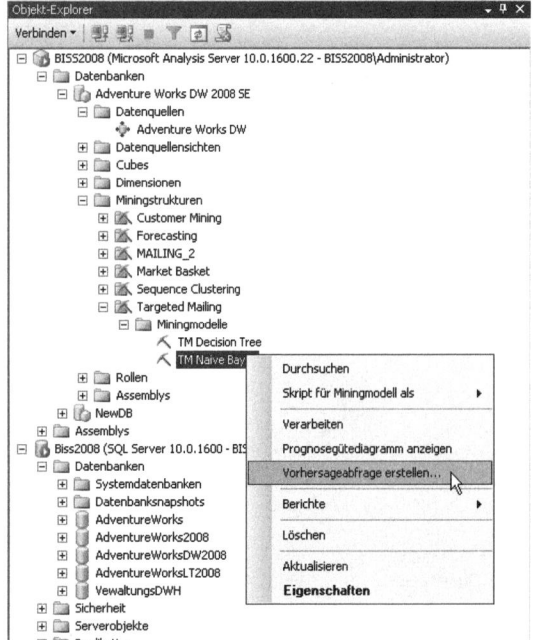

Abbildung 27.12 Möglichkeiten des Data Minings

In diesem Kapitel werden wir lediglich auf den Vorhersageabfrage-Generator eingehen. Dieser bietet die Möglichkeit, schnell Batch-Vorhersageabfragen ohne Tipparbeit in korrekter Syntax zu erstellen und zu testen. Er ist allerdings in seiner Anwendung etwas gewöhnungsbedürftig und hat in seiner Entwurfsansicht einige Mängel:

- Er bietet nicht die Möglichkeit, das Ergebnis als flache Tabelle zurückzugeben, sondern erzeugt – wenn die Datenlage es erzwingt – geschachtelte Tabellen. DMX hat in seinem Sprachumfang die Möglichkeit, mit der FLATTENED-Anweisung solche geschachtelten Tabellen in flache Tabellen umzuwandeln.
- Es ist nicht möglich, das Ergebnis zu sortieren
- Es ist nicht möglich, die Eingabedaten mit SQL-Anweisungen zu bearbeiten und es kann nur eine Falltabelle ausgewählt werden
- OPENROWSET kann nicht verwendet werden

Anpassungen an die in der Entwurfsansicht erstellten Abfragen, zum Beispiel die Ergänzung der Abfrage um eine ORDER-Klausel, sind zwar in der SQL-Ansicht des Vorhersageabfrage-Generators möglich, allerdings kann dann nicht mehr zurück in die Entwurfsansicht gewechselt werden. Bei unseren Tests hat es sich oft als zweckmäßig erwiesen, mit der Erstellung einer Abfrage im Vorhersageabfrage-Generator zu beginnen und daraufhin den DMX-Ausdruck zur weiteren Bearbeitung in ein DMX-Editorfenster zu kopieren. Im Editor ist es dann möglich, beliebige Erweiterungen an der Abfrage vorzunehmen und gegebenenfalls erneut auf den DMX-Ausdruck aus dem Vorhersageabfrage-Generator zurückzugreifen.

Im Folgenden werden wir Ihnen zunächst den Vorhersageabfrage-Generator kurz vorstellen und in ihm eine Abfrage erstellen. Anschließend werden wir im DMX-Editorfenster diese Abfrage weiterbearbeiten. Die Abfrage soll aus der Tabelle *ProspectiveBuyer* die fünf wahrscheinlichsten Käuferinnen für ein Fahrrad in Seattle ermitteln:

1. Öffnen Sie das Management Studio über *Start/Alle Programme/Microsoft SQL Server 2008/SQL Server Management Studio*.
2. Verbinden Sie das Management Studio mit Ihrem Analysis Services-Server. Diese Verbindung bestimmt, welcher Server im Objekt-Explorer des Management Studios angezeigt wird.
3. Starten Sie aus dem Kontextmenü des Modells (wie in Abbildung 27.12 gezeigt) den Vorhersageabfrage-Generator. Fügen Sie der Abfrage eine Falltabelle hinzu, indem Sie die entsprechende Schaltfläche betätigen.
4. Wählen Sie im Dialogfeld *Tabelle auswählen* als Datenquelle *Adventure Works DW* (achten Sie auf das Datenquellensymbol). Wählen Sie nicht die Datenquellensicht *Adventure Works DW* – leider haben sowohl Datenquelle als auch Datensicht dieselbe Bezeichnung. Sie haben so Zugriff auf alle Tabellen in *Adventure Works DW 2008 SE*. In der Datenquellensicht hingegen ist zum Beispiel die *ProspectiveBuyer*-Tabelle nicht enthalten. Wählen Sie diese Tabelle als Eingabetabelle aus, wie in Abbildung 27.13 dargestellt.
5. Der Abfragegenerator erstellt automatisch die Beziehungen zwischen den Tabellen. Diese Funktion und der damit erzeugte PREDICTION JOIN...ON-Teil der Abfrage ist die wichtigste Erleichterung, die der Vorhersageabfrage-Generator bietet. Falls der Generator die Beziehungen zwischen der Falltabelle und dem Modell nicht oder falsch erkennt, können Sie an dieser Stelle die Beziehungen ändern, indem Sie bestehende Beziehungen anklicken und mit *Entfernen* löschen, beziehungsweise indem Sie neue Beziehungen durch Ziehen eines Feldes aus dem Modell zur gewünschten Spalte der Tabelle herstellen. Der Generator arbeitet nur mit dem PREDICTION JOIN...ON-Konstrukt, das NATURAL PREDICTION JOIN-Konstrukt unterstützt er nicht. Für dieses Beispiel brauchen Sie die Beziehungen nicht zu ändern.

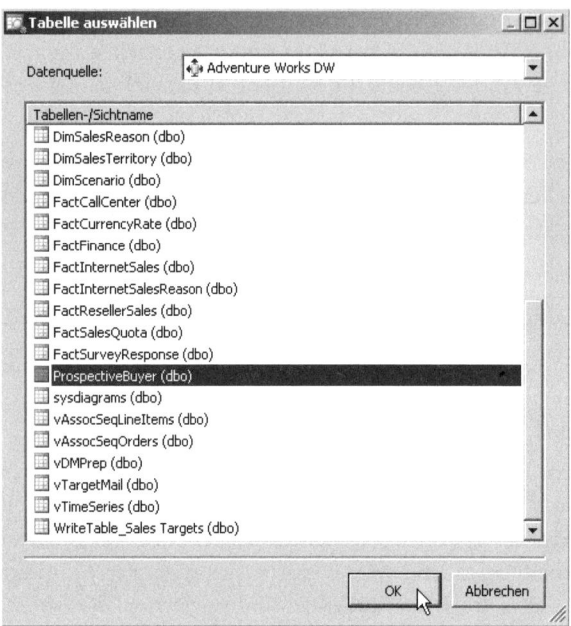

Abbildung 27.13 Falltabelle auswählen

6. Die Ergebnisspalten der Abfrage können Sie erzeugen, indem Sie entweder die Quelle der Spalte angeben und entsprechend das Feld und die weiteren Spalten mit Informationen füllen, oder indem Sie eine Spalte aus dem Modell oder der Eingabetabelle in eine neue Zeile ziehen. Für die Abfrage wählen Sie folgende Ausgabespalten, sodass die Eingaben Abbildung 27.14 entsprechen:

- Als Erstes soll die vom Modell vorhergesagte Wahrscheinlichkeit angezeigt werden. Wählen Sie hierzu als Quelle den Eintrag *Vorhersagefunktion*, als Feld die Funktion *PredictProbability*, als Alias die Bezeichnung *Wahrscheinlichkeit* und als Argumente für die Funktion die Vorhersagespalte des Modells *[TM Naive Bayes].[Bike Buyer]* und die 1. Hiermit wird die Wahrscheinlichkeit berechnet, ob ein Datensatz *BikeBuyer* wird. Die 1 als zweites Argument bestimmt, dass die Wahrscheinlichkeit für den Status *BikeBuyer* gleich 1 ermittelt wird.

- Als Zweites soll der Vorname des Kunden angezeigt werden. Wählen Sie die Spalte *FirstName* aus der Tabelle *ProspectiveBuyer*.

- Als Drittes soll der Nachname des Kunden angezeigt werden. Wählen Sie die Spalte *LastName* aus der Tabelle *ProspectiveBuyer*.

- Als Viertes soll die E-Mail-Adresse des Kunden angezeigt werden. Wählen Sie die Spalte *EmailAddress* aus der Tabelle *ProspectiveBuyer*.

- Im Folgenden soll die Bedingung erstellt werden, dass nur Frauen aus Seattle im Ergebnis auftauchen. Diese Bedingung entspricht einer WHERE-Klausel in der Abfrage, die entsprechenden Spalten müssen somit nicht sichtbar sein. Teilen Sie dem Abfragegenerator mit, dass es sich um eine Bedingung handelt, indem Sie ein Kriterium angeben. Geben Sie entsprechend der Abbildung für das Feld *City* das Kriterium *='Seattle'* und für das Feld *Gender* das Kriterium *='F'* an.

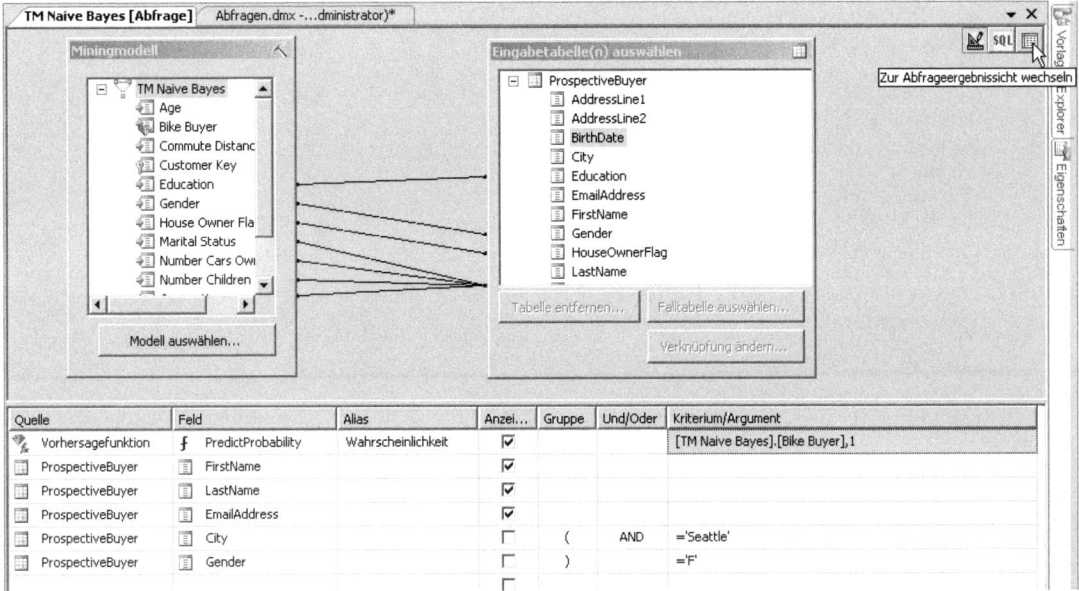

Abbildung 27.14 Die im Abfrage-Generator fertig gestellte Abfrage

7. Um in der Abfrage zwischen den Ansichten *Entwurf*, *Abfrage* und *Ergebnis* umschalten zu können, sind im Abfrage-Generator oben links entsprechende Schaltflächen vorhanden. Wählen Sie als Erstes die Ergebnis-Ansicht, diese sollte nun der Abbildung 27.15 gleichen.

Wahrscheinlichkeit	FirstName	LastName	EmailAddress
0,4208227666...	Abigail	Watson	awatson@thephone-company.com
0,7558840627...	Deborah	Raji	draji@thephone-company.com
0,6962170958...	Dawn	Xu	dxu@thephone-company.com
0,6370089868...	Kari	Rana	krana@thephone-company.com
0,4648511854...	Kayla	Smith	ksmith@thephone-company.com
0,8077032949...	Kristine	Torres	ktorres@thephone-company.com
0,5164567355...	Mackenzie	Mitchell	mmitchell@thephone-company.com
0,5164567355...	Maria	Ramirez	mramirez@thephone-company.com
0,3097578479...	Melissa	Ross	mross@thephone-company.com
0,8150557655...	Marie	Srini	msrini@thephone-company.com
0,3933119817...	Riley	Bell	rbell@thephone-company.com
0,6485744227...	Shannon	Xu	sxu@thephone-company.com
0,5164567355...	Theresa	Gutierrez	tgutierrez@thephone-company.com

Abbildung 27.15 Ergebnis-Ansicht der erstellten Abfrage

8. In der Abfrage-Ansicht finden Sie folgenden DMX-Ausdruck:

```
SELECT
  (PredictProbability([TM Naive Bayes].[Bike Buyer],1)) as [Wahrscheinlichkeit],
  t.[FirstName],
  t.[LastName],
  t.[EmailAddress]
From
  [TM Naive Bayes]
PREDICTION JOIN
```

Listing 27.27 Die Abfrage in der DMX-Ansicht

```
    OPENQUERY([Adventure Works DW],
      'SELECT
        [FirstName],
        [LastName],
        [EmailAddress],
        [City],
        [Gender],
        [MaritalStatus],
        [TotalChildren],
        [NumberChildrenAtHome],
        [Education],
        [Occupation],
        [HouseOwnerFlag],
        [NumberCarsOwned]
      FROM
        [dbo].[ProspectiveBuyer]
      ') AS t
ON
  [TM Naive Bayes].[Marital Status] = t.[MaritalStatus] AND
  [TM Naive Bayes].[Gender] = t.[Gender] AND
  [TM Naive Bayes].[Total Children] = t.[TotalChildren] AND
  [TM Naive Bayes].[Number Children At Home] = t.[NumberChildrenAtHome] AND
  [TM Naive Bayes].[Education] = t.[Education] AND
  [TM Naive Bayes].[Occupation] = t.[Occupation] AND
  [TM Naive Bayes].[House Owner Flag] = t.[HouseOwnerFlag] AND
  [TM Naive Bayes].[Number Cars Owned] = t.[NumberCarsOwned]
WHERE
  (t.[City] ='Seattle' AND
  t.[Gender] ='F')
```

Listing 27.27 Die Abfrage in der DMX-Ansicht *(Fortsetzung)*

Die im Vorhersageabfrage-Generator erstellte DMX-Abfrage soll nun im DMX-Editorfenster weiterbearbeitet werden, um den Anforderungen zu entsprechen:

1. Öffnen Sie ein neues DMX-Editorfenster. Wählen Sie als Datenbank *Adventure Works DW 2008 SE* und als das Miningmodell *TM Naive Bayes*.
2. Im Editorfenster kann nun eine auf das TM Naive Bayes-Modell bezogene neue Abfrage erstellt werden. Zum Fortsetzen des Beispiels kopieren Sie die Abfrage aus dem Vorhersageabfrage-Generator in das DMX-Editorfenster, um diese dort weiter zu bearbeiten.
3. Der Vorhersageabfrage-Generator hat nun die WHERE-Klausel an die DMX-Abfrage angefügt. Da alle Felder, die in der WHERE-Klausel enthalten sind, aus der Eingabetabelle *ProspectiveBuyer* stammen, ist es auch möglich, diese Tabelle direkt entsprechend zu filtern. Dies verringert die durch das Modell zu verarbeitende Datenmenge erheblich. Bei großen zu verarbeitenden Datenmengen kann eine solche Verschiebung der Bedingung einen Performancegewinn bringen. Beachten Sie, dass wir hierzu die Hochkommata doppelt gesetzt haben, um das zweite Hochkomma zu maskieren, und dass auf den Tabellenbezeichner t verzichtet wird.

```
    OPENQUERY([Adventure Works DW],
      'SELECT
        [FirstName],
        [LastName],
        [EmailAddress],
```

Listing 27.28 Verlegung der *WHERE*-Klausel in *OPENQUERY*

```
      [City],
      [Gender],
      [MaritalStatus],
      [TotalChildren],
      [NumberChildrenAtHome],
      [Education],
      [Occupation],
      [HouseOwnerFlag],
      [NumberCarsOwned]
    FROM
      [dbo].[ProspectiveBuyer]
    WHERE
  [City] =''Seattle'' AND
  [Gender] =''F''
') as t
```

Listing 27.28 Verlegung der *WHERE*-Klausel in *OPENQUERY (Fortsetzung)*

4. Den SELECT-Teil der DMX-Abfrage passen wir mit dem TOP 5-Ausdruck so an, dass nur die fünf ersten Datensätze angezeigt werden. Wir setzen außerdem Vor- und Nachname zum Namen zusammen.

```
SELECT TOP 5
  (PredictProbability([TM Naive Bayes].[Bike Buyer],1)) as [Wahrscheinlichkeit],
  t.[LastName] + ', ' + t.[FirstName] as Namen,
  t.[EmailAddress]
From
  [TM Naive Bayes]
```

Listing 27.29 Das angepasste *SELECT*

5. Abschließend wird der DMX-SELECT-Ausdruck um eine ORDER BY-Klausel ergänzt, die die Datensätze nach der Wahrscheinlichkeit absteigend sortiert, um die fünf Datensätze anzuzeigen, die die höchsten Wahrscheinlichkeitswerte haben.

```
ORDER BY
  (PredictProbability([TM Naive Bayes].[Bike Buyer],1)) DESC
```

Listing 27.30 Das angefügte *ORDER BY*

6. Das Ergebnis der Abfrage sollte nun den Anforderungen entsprechen (Abbildung 27.16).

Wahrscheinlichkeit	Name	EmailAddress
0,815055765580289	Srini, Marie	msrini@thephone-company.com
0,807703294998583	Torres, Kristine	ktorres@thephone-company.com
0,755884062797592	Raji, Deborah	draji@thephone-company.com
0,696217095842394	Xu, Dawn	dxu@thephone-company.com
0,648574422762663	Xu, Shannon	sxu@thephone-company.com

Abbildung 27.16 Ergebnis der modifizierten Abfrage

7. Wir haben die Abfrage zu Demonstrationszwecken zu einem NATURAL PREDICTION JOIN umgeformt. Damit NATURAL PREDICTION JOIN funktioniert, müssen Spalten, die in der Tabelle eine andere Bezeichnung als im Modell haben und die verknüpft werden sollen, mit einem Alias versehen werden, das der Bezeichnung im Modell gleicht. Der Ausdruck ist so etwas kürzer, es ist aber nicht mehr offensichtlich, welche Spalten zum Verknüpfen zwischen Modell und Tabelle verwendet werden.

```
SELECT TOP 5
  (PredictProbability([TM Naive Bayes].[Bike Buyer],1)) as [Wahrscheinlichkeit],
  t.[LastName] + ', ' + t.[FirstName] as Namen,
  t.[EmailAddress]
From
  [TM Naive Bayes]
NATURAL PREDICTION JOIN
  OPENQUERY([Adventure Works DW],
    'SELECT
      [FirstName],
      [LastName],
      [EmailAddress],
      [City] ,
      [Gender],
      [MaritalStatus]as [Marital Status],
      [TotalChildren]as [Total Children],
      [NumberChildrenAtHome]as [Number Children At Home],
      [Education],
      [Occupation],
      [HouseOwnerFlag]as [House Owner Flag],
      [NumberCarsOwned]as [Number Cars Owned]
    FROM
      [dbo].[ProspectiveBuyer]
    WHERE
  [City] =''Seattle'' AND
  [Gender] =''F''
    ') AS t
ORDER BY
  (PredictProbability([TM Naive Bayes].[Bike Buyer],1)) DESC
```

Listing 27.31 Die Abfrage mit einem *NATURAL PREDICTION JOIN*

Die Funktion PredictProbability berechnet für einen skalaren Eingabewert (das erste Argument) die Wahrscheinlichkeit dafür, dass dieser Wert einen bestimmten Status repräsentiert. Der gewünschte Status wird der Funktion als zweites Argument übergeben. Sollen alle Status-Werte in die Berechnung mit aufgenommen werden, kann als zweites Argument das Flag INCLUDE_NULL übergeben werden. Wird das zweite Argument nicht angegeben, berechnet der Algorithmus die Wahrscheinlichkeit auf Grundlage des höchsten Status-Wertes.

DMX-Vorlagen des Management Studios

Im Vorlagen-Explorer des Management Studios, den Sie über den Menübefehl *Ansicht/Vorlagen-Explorer* öffnen können, finden Sie etliche Vorlagen für DMX-Ausdrücke. Sie können diese Vorlagen verwenden, um syntaktisch korrekte Anweisungen zu erstellen.

Abfragen mit verschachtelten Tabellen

Eine Vorhersageabfrage für verschachtelte Tabellen muss die Daten von der PREDICTION JOIN-Klausel in der gleichen verschachtelten Form liefern, in der sie im Modell vorliegen. Wir demonstrieren im Folgenden die Anwendung einer Vorhersageabfrage auf das früher in diesem Kapitel im Abschnitt »Strukturen und Modelle vorbereiten« erstellte Modell *BASKET_2_Association*.

Die Abfrage soll auf Basis des Modells eine Vorhersage für einen einzelnen Datensatz treffen, es handelt sich also um eine Singleton-Abfrage. Zu den im Datensatz vorhandenen Elementen *Cycling Cap* und *Water Bottle* sollen die vier Elemente gefunden werden, die am wahrscheinlichsten mit diesen zusammen gekauft werden. Wir verwenden für diese Abfrage NATURAL PREDICTION JOIN, es müssen also die Namen der Eingabespalten als

Alias angegeben werden. Diese Namen sind entweder aus der Definition des Miningmodells bekannt oder können auf der Registerkarte *Metadaten* des Editorfensters eingesehen werden (Abbildung 27.17).

Abbildung 27.17 Metadaten für das *BASKET_2_Decision_Tree*-Modell

In den Metadaten wird auch die Struktur des Modells ersichtlich. Das Miningmodell besteht aus einer Spalte *BESTELLUNG* und einer Tabelle *MODELLE*, die vorhergesagt werden soll. In der Tabelle ist wiederum einen Spalte *MODELL* enthalten, die für die Eingabedaten Verwendung findet. Es müssen also *Cycling Cap* und *Water Bottle* als Daten in die Spalte *MODELL* der *MODELLE*-Tabelle eingetragen werden.

Für eine Singelton-Abfrage werden die Eingabespalten in ein SELECT gekapselt angegeben. Um auf die innere Tabelle zu verweisen, werden ihre Eingabespalten eingeklammert und mit einem Alias versehen, der dem Namen der Tabelle im Miningmodell entspricht. Mehrere Werte für eine Spalte können durch den Einsatz des UNION-Operators eingebracht werden. Für die Spalte BESTELLUNGEN der äußeren Tabelle liegt kein Eingabedatum vor, diese Spalte wird einfach in der Angabe der Eingabedaten weggelassen. Dies ist möglich, da die Verknüpfung der Spalten vom Miningmodell zu den Eingabedaten über gleichlautende Spalten und Tabellen-Namen abgebildet wird.

Das Ergebnis wird durch die Funktion PredictAssociation gebildet, die zu der ihr übergebenen Tabelle die Datensätze zurückgibt, die am wahrscheinlichsten zu den in der übergebenen Tabelle enthaltenen Daten passen. Die Tabelle wird als erstes Argument übergeben, die Anzahl der Datensätze, die zurückgegeben werden sollen, als zweites Argument.

```
SELECT FLATTENED PredictAssociation ([BASKET_2_Association].MODELLE,4) as Korb
 FROM [BASKET_2_Association]
 NATURAL PREDICTION JOIN
 (SELECT
   (
     SELECT 'Cycling Cap' as MODELL
     UNION
     SELECT 'Water Bottle' as MODELL
   )as MODELLE
 ) AS t
```
Listing 27.32 Eine auf eine verschachtelte Tabelle bezogene Singleton-Abfrage

In Abbildung 27.18 ist das Ergebnis der Abfrage aufgeführt:

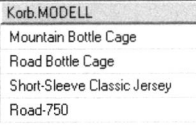

Abbildung 27.18 Die vier am wahrscheinlichsten zu den Eingabedaten passenden Modelle

HINWEIS DMX-Abfragen können verschachtelte Tabellen zurückliefern. Ist der Client, der die Ergebnisse verarbeitet, nicht in der Lage, verschachtelte Strukturen darzustellen (oder ist es in einer Anwendung nicht erwünscht, verschachtelte Strukturen zu verarbeiten), so kann im SELECT-Ausdruck durch das Schlüsselwort FLATTENED angegeben werden, dass eine verschachtelte Tabellenstruktur in eine flache aufgelöst wird.

In der Datenbank *Adventure Works DW 2008 SE* ist standardmäßig das sehr ähnliche Miningmodell *Association* enthalten. Es unterscheidet sich von *BASKET_2_Association* durch die verwendeten Namen. Falls Ihnen das *BASKET_2_Association*-Modell nicht zur Verfügung steht, können Sie folgende Abfrage benutzen, um auf das *Association*-Modell zuzugreifen.

```
SELECT FLATTENED PredictAssociation ([v Assoc Seq Line Items],5)
  FROM [Association]
NATURAL PREDICTION JOIN
(SELECT(
        SELECT 'Water Bottle' AS [Model]
          UNION SELECT 'Cycling Cap' as [Model]
      )as [asv Assoc Seq Line Items]
) AS t
```

Listing 27.33 Abfrage auf das Miningmodell aus *Adventure Works DW 2008 SE*

Der Funktion PredictAssociation können noch bis zu drei weitere optionale Parameter übergeben werden. Diese werden zwischen der Tabelle und der Anzahl der gewünschten Ergebnisdatensätze angeordnet. Der erste Parameter kann die Werte INCLUSIVE, EXCLUSIVE oder INPUT_ONLY annehmen. Er bestimmt, in welcher Form die Eingabedaten mit ins Ergebnis aufgenommen werden. Im Fall von INCLUSIVE kommen die Eingabedaten mit in das Ergebnis, im Fall von EXCLUSIVE (dem Standardwert) sind die Eingabedaten nicht im Ergebnis enthalten und als INPUT_ONLY gelangen nur die Eingabedaten ins Ergebnis.

Über den dritten Parameter lässt sich mit dem Flag INCLUDE_STATISTICS angeben, ob statistische Daten zum Ergebnis mitgeliefert werden sollen. In der Abfrage kann auf die statistischen Daten über den Ausdruck $Name zugegriffen werden, auf die Statistik-Spalte PROPABILITY also beispielsweise über den Ausdruck $PROPABILITY. Der vierte Parameter INCLUDE_NODE_ID ist ebenfalls ein Flag, das angibt, ob die ID, zu der der Knoten gehört, mit ausgegeben werden soll.

```
SELECT FLATTENED
PredictAssociation([BASKET_2_Association].MODELLE,INCLUSIVE,INCLUDE_STATISTICS,INCLUDE_NODE_ID,6) as Korb
  FROM [BASKET_2_Association]
NATURAL PREDICTION JOIN
(SELECT
    (
       SELECT 'Cycling Cap' as MODELL
         UNION SELECT 'Water Bottle' as MODELL
    )as MODELLE
) AS t
```

Listing 27.34 Beispiel mit allen Parametern der Funktion *PredictAssociation*

Vorhersageabfragen

Korb.MODELL	Korb.$SUPPORT	Korb.$PROBABILITY	Korb.$ADJUSTEDPROBABILITY	Korb.$NODEID
Mountain Bottle ...	1941	0,398184494602552	0,676180658735713	36
Road Bottle Cage	1702	0,371197252208047	0,682846287509569	36
Water Bottle	4076	0,285918854415274	0,549763307084734	31
Short-Sleeve Cl...	1537	0,157517899761337	0,596107377979981	31
Long-Sleeve Lo...	1642	0,122195704057279	0,557068450499443	31
Road-750	1443	0,118989205103042	0,569686620757	36

Abbildung 27.19 Ergebnis mit allen Parametern der Funktion *PredictAssociation*

Weitere Funktionen, die für Tabellen angewendet werden können, sind:

- TopCount
- BottomCount
- TopPercent
- TopSum
- BottomSum

Die Funktionen erwarten alle die gleiche Parametrisierung: Als erstes Argument wird die Tabelle erwartet, als zweites ein skalarer Wert, nach dem ausgewertet werden soll, und als drittes Argument die Anzahl der Datensätze, die die Funktion liefern soll. Wir führen Ihnen beispielhaft die Verwendung der Funktion TopCount in Listing 27.35 und der dazugehörigen Abbildung 27.20 vor.

```
SELECT FLATTENED TopCount((SELECT Modell,$PROBABILITY FROM
PredictAssociation([BASKET_2_Association].MODELLE,INCLUDE_STATISTICS,6)as Korb),$PROBABILITY,3)
 FROM [BASKET_2_Association]
 NATURAL PREDICTION JOIN
 (SELECT
   (
     SELECT 'Cycling Cap' as MODELL
     UNION SELECT 'Water Bottle' as MODELL
   )as MODELLE
 ) AS t
```

Listing 27.35 Abfrage mit der *TopCount*-Funktion

Expression.Modell	Expression.$PROBABILITY
Mountain Bottle Cage	0,398184494602552
Road Bottle Cage	0,371197252208047
Short-Sleeve Classic Jersey	0,157517899761337

Abbildung 27.20 Ergebnis aus der Abfrage mit *TopCount*

Die Funktion Predict lässt sich sowohl auf Tabellen als auch auf vorhersagbare Spalten, die skalare Werte enthalten, anwenden. Auf Tabellen angewendet ist sie mit PredictAssociation identisch. Wird die Predict-Funktion auf eine Spalte mit skalarem Wert angewandt, so gibt sie den vorausgesagten Wert für die Spalte an. Wird keine andere Funktion für eine vorhersagbare Spalte angegeben, so wird automatisch die Predict-Funktion auf diese Spalte angewendet.

Die Predict-Funktion kann nach der angegebenen Spalte als optionale Argumente folgende Parameter auswerten: Als zweiter Parameter kann entweder das Flag EXCLUDE_NULL oder das Flag INCLUDE_NULL angegeben werden, als dritter Parameter das Flag INLUDE_NODE_ID. Das letztere Flag veranlasst die Rückgabe des Knotens, dem der Datensatz zugeordnet wurde, die Flags EXCLUDE_NULL und INCLUDE_NULL regeln, welche Status-Werte des Modells zur Ermittlung des vorausgesagten Wertes herangezogen werden. Wird der Standardwert EXCLUDE_NULL verwendet, wird nur der Status mit dem höchsten Wert benutzt, bei der Verwendung von INCLUDE_NULL werden alle Status-Werte miteinbezogen.

Kapitel 28

Datenzugriff mit ADOMD.NET

In diesem Kapitel:

Überblick über ADOMD.NET	876
Einführungsbeispiel	878
Verbindung zur Datenbank	884
Metadaten abrufen	888
Arbeiten mit dem Command-Objekt	894
Behandlung von Ausnahmen	904

ADOMD.NET ist eine von Microsoft bereitgestellte Objektbibliothek zur Programmierung von Anwendungen, die auf Analysis Services zugreifen. Die Objektbibliothek setzt auf das .NET Framework auf, dient also zur Entwicklung von .NET-Anwendungen. Um COM-basierte Clients (Visual Basic 6, VBA) zu erstellen, steht Ihnen ADOMD zur Verfügung. Clients, die in einer anderen Programmiersprache bzw. in anderen Systemumgebungen entwickelt werden, nutzen für diese Art des Zugriffs XMLA (siehe Kapitel 30). Zusätzlich zur Clientbibliothek existiert eine ADOMD.NET-Serverbibliothek für Analysis Services-Erweiterungen, die im selben Prozess ausgeführt werden. Solche Erweiterungen können zum Beispiel UDFs (User Defined Functions) sein. Dieses Thema behandeln wir in einem gesonderten Kapitel.

Überblick über ADOMD.NET

Die wichtigste Aufgabe von ADOMD.NET ist der Abruf von Metadaten und Daten von Analysis Services. Diese Metadaten und Daten können sowohl aus multidimensionalen Strukturen (Cubes) als auch aus Data Mining-Strukturen stammen. Zum Abrufen der Metadaten bietet ADOMD.NET ein Objektmodell, das die Objekte des Servers abbildet. Zum Abruf von Daten werden in ADOMD.NET MDX- und DMX-Abfragen verwendet, deren Ergebnisse in verschiedenen Datenstrukturen aufgenommen werden. Zusätzlich bietet ADOMD.NET die Möglichkeit, serverseitige Objekte unter Verwendung von ASSL zu ändern. Weiterführende Informationen über MDX, DMX und ASSL entnehmen Sie bitte den entsprechenden Kapiteln.

ADOMD.NET benutzt zur Kommunikation mit Analysis Services XMLA. Die Kommunikation ist hierbei gemäß der XMLA-Spezifikation in SOAP-Aufrufe und -Antworten verpackt. Dies erlaubt es, die Verbindung zwischen ADOMD.NET und Analysis Services entweder über TCP/IP oder HTTP bzw. HTTPS aufzubauen. HTTP ermöglicht es, eine Verbindung transparent durch eine Firewall herzustellen. Für eine HTTP-Verbindung zu Analysis Services muss eine entsprechende Konfiguration von Analysis Services und den IIS bestehen. Die TCP/IP-Verbindung ist in den Analysis Services standardmäßig aktiv.

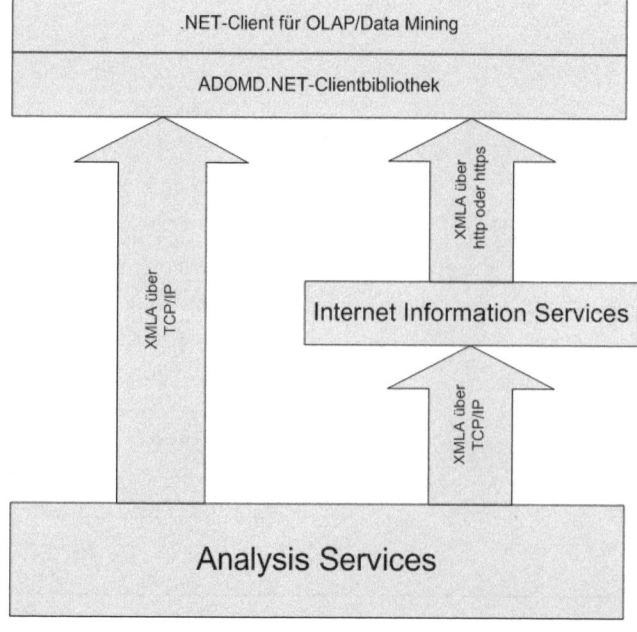

Abbildung 28.1 Architektur von ADOMD.NET

Überblick über ADOMD.NET

Mit einer typischen ADOMD.NET-Clientanwendung, wie zum Beispiel einem OLAP-Browser, kann ein Benutzer Objekte wie Cubes, Dimensionen, Hierarchien und Elemente anzeigen lassen. Nach entsprechenden Auswahlkriterien können weitere Daten aus diesen Objekten präsentiert werden. Hierfür müssen in der Anwendung folgende Aufgaben gelöst werden:

- Es muss eine Verbindung zu Analysis Services hergestellt und verwaltet werden. Über diese Verbindung lassen sich Metadaten abrufen und Daten anfordern. Das Vorgehen zur Erstellung solch einer Verbindung sowie ihre wichtigsten Eigenschaften und Methoden, stellen wir im Abschnitt »Verbindung zur Datenbank« vor.

- Um Metadaten anzuzeigen, muss das durch die Verbindung verfügbare Objektmodell untersucht werden. Die grundlegenden Objekte, mit denen Cubes und Data Minin-Modelle erkundet werden können, sowie deren Verwendung behandeln wir im Abschnitt »Metadaten abrufen«.

- Wenn in einer Anwendung Daten angezeigt werden sollen, muss auf die vorhandene Verbindung aufbauend eine Abfrage an Analysis Services gestellt werden. Wie dies möglich ist und wie die von Analysis Services zurückgelieferten Daten in ADOMD.NET weiterverarbeitet werden können, ist Thema des Abschnittes »Arbeiten mit dem Command-Objekt«. In diesem Abschnitt werden wir auch auf die Verwendung von Datendefinitionsausdrücken und Skripting-Elementen in ADOMD.NET eingehen.

Wir orientieren uns beim Aufbau dieses Kapitels an den oben genannten Anforderungen. Auf technischer Seite stehen die beiden Objekte Connection und Command im Zentrum des Kapitels. Das Connection-Objekt stellt eine Verbindung zu Analysis Services her und verwaltet diese. Über das Connection-Objekt besteht auch Zugriff auf die Metadaten-Auflistungen. Das Command-Objekt, welches eine Verbindung benötigt, erlaubt es, Abfragen oder Anweisungen an Analysis Services abzusenden und die entsprechenden Antworten in Datenstrukturen umzusetzen.

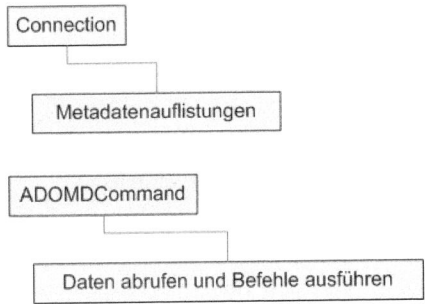

Abbildung 28.2 Objekthierarchie von ADOMD.NET

Zur Einführung stellen wir Ihnen eine beispielhafte Anwendung von ADOMD.NET vor, in deren Zusammenhang wir auch auf die wesentlichen Grundlagen von Visual Studio 2008 eingehen. Dies soll es Lesern, die noch nicht mit dem .NET Framework und Visual Studio gearbeitet haben, ermöglichen, die weiteren Beispiele nachzuvollziehen.

Im Verlauf des Kapitels werden wir Ihnen immer wieder kleine Codefragmente oder Konsolenprogramme präsentieren. Sie können diese Beispiele von der in Kapitel 2 angegebenen Quelle herunterladen.

Wenn Sie Anwendungen, die ADOMD.NET-Funktionalitäten enthalten, an einen Kunden ausliefern oder auf einem Rechner verwenden möchten, auf dem die ADOMB.NET-Bibliothek nicht installiert ist, kann dies mithilfe des ADOMD.NET-Installationsprogramms von Microsoft geschehen. Das Installationsprogramm *SQLSERVER2008_ASADOMD10.msi* können Sie von der Microsoft-Internetseite herunterladen und in den Installationsprozess Ihrer Anwendung integrieren.

ACHTUNG Um die Beispiele aus diesem Kapitel nachzuvollziehen, muss auf Ihrem Rechner Microsoft Visual Studio 2008 installiert sein.

Einführungsbeispiel

Als Beispiel für die Möglichkeiten von ADOMD.NET im Zusammenspiel mit Windows Forms werden wir im Folgenden eine kleine Anwendung zum Testen von MDX- und DMX-Abfragen erstellen. Die Ergebnisse der Abfragen sollen in einer Tabelle anzeigt werden (Abbildung 28.9). Dieses Beispiel ist in Visual Basic geschrieben, wir werden jedoch am Ende dieses Abschnittes kurz auf den Unterschied zu C# eingehen und den Code für eine Lösung in C# vorstellen.

1. Öffnen Sie Visual Studio 2008 über *Start/Alle Programme/Microsoft Visual Studio 2008*.
2. Legen Sie nach dem Start von Visual Studio über den Menübefehl *Datei/Neu/Projekt* ein neues Projekt an.
3. Im sich öffnenden Dialogfeld *Neues Projekt* wählen Sie als Projekttyp den Eintrag *Visual Basic* und den Untereintrag *Windows*. Wählen Sie aus den daraufhin angebotenen Vorlagen die Vorlage *Windows Forms-Anwendung* aus. Als Namen für das Projekt geben Sie *ADOMD_Beispiele* an, als Speicherort wählen Sie einen Ordner auf Ihrer lokalen Festplatte und als Namen für die Projektmappe *ADOMD*. Nachdem Sie mit einem Klick auf *OK* bestätigt haben, legt Visual Studio die für die Projektmappe und das Projekt benötigten Dateien unter dem angegebenen Ordner an.
4. Das Projekt *ADOMD_Beispiele* öffnet sich mit einer neuen Registerkarte. Darin sehen Sie das zu dieser Vorlage gehörende Formular in der Entwurfsansicht. Bevor das Formular mit Steuerelementen bestückt wird, werden einige Eigenschaften des Formulars verändert. Im Projektmappen-Explorer, der sich bei Bedarf über den Menübefehl *Ansicht/Projektmappen-Explorer* anzeigen lässt, ändern Sie den Namen des Formulars und der dazu gehörenden Klasse auf *Beispiel_1*.
5. Als zweite Eigenschaft ändern Sie die Beschriftung des Formulars ebenfalls in *Beispiel_1*. Hierzu markieren Sie das Formular mit einem Mausklick, öffnen gegebenenfalls mit F4 das Eigenschaftenfenster, suchen darin die Eigenschaft *Text* und ändern diese auf *Beispiel_1*. Im Eigenschaftenfenster werden alle Eigenschaften und Ereignisse des markierten Objekts angezeigt. Nehmen Sie sich die Zeit, die Eigenschaften näher anzusehen. Die Eigenschaften können nach Kategorien oder alphabetisch geordnet werden.

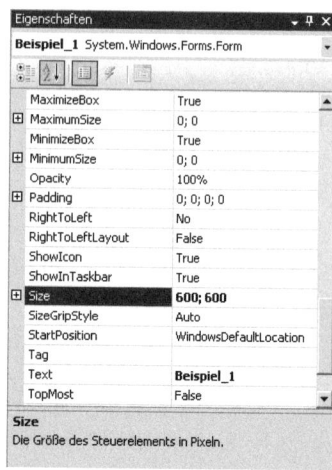

Abbildung 28.3 Ändern der Beschriftung im Eigenschaftenfenster

Einführungsbeispiel

6. Im Eigenschaftenfenster lässt sich beispielsweise die Größe des Formulars angeben. Alternativ können Sie aber auch das Formular mit der Maus auf die gewünschte Größe ziehen. Für unser Beispiel soll es etwa 600 mal 600 Pixel groß sein.
7. Um das Formular mit Steuerelementen zu bestücken, verwenden Sie die Toolbox. Sollte diese nicht sichtbar sein, kann sie über den Menübefehl *Ansicht/Toolbox* aufgerufen werden.
8. Um das Textfeld zu erzeugen, in das die Abfragen eingegeben werden, öffnen Sie die Kategorie *Allgemeine Steuerelemente* und ziehen das Steuerelement *RichTextBox* per Drag & Drop an die Stelle des Formulars, an der Sie das Steuerelement platzieren wollen (Abbildung 28.4). Für unser Beispiel soll das Textfeld links oben mit einer Breite von 400 Pixel und einer Höhe von 170 Pixel erstellt werden. Um die Arbeit am Textfeld abzuschließen, ändern Sie den Eigenschaftsnamen des Steuerelements auf *txt_Eingabe*. Dies ist der Name, unter dem im Code auf das Steuerelement verwiesen werden kann.

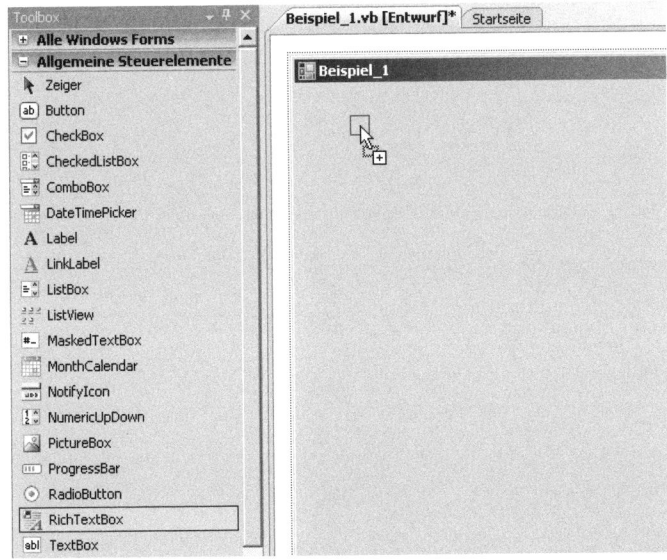

Abbildung 28.4 Einfügen einer *RichTextBox*

9. Als nächstes Steuerelement platzieren Sie unterhalb des Textfeldes ein *DataGridView*-Steuerelement. Wählen Sie hierzu den Eintrag *DataGridView* aus der Kategorie *Daten* aus. Nachdem Sie das *DataGridView* auf dem Formular platziert haben, erscheint ein sogenanntes Aufgabenmenü, in dem Sie einige Angaben über die spätere Editierbarkeit des *DataGrids* durch einen Benutzer vornehmen können. Für unser Beispiel sollte keines der Kontrollkästchen aktiviert sein, alle anderen Einstellungen können Sie auf den Standardwerten belassen. Ein *DataGridView* ist ein Steuerelement, mit dem sich Daten in tabellarischer Form sehr komfortabel darstellen lassen. Sie brauchen das *DataGridView* nur mit einem Objekt, das die betreffenden Daten hält, zu befüllen, woraufhin das Steuerelement alle weiteren Schritte übernimmt.
10. Ändern Sie den Namen des *DataGridViews* im Eigenschaftenfenster auf *dgv_Ergebnis*.
11. Als letztes Steuerelement benötigt das Formular noch eine Schaltfläche, die die Abfrage abschickt und das Befüllen des *DataGridViews* steuert. Wählen Sie in der Toolbox den Eintrag *Button* und platzieren Sie die Schaltfläche rechts neben dem Textfeld. Ändern Sie die Schaltflächenbeschriftung auf *Abfrage abschicken* und den Namen auf *btn_abfragen*. Die Beschriftung eines Objekts lässt sich über die Eigenschaft *Text* ändern.

12. Nach den bisherigen Schritten sollte das Formular etwa wie in Abbildung 28.5 aussehen. Sie können die Steuerelemente gegebenenfalls auf dem Formular in die richtige Position ziehen oder die Größe verändern. Als Nächstes muss für die Schaltfläche das Ereignis für Klicken angelegt werden. Wenn auf die Schaltfläche geklickt wird, soll die Abfrage an den Server gesandt und das Ergebnis danach im *DataGridView* angezeigt werden. Um für ein Steuerelement ein *Click*-Ereignis anzulegen, können Sie einfach auf das Steuerelement doppelklicken. Damit wird zum einen eine Methode im Code angelegt, die in der Lage ist, das Ereignis entgegenzunehmen, und zum anderen wird die Ereigniseigenschaft *Click* des Steuerelements an die Methode gehängt. Klicken Sie doppelt auf die Schaltfläche. Es öffnet sich die zum Formular gehörende Klasse und die Einfügemarke steht in der automatisch angelegten Methode. Auf der Registerkarte *Ereignis* des Eigenschaftenfensters können Sie diese Einstellungen auch manuell ändern.

Abbildung 28.5 Das fertige Formular

13. In Abbildung 28.6 sehen Sie den von Visual Studio automatisch erstellten Code. Die zum Formular gehörende Klasse hat denselben Namen wie dieses, also *Beispiel_1*. In der automatisch erzeugten *btn_abfragen_Click*-Methode wird auf einen Klick auf die Schaltfläche *btn_abfragen* reagiert. Diese Methode werden wir im Folgenden erweitern, damit sie den Abfragetext an den Server schickt und das Ergebnis an das *DataGridView* weiterleitet.

Einführungsbeispiel

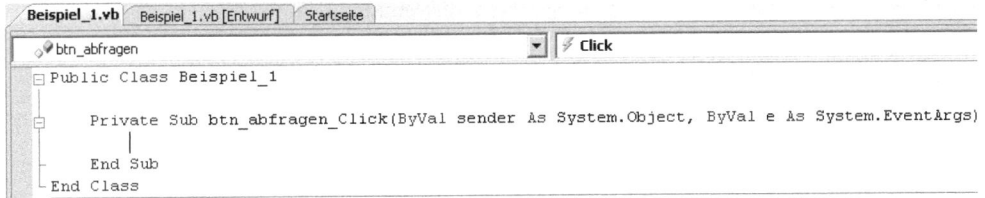

Abbildung 28.6 Der von Visual Studio automatisch erstellte Code

14. Um im Projekt *ADOMD_Beispiele* mit der ADOMD.NET-Bibliothek arbeiten zu können, müssen Sie für das Projekt einen Verweis auf die Bibliothek anlegen. Rufen Sie dazu den Menübefehl *Projekt/Verweis hinzufügen* auf. Im daraufhin geöffneten Dialogfeld *Verweis hinzufügen* markieren Sie auf der Registerkarte *.NET* die *AdomdClient*-Bibliothek, wie in Abbildung 28.7 dargestellt, und bestätigen mit *OK*.

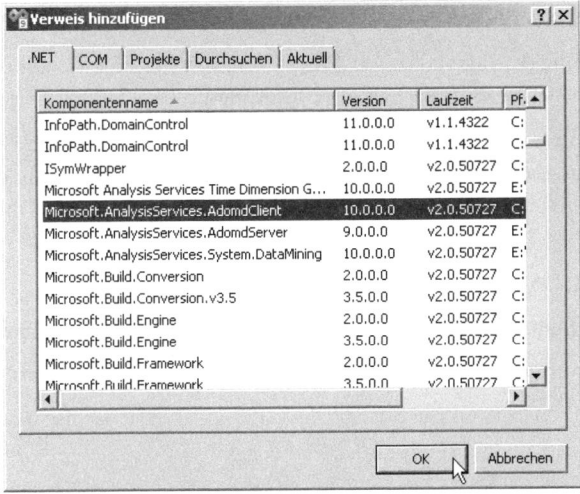

Abbildung 28.7 Setzen des Verweises auf die ADOMD.NET-Bibliothek

15. Ergänzen Sie nun die Klasse *Beispiel_1* wie in Abbildung 28.8 angegeben. Wir erklären im Folgenden den Code Zeile für Zeile:

- In Zeile 1 wird der Namespace für die benötigte ADOMD-Bibliothek für die Klasse importiert. Dies hat den Vorteil, dass Verweise auf Objekte aus der Bibliothek nicht vollqualifiziert geschrieben werden müssen. Es kann also statt Microsoft.AnalysisServices.AdomdClient.AdomdConnection die Schreibweise AdomdConnection verwendet werden.

- Von Zeile 3 bis Zeile 23 erstreckt sich die Klasse Beispiel_1. Die Klasse wird mit dem Schlüsselwort Class eingeleitet und endet mit End Class.

- Von Zeile 5 bis 21 erstreckt sich die Methode btn_abfragen_Click. Darin ist die komplette Programmlogik enthalten. Der Methode werden zwei Parameter übergeben, die eine genauere Untersuchung des aufrufenden Ereignisses ermöglichen. Wir benötigen sie in diesem Beispiel nicht. Die Handles-Anweisung bestimmt, dass die Methode beim Click-Ereignis der Schaltfläche btn_abfragen aufgerufen wird.

- In Zeile 6 wird mit conn ein neues ADOMD-Verbindungsobjekt erstellt. Dieses Objekt ist für die Verbindung zu Analysis Services zuständig und wird ausführlich später in diesem Kapitel im Abschnitt »Verbindung zur Datenbank« vorgestellt.

- In Zeile 7 wird das Command-Objekt cmd zur späteren Verwendung deklariert
- In Zeile 8 wird das DataSet-Objekt dset erstellt. Ein DataSet ist eine meist im Hauptspeicher gehaltene tabellarisch organisierte Datenstruktur, in der in diesem Beispiel die vom Server abgefragten Daten zwischengespeichert werden.
- Von Zeile 9 bis 20 befindet sich ein Codeblock, der zum Abfangen von Laufzeitfehlern dient. Er beginnt mit dem Schlüsselwort Try und endet mit End Try. Laufzeitfehler könnten in der zur Try-Anweisungen gehörenden Catch-Klausel in Zeile 18 behandelt werden. Wir verzichten in diesem sehr einfachen Beispiel darauf, schließen allerdings in der Finally-Klausel, die sowohl bei einem Fehler als auch bei einem korrekten Programmdurchlauf durchlaufen wird, die Verbindung.
- In Zeile 10 wird der ConnectionString für das Verbindungsobjekt conn angegeben. In ConnectionString sind Informationen über die Datenquelle, den Datenprovider und die Datenbank enthalten.
- In Zeile 11 wird die Verbindung hergestellt
- In Zeile 12 wird das Command-Objekt cmd aus der bestehenden Verbindung conn heraus erzeugt
- In Zeile 13 wird dem Command-Objekt cmd die Abfrage, die es ausführen soll, mit der Eigenschaft CommandText zugewiesen. Die Abfrage wird der RichTextBox txt_Eingabe entnommen.
- In Zeile 14 wird das AdomdDataAdapter-Objekt adapter erstellt. Dieses Objekt dient dazu, das DataSet dset mit Daten zu befüllen. Als Parameter erhält adapter das Command-Objekt cmd zugewiesen. Später in diesem Kapitel im Abschnitt »Abfrageergebnisse als DataSet« werden wir das AdomdDataAdapter-Objekt genauer vorstellen.
- In Zeile 15 befüllt das adapter-Objekt das DataSet dset
- In Zeile 16 wird das DataGridView-Steuerelement dgv_Ergebnis mit den Daten aus dem DataSet bestückt
- In Zeile 19 wird die Verbindung zum Server geschlossen, indem auf das Verbindungsobjekt conn die Close()-Methode angewandt wird

```vb
Imports Microsoft.AnalysisServices.AdomdClient

Public Class Beispiel_1

    Private Sub btn_abfragen_Click(ByVal sender As System.Object, ByVal e As System.EventArgs) Handles btn_abfragen.Click
        Dim conn As New AdomdConnection
        Dim cmd As AdomdCommand
        Dim dset As New DataSet
        Try
            conn.ConnectionString = "Data Source=local;Provider=MSOLAP;Catalog=Adventure Works DW 2008 SE"
            conn.Open()
            cmd = conn.CreateCommand
            cmd.CommandText = Me.txt_Eingabe.Text
            Dim adapter As New AdomdDataAdapter(cmd)
            adapter.Fill(dset)
            Me.dgv_Ergebnis.DataSource = dset.Tables(0)
        Catch ex As Exception
        Finally
            conn.Close()
        End Try
    End Sub

End Class
```

Abbildung 28.8 Die fertiggestellte Klasse *Beispiel_1*

Einführungsbeispiel

Um die Anwendung zu testen, können Sie den Code über [F5] kompilieren und die Anwendung starten. Der Code der Anwendung ist bewusst sehr einfach gehalten. Beispielsweise fehlt eine Fehlerbehandlung, die für ungültige Abfragen oder misslungene Verbindungen zum Server Fehlermeldungen an den Benutzer weiterreicht. Die Anwendung finden Sie bei Standard-Projekteinstellungen in ihrer kompilierten Form im Ordner \bin\Debug unterhalb des Projektordners ADOMD_BEISPIELE als ADOMD_BEISPIELE.exe. Sie können die *.exe*-Datei von dieser Stelle auch direkt mit einem Doppelklick starten. In der Abbildung 28.9 sehen sie die Anwendung im Einsatz. In der RichTextBox ist eine MDX-Abfrage eingegeben worden, das DataGridView zeigt das Ergebnis an.

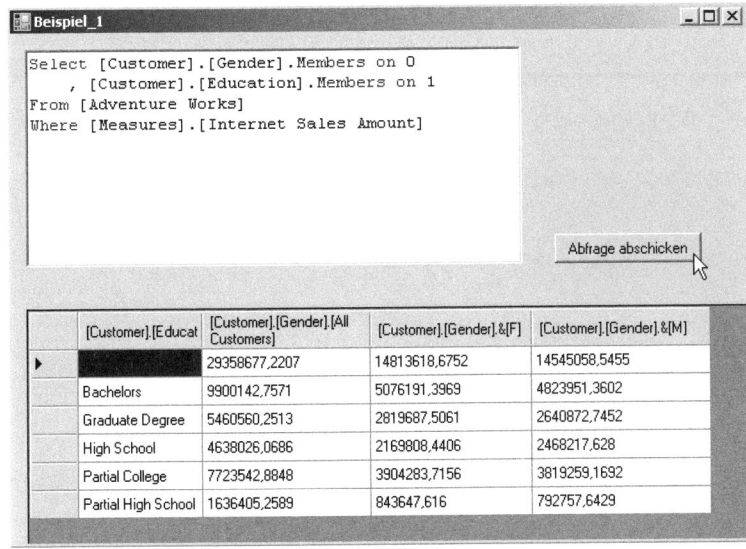

Abbildung 28.9 Die fertige Anwendung

Um dieselbe Anwendung in C# zu erstellen, gehen Sie analog zu den Anweisungen im Visual Basic-Beispiel vor. Wählen Sie in Schritt 3 statt *Visual Basic* den Eintrag *Visual C#*. Ansonsten werden alle Schritte zum Entwerfen des Formulars genauso wie im Visual Basic-Beispiel durchgeführt. Der Code sieht in C# folgendermaßen aus:

```csharp
using System;
using System.Collections.Generic;
using System.ComponentModel;
using System.Data;
using System.Drawing;
using System.Linq;
using System.Text;
using System.Windows.Forms;
using Microsoft.AnalysisServices.AdomdClient;

namespace Beispiel_1
{
    public partial class Beispiel_1 : Form
    {
        public Beispiel_1()
        {
            InitializeComponent();
```

Listing 28.1 *Beispiel_1* in C#-Code

```
        }
        private void btn_abfragen_Click(object sender, EventArgs e)
        {
            AdomdConnection conn= new AdomdConnection();
            try{
            conn.ConnectionString = "Data Source=local;Provider=MSOLAP;Catalog=Adventure Works DW 2008 SE";
            conn.Open();
            AdomdCommand cmd=conn.CreateCommand();
            cmd.CommandText=this.txt_Eingabe.Text;
            AdomdDataAdapter adapter=new AdomdDataAdapter(cmd);
            DataSet dset=new DataSet();
            adapter.Fill(dset);
            this.dgv_Ergebnis.DataSource=dset.Tables[0];
            }
            catch (Exception ex){}
            finally{
                conn.Close();
            }
        }
    }
}
```

Listing 28.1 *Beispiel_1 in C#-Code (Fortsetzung)*

Auf eine genaue Erläuterung der Anweisungen verzichten wir an dieser Stelle, da die ADOMD.NET betreffenden Anweisungen mit denen im Visual Basic-Beispiel nahezu identisch sind.

Verbindung zur Datenbank

Für gewöhnlich ist der erste Schritt beim Arbeiten mit der ADOMD.NET-Clientbibliothek das Erstellen einer Verbindung zu einer Analysis Services Datenbank. In diesem Abschnitt beschreiben wir, wie eine solche Verbindung hergestellt und gesichert wird sowie Sitzungen in ihr verwaltet werden.

Verbindung herstellen und schließen

Um eine Verbindung in ADOMD.NET herzustellen, müssen Sie ein AdomdConnection-Objekt instanzieren, wobei dem Konstruktor mindestens der zu benutzende Server und die zu benutzende Datenbank als Argumente übergeben werden. Dann wird auf das erstellte AdomdConnection-Objekt seine Open-Methode angewendet. Im einfachsten Fall sieht das Öffnen und Schließen einer solchen Verbindung wie folgt aus:

```
Dim conn As New AdomdConnection("Data Source=local;Provider=MSOLAP;Catalog=Adventure Works DW 2008 SE)
    conn.Open()
//Mit der Verbindung kann gearbeitet werden
    conn.Close()
```
Listing 28.2 *Öffnen einer Verbindung*

Statt die Verbindungseigenschaften als Argument zu übergeben, wird meist die ConnectionString-Eigenschaft des AdomdConnection-Objekts benutzt. ConnectionString kann entweder beim Instanzieren des AdomdConnection-Objekts als Argument übergeben oder vor dem Aufruf der Open-Methode als ConnectionString-Eigenschaft des Objektes gesetzt werden. Eine weitere Möglichkeit besteht darin, die Verbindungseigenschaften des neuen

Verbindung zur Datenbank

AdomdConnection-Objekts beim Instanzieren durch die Angabe eines bestehenden Connection-Objekts als Argument zu setzen. Dabei erhält das neue AdomdConnection-Objekt alle Eigenschaften des als Argument übergebenen Objektes.

```
Dim conn As New AdomdConnection("Data Source=local;Provider=MSOLAP;Catalog=Adventure Works DW 2008 SE;
                                 Cube=Adventure Works")
conn1.Open()
   Dim conn2 As New AdomdConnection(conn1)
conn1.Close()
conn2.Close()
```

Listing 28.3 Erstellen eines *AdomdConnection*-Objekts aus einem bestehenden *Connection*-Objekt

Ein AdomdConnection-Objekt muss explizit geschlossen werden, um belegte Serverressourcen schnell und sicher wieder freizugeben. Zum Schließen der Verbindung verwenden Sie die Close-Methode des AdomdConnection-Objekts oder die Dispose-Methode, die alle Objektressourcen freigibt. Eine bestehende Sitzung muss nicht mit dem AdomdConnection-Objekt geschlossen werden, sondern kann gegebenenfalls in einer späteren Sitzung weiterverwendet werden (siehe später in diesem Kapitel den Abschnitt »Verwalten einer Sitzung«).

ConnectionString

In der Verbindungszeichenfolge (ConnectionString) eines AdomdConnection-Objekts werden die Eigenschaften der Verbindung festgelegt. ConnectionString besteht aus Eigenschafts/Wert-Paaren, die mit Semikola voneinander getrennt sind. Dabei ist jedes Paar wie folgt aufgebaut:

Eigenschaftsbezeichner=Wert oder *Eigenschaftsbezeichner ='Wert'*

Die Eigenschaftsbezeichner sind nicht case-sensitive, es ist also gleichgültig, ob sie groß oder klein geschrieben werden.

Insgesamt gibt es über 40 Eigenschaften, die mit ConnectionString gesetzt werden können. Es sind aber lediglich die Eigenschaften Data Source und Catalog erforderlich, um eine Verbindung aufzubauen. Alle weiteren Eigenschaften können optional angegeben werden. In der Tabelle 28.1 stellen wir Ihnen die unserer Meinung nach wichtigsten Eigenschaften kurz vor. Auf die Eigenschaften zur Sicherheit und Sitzungsverwaltung gehen wir dann in den nächsten Abschnitten ein.

Name der Eigenschaft	Beschreibung
Data Source	Gibt den URL an, unter dem der Analysis-Server im Netzwerk zu erreichen ist. Dabei wird, falls nicht anders angegeben, der Standardport 2838 verwendet. Bei einer gewünschten HTTP-/HTTPS-Verbindung muss auf *msmdpump.dll* verwiesen werden. Für die Verbindung zu einem lokalen Cube wird ein Schrägstrich zur Maskierung der im Pfad enthaltenen Schrägstriche verwendet. Der Pfad *C: \temp\local.cub* wird also mit *C: \\temp\\local.cub* beschrieben.
Catalog	Gibt den Namen der multidimensionalen Datenbank an, zu der die Verbindung aufgebaut werden soll
Provider	Gibt den Datenprovider an, der standardmäßig MSOLAP ist
UserName	Falls keine Windows-Authentifizierung verwendet wird, kann über *UserName* der Name des Benutzers übergeben werden
Password	Das zum Benutzer gehörende Passwort

Tabelle 28.1 Eigenschaften des *ConnectionStrings*

Name der Eigenschaft	Beschreibung
SessionID	Wenn eine *SessionID* angegeben wird, versucht der Provider eine Verbindung innerhalb dieser Session aufzubauen
ProtectionLevel	Diese Eigenschaft bestimmt, inwieweit die Verbindung geschützt wird
Cube	Der Name des Cube, mit dem die Verbindung erstellt werden soll

Tabelle 28.1 Eigenschaften des *ConnectionStrings (Fortsetzung)*

Gültige ConnectionString-Zeichenfolgen sind also beispielsweise:

```
ConnectionString = "Data Source=local;Provider=MSOLAP;Catalog= Adventure Works DW 2008 SE"
ConnectionString = "Data Source=localhost;Catalog= Adventure Works DW 2008 SE"
ConnectionString = "Data Source='127.0.0.1:2383';Catalog='Adventure Works DW 2008 SE'"
ConnectionString = "Data Source='http://localhost/olap/msmdpump.dll';Catalog='Adventure Works DW 2008 SE'"
ConnectionString = "Data Source=C:\\cubes\\klein.cub;Catalog='Adventure Works DW 2008 SE'"
```

Listing 28.4 Beispiele für die gültige Verwendung von *ConnectionString*

Wenn Sie in einer Anwendung dem Benutzer die Möglichkeit geben, Teile von ConnectionString selbst anzugeben, sollten Sie ausschließen, dass an dieser Stelle mehrere Eigenschaften eingegeben werden können. Es darf also nicht möglich sein, ein Semikolon in der Eingabe zu verwenden.

Die Sicherheit der Verbindung einstellen

Die Sicherheit einer Verbindung lässt sich über die Eigenschaft ProtectionLevel einstellen. Diese Eigenschaft wird im ConnectionString des AdomdConnection-Objekts gesetzt. Welche Sicherheitsstufe der Verbindung zugewiesen werden kann, hängt von der Art der Verbindung ab. Für gewöhnlich wird eine ADOMD.NET-Anwendung mit der integrierten Sicherheit von Windows unter TCP/IP ausgeführt. In diesem Fall ist der ProtectionLevel standardmäßig gleich PktPrivacy und kann nicht geändert werden. In der Sicherheitsstufe PktPrivacy wird die Verbindung zwischen Server und Client sowohl authentifiziert als auch verschlüsselt.

Wird eine HTTP-Verbindung unter Verwendung der Eigenschaften UserName und Password hergestellt, ist der ProtectionLevel gleich Connect. In der Connect-Sicherheitsstufe wird die Verbindung authentifiziert, allerdings nicht verschlüsselt. Eine andere Einstellung ist für diesen Verbindungstyp nicht möglich.

Wird eine HTTPS-Verbindung hergestellt, wofür IIS entsprechend konfiguriert sein muss, ist der ProtectionLevel gleich PktPrivacy. Eine andere Einstellung ist für diesen Verbindungstyp nicht möglich.

Verwalten einer Sitzung

Beim Bereitstellen einer Verbindung legt Analysis Services für gewöhnlich eine neue Sitzung an. Es können allerdings auch mehrere Verbindungen unter derselben Sitzung angelegt werden. Die Verwaltung der Sitzung (engl. Session) durch Analysis Services ermöglicht es, für den Zeitraum, in der sie gültig ist, Sitzungsobjekte anzulegen bzw. im Sitzungskontext Daten zu ändern. Ein übliches Sitzungsobjekt ist zum Beispiel ein berechnetes Element oder ein Subcube. Datenänderungen können beispielsweise dazu benutzt werden, Szenarien innerhalb einer Sitzung zu erstellen. Beim Erstellen einer Verbindung, also beim Aufruf der Open-Methode des AdomdConnection-Objekts, wird automatisch eine SessionID erstellt oder es wird die im ConnectionString übergebene SessionID weiterverwendet. Wenn die im ConnectionString übergebene SessionID vom Server nicht akzeptiert wird, wird folgender Fehler ausgelöst:

Verbindung zur Datenbank

```
Microsoft.AnalysisServices.AdomdClient.XmlaException: Parser für XMLA (XML for Analysis): Die Session-ID '0' wurde
nicht gefunden. Die Session ist nicht vorhanden oder bereits abgelaufen.
```
Listing 28.5 Fehlermeldung beim Versuch, eine Verbindung mit ungültiger *SessionID* zu erstellen

Da es keine andere Möglichkeit gibt, die Gültigkeit einer SessionID zu prüfen, als sie beim Öffnen der Verbindung zu verwenden, sollte an dieser Stelle eine Fehlerbehandlung vorgenommen werden, die gegebenenfalls eine neue Verbindung herstellt. Falls die Sitzung nicht gültig ist, wird ein AdomdConnectionException-Fehler ausgelöst. Dass eine Sitzung ungültig wird, kann auch während des Programmablaufs vorkommen. Eine Anwendung, die mit Sitzungen arbeitet, sollte also darauf vorbereitet sein, dass die Sitzung vom Server zurückgewiesen wird.

Nachdem eine Verbindung geöffnet wurde, lässt sich die aktuelle SessionID über die SessionID-Eigenschaft des AdomdConnection-Objekts abrufen. Darüber lässt sich auch die Sitzung einer geöffneten Verbindung ändern, und auch hier wird bei einer ungültigen SessionID ein Fehler ausgelöst.

Eine Sitzung bleibt solange gültig, bis entweder auf dem Server ein SessionTimeOut eintritt oder die Sitzung im Zuge der Close-Methode des AdomdConnection-Objekts vom Client aus beendet wird. Ob die Close-Methode die Sitzung beendet, wird mit ihrem optionalen Parameter EndSession gesteuert. Dieser Parameter erwartet einen booleschen Wert: Ist der Wert True, wird die Sitzung beendet, andernfalls wird sie weitergeführt. Wird der Parameter nicht angegeben, wird die Sitzung ebenfalls beendet. Im folgenden Listing 28.6 stellen wir die Verwendung der beschriebenen Objekte vor, die Visual Basic-Version finden Sie in Listing 28.7:

```csharp
string SessionID = "";
string ConnectionString = "Data Source=local;Provider=MSOLAP;Catalog= Adventure Works DW 2008 SE;Cube=Adventure Works";
AdomdConnection conn = new AdomdConnection();

private void findConn()
    {
        try
        {
            conn.ConnectionString = this.ConnectionString +";SessionID=" + this.SessionID;
            conn.Open();
            this.SessionID = conn.SessionID;
        }
        catch (AdomdConnectionException e)
        {
            setSysAusgabe(e.Message);
            conn.Dispose();
            conn = new AdomdConnection();
            conn.ConnectionString = this.ConnectionString ;
            conn.Open();
            this.SessionID = conn.SessionID;
        }
    }
```
Listing 28.6 Beispiel zur Verwendung einer Session in C#

In Listing 28.6 stellen wir Ihnen eine Möglichkeit vor, eine Verbindung für eine Anwendung zu verwalten, die versucht, bestehende Sitzungen weiterzuführen. Diese Aufgabe wird von der Methode findConn übernommen, die von einer beliebigen Stelle des Programms aufgerufen werden kann. Wird die Methode zum ersten Mal aufgerufen, benutzt sie das bereits als Instanzvariable erzeugte AdomdConnection-Objekt conn, um eine Verbindung herzustellen. Die Instanzvariable SessionID ist zu diesem Zeitpunkt ein leerer String. Dieser leere

String wird bei der Open-Methode des Connection-Objekts so ausgewertet, als würde keine Sitzung angefordert. Die Verbindung kann deshalb mit conn.Open(); geöffnet werden. Die vom Server zurückgegebene Sitzungs-ID wird in die Instanzvariable SessionID geschrieben, und die aufrufende Stelle kann das AdomdConnection-Objekt conn nutzen.

Wird erneut eine Verbindung (engl. Connection) verlangt, wird versucht, die in der Instanzvariable SessionID gespeicherte Sitzungs-ID zu benutzen. Ist dies möglich, wird das conn-Objekt mit der bestehenden Sitzung zurückgegeben. Wenn es nicht möglich ist, also die Sitzung auf dem Server ungültig geworden ist, wird eine Ausnahme vom Typ AdomdConnectionException ausgelöst, die im Catch-Teil der Fehlerbehandlung behandelt wird. Dort wird das bestehende conn-Objekt mit der Dispose-Methode von allen Ressourcen befreit und muss danach neu instanziert werden. Anschließend wird es mit einer Verbindungszeichenfolge ohne Sitzungs-ID bestückt und geöffnet. Die dabei erzeugte Sitzungs-ID (SessionID) wird in der Instanzvariablen gespeichert, und das eben instanzierte AdomdConnection-Objekt kann an der aufrufenden Stelle genutzt werden.

Dieselbe Funktionalität in Visual Basic erfüllt die folgende Funktion:

```
Dim SystemAusgabe = ""
Dim SessionID = ""
Dim ConnectionString = "Data Source=local;Provider=MSOLAP;Catalog=Adventure Works DW 2008 SE;Cube=Adventure Works"
Dim conn As New AdomdConnection()

Private Sub findConn()
    Try
        conn.ConnectionString = Me.ConnectionString + ";SessionID=" + Me.SessionID
        conn.Open()
        Me.SessionID = conn.SessionID
    Catch er As AdomdConnectionException
        setSysAusgabe(er.Message)
        conn.Dispose()
        conn = New AdomdConnection()
        conn.ConnectionString = Me.ConnectionString
        conn.Open()
        Me.SessionID = conn.SessionID
    End Try
End Sub
```

Listing 28.7 Beispiel zur Verwendung einer Session in Visual Basic

Metadaten abrufen

ADOMD.NET bietet ein Objektmodell, das die wichtigsten Metadaten von OLAP- und Data Mining-Objekten aus Analysis Services verfügbar macht. Alternativ ist es möglich, über Schema-Rowsets auf sämtliche vorhandene Metadaten zuzugreifen. Schema-Rowsets werden im Kapitel über XMLA ausführlich behandelt. Die Verwendung des Objektmodells, das als Zugriffsschicht dient, ist allerdings einfacher und intuitiver. Um Metadaten abrufen zu können, muss eine Verbindung über das AdomdConnection-Objekt zu den Analysis Services hergestellt sein. Danach ist es möglich, die auf dem Server vorhandenen Objekte zu untersuchen. Wir stellen Ihnen in den nächsten Abschnitten das hierzu verwendete Objektmodell und seine Verwendung vor.

OLAP-Metadaten abrufen

Über ein geöffnetes AdomdConnection-Objekt lassen sich OLAP-Metadaten ausgehend von der Cubes-Auflistung abrufen. Da alle OLAP-Objekte in Abbildung 28.10 mehrfach vorkommen können, gibt es für jedes Objekt eine Auflistung, über die auf einzelne Objekte zugegriffen werden kann.

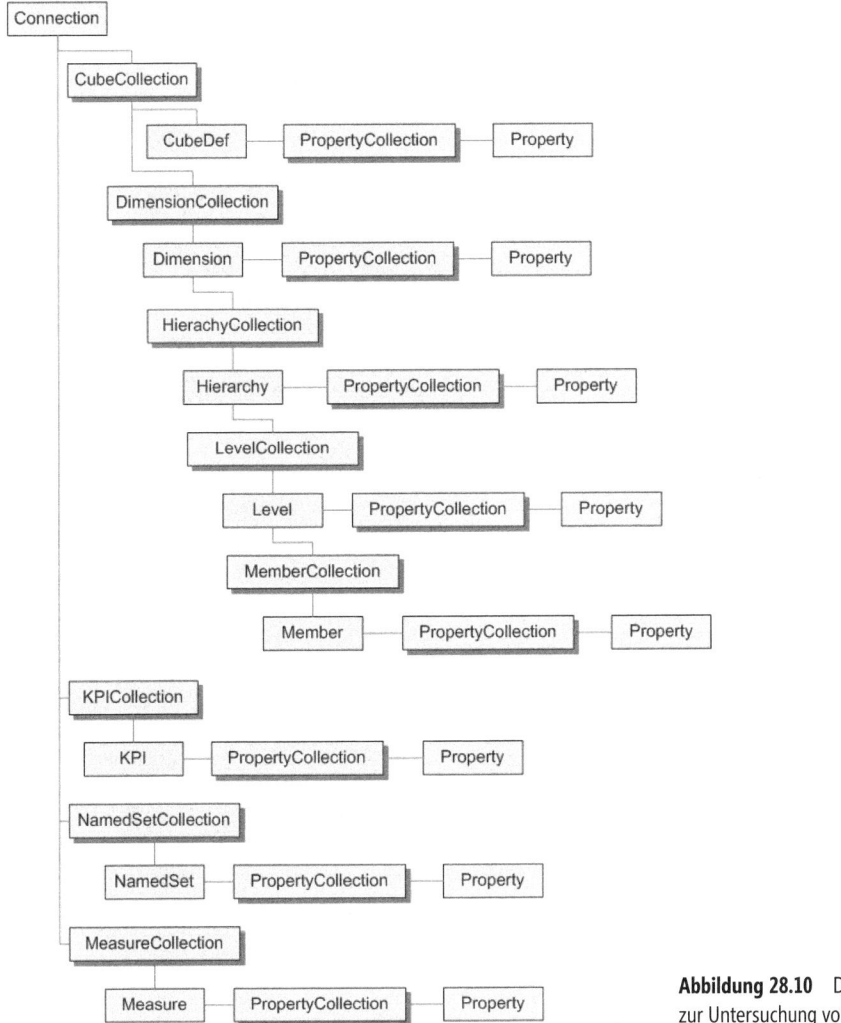

Abbildung 28.10 Die Hauptobjekte von ADOMD.NET zur Untersuchung von OLAP-Strukturen

Falls bekannt, kann entweder über den Namen oder die Ordnungszahl auf ein Objekt zugegriffen werden. In Listing 28.8 wird gezeigt, wie direkt auf ein Objekt einer Auflistung zugegriffen werden kann. Das Beispiel verwendet die Syntax von C#.

```
CubeDef cdef=conn.Cubes[1];
Dimension d=cdef.Dimensions["Customer"];
Hierarchy h = d.AttributeHierarchies.Find("Gender");
```
Listing 28.8 Direkter Zugriff auf Objekte einer Auflistung

Alternativ ist es möglich, durch die Objektaufzählung zu iterieren, um auf die in der Aufzählung enthaltenen Objekte zugreifen zu können. Zu jedem Objekt existiert zusätzlich eine Properties-Auflistung, die zum Objekt gehörende Eigenschaften ausweist.

In Listing 28.9 stellen wir Ihnen ein Beispiel für den Zugriff auf Metadaten vor. Das kleine Konsolenprogramm gibt aus *Adventure Works DW 2008 SE* sämtliche Cubes und die zu ihnen gehörenden Measures mit deren Eigenschaften aus. Cubes, die mit einem Dollarzeichen als Systemobjekte gekennzeichnet sind, werden nicht ausgegeben.

```
using System;
using System.Collections.Generic;
using System.Text;
using Microsoft.AnalysisServices.AdomdClient;

namespace MetadatenAbrufen
{
    class MetadatenAusgabe
    {
        static void Main(string[] args)
        {
            AdomdConnection conn = new AdomdConnection();
            try
            {
                conn.ConnectionString = "Data Source=local;Catalog= Adventure Works DW 2008 SE";
                conn.Open();
                foreach (CubeDef cub in conn.Cubes)
                {
                    if(!cub.Name.StartsWith("$")){
                    System.Console.WriteLine(cub.Name);
                    foreach (Measure meas in cub.Measures)
                    {
                        System.Console.WriteLine("\t" + meas.Name);
                        foreach (Property prop in meas.Properties)
                        {
                            System.Console.WriteLine("\t\t" + prop.Name + "  :" + prop.Value);
                        }
                    }
                    }
                }
            }
            catch (Exception ex)
            {
                Console.WriteLine(ex.Message);
            }
            finally
            {
                if (conn.State == System.Data.ConnectionState.Open)
                {
                    conn.Close();
                }
            }
            Console.ReadLine();
```

Listing 28.9 Beispiel zum Abrufen von OLAP-Metadaten in C#

Metadaten abrufen

```
        }
    }
}
```
Listing 28.9 Beispiel zum Abrufen von OLAP-Metadaten in C# *(Fortsetzung)*

Eine Besonderheit in der Zugriffart besteht für Elemente. Auf Elemente einer Ebene kann mit der getMembers-Methode zugegriffen werden. Diese Methode hat vier verschiedene Parametrisierungen, um die Anzahl der zurückgegebenen Elemente niedrig halten zu können:

- Wenn der Methode kein Parameter übergeben wird, gibt Sie alle Elemente zurück
- Parametrisierung mit der Ordnungszahl des ersten Elements und der Anzahl der angeforderten Elemente
- Zusätzlich kann die Anzahl der Treffer durch eine MemberFilter-Auflistung eingeschränkt werden, die als dritter Parameter angegeben wird. MemberFilter werden der Name der zu vergleichenden Elementeigenschaft sowie der Vergleichswert als String und die Vergleichsart als MemberFilterType übergeben. Es stehen vier MemberFilterType-Arten zur Verfügung:
  - Equals   Vergleichwert und Elementeigenschaft müssen übereinstimmen
  - BeginsWith   Die Elementeigenschaft muss mit dem Vergleichswert beginnen
  - EndsWith   Die Elementeigenschaft muss mit dem Vergleichswert enden
  - Contains   Die Elementeigenschaft muss den Vergleichswert enthalten
- Als zusätzlicher Parameter kann angegeben werden, welche Elementeigenschaften von Analysis Services abgerufen werden. Standardmäßig werden die Elementeigenschaften Name, UniqueName, Caption, ChildCount, Description, LevelDepth, LevelName, Parent, ParentLevel und Type übertragen.

Im Listing 28.10, das eine bestehende Verbindung wie in Listing 28.9 voraussetzt, werden alle Kunden (engl. Customer), die weiblich sind und im Namen die Zeichenfolge Maria enthalten, gesucht und ausgegeben. Zusätzlich werden alle Elementeigenschaften der Kunden angegeben.

```
Level l=conn.Cubes["Adventure Works"]
            .Dimensions["Customer"]
            .AttributeHierarchies["Customer"]
            .Levels["Customer"];

foreach (LevelProperty p in l.LevelProperties)
{
    Console.WriteLine(p.UniqueName);
}

MemberFilter[] mf=new MemberFilter[2];
    mf[0] =new MemberFilter("Gender",MemberFilterType.Equals,"Female");
    mf[1]= new MemberFilter("Name",MemberFilterType.Contains,"Maria");
string[] ElementEigenschaften =new string[1];
ElementEigenschaften[0] = "[Customer].[Customer].[Customer].[Gender]";
MemberCollection mc = l.GetMembers(0, l.MemberCount, ElementEigenschaften, mf);
foreach (Member m in mc)
{
    Console.WriteLine(m.Name);
}
```
Listing 28.10 Elemente gefiltert abrufen

Data Mining-Metadaten abrufen

Der Zugriff auf Data Mining-Metadaten läuft prinzipiell genauso ab wie der Zugriff auf OLAP-Metadaten. Um Data Mining-Metadaten zu untersuchen, können Sie vom AdomdConnection-Objekt ausgehend auf drei Aufzählungen zugreifen:

- Die MiningServiceCollection erlaubt es zu untersuchen, welche Data Mining-Algorithmen der Server zur Verfügung stellt
- Die MiningStructureCollection ermöglicht den Zugriff auf die verfügbaren Data Mining-Strukturen
- Die MiningModelCollection ermöglicht den Zugriff auf die verfügbaren Data Mining-Modelle

In Abbildung 28.11 werden die Auflistungen und Objekte des Data Mining-Metadatenobjektmodells aufgeführt. Die zu jeder Klasse gehörenden Eigenschaftsauflistungen, mit den dazugehörigen Property-Objekten, haben wir aus Platzgründen nicht in die Abbildung aufgenommen.

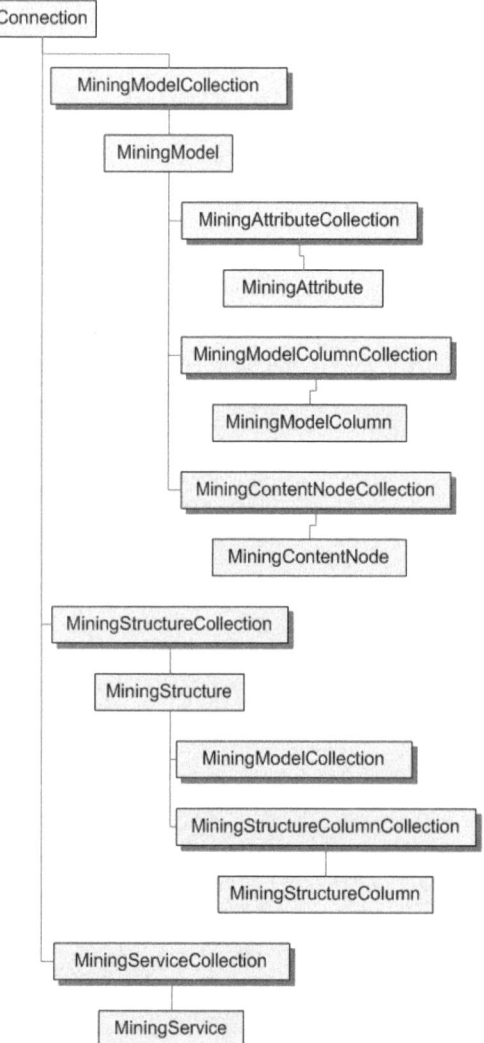

Abbildung 28.11 Die ADOMD.NET-Hauptobjekte zur Untersuchung von Data Mining-Strukturen

Metadaten abrufen

In Listing 28.11 finden Sie ein Beispiel, das die in *Adventure Works DW 2008 SE* vorhandenen Data Mining-Modelle mit ihren Eigenschaften und Spalten ausgibt:

```vb
Module DataMining
    Sub Main()
        Dim conn As New AdomdConnection
        Try
            Dim model As MiningModel

            Dim col As MiningModelColumn
            conn.ConnectionString = "Data Source=local;Provider=MSOLAP;Catalog=Adventure Works DW 2008 SE"
            conn.Open()
            For Each model In conn.MiningModels
                Console.WriteLine("Name: " + model.Name)
                Console.WriteLine("Algorithmus: " + model.Algorithm)
                Console.WriteLine("Eigenschaften:")
                For Each p In model.Properties
                    If Not p.Value Is Nothing Then
                        Console.WriteLine(vbTab + p.Name + " Wert: " + p.Value.ToString)
                    End If
                Next
                Console.WriteLine("Spalten:")
                For Each col In model.Columns
                    Console.WriteLine(vbTab + col.Name)
                    If col.IsInput Then
                        Console.WriteLine(vbTab + vbTab + "Eingabespalte")
                    End If
                    If col.IsPredictable Then
                        Console.WriteLine(vbTab + vbTab + "Vorhersagespalte")
                    End If
                    Console.WriteLine(vbTab + vbTab + "Typ: " + col.Type.ToString)
                Next
            Next
            conn.Close()
            Console.ReadLine()
        Catch err As Exception
            Console.WriteLine(err.Message)
        Finally
            conn.Close(False)
        End Try
        Console.ReadLine()
    End Sub
End Module
```

Listing 28.11 Beispiel zur Untersuchung von Data Mining-Strukturen in Visual Basic

Im Beispiel wird durch die MiningModels-Auflistung des AdomdConnection-Objekts iteriert. Dabei werden für jedes Miningmodell der Name, der Algorithmus und die zugehörigen Eigenschaften ausgegeben. Für die einzelnen Modelle werden anhand der Colums-Auflistung alle Spalten ausgegeben. Zusätzlich wird über die Eigenschaften IsInput und IsPredictable untersucht, ob es sich bei der jeweiligen Spalte um eine Eingabespalte und/oder eine Vorhersagespalte handelt.

Metadaten über SchemaRowSets abrufen

Metadaten, die nicht über ein Objektmodel zugänglich sind, können aus ADOMD.NET mit dem Befehl GetSchemaDataSet abgerufen werden. Wie im XML-Kapitel beschrieben, können beim Abruf Einschränkungen (engl. Restictions) übergeben werden, um die zurückgegebenen Datensätze einzugrenzen.

Im Folgenden zeigen wir Ihnen ein Beispiel, in dem die Daten zu den Sitzungen des Benutzers *NT-AUTORITÄT\IUSR* abgerufen werden. Hierzu wird eine AdomdRestrictionCollection erstellt, der eine AdomdRestriction vom Typ SESSION_USER_NAME mit dem Wert NT-AUTORITÄT\IUSR hinzugefügt wird. Ausgehend vom Connection-Objekt wird dann mit der Methode GetSchemaDataSet das SchemaRowset DISCOVER_SESSIONS mithilfe der Auflistung AdomdRestrictionCollection abgerufen. Die Methode schreibt die Daten in ein DataSet-Objekt. Dieses DataSet wird, um es analysieren zu können, in XML-Form in die Datei *C:\temp\schema.xml* geschrieben.

```
conn.ConnectionString = "Data Source=local;Catalog= Adventure Works DW 2008 SE";
conn.Open();
AdomdRestrictionCollection rest = new AdomdRestrictionCollection();
AdomdRestriction r = new AdomdRestriction("SESSION_USER_NAME", "NT-AUTORITÄT\\IUSR");
rest.Add(r);
DataSet ds = conn.GetSchemaDataSet("DISCOVER_SESSIONS", rest);
ds.WriteXml("C:\\temp\\schema.xml");
Console.WriteLine("Scema nach C:\\temp\\schema.xml geschrieben.");
```

Listing 28.12 Abruf von Metadaten mit SchemaRowsets

Arbeiten mit dem Command-Objekt

Das AdomdCommand-Objekt bietet die Möglichkeit, Anweisungen oder Abfragen an einen Server zu senden. Die hierfür verwendbaren Sprachen sind MDX, DMX und ASSL. Sie können mit MDX und DMX Abfragen formulieren, die Daten zurückliefern, und mit allen drei Sprachen Anweisungen erstellen, die auf dem Server ausgeführt werden. Ein AdomdCommand-Objekt wird erstellt, indem auf ein geöffnetes AdomdConnection-Objekt die createCommand-Methode angewendet wird. Das erzeugte AdomdCommand-Objekt erhält die Anweisung oder Abfrage, die ausgeführt werden soll, als Eigenschaft CommandText übergeben und kann dann ausgeführt werden. Für die Ausführung stehen mehrere Methoden zur Verfügung:

- Die Methode ExecuteNonQuery wird verwendet, um Anweisungen an den Server zu senden, die keine Daten zurückliefern
- Die Methode ExecuteXmlReader dient dazu, eine Abfrage an den Server zu senden und gibt das Ergebnis als XMLA zurück
- Die Methode ExecuteReader dient dazu, eine Abfrage an den Server zu senden und gibt das Ergebnis in tabellarischer Form zurück
- Die Methode ExecuteCellSet dient dazu, eine Abfrage an den Server zu senden und gibt das Ergebnis als Objekt zurück
- Die Methode ExecuteScalar ist zwar verfügbar, liefert aber einen Fehler. Sie soll in zukünftigen Versionen unterstützt werden.

Zusätzlich kann über die AdomdDataAdapter-Klasse ein AdomdCommand-Objekt zur Erzeugung eines DataSets verwendet werden, um abgefragte Daten weiterzuverarbeiten.

Arbeiten mit dem Command-Objekt

Im Verlauf dieses Abschnitts werden wir zunächst das AdomdCommand-Objekt in seiner Verwendung zur Ausführung von Anweisungen erläutern und anschließend auf die verschiedenen Datenzugriffsmöglichkeiten eingehen.

Anweisungen ausführen

Das Ausführen von Anweisungen mit dem AdomdCommand-Objekt ist sehr einfach. Im Codefragment von Listing 28.13 wird mit MDX ein berechnetes Element im Sitzungskontext erstellt. In den ersten Zeilen des Listings wird die Verbindung zu *Adventure Works DW 2008 SE* hergestellt und die Sitzungs-ID (SessionID) in einem String gespeichert. Dann wird das AdomdCommand-Objekt cmd aus der Verbindung erstellt. Diesem Objekt wird die auszuführende MDX-Anweisung unter Verwendung der Eigenschaft CommandText übergeben. Danach wird die Anweisung mit der ExecuteNonQuery-Methode des cmd-Objekts ausgeführt. Abschließend wird die Verbindung geschlossen, ohne die serverseitige Sitzung zu beenden. Das berechnete Element hundert ist also in der Sitzung weiterhin verfügbar und kann abgefragt werden. Hierzu muss allerdings die Sitzungs-ID bekannt sein. Weitere Informationen über Sitzungen finden Sie früher in diesem Kapitel im Abschnitt »Verwalten einer Sitzung«.

```
AdomdConnection conn = new AdomdConnection();
conn.ConnectionString = "Data Source=local;Catalog= Adventure Works DW 2008 SE";
conn.Open();
string sessionID=conn.SessionID;
AdomdCommand cmd = conn.CreateCommand();
cmd.CommandText = "Create Member [Adventure Works].[Measures].[hundert] as 100";
cmd.ExecuteNonQuery();
conn.Close(false);
```

Listing 28.13 *CommandText* zum Anlegen eines berechneten Elementes mit MDX

Im Beispiel aus Listing 28.13 wird mit ConnectionString nicht der Cube angegeben, in dem das berechnete Element erstellt wird. Für die Erstellung von OLAP-Objekten ist dies auch nicht nötig, es reicht, wenn der Cube im Definitionsausdruck genannt wird.

Als weiteres Beispiel für eine Anweisung demonstrieren wir Ihnen in Listing 28.14 eine ASSL-Anweisung zur Erstellung eines Backups der Datenbank *Adventure Works DW 2008 SE*:

```
cmd.CommandText="<Backup xmlns=\"http://schemas.microsoft.com/analysisservices/2003/engine\">"
         +"   <Object>"
         +"      <DatabaseID>Adventure Works DW 2008 SE</DatabaseID>"
         +"   </Object>"
         +"   <File>c:\\temp\\Adventure_BACKUP.abf</File>"
         +"   <AllowOverwrite>true</AllowOverwrite>"
         +"</Backup>";
```

Listing 28.14 *CommandText* zur Erstellung eines Datenbank-Backups mit ASSL

Die Anweisung aus Listing 28.14 wird als CommandText zur Erstellung einer Sicherung der Datenbank *Adventure Works DW 2008 SE* benutzt. In unserem zum Download bereitstehenden Beispiel zu diesem Abschnitt wird zunächst das berechnete Element erstellt, dann das Backup ausgeführt und abschließend wird das berechnete Element abgefragt.

Daten abrufen

ADOMD.NET bietet verschiedene Möglichkeiten, um Abfrageergebnisse dazustellen. In den folgenden Abschnitten beschreiben wir die Vor- und Nachteile der jeweiligen Varianten, erläutern die Art des Zugriffs und gehen dann auf die Beschaffenheit der zurückgegebenen Datenstrukturen ein. Wir werden Ihnen als Beispiele nur Codefragmente vorführen. Lauffähige Anwendungen der Techniken können Sie von der in Kapitel 2 angegebenen Quelle herunterladen.

Abfrageergebnisse in XML

Über die ExecuteXMLReader-Methode des AdomdCommand-Objekts wird das Ergebnis der im CommandText enthaltenen Abfrage als XML-Stream zurückgegeben. Der Stream wird der Anwendung als System.XML.XMLReader-Objekt zur Verfügung gestellt. Die Verwendung des Streams ermöglicht eine hohe Geschwindigkeit des Datentransfers, da die Daten nicht im XMLReader-Objekt gehalten, sondern sukzessive weiterverarbeitet werden.

Eine Datenübertragung im Stream impliziert immer einen rein lesenden Zugriff, der in der Richtung festgelegt ist (forward-only). Das von Analysis Services zurückgegebene XML entspricht dem MDDataSet-Format. Dies ist ein im XMLA-Standard festgelegtes Format, das sowohl die Daten in ihrer multidimensionalen Struktur zur Verfügung stellt als auch Metadaten zu den abgefragten Objekten in erheblichem Umfang mitliefert. Weitere Informationen zu diesem Format können Sie dem Kapitel zu XMLA entnehmen.

In Listing 28.15 wird ein XMLReader-Objekt erzeugt, indem die ExecuteXmlReader-Methode auf das AdomdCommand-Objekt angewendet wird. Der XML-Stream lässt sich zum Beispiel mit einem XML-Parser weiterverarbeiten, in ein XML Dokument laden oder auf die Festplatte schreiben. Aus einer solchen gespeicherten XML-Datei ist es möglich, zu einem späteren Zeitpunkt ohne Verbindung zum Server ein CellSet zu erzeugen, um die Daten auf objektorientierte Weise zu betrachten.

```
conn.ConnectionString = "Data Source=local;Catalog='Adventure Works DW 2008 SE'";
conn.Open();
  AdomdCommand cmd = conn.CreateCommand();
  cmd.CommandText = " SELECT [Product].[Color].members on 0,{[Customer].[Gender].&F,
                     [Customer].[Gender].&M} on 1 FROM [Adventure Works] ";
  System.Xml.XmlReader xreader = cmd.ExecuteXmlReader();
      // XML Auswerten
  xreader.Close();
conn.Close();
```

Listing 28.15 Beispiel zur Verwendung des *XMLReader*-Objekts

Sie sollten auf keinen Fall vergessen, das XMLReader-Objekt so bald wie möglich mit seiner Close-Methode zu schließen, da das AdomdConnection-Objekt, auf das der Reader aufbaut, keine anderen Aufgaben übernehmen kann, solange der Reader geöffnet ist.

Abfrageergebnisse als DataReader

Das DataReader-Objekt liefert das Abfrageergebnis ebenfalls als Stream. Damit weist es ähnliche Vorteile und Beschränkungen wie XMLReader auf. Es ist schnell und speicherschonend, aber auf vorwärts lesenden Zugriff beschränkt. Im Gegensatz zu XMLReader gibt DataReader das Ergebnis allerdings in Tabellenform zurück. Hierbei wird die ursprüngliche Dimensionalität des Abfrageergebnisses verändert. Um ein DataReader-Objekt zu erzeugen, wird auf ein AdomdCommand-Objekt die ExecuteReader-Methode angewendet.

In einem solchem DataReader lässt sich mit der Read-Methode die jeweils nächste Zeile des Ergebnisses abrufen. Innerhalb einer Zeile kann der Wert einer jeden Zelle über die Ordnungsnummer einer Spalte adressiert werden. Zum Abrufen des Wertes stehen eine Reihe typisierter Methoden für das DataReader-Objekt zur Verfügung, wie z.B. getString oder getFloat. Diesen Methoden wird die gewünschte Spaltennummer als Argument übergeben. Auf ähnliche Weise kann auch auf andere Zelleigenschaften zugegriffen werden. Zum Beispiel liefert die Methode isDBNull eine Prüfung des Wertes bezüglich NULL.

Zusätzlich bietet das DataReader-Objekt über seine Methode getSchemaTable Zugriff auf die Metadaten der im Ergebnis enthaltenen Spalten. In der von der Methode getSchemaTable erzeugten Tabelle liegt für jede Spalte des Abfrageergebnisses eine Zeile vor. In dieser Zeile sind einige Metadaten zur entsprechenden Spalte enthalten und lassen sich über deren Namen abfragen. Zum Beispiel lässt sich über ColumnName die Beschriftung der Spalte und mit DataType der .NET-Datentyp der Spalte abrufen. Die Tabelle mit den Metadaten ist ein Objekt der Klasse System.Data.DataTable und bietet die üblichen Methoden für den Zugriff auf ihre Werte.

Im folgenden Codefragment wird zunächst ein AdomdDataReader-Objekt erzeugt, dann wird zu jeder Spalte das Metadatum ColumnName abgerufen, um schließlich die Daten zeilenweise auszugeben.

```
AdomdCommand cmd = conn.CreateCommand();
cmd.CommandText = " SELECT {[Product].[Color].[Black],[Product].[Color].[Blue]} on 0,"
                +"         [Customer].[Gender].Children on 1   "
                +"  FROM [Adventure Works]   WHERE [Measures].[Internet Sales Amount]";
AdomdDataReader dreader = cmd.ExecuteReader();
DataTable metaTable = dreader.GetSchemaTable();
foreach (DataRow metaRow in metaTable.Rows)
{
    Console.WriteLine(metaRow["ColumnName"]);
}
while(dreader.Read()){
    for (int i = 0; i<dreader.FieldCount; i++)
    {
        if (dreader.IsDBNull(i))
        {
            Console.WriteLine("NULL ");
        }
        else
        {
            Console.WriteLine(dreader.GetString(i));
        }
    }
}
dreader.Close();
```

Listing 28.16 Verwendung eines *DataReader*-Objekts

Im Abbildung 28.12 erkennen Sie, dass ein zweidimensionales Abfrageergebnis angezeigt wird, in dem der erste Block der Ausgabe die Beschriftungen der Zeilen enthält.

```
[Customer].[Gender].[Gender].[MEMBER_CAPTION]
[Product].[Color].&[Black]
[Product].[Color].&[Blue]
Female
4406097,6195
1177385,57
Male
4432314,3381
1101710,71
```

Abbildung 28.12 Ergebnis aus Listing 28.16

Auf die innen liegenden Tabellen von Data Mining-Ergebnissen, die ineinander verschachtelte Tabellen zurückgeben, kann über den Aufruf eines weiteren DataReader-Objekts zugegriffen werden. Hierzu wird aus einer Zeile die Methode getDataReader unter Angabe der Spaltennummer aufgerufen.

Auch der DataReader sollte nach dem Auslesen der Daten so schnell wie möglich geschlossen werden. Ein geöffneter Reader blockiert das AdomdConnection-Objekt komplett.

Abfrageergebnisse als DataSet

Auf das Konzept des DataReader-Objekts aufbauend, das die Abfrageergebnisse in tabellarischer Form zu Verfügung stellt, bietet ADOMD.NET die Möglichkeit, das Abfrageergebnis direkt als DataSet zu erhalten. Im DataSet liegen die Daten komplett vor, sind also in jeder Leserichtung verfügbar. Eine sehr praktische Eigenschaft des DataSet-Objekts ist, dass es direkt im DataGridView-Steuerelement verwendet werden kann. Dieses Vorgehen haben wir bereits im Eingangsbeispiel demonstriert.

Um ein DataSet zu erzeugen, wird ein AdomdDataAdapter-Objekt verwendet. Dem AdomdDataAdapter wird bei der Erzeugung ein AdomdCommand-Objekt übergeben. Um mit dem AdomdDataAdapter ein DataSet zu befüllen, wird seine Fill-Methode verwendet. Als Beispiel für den Einsatz des AdomdDataAdapters stellen wir Ihnen einen Ausschnitt aus dem Eingangsbeispiel vor:

```
AdomdConnection conn = new AdomdConnection();
            conn.ConnectionString = "Data Source=local;Provider=MSOLAP;Catalog=Adventure Works DW 2008 SE";
            conn.Open();
            AdomdCommand cmd = conn.CreateCommand();
            cmd.CommandText = this.txt_Eingabe.Text;
            AdomdDataAdapter adapter = new AdomdDataAdapter(cmd);
            DataSet dset = new DataSet();
            adapter.Fill(dset);
conn.Close();
```

Listing 28.17 Verwendung von *DataAdapter*

Abfrageergebnisse als CellSet

Das CellSet-Objekt bietet einen objektorientierten Zugriff auf die Daten und Metadaten des Abfrageergebnisses, bei dem die Dimensionalität des Ergebnisses erhalten bleibt. Die Erzeugung des CellSet-Objekts verläuft analog zu der von XMLReader und DataReader. Aus einem AdomdCommand-Objekt wird mit der ExecuteCellSet-Methode ein CellSet-Objekt erstellt. Das CellSet ist damit vollständig gefüllt und benötigt die Verbindung nicht mehr.

Aufgrund des bereitgehaltenen Datenvolumens und des darauf erfolgenden Zugriffs mithilfe von Objekten ist das CellSet-Objekt eher langsam. Sein Vorteil liegt darin, dass es möglich ist, über ein sehr einfaches Objektmodell in beliebiger Leserichtung leicht auf die Daten und Metadaten eines Abfrageergebnisses zugreifen zu können. Darüber hinaus lässt sich das CellSet-Objekt ohne Verbindung zum Server aus einer XML-Datei erstellen, die über einen XMLReader in eine Datei geschrieben wurde. Die CellSet-Klasse benutzt hierzu die statische LoadXml-Methode.

```
CellSet ces=CellSet.LoadXml(new System.Xml.XmlTextReader("c:\\temp\\xmlReader.xml"));
```

Listing 28.18 Erstellung eines CellSets aus einer XML-Datei

Im CellSet lassen sich Metadaten zu der abgefragten Datenbank und dem Abfrageergebnis über ein Objektmodell abrufen. Die Metadaten zu den abgefragten Objekten befinden sich unter dem OlapInfo-Objekt und sind nach Auflistungen in CubesInfo, AxisInfo und CellInfo gegliedert. Diese Informationen sind besonders für

Anwendungen von Interesse, die die Abfrage nicht kennen. Eine Übersicht über diese Objekte können Sie Abbildung 28.13 entnehmen.

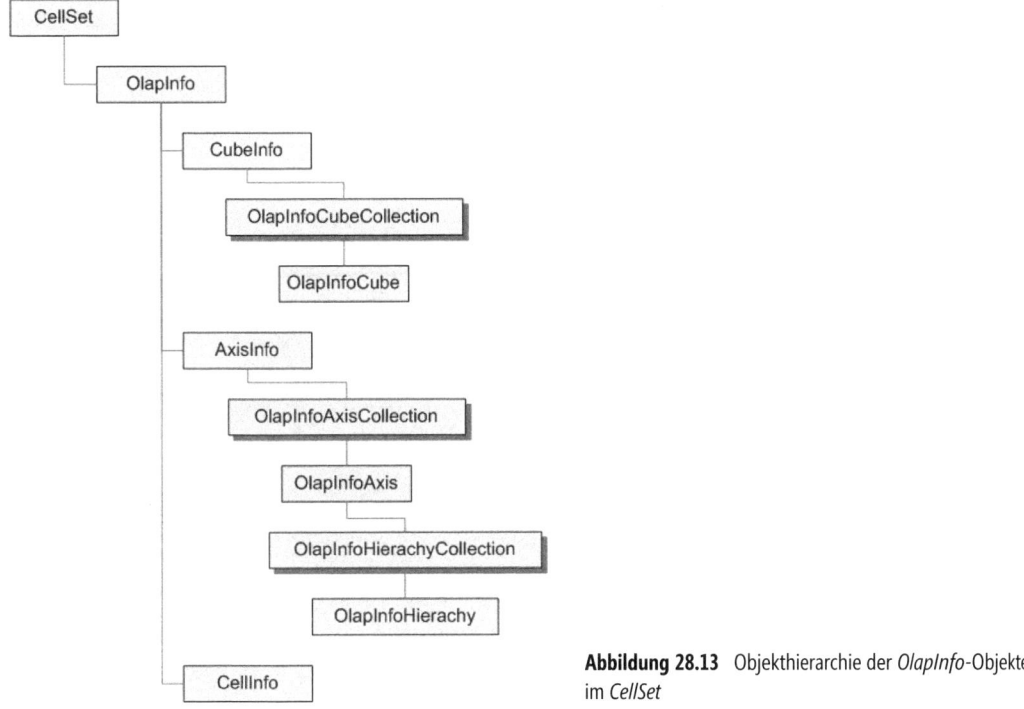

Abbildung 28.13 Objekthierarchie der *OlapInfo*-Objekte im *CellSet*

Im Folgenden stellen wir Ihnen zu einer MDX-Abfrage die Ermittlung der auf die Abfrage und das Ergebnis bezogenen Metadaten und der abgefragten Daten selbst vor. Die Abfrage liefert einen dreidimensionalen Ergebnisraum, mit einigen Farben auf der ersten Achse, Tupeln aus Geschlecht und Beruf auf der zweiten Achse und dem Ehestand auf der dritten Achse:

```
SELECT
  {[Product].[Color].Multi : [Product].[Color].Silver} ON 0
  ,{
    (
      [Customer].[Gender].&[F]
      ,[Customer].[Occupation].&[Clerical]
    )
    ,(
      [Customer].[Gender].&[M]
      ,[Customer].[Occupation].&[Professional]
    )
  } ON 1
  ,{
    [Customer].[Marital Status].&[M]
    ,[Customer].[Marital Status].&[S]
  } ON 2
FROM [Adventure Works]
WHERE
  [Measures].[Internet Sales Amount];
```

Listing 28.19 Die in den folgenden Beispielen verwendete MDX-Abfrage

Metadaten zu dieser Abfrage werden aus dem OlapInfo-Objekt folgendermaßen ermittelt:

```csharp
AdomdCommand cmd = conn.CreateCommand();
cmd.CommandText = @"SELECT {[Product].[Color].Multi:[Product].[Color].Silver} on 0,
        {([Customer].[Gender].&[F],[Customer].[Occupation].&[Clerical]),
            ([Customer].[Gender].&[M],[Customer].[Occupation].&[Professional])} on 1,
        {[Customer].[Marital Status].&[M],[Customer].[Marital Status].&[S]}on 2
    FROM [Adventure Works] Where [Measures].[Internet Sales Amount]";
CellSet ces = cmd.ExecuteCellSet();

foreach (OlapInfoCube infoCube in ces.OlapInfo.CubeInfo.Cubes)
{
    Console.WriteLine("Abgefragte Cubes: " + infoCube.CubeName);
    Console.WriteLine("\tletztes Update: " + infoCube.LastDataUpdate);
}
foreach (OlapInfoAxis infoAxis in ces.OlapInfo.AxesInfo.Axes)
{
    Console.WriteLine("Abgefragte Achsen: " + infoAxis.Name);
    foreach (OlapInfoHierarchy infoHierachy in infoAxis.Hierachies)
    {
        Console.WriteLine("\tenthaltene Hierachie: " + infoHierachy.Name);
        foreach(OlapInfoProperty infoProp in infoHierachy.HierarchyProperties){
            Console.WriteLine("\t\tEigenschaft: "+ infoProp.Name );
        }
    }
}
foreach (OlapInfoProperty infoProp in ces.OlapInfo.CellInfo.CellProperties)
{
    Console.WriteLine("enthaltene Zelleigenschaften: " + infoProp.Name);
}
```

Listing 28.20   Ermittlung der Metadaten der Abfrage

Die Metadaten zum Abfrageergebnis, also den auf den Abfrageachsen liegenden Mengen von Tupeln, lassen sich über die Objekte Axis, Set und Tuple untersuchen. Zu jedem Tupel existiert eine Elemente-Auflistung, in der die im Tupel enthaltenen Elemente aufgezählt sind. Die vollständigen Hierarchien, Ebenen und Elemente, die die Sets bilden, können über die Objektaufzählungen Hierarchies, Levels und Members von einem Set-Objekt aus abgefragt werden.

Arbeiten mit dem Command-Objekt

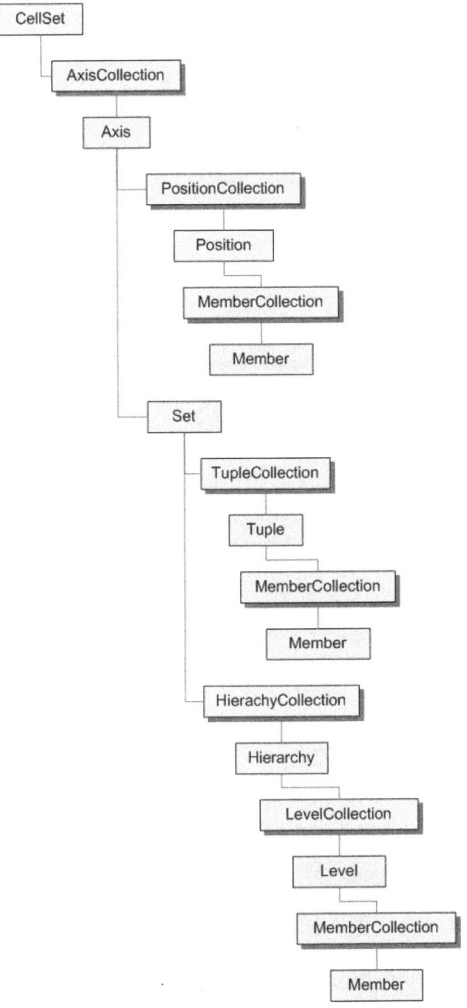

Abbildung 28.14 Objekthierachie des CellSets zum Abrufen von Metadaten des Abfrageergebnisses

Im Listing 28.21 zeigen wir exemplarisch, wie die Metadaten des Abfrageergebnisses ermittelt werden können:

```
AdomdCommand cmd = conn.CreateCommand();
cmd.CommandText = @"SELECT {[Product].[Color].Multi:[Product].[Color].Silver} on 0,
                {([Customer].[Gender].&[F],[Customer].[Occupation].&[Clerical]),
                    ([Customer].[Gender].&[M],[Customer].[Occupation].&[Professional])} on 1,
                {[Customer].[Marital Status].&[M],[Customer].[Marital Status].&[S]}on 2
            FROM [Adventure Works] Where [Measures].[Internet Sales Amount]";
CellSet ces = cmd.ExecuteCellSet();

Console.WriteLine("Filter Achse: " + ces.FilterAxis.Name);
List<String> defaultMembers=new List<String>();
foreach(Hierarchy h in ces.FilterAxis.Set.Hierarchies){
    defaultMembers.Add(h.DefaultMember);//uniqueName
}
```

Listing 28.21 Verwendung des *CellSet*-Objekts zum Anzeigen von Metadaten des Ergebnisses

```csharp
foreach (Tuple tup in ces.FilterAxis.Set.Tuples)
{
    Console.WriteLine("\tTupel: " + tup.TupleOrdinal);
    foreach (Member el in tup.Members)
    {
        if(!defaultMembers.Contains(el.UniqueName)){
            Console.WriteLine("\t\tElement: " + el.Caption);
        }
    }
}
foreach (Axis ax in ces.Axes)
{
    Console.WriteLine("Achse: " + ax.Name);
    Console.WriteLine("\tAbgefragte Tuple");
    foreach (Tuple tup in ax.Set.Tuples)
    {
        Console.WriteLine("\tTupel: " + tup.TupleOrdinal);
        foreach (Member el in tup.Members)
        {
            Console.WriteLine("\t\tElement: " + el.Caption);
        }
    }

    Console.WriteLine("\n\n\tHierarchien, die in der Ergebnismenge vorkommen:");
    foreach (Hierarchy hy in ax.Set.Hierarchies)
    {
        Console.WriteLine("\t" + hy.Name);
        foreach (Level lev in hy.Levels)
        {
            Console.WriteLine("\t\tenthaltene Ebenen: " + lev.Caption);
            foreach (Member el in lev.GetMembers())
            {
                Console.WriteLine("\t\t\tElement: " + el.Caption);
            }
        }
    }
}
```

Listing 28.21 Verwendung des *CellSet*-Objekts zum Anzeigen von Metadaten des Ergebnisses *(Fortsetzung)*

Das Ergebnis aus Listing 28.21 für die Slicer-Achse sowie die erste Achse entnehmen Sie Abbildung 28.15.

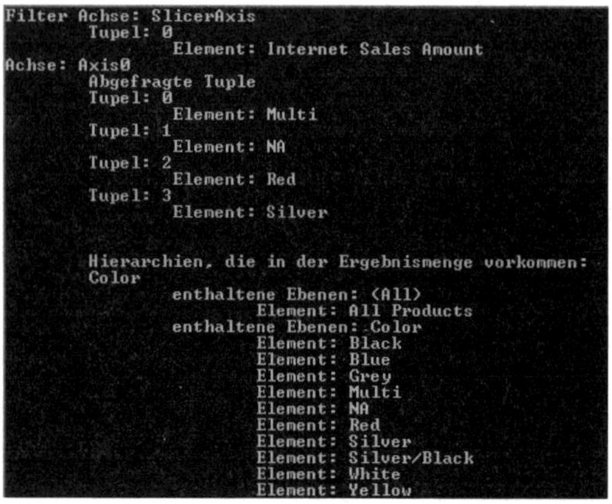

Abbildung 28.15 Metadaten der ersten Achse für die Abfrage aus Listing 28.21

Zum Ansprechen der Daten bietet das CellSet ein einfaches Objektmodell. Zum CellSet gehört eine Cells-Auflistung, über die jede Zelle des Ergebnisraums angesprochen werden kann. Dazu bietet das Aufzählungsobjekt Cells verschiedene Möglichkeiten. Die unserer Meinung nach interessantesten sind das Durchlaufen der Cells-Aufzählung und das direkte Adressieren einer Zelle über die Angabe der Ordnungszahlen der Tupel, in deren Schnittpunkt sie liegt.

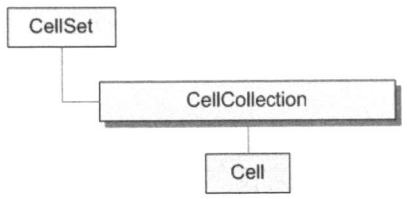

Abbildung 28.16 Objekthierachie des CellSets zum Abrufen des Abfrageergebnisses

Im folgenden Beispiel zeigen wir Ihnen, wie die Zellen eines dreidimensionalen Abfrageergebnisses unter Verwendung der direkten Adressierung ausgegeben werden können. Hierfür verwenden wir die gleiche Abfrage wie in Listing 28.21.

```
AdomdCommand cmd = conn.CreateCommand();
cmd.CommandText = @"SELECT {[Product].[Color].Multi:[Product].[Color].Silver} on 0,
                    {([Customer].[Gender].&[F],[Customer].[Occupation].&[Clerical]),
                     ([Customer].[Gender].&[M],[Customer].[Occupation].&[Professional])} on 1,
                    {[Customer].[Marital Status].&[M],[Customer].[Marital Status].&[S]}on 2
             FROM [Adventure Works] Where [Measures].[Internet Sales Amount]";

CellSet ces = cmd.ExecuteCellSet();
for (int z = 0; z < ces.Axes[2].Set.Tuples.Count; z++)
{
    Console.WriteLine("Seite: " + z);
    for (int y = 0; y < ces.Axes[1].Set.Tuples.Count; y++)
    {
        Console.WriteLine("\tZeile: " + y);
        for (int x = 0; x < ces.Axes[0].Set.Tuples.Count; x++)
        {
            Console.WriteLine("\t\tSpalte: " + x + " Wert: " + ces.Cells[x, y, z].Value);
        }
    }
}
```

Listing 28.22 Verwendung des *CellSet*-Objekts zum Auslesen von Zelldaten

```
Seite: 0
    Zeile: 0
        Spalte: 0 Wert: 5044,22
        Spalte: 1 Wert: 15143,79
        Spalte: 2 Wert: 390568,3358
        Spalte: 3 Wert: 238879,2684
    Zeile: 1
        Spalte: 0 Wert: 8732,58
        Spalte: 1 Wert: 42683,52
        Spalte: 2 Wert: 550419,4578
        Spalte: 3 Wert: 497389,7856
Seite: 1
    Zeile: 0
        Spalte: 0 Wert: 4903,24
        Spalte: 1 Wert: 16205,69
        Spalte: 2 Wert: 235487,0038
        Spalte: 3 Wert: 153414,042
    Zeile: 1
        Spalte: 0 Wert: 5576,81
        Spalte: 1 Wert: 25223,3
        Spalte: 2 Wert: 561300,2371
        Spalte: 3 Wert: 384860,7536
```

Abbildung 28.17 Ergebnis aus Listing 28.22

Behandlung von Ausnahmen

Im bisherigen Verlauf dieses Kapitels haben wir eine Ausnahmenbehandlung zwar zum Teil benutzt, hierbei aber immer die allgemeine .NET-Klasse Exception verwendet, ohne auf spezifische ADOMD-Ausnahmen einzugehen. Besser ist es, die Ausnahmen mit möglichst spezifischen Klassen abzufangen, um präzise reagieren zu können. Die Ausnahmenklassen für ADOMD werden von der ADOMDException-Klasse abgeleitet. Die ADOMDException-Klasse und alle abgeleiteten Exception-Klassen bieten unter anderem folgende Eigenschaften:

- HelpLink   Die Adresse einer Webseite, auf der Hilfe zum Thema angeboten wird
- Message   Eine Meldung, die die auftretende Ausnahme erklärt

Die abgeleiteten Ausnahmeklassen können zusätzlich weitere Informationen bereitstellen. Eine Übersicht über das Objektmodell der ADOMD-Ausnahmeklassen geben wir in Abbildung 28.18.

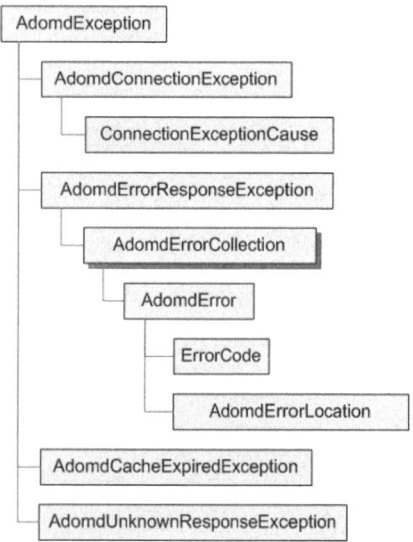

Abbildung 28.18   Objektmodell der ADOMD-Ausnahmeklassen

Abschließend geben wir eine kurze Übersicht über die Ausnahmeklassen und ihre Verwendung:

- Die AdomdConnectionException-Klasse fängt Ausnahmen ab, die beim Verbindungsaufbau oder beim Verlust der Verbindung während einer Verrichtung auf dem Server auftreten. Mit der Enumeration ConnectionExceptionCause wird eine der folgenden Ursachen angegeben: AuthenticationFailed oder Unspecified. AuthenticationFailed signalisiert, dass der Benutzer, der die Verbindung herstellen will, nicht bekannt ist oder keine Rechte hat.

- Die AdomdErrorResponseCollection-Klasse fängt Ausnahmen ab, die aus einer Anweisung an den Server entstanden sind. Der Server sendet als Antwort gegebenenfalls mehrere AdomdError-Objekte. Diese Objekte enthalten jeweils ein ErrorCode-Objekt zur Beschreibung der Ausnahme und ein AdomdErrorLocation-Objekt, das den Ort des Auftretens der Ausnahme enthält.

- Die AdomdCacheExpiredException tritt auf, wenn Metadaten, die der Client zwischengespeichert hatte, ungültig geworden sind, da Objekte auf dem Server verändert wurden. Gegebenenfalls muss auf das Connection-Objekt die RefreshMetadata-Methode angewandt werden, um die neuen Metadaten abzurufen.

- Die AdomdUnknownResponsetException tritt auf, wenn die vom Server erhaltene Antwort nicht im von ADOMD erwarteten Format vorliegt.

Kapitel 29

Administration mit AMO

In diesem Kapitel:
Das Objektmodell von AMO 907
Administrationsaufgaben mit AMO 910
Tutorial zum Erstellen eines Cubes und eines Data Mining-Modells 918
Behandlung von Ausnahmen 928

Analysis Management Objects (AMO) ist die von Microsoft bereitgestellte .NET-Objektbibliothek zur Programmierung von Administrationsaufgaben für Analysis Services. Mit AMO können Aufgaben, die sonst im Management Studio oder dem Business Intelligence Development Studio verrichtet werden, automatisiert werden. Zum Beispiel können mit AMO Benutzer angelegt oder Backups erstellt werden. Eine weitere Einsatzmöglichkeit für AMO ist das Erstellen von eigenständigen Clientanwendungen zur Administration der Analysis Services. AMO bietet allerdings keine Möglichkeiten dafür, Daten abzufragen.

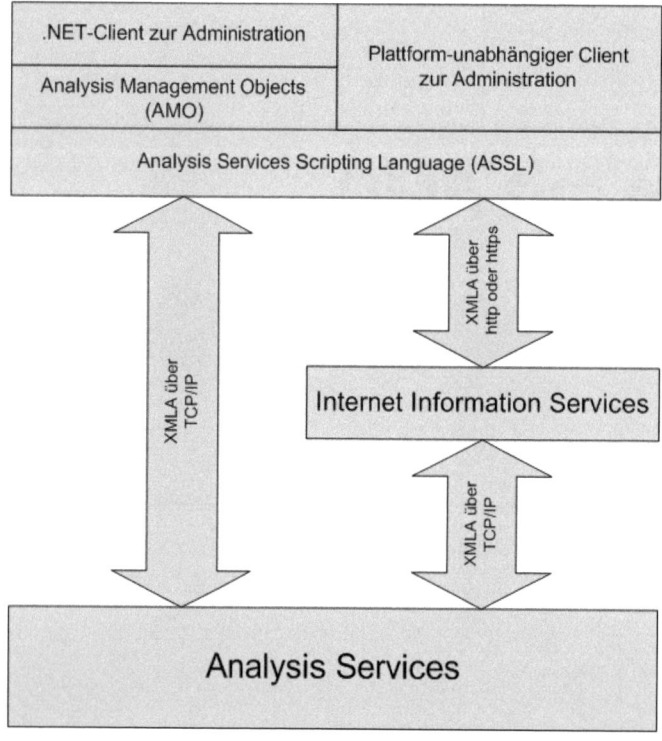

Abbildung 29.1 Architektur der Administrationsmöglichkeiten von Analysis Services

Zwar können wir in diesem Kapitel die Möglichkeiten von AMO leider nicht komplett behandeln, wir werden Ihnen aber die wichtigsten Anwendungsbereiche anhand einiger Beispiele vorstellen und die zugrunde liegenden Objektmodelle erläutern. Wir setzen in diesem Zusammenhang Grundkenntnisse in der .NET-Programmierung voraus. Einige weitere Erläuterungen hierzu können Sie den vorherigen Kapiteln entnehmen.

Um in Anwendungen AMO verwenden zu können, muss ein Verweis auf die Analysis Management Objects (*Microsoft Analysis Services.dll*) in das Projekt eingebunden sein. Wenn eine Anwendung ausgeliefert werden soll, die AMO verwendet, muss diese Klassenbibliothek auf dem Client installiert sein. AMO wandelt zur Kommunikation mit dem Server die getätigten Objektänderungen in *Analysis Services Scripting Language* (ASSL)-Anweisungen um. ASSL ist ein XML-Dialekt, den Analysis Services intern zur Darstellung, Änderung und Erstellung von Objekten benutzt. Die ASSL-Anweisungen werden in XMLA und SOAP verpackt und entweder über TCP/IP oder HTTP an den Server geschickt (Kapitel 30 enthält weitere Informationen zu XMLA).

Beginnen werden wir das Kapitel mit einem Überblick über das Objektmodell von AMO. Im folgenden Teil werden wir auf diejenigen Bereiche der AMO-Bibliothek eingehen, die zu den üblichen Administrationsaufgaben eingesetzt werden können. Dabei handelt es sich um folgende Themen:

- Einführung in die Klassen Server und Database
- Anlegen von Benutzern und die Vergabe von Rechten
- Sichern und Wiederherstellen von Datenbanken
- Protokollieren von Serverereignissen

Im nächsten Teil des Kapitels werden wir Sie dann in einem kleinen Tutorial in die AMO-Klassen, die zur Erstellung von Cubes und Data Mining-Modellen benötigt werden, einführen. Abschließend stellen wir die AMO-Klassen zur Fehlerbehandlung vor. Für den Zugriff auf Objekte, die mit AMO angesprochen werden, benötigen Sie Administrationsrechte. Mehr über die Rechteverwaltung erfahren Sie in Kapitel 8.

Die Beispiele in diesem Kapitel sind alle in C# geschrieben. Sie können diese Beispiele von der in Kapitel 2 angegebenen Quelle herunterladen.

ACHTUNG Um die Beispiele aus diesem Kapitel nachzuvollziehen, brauchen Sie eine Installation des Microsoft Visual Studios 2008 auf Ihrem Rechner. Nähere Hinweise dazu erhalten Sie in Kapitel 2.

Das Objektmodell von AMO

In Abbildung 29.2 erhalten Sie einen Überblick über das Objektmodell von AMO. Wir haben aus Platzgründen in dieser Abbildung darauf verzichtet, die zu den Objekten gehörenden Aufzählungen mit aufzunehmen. AMO stellt Hauptobjekte und Nebenobjekte zu Verfügung. Hauptobjekte, wie Dimensionen oder Mining Strukturen, können unabhängig vom einem übergeordneten Objekt gebildet werden. Nebenobjekte hingegen, wie Hierarchy oder MiningModelColumn, lassen sich nur in Verbindung mit einem übergeordneten Objekt erstellen. Alle Hauptobjekte und fast alle Nebenobjekte haben die Eigenschaften ID und Name. Die ID ist nicht änderbar, der Name eines Objekts kann hingegen geändert werden. Sowohl Name als auch ID sind innerhalb einer Aufzählung eindeutig. Die Ausnahme bilden unbenannte Objekte wie Translations, sie haben weder ID noch Namen und existieren lediglich in der Aufzählung des übergeordneten Objekts.

Alle Objekte in AMO implementieren die Methoden Clone, Validate und Parent. Mit der Clone-Methode kann ein Objekt kopiert werden. Die Validate-Methode prüft, ob ein Objekt gültig ist, also zum Beispiel ob es eine gültige ID hat oder ob alle benötigten Eigenschaften gesetzt sind, und die Parent-Methode ermittelt das übergeordnete Objekt, zum Beispiel für einen Cube die Datenbank. Zusätzlich stellen benannte Objekte die Eigenschaften Description und Annotation zu Verfügung. Diese Eigenschaften enthalten Beschreibungen im Text- und XML-Format.

Alle AMO Aufzählungen enthalten mindestens die folgenden Methoden:

- Add   Fügt ein neues Objekt der Aufzählung hinzu. Dieser Methode können Name und/oder ID übergeben werden. Andernfalls werden diese Eigenschaften automatisch erzeugt.
- Clear   Entfernt alle Objekte aus der Aufzählung
- Contains   Prüft anhand der ID, ob ein bestimmtes Objekt in der Aufzählung enthalten ist

- Count   Liefert die Anzahl der Objekte in der Aufzählung
- Find   Sucht anhand der ID ein Objekt in einer Aufzählung
- FindByName   Sucht anhand des Namens ein Objekt in einer Aufzählung
- Insert   Fügt in die Aufzählung ein Objekt an einem angegebenen Index ein
- Move   Verschiebt ein Objekt in einer Aufzählung von einem Index zu einem anderen
- Remove   Entfernt ein Objekt aus einer Aufzählung
- RemoveAdd   Entfernt das Objekt mit einem bestimmten Index aus einer Aufzählung

Hauptobjekte implementieren zusätzlich folgende Methoden:

- Drop   Mit dieser Methode wird ein Objekt von der übergeordneten Auflistung auf dem Server gelöscht. Die Methode kann mit dem Parameter IgnoreFailures dazu gezwungen werden, auch bei auftretenden Fehlern das Löschen zu vollziehen. Der Parameter affectDependents gibt an, ob zugehörige Objekte auch gelöscht werden sollen oder nicht.
- LastSchemaUpdate   Diese Methode ruft den letzten Änderungszeitpunkt des Objekts vom Server ab
- Update   Diese Methode schreibt Objekte auf dem Server. Hierbei kann durch den optionalen Parameter UpdateMode festgelegt werden, ob ein Objekt angelegt, ersetzt oder upgedatet werden soll. Der ebenfalls optionale UpdateOptions-Parameter bestimmt, ob abhängige Objekte ebenfalls von der jeweiligen Aktion betroffen sein sollen.

Einige Hauptobjekt wie zum Beispiel Cubes, Dimensionen oder Miningstrukturen können auch verarbeitet werden, also mit Daten gefüllt werden. Hierzu werden folgende Methoden zu Verfügung gestellt:

- CanProcess   Diese Methode ruft die Information vom Server ab, die Aufschluss darüber gibt, ob das Objekt sich in einem Zustand befindet, in dem es verarbeitet werden kann. Dies ist zum Beispiel nicht der Fall, wenn es bereits verarbeitet wird.
- LastProcessed   Diese Methode ruft den Zeitpunkt der letzten Verarbeitung vom Server ab
- Process   Diese Methode stößt das Verarbeiten eines Objekts auf dem Server an. Der optionale Parameter ProcessType gibt hierbei die Art der Verarbeitung an.

HINWEIS   Für alle Parameter stehen Enumerationen zur Verfügung, über die auf die möglichen Ausprägungen zugegriffen werden kann. So lassen sich zum Beispiel in Visual Studio 2008 über die Eingabe von ProcessType, gefolgt von einem Punkt, mithilfe von IntelliSense alle Ausprägungen abrufen.

Das Objektmodell von AMO

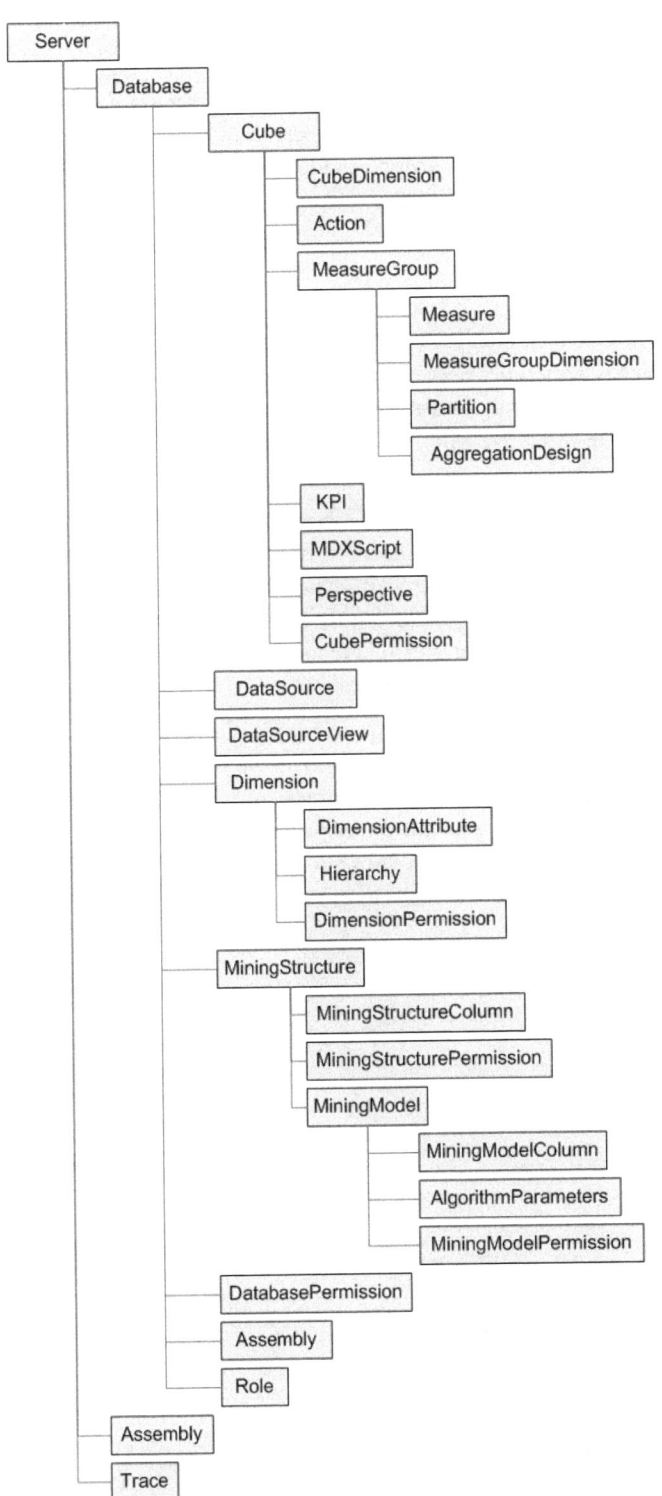

Abbildung 29.2 AMO-Objektmodell

Administrationsaufgaben mit AMO

Um Administrationsaufgaben mit AMO verrichten zu können, benötigen Sie immer Zugriff auf das Server- und meistens auch auf das Datenbankobjekt. Den Zugriff auf diese Analysis Services-Objekte ermöglichen die AMO-Klassen Server und Database. Diese Klassen werden auch grundlegende Klassen genannt, da sie den Ausgangspunkt für die Bearbeitung von allen weiteren Objekten bilden.

Das Server-Objekt

Das Server-Objekt ist das oberste Objekt der AMO-Objekthierarchie. Es wird dazu verwendet, eine Verbindung zum Server herzustellen und auf alle Eigenschaften des Servers zuzugreifen. Darüber hinaus werden alle weiteren AMO-Objekte aus dem Server-Objekt erzeugt. In der Database-Auflistung des Server-Objekts sind alle vorhandenen Datenbanken als Database-Objekte enthalten. Mithilfe der Auflistung lassen sich auch neue Datenbanken erzeugen und bestehende löschen.

Um die Verbindung zum Analysis Services-Server herzustellen, muss der Connect-Methode des Server-Objekts für eine TCP/IP-Verbindung der Name beziehungsweise die Netzwerkadresse des Servers mitgeteilt werden und für eine HTTP-Verbindung die Adresse des Webeinstes. Weitere Angaben sind dafür nicht nötig. Die Verbindung wird immer mit Windows Integrated Security hergestellt. Zu ihr gehört eine Sitzungs-ID, die über die SessionID-Eigenschaft des Server-Objekts abgerufen werden kann. Eine mögliche Verwendung der Sitzungs-ID beschreiben wir später in diesem Kapitel im Abschnitt »SessionTrace«.

In Listing 29.1 stellen wir Ihnen beispielhaft eine komplette Konsolenanwendung vor, die zunächst eine Verbindung zum Server herstellt, dann mit der Server-Eigenschaft Connected prüft, ob die Verbindung steht, dann, falls sie steht, einige Servereigenschaften ausgibt und schließlich die Verbindung trennt. Hierfür wird in diesem Beispiel eine HTTP-Verbindung verwendet. Um das Beispiel mit dieser Verbindung nachzuvollziehen, müssen Sie IIS und Analysis Services wie in Kapitel 30 beschrieben konfigurieren. Alternativ können Sie auch den Namen des Servers oder bei einer lokalen Installation *localhost* angeben.

```
using System;
using System.Collections.Generic;
using System.Text;
using Microsoft.AnalysisServices;

namespace AMO_server
{
    class Program
    {
        static void Main(string[] args)
        {
            Server serv = new Server();
            string connectionString = "http://localhost/olap/msmdpump.dll";
            serv.Connect(connectionString);
            if (serv.Connected)
            {
                Console.WriteLine("Server Edition: " + serv.Edition);
                Console.WriteLine("Server Name: " + serv.Name);
                Console.WriteLine("Server Version: " + serv.Version);
                serv.Disconnect();
            }
```

Listing 29.1 Verbindung zum Server herstellen und einige Eigenschaften anzeigen

```
        Console.ReadLine();
    }
  }
}
```

Listing 29.1 Verbindung zum Server herstellen und einige Eigenschaften anzeigen *(Fortsetzung)*

Das Database-Objekt

Das AMO-Database-Objekt entspricht einer Datenbank auf den Analysis Services. In einer Datenbank sind alle nicht direkt dem Server zugeordneten Objekte enthalten. Ein Database-Objekt enthält also beispielsweise folgende Objekte:

- DataSource- und DataSourceView-Objekte, welche für die Verbindung zu der zugrunde liegenden Datenbank und zur logischen Sicht der Daten verantwortlich sind. Diese Objekte werden später in diesem Kapitel im Abschnitt »Erstellen von DataSource und DataSourceView« vorgestellt.

- OLAP- und Data Mining-Objekte, beispielsweise Cubes und Data Mining-Modelle. Diese Objektmodelle werden wir Ihnen im »Tutorial zum Erstellen eines Cubes und eines Data Mining-Modells« am Ende des Kapitels vorstellen.

- Objekte zur Administration, die wir Ihnen im nächsten Abschnitt vorstellen

In Listing 29.2 zeigen wir, wie über die Databases-Auflistung eines Server-Objekts auf alle Datenbanken zugegriffen werden kann, wie sich eine Datenbank über die FindByName-Methode finden lässt und wie eine andere Datenbank über die Add-Methode der Auflistung angefügt werden kann. Auf die neu erzeugte Datenbank muss die Update-Methode angewandt werden, um die Erstellung auf dem Server zu vollziehen. Dieses Update zum Vollziehen wichtiger Änderungen von Objekten ist ein in AMO häufig genutztes Konzept. Um eine Datenbank zu löschen, wird auf das Database-Objekt die Drop-Methode angewandt. Im Codefragment aus Listing 29.2 zeigen wir, wie zuerst durch die Databases-Auflistung des Server-Objekts iteriert und anschließend eine neue Datenbank erzeugt wird:

```
Server serv = new Server();
serv.Connect("localhost");
if (serv.Connected)
{
    foreach (Database db in serv.Databases)
    {
        Console.WriteLine(db.Name);
    }
    Database dbs=serv.Databases.FindByName("NewDB");
    if (dbs == null)
    {
        dbs = serv.Databases.Add("NewDB");
        dbs.Update();
    }
}
serv.Disconnect();
```

Listing 29.2 Datenbanken finden, erzeugen und auflisten

Die Datenbank und die in ihr enthaltenen Objekte können über die Process-Methode des Database-Objekts erstellt werden.

Sicherheit

Der Sicherheitsmechanismus von Analysis Services ist rollenbasiert. Um also einem Benutzer Rechte einzuräumen, muss er einer Rolle zugewiesen werden, die die entsprechenden Rechte beinhaltet. Auf Serverebene gibt es nur eine Rolle: die Administratorenrolle. Wenn ein Benutzer dieser Rolle zugewiesen wurde, hat dieser Zugriff auf jedes Datenbankobjekt.

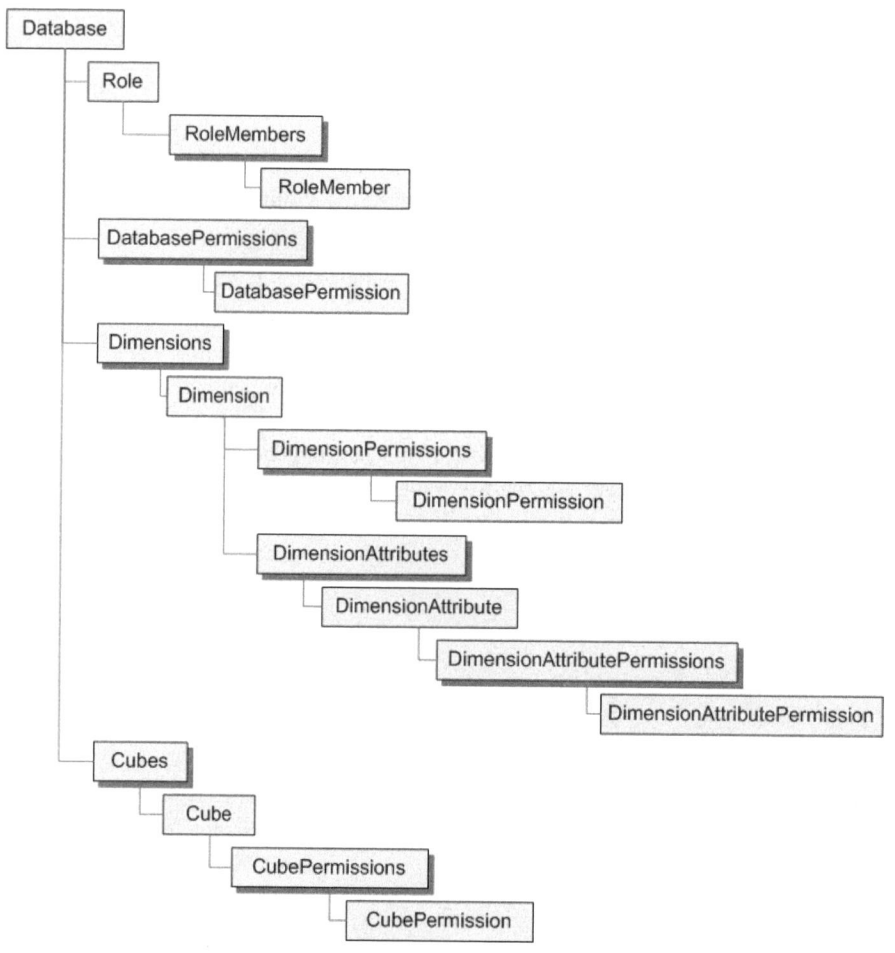

Abbildung 29.3 Klassen für das Rollenkonzept von AMO

Auf Datenbankebene gibt es standardmäßig keine Rollen. An dieser Stelle müssen also Rollen angelegt werden, die die Rechte unterschiedlicher Benutzer (-gruppen) bestimmen. Hierfür gibt es im Database-Objekt eine Roles-Auflistung, der über ihre Add-Methode beliebig viele neue Rollen zugefügt werden können. Aus der Auflistung lässt sich zur Änderung einer Rolle ein Role-Objekt über die FindByName-Methode aufrufen. Role-Objekte verfügen über Methoden zum Löschen (Drop) und zum Durchführen von im Objekt getätigten

Änderungen auf dem Server (Update). Soll eine Rolle gelöscht werden, dürfen ihr allerdings keine Rechte zugewiesen sein.

Um einer Rolle Benutzer hinzuzufügen, werden diese als Mitglieder in die entsprechende Members-Auflistung aufgenommen. Ein Mitglied wird ohne Bezug auf ein anderes Objekt erzeugt und erhält als Schlüssel für den Benutzer dessen Windows-Account als String. Es können also ausschließlich Benutzer mit Windows-Account Rechte für Analysis Services erhalten.

Einer Rolle können für Objekte – z.B. Database, DataSource, Dimension, Attribute, Cube, Cell, MiningStructure und Mining-Model – dezidierte Rechte zugewiesen werden. Die Permission-Objekte, die diese Rechte tragen, heißen dann dementsprechend DatabasePermission, DataSourcePermission usw. Um die Rechte zuzuweisen, wird die Rolle in die Permissions-Auflistung des gewünschten Objekts aufgenommen. Im dabei entstehenden Permission-Objekt, welches das Recht der Rolle am Objekt definiert, werden die gewünschten Rechte als Eigenschaften gesetzt. Mögliche Rechte können Sie der Tabelle 29.1 entnehmen.

Rechte-Eigenschaft	Mögliche Werte (Der Standardwert ist fett formatiert)	Beschreibung
Read	**None**, Allowed	Setzt die Rechte zum Lesen von Daten und Metadaten; für Dimensionen ist der Standardwert *Allowed*
ReadDefinition	**None**, Basic, Allowed	Setzt die Rechte zum Lesen von Datendefinitionen; der Wert *Basic* ist für das Erstellen lokaler Cubes notwendig
Write	**None**, Allowed	Setzt die Schreibrechte für Daten
Process	True, **False**	Setzt die Rechte, ein Objekt zu erstellen
Administer	True, **False**	Setzt alle Rechte für das Objekt

Tabelle 29.1 Rechte-Eigenschaften und ihre Werte

Für das sichere Setzen der Eigenschaftswerte None, Basic und Allowed stellt AMO entsprechende Enumerations-Objekte zur Verfügung. Die Bezeichnung der Enumerations-Objekte wird aus der Bezeichnung der Permission-Eigenschaft und dem Suffix Access gebildet. Der Wert für eine Read-Eigenschaft kann also beispielsweise auf ReadAccess.Allowed gesetzt werden. Die booleschen Werte werden hingegen direkt gesetzt.

In Listing 29.3 wird eine in der Datenbank *Adventure Works DW 2008 SE* neue Rolle Leser angelegt, die lediglich Leserechte für den Cube *Adventure Works* besitzen soll. Zudem soll es der Rolle Leser nur möglich sein, Daten aus dem Kalenderjahr 2004 einzusehen. Um dies zu erreichen, wird in der Dimension Date eine AttributePermission-Berechtigung für das Attribut Calendar Year eingerichtet, die die Berechtigung durch einen MDX-Mengenausdruck festlegt. Für die Dimension Date muss keine Read-Berechtigung vergeben werden, da diese standardmäßig auf Allowed gesetzt ist. Abschließend wird der Rolle Leser über RoleMember (testuser) ein neues Rollenmitglied zugewiesen.

```
static void leserRolle(Server serv)
{
    Database dbs = serv.Databases.FindByName("Adventure Works DW 2008 SE");
    if (dbs.Roles.FindByName("Leser") != null)
    {
        dbs.Roles.FindByName("Leser").Drop(DropOptions.AlterOrDeleteDependents);
    }
```

Listing 29.3 Leserechte erstellen

```
        //Rolle anlegen
        Role leser = dbs.Roles.Add("Leser", "Leser");
        leser.Update();

        //Datenbankberechtigungen setzen
        DatabasePermission dbsPerm = dbs.DatabasePermissions.Add(leser.ID);
        dbsPerm.Read = ReadAccess.Allowed;
        dbsPerm.Update();

        //Dimensionsberechtigung setzen und das Attribut Calendar Year auf 2004 einschränken
        Dimension Dim = dbs.Dimensions.FindByName("Date");
        DimensionPermission dimPerm = Dim.DimensionPermissions.Add(leser.ID);
        DimensionAttribute attr = Dim.Attributes.FindByName("Calendar Year");
        AttributePermission attrPerm = dimPerm.AttributePermissions.Add(attr.ID);
        attrPerm.AllowedSet = "{[Date].[Calendar Year].&[2004]}";
        dimPerm.Update();

        //Cube-Berechtgung setzen
        Cube cub = dbs.Cubes.FindByName("Adventure Works");
        CubePermission cubPerm = cub.CubePermissions.Add(leser.ID);
        cubPerm.Read = ReadAccess.Allowed;
        cubPerm.Update();

        //Benutzer anfügen
        leser.Members.Add(new RoleMember("testuser"));
        leser.Update();
    }
```

Listing 29.3 Leserechte erstellen *(Fortsetzung)*

Backup und Restore

AMO bietet ein einfaches Objektmodell zur Sicherung und Wiederherstellung von Datenbanken. Die Backup-Methode des Database-Objekts bietet alle erforderlichen Dienste für die Sicherung und die Restore-Methode des Server-Objekts die Funktionen zur Wiederherstellung.

Die Backup-Methode benötigt in ihrer einfachsten Form lediglich den Ort, an dem die Sicherung gespeichert werden soll. Die angegebene Backup-Datei muss die Dateiendung .abf haben. Optional können der Backup-Methode weitere Argumente übergeben werden: Beispielsweise kann mit der AllowsOverwrite-Eigenschaft angegeben werden, ob eine vorhandene Sicherung mit gleichem Namen überschrieben werden soll. Ist kein Ordner im Datei-Argument der Backup-Methode angegeben, wird die Sicherung in den Backup-Ordner von Analysis Services geschrieben.

Der Backup-Methode kann auch ein BackupInfo-Objekt übergeben werden, das die möglichen Eigenschaften für die Sicherung trägt. Ein solches Objekt werden wir im folgenden Beispiel verwenden, um die Sicherung mit einem Passwort zu schützen.

In Listing 29.4 wird die Main-Methode einer Konsolenanwendung vorgestellt: Diese sichert alle Datenbanken, an denen am Tag der Ausführung des Programms Änderungen vorgenommen wurden.

Administrationsaufgaben mit AMO

```
static void Main(string[] args)
{
    Server serv = new Server();
    serv.Connect("local");
    if (serv.Connected)
    {
        foreach (Database db in serv.Databases)
        {
            if (db.LastUpdate.Date==(DateTime.Today))
            {
                string fname = "C:/Backup/" + db.Name + DateTime.Now.ToFileTime() + ".abf";
                BackupInfo bi = new BackupInfo();
                bi.File = fname;
                bi.Password = "xxx";
                db.Backup(bi);
                Console.WriteLine("Gesichert: " + db.Name);
            }
        }
    }
    serv.Disconnect();
    Console.ReadLine();
}
```

Listing 29.4 Sichern von Datenbanken

Die Wiederherstellung einer Datenbank wird vom Server-Objekt aus initiiert. Der hierfür bereitgestellten Restore-Methode muss zumindest der Dateiname der Backup-Datei übergeben werden. Dann wird die Datei im Backup-Ordner von Analysis Services gesucht und unter dem Namen der gesicherten Datenbank wiederhergestellt. Weitere optionale Parameter der Restore-Methode sind u.a. der Name, unter dem die Datenbank wiederhergestellt werden soll, die Möglichkeit, die Datenbank auf dem Server überschreiben zu lassen, sowie ein Passwort, mit dem die Sicherung geschützt wird. Diese Angaben lassen sich auch in einem RestoreInfo-Objekt zusammenfassen.

In Listing 29.5 wird eine Datenbank unter Angabe von Speicherort, neuem Namen und Passwort wiederhergestellt:

```
static void wiederherstellen(Server serv)
    {
        RestoreInfo ri = new RestoreInfo();
        ri.File = "C:/Backup/NewDB.abf";
        ri.DatabaseName = "backNewDB";
        ri.AllowOverwrite = true;
        ri.Password = "xxx";
        serv.Restore(ri);
    }
```

Listing 29.5 Wiederherstellung einer Datenbank

Tracing

Analysis Services stellt ein kleines Framework zur Verfügung, mit dem Ereignisse auf dem Server verfolgt werden können. Dieses wird im Folgenden *Tracing* bzw. *Trace* genannt, da die Spur (engl. Trace) der Ereignisse aufgezeichnet wird. Das Framework gestattet es zum einen, Ereignisse aufzuzeichnen und in einer Datei zu speichern, und zum anderen, über Ereignisbehandlungsroutinen (engl. Event Handler) Code zu bestimmten Ereignissen auszuführen, um zum Beispiel in einer Benutzeroberfläche Meldungen abzusetzen.

Server-Trace

Um Server-Ereignisse aufzuzeichnen, muss der Traces-Auflistung des Servers ein Trace-Objekt hinzugefügt werden. Die Ereignisse auf dem Server werden von TraceEventClass-Klassen in Analysis Services behandelt. Das erstellte Trace-Objekt registriert in seiner Events-Auflistung die TraceEventClass-Klassen, die aufgezeichnet werden sollen. Diese Klassen stellen Daten zu den Ereignissen in Spalten zur Verfügung. Das TraceEvent-Objekt kann angeben, welche Spalten in das Trace aufgenommen werden. Mögliche Spalten können über die TraceColumn-Enumeration gefunden und gesetzt werden. Die Hauptinformation zu einem Ereignis steht meist in der TextData-Spalte. In Listing 29.6 stellen wir einige Spalten vor.

Neben den zu verwertenden Ereignissen können für ein Trace-Objekt noch einige Eigenschaften gesetzt werden:

- LogFileName   Gibt an, welchen Dateinamen die Protokolldatei trägt
- LogFileSize   Gibt die maximale Größe der Protokolldatei in Megabyte an
- LogFileRollover   Dieser boolesche Wert legt fest, ob die Protokolldatei, falls sie bereits vorhanden oder ihre maximale Größe erreicht ist, überschrieben wird, oder ob eine neue Protokolldatei mit angehängter Ordnungsnummer erzeugt wird
- AutoRestart   Falls auf True gesetzt ist, wird das Tracing beim Starten von Analysis Services mitgestartet

Damit ein Trace-Objekt auf dem Server erstellt werden kann und einsetzbar ist, muss seine Update-Methode aufgerufen werden. Danach kann das Trace-Objekt über seine Start-Methode gestartet und über seine Stop-Methode beendet werden.

Mit dem Trace-Objekt erstellte Trace-Dateien können im SQL Server Profiler ausgewertet werden. In Listing 29.6 wird das Trace-Objekt tc erstellt, das TraceEventClass.ProgessReportBegin auswertet. Die beim Erstellen der Datenbank NewDB auftretenden Ereignisse werden in die Protokolldatei *C:\Trace\myTrace.trc* geschrieben. Abschließend wird das Tracing angehalten und das Trace-Objekt wird gelöscht.

```
Server serv = new Server();
            serv.Connect("local");
            if (serv.Connected)
            {
                if (serv.Traces.FindByName("myTrace") != null)
                {
                    serv.Traces.FindByName("myTrace").Drop();
                }
                Trace tc = serv.Traces.Add("myTrace");
                tc.AutoRestart = false;
                tc.LogFileName = "C:/Trace/myTrace.trc";
                tc.LogFileSize = 20;//Megabyte
                tc.LogFileRollover = true;
//Ereignisse bestimmen, die aufgezeichnet werden sollen
                TraceEvent te = tc.Events.Add(TraceEventClass.ProgressReportBegin);
//Spalten auswählen, die das TraceEvent-Objekt in die Trace-Datei schreibt
                te.Columns.Add(TraceColumn.TextData);
                te.Columns.Add(TraceColumn.NTCanonicalUserName);
                te.Columns.Add(TraceColumn.StartTime);
//Trace erstellen und starten
                tc.Update();
                tc.Start();
//Eine Datenbank erstellen
```

Listing 29.6 Server-Tracing

Administrationsaufgaben mit AMO

```
                serv.Databases.FindByName("NewDB").Process();
//Trace stoppen und löschen
                tc.Stop();
                tc.Drop();
                tc.Update();
        }
```

Listing 29.6 Server-Tracing *(Fortsetzung)*

Leider ist es uns nicht gelungen, TraceEventSubclass-Ereignisse in die Spalten des TraceEvents mit aufzunehmen: Dies ist aber notwendig, um einige spezielle Ereignisse zu verfolgen: Sollen zum Beispiel MDX-Abfragen mit dem TraceEventClass.QueryBegin-Ereignis aufgezeichnet werden, gelingt dies nur, wenn die TraceEventSubclass.MdxQuery mit aufgenommen wird. Eine Lösung dieses Problems mithilfe von ASSL stellen wir in Kapitel 30 vor.

SessionTrace

Ein SessionTrace-Objekt zeichnet die Analysis Services-Ereignisse auf, die im Rahmen der Sitzung stattfinden, in der dieses Trace gestartet wurde. Um eine Sitzung zu verfolgen, muss dem SessionTrace-Objekt des Server-Objekts eine Ereignisbehandlungsroutine zugeordnet werden. Diese Routine wird, nachdem die Sitzungsverfolgung über die Start-Methode von SessionTrace gestartet wurde, bei jedem auftretenden Ereignis aufgerufen. Sie bekommt das Ereignis in Form eines TraceEventArgs-Objekt übergeben. In diesem Objekt befinden sich unter anderem die aus dem TraceColumn-Objekt bekannten Informationen. Im Beispiel aus Listing 29.7 verwenden wir die TextData-Eigenschaft des TraceColumn-Objekts, um Ereignisse, die bei einer MDX-Abfrage über AMOMD.NET auftreten, auszuwerten. Zu diesem Zweck wird mit der Zeile

```
serv.SessionTrace.OnEvent+=new TraceEventHandler(SessionTrace_OnEvent);
```

ein Ereignis-Handler (die Zuordnung des Ereignisses zur Ereignisbehandlungsroutine) namens TraceEventHandler für das SessionTrace-Objekt des Server-Objekts serv erzeugt. Der TraceEventHandler ruft bei einem Ereignis, das auf dem Server während der Sitzung auftritt, die Methode SessionTrace_OnEvent auf, die den Text der TextData-Eigenschaft des aufgetretenen Ereignisses in der Konsole ausgibt.

Mit der Methode SessionTrace wird das Trace gestartet, dann über ADOMD.NET eine MDX-Abfrage gestellt und ausgewertet und anschließend wird die Sitzungsverfolgung (SessionTrace) wieder beendet.

```
static public void SessionTrace(Server serv)
{
    serv.SessionTrace.OnEvent+=new TraceEventHandler(SessionTrace_OnEvent);
    serv.SessionTrace.Start();
    AdomdConnection conn = new AdomdConnection();
    conn.ConnectionString = "Data Source=local;Catalog='Adventure Works DW 2008 SE';
                    SessionID='" + serv.SessionID;
    conn.Open();
    AdomdCommand cmd = conn.CreateCommand();
    cmd.CommandText = "SELECT [Product].[Color].members on 0 FROM [Adventure Works]";
    System.Xml.XmlReader xreader = cmd.ExecuteXmlReader();
    Console.WriteLine(xreader.ReadInnerXml());
    xreader.Close();
    conn.Close();
    Console.ReadLine();
    serv.SessionTrace.Stop();
```

Listing 29.7 Trace über eine Session

```
}

static public void SessionTrace_OnEvent(object o, TraceEventArgs tea)
{
    Console.WriteLine(tea.TextData);
}
```

Listing 29.7 Trace über eine Session *(Fortsetzung)*

Tutorial zum Erstellen eines Cubes und eines Data Mining-Modells

Aufbauend auf die früher in diesem Kapitel im Abschnitt »Das Database-Objekt« erstellte Datenbank newDB werden wir auf den folgenden Seiten einen kleinen Cube und ein Data Mining-Modell mithilfe von AMO erstellen. Hierbei werden wir nur die wichtigsten Eigenschaften der beteiligten Objekte vorstellen und viele nicht unbedingt benötigte Objekte übergehen. Umfangreiche Informationen zu diesen Objekten und Eigenschaften finden Sie in der Online-Hilfe. Unser Ziel ist es, Ihnen in diesem Abschnitt die wesentlichen Konzepte der Programmierung von OLAP- und Data Mining-Objekten mit AMO näherzubringen.

Für das Tutorial verwenden wir die in Listing 29.8 angegebene Konsolenanwendung als Rahmen. Sie baut auf die bekannte Konsolenanwendung aus Listing 29.2 auf und enthält bereits die Methodenaufrufe zum Erstellen der Objekte. Die Listings der Methoden finden Sie in den folgenden Abschnitten.

```
using System;
using System.Collections.Generic;
using System.Text;
using Microsoft.AnalysisServices;

namespace AMO_Tutorial
{
    class AMO_Tutorial
    {
        static void Main(string[] args)
        {
            Server serv = new Server();
            serv.Connect("local");
            if (serv.Connected)
            {
                Database dbs = serv.Databases.FindByName("NewDB");
                if (dbs != null)
                {
                    dbs.Drop(DropOptions.AlterOrDeleteDependents);
                }
                dbs = serv.Databases.Add("NewDB");
                dbs.Update();
                DataSource ds= erstellenDatasource(dbs);
                DataSourceView dsv= erstellenDatasourceView(dbs,ds);
                erstellenDimension( dbs, dsv);
                erstellenCube(dbs, dsv);
                MiningStructure ms = erstellenMiningStructure(dbs,dsv);
                erstellenMiningModel(ms);
                dbs.Process();
```

Listing 29.8 Rahmen-Konsolenanwendung des Tutorials

Tutorial zum Erstellen eines Cubes und eines Data Mining-Modells

```
            }
            serv.Disconnect();
        }
    }
}
```

Listing 29.8 Rahmen-Konsolenanwendung des Tutorials *(Fortsetzung)*

Erstellen von DataSource und DataSourceView

Ein zur Datenbank gehörendes DataSource-Objekt enthält als wichtigste Eigenschaft die Verbindungszeichenfolge (ConnectionString) zur relationalen Datenquelle. Ein DataSource-Objekt kann über eine DataSources-Auflistung des Database-Objekts mit der Add-Methode erzeugt und mit der FindByName-Methode gefunden werden. Ebenso lässt sie sich über ihre Drop-Methode löschen. In Listing 29.9 wird eine DataSource für die Datenbank NewDB erzeugt.

```
static DataSource erstellenDatasource(Database dbs)
{
    //Erstellen einer DataSource
    DataSource ds = dbs.DataSources.Add("NewDS");
    ds.ConnectionString = "Provider=SQLNCLI10.1;Data Source=BISS2008;Integrated Security=SSPI;
                           Initial Catalog= AdventureWorksDW2008";
    ds.Update();
    return ds;
}
```

Listing 29.9 Erstellen einer DataSource

Das DataSourceView-Objekt bildet die logische Sicht der Daten auf Analysis Services. Mit diesem Objekt wird das Analysis Services-Datenbankschema mit seinen Tabellen und Beziehungen bearbeitet. Hierfür müssen Informationen über das Mapping von Tabellen aus dem Quellsystem ins Analysis Services-Datenbankschema übergegeben werden, und es müssen möglicherweise berechnete Spalten in den Tabellen sowie Beziehungen zwischen den Tabellen erstellt werden.

Für diese Aufgaben ist das Schema-Objekt der DataSourceView zuständig. Dieses Objekt ist vom Typ System.Data.DataSet und bringt die erforderlichen Methoden und Unterobjekte mit. Um beispielsweise eine Tabelle zum Schema hinzuzufügen, muss in die Tables-Auflistung des Schema-Objekts die Tabelle mit ihren Metadaten – also Namen, Spalten und Datentypen – aufgenommen werden. Diese Metadaten können aus der zugrunde liegenden Datenquelle bezogen werden. Wir zeigen Ihnen dieses Vorgehen in Listing 29.10.

```
static DataSourceView erstellenDatasourceView(Database dbs, DataSource ds)
    {
        //Erstellen einer DataSourceView
        DataSourceView dsv = dbs.DataSourceViews.Add("NewDSV");
        dsv.DataSourceID = ds.ID;

        //Das Schema der DataSourceView erzeugen
        dsv.Schema = new System.Data.DataSet();

        //Tabellen ins Schema einfügen
        //Benötigte Objekte vorbereiten
        System.Data.OleDb.OleDbConnection conn = new
```

Listing 29.10 *DataSourceView* anlegen

```
                        System.Data.OleDb.OleDbConnection(ds.ConnectionString);
                        conn.Open();
                        System.Data.OleDb.OleDbCommand cmd;
                        System.Data.OleDb.OleDbDataAdapter adapter;
                        System.Data.DataTable[] tbls;
                        System.Data.DataColumn col;

                        //Customer-Tabelle einbinden
                        cmd = new System.Data.OleDb.OleDbCommand("DimCustomer", conn);
                        cmd.CommandType = System.Data.CommandType.TableDirect;
                        adapter = new System.Data.OleDb.OleDbDataAdapter(cmd);
                        tbls = adapter.FillSchema(dsv.Schema, System.Data.SchemaType.Mapped, "DimCustomer");
                        col= tbls[0].Columns.Add("FullName", typeof(string));
                        col.ExtendedProperties.Add("ComputedColumnExpression", "LastName + ',' + FirstName");
                        System.Data.DataColumn pk_cust=tbls[0].Columns["CustomerKey"];

                        //Faktentabelle einbinden
                        cmd = new System.Data.OleDb.OleDbCommand("FactInternetSales", conn);
                        cmd.CommandType = System.Data.CommandType.TableDirect;
                        adapter = new System.Data.OleDb.OleDbDataAdapter(cmd);
                        tbls = adapter.FillSchema(dsv.Schema, System.Data.SchemaType.Mapped, "FactInternetSales");
                        System.Data.DataColumn fk_cust = tbls[0].Columns["CustomerKey"];

                        //Beziehung zwischen Customer und InternetSales ins Schema schreiben
                        dsv.Schema.Relations.Add(pk_cust,fk_cust);

                        conn.Close();
                        dsv.Update();
                        return dsv;
                }
```

Listing 29.10 *DataSourceView anlegen (Fortsetzung)*

In Listing 29.10 wird eine Methode vorgestellt, mit der – aufbauend auf der zuvor erstellten Datenbank und der zu ihr gehörenden Datenquelle (DataSource) – eine DataSourceView erstellt wird: Als Erstes wird der Datenbank eine DataSourceView hinzugefügt und dieser Datenquellensicht wird die entsprechende Datenquelle zugewiesen. Für die DataSourceView wird ein neues Schema erstellt. In den folgenden Zeilen haben wir auch die Namespaces der verwendeten Klassen komplett aufgenommen. Normalerweise würden diese über die Using- oder Imports-Anweisung in die Klasse eingebunden, wir möchten hier jedoch verdeutlichen, welche Klassen aus System.Data Verwendung finden.

In das Schema werden die Tabellen DimCustomer und FactInternetSales eingefügt. Um die Metadaten für diese Tabelle aus der Datenquelle zu beziehen, muss eine OLE DB-Verbindung zu ihr hergestellt werden. Dafür wird die Verbindungszeichenfolge (ConnectionString) aus der Datenquelle verwendet:

```
System.Data.OleDb.OleDbConnection conn = new System.Data.OleDb.OleDbConnection(ds.ConnectionString);
conn.Open();
```

In den folgenden Zeilen werden Objekte deklariert, die später bei jeder einzubindenden Tabelle Verwendung finden:

```
System.Data.OleDb.OleDbCommand cmd;
System.Data.OleDb.OleDbDataAdapter adapter;
System.Data.DataTable[] tbls;
System.Data.DataColumn col;
```

Tutorial zum Erstellen eines Cubes und eines Data Mining-Modells

In den nächsten Zeilen wird das OLE DB-Command-Objekt cmd für die Tabelle DimCustomer erstellt. Dieses Command-Objekt ermöglicht es, direkt auf die Tabelle zuzugreifen:

```
cmd = new System.Data.OleDb.OleDbCommand("DimCustomer", conn);
cmd.CommandType = System.Data.CommandType.TableDirect;
```

Über den OLE DB-Datenadapter (OleDbDataAdapter), der auf das Command-Objekt aufbaut, können nun die Metadaten in das Schema der DataSourceView übertragen werden. Das zurückgegebene Array von DataTable-Objekten enthält nur die Tabelle, die über das Command-Objekt ins Schema übertragen wurde.

```
adapter = new System.Data.OleDb.OleDbDataAdapter(cmd);
tbls = adapter.FillSchema(dsv.Schema, System.Data.SchemaType.Mapped, "DimCustomer");
```

Dieser Tabelle könnten an dieser Stelle weitere Eigenschaften mitgegeben werden, die bei ihrer späteren Verwendung hilfreich wären. Hierauf verzichten wir in unserem kurzen Beispiel. Stattdessen zeigen wir, wie eine berechnete Spalte in die Tabelle aufgenommen werden kann: Die Tabelle DimCustomer soll die Spalte FullName erhalten, die sich aus den Nach- und Vornamen der Kunden zusammensetzt. Dafür wird eine neue Spalte in die Columns-Auflistung der Tabelle aufgenommen. Dieser Spalte wird in ihrer ExtendedProperty-Eigenschaft ComputedColumnExpression der Ausdruck zur Berechnung der Spalte übergeben. Im Ausdruck sind die meisten Transact-SQL-Anweisungen und -Funktionen erlaubt.

```
col= tbls[0].Columns.Add("FullName", typeof(string));
col.ExtendedProperties.Add("ComputedColumnExpression", "LastName + ',' + FirstName");
```

Analog zur DimCustomer-Tabelle wird die FactInternetSales-Tabelle in das Schema eingefügt. Die Beziehung zwischen diesen beiden Tabellen im Schema wird durch die folgende Zeile hergestellt:

```
dsv.Schema.Relations.Add(pk_cust,fk_cust);
```

Nach dem Update des DataSourceView-Objekts ist es im Rahmen der Analysis Services verfügbar.

Erstellen von OLAP-Objekten

Die OLAP-Klassen, die AMO zur Verfügung stellt, sind überaus vielfältig. In diesem Abschnitt werden wir uns auf diejenigen Klassen beschränken, die obligatorisch sind, um einen Cube zu erstellen: Dimension, MeasureGroup, Measure und Partition. Nicht näher erläutern werden wir unter anderem die Klassen für Aggregationen, Aktionen und Perspektiven.

Wir beginnen den Abschnitt mit der Dimension-Klasse, die für das Erstellen des Cube benötigt, aber unabhängig von diesem gebildet wird.

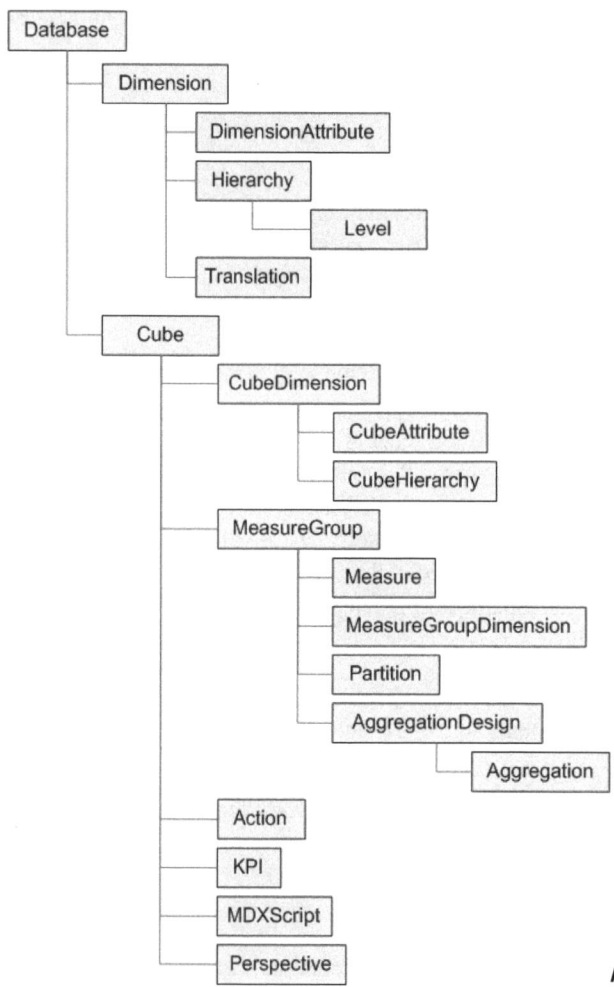

Abbildung 29.4 Die wichtigsten OLAP-Klassen im Überblick

Erstellen einer Dimension

Eine *Dimension* besteht aus Attributen und optional aus benutzerdefinierten Hierarchien. Die Attribute bilden die Daten der Dimension ab, während benutzerdefinierte Hierarchien zusätzliche Navigationsmöglichkeiten über die Attribute definieren. Neben diesen Objekten, die in einer Dimension enthalten sind, hat sie eine Reihe von Eigenschaften wie Name, Speicherart und Datenverbindung.

Aus einem Database-Objekt heraus lässt sich eine Dimension über die FindByName-Methode finden und über die Add-Methode der Dimensions-Auflistung hinzufügen. Ebenfalls stehen die bekannten Methoden Drop, Update und Process zur Verfügung.

In Listing 29.11 zeigen wir, wie eine Dimension in einer Datenbank erstellt wird und wie ihr Typ, ihre Datenquelle und ihre Speicherart festgelegt werden. Danach wird dieser Dimension ein Attribut angefügt.

```
static void erstellenDimension(Database dbs, DataSourceView dsv)
{
    //Dimension erstellen
    Dimension dim = dbs.Dimensions.Add("Customer");
    dim.Type = DimensionType.Customers;
    //Der Dimension eine DataSourceView zuweisen
    dim.Source = new DataSourceViewBinding(dsv.ID);

    //Speicherart festlegen
    dim.StorageMode = DimensionStorageMode.Molap;

    //Der Dimension ein Attribut zuweisen
    DimensionAttribute att;
    att = dim.Attributes.Add("Name");
    att.Usage = AttributeUsage.Key;
    att.KeyColumns.Add(new DataItem("DimCustomer", "CustomerKey"));
    att.NameColumn = new DataItem("DimCustomer", "FullName");

    //Dimension schreiben
    dim.Update();
}
```

Listing 29.11 Erstellen einer Dimension mit Attribut

In Listing 29.11 verwenden wir die im vorigen Abschnitt angelegte Datenquellensicht NewDSV. Diese wird über die FindByName-Methode aus der Datenbank abgerufen und dann der Dimension über die Source-Eigenschaft und DataSourceViewBinding zugewiesen.

Das Attribut wird erstellt, indem es der Attributes-Auflistung des Dimension-Objekts angefügt wird. Im Beispiel wird die Usage-Eigenschaft des Attributs auf AttributeUsage.Key eingestellt, da dieses Attribut das Schlüsselattribut der Hierarchie sein soll. Womit das Attribut seine Schlüssel- und Namensspalte füllen soll, wird ihm über die Add-Methode der KeyColumns-Aufzählung und die NameColumn-Eigenschaft mitgeteilt. Beide erwarten als Typ ein DataItem-Objekt, das aus der Tabelle und der Spalte, die benutzt werden sollen, erstellt wird. Die Tabelle ist hier jeweils DimCustomer, die Spalte für die Schlüsselspalte ist CustomerKey und die Namensspalte ist die berechnete Spalte FullName.

Mit diesen Angaben ist das Attribut ausreichend definiert, es können aber auch noch weitere Angaben zur Spalte – wie etwa der Datentyp – angegeben werden. Normalerweise würden an dieser Stelle weitere Spalten in die Dimension aufgenommen werden. Ebenso könnten für die Dimension benutzerdefinierte Hierarchien angelegt werden.

Nachdem auf die Dimension die Methoden Update und Process angewandt worden sind, ist sie auf dem Server verfügbar. Sie können dann zum Beispiel das Management Studio benutzen, um die Dimension zu untersuchen.

Erstellen eines Cubes

In diesem Abschnitt führen wir Sie in das Cube-Objekt und die notwendigerweise damit verbundenen Objekte CubeDimension, MeasureGroup, Measure und Partition ein. Ein Cube wird in der Database-Auflistung Cubes mithilfe der Add-Methode erzeugt. Wie üblich stehen die Methoden FindByName, Drop, Update und Process zur Verfügung.

Damit ein Cube über die Update-Methode in die Datenbank geschrieben werden kann, muss er mindestens eine CubeDimension und eine MeasureGroup enthalten. Zur MeasureGroup gehören Measures, die Verbindungen zwischen den Measures und den Cubedimensionen und die Partitionen, in denen die Measures gespeichert werden. Wie ein sehr einfacher Cube erstellt werden kann, zeigen wir Ihnen wieder mit einem Codefragment:

```
static void erstellenCube(Database dbs,DataSourceView dsv)
{
   //Cube erstellen
   Cube cub = dbs.Cubes.Add("Simple");
   cub.Source = new DataSourceViewBinding("NewDSV");
   cub.StorageMode = StorageMode.Molap;

   //Dimension Customer hinzufügen
   CubeDimension cubDim=cub.Dimensions.Add("Customer");

   //MeasureGroup erstellen
   MeasureGroup mg = cub.MeasureGroups.Add("InternetSalesGroup");
   mg.StorageMode = StorageMode.Molap;

   //Measure hinzufügen. Hierzu wird der Name der im Schema vorhandenen Tabelle genutzt.
   Measure me = mg.Measures.Add("OrderQuantity");
   me.AggregateFunction = AggregationFunction.Sum;
   me.Source = new DataItem("FactInternetSales", "OrderQuantity",
              System.Data.OleDb.OleDbType.Integer);

   //Verbindung zwischen Measure und Dimensionsschlüsseln herstellen
   //Hierzu wird auf MeasureGroup-Ebene eine Dimension gebildet, die zwischen den IDs mapped
   RegularMeasureGroupDimension mgDim = mg.Dimensions.Add(cubDim.ID);
   MeasureGroupAttribute mga =
        mgDim.Attributes.Add(cubDim.Dimension.Attributes.FindByName("Name").ID);
   mga.Type = MeasureGroupAttributeType.Granularity;
   mga.KeyColumns.Add(new DataItem("FactInternetSales", "CustomerKey"));

   // Partition bilden
   Partition pa = mg.Partitions.Add("P1");
   pa.StorageMode = StorageMode.Molap;
   pa.Source = new QueryBinding(cub.Parent.DataSources[0].ID, "Select * FROM dbo.FactInternetSales");

   //Änderungen auf den Server schreiben
   cub.Update(UpdateOptions.ExpandFull);
}
```

Listing 29.12 Erstellen eines Cubes

In Listing 29.12 wird der Cube Simple in der Ihnen aus den vorigen Beispielen bekannten Datenbank NewDB erstellt. Anschließend wird seine Eigenschaft StorageMode auf Molap und seine Datenquellensicht (DataSourceView) auf NewDsv eingestellt. Dem Cube-Objekt Simple wird die in Listing 29.11 erstellte Dimension angefügt.

Der letzte Teil des Beispiels beschäftigt sich mit der Konstruktion der MeasureGroup namens mg. Das MeasureGroup-Objekt selbst wird wie üblich über die Add-Methode erzeugt. Im Anschluss daran wird das Measure-Objekt me erzeugt, seine AggregateFunction-Eigenschaft wird auf Summieren gesetzt, und ähnlich wie bei der Erstellung eines Dimensionsattributs wird seine Source-Eigenschaft als Spalte der Faktentabelle festgelegt. Die Verbindung zwischen dem Measure und der CubeDimension wird über eine MappingDimension auf MeasureGroup-Ebene vollzogen.

Der MeasureGroup müssen noch Partitionen zugewiesen werden, damit sie nutzbar wird. Diese Partitionen legen für die MeasureGroup fest, wie sie gespeichert wird. In unserem Beispiel wird lediglich eine Partition für sämtliche Daten der MeasureGroup verwendet. Welche Daten verwendet werden, wird durch eine auf die Datenquelle der Datenbank bezogene Abfrage festgelegt.

Sollen die Daten der MeasureGroup in mehrere Partitionen zerlegt werden, werden einfach mehrere Partitionen in der Partitions-Auflistung der MeasureGroup erzeugt. Die befüllenden Abfragen müssen dann durch eine adäquate WHERE-Klausel distinkte Datenmengen liefern. Gleichzeitig muss dann für jede Partition die Slicing-Eigenschaft so eingestellt sein, dass MDX-Abfragen automatisch die richtige Partition treffen. Der Slicing-Ausdruck und die WHERE-Klausel müssen also auf die gleiche Datenmenge verweisen. Beim Slicing-Ausdruck muss es sich um ein Tupel oder eine Menge handeln und darf keine MDX-Funktionen enthalten.

Erst nachdem alle notwendigen Objekte für einen Cube bereitgestellt worden sind, kann der Cube selbst erstellt werden, indem seine Update-Methode ausgeführt wird. An dieser Stelle wird der Update-Methode das Argument UpdateOptions.ExpandFull übergeben, damit alle untergeordneten Objekte mit erstellt werden. Abschließend wird in der aufrufenden main-Methode die Process-Methode auf die Datenbank angewendet, um alle Objekte aufzubereiten.

Data Mining-Klassen

In diesem Abschnitt erläutern wir das Erstellen einer einfachen Data Mining-Struktur und einem darauf aufbauenden Data Mining-Modell mit AMO.

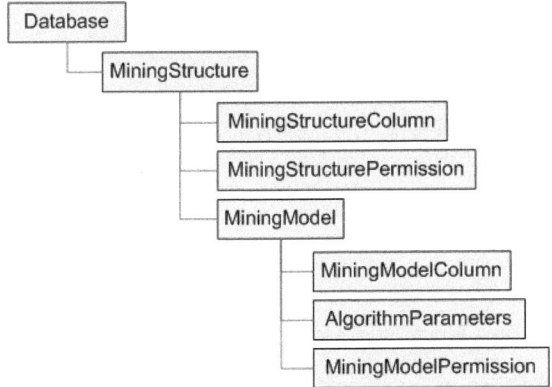

Abbildung 29.5 Die wichtigsten Data Mining-Klassen im Überblick

Erstellen einer Data Mining-Struktur

Eine *Data Mining-Struktur* lässt sich mit der Add-Methode eines Database-Objekts erstellen. Für das so erzeugte MiningStructure-Objekt stehen die üblichen Methoden Update, Process und Drop zur Verfügung. Einem MiningStructure-Objekt muss eine DataSourceView als Datenquelle zugewiesen werden. Danach werden dem MiningStructure-Objekt Spalten zugewiesen, die aus der DataSourceView stammen.

In Listing 29.13 zeigen wir Ihnen das Erstellen eines MiningStructure-Objekts auf Basis der Customer-Tabelle.

```
static public MiningStructure erstellenMiningStructure(Database dbs, DataSourceView dsv)
    {
        MiningStructure ms = dbs.MiningStructures.Add("CustomerDescionTree_Structure");
        ScalarMiningStructureColumn smsc;

        ms.Source = new DataSourceViewBinding(dsv.ID);
        ms.CaseTableName = "Customer";

        // Aus der DimCustomer Tabelle werden im Folgenden einige Felder übernommen
```

Listing 29.13 Erstellen einer Data Mining-Struktur mit AMO

```
        // [CustomerID]
        smsc = new ScalarMiningStructureColumn("CustomerKey");
        smsc.IsKey = true;
        smsc.Content = "Key";
        smsc.KeyColumns.Add("DimCustomer", "CustomerKey", System.Data.OleDb.OleDbType.Integer);
        ms.Columns.Add(smsc);

        // [Yearly Income]
        smsc = new ScalarMiningStructureColumn("YearlyIncome");
        smsc.IsKey = false;
        smsc.Content = "Discrete";
        smsc.KeyColumns.Add("DimCustomer", "YearlyIncome", System.Data.OleDb.OleDbType.WChar);
        ms.Columns.Add(smsc);

        // [MaritalStatus]
        smsc = new ScalarMiningStructureColumn("MaritalStatus");
        smsc.IsKey = false;
        smsc.Content = "Discrete";
        smsc.KeyColumns.Add("DimCustomer", "MaritalStatus", System.Data.OleDb.OleDbType.WChar);
        ms.Columns.Add(smsc);

        // [Num Children at Home]
        smsc = new ScalarMiningStructureColumn("Children");
        smsc.IsKey = false;
        smsc.Content = "Continuous";
        smsc.KeyColumns.Add("DimCustomer", "TotalChildren", System.Data.OleDb.OleDbType.Integer);
        ms.Columns.Add(smsc);

        ms.Update();

        return ms;
}
```

Listing 29.13 Erstellen einer Data Mining-Struktur mit AMO *(Fortsetzung)*

Erstellen eines Data Mining-Modells

Ein *Data Mining-Modell* kann – aufbauend auf ein MiningStructure-Objekt – leicht erstellt werden. Der MiningModels-Auflistung des MiningStructure-Objekts wird mit der bekannten Add-Methode ein neues Modell hinzugefügt. Nun kann für das Modell angegeben werden, welchen Algorithmus es verwenden soll. Die Spalten des Miningmodells werden in seiner Columns-Auflistung gespeichert. Die dort hinzuzufügenden Spalten vom Typ MiningModelColumn werden aus der Data Mining-Struktur bezogen. Zusätzlich wird für die in MiningModelColumns vermerkten Spalten angegeben, welche Funktion sie im Miningmodell haben.

In Listing 29.14 wird das Erstellen eines Data Mining-Modells beschrieben:

```
static public void erstellenMiningModel(MiningStructure ms)
{
    MiningModelColumn mc;
    MiningModel mm = ms.MiningModels.Add("CustomerDescionTree_Modell");

    mm.Algorithm = "Microsoft_Decision_Trees";
    mm.AlgorithmParameters.Add("COMPLEXITY_PENALTY", 0.3);

    mc = new MiningModelColumn("Customer ID","Customer ID");
    mc.SourceColumnID = ms.Columns["CustomerKey"].ID;
```

Listing 29.14 Erstellen eines Data Mining-Modells

```
    mc.Usage = "Key";
    mm.Columns.Add(mc);

    mc = new MiningModelColumn("Yearly income", "Yearly income");
    mc.SourceColumnID = ms.Columns["YearlyIncome"].ID;
    mc.Usage = "Input";
    mm.Columns.Add(mc);

    mc = new MiningModelColumn("MaritalStatus", "MaritalStatus");
    mc.SourceColumnID = ms.Columns["MaritalStatus"].ID;
    mc.Usage = "PredictOnly";
    mm.Columns.Add(mc);

    mc = new MiningModelColumn("Children", "totalChidren");
    mc.SourceColumnID = ms.Columns["Children"].ID;
    mc.Usage = "Input";
    mm.Columns.Add(mc);

    mm.Update();
}
```

Listing 29.14 Erstellen eines Data Mining-Modells *(Fortsetzung)*

Betrachten der Tutorial-Ergebnisse im Business Intelligence Development Studio

Nachdem die im Tutorial beschriebene Datenbank auf dem Server erstellt wurde, können Sie die in der Datenbank enthaltenen Strukturen im Business Intelligence Development Studio betrachten und auswerten. Sollten Sie das Tutorial nicht komplett nachvollzogen haben, können Sie es als kleine Konsolenanwendung von der in Kapitel 2 angegebenen Quelle herunterladen und mit dieser die Objekte erstellen. Sie finden die Anwendung *AMO_Tutorial.exe* im Ordner *KAP29\AMO\AMO_Tutorial*.

Um die Datenbank im Business Intelligence Development Studio als Projekt einzubinden, gehen Sie wie folgt vor:

1. Im Business Intelligence Development Studio rufen Sie den Menübefehl *Datei/Öffnen/Analysis Services-Datenbank* auf.
2. In dem sich öffnenden Dialogfeld geben Sie den Server an, auf dem die Datenbank liegt, und wählen dann die Datenbank aus. Zusätzlich können Sie einen Ort wählen, an dem das Projekt gespeichert werden soll.
3. Nachdem Sie gegebenenfalls den Projektmappen-Explorer geöffnet haben, können Sie die erstellten Objekte untersuchen, wie in Abbildung 29.6 dargestellt.

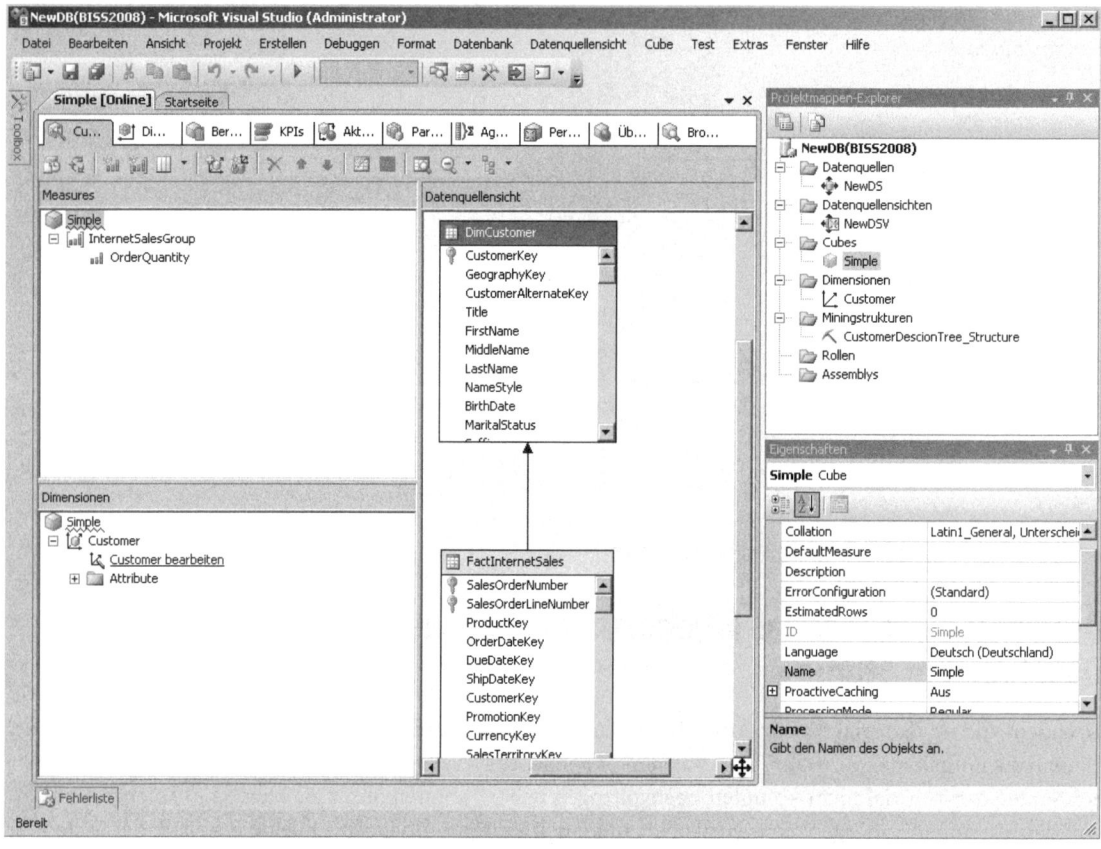

Abbildung 29.6 Der erstellte Cube im Business Intelligence Development Studio

Behandlung von Ausnahmen

Im bisherigen Verlauf dieses Kapitels haben wir mögliche Ausnahmenbehandlungen sträflich vernachlässigt. In einer ernsthaften Anwendung müssen Ausnahmen selbstverständlich behandelt und gegebenenfalls an den Benutzer weitergegeben werden. Hierzu bietet das .NET-Framework die try ... catch ... finally Struktur. Innerhalb eines try-Blocks auftretende Ausnahmen können im catch-Teil verarbeitet werden. Der finally-Teil wird in jedem Fall ausgeführt. Er kann zum Beispiel dazu genutzt werden, eine Verbindung zu schließen.

Die Ausnahmenklassen für AMO werden von der AMOException-Klasse abgeleitet. Mit dieser Klasse können alle Ausnahmen von AMO abgefangen werden. Es empfiehlt sich allerdings die Verwendung einer möglichst spezifischen Ausnahmeklasse, da diese einer Anwendung die Möglichkeit bietet, genau auf die Ausnahme zu reagieren. Ausnahmen, die nicht von AMO ausgehen, wie ArgumentNullException, müssen selbstverständlich gesondert behandelt werden. Die AMOException-Klasse und damit alle abgeleiteten Exception-Klassen bieten unter anderem folgende wichtige Eigenschaften:

- HelpLink   Die Adresse einer Webseite, auf der Hilfe zum Thema angeboten wird
- Message   Eine Meldung, die die auftretende Ausnahme erklärt

Die abgeleiteten Ausnahmeklassen können zusätzlich weitere Informationen bereitstellen. Eine Übersicht über das Objektmodell der AMO-Ausnahmeklassen geben wir in Abbildung 29.7.

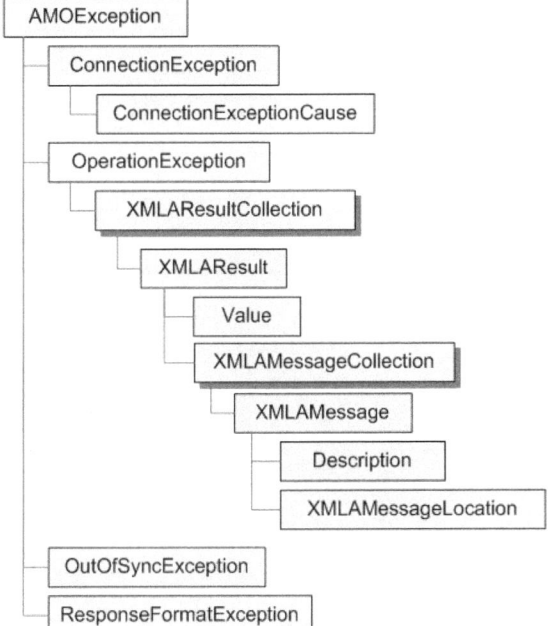

Abbildung 29.7 Objektmodell der AMO-Ausnahmeklassen

Abschließend geben wir eine kurze Übersicht über die Ausnahmeklassen und ihre Verwendung:

- Die ConnectionException-Klasse fängt Ausnahmen ab, die beim Verbindungsaufbau oder beim Verlust der Verbindung mit Analysis Services auftreten. Mit der Enumeration ConnectionExceptionCause kann eine der folgenden Ursachen ermittelt werden: AuthenticationFailed, IncompatibleVersion oder Unspecified. AuthenticationFailed signalisiert, dass der Benutzer, der die Verbindung herstellen will, nicht bekannt ist oder keine entsprechenden Rechte besitzt. Der Ausnahmetyp IncompatibleVersion tritt auf, wenn die Version des Servers mit der der AMO-Bibliothek nicht kompatibel ist.

- Die OperationException-Klasse fängt Ausnahmen ab, die aus einer Anweisung an den Server, wie Process oder Update, entstanden sind. Der Server sendet als Antwort gegebenenfalls mehrere XMLAResult-Objekte. Diese Objekte können mehrere XMLAMessage-Objekte enthalten, die jeweils ein Description-String zur Beschreibung der Ausnahme und ein XMLAMessageLocation-Objekt für den Ort des Auftreten der Ausnahme enthalten.

- Die OutOfSyncException tritt auf, wenn ein Objekt, das auf dem Server bearbeitet werden soll, in einem Zustand ist, der dies nicht zulässt. Dies kann der Fall sein, wenn ein Update für ein Objekt ausgeführt werden soll, das zwischenzeitlich von einem anderen Benutzer geändert wurde.

- Die ResponseFormatException tritt auf, wenn die vom Server erhaltene Information nicht im von AMO erwarteten Format vorliegt.

Kapitel 30

Zugreifen auf die Analysis Services mit XMLA

In diesem Kapitel:

Überblick über das Einsatzgebiet von XMLA	932
XMLA aus dem Management Studio anwenden	934
Benutzung von XMLA über HTTP	939
XMLA-Methoden	945
ASSL-Serverobjekte bearbeiten	955

XML for Analysis (XMLA) ist die Spezifikation einer Kommunikationsschnittstelle für einen standardisierten Datenzugriff von Clientanwendungen auf einen OLAP-Server. Das Ziel dieser Spezifikation ist es, beliebigen Clients, die ohne proprietäre Software (wie zum Beispiel Treiber) auskommen, den Zugriff auf OLAP-Server unter Verwendung von Standard-Internettechnologien (HTTP und SOAP) zu ermöglichen. Inzwischen wird XMLA von Microsoft für sämtliche Clientzugriffe auf den Analysis-Server eingesetzt, die über TCP/IP erfolgen. Dies betrifft unter anderem ADOMD.NET und AMO. Dies bedeutet, dass auch die ausgelieferten Front-Ends, wie das Business Intelligence Studio und das Management Studio, via XMLA mit dem Analysis-Server kommunizieren. In der XMLA-Spezifikation werden dem Client zwei Methoden zur Verfügung gestellt, um auf einen Datenprovider zuzugreifen:

- Mit der Discover-Methode können Informationen und Metadaten zu Objekten eines OLAP-Servers abgefragt werden. So lässt sich beispielsweise eine Aufzählung der Cubes oder Metadaten zum Analysis-Server anfordern. Die möglicherweise sehr große Anzahl von Informationen kann bei einer Discover-Anfrage durch weitere Eigenschaften eingegrenzt werden.

- Die Execute-Methode erlaubt es, MDX-Abfragen über den Statement-Befehl an den Datenprovider zu senden. Dies ist jedoch nur die Mindestanforderung, die von der XMLA-Spezifikation verlangt wird: Sie ermöglicht unterschiedlichste Befehle an den Datenprovider. Microsoft hat den Befehlsumfang für die Execute-Methode erheblich erweitert, insbesondere auf dem Gebiet des Managements von Serverobjekten mit Analysis Services Scripting Language (ASSL).

Im ersten Abschnitt dieses Kapitels erläutern wir die Architektur, die der Verwendung von XMLA zugrunde liegt. Danach stellen wir für die praktische Arbeit mit XMLA zwei Möglichkeiten vor:

- Im Abschnitt »XMLA im Management Studio« demonstrieren wir eine Möglichkeit der Verwendung des Management Studios, bei der die Verbindungsdetails transparent sind

- Im Abschnitt »Benutzung von XMLA« stellen wir Ihnen einen JavaScript-Client vor. Mit diesem können Sie, nachdem IIS (Internet Information Services) und Analysis Services für den Zugriff entsprechend konfiguriert wurden, über XMLA mit dem Server kommunizieren. Hierbei lernen Sie alle an der Übertragung beteiligten Schichten kennen.

Im Abschnitt »XMLA-Methoden« dieses Kapitels werden wir auf die grundsätzliche Funktionsweise von XMLA eingehen und den Statement-Befehl zum Absenden von Abfragen einführen. Im letzten Abschnitt werden dann XMLA-Erweiterungen und ASSL erläutert.

Überblick über das Einsatzgebiet von XMLA

Traditionelle Datenzugriffstechnologien wie OLE DB oder ODBC implizieren eine enge Kopplung zwischen den Datenprovidern und den Clients. Auf den Clientrechnern müssen spezielle Treiber installiert sein, die häufig betriebssystem- und/oder hardwareabhängig sind. Zudem sind diese Treiber – und somit die Datenbereitstellungsgeräte – meist nur über bestimmte Programmiersprachen ansprechbar. Dieses System eignet sich demnach nur bedingt für die Anforderungen der modernen vernetzten Welt: In dieser soll jeder Client ohne irgendwelche Voraussetzungen dazu in der Lage sein, Daten von einem Datenprovider anzufordern, zu erhalten und zu verarbeiten.

Überblick über das Einsatzgebiet von XMLA

Die zugrunde liegende Technik für derartige Schnittstellen bildet in vielen Bereichen XML. XML ist eine plattformunabhängige, gut spezifizierte, stabile Sprache, die für spezielle Aufgaben im Rahmen ihrer Spezifikation inhaltlich beliebig erweiterbar ist. Die Erweiterung von XML, die OLAP-Anwendungen unterstützt, ist XMLA. XMLA wurde seit 2000 von Microsoft und später in Zusammenarbeit mit Hyperion entwickelt. Mittlerweile liegt XMLA in der Version 1.1 vor und wird von den meisten Unternehmen im Bereich Business Intelligence unterstützt. Durch die Verwendung von XMLA ist es Entwicklern möglich, in einer Programmiersprache ihrer Wahl und mithilfe des Datenzugriffs über das Internet, Anwendungen unabhängig von herstellerspezifischen Komponenten zu entwickeln. Die örtlich unabhängige Verfügbarkeit von Daten erfordert, neben dem mit XML gegebenen Austauschformat, noch ein Übertragungsprotokoll. Hier hat sich SOAP, ebenfalls ein XML-Dialekt, als Datenübertragungsformat und Befehlscontainer etabliert. Da SOAP auch unter HTTP verwendet werden kann, können Internet-Anwendungen ohne propietäre Treiber aufgebaut werden.

Eine wesentliche Grundlage für XMLA war OLE DB. OLE DB und speziell OLE DB for OLAP sind seit längerer Zeit der De-facto-Standard für Clientzugriffe auf OLAP-Server. XMLA setzt die in OLE DB for OLAP enthaltene Funktionalität fast vollständig um. Die .NET-Bibliotheken für den Zugriff auf die Analysis Services kommunizieren mit den Analysis Services in XMLA direkt, bilden also keine zusätzliche Schicht, die auf OLE DB for OLAP aufsetzt.

Abbildung 30.1 stellt die prinzipielle Funktionsweise des XMLA-Datentransfers mit Analysis Services dar. Analysis Services kommuniziert über TCP/IP (über eine Datenpumpe) mit IIS (Internet Information Services). IIS setzt diese Kommunikation zwischen dem Client und Analysis Services über einen Webservice um. Die Transportschicht für den Webservice ist HTTP oder HTTPS.

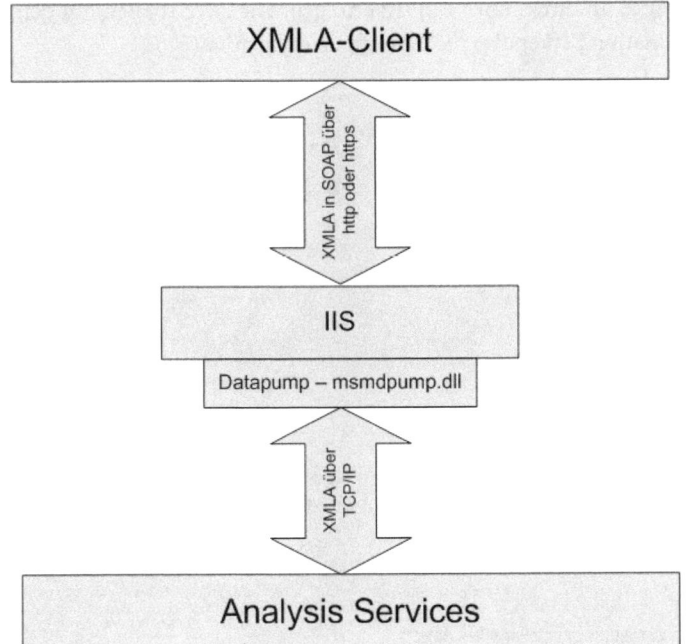

Abbildung 30.1 Funktionsweise der XMLA-Kommunikation

Im Intranet oder einer Domäne können Zugriffe auf die Analysis Services über die Microsoft Bibliotheken direkt über TCP/IP erfolgen. Für Verbindungen nach außerhalb wird, wie für Zugriffe, die nicht über die Microsoft-Bibliotheken erfolgen, HTTP/HTTPS verwendet.

Da beim Verarbeiten und Transport von großen XML-Dokumenten Performaceverluste entstehen können, bieten die propietären Bibliotheken Verbesserungen an. Es stehen drei Übertragungsformate zur Auswahl:

- **Textformat** SOAP und XMLA werden im Klartext übertragen. Dies ist das einzige Format, das frei zugänglich ist. Die anderen Formate werden von Microsoft nicht offen gelegt.
- **Binäres Format** Die XML-Elemente und -Attribute werden in ein binäres Format umgewandelt. Numerische Werte werden als Zahl beibehalten. Dieses Format erlaubt ein schnelleres Verarbeiten von XML-Code.
- **Komprimiertes Format** Die zwischen Client und Server übertragenen Daten werden mit einem propietären Algorithmus komprimiert

Beim Verwenden einer Windows Bibliothek kann das Übertragungsformat beim Verbindungsaufbau angegeben werden.

XMLA im Management Studio verwenden

Aus dem Management Studio – dem zentralen Administrationswerkzeug der Analysis Services – ist es möglich, XMLA-Anfragen an den Server zu senden. Diese Anfragen und die Antworten müssen nicht über HTTP transportiert werden, sondern die Verbindung kann direkt über TCP/IP erfolgen. Für das Arbeiten mit dem Management Studio muss der Internet Information Server also nicht konfiguriert werden.

Ein einführendes Beispiel

Als Beispiel für die Verwendung des Management Studios erstellen wir eine XMLA-Anfrage, die folgende MDX-Abfrage ausführen soll:

```
SELECT
    [Customer].[Gender].[Gender].Members on 0
    ,[Measures].[Customer Count] on 1
from [Adventure Works]
```

Listing 30.1 Beispiel einer MDX-Abfrage

Diese Abfrage führt, wenn Sie im MDX-Editor des Management Studios ausgeführt wird, zu dem folgenden, in Abbildung 30.2 dargestellten Ergebnis (ausführlichere Informationen über MDX und die Verwendung des MDX-Editors finden Sie im Kapitel 25):

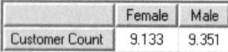

Abbildung 30.2 Abfrageergebnis in tabellarischer Ansicht

XMLA im Management Studio verwenden

Um eine XMLA-Anfrage abzuschicken, verfahren Sie wie folgt:

1. Öffnen Sie das Management Studio über *Start/Alle Programme/Microsoft SQL Server 2008/SQL Server Management Studio*.
2. Verbinden Sie das Management Studio mit Ihrem Analysis Services-Server. In unserem Beispiel ist dies der Server *Biss2008*. Diese Verbindung bestimmt, welcher Server im Objekt-Explorer des Management Studios angezeigt wird.
3. Erstellen Sie eine XMLA-Anfrage durch Klicken auf das Symbol *XMLA-Abfrage für Analysis Services* in der *Standard*-Symbolleiste. Sollte diese Symbolleiste nicht eingeblendet sein, kann sie über *Ansicht/Symbolleisten/Standard* aktiviert werden.

Abbildung 30.3 Erstellen einer neuen XMLA-Abfrage

4. Für das neue XMLA-Editor-Fenster müssen Sie erneut angeben, auf welchem Server Sie die Anfrage laufen lassen wollen. Verwenden Sie dieselben Angaben wie in Schritt 2.
5. In der neu angezeigten Symbolleiste *SQL Server Analysis Services-Editoren* wählen Sie die Datenbank aus, die Sie abfragen wollen. Aus dieser Symbolleiste heraus ist es auch möglich, die Abfrage auszuführen oder die Verbindung zum Server zu bearbeiten. Alternativ können Sie die Abfrage auch über [F5] ausführen.

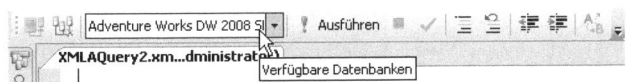

Abbildung 30.4 Die Symbolleiste *SQL Server Analysis Services-Editoren*

6. In das Editor-Fenster kann nun eine Abfrage eingegeben werden (Abbildung 30.5). In diesem Beispiel wird der MDX-Ausdruck aus Listing 30.1 in die XMLA-Abfrage eingebettet. Zusätzlich werden Parameter zur verwendenden Datenbank, zum Inhalt der erwarteten Antwort des Servers und zum erwünschten Format der Antwort angegeben.

```xml
<Execute xmlns="urn:schemas-microsoft-com:xml-analysis">
    <Command>
        <Statement>
          SELECT
          [Customer].[Gender].[Gender].Members on 0
          ,[Measures].[Customer Count] on 1
          from [Adventure Works]
        </Statement>
    </Command>
    <Properties>
        <PropertyList>
            <Catalog>Adventure Works DW 2008 SE</Catalog>
            <Content>Data</Content>
            <Format>Tabular</Format>
        </PropertyList>
    </Properties>
</Execute>
```

Abbildung 30.5 Erste XMLA-Abfrage

Nach dem Ausführen der Abfrage wird Ihnen folgendes Ergebnis angezeigt:

```
<return xmlns="urn:schemas-microsoft-com:xml-analysis">
  <root xmlns="urn:schemas-microsoft-com:xml-analysis:rowset" xmlns:xsi="http://www.w3.org/2001/XMLSchema-instance" xmlns:xsd="http://www.w3.org/2001/XMLSchema">
    <row>
      <_x005B_Measures_x005D_._x005B_MeasuresLevel_x005D_._x005B_MEMBER_CAPTION_x005D_>Customer Count</_x005B_Measures_x005D_._x005B_MeasuresLevel_x005D_._x005B_MEMBER_CAPTION_x005D_>
      <_x005B_Customer_x005D_._x005B_Gender_x005D_._x0026__x005B_F_x005D_ xsi:type="xsd:int">9133</_x005B_Customer_x005D_._x005B_Gender_x005D_._x0026__x005B_F_x005D_>
      <_x005B_Customer_x005D_._x005B_Gender_x005D_._x0026__x005B_M_x005D_ xsi:type="xsd:int">9351</_x005B_Customer_x005D_._x005B_Gender_x005D_._x0026__x005B_M_x005D_>
    </row>
  </root>
</return>
```

Listing 30.2 Ergebnis der Abfrage

Dieses Ergebnis ist schwer lesbar, da der Server die Zeichen, die nicht in XML-Elementbezeichnern enthalten sein dürfen (Leerzeichen, &, [und]), ersetzt hat. Zur besseren Verständlichkeit haben wir im nächsten Listing diese Zeichen zurückübersetzt. Es handelt sich dabei jedoch nicht mehr um gültiges XML.

```
<row>
  <[Measures].[MeasuresLevel].[MEMBER_CAPTION]>
    Customer Count
  </[Measures].[MeasuresLevel].[MEMBER_CAPTION]>
  <[Customer].[Gender].&[F] xsi:type="xsd:int">9133</[Customer].[Gender].&[F]>
  <[Customer].[Gender].&[M] xsi:type="xsd:int">9351</[Customer].[Gender].&[M]>
</row>
```

Listing 30.3 Besser lesbare Darstellung des Ergebnisses

Das Format der Antwort des Servers wird von den Content- und Format-Eigenschaften der Anfrage bestimmt. Die Content-Eigenschaft mit dem Wert Data gibt an, dass im Ergebnis nur Daten, also keine Metadaten aufgeführt werden. Die Format-Eigenschaft mit dem Wert Tabular produziert ein tabellarisches Ergebnis. Die Ergebnistabelle besteht aus einer Zeile (row) mit drei Elementen. Im ersten wird die anzuzeigende Bezeichnung des Measures, im zweiten die Ergebnisse für [Gender].[F] und im dritten die Ergebnisse für [Gender].[M] übermittelt. In diesem Beispiel haben wir in der Anfrage das tabellarische Format für die Antwort des Servers gewählt, da es leichter zugänglich ist. Weitere Informationen über diese Eigenschaft finden Sie später in diesem Kapitel im Abschnitt »XMLA-Methoden«.

XMLA-Vorlagen von Management Studio

Im Vorlagen-Explorer des Management Studios, den Sie über den Menübefehl *Ansicht/Vorlagen-Explorer* aufrufen können, finden Sie einige Vorlagen für XMLA, wie in Abbildung 30.6 dargestellt:

XMLA im Management Studio verwenden

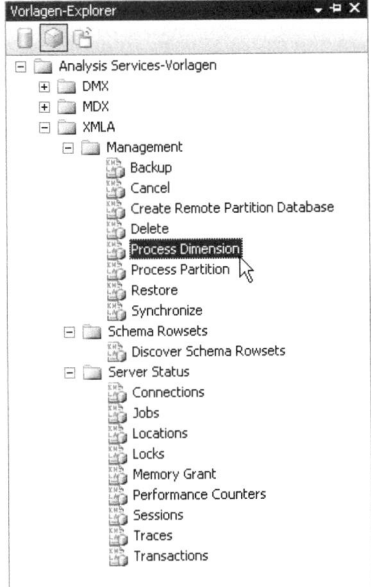

Abbildung 30.6 Der Vorlagen-Explorer

Häufig ist es notwendig, die Vorlagen für den jeweiligen Einsatz anzupassen. Dies werden wir im Folgenden an zwei Beispielen vorführen. Die Vorlagen im Ordner *Management* dienen zur Manipulation von Server-Objekten. Diese Anweisungen behandeln wir später in diesem Kapitel im Abschnitt »ASSL«.

Wir wollen Ihnen an dieser Stelle als Beispiel die Vorlage *Process Dimension* vorstellen. Sie können eine Vorlage entweder in ein XMLA-Editor-Fenster ziehen oder per Doppelklick auf die Vorlage ein neues Fenster mit der Vorlage öffnen. Der in der Vorlage enthaltene Code entspricht dem aus Listing 30.4:

```xml
<Batch xmlns="http://schemas.microsoft.com/analysisservices/2003/engine">
  <Parallel>
    <Process xmlns:xsd="http://www.w3.org/2001/XMLSchema" xmlns:xsi="http://www.w3.org/2001/XMLSchema-instance">
      <Object>
        <DatabaseID>DatabaseID</DatabaseID>
        <DimensionID>DimensionID</DimensionID>
      </Object>
      <Type>ProcessUpdate</Type>
    </Process>
  </Parallel>
</Batch>
```

Listing 30.4 Vorlage zum Erstellen einer Dimension

Um diese Vorlage zum Erstellen der gesamten Datenbank *Adventure Works DW 2008 SE* zu verwenden, muss sie folgendermaßen angepasst werden:

```xml
<Batch xmlns="http://schemas.microsoft.com/analysisservices/2003/engine">
  <Parallel>
    <Process xmlns:xsd="http://www.w3.org/2001/XMLSchema" xmlns:xsi="http://www.w3.org/2001/XMLSchema-instance">
      <Object>
        <DatabaseID>Adventure Works DW 2008 SE</DatabaseID>
```

Listing 30.5 Angepasste Vorlage zum Erstellen der Datenbank *Adventure Works DW*

```
        </Object>
        <Type>ProcessFull</Type>
      </Process>
   </Parallel>
</Batch>
```

Listing 30.5 Angepasste Vorlage zum Erstellen der Datenbank *Adventure Works DW (Fortsetzung)*

Im Objektknoten des XML-Dokuments haben wir das DimensionsID-Element gelöscht und im DatabaseID-Element die ID der *Adventure Works DW 2008 SE*-Datenbank eingetragen. Sie finden die ID in den Eigenschaften der Datenbank. Den Erstellungstyp haben wir geändert und auf ProcessFull gesetzt, da für Datenbanken der Typ ProcessUpdate nicht zulässig ist. Mit diesen geringfügigen Änderungen kann der XMLA-Befehl ausgeführt werden und die Datenbank wird neu erstellt.

Die Vorlagen im Ordner *Server Status* fragen mit der XMLA-Discover-Methode Servereigenschaften und Status ab. Sollen zum Beispiel die laufenden Verbindungen des Benutzers *BISS2008\Administrator* angezeigt werden, wird die *Connections*-Vorlage entsprechend Listing 30.6 angepasst: Zum einen ist hier in die RestrictionList die Bedingung aufgenommen worden, dass nur Verbindungen des Benutzers BISS\Administrator abgefragt werden. Zum anderen wird durch den Wert Data der Eigenschaft Content erreicht, dass nur Daten (also keine Metadaten) zum Befehl angezeigt werden.

```
<Discover xmlns="urn:schemas-microsoft-com:xml-analysis">
   <RequestType>DISCOVER_CONNECTIONS</RequestType>
      <Restrictions>
       <RestrictionList>
        <CONNECTION_USER_NAME>BISS2008\Administrator</CONNECTION_USER_NAME>
       </RestrictionList>
      </Restrictions>
      <Properties>
         <PropertyList>
            <Content>Data</Content>
         </PropertyList>
      </Properties>
</Discover>
```

Listing 30.6 Abfrage bezüglich offener Verbindungen

Weitere Informationen zur Discover-Methode finden Sie später in diesem Kapitel im Abschnitt »Die Discover-Methode«. Die Vorlagen zum Server-Status lassen sich auch ohne Änderungen benutzen, liefern dann aber ungefilterte Ergebnisse zurück. Sie können auch eigene Vorlagen unter *C:\Program Files\Microsoft SQL Server\100\Tools\Binn\VSShell\Common7\IDE\SqlWorkbenchProjectItems\AnalysisServices\XMLA* einfügen.

Das Management Studio bietet gute Möglichkeiten, XMLA-Anfragen an den Server zu stellen. Es ist aber nicht möglich, die Antworten des Servers in eine angenehmere Darstellungsform zu bringen. Für einige Administrationsaufgaben (z.B. das Erstellen einer Datenbanksicherung) ist das Studio also durchaus geeignet, für umfangreichere Aufgaben hingegen (z.B. das Verfolgen der aktiven Verbindungen) nur bedingt.

Benutzung von XMLA über HTTP

Einer der Vorteile, den die Verwendung von XMLA bietet, ist die Unabhängigkeit von speziellen Computerarchitekturen, Betriebssystemen und Programmiersprachen, bei gleichzeitiger Verwendung von Kommunikationsprotokollen, die in nahezu allen Umgebungen verfügbar sind. Um Ihnen diesen Zusammenhang näher zu bringen, haben wir eine Webanwendung mit JavaScript erstellt, die es ermöglicht, relativ elegant eine Vielzahl von XMLA-Funktionalitäten zu testen. Im derzeitigen Entwicklungsstand ist die Anwendung auf die Verwendung des Internet Explorers beschränkt.

Für die Verwendung von XMLA über HTTP bzw. einen Webdienst ist es erforderlich, die Internetinformationsdienste (IIS) entsprechend einzurichten. Mit diesem Thema beschäftigt sich der erste Teil dieses Abschnittes, im zweiten Teil stellen wir Ihnen dann den JavaScript-Client vor.

Beim Zugriff über IIS können verschieden Authentifizierungsverfahren verwendet werden:

- **Anonym**   Hierbei wird Zugriff auf die Analysis Services über das IIS-Benutzerkonto, in der Regel *IUSR*, ausgeführt. Wenn für die IIS diese Zugriffsart konfiguriert wurde, kann jeder Benutzer, der auf die IIS-Seite zugreifen kann, über die *IUSR*-Rechte mit den Analysis Services arbeiten.

- **Integrierte Windows-Sicherheit**   Der Zugriff erfolgt mit den Anmeldeinformationen des am Client angemeldeten Benutzers, sofern diese übertragen werden. Hierzu ist z.B. der Internet Explorer in der Lage. Diese Verfahren gelingt nur, wenn IIS und Analysis Services auf demselben Rechner laufen oder wenn die Kerebos-Authentifizierung zur Anwendung kommt.

- **Standard**   Der Zugriff erfolgt mit den Anmeldeinformationen, die der beim Aufrufen der Webseite übergeben werden müssen.

Um eine sichere Übertragung der Anmeldeinformationen zu gewährleisten, sollte die Verbindung zu den Analysis Services unter HTTPS erfolgen.

Konfiguration der Internetinformationsdienste und Analysis Services für den Zugriff über HTTP

Im Folgenden beschreiben wir die Konfiguration der Internetinformationsdienste unter Windows Server 2008 für den Testbetrieb.

1. Bevor Sie mit der Konfiguration der Internetinformationsdienste auf Ihrem Rechner beginnen können, müssen Sie einen Ordner, zum Beispiel *C:\Inetpub\wwwroot\xmla*, anlegen, der als virtueller Ordner für IIS (Internet Information Services) fungiert. In diesen Ordner wird der Inhalt des Ordners *C:\Programme\Microsoft SQL Server\MSSQL.1\OLAP\bin\isapi* kopiert. Entscheidend sind die Dateien *msmdpump.dll* und *msmdpump.ini*. *Msmdpump.dll* führt die Kommunikation mit den Analysis Services durch, *msmdpump.ini* legt fest, mit welchem Analysis Services-Server Verbindung aufgenommen wird, und es kann Verbindungsparameter konfigurieren. Für Testzwecke sollten die Standardeinstellungen der *.ini*-Datei genügen.

2. Rufen Sie als Administrator über das Startmenü mit dem Befehl *Start/Ausführen* das *Ausführen*-Fenster auf. Geben Sie dort als Befehl *inetmgr* ein, um den *Internetinformationsdienste-Manager* zu öffnen.

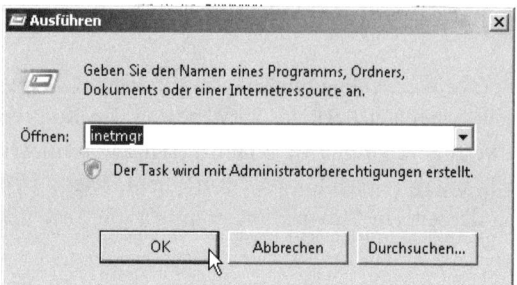

Abbildung 30.7 Aufruf des Internetinformations-dienste-Managers

3. Erweitern Sie den Baum unterhalb des Servers bis zum Ordner *Anwendungspools* und wählen Sie in dessen Kontextmenü den Befehl *Anwendungspool hinzufügen*, wie in Abbildung 30.8 dargestellt.

Abbildung 30.8 Anlegen eines neuen Anwendungspools

4. Geben Sie als Bezeichnung für den Anwendungspool *xmla* an. Die übrigen Einstellungen sollten wie in Abbildung 30.9 gewählt werden. Schließen Sie Ihre Eingaben mit *OK* ab.

Abbildung 30.9 Hinzufügen des Anwendungspools

5. Erweitern Sie den Knoten vor dem Ordner *Sites*. Dort finden Sie die Site *xmla*, welche durch das Anlegen des Ordners *xmla* unter *Inetpub\wwwroot* angelegt wurde. Wählen Sie im Kontextmenü der Seite *xmla* den Befehl *In Anwendung konvertieren*, wie in Abbildung 30.10 dargestellt.

6. Im Dialogfeld *Anwendung hinzufügen* (Abbildung 30.11) wählen Sie den soeben angelegten Anwendungspool aus und kontrollieren die übrigen Einstellungen.

Benutzung von XMLA über HTTP

Abbildung 30.10 Die Site *xmla* in eine Anwendung konvertieren

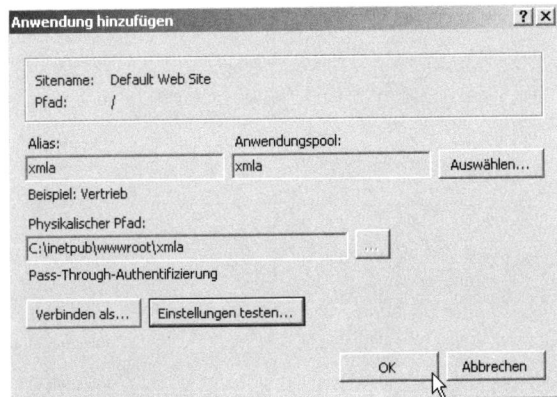

Abbildung 30.11 Dialogfeld nach dem Umwandeln in eine Anwendung

7. Im Hauptfenster können Sie nun die Eigenschaften der markierten Anwendung *xmla* bearbeiten. Als Erstes werden die Handlerzuordnungen (Abbildung 30.12) durch einen Doppelklick geöffnet.

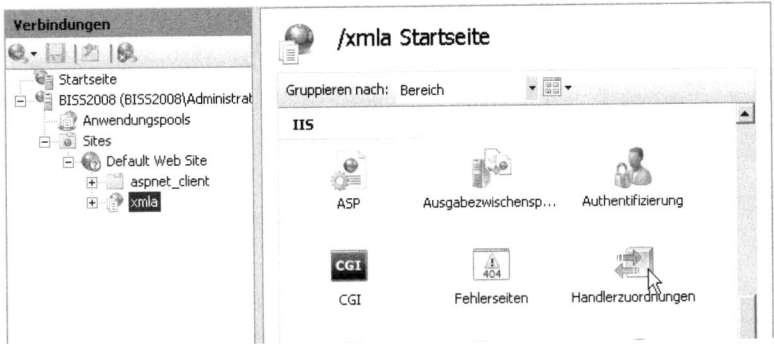

Abbildung 30.12 Begin der der Konfiguration der Anwendung

8. Zu den aufgelisteten Handlerzuordnungen muss eine weitere hinzugefügt werden, die es der Datei *msmdpump.dll* erlaubt, auf Clientanforderungen zu reagieren. Im Kontextmenü der Handlerzuordnungen wählen Sie den Eintrag *Skripzuordnung hinzufügen*.

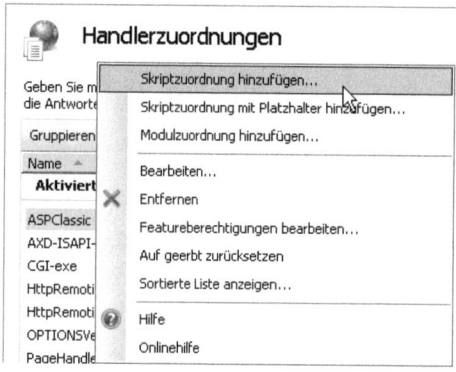

Abbildung 30.13 Eine neue Skriptzuordnung wird für die xmla-Anwendung hinzugefügt

9. Für den Anforderungspfad wird der Anwendungstyp *.dll eingetragen, als ausführbare Datei *msmdpump.dll* und als Name *xmla*, wie in Abbildung 30.14 dargestellt. Einschränkungen werden nicht gemacht.

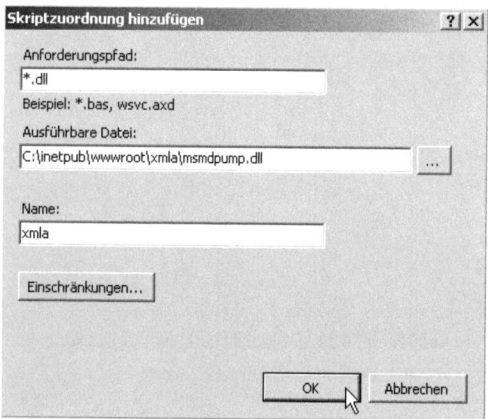

Abbildung 30.14 Konfiguration der Skriptzuordnung

10. Nach dem Klick auf *OK* öffnet sich ein weiteres Dialogfeld, in dem bestätigt werden muss, dass Sie ISAPI-Erweiterungen zulassen.
11. Zurück auf der Seite */xmla Startseite* wählen Sie diesmal den Eintrag *Authentifizierung*, wie in Abbildung 30.15 dargestellt:

Abbildung 30.15 Beginn der Konfiguration der Authentifizierung

12. Aktivieren Sie den anonymen Zugriff, indem Sie zunächst *Anonyme Authentifizierung* wählen und dann unter *Aktionen* den Befehl *Aktivieren* ausführen und im anschließend angezeigten Fenster das Kontrollkästchen vor *Anonymer Zugriff* aktivieren. Mit dieser Einstellung wird jede Verbindung zu Analysis Services unter dem *IUSR*-Konto getätigt. Diese Einstellungen sind dementsprechend unsicher und sollten nur zu Testzwecken oder in einer sicheren Umgebung gewählt werden. Die erforderlichen Einstellungen in den Internetinformationsdiensten sind jetzt vollzählig.

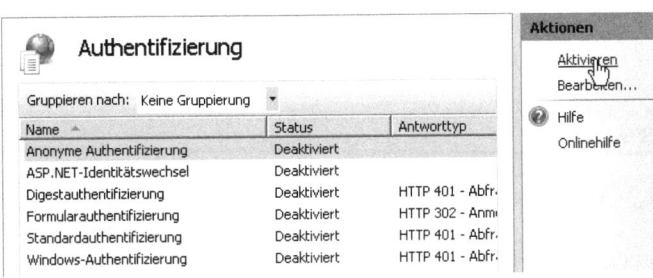

Abbildung 30.16 Anonyme Authentifizierung aktivieren

13. Abschließend müssen *IUSR* noch Rechte für die Objekte des Analysis Services gewährt werden. Für unsere Testzwecke wählen Sie hierzu die Administratoren-Rolle des Servers aus (diese Einstellung ist für einen Produktivbetrieb allerdings auf keinen Fall zu empfehlen). Öffnen Sie aus dem Objekt-Explorer des Management Studios das Eigenschaftenfenster des Analysis-Servers über das Kontextmenü des Servers. Wählen Sie die Seite *Sicherheit* und fügen Sie dort über die Schaltfläche *Hinzufügen* das *IUSR*-Konto hinzu.

14. Kontrollieren Sie in den Eigenschaften der Datei *C:\Inetpub\wwwroot\xmla\msmdpump.dll*, dass das *IUSR*-Konto Ausführungsberechtigungen besitzt.

15. Zum Testen können Sie entweder eine Verbindung mit dem Management Studio aufbauen, indem Sie als Servernamen *http://localhost/xmla/msmdpump.dll* eintragen, oder Sie benutzen den JavaScript-Client, der im Folgenden beschrieben wird.

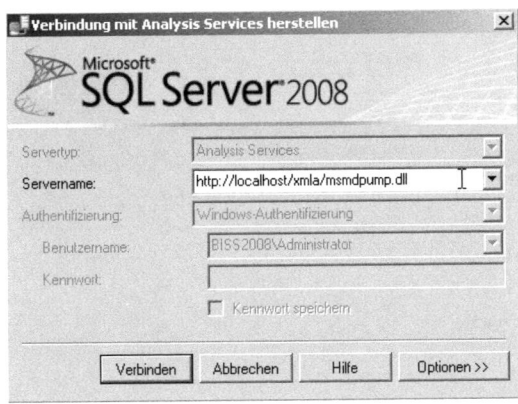

Abbildung 30.17 Im Management Studio eine Verbindung über IIS herstellen

Beschreibung des JavaScript-Clients

Um den JavaScript-Client benutzen zu können, müssen Sie folgendermaßen vorgehen:

1. Kopieren Sie den Ordner *JavaScript_Client* aus den Beispieldateien zum Buch auf Ihren Rechner.
2. Öffnen Sie die in dem Ordner enthaltene Datei *client3.html* mit dem Internet Explorer.
3. Klicken Sie auf die Warnmeldung bezüglich der Anzeige aktiver Inhalte und wählen Sie, im sich öffnenden Kontextmenü, die Option *Geblockte Inhalte zulassen*, wie in Abbildung 30.18 dargestellt.

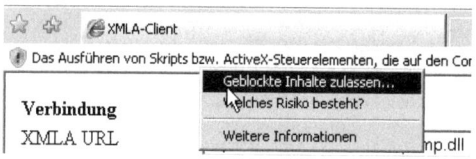

Abbildung 30.18 Das Anzeigen aktiver Inhalte für den JavaScript-Client zulassen

4. Bestätigen Sie die Sicherheitswarnung mit *Ja*.
5. Überprüfen Sie die Verbindungsdaten des Clients in den Textfeldern oben links. Wenn Sie unserer IIS-Konfiguration gefolgt sind, sollte der XMLA-URL folgendermaßen lauten: *http://localhost/xmla/msmdpump.dll*.

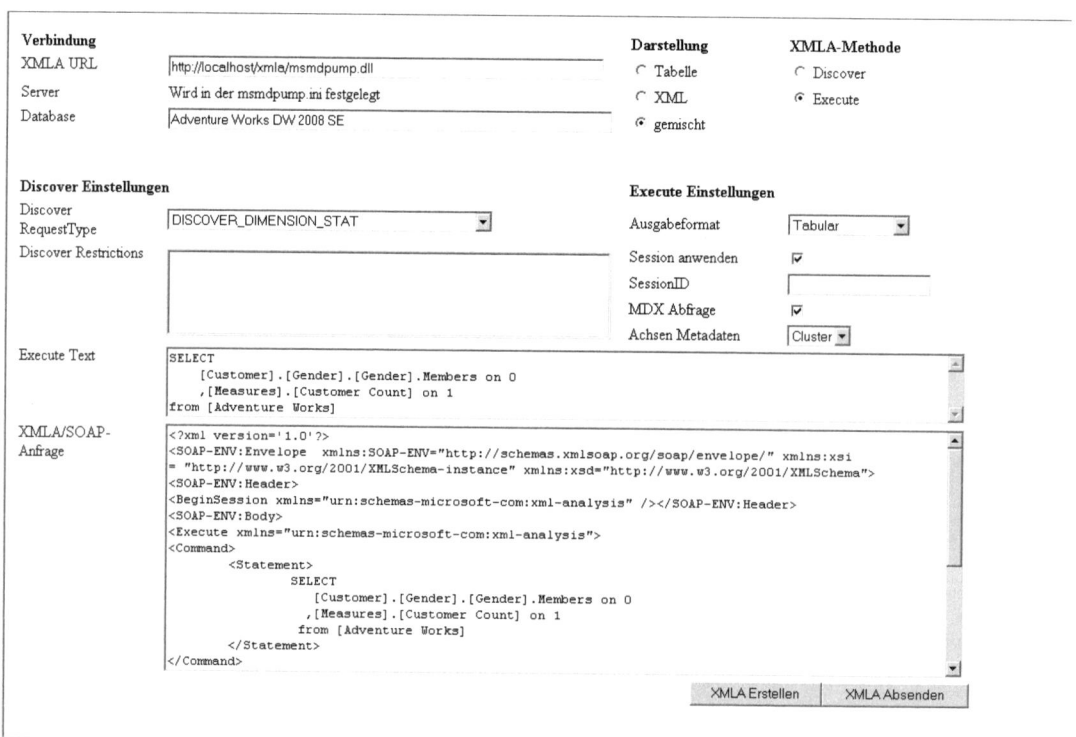

Abbildung 30.19 Der JavaScript-Client

Der JavaScript-Client ist nun einsatzbereit. Für einen einfachen Test des Clients wählen Sie als XMLA-Methode *Discover*, als Darstellungsart *Tabelle* und im Listenfeld *Discover RequestType* den Eintrag *DBSCHEMA_CATALOGS*. Die XMLA-Anforderung (engl. Request) können Sie nun über die Schaltfläche *XMLA Erstellen* erzeugen und dann mit *XMLA Absenden* an den Server schicken. In einem sich neu öffnenden Browserfenster sollten Sie dann die Antwort des Servers entsprechend der Abbildung 30.20 sehen.

```
            <xsd:complexTypename='row' >
              <xsd:sequence>
                <xsd:elementsql:field='[Measures].[MeasuresLevel].[MEMBER_CAPTION]'
name='_x005B_Measures_x005D_._x005B_MeasuresLevel_x005D_._x005B_MEMBER_CAPTION_x005D_' type='xsd:string' minOccurs='0' >
                </xsd:element>
                <xsd:elementsql:field='[Customer].[Gender].&[F]'
name='_x005B_Customer_x005D_._x005B_Gender_x005D_._x0026__x005B_F_x005D_' minOccurs='0' >
                </xsd:element>
                <xsd:elementsql:field='[Customer].[Gender].&[M]'
name='_x005B_Customer_x005D_._x005B_Gender_x005D_._x0026__x005B_M_x005D_' minOccurs='0' >
                </xsd:element>
              </xsd:sequence>
            </xsd:complexType>
          </xsd:schema>
```

[Measures].[MeasuresLevel].[MEMBER_CAPTION]	[Customer].[Gender].&[F]	[Customer].[Gender].&[M]
Customer Count	9133	9351

```
          </root>
        </return>
      </ExecuteResponse>
    </soap:Body>
  </soap:Envelope>
```

Abbildung 30.20 Ausgabe des Clients

Nachdem die erste Metadaten-Abfrage erfolgreich gelaufen ist, können Sie den Client weiter ausprobieren. Er hat sicher noch diverse Unzulänglichkeiten und ist noch weit von einem für den produktiven Einsatz geeigneten Werkzeug entfernt. Dennoch eignet er sich unserer Meinung nach gut dazu, die XMLA-Fähigkeiten von Analysis Services zu erkunden. Im Folgenden noch einige Erläuterungen zum Umgang mit dem Client:

- Im Bereich *XMLA-Methode* wählen Sie die XMLA-Methode, die Sie verwenden möchten, aus. Diese Wahl beeinflusst, welche anderen Felder im Formular zur Erzeugung der Abfrage verfügbar sind.
- Im Bereich *Darstellung* können Sie wählen, ob das Ergebnis als Tabelle aufbereitet werden soll
- Falls gewünscht, kann die erzeugte Anfrage vor dem Absenden im Textfeld *XMLA/SOAP-Anfrage* bearbeitet werden

XMLA-Methoden

Die grundlegenden Methoden, die XMLA zur Kommunikation mit einem OLAP-Server bereitstellt, sind Discover und Execute. Die Discover-Methode dient zum Abfragen von Metadaten, die sich auf den Server und die auf ihm vorliegenden Objekte beziehen. In Listing 30.7 sehen Sie eine SOAP-Anforderung, in die eine XMLA-Methode eingefügt werden kann. Diese Anforderung enthält bereits im Element <SOAP-ENV:Header> die Anfrage an den Server, eine Sitzung zu beginnen. Der Namespace für diese Anfrage ist (wie für alle übrigen XMLA-Methoden) urn:schemas-microsoft-com:xml-analysis. Auf die Verwendung von Sitzungen gehen wir im letzten Abschnitt dieses Kapitels etwas genauer ein.

```xml
<?xml version='1.0'?>
  <SOAP-ENV:Envelope xmlns:SOAP-ENV="http://schemas.xmlsoap.org/soap/envelope/"
                     xmlns:xsi = "http://www.w3.org/2001/XMLSchema-instance"
                     xmlns:xsd="http://www.w3.org/2001/XMLSchema">
    <SOAP-ENV:Header>
      <BeginSession xmlns="urn:schemas-microsoft-com:xml-analysis" />
    </SOAP-ENV:Header>
    <SOAP-ENV:Body>
      //
      //Discover- oder Execute-Methode
      //
    </SOAP-ENV:Body>
  </SOAP-ENV:Envelope>
```

Listing 30.7 SOAP-Umschlag für eine XMLA-Methode

Die Anwendung der Discover-Methode und die Auswertung der von ihr zurückgelieferten Informationen werden im ersten Teil dieses Abschnitts beschrieben. Danach wenden wir uns der Untersuchung der Execute-Anweisung zu. In diesem Zusammenhang werden wir auf die Verwendung von in XMLA eingebetteten MDX-Befehlen und Microsoft-Erweiterungen wie ASSL eingehen.

Die Discover-Methode

Die Discover-Methode setzt sich aus drei Abschnitten zusammen:

- Der Anforderungstyp (RequestType) gibt an, welche Metadaten untersucht werden sollen. Einige Anforderungstypen sind im XMLA-Standard vorgegeben, andere können vom Server hinzugefügt werden. In Analysis Services wird eine große Anzahl von Anforderungstypen unterstützt. Standardmäßig müssen folgende Typen (sowie die durch OLE DB festgelegten Typen) unterstützt werden:

  - DISCOVER_DATASOURCES   Dieser Anforderungstyp liefert Metadaten zu den zur Verfügung stehenden Datenquellen
  - DISCOVER_PROPERTIES   Liefert Eigenschaften, die von der Datenquelle unterstützt werden
  - DISCOVER_ENUMERATORS   Liefert Aufzählungen und ihre möglichen Werte, die von der Datenquelle unterstützt werden. Ein Beispiel ist eine Aufzählung namens Authentifizierungsmodi, welche die von der Datenquelle unterstützten Authentifizierungsmodi enthält.
  - DISCOVER_KEYWORDS   Liefert alle Schlüsselwörter, die reserviert sind
  - DISCOVER_LITERALS   Liefert die von der Datenquelle unterstützten Zeichensätze
  - DISCOVER_SCHEMA_ROWSETS   Liefert eine Aufzählung aller von der Datenquelle unterstützten Anforderungstypen: Dies sind zum einen die durch OLE DB vorgegebenen und zum anderen solche Typen, die von der Datenquelle hinzugefügt werden.

- Der Abschnitt Restrictions gibt Einschränkungen für die abgefragten Metadaten an. Es können für ein Request-Objekt mehrere Einschränkungen angegeben werden, leider passt jedoch nicht jede Einschränkung zu jedem RequestType. Welche Einschränkung auf einen RequestType angewandt werden kann, wird im Schema-Rowset beschrieben. Das Schema eines Anforderungstypes (RequestType) wird bei einer Anforderung zurückgegeben, wenn Property Content auf Schema oder SchemaData festgelegt ist. Eine Einschränkung kann zum Beispiel die Datenbank festlegen, deren Cubes untersucht werden sollen.

XMLA-Methoden

- Der Bereich Properties legt die Anforderungseigenschaften fest. Die Liste aller möglichen Eigenschaften erhält man mit der DISCOVER_PROPERTIES-Anfrage. Je nach RequestType sind unterschiedliche Eigenschaften (Properties) sinnvoll, einige werden mit einer Fehlermeldung quittiert. So ist es beispielsweise nicht erlaubt, bei einer auf DISCOVER_SCHEMA_ROWSETS bezogenen Anfrage die Datenbank-Eigenschaft Catalog zu setzen. Für eine Anfrage müssen keine Eigenschaften angegeben werden, und wenn Properties angegeben werden, ist die Reihenfolge der Eigenschaften nicht von Bedeutung.

In Listing 30.8 stellen wir Ihnen eine Discover-Anweisung vor, die Metadaten zu den Datenquellen anfragt. Das einleitende Discover-Element bestimmt die XMLA-Methode (Discover) und legt den Namespace fest:

```
<Discover xmlns="urn:schemas-microsoft-com:xml-analysis">
```

Der Anforderungstyp ist im RequestType-Element festgelegt. Die Einschränkungen (Restrictions) werden über RestrictionList aufgezählt. In diesem Beispiel sind keine Beschränkungen angegeben. Die Eigenschaft Content wird innerhalb von PropertyList auf den Wert Data gesetzt. Dies hat zur Folge, dass nur Daten und keine Schemainformationen vom Datenprovider zurückgeliefert werden.

```
<Discover xmlns="urn:schemas-microsoft-com:xml-analysis">
  <RequestType>DISCOVER_DATASOURCES</RequestType>
  <Restrictions>
    <RestrictionList>
    </RestrictionList>
  </Restrictions>
  <Properties>
    <PropertyList>
      <Content>Data</Content>
      <Format>Tabular</Format>
    </PropertyList>
  </Properties>
</Discover>
```

Listing 30.8 Auf *DataSources* bezogene *Discover*-Methode

In Listing 30.9 finden Sie die entsprechende Antwort vom Server. Die zurückgelieferten Metadaten sind unter dem Root-Element in Row-Elementen organisiert. In diesem Beispiel ist nur eine Zeile vorhanden, da über den Webservice nur eine Datenquelle adressiert wird. Jedes Metadatum ist in einem Element enthalten, das der Bezeichnung des Datums entspricht. Dieses Format lässt sich leicht weiterverarbeiten. Die Ausgabe unseres JavaScript-Clients sehen Sie in Abbildung 30.21 (für die Benutzung des Clients muss die Eigenschaft Content auf den Wert SchemaData stehen).

```
<DiscoverResponsexmlns='urn:schemas-microsoft-com:xml-analysis' xmlns:ddl2='http://schemas.microsoft.com/
analysisservices/2003/engine/2' xmlns:ddl2_2='http://schemas.microsoft.com/analysisservices/2003/engine/2/2'
xmlns:ddl100='http://schemas.microsoft.com/analysisservices/2008/engine/100' xmlns:ddl100_100='http://
schemas.microsoft.com/analysisservices/2008/engine/100/100' >
  <return>
    <rootxmlns='urn:schemas-microsoft-com:xml-analysis:rowset' xmlns:xsi='http://www.w3.org/2001/XMLSchema-
instance' xmlns:xsd='http://www.w3.org/2001/XMLSchema' >
      <row>
        <DataSourceName>BISS2008</DataSourceName>
        <DataSourceDescription />
        <URL />
```

Listing 30.9 Ergebnis aus Listing 30.8

```xml
            <DataSourceInfo />
            <ProviderName>Microsoft Analysis Services</ProviderName>
            <ProviderType>MDP</ProviderType>
            <ProviderType>TDP</ProviderType>
            <ProviderType>DMP</ProviderType>
            <AuthenticationMode>Authenticated</AuthenticationMode>
        </row>
    </root>
  </return>
</DiscoverResponse>
```

Listing 30.9 Ergebnis aus Listing 30.8 *(Fortsetzung)*

DataSourceName	DataSourceDescription	URL	DataSourceInfo	ProviderName	ProviderType	AuthenticationMode
BISS2008				Microsoft Analysis Services	MDP	Authenticated

Abbildung 30.21 Ausgabe des JavaScript-Clients

Wenn die Discover-Anfrage aus Listing 30.8 mit der Content-Eigenschaft Schema statt Data abgeschickt wird, liefert Analysis Services ein Ergebnis, das in der XML-Schema-Sprache ein mögliches Datenergebnis der Abfrage beschreibt. Diese Schemainformationen sind für Clientanwendungen von Interesse, da sie das Format des Ergebnisses und speziell das der Ergebniszeilen beschreibt. Wird die Content-Eigenschaft auf den Wert SchemaData gesetzt, werden sowohl das Schema als auch die Daten übertragen. Die am Beispiel der DISCOVER_DATASOURCES beschriebenen Konzepte lassen sich auf alle Anforderungstypen (RequestType) anwenden.

Da der Anforderungstyp Discover_Schema_Rowsets von besonderer Bedeutung ist, stellen wir Ihnen diesen zum Abschluss dieses Abschnitts kurz vor:

Über den Anforderungstyp DISCOVER_SCHEMA_ROWSETS ist es möglich, auf alle Anforderungstypen, die Analysis Services bedient, zuzugreifen, also alle Abfragemöglichkeiten für Metadaten zu erkunden. Hierbei ist von besonderem Vorteil, dass in den Zeilen des Ergebnisses von DISCOVER_SCHEMA_ROWSETS auch die möglichen Restriction-Eigenschaften angegeben sind. Auf diese Weise können Sie – ohne nach dem Prinzip Versuch und Irrtum arbeiten zu müssen – herausfinden, wie ein Anforderungstyp eingeschränkt werden kann. In Abbildung 30.22 ist der Beginn des Schema-Rowsets in der Ausgabe des JavaScript-Clients aufgeführt. Die Spalten sind von links nach rechts: der Schemaname, der GUI (Global Unique Identifier) des Schemas, die Liste der Beschränkungen mit zugehörigem Datentyp sowie RestrictionsMask. Für die Verwendung eines Schemas in der Discover-Methode benötigen Sie lediglich den Schemanamen und, falls gewünscht, die Beschränkungsbezeichnung.

Im Schema-Rowset finden Sie Anforderungstypen für Metadaten, die von der Untersuchung von Data Mining-Strukturen über die Untersuchung von Sitzungen bis hin zur Untersuchung des Speicherbedarfs des Servers reichen.

SchemaName	SchemaGuid	Restrictions	RestrictionsMask
DBSCHEMA_CATALOGS	C8B52211-5CF3-11CE-ADE5-00AA0044773D	CATALOG_NAMExsd:string	1
DBSCHEMA_TABLES	C8B52229-5CF3-11CE-ADE5-00AA0044773D	TABLE_CATALOGxsd:string TABLE_SCHEMAxsd:string TABLE_NAMExsd:string TABLE_TYPExsd:string TABLE_OLAP_TYPExsd:string	31
DBSCHEMA_COLUMNS	C8B52214-5CF3-11CE-ADE5-00AA0044773D	TABLE_CATALOGxsd:string TABLE_SCHEMAxsd:string TABLE_NAMExsd:string COLUMN_NAMExsd:string COLUMN_OLAP_TYPExsd:string	31
DBSCHEMA_PROVIDER_TYPES	C8B5222C-5CF3-11CE-ADE5-00AA0044773D	DATA_TYPExsd:unsignedShort BEST_MATCHxsd:boolean	3
MDSCHEMA_CUBES	C8B522D8-5CF3-11CE-ADE5-00AA0044773D	CATALOG_NAMExsd:string SCHEMA_NAMExsd:string CUBE_NAMExsd:string CUBE_SOURCExsd:unsignedShort BASE_CUBE_NAMExsd:string	31
MDSCHEMA_DIMENSIONS	C8B522D9-5CF3-11CE-ADE5-00AA0044773D	CATALOG_NAMExsd:string SCHEMA_NAMExsd:string CUBE_NAMExsd:string DIMENSION_NAMExsd:string DIMENSION_UNIQUE_NAMExsd:string CUBE_SOURCExsd:unsignedShort DIMENSION_VISIBILITYxsd:unsignedShort	127

Abbildung 30.22 Ausschnitt aus dem Ergebnis einer Schema-Rowset-Abfrage im JavaScript-Client

Die Execute-Methode

Die Execute-Methode erlaubt es, Anweisungen (engl. Commands) an Analysis Services zu senden. Dies können sowohl Anweisungen sein, die Ergebnisdaten liefern, als auch solche, die lediglich auf dem Server ausgeführt werden. In diesem Abschnitt behandeln wir die Grundstruktur der Execute-Methode anhand der Statement-Anweisung. Die Statement-Anweisung muss jede dem Standard entsprechende XMLA-Datenquelle unterstützen. Weitere Anweisungen, die Erweiterungen für Analysis Services darstellen, behandeln wir im Abschnitt »ASSL« weiter hinten in diesem Kapitel.

In Listing 30.10 ist die Grundstruktur der Execute-Methode aufgeführt. Diese benutzt den Namespace urn:schemas-microsoft-com:xml-analysis und über das das Execute-Element angewendet. Im Execute-Element sind zwei weitere Elemente angesiedelt: das Command, das eine Anweisung enthalten muss, und das Ihnen aus der Discover-Methode bekannte Properties-Element.

```
<Execute xmlns="urn:schemas-microsoft-com:xml-analysis">
<Command>
//
// Eine Anweisung
//
</Command>
<Properties>
   <PropertyList>
      //Eigenschaften
   </PropertyList>
</Properties>
</Execute>
```

Listing 30.10 Grundstruktur der *Execute*-Methode

Die Execute-Methode liefert – je nach Anweisung – entweder ein leeres Ergebnis, mit dem signalisiert wird, dass die Anweisung erfolgreich abgeschlossen wurde (siehe Listing 30.11), ein Ergebnis, das Daten enthält, oder aber eine Fehlermeldung. Das Ergebnisformat der Daten kann entweder dem unter der Discover-Methode beschriebenen Rows-Konstrukt entsprechen oder als MDDataset zurückgegeben werden. MDDataset wird im nächsten Abschnitt beschrieben; es findet für multidimensionale Ergebnisse Verwendung, da es die Dimensionalität des Ergebnisses beibehält. Welches Ergebnisformat geliefert wird, legt die Eigenschaft Format fest. Erhält sie den Wert Tabular, wird das Ergebnis in Rows zurückgegeben, bei dem Wert Multidimensional wird ein MDDataset zurückgegeben. Bei einem tabular formatierten Ergebnis ist nicht festgelegt, dass alle Rows die gleiche Anzahl von Spalten haben: Zellen, die keine Daten oder Null enthalten, werden einfach ausgelassen.

```
<ExecuteResponsexmlns='urn:schemas-microsoft-com:xml-analysis'>
    <return>
        <root xmlns='urn:schemas-microsoft-com:xml-analysis:empty'>
        </root>
    </return>
</ExecuteResponse>
```

Listing 30.11 Das leere Ergebnis

Die Statement-Anweisung

Mit der Statement-Anweisung können MDX- und DMX-Ausdrücke an Analysis Services gesendet werden. In der XMLA-Spezifikation wird von einer Datenquelle verlangt, dass sie *mdXML* unterstützt: Dieses mdXML soll eine Weiterentwicklung von MDX werden, wird bislang jedoch noch nicht angewendet. Das Statement-Element liegt direkt unterhalb des Command-Elements und enthält die MDX-Anweisung als Text. Eine Execute-Anweisung für eine MDX-Abfrage sieht folgendermaßen aus:

```
<Execute xmlns="urn:schemas-microsoft-com:xml-analysis">
  <Command>
    <Statement>
      Select [Customer].[Gender].members on 0,
        [Customer].[Education].members on 1
      From [Adventure Works]
      Where [Measures].[Internet Order Count]
    </Statement>
  </Command>
  <Properties>
    <PropertyList>
      <Catalog>Adventure Works DW 2008 SE</Catalog>
      <Content>SchemaData</Content>
      <Cube>Adventure Works</Cube>
      <Format>Tabular</Format>
    </PropertyList>
  </Properties>
</Execute>
```

Listing 30.12 *Execute*-Anweisung für eine MDX-Abfrage

Im Listing 30.12 wird eine MDX-Abfrage gestellt. Hierzu werden folgende Eigenschaft/Wert-Paare festgelegt:

- Catalog= Adventure Works DW 2008 SE   Hiermit wird die Datenbank angegeben
- Cube=Adventure Works   Diese Einstellung wird für MDX-Abfragen nicht unbedingt benötigt, ist aber für DDL-Ausdrücke und Zuweisungen unerlässlich

XMLA-Methoden

- Content=SchemaData   Sowohl Schemainformationen als auch Daten sollen zurückgeliefert werden
- Format=Tabular   Die Daten sollen tabular formatiert werden

Das Listing 30.13 zeigt einen Ausschnitt des Ergebnisschemas der MDX-Abfrage. In diesem Teil wird das Aussehen der Row-Elemente definiert. Aus dem Ergebnis werden folgende Informationen angegeben:

- Eine Zeile (row) hat vier Elemente
- Jedes Element hat einen sql:field-Namen. Dieser Name entspricht der Bezeichnung des entsprechenden MDX-Tupels.
- Jedes Element hat einen Namen (name), der den Namen aus dem sql:field so kodiert, dass er XML-konform ist
- Kein Element muss in der row vorkommen (minOccurs='0')

```
<xsd:complexType name="row">
  <xsd:sequence>
    <xsd:element sql:field="[Customer].[Education].[Education].[MEMBER_CAPTION]"
 name="_x005B_Customer_x005D_._x005B_Education_x005D_._x005B_Education_x005D_._x005B_MEMBER_CAPTION_x005D_"
 type="xsd:string" minOccurs="0" />
    <xsd:element sql:field="[Customer].[Gender].[All Customers]"
 name="_x005B_Customer_x005D_._x005B_Gender_x005D_._x005B_All_x0020_Customers_x005D_" minOccurs="0" />
    <xsd:element sql:field="[Customer].[Gender].&amp;[F]"
 name="_x005B_Customer_x005D_._x005B_Gender_x005D_._x0026__x005B_F_x005D_" minOccurs="0" />
    <xsd:element sql:field="[Customer].[Gender].&amp;[M]"
 name="_x005B_Customer_x005D_._x005B_Gender_x005D_._x0026__x005B_M_x005D_" minOccurs="0" />
  </xsd:sequence>
</xsd:complexType>
```

Listing 30.13 Ausschnitt aus dem Schema, das die Reihen des Ergebnisses beschreibt

Die Informationen aus dem Schema sind zum Verständnis der Daten wichtig. Wie schon im Zusammenhang mit der Discover-Methode ausgeführt, steht jedes Datum (hier also jede Zelle) in einem Element, das die Bezeichnung des Datums trägt. Diese Bezeichnung ist hier der Name des zur Zelle gehörenden Tupels. Da dieser Name Sonderzeichen enthält, die für den Bezeichner eines XML-Elementes nicht zulässig sind, ist er kodiert worden. Ein Mapping zur unkodierten Bezeichnung ist über das sql:field aus dem Schema möglich. Außerdem ist in der Zeile (row) das erste im Schema definierte Element nicht enthalten. Dies muss eine Anwendung, die die Daten verarbeitet, wahrnehmen und entsprechend eine leere Zelle ausgeben.

```
<row>
  <_x005B_Customer_x005D_._x005B_Education_x005D_._x005B_Education_x005D_._x005B_MEMBER_CAPTION_x005D_>
    Bachelors
  </_x005B_Customer_x005D_._x005B_Education_x005D_._x005B_Education_x005D_._x005B_MEMBER_CAPTION_x005D_>
  <_x005B_Customer_x005D_._x005B_Gender_x005D_._x005B_All_x0020_Customers_x005D_ xsi:type="xsd:int">
    8408
  </_x005B_Customer_x005D_._x005B_Gender_x005D_._x005B_All_x0020_Customers_x005D_>
  <_x005B_Customer_x005D_._x005B_Gender_x005D_._x0026__x005B_F_x005D_ xsi:type="xsd:int">
    4156
  </_x005B_Customer_x005D_._x005B_Gender_x005D_._x0026__x005B_F_x005D_>
  <_x005B_Customer_x005D_._x005B_Gender_x005D_._x0026__x005B_M_x005D_ xsi:type="xsd:int">
    4252
  </_x005B_Customer_x005D_._x005B_Gender_x005D_._x0026__x005B_M_x005D_>
</row>
```

Listing 30.14 Die erste Zeile des Ergebnisses

Abschließend stellen wir Ihnen in Abbildung 30.23 eine Umsetzung des XMLA-Ergebnisses in unserem JavaScript-Client vor.

[Customer].[Education].[Education].[MEMBER_CAPTION]	[Customer].[Gender].[All Customers]	[Customer].[Gender].&[F]	[Customer].[Gender].&[M]
all	27659	13742	13917
Bachelors	8408	4156	4252
Graduate Degree	4836	2474	2362
High School	4771	2340	2431
Partial College	7508	3727	3781
Partial High School	2136	1045	1091

Abbildung 30.23 Ergebnis der MDX-Abfrage im JavaScript-Client

MDDataset

MDDataset bietet die Möglichkeit, ein multidimensionales Ergebnis auch multidimensional darzustellen. Um dies zu verwirklichen, liefert die Datenquelle, wenn die Format-Eigenschaft bei einer MDX-Abfrage auf Multidimensional gesetzt ist, ein sehr umfangreiches Ergebnis. Dass es sich bei einem Ergebnis um ein MDDataset handelt, wird durch den Namespace urn:schemas-microsoft-com:xml-analysis:mddataset signalisiert, der gewöhnlich im Root-Element auftaucht. Das Ergebnis gliedert sich in drei Teile, die in den folgenden Elementen enthalten sind:

- OlapInfo   Hier werden Informationen über die abgefragten Objekte angegeben. Im CubeInfo-Element werden Metadaten über den Cube und im AxesInfo-Element Metadaten über die am Ergebnis beteiligten Achsen geliefert. Die Metadaten für die Achsen sind sehr umfangreich, da für jede Achse Metadaten zu allen in ihr enthaltenen Hierarchien übermittelt werden. Da in der Slicer-Achse implizit alle nicht in den Ergebnisachsen enthaltenen Cubeachsen enthalten sind, ergibt sich besonders für diese Achse eine sehr umfangreiche Metadatensammlung. Abschließend wird im Element CellInfo die Struktur der Ergebniszellen, die im CellData-Teil enthalten sind, beschrieben.

- Axes   In diesem Teil werden für die Ergebnis- und Slicer-Achsen alle auf ihnen liegenden Tupel aufgelistet. Diese Auflistung entspricht den jeweiligen Ausprägungen der unter AxisInfo aufgeführten Hierarchien. Auf die Ergebnisachsen werden also die durch die Abfrage festgelegten Tupel aufgetragen. Auf die Slicer-Achsen werden entweder ebenfalls die abgefragten Tupel oder die Tupel, die den Standardelementen der Hierarchie entsprechen, aufgetragen. Auch dieser Teil des Ergebnisses ist meist sehr umfangreich. Die Darstellung der Ergebnisachsen kann theoretisch auch im Clusterformat geschehen. In diesem Format werden die Tupel nicht aufgezählt, sondern als Cross-Join dargestellt. Hierzu wird die Eigenschaft AxisFormat auf den Wert FormatCluster gesetzt. Uns gelang es jedoch nicht, ein geclustertes Ergebnis zu erhalten. Dieses Format wird von den Analysis Services nicht unterstützt.

- CellData   In diesem Teil werden die Zellen des Ergebnisses mit ihren Daten aufgeführt. Leere Zellen sind in dieser Auflistung nicht enthalten.

```
<Execute xmlns="urn:schemas-microsoft-com:xml-analysis">
  <Command>
    <Statement>
      Select
      {([Customer].[Gender].[Female],[Product].[Color].[Grey]),
      ([Customer].[Gender].[Male],[Product].[Color].[Black])} on 0,
      [Customer].[Marital Status].members on 1
      From [Adventure Works]
```

Listing 30.15 Die zur Erzeugung des *MDDataset* verwendete Abfrage

XMLA-Methoden

```
            WHERE [Measures].[Internet Order Count]
        </Statement>
    </Command>
    <Properties>
        <PropertyList>
            <Catalog>Adventure Works DW 2008 SE</Catalog>
            <Content>SchemaData</Content>
            <Cube></Cube>
            <AxisFormat>Tuple</AxisFormat>
            <Format>Multidimensional</Format>
        </PropertyList>
    </Properties>
</Execute>
```

Listing 30.15 Die zur Erzeugung des *MDDataset* verwendete Abfrage *(Fortsetzung)*

Im Folgenden stellen wir Ihnen das MDDataset vor, das zur MDX-Abfrage aus Listing 30.15 gehört. Das komplette Ergebnis umfasst über tausend Zeilen, weshalb wir die Wiedergabe auf einige Ausschnitte beschränken. In Listing 30.16 ist der OlapInfo-Teil des MDDataset aufgeführt. Die Abschnitte CubeInfo und CellInfo sind komplett wiedergegeben, der Abschnitt AxesInfo hingegen ist auf die 0-Achse beschränkt.

```
<OlapInfo>
    <CubeInfo>
        <Cube>
            <CubeName>Adventure Works</CubeName>
            <LastDataUpdate xmlns="http://schemas.microsoft.com/analysisservices/2003/engine
                ">2006-02-19T22:31:36</LastDataUpdate>
            <LastSchemaUpdate xmlns="http://schemas.microsoft.com/analysisservices/2003/engine
                ">2006-01-29T20:32:33</LastSchemaUpdate>
        </Cube>
    </CubeInfo>
    <AxesInfo>
        <AxisInfo name="Axis0">
            <HierarchyInfo name="[Customer].[Gender]">
                <UName name="[Customer].[Gender].[MEMBER_UNIQUE_NAME]" type="xsd:string" />
                <Caption name="[Customer].[Gender].[MEMBER_CAPTION]" type="xsd:string" />
                <LName name="[Customer].[Gender].[LEVEL_UNIQUE_NAME]" type="xsd:string" />
                <LNum name="[Customer].[Gender].[LEVEL_NUMBER]" type="xsd:int" />
                <DisplayInfo name="[Customer].[Gender].[DISPLAY_INFO]" type="xsd:unsignedInt" />
            </HierarchyInfo>
            <HierarchyInfo name="[Product].[Color]">
                <UName name="[Product].[Color].[MEMBER_UNIQUE_NAME]" type="xsd:string" />
                <Caption name="[Product].[Color].[MEMBER_CAPTION]" type="xsd:string" />
                <LName name="[Product].[Color].[LEVEL_UNIQUE_NAME]" type="xsd:string" />
                <LNum name="[Product].[Color].[LEVEL_NUMBER]" type="xsd:int" />
                <DisplayInfo name="[Product].[Color].[DISPLAY_INFO]" type="xsd:unsignedInt" />
            </HierarchyInfo>
        </AxisInfo>
        <AxisInfo name="Axis1">
            .
            .
            .
        </AxisInfo>
        <AxisInfo name=""SlicerAxis"">
            .
            .
            .
        </AxisInfo>
```

Listing 30.16 Der *OlapInfo*-Teil des *MDDataset*

```
    </AxesInfo>
    <CellInfo>
        <Value name="VALUE" />
        <FmtValue name="FORMATTED_VALUE" type="xsd:string" />
        <CellOrdinal name="CELL_ORDINAL" type="xsd:unsignedInt" />
    </CellInfo>
</OlapInfo>
```

Listing 30.16 *Der OlapInfo-Teil des MDDataset (Fortsetzung)*

In Listing 30.17 ist der *Axes*-Teil des MDDataset aufgeführt. Allerdings wird nur das erste Tupel der 0-Achse komplett dargestellt.

```
<Axes>
    <Axis name="Axis0">
        <Tuples>
            <Tuple>
                <Member Hierarchy="[Customer].[Gender]">
                    <UName>[Customer].[Gender].&amp;[F]</UName>
                    <Caption>F</Caption>
                    <LName>[Customer].[Gender].[Gender]</LName>
                    <LNum>1</LNum>
                    <DisplayInfo>0</DisplayInfo>
                </Member>
                <Member Hierarchy="[Product].[Color]">
                    <UName>[Product].[Color].&amp;[Grey]</UName>
                    <Caption>Grey</Caption>
                    <LName>[Product].[Color].[Color]</LName>
                    <LNum>1</LNum>
                    <DisplayInfo>0</DisplayInfo>
                </Member>
            </Tuple>
            .
            .
            .
        </Tuples>
    </Axis>
    <Axis name="Axis1">
        .
        .
    </Axis>
    <Axis name="SlicerAxis">
        .
        .
    </Axis>
</Axes>
```

Listing 30.17 *Der Axes-Teil des MDDataset*

In Listing 30.18 ist der CellData-Teil des MDDataset komplett aufgeführt. Es sind in diesem Teil nur drei Cell-Elemente vorhanden, da die übrigen Zellen des Ergebnisses leer sind (Abbildung 30.24).

```
<CellData>
    <Cell CellOrdinal="1">
        <Value xsi:type="xsd:int">4583</Value>
        <FmtValue>4,583</FmtValue>
```

Listing 30.18 *Der CellData-Teil des MDDataset*

```xml
      </Cell>
      <Cell CellOrdinal="3">
        <Value xsi:type="xsd:int">2585</Value>
        <FmtValue>2,585</FmtValue>
      </Cell>
      <Cell CellOrdinal="5">
        <Value xsi:type="xsd:int">1998</Value>
        <FmtValue>1,998</FmtValue>
      </Cell>
    </CellData>
  </root>
</return>
```

Listing 30.18 Der *CellData*-Teil des *MDDataset (Fortsetzung)*

Eine wichtige Frage ist, wie sich aus den Angaben über die Ergebnisachsen die Ordnungszahl CellOrdinal, die als Attribut zur Zelle gehört, bestimmen lässt. Diese Berechnung wird beispielsweise benötigt, um in einer Anwendung die Zellwerte korrekt in einer Tabelle anordnen zu können. Um die Ordinalzahlen aus den Metadaten zu bestimmen, wird folgendermaßen vorgegangen:

Ein Ergebnis hat n Ergebnisachsen. Auf jeder dieser Achsen liegen T Tupel, wobei diese Anzahl je Achse differieren kann. Die Anzahl der Tupel auf der Achse k wird mit Tk-1 bezeichnet (alle Aufzählungen beginnen bei 0). Eine Ergebniszelle liegt nun im Schnittpunkt von jeweils einem Tupel pro Achse. Die Aufzählung der Ordnungszahlen der an der Zelle beteiligten Tupel bezeichnen wir mit O0 ,O1 , …, On-1 .

Die Ordnungszahl einer Zelle lässt sich nun wie folgt berechnen:

$$Z = \sum_{i=0}^{n-1} O_i * E_i \text{ wobei } E_0 = 0 \text{ und } E_i = \prod_{k=0}^{i-1} T_k$$

Um diese Formel zu verdeutlichen, soll nun die Ordinalzahl für eine Zelle des MDX-Ergebnisses ermittelt werden, und zwar für die Zelle, die im Schnittpunkt der Tupel [Male].[Black] und [Single] liegt. Für i=0 berechnet sich der Summand aus dem Produkt der Ordnungszahl des in der 0-Achse liegenden Tupels mit E0. Die Ordnungszahl für [Male].[Black] ist 1 und E0 ist 1, also ist der erste Summand gleich 1. Der zweite Summand ergibt sich aus dem Produkt der Ordnungszahl für [Single] mit E1. Die Ordnungszahl ist 2 und E1 (die Anzahl der Tupel der 0-Achse) ist gleich 2: Der zweite Summand ist also gleich 4 und die Ordnungszahl ist 1 + 4, also 5. Ein Vergleich des Zellwerts in Listing 30.18 mit dem in der Abbildung 30.24 dargestellten Ergebnis bestätigt die Berechnung.

[Customer].[Marital Status].[Marital Status].[MEMBER_CAPTION]	[Customer].[Gender].&[F].[Product].[Color].&[Grey]	[Customer].[Gender].&[M].[Product].[Color].&[Black]
all	null	4583
Married	null	2585
Single	null	1998

Abbildung 30.24 Ergebnis der MDX-Abfrage in Tabellenform

ASSL-Serverobjekte bearbeiten

Um beliebige Analysis Services Objekte manipulieren zu können, hat Microsoft die Möglichkeiten von XMLA wesentlich erweitert. Ein Hauptteil dieser Erweiterung liegt in der Möglichkeit, ASSL-Ausdrücke in die Execute-Methode einzubauen. ASSL ist ein XML-Dialekt, den die Analysis Services zur Darstellung, Änderung und Erstellung von Objekten benutzt. Mit ASSL kann also jedes Analysis Services-Objekt beschrieben werden (dies kann auch untergeordnete Objekte einbeziehen). Zur Verwendung der ASSL-Elemente wurden eine Reihe neuer Anweisungen geschaffen, die unterhalb des XMLA-Command-Elements eingesetzt werden. Die unserer Meinung nach wichtigsten Anweisungen sind:

- Cancel   Mit der Cancel-Anweisung lässt sich ein Serverobjekt auf ungültig setzen. Es kann also zum Beispiel ein Connection-Objekt beendet werden.
- Create   Mit der Create-Anweisung lassen sich Objekte erstellen
- Update   Mit der Update-Anweisung werden bestehende Objekte verändert
- Delete   Mit der Delete-Anweisung werden bestehende Objekte gelöscht
- Process   Mit der Process-Anweisung werden Objekte (wie zum Beispiel Cubes) erstellt, also mit Daten gefüllt. Ein Beispiel hierzu finden Sie früher in diesem Kapitel im Abschnitt »XMLA-Vorlagen des Management Studios«.

Mehrere Befehle können mit einer Batch-Anweisung auf einmal an den Server gesandt werden. Wenn das untergeordnete Parallel-Element verwendet wird, werden die Anweisungen, soweit möglich, parallel ausgeführt. Andernfalls werden sie sequentiell ausgeführt. Ein Beispiel für die Batch-Anweisung finden Sie ebenfalls im Abschnitt »XMLA-Vorlagen des Management Studios«.

```
<Server>
    <Name/>
    <ID/>
    <Description/>
    <Version/>
    <Edition/>
    <Databases>
        <Database>
            <Name/>
            <ID/>
            <CreatedTimestamp/>
            <LastSchemaUpdate/>
            <Description/>
            <AggregationPrefix/>
            <EstimatedSize/>
            <LastProcessed/>
            <Language/>
            <Collation/>
            <Visible/>
            <Dimensions>...
            <Cubes>...
            <MiningStructures>...
            <MasterDatasourceID/>
            <Assemblies>...
            <DataSources>...
            <DataSourceViews>...
            <Accounts>...
            <Roles>...
        </Database>
    </Databases>
    <Assemblies>...
    <Traces>...
    <Roles>...
    <ServerProperties>...
    <ProductName/>
    <Annotations>...
</Server>
```

Abbildung 30.25 Ein Ausschnitt aus der Hierarchie von ASSL

Die Verwendung der Befehle ist recht einfach: Jedes Objekt von Analysis Services hat eine ID und lässt sich über eine oder mehrere IDs identifizieren: Um ein Measure sicher zu identifizieren, muss zum Beispiel die ID des Measures, die ID der Datenbank und die ID des Cube, in dem das Measure liegt, angegeben werden. Für eine Cancel-Anweisung muss lediglich die ID des auf ungültig zu setzenden Objekts angegeben werden. Dies resultiert daraus, dass mit der Cancel-Anweisung ansprechbare Objekte in der Regel direkt unterhalb des Server-Elements angesiedelt sind.

Für eine Create-Anweisung hingegen ist sowohl die ID des Objekts, in dem das neue Objekt erstellt werden soll, als auch die Definition des neu zu erstellenden Objekts anzugeben. Um alle Anweisungen detailliert zu erläutern, fehlt hier leider der Raum. Wir empfehlen Ihnen deshalb, die folgenden Beispiele nachzuvollziehen und gegebenenfalls die Onlinedokumentation zu Rate zu ziehen.

In Abbildung 30.25 geben wir einen kurzen Überblick über die Hierarchie der von ASSL bereitgestellten Elemente.

Beispiele zur Verwendung von ASSL

Im Folgenden stellen wir Ihnen einige kurze Beispiele zur Verwendung von ASSL vor. Für eine weitergehende Erkundung von ASSL bieten sich zwei Möglichkeiten an:

- Zum einen können Sie im Management Studio zu allen im Objekt-Explorer sichtbaren Objekten über das Kontextmenü ASSL-Skripts generieren lassen
- Zum anderen können Sie Arbeiten, die Sie über AMO verrichten, in Form von XMLA ausgeben lassen. Hierbei kommt die Eigenschaft CaptureXml des AMO-Serverobjekts zum Einsatz. Wird CaptureXml auf True gesetzt, werden alle mit AMO in derselben Sitzung vorgesehenen Arbeiten nicht ausgeführt, sondern in Form von XMLA gespeichert. Das XMLA kann über die ConcatenateCaptureLog-Methode des Servers abgerufen werden.

Wenn ASSL innerhalb der XMLA-Execute-Methode verwendet werden soll, muss der ASSL-Namespace http://schemas.microsoft.com/analysisservices/2003/engine angewandt werden.

In Listing 30.19 wird ein neues Trace-Objekt auf dem Server erstellt. Die Erstellung eines Objekts wird mit dem Create-Element begonnen. Nach dem Create-Element muss, falls das Objekt nicht direkt unter dem Server-Objekt liegt, die ID des Parent-Objekts im ParentObject-Element angegeben werden. Da Trace-Objekte tatsächlich direkt unterhalb des Servers liegen (siehe Abbildung 30.25), kann nach dem Create-Element direkt mit der Objektdefinition begonnen werden. Die Elemente zur Definition des Trace-Objekts entsprechen den aus dem Kapitel 29 über AMO bekannten Objekten. Für die Ereignisse, die beobachtet werden sollen, und deren Ausgabespalten müssen allerdings interne IDs bekannt sein. Diese IDs können Sie der XML-Datei Microsoft Analysis Services TraceDefinition 10.0.1600.xml entnehmen, die bei einer Standardinstallation im Ordner C:\Program Files\Microsoft SQL Server\100\Tools\Profiler\TraceDefinitions zu finden ist. Der Vorteil der Verwendung von IDs besteht allerdings darin, dass alle Ereignisse und alle Spalten in das Tracing aufgenommen werden können.

```
<Create xmlns="http://schemas.microsoft.com/analysisservices/2003/engine">
  <ObjectDefinition>
    <Trace xmlns:xsd="http://www.w3.org/2001/XMLSchema" xmlns:xsi="http://www.w3.org/2001/XMLSchema-instance">
      <ID>myTrace</ID>
      <Name>myTrace</Name>
      <LogFileName>C:/Trace/myTrace.trc</LogFileName>
      <LogFileSize>20</LogFileSize>
      <LogFileRollover>true</LogFileRollover>
```

Listing 30.19 Anlegen einer Server-Trace

```
        <StopTime>9999-12-31T23:59:59.9999999Z</StopTime>
        <Events>
          <Event>
            <EventID>9</EventID>
            <Columns>
              <ColumnID>3</ColumnID>
              <ColumnID>2</ColumnID>
              <ColumnID>28</ColumnID>
              <ColumnID>42</ColumnID>
              <ColumnID>44</ColumnID>
              <ColumnID>1</ColumnID>
              <ColumnID>25</ColumnID>
              <ColumnID>41</ColumnID>
              <ColumnID>43</ColumnID>
              <ColumnID>45</ColumnID>
            </Columns>
          </Event>
        </Events>
      </Trace>
    </ObjectDefinition>
</Create>
```

Listing 30.19 Anlegen einer Server-Trace *(Fortsetzung)*

In Listing 30.20 wird mithilfe des Delete-Elements ein Miningmodell gelöscht. Zum Löschen eines Objekts muss im Objektelement die ID des betroffenen Objekts angegeben werden. Wenn das Objekt nicht direkt unter dem Server liegt, müssen – um das Objekt sicher identifizieren zu können – zusätzlich alle Objekte, die zwischen dem Server und dem zu löschenden Objekt liegen, mit ihren IDs aufgeführt werden.

```
<Delete xmlns="http://schemas.microsoft.com/analysisservices/2003/engine">
    <Object>
        <DatabaseID>NewDB</DatabaseID>
        <MiningStructureID>CustomerDescionTree_Structure</MiningStructureID>
        <MiningModelID>CustomerDescionTree_Modell</MiningModelID>
    </Object>
</Delete>
```

Listing 30.20 Löschen eines Mining Modells mit ASSL

In Listing 30.21 wird eine Verbindung zwischen einem Client und Analysis Services mit der Cancel-Anweisung beendet. Zum Beenden der Verbindung muss lediglich die ConnectionID bekannt sein. Diese können Sie zum Beispiel über die XMLA-Discover-Methode mit dem Anforderungstyp (RequestType) DISCOVER_CONNECTIONS in Erfahrung bringen.

```
<Cancel xmlns="http://schemas.microsoft.com/analysisservices/2003/engine">
  <ConnectionID>16</ConnectionID>
</Cancel>
```

Listing 30.21 Beenden einer Verbindung

Verwendung von Sitzungen

Eine andere Erweiterung von XMLA durch Microsoft ist die Einführung von *Sitzungen*. XMLA ist eigentlich als zustandsloses Protokoll gedacht. Mit der Sitzungserweiterung ist es aber möglich, sitzungsbezogene Zustände über mehrere Aufrufe hinweg auf dem Server zu speichern. Dies ermöglicht es zum Beispiel, am Anfang einer Sitzung ein berechnetes Element zu erstellen und dieses dann in folgenden Abfragen zu nutzen.

Informationen über die Sitzungsverwaltung befinden sich nicht im XMLA-Dokument, sondern werden im Header-Element des SOAP-Envelopes übertragen. Den Analysis Services wird mit dem BeginSession-Element (das zum Namespace urn:schemas-microsoft-com:xml-analysis gehört) mitgeteilt, dass eine Sitzung beginnen soll.

```
<SOAP-ENV:Header>
   <BeginSession xmlns="urn:schemas-microsoft-com:xml-analysis" />
</SOAP-ENV:Header>
```

In der Antwort des Servers wird die von ihm vergebene SessionID folgendermaßen übergeben:

```
<SOAP-ENV:Header>
   <Session xmlns="urn:schemas-microsoft-com:xml-analysis" SessionId="D5C7494A-14DC-47F4-B9A5-AC6A487BCC38" />
</SOAP-ENV:Header>
```

Wir werden in den folgenden Schritten die in diesem Beispiel angegebene SessionID weiterverwenden. Soll vom Client ein Request innerhalb der geöffneten Session erfolgen, muss die SessionID im Session-Element so, wie vom Server erhalten, zurückgegeben werden:

```
<SOAP-ENV:Header>
   <Session xmlns="urn:schemas-microsoft-com:xml-analysis" SessionId="D5C7494A-14DC-47F4-B9A5-AC6A487BCC38" />
</SOAP-ENV:Header>
```

Wenn der Server allerdings die SessionID im Session-Element nicht akzeptiert, zum Beispiel aufgrund eines Timeouts, sendet er als Antwort den folgenden Fehler:

```
<soap:Envelopexmlns:soap='http://schemas.xmlsoap.org/soap/envelope/' >
  <soap:Body>
     <soap:Faultxmlns='http://schemas.xmlsoap.org/soap/envelope/' >
        <faultcode>
            XMLAnalysisError.0xc10c000a
        </faultcode>
        <faultstring>
            XML for Analysis parser: The 'm86768EEB-6E4C-4756-A4CA-9971C5BAC361' session ID cannot be
            found. Either the session does not exist or it has already expired.
        </faultstring>
        <detail>
           <ErrorErrorCode='3238789130' Description='XML for Analysis parser: The 'm86768EEB-6E4C-4756-
           A4CA-9971C5BAC361' session ID cannot be found. Either the session does not exist or it has
           already expired.' Source='Microsoft SQL Server 2005 Analysis Services' HelpFile='' >
```

```
            </Error>
          </detail>
        </soap:Fault>
      </soap:Body>
    </soap:Envelope>
```

Der Server teilt bei einer Antwort, die in einer gültigen Sitzung stattfindet, nicht mit, ob die Sitzung aktiv ist. Dies zu überwachen ist Aufgabe des Clients.

Wenn die Clientanwendung die Sitzung beenden möchte, kann sie dies dem Server mit dem EndSession-Element mitteilen.

```
<SOAP-ENV:Header>
  <EndSession xmlns="urn:schemas-microsoft-com:xml-analysis"
      SessionId="D5C7494A-14DC-47F4-B9A5-AC6A487BCC38" />
</SOAP-ENV:Header>
```

Kapitel 31

Dynamic Management Views und Monitoring

In diesem Kapitel:

Dynamic Management Views benutzen	962
Monitoring mit dem SQL Server-Profiler	965
Flight Recorder und Ablaufverfolgung	969
Leistungsindikatoren und DMVs	970

Bei der Administration der Analysis Services sollten Serverstatus und Ressourcenverbrauch überwacht werden. Zusätzlich müssen im Betrieb auftretende Fehler untersucht und gelöst werden. Hierzu bieten SQL Server und Windows Werkzeuge wie den Systemmonitor und den SQL Server-Profiler. Wie diese Werkzeuge mit den Analysis Services eingesetzt werden, beschreiben wir in diesem Kapitel. Zusätzlich gehen wir auf *Dynamic Management Views* ein. Diese können nahezu sämtliche Informationen zu Serverstatus und Ressourcenverbrauch in Ad-hoc-Abfragen bereitstellen. Darüber hinaus liefern sie Informationen zu allen verfügbaren Metadaten der Analysis Services.

Dynamic Management Views benutzen

Analysis Services bietet eine Vielzahl von Möglichkeiten, um auf Metadaten zuzugreifen. Die Metadaten selbst sind über Schema-Rowsets verfügbar. Diese sind mit OLE DB for OLAP eingeführt worden und werden kontinuierlich ergänzt. Ein Zugang, der Zugriff auf alle Metadaten bietet, ist die Discover-Methode aus XMLA. Diese hat den Nachteil, dass die Abfragensyntax etwas komplex ist und die Ergebnisse im XML-Format auch nicht unbedingt leicht lesbar sind. Einen komfortableren Zugriff auf dieselben Informationen bieten *Dynamic Management Views* (DMV). DMVs werden in SQL-Syntax gestellt und liefern Ergebnisse in tabellarischer Form. Diese Eigenschaften machen sie besonders für Ad-hoc-Abfragen zur Administration von Analysis Services interessant.

Die DMVs werden vom Data Mining-Parser ausgewertet und als XMLA-Anforderungen an den Analysis-Server weitergeleitet, dessen Antwort dann in tabellarischer Form ausfällt. Eine DMV kann aus einem beliebigen Client, der mit den Analysis Services verbunden ist, abgeschickt werden. Es kann sich hierbei zum Beispiel um die Reporting Services handeln, mit denen ein Bericht über den Zustand von Analysis Services erstellt wird. In unseren Beispielen werden wir das Management Studio für die Abfragen verwenden. Hierbei ist es egal, ob der MDX-Editor oder der DMX-Editor zum Bearbeiten der Abfrage verwendet wird, solange er mit den Analysis Services verbunden ist.

Die DMVs sind unter dem $System-Schema verfügbar. Eine auf eine DMV bezogene Abfrage wird also aus $System und dem Namen eines Schema-Rowsets gebildet. In Listing 31.1 stellen wir Ihnen eine auf das Schema-Rowset DISCOVER_CONNECTIONS bezogene Abfrage vor.

```
select * from $System.DISCOVER_Connections
```
Listing 31.1 DMV auf Discover_Connections

Ein Zugriff auf die Auflistung aller verfügbarer Schema-Rowsets kann entweder über das Schema-Rowset DBSCHEMA_TABLES oder das Schema-Rowset DISCOVER_SCHEMA_ROWSETS erfolgen. DBSCHEMA_TABLES gibt außer den Schema-Rowsets auch eine Auflistung aller Tabellen des UDM und aller Systemtabellen von Analysis Services zurück. Um lediglich die Schema-Rowsets zu erhalten, können Sie das Ergebnis mit einer WHERE-Klausel filtern.

```
Select * from $system.DBSCHEMA_TABLES WHERE TABLE_TYPE='SCHEMA'
```
Listing 31.2 Filtern einer DMV

Dynamic Management Views benutzen

HINWEIS Die Tabellen des UDM können ebenfalls abgefragt werden, um einen schnellen Zugriff auf die Daten im UDM zu erhalten. In Listing 31.3 geben wir Ihnen zwei Beispiele hierfür.

```
-- * Platzhalter funktioniert nicht da nicht alle Attributhierarchien auf enabled gesetzt sind
Select * from [$Reseller].[$Reseller]
Select Reseller,[Bank Name] from [$Reseller].[$Reseller]

--Auf die Faktentabelle bezogene Abfrage
Select * from [Adventure Works].[Internet Sales]
    where [Internet Sales].[$Customer.Customer]='Julio Ruiz'
```
Listing 31.3 Zugriff auf Daten im UDM

Ein Vorteil von DMVs gegenüber Schema-Rowset-Abfragen mit XMLA ist die Möglichkeit, auch Spalten als Filter zu verwenden, die nicht als Einschränkungen (engl. Restrictions) vorgesehen sind. In einem XMLA-Request können hierzu nur die vom Schema-Rowset angegebenen Einschränkungen eingesetzt werden (siehe Kapitel 30 über XMLA). So ist es zum Beispiel mit einer DMV möglich, eine Auflistung anhand der Ausführungszeit einzuschränken. In Listing 31.4 wird das Schema-Rowset DISCOVER_COMMANDS bezüglich der Startzeit von Anweisungen eingeschränkt.

```
Select COMMAND_START_TIME,COMMAND_TEXT from $system.discover_commands
    WHERE COMMAND_START_TIME>'2009/02/05 12:00'
```
Listing 31.4 DMV mit einem auf eine Spalte angewendeten Filter, wobei die Spalte nicht als Einschränkung vorgesehen ist

COMMAND_START_TIME	COMMAND_TEXT
05.02.2009 12:18:44	Select COMMAND_START_TIME,COMMAND_TEXT from $system.discover_commands where C...

Abbildung 31.1 Ergebnis aus der DMV *DISCOVER_COMMANDS*

Mit der Funktion SYSTEMRESTRICTSCHEMA lassen sich auch für auf eine DMV bezogene Abfrage Einschränkungen verwenden. Die Funktion wird nach der FROM-Klausel eingesetzt und erhält als Parameter die abzufragende DMV und kommagetrennt eine Aufzählung der zu verwendenden Einschränkungen. Jede Einschränkung besteht aus ihrem Namen und dem Wert, als String, den sie annehmen soll. Besonders wichtig ist diese Funktion beim Filtern, wenn die Einschränkung nicht als Spalte von der DMV zurückgegeben wird und somit nicht in einer WHERE-Klausel benutzt werden kann. Ein Beispiel für einen solchen Fall finden Sie am Ende des Kapitels im Abschnitt »Leistungsindikatoren und DMVs«. Ein einführendes Beispiel zur Verwendung der SYSTEMRESTRICTSCHEMA-Funktion finden Sie in Listing 31.5.

```
SELECT * FROM
  SYSTEMRESTRICTSCHEMA (
    $SYSTEM.DISCOVER_DIMENSION_STAT
    ,DIMENSION_NAME ='Product'
    ,DATABASE_NAME='Adventure Works DW 2008 SE'
  )
```
Listing 31.5 Die *SYSTEMRESTRICTSCHEMA*-Funktion

Insgesamt bietet die Syntax zum Abfragen von DMVs folgende Möglichkeiten:

- Das Ergebnis einer DMV kann mit einer WHERE-Klausel gefiltert werden
- Das Ergebnis einer DMV kann mit einer ORDER BY-Klausel sortiert werden

- Das Ergebnis kann über das Distinct-Schlüsselwort auf eindeutige Datensätze beschränkt werden
- Im Ergebnis können Berechnungen durchgeführt werden
- Es können die Funktionen aus den EXCELMDX- und VBAMDX-Assemblys von Analysis Services verwendet werden

Eine Abfrage, die all diese Möglichkeiten nutzt, finden Sie in Listing 31.6. Mit der Now-Funktion wird die aktuelle Zeit abgefragt und mit dem Datediff-Funktion die Laufzeit der Anweisungen berechnet.

```
Select Distinct
   COMMAND_START_TIME
   ,Now()as Jetzt
   ,datediff('s',COMMAND_START_TIME,Now()) as Laufzeit
   ,COMMAND_TEXT
from $system.discover_commands
where COMMAND_START_TIME>'2009/02/05 12:00'
order by COMMAND_START_TIME
```

Listing 31.6 Vollständige, auf eine DMV bezogene Abfrage

Allerdings kann nicht die gesamte Breite der bekannten SQL-Syntax zum Abfragen von DMVs genutzt werden. So ist es nicht möglich, Aggregate zu bilden, und dementsprechend kann auch die GROUP BY-Klausel nicht verwendet werden. Weiterhin wird kein JOIN zwischen mehreren DMVs unterstützt und in der WHERE-Klausel kann der LIKE-Operator nicht verwendet werden.

Eine Möglichkeit, diese Beschränkungen zu umgehen besteht darin, die DMVs über einen Verbindungsserver in SQL Server zu integrieren und dort die komplette Stärke von SQL zu nutzen. In Listing 31.7 wird ein Verbindungsserver mit Login im lokalen SQL Server angelegt. Gegebenenfalls müssen Sie diese Anweisung an Ihre Umgebung anpassen.

```
EXEC master.dbo.sp_addlinkedserver
@server = N'AnalysisServices'
, @srvproduct=N'MSOLAP'
, @provider=N'MSOLAP'
, @datasrc=N'local'

 EXEC master.dbo.sp_addlinkedsrvlogin
   @rmtsrvname=N'AnalysisServices'
 , @useself=N'False'
 , @locallogin=NULL
 , @rmtuser=NULL
 , @rmtpassword=NULL
```

Listing 31.7 Einen Verbindungsserver anlegen

Nach dem Anlegen des Verbindungsservers kann dieser zum Beispiel genutzt werden, um zusammengehörige DMVs gemeinsam auszuwerten. In Listing 31.8 wird ein JOIN über DISCOVER_CONNECTIONS, DISCOVER_SESSIONS und DISCOVER_COMMANDS erstellt. Selbstverständlich kann auf eine solche Abfrage auch ein Aggregat erstellt werden, um zum Beispiel die Spalte Command_CPU_Time_MS auf Verbindungsebene zu summieren.

```
SELECT *
  FROM OPENQUERY(AnalysisServices, 'SELECT * FROM $SYSTEM.DISCOVER_CONNECTIONS')connections
  inner join
  OPENQUERY(AnalysisServices, 'SELECT * FROM $SYSTEM.DISCOVER_SESSIONS')sessions
  on SESSION_CONNECTION_ID=CONNECTION_ID
  right outer join
  OPENQUERY(AnalysisServices, 'SELECT * FROM $SYSTEM.DISCOVER_COMMANDS')commands
  on sessions.SESSION_SPID=commands.SESSION_SPID
```

Listing 31.8 Abfrage über den Verbindungsserver

Monitoring mit dem SQL Server-Profiler

Der *SQL Server-Profiler* erlaubt es, Ereignisse, die Analysis Services generiert, aufzuzeichnen. Diese Aufzeichnung wird Ablaufverfolgung oder Trace genannt. Analysis Services biete eine Reihe von Ereignissen mit dazugehörigen Daten an. Mithilfe des SQL Server-Profilers kann leicht ausgewählt werden, welche Ereignisse mit welchen Daten aufgezeichnet werden sollen.

Wir stellen die Benutzung des SQL Server-Profilers an einem Beispiel vor:

1. Starten Sie den SQL Server-Profiler über *Start/Programme/Microsoft SQL Server 2008/Leistungstools/ SQL Server-Profiler*, wie in Abbildung 31.2 dargestellt.

Abbildung 31.2 SQL Server-Profiler starten

2. Erstellen Sie eine Ablaufverfolgung über den Menübefehl *Datei/Neue Ablaufverfolgung*. Sie werden im sich öffnenden Dialogfeld dazu aufgefordert, eine Verbindung zu einem Server herzustellen. Wählen Sie an dieser Stelle die Analysis Services, für die Sie eine Ablaufverfolgung erstellen wollen. Die Verbindung wird standardmäßig mit integrierter Windowssicherheit aufgebaut.

3. Im nächsten Dialogfeld *Ablaufverfolgungseigenschaften* können Sie auf der Registerkarte *Allgemein* folgende Eigenschaften für die Ablaufverfolgung setzen:

   - Den Namen der Ablaufeigenschaft
   - Die Vorlage, welche für die Ablaufverfolgung verwendet werden soll, wählen Sie hier *Standard*
   - Einen optionalen Speicherort für die Ablaufverfolgung. Der *SQL Server-Profiler* bietet die Wahl zwischen dem Speichern in einer Datei oder in einer Tabelle auf dem SQL-Server. Das Speichern der Ablaufverfolgung ermöglicht es, diese später noch einmal nachvollziehen zu können.
   - Einen optionalen Zeitpunkt, an dem die Ablaufverfolgung beendet werden soll. Da die Ablaufverfolgung Server-Ressourcen benötigt, ist es ratsam, diese nicht endlos laufen zu lassen.

- Auf der Registerkarte *Ereignisauswahl* wird bestimmt, welche Ereignisse von der Ablaufverfolgung aufgezeichnet werden sollen, und welche Daten zu den Ereignissen angezeigt beziehungsweise gespeichert werden sollen. Die Datenauswahl ist spaltenbasiert. Durch das An- oder Abwählen einer Spalte wird festgelegt, ob diese in die Ablaufverfolgung mit aufgenommen wird. Zusätzlich können auf einige Datenspalten Filter angelegt werden, um die Menge der aufgezeichneten Ereignisse einzuschränken. Die Ausgabe der Spalten kann in Bezug auf Sortierung und Gruppierung festgelegt werden. Starten Sie die Ablaufverfolgung mit *Ausführen*.

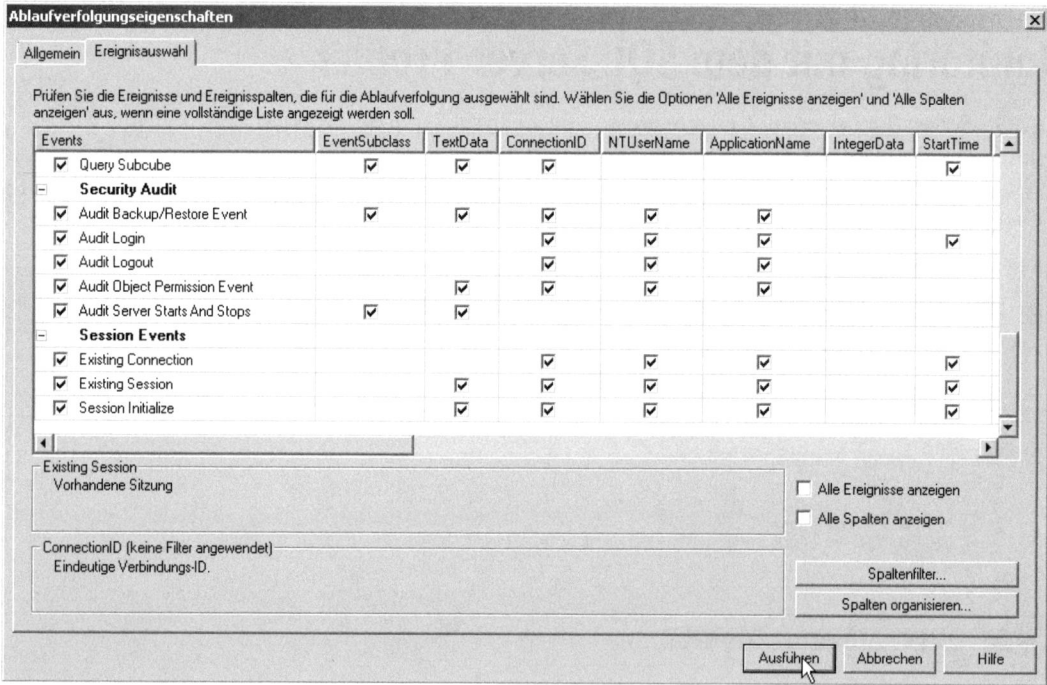

Abbildung 31.3 Ereignisauswahl im Dialogfeld *Ablaufverfolgungseigenschaften*

4. Die Ablaufverfolgung wird nun gestartet und in einem neuen Fenster werden die aufgezeichneten Daten angezeigt. Um interessante Daten zu erhalten, initiieren Sie eine MDX-Abfrage aus dem Management Studio heraus (siehe Kapitel 25).

```
select
{
  ([Product].[Product Model Lines].[Accessory].[Cycling Cap]),
  ([Product].[Product Model Lines].[Model].&[Road-150])
}on 0
from [Adventure Works]
```

Cycling Cap	Road-150
€31.541,35	€2.363.805,16

Abbildung 31.4 MDX-Abfrage zum Testen des Ablaufverfolgungsmonitors

Monitoring mit dem SQL Server-Profiler

Die Ereignisse erscheinen in Echtzeit in der Ablaufverfolgung. In Abbildung 31.5 sind die aufgezeichneten Ereignisse zur MDX-Abfrage zu sehen. Die Identifikation des einer Datenzeile zugrunde liegenden Ereignisses erfolgt über die Spalte *EventClass*. Die übrigen angezeigten Spalten enthalten Informationen zu den gewählten Ereignissen. Die Daten aus der Spalte *TextData* werden für das markierte Datum standardmäßig im Feld unterhalb der Ereignisse angezeigt. In der Standardeinstellung werden sehr viele Daten zu vielen Ereignissen bereitgestellt. Im Folgenden werden wir die Ereignisklassen kurz vorstellen und dann eine gezieltere Auswertung der MDX-Abfrage vornehmen.

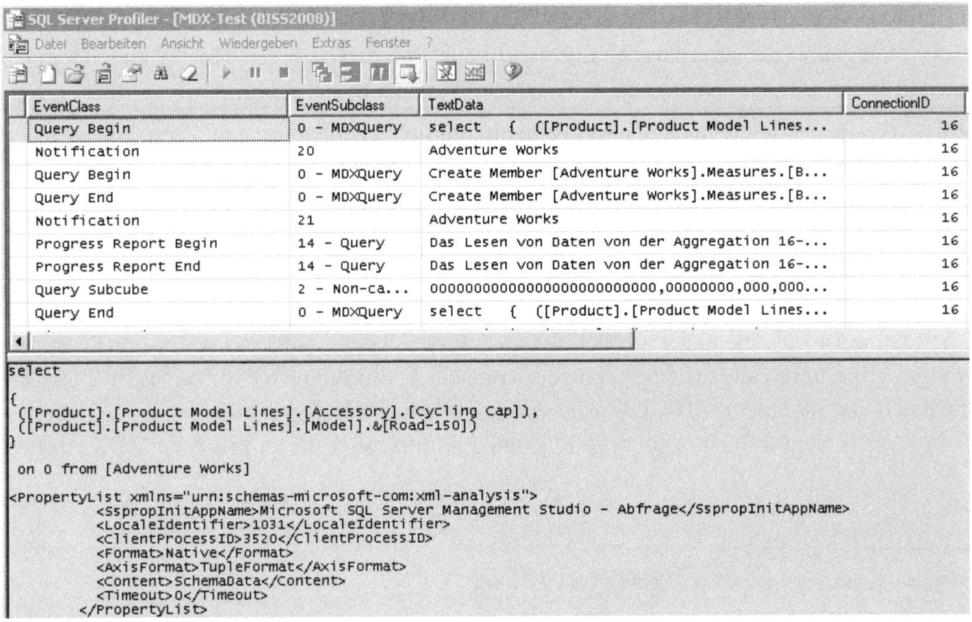

Abbildung 31.5 Aufgezeichnete Ereignisse zur MDX-Abfrage

Die Ereignisse, die mit dem SQL Server-Profiler für die Analysis Services aufgezeichnet werden können, sind in folgenden Kategorien gegliedert:

- **Command Events**   Ereignisse, die bei an die Analysis Services gerichteten Befehlen auftreten. Dies können zum Beispiel Befehle zum Anlegen, Verarbeiten oder Löschen von Objekten sein.

- **Discover Events**   Ereignisse, die auftreten, wenn Schema-Rowsets zu Metadaten von Analysis Services abgefragt werden. Dies können zum Beispiel Abfragen zu der Datenbankstruktur oder zum letzten Verarbeiten eines Cubes sein.

- **Discover Server State Events**   Ereignisse, die auftreten, wenn Schema-Rowsets zum Serverstatus von Analysis Services abgefragt werden. Dies können zum Beispiel Abfragen zu Verbindungen oder Sitzungen sein.

- **Errors and Warnings**   Ereignisse, die auftreten, wenn Analysis Services eine Fehlermeldung generiert. Dies ist zum Beispiel der Fall, wenn eine Anmeldung eines Benutzers fehlschlägt oder eine Abfrage syntaktisch falsch ist.

- **Notification Events** Ereignisse, die Analysis Services ohne direkten Bezug auf eine Interaktion mit einem Benutzer erzeugt. Dies ist zum Beispiel der Fall, wenn der *Flight Recorder* Daten aufzeichnet. Weitere Informationen über den *Flight Recorder* geben wir weiter hinten in diesem Kapitel.

- **Progress Reports** Ereignisse, die ausgelöst werden, wenn einer längerer Prozess wie das Aufbereiten eines Cubes Zwischenmeldungen über den Status des Prozesses macht

- **Queries Events** Ereignisse, die die Analysis Services beim Starten und Abschließen von Abfragen erzeugen.

- **Query Processing** Ereignisse, die während der Abfrageausführung auftreten

- **Security Audit** Ereignisse, die zum Beispiel auftreten, wenn Benutzer sich beim Server anmelden, ein Backup ausgeführt wird oder die Sicherheit für Objekte geändert wird

- **Session Events** Ereignisse, die Analysis Services beim Sitzungsmanagement erzeugt. Zum Beispiel fallen hierunter das Intialisieren einer Sitzung oder das Timeout einer Sitzung.

Zu jeder Ereigniskategorie gibt es eine Reihe von Ereignisklassen und Ereignissubklassen, die für die Ablaufverfolgung ausgewählt werden können. Standardmäßig werden bei der Ereignisauswahl nur die Ereignisklassen angezeigt. Über die Option *Alle Ereignisse anzeigen* werden zusätzlich die Subklassen mit eingeblendet. Über die Schaltfläche *Spaltenfilter* können die Daten zu einigen Ereignissen in Bezug auf ihre Werte gefiltert werden. Wenn beispielsweise viele Benutzer auf den Server zugreifen, ist es wünschenswert, nur Ereignisse für eine bestimmte Verbindung aufzuzeichnen. Hierzu kann die Verbindungs-ID (ConnectionID) über eine DMV ermittelt werden, die aus einem MDX-Editorfenster ausgeführt wird. Darauf aufbauend wird mit dieser ConnectionID ein Filter erzeugt und dann im ursprünglichen Editorfenster die zu prüfende MDX-Abfrage abgeschickt.

```
SELECT * FROM $SYSTEM.DISCOVER_CONNECTION
```

Listing 31.9 Ermitteln einer Verbindung mit der DMV *DISCOVER_CONNECTIONS*

Der Filter kann dann im Dialogfeld *Filter bearbeiten* gesetzt werden:

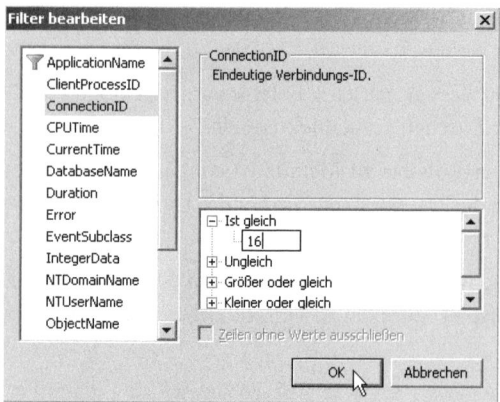

Abbildung 31.6 Setzen eines Filters bei der Ereignisauswahl

Um Eigenschaften einer Ablaufverfolgung wie z.B. einen Filter zu ändern, müssen Sie den Vorgang zuerst beenden. Die Änderungen werden nach einem erneuten Start der Ablaufverfolgung wirksam. Eine Auswahl von Ereignissen und Spalten, die zum Analysieren von MDX-Abfragen sinnvoll ist, können Sie Abbildung 31.7 entnehmen.

Flight Recorder und Ablaufverfolgung

Events	EventSubclass	TextData	Duration	SPID	CPUTime
Queries Events					
Query Begin	✓	✓		✓	
Query End	✓	✓	☐	✓	✓
Query Processing					
Execute MDX Script Begin		✓	☐	✓	✓
Execute MDX Script Current		✓	☐	✓	✓
Execute MDX Script End		✓	☐	✓	✓
Query Subcube	✓	✓	✓	✓	✓
Query Subcube Verbose	✓	✓	✓	✓	✓

Abbildung 31.7 Ereignisse für eine Abfrage

Eine solche optimierte Ereignis- und Spaltenauswahl kann als Vorlage mit dem Menübefehl *Datei/Speichern unter/Ablaufverfolgungsvorlage* gespeichert werden. Beim Anlegen einer neuen Ablaufverfolgung wird diese Vorlage angeboten.

Flight Recorder und Ablaufverfolgung

Der Flight Recorder ist ein in die Analysis Services integrierter Prozess zum Erstellen einer laufenden standardisierten Ablaufverfolgung. Diese kann zum Beispiel nach einem Absturz oder der Meldung, dass eine Abfrage besonders lang gedauert hat, benutzt werden, um die Ursachen zu ergründen.

Der Flight Recorder ist standardmäßig aktiviert. Die ihn betreffenden Einstellungen sind in den erweiterten Eigenschaften der Analysis Services zu finden (siehe Abbildung 31.8). Die Eigenschaft *LogDir* gibt an, wo die vom Flight Recorder erzeugte Ablaufverfolgung gespeichert wird. Über die Eigenschaft *TraceDefinitionFile* kann dem Flight Recorder eine eigene Ablaufverfolgungsvorlage zugewiesen werden.

Name	Wert
Log \ File	msmdsrv.log
Log \ FlightRecorder \ Enabled	true
Log \ FlightRecorder \ FileSizeMB	10
Log \ FlightRecorder \ LogDurationSec	3600
Log \ FlightRecorder \ SnapshotDefinitionFile	
Log \ FlightRecorder \ SnapshotFrequencySec	120
Log \ FlightRecorder \ TraceDefinitionFile	
Log \ MessageLogs	File;Console;System
Log \ QueryLog \ CreateQueryLogTable	false
Log \ QueryLog \ QueryLogConnectionString	
Log \ QueryLog \ QueryLogSampling	10
Log \ QueryLog \ QueryLogTableName	OlapQueryLog
Log \ Trace \ TraceReportFQDN	0
LogDir	E:\SQLSERVER\MSAS\Log

Abbildung 31.8 Einstellungen für den Flight Recorder

Der Flight Recorder erzeugt die Dateien *FlightRecorderBack.trc* und *FlightRecorderCurrent.trc*. Diese Dateien werden standardmäßig mit dem SQL Server-Profiler geöffnet. Im diesem besteht die Möglichkeit, einen problematischen Bereich erneut auf dem Server schrittweise auszuführen. Hierbei werden die auftretenden Ereignisse in eine weitere Ablaufverfolgungsdatei geschrieben, die beliebige weitere Ereignisse aufzeichnen kann.

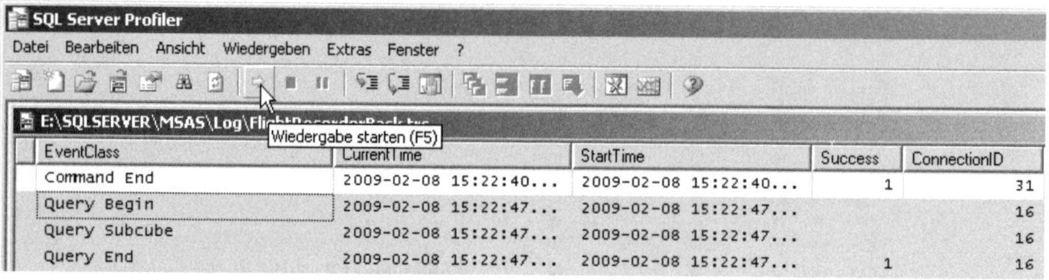

Abbildung 31.9 Ablaufverfolgungsdatei des Flightrecorders

Leistungsindikatoren und DMVs

Über den Systemmonitor oder andere Anwendungen können die von den Analysis Services bereitgestellten Leistungsindikatoren angezeigt werden. Es gibt eine Vielzahl von Leistungsindikatoren, die Daten bereitstellen, zum Beispiel zu Serverstatistiken, Caches und Speicherverbrauch. Über den Systemmonitor können Sie sich diese Leistungsindikatoren wie folgt anzeigen lassen:

1. Öffnen Sie die *Zuverlässigkeits- und Leistungsüberwachung* über *Start/Verwaltung/Zuverlässigkeits- und Leistungsüberwachung*.
2. Starten Sie den Systemmonitor mit *Überwachungstools/Systemmonitor*. Standardmäßig wird hier die Prozessorzeit angezeigt.
3. Über das Plussymbol können Sie nun das Dialogfeld *Leistungsindikatoren hinzufügen* (siehe Abbildung 31.11) öffnen.

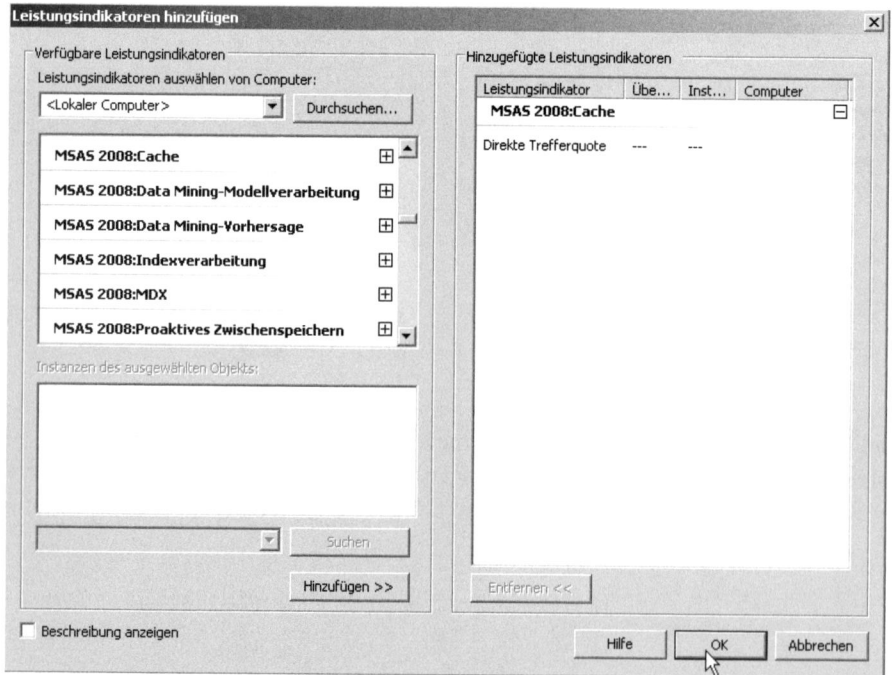

Abbildung 31.10 Auswahl der Leistungsindikatoren für den Systemmonitor

4. Im Dialogfeld *Leistungsindikatoren hinzufügen* finden Sie unter dem Namensraum *MSAS 2008* die Leistungsindikatoren für die Analysis Services. Fügen Sie, mit der Schaltfläche *Hinzufügen*, den Leistungsindikator *Direkte Trefferquote* aus der Kategorie *Cache* den anzuzeigenden Leistungsindikatoren hinzu. Bestätigen Sie mit *OK*.
5. Im sich wieder öffnenden Systemmonitor erscheint der neue Leistungsindikator. Während des Ausführens einer MDX-Abfrage kann ein Ausschlag wie in Abbildung 31.11 beobachtet werden.

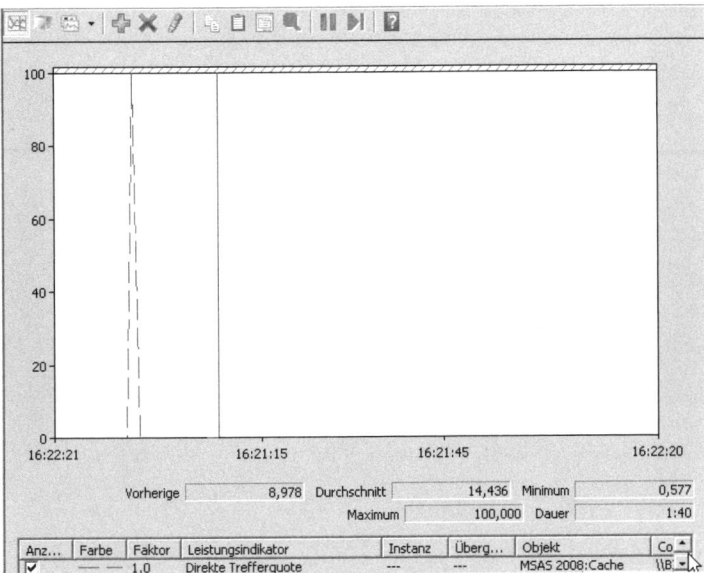

Abbildung 31.11 Direkte Trefferquote im Cache bei einer MDX-Abfrage

6. In *Zuverlässigkeits- und Leistungsüberwachung* können auch benutzerdefinierte Sammlungssätze mit zugehörigen Berichten angelegt werden, um auf Analysis Services bezogene Leistungsindikatoren zu überwachen.
7. Die gesamte Vielfalt der Leistungsindikatoren kann auch über DMVs abgefragt werden. Dies wird vom Schema-Rowset DISCOVER_PERFORMANCE_COUNTERS übernommen. Dem Schema-Rowset wird mit der SYSTEMRESTRICTSCHEMA-Funktion hierzu der zu ermittelnde Leistungsindikator mit der Restriction PERF_COUNTER_NAME als String übergeben. Der Wert für den PERF_COUNTER_NAME wird folgendermaßen zusammengesetzt:

```
/ + Leistungsindikatorkategorie + / + Leistungsidikator
```

8. Beachten Sie, dass die Namen der Leistungsindikatoren vom eingestellten Gebietsschema des Servers abhängig sind. Listing 31.10 enthält eine Abfrage auf den vorher im Systemmonitor dargestellten Leistungsindikator.

```
SELECT *
    FROM SYSTEMRESTRICTSCHEMA(
        $SYSTEM.DISCOVER_PERFORMANCE_COUNTERS
        , PERF_COUNTER_NAME = '\MSAS 2008:Cache\Direkte Trefferquote'
    )
```

Listing 31.10 DMV zum Abfrage des Leistungsindikators

Stichwortverzeichnis

.dsv-Datei 70
.sln-Datei 64
@InputRowset 359

A

Abfrageeditor
　　Zeilenschaltung 356
Abfragegenerator 452
Abfragekontext 752
Abfragen
　　benannte 121
Abgeleitete Spalte 489
　　Komponente 383, 475, 549
Abhängigkeitsnetzwerk
　　Assoziationsanalyse 341
　　Naive-Bayes-Modell 312
　　Tree Viewer 299
Ablaufsteuerung, Container 433
Ablaufsteuerung, Integration Services 416
Ablaufverfolgung 965
Abonnements 653
Administration mit AMO 910
ADO.NET 427
ADO.NET-Quelle 453
ADOMD.NET 876
　　AdomdCacheExpiredException 904
　　AdomdCommand 894
　　AdomdConnectionException 904
　　AdomdDataAdapter 894, 898
　　AdomdDataReader-Objekt 897
　　AdomdErrorResponseCollection 904
　　AdomdException 904
　　AdomdRestrictionCollection 894
　　AdomdUnknownResponsetException 904
　　Ausnahmen 904
　　Axis 900
　　AxisInfo 898
　　bereitstellen 877
　　CellInfo 898
　　Cells 903
　　CellSet 898, 903
　　ColumnName 897
　　Columns 893
　　Command-Objekt 894
　　CommandText 894–895
　　createCommand 894
　　CubeInfo 898
　　Cubes-Auflistung 889

　　Data Mining Metadaten 892
　　DataReader 896
　　DataSet 898
　　Daten abrufen 896
　　ExecuteCellSet 894, 898
　　ExecuteNonQuery 894–895
　　ExecuteReader 894, 896
　　ExecuteScalar 894
　　ExecuteXMLReader 894, 896
　　getMembers 891
　　GetSchemaDataSet 894
　　getSchemaTable 897
　　Hierarchies 900
　　isDBNull 897
　　Levels 900
　　LoadXml 898
　　MDDataSet 896
　　MemberFilter 891
　　Members 900
　　MiningModelCollection 892
　　MiningModels 893
　　MiningServiceCollection 892
　　MiningStructureCollection 892
　　OlapInfo 898
　　OLAP-Metadaten 889
　　Properties-Auflistung 890
　　SchemaRowsets 894
　　Set 900
　　Sicherheit der Verbindung 886
　　Tuple 900, 903
　　Verbindung herstellen 884
　　Verwalten einer Session 886
　　XML abrufen 896
　　XMLReader 896
ADOMD.NET (ActiveX Data Objects MultiDimensional.NET) 822
ADOMD.NET-Metadaten 888
ADOMD.NET-Server-Verweis 835
AdomdConnection-Objekt 884
　　ConnectionString 885
　　ProtectionLevel 886
　　SessionID 886
AdomdServer-Bibliothek 822, 834
　　ADOMDCommand-Objekt 835
　　Context-Objekt 835
　　CubesCollection 835
　　Expression 835
　　Expression-Klasse 838
　　MDX 835

AdomdServer-Bibliothek *(Fortsetzung)*
   MDXValue 835
   Member 837
   MiningModelCollection 835
   MiningStructureCollection 835
   Set 837
   SetBuilder 835
   Tuple 837
   TupleBuilder 835
ADO-Recordsets 439
Adressatengerechte Informationsversorgung 558
Aggregat, Komponente 474
Aggregatfunktionen 474
Aggregationen 244, 248, 251
Aggregationsentwurfs-Assistent 251
Aggregationsverfahren 48
Aktion
   Begriff 224
   Drillthrough 225
   Implementierung 224
   Registerkarte 225
   Typen 224
Aktionen anlegen 785
AllowDrillThrough 297, 308
ALTER MINING STRUCTURE 277
AMO (Analysis Management Objects) 905
   Hauptobjekte 907
   Nebenobjekte 907
   Objektmodell 909
   Rechte 913
   Server-Trace 916
   SessionTrace 917
   Sicherheit 912
AMO-Methoden
   Add 907, 911
   Backup 914
   CanProcess 908
   Clear 907
   Clone 907
   Contains 907
   Count 908
   Drop 908, 911
   Find 908
   FindByName 908, 911
   Insert 908
   LastProcessed 908
   LastSchemaUpdate 908
   Move 908
   Parent 907
   Process 908, 912
   Remove 908
   RemoveAdd 908
   Restore 914–915
   Update 908, 911
   UpdateOptions.ExpandFull 925

   Validate 907
AMO-Objekte
   AMOException 928
   Ausnahmen 928
   BackupInfo 914
   ConnectionException 929
   Cube 923
   Database 911
   DataSource 919
   DataSourceView 919
   Dimension 922
   Measure 924
   MeasureGroup 924
   MiningModel 926
   MiningStructure 925
   OperationException 929
   OutOfSyncException 929
   Permission 913
   ResponseFormatException 929
   RestoreInfo 915
   Role 912
   Server 910
   SessionTrace 917
   Trace 916
Analysis Management Objects *siehe* AMO
Analysis Services
   Sicherheitsarchitektur 255
Analysis Services Scripting Language *siehe* ASSL
Analysis Services-Datenbank
   Aufgaben automatisieren 242
   sichern 240
   synchronisieren 237
   wiederherstellen 241
Analysis Services-Instanzen
   multiple 238
Analysis Services-Projekt
   bereitstellen 80
      Eigenschaften 235
      Konfiguration 235
      neues erstellen 61
Analysis Services-Sicherheit 255
   Datenbankrolle 256
   Serverrolle 256
Analysis Services-Verarbeitungstask 352
Antecedent 339
Assembly registrieren 832
Assemblys für die Analysis Services *siehe* Erweiterungen für die Analysis Services
AssignExpression 435
ASSL 955
   Cancel 956
   ConnectionID 958
   Create 956
   Delete 956, 958
   Namespace 957

ASSL *(Fortsetzung)*
    Objekt Hierarchie 957
    Process 956
    Trace-Objekt 957
    Update 956
ASSL (Analysis Services Scripting Language) 932
Association_Rules 342
Assoziationsanalyse
    geschachtelte Tabellen 333
    Warenkorbanalyse 333
Attributbeziehung
    Eigenschaften 144
    konfigurieren 144
Attributbeziehungen 143
Attribute
    Anzeigeordner 161
    Bindung 137
    konfigurieren 136
    löschen 138
    Namenskonvention 139
    sortieren 169
    Verwendung 137
ATTRIBUTE_NAME 301
Attributelemente 137, 142
    diskretisieren 149
    Diskretisierungsmethoden 150
    gruppieren 149
    sortieren 146
Attributhierarchie 139, 727
    Anzeigeordner 140
    deaktivieren 148
    Eigenschaften 139
    verstecken 148
Attributmerkmale
    Naive-Bayes-Modell 314
Attributprofile
    Naive-Bayes-Modell 314
Attributschlüssel 138, 153
    zusammengesetzt 154
Auffüllung 305
    Gewinndiagrammeinstellungen 321
Auffüllung (Alle)
    Clustermerkmale 308
Auffüllungsprozentsatz
    Liftdiagramm 319–320
Ausdrücke
    Felder und Datasets 640
    Globals 639
    Konstanten 638
    Operatoren und Funktionen 642
    Parameter 639
Ausdrücke als Variablenwert 399
Ausdrücken, Variable 398
Ausdrucksauswertung 402

Ausdrucks-Generator 411
Ausdrucksprogrammierung 403
    Ausdrucks-Generator 411
    Bedingung 414
    Beispiele, einfach 403
    DT_STR 405
    Funktionen 405
    Konvertierungsoperator 404
    Operatoren 404
    Spalten- und Variablennamen 403
    Syntax 403
    Vergleiche 414
Authentifizierungserweiterungen 568
Autoexist 728
AW_DW 60

B

Bedingtes Teilen
    SSIS-Werkzeug 360
Bedingtes Teilen, Komponente 465
Bedingung(if) 414
Begin Transaction 817
Begünstigt Cluster n 310
Beispiel 367
    Auftragsanlage im SQL Server-Agent 537
    Beispiel
        Parameterverwendung beim Verbindungstyp OLE DB 426
    Einlesen einer XML-Quelle 457
    Excel-Tabelle mit Nullwerten 409
    Foreach-ADO-Enumerator 438
    Foreach-Dateienumerator 437
    Paketkonfiguration 521
    Parameterverwendung beim Verbindungstyp ADO.NET 427
    SQL-Befehl einer OLE DB-Quelle 400
Beispieldateien
    Installation 36
Beispielpaket 370
Benannte Berechnung 219
Benannte Mengen 211, 215, 736, 752–753, 758, 791
    dynamisch 761
    Eigenschaften 759
    statisch 758
Berechnete Dimension 55
Berechnete Elemente 211, 736, 752–753, 791
    DISPLAY_FOLDER 796
    Eigenschaften 755
    NON_EMPTY_BEHAVIOR 796
    SOLVE_ORDER 757, 796
    VISIBLE 796
Berechnete Zellen 753, 762
Berechnetes Measure 55, 103

Berechnungen 211
    Ansichten 211
    Anzeigeordner 214, 216
    benannte 124, 147
    Berechnungstools 212
    Registerkarte 211
    Skriptplaner 212
    Vorlagen 213
Bereitstellen eines Cubes 80
Bereitstellungs-Assistent 234–235
Bereitstellungsprozess 81
Bereitstellungsstatus 81
Berichte
    Ausdrücke 636
Berichte erstellen
    Zugriff auf multidimensionale Daten 592
    Zugriff auf relationale Datenbank 578
Berichtsauslieferung 664
Berichtsbereitstellung 650
Berichts-Designer 569
Berichtseigenschaften 651
Berichtseinrichtung 634
Berichtselemente 608
    Bild 626
    Diagramm 618
    Linie 621
    Liste 622
    Matrix 616
    Tabelle 611
    Textfeld 609
    Unterbericht 624
Berichtserweiterung
    Bereitstellen der DLL 642
    Einbinden von privaten Assemblys 642
    Verweis auf die DLL 644
Berichts-Explorer 706
Berichts-Generator 570, 684
    Ausdrucksgruppen 693
Berichts-Manager 563
    Berechtigungen 563
    Berichtsverwaltung 648
    Eigenschaften von Berichten und Datenquellen 563
    Hilfe 649
    Meine Abonnements 649
    Ordnerstruktur 563
    Site-Einstellungen 649
    Stamm 649
    Zugriffssteuerung 660
Berichtsmodell 696
    auf Basis von Cubes 700
    Entitäten und Filter 697
    Felder 697
    Ordner 698
    Perspektiven 696
    Regeln 687, 698
    Rolle 698

Berichtsmodellassistent 685
Berichtsmodellprojekt 569
Berichtsprozessor 566
Berichtsserver 563
    Web Service 667
Berichtsserver-Befehlszeilenprogramme 576
Berichtsserver-Datenbanken 565
Berichtsserverprojekt 569
Berichtsserverprojekt-Assistent 569
Berichtsverlauf 653
Berichtsverteilung 573
Berichtsviewer 706
Berichtswesen
    Flexible Berichtsdistribution 560
    Skalierbarkeit 560
Bezugsdimension 202
Bezugsdimensionsbeziehung 202
BI-Architektur
    klassisch 114
    mit UDM 118
Blattzellen 765
Business Intelligence Development Studio (BIDS) 370, 788
    Cube-Designer 77
Business Intelligence-Assistent 217
Business Intelligence-Erweiterungen 167
Business Intelligence-Projekte 371

C

C# 482
CacheMode 354
Callback Stored Procedure 839
CAST, Konvertierungsoperator 404
CELL PROPERTIES *siehe* Zelleigenschaften
CHILDREN_CARDINALITY 302
ClearAfterProcessing 354
Clusterdiagramm 304, 312
Clustering 288
Clustermerkmale 308, 312
Clusterprofile 306, 312
Clusterunterscheidung 310, 312
Codd, E.F. 44
Commit Transaction 817, 819
Connection 375
ConnectionString 65
    ADO.NET-Verbindung 502
Consequent 339
Container 433
    Foreach-Schleifencontainer 435
    For-Schleifencontainer 434
    Sequenzcontainer 434
CONTENT 302
CREATE MINING MODEL 277
CSV-Datei 456

Stichwortverzeichnis

Cube
  Begriff 49
  bereitstellen und verarbeiten 180
  durchsuchen 182
  erstellen mit Cube-Assistent 72
  filtern 182
  um Faktentabelle erweitern 108
  Zugriff mit Excel 111
Cubebrowser 79
Cube-Designer
  Browser 79
  Cubestruktur 78
  Datenquellensicht 180
  Dimensionen 180
  Measures 180
  Registerkarten 77, 179
Cubedimension 130, 190, 194
  Beziehungen 196
  entfernen 196
  Granularitätsebene 197
  hinzufügen 195, 203
  unterschiedliche Rollen 200
Cubedimension hinzufügen 93
Cubeerweiterung 217
Cube-Skript 787
  Benannte Mengen im Business Intelligence
    Development Studio erstellen 792
  Berechnete Elemente im Business Intelligence
    Development Studio erstellen 795
  Formularansicht 788
  Im Business Intelligence Development Studio
    debuggen 798
  Skriptansicht 790
  Subcube 801
  THIS 803
  Zuweisungen 802
Cubespeicher 244
Currency 83
CurrentCube 791
CurrentMember 766

D

Data Mart 56
Data Mining
  Algorithmen 279
  ALTER MINING STRUCTURE 277
  CREATE MINING MODEL 276
  DMCommunity 280
  INSERT INTO 277
  Modell erstellen 276
  Modell trainieren 277
  Modellvorhersagen 278
  Newsgroup 280
  Vorgehensweise 283
Data Mining Extensions *siehe* DMX
Data Mining-Abfrage
  SSIS 353
Data Mining-Abfragetask 352, 356
Data Mining-Modelltraining 464
  SSIS 353
Data Warehouse 55
DATEDIFF 408
Dateifreigabe-Übermittlung 654
Dateisystem, Task 430
Datenaustausch Datenfluss 478
Datenbank
  bereitstellen 234
Datenbankdimension 130, 180, 195
Datenbankrolle
  erstellen 258
Datenbereitstellung 596
  Authentifizierung 597
  Datasets 598
  Datenquellen 597
  Verbindung 597
Datendimension 47
Datenfluss 380
  Skriptkomponente 500
Datenfluss, Integration Services 446
Datenflüsse zusammenführen 470
Datenfluss-Editor 447
Datenflusspfeil 383
Datenflussquellen, Integration Services 451
Datenflusstask 379
Datenflusstask, Integration Services 447
Datenflussziele 460
Datengesteuertes Abonnement 657
Datenintegrations-Plattform 364
Datenkonvertierung, Komponente 476
Datenquelle
  definieren 64, 284
  Eigenschaften 67
  multiple 119
Datenquellen-Designer 285
Datenquellensicht 132
  Beziehungen zwischen Tabellen definieren 70
  definieren 68
  Designer 119
  Diagramme 123
  Erklärung 67
Datenquellensicht definieren 286
Datenquellensicht-Designer 198, 208
Datentyp
  Data Mining 291
  Excel 393
  Integration Services 392
Datentyp Object, Integration Services 395
Datenverarbeitungs-Erweiterungen 567

Daten-Viewer 387, 449, 528
DATEPART 407
Datumseinheiten 408
Datumsfunktionen, Ausdrucksprogrammierung 407
Deaktivierung, Tasks 418
Debug-Modus 525–526
Dicing 51
Dienstkonto 66, 80, 285
Dimension 727
    Attributbeziehungen 131
    Attribute 132
    bearbeiten 84
    Begriff 47
    Berechnete 55
    Beziehungen 195
    Browser 131
    Daten übersetzen 174
    Dimensionsstruktur 131
    durchsuchen 135
    Hierarchien 132
    Metadaten übersetzen 173
    M-N-Beziehung 208
    Schreibzugriff aktivieren 170
    übersetzen 172
    Übersetzungen 131
    verarbeiten 134
Dimensions-Assistent 128
Dimensionsbeziehung
    reguläre 196
Dimensionsbrowser 87
Dimensions-Designer 130
Dimensionselement 47
Dimensionsintelligenz 168
Dimensionsstruktur
    Registerkarte 85
Dimensionstypen 168
Dimensionsverwendung
    Registerkarte 93
Distanz
    Cluster 306
DM_AssocSeqLineItems 334
DM_AssocSeqOrders 334
DMV (Dynamic Management View) 962, 970
    DBSCHEMA_TABLES 962
    DISCOVER_CONNECTIONS 962
    DISCOVER_PERFORMANCE_COUNTERS 971
    DISCOVER_SCHEMA_ROWSETS 962
    Leistungsindikatoren abfragen 971
    Syntax 963
    SYSTEMRESTRICTSCHEMA 963
    UDM abfragen 963
DMX (Data Mining Extension) 842
    Abfrage Generator 864
    Abfragen 854, 859
    Abfragen auf Modelle 854
    Abfragen auf verschachtelte Tabellen 870
    Batch-Abfrage 862
    Batch-Abfragen 859
    Datentypen 843
    Eingabedaten 862
    Inhaltstypen 843
    Klassifikationsmatrix 858
    Kreuzvalidierung 859
    Miningmodelle erstellen 846
    Miningmodelle löschen 848
    Miningmodelle mit verschachtelte Tabellen erstellen 848
    Miningstrukturen erstellen 843
    Miningstrukturen löschen 845
    Miningstrukturen mit verschachtelten Tabellen erstellen 845
    Modellgüte prüfen 857
    Prognosegüte 858
    Singleton-Abfrage 859
    Stored Procedures 857
    Testdaten abfragen 856
    Testpartition 844
    Trainieren von Modellen 849
    Trainieren von Modellen mit verschachtelten Tabellen 850
    Trainingsdaten abfragen 856
    Trainingspartition 844
    Untersuchen des Inhalts eines Modells 856
    Untersuchen von nicht vorhersagbare Spalten 855
    Untersuchen von vorhersagbaren Spalten 854
    Vorhersageabfrage-Generator 865
    Vorhersageabfragen 859
DMX Stored Procedures 857
    SystemGetClassificationMatrix 858
    SystemGetCrossValidationResults 859
    SystemGetLiftTable 858
DMX-Anweisungen
    ADD MINING MODEL 846
    ALTER MINING STRUCTURE 846
    Alter Mining STRUCTURE 848
    Call 858
    CONTENT 856
    CREATE MINING STRUCTURE 843, 845
    DELETE FROM MINING MODEL 851
    DELETE FROM MINING STRUCTURE 851
    DROP MINING MODEL 848
    DROP MINING STRUCTURE 845
    FILTER 847
    FLATTENED 854
    INSERT INTO MINING MODEL 849
    INSERT INTO MINING STRUCTURE 849
    NATURAL PREDICTION JOIN 860, 862
    ON 863
    PREDICT 846
    PREDICTION JOIN 861, 863

Stichwortverzeichnis

DMX-Anweisungen *(Fortsetzung)*
   Repeatable 844
   SELECT 854, 860–861
   SELECT DISTINCT 855
   SHAPE 851
   SKIP 850
   WITH DRILLTHROUGH 847
   WITH HOLDOUT 844
DMX-Editorfenster 868
DMX-Funktionen
   BottomCount 873
   BottomSum 873
   IsInNode 857
   IsTestCase 856
   IsTrainingCase 856
   Predict 873
   Predict Probability 870
   PredictAssociation 871–872
   PredictHistogram 854
   PredictProbability 860
   RangeMax 855
   RangeMid 855
   RangeMin 855
   StructureColumn 857
   TopCount 873
   TopPercent 873
   TopSum 873
DocumentMapLabel 632
DontSaveSensitive 535
Drilldown 49
Drillthrough 764, 778
   ausführen 297, 308
   Clusterprofile 308
dtexec 541
dtexecUI 540
DTS 2000-Paket 432
DTS 2000-Paket ausführen, Task 432
DTS.Variables 487
DW1fach 60
DW1fach_OLAP 63
DW1fach_OLAP.sln 64
Dynamic Management View 962
Dynamische SQL-Programmierung 399

E

Eindeutiger Name 730
Einfacher Name 730
Einzelkosten
   Gewinndiagrammeinstellungen 321
Einzelumsatz
   Gewinndiagrammeinstellungen 322
Element 727–728
   Elementeigenschaften 779

Elementschlüssel 730
Integrierte Elementeigenschaften 779
Standardelement 731
unique name 751
Elemente einer Dimension 47
Elementeigenschaften 142
E-Mail-Übermittlung 655
EncryptAllWithPassword 535
EncryptAllWithUserKey 535
EncryptSensitiveWithPassword 535
EncryptSensitiveWithUserKey 535
Endbenutzermodell 220
Entity-Relationship-Diagramm 49
Entscheidungsstruktur navigieren 298
Entwicklungsumgebung 371
Entwurfswarnungsregeln 132
Enumerator, Foreach-Schleifencontainer 435
Ereignishandler der Basisklasse 499
Erweiterungen aufrufen 831
Erweiterungen bereitstellen 825, 827, 830, 832
Erweiterungen debuggen 827
Erweiterungen erstellen 823, 829
Erweiterungen für Analysis Services 821
Erweiterungen mit ADOMD.NET 822, 834
ETL-Funktionen 446
ETL-Programm 364
ETL-Tools 56
Excel
   Zugriff auf Cubedaten 111
Excel- und VBA-Funktionen 786
Excel Verbindungs-Manager 422
Excel-Quelle 409, 453
Excel-Ziel 463
Explizite Konvertierung 404
Expressions 398
Extraction, Loading, Transformation 56

F

F5 83
Faktendimension 205
Faktentabelle
   Begriff 51
Fälle vorhersagen 324
Fehlklassifikation 317
Fenster
   Ausgabe 527
   Lokal 530
   Überwachen 531
Feste Breite mit Zeilentrennzeichen 462
Feste Kosten
   Gewinndiagrammeinstellungen 321
FILE 419
Flatfilequelle 380, 455

Flatfile-Verbindungs-Manager 423, 455
Flatfile-Ziel 462
FLATTENED 359
Flatterrand 456
Flight Recorder 969
    LogDir 969
    TraceDefinitionFile 969
Foreach-Elementenumerator 441
Foreach-Schleifencontainer 435
FormatString 83
For-Schleifencontainer 434
Fremdkomponenten 366
Fremdschlüssel in Faktentabelle 51
FriendlyName 71, 109
FTP-Task 443
Funktionen, Ausdrucksprogrammierung 405
Fuzzygruppierung, Komponente 477
Fuzzysuche, Komponente 478

G

Galaxy-Schema 52–53, 60, 108
Gebietsschemabezeichner 172
Generierung von Ausgabeformaten 567
geschachtelte Tabellen
    Assoziationsanalyse 333
Gewinndiagramm 320
Gewinndiagrammeinstellungen 321
Größe
    Itemsets 337
Gültigkeitsbereich 396

H

Haltepunkte 528
Hierarchie
    ausgeglichene 158
    benutzerdefinierte 139, 158
    benutzerdefinierte bilden 85
    Ebenenbenennung 162
    erstellen 142
    unausgeglichene 95, 159, 161
    unregelmäßige 159, 165
Hierarchieebenen 48
Hintergrund
    Steuerelement 296
Hintergrundfarbe eines Knotens 296
Histogramm
    Clusterprofile 307
Histogramme
    Fenster Entscheidungsstruktur 296
HOLAP (Hybrid Online Analytical Processing) 58, 245–246

I

Ideallinie
    Liftdiagramm 320
Identitätswechselinformationen 80, 285
Implizierte Konvertierung 404
Importance
    Assoziationsanalyse 339
Information Worker 706
Inhaltstyp
    Data Mining 291
InitExpression 434
INSERT INTO 277
Installation 30
Integration Services 364–365, 526
    Ablaufsteuerung 416
    Ausdrücke 402
    Container 433
    Datenfluss 446
    Datenflusstask 447
    Datentypen 392
    Debug-Modus 526
    Konfiguration 514
    Konfigurationsarten 515
    Paketspeicherort 533
    Task 'SQL ausführen' 423
    Verbindungs-Manager 418
    Workflow 416
Integration Services-Beispiele 367
Integration Services-Paket 379
    Debugging 525
    Konfigurationstypen 516
Integration Services-Projekt 371
Interaktive Berichteselemente
    Drilldown und Drillup 630
Interaktive Elemente
    Dokumentenstruktur 632
    Hyperlinks 629
Itemsets
    Registerkarte 337

K

Kalenderwoche nach ISO-Norm 489
KeepTrainingCases 354
Key Performance-Indicators (KPIs) 783
    abfragen 784
    Anzeigeordner 223
    Begriff 220
    Browseransicht 221
    Eigenschaften 221
    Elemente 220
    Erstellung 783
    Registerkarte 221

Klassenbibliothek 511
Klassifikationsmatrix 317–318
Komponente 547, 550
    Abgeleitete Spalte 475, 549
    Aggregat 474
    Bedingtes Teilen 409, 465
    Datenkonvertierung 476
    Fuzzygruppierung 477
    Fuzzysuche 478
    Multicast 470
    OLE DB-Befehl 474
    Prozentwert-Stichprobe 476
    Rohdatendatei-Ziel 478
    Sortieren 472
    Spalte kopieren 476
    Suche 466, 547
    Union All 470
    Zeilenstichprobe 477
    Zusammenführung 471
    Zusammenführungsverknüpfung 471, 550
Komponente 'Bedingtes Teilen' 551
Komponente Multicast 459, 464
Konfidenz 334, 339
    Assoziationsanalyse 341
Konfiguration
    Integration Services 514
Konfigurationstabelle 518
Konvertierung
    Explizite 404
    Implizierte 404
Konvertierungsoperator Cast 404

L

Leistungsindikatoren 970
Lift 318, 334
    Assoziationsanalyse 339, 341
    Definition 340
Liftdiagramm 318
    Aufbau 319
    Auffüllungsprozentsatz 319–320
    Diagonallinie 319
    Ideallinie 320
    Interpretation 319
    nachträgliche Vorhersage 319
    Wahrscheinlichkeitsvorhersage 320
    Zielauffüllung 319
    Zufallslinie 320
Lineare Regression 275
localhost 285
    Vorteile beim Portieren 65
Logarithmus 406
Logischer Primärschlüssel 70
Lokale Cubes 820

M

Management-Studio
    Berichtsverwaltung 665
MARGINAL_PROBABILITY 302
MARGINAL_RULE 302
Mathematische Funktionen,
    Ausdrucksprogrammierung 406
MDDataSet 896
MDX (Multidimensional Expression) 722
    Abfragen 735
    Aggregation 764
    Bezeichner 729
    Boolesche Operatoren 744
    Datendefinitionssprache 722
    Datenmanipulationssprache 722
    Doppelpunktschreibweise 734
    Granularität 764
    Klammern 736
    Kommentare 739
    Operatoren 756
    Skriptingfunktionalität 722
MDX Query Editor 598
MDX Studio 723
MDX-Abfragen 735
    Abfrageachsen 737
    Cubekontext 738
    FROM 735
    SELECT 735
    WHERE 735, 738
    WITH 736, 752
MDX-Anweisungen
    CREATE CELL CALCULATION 762
    CREATE DYNAMIC SET 760
    CREATE GLOBAL CUBE 820
    CREATE KPI 783
    CREATE MEMBER 754, 796
    CREATE SESSION MEMBER 754
    CREATE SET 796
    CREATE STATIC SET 760
    DRILLTROUGH 778
    DROP SET 760
    UPDATE 813
MDX-Designer 213
MDX-Editoren 723
MDX-Funktionen 722, 742
    AddCalculatedMembers 791
    Aggregate 768
    Avg 771
    BottomCount 763
    Children-Funktion 742
    CrossJoin 746
    CurrentMember 751
    Exists 816
    Filter-Funktion 743

MDX-Funktionen *(Fortsetzung)*
  Head 765
  Iif 770
  IsEmpty 775
  Kpi-Funktionen 784
  Lag 776
  Lead 776
  Leaves-Funktion 765
  Member-Funktion 743
  Mtd 768
  NonEmpty 749
  Order 750
  ParallelPeriod 777
  Parent 772
  PeriodsToDate 766
  PrevMember 774
  Properties 779
  Qtd 768
  Root 773
  Sum 763
  TopCount 763
  TupleToString 751
  Wtd 768
  Ytd 768
MDX-Skriptanweisungen 798
  CALCULATE 798
  CASE 753, 795, 810
  EXISTING 809
  FREEZE 808
  IF 810
  SCOPE 803
MDX-Vorlagen 726
Me.Variables 397
Mean+StdDev 307
Mean-StdDev 307
Measuregruppen 189
Measures
  additive 186
  Aggregationsfunktionen 186, 194
  bearbeiten 84, 100, 183
  Begriff 48
  Berechnetes 55, 103
  einfache MDX-Ausdrücke 191
  formatieren 184
  neues erstellen 101
  nicht additiv 186
  semiadditive 186
  Währungsumrechnung 189
Measures auswählen
  Dialogfeld 73
Meine Berichte-Funktionalität 660
Member 47
MembersWithData 99
Menge 728, 733, 735
Merge 546

Metadaten 380, 448
Microsoft Decision Trees 287
Microsoft Naive Bayes 288
Microsoft_Association_Rules 342
MINIMUM_PROBABILITY 336
MINIMUM_SUPPORT 336
Mininggenauigkeitsdiagramm 315
Mininglegende
  Entscheidungsstruktur 296
Miningmodell
  analysieren 294
  hinzufügen 292
  trainieren 294
  vorhersagen 324
  Zuordnungsregeln 334
Miningmodell-Viewer 300
  Clustermodell 303
  Decision Tree-Modell 295
  Naive-Bayes-Modell 312
Miningmodellvorhersage
  Abfrageergebnisansicht 325
  Entwurfsansicht 325
  SQL-Ansicht 326
Miningstruktur erstellen 288
Mit Trennzeichen 456
Model Designer 569
MODEL_CATALOG 301
MODEL_NAME 301
MODEL_SCHEMA 301
MOLAP (Multidimensional Online Analytical Processing) 57, 244, 246
msmdsrv.exe 827
MSOLAP_MODEL_COLUMN 302
MSOLAP_NODE_SCORE 302
MSOLAP_NODE_SHORT_CAPTION 302
Multicast 459, 464, 510
Multicast, Komponente 470
Multidimensional Expressions *siehe* MDX
multidimensionale Datenanalyse 44
multidimensionale Speicherkonzepte 57
multidimensionales Modell 49
Multidimensionalität
  Begriff 47

N

Nachfolger 339
Nachrichtenwarteschlange 443
Naive-Bayes-Modell
  Attributmerkmale 314
  Attributprofile 314
  Miningmodell-Viewer 312
Namespace 395
NATURAL PREDICTION JOIN 329

Stichwortverzeichnis

NODE_CAPTION 302
NODE_DESCRIPTION 302
NODE_DISTRIBUTION 302
NODE_GUID 302
NODE_NAME 302
NODE_PROBABILITY 302
NODE_RULE 302
NODE_SUPPORT 302
NODE_TYPE 302
NODE_UNIQUE_NAME 302
Non Empty 749
NON VISUAL 740
NonLeafDataHidden 99
NonLeafDataVisible 99
Nullfunktionen 409

O

Office Share Point Portal Server 2007 706
OLAP
    Begriff 44
    Data Warehouse 55
    Konzept 57
OLE DB 426
OLE DB for Data Mining 275
OLE DB-Befehl, Komponente 474
OLE DB-Quelle 451
OLE DB-Verbindungs-Manager 419
OLE DB-Ziel 461
OLE DB-Ziel, Komponente 385
OLTP
    Begriff 44
OPENQUERY 328, 359, 849, 852
OPENROWSET 852
Operatoren, Ausdrücke 404

P

Paket 366
Paket ausführen, Task 431
Paketausführung 531
Paketkonfiguration
    Beispiel 521
Paketschutzebene 534
Paketvariable
    übergeordnete 519
Parameter und Filter 603
    Berichtsparameter 603
    Filtern auf Berichtsebene 607
    Parametrisieren multidimensionaler Abfragen 606
Parameter, Task SQL ausführen 426
Parameterübergabe 426, 432
PARENT_UNIQUE_NAME 302
Parent-Child-Dimension 164

Parent-Child-Hierarchie 161
    bearbeiten 99
    Bedeutung 95
    erstellen 96
Partitionen 245
    filtern 246
    zusammenführen 249
Partitions-Assistent 246
Partitionsverarbeitung 464
Pass-Through 492
Personalisierungserweiterungen für Analysis Services 838
    CubeClosing 839
    CubeOpened 839
    SessionClosing 839
    SessionOpened 838
Perspektive
    anzeigen 229
    Begriff 227
    erstellen 228
Pivotieren 51
PivotTable 713
    Zugriff auf Cubedaten 111
Platzhalter 426
PostExecute
    Skriptkomponente 499
PostValidate
    Skriptkomponente 498
Potenz 406
PREDICTION JOIN 329
PredictProbability 278, 328, 331, 359
    Miningmodellvorhersage 325
PreExecute 499, 503
    Skriptkomponente 498
PreValidate
    Skriptkomponente 498
Primärschlüssel
    logischer 70
Primärschlüssel der Dimensionstabelle 51
ProcessInputRow 499–500
    Skriptkomponente 499
Projekt erstellen 370
Projekte 366
Projektmappen-Explorer 372
ProtectionLevel 534
Proxykonto 539
Prozentwert-Stichprobe, Komponente 476
Prozessor
    für Zeitplanung und Übermittlung 568

Q

Quadrat 406
Quadratwurzel 406
Qualifizierte Namen 396, 728

R

Rangfolgeneinschränkung 417
ReadOnlyVariables 441, 485, 501
ReadWriteVariables 397, 412, 485, 501
Rechter Flatterrand 462
Recordsetziel 479
Regel
    Assoziationsanalyse 338–339
Regeln
    Registerkarte 338
Registrierungseintrag 519
Relationen berechnen 769
    Gleitender Mittelwert 775
    Mittelwert 771
    Verhältnis berechnen 769
    Verhältnis zum übergeordneten Element 771
    Verhältnis zur Gesamtheit 773
    Verhältnis zur Vorperiode 774
Reporting Services
    Architektur 560
    Bereitstellungsszenarien 571
    E-Mail-Einstellungen 575
    Konfiguration 570
    Konfigurationsmanager 573
    Konfigurationswerkzeuge 573
    Konten und Berechtigungen 572
    Serverstatus 574
    Verschlüsselung 572
    Web Services Schnittstelle 564
    Webdienst-URL 574
    Windows-Dienstidentität 574
Resultset 439
Resultset, Task SQL ausführen 428
Rohdatendatei-Ziel, Komponente 478
ROLAP (Relational Online Analytical Processing) 58, 244, 246
Rollen
    Designer 259
Rollup 49
Rückschreibe-Cache 812–813
Rückschreiben aktivieren 818
Rückschreiben von Daten 812

S

Schattierungsvariable 305
Schema-Rowset 962
SchemaRowsets 894
Schieberegler 299
SELECT FLATTENED 359
Sequenzcontainer 434
Serverrolle
    bearbeiten 256

ServerStorage 535
Serverzeitdimension 60, 155
    bearbeiten 92
    durchsuchen 90
    erstellen 89
Set 733
SHAPE 852
SharePoint Services 706
Sicherheit
    Attributelemente 265, 267
    Attributhierarchien 265–266
    Berechtigungstypen 263
    Cube 262
    Cubedimension 265
    Cubezellen 263
    Datenbankdimension 265
    Dimension 265
    Dimensionsdaten 265
    sichtbarer Gesamtwert 269
    Standardelement 268
Sicherheitskontext
    wechseln 261
Sicherheitskonzepte von Erweiterungen 832
Singleton-Abfrage 330
    Excel-Clientanwendung 332
    mit Warenkorb_Modell 342
SingletonAbfrage.xls 332
SINGLETON-Abfrageeingabe 330
Skripterstellung für Objekte 242
Skripting 483, 511
    Eigene Komponenten 512
Skriptkomponente 482, 488, 492, 506, 553
    asynchrone 506
    Basiscode 493
    Benutzervariablen 501
    Datenquelle 510
    Datenziel 510
    Excel-Verbindung 504
    Klassenbibliothek 511
    PostExecute 498
    PreExecute 498
    ProcessInputRow 498
    Sonderzeichen 501
    Standardprozeduren 497
    Systemvariablen 501
    Variablen 499
    Verbindungs-Manager 502
    zusätzliche Spalten in Datenfluss einbauen 489
Skripttask 482
    Beispiel Variable Kalenderwoche 484
Slicing 51
Snowflake-Schema 52
Sonderzeichen 398
Sortieren, Komponente 472
Spalte kopieren 489

Spalte kopieren, Komponente 476
Spaltenzuordnung
    Mininggenauigkeitsdiagramm 315
Speicherkonzept
    multidimensionale 57
Speichermodus 244–245
Spracheinstellung
    Analysis Services 82
SQL
    Möglichkeiten und Grenzen 45
SQL ausführen, Task 423
SQL Server 2008
    Installation 28
    Komponenten installieren 30
SQL Server Agent 367
SQL Server Profiler 965
SQL Server Profiler Ereignisse 967
    Command Events 967
    Discover Events 967
    Discover Server State Events 967
    Ereignisklassen 968
    Ereignissubklassen 968
    Errors and Warnings 967
    Notification Events 968
    Progress Reports 968
    Queries Events 968
    Query Processing 968
    Security Audit 968
    Session Events 968
    Spaltenfilter 968
SQL Server-Agent 531, 536
    Protokolldatei 244
SQL Server-Tabelle 517
SQL-Befehl 546
SQL-Befehl aus Variable 452
SQL-Befehl, Task 'SQL ausführen' 424
SQL-Statement 376
SQL-Task 373
SSIS-Paketspeicher 533
Staging-Area 446
Standarddimension 136
Standardzeitdimension 152
Star-Schema 51–52
Status 296
    Schattierungsvariable 305
Stored Procedure 475, 552, 822, 831
Strukturierte Speicherdatei 432
Stzungskontext 752
Subcube 739
SubSelect 545, 738–739, 741
Suche 547
    Komponente 466
Summenbildung 766
Support 334
    Assoziationsanalyse 337, 340

Synchronisierungs-Assistent 237
    Bereitstellungsmethode 240
    Sicherheitseinstellungen 239
SynchronousInputID 506
Systemmonitor 970
Systemvariablen 396, 401

T

Task 'SQL ausführen' 374, 423
    Rückgaben 428
Task, Integration Services
    Dateisystem 430
    DTS 2000 Paket ausführen 432
    Paket ausführen 431
Testdaten 315
Toolbox 373
Trainingsdaten 315
Trainingsdaten angeben 289, 335
Transformations-Editor 413
Transformationskomponenten 473
Tree Viewer 296
Tupel 731, 733, 735

U

Übermittlungserweiterungen 568
Übersetzungen 230
    Cube-Metadaten 230
    Datenbank-Metadaten 230
    Registerkarte 231
UDF 822
UDM
    Endbenutzermodell 119
    Komponenten 118
    Konzept 115
    Schlüsselfaktoren 116
Umgebungsvariablen 518
Unicode 394
Unicode-Standard 2.0 403
Unified Dimensional Model 114
    Motivation 115
UNION ALL
    SSIS-Werkzeug 358
Union All, Komponente 470
Unterpaket 432
Unterstützungswert
    Itemsets 337
Use_Equal_Allocation 815
Use_Equal_Increment 815
Use_Weighted_Allocation 815
Use_Weighted_Increment Child 815
User Defined Functions *siehe* UDF

V

Variable 483
Variable für Tabellenname 452
Variable, Task 'SQL ausführen' 425
Variablen, Integration Services 394
Variablendefinition, Integration Services 394
Variablen-Namespace 395
Variablenverwendung 397
Variablenverwendung in Ausdrücken 398
Variablen-Wertezuweisung 435
Variablenzuordnung 440
Verbesserung von Vorhersagen 318
Verbindung wiederherstellen 81
Verbindungs-Anbieter 426
Verbindungs-Manager 65, 373
　　Flatfile 455
　　Skriptkomponente 502
Verbindungs-Manager, Integration Services 418
Verbindungstyp 423, 426
Vergleiche, Ausdrucksprogrammierung 414
Verknüpfungsstärke der erklärenden Attribute 299
Verwendungsbasierter Optimierungs-Assistent 255
Viewer für Mininginhalte 300
Virtual PC 28
Virtual Server 28
Visual Basic 482
Visual Studio Tools for Applications 366, 482
Vollständigen Resultset 429
Vollständiges Resultset 439
Vorgänger 339
Vorhersage
　　nachträgliche 315
　　nachträgliche im Liftdiagramm 319
　　zukünftige 315
Vorhersagefunktion
　　Miningmodellvorhersage 325
Vorhersagegenauigkeit
　　Mininggenauigkeitsdiagramm 315
Vorhersagewahrscheinlichkeit 278
Vorzeichen 406
VSTA 366, 482

W

Wahrscheinlichkeit
　　Assoziationsanalyse 338, 341
Wahrscheinlichkeitsvorhersage
　　Liftdiagramm 320
Warenkorbanalyse 333
Wartungsplantasks 443
Webdienst 443

Webparts
　　Bereitstellung 707
　　Verwendung 707
Wert vorhersagen 315, 318
Wichtigkeit
　　Assoziationsanalyse 338–339, 341
　　Definition 340
WMI-Datenleser 443
WMI-Ereignisüberwachung 443
Workflow 365
Workflow, Integration Services 416

X

XML for Analysis *siehe* XMLA
XML Schema Definition 458
XMLA
　　der JavaScript-Client 944
　　Konfiguration von IIS und Analysis Services 939
　　Methoden 945
　　msmdpump 939
　　Row-Elemente 947
　　SOAP-Zugriff 939
　　Übertragungsformate 934
　　XMLA im Management Studio 932, 934
　　XMLA-Vorlagen 936, 956
XMLA Discover-Methode 932, 946
　　Content-Eigenschaft 948
　　Data 948
　　DISCOVER_DATASOURCES 946
　　DISCOVER_ENUMERATORS 946
　　DISCOVER_KEYWORDS 946
　　DISCOVER_LITERALS 946
　　DISCOVER_PROPERTIES 946
　　DISCOVER_SCHEMA_ROWSETS 946, 948
　　Properties 947
　　RequestType 946
　　RestrictionList 947
　　Restrictions 946
　　Schema 948
　　SchemaData 948
　　Schema-Rowset 946
XMLA Execute-Methode 932, 949
　　Ausgabeformat 950
　　Command-Element 949
　　DMX 950
　　Format-Eigenschaft 950
　　MDDataset 950
　　MDX 950
　　Properties 949
　　PropertyList 950
　　Statement-Anweisung 949–950
　　Tabular 950

XMLA MDDataset 952
    Axes 952, 954
    AxesInfo 952
    CellData 952, 954
    CellOrdinal 955
    CubeInfo 952
    OlapInfo 952–953
XMLA Sessions
    BeginSession-Element 959
    EndSession-Element 960
    Session-Element 959
XMLA-Sitzungen 959
XML-Konfigurationsdatei 517
XML-Quelle 457
XSD-Datei (XML Schema Definition) 458

Z

Zeichenfolgefunktionen, Ausdrucksprogrammierung 406
Zeilenschaltung
    Abfrageeditor 356
Zeilenstichprobe, Komponente 477
Zeitdimension 152
Zeitintelligenz 152, 217
Zelle 731
Zelleigenschaften setzen 796
    BACK_COLOR 797
    FORE_COLOR 797
    FORMAT_STRING 797
    Schriftformate 797
Zelleigenschaften verwenden 779, 781
    Formatierungsschablonen 769
Zielauffüllung
    Liftdiagramm 319
Zufallslinie
    Liftdiagramm 320
Zusammenführung, Komponente 471
Zusammenführungsverknüpfung 550
Zusammenführungsverknüpfung, Komponente 471
Zuweisungen 802
Zwischendimensionstabelle 210

Wissen aus erster Hand

Viele Unternehmen müssen mit sehr großen Datenmengen umgehen, aus denen Sie entscheidungsrelevante Informationen extrahieren möchten, Dieses Buch ist praxisbezogen aufgebaut und stellt Ihnen von den allgemeinen Grundlagen ausgehend Data Mining mithilfe von Microsoft-Lösungen vor. Im Zentrum stehen SQL Server 2005 und SQL Server 2008, aber auch die Office-Seite und Entwickleraspekte der Analyse werden Ihnen vorgestellt. Zahlreiche Anwendungsbeispiele mit ausführlichen Schritt-für-Schritt-Anleitungen und den notwendigen Screenshots helfen Ihnen dabei, einen leichten Einstieg in Data Mining mit Microsoft-Technologien zu finden.

Autor	Jan Tittel, Manfred Steyer
Umfang	428 Seiten, 1 CD
Reihe	Fachbibliothek
Preis	59,00 Euro [D]
ISBN	978-3-86645-649-5

http://www.microsoft-press.de

Microsoft Press-Titel erhalten Sie im Buchhandel.

Wissen aus erster Hand

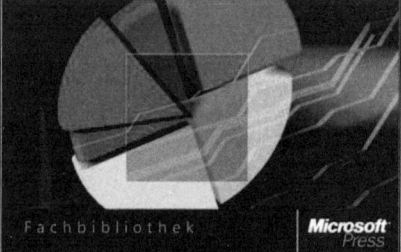

Microsoft SQL Server 2008 Reporting Services sind als Bestandteil von SQL Server 2008 ohne weitere Lizenzkosten nutzbar. Als Bestandteil des Microsoft Business Intelligence-Frameworks stellen sie eine serverbasierte Lösung zum Entwickeln, Verwalten und Verteilen von Berichten zur Verfügung. Ziel dieses Buchs ist es, Ihnen diese Technologien verständlich zu machen und dabei nah an der Praxis zu bleiben. Das heißt konkret: Die Autoren erläutern Ihnen anhand von Szenarien die Praxisrelevanz der jeweiligen Features und vertiefen wichtige Themen mit Schritt-für-Schritt-Anleitungen. So finden auch Nutzer, die noch keine Erfahrung mit Berichtstools von Microsoft haben, einen leichten und schnellen Einstieg in die Materie.

Autor	Bayer, Knuth, Schultz
Umfang	608 Seiten
Reihe	Fachbibliothek
Preis	49,90 Euro [D]
ISBN	978-3-86645-646-4

http://www.microsoft-press.de

Microsoft Press

Microsoft Press-Titel erhalten Sie im Buchhandel.

Wissen aus erster Hand

Dieses Buch ist der praktische Ratgeber für die tägliche Arbeit eines Datenbankadministrators in Unternehmen jeder Größe. Der *Taschenratgeber für Administratoren* unterstützt Sie bei der Verwaltung von Microsoft SQL Server 2008. Sein Format macht ihn ideal für den Arbeitsplatz oder den Einsatz unterwegs. Dieses Buch zeigt Ihnen sofort die Antworten auf Fragen in den verschiedensten Situationen der Server-Administration und des SQL Server-Supports.

Autor	William Stanek
Umfang	750 Seiten
Reihe	Taschenratgeber
Preis	39,90 Euro [D]
ISBN	978-3-86645-639-6

http://www.microsoft-press.de

Microsoft Press

Microsoft Press-Titel erhalten Sie im Buchhandel.

Wissen aus erster Hand

Erlernen Sie die Implementierung und Wartung von Microsoft SQL Server 2008 und bereiten Sie sich gleichzeitig auf das MCTS-Examen 70-432 vor. Das vorliegende Buch bietet Ihnen einen umfassenden Lehrbuchteil, mit dem Sie selbständig lernen und anhand praktischer Übungen die prüfungsrelevanten Fähigkeiten erwerben können. Die anschließende Lernzielkontrolle ermöglicht Ihnen, anhand von Fragen und Antworten Ihre Kenntnisse zu überprüfen.

Autor	Mike Hotek
Umfang	700 Seiten, 2 CD
Reihe	Original Microsoft Training
Preis	79,00 Euro [D]
ISBN	978-3-86645-932-8

http://www.microsoft-press.de

Microsoft Press-Titel erhalten Sie im Buchhandel.